U0383474

医用洁净装备工程实施指南

中国医学装备协会医用洁净装备工程分会　组织编写
许钟麟　主编

中国建筑工业出版社

图书在版编目（CIP）数据

医用洁净装备工程实施指南/中国医学装备协会医用洁净装备工程分会组织编写；许钟麟主编. —北京：中国建筑工业出版社，2018.4
ISBN 978-7-112-21538-6

Ⅰ.①医… Ⅱ.①中… ②许… Ⅲ.①手术室-洁净室-工程施工-指南 Ⅳ.①TU834.8-62

中国版本图书馆CIP数据核字（2017）第284618号

本书全面、科学、系统地介绍了医用洁净装备工程，不仅涉及医疗工艺、感染控制、建设管理、工程实施，还提供了成功的典型案例，反映了医院未来发展的趋势。书中根据医用洁净装备工程的特性分为四个篇章，分别为医用洁净装备工程的实施管理、医用洁净装备工程总体规划设计、单项医用洁净装备工程规划设计与医用洁净装备工程示例。

本书从理论到实践、深入浅出、图文并茂、内容详实、体现了其指导性、专业性和权威性。具有参考意义与直接应用的价值，是从事医院建设的不同专业人士一本不可多得的实用手册。

责任编辑：张文胜
责任设计：李志立
责任校对：刘梦然

医用洁净装备工程实施指南
中国医学装备协会医用洁净装备工程分会　组织编写
许钟麟　主编

*

中国建筑工业出版社出版、发行（北京海淀三里河路9号）
各地新华书店、建筑书店经销
霸州市顺浩图文科技发展有限公司制版
北京鹏润伟业印刷有限公司印刷

*

开本：787×1092毫米　1/16　印张：42　字数：1048千字
2018年2月第一版　2018年2月第一次印刷
定价：**148.00**元
ISBN 978-7-112-21538-6
（31196）

编写委员会

组 织 单 位： 中国医学装备协会医用洁净装备工程分会

总　顾　问： 赵自林　国家卫计委规划财务司原司长、中国医学装备协会理事长

主　　　编： 许钟麟　中国建筑科研研究院　研究员

执 行 主 编： 沈晋明　同济大学教授、博士、博士生导师

副　主　编： 王东升　国家发改发社会发展司原副司长/中国医学装备协会副理事长

李　军　国家卫计委基建装备处处长

张建忠　上海市卫生基建管理中心主任

刘欣跃　兰州大学第二医院副院长/中国医学装备协会医用洁净装备工程分会会长

王铁林　海南省肿瘤医院院长

沈崇德　南京医科大学附属无锡人民医院副院长

闫新郑　郑州大学第一附属医院副院长

卜从兵　苏州华迪净化系统有限公司董事长

黄德强　江苏久信医疗科技有限公司董事长

王文一　北京文康世纪科技发展有限公司

执行副主编： 张美荣　中国医学装备协会医用洁净装备工程分会副会长兼秘书长

白浩强　西安四腾环境科技有限公司总经理

孙红兵　中国医学科学院肿瘤医院原基建处长

专家指导委员会、编审委员会成员：（按拼音排序）

白浩强　卜从兵　蔡　斌　蔡佳义　曹国庆　陈　虹　陈　睿
陈　雯　陈　尹　陈凤君　陈国亮　陈汉清　陈琳炜　陈鲁生
迟海鹏　初　冬　党　宇　董建华　杜树夺　樊和民　傅江南
高　峰　高　正　龚京蓓　郝学安　黄德强　贾汝福　姜　政
蒋丹凤　金　真　李　锋　李　荔　李　屹　李国欣　李海平
李郁鸿　梁志忠　刘柏华　刘燕敏　吕晋栋　马兆勇　宁占国
牛维乐　潘　刚　任建庆　沈崇德　苏黎明　孙红兵　孙鲁春
田助明　涂　路　王　刚　王保林　王宝庆　王铁林　王文一

王学彦　卫双囤　魏晓蒙　吴雄志　吴志国　武化云　谢江宏
徐　俊　徐兴良　许晓帅　许钟麟　严建敏　闫新郑　叶　帅
尤奋强　尤荣念　袁白妹　袁董瑶　曾建斌　张　华　张　楠
张　鑫　张昆东　张建忠　张文科　张彦国　张永航　张志毅
赵奇侠　郑　军　郑　伟　郑福区　钟秀玲　周　斌　周恒瑾
周建青　朱文华

策　　划：钱　广　李　宁

统　　稿：陈亚飞　李冬杰　李宏刚　张瑞萍　贾作辉　贾新倩　韩　青

主编简介：

许钟麟

许钟麟以“空气洁净技术与工程专家”获第五届中国光华工程科技奖。直至2009年离开室主任第一线成立许钟麟工作室，目前仍活跃在科研工作的最前沿。

现任全国暖通学会净化专业委员会荣誉主委、中国医学装备协会医用洁净装备工程分会名誉会长、住房和城乡建设部建设环境与节能标准化技术委员会顾问、国家卫生和计划生育委员会工程建设咨询专家委员会专家、中国电子学会洁净技术分会副主任委员、中国医药设备工程协会高级顾问。

获国家级奖4项、省部级二等奖7项、省部级三等奖8项、协会特别贡献奖2项。

为我国建立了完整的空气洁净技术理论体系，15本专著已有2本被外国出版社译成英文出版。

执行主编简介：

沈晋明

博士、教授、博士生导师。1986年到德国慕尼黑大学研究室内微气候与空气品质，1998年到德国克里斯道设计公司进修洁净技术。获国家省部级科技奖7项。在国内外杂志发表论文300多篇，专著5本，获发明专利7项、参与编写国家标准与规范5部。2014年获吴元炜暖通空调奖，2017年获许钟麟净化科技奖。

前　言

医院是救死扶伤、治疗与康复的场所，不断进步的医疗技术，不断更新的诊疗装备，新材料、新器械、新医药被大量采用。医院功能不断完善，医院建设标准大大提高，床均建筑面积扩大，新的功能科室（区域）增多，信息化与智能化，就医环境和工作环境人性化，舒适性改善，甚至促使医疗模式的转变。近年来医院各类新型的功能科室已经向现代化、集结化、规模化、大型化转化，成为由主要科室和辅助用房组成的自成体系的功能区域，小医院大专科的出现。

医院是病原体与易感人群聚集的特殊场所，我国医院体量大、就诊人数，手术人数、看望陪同人员之多世界独一；室内发菌量大，室外大气环境不理想。如何保障医疗、控制感染，为中国医院建设提出了新的课题。由于医疗工作的复杂性、服务对象的特殊性，以及药物学和人体生命科学的未知性，使得医疗风险除了具备风险的一般特征之外，还具有风险水平高、不确定性、存在于医疗活动的各个环节中、危害性严重等特点，在医疗过程的环境控制中必须有医疗风险意识。特别是先进医疗设备引用，新诊疗手段的出现，各种介入性操作增多；放疗、化疗的普及，大量抗菌药物、激素、免疫抑制治疗的使用，使得医疗风险也在不断增加，对医疗环境控制提出新的要求，医用洁净装备工程应运而生。

医院建筑设施是综合而又高度专业化的系统工程。我国不能照搬国外医院建设与医疗环境控制技术，所幸的是近 30 年来我国医院建设的数量之多、分布地域之广在世界上是首屈一指的，我国医用洁净装备工程在充分借鉴国际先进理念与医疗环境控制措施的基础上获得了极大的发展，不但积累了大量的丰富实践与技术经验，而且取得了创新技术与自主的知识产权。在这基础上编写出来的《医用洁净装备工程实施指南》汇集了许钟麟主编以及众多长期参与医院建设的项目负责、科研、设计、施工、装备、检测与验收的专业人员心血和成果，必将在当今我国医院建设的高潮中充分发挥其指导与借鉴作用。

本指南根据医用洁净装备工程的特性分为 4 篇，分别为医用洁净装备工程建设、医用洁净装备工程应用、医用洁净装备工程验收与医用洁净装备工程实例。参与编写的医用洁净装备工程相关领域与专业的著名专家共一百多人。第一次全面、科学、系统地介绍了医用洁净装备工程，不仅涉及医疗工艺、感染控制、建设管理、工程实施，还提供了成功的典型案例，反映了医院未来发展的趋势。本指南从理论到实践、深入浅出、图文并茂、内容详实，体现了其指导性、专业性和权威性，具有参考意义与直接应用的价值，是从事医院建设的不同专业人士一本不可多得的实用手册。

目　　录

第 1 篇　医用洁净装备工程的实施管理/张建忠

第 2 篇　医用洁净装备工程总体规划设计/刘燕敏

第 3 篇　单项医用洁净装备工程规划设计/陈尹

第 4 篇　工程示例/严建敏

第1篇
医用洁净装备工程的实施管理

张建忠

篇主编简介

张建忠：上海市卫生基建中心主任、中国医院协会建筑分会副主委、中国医学装备协会医用洁净装备工程分会副会长、上海医院协会建筑后勤专委会主委。

第1章　医用洁净装备工程概述

许钟麟

第1节　概　　念

1.1.1.1　为医疗服务的、能提供达标的洁净目的物或为洁净目的物服务的，或自身需洁净而无污染的设备、物件皆属医用洁净装备。

【技术要点】

1. 洁净目的物如洁净空气、纯净气体、纯净水等；

2. 医用洁净装备包括为洁净目的物服务的如空气洁净装备、空气调节装备、冷热源装备、电气装备、智能化装备、监测装备、卫生（清洁、消毒）装备、废弃物处理装备等；

3. 医用洁净装备还包括自身需洁净而无污染的装备，如系统部件、围护结构、使用器具、贮存箱柜、交通器具、消耗材料等。

1.1.1.2　医用洁净装备的集成或系统化即构成医用洁净装备工程。

【技术要点】

1. 多个单体设备的联合运转即构成系统工程；

2. 系统工程的构成、设计、施工、运转、维护、联动监测均应符合相关国家或行业标准、规范要求，其中强制性要求绝不允许违反；

3. 洁净手术室既是集成装备，也是装备工程，是修复“人体机器”的“车间”；

4. 互联网＋医用洁净装备也是医用洁净装备工程。

第2节　洁净装备工程是运维基本配置

1.1.2.1　医用洁净装备工程是防止外源性感染的主要措施，应成为现代化医院建设的基本配置。

【技术要点】

1. 一切人员由自身携带的菌群引发的感染为内源性感染，由他人或环境等体外微生物引发的感染为外源性感染；

2. 外源性感染包括接触感染和空气感染。

3. 自“非典”以后，空气感染才引起人们的重视。

表1.1.2.1-1和表1.1.2.1-2是测定实例[1]，空气污染严重则来自空气的感染也“水涨船高”。

某医院各部门采样点空气含菌情况　　表 1.1.2.1-1

采样点	含菌情况(CFU/m³)	采样点	含菌情况(CFU/m³)
挂号大厅	4053	妇科治疗室	1883
医务室走廊	3358	耳鼻喉科诊室	1870
外科预诊室	3266	九诊室一诊室	1870
内科预诊室	2785	儿科预诊室	1849
内科三诊室	2728	口外诊室	1786
医务室	2722	皮科治疗室	1758
住院处	2681	眼科诊室	1737
急诊预诊室	2402	九诊室预诊室	1653
儿科治疗室	2292	外科治疗室	1637
外科换药室	2248	皮科换药室	1621
口腔科消毒室	2100	综合治疗室	1603
口内诊室	2093	急诊抢救间	1399
妇科四诊室	2089	九诊室治疗室	1229
急诊清创室	2081	九诊室三诊室	1182
皮科预诊室	1968	外科手术室	972
平均	2097		

某医院不同病房的空气含菌情况　　表 1.1.2.1-2

病房	含菌情况(cfu/m³)	病房	含菌情况(cfu/m³)
呼吸科	4053	骨科	2785
小儿外科	3358	消化科	2728
普通外科	3266		

世界卫生组织（WHO）把一般可以接受的细菌数定位＜500cfu/m³，把＜200cfu/m³作为低污染的细菌数，把＜10cfu/m³作为最低污染的细菌数。这些都是动态标准。

以上数字说明，现在医疗场所的空气环境与最基本的卫生要求相差太远了。

1.1.2.2　防止空调系统和设备的污染，应成为防止空气感染的重要一环。

【技术要点】

1. 系统管道和设备内部的严重积尘、积菌，是造成二次空气污染从而产生空气感染的一个原因，表 1.1.2.2 是综合平均了七省市测定数据并换算单位后的情况[2,3]，可见已接近中等污染的上限了。

系统管道和设备内部测定的结果　　表 1.1.2.2

积尘量总平均	17.17g/m³	中等污染的标准[4]2～20g/m³
细菌总数	2.7×10⁴cfu/g	中等污染的标准[4](1～3)×10⁴cfu/g
真菌总数	4.07×10⁴cfu/g	中等污染的标准[4](3～5)×10⁴cfu/g

2. 空调设施已成为医院的基本配置，将空调和净化结合起来，既能解决空调设施的

污染问题，也能解决环境需要洁净的问题。

3. 空气净化简言之就是阻隔式过滤器+气流组织+压差梯度。

1.1.2.3　空气洁净技术与装备控制污染作用明显、突出，已成为现代医院建设不可或缺的部分。

【技术要点】

1. 仅以控制术后感染为例，空气洁净技术与装备（例如洁净手术室）的作用明显[5,6]：

（1）英国 J. Charnly 为降低髋关节置换术感染进行了 15 年研究，将普通手术室改为层流手术室，在 5000 多例手术中，感染率从 7.7%降到 1.5%。层流手术室中又使用全身吸气服，6000 多例病人感染率降到 0.6%，特别有说服力的是他未使用过抗生素。

（2）英国医学研究委员会（MRC）在 19 所医院内对 3000 多例髋关节置换术术后随诊 1～4a，感染率为 0.6%，而由同批医生在普通手术室进行的同样手术，感染率为 1.5%。

（3）瑞典 Uppsala 大学 Hamhraeus 对手术室提炼出一个经验公式：膝盖整形及移植手术中败血症发病率与室内微生物气溶胶浓度平方根有正比关系：

$$\text{败血症发病率}(\%)=0.84\times0.18\sqrt{A}$$

式中　A——微生物浓度。

（4）据王芳在 2011 年全国医院建设论坛上的报告，徐州医学院附属医院 2000 年 6～11 月，对该院 1808 例手术病人术后感染率调查结果显示，使用洁净手术室后，术后感染率由传统普通手术室的 6.41%降至 0.93%。

（5）徐庆华等对某教学医院采用不同手术室消毒方法的 2328 例手术的术后感染调查统计结果见表 1.1.2.3-1。结论是：紫外线空气消毒的发生术后感染的危险性是层流手术室的 7.08 倍，是室内空气净化机消毒的 2.11 倍。层流手术室效果显著。

手术室不同消毒除菌方法的感染率　　表 1.1.2.3-1

组别	手术部位感染			非手术部位感染		
	例数	感染数	感染率	例数	感染数	感染率
层流组	332	3	0.90	332	8	1.81
净化机组	928	28	2.02	928	19	2.05
紫外线组	1068	68	3.37	1068	22	2.06

本章作者注：此处“层流”疑似对洁净手术室的误称。

（6）夏牧涯报告了苏州大学第一附属医院使用洁净手术室前后Ⅰ类切口手术部位感染率的变化，虽然原来感染率已经不高，但使用洁净手术室后，感染率又下降了一半以上：从 2000 年的 0.74%到 2001 年的 0.35%、2002 年的 0.32%、2003 年的 0.31%，以后基本稳定。

（7）日本医疗设备协会 2004 年版《医院空调设备设计与管理指南》引用文献给出 8052 例股关节及膝关节全置换手术在仅使用超净空气（定义为 1m^3空气中细菌数少于 10 个）的术后感染率为 1.6%，比没有措施的（3.4%）低一半以上。虽然比使用抗生素的高，但抗生素的使用将受到严格限制。

2. 据《医院洁净手术部建筑技术规范》GB 50333—2013，在 12 个外国医疗设施标准中，作为环境的消毒除菌措施，只提到空气净化，再未提到其他手段，见表 1.1.2.3-2。

各国医院通风课题相关标准情况　　表 1.1.2.3-2

国别	标准名	空气洁净技术和系统以外的手段
美国	医疗护理设施的通风(ANSI/ASHRAE/ASHE170—2013)	无
美国	退伍军人医院标准手术部设计指南 2005(Surgical Service Deign Guide)	无
德国	医疗护理设施中建筑与用房的通风空调 2008(DIN1946-4)	无
日本	医院设备设计指南(空调设备篇)(HEAS-02-2013)	无
俄罗斯	医院中空气洁净度一般要求(GOSTR 52539—2006)	无
法国	医疗护理设施洁净室及相关受控环境悬浮污染物控制要求(NFS 90-351-2003)	无
瑞典	手术室生物净化基本要求和指南(SIS-TR 39Vägledning och grundläggande krav för mikrobiologisk renhet i operationsrum)	无
瑞士	医院暖通空调系统(SWKI 99-3：Heating，ventilation and air-conditioning system in hospitals 2005)	无
西班牙	医院空调设施(UNE100713:2005:Acondicionamiento de Aire en Hospitales)	无
荷兰	综合医院建筑指南 2002	无
巴西	医疗护理设施空气处理(NBR 7256：Tratamento de Ar em Unidades Médico-assistenciais. 2011)	无
英国	卫生与社会服务部,手术室部通风,设计指南(UK Department of Health and Social Services,Engineering Data：Vetilation of Operating Departments，A Design Guide. UK Department of Health and Social Services,Health Technical Memorandum 2025,Ventilation in Healthcare Premises)	无

第3节　基本特性

1.1.3.1　医用洁净装备工程应具有以下基本特性：

1. 有效性；
2. 安全性；
3. 节能。

【技术要点】

1. 医用洁净装备及医用洁净装备工程，首先要安全适用，其次才是经济、节能；
2. 医用洁净装备工程必须满足医疗服务功能需要，满足医疗工艺要求。

1.1.3.2　医用洁净装备必须是有效的，应有效地满足使用要求。

【技术要点】

1. 要能在一定时间内完整地满足标准规范的参数要求；
2. 如果装备的标称值（额定值）允许有偏差范围，参数的原始测定值应在标称值的有利偏差一侧，多数参数应为正偏差，例如风量、压头。

1.1.3.3　医用洁净装备必须是安全的，除应充分发挥其功能外，不应产生其他副作用、

副产物。

【技术要点】

1. 安全性分直接安全与间接安全；

2. 直接安全：如果缺少此种安全，将立即造成人员、物件的伤害，例如触电、火灾、安装不牢砸伤人物、有害微生物的吸入等；

3. 间接安全：如果缺少此种安全，将对人、物有潜在损害，如漏泄、某些对人体有害参数长期超标等。

1.1.3.4　医用洁净装备的设计、生产、运行应在安全的前提下充分考虑节能原则，符合现行国家标准《绿色医院建筑评价标准》GB/T 51153 关于节能的要求。

【技术要点】

1. 各类用能的医用洁净装备宜达到高的能效等级，相关标准有能效标识要求的应明示能效标识；

2. 用电装备除特殊情况外，不得以电热作为直接热源；

3. 空气动力装备的风机应有符合相关要求的、较低的单位风量耗功率；

4. 照明装备应有符合标准的照明功率密度值；

5. 节能需要控制污染（制污），制污有利于节能。例如表冷器的翅片上单位面积0.1mm厚的灰，将使阻力上升19%[7]，传热效果也大受影响。当50%以上的尘粒进入系统后，几年后系统必须清洗，如使用合适的净化装置把住新风、回风入口的关，将阻留95%的尘粒在系统之外，系统寿命将延长10倍；又如过滤器按其额定风量70%选用使用风量，其寿命将延长1倍[6]，节能明显；

6. 医用洁净装备应做到工厂化、标准化、模数化，从而极大地节约用材和工时，有利于再利用。

第4节　医用洁净装备工程的建设

1.1.4.1　医疗设施的建设应包括医用洁净装备工程的建设。

【技术要点】

1. 医用洁净装备不能狭义地理解为医院洁净用房的装备。一切要求控制污染、降低污染、环境洁净的医疗场所，都离不开本章第1节所述的洁净装备。

2. 对于非洁净用房，对于普通集中空调系统，《综合医院建筑设计规范》GB 51039—2014 提出的要求是：

（1）新风经过粗效、中效两道或粗效、中效、高中效三道过滤；

（2）集中空调系统和风机盘管机组的回风口应设阻力<50Pa，滤菌效率达90%，滤尘计重效率达95%的净化装置；

（3）无特殊要求时，不应在空调机组内安装臭氧等消毒装置。不得使用淋水式空气处理装置。

3. 医院洁净装备应为工厂化生产，有完整的检测数据，不应在现场制作、组装。

4. 医用洁净装备工程应优先使用低阻节能的、优质国产、自主创新的，不应一味追求“最低价”。对专利产品，确有正规检验数据的，不能要求“货比”三家。

1.1.4.2　医用洁净装备工程的建设宜留有发展余地，注重设计的灵活性与通用性，以适应将来改建或扩建需要。

【技术要点】

1. 最初应用洁净技术的只有血液病房，后来发展到手术室，现在则在病房、医技用房、科研实验用房、辅助用房（如配药、供应等部门）都对医用洁净装备特别是医用空气洁净装备提出要求。

2. 新技术的出现（如微创手术、复合手术室、机器人应用等）会对环境洁净提出新的要求。留有余地和发展眼光是必要的。

本章参考文献

[1]　于玺华主编. 现代空气微生物学. 北京：人民军医出版社，2002.

[2]　陈凤娜 等. 公共场所空调通风系统微生物污染调查及所及综述. 暖通空调，2009，39（2）：50～56.

[3]　许钟麟 主编. 医院洁净手术部建筑技术规范实施指南技术基础. 北京：中国建筑工业出版社，2014.

[4]　中国疾病预防控制中心环境与健康相关产品安全所等. 公共场所集中空调通风系统卫生规范，WS 394—2012. 北京：中国标准出版社，2013.

[5]　于玺华. 空气净化是除去悬浮菌的主要手段. 暖通空调，2011，41（2）：32～37.

[6]　许钟麟著. 空气洁净技术原理（第四版）. 北京：科学出版社，2013.

[7]　刘燕敏，聂一新，张琳，涂舫. 空调风系统的清洗对室内可吸入颗粒物和微生物的影响. 暖通空调，2005，35（2）.

本章作者简介

许钟麟：中国建筑科学研究院研究员、中国医学装备协会医用洁净装备工程分会名誉会长、洁净技术领域开拓者。

第2章 医用洁净装备工程实施工作流程、设计任务书的编制、设计组织与管理

孙红兵 李国欣 陈虹

第1节 医用洁净装备工程实施工作流程

1.2.1.1 医用洁净装备工程实施工作流程是指工程自策划、设计、施工、验收直至交付使用过程中各个阶段的工作任务及其先后次序。

【技术要点】

医用洁净装备工作流程是广大医院建设工作者经多年工作实践、在总结经验和教训的基础上做出的符合医用洁净装备工程实施的客观规律的、科学的管理办法。按照工作流程图分阶段、有步骤地实施洁净装备工程是确保项目安全、顺利进行的必要条件。

1.2.1.2 医用洁净装备工程实施应分为三个阶段：策划准备阶段、招标阶段、施工、验收阶段。

【技术要点】

1. 策划准备阶段：主要任务是依据医疗工作需要，论证并确定洁净装备工程的范围，如手术部（包括手术区和办公生活区）、ICU病房、血液病病房等，初步制定各个洁净区域内不同房间（空间）的空气净化标准和数量，编制设计任务书，为设计招标做好准备。

2. 招标选择设计单位和施工单位阶段：主要任务是编制设计招标文件、经公开（邀请）招投标选择设计单位。编制施工招标文件，经公开（邀请）招投标选择施工单位。

3. 施工、竣工验收、交付使用阶段：主要任务是签订施工合同、进场施工、做好施工质量、工期、投资控制、安全生产、施工协调等各项工作。完成施工任务后依据现行国家标准《洁净室施工及验收规范》GB 50591组织专项净化工程验收和工程整体验收。编制洁净工程设备使用、维护、维修保养说明书和实操培训，移交使用单位。

1.2.1.3　医用洁净装备工程实施流程图

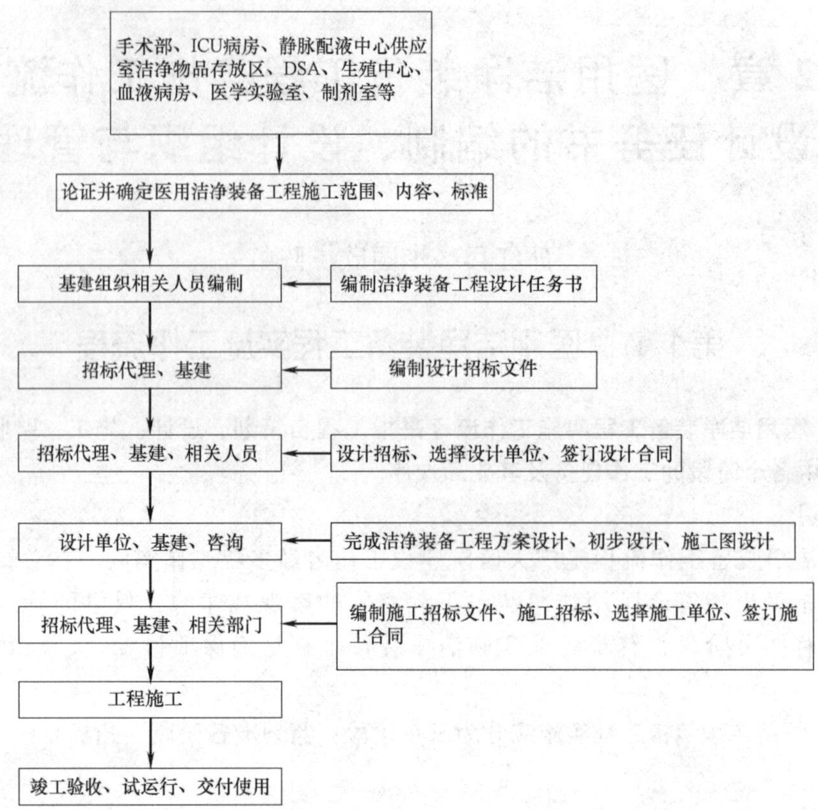

第 2 节　设计任务书的编制

【技术要点】

设计任务书是医院规划实施洁净装备工程的总体意见和要求，主要内容包括：项目概况、医疗工作对洁净装备的需求，洁净装备工程的设计范围、规模、标准、质量，投资控制要求以及各专业设计的标准等，是指导开展设计工作的纲领性文件，应给予高度重视，认真组织编写。

1.2.2.1　医院洁净装备工程设计任务书主要内容（不限于）有如下章节：

第一章　项目概况

第二章　医院工作对需要洁净装备工程需求、内容、学科发展特点

第三章　设计理念

第四章　设计范围、规模、洁净装备等级的分布要求

第五章　各洁净区平面功能设计要求

第六章　洁净装备工程各专业设计要求

建筑及装修专业；给水排水专业；暖通空调专业；电气专业；信息自动化控制专业；医用气体专业；消防工程专业。

第七章　设计标准及限额设计

第八章　设计周期

第九章　提交的设计成果

第十章　设计竞标的有关规定（如有）

第 3 节　设计组织与管理

【技术要点】

质量源于设计，医院建设方应首先抓好设计组织工作，应认真调研、切实把握医院对洁净装备工程的需求。

公开竞标，选择优秀设计团队。

与项目的建筑设计部门或专业从事洁净装备工程设计单位签工程设计合同。

1.2.3.1　关于设计组织。在开展设计工作之前，医院基本建设管理部门应召集医院的医务部、护理部、感染办、相关临床科室等单位研讨对洁净装备工程的需求，认真听取他们的意见和建议并在此基础上初步提出解决方案报医院批准。

1.2.3.2　选择设计单位。新建项目设计总承包的，由设计总承包单位完成洁净装备工程设计。非设计总承包的应另行通过公开招标方式选择优秀的设计单位完成设计工作。

【技术要点】

1. 设计总包下的洁净装备工程设计。洁净装备工程设计由设计总包单位完成。由于目前国内大部分建筑设计单位对医院洁净装备工程设计经验不足，多数情况是设计院另行委托一家洁净装备工程施工单位承担设计任务，为确保设计质量，避免粗制滥造，院方应与设计院共同商定选择洁净装备工程设计单位的工作流程并认真执行，建议流程为：组织方案竞标──→选择优秀设计方案和设计单位──→优化设计方案──→完成初步设计──→组织初步设计审核──→完成施工图设计。

2. 非设计总包下的洁净装备工程设计。非设计总包下的洁净装备工程设计（二次设计）由建设方另行组织完成。为符合政府关于设计与施工管理的政策要求，此种情况下建议医院与项目建筑设计部门另行签订设计合同，由项目设计单位组织完成洁净装备工程设计。

1.2.3.3　设计管理。按招标文件及设计任务书要求实施设计招标，经多方案比较、优化后选择并制定出最佳方案设计，初步设计、施工图设计深度应满足建设标准、投资可控、编制概算、工程量清单和招标控制价以及施工技术要求。

【技术要点】

1. 选择最佳设计方案时应依据医院当前需求、学科发展规划和事业发展规划统筹兼顾，原则上应满足前瞻性、科学性、实用性和可控性：

前瞻性——留有一定的发展空间；

科学性——选用先进的洁净装备技术；

实用性——洁净装备项目建成运行后应满足开展各项临床工作的需求；

可控性——在投资可控的前提下制定建设标准、规模。

2. 招标选择最佳设计方案是洁净装备工程设计管理的关键环节，是后续设计工作的基本依据，应予以足够重视、认真组织完成。规模较大的洁净装备工程可实行设计竞标、评优并给予一定的竞标奖励。

1.2.3.4　设计质量。满足各阶段设计深度要求。

【技术要点】

1. 建筑专业——洁净装备工程的范围、功能分区及布局、净化等级及空间设计、洁污分区及交叉感染、手术室基本配置、装修标准及材料的评估采纳。

暖通空调专业——冷热源选择、组合式空调机组、空调末端装置及配套设备的选型、数量配置、主要技术参数确定的评估采纳，新风净化措施、送风末端的选择。

给水排水专业——各功能区给水排水设备的位置、卫生洁具选型、给水排水管材、管件材质等的评估采纳。

强电专业——供电能力、供电安全、备用电源选择的评估采纳。

信息与自动化专业——各系统的先进性、安全性、实用性的评估采纳。

医用气体专业——氧气、正负压气体供应能力及安全性、其他所需医用气体供应方式的评估采纳。

2. 初步设计。初步设计深度应满足规范及编制设计概算要求，设计成果应包括：设计总说明书；建筑专业平面、立面、剖面及必要的大样图；其他各专业系统图、平面图；初步设计概算书。

3. 施工图设计。施工图设计深度应能满足施工需要，满足编制工程量清单和招标控制价的需要，设计成果应包括：建筑专业施工定位详图；其他各专业施工详图；工程量清单。

本章作者简介

孙红兵：中国医学科学院肿瘤医院原基建办负责人，具有三十多年医院基本建设管理经验。

李国欣：河北医科大学第二医院，高级工程师，建设项目办公室副主任。

陈虹：原北京市医院管理局基建办主任，项目管理硕士，现北京市国有资本管理中心医疗投资高级顾问。

第 3 章　医用洁净装备工程招投标

樊和民

第 1 节　发包与采购管理的概念

1.3.1.1　发包与采购的概念：

发包是指具有工程发包主体资格和支付工程价款能力的当事人以及取得该当事人资格的合法继承人将建设工程勘察设计/施工等项目一次性承包给一个总承包单位或者若干承包单位完成的行为。

采购（也称政府采购或公共采购）：是指各级国家机关、事业单位和团体组织，使用财政性资金采购依法制定的集中采购目录以内的或者采购限额标准以上的货物、工程和服务的行为。

【技术要点】

1. 建设工程发包是指建设单位采用一定的方式，在政府管理部门的监督下，遵循公开、公正、公平的原则，择优选定设计、施工等单位的活动。建筑工程发包分为招标发包和直接发包两类。

2. 建设工程采购包括建筑物和构筑物的新建、改建、扩建、装修、拆除、修缮等工程性或服务性行为。

1.3.1.2　招标的概念：招标是应用技术经济的评价方法和市场经济竞争机制的作用，通过有组织地开展择优成交的一种相对成熟、高级和规范化的交易方式。

【技术要点】

招标人在依法进行某项适宜于竞争性活动的过程中，应事先公布招标条件，邀请特定或非特定的投标人参加投标，并按照规定的程序从中择优选定中标人。所以，这是以实现投资综合效益最大化为目标的一种经济行为（交易行为）。

1.3.1.3　医用洁净装备是为医疗服务的、能提供洁净目的物（气、水、电、物件等）或自身需洁净而无污染的设备物件，多种医用洁净装备形成的系统即是医用洁净装备工程。

【技术要点】

1. 医用洁净装备和医用洁净装备工程应有的基本特性是：

（1）有效性：有效地满足使用要求；

（2）安全性：使用安全；

（3）节能性：比常规的节能。

2. 医用洁净装备包括但不限于空调和净化两方面，也不只是单一的设备。这些设备需要联合使用，构成一个装备工程系统，更应讲究有效联合、协调地动作，更不能发生抵消作用。医用洁净装备工程的典型就是洁净手术室。各种各样的洁净手术室会对洁净装备有个性化要求，即便是一般环境也对分散的洁净装备有个性化需求。

第2节　招标、合同策划

1.3.2.1　本阶段发包与采购管理工作包括净化项目实施的大部分发包与采购工作实施的管理工作，不包括勘察与设计招标实施的管理工作。

【技术要点】

本阶段发包与采购管理工作包括工程类、服务咨询类及材料与设备类招标活动。其中，工程类招标包括施工总承包、指定专业分包（如洁净手术室、ICU、CCU、NICU、静脉配置中心等）；服务类招标包括指定专业设计、施工监理、招标代理、造价咨询、工程审价、监测或检测及其他咨询服务类等；材料与设备采购包括甲供材料、甲供设备等。

1.3.2.2　本阶段应确定合同结构、发包界面及发包方式

【技术要点】

1. 本阶段的合同结构、发包界面及发包方式是项目前期及策划阶段合同策划的重点。

2. 确定合同结构，并分清各发包界面，避免遗漏、避免重复、便于实施管理和工程的交接。

3. 根据国家、地方相关规定，结合项目和合同结构特点，确定发包方式。

4. 制定和执行发包与采购工作计划和时间计划。

5. 发包与采购工作的时间计划总体要求是为该项目工作留有合理的准备时间，以配合总体建设计划要求，确保工程顺利开展。

（1）根据建设项目的总体建设计划，制定施工准备阶段的发包工作计划。

（2）根据发包方式及工作计划，制定具体的时间计划，包括发包与采购工作过程中各项活动的时间节点计划。

（3）检查发包与采购工作实施情况，并与所对应的进度计划进行比较，及时调整偏差，以确保整个项目的顺利开展。

1.3.2.3　对参加投标单位应进行资格预审。

【技术要点】

1. 可以要求招标代理单位组织资格预审，并参加整个过程，对此进行监控。

（1）参加资格预审专家评审会。

（2）掌握汇总资格预审结果，确定入围名单。

2. 参加现场踏勘和答疑会。

（1）可以要求招标代理组织现场踏勘和召开答疑会，并参加整个过程，对此进行监控。

（2）按照招标（采购）文件约定的时间和地点，参加投标单位及相关单位的现场踏勘活动，并介绍现场情况。

（3）在约定时间内，参与回答投标单位在踏勘及编制投标文件中提出的书面问题。

（4）参加答疑会。

1.3.2.4　招标工作必须组织编制和审核招标（采购）文件。

【技术要点】

1. 招标（采购）文件审核的主要内容包括：

（1）招标（发包）范围是否正确。

（2）分包（如需）范围是否正确；工程招标内容范围应该正确描述、界定工程数量与边界，工作内容与周围的分工、衔接、协调等边界条件。

（3）工程招标标段划分需要考虑的主要因素：①法律法规，②工程承包管理模式，③工程管理力量，④投标资格与竞争性，⑤工程技术、计量和界面的关联性，⑥工期与规模。

（4）典型模式有："设计＋施工"（D＋B）"设计采购建造"（EPC）及"工厂设备与设计＋施工"。

（5）一般适用于工程建设项目规模大、专业技术性强、管理协调工作复杂、招标人对设计施工的管理力量薄弱，且愿意将大部分风险转移给一个承包人的情况。有利于工程设计与施工之间的衔接配合，可以避免相互脱节而引起的差错、遗漏、变更、返工及纠纷；可以合理组织分段设计与施工，缩短建设工期。

（6）这种工程承包方式有利于工程设计与施工之间的衔接配合，可以避免相互脱节而引起的差错、遗漏、变更、返工及纠纷；可以合理组织分段设计与施工，缩短建设工期。但招标人对工程设计细节和施工的调控影响力较小，所以通过招标选择设计施工专业素质以及综合协调管理水平较高的总承包人，并合理、清晰地界定相关责任、风险显得至关重要。

（7）要求投标单位对所设计的内容、范围、流程建立BIM模型。

1.3.2.5 应对投标单位的资格是否符合相关法规规定以及项目本身的特点和需求进行审核。

1.3.2.6 应对技术与质量标准、技术要求、进度要求是否符合项目要求进行审核。

【技术要点】

必须全面、正确地分析把握净化手术室项目的功能、特点和条件，依据有关法规、标准、规范、项目审批文件、设计文件以及实施计划等，科学、合理地设定工程项目质量、造价、进度和安全、环境管理的需求目标。

1.3.2.7 投标活动的进度安排应符合项目的整体进度计划要求。

1.3.2.8 所附的合同（若有）条款应符合建设单位及项目目标要求。

1.3.2.9 评标办法应科学、公平、合理，适合本项目性质。

1.3.2.10 组织编制和审核工程量清单或招标控制价等文件。

1.3.2.11 审核图纸说明和各项选用规范是否符合技术要求。

【技术要点】

1. 审核清单中对主要设备的要求（型号、规格、品牌）是否符合要求。

2. 将控制价中各大项（土建工程、安装工程）与概算指标对比，若相差较大，则要求招标控制价编制单位给予澄清。

3. 组织编制工程招标代理单位编制工程量清单或招标控制价等文件。

4. 审核工程量清单或招标控制价等文件，重点关注界面划分，是否漏项或是对造价有重大影响的子项目等方面。

1.3.2.12 开标、评标活动包括：开标、评标会议；根据评标报告确定中标人。

1.3.2.13 组织起草和审核工程发包合同。

【技术要点】

1. 协助建设单位，并组织招标代理单位起草工程发包合同。

2. 审核工程发包合同，主要针对合同中涉及投资、进度、质量和安全的条款进行审核。

1.3.2.14　参与合同的谈判及签订工作。

【技术要点】

(1) 应从公正维护建设项目的角度，协调解决合同双方的争议条款，有利于合同的顺利实施。

(2) 合同谈判内容主要包括以下几个方面：

① 合同范围，包括工作范围、工作内容、工程量、与其他参与方的界面划分等；

② 合同双方的权力、责任和义务；

③ 合同价格、计价形式及调整方式；

④ 合同标的质量要求和验收方式和程序；

⑤ 合同标的进度要求及其他参与方的配合工作；

⑥ 对工程变更和增减的规定；

⑦ 违约责任确立和解决争端的方式。

(3) 应参与合同谈判，记录谈判内容。

(4) 应参与合同签订工作，并注意合同签订手续的合法性。

1.3.2.15　办理合同备案：(1) 掌握当地政府部门对合同备案的规定；(2) 在当地政府部门规定的日期内提交相关资料进行备案。

第3节　招标与采购的流程

1.3.3.1　招标文件制定应符合图1.3.3.1的流程。

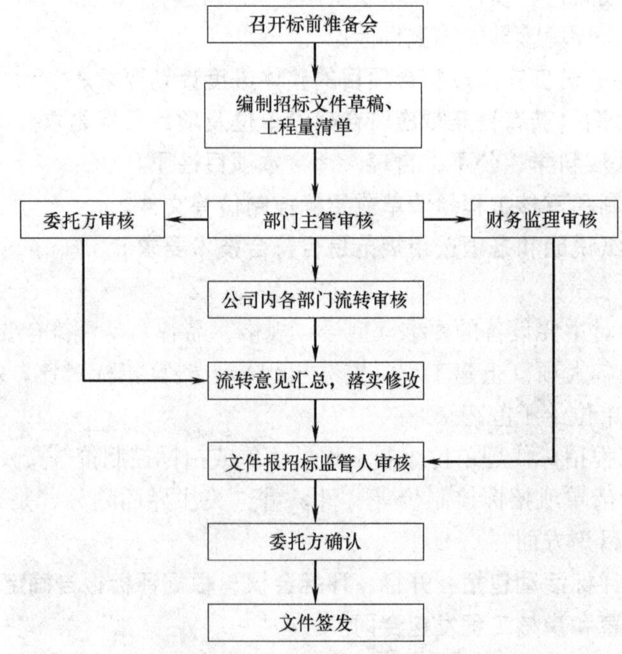

图1.3.3.1　招标文件签发流程

1.3.3.2　招标过程应符合图 1.3.3.2 的流程。

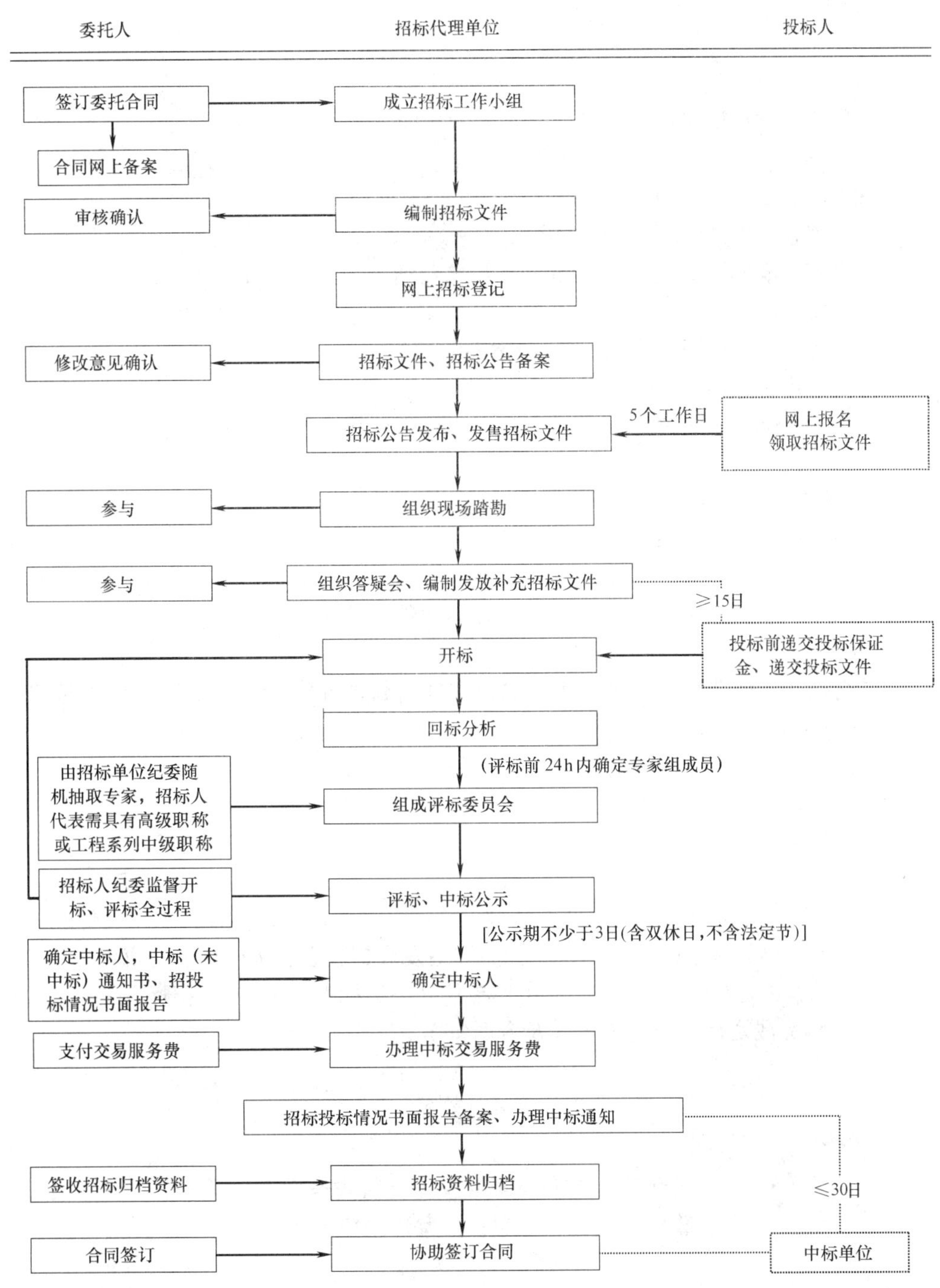

图 1.3.3.2　招标流程

第4节　资料汇总

1.3.4.1　招标资料应予以汇编，招标资料汇编包括：

1. 建设工程项目建议书的批复；
2. 图纸审查情况说明；
3. 工程建设项目招标代理合同；
4. 招标启动会会议纪要、招标启动会签到表；
5. 招标策划计划表（如有）；
6. 招标策划报告及附件（如有）。

1.3.4.2　招标文件应予以汇编，招标文件汇编包括：

1. 招标文件流转审批表；
2. 招标文件（含合同文件）、工程量清单、招标控制价；
3. 项目报建表、招标文件备案表。

1.3.4.3　招标公告、投标单位报名信息应予以汇编，报名信息汇编包括：

1. 招标文件领取登记表；
2. 施工图纸领取签到表；
3. 工程量清单领取签到表；
4. 答疑纪要、招标答疑文件及领取签到表。

1.3.4.4　开、评标文件应予以汇编，开、评标文件汇编包括：

1. 招标人、监督人员签到表；
2. 递交投标文件登记（签到）表、投标文件密封情况检验一览表、递交样板登记表（如有）、开标会其他人员签到表；
3. 开标记录表、开标现场情况说明（如有）；
4. 评委抽选名单、评标委员会签到表、评标委员会主任推荐表；
5. 检察机关查询行贿犯罪档案结果告知函；
6. 评标报告及附件（响应性评审记录表、资格评审记录表、技术标评审意见、经济标评审意见、回标分析表、澄清文件、谈判记录及有必要作为评标报告支持文件的附件）；
7. 中标通知书、未中标通知书、中标通知书发放签收表、未中标通知书发放签收表；
8. 中标单位中标标书（另册）、非中标单位经济标标书（另册）、招标图纸。

1.3.4.5　招标完成之后，应完成合同及合同备案。

本章作者简介

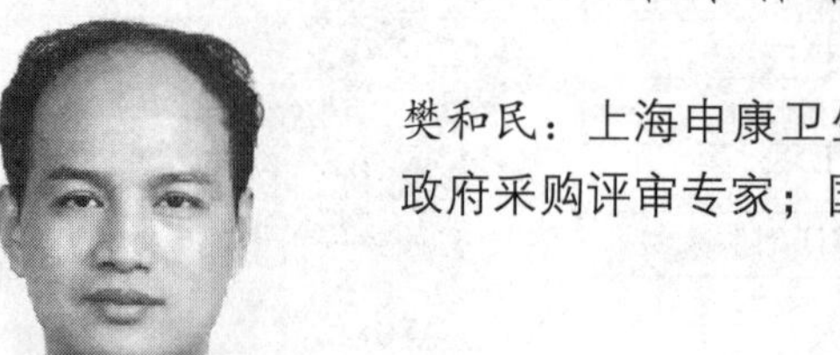

樊和民：上海申康卫生基建管理有限公司采购部主任；上海市政府采购评审专家；国家注册招标师。

第4章　医用洁净装备工程建设标准与投资控制

张建忠　陈凤君

第1节　建设标准

1.4.1.1　医用洁净装备工程的建设，必须遵守国家有关经济建设和卫生事业的法律、法规，符合相关现行卫生学标准和洁净技术标准的要求。既要吸收国内外成熟的经验和成果，又要从国情出发，不能脱离实际，要着眼于洁净技术在手术部的推广普及，同时还要有一定的前瞻意识。

【技术要点】

1. 洁净手术室的标准和规范与医院消毒卫生标准不冲突，应是消毒卫生标准的重要补充和发展。

2. 减少交叉感染风险必须采取综合措施，规范的宗旨是：达到既能防止细菌、灰尘对手术用房的污染，又能防止对外部环境污染的目的。

3. 突破医疗洁净技术的思路和做法，突出对关键部位即手术区的保护。洁净手术部的建设应坚持其综合性能达到标准的原则，注重空气净化处理、加强手术区的保护，建筑标准应以实用、经济为原则，避免片面追求装潢。

1.4.1.2　医疗洁净用房分类及适用范围见表1.4.1.2。

医疗洁净用房分类　　表1.4.1.2

医疗洁净手术部等级		沉降（浮游）细菌最大平均浓度	空气洁净度级别	适用范围
Ⅰ	洁净手术室	手术区0.2个/30min·ϕ90皿(5个/m³)，周边区0.4个/30min·ϕ90皿(10个/m³)	手术区100级，周边区1000级	适用于关节置换手术、器官移植手术及脑外科、心脏外科、妇科等手术中的无菌手术
	洁净辅助用房	局部百级区0.2个/30min·ϕ90皿(5个/m³)，周边区0.4个/30min·ϕ90皿(10个/m³)	1000级(局部100级)	
Ⅱ	洁净手术室	手术区0.75个/30min·ϕ90皿(25个/m³)，周边1.5个/30min·ϕ90皿(50个/m³)	手术区1000级，周边区10000级	适用于胸外科、整形外科、泌尿外科；肝胆胰外科、骨外科及取卵扶植手术和普通外科中的一类无菌手术
	洁净辅助用房	1.5个/30min·ϕ90皿(50个/m³)	10000级	
Ⅲ	洁净手术室	手术区2个/30min·ϕ90皿(75个/m³)，周边区4个/30min·ϕ90皿(50个/m³)	手术区10000级，周边区100000级	适用于普通外科(除去一类手术)、妇产科等手术
	洁净辅助用房	4个/30min·ϕ90皿(50个/m³)	100000级	

续表

医疗洁净手术部等级		沉降（浮游）细菌最大平均浓度	空气洁净度级别	适用范围
Ⅳ	洁净手术室	5 个/30min・ϕ90 皿（50 个/m³）	300000 级	适用于肛肠外科及污染类等手术
	洁净辅助用房			
Ⅴ	其他洁净用房	5 个/30min（50 个/m³）	300000 级	DSA、中心供应、配置中心、ICU 等

【技术要点】

1. 医院洁净手术部由洁净手术室和辅助用房组成。

2. 医院洁净手术部可以建成以全部洁净手术室为中心并包括必需的辅助用房，自成体系的功能区域；也可以建成以部分洁净手术室为中心并包括必需的辅助用房，与普通手术室并存的独立功能区域。

1.4.1.3　洁净手术部的面积参见表 1.4.1.3。

各类洁净用房净化面积及辅房面积表　　**表 1.4.1.3**

规模类别	净面积（m²）	辅房面积（m²）
特大型Ⅰ级	40～45	120～150
大型Ⅱ级	30～35	120～150
中型Ⅲ级	25～30	120～150
小型Ⅳ级	20～25	120～150

【技术要点】

1. 医院洁净手术部组成中不仅包括手术室，而且包括辅助用房。辅助用房分为洁净辅助用房（可以设置在洁净区内）和非洁净用房（应设置在非洁净区内）。

2. 洁净手术部各种规模洁净手术室的净面积不宜超过表 1.4.1.3 中的规定值，必须超过时应有具体的技术说明，且超过的面积不宜大于表 1.4.1.3 中的最大净面积的 25%。

1.4.1.4　医院洁净手术部的配置应包括围护结构、装修材料、净化空调系统、自控系统、电气、医用气体及手术室基本装备。

【技术要点】

1. 围护结构、装饰材料。洁净手术部围护、装饰包括地面、吊顶（天棚）与墙面（隔断）以及门窗，其用材常有多种选择。目前医疗洁净装备工程中常用装饰装修材料见表 1.4.1.4-1。

医疗洁净用房常用装饰做法表　　**表 1.4.1.4-1**

序号	洁净用房名称	医疗洁净用房常用装饰做法		
		地坪	墙面	吊顶
1	洁净手术室	手术室优质导电橡胶地板	手术室不锈钢板隔墙	手术室不锈钢板吊顶
		手术室优质防静电橡胶地板	手术室高承重钢结构框架+优质不锈钢板墙面、表面喷涂	手术室高承重钢结构框架+优质不锈钢板吊顶、表面喷涂
		PVC 卷材	手工岩棉夹芯玻镁彩钢板	手工纸蜂窝夹芯玻镁彩钢板

续表

序号	洁净用房名称	医疗洁净用房常用装饰做法		
		地坪	墙面	吊顶
2	洁净辅助用房	洁净导电胶地板	抗倍特板	抗倍特板
		优质防静电 PVC 地板	轻钢龙骨＋石膏板＋铝塑板	轻钢龙骨＋石膏板＋铝塑板
		PVC 卷材	轻钢龙骨＋石膏板＋防菌涂料	铝扣板
3	洁净屏蔽	防辐射水泥处理	手术室铅屏蔽防护	防辐射水泥处理
4	其他特殊洁净用房	手术室优质防静电橡胶地板	抗倍特板	抗倍特板
		优质防静电 PVC 地板	手工岩棉夹芯玻镁彩钢板	手工纸蜂窝夹芯玻镁彩钢板
		PVC 卷材	轻钢龙骨＋石膏板＋防菌涂料	铝扣板

2. 净化空调系统：

(1) 洁净手术室应与辅助用房分开设置净化空调系统；Ⅰ、Ⅱ级洁净手术室应采用独立设置的净化空调机组，Ⅲ、Ⅳ级洁净手术室允许 2～3 间合用一个系统，均应采用自循环式回风；新风可采用集中的送风系统，条件允许时也可以用分散的系统；排风系统应独立设置。

(2) 净化空调系统应至少设三级空气过滤。第一级空气过滤宜设置在新风口，第二级应设置在系统的正压段，第三级应设置在送风末端或其附近。

(3) 准洁净手术室可采用带亚高效过滤器或高效过滤器的净化风机盘管机组或室内立柜式净化空调机组，不得采用普通风机盘管机组或空调器。

(4) Ⅰ、Ⅱ、Ⅲ级洁净手术室和Ⅰ、Ⅱ级洁净辅助用房，不得在室内设置散热器，但可用辐射散热板作为值班供暖。Ⅳ级洁净手术室和Ⅳ级洁净辅助用房如需设散热器，应选用不易积尘又易清洁的类型，并设防护罩。散热器的热媒应为不高于 95℃的热水；

(5) Ⅰ、Ⅱ、Ⅲ级洁净手术室应采用局部集中送风方式，集中布置的送风口面积即手术区的大小应和手术室等级相适应，Ⅰ级的不小于 6.4m^2（其中头部专用的不小于 1.4m^2），Ⅳ级的不小于 4.6m^2，Ⅲ级的不小于 3.6m^2。根据需要，洁净辅助用房内可设局部 100 级区。

3. 手术部自控系统、电气、医用气体、给水排水：

(1) 洁净手术部必须设氧气、压缩空气和负压吸引三种气派和装置。需要时还可设氧化亚氮（一氧化二氮，即笑气）、氮气、氩气气派以及废气回收排放装置等。医用气体必须有不少于 3d 的备用量。洁净手术室医用气体终端必须有一套备用。

(2) 洁净手术部内的给水系统宜有两路进口，并应同时设有冷热水系统；供给洁净手术部的水质必须符合饮用水标准；刷手用水宜进行除菌处理；热水贮存应有防止滋生细菌措施。

(3) 洁净手术部必须设能自动切换的双路供电电源，从其所在建筑物配电中心专线供给。

(4) 洁净手术室内用电应与辅助用房用电分开，每个手术室的干线必须单独敷设。

(5) 洁净手术室内医疗设备及装置的配电总负荷除应满足设计要求外，不宜小于 8kVA。

4. 洁净手术室的基本装备是指手术室房间内部需进行建筑装配、安装的设施（不包括专用的移动医疗仪器设备）。医院洁净手术室常用基本装备见表1.4.1.4-2。

洁净手术室基本装备　　表1.4.1.4-2

装备名称	规格、型号	单位	最少配置数量
器械柜	1180×2000×400,不锈钢喷塑,四门开启,上下两层	个/间	1
药品柜		个/间	1
麻醉柜		个/间	1
消毒保温箱		个/间	1
低温箱	低温柜(−20℃)	个/间	1
观片灯	四向拉杆、可调整光照区域	个/间	2
中央控制面板	时钟,计时钟,空调启停、温湿度显示、控制、高效阻塞报警,照明控制等,免提电话,医气监控、报警,电气绝缘监测	个/间	1
医用照明灯带	3×58W	套/间	8
无影灯、吊塔锚栓		套/间	1
输液导轨及吊架	含吊钩4个	套/间	5
内嵌式书写板	700×400×300,不锈钢材质	个/间	1
组合电源插座箱	3组4个220V10A插座,2个接地端子,1组另配1个380V20A插座	个/间	4
不锈钢悬挂刷手池	三位,壁挂式,1.2mm厚优质不锈钢磨砂、配红外感应恒温水龙头、设挡水板、自动给皂器独立镜灯	套/间	1

第2节　医用洁净装备工程造价

1.4.2.1　医用洁净装备工程造价指标立足于现行国家标准《医院洁净手术部建筑技术规范》GB 50333，并按高、中、低不同的建设标准分别设立造价指标。

【技术要点】

本书中造价指标数据主要来源于上海建筑市场价格体系，外省市洁净工程项目可按当地建筑市场价格体系作相应调整。

1.4.2.2　医用洁净装备工程造价汇总见表1.4.2.2。

医用洁净装备工程造价指标汇总表　　表1.4.2.2

序号	洁净手术室名称	项目特征	造价指标		
			低档	中档	高档
1	Ⅰ级洁净手术室	手术室面积45m²+辅房面积125m²	105万元/间	138万元/间	199万元/间
2	Ⅱ级洁净手术室	手术室面积39m²+辅房面积150m²	98万元/间	122万元/间	190万元/间
3	Ⅲ级洁净手术室	手术室面积39m²+辅房面积150m²	87元/m²	108元/m²	174元/m²
4	DSA净化手术室	DSA面积51m²(包括Ⅲ级净化级屏蔽)+辅房面积120	96元/m²	114元/m²	187元/m²
5	中心供应室	供应室面积770m²	2605元/m²	3376元/m²	4593元/m²
6	配置中心	配置中心面积310m²	3044元/m²	3948元/m²	5614元/m²
7	ICU	配置中心面积530m²(20床位)	5105元/m²	5902元/m²	8336元/m²

1.4.2.3　医用洁净装备工程造价明细表见表 1.4.2.3-1～表 1.4.2.3-7。

Ⅰ级洁净手术部造价明细表　　　　表 1.4.2.3-1

序号	名称	规格/型号	单位	数量	综合单价（元）	总投资（元）		
						低档	中档	高档
一	Ⅰ级手术室（45m²）＋辅助用房（125m²）		间	1		1051572	1380966	1994352
1	装饰工程		m²	1		1616	2471	5315
1.1	手术室装饰工程		m²	1		1653	2178	6814
	装饰 墙面	手术室高承重钢结构框架＋1.2mm 厚优质不锈钢板墙面、表面喷涂	m²	68.5	721		49389	
		手术室不锈钢板隔墙			2440			167140
		手工岩棉夹芯玻镁彩钢板 50mm 厚，双面			460	31510		
	装饰 顶面	手术室高承重钢结构框架＋1.2mm 厚优质不锈钢板吊顶、表面喷涂	m²	45	650		29250	
		手术室不锈钢板吊顶			2440			109800
		手工纸蜂窝夹芯玻镁彩钢板 50mm 厚，单面			753	33885		
	装饰地面	手术室优质防静电橡胶地板	m²	45	430		19350	
		手术室优质导电橡胶地板			660			29700
		PVC 卷材			200	9000		
1.2	辅助用房装饰工程		m²	1		1074	1433	2575
	辅助用房墙面	轻钢龙骨＋石膏板＋铝塑板（单面）	m²	220	460		101200	
		抗倍特板（18 厚）			828			182160
		轻钢龙骨＋石膏板＋防菌涂料			320	70400		
	辅助用房顶面	轻钢龙骨＋石膏板＋铝塑板	m²	125	403		50375	
		抗倍特板			761			95125
		铝扣板			311	38875		
	辅助用房地面	优质防静电 PVC 地板	m²	125	220		27500	
		洁净走道导电胶地板			357			44625
		PVC 卷材			200	2500		
1.3	门窗工程		m²	1		388	841	1618
	门窗	自动门、气密门、窗	套	1	143000		143000	
					275000			275000
					66000	66000		

续表

序号	名称	规格/型号	单位	数量	综合单价（元）	总投资（元）		
						低档	中档	高档
2	安装工程		m^2	1		3682	4559	4925
2.1	空调系统	机组、风口、阀门、风管	套	1	462000		462000	
					504000			504000
					360000	360000		
2.2	送风天花	Ⅰ级	个	1	39600	39600	39600	39600
2.3	医用气体系统	终端、阀门、管道	套	1	32400		32400	
					33600			33600
					26400	26400		
2.4	给水、排水系统	水管、阀门、管道	套	1	20000	20000	20000	20000
2.5	强、弱电系统	配电箱、照明、插座、隔离变压器、变频器	套	1	221000		221000	
					240000			240000
					180000	180000		
3	基本装备(每间手术室)		间	1		150902	185902	253602
3.1	器械柜	1180×2000×400，不锈钢喷塑，四门开启，上下两层	个	1	7480	7480	7480	7480
3.2	药品柜		个	1	7480	7480	7480	7480
3.3	麻醉柜		个	1	7480	7480	7480	7480
3.4	消毒保温箱		个	1	35000	20000	35000	38000
3.5	低温箱	低温柜(20℃)	个	1	4500	20000	40000	42000
3.6	观片灯	四向拉杆、可调整光照区域	个	2	10450		20900	
					41800			83600
					10450	20900		
3.7	中央控制面板	时钟，计时钟，空调启停、温湿度显示、控制、高效阻塞报警，照明控制等，免提电话，医气监控、报警，电气绝缘监测	个	1	13200	13200	13200	13200
3.8	医用照明灯带	3×58W	套	8	880	7040	7040	7040
3.9	无影灯、吊塔锚栓		套	1	957	957	957	957
3.10	输液导轨及吊架	含吊钩4个	套	5	495	2475	2475	2475
3.11	内嵌式书写板	700×400×300，不锈钢材质	个	1	2530	2530	2530	2530
3.12	组合电源插座箱	3组4个220V 10A插座，2个接地端子，1组另配1个380V 20A插座	个	4	605	2420	2420	2420
3.13	不锈钢悬挂刷手池	三位，壁挂式，1.2mm厚优质不锈钢磨砂、配红外感应恒温水龙头、设挡水板、自动给皂器独立镜灯	套	1	38940	38940	38940	38940

Ⅱ级洁净手术部造价明细表　　表 1.4.2.3-2

序号	名称	规格/型号	单位	数量	综合单价（元）	总投资（元）		
						低档	中档	高档
二	Ⅱ级手术室（$39m^2$）＋辅房（$150m^2$）		间	1		984709	1222922	1901922
1	装饰工程		m^2	1		1538	2336	4896
1.1	手术室装饰工程		m^2	1		1661	2189	6854
	装饰 墙面	手术室高承重钢结构框架＋1.2mm 厚优质不锈钢板墙面、表面喷涂	m^2	60	721		43260	
		手术室不锈钢板隔墙			2440			146400
		手工岩棉夹芯玻镁彩钢板 50mm 厚，双面			460	27600		
	装饰 顶面	手术室高承重钢结构框架＋1.2mm 厚优质不锈钢板吊顶、表面喷涂	m^2	39	650		25350	
		手术室不锈钢板吊顶			2440			95160
		手工纸蜂窝夹芯玻镁彩钢板 50mm 厚，单面			753	29367		
	装饰 地面	手术室优质防静电橡胶地板	m^2	39	430		16770	
		手术室优质导电橡胶地板			660			25740
		PVC 卷材			200	7800		
1.2	辅助用房装饰工程		m^2	1		1066	1420	2553
	辅助用房墙面	轻钢龙骨＋石膏板＋铝塑板（单面）	m^2	260	460		119600	
		抗倍特板（18 厚）			828			215280
		轻钢龙骨＋石膏板＋防菌涂料			320	83200		
	辅助用房顶面	轻钢龙骨＋石膏板＋铝塑板	m^2	150	403		60450	
		抗倍特板			761			114150
		铝扣板			311	46650		
	辅助用房地面	优质防静电 PVC 地板	m^2	150	220		33000	
		洁净走道导电胶地板			357			53550
		PVC 卷材			200	3000		
1.3	门窗工程		m^2	1		349	757	1455
	门窗	自动门、气密门、窗	套	1	143000		143000	
					275000			275000
					66000	66000		
2	安装工程		m^2	1		2578	2908	3695
2.1	空调系统	机组、风口、阀门、风管	套	1	300000		300000	
					408000			408000
					264000	264000		

续表

序号	名称	规格/型号	单位	数量	综合单价(元)	总投资(元)		
						低档	中档	高档
2.2	送风天花	Ⅱ级	个	1	37200	37200	37200	37200
2.3	医用气体系统	终端、阀门、管道	套	1	26400		26400	
					31200			31200
					24000	24000		
2.4	给水、排水系统	水管、阀门、管道	套	1	18000	18000	18000	18000
2.5	强、弱电系统	配电箱、照明、插座、隔离变压器、变频器	套	1	168000		168000	
					204000			204000
					144000	144000		
3	基本装备(每间手术室)		间	1		206892	231892	278242
3.1	器械柜	1180×2000×400,不锈钢喷塑,四门开启,上下两层	个	1	7480	7480	7480	7480
3.2	药品柜		个	1	7480	7480	7480	7480
3.3	麻醉柜		个	1	7480	7480	7480	7480
3.4	冷藏柜	0℃～4℃	个	1	30000		30000	
					40000			40000
					20000	20000		
3.5	消毒保温箱	保温箱	个	1	35000	20000	35000	40000
3.6	观片灯	四向拉杆、可调整光照区域	个	1	10450		10450	
					41800			41800
					10450	10450		
3.7	中央控制面板	时钟,计时钟,空调启停、温湿度显示、控制、高效阻塞报警,照明控制等,免提电话,医气监控、报警,电气绝缘监测	个	1	13200	13200	13200	13200
3.8	医用照明灯带	3×58W	套	8	7040	56320	56320	56320
3.9	无影灯、吊塔锚栓		套	1	957	957	957	957
3.10	输液导轨及吊架	含吊钩4个	套	5	2475	12375	12375	12375
3.11	内嵌式书写板	700×400×300 不锈钢材质	个	1	2530	2530	2530	2530
3.12	组合电源插座箱	3组4个220V10A插座,2个接地端子,1组另配1个380V20A插座	个	4	2420	9680	9680	9680
3.13	不锈钢悬挂刷手池	三位,壁挂式,1.2mm厚优质不锈钢磨砂、配红外感应恒温水龙头、设挡水板、自动给皂器独立镜灯	套	1	38940	38940	38940	38940

Ⅲ级洁净手术部造价明细表　　　　表 1.4.2.3-3

序号	名称	规格/型号	单位	数量	综合单价（元）	总投资（元）		
						低档	中档	高档
三	Ⅲ级手术室（39m²）+辅房（150m²）		间	1		866669	1079882	1743882
1	装饰工程		m²	1		1538	2336	4896
1.1	手术室装饰工程		m²	1		1661	2189	6854
	装饰 墙面	手术室高承重钢结构框架+1.2mm厚优质不锈钢板墙面、表面喷涂	m²	60	721		43260	
		手术室不锈钢板隔墙			2440			146400
		手工岩棉夹芯玻镁彩钢板50mm厚，双面			460	27600		
	装饰 顶面	手术室高承重钢结构框架+1.2mm厚优质不锈钢板吊顶、表面喷涂	m²	39	650		25350	
		手术室不锈钢板吊顶			2440			95160
		手工纸蜂窝夹芯玻镁彩钢板50mm厚，单面			753	29367		
	装饰 地面	手术室优质防静电橡胶地板	m²	39	430		16770	
		手术室优质导电橡胶地板			660			25740
		PVC 卷材			200	7800		
1.2	辅助用房装饰工程		m²	1		1066	1420	2553
	辅助用房 墙面	轻钢龙骨+石膏板+铝塑板（单面）	m²	260	460		119600	
		抗倍特板（18 厚）			828			215280
		轻钢龙骨+石膏板+防菌涂料			320	83200		
	辅助用房 顶面	轻钢龙骨+石膏板+铝塑板	m²	150	403		60450	
		抗倍特板			761			114150
		铝扣板			311	46650		
	辅助用房 地面	优质防静电 PVC 地板	m²	150	220		33000	
		洁净走道导电胶地板			357			53550
		PVC 卷材			200	30000		
1.3	门窗工程		m²	1		349	757	1455
	门窗	自动门、气密门、窗	套	1	143000		143000	
					275000			275000
					66000	66000		
2	安装工程		m²	1		2295	2625	3413
2.1	空调系统	机组、风口、阀门、风管	套	1	276000		276000	
					384000			384000
					240000	240000		

续表

序号	名称	规格/型号	单位	数量	综合单价(元)	总投资(元)		
						低档	中档	高档
2.2	送风天花	Ⅲ级	个	1	34800	34800	34800	34800
2.3	医用气体系统	终端、阀门、管道	套	1	26400		26400	
					31200			31200
					24000	24000		
2.4	给水、排水系统	水管、阀门、管道	套	1	15000	15000	15000	15000
2.5	强、弱电系统	配电箱、照明、插座、隔离变压器、变频器	套	1	144000		144000	
					180000			180000
					120000	120000		
3	基本装备(每间手术室)		间	1		206892	231892	278242
3.1	器械柜	1180×2000×400,不锈钢喷塑,四门开启,上下两层	个	1	7480	7480	7480	7480
3.2	药品柜		个	1	7480	7480	7480	7480
3.3	麻醉柜		个	1	7480	7480	7480	7480
3.4	观片灯	四向拉杆、可调整光照区域	个	1	10450		10450	
					41800			41800
					10450	10450		
3.5	中央控制面板	时钟,计时钟,空调启停、温湿度显示、控制、高效阻塞报警,照明控制等,免提电话,医气监控、报警,电气绝缘监测	个	1	13200	13200	13200	13200
3.6	医用照明灯带	3×58W	套	6	5280	31680	31680	31680
3.7	无影灯、吊塔锚栓		套	1	957	957	957	957
3.8	输液导轨及吊架	含吊钩4个	套	5	2475	12375	12375	12375
3.9	内嵌式书写板	700×400×300,不锈钢材质	个	1	2530	2530	2530	2530
3.10	组合电源插座箱	3组4个220V10A插座,2个接地端子,1组另配1个380V20A插座	个	4	2420	9680	9680	9680
3.11	不锈钢悬挂刷手池	三位,壁挂式,1.2mm厚优质不锈钢磨砂、配红外感应恒温水龙头、设挡水板、自动给皂器独立镜灯	套	1	38940	38940	38940	38940

DSA洁净手术部造价明细表　　表1.4.2.3-4

序号	名称	规格/型号	单位	数量	综合单价(元)	总投资(元)		
						低档	中档	高档
四	DSA($51m^2$)+辅助用房($120m^2$)		间	1		961790	1140770	1868417
1	装饰工程		m^2	1		2649	3331	6532

续表

序号	名称	规格/型号	单位	数量	综合单价（元）	总投资（元）		
						低档	中档	高档
1.1	手术室装饰工程		m²	1		1702	2253	7071
	装饰 墙面	手术室高承重钢结构框架+1.0mm厚优质不锈钢板墙面、表面喷涂	m²	83	721		59843	
		手术室不锈钢板隔墙			2440			202520
		手工岩棉夹芯玻镁彩钢板50mm厚，双面			460	38180		
	装饰 顶面	手术室高承重钢结构框架+1.0mm厚优质不锈钢板吊顶、表面喷涂	m²	51	650		33150	
		手术室不锈钢板吊顶			2440			124440
		手工纸蜂窝夹芯玻镁彩钢板50mm厚，单面			753	38403		
	装饰 地面	手术室优质防静电橡胶地板	m²	51	430		21930	
		手术室优质导电橡胶地板			660			33660
		PVC卷材			200	10200		
1.2	手术室屏蔽装饰工程		m²	1		2585	2585	2585
	防辐射 墙面	手术室铅屏蔽防护（铅板3个铅当量）	m²	83	1275	105825	105825	105825
	防辐射 顶面	防辐射水泥处理（硫酸钡3个铅当量）	m²	51	255	13005	13005	13005
	防辐射 地面	防辐射水泥处理（硫酸钡3个铅当量）	m²	51	255	13005	13005	13005
1.3	辅助用房装饰工程		m²	1		1066	1420	2553
	辅助用房墙面	轻钢龙骨+石膏板+铝塑板	m²	300	460		138000	
		抗倍特板			828			248400
		轻钢龙骨+石膏板+防菌涂料			320	96000		
	辅助用房顶面	轻钢龙骨+石膏板+铝塑板	m²	120	403		48360	
		抗倍特板			761			91320
		铝扣板			311	37320		
	辅助用房地面	优质防静电PVC地板	m²	120	220		26400	
		洁净走道导电胶地板			357			42840
		PVC卷材			200	24000		
	门窗工程		m²	1		450	643	1415
	门窗	铅屏蔽自动门、气密门、窗	套	1	110000		110000	
					242000			242000
					77000	77000		

续表

序号	名称	规格/型号	单位	数量	综合单价（元）	总投资（元）		
						低档	中档	高档
2	安装工程		m^2	1		2578	2908	3695
2.1	空调系统	机组、风口、阀门、风管	套	1	252000		252000	
					360000			360000
					216000	216000		
2.2	医用气体系统	终端、阀门、管道	套	1	42000		42000	
					46800			46800
					39600	39600		
2.3	给水、排水系统	水管、阀门、管道	套	1	15000	15000	15000	15000
2.4	强、弱电系统	配电箱、照明、插座、隔离变压器、变频器	套	1	120000		120000	
					156000			156000
					96000	96000		
3	基本装备（每间手术室）		间	1		142252	142252	173602
3.1	器械柜	1180×2000×400，不锈钢喷塑，四门开启，上下两层	个	1	7480	7480	7480	7480
3.2	药品柜		个	1	7480	7480	7480	7480
3.3	麻醉柜		个	1	7480	7480	7480	7480
3.4	观片灯	四向拉杆、可调整光照区域	个	1	10450		10450	
					41800			41800
					10450	10450		
3.5	中央控制面板	时钟，计时钟，空调启停、温湿度显示、控制、高效阻塞报警，照明控制等，免提电话，医气监控、报警，电气绝缘监测	个	1	13200	13200	13200	13200
3.6	医用照明灯带	3×58W	套	6	5280	31680	31680	31680
3.7	无影灯、吊塔锚栓		套	1	957	957	957	957
3.8	输液导轨及吊架	含吊钩4个	套	5	2475	12375	12375	12375
3.9	内嵌式书写板	700×400×300，不锈钢材质	个	1	2530	2530	2530	2530
3.10	组合电源插座箱	3组4个220V10A插座，2个接地端子，1组另配1个380V20A插座	个	4	2420	9680	9680	9680
3.11	不锈钢悬挂刷手池	三位，壁挂式，1.2mm厚优质不锈钢磨砂、配红外感应恒温水龙头、设挡水板、自动给皂器独立镜灯	套	1	38940	38940	38940	38940

中心供应造价明细表　　表1.4.2.3-5

序号	名称	规格/型号	单位	数量	综合单价（元）	总投资（元）		
						低档	中档	高档
五	中心供应室（770m^2）		m^2	1		2605	3376	4593
1	装饰工程		m^2	1		2649	3331	6532

续表

序号	名称	规格/型号	单位	数量	综合单价（元）	总投资（元）		
						低档	中档	高档
1.1	装饰 墙面	手工岩棉夹芯玻镁彩钢板50mm厚，双面	m^2	1200	460		552000	
		抗倍特板			828			993600
		轻钢龙骨＋石膏板＋防菌涂料			320	384000		
	装饰 地面	优质防静电PVC地板	m^2	770	220		169400	
		手术室优质防静电橡胶地板			430			331100
		PVC卷材			200	154000		
	装饰 顶面	手工纸蜂窝夹芯玻镁彩钢板50mm厚，单面	m^2	770	753		579810	
		抗倍特板			761			585970
		铝扣板			311	239470		
1.2	门窗	气密门、窗	套	1	242000		242000	
					330000			330000
					220000	220000		
2	安装工程		m^2	1		2578	2908	3695
2.1	空调系统	机组、风口、阀门、风管	套	1	696000		696000	
					900000			900000
					672000	672000		
2.2	强、弱电系统	配电箱、照明、插座、变频器	套	1	360000		360000	
					396000			396000
					336000	336000		

配置中心造价明细表　　　　表1.4.2.3-6

序号	名称	规格/型号	单位	数量	综合单价（元）	总投资（元）		
						低档	中档	高档
六	配置中心（310m^2）		m^2	1		3044	3948	5614
1	装饰工程		m^2	1		1340	2090	3098
1.1	装饰 墙面	手工岩棉夹芯玻镁彩钢板50mm厚，双面	m^2	466	460		214360	
		抗倍特板			828			385848
		轻钢龙骨＋石膏板＋防菌涂料			320	149120		
	装饰 地面	优质防静电PVC地板	m^2	310	220		68200	
		手术室优质防静电橡胶地板			357			110670
		PVC卷材			200	62000		
	装饰 顶面	手工纸蜂窝夹芯玻镁彩钢板50mm厚，单面	m^2	310	753		233430	
		抗倍特板			761			235910
		铝扣板			311	96410		

续表

序号	名称	规格/型号	单位	数量	综合单价（元）	总投资（元）		
						低档	中档	高档
1.2	门窗	气密门、窗	套	1	132000		132000	
					228000			228000
					108000	108000		
2	安装工程		m^2	1		1703	1858	2516
2.1	空调系统	机组、风口、阀门、风管	套	1	348000		348000	
					516000			516000
					324000	324000		
2.2	强、弱电系统	配电箱、照明、插座、变频器	套	1	228000		228000	
					264000			264000
					204000	204000		

ICU 造价明细表　　　　**表 1.4.2.3-7**

序号	名称	规格/型号	单位	数量	综合单价（元）	总投资（元）		
						低档	中档	高档
七	ICU（20 床位，530m^2）		m^2	1		5105	5902	8336
1	装饰工程		m^2	1		1587	1983	3449
1.1	装饰 墙面	轻钢龙骨＋石膏板＋铝塑板	m^2	686	460		315560	
		抗倍特板			828			568008
		轻钢龙骨＋石膏板＋防菌涂料			320	219520		
	装饰 地面	优质防静电 PVC 地板	m^2	530	220		116600	
		优质防静电橡胶地板			660			349800
		PVC 卷材			200	106000		
	装饰 顶面	轻钢龙骨＋石膏板＋铝塑板	m^2	530	403		213590	
		抗倍特板			761			403330
		铝扣板			311	164830		
1.2	门窗	自动门、气密门、窗	套	1	405000		405000	
					507000			507000
					351000	351000		
2	安装工程		m^2	1		2925	3138	3702
2.1	空调系统	机组、风口、阀门、风管	套	1	572000		572000	
					767000			767000
					546000	546000		
2.2	医用气体系统	终端、阀门、管道	套	1	156000		156000	
					208000			208000
					130000	130000		

续表

序号	名称	规格/型号	单位	数量	综合单价（元）	总投资(元)		
						低档	中档	高档
2.3	强、弱电系统	配电箱、照明、插座、隔离变压器、变频器	套	1	780000		780000	
					819000			819000
					754000	754000		
2.4	给水、排水系统	水管、阀门、管道、洁具等	套	1	155000		155000	
					168000			168000
					120000	120000		
3	基本装备		m^2	1		593	782	1185
3.1	观片灯	四向拉杆、可调整光照区域	个	10	20450		204500	
					41800			418000
					10450	104500		
3.2	中央控制面板	时钟,计时钟,空调启停、温湿度显示、控制、高效阻塞报警,照明控制等,免提电话,医气监控、报警,电气绝缘监测	个	1	19800	19800	19800	19800
3.3	医用照明灯带	3×58W	套	20	5280	105600	105600	105600
3.4	输液导轨及吊架	含吊钩4个	套	20	2475	49500	49500	49500
3.5	内嵌式书写板	700×400×300,不锈钢材质	个	10	2530	25300	25300	25300
3.6	组合电源插座箱	3组4个220V10A插座,2个接地端子,1组另配1个380V20A插座	个	4	2420	9680	9680	9680

第3节 投资控制概念

1.4.3.1 投资控制是项目管理工作的主线，应贯穿于项目整个建设周期和各个方面。

【技术要点】

1. 从组织构架、制度建设、经济技术、合同和信息管理等多个方面采取多种有效措施，将过去被动性的、事后审核为主的投资控制方式转变为前瞻性、主动性的事前投资控制方式。

2. 梳理建设各阶段的投资控制风险点，设置对应的投资控制措施，确保工程投资不突破国家相关部门批准的总概算，提高资金的使用效率。

1.4.3.2 投资控制原则。根据医用洁净装备工程的特点和建设方需求，综合分析各类主客观因素，利用价值工程原理合理确定动态投资控制原则。

【技术要点】

1. 全面控制；

2. 责权利相结合原则；

3. 节约原则。

1.4.3.3　投资控制的目标。在工程实施的各阶段中，把医用洁净装备工程投资控制在批准投资以内，随时纠正发生的偏差，以保证工程投资管理目标的实现，以求在工程实施过程中合理使用人力、物力、财力，取得较好的投资效益和社会效益。

【技术要点】

1. 医用洁净装备工程项目最高投资限额是对应的批准概算，不得随意突破，并作为项目建设过程中投资控制的总目标。

2. 为了确保医用洁净装备工程实际投资控制在批准概算范围内，需要将批准概算投资分配到工程的各个工作单元中，并根据医用洁净装备工程的特点和建设方需求，利用价值工程原理进行必要的调整。各个工作单元概算投资或调整投资即为工程投资控制分目标。

第4节　基于项目全寿命周期的投资控制措施

1.4.4.1　自项目立项阶段开始，从建设期到建成后运行期，整个过程都要实行投资控制。投资控制不仅要控制工程建设期费用，还需要控制建成后运行和维修费用。通过对项目全寿命周期的经济分析，使医用洁净装备工程在整个寿命周期内的总费用最小。

【技术要点】

1. 前期策划阶段的投资控制措施：

(1) 做好项目可行性研究；

(2) 科学编制投资估算：投资估算要做到科学、合理、经济，不高估，不漏算；保证投资估算和设计方案的一致性和匹配性；推行上报投资估算审核制。

2. 设计阶段的投资控制措施：

(1) 推行并落实限额设计；

(2) 设计阶段的动态控制方法。

3. 施工准备阶段的投资控制措施：

(1) 科学编制招标工程量清单：编制依据要明确；工程量计算力求准确；清单项目特征描述一定要准确和全面；对现场施工条件表述准确；

(2) 落实限额招标；

(3) 防止恶意低价中标：招标准备阶段应严格执行建设程序，重视投标报价基础资料编制质量，从源头杜绝恶意低价竞标；标后阶段，强化医用洁净装备工程标后监管措施，建立标后监督管理的长效机制。

4. 施工阶段投资控制：

(1) 建立施工阶段的动态投资控制机制；

(2) 建立制度，组织编制施工阶段建设方年、季、月度资金使用计划，并根据需要动态调整；

(3) 严格控制设计变更和现场签证管理；

(4) 组织施工方案技术经济论证（如有必要）；

(5) 建立制度，审核工程款支付申请；

（6）严格管理施工阶段费用索赔。

5. 竣工结算阶段投资控制：

（1）收集、掌握与工程结算有关的信息。

（2）审核施工单位提交的工程结算报告或审核相应专业顾问单位的审核意见。

（3）依据批准概算和合同签署相关意见。

6. 配合审计（如有必要）。

7. 运营阶段投资控制：

（1）运营系统建设、制度建设；

（2）设备运行管理；

（3）维护与保修；

（4）资产管理。

本章参考文献

[1] 中国卫生经济学卫生专业委员会．医院洁净手术部建筑技术规范 GB 50333—2002. 北京：中国计划出版社，2002.

[2] 卫生部. 医院洁净手术部. 建设标准（内部资料），2000.

[3] 许钟麟．我国医院洁净手术部建设的一个新高度——介绍《医院洁净手术部建设标准》和《医院洁净手术部建筑技术规范》. 中国医院建筑与装备，2002，4：9-12

[4] 张建忠．医院建设项目管理一政府公共工程管理改革与创新．上海：同济大学出版社，2015.

本章作者简介

张建忠：上海市卫生基建中心主任、中国医院协会建筑分会副主任委员、中国医学装备协会医用洁净装备工程分会副会长、上海医院协会建筑后勤专业委员会主任委员。

陈凤君：上海申康卫生基建管理有限公司造价部经理，高级工程师，注册造价工程师。熟悉医院建设造价指标和投资控制。

第5章　医用洁净装备工程的施工管理

周恒瑾　卫双囤　张志毅　王保林　徐喆

第1节　施工准备

1.5.1.1　施工准备工作是为了给中标以后的施工管理创造良好条件，更好地保证工期和工程质量。其基本任务是建立必要的管理、技术和物质条件，在建设方的统一协调下统筹安排施工现场、施工管理组织机构和施工力量。其主要内容为：工程项目组织机构的建立，建立健全各项管理制度和管理工作程序，技术准备，人员组织准备，施工机具准备，工程材料（设备）准备，施工现场准备。

1.5.1.2　医用洁净工程作为医院整体工程的一部分，在施工前必须详细明确施工内容、范围及交接作业面。

【技术要点】

1. 复杂性：施工管理过程中涉及建筑结构、装饰装修、通风空调、给水排水、供配电、信息、弱电、自动控制、中心供气、消防、屏蔽、防静电等十多个专业工种，有别于一般的建筑施工，各工种之间必须紧密配合，协同工作。

2. 局部性：确定洁净装备工程与主体结构其他部位的交接位置与形式，避免重复施工和界面不清导致的连接错位。

1.5.1.3　应建立质量管理体系，健全各项管理制度，制定主要管理工作程序和具体的施工工序，以保证施工组织设计的可实施性。

【技术要点】

1. 建立健全项目的各项管理制度是保证各项施工活动有序、顺利进行的基础。各施工企业应依照《建筑工程施工管理手册》和管理体系程序文件的规定，建立各项管理制度。

2. 制定各项管理工作程序，确保各项管理工作有条不紊。各项管理工作程序的执行应该落实责任部门和责任人员，明确执行过程和执行结果的纪录。

3. 强调应根据具体工程制定科学的、具体的施工程序。

4. 应组织相关人员对施工组织设计进行审核，并签字确认。

5. 特别对于新技术、新材料、新工艺的应用必须组织讨论会，确认这些应用满足使用和运行要求。

6. 对关键技术、关键工序、特殊难点、特殊工序应编制作业指导书。

7. 施工组织设计应包括施工节能内容，编制施工节能方案，并经监理和建设单位审批。

1.5.1.4　建设方、设计方、监理方、施工方应进行交底及深化设计探讨工作。

【技术要点】

1. 应进行施工安装方面的教育和技能培训，同时，建设方组织各方向施工安装人员讲明技术要求和注意事项，对施工安装人员提出的疑问做出明确解释。

2. 对于需要进行深化设计的项目，应组织深化设计人员和施工管理人员深入现场，精心勘察，在充分掌握需求和工程技术要求的基础上，积极配合建设方做好相关的方案论证，再反复与建设方进行多方位沟通，满足建设方需求，积极做好深化设计、完善施工图纸，处理好多种技术细节问题，并组织各专业、各工种在充分学习和会审图纸的基础上，制定施工程序。

3. 为保证医用洁净装备的正常使用和运行维护管理，在充分论证的前提下，可考虑增加在线监测运行维护系统。

1.5.1.5　对进场条件、进场时间、人员部署、材料及机械进场等进行确认。

【技术要点】

1. 确认进场条件，如地面平整度与建筑围护结构的密封性等基础条件能否达到进场要求。

2. 解决施工场地的布置，人员及机械进场，食宿安排，供电、供水源等问题。

3. 场地清理，场地测量，测定标高，施工放样，设置预埋件，进行器具的加工，施工基本材料进场。

第2节　施工过程管理

1.5.2.1　关于施工人员管理：施工人员管理是保证施工及验收质量的关键之一，是施工现代化管理中的一个重要“软件”内容，必须强调施工人员应具备的条件。

【技术要点】

1. 各级施工人员应有必要的相关施工经历，具有明确的分工和职责。

2. 特殊工种作业人员应持证上岗。

3. 施工管理负责人（项目经理）和质量管理负责人不得互相兼任，必须配备质量检查人员。

4. 各级施工负责人和质量检验人员应定期经过医用洁净装备工程施工验收规范的专业技术培训。

5. 实行施工人员挂牌制度，严格自律。

6. 配备合理的项目管理班子，配备足够的施工人力资源，是保证工程进度计划实施的重要因素。由于医用洁净装备工程对工人的技术要求较高，应充分考虑投入合格的人力资源。对于一些特殊工种的人员培训，应提前做好计划，并将培训计划的实施贯穿于整个施工过程中。

7. 医用洁净装备工程项目的专业复杂，往往对安装调试阶段提出种种特殊的要求。此类任务的承担者需要具备处理各种非正常情况的能力，必须组成能胜任相应任务的工作班子，必要时可聘请有关方面的专家参与工作。总之，任务承担者的业务能力对工程的质量和进度都有重大的影响，应加以特别重视。

8. 医用洁净装备工程应由具有丰富施工经验和组织指挥能力的人员任职，统一组织、管理、协调。下设各专业工种的技术、质检、安全、物资等部门，配备相关专业工程师层层把关，全方位控制工程的进度计划、技术质量、安检和日常管理工作。

9. 对于特殊制作工序，施工人员应熟练掌握特殊工序的规定，并按照作业指导书进行操作。

10. 对从事施工节能作业的专业人员应进行技术交底和必要的实操培训。

1.5.2.2　关于安全及文明环保管理：安全管理是项目管理的重要组成部分，应贯穿于施工的全过程。现场文明施工、环境保护工作则是各项管理工作的综合反映，代表了工程的整体形象和精神面貌，其目的是创造一个良好的工作和生活环境。

【技术要点】

1. 制定安全目标及安全管理体系和制度，制定完善的文明施工及环保措施，并进行培训教育。

2. 应有应对季节变化和突发事件、紧急情况的处理措施、预案以及抵抗风险的措施。

3. 应做好安全技术工作的书面交底，并认真做好记录，加强防范意识。

4. 特殊气象条件下，如环境温度在零度以下时，不应进行水压试验。正常水压试验中，应做到随时试压，随时放空；沙尘暴期间应关闭、封闭施工区域通向外界的所有孔口，覆盖所有露天存放的设备与材料，停止系统的运行、调试。

5. 应在施工现场入口明示紧急疏散线路图。

6. 搬运大型设备的洞口，平时应采用不燃材料封闭。

7. 上下交叉作业有危险的出入口应有标志和隔离设施。

8. 在施工过程中和施工完成后，洁净区的所有安全门都不得上锁。

9. 施工过程中应做到当天施工，当天清理现场，并有专人负责的制度。在完成了高效过滤器安装、地面墙面的装饰工作之后，洁净室内不应再进行产尘、扬尘作业。不允许因废弃物而产生二次污染。

10. 应根据环保噪声指标昼夜要求的不同，合理协调安排施工分项的施工时间。

11. 采取节约用电、用水措施，施工用电、用水应安装计量装置。

12. 合理处理废水、废气、废物，不得对施工区域以外的环境造成污染。

1.5.2.3　关于材料管理：应做好材料进场管理、成品管理以及材料进场计划。

【技术要点】

1. 对于一切进场的材料、设备应按照规定进行抽查、测试、确认合格后方可使用。

2. 设备材料的堆放场地应有防雨雪、防晒措施，并做到分类存放整齐，做好标识。

3. 对于空气过滤器等重要器材与设备，应设置专门区域保管。

4. 统一全场成品保护和警示标志。

5. 提前做好各项物资设备的采购计划，应充分考虑采购的合同履行周期，尽量使之提前。采购计划的时间安排应与施工进度计划紧密结合，优先解决影响工程进度计划实施的物资供应。此外，物资的采购应充分考虑供应的配套性，保证施工得以顺利进行。

6. 施工材料在运输、储存和施工过程中，应采取包裹、覆盖、密封、围挡等措施，防止污染环境。

7. 对任何已施工完成或已完成一个工序施工的部位，都要根据现场的实际情况采取适当的防护措施。

8. 施工过程中对施工机械进行全面检查和维修保养，保证设备始终处于良好状态，避免噪声、泄露和废油、废弃物造成的污染，杜绝重大安全隐患的存在。

1.5.2.4　关于质量管理：施工全过程应进行质量控制，强调依靠施工过程控制保证质量。

【技术要点】

1. 要有明确的质量承诺和质量目标。

2. 明确工程各分项工程质量管理责任，并落实到人。

3. 在定职定责的基础上建立畅通的内外部沟通渠道。

4. 规范各项质量管理制度和质量管理程序，做到质量管理专人负责，全员参与，层层把关。

5. 严格按照施工图纸及相关规范施工。不得违反设计文件，擅自改动图纸，未经设计确认和有关部门批准不得擅自拆改水、暖、电、燃气、通信等配套设施。

6. 技术复核、隐蔽工程验收必须编制详细的计划，明确复核验收的部位、内容、复核验收人员。

7. 对各分项工程和施工工艺作好技术交底工作，由项目负责人将各分项工程和施工工艺向施工人员作详细的技术交底工作，包括施工方法、操作要领、质量要求、验收标准等。

8. 质量管理负责人具有不受项目干扰、独立行使质量监督职权的权力。合理组织质量综合检查，按照质量体系，并对照评定标准和验收规范，对各分项工程的质量状况作出评价，并有详细的书面记录。

1.5.2.5　关于工期进度管理：应制定合理的工期进度计划，保证工程在实施过程中有预见地、有条不紊地始终处于有效的受控状态。

【技术要点】

1. 加强施工过程中的动态管理，针对各工序和环节，合理安排劳动力和施工准备的投入在确保每道工序工程质量的前提下，立足抢时间、争速度，科学地组织流水施工及交叉施工，严格遵守各项规章制度，严肃确定施工调度工作，有计划、有步骤、有目标地合理分配施工任务，严格控制关键工序的施工工期，确保按期、优质、高效地完成施工任务。

2. 尽可能采用先进的施工机具，并配备足够的常规小型施工机具，以提高劳动生产效率。应设专人负责施工机具、仪器仪表的保管、保养、维修，以保证施工机具的完好率和仪器仪表的准确度，避免因施工机具的原因影响工程进度。

3. 应采用先进的工期进度管理和控制方法。

4. 工程计划管理是工程顺利完成的前提条件。

5. 抓住影响工期进度的关键线路和关键节点。优先确保关键节点工期目标的实现，在计划关键线路上加大人力、物力的投入，限期完成，并不断依据现场条件和人力、物力的变化情况对计划加以调整和优化。

6. 根据现场实际情况及时对施工计划进行科学的调整，做到工序流程科学合理，衔接紧密，对现场施工起到真正的指导作用。

7. 及时调整进度计划，实行动态控制管理。以工程整体进度为基础，对实际施工中出现的计划偏差积极进行调整，保证施工计划在实际施工中的有效性。

第3节　试运转调试与性能测试

1.5.3.1　试运转调试包括设备单机试运转调试和系统联合试运转调试。应包含净化空调系统调试、电气系统调试、控制系统调试、医用气体系统调试等。

【技术要点】

1. 试运转之前，应会同建设单位和监理单位进行全面检查，符合设计、施工验收规范和工程质量检验标准后，方能进行运转和调试。

2. 严格按照各种设备的操作说明书进行开机试运转工作。

3. 检查各种设备的电气控制柜，确认全部电气元器件均无损坏，内部与外部接线正确无误，无短路故障。

4. 按设计图纸系统要求，检查主机与网络器、网关设备、自控系统外部设备（包括电源UPS、打印设备）、通信接口（包括与其他子系统）之间的连接、传输线型号规格是否正确，通信接口的通信协议、数据传输格式、速率等是否符合设计要求。

5. 联机调试中，设备通电后，启动程序检查主机与系统其他设备通信是否正常，确认系统内设备无故障。

6. 按设计要求全部或分类对各监控点进行测试，并确认功能是否满足设计要求。

7. 特别要注意调试过程中手动制造故障，关注故障报警系统的灵敏性和准确性。

8. 反复试验设备与设备间的联动及切换，确认其稳定性与准确性。

9. 水系统调试前，将冷冻水和冷却水系统中的所有自控阀门置于完全开启状态，在水泵开启状态下，对系统进行初步调节，最后各个冷冻机组、空调机组联动正常工作，水系统流量、温度正常，房间湿度达到设计要求。

10. 根据需要做围护结构气密性测试、自动控制系统有效性测试、照明设备测试、弱电系统有效性测试、紧急预案有效性测试等。

1.5.3.2　医用洁净装备工程必须经过综合性能调试和测试，并经过综合性能检测后方可使用。良好的综合性能调试一是为第三方检测做准备，可以快速、一次性通过检测；二是保证系统稳定安全运行，为后期维护保养打下良好的基础。

【技术要点】

1. 根据洁净室不同的级别、不同的设计参数，确定好需要的测试项目。

2. 准备调试所用仪器仪表，调试仪器仪表应有出厂合格证书和鉴定文件。严格执行计量法，不准使用无鉴定合格证或超过鉴定周期以及经鉴定不合格的计量仪器仪表。

3. 系统调试所需的水、电、汽及压缩空气等应具备使用条件。现场清理干净，制定调试方案，准备好所需仪表、工具，调试记录表格，熟悉设计图纸，领会设计意图，掌握系统工作原理，各种阀门、风口等均调到工作状态。设备单机试运转完成，符合设计要求，方可进行系统调试。

4. 调试前各空调净化系统房间应进行擦拭，工作人员要穿上不产生静电的棉质带帽工作服进行擦拭。通风系统和水系统已调试完毕，联机连续运行12h以上。

5. 调试过程中，封闭现场并作标识，无关人员不得进出，调试人员严格按照标准的检测方法，正确使用测试仪器、仪表，轻拿轻放，以免损坏。

6. 通风系统要逐步调节系统的排风量、新风量及各房间的送回风量，最终使系统风量、各房间的送风量、房间压差达到设计要求。

7. 进入室内测试时，要穿戴干净、整洁、不产尘、不积尘的洁净服进入室内。测试时首先要保证对温度、湿度和洁净度要求高的房间，同时充分考虑使用中对环境条件要求的极限值，以免对设备和产品造成不必要的损害。调试结束后仍要重新进行一次全面测试，待所有参数满足设计和使用要求后才能结束。

8. 系统调试的各种记录资料要完整、真实，空态调试完成后，根据甲方要求参与系统静态和动态调试。

第4节　资料记录与文件管理

1.5.4.1　工程资料分为两部分：一是工程交工技术资料，主要包括能证明工程质量的可靠程度及工程使用、维护、改建、扩建有关的一切文件材料，随工程交工一并提交有关单位存档备用；二是施工单位积累的施工技术资料、经济资料和管理资料。

【技术要点】

工程交工技术档案应包括（但不限于）以下文件：

1. 设计变更、工程更改洽商单；
2. 施工组织设计、施工方案；
3. 施工技术交底记录；
4. 材料、设备出厂合格证及化验单；
5. 预检记录；
6. 隐蔽工程检验记录；
7. 试运转记录；
8. 施工试验记录；
9. 工程质量检验评定；
10. 竣工验收单；
11. 竣工图。

1.5.4.2　关于文件管理。要求一切要有文字（图纸）规定，一切要按规定操作，一切活动要记录在案，一切要由数据说话，一切要有负责人签字，做到记我所做，做我所写。

【技术要点】

1. 施工过程中，不得违反设计文件擅自改动系统、参数、设备选型、配套设施和主要使用功能。当修改设计时，应经原设计单位确认、签字，并得到建设单位的同意，在通知监理方之后执行。

2. 施工安装的全过程、竣工设施的详细情况、所有操作和维护程序，都应采用文件形式确认。为施工安装的运作提供文字依据，为责任划分和奖惩提供明确依据，为质量改进提供原始依据。

3. 工程施工应有开工报告、分项验收单、竣工验收检测调整记录和竣工验收单、竣工报告。

4. 施工安装工程中应有设备开箱检查记录、土建隐蔽工程记录、管线隐蔽工程系统封闭记录、管道压力试验记录、管道系统清洗（脱脂）记录、风管清洗记录、风管漏风检查记录、系统联合试运转记录等。

5. 应提供关于工程详细情况的工程施工说明书，并包含以下内容：工程及其作用、性能，最后验收的竣工图，设备清单及库存备件。

6. 各类设施或系统应配存一套明确的使用说明书，包括：设施启动前应完成的检查和检验计划，设施在正常和故障方式下应启动和停运的程序，报警时应采用的程序。

7. 各类设施或系统应有维护说明书。

8. 应及时填写施工检查记录和施工验收记录以及其他应填报的记录，做到文件与工程同步。

1.5.4.3　关于工程记录表格。按照现行国家标准《洁净室施工及验收规范》GB 50591 的规定对每项施工程序和工序均应进行检查记录和报验，对工程质量进行全过程控制，按要求应填写《施工检查记录表》和《施工验收记录表》其主要内容见表 1.5.4.3。

《施工检查记录表》和《施工验收记录表》的主要内容　　表 1.5.4.3

序号	《施工检查记录表》	《施工验收记录表》
1	材料、构配件进场检验记录	分项验收记录
2	设备开箱检验记录	工程验收单
3	隐蔽工程检验记录	
4	风管强度、变形检验记录	
5	配管压力(强度严密性)试验记录	
6	配管系统吹(冲)洗(脱脂)记录	
7	风管系统空吹、清洗检查记录	
8	风管漏风检测记录	
9	设备单机试运转记录	
10	系统联合运转记录	
11	竣工验收检测调整记录	

本章作者简介

周恒瑾：原北京协和医院基建处处长，从事医院基本建设管理工作 18 年。

卫双园：临汾市人民医院基建科科长，研究馆员 /工程师，高评委专家。

张志毅：在职研究生、国家注册一级建造师、国家注册安全工程师执业资格。现任上海市儿童医院后勤保障部主任。

王保林：建筑工程师，现任邢台市第三医院改扩建项目总工程师。

徐喆：北京明朗洁净技术服务有限公司技术总监，高级工程师。净化领域专家，发表多篇学术论文，参与多项国家标准规范的编写。

第6章　医用洁净装备工程的验收

宁占国　张彦国

第1节　医用洁净装备工程验收的概念

1.6.1.1　医用洁净装备工程竣工验收是指医用洁净工程项目已按设计要求完成，能够满足使用要求，施工单位经过自检合格后，监理、施工、设计、建设、质检单位对工程合格与否进行的确认。同时，通过专业的检测机构对医用洁净工程进行检测，并出具合格且同意使用的报告。

第2节　验收类型及作用

1.6.2.1　医用洁净装备工程专业验收应在第三方验收前由业主主持专业验收，即竣工验收，主要作用为：检查工程施工的各专业质量、施工的完工程度、施工区域设计功能的可用性、工程是否具备投入使用的各项条件；验收符合要求后方可进行第三方检测验收。

1.6.2.2　第三方机构检测验收指由业主请具备资质的第三方机构对该净化工程是否满足设计要求而进行的综合性能全面评定的数据监测；为医院提供可否使用的依据。主要作用为：净化区域是否达到了规范及设计要求。

1.6.2.3　医用洁净装备工程的整体验收由建设单位负责，医用洁净装备工程施工方配合。

【技术要点】

医用洁净装备工程与其他土建安装工程不一样，医用洁净装备工程分为专业验收、第三方机构检测验收（综合性能全面检验）、配合医用洁净装备工程以外的整体验收（工程验收）。

第3节　组织验收

1.6.3.1　医用洁净工程竣工验收应包括工程资料验收和工程实体验收。

【技术要点】

1. 工程资料验收包括工程技术资料、工程综合资料和工程财务资料验收三个方面。

2. 工程实体验收包括土建工程验收和安装工程验收。

1.6.3.2　医用洁净程竣工验收的条件应满足以下要求：

1. 按照设计文件和双方（建设方与施工方）合同约定各项施工内容已经完成，已达到相关专业技术标准，质量验收合格，具备交工条件，并通过专业检测机构对医用洁净工程进行的检测，并出具合格且同意使用的报告。

2. 有完整并经核定的工程竣工资料。
3. 有设计、施工、监理等单位分别签署确认的工程合格文件。
4. 有工程使用的主要材料、设备进场的证明和试验报告。
5. 有施工单位签署的工程资料保修书。
6. 有公安消防部门出具的认可文件或允许使用文件。
7. 建设行政主管部门或其委托的质量监督部门责令整改的问题整改完毕。

1.6.3.3　适用洁净工程竣工验收的依据，除了符合国家规定的竣工标准（或地方政府主管机关规定的具体标准）外，在进行竣工验收和办理工程移交手续时，应该以下列文件作为依据。

1. 上级主管部门批准的各种文件、施工图图纸及说明书；
2. 施工合同；
3. 设备技术说明书；
4. 设计变更通知书；
5. 国家颁布的各种标准及规范。
6. 外资工程应依据我国有关规定提交验收文件。

1.6.3.4　医用洁净工程竣工验收标准一般有建筑工程、安装工程、医用气体工程等的验收标准。对于单位工程、分部工程、分项工程国家标准、国家有关部门标准或医疗行业标准。

对于技术改造项目，可参照国家或部门有关标准，根据工程性质提出各自的竣工验收标准。

1.6.3.5　工程质量标准除应符合各类标准规范外，还应达到协议书或合同约定的质量标准，质量标准的评定以国家或行业的质量验收评定标准为依据。若因承包人原因工程质量达不到约定的质量标准，承包人承担违约责任。若双方对工程质量有争议，由双方同意的工程质量检测机构鉴定，所需费用及因此造成的损失，由责任方承担。双方均有责任的，由双方根据其责任分别承担。

【技术要点】

1. 单位工程应达到合格标准；
2. 单项工程达到使用条件；
3. 建设项目能满足建成投入使用的各项要求。

1.6.3.6　医用洁净工程竣工验收的方式可分为项目中间验收、单项工程验收和全部工程验收三大类，见表 1.6.3.6。

不同阶段的工程验收　　表 1.6.3.6

类型	验收条件	验收组织
中间验收	按照施工承包合同的约定,施工完成到某一阶段后要进行中间验收； 主要的施工部位已完成了隐蔽前的准备工作,该工程部位将处于无法查看状态	由监理单位组织,业主和施工单位或承包商派人参加,该部位的验收资料将作为最终验收的依据
单项工程验收	建设项目中的某个合同工程已全部完成； 合同约定有分部分项移交的工程已达到竣工标准,可移交给业主投入试运行	由建设单位或委托的工程发包单位组织,会同施工单位、监理单位、设计单位及使用单位等有关部门共同进行

续表

类型	验收条件	验收组织
全部工程竣工验收	建设项目按设计规定全部建成，达到竣工验收条件； 初验结果全部合格； 竣工验收所需资料已准备齐全	由建设单位或委托的工程发包单位组织，邀请设计单位、监理单位、消防部门、施工单位及使用单位等有关部门共同进行。洁净工程施工单位作为专业分包共同参与整体工程验收

对于规模较小、施工内容简单的工程项目，也可以一次进行全项目的竣工验收。

1.6.3.7　医用洁净工程竣工验收程序：医用洁净工程全部建成，经过各单项工程的验收符合设计要求，并具备竣工图表、竣工结算、竣工总结等必要文件资料，由建设项目主管部门或建设单位向负责验收的单位提出竣工验收申请报告，按以下竣工程序进行验收：

1. 施工方或项目承包商申请交工验收

施工方已经通过自检、项目部自检、公司级预验三个层次进行竣工验收预验收，为正式验收做准备。施工方或项目承包商完成了上述工作和准备好竣工资料后，即可向建设单位提出竣工验收申请报告。

2. 监理工程师现场初验

施工单位通过竣工预验收，对发现的问题进行处理后，决定正式提请验收，应向监理工程师提交验收申请报告，监理工程师审查验收申请报告，如认为可以验收，则由监理工程师组成验收小组，对竣工的工程项目进行初验，在验收中发现的质量问题，要及时书面通知施工单位，令其修改甚至返工。

3. 正式验收

正式验收是由建设单位或监理工程师组织，由建设单位、监理单位、设计单位、施工单位、工程质量监督站等单位参加的正式验收。工作程序如下：

（1）参加工程项目竣工验收的各方对已竣工的工程进行目测检查，逐一核对工程资料所列内容是否齐备和完整。

（2）举行各方参加的现场验收会议，建设单位、施工单位、设计单位、监理单位等汇报合同履约情况和在建设中执行法律法规、强制性建设标准的情况。

（3）办理竣工验收签证书，各方签字盖章，验收合格后施工单位将工程移交给建设单位。竣工验收签证书的格式见表1.6.3.7。

竣工验收签证书　　表1.6.3.7

工程名称		工程地点	
工程范围		建筑面积	
开工日期		竣工日期	
日历工作天		实际工作天数	
工程造价			
验收意见			
建设单位验收人			

4. 单项工程验收

单项工程验收又称交工验收，即验收合格后建设单位或业主方可投入。由建设单位或委托的工程发包单位组织的交工验收，主要根据国家颁布的有关技术规范和施工承包合同，对以下几方面进行检查或检验：

（1）检查、核实竣工项目准备移交给业主所有技术资料的完整性、准确性。

（2）按照设计文件和合同检查已完成工程是否有漏相。

（3）检查工程质量、隐蔽工程验收资料、关键部位的施工记录等，考察施工质量是否达到合同要求。

（4）检查空调系统、电气系统、给水排水系统、医用气体工程及用于医疗洁净工程的设备运行中发现的问题是否得到改正。

（5）在交工验收中发现需要返工、修补的工程，明确规定完成期限。

（6）其他设计的有关问题

经验收合格后，建设单位或业主和施工单位或承包商共同签署《交工验收证书》。然后由建设单位或业主将有关技术资料和试运行记录、试运行报告及交工验收报告一并上报主管部门，经批准后该部分工程即可投入使用。验收合格的单项工程，在全部工程验收时，原则上不再办理验收手续。

5. 全部工程的竣工验收

对于医用洁净工程的全部验收，应先进行单位工程或子单位工程验收，待工程全部施工完成后，再由建设单位或业主方组织全部工程竣工验收。竣工验收分为验收准备、预验收和正式验收3个阶段。正式验收时在自验收的基础上，确认工程全部符合验收标准，具备了交付使用的条件后，即可开始正式竣工验收工作。

（1）发出《竣工验收通知书》。施工单位应于正式竣工验收之日的前10d，向建设单位或业主发送《竣工验收通知书》。

（2）组织验收工作。工程竣工验收工作由建设单位或业主邀请设计单位及有关方面参加，同施工单位一起进行检查验收。

（3）签发《竣工验收证明书》并办理移交。在建设单位或业主验收完毕并确认工程符合竣工标准和合格条款规定要求后，向施工单位签发《竣工验收证明书》。

（4）进行工程质量评定。建筑工程按设计要求和工程施工的验收规范及质量标准进行质量评定验收。验收委员会（或验收组），在确认工程符合竣工标准和合同条款规定后，签发竣工验收合格证书。

（5）整理各种技术文件资料，办理工程档案资料移交。工程项目竣工验收前，各有关单位应将所有技术文件资料进行系统整理，由建设单位分类立卷，医用洁净工程作为一个独立分卷；在竣工验收时，交予使用单位统一保管，同时将与所在地区有关的文件交当地档案管理部门，以适应生产维修的需要。

（6）办理固定资产移交手续。在对工程检查验收完毕后，施工单位要向建设单位逐项办理工程移交和其他固定资产移交手续，并应签认交接验收证书，办理工程结算手续。工程结算由施工单位提出，送建设单位审查无误后，双方共同办理结算签认手续。工程结算手续办理完毕，除施工单位承担保修工作以外，甲乙双方的经济关系和法律责任予以解除。

（7）办理工程决算。整个项目完工验收并且办理工程结算手续后，要由建设单位编制工程决算，上报有关部门。

（8）签署竣工验收鉴定书。竣工验收鉴定书是表示建设项目已经竣工，并交付使用的重要文件，是全部固定资产交付使用和建设项目正式启用的依据，也是施工单位或承包商对建设项目消除法律责任的证件。竣工验收鉴定书一般包括：工程名称、地点、验收委员会成员、工程总说明、工程的设计文件、竣工工程是否与设计相符合、全部工程质量鉴定、总预算造价和实际造价、验收组队工程动用的意见和要求等主要内容。至此，项目的建设过程全部结束。

整个建设项目进行竣工验收后，建设单位或业主应及时办理固定资产交付使用手续。在进行竣工验收时，已验收过的单项工程可以不再办理验收手续，但应将单项工程交工验收证书作为最终验收的附件并加以说明。

1.6.3.8　医用洁净工程工程验收后，应进行档案、技术资料与竣工图移交。

【技术要点】

1. 工程资料移交

工程资料是工程项目的永久性技术文件，是进行维修、改建、扩建的重要依据，也是必要时对工程进行复查的重要依据。在工程项目竣工以后，工程承包单位或施工方的项目经理（或由项目经理委托的主管人员）需按规定向建设单位正式移交这些工程档案、技术资料。因此，施工单位的技术管理部门，从工程一开始，就应由专人负责收集、整理和管理这些档案、技术资料，不得丢失或损坏。

（1）移交工程档案、技术资料的内容

① 开工相关文件。

② 竣工工程一览表。包括各个单项工程的名称、面积、层数、结构以及主要工艺设备和装置的目录等。

③ 工程竣工图、施工图会审记录、工程设计变更记录、施工变更洽商记录（如果项目为保密工程，工程竣工后需将全部图纸和资料交付建设单位，施工单位不得复制图纸）。

④ 上级主管部门对该工程有关的技术规定文件。

⑤ 工程所有的各种重要材料、成品、半成品以及各种设备或者装置的检验记录或出厂证明文件。

⑥ 新工艺、新材料、新技术、新设备的试验、验收和鉴定记录或证明文件。

⑦ 一些特殊的工程项目的试验或检验记录文件。

⑧ 各种管道工程、金属件等的埋设和打桩、吊装、试压等隐蔽工程的检查和验收记录。

⑨ 电气工程线路系统的全负荷试验记录。

⑩ 用于医用洁净工程的医疗、消毒、检验等设备的单体试车、无负荷联动试车、有负荷联动试车记录。

● 防水工程（主要包括地下室、厕所、浴室、厨房、外墙防水体系、阳台、雨罩、屋面等）的检查记录。

● 工程施工过程中发生的质量事故记录，包括发生事故的部位、程度、原因分析以及处理结果等有关文件。

● 工程质量评定记录。

● 设计单位（或会同施工单位）提出的对建筑物、生产工艺设备等使用中应注意事项的文件。

● 医用洁净工程专业检测记录。

● 工程竣工验收报告、工程竣工验收证明文件。

● 其他需要移交的文件和实物照片等。

● 除医用洁净工程外的建筑工验收执行建筑工程验收程序，这里不再赘述。

(2) 工程档案的要求和移交办法

凡是移交的工程档案和技术资料，必须做到真实、完整、有代表性，能如实地反映工程和施工中的情况。这些档案资料不得擅自修改，更不得伪造。同时，凡移交的档案资料，必须按照技术管理权限，经过技术负责人审查签认；对曾存在的问题，评语要确切，经过认真的复查，并作出处理结论。

工程档案和技术资料移交，一般在工程竣工验收前，建设单位（或工程设施管理单位）应督促和协同施工单位检查施工技术资料的质量，不符合要求的，应限期修改、补齐甚至重做。各种技术资料和工程档案，应按照规定的组卷方法、立卷要求、案卷规格以及图纸折叠方式、装订要求等，整理资料。

全部使用技术资料和工程档案，应在竣工验收后，按协议固定的时间最迟不得超过3个月移交给建设单位，应符合城市档案的有关规定。在移交时，要办理《建筑安装工程施工技术资料移交书》，并由双方单位负责人签章，附《施工技术资料移交明细表》。至此，技术资料移交工作即告结束。

2. 竣工图移交

竣工图是真实记录建筑工程竣工后实际情况的重要技术资料，是工程项目进行交工验收、维护修理、改造扩建的主要依据，是工程使用单位长期保存的技术档案，也是国家重要的技术档案。竣工图应具有明显的“竣工图”字样标志，并包括名称、制图人、审核人和编制日期等基本内容。竣工图必须做到准确、完整、真实，必须符合长期保存的归档要求。

对竣工图的要求如下：

(1) 在施工过程中未发生设计变更，完全按图施工的建筑工程，可在原施工图纸（须是新图纸）上注明“竣工图”标志，即可作为竣工图使用。

(2) 在施工过程中虽然有一般性的设计变更，但没有较大的结构性或重要管线等方面的设计变更，而且可以在原施工图纸上修改或补充，也可以不再绘制新图纸，可由施工单位在原施工图纸（须是新图纸）上，清楚地注明修改后的实际情况，并附以设计变更通知书、设计变更记录及施工说明，然后注明“竣工图”标志，亦可作为竣工图使用。

(3) 建筑工程的结构形式、标高、施工工艺、平面布置等有重大变更，原施工图不再适于应用，应重新绘制新图纸，注明“竣工图”标志。新绘制的竣工图，必须真实地反映出变更后的工程情况。

(4) 改建或扩建的工程，如果涉及原有建筑工程并使用原有工程的某些部分发生工程变更的，应将原工程有关的竣工图资料加以整理，并在原工程图档案的竣工图上增补变更情况和必要的说明。

(5) 在一张图纸上改动部分超过40%，或者修改后图面混乱、分辨不清的图纸，不能作为竣工图，需重新绘制新竣工图。

除上述五种情况之外，对竣工图还有下列要求：

（1）竣工图必须与竣工工程的实际情况完全符合。

（2）竣工图必须保证绘制质量，做到规格统一，符合技术档案的各种要求。

（3）竣工图必须经过施工单位主要技术负责人审核、签认。

（4）编制竣工图，必须采用不褪色的绘图墨水，字迹清晰；各种文字材料不得使用复写纸，也不能使用一般圆珠笔和铅笔等。

1.6.3.9　关于施工单位的竣工验收报告。承包人确认工程竣工，具备竣工验收各项要求，并经监理单位认可签署意见后，应向发包人提交“工程竣工报验单”，发包人收到“工程竣工报验单”后，应在约定的时间和地点，组织有关单位进行竣工验收。工程竣工报验单的格式见图1.6.3.9。

工程名称：　　　　　　　　　　　　　　　　　　　　　　　　　　编号：

致： 我方已按合同要求完成了____________________工程，经自检合格，请予以检查和验收。 附件： 承包单位(章)：________ 项 目 经 理：________ 日　　　期：________
审查意见： 经初步验收，该工程 1. 符合/不符合我国现行法律、法规要求； 2. 符合/不符合我国现行工程建设标准； 3. 符合/不符合设计文件要求； 4. 符合/不符合施工合同要求； 综上所述，该工程初步验收合格/不合格，可以/不可以组织正式验收。 项目监理机构(章)：________ 总 监 理 工 程 师：________ 日　　　　期：________

图1.6.3.9　工程竣工报验单

【技术要点】

1. 该工程已完成设计和施工合同约定的各项内容，工程质量符合有关法律、法规和工程建设强制性标准的规定。

2. 分包与总包项目经理部应在竣工验收准备阶段完成各项竣工条件的自检工作，报所在企业复检。

3. “工程竣工报验单”按要求填写，自检意见应标书明确，项目经理、企业技术负责人、企业法定代表人应签字，并加盖企业公章。

4. “工程竣工报验单”的附件应齐全，足以证明工程已按合同约定完成并符合竣工验收要求。

5. 总监理工程师组织专业监理工程师对承包人报送的竣工资料进行审查，并对工程质量进行验收。对存在的问题应要求承包人所在项目经理部及时进行整改。整改完毕，总监理工程师应签署“工程竣工报验单”，提出工程质量评估报告。“工程竣工报验单”未经总监理工程师签字，不得进行竣工验收。

6. 发包人根据工程监理机构签署认可的“工程竣工报验单”和质量评估结论，向承包人递交竣工验收通知，具体约定工程交付竣工验收的时间、会议地点和有关安排。

1.6.3.10　关于建设单位的竣工验收报告。工程竣工验收报告是建设单位在工程竣工验收后 15 日内向建设行政主管部门提交备案的主要材料之一，是建设行政主管部门对建设工程直接监督管理的重要手段，也是建设单位对工程竣工验收质量的认可和接受。

【技术要点】

1. 工程竣工验收报告的主要内容

(1) 工程概况。包括工程名称、地址、建筑面积、结构层数、设备台件、竣工日期；建设单位、勘察设计单位、施工单位、监理单位、质量监督单位名称；完成设计文件和合同约定工程内容的情况，包括工程量、设备试运行等内容。

(2) 工程竣工验收时间、程序、内容和竣工验收组织形式。

(3) 质量验收情况。包括建筑工程质量、给水排水工程质量、建筑电气安装工程质量、通风与空调工程质量、建筑智能化工程质量、工程竣工资料审查结论及其他专业工程质量等。

(4) 工程竣工验收意见等内容。

(5) 签名盖章确认。

2. 工程竣工验收报告附件的内容

工程竣工验收报告的内容要全面，情况要准确，文字要简练，观点要鲜明，数据要正确。工程竣工验收报告还应附有下列内容：

(1) 施工许可证；

(2) 施工图设计文件审查意见；

(3) 施工单位工程质量评估报告；

(4) 监理单位工程质量评估报告；

(5) 设计单位的设计变更通知书及有关质量检查单；

(6) 验收组人员签署的工程竣工验收意见；

(7) 施工单位签署的工程质量保修书；

(8) 法规、规章规定的其他有关文件。

1.6.3.11　关于工程竣工验收备案制度。备案是向主管机关报告情况，挂号登记，存案备查。工程竣工验收备案制度是建设行政主管部门对建设工程实施监督的最后一项手续。建设行政主管部门在接收备案阶段，对工程的竣工验收，还要进行最后核查。

【技术要点】

1. 备案机关收到建设单位报送的竣工验收备案文件、验证文件齐全后，应当在工程竣工验收备案表上签署文件收讫。

2. 备案机关发现建设单位在竣工验收过程中有违反有关建设工程质量管理规定行为的，应当在收讫竣工验收备案文件 15 日内，责令停止使用，重新组织竣工验收。

3. 建设单位在工程竣工验收合格之日起 15 日内未办理工程竣工验收备案的，备案机关责令限期改正，处 20 万元以上 30 万元以下罚款。

4. 建设单位备案机关决定重新组织竣工验收的工程，在重新组织竣工验收前，擅自使用的，备案机关责令停止使用，处工程合同价款 2%～4%的罚款。

5. 建设单位采用虚假证明文件办理工程竣工验收备案的，工作竣工验收无效，备案机关责令停止施工，重新组织竣工验收，处 20 万元以上 50 万元以下罚款；构成犯罪的，追究刑事责任。

6. 备案机关决定重新组织竣工验收并责令停止使用的工程，建设单位在备案之前已投入使用或者建设单位擅自继续使用造成使用人损失的，由建设单位依法承担赔偿责任。

7. 若建设单位竣工验收备案文件齐全，备案机关不办理备案手续，由有关机关责令改正，对直接责任人员给予行政处分。

1.6.3.12　关于项目验收前试车。验收前试车（如消毒供应中心设备）主要检验设备安装施工是否达到合同要求，以及能否发挥预期的设计能力。分单机无负荷试车和联动无负荷试车两个阶段进行。

【技术要点】

1. 单机试车。设备安装工程具备单机无负荷试车条件时由施工单位组织试车，并在试车 48h 前通知业主代表。施工单位准备试车记录，业主为试车提供必要条件。试车费用已包括在合同价款之内，由施工单位承担。试车通过，双方在记录上签字。

2. 联动试车。设备安装工程具备联动无负荷试车条件，由业主组织试车，并在试车 48h 前通知对方。通知包括试车内容、时间、地点和对施工单位应做准备工作的要求。施工单位按要求做好准备工作和试车记录。试车通过，双方在记录上签字后方可进行竣工验收。

试车费用除已包括在合同价款之内或合同内另有约定外，均由业主承担。业主代表对试车中发现的问题未在合同规定内提出修改意见，或试车合格而不在试车记录上签字，试车结束后 24h 后该记录自行生效，施工单位可继续施工或办理交工移交手续。试车不合格的责任划分见表 1.6.3.12。

试车不合格的责任划分　　表 1.6.3.12

<table>
<tr><th colspan="2">事故原因</th><th>业主权利和义务</th><th>承包商权利和义务</th></tr>
<tr><td colspan="2">设计原因</td><td>业主组织修改设计；
承担修改设计及重新安装的费用；
给承包商顺延合同工期</td><td>按修改后的设计重新安装</td></tr>
<tr><td colspan="2">施工原因</td><td>试车后 24h 内提出修改意见</td><td>修改后重新试车；
承担修改和重新试车的费用；
合同工期不顺延</td></tr>
<tr><td rowspan="2">设备制造原因</td><td>业主采购的设备</td><td>负责重新购置或修理；
承担拆除、重新购置、安装的费用；
给承包商顺延合同工期</td><td>负责拆除和重新安装</td></tr>
<tr><td>承包商采购的设备</td><td>试车后 24h 内由承包商修理或重新购置设备</td><td>负责拆除、重新购置、安装，并承担相应费用；
合同工期不顺延</td></tr>
</table>

本章作者简介

宁占国：曾任中国人民解放军第二五一医院副院长，陆军总医院原营建指挥部主任。

张彦国：中国建筑科学研究院环能院净化技术中心主任、教授级高工。

第2篇 医用洁净装备工程总体规划设计

刘燕敏

篇主编简介

刘燕敏：同济大学教授，上海建筑学会理事、建筑暖通专业委员会副主任。

第 1 章　医用洁净装备工程策划和建筑设计要点

王铁林　陈国亮　田助明　吴雄志

第 1 节　医用洁净装备工程策划

2.1.1.1　关于策划原则。医用洁净装备工程包括手术部洁净工程、ICU 洁净工程、复合手术室洁净工程、血液病房洁净工程、生殖中心洁净工程、静脉配液中心洁净工程、烧伤洁净工程、医学实验室洁净工程、供应室洁净工程、负压隔离病房洁净工程、医用动物实验室洁净工程等。应本着医疗使用目的来选择、建设不同种类的医用洁净装备工程。

【技术要点】

1. 应明确使用目的，符合医疗流程等医疗功能，满足卫生学和无菌技术要求。

2. 专用性原则：各种类医用洁净装备工程具有不同的使用目的和专用性，分别有不同的设计依据和验收标准，应针对不同使用目的和医疗功能进行医用洁净装备工程的选择、设计和建造。

3. 洁污分明原则：为满足卫生学和无菌技术要求，各种类医用洁净装备工程环境的最低要求均应符合《医院消毒卫生标准》GB 15982—2012 的Ⅰ类环境要求（见表 2.1.1.1-1）和与洁净工程相关的手卫生等标准（见表 2.1.1.1-2），具体设计还应遵照《综合医院建筑设计规范》GB 51039—2014 执行，并根据各自的医疗工艺流程进行合理的洁污分区，其医疗流程为非洁净区→（人流、物流）/（卫生通过）→洁净区（见表 2.1.1.1-3）。

各类环境空气、物体表面菌落数（GB 15982—2012）　　表 2.1.1.1-1

环境类别		空气平均菌落数（cfu/皿）	物体表面平均菌落数（cfu/cm²）
Ⅰ类环境	洁净手术部	符合 GB 50333 要求	≤5.0
	其他洁净场所	≤4.0(30min)	
Ⅱ类环境	非洁净手术室 产房 导管室 血液病病区、烧伤病区等保护性隔离病区 重症监护病区 新生儿室	≤4.0(15min)	≤5.0

注：洁净手术部部分见本书第 3 篇。

与洁净工程相关的手卫生等标准　　**表 2.1.1.1-2**

项目		执行标准	菌落总数
医务人员手	卫生手消毒后	GB 15982—2012 WS/T 313—2009	≤10cfu/cm^2
	外科手消毒后		≤5cfu/cm^2
医疗器材	高度危险性医疗器材	GB 15982—2012	无菌
	中度危险性器材（湿化瓶、胃肠镜、纤支镜、喉镜、面罩、牙托等）	GB 15982—2012	≤20cfu/件（cfu/g 或 cfu/100cm^2）
	低度危险性器材（听诊器、止血带、袖带、体温计等）	GB 15982—2012	≤200cfu/件（cfu/g 或 cfu/100cm^2）
血液透析相关	透析液	血液净化标准操作规程	<200cfu/mL 内毒素<2EU/mL
	透析用水	YY 0572—2005	≤100cfu/mL 细菌内毒素：输出端≤1Eu/mL，输入端≤5Eu/mL
消毒剂	使用中灭菌剂	GB 15982—2012 WS/T 367—2012	无菌
	使用中皮肤黏膜消毒剂		≤10cfu/mL
	使用中消毒液		≤100cfu/mL
紫外线灯	使用中（30W）	GB 19258	辐射强度≥70μW/cm^2
	高强度新灯（30W）	WS/T 367—2012	≤180μW/cm^2
污水	处理后污水	GB 18466—2005	≤500MPN/L 总余氯 3～10mg/L

单侧正压缓冲室　　**表 2.1.1.1-3**

污染区 →	单侧正压缓冲 →	清洁区
物品	脱包、换车	
人流	更衣、换车	

4. 系统性原则：各种类医用洁净装备工程在实现空气洁净度要求的同时，必须满足医疗使用要求，包括工位、人数、设备配置及各种类设备规格和技术参数、消毒措施以及专项技术操作规范等，在项目中均应统一策划。各项专业技术设计依据除符合国家相关设计标准和规范外，还应符合相关医疗技术标准。

2.1.1.2　关于专项策划。各种类医用洁净装备工程建设中应以医疗功能需求为依据，包括规模、标准、医疗使用要求和医疗设备、医用信息系统等条件要求。依此对洁净手术部、ICU、洁净病房等分项策划。

1. ICU 洁净工程：针对严重创伤、生命重要器官衰竭（心、脑、肾、呼吸衰竭）、三级手术术后监护等诊疗场所，一般分为综合 ICU、专科 ICU（脑科 ICU、新生儿 ICU 等）。

2. 洁净病房：针对白血病、淋巴瘤和严重免疫缺陷病人的诊疗场所，有严格的卫生学要求和无菌技术要求。

3. 生殖中心洁净工程：用于人类辅助生殖技术包括人工授精和体外受精-胚胎移植及其衍生技术工作的场所，以体外受精实验室为核心区进行合理的洁污分区布置和环境控制。

4. 静脉配液中心洁净工程：针对静脉用抗生素、细胞毒性药物和营养液在具备空气净化和专业药师无菌操作下配制的场所，依据《静脉用药集中调配质量管理规范》建设。

5. 烧伤洁净病房工程：用于重度烧伤病人治疗，以控制感染为目的建立温度、湿度和空气洁净度的环境并满足各项医疗条件。

6. 医学实验室洁净工程：医学实验室（medical laboratory）/临床实验室（clinical laboratory）以提供人类疾病诊断、管理、预防和治疗或健康评估的相关信息为目的，对来自人体的材料进行生物学、微生物学、免疫学、化学、血液免疫学、血液学、生物物理学、细胞学、病理学、遗传学或其他检验的实验室，该类实验室也可提供涵盖其各方面活动的咨询服务，包括结果解释和进一步的适当检查的建议。

医学实验室洁净装备工程主要是 PCR 净化实验室和生物治疗实验室。

【技术要点】

1. ICU 洁净工程

（1）ICU 规模：ICU 床位数按医院总床位数一般按 2%～8%设置。医院 ICU 宜集中设置，脑科 ICU、新生儿 ICU（NICU）可分设。正负压病房可与 ICU 合并建设，其设置间数视医院实际需要而定。

（2）ICU 标准：按《综合医院建筑设计规范》GB 51039—2014 第 7.5.3 条第 2、3 款，采用普通空调系统时，温度控制在 24～27℃，湿度控制在 40%～65%，噪声小于 45dB，连续运行；采用洁净用房的宜采用Ⅳ级标准设计（见表 2.1.1.2-1）。送风组织为上送下回单向气流。基于医院感染控制的角度，ICU 宜采用空气净化方式。

（3）ICU 建设应与医疗流程相匹配。

① 人流：术后病人→(洁净通道)→ICU→病房；病房病人→(卫生通过)→ICU→病房；医护人员→(卫生通过)→ICU。

② 物流：无菌物品（中心供应室）→(卫生通过)→ICU→用后密闭消毒→中心供应室→(洁净通道)→ICU；废弃物→密封消毒→外运。

（4）ICU 应依据《综合医院建筑设计规范》GB 51039、《重症医学科建设与管理指南（试行）》(卫办医政发〔2009〕23 号）等建设。

（5）用房及基本医疗设备：

① 用房：ICU 洁净区域用房由护士站、治疗室、处置室、无菌储存室、药品间、仪器间等组成，过渡区由更衣室、脱包间、污洗间、值班室、会诊室等组成。ICU 可厅式布置或分间布置，围合独立单间，每床面积 15m²。正负压 ICU 和三度烧伤病房可并入 ICU 一体化设置。

② 医用气体：宜用双臂气源吊塔，每床设氧气、压缩空气、真空吸引终端各一个。

③ 水电：床左右两端各设置单相 220V 电源插座 2 个，每床用电负荷 2kVA。每床宜设洗手盆一个。

④ 医疗设备：ICU 宜按每床设置吊塔，塔上配置电源、气体、信息接口等终端和承放监护仪、呼吸机等的台架。每床基本配置为监护仪 1 台、呼吸机 1 台、输液泵 2 台，特别需要时可设置专床血透。

（6）信息系统：ICU 的所有医疗信息应达到电子化、数字化水平，病人由手术室或病房转往 ICU 的过程其生命信息应无缝连接。

2. 洁净病房

（1）规模：医院根据需要建立血液洁净病房，其规模宜不少于 4 间。每床间综合建筑面积宜为 150m^2 左右，单床各房间的净面积宜为 8～10m^2。

（2）标准：洁净等级选择执行《综合医院建筑设计规范》GB 51039—2014 第 7.5.4 条第 1 款。

治疗期血液病房应选用Ⅰ级洁净用房，恢复期血液病房宜选用不低于Ⅱ级的洁净用房。应采用上送下回的气流组织方式。Ⅰ级洁净用房应在包括病床在内的患者活动区域上方设置垂直单向流，其送风口面积不小于 6m^2，并应采用两侧下回风的气流组织。如采用水平单向流，患者活动区应在气流上游，床头应在送风侧。

并配有可视对讲、应急呼叫、电视等设施。

（3）洁净病房建设应与医疗流程相匹配。

① 入仓准备：患 者入血液层流病房前需严格按照要求作好身体内、外环境的消毒灭菌工作，前三天开始口服肠道消毒药及消毒饮食；修剪指、趾甲、剃头、备皮。

② 卫生通过：患者洗澡更换干净的病员服，经药浴、穿无菌衣、裤和拖鞋进入层流无菌病室内。药浴前还必须对口腔、鼻咽、外耳道、会阴、肛周进行消毒。工作人员入室前必须刷手、洗澡、换无菌衣服、戴无菌帽子、口罩、换拖鞋后进入一室，依次每进下一室须更换一次拖鞋。进二、三室分别用 1∶2000 的洗必泰液泡手两次，各 5min。进三室穿无菌隔离衣、袜，进洁净室再加穿一层无菌衣、袜并戴无菌帽子、口罩和手套。

③ 物品传递到层流室前，必须经过无菌处理。进入层流室的所有物品必须经消毒、灭菌处理后方可进入，清洁、污染物品线路严格分开，用过的物品拿出病房时须经专用窗口传递。

④ 患者入血液层流病房后的治疗、护理及生活等均在该病室内完成。

（4）用房及基本医疗设备：

① 用房及条件：血液层流病房净化区域用房包括层流病房、治疗前室、洁净走廊、护士站、治疗室等；过渡区包括更衣室、药浴间、配餐间、医生办公室等；辅助工作区包括病房、单采间、治疗室、医生办公室、护士站等。

② 医用气体、水电：洁净区和非洁净区病房均应设置医用气体终端和电源、信息接口。

③ 医疗设备：层流病房应设中央监护系统和区域内完善的消毒设施（紫外线消毒，垃圾处理，便器清洗消毒等）。

（5）信息系统：血液病房的所有医疗信息应达到电子化、数字化水平，与医院网络、数字化医疗设备相匹配。

3. 生殖中心洁净工程

（1）规模：凡以人类辅助生殖技术为主的场所要求总面积不小于 100m^2；而以体外受

精/胚胎移植及其衍生技术为主的场所要求总面积不小于 260m²；两项可分设或合并设置，均应达到医疗功能完善标准。有关妇科内分泌检测、遗传学检查、形态学检查等依靠所在医院相关专业提供。

（2）洁净级别选择：按《综合医院建筑设计规范》GB 51039—2014 第 7.7.2 条：

Ⅰ级洁净用房：体外受精实验室；Ⅱ级洁净用房：精液处理室、取卵室、胚胎移植室；Ⅳ级洁净用房：洁净走廊、观察室、准备间、冷冻室。各级别用房标准按《综合医院建筑设计规范》GB 51039—2014 表 7.2.2 的规定执行（见表 2.1.1.2-1）。

洁净用房的分级标准（空态或静态）　　表 2.1.1.2-1

用房等级	沉降法（浮游法）细菌最大平均溶度［个/30min · φ90 皿（个/m³）］	换气次数（h^{-1}）	表面最大染菌密度（个/cm²）	空气洁净度
Ⅰ	局部为 0.2(5) 其他区域 0.4(10)	截面风速根据房间功能确定，在具体条文中给出	5	局部为 5 级，其他区域为 6 级
Ⅱ	1.5(50)	17～20	5	7 级，采用局部集中送风时，局部洁净级别高一级
Ⅲ	4(150)	10～13	5	8 级，采用局部集中送风时，局部洁净级别高一级
Ⅳ	6	8～10	5	8.5 级

注：局部集中送风的标准，若全室为单向流时，局部标准应为全室标准。

（3）生殖中心洁净工程建设应与医疗流程相匹配。

接诊→男区→诊室→取精→（传递窗）→精液处理→液氮冷冻

↓（传递窗）

接诊→女区→诊室→B 超→取卵→（传递窗）→人工授精→胚胎移植

医务人员由污染区进入洁净区应经过换鞋、更衣卫生通过，并严格执行无菌技术操作规程。

患者应在非洁净区换鞋、更衣后进入医疗区。

无菌物品应密封转运或专用洁净通道进入洁净区，并应在洁净区无菌存放。

使用后的可复用器械、布料应密封送消毒供应中心集中处理。医疗废弃物应就地打包、密封转运处理。

（4）用房及基本医疗设备

① 用房及条件：

按照功能应包括下列区：

（a）门诊区：候诊区、检查室、B 超室、化验室、门诊注射室、处置室、取精室等；

（b）实验区：缓冲（包括更衣室）、洁净走廊、观察室、洁净库房、准备间、采卵室、移植室、胚胎培养室、胚胎冷藏室、精液处理室、胚胎库房等辅助用房等；

（c）医护卫生通过及办公区：更衣及办公辅助用房。

（d）男性门诊区应与女性门诊区应分开设置。

功能房间面积要求：

(a) 超声室面积不小于 $15m^2$；

(b) 取精室使用面积不小于 $5m^2$，并有洗设备；

(c) 精液处理室使用面积不小于 $10m^2$，应按Ⅱ类洁净用房设计；

(d) 取卵室：供 B 超介导下经阴道取卵用，使用面积不小于 $25m^2$，应按Ⅱ类洁净用房设计；

(e) 胚胎移植室：使用面积不小于 $15m^2$，应按Ⅱ类洁净用房设计；

(f) 体外受精实验室：使用面积不小于 $30m^2$，并具备缓冲区，应按Ⅰ级洁净用房设计。试验台必须达到层流百级标准。

洁净走廊、观察室、准备间、冷冻室等其他洁净辅助用房可按照Ⅳ级洁净用房设计；

取精室与精液处理室相邻，并通过传递柜连接，便于精液接收；

取卵室、胚胎移植室应与体外受精实验室相邻，便于标本拿取；

冷冻室应与体外受精实验室相邻，并就近设置液氮存放室；

② 设备条件：B 超 2 台（配置阴道探头和穿刺引导装置）、负压吸引器、妇科床、超净工作台 3 台、解剖显微镜、生物显微镜、倒置显微镜（含恒温平台）、精液分析设备、二氧化碳培养箱（至少 3 台）、二氧化碳浓度测定仪 、恒温平台和恒温试管架、冰箱、离心机、实验室常规仪器（pH 计、渗透压计、天平、电热干燥箱等）、配子和胚胎冷冻设备（冷冻仪、液氮储存罐和液氮运输罐等）、显微操作仪 1 台。

(5) 信息系统的要求同血液中心。

4. 静脉配液中心洁净工程

(1) 规模：静脉配置中心规划面积宜为总住院病床数的 0.6～1 倍。

(2) 洁净等级：执行《静脉用药集中调配质量管理规范》第七条第（六）款。

静脉用药调配中心（室）洁净区的洁净标准：

① 一次更衣室、洗衣洁具间为十万级；

② 二次更衣室为万级；

③ 加药混合调配操作间为万级；层流操作台局部为百级；

④ 抗生素类、危害药物静脉用药调配的洁净区和二次更衣之间应有不小于 5Pa 的负压差。

(3) 静脉配液中心洁净工程建设应与医疗流程相匹配。

医嘱处方→审方→摆药→(传递窗)→配制→(传递窗)→核查→发放；

工作人员：污染区→一更→二更→配制间→二更→一更→污染区；

污物：配制间打包→(传递窗)→污染区。

(4) 建设标准：依据《综合医院建筑设计规范》GB 51039、《静脉用药集中调配质量管理规范》建设。

(5) 用房及基本医疗设备：

① 用房及条件：分为洁净区（静脉药物配置间、一更、二更、洗衣间）、辅助工作区（排药准备、成品核对、药物发放）和生活区（医护更衣、办公、审方打印）。

② 医疗设备：静脉配置中心应当配置百级生物安全柜，供抗生素类和危害药品静脉用药配置使用；配置百级水平层流台，供肠外营养液和普通输液静脉用药配置使用。

(6) 信息系统的要求同血液中心。

5. 烧伤洁净病房工程

(1) 规模：在设置有烧伤专科的医院，宜有不少于1间的Ⅲ级烧伤洁净病房，或按医院实际需要而定。

(2) 洁净等级：执行《综合医院建筑设计规范》GB 51039—2014第7.5.5条。

① 重度（含）以上烧伤患者的病房应采用在病床上方集中布置送风风口，送风面积应为病床外延30cm或以上，并应按Ⅲ级洁净用房换气次数计算，有特殊需要时可按Ⅱ级洁净用房换气次数计算。其辅助用房和重度以下烧伤患者的病房可分散设置送风口，宜按Ⅳ级洁净用房换气次数计算。

② 各病房净化空调系统应设置备用送风机，并应确保24h不间断运行。应能根据治疗过程要求调节温度、湿度。

③ 对于多床一室的Ⅳ级烧伤病房，每张病床均不应处于其他病床的下风侧。温度全年宜为24～26℃，相对湿度冬季不宜低于40%，夏季不宜高于60%。室内温湿度可按治疗进程的要求进行调节。

④ 重度（含）以上烧伤患者的病房宜设独立空调系统，室内温湿度可按治疗进程要求进行调节。温度最高可达到32℃，相对湿度最高可达到90%。

⑤ 与相邻并相通房间应保持5Pa的正压。

⑥ 病区内的浴室、卫生间应设置排风装置，同时应设置与排风机相连锁的密闭风阀。

⑦ 病房噪声不应大于45dB（A）。

(3) 烧伤洁净工程建设应与医疗流程相匹配。

① 病人入室前：病人在烧伤清创室做初步处理后经病人通道进入洁净烧伤病房，尽量能避免病人带入细菌；

② 病人出室后：室内不得存放物品和食物，病人实行全封闭管理，进行各项诊疗操作；

③ 病人出室：病人病情平稳转入普通病房；

④ 人流、物流组织比照洁净病房。

(4) 用房及基本医疗设备：分为污染区（集中更衣、办公室），半污染区（清创室、一更），洁净区（净化病房间、药品室、无菌物品间）；所配置的医疗设备为呼吸机、监护仪各1台，烧伤病床1张，双臂气源吊塔1台等。

(5) 信息系统：烧伤净化病房的所有医疗信息应达到电子化、数字化水平，与医院网络、数字化医疗设备相匹配。

6. 医学实验室洁净工程

(1) PCR净化实验室洁净工程

专用于微生物和遗传病、肿瘤等疾病诊断和细胞衍生技术产品的检测，在功能平面布置、空气洁净度、排风等方面应符合实验流程。

① 规模：按医院诊疗项目和专业需求设置PCR实验室，在试剂储存和准备区、标本制备区、扩增区、扩增产物分析区4个区和需要增设的测速区和电泳区，每区净面积不低于10m^2（包括各区前室），工作人员更衣等辅助房间另计。

② 标准：PCR实验室必须在无菌无尘环境下进行操作，但并没有严格的净化要求

(通常设计PCR实验室的净化级别为10000级)。为避免各个实验区域间交叉污染的可能性，宜采用全送全排的气流组织形式。同时，要严格控制送、排风的比例，以保证各实验区的压力要求。

③ 其基本流程为：试剂准备及标本制备→(杂交捕获)→扩增反应→产物分析→检测报告；有关肿瘤基因测序的流程见图2.1.1.2。

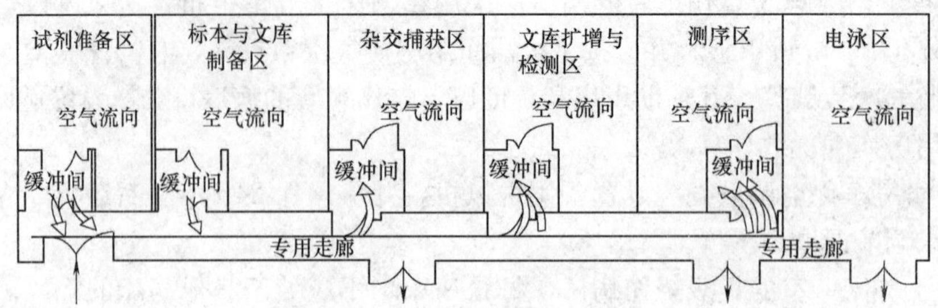

图2.1.1.2　PCR实验室流程图

④ PCR实验室的建设和验收依据：

(a)《开展高通量基因测序技术临床应用试点通知》[国卫医医护便函（2014）44号]。

(b)《医疗机构临床基因扩增检验实验室管理办法》[卫办医政发（2010）194号]。

(c)《医疗机构临床基因扩增检验实验室工作导则》。

(d)《医学实验室质量和能力认可准则》CNAS-CL02（ISO 15189—2012）。

(e)《实验室　生物安全通用要求》GB 19489—2008。

⑤ 用房及基本医疗设备见表2.1.1.2-2

PCR实验室用房及设备　　表2.1.1.2-2

序号	分区	主要仪器设备	主要功能	面积（m^2）	温湿度	压差（Pa）	吊顶紫外灯	给水排水
1	试剂准备区	冰箱、纯水仪、超净工作台等	试剂准备/储存/分装	19	18～27℃ 30%～70%	+15	必需	10L/d
2	标本与文库制备区	调温式热封仪、微量分光光度仪、恒温混匀仪、离心机、数显干式加热仪、生物安全柜等	核酸提取/文库构建	22	18～27℃ 30%～70%	+5	必需	10L/d
3	杂交捕获区	PCR仪、恒温混匀仪、真空离心溶度仪、数显干式加热仪	PCR扩增、文库混合、杂交洗脱与纯化	22	18～27℃ 30%～70%	−5	必需	10L/d
4	文库扩增及检测区	PCR仪、荧光定量仪、QPCR仪等	文库扩增与文库检测	22	18～27℃ 30%～70%	−10	必需	10L/d
5	测序区	测序仪	测序检测	17	20～25℃ 40%～60%	−15	必需	10L/d
6	电泳区	电泳仪、电泳槽、成像仪、冰箱等	电泳分析	25	18～27℃ 30%～70%	—	必需	10L/d

（2）生物治疗实验室洁净装备工程

肿瘤生物治疗实验室主要应用于临床用免疫细胞活性的培养和制备以及生物制剂的制备。生物治疗实验室，主要开展细胞培养、收集和配制、细胞活性及免疫指标检测等操作，从而获得细胞数目、生物学活性、细胞表型、无其他修饰物、无内在毒素、无病原体的高质量免疫细胞。在生物治疗实验室里，通过生物技术从患者体内采集单个核细胞，通过实验室分离、诱导、增殖、激活获得细胞终制剂（生物免疫细胞）。其得率和存活率、纯度和均一性或特征性表面标志、生物学活性、外源性因子的检测（细菌、真菌、支原体、病毒及内毒素）、稳定性、添加成分检测等指标均需达到标准。具备以上功能的生物治疗实验室也可满足常规细胞室功能。

① 规模：按医院生物治疗病床数每床综合建筑面积不低于6m^2 设置生物治疗实验室。

② 洁净等级：生物治疗实验室采用局部操作区100级、洁净室整体为10000级标准，工作区局部百级标准。具体功能间及设备见表2.1.1.2-3。

生物治疗实验室用房及设备　　　　**表2.1.1.2-3**

房间名称	室内压差(Pa)	最小换气次数(h^{-1})	温度(℃)	相对湿度(%)	最小新风量(h^{-1})	噪声[dB(A)]
骨髓细胞培养室	+15	15～25	21～25	30～60	2	≤60
IPS细胞培养室	+15	15～25	21～25	30～60	2	≤60
免疫细胞培养室	+15	15～25	21～25	30～60	2	≤60
细胞储存室	+15	15～25	21～25	30～60	2	≤60
IPS药敏功能测定室	+15	15～25	21～25	30～60	2	≤60
操作室、暂存	+10	15～25	21～25	30～60	2	≤60
更衣室	+5	15～25	21～27	≤60	2	≤60
细胞培养室、洁净走廊	+20	15～25	21～27	≤60	2	≤60
病毒是污染区、电泳区	−20	15～25	21～25	30～60	2	≤60

③ 建设应与实验流程相匹配。

样品接收→快检→初产品制备→制备前检测（酶免免疫分析、核型检测分析、微生物检测）

↓（交接）

细胞制备→细胞培养→细胞处理→后检测（细胞生物学功能检测、流式细胞分析）→回输病人→液氮冷藏

④ 用房及基本医疗设备：具体功能间大小及划分如下：

（a）公用设施区域：为整个实验室提供公用工程系统设施，包括水（纯化水和注射用水）、电、气（二氧化碳、氧气、氮气等）以及暖通空调净化系统等，具体功能间及设备见表2.1.1.2-4。

公共设施区域功能间及设备　　　　**表2.1.1.2-4**

序号	区域	功能	面积(m^2)	设备
1	机房	公用工程设备	20	制冷机组、空压机
2	配电室	配电	15	配电箱
3	气瓶间	供应不同气体	10	二氧化碳瓶、氧气瓶、氮气瓶
4	净化空调室	净化空调系统	40	净化空调箱

该区域总面积大约 80m²。

（b）普通实验室区域：为一般不需要严格洁净空气要求的实验实施地点，包括质量控制实验室部分。具体功能间见表 2.1.1.2-5。

普通实验区用房　　表 2.1.1.2-5

序号	区域	功能	面积(m²)	设备
1	冷库(4℃)	试剂、中间产物低温保存	10	实验台，及试剂架
2	灭菌间	器具、培养基灭菌	20	真空脉动灭菌柜(2 台)
3	干热灭菌室	器具干烤灭菌	20	干热灭菌柜(1 台)
4	离心机房	样品离心	10	超速离心机(1 台)、普通离心机(2 台)
5	器具清洗间	器具清洗、晾干	20	超声清洗机(1 台)
6	器具存放间	洁净器具存放间	10	器具存放架
7	动物房一	小白鼠	15	小鼠架
8	动物房二	白兔	15	白兔架
9	动物操作间	动物实验	10	试验台
10	分子生物学实验室	构建 CD19 病毒载体	20	PCR 仪、实验台
11	细胞培养间	细胞培养	15	生物安全柜(1 台)、CO_2 培养箱(2 台)、倒置显微镜(1 台)
12	理化实验室	理化实验	20	实验台、水浴
13	分析仪器室	仪器检测	20	流式细胞仪(1 台)、生物分析仪(1 台)、荧光显微镜(1 台)
14	免疫检测室	免疫检测	20	酶标仪(1 台)、洗板机 6(1 台)
15	细胞种子库	储存 CD19 病毒细胞保存库、CD19 病毒工作种子库	10	－80℃ 冰箱(3 台)
16	库房	试剂仓库	10	货架
17	洗衣间	洗衣	10	洗衣机

该区域总面积大约 260m²。

（c）GLP 实验室区域：该区域的主要功能是在符合 GMP 条件下用于制备临床试验用 CD19 病毒保存细胞主种子和工作种子库，CD19 病毒工作种子库以及制备临床试验用 CD19-CAR-T。具体功能间见表 2.1.1.2-6。

GCP 实验室功能间　　表 2.1.1.2-6

序号	区域	级别等级	功能	面积(m²)	设备
C 级细胞制备区					
1	脱衣换鞋洗手间	K 级	脱衣、换鞋、洗手	5	衣柜、鞋柜、水池
2	二更手消毒间	C 级	二更，手消毒	5	手消毒器
3	回更间	C 级	回更	5	

续表

序号	区域	级别等级	功能	面积(m^2)	设备
4	种子制备间	C 级	CD19 病毒保存细胞库、CD19 病毒工作种子库	20	生物安全柜(1 台)、CO_2培养箱(2 台)、倒置显微镜(1 台)
5	灭菌后间	C 级	灭菌器具存放	10	货架
6	细胞培养间	C 级	细胞培养	10	5 升生物反应器(1 台)、5 升波浪生物反应器
7	细胞操作间	C 级	CD19-CAR-T 制备	10	白细胞清洗仪(1 台)、细胞分离系统(1 台)、亚 T 细胞筛选仪(1 台)
8	物料暂存间	C 级	灌装物品暂存	10	货架
9	C 级区洁具间	C 级	清洁器具存放	5	水池
灌装区					
1	脱衣换鞋洗手间	K 级	脱衣、换鞋、洗手	5	衣柜、鞋柜、水池
2	二更手消毒间	C 级	二更,手消毒	5	手消毒器
3	回更间	C 级	回更	5	
4	灌装间	B+A 级	CD19 病毒装袋、CD19-CAR-T 装袋	10	灌装机
5	制剂缓冲间	C 级	制剂传送	5	传递窗
6	制剂缓冲间	K 级	制剂传送	5	传递窗
7	洁具间	C 级	清洁器具存放	5	水池
辅助区					
1	脱衣换鞋洗手间	K 级	脱衣、换鞋、洗手	5	衣柜、鞋柜、水池
2	二更手消毒间	C 级	二更,手消毒	5	手消毒器
3	清洗间	C 级	器具清洗	20	
4	消毒间	C 级	干热灭菌和湿热灭菌	20	干热灭菌柜、湿热灭菌柜
5	培养基配制间	C 级	配制培养基	10	生物安全柜
6	试剂暂存间	C 级	生物耗材暂存	5	货架
7	洁具间	C 级	清洁器具存放	5	水池

该区域总面积（净化面积）大约 190m^2。

(d) 办公区域：包括办公室、会议室、档案室，总面积为 150m^2。

第 2 节　建筑设计要点

2.1.2.1　关于选址。各种类洁净装备工程选址依据场地环境和医疗功能合理选择。

【技术要点】

1. 外环境应在大气含尘较低，远离粉尘污染源和噪声声源，并位于最大频率风向上风侧。

2. 对于兼有微振控制要求的净化工程的位置选择，应实际测定周围现有振源的振动影响，并应与精密设备、精密仪器仪表允许环境振动值进行分析比较。

3. 建筑内所选择的洁净装备工程应从医疗功能组合合理、联系便捷的角度进行建筑布置。

（1）洁净手术部宜就近外科系统护理单元，并与血库、ICU、病理科相毗邻设置；

（2）生殖中心宜就近门诊自成一区设置，并与影像检查等联系便捷；

（3）静脉药配置中心自成一区，并与各护理单元、日间病房、住院药房联系便捷。

2.1.2.2　关于建筑平面。各种类洁净装备工程建筑平面应与医疗工艺相匹配，并必须符合卫生学和无菌技术操作要求，达到流程合理、洁污分明的标准。

【技术要点】

1. 各种类洁净装备工程建筑平面应布置合理、紧凑，洁净区内只布置必要的工艺设备以及有空气洁净度等级要求的工序和工作室。

2. 各种类洁净装备工程建筑平面合理布置工作点位，根据相关建筑条件和各种类洁净装备工程建筑平面合理布置工作点位，并按工作点位进行水、电、气点位定位和医疗设备布置。

3. 与医疗设备整体建设的各种类洁净装备工程空间尺寸、水电空调等技术要求应相匹配、同步建设。

2.1.2.3　洁净手术部工程

不同类型的医院，功能性手术室设置有所不同，为满足各种手术需要和保证无菌技术要求，手术部建设应符合其医疗流程并满足相关技术标准、规范。

【技术要点】

1. 医疗功能：洁净手术室按Ⅰ、Ⅱ、Ⅲ、Ⅳ等级分四种类型，其适用手术范围见表 2.1.2.3-1。

洁净手术室用房的分级标准　　表 2.1.2.3-1

洁净用房等级	沉降法（浮游法）细菌最大平均浓度		空气洁净度等级		参考手术
	手术区	周边区	手术区	周边区	
Ⅰ	0.2cfu/(30min·φ90 皿)(5 个/m³)	0.4 个/(30min·φ90 皿)(10 个/m³)	5	6	假体植入、某些大型器官移植、手术部位感染可直接危及生命及生活质量等手术
Ⅱ	0.75cfu/(30min·φ90 皿)(25 个/m³)	1.5 个/(30min·φ90 皿)(10 个/m³)	6	7	涉及深部组织及生命主要器官的大型手术
Ⅲ	2cfu/(30min·φ90 皿)(75 个/m³)	4 个/(30min·φ90 皿)(10 个/m³)	7	8	其他外科手术
Ⅳ	6cfu/(30min·φ90 皿)		8.5		感染和重度污染手术

其基本医疗流程要求如下：

（1）人流组织：医患入口应分设、分流。

医护人员：换衣（非洁净区）→更衣→刷手（洁净区）→穿手术衣、手术（洁净区）→术毕原路返回。

病人：床车进入(非洁净区)→换车(洁净区)→ 手术、恢复(洁净区)→退出手术室→ICU或病房。

(2) 物流组织

无菌物品：消毒供应中心(密闭车)经公共通道→手术部缓冲间脱包→手术部无菌间(洁净区)→各手术室(洁净区)→密闭回收。

医疗废弃物：手术废弃物(手术室)→入密闭车→洁净走廊或清洁走廊→外运至医务垃圾收集中点。

2. 手术部规模：手术室间数按外科系统（手术科室）床位数确定时，按1∶(20～25)的比例计算，即每20～25床设1间手术室。也可按以下方式计算：

$$A=B\times365/(T\times W\times N)$$

式中　A——手术室数量；

B——需要手术病人的总床位数；

T——平均住院天数；

W——手术室全年工作日；

N——平均每个手术室每日手术台数。

注：洁净手术部中洁净手术室的数量、大小及空气洁净度级别，宜依据医院的性质、规模、级别和财力来决定。

3. 洁净手术部净化级别选择：执行《医院洁净手术部建筑技术规范》GB 50333—2013第3.0.2条。其中Ⅰ级手术室间数不应超过洁净手术室总间数的15%，至少1间。Ⅲ级手术室间数占洁净手术室总间数的60%为宜，Ⅱ级、Ⅳ级手术室适当设置。复合手术室宜列入洁净手术室一体化建设并执行《医院洁净手术部建筑技术规范》GB 50333—2013；其房间尺寸和布置、条件应符合医疗设备要求。

4. 标准：洁净手术部应依据《综合医院建筑设计规范》GB 51039—2014、《医院洁净手术部建设标准》、《医院洁净手术部建筑技术规范》GB 50333—2013、《医院消毒供应中心》WS 310和无菌技术要求进行建设。

5. 手术部医疗装备：手术室必备的基本装备见表2.1.2.3-2，其中医用吊塔必设麻醉主塔1套，另根据需要增设手术腔镜塔等，塔上应配置的电源、数据接口、气体终端，其点数按需而定。气体终端制式通常采用美标气体终端、英标气体终端、德标气体终端、法标气体终端及日标气体终端。电源插座宜采用万能插座。

洁净手术基本装备　　　　**表2.1.2.3-2**

装备名称	每间最低配置数量	装备名称	每间最低配置数量
无影灯	1套	观片灯(嵌入式)或终端显示屏	根据需要配置
手术台	1台	保暖柜	1个
计时器	1只	药品柜(嵌入式)	1个
医用气源装置	2套	器械柜(嵌入式)	1个
麻醉气体排放装置	1套	麻醉柜(嵌入式)	1个
医用吊塔、吊架	根据需要配置	净化空调参数显示调控面板	1块
免提对讲电话	1部	微压计(最小分辨率达到1Pa)	1台
		记录板	1块

6. 信息系统：洁净手术部的所有医疗信息应达到电子化、数字化水平，其中图像传输系统具备图像采集和通信能力，但不要求图像后处理，一般图像采集和部分存储及后处理由专用医疗设备实现。

本章作者简介

王铁林：1977 年毕业于哈尔滨医科大学，海南省肿瘤医院原院长，兼任国家卫生和计划生育委员会医院建筑专家组成员、中国医院装备协会医院建筑与装备分会副会长。

陈国亮：上海建筑设计研究院有限公司首席总建筑师，教授级高级建筑师。

田助明：1988 年毕业于上海交通大学机械工程专业，珠海和佳医疗设备股份有限公司副总裁。

吴雄志：海南省肿瘤医院院长助理，从事医疗工艺设计和应用。

第 2 章　医用洁净装备工程的空气洁净装备与系统

龚京蓓　周斌　张文科　叶帅　蒋丹凤　蔡斌

第 1 节　空气过滤器

2.2.1.1　空气过滤器的滤尘机理。

【技术要点】

1. 为了确保过滤效果，目前通风空调系统主要采用带有阻隔性质的过滤器来分离气流中的微粒。

2. 带有阻隔性质的过滤器过滤机理分为表面过滤（如化学微孔滤膜过滤器）和深层过滤（如纤维过滤器）。

3. 纤维滤器的过滤机理包括拦截、惯性、扩散、重力和静电效应等。

2.2.1.2　空气过滤器的主要性能指标。

【技术要点】

1. 过滤效率：过滤元件过滤后的气溶胶浓度与过滤前的气溶胶浓度之比，分为计数浓度和计重浓度，以百分数表示。

2. 穿透率：额定风量下，过滤元件过滤后的气溶胶浓度与过滤前的气溶胶浓度之比，以百分数表示。

3. 迎面风速：过滤器迎风面断面上所通过的气流速度。

4. 滤速：气流通过空气过滤器中滤料的速度。

5. 阻力：额定风量下，气流通过过滤器前后的静压差，分为滤料阻力和过滤器结构阻力两部分。

6. 容尘量：额定风量下，受试过滤器达到终阻力时所捕集的人工尘总质量，单位以 g 表示。

2.2.1.3　关于空气过滤器的分类和效率检测。

【技术要点】

1. 我国现行国家标准《空气过滤器》GB/T 14295 和《高效空气过滤器》GB/T 13554 将过滤器分为粗效过滤器（C1～C4）、中效过滤器（Z1～Z3）、高中效过滤器、亚高效过滤器、高效过滤器（A～C）和超高效过滤器（D～F）；

2. 一般通风用空气过滤器、高效过滤器和超高效过滤器的具体分类和检测方法分别如表 2.2.1.3-1～表 2.2.1.3-3 所示。

3. 国内外对空气过滤器的效率检测方法有以下几种：DOP 光度计（美国）、钠焰法（英国和中国）、油雾法（原西德、原苏联、中国）、荧光素钠法（法国）、计数法、大气尘计数法等。

额定风量下一般通风用空气过滤器的特性分类表　　　表 2.2.1.3-1

性能分类＼性能指标	代号	迎面风速(m/s)	效率(%)		初阻力(Pa)	终阻力(Pa)
亚高效	YG	1.0	粒径≥0.5μm	95≤E<99.9	≤120	240
高中效	GZ	1.5		70≤E<95	≤100	200
中效 1	Z1	2.0		60≤E<70	≤80	160
中效 2	Z2			40≤E<60		
中效 3	Z3			20≤E<40		
粗效 1	C1	2.5	粒径≥2.0μm	E≥50	≤50	100
粗效 2	C2			20≤E<50		
粗效 3	C3		标准人工尘计重效率	E≥50		
粗效 4	C4			10≤E<5		

注:当测得的效率同时满足表中两个类别时,按照较高的类别进行判定。

高效空气过滤器的特性分类表　　　表 2.2.1.3-2

类别	额定风量下钠焰法效率(%)	20%额定风量下的钠焰法效率(%)	额定风量下的初阻力(Pa)
A	99.9≤*E*<99.99	无要求	≤150
B	99.99≤*E*<99.999	99.99	≤220
C	*E*≥99.999	99.999	≤250

额定风量下超高效空气过滤器的特性分类表　　　表 2.2.1.3-3

类别	计数法效率(%)	初阻力(Pa)	备　注
D	99.999	≤250	扫描检漏
E	99.9999	≤250	扫描检漏
F	99.99999	≤250	扫描检漏

4. 我国和欧盟的一般通风用空气过滤器效率检测方法对比见表 2.2.1.3-4。

我国和欧盟的一般通风用空气过滤器效率检测方法对比表　　　表 2.2.1.3-4

项目＼标准	GB/T 14295—2008	EN 779—2012
负荷尘	ASHRAE 人工尘(测量计重效率和容尘量用)	ASHRAE 人工尘(测量计重效率和容尘量用)
测试气溶胶	多分散 KCl(测量计数效率用)	DEHS(测量计数效率用)
测试粒径范围	≥0.5μm(中效、高中效、亚高效)≥2.0μm(粗效)	0.4μm
采样仪器	光学粒子计数器	光学粒子计数器
测试管道	直管道,进风口处设保护网和静压室,其中静压室入口设 2～3 级过滤器,最后一级为 HEPA 过滤器	直管道,进风口处必须安装 HEPA 过滤器

续表

项目＼标准	GB/T 14295—2008	EN 779—2012
进风类型	—	室内空气或者室外空气
排风方式	经处理后排向室外或者排至进风口以外的房间	排向室外、室内或者循环
进风温度	10～30℃	—
进风相对湿度	30%～70%	<75%
管道压力	正负压均可	正负压均可
风量测量装置	标准孔板或标准喷嘴	孔板流量计、喷嘴流量计、文丘里管等
风量范围	0.8～2.5m/s(指迎面风速)	0.24～1.5m^3/s(额定风量:3400m^3/h)
质量要求	①风管断面上风速均匀;②风管断面上气溶胶浓度均匀;③气溶胶静电中和器;④粒子计数器过载测试;⑤微压计校准;⑥无过滤器效率;⑦相关比率测试;⑧100%过滤器效率;⑨气溶胶发生器反应时间;⑩管道泄漏测试;⑪零计数率;⑫粒子计数器测量精度;⑬微尘器流量;⑭粒子计数器的伪计数试验;⑮隔振要求	
	GB/T 14295 对②,③,⑤,⑩和⑮有要求; EN 779 对①～⑭有要求	
测试结果	初始阻力、初始和平均计重效率、容尘量	初始阻力、初始和平均效率、容尘量、静电消除前后的效率、试验期间的最低效率

2.2.1.4 空气过滤器的选择和应用。

【技术要点】

1. 医用洁净装备工程中通常设置粗效、中效和高效过滤器三级过滤形式。

2. 医用洁净装备空调箱中过滤器的设置位置处，应该确保相对湿度不宜过高，采取没有化学污染等副作用的措施，避免过滤器表面微生物繁殖。

3. 医用洁净装备的回风口处应安装中效及以上级别回风过滤器，避免室内微生物通过风道向其他区域扩散。

第2节 空气的除菌、除臭

2.2.2.1 关于空气的灭菌。

【技术要点】

1. 灭菌是杀灭或者消除传播媒介上的一切微生物，包括致病微生物和非致病微生物，也包括细菌芽胞和真菌孢子。

2. 化学方法：喷雾法；熏蒸法；臭氧法。

3. 物理方法：纳米光催化法；静电法；等离子法。

2.2.2.2 关于空气的除臭。空气中的臭味气体由无机和有机两大类组成，空气净化除臭主要针对这两大类物质，净化除臭方式有：吸附法、冷凝法、电子束照射法、高能光电除臭。

【技术要点】

着重介绍一下吸附法：吸附是一种物质附着在另一种物质表面上的缓慢作用过程。吸附是一种界面现象，其与表面张力、表面能的变化有关。

1. 物理吸附：吸附剂和吸附质（溶质）经过分子力发作的吸附称为物理吸附。

2. 化学吸附：吸附剂和吸附质（溶质）之间靠化学键的效果，发作化学反应，使吸附剂与吸附质（溶质）之间结实地联络在一起。

3. 交流吸附：一种物质的离子因为静电引力集聚在吸附剂外表的带电点上，在吸附过程中，伴随着等量离子的交流，即每吸附一个吸附质（溶质）的离子，吸附剂要放出一个等量的离子，即离子交流。

4. 微生物型除臭吸附：生物过滤除臭系统是利用纤维填料或多孔填料表面附着生长的微生物膜能够吸附和降解臭气分子并将其转化为无毒、无害、无味的简单物质分子。微生物除臭剂在与臭味同化的过程中能不断繁殖，可以进一步增强除臭性能，从而达到长期除臭的目的。

第 3 节　洁净用房空气质量要求

2.2.3.1　关于洁净用房室内空气质量参数指标。

【技术要点】

1. 洁净度。疾病感染的传播要有三个条件：传染的微生物源、易感人群以及传播途径。全球有 41 种主要传染病，其中经空气传播的就达 14 种，在各种传播途径中居首位，而绝大多数的空气悬浮微生物都是以灰尘颗粒物作为载体。因为医院功能的特殊性，医院内传染的微生物源和易感人群相对密集，故控制医院不同功能用房的颗粒物尤为重要。

2. 热湿环境。房间内的热湿环境直接影响室内人员的工作效率、舒适度等。而室内空气品质甚至影响人们的身体健康。室内热湿环境对人体舒适性的影响因素包括温度、湿度、热辐射及房间内的气流速度。热辐射和气流速度间接影响人员的热感觉，热湿环境中的室内空气温度和湿度直接影响人员热感觉。

3. 室内气态污染物浓度。室内空气品质的定义在近二十年中经历了许多变化，但主要内容仍是房间内污染物浓度的高低及其对室内人员的影响。近年来，国内外对室内空气污染物对人体健康的影响进行了大量的研究，研究表明室内对身体健康有害的有毒有害物质竟然有上百种，常见的亦有十种以上。结合调研结果及医院建筑的特殊性，确定对医院空气质量分级中空气品质的影响因素为 CO_2、甲醛、苯及 TVOC。

4. 空气中微生物浓度。微生物是需要通过显微镜才能观察到的微小生物的统称。目前所知的微生物中大部分是有益的，但少数会引起生物污染，引发人类疾病，如病毒、细菌和真菌。2003 年 SARS（Service Acute Respiratory Syndrome）肆虐了世界许多国家，尤其是我国，全球病例报告累计达 8098 例，700 多人死亡，349 人死亡。这些因微生物引发的全国乃至全球感染性疾病，使人类意识到了小到肉眼无法观察的微生物具有很大的破坏力，认识到了室内环境污染治理的重要性。

2.2.3.2　关于不同功能用房要求。

【技术要点】

1. 洁净度

（1）部分国外标准的洁净度要求

① 俄罗斯。俄罗斯标准《医院空气洁净度一般要求》等效地采用国际标准组织 ISO 14644 洁净室和相关受控环境的一系列标准，其标准中的过滤器则等效采用《一般通风用空气过滤器》EN 779。俄罗斯标准将医疗用房分为 5 个级别，不同级别房间的功能和洁净度级别见表 2.2.3.2-1。

俄罗斯标准中不同级别房间的功能和洁净度级别　　表 2.2.3.2-1

<table>
<tr><th colspan="2">医疗用房等级</th><th>功　能</th><th>洁净度级别</th></tr>
<tr><td rowspan="2">1 级</td><td>手术区域</td><td rowspan="2">无菌技术和单向流手术间</td><td>ISO 5 级</td></tr>
<tr><td>手术台周围区域</td><td>ISO 6 级</td></tr>
<tr><td rowspan="2">2 级</td><td>病床区域</td><td rowspan="2">采用单向流的重症监护室</td><td>ISO 5 级</td></tr>
<tr><td>病床周围区域</td><td>ISO 6 级</td></tr>
<tr><td colspan="2">3 级</td><td>无单向流或送风面积小于 1 级所需尺寸的单向流手术间；
洁净度要求更高的无单向流的房间，包括器官移植患者的病房、烧伤病房、手术间前室、处置室、产房、新生儿室、重症监护室等。</td><td>ISO 8 级</td></tr>
<tr><td colspan="2">4 级</td><td>患者、人员等不需要特殊保护措施的房间</td><td>无规定</td></tr>
<tr><td colspan="2">5 级</td><td>传染病房</td><td>ISO 8 级</td></tr>
</table>

② 德国。《通风空调》DIN 1946 第 4 部分《医院通风空调》自 1978 年颁布以来一直是德国医院方面通风空调的依据。德国标准强调医院卫生学的概念，即维持医院关键科室的卫生状态，其主要任务是防止感染及有害气体和化学物质的危害。DIN 1946/4 将医院环境控制分为 1a，1b，Ⅱ三类，并提出通风要求，如表 2.2.3.2-2 所示。

DIN1946/4 通风要求　　表 2.2.3.2-2

房间等级	要求	功能	过滤器要求
1a	特别高的无菌程度	大型异体植入手术；神经外科手术；心血管手术；器官移植手术；大面积创口的手术等	三级过滤：F5～F7＋F9＋H13
1b	高无菌程度	小型的异体植入手术；微创手术；内窥镜手术等	三级过滤：F5～F7＋F9＋H13
II	一般无菌程度	门诊室，放射治疗科，供应间，病理检验科，解剖室，术后苏醒室，介入治疗间，重症监护室，隔离病房等	二级过滤：F5～F7＋F9

③ 美国。《医疗护理设施的通风》ARSHARE 170 是美国国家标准学会颁布的第一个医疗标准。该标准虽未强调房间的空气洁净度等级，却规定了医院各科室通风系统空气过滤器要求，要求一级过滤器应置于加热和冷却设备上游，二级过滤器应置于所有湿冷盘管和送风机下游。该标准采用的过滤器最低效率测试报告值（Minimum Efficiency Reporting Value，MERV）是依据《一般通风空气净化设备尘埃粒径过滤效率的测试方法》ASHRAE 52.2。不同功能房间过滤器要求见表 2.2.3.2-3。

ASHRAE 170 中的过滤器要求　　　表 2.2.3.2-3

房间类型	第一级过滤器(MERV)	第二级过滤器(MERV)
住院病人手术；B类和C类门诊手术；门诊病人的诊断与放射性治疗；住院病人分娩和康复区	7	14
住院病人护理、诊疗区及为其提供直接服务、清洁用品或清洁处理的区域；空气传染隔离病房(AII)	7	14
无菌病房(PE)；创伤性重症监护病房	7	14
实验室；A类门诊手术以及相应的半限制管理区域	13	不要求
大宗物品仓库；污物存放区；食物准备区及洗衣区	7	不要求
门诊其他所有区域	7	不要求
专业护理区	136	不要求
精神病医院	7	不要求
住院病人临终关怀区域内的护理、治疗及辅助区域	13	不要求
疗养院内的护理、治疗及辅助区域	7	不要求

④ 法国。世界卫生组织评价法国的医疗制度是世界上最好的医疗保健系统之一，法国著名的医院建设标准为《空气质量，医疗要求及受控房间的运行》NFS 90-351，也是世界上最早的医院建设标准之一。法国标准根据医院房间的风险等级规定不同的污染控制技术标准，如表 2.2.3.2-4 所示。

法国标准中不同风险等级房间技术标准要求　　　表 2.2.3.2-4

风险等级	洁净度级别	气流流型	房间换气次数(h^{-1})
4级	ISO5	单向流	＞50
3级	ISO7	非单向流	25～30
2级	ISO8	非单向流	15～20
1级	无要求		

各房间的医疗风险等级需经过医疗专家和感染控制专家对医疗过程和患者状态进行风险评估后才能确定。

(2) 我国相关标准对医院不同功能房间洁净度的要求

① 洁净手术部：《医院洁净手术部建筑技术规范》GB 50333—2013 的规定见表 2.2.3.2-5 和表 2.2.3.2-6。

洁净手术室用房的分级标准　　　表 2.2.3.2-5

手术室等级	空气洁净度等级	
	手术区	周边区
Ⅰ	5级	6级
Ⅱ	6级	7级
Ⅲ	7级	8级
Ⅳ	8.5级	

手术部洁净辅助用房的分级 表 2.2.3.2-6

用房名称	洁净用房等级
需要无菌操作的特殊用房	Ⅰ～Ⅱ
体外循环室	Ⅱ～Ⅲ
手术室前室	Ⅲ～Ⅳ
刷手间	Ⅳ
术前准备室	
无菌物品存放室、预麻室	
精密仪器室	
护士站	
洁净区走廊或任何洁净通道	
恢复(麻醉苏醒)室	

表 2.2.3.2-6 中不同等级洁净用房的洁净度级别见表 2.2.3.2-7。

不同等级辅助用房洁净度分级标准 表 2.2.3.2-7

辅助用房等级	空气洁净度等级
Ⅰ	局部5级,其他区域6级
Ⅱ	7级
Ⅲ	8级
Ⅳ	8.5级

② 洁净病房:《医院洁净手术部建筑技术规范》GB 50333—2013 的规定见表 2.2.3.2-8。

洁净病房各类功能用房评价标准 表 2.2.3.2-8

级别	适用范围	空气洁净度级别
Ⅰ	重症易感染病房	5级
Ⅱ	内走廊、护士站、病房、治疗室、手术处置	7级
Ⅲ	体表处置室、更换洁净工作服室、敷料贮存室、药品贮存室	8级

③ 负压隔离病房:

《负压隔离病房建设配置基本要求》DB 11/663—2009、《传染病医院建筑施工及验收规范》GB 50686—2011 均未提出房间洁净度级别要求，仅要求送风末端使用低阻的高中效（含）以上级别的过滤器。

《医院洁净手术部建筑技术规范》GB 50333—2013 对各级手术室和洁净用房送风末端过滤器的最低过滤效率要求见表 2.2.3.2-9。

各级手术室和洁净用房送风末端过滤器的效率 表 2.2.3.2-9

洁净手术室和洁净用房等级	对≥0.5μm 微粒,过滤器最低效率
Ⅰ	99.99%
Ⅱ	99%
Ⅲ	95%
Ⅳ	70%

高中效过滤器对≥0.5μm微粒的过滤器效率为≥70%～95%，故建议负压隔离病房的洁净度等级应低于Ⅳ级，即8.5级。

④ 静脉用药配置中心：《静脉用药集中调配质量管理规范》规定静脉用药调配中心（室）的洁净区应当含一次更衣、二次更衣及调配操作间。各功能室的洁净度级别要求见表2.2.3.2-10。

静脉用药调配中心洁净度级别要求　　表2.2.3.2-10

用房名称	空气洁净度级别
层流操作台	5级
二次更衣室、加药混合调配操作间	7级
一次更衣室、洗衣洁具间	8级

⑤ 消毒供应中心：《综合医院建筑设计规范》GB 51039—2014规定消毒供应中心应严格按照污染区、清洁区、无菌区三区布置，其中无菌存放区洁净度级别不宜低于Ⅳ级，即8.5级。

⑥ 生殖中心：胚胎培养室（体外授精实验室）应为Ⅰ级洁净用房，即局部区域5级，其他区域6级；取卵室、移植室应为Ⅱ级洁净用房，即7级；其他辅助用房（冷冻室、工作室、洁净走廊等）应为Ⅳ级洁净用房即8.5级，见表2.2.3.2-11。

生殖中心洁净度级别要求　　表2.2.3.2-11

房间名称	空气洁净度级别
胚胎培养室(体外授精实验室)	局部5级,其他区域6级
取卵室、移植室	7级
其他辅助用房	8.5级

（3）结论

上述所列部分国家对医院洁净手术部洁净度的要求，虽然部分国家的标准未给出医院不同房间的洁净度级别要求，却规定了不同房间空调系统所需空气过滤器的级别以及房间的压差、送风量等标准，间接地提出了房间洁净度等级要求，可见控制房间内颗粒物对医院感染控制非常重要。

2. 热湿环境

（1）部分国外标准对温湿度的要求

① 德国2008年修订的《医疗护理设施中建筑和用房的通风空调》DIN 1946—4对医院建筑室内温湿度的要求见表2.2.3.2-12。

② 美国退伍军人事务部成立于1930年，经过80多年的发展，已成为世界上最大的医疗体系，其2005年8月颁布的《外科设施设计导则》将手术室分为两类，即常规手术室和特殊手术室，温度范围均为17～27℃，相对湿度范围均为45%～55%。

③《医疗护理设施的通风》ARSHARE 170是美国国家标准学会颁布的第一个医疗标准，统一了美国不同的医疗观点和措施，其要求见表2.2.3.2-13。

《医疗护理设施中建筑和用房的通风空调》DIN 1946—4 对医院建筑室内温湿度要求

表 2.2.3.2-12

房间名称	温度(℃)	相对湿度(%)
手术部:所有的手术室	送风温度为 19～26	—
复苏室,手术部内部或外部	22～26	—
次级介入手术室,治疗室(有创口)例如内窥镜检查法(胃炎镜检查,结肠镜检查,支气管镜检查,内窥镜逆行胰胆管造影),紧急治疗,较大伤口治疗和换药	22～26	—
病房(重症监护室)	22～26	30～60
隔离室,包括接待室(重症监护)	22～26	30～60
病房以及被褥处理,洗衣房	≤22	—

美国《医疗护理设施的通风》ARSHER 170 对医院建筑室内温湿度要求

表 2.2.3.2-13

房间功能	设计温度(℃)	设计相对湿度(%)
手术区和危重病区		
B、C 级手术室	20～24	20～60
手术/膀胱内窥镜检查室	20～24	20～60
分娩室(剖腹产)	20～24	20～60
恢复室	21～24	20～60
ICU(危症/重症监护区)	21～24	30～60
中等监护区	21～24	最大 60
创伤重症监护室(烧伤单元)	21～24	40～60
NICU 新生儿重症监护室	22～26	30～60
治疗室	21～24	20～60
急诊候诊室	21～24	最大 65
治疗类选室	21～24	最大 60
操作间(A 级手术室)	21～24	20～60
急诊科检查、治疗室	21～24	最大 60
住院患者护理		
病房	21～24	最大 60
新生儿护理室	22～26	30～60
候产、分娩、恢复	21～24	最大 60
护理单元		
休息室	21～24	NR
放射区(v)		
X 光室(诊断、治疗)	22～26	最大 60
X 光室(手术、特护和导管插入)	21～24	最大 60
诊断治疗区		
支气管内窥镜检查室、集痰室、中央行政区	20～23	NR
普通实验室	21～24	NR

续表

房　间　功　能	设计温度(℃)	设计相对湿度(%)
细菌实验室	21～24	NR
细胞实验室	21～24	NR
微生物实验室	21～24	NR
核药物实验室	21～24	NR
病理学实验室	21～24	NR
药物治疗室	21～24	最大 60
治疗室	21～24	最大 60
水疗室	22～27	NR
理疗室	22～27	最大 65
消毒		
器械消毒室	NR	NR
药品和手术中心供应室		
污染间或已消毒间	22～26	NR
消毒储物间	22～26	最大 60

注：NR 表示不要求。

④ 英国标准《医疗通风标准》(Ventilation in healthcare premises) HTM 2025 对医院建筑室内温湿度的要求见表 2.2.3.2-14。

《医疗通风标准》(Ventilation in healthcare premises) HTM 2025 对医院建筑室内温湿度设计要求

表 2.2.3.2-14

季　节	室内设计条件	
	干球温度(℃)	相对湿度(%)
冬季	22	40～45　(通常为 40)
夏季	20	55～60　(通常为 60)
可选范围	15～25(非极端条件下的最大范围)	50～55 (使用易燃的麻醉气体时按 50 计算)

(2) 我国标准的要求

① 我国《医院洁净手术部建筑技术规范》GB 50333—2013 提出了针对洁净手术部的温湿度要求，见表 2.2.3.2-15。

《医院洁净手术部建筑技术规范》GB 50333—2013 对洁净手术部温湿度的要求

表 2.2.3.2-15

房间名称	温度(℃)	相对湿度(%)
Ⅰ～Ⅳ级手术室	21～25	30～60
体外循环	21～27	≤60
预麻醉室	23～26	30～60
手术室前室	21～27	≤60

续表

房间名称	温度(℃)	相对湿度(%)
无菌辅料、无菌器械、无菌药品、一次品库、精密仪器存放	≤27	≤60
护士站	21～27	≤60
洁净区走廊	21～27	≤60
刷手间	21～27	—
恢复室	22～26	25～60

②《综合医院建筑设计规范》GB 51039—2014 对医院不同房间的温湿度要求提出了较为详细的要求，具体数据见表 2.2.3.2-16。

《综合医院建筑设计规范》GB 51039—2014 对医院不同房间温湿度的要求

表 2.2.3.2-16

房间名称	温度(℃)	相对湿度(%)
门诊部	20～26	—
急诊部	20～26	—
住院部	20～26	—
新生儿室	22～26	—
NICU	24～26	—
监护病房	24～27	40～65
血液病房	22～27	45～60
烧伤病房	30～32	40～60 重度烧伤病房最高可达 90
过敏性哮喘病室	25	50
非净化手术室	20～26	30～65
检验科、病理科	22～26	30～60
磁共振室	22±2	60±10
核医学科	22±2	60±10
消毒供应室(净化)	18～24	30～60
消毒供应室(非净化)	18～26	—

③ 2010 年由卫生部颁布的《静脉用药集中调配质量管理规范》中规定静脉用药调配室温度应保持 18～26℃，相对湿度应保持 40%～65%。

④《民用建筑供暖通风于空气调节设计规范》GB 50736—2012 指出，冬季当人体衣着适宜、保暖量充分，且处于安静状态时，室内温度 20℃比较舒适；对于空调供冷工况，对应满足舒适性的温度范围是 22～28℃。

(3) 小结

房间内的热湿环境直接影响室内人员的工作效率、舒适度等。而室内空气品质甚至影响人们的身体健康。室内热湿环境对人体舒适性的影响因素包括温度、湿度。

3. 室内气态污染物浓度

（1）部分标准对气态污染物的限值

①《民用建筑工程室内环境污染控制规范》GB 50325—2010 中给出了我国民用建筑室内气态污染物浓度的限值，见表 2.2.3.2-17。

《民用建筑工程室内环境污染控制规范》GB 50325—2010 中室内气态污染物浓度限值

表 2.2.3.2-17

污染物	Ⅰ类民用建筑工程	Ⅱ类民用建筑工程
甲醛(mg/m^3)	≤0.08	≤0.1
苯(mg/m^3)	≤0.09	≤0.09
TVOC(mg/m^3)	≤0.5	≤0.5

② 为保障市民的健康，我国香港 2003 年颁布了《办公室及公共场所室内空气质量指引》，对室内空气污染物浓度提出了较为严格的限值，具体数据见表 2.2.3.2-18。

《办公室及公共场所室内空气质量指引》中室内空气污染物浓度限值

表 2.2.3.2-18

参数	单位	8h 平均	
		卓越级	良好级
二氧化碳	ppmv	<800	<1000
甲醛	$\mu g/m^3$	<30	<100
	ppbv	<24	<81
TVOC	$\mu g/m^3$	<200	<600
	ppbv	<87	<261
空气中细菌	cfu/m^3	<500	<1000

③《室内空气质量标准》GB/T 18883—2002 是我国使用较广的有关室内空气品质标准的规范，其中的室内空气标准有较高的借鉴价值，如表 2.2.3.2-19 所示。

《室内空气质量标准》GB/T 18883—2002 对室内空气品质的要求　表 2.2.3.2-19

序号	参数类别	参数	单位	标准值	备注
1	化学性	二氧化碳	%	0.10	日平均值
2		甲醛	mg/m^3	0.10	1h 均值
3		苯	mg/m^3	0.11	1h 均值
4		可吸入颗粒物	mg/m^3	0.15	日平均值
5		TVOC	mg/m^3	0.60	8h 均值
6	生物性	菌落总数	cfu/m^3	2500	依据仪器定

④《居室空气中甲醛的卫生标准》GB/T 16127—1995 规定房间内甲醛的最高允许浓度为 0.08mg/m³，《室内空气中二氧化碳卫生标准》GB/T 17094—1997 规定房间内二氧化碳卫生标准值为≤0.10%（2000mg/m³）。

（2）小结

《医院洁净手术部建筑技术规范》GB 50333—2013 将甲醛、苯、TVOC 浓度列入洁净手术部工程验收的必测项目，可见气态污染物对病人、医护人员、病人家属的影响逐渐引起人们的注意，医院内气态污染物的浓度需加以关注。

4. 空气中微生物浓度

(1) 国内外相关标准要求

① 1968年，美国学者BLOWER和WALLACE通过大量研究，得出了世界公认的空气中的含尘浓度与感染的关系，具体关系见表2.2.3.2-20。

医院控制标准与悬浮菌浓度（单位个/m³） **表2.2.3.2-20**

美国学者提出的悬浮菌浓度	悬浮菌污染的危害	美国外科学会标准	世界卫生组织标准	中国医院消毒卫生标准
707～1767	明显的会引起术后感染，如败血症等	≤700	200～500(小手术室)	≤500(各种病房等)
≤200	感染危害不大，满足一般无菌手术室要求	≤175	＜200(无菌或其他手术室(Ⅰ类除外)、急诊手术室)	≤200(普通手术室)
≤40	尚无证明对降低术后感染率有明显作用	≤35	＜10(器官移植、心血管和矫形外科手术室)	≤10(层流手术室)

② 世界卫生组织参考上述关系，提出了医院卫生用房卫生标准，见表2.2.3.2-21。

WHO的医院各类用房卫生标准 **表2.2.3.2-21**

级别	要求级别	数值(cfu/m³)	房间类别
Ⅰ	最低细菌数	＜10	器官移植、心血管、矫形外科手术室、保护性隔离房间等、灌注式配置注射液实验室
Ⅱ	低细菌数	＜200	无菌或其他手术室(Ⅰ类除外)、急症手术室、供应室、婴儿室、手术室其他房间、中心灭菌单位、术后恢复室、早产儿室、产房、石膏室、重症监护病房
Ⅲ	一般细菌数	200～500	普通病房、洗室、治疗室、衣帽间、放射室、休息室、走廊、小手术室、浴室、按摩房、体疗室、住宿室、贮存室、解剖室、灭菌贮藏室、实验室、厨房、洗衣房和有关房间
Ⅳ	空气污染	—	传染病科、同位素室
Ⅴ	其他	—	卫生间、贮藏间、太平间

③《医院洁净手术部建筑技术规范》GB 50333—2013对洁净手术室内的浮游菌浓度限值要求见表2.2.3.2-22。

《医院洁净手术部建筑技术规范》GB 50333—2013中微生物浓度限值

表2.2.3.2-22

手术室等级	浮游法细菌最大平均浓度(cfu/m³)		空气洁净度级别	
	手术区	周边区	手术区(cfu/m³)	周边区(cfu/m³)
Ⅰ	5	10	5	6
Ⅱ	25	50	6	7
Ⅲ	75	150	7	8

④《医院消毒卫生标准》GB 15982—2012提出洁净场所浮游菌浓度限值为150cfu/m³。

⑤ 英国标准《Ventilation in healthcare premises》HTM 2025 规定手术室动态条件下，穿着普通棉手术衣时，创口附近浮游菌浓度不超过 10cfu/m^3；穿着排气手术衣时，创口附近浮游菌浓度不超过 1cfu/m^3。为确保上述浓度，空气中的浮游菌浓度不得超过 1cfu/m^3，可近似地认为静态条件下手术室空气中浮游菌浓度不超过 1cfu/m^3。

（2）小结

因医院的特殊性，医院内易感染人群和微生物发生源较为密集，控制空气中微生物浓度限值相较其他公共建筑更为重要。

第4节　洁净用房空气洁净系统

2.2.4.1　关于气流组织。

【技术要点】

1. 气流组织设计应满足空气洁净度等级的要求。气流分布应均匀，气流流速应满足生产工艺要求。Ⅰ～Ⅲ级手术区应处于洁净气流形成的主流区，宜采用非诱导型送风装置集中布置。送风面被分隔时，应使气流在人体头部以上搭接，盲区宽度不大于 0.25m。Ⅳ级手术室可分散布置送风口。

2. 洁净用房气流组织应使气流从洁净区流向非洁净区，再流向污染区；不应使某病人处于他人的下风向；尽量减少涡流。

2.2.4.2　关于净化空调常用的处理模式。

【技术要点】

1. 处理模式一：一次回风处理模式，新风经过集中处理，送至各循环处理机组，先经降温除湿再通过再热，造成一定的冷热量抵消。

2. 处理模式二：二次回风处理模式，通过比较分析，Ⅰ级手术室二次回风处理模式比一次回风模式节约能源较多，但对小风量处理节能不是很大。二次回风在手术室工程中应用较少仅靠二次回风阀门控制，无法准确控制手术室温湿度。

3. 处理模式三：湿度优先控制运行模式，新风负担室内全部的热湿负荷，新风处理的焓差较大，增设了直冷式除湿和热回收装置，新风机组的尺寸加长，对设备机房的要求较高。循环机组应在干工况下工作，避免滋生细菌。

4. 处理模式四：室外焓值较小时，室外新风直接通过过滤、降温除湿，循环风经过风机加压，两者混合后经过末端高效过滤后直接送入手术室内。如果手术室负荷相对稳定，循环机组不带盘管，从根本上杜绝了冷凝水的存在。不同湿度要求时，可采用单独的新风系统，便于调节湿度。如果手术室负荷频繁大幅度变化，则不适用。

5. 以上处理模式可根据不同室外状态，通过经济比较后选用。沿海高湿度地区宜采用处理模式二，经济条件允许时，可以采用处理模式三。新风焓值较小的干燥地区，宜采用处理模式三，经济条件允许时，可采用处理模式四。夏天新风焓值较小的特殊地区，甚至需要等焓加湿再和循环风混合后进行冷热处理。

第5节　洁净用房空气处理装备

2.2.5.1　关于空气冷热处理方案的选型要求。

【技术要点】

1. 夏季处理方式

（1）冷水直接喷淋冷却兼除湿。在不改变空气含菌量和水质的前提下，采用低于室内空气状态“露点”的低温水直接喷淋，在对空气进行冷却的同时兼除湿，多用于工业用途，医院净化空调慎用！

（2）采用表面冷却器冷却除湿。在确保水温足够低的前提下，采用低温水流经翅片式表面冷却器内部的管路，利用管内低温水及铜质管壁与铝质或不锈钢翅片间的导热效应，对流经翅片外表面的空气进行冷却除湿。

（3）采用蒸汽（主要是制冷剂蒸汽）冷却除湿。在通常中央制冷站供应的水温不能满足冷却除湿要求、不便于外界冷水接入的场合或因医疗工艺需要快速冷却时，利用冷媒蒸汽直接蒸发式盘管翅片对空气进行冷却和强力除湿。

（4）再热应优先选择易于获得的热水再热。净化空调系统冷热源优先采用无需付出附加代价而获得热水的四管制热回收型热泵机组。

（5）采用电热元器件直接再热。在净化空调中因采用规范或医疗工艺要求的风量，对空气经过冷却除湿后，为维持室内温度控制，且简化空气处理程序，在用电负荷满足安全使用要求的情况下，电再热可以使用，但在电再热元件后应采取必要的防火安全措施。

（6）采用蒸汽（指采用水加热汽化的蒸汽或制冷剂的高温蒸汽）间接加热作为空气的加热或再热。在医院全年持续稳定提供蒸汽或有快速降温、升温要求的场合应用。

（7）在室外温湿度较高、室外空气的绝对含湿量较高，且排风中有毒有害气体含量极低、排风量与新风量大致平衡的场合，可以考虑采用转轮除湿机对新风进行除湿预处理，室外温度较高的新风先经过与排风的换热预冷却，后经转轮除湿至设计要求的绝对含湿量点，再与室内回风混合后冷却至需要的状态点送入洁净室，吸收余热余湿。

2. 冬季处理方式

（1）热水直接喷淋加热加湿。在不改变空气含菌量和水质的前提下，采用高于室内空气状态点的高温热水直接喷淋，在对空气进行加热的同时兼加湿，多用于工业用途，医院净化空调禁用！

（2）采用表面加热器加热。采用高温蒸汽或高温水流经翅片式表面加热器内部的管路，利用管内高温蒸汽或热水及铜质管壁与铝质或不锈钢翅片间的传热，对流经翅片外表面的空气进行加热。此种加热方式当项目所在地附近有易于获得的发电厂背压蒸汽或集中供应的热水，经经济对比分析能有效降低运行费用时宜优先采用。

（3）采用电热式蒸汽加湿器或医院集中供应的高温蒸汽直接加热加湿。在控制室内湿度的前提下，先利用蒸汽或热水进行预热，再采用蒸汽加湿，通常用于冬季低温低湿环境条件下的洁净室的空调系统；净化空调系统常用的加湿器分以下几种：

① 干蒸汽加湿器：利用外部热源蒸汽，通过加湿器的套管和汽水分离器将冷凝水析出排除，干蒸汽对空气进行等温加湿，无需再消耗电能；

② 二次蒸汽加湿器：利用外部热源蒸汽（一次蒸汽），通过换热盘管对水进行加热产生的二次蒸汽为净化空调系统提供加湿，这种加湿方式对一次蒸汽的品质要求不高，对水质也没有太高要求，水垢量少且容易去除；

③ 电热式加湿器：为确保电热元件的使用寿命，应采用纯水；

④ 电极式加湿器：为保证加湿效果，不应采用纯水或低电导率的水。

(4) 冬季新风预热应优先采用蒸汽或热水预热，当采用热水预热时，系统应具备有效的防冻保护措施；当用电负荷余量充足且电价较低时，电加热可以用于新风预热，但在电再热元件后应采取必要的防火安全措施。

(5) 选择溶液调湿系统时，应注意输送空气不应对医疗场合的重要医疗设备带来腐蚀危害，用于围护结构装饰的材料也应具备足够的防腐性能。

2.2.5.2 关于空气冷热处理的设计要点。

【技术要点】

1. 系统的冷热负荷、湿负荷应进行逐时计算，采用的送风量和新风、排风量要同时满足热湿平衡要求，新风机组、循环机组要适当留有负荷余量。

2. 应根据洁净室的空气洁净度和细菌浓度控制要求选择合理的各级过滤器组合，确保洁净室的空气始终处于可控状态。

3. 非阻隔式空气净化装置不得作为末级净化设施，末级净化设施不得产生有害气体和物质，不得产生电磁干扰，不得有促使微生物变异的作用。

4. 在可能产生有害气体的场合不宜采用新风、排风有直接接触可能的热回收方式，而应采用间接换热的热回收方式，防止交叉感染、污染新风。

5. 需要全天连续运行的净化空调系统应优先选择密闭性能良好的空气阻隔式过滤器作为机组内部各级过滤器，并应采取防止机组内壁滋生细菌的控制措施，不宜采用紫外线或臭氧作为机组辅助灭菌装置。

6. 在允许空气内部循环的洁净室可以设置静电除尘灭菌装置作为改善空气品质的辅助手段。

7. 负压手术室顶棚排风口入口处以及室内回风口入口处均必须设高效过滤器，并应在排风出口处设止回阀，回风入口处设密闭阀。正负压转换手术室，应在部分回风口上设高效过滤器，另一部分回风口上设中效过滤器；当供负压使用时，应关闭中效过滤器处密闭阀，当供正压使用时，应关闭高效过滤器处密闭阀。

8. 负压手术室、负压洁净室回、排风口高效过滤器的安装应符合现行国家标准《洁净室施工及验收规范》GB 50591 的有关规定。

9. 在可能对重要医疗设备的电子控制器、执行器等产生电化学腐蚀的场合，宜慎用溶液调湿的新风处理方案。

10. 应根据受保护对象选择安全合理的气流组织。

11. 根据洁净室相对邻室的安全控制要求选择正确的压力梯度和压差，使洁净室的感染风险始终处于受控状态。

12. 优先选择安全可靠、合理的空气处理方式，确保系统符合节能要求。

13. 空气处理的风量或换气次数应满足洁净区域相应的洁净度最低要求。

2.2.5.3 关于净化常见处理设备、设施。

1. 高静压净化风机盘管：风机的出口静压高于普通舒适性空调，在回风口及送风口设置相应等级的空气过滤器对空气进行净化处理的风机盘管，一般回风口不允许直接敞开于装饰吊顶内，而是采用下进风或后侧进风静压箱过渡，出风管的气密性要求较高，冷凝水接水盘的水封密闭高度较高，常用于洁净度要求较低的净化场所。

2. 以水为冷热源载体的组合式净化空气处理机组：由进风段（混风段）、粗中效过滤段、风机段、亚高效过滤段、冷热处理段、加湿段、出风段等多个功能段组合的封闭的空气处理设备，即通常所说的净化空调机组。设备依赖于集中供应的冷热水，对于气密性要求较高，通常采用自动控制系统辅助运行。由净化新风机组和净化循环机组等组成，可用于任意净化级别的空气净化系统。

3. 自带直接蒸发冷（热）媒的组合式净化空气处理机组：由进风段（混风段）、粗中效过滤段、风机段、亚高效过滤段、直接蒸发式冷热处理段、加湿段、出风段等多个功能段组合的封闭的空气处理设备，即通常所说的直膨式净化空调机组。设备不需要提供冷热水，相对独立性较高，对于气密性要求较高，通常采用自动控制系统辅助运行。由净化新风机组和净化循环机组等组成，可用于任意净化级别的空气净化系统。

4. 立式组合式空气净化设备：将净化空调机组各功能段组合在立柜式机组中，在保证净化功能的前提下，可以节约设备占据空间，简化管道系统，适用于场地狭小的场合。

5. 蒸汽加湿装置：直接采用蒸汽或采用电加热、电极式加热产生的干蒸汽，在冬季或低湿天气对空气进行加湿的装置，常用于医院净化工程的有一次蒸汽加湿器、二次蒸汽加湿器、电热式加湿器、电极式加湿器等。

6. 阻漏层送风天花：是应用我国自主知识产权，根据阻漏层理论而制成的可集中于工作区上方送风的设备。

【技术要点】

1. 高静压净化风机盘管

（1）高静压净化风机盘管仅适用于洁净度级别较低的场合，风机盘管送回风两侧均必须采用风管密闭连接；

（2）净化风机盘管服务区域的新风必须单独预处理且由新风承担大部分湿负荷和部分室内冷热负荷；

（3）净化风机盘管必须选择低阻或超低阻过滤器，且应选择更换时对洁净室影响最小的安装方式；

（4）净化风机盘管的出风口应选择能保证将空气送达工作区域的形式。

2. 以水为冷热源载体的组合式净化空气处理机组

（1）净化新风机组宜优先选择能保证采集清洁新风的空气过滤措施，以保护设备内部各级空气过滤器及换热设备；

（2）净化新风机组及循环机组的供冷供热能力、送风量及风机全压或机组的机外余压应根据所在地的气候特征及洁净室的洁净度和相对于邻室的压差留有足够的富余量；

（3）净化新风机组及循环机组的控制程序及传感器、执行器等应满足温湿度控制要求的精度，机组的风量和冷热量应能连续可调；

（4）净化新风机组及循环机组出厂前应经过热工性能及严密性检测并出具合格证书，机组的漏风率：在保持1500Pa静压下，用于Ⅰ级、Ⅱ级洁净场所时不应大于1%，抽检率为100%；用于其他洁净场所时不大于2%，抽检率不小于30%且最少为1台。当机组因场地条件所限必须拆解运输时，应在安装现场进行组装并重新密封，做漏风量检测，漏风率控制指标及抽检率与出厂时要求相同；

（5）净化新风机组及循环机组安装时应考虑隔振，机组应保证水平，并采取有效的防水平位移措施，机组与外部电气管道、水管、风管的连接均须采用柔性连接，电气管道必须保证密闭；

（6）净化新风机组及循环机组安装时，不同段位的冷凝水、蒸汽凝结水的排放均应采用各自独立的带水封的间接排放，并应能保证在机组在夏季工况下投运5min内顺利排水；

（7）当采用集中预处理的新风调湿方式供应多台循环机组新风时，为保证湿度指标，循环机组的表冷器和加湿器应考虑足够的湿度调节能力；

（8）采用新风承担值班送风的全空气系统，应采取控制新风送风湿度的降湿措施。

3. 自带直接蒸发冷（热）媒的组合式净化空气处理机组

该机组相关技术要点参见以水为冷热源载体的组合式净化空气处理机组。

4. 立式组合式空气净化设备

（1）立式空气处理机组的回风口不应设置在宽度超过3.5m的洁净用房的一侧，且送回风及气流组织不应违反相关规范的规定；

（2）立式空气处理机组的安装位置应考虑在检修时不允许产生二次污染；

（3）有严格噪声控制指标的洁净室，不应将机组直接安装在洁净室的室内；

（4）直接安装于洁净室内的立式空气处理机组应设置冷媒排泄管道并采取紧急泄压措施，防止洁净室内部漫水。

5. 蒸汽加温装置

（1）采用蒸汽加湿器的系统应采取适当措施确保送入空调设备的蒸汽为饱和的干蒸汽，防止因蒸汽带水造成水雾二次蒸发；

（2）冬季室外温度较低的地区，应采取适当措施对新风进行预热；

（3）加湿器应能在加湿过程结束停机后及时将设备内部存水排净，保证系统无染菌的可能。

6. 阻漏层送风天花

（1）可以阻挡过滤器边框和滤芯的两种漏泄，省去抗漏堵漏的麻烦和费用；

（2）可以不在室内换过滤器；

（3）提高了送风气流在工作区的均匀度；

（4）装置只有35～25cm厚，降低了层高要求；

（5）工业化生产，现场整体吊装，省时、省事、美观。

本章参考文献

[1] 许钟麟著. 隔离病房设计原理. 北京：科学出版社，2006.

[2] 朱颖心主编. 建筑环境学. 北京：中国建筑工业出版社，2010.

[3] 许钟麟主编. 医院洁净手术部建筑技术规范实施指南技术基础. 北京：中国建筑工业出版社，2014.

[4] DIN 1946-4. Ventilation and air conditioning-Part 4：Ventilation in buildings and rooms of health care，2008.

[5] ANSI/ASHRAE/ASHE standard 170-2013. Ventilation of Health Care Facilities，2013.

[6] 中国建筑科学研究院等.《医院洁净手术部建筑技术规范》GB 50333—2013. 北京：中国计划出版

社，2014.
[7]　中国人民解放军后勤部.《军队医院洁净护理单元建筑技术标准》YFB 004—1997.
[8]《静脉用药集中调配质量管理规范》.（卫办医政发【2010】62 号），2010.
[9]《综合医院建筑设计规范》. GB 51039—2014. 北京：中国计划出版社，2015.
[10]　Health Technical Memorandum 2025. Ventilation inhealthcare premises，1998
[11]　中国建筑科学研究院等.《民用建筑供暖通风于空气调节设计规范》GB 50736—2012. 北京：中国建筑工业出版社，2012.
[12]　南开大学环境科学与工程学院.《民用建筑工程室内环境污染控制规范》GB 50325—2010. 北京：中国计划出版社，2011.
[13]　香港特别行政区政府室内空气质素管理小组. 办公室及公共场所室内空气质量指引，2003.
[14]　中国疾病预防控制中心等.《室内空气质量标准》，GB/T 18883—2002. 北京：中国标准出版社，2003.
[15]　中国预防医学科学院环境卫生监测所等.《居室空气中甲醛的卫生标准》GB/T 16127—1995. 北京：中国标准出版社，1996.
[16]　同济医科大学环境卫生教研室.《室内空气中二氧化碳卫生标准》GB/T 17094—1997. 北京：中国标准出版社，1998.
[17]　浙江省疾病预防控制中心等.《医院消毒卫生标准》GB 15982—2012. 北京：中国标准出版社，2012.
[18]　许钟麟.《医院洁净手术部建筑技术规范》GB 50333—2013 的特点和新思维. 暖通空调，2015，45（4）：1～7.
[19]　刘拴强，刘晓华，江亿. 温湿度独立控制空调系统在医院建筑中的应用. 暖通空调，2009，39（4）：68～73.
[20]　沈晋明，聂一新. 洁净手术室控制新技术：湿度优先控制. 洁净与空调技术，2007（3）：17～20.
[21]　胡吉士等. 洁净手术室空气热湿处理电耗分析. 暖通空调，2013，43（9）：74～78.

本章作者简介

龚京蓓：中国建筑设计院有限公司医疗院副院长、教授级高工、注册公用设备工程师、国家卫生和计划委员会工程建设管理咨询专家。

周斌：南京工业大学暖通工程系副教授、系副主任、实验中心主任。

张文科：北京融通新风洁净技术有限公司研发总工程师，副总经理。

叶帅：上海东健净化有限公司技术总监。

蒋丹凤：和明集团江西润家工程有限公司技术总监。

蔡斌：北京建研洁源科技发展有限公司总经理。

第3章　医用洁净装备工程局部净化与生物安全设备

金真　曹国庆　高正

第1节　洁净工作台

2.3.1.1　洁净工作台用途及分类。

1. 结构及原理。洁净工作台又称为超净工作台或超净台，是为适应现代化工业、光学电子产业、生物制药以及科研试验等领域对局部工作区域有特殊洁净度需求而设计的箱式局部空气净化设备，其广泛应用于医药卫生、生物制药、食品安全、医学实验、生物学实验、光学、电子等领域，是国内外应用最为普遍的无菌操作装置。

洁净工作台由箱体、风机、预过滤器、高效（超高效）空气过滤器、操作面板及电气控制系统等几大部件组成，如图 2.3.1.1-1 所示。

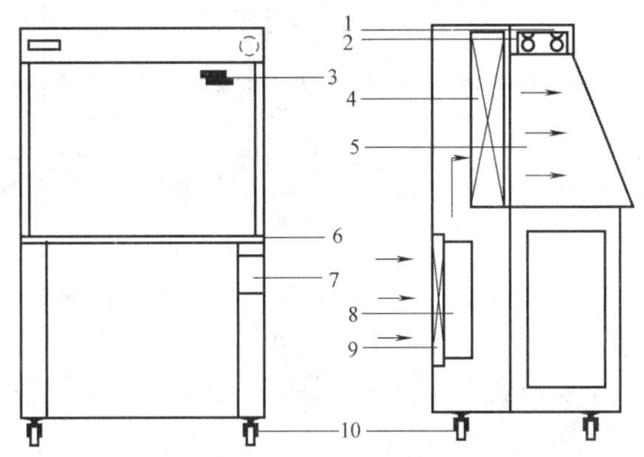

图 2.3.1.1-1　洁净工作台的工作原理图

1—紫外灯；2—荧光灯；3—均压板；4—高效过滤器；5—侧玻璃；
6—不锈钢台面；7—操作面板；8—可变风量风机组；9—预过滤器；10—万向脚轮

2. 洁净工作台分类及特点。洁净工作台种类很多，它们的基本工作原理大同小异，可以根据具体需要进行选择，根据分类方式不同，大致可以分为以下几种：

（1）根据气流方向可分为水平单向流洁净工作台和垂直单向流洁净工作台（乱流洁净工作台目前已很少使用了），见图 2.3.1.1-2。

（2）根据空气过滤器级别分类：按最后一级空气过滤器的级别进行分类，可分为高效空气过滤器洁净工作台和超高效空气过滤器洁净工作台。

（3）根据操作方式分类：按操作人员操作方式可分为单边操作型、双边操作型以及多

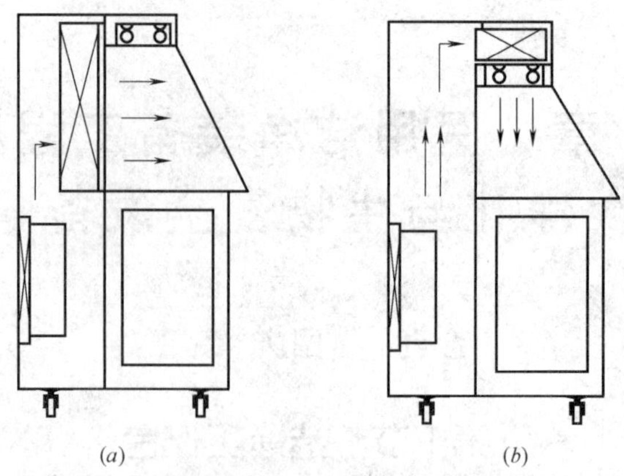

图 2.3.1.1-2　根据气流方向进行分类的洁净工作台

(a) 水平流洁净工作台；(b) 垂直流洁净工作台

人操作型等形式，图 2.3.1.1-3 所示为单边和双边操作型[1]。

(4) 根据洁净工作台柜体内压力进行分类：按洁净工作台操作区内与工作台所在环境之间的静压差分类，可分为正压和负压洁净工作台。

(5) 根据排风方式分类：具体可分为全循环式、直流式、操作台面前部排风式和操作台面全排风式。

(6) 另外，根据具体使用用途又可以分为普通洁净工作台和生物（医药）洁净工作台。

图 2.3.1.1-3　根据操作进行分类的洁净工作台

(a) 单边操作洁净工作台；(b) 双边操作洁净工作台

【技术要点】

1. 关于结构与原理

(1) 洁净工作台箱体采用全钢板制作、外表面静电喷塑，有防生锈和防消毒腐蚀的能力；

(2) 净化单元包括风机、过滤器及均流层等；

(3) 风机是洁净工作台的核心部件，一般采用可调风量的风机系统，通过调节风机的运行工况，可使洁净工作区中的平均风速保持在规定范围内，以满足无菌操作的需求；

(4) 预高效过滤器对保护末端高效过滤器或超高效过滤器具有重要作用；

(5) 均流层作为均流设备是操作区内洁净度级别、风速大小及风速均匀度的重要保障，均流层主要有板、网或织物等形式。

(6) 此外，洁净工作台还可配备紫外线灭菌灯、除静电设备、不锈钢孔板台面、压力表、风速液晶显示面板等。

2. 关于水平单向流洁净工作台和垂直单向流洁净工作台

(1) 水平单向流洁净工作台是指由方向单一、流线平行并且速度均匀稳定的水平单向流流过有效空间的洁净工作台，水平单向流洁净工作台在气流条件方面较好，是操作小物件的理想装置，但是如果操作大物件，在物体气流方向背面容易形成负压，把台面外的非净化空气吸引过来，所以不宜操作大型物件。

（2）垂直单向流洁净工作台是指由方向单一、流线平行并且速度均匀稳定的垂直单向流流过有效空间的洁净工作台。垂直单向流洁净工作台则适合操作大物件，因为一方面不存在在物体背面形成负压区的问题；另一方面其采用操作窗，可以通过改变窗口高度减小气流出口，在操作台面上形成正压区，操作台面外非净化空气不会流入柜内。此外，垂直型工作台适合在台面上进行各种加工，可以大大提高工作效率。

3. 关于根据排风方式分类的洁净工作

（1）全循环式是工作区空气全部在洁净工作台内部循环，不向外部排风。在操作时不产生或极少产生污染的情况下，宜采用全循环式，由于是重复过滤，所以操作区净化效果比直流式的好，同时对台外环境影响也小，但是在内部情况基本相同的情况下，全循环式工作台结构阻力要比直流式的大，因而风机功率也大一些，振动和噪声也可能相应增大。

（2）直流式是目前应用最为普遍的洁净工作台，其采用全新风，流过工作台面的气流全部外排，其特点和全循环式刚好相反。此外，由于采用全新风，其高效过滤器除尘量可能相对更大，更换频率可能更高。

（3）此外，操作台面前部排风式和操作台面全排风式是利用操作台面进行部分循环的方式，其气流原理和生物安全柜类似。

2.3.1.2　主要性能及测试方法。

洁净工作台是在操作台面的空间局部地形成无尘无菌状态的装置，在医药卫生、生物制药、食品安全、生物学实验等领域广泛应用，其对于微生物学无菌操作技术，如接种、配液、分离培养等需要保护操作样品免受污染的微生物操作非常适用。此外，在需要无尘操作的光学、电子行业等也广泛应用。

洁净工作台的主要功能是提供无尘无菌的局部洁净环境，目标是进行产品保护，使其免受外部非净化气流的污染，其操作空间的气流流速大小、气流均匀度、气流流型等是其实现产品保护的重要保障。洁净工作台的性能指标主要围绕产品保护这一目标进行规定，具体指标及相应要求可直接引用行业标准《洁净工作台》JG/T 292—2010 中的相应要求，包括高效过滤器检漏、引射作用、平均风速、进风风速、风量、空气洁净度、沉降菌浓度、噪声、照度、振动幅值、气流状态等。其中沉降菌浓度测试是生物学测试方法，是指操作台面用平皿测试的菌落数，只对用于生物洁净用途的工作台有此要求；进风风速主要考虑进风口设置在洁净工作台操作人员腿部的情况，进风过大可能产生吹风感；噪声、照度均为舒适性指标，但也可能对操作人员产生影响，进而影响实验操作本身。此外，洁净工作台产品测试还包括电气安全和环境适应性测试。

【技术要点】

1. 高效过滤器扫描检漏

（1）高效空气过滤器作为尘埃粒子进入洁净工作区的最后一道防线，其自身性能及安装质量的优劣直接关系到洁净工作台能否满足要求。高效空气过滤器检漏测试是保证洁净工作台性能的必要措施之一。

（2）高效过滤器扫描检漏测试方法在很多相关标准中都有专门规定，具体测试方法如下：测试过程可采用大气尘或人工多分散气溶胶作为过滤器上游尘源，当发生满足要求的上游尘源后，用激光粒子计数器或光度计在高效过滤器下游侧距过滤器表面20～30mm处，沿整个表面、边框及其框架接缝处扫描，扫描速率为20～30mm/s，扫描行程之间略有重叠，扫描结果光度计法要求扫描行程内穿透率不超过0.01%，计数器法要求粒子数不超过3粒/L。

2. 引射作用

(1) 直流型洁净工作台在净化气流和外界空气的交界处可因气流的流动、混合产生局部的涡流，形成局部负压，将外部少量污染气流引射至操作区域，有可能发生污染，为了评估这种引射作用的影响，需对这种引射作用的影响进行验证。

(2) 具体测试方法：在洁净工作台操作口边缘外侧所毗连的周围环境中，利用大气尘或多分散气溶胶作为污染源，用激光粒子计数器或光度计在操作口边缘内侧巡检，巡检速度在50mm/s以下。光度计法要求穿透率不超过0.01%，计数器法要求不超过10粒/L（≥0.5μm）。

3. 风速、风速不均匀度

(1) 洁净工作台截面平均风速（垂直气流平均风速、水平气流平均风速）大小及风速不均匀度对控制操作区洁净度、保护操作对象免受污染具有重要作用。合理的风速大小不仅可以保证操作区的洁净度，还需保证尽量短的自净时间和操作区抗污染干扰的能力；不均匀的速度场会增加速度的横向脉动性，促进流线间的掺混或产生涡流，有造成操作区样品交叉污染的风险。

(2) 目前《洁净工作台》JG/T 292—2010中要求截面风速范围为0.2～0.5m/s；关于风速均匀性评价，不同标准中有不同的评价方法，如美国联邦标准FS209B、日本工业标准《洁净工作台》JISB 9922—2001中均规定“每个测点应在平均风速的±20%范围内”，《洁净工作台》JG/T 292—2010中采用风速不均匀度（风速的相对标准偏差）的评价方法，要求风速测点整体不均匀度不超过20%。具体的风速及不均匀度测试方法可参照《洁净工作台》JG/T 292—2010。

(3) 此外，对于进风口设置在洁净工作台操作人员腿部的情况，为不产生操作者腿部吹风感，要求进风风速不超过1m/s。

4. 风量

对于非单向流洁净工作台而言，风量是其重要的性能指标，《洁净工作台》JG/T 292—2010中给出了洁净工作台换气次数范围及额定风量允许波动范围。换气次数范围为60～120h^{-1}，额定风量的波动范围为±20%。风量测试可以用送风面或回风面上测得的平均风速乘以面积得到。

5. 操作区空气洁净度

洁净度是洁净工作台的重要性能指标之一，《洁净工作台》JG/T 292—2010中给出了洁净工作台操作区洁净度换算原则及方法，借鉴《洁净室施工及验收规范》GB 50591—2010的研究成果，给出了洁净度测定条件、最小采样量原则及顺序采样法。

6. 沉降菌浓度

沉降菌浓度测试应在其他项目测试合格后进行，被测洁净工作台正常运行10min，沉降菌浓度测量边界距离内表面或工作窗100mm。将装有营养琼脂ϕ90培养皿置于工作台操作面上，根据要求布点，并暴露0.5h后，盖上皿盖，取出培养皿，在30～35℃的环境中培养48h。用肉眼计数培养皿中可见菌落数，计算平均值，要求不超过0.5cfu/(皿·0.5h)。

7. 气流状态

采用可视烟雾发生器发生烟雾可以直观地观察洁净工作台工作区内单向气流流型。竖直单向流洁净工作台应在3个不同竖直截面上（平行于前部操作窗口所在平面）分别进行可视烟雾检测，对于水平单向流洁净工作台只需在中心竖直截面上（平行于高效空气过滤器出风面）进行可视烟雾检测即可。要求各截面测试过程中均不出现向上气流，即无回流或涡旋。

8. 噪声、照度及振动幅值

（1）噪声和照度属于人员舒适性指标，但其均能对操作者本身产生一定影响进而影响实验操作。

（2）噪声测试时洁净工作台处于正常工作条件下，声级计置于“A”计权模式，在被测洁净工作台前壁面中心水平向外300mm，高度距地面1.1m（相当于操作人员在操作时耳部位置）处测量，然后关闭洁净工作台风机，在相同位置测量背景噪声，并根据测得的背景噪声对测试结果进行相应的修正。

（3）照度用照度计进行测量，沿操作台面内壁面中心线每隔300mm设置一个测点，与内壁距离小于150mm时不再设置测点，被测洁净工作台照度为各测点照度的算术平均值。

（4）振动幅值测试主要考虑减小洁净工作台工作时产生的机械振动对实验操作精度的影响，测试时洁净工作台处于正常工作状态，将振动仪的振动传感器牢固地固定在工作台的中心，振动仪的频率从10Hz变化到10kHz，测量台面的垂直总振幅，然后停机继续测试台面背景垂直振动幅值，将总振动幅值减去背景振动幅值即为工作台净振动幅值。

2.3.1.3 洁净工作台的使用、现场验证与维护

1. 使用及注意事项。洁净工作台可保护操作实验样品免受外界污染气流污染的目的，但是不能提供对实验操作人员的保护，因此洁净工作台不能操作有生物学危险的微生物实验。其提供样品保护主要是依靠单向洁净气流起到的气体隔离和净化作用，但是这种气流隔离作用并不是绝对的，也很容易受到干扰，只有了解了洁净工作台的原理，才能正确地使用洁净工作台，所以在操作过程中需依照正确的操作程序，并熟悉洁净工作台的操作注意事项。

2. 现场验证与维护。洁净工作台在运输、安装、运行一段时期后都有可能出现问题，所以《洁净工作台》JG/T 292—2010中建议当需要对刚安装的洁净工作台或使用中的洁净工作台进行性能验证时，应由取得国家实验室认可资质条件的第三方对洁净工作台进行现场检测。现场检测项目主要有外观、功能、安装位置、高效过滤器扫描检漏、截面风速及其不均匀度、风量（非单向流洁净工作台）、操作台面空气洁净度、操作空间气流状态、噪声、照度等。从实际的现场检测情况来看，各个参数都有不合格的情况出现。

【技术要点】

1. 使用及注意事项

（1）了解所使用设备的性能及安全等级，在进行实验操作前应对实验材料的性质有一个初步的认识，特定的病原须在洁净工作台中的操作必须进行安全性评估，如果实验材料会对周围环境或人员造成污染，应避免在不能提供人员、环境保护的洁净工作台中进行操作而改在生物安全柜中进行操作。

（2）可靠的设备是实验成功的前提，但是任何先进的设备都不能完全保证实验的成功，在使用洁净工作台时，需制定并严格执行洁净工作台安全操作规程。

（3）洁净工作台在使用前应检查操作区周围各种可开启的门是否处于工作位置，上下推拉前窗时应尽量缓慢，然后开机净化操作区的污染物，并开启紫外灯照射至少 30min 对操作区进行杀菌，开机后应检查洁净工作台正常运行指示灯，如出现故障或报警应立即停止后续工作并进行检查，在报警或故障解除前不应使用此洁净工作台。

（4）洁净工作台工作区内不应放置与本次实验操作无关的物品，也不应作为储存室；物品摆放时应避免交叉污染的可能；操作时应尽量在操作区的中心位置进行，在设计上，这是一个较安全的区域；在操作区内手臂移动或进出应尽量减小动作幅度以避免干扰气流流型；在进行操作时应尽量减少人员在柜前走动，以防止可能对洁净工作台操作区内气流产生的干扰。

（5）使用完毕后，要用 75％的酒精将台面和台内四周擦拭干净，以保证洁净工作台壁面无菌，还要定期对洁净工作台进行消毒。

（6）如遇设备发生故障，应立即停止使用，并请专业人员检修合格后继续使用。

2. 现场验证与维护

（1）操作空间洁净度不合格可导致洁净工作台样品保护性能大打折扣，洁净度不合格一般可能是由于高效过滤器本身在运输或安装过程中造成损坏、高效过滤器安装不严造成边框泄漏、高效过滤器未定期更换造成老化破损等。

（2）风速过高或过低：风速过高会有明显的吹风感，不仅造成操作者本身的不适，也可能影响实验材料，而且一般风速过高风机噪声也会超标；风速过低则操作空间动态洁净度较差，去除污染的能力会明显减弱，不利于样品保护。

（3）风速不均匀度：洁净工作台风速均匀可保证良好的气流流型，避免出现气流回流导致样品间的交叉污染。

（4）噪声超标：噪声超标会引起操作者本身的不适引起听觉疲劳。

（5）照度不合格：照度过低同样会引起操作者不适，长期操作会引起眼疲劳，甚至影响操作者实验操作的精度。

（6）洁净工作台应安装在远离尘源或振源的洁净房间或空调房间内，且在安装时应避开有气流扰动的位置。

（7）工作台是较精密的电气设备，首先要保持室内的干燥和清洁，潮湿的空气既会使制造材料锈蚀，还会影响电气电路的正常工作，潮湿空气还利于细菌、霉菌的生长。

（8）定期对设备的清洁是正常使用的重要环节，清洁应包括使用前后的例行清洁和定期的消毒处理。

（9）根据环境洁净程度，定期将预过滤器中的滤料拆下清洗，风速不足时应考虑更换高效过滤器。

（10）紫外灯等都有一定的使用期限，应定期更换紫外灯，防止其杀菌作用下降。

（11）长期不使用时应用防尘布或塑料布套好，避免灰尘积聚。

（12）出现电气故障时，请专业维修人员予以修理。

（13）定期对洁净工作台进行性能验证，可由具有国家实验室认可资质条件的第三方对洁净工作台进行现场检测。

第2节 生物安全柜

2.3.2.1 为避免病原微生物气溶胶对操作人员和环境的传染，实现其间的一次隔离，必须使用微生物安全柜。

【技术要点】

实验室中的多种微生物操作都可能产生气溶胶，如吸管操作、离心沉淀、用接种环蘸液体、开安瓿、机械振、菌种稀释或接种操作等，此外，一些实验操作过程的意外事故，如液体倾洒或飞溅都会产生气溶胶。气溶胶大小为1～5μm，肉眼无法观察到，因此实验室操作人员通常无法意识到操作过程中气溶胶生成并可能被吸入，或在实验过程中在工作台面上造成与其他实验材料间的交叉污染。资料表明，对276种微生物操作进行测试，其中239种操作可以产生微生物气溶胶，占全部操作的86.6%。根据研究，高浓度吹吸混匀以及注射攻毒过程会产生高浓度生物气溶胶。

正确地使用生物安全柜可以有效减少由于暴露于气溶胶所造成的实验室获得性感染以及实验材料间的交叉污染。同时，生物安全柜也可起到保护环境的作用。因此，生物安全柜在微生物实验室中得到广泛应用。

2.3.2.2 生物安全柜分为Ⅰ级、Ⅱ级和Ⅲ级，应正确了解使用。

【技术要点】

生物安全柜分为Ⅰ级、Ⅱ级和Ⅲ级，如表2.3.2.2所示。

生物安全柜分类 **表2.3.2.2**

级别	类型	排风	循环空气比例（%）	柜内气流	工作窗口进风平均风速(m/s)	保护对象
Ⅰ级	—	可向室内排风	0	乱流	≥0.40	使用者和环境
Ⅱ级	A1型	可向室内排风	70	单向流	≥0.40	使用者、受试样本和环境
	A2型	可向室内排风	70	单向流	≥0.50	
	B1型	不可向室内排风	30	单向流	≥0.50	
	B2型	不可向室内排风	0	单向流	≥0.50	
Ⅲ级	—	不可向室内排风	0	单向流或乱流	无工作窗进风口，当一只手套筒取下时，手套口风速≥0.70	主要是使用者和环境，有时兼顾受试样本

2.3.2.3 Ⅰ级生物安全柜

Ⅰ级生物安全柜的原理和实验室通风橱一样，Ⅰ级生物安全柜的工作原理图见图2.3.2.3。

【技术要点】

1. Ⅰ级安全柜有前窗操作口，操作者可通过前窗操作口在安全柜内进行操作。前窗操作口向内吸入的负压气流可以保护操作人员的安全，排出气流经高效过滤器过滤后排出安全柜保护环境。

2. 因未灭菌的房间空气通过生物安全柜正面的开口处直接吹到工作台面上，因此Ⅰ级生物安全柜对操作对象不能提供切实可靠的保护，即不能进行需无菌洁净条件的操作。由于不能保护柜内产品，目前已较少使用。

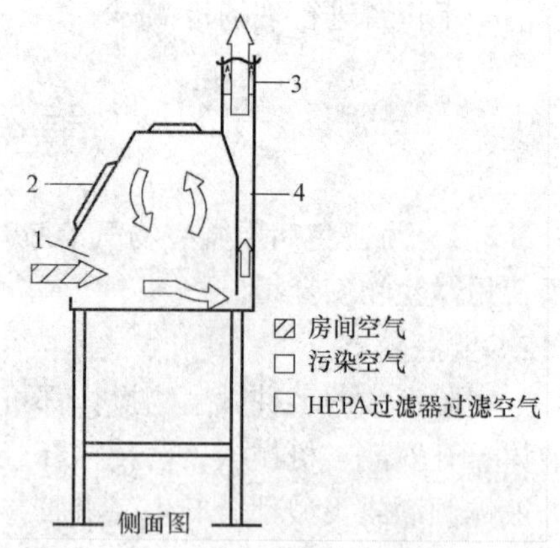

图 2.3.2.3　Ⅰ级生物安全柜原理示意图

1—前开口；2—可视窗；
3—排风 HEPA 过滤器；4—压力排风系统

2.3.2.4　Ⅱ级生物安全柜

1. Ⅱ级生物安全柜原理。Ⅱ级安全柜有前窗操作口，操作者可以通过前窗操作口在安全柜内进行操作。Ⅱ级生物安全柜送风经过送风高效过滤器过滤后，从顶部向下形成具有一定速度的垂直单向气流以避免样品间的交叉污染。此外，此垂直单向气流在前窗操作口形成具有一定风速的垂直气流，也可以防止室内未经过滤的空气直接进入工作台面，从而保护样品。前窗操作口向内吸入的负压气流可以保护操作人员的安全，气流经排风高效过滤器过滤后排出安全柜以保护外界环境。

2. Ⅱ级 A1 型生物安全柜。Ⅱ级 A1 型生物安全柜的工作原理如图 2.3.2.4-1 所示。它的工作窗口进风气流和工作区垂直气流混合后在内置风机作用下经前后格栅进入安全柜回风道，进而到达安全柜送、排风高效过滤器之间。借助于这两个滤器相对尺寸的变化，约 30％的气流经排风过滤器过滤后排至实验室或通过排风管道排至室外；70％的气流经送风高效过滤器过滤后重新循环进入安全柜工作区。

Ⅱ级 A1 型生物安全柜的污染部位有正压区域。

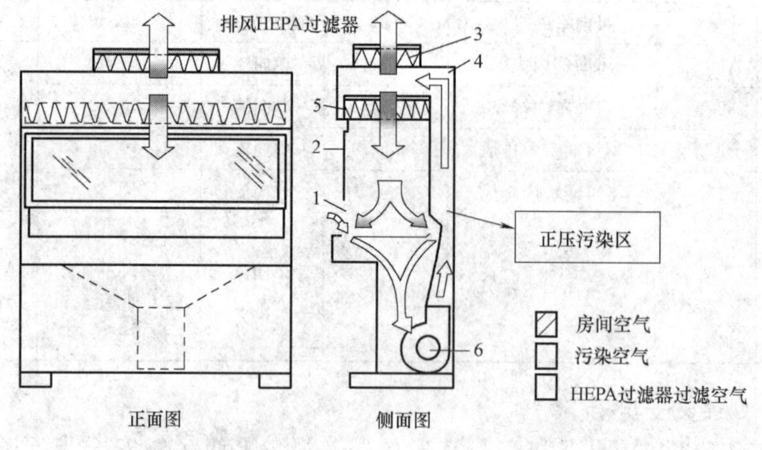

图 2.3.2.4-1　Ⅱ级 A1 型生物安全柜原理示意图

1—前开口；2—可视窗；3—排风 HEPA 过滤器；
4—后面的压力排风系统；5—供风 HEPA 过滤器；6—风机

3. Ⅱ级 A2 型生物安全柜。Ⅱ级 A2 型生物安全柜的工作原理如图 2.3.2.4-2 所示。Ⅱ级 A2 型生物安全柜是由Ⅱ级 A1 型生物安全柜发展而来的，其也是利用 70%的循环空气，30%经排风高效过滤器过滤后排至外部环境。

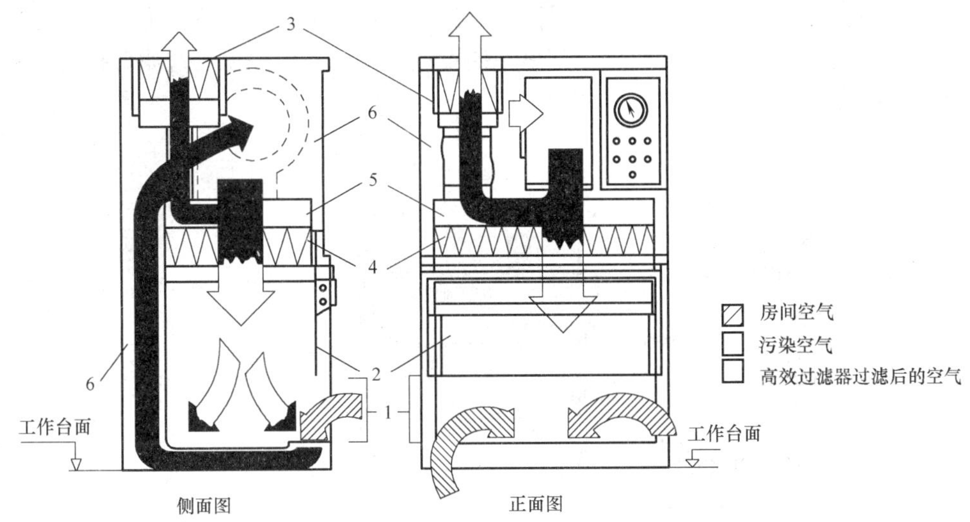

图 2.3.2.4-2　Ⅱ级 A2 型台式生物安全柜气流流向状况示意图（据美国 CDC 手册）

1—前开口；2—可视窗；3—排风高效过滤器；

4—送风高效过滤器；5—正压风道；6—负压风道

4. Ⅱ级 B 型生物安全柜。Ⅱ级 B 型生物安全柜又分为 B1 型和 B2 型两种。其中Ⅱ级 B1 型生物安全柜也为非全排型生物安全柜，但相比于Ⅱ级 A 型生物安全柜，其循环风比例减少到 30%，且安全柜内所有污染部位均为负压区域或者被负压区域包围，即没有正压污染区。Ⅱ级 B1 型生物安全柜工作原理图见图 2.3.2.4-3。

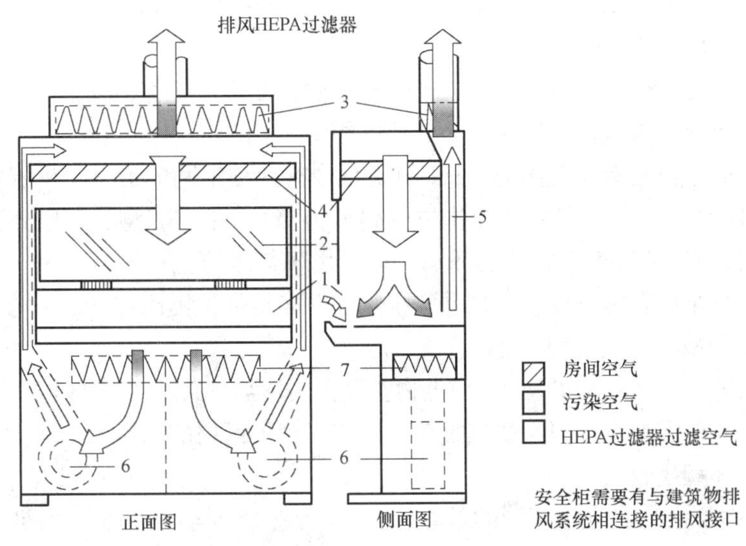

图 2.3.2.4-3　Ⅱ级 B1 型生物安全柜原理示意图

1—前开口；2—可视窗；3—排风 HEPA 过滤器；4—供风 HEPA 过滤器；

5—负压压力排风系统；6—风机压风道；7—用于送风的 HEPA 过滤器

Ⅱ级 B2 型生物安全柜是一种全排式生物安全柜，其工作原理图见图 2.3.2.4-4，其没有气流在柜内循环。这种安全柜能提供基本的生物和化学防护，但有些化学物质在安全柜内操作时能损坏过滤器介质、框架、垫圈导致泄漏，应多加注意。送风机装在安全柜的顶部一侧，从室内抽吸空气，通过送风高效过滤器下行到工作区，所有进入柜内的气体都经过格栅被排出。排风经过安全柜顶部另一侧设置的排风高效过滤器过滤后排放至室外或者排风总管内。

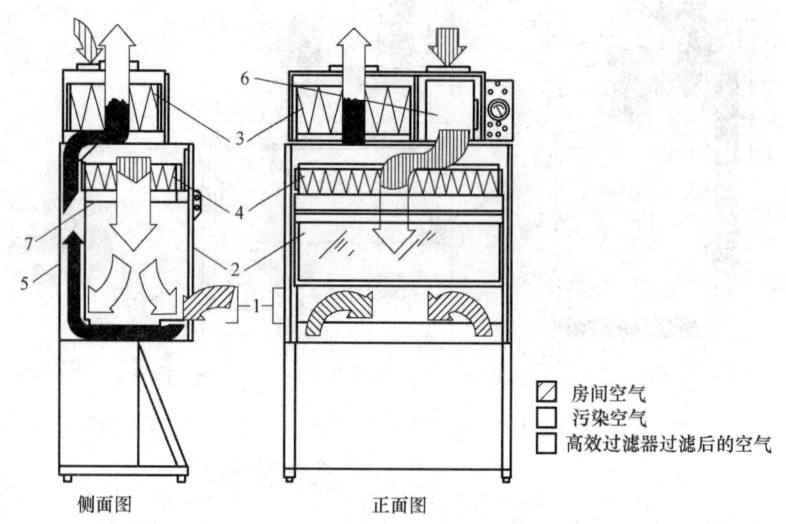

图 2.3.2.4-4　Ⅱ级 B2 型生物安全柜示意图（据美国 CDC 手册）

1—前开口；2—可视窗；3—排风高效过滤器；4—送风高效过滤器；
5—负压排风道压风道；6—风机；7—过滤器网

【技术要点】

1. Ⅱ级生物安全柜原理

（1）Ⅱ级生物安全柜不仅能提供人员保护，而且能保护工作台面的物品以及环境不受污染。二级生物安全柜是目前应用最为广泛的柜型。

（2）Ⅱ级生物安全柜在美国的 NFS 49 标准中有两种不同的类型。根据排风的比例分别为 A 型和 B 型，A 型又根据有无排风管路分为 A1 型和 A2 型，B 型分为 B1 型和 B2 型，而在欧洲的 EN 12469 标准中是不分型的。由于美国的生物安全柜进入我国较早，因而我国的生产企业仿制或研究生产的Ⅱ级生物安全柜均依据美国标准进行分型。

2. Ⅱ级 A1 型生物安全柜

如图 2.3.2.4-1 所示，Ⅱ级 A1 型生物安全柜的污染部位有正压区域，即风机后侧的回风道中的空气是污染的，而且空气是正压，正压污染区内的污染有外泄的可能。

3. Ⅱ级 A2 型生物安全柜

和Ⅱ级 A1 型生物安全柜不同的是，Ⅱ级 A2 型生物安全柜内所有污染部位均为负压区域或者被负压区域包围，即Ⅱ级 A2 型生物安全柜的回风道始终处于负压状态，其安全性高于Ⅱ级 A1 型。

4. Ⅱ级 B 型生物安全柜

（1）Ⅱ级B2型生物安全柜一般在排风管另一端单独设置排风机，以保证排风管道负压。

（2）一般Ⅱ级B2型生物安全柜无循环风，其排风量较大，因而在配有Ⅱ级B2型生物安全柜的实验室或房间需要考虑补风问题。

（3）由于Ⅱ级B2型生物安全柜可以处理更危险的病原体和化学物质，所以其排风要求必须排至室外，排风管道采用密闭式连接，并且为负压管道。

2.3.2.5　Ⅲ级生物安全柜

三级生物安全柜是为4级生物安全设计的，Ⅲ级安全柜是柜体全封闭、不泄漏结构的负压通风柜，工作人员通过连接在实验室柜体的手套进行操作，俗称手套箱（Golve box），试验品通过双门的传递箱进出安全柜以确保不受污染，适用于高风险的生物试验。

Ⅲ级安全柜工作原理图见图2.3.2.5。人员通过与柜体密闭连接的手套在安全柜内实施操作。下降气流经送风高效过滤器过滤后进入安全柜内用以保护安全柜内实验物品，排出气流经两道排风高效过滤器过滤或通过一道高效过滤器过滤再经焚烧处理后外排用于保护环境。

【技术要点】

（1）Ⅲ级生物安全柜的箱体采用气密性设计，柜体外设置专门的排风系统以维持安全柜内不低于120Pa的负压状态（相对于实验室）；

（2）同时要保证单只手套意外脱落后手套口有不低于0.7m/s的吸入气流速度；

（3）Ⅲ级生物安全柜进出物品均需经过传递窗或者经特殊设计的自封闭型传递桶；

（4）Ⅲ级生物安全柜可以最高限度地保护操作人员和外部环境，同时兼顾保护安全柜内实验物品，Ⅲ级生物安全柜适用于操作危险度4级的病原微生物或感染动物。

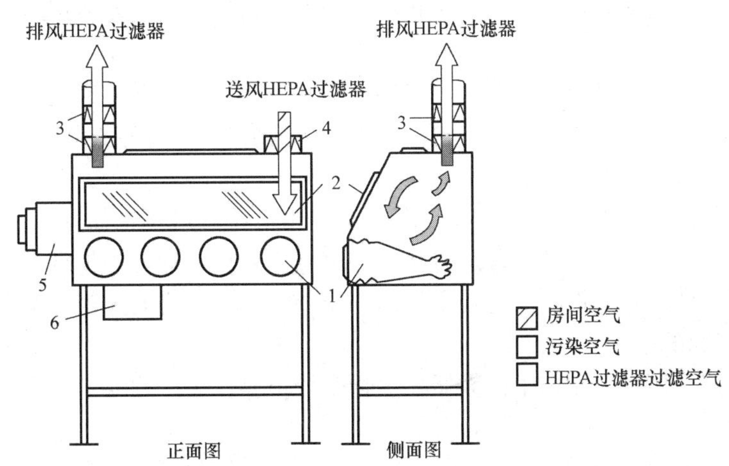

图2.3.2.5　Ⅲ级生物安全柜（手套箱）示意图[6]

1—用于连接胳臂长度手套的舱孔；2—可视窗；3—排风二级HEPA过滤器；4—供风HEPA过滤器；5—双开门高压灭菌或传递箱；6—化学浸泡罐

注：安全柜需要有与独立的建筑物排风系统相连接的排风接口

2.3.2.6　生物安全柜的性能指标、验证方法及相关标准

1. 生物安全柜的性能指标。生物安全柜是保护人员、产品和环境暴露于微生物污染

的一级隔离屏障。生物安全柜送、排风气流的平衡、操作台面上的气流分布和生物安全柜的完整性是生物安全柜性能有效性的重要保障。因此，其性能指标的规定及验证也主要围绕以上这三个方面。这些指标及相应要求可直接引用《生物安全柜》JG 170—2005、《Ⅱ级生物安全柜》YY 0569—2011 的相关要求，包括生物安全柜的垂直下降气流平均风速、工作窗口气流平均风速、气流流向（垂直气流、观察窗隔离效果气流、工作窗口及其边缘气流）、操作面空气洁净度、人员安全性、受试样品安全性、交叉感染、箱体检漏、送风高效过滤器完整性、排风高效过滤器完整性。对于Ⅲ级生物安全柜，其设计形式区别于Ⅰ、Ⅱ级生物安全柜，Ⅲ级生物安全柜的指标还包括安全柜箱体内外静压差、箱体严密性及安全柜手套口气流流向等。还有一些指标如安全柜运行噪声、操作台面照度是考虑操作人员本身的舒适性；生物安全柜的安装位置主要是考虑维修时的便利性。

2. 主要性能指标的测试方法[7][8]

（1）垂直气流平均风速：在距离内侧壁板及工作窗 100mm 围成的工作台面上方 300mm 处的平面区域内测量垂直气流的平均风速。测量点按行、列均为 150mm 的网格分布。若去除测量边界后净尺寸不等于 15 的整数倍，则允许修正测量点距离，但每列至少测量 3 点，每行至少测量 7 点。垂直气流平均风速为各测量点读数的算术平均值。具体的指标要求可参照标准《生物安全柜》JG 170—2005、《Ⅱ级生物安全柜》YY 0569—2011 的相关要求。

（2）工作窗口气流平均速度：常用的测试方法主要有两种：风量罩检测法、风速仪检测法。

（3）Ⅲ级生物安全柜手套口处的风速：手套口风速是通过人为摘除Ⅲ级生物安全柜一只手套后，将风速仪探头放在手套口的中心处，并记录测量点的风速。测试之前，要保证生物安全柜已达到正常运行状态，且生物安全柜的严密性、静压差及送风量应均已通过检测，并符合相关标准要求。

（4）气流流向：气流流向测试时，采用发烟管发生可视烟雾，通过观察烟雾流向来验证生物安全柜的气流流向。气流流向包括垂直气流流向、观察窗隔离效果气流流向、工作窗口边缘气流流向和工作窗开口气流流向。

（5）静压差：Ⅲ级生物安全柜与所在房间的相对压差可用微压差计直接测量。测试时，Ⅲ级生物安全柜应已达到正常运行状态，用微压差计分别连接Ⅲ级生物安全柜内部及实验室环境便可直接测出Ⅲ级生物安全柜的静压差。Ⅲ级生物安全柜与所在房间之间的负压值应不低于 120Pa。

（6）洁净度：采用激光粒子计数器在生物安全柜操作面内按要求布置的测点上测量空气的含尘浓度。

（7）噪声：生物安全柜正常运行时，采用声级计在被测生物安全柜前壁面中心水平向外 300mm，高度距工作台面 380mm 处测量。

（8）照度：在操作面上，沿操作面内壁面水平中心线每隔 300mm 设置一个测量点，与内壁距离小于 150mm 时，不再设置。被测生物安全柜置于正常工作条件下，用照度计检测各测量点。被测生物安全柜照度为各测量点照度的算术平均值。

（9）高效过滤器完好性检测：排风高效过滤器作为生物安全柜最重要的防护屏障之一，是防止有害生物气溶胶排放至大气的最有效防护手段。因此，国家标准《生物安全实验室建筑技术规范》GB 50346—2011 要求必须对三级和四级生物安全实验室内使用的隔离设备的排风高效过滤器进行原位检漏；而送风高效过滤器是生物安全柜内部洁净度的重要保障。

确定高效过滤器是否有缝隙、孔眼而发生漏泄，是否完好无损。通常高效过滤器采用物理气溶胶进行完好性检测，高效过滤器的检漏方法根据检测方式不同主要分为扫描法检漏和全效率法检漏。

（10）Ⅲ级生物安全柜箱体严密性检测：国际标准 ISO 10648-2：1994 对硬质隔离器的严密性进行了等级划分，共划定了 4 个等级，1 级最高，4 级最低。目前Ⅲ级生物安全柜箱体严密性指标可采用 ISO 10648-2：1994 中的 2 级密封箱室（长期从事含有有害气体的防护箱室）的期间检验指标，即箱体内压力低于周边环境压力 250Pa 下的小时泄漏率不大于净容积的 0.25%。根据 2 级密封等级，按照 ISO 10648-2：1994 的要求应采用压力衰减法进行测试。

（11）泄漏电流、接地电阻、耐电压、绝缘电阻：泄漏电流测试时，让生物安全柜连续运行 4h 后，施加 110%额定电压，用泄漏电流测量仪测量机组外露的金属部分与电源线之间的泄漏电流；接地电阻测试时，将被测生物安全柜所有的功能开关均置于“断”位，用接地电阻测试仪测量接地端与可触及的金属部件之间的电阻值；耐电压测试时，电气强度测试历时 1min，经受频率为 50Hz 的基本正弦波的交流电压，测试的部位为电源输入端与金属外壳之间。最初施加的电压不超过规定值的一半，然后迅速上升到规定值，试验期间不应发生击穿；绝缘电阻测试时，在施加 500V 直流电压 1min 后进行绝缘电阻测量，在带电部件与壳体之间值应不小于 2MΩ。

（12）振动幅值及工作台面抗变形：为判断使用者在操作生物安全柜时的振动结果，振动值应达到要求的机械性能，以此减轻操作者的疲劳并预防振动导致精密组织培养试验品的破坏。被测生物安全柜置于正常工作条件。将振动仪的振动传感器牢固地固定在工作台面的中心，振动仪的频率从 10Hz 变化到 10kHz，测量生物安全柜工作时的总振幅。

工作台面抗变形试验时，将面积为 250mm×250mm、重量为 23kg 的测试负载均匀地施加于被测生物安全柜台面中央，在载重条件下测量安全柜台面前部边缘中心至地面的距离。

负载及空载条件下，生物安全柜台面前部边缘中心至地板的距离相等，可视为台面无永久性变形。

（13）紫外灯测试：对于设置紫外灯的生物安全柜，必须对紫外灯定期检查，以保证其能有效地杀死微生物。在将灯关闭冷却后，要用 70%的酒精擦拭灯泡表面。将其打开 5min 后，将紫外线感应器放置于工作表面中心，照射的光在 254nm 波长处不应少于 $40mW/cm^2$。

【技术要点】

1. 生物安全柜的性能指标

（1）生物安全柜的指标中，人员安全性、受试样品安全性和交叉感染验证需采用生物学方法验证，生物学检测验证的目的是为了保证生物安全柜在使用中的安全性，这种验证方法可以贴近真实的情景直接验证安全柜的实际使用性能。其中对操作人员的保护验证，是为防止试验操作过程中产生的感染性微生物气溶胶对工作人员的威胁；对试验操作样品的保护验证，是为防止生物安全柜以外的污染物进入安全柜，对试验样品造成污染；交叉感染验证，是为防止试验操作过程中产生的生物气溶胶造成试验样品间的交叉污染。

（2）Ⅰ级生物安全柜不提供产品保护，工作面气流为乱流，只进行人员保护试验一项检测。

（3）Ⅱ级生物安全柜需进行人员、样品、交叉污染保护三项检测；Ⅲ级生物安全柜前部封闭，工作面气流为定向气流，有局部的乱流，不需要进行人员、样品保护和交叉污染试验。

（4）此外，生物安全柜还有一些其他性能指标主要是为了检查安全柜的设计结构性能、电路和物理性能等，包括振动幅值、柜体抗变形、工作台面抗变形、柜体稳定性、温升、泄漏电流、接地电阻、耐电压、绝缘电阻、报警和连锁系统、紫外灯性能等。

2. 工作窗口气流平均速度测量方法

（1）风量罩检测法是采用风量罩测出工作窗口风量，再通过风量除以工作窗口面积计算出气流平均风速，测量时将风量罩密封在安全柜的前窗操作口中心，风量罩两侧开口区域要密封。

（2）风速仪检测法是采用风速仪直接测量工作窗口断面风速，测量时，将工作窗开口高度开到指定的操作高度。用风速仪在工作窗开口平面直接测量风速。测点的水平间隔为100mm，垂直方向分别距工作窗口上边缘1/4工作窗口高度处和3/4工作窗口高度处，测点的平均值即为工作窗口气流平均速度。

3. 气流流向验证

（1）垂直气流验证时，在Ⅱ级生物安全柜工作表面中线上方高于工作窗口上沿100mm处，从可移动垂直窗一端到另一端发烟，垂直气流方向烟雾应为垂直气流线，且无死角和回流。

（2）观察窗隔离效果气流验证时，在Ⅰ级、Ⅱ级生物安全柜观察窗内25mm处，在工作窗口上边缘150mm处，从生物柜的一端向另一端发烟，气流流向应为垂直气流线，不得有死角和回流。

（3）工作窗口边缘气流验证时，在Ⅰ级、Ⅱ级生物安全柜外38mm处，让烟雾沿着工作窗开口的整个边界扩散，烟雾应进入安全柜内部无外逸，且无穿越工作区气流。

（4）工作窗开口气流流向验证时，在Ⅰ级、Ⅱ级生物安全柜内部，工作面上300mm，距工作窗口内壁50mm到柜后侧内壁整个水平面上发烟，烟雾测试时应无烟雾从窗口外逸。

4. 洁净度测量

（1）应根据生物安全柜操作面的面积确定采样点数目，并均匀布点。

（2）Ⅰ级、Ⅱ级生物安全柜内部洁净度要达到5级，Ⅲ级生物安全柜当操作需要保护的受试样本时，洁净度也要求达到5级。

5. 高效过滤器完好性检测

（1）扫描检测法是通过采样探头在过滤器下游表面2～3cm位置处沿过滤器的所有表面及过滤器与装置的连接处（如边框等位置），以一定的速度移动测试局部区域的过滤效率，判断过滤器是否发生泄漏。扫描法检漏根据检测仪器的测试原理不同，分为光度计扫描法和计数扫描法。

① 光度计扫描法检测气溶胶常用“冷发生”方式，即将一定压力的压缩空气通入喷嘴产生多分散油性气溶胶，如聚 α 烯烃（PAO）、癸二酸二辛酯（DOS）、癸二酸二酯（DESH）、邻苯二甲酸二辛酯（DOP）、石蜡油、壳牌安定来矿物油等。然后通过扫描采样头在过滤器表面线性扫描并配合气溶胶光度计测试各扫描点局部透过率，根据局部透过率限值判断漏孔。

② 计数扫描法：气溶胶物质较广泛，除可选用上述气溶胶外，还可以选择 PSL 小球或大气尘等非油性气溶胶。扫描测试过程类似，测试仪器是粒子计数器，通过测试上、下游粒子数浓度，并根据相应透过率限值或下游粒子数限值来判定是否泄漏。

（2）对于无法采用扫描法检漏的高效过滤器，需采用全效率法检漏方式，即通过测试过滤器的整体效率来检漏。全效率法检漏时在过滤器上游注入气溶胶，在上游和下游分别进行采样，上、下游采样必须经过气溶胶均匀性验证，然后根据上、下游气溶胶浓度计算过滤器的整体透过率，并与规定的整体泄漏限值比较来判断是否泄漏，根据使用检测仪器的测试原理不同，也分为光度计全效率法检漏和计数器全效率法检漏。

6. Ⅲ级生物安全柜箱体严密性检测

（1）压力衰减法的原理是在被测设备体积不变的情况下，利用被测设备内压力的衰减变化测试泄漏率。

（2）由于密闭式隔离器普遍安装有供人员操作的橡胶手套（部分安装有半身式防护服），因为手套或半身式防护服柔软富有弹性，导致动物隔离器在不同压力下，其净容积会产生变化。而采用压力衰减法的前提条件就是要保证被测设备内部容积保持不变，因此在使用压力衰减法测试时应采取必要措施固定手套或半身式防护服，以防止其体积发生较大变化。

（3）同时，也应采取必要措施防止其因压力过大或作用时间过长造成应力损坏。

2.3.2.7 生物安全柜现场验证与风险评估。

国外学者 Pike 在 1976 年发表了对 3921 例实验室相关感染的统计分析结果，发现已知原因的实验室感染只占全部感染的 18%，不明原因的实验室感染占到了 82%。经过近年来的研究认为，其中 65%的不明原因感染是因为病原微生物形成感染性气溶胶随空气扩散，实验室工作人员吸入了被污染的空气感染的。实验室中，许多操作都可以产生气溶胶，有人对 239 种操作进行了测试，其中 239 种操作可以产生气溶胶，占 86.6%。在实验室中，像搅拌、振荡、撞击、离心、超声波破碎、接种等都可产生气溶胶。

生物安全柜是一种为操作原代培养物、菌毒株以及诊断性标本等具有感染性的实验材料时，用来保护操作者本人、实验材料、实验室环境及室外环境，使其避免暴露于上述实验操作过程中可能产生的感染性生物气溶胶和溅出物而设计的重要的一级屏障隔离设备。其主要是通过柜体和气流形成的物理隔离来保护操作者本人、实验材料、实验室环境及室外环境。

【技术要点】

1. 生物安全柜的选型及安装要求

（1）Ⅰ级生物安全柜适用于操作样品不需要进行特殊保护的微生物操作；

（2）Ⅱ级生物安全柜使用最为广泛，其可提供对操作者、实验样品和环境的综合性防护，主要用于临床、诊断、教学和对群体中出现的与人类严重疾病有关的广谱内源性中度风险生物因子进行操作的实验，如乙型肝炎病毒、人类的免疫缺陷病毒、沙门氏菌属等，其中Ⅱ级 B1 型安全柜可用于操作少量挥发性化学试剂和放射性核素，全排型的Ⅱ级 B2 型安全柜还可以用于以挥发性有毒化学品和放射性核素为辅助剂的微生物实验，但是需要注意，Ⅱ级 B2 型安全柜排风量较大，在选用时须保证实验室有足够的补偿送风，否则会导致实验室出现较大负压，并可能导致安全柜窗口吸入风速过低，引起报警并严重降低其生物安全性。此外，从经济节能角度来看，Ⅱ级 B2 型安全柜排风量较大，其能耗要高于Ⅱ级 A 型安全柜。

需要特别指出的是，Ⅰ、Ⅱ级生物安全柜主要是靠操作窗口吸入的负压气流或垂直下降气流形成的气流屏障起到保护人员或操作样品的作用，但这种由气流作用形成的局部隔离环境并不是绝对安全的。主要体现在以下几个方面：

① Ⅰ、Ⅱ级生物安全柜均靠从操作窗口吸入气流形成负压气流屏障，一旦生物安全柜停止运行或发生故障，这种气流的隔离作用就不复存在，若安全柜处理危险度很高的病原体或化学物质会存在外逸风险；

② 对于在Ⅰ、Ⅱ级生物安全柜操作窗口进行操作的实验人员，应尽量减少手臂在安全柜内的大幅度动作或者频繁的进出动作，这也会扰动安全柜窗口吸入气流，削弱安全柜的气流屏障作用；

③ 对于附着于手或者器具上的病原体，这种气流隔离作用也会失效；

④ 空气中的气体成分可以穿透高效过滤器，所以非全排型的Ⅰ、Ⅱ级生物安全柜由于有循环风的存在，并不适合进行高浓度的危险气体物质操作。

（3）Ⅲ级生物安全柜可以最大限度地保护操作人员和外部环境，同时兼顾保护安全柜内实验物品。Ⅲ级安全柜适用于操作危险度 4 级的病原微生物或感染动物。

综上，在进行生物安全柜的选型时，必须综合考虑实验操作对象的性质类别、安全防护需求、实验室本身状况以及经济节能的需求，使其既能满足实际实验工作的需求，又能达到安全的目的。

生物安全柜是否正确地安放也同样影响安全柜的防护性能，理论上应按照实验室操作工艺流程来确定生物安全柜的安装位置。生物安全柜的安装位置一定要注意实验室内气流。

（1）生物安全柜一般设于实验室内排风口附近，使安全柜周围的气流不致回流到室内洁净区域；

（2）为了不影响安全柜前窗操作口的流入气流，安全柜不要设置在气流激烈变化和人走动多的地方，在进行安全柜实际现场检测时，仍然发现个别安全柜由于实验室空间的限制安装在实验室送风口下面，送风气流影响安全柜前窗操作口的流入气流甚至破坏前窗操作口气流的屏障作用而导致安全柜操作台面洁净度不合格的情况发生；

（3）如果实验室有窗户，应时刻处于关闭状态；

（4）考虑到生物安全柜的日常清洁、维修方便或进行电气安全测试，在空间允许条件下安全柜周围应至少预留 300mm 的距离。

Ⅰ级及Ⅱ级 A 型安全柜设计的外排气流通常返回实验室而不必向外部排风，室内循环方式的优点在于安全柜容易安置，减少空调系统负荷，安全柜的启停对实验室内气流的影响也较小，且不用接外排风管便于室内设备的移动，但是在操作化学物质时应外接排风管道向室外排风。因此，生物安全柜的排风管道设置方式根据使用要求可分为密闭式和开放式两种。

（1）所谓密闭式即用密闭管道连接的方式将安全柜的排风全部排入排风管道；

（2）开放式是排风管道和安全柜排风口之间采用非密闭连接形式，这种方式排风管道的排风量远大于安全柜的排风，使安全柜和室内同时向外排风，并且由于采用非密闭式连接，安全柜的启停对排风管道内总的排风量影响不大，所以对室内气流状态影响也不大；

（3）Ⅱ级B型安全柜的排风须采用密闭式连接方式，不允许向实验室内排风；

（4）当实验室内安全柜采用密闭式连接方式向排风管道内排风时，通风空调系统和自控系统的设计应考虑安全柜排风引起的变风量影响。

2. 生物安全柜的现场性能验证

（1）生物安全柜在运输过程中可能引起易损部件损坏，如高效过滤器在运输、安装等过程中极易受到损坏；

（2）长期动力通风及频繁消毒也会导致高效过滤器发生泄漏，故需要对高效过滤器进行安装后的完整性测试，即安装后的现场原位检漏测试；

（3）对于全排型的Ⅲ级生物安全柜、Ⅱ级B2型生物安全柜，一般都需要和实验室空调系统相匹配，尤其Ⅱ级B2型生物安全柜排风量很大，对实验室的风量平衡影响很大，这都需要和空调系统进行整体的现场调试才能满足生物安全柜的运行要求；

（4）生物安全柜虽然在出厂前已进行出厂合格检验，但从实际现场检测情况来看，具体到每一台生物安全柜，其送/排风的平衡、垂直气流流速、窗口进风气流流速、手套口风速、气流流向等往往都需要在现场进行调试才能满足要求。

现场检测性能参数主要包括：垂直下降气流风速、窗口进风气流流速、洁净度、噪声、照度、送风高效过滤器检漏、排风高效过滤器检漏、安装距离、气流模式、Ⅲ级生物安全柜运行时与实验室间的负压、手套口风速、Ⅲ级生物安全柜箱体严密性测试等。根据美国的经验，没有进行以上现场检测项目的生物安全柜，常有60%会出现问题，从现场实测情况来看，以上现场检测项目均有不合格情况存在。

（1）噪声：生物安全柜噪声超标情况比较普遍，国产或进口生物安全柜都普遍存在这一状况，其中一部分是由于安全柜风速过大导致；另一部分是安全柜风机本身噪声过大导致，且Ⅱ级B2型安全柜噪声超标情况要高于Ⅱ级A2型安全柜，虽然噪声对生物安全没有直接影响，但对实验操作人员会有一定干扰，主要影响实验操作人员的舒适性。

（2）照度：生物安全柜照度不足的情况并不多，工作台面照度不足会影响操作人员的舒适性，同时也影响操作人员操作的准确性。

（3）洁净度：即安全柜操作面的含尘浓度，洁净度不合格会导致操作材料的污染，进而影响实验结果的准确性。洁净度不合格往往是由这几个方面导致：送风高效过滤器老化破损、高效过滤器运输或安装过程中损坏、高效过滤器边框安装不严存在泄漏、生物安全柜垂直气流流速过小不能充分净化工作区、生物安全柜窗口进风气流过大或实验室送风口设置在生物安全柜上方，导致实验室内未净化气流穿越生物安全柜工作区。

（4）送风高效过滤器原位检漏：送风高效过滤器是维持生物安全柜洁净度的关键部件，若过滤器出现损坏或过滤器安装不严均可能导致操作工作面洁净度不合格，进而导致操作材料的污染，影响实验结果的准确性，实际检测中送风高效过滤器均有损坏或边框安装不严的情况出现。

（5）垂直下降气流流速：实验样品的安全性主要通过垂直下降气流来保证，相关标准中要求 0.2～0.4m/s。如果流速过低则达不到带走操作过程中产生的生物气溶胶的作用，同时在进行实验操作时对污染的抗干扰性会较差，甚至发生实验材料间的交叉污染；流速过大可能会引起安全柜内气流外逸。相关标准中在规定垂直下降气流风速的同时，也规定了垂直下降气流的不均匀度，要求各测点气流流速与平均风速间偏差不超过±20%或 0.08m/s，气流的不均匀度过大会减弱安全柜防止实验样品间交叉污染的能力，此外气流不均匀度过大也可能导致安全柜内局部产生气流涡流。

（6）气流模式：通过发烟法可以直观地看到生物安全柜的气流流向，即使安全柜气流流速满足要求，仍可能出现由于结构设计不合理或流速不均衡导致气流模式不符合要求的情况出现，如操作窗口气流外逸或有气流穿越工作区等。

（7）窗口进风气流流速：生物安全柜对操作人员的保护主要是通过从前窗吸入气流形成负压防止安全柜内气流外逸来实现的，相关标准中要求不低于 0.4m/s 或 0.5m/s，如果过低可能导致安全柜操作时产生的危险气溶胶外逸，进而对操作人员和实验室环境产生危害，过大则会导致实验室内未净化气流穿越安全柜工作区，引起操作材料被污染的风险。

（8）排风高效过滤器原位检漏：排风高效过滤器是生物安全的重要保障，也是生物安全柜形成一级隔离屏障的重要组成部分，在各个安全柜相关标准中都明确规定生物安全柜的排风必须经过排风高效过滤器过滤后才能排放到环境中。如果排风高效过滤器出现泄漏，可导致生物危险因子外逸到实验室或室外环境中，进而对操作人员和环境产生危害。和送风高效过滤器的情况相同，在实际检测过程中也有过滤器破损或边框安装不严的情况出现。

（9）Ⅲ级生物安全柜箱体严密性：柜体严密性是Ⅲ级生物安全柜物理隔离的重要组成部分，也是现场检测的重要指标。Ⅲ级生物安全柜在正常运行时处于负压运行状态，一般不会出现危险生物气溶胶的外逸，但是安全柜或排风系统如果突然故障导致停机，这种负压作用形成的屏障作用将会消失，而良好的柜体气密性可以保证突发状况下的物理隔离，最大限度地防止危险生物气溶胶外逸。目前，柜体气密性的现场检测方法通常采用压力衰减法。

（10）Ⅲ级生物安全柜运行时柜体内负压：Ⅲ级生物安全柜由于用于操作危险度 4 级的微生物或实验动物，所以其安全防护的要求是最严格的，正常工作时内部负压值要求不低于－120Pa，负压运行实质是对柜体形成的物理防护的双重保障，负压运行可进一步保证出现意外状况（如手套破损或柜体有微小泄漏）时，生物气溶胶不发生外逸。

（11）Ⅲ级生物安全柜手套口气流流速：由于Ⅲ级生物安全柜内主要操作致命生物因子的生物实验，所以生物安全是其主要考虑的关键问题。Ⅲ级生物安全柜是一个负压密闭箱体，主要通过前面的橡胶手套口进行操作，在操作过程中可能出现手套意外破损或手套脱落的突发状况，在发生意外状况时，操作口仍须保证一定的流入气流流速，这样可以防止危险生物气溶胶的外逸。

生物安全柜的现场检测属于静态性能验证，实际使用过程中还需要进行关键性能参数的连续监测，如高效过滤器阻力监测及报警、垂直下降气流和窗口进风气流流速监测及报警、前窗打开位置报警等。

3. 生物安全柜的使用及注意事项

(1) 应做好生物安全柜启动前的准备工作。

① 实验操作者应提前佩戴好个人防护装备；

② 安全柜开启前用75%的酒精或其他消毒剂全面擦拭安全柜内的操作台面和其他平面；

③ 打开前操作窗至规定高度后开启生物安全柜，开启后要运行一段时间，以保证安全柜气流稳定，并将工作区空气中的污染物完全清除；

④ 实验开始前应将本次实验需要的所有物品擦拭干净后提前放入安全柜内，以避免在实验过程中频繁拿取物品造成安全柜气流波动；

⑤ 安全柜内不放与本次实验无关的物品，柜内物品摆放应做到清洁区、半污染区与污染区基本分开，操作过程中物品取用方便，且三区之间无交叉，物品应尽量靠后放置，但不得挡住回风格栅。

(2) 实验操作应规范。

① 正确运用微生物学实验技术；

② 操作期间如果需要取出或移入物品，应尽量缓慢地移出或移入手臂，尽量减小对空气的搅动，从而避免因手臂的移动破坏安全柜气流而导致危险气溶胶的逸出；

③ 柜内移动物品时应尽量避免交叉污染，需按照低污染物品向高污染物品移动的原则，应避免高污染物品在移动过程中对柜内产生大面积的污染；

④ 在实验操作时，不可打开玻璃视窗，应保证操作者脸部在工作窗口之上；在安全柜中应尽量避免使用产生振动的设备，如使用此类设备，如离心机、搅拌器等，应将此设备放在安全柜的最里侧，并在运行时停止其他的实验操作；

⑤ 通常来说，在安全柜内不应使用点火装置，由于火焰产生的上升热气流会影响用以保护柜内物品的垂直下降气流，火焰还会产生气流扰动，进而增加交叉污染的风险；

⑥ 任何洒溅在柜内的东西都应立即清除干净，并放在专用的垃圾袋中；

⑦ 在安全柜工作时尽量减少背后人员走动以及快速开关实验室房门，以防止干扰安全柜内气流；如果在正常状态下，安全柜报警，则应立即停止柜内的一切工作，并对报警进行检查，在查明原因并解决问题前不应再使用此安全柜。

(3) 实验操作完成应妥善关闭安全柜。

① 将所有的物品取出，并用75%的酒精擦拭柜内各面，关闭安全柜前再运行一段时间，以便将工作区操作过程中产生的微生物气溶胶排出，同时开启紫外线照射至少半小时以上；

② 妥善处理所有实验过程中产生的废弃物，如有必要，将所有害生物废料进行高压消毒。

实验操作人员应树立生物安全意识，养成良好操作习惯，杜绝违规操作，严格遵照微生物学标准操作规程和生物安全实验室操作规程进行实验操作，同时生物安全柜的日常维护和监管工作应落实到位，建立科学的管理制度并严格执行，以确保实验室生物安全。

第3节　洁净层流罩

2.3.3.1　洁净层流罩是一种带有风机系统，可提供局部高洁净环境的吊装式空气净化单元，利用多个层流罩可组装洁净生产线。层流罩与装配式洁净室相比，具有投资少、见效快、移动灵活等特点。

【技术要点】

1. 洁净层流罩的原理是将空气以一定的风速通过高效过滤器过滤后，形成均流层，使洁净空气呈垂直单向流动，从而保证了工作区内达到工艺要求的洁净度，一般可达100级。

2. 洁净层流罩一般由箱体、风机、粗效过滤器、高效过滤器、阻尼层、灯具和静压箱等组成。为了保证单向流流型及局部的洁净度，洁净层流罩一般设计成带有气幕或气帘式的，或者用一定高度的塑料薄膜或有机玻璃等。

3. 根据安装形式不同，洁净层流罩可分为悬挂式、落地式和移动式三种。

4. 根据风机设置情况不同，可分为风机内装和风机外装两种。

5. 目前应用更为广泛的是结构更为简单的层流罩风机过滤单元（FFU）。FFU具有标准的模数尺寸，组合或拼装更为方便、快捷，适用性更好，以形成洁净区域。FFU目前广泛应用于洁净实验室、药厂、电子厂房等需要提供局部洁净环境或整体洁净环境等应用场合。

2.3.3.2　FFU的结构。

【技术要点】

1. FFU基本组成为风机、机壳、预过滤器、高效过滤器或超高效过滤器、气流均衡装置以及电气控制元件等。

2. 电气控制元件是FFU实现自动化、节能化的重要保障。

3. 根据机箱外形尺寸可分为1200×600、1200×900、1200×1200等以及一些非标尺寸。

4. 根据电机形式可分为交流电机和无刷直流电机。

5. 根据控制方式可分为单工况机组、多工况分档控制机组、无级调控机组。

6. 根据机组静压可分为标准静压型和高静压型。

7. 根据末端过滤器效率可分为高效过滤器型和超高效过滤器型。

8. 机外余压、能效：FFU性能中的风量、余压、噪声以及能效水平等参数之间都是相互制约和相互关联的，FFU的能效水平通常以机组性能曲线的形式表示，包括风量（风速）—机外静压曲线、风量（风速）—功率曲线，此外还有风量（风速）—空气效率曲线、风量（风速）—能效指数（EPI）曲线。对于分档运行的机组，应给出机组在不同的档位下运行的性能曲线，对于无级可调机组应至少给出不同工况下的3组性能曲线。FFU机外余压的大小及能效水平受风机本身性能、FFU内部风道的阻力和高效过滤器阻力等影响，选用高效能的风机并对FFU内部风道进行合理的设计可以有效提高FFU的能效水平，这也是目前FFU研究的方向之一。

2.3.3.3　FFU的特点及选用

【技术要点】

1. 灵活性。FFU结构简单，具有很好的适应性，由于其特殊的节点构造方式，可根据工艺的需要进行组合和拼装、采用负压密封使其简化和可靠，又大大节省空调机房面积，尤其适用于层高低、机房面积不足的改扩建项目。而对于工艺变更的适应性而言，FFU更有其优越性，当工艺发展需要提高洁净级别或者改变洁净区域时，只需采取增加FFU的数量或改变安装位置就可达到保证洁净度或更改洁净区域的目的，不仅方便而且可以大大节省改造投资。

2. 占用空间小。相比于集中式空调机组不仅省去机房，而且也大大简化风管、水管的设置，极大地节省了使用空间。

3. 经济性。从初投资和运行费用两方面来看，目前FFU产品种类齐全，制造技术较为成熟，产品费用大大降低，在设计合理的情况下，其初投资往往可低于集中式空调机组。在运行费用方面，尤其近来在提高风机和电机的效率方面获得了较大的发展，使FFU的能耗大大降低，也进一步降低了运行费用。一般认为，FFU送风方式洁净室的运行费用大约是传统集中送风方式洁净室的60%～80%。

4. 出风均匀稳定。FFU自带风机和过滤单元，通过计算机群控方式很容易达到出风均匀的目的，比集中式空调系统通过阀门控制的方式方便快捷，且有效。

5. 负压密封。FFU送风方式的静压箱为负压，风口安装的密封相对容易，而且即使出现泄漏，也是从洁净室向FFU静压箱泄漏，不会形成对洁净室的污染。

6. 采用FFU送风系统需要大量FFU单元、架空地板，造价相对较高，而集中式送风方式不使用架空地板，甚至可采用上送上回方式，省去回风夹道，大大减少造价。

FFU不适合对噪声有严格要求的场所，因为FFU一般数量较多，且风机处在洁净室内或吊顶内反射声波，噪声一般很大。FFU通常几十台甚至上百台组合一起使用，在噪声叠加后要保证洁净室总体噪声满足规范要求还是比较困难的。目前采用FFU方式的大面积洁净室噪声超标比较普遍，有些甚至高达70dB（A）。

本章参考文献

[1]　鲍艳霞. 药厂空气洁净技术. 北京：中国医药科技出版社，2008.

[2]　住房和城乡建设部. 洁净工作台JG/T 292—2010. 北京：中国标准出版社，2011.

[3]　许钟麟，沈晋明. 空气洁净技术应用. 北京：中国建筑工业出版社，1989.

[4]　曹国庆，许钟麟，张益昭. 行业标准《洁净工作台》要点解读. 暖通空调，2012，02：9-12，35.

[5]　中国建筑科学研究院洁净室施工及验收规范GB 50591—2010. 北京：中国建筑工业出版社，2010.

[6]　李劲松. 生物安全柜应用指南. 北京：化学工业出版社，2004.

[7]　全国暖通空调及净化设备标准化技术委员会. 生物安全柜JG 170—2005. 北京：中国标准出版社，2005.

[8]　北京市医疗器械检验所等. Ⅱ级生物安全柜YY 0569—2011. 北京：中国标准出版社，2011.

[9]　许钟麟，王清勤. 生物安全实验室与生物安全柜. 北京：中国建筑工业出版社，2004.

[10]　Biosafety Cabinetry：Design Construction，Performance，and Field Certification. NSF/ANSI 49—2008. 2008.

[11] Biotechnology-Performance criteria for microbiological safety cabinet. EN 12469—2000，2000.
[12] 中国建筑科学研究院等. 生物安全实验室建筑技术规范 GB 50346—2011. 北京：中国建筑工业出版社，2011.
[13] 曹冠朋. 生物安全实验室隔离装备排风高效现场检漏方法研究［学位论文］. 北京：中国建筑科学研究院，2015.
[14] Containment enclosures. Part 2：Classification according to leak tightness and associated checking methods first edition，ISO 10648-2-1994，1994.
[15] 张利群. FFU 的应用. 洁净与空调技术，2003，03：46-49.
[16] 中国电力工程设计院. 洁净厂房设计规范 GB 50073—2013. 北京：中国计划出版社，2013.
[17] 农业部. 兽药生产质量管理规范（中华人民共和国农业部令第 11 号），2002.

本章作者简介

金真：专业从事洁净技术研究 30 多年。参与多项国标和行标的编制，发表过多篇学术论文。

曹国庆：中国建筑科学研究院环能院净化技术中心博士，研究员，主任，全国暖通净化专业委员会副秘书长。

高正：全国洁净室及相关受控环境标准化技术委员会（SAC/TC319）委员，20 多年洁净室及相关受控环境的设备及检测仪器的生产与研发产品经验。

第4章　医用洁净装备工程的空调冷热源

袁白妹　周斌　任建庆　吴志国　姜政　郑福区　苏黎明　陈睿

第1节　医用洁净装备工程的空调负荷

2.4.1.1　医用洁净装备工程的空调室内温湿度参数应按照房间的使用功能确定。

【技术要点】

1. 洁净空调室内温湿度是设备选型和工程验收的重要依据，应按照冬、夏季分别确定。

2. 手术室等温度要求严格的区域，应按照医疗要求确定室内参数，在走廊等洁净附房可按照节能规范确定室内参数。

2.4.1.2　医用洁净装备工程的冷热负荷应包括4个部分：围护结构冷热负荷、人员冷负荷及湿负荷、设备和照明冷负荷、新风冷热负荷。

【技术要点】

1. 围护结构冷热负荷：按照《民用建筑供暖通风与空气调节设计规范》GB 50736—2012的要求进行计算。

2. 人员冷负荷及湿负荷：按人数计算。根据统计调研手术室设计人数是：Ⅰ级，12～14人；Ⅱ级，10～12人；Ⅲ级及Ⅳ级，6～10人。当为教学医院时，人数应适当增加；人数不能确定的区域，按照人员密度计算，一般$10m^2$/人。

3. 设备和照明冷负荷：照明冷负荷按照照度对应的功率密度计算；设备冷负荷按照手术时医疗器械用电设备的功率计算。医疗技术发展得很快，在计算设备冷负荷时，应适当留有余量。

2.4.1.3　采用湿度优先控制模式的系统，洁净空调机组冷负荷应考虑由此产生的冷负荷增加。

【技术要点】

1. 洁净空调对相对湿度要求严格，夏季室外湿球温度高的区域，湿度优先控制模式的新风洁净空调机组冷负荷，应增加除湿引起的负荷。

第2节　医用洁净装备工程冷热源

2.4.2.1　洁净区域应设置空调冷热源。

【技术要点】

1. 洁净空调区域对温湿度有严格的要求，对冷热源的可靠性要求高，宜设置人工冷热源。

2. 当自然冷热源可以满足要求时，可采用自然冷热源。

2.4.2.2　根据自身要求和建设条件设置集中或者分散式空调冷源形式。

【技术要点】

1. 集中式冷源：是指整个建筑集中设置冷源，洁净区的冷源是整个建筑的一部分，大楼按照洁净区的负荷要求提供空调用冷冻水至洁净空调机房附近，空调水管设置切断阀作为分界。

2. 分散式冷源：是指为洁净区单独设置空调冷源。洁净空调的冷源与大楼完全脱离，自成系统，空调冷源一般设置在主要的净化机房附近。一年中需要供冷、供暖运行时间较少的洁净手术部宜采用分散式冷热源。

2.4.2.3　洁净空调应根据室外空气温度参数等条件确定水冷或者风冷的制冷形式。有条件时，宜回收冷凝热。

【技术要点】

1. 水冷冷水机组：采用水冷却冷凝侧的冷冻机为水冷机组，一般为冷却塔冷却，还有地源热泵和水源热泵。随着节能技术的发展，各个厂家逐渐推出了回收冷凝热的热回收机组。采用热回收机组回收的热量可用于生活用水加热等。水冷冷水机组一般用于大楼的集中冷源。

2. 风冷冷水机组：冷凝侧采用空气冷却方式的冷水机组，按照功能分为单冷、热泵和带热回收三种形式。在夏季室外温度比较低的区域、分散式设置冷源的项目以及作为手术部补充冷源时采用风冷冷水机组，在制冷的同时有供热需求时，采用热回收风冷冷水机组。

3. 当洁净空调总负荷较小时，可采用单元式风冷空调机组：空调机组自带直接蒸发盘管和压缩机的空调机组，其主要特点是制冷和供热装置在建筑中各处分散设置。适合小型洁净工程使用。

2.4.2.4　当采用区域冷源供冷时，应设置备用冷热源。

【技术要点】

洁净空调工程所处区域有区域冷热源，但为了保证洁净空调的用冷用热安全，应设置备用冷热源。

2.4.2.5　洁净空调应设置过渡季冷源，必要时，应设置冬季冷源。过渡季冷源同时作为冬季冷源时，应满足冬季低温开机的要求。

【技术要点】

1. 洁净手术部仍然需要供冷。洁净区域的供冷时间一般都比医院其他区域长，大楼冷源应能满足延长和提前供冷的需求，当不能满足时应设置补充冷源。

2. 过渡季冷源可以共用夏季冷源，但要满足洁净空调使用的时间要求，并采取相应的措施。

2.4.2.6　洁净工程空调应根据自身特点设置冷水机组台数，冷水机组宜大小搭配。

【技术要点】

1. 洁净空调设置集中冷源时，冷冻机一般不小于 2 台。洁净空调的总量决定了采用冷冻机的形式，制冷机按照制冷系数和单台冷量由高到低的排序为：离心式、螺杆式、活塞式，根据冷量大小和制冷系数综合评价，确定采用合适的制冷机形式。

2. 洁净空调根据使用时间的不同，分为 24 小时使用和非 24 小时使用两种，洁净空调制冷机设置时，应同时满足白天的高峰和夜间的低谷使用要求，当二者相差悬殊时，冷冻机应大小搭配，满足低负荷的要求。

2.4.2.7　洁净空调冬夏季均应设置空调热源。

【技术要点】

1. 冬季空调热源：冬季空调热源热媒均采用空调热水，一般为 60～45℃；在严寒地区，还需要设置预热热源，预热热源可以采用蒸汽或者高温热水，高温热水温度不宜低于 70℃。

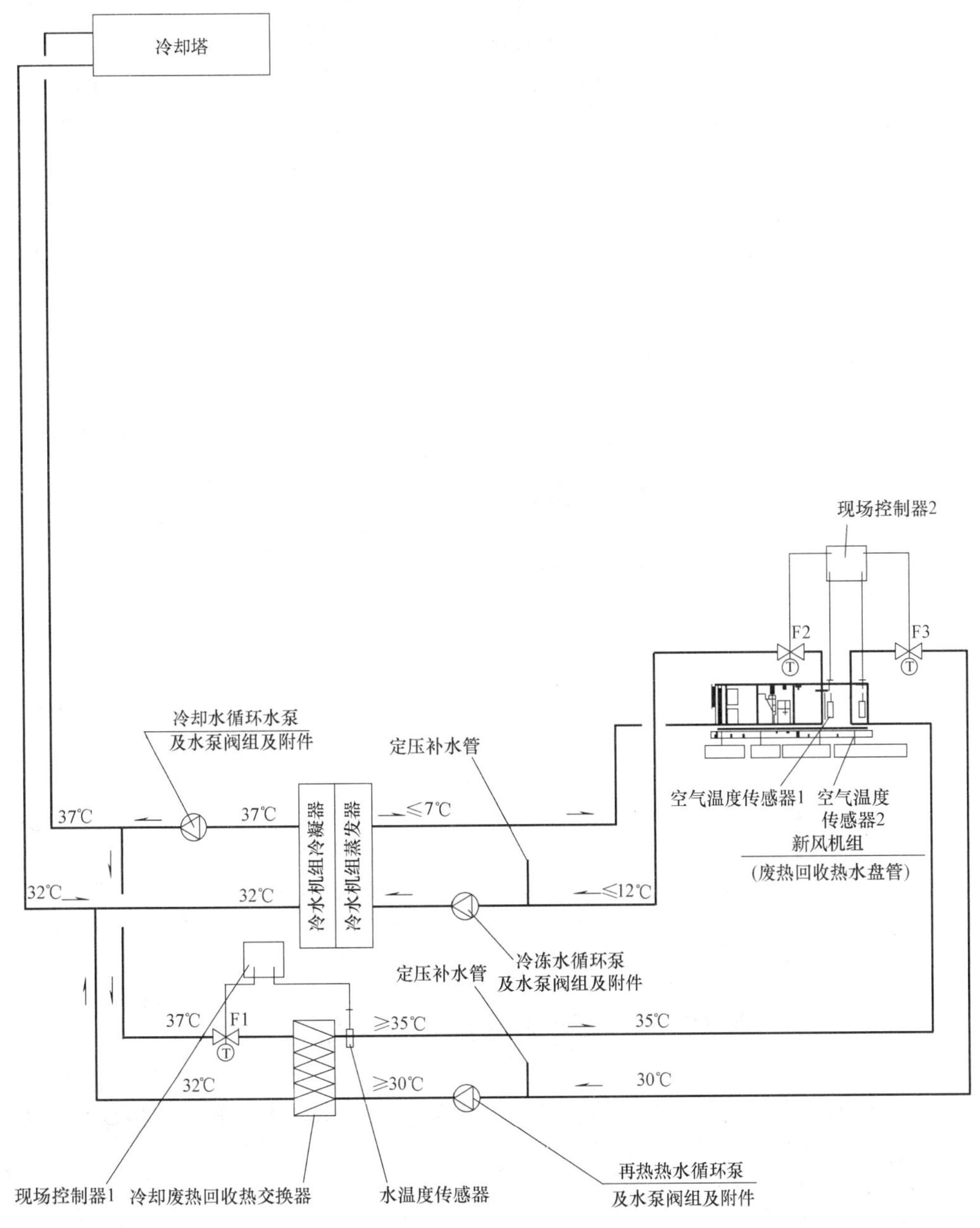

图 2.4.2.8-1　回收冷凝热除湿再热系统及应用其的中央空调系统

2. 夏季空调除湿再热热源：为了保证手术室内的相对湿度，采用湿度优先控制模式，夏季洁净空调需要除湿再热，需要设置再热热源。

2.4.2.8　洁净空调再热热源宜优先选用回收冷冻机的冷凝废热。

【技术要点】

1. 采用水冷冷水机组时，采用板换或者热回收型冷水机组回收冷凝废热作为再热热源，图2.4.2.8-1是采用板换回收废热作为再热热源的回收冷凝热除湿再热系统及应用的中央空调系统示意图，该系统是中国中元的实用新型专利，证书号第5431758号。

2. 采用风冷冷水机组时，采用四管制风冷冷水机组回收冷凝废热。四管制多功能热泵机组工作要求：集冷热源于一体，一台机组四个接管，两个为冷冻水进出口，两为热水进出口，冷、热自动平衡，制冷量和制热量可分别实现0～100％独立调节；图2.4.2.8-2所示为四管制多功能热泵冷热水机组示意图，本图来源于克莱门特公司产品手册。

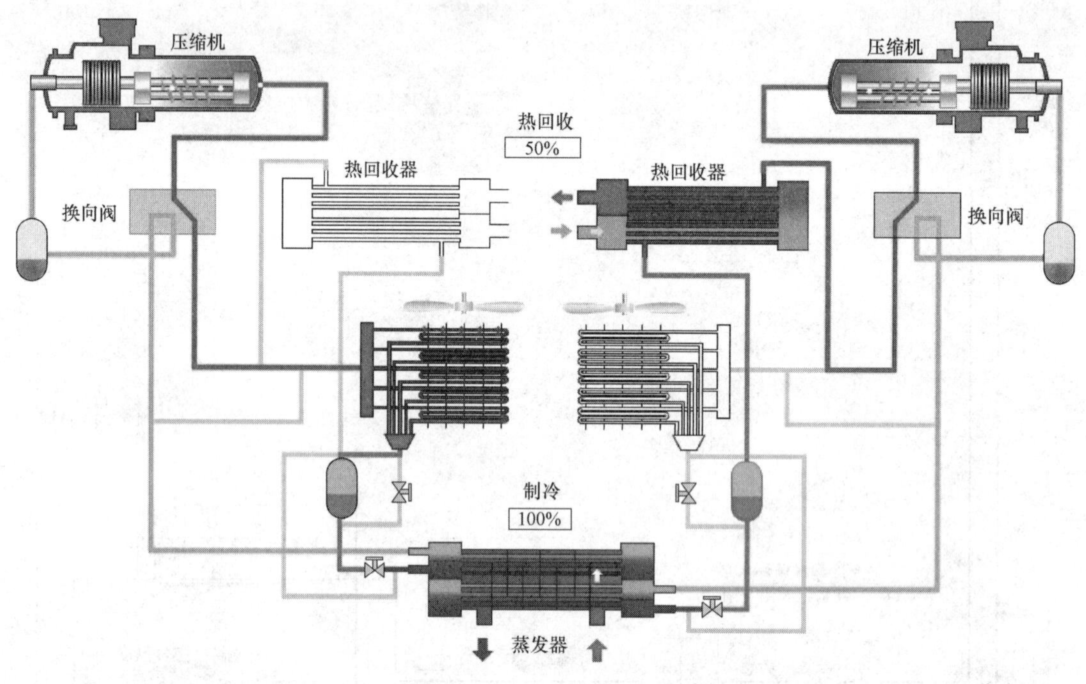

图2.4.2.8-2　四管制多功能热泵冷热水机组示意图

第3节　医用洁净装备工程热力系统

2.4.3.1　当有蒸汽系统可以利用时，洁净区域应优先采用，当没有蒸汽可以使用时，可采用电蒸汽发生器。

【技术要点】

1. 洁净区域蒸汽主要用于中心供应室的清洗消毒和灭菌器和洁净空调的冬季加湿。详见表2.4.3.1。

中心供应常用设备蒸汽参数表　　表 2.4.3.1

设备名称	蒸汽耗量(kg/h)	工作压力(MPa)
灭菌器	26～150	0.3
清洗消毒器	20～50	0.5
自动冲洗机	90	0.30～0.50
清洗器	50	0.30～0.50

2. 洁净空调用蒸汽加湿。洁净空调应采用干蒸汽加湿器。蒸汽加湿分为直接蒸汽加湿和间接蒸汽加湿，在条件允许时，优先采用间接蒸汽加湿器。

2.4.3.2　洁净空调应设置加湿器加湿，当有蒸汽源时，优先采用蒸汽加湿，否则，采用电加湿方式。

【技术要点】

1. 间接蒸汽加湿器：间接式蒸汽加湿器采用一次蒸汽系统作为热源，将去离子水加热产生加湿用蒸汽，加湿器采用不锈钢等材质，保证了进入空调机组内蒸汽的洁净度。

2. 直接蒸汽加湿器：直接式蒸汽加湿器采用一次蒸汽直接接入净化空调机组。采用一次蒸汽应采取可靠措施，保证蒸汽的洁净度。

3. 电热型加湿器：电热型蒸汽加湿器采用电作为一次热源，加湿器用水采用去离子水，加湿器采用不锈钢等材质，保证了进入空调机组内蒸汽的洁净度。这种加湿器运行费用较低，但造价较高。

4. 电极式加湿器：电极式加湿器用水作为导电体发热产生蒸汽，加湿用水采用软化水，加湿器采用不锈钢等材质，保证了进入空调机组内蒸汽的洁净度。这种加湿器运行费较高，但造价较低。

2.4.3.3　蒸汽系统应采取减压、疏水和计量设备，满足消毒设备的要求。

【技术要点】

1. 蒸汽压力要求：

(1) 高压灭菌器的用气压力一般为 0.4MPa，加湿蒸汽气压力一般为 0.2MPa，当蒸汽源供给的压力超过要求时，应分别设置减压装置。

(2) 减压阀的选择及设置。减压阀组的位置在接入设备之前，如果设备的用汽压力相同，可以统一减压。减压阀组包括过滤器、减压阀、旁通阀、安全阀等。

2. 疏水阀的设置：

(1) 启动疏水：当蒸汽不回收冷凝水时，在立管最低处、水平管道最低处、管道改变标高的最低处以及接入设备之前均应设置启动疏水阀组。

(2) 设备疏水：当采用蒸汽作为热源时，在管道上疏水要求与启动疏水相同，在加热设备出口、接入凝结水管之前应设置疏水阀组，设备出口应设疏水阀组。

(3) 疏水阀的选择：一般采用机械型的倒吊桶式疏水器，建议疏水器内置过滤器。

3. 计量要求：应按照不同使用功能分别设置蒸汽计量装置，计量表应带远传和记忆功能，蒸汽流量计一般选择涡街流量计。

本章作者简介

袁白妹：中国中元国际工程有限公司暖通专业副总工程师、医疗建筑设计研究二院总工程师。

周斌：南京工业大学暖通工程系副教授、系副主任、实验中心主任。

任建庆：江苏省评标专家库专家评委，现从事医疗机构建设工作。

吴志国：南京天加环境科技有限公司主任工程师。

姜政：高级工程师，青岛大学附属医院黄岛院区综合部主任。

郑福区：深圳市兴隆制冷设备有限公司总经理，深圳市建安空调工程技术有限公司总经理。

苏黎明：北京五合国际工程设计顾问有限公司医疗健康事业部总建筑师，高级工程师。

陈睿：高级工程师，现任克莱门特捷联制冷设备（上海）有限公司南区销售总监。

第5章　医用洁净装备工程的围护结构及室内装修

周恒瑾　陈琳炜　李荔　曾建斌　朱文华　尤荣念　李海平

第1节　基本概念

2.5.1.1　医用洁净装备工程的围护结构及室内装修是指医疗建筑内洁净用房各面的围挡物，如门、窗、墙、顶及地面等，能够有效抵御或控制不利环境的影响，并保证洁净用房的特殊使用要求及消毒清洗方式。

【技术要点】

1. 洁净用房应遵循不产尘、不易积尘、耐腐蚀、耐碰撞、不开裂、防潮防霉、容易清洁、环保节能和符合防火要求的总原则；

2. 洁净用房应满足隔热、隔声、防震、防静电的要求；

3. 洁净用房宜采用模块化装配式工艺，充分考虑发展；

4. 洁净用房围护结构用材应考虑经济性和可再生或可回收性。

2.5.1.2　墙面、顶面围护结构可采用工厂化生产的建筑单元件和功能单元件，龙骨角码螺钉连接，标准模块专用螺丝与龙骨安装，医用硅胶条填缝，可在使用过程中根据使用人员要求，随意拆装模块，增加设备，实现可持续发展。

【技术要点】

1. 模块化龙骨，可采用60mm×30mm×2.0mm的方管龙骨，相比传统的焊接工艺，模块化手术室内所有龙骨均由螺钉＋角码连接，全程无焊接，保证了龙骨的可拆卸。

2. 模块化墙板工艺适用于大部分饰面板，金属板材、非金属板材、钢化玻璃等，饰面板和基层板由工厂加工，与龙骨的连接采用螺钉固定，保证每块墙板均可单独拆卸和升级。

3. 踢脚、圆弧安装：100mm高度的踢脚型材与地龙骨、竖龙骨用螺钉固定；顶棚与墙面的衔接采用圆弧角型材和收边条收口，采用承插式的工艺。

4. 医用硅胶条：板缝非打胶处理工艺，所有板之间缝隙均用医用级硅胶条填塞、密封。

2.5.1.3　墙、顶围护结构用材应做到安全、美观，环保、节能。

目前国内洁净室的设计安装中，对于洁净室墙顶装饰材料主要有以下几种：

1. 金属板：有电解钢板、不锈钢板、防锈铝板、彩钢板等。

2. 非金属板：包括玻璃板材、无机预涂板、铝塑板等。

3. 新型功能板：抗菌树脂板材料环保，并具有一定的防火等级，防撞、耐磨、易清洁，板材具有一定的抗菌或抑菌的特性。

【技术要点】

1. 洁净室的建筑围护结构和室内装修，应该保持室内的气密性，应选用气密性良好，且在温度和湿度等变化作用下变形小的材料，墙面内装修需附加构造骨架和保温层时，应采用非燃烧体或难燃烧体。

2. 洁净室内墙壁表面应符合平整、光滑、不起灰、避免眩光、便于除尘等要求；应减少凹凸面，阴阳角做成圆角。室内装修宜采用无水操作，如为抹灰时，应采用高级抹灰标准，且面层不能为现场抹灰。

3. 洁净室门窗、墙壁、顶棚、地（楼）面的构造和施工缝隙，都应该保持空间的气密性效果。

4. 安全性能、防火等级：对于内墙墙面材料要考虑到材料的抗老化性、防火性及是否耐脏、易擦洗，阻燃等级需达到 B1 级的材料，顶面材料需要达到 A1 级。

5. 环保性：材料的可再生或回收性，选用石材、瓷砖类材料注意放射性，在洁净场所，墙面材料需要选用环保可回收建材，为保障医护人员及病患营造健康环境，选用的建材应无甲醛释放或达到国家环保 E1 标准。

6. 实用性：墙面材料防污损、易清洁、耐擦洗；特殊部位防撞防破损；五金件材质真实、经久耐用。

7. 经济性：根据各洁净空间使用次数不同，合理利用材料资源，避免浪费，并因实际情况考虑初期投入。

2.5.1.4　地面围护结构及用材应采用耐磨、防滑、耐腐蚀、易清洗、不易起尘与不开裂的材料制作，地面常用材料有：PVC 卷材、橡胶卷材、水磨石等，以浅色为宜，洁净用房内地面应平整；有特殊要求的，可采用有特殊性能的涂料地面。

【技术要点】

1. PVC 卷材性能见表 2.5.1.4。

PVC 卷材性能　　　　**表 2.5.1.4**

防火等级	抗静电性	防滑性	耐磨性	耐色牢度
GB 8624-2006-Bfl-sl	EN 1815 KV<2	DIN 51130 R10	EN660 P 级	ISO 105 6

2. 橡胶地板：橡胶地板的耐磨性、导热性、绝缘性、耐污性等均优于 PVC 卷材，而且可无缝拼接，易清洗，适用于Ⅰ级手术室或经济条件比较好的医院。

2.5.1.5　门体围护结构应具备一定的气密性，具有能保持压差，或者防护辐射等特殊作用。

1. 医用洁净区域自动门是指安装在手术室、洁净室、洁净走廊及其他有洁净要求的类似场所的自动门。此类门除具有常规门的功能外，还必须具备一定的气密性。

2. 其他洁净区域，洁净区与非洁净区域相通处，也需要起阻隔空气作用的自动门。

3. 鉴于 ICU 病房对空气洁净度的较高要求，以及对病人观察的方便性，ICU 病房建议使用气密玻璃自动门。

4. 防辐射自动门主要运用在放射科，防护 X 射线辐射。

5. 紧急疏散门应用：在公共区域的疏散通道，应安装紧急疏散自动门，在正常情况下，以平移方式运行，在紧急状态时，自动门的所有活动扇和固定扇都可以向外推开，同时，系统自动停止工作。自动门应带有复位检测功能，当门扇复位时，系统应自动恢复工作，参见图 2.5.1.5-5。

【技术要点】

1. 关于手术室自动门

(1) 手术室自动门应满足《建筑外门窗气密、水密、抗风压性能分级及检测方法》GB/T 7106—2008 气密性能分级指标中的 7、8 级。因为手术室室内要求正压，为更好地实现自动门气密效果，建议室内侧安装。

(2) 通道口宽度需大于病床、手术设备等物品的宽度，方便进出。

(3) 为保证人和病床等通行时不被误撞，需配备探测光眼或光幕，且安装高度能使探测器可靠地探测到经常性通过的人或病床等物品。

(4) 为防止医护人员在进出手术室过程中，由于开门导致身体部位感染细菌或接触到灰尘，需在手术室内外配备免触开关或脚感应开关，以达到无需接触物体即可开门通过的目的，见图 2.5.1.5-1。

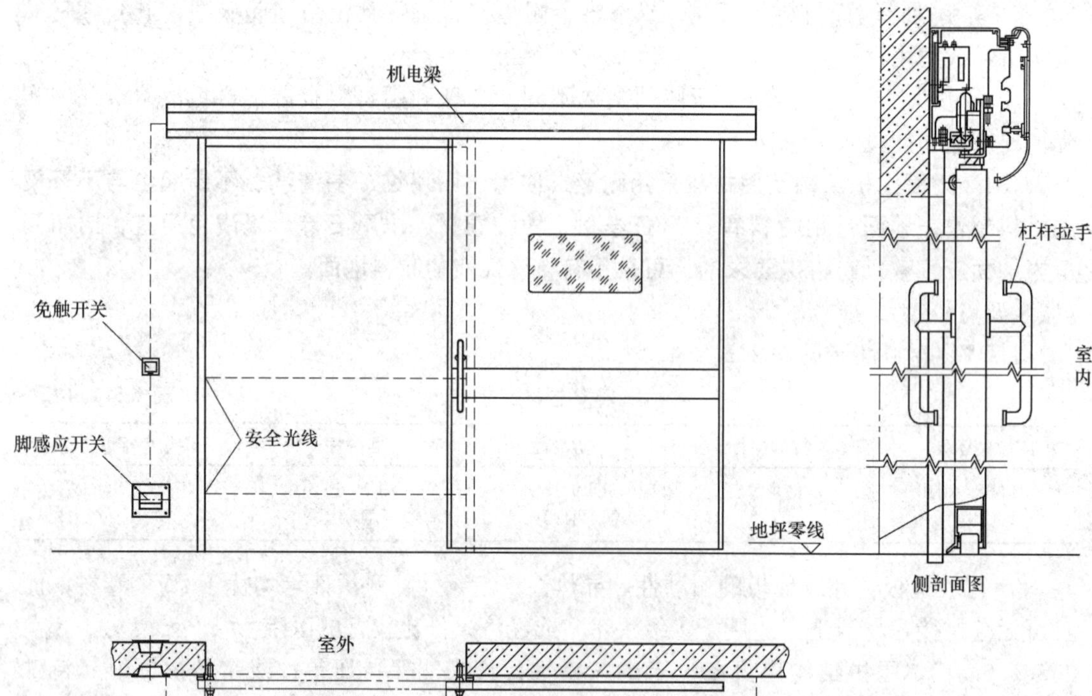

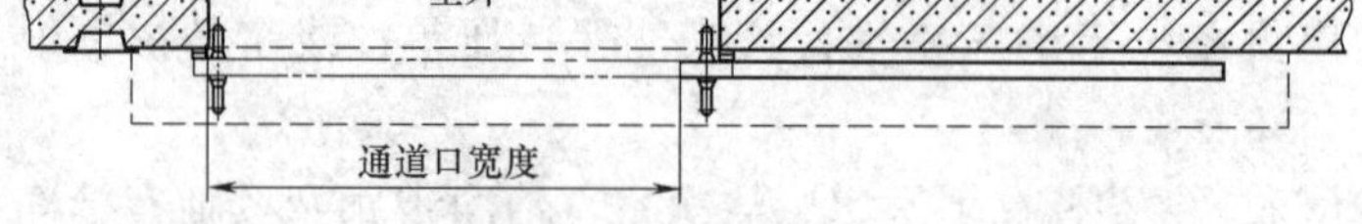

图 2.5.1.5-1　手术室自动门

(5) 考虑到装修风格或者美观等因素，也可把自动门做嵌入式安装，见图 2.5.1.5-2。

2. 洁净区与非洁净区的阻隔

(1) 为更好地实现自动门的气密效果，建议自动门安装在气压高的一侧。

(2) 可以采用图 2.5.1.5-3 中气密式推拉平移自动门。

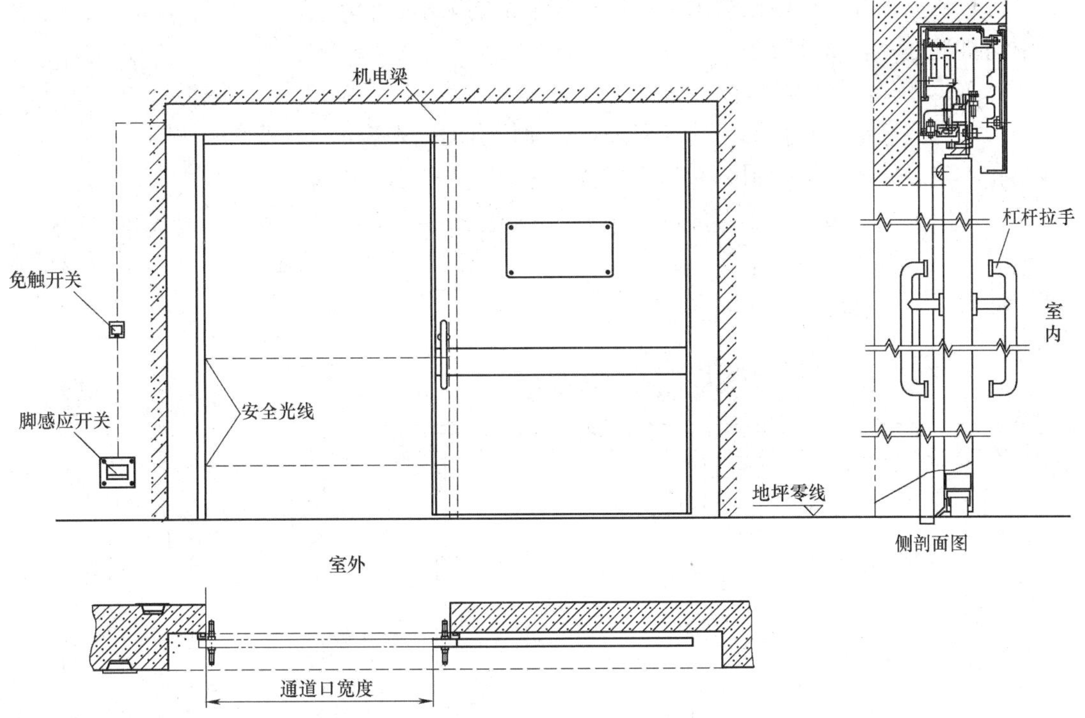

图 2.5.1.5-2　嵌入式手术室自动门

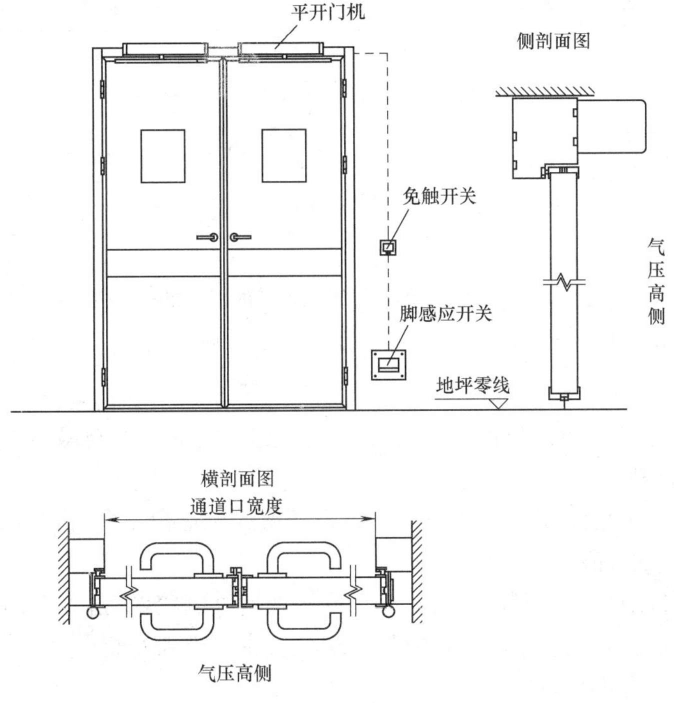

图 2.5.1.5-3　气密式推拉平移自动门

（3）自动平开门也可以适用于这种空气隔绝要求不高的场合，但要求门体四周及双开门中间拼缝处都有密封胶条。

3. ICU 病房气密玻璃自动门

（1）为更好地实现自动门的气密效果，建议自动门安装在气压高的一侧。

（2）安装方式方法同图 2.5.1.5-4 中气密式推拉平移自动门。

（3）出于同样考虑，也需配备 2.5.1.5-4 中的探测光眼、脚感应开关、免触开关。

（4）出于保障病人一定的私密性，可以考虑使用调光玻璃，病人和医护人员可以控制玻璃透光与否。

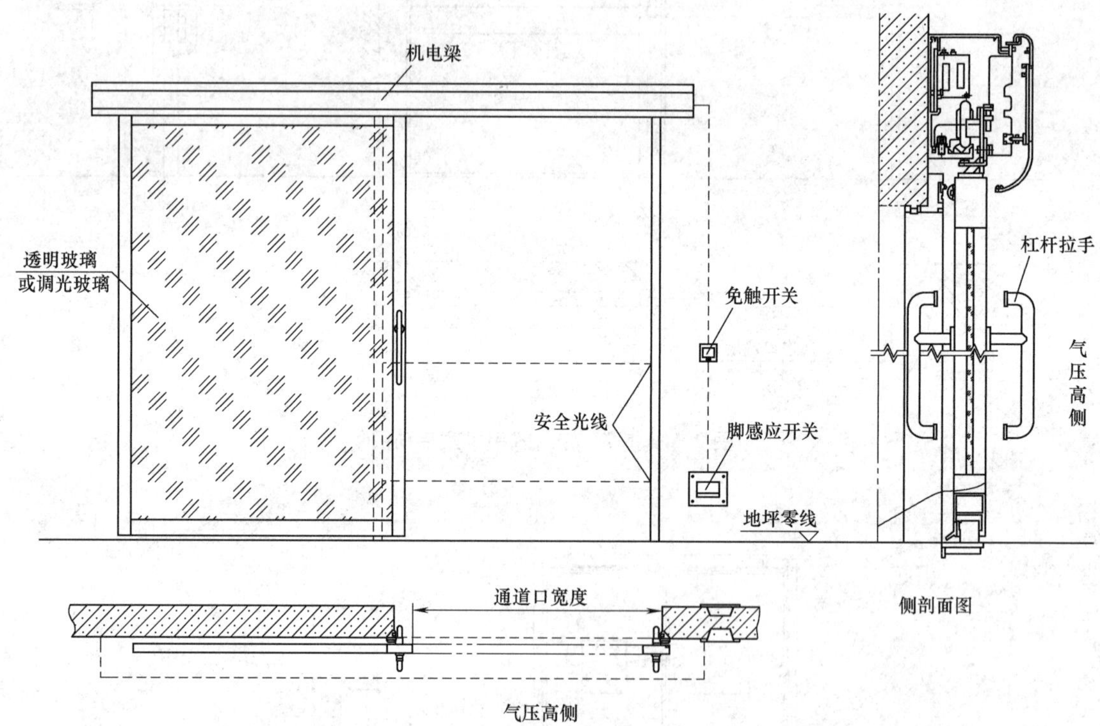

图 2.5.1.5-4　ICU 病房气密式推拉平移自动门

4. 防辐射自动门

（1）自动门对 X 射线的防护主要方法是在门体、门框、门洞墙体被衬相应当量的铅板（见图 2.5.1.5-5）。

（2）铅板的当量与设备 X 射线放射量、设备摆放方位角度和离门的远近等因素有关，具体需依据现场情况确定。

（3）为了更好地防护辐射，建议自动门安装在室外侧较妥当。特殊手术室需要用铅防护气密自动门的话，若辐射量不大，应优先保证气密要求来安装。室内与室外安装对于门体和门框的衬铅位置略有不同。

（4）防辐射自动门若需要开窗，一定选用同当量及以上当量的铅玻璃作为视窗。

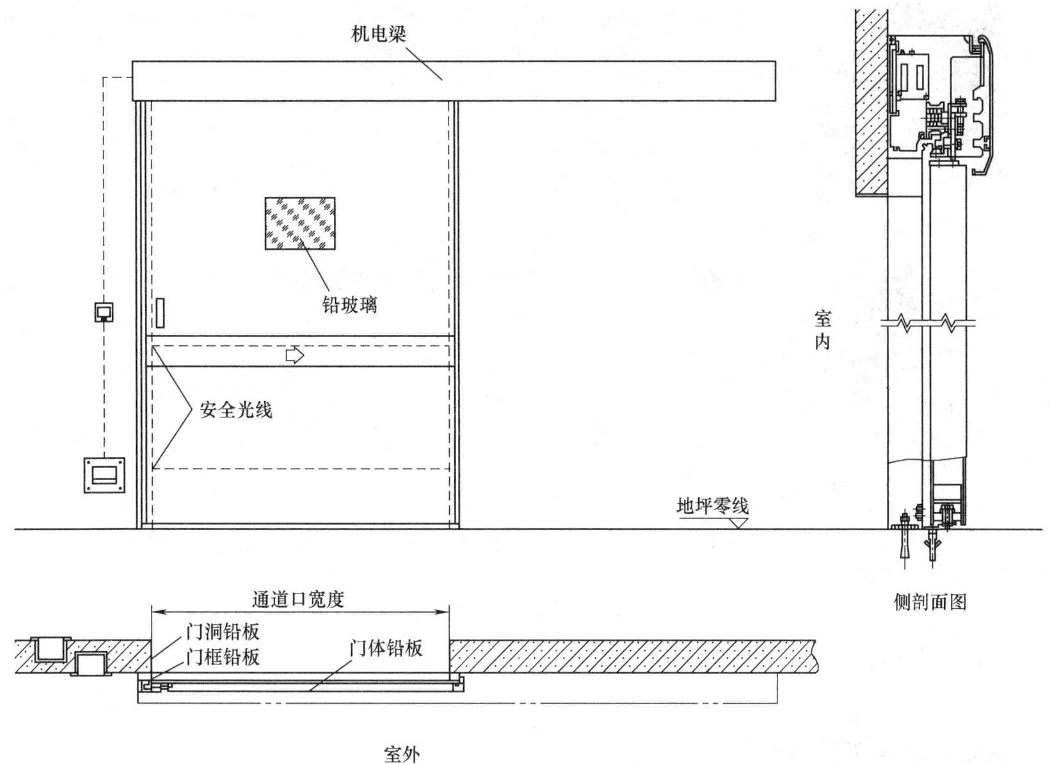

图 2.5.1.5-5　防辐射自动门

2.5.1.6　洁净用房嵌入式柜体或器具表面应与墙面齐平。

【技术要点】

1. 室内装修嵌入式柜体或器具是指洁净室内嵌入到墙体部分的装修用具，如手术室内的麻醉柜、器械柜、药品柜、医用气体面盘、组合式插座箱、多功能控制柜、回风口等。

2. 嵌入式柜体或器具，建议采用防撞、耐腐、便于清洗消毒的材质，可采用不锈钢板，厚度不低于 1.5mm，亦可采用复合非金属板材，全部嵌入式柜体或器具应采用标准化工艺，与墙板尺寸对等，满足实际使用及安装要求。

本章作者简介

周恒瑾：原北京协和医院基建处长，从事医院基本建设管理工作 18 年。

陈琳炜：中级工程师，鑫吉海医疗副总经理，曾在德国学习研发手术室模块化设计及信息化管理。

李荔：宁波欧尼克科技有限公司技术副总，高级工程师。

曾建斌：宁波欧尼克科技有限公司技术部经理，高级工程师。

朱文华：铭铉实业有限公司董事长、铭铉（江西）医疗净化科技有限公司总经理、铭铉国际（香港）有限公司董事长。

尤荣念：同济环境科技集团（深圳）有限公司公司董事，深圳市洁净行业协会常务副会长。

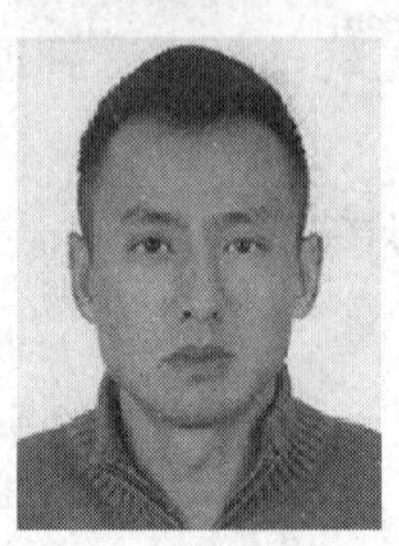

李海平：广州市锐博新材料有限公司总经理。

第 6 章　装配式洁净工程

沈崇德　张鑫　马兆勇　陈汉青

第 1 节　概　　念

2.6.1.1　装配式洁净工程是将工程所需构件按照洁净要求进行标准化、规格化、模块化，进行工厂工业化生产，到现场进行装配、连接，实现洁净要求的洁净室。

【技术要点】

装配式洁净工程将工程转化为了产品，具备了“工业定制生产、现场快速拼装、空间功能可变、绿色环保节能、成本投入节约”五大特点。

1. 工程建造转化为以集成体的形式组装完成，采用模数化、模块化、标准化设计，确保洁净空间的建造和使用质量得到安全保证。

2. 相对于传统洁净工程现场安装的模式，具有质量稳定且可控、品质普遍较高、施工周期短、施工交叉、施工成本低、施工环境优、升级换代易、智能化程度较高的优点。洁净室升级简单便捷，升级期间一般不影响周边单元使用。

3. 每一个功能单元可使空气尘埃粒子、细菌浓度、风压、风速、温度、湿度、噪声等涉及卫生学、空气净化技术等一系列微观参数，都能充分满足现代洁净空间的需要。

第 2 节　装配式洁净工程构成与装配要点

2.6.2.1　装配式洁净工程主要由围护结构、净化系统、配套设施三部分构成。

【技术要点】

1. 围护结构是以装配式铝合金型材为框架及复合面板组成的气密封顶墙面和导电地板胶组成的空间。

2. 净化系统由净化送风天花、净化空气处理机及送回风管路、空气调节系统等组成。

3. 配套设施根据不同的洁净用房有不同的配套内容，主要包括电动感应气密门、内嵌式不锈钢器械柜、内嵌式观片灯、内嵌式保温及保冷柜、内嵌式控制面板、医用气体输出口、内嵌式电源组模块、相关控制系统和配套软件等。其中洁净手术室基本设施包括吊塔、无影灯、手术床、麻醉气体排放装置、保温柜、保冷柜、漏电检测保护装置和呼叫对讲、背景音乐等弱电系统、多媒体系统等。

4. 不同装饰面层材料主要性能存在较大差异，如表 2.6.2.1 所示。

装配式洁净工程不同装饰面层材料比较 表2.6.2.1

序号	用材名称	本体防锈性	表面抗划性	表面抗撞性	板材边的防撞性	防火性能	整体总量
1	不锈钢面整装模块板	好	一般	好	好	好	较重
2	电解钢板整装模块板	较好	一般	好	好	好	较重
3	PET整装模块板	好	较好	好	好	好	较重
4	无机预涂整装模块板	好	一般	一般	差	好	重
5	医用洁净树脂板整装模块板	好	好	好	好	较好	轻
6	玻璃整装模块板	好	好	较好	好	好	重

2.6.2.2 装配式洁净工程的构件和设施应满足相关洁净空间的技术要求。

【技术要点】

1. 基本要求：①应满足功能区域的医疗工艺要求，实现应有的功能；②应满足洁净工程相关的技术标准和验收标准；③可根据用户要求灵活调整相关配套装置位置，例如风口位置、气体面板、电路接口及柜体等；④围护结构和配套设施应实现标准化、模块化、一体化、集成化，构件应具有多元化的品规，具有一定灵活性；⑤工厂化生产，现场模块组装，以定制的框架为支撑，将复合板和相关装置装配构成吊顶、墙体、地板等，形成自成一体、可拆装调整的围护结构。

2. 围护结构框架要求：①框架应预成并力争产品化，并可灵活装配；②框架变形量要符合国家标准；③保证足够的强度和刚性，表面处理应满足相关要求。

3. 围护复合面板要求：①复合板的表面应符合现行国家标准《洁净室及相关受控环境 围护结构夹芯板应用技术指南》GB/T 29468的要求；②基板宜为金属或树脂板材，基材应选用不燃性能为A级的不燃材料；③用作外墙和吊顶时，在使用过程中表面不应产生冷桥和结露现象；④应适应放射防护、电磁屏蔽等特殊要求，围护模块应适应性的一体化定制预成。

4. 连接与转接件要求：①围护结构用的转接件与连接件应有足够的可靠性与承载力；②墙与顶、墙与墙、顶与顶之间的交接处应有合理的结构，保证密封，防止开裂；③易于拆卸和恢复，以便于进行清洁、检查和试验，所有可拆卸的连接件在拆卸后应易于用手工连接和紧固。

5. 密封件的要求：①拼缝一般采用嵌入式材料密封，密封材料烟气毒性的安全级别不低于《材料产烟毒性危险分级》GB 20285—2006规定的ZA2级；具有离火自熄性，自熄时间不大于5s；②围护结构间的缝隙和在围护结构上固定、穿越形成的缝隙，各种管路、线路与围护结构的接口应密封；③门与门框、柜体、控制复合板等之间的密封应符合《洁净室施工及验收规范》GB 50591—2010的相关要求；④密封胶条公差为±0.3mm，收缩率：≤0.5%。具备弹性回复能力。

2.6.2.3 围护结构材质在防火、耐腐蚀等方面的性能应满足相关规范要求。

【技术要点】

1. 抗弯承载力：隔墙用复合板材挠度一般应达到$L_o/250$（L_o为支座间的间距）时，复合板材的抗弯承载力一般应不小于0.5kN/m²；吊顶用复合板材挠度一般应达到$L_o/$

250（L_0为支座间的间距）时，复合板材的抗弯承载力应不小于1.2kN/m^2；作承重构件用的快速集成拼装式框架抗弯承载力应符合有关结构的设计规范的规定。

2. 耐火极限：用于洁净室及相关受控环境围护结构的外墙、疏散走廊以及洁净与非洁净区的墙板以及洁净室的吊顶板时，其耐火极限应符合《洁净厂房设计规范》GB 50073—2001的规定，时间应不小于60min；用于洁净室及相关受控环境围护结构的内墙板时其耐火极限应不小于24min。

3. 不燃性能：复合板、框架应为不燃材料（包括芯材），其燃烧性能应符合《建筑材料不燃性试验方法》GB/T 5464—2010中对不燃材料的试验要求。同时，还应符合《建筑材料及制品燃烧性能分级》GB/T 8624—2012中规定的B1级的要求。

4. 安全性能（产烟毒性）：复合板材、框架应符合《材料产烟毒性危险分级》GB/T 20285—2006中规定的安全AQ1级（安全一级）的要求；在减少非热损毁方面，还应符合国际标准《洁净室材料可燃性测试标准》ANSI/FMRC FM 4910：2004中规定的烟尘损害指数SDI≤0.4(m/s$^{1/2}$)/(kW/m)$^{2/3}$的要求。

5. 抗腐蚀性能要求：围护结构所用材料应足够抗腐蚀。所有材料应能承受在携带或置于规定条件下测试，经试验处理后，复合板应良好，无变色。

6. 抗紫外线辐射性能：围护结构所用材料应足够抗紫外线辐射。所有材料应能承受规定条件的紫外辐射照射，经试验处理后，复合板应良好，无变色。

7. 耐渗透性：围护结构所用材料应能耐受制造商推荐的清洗剂和消毒剂，在清洗和消毒后，复合板表面应良好，无变色，无明显损伤。

第3节 装配式洁净工程的实施

2.6.3.1 装配式洁净工程的实施一般包括项目前期阶段、实施阶段和运维阶段。

【技术要点】

装配式洁净工程项目前期阶段重点是医疗策划、设计任务编制、设计推进、招投标相关工作。

（1）医疗策划主要是医院方进行战略规划、学科规划、功能定位的过程，确定洁净工程的建设目标、功能、规模、业务流程。

（2）设计任务编制主要是设计需求调研、设计原则确定以及不同类型洁净工程的功能、规模、用房数量、流程、医疗工艺条件等。

（3）设计推进包括概念设计、初步设计和施工图设计。设计深度应满足相关设计规范要求，设计标准应满足不同洁净空间的医疗工艺要求和专项规范要求（例如洁净手术部相关规范），设计内容应适应装配式洁净工程的特点和安装要求。

（4）招投标相关工作包括工程量清单编制、造价控制和标书编制和招投标组织工作。

2.6.3.2 项目实施阶段的重点是施工工艺控制和施工的组织管理和项目验收。

【技术要点】

1. 施工组织：①设计工程师应该按每种材料的尺幅进行排版设计，有了初稿排版图后，工程师应到现场指导施工人员放线，并进行尺寸校核，重新生成排版图，此图是生产下单的依据。②由设计工程师或材料预算员根据此排版图进行材料预算下单，装配式整装模块化生产厂家根据此单进行模块化结构的生产。③合格产品经包装运输到现场，现场施工员根据工程师给的排版图进行顺序组装。组装时应详细了解产品特性和组装工艺文件书。④安装完成的结构表面应注意成品保护，表面的保护膜应到各专业工作均已完成后去除，但应注意保护膜的有效期，以免长期暴露无法顺利去除。

2. 施工工艺控制涉及生产与现场安装两个环节。施工企业应有相应的生产标准、质量控制标准和实施规范。

3. 围护结构的组装与安装：安装中尺寸的允许偏差应符合相关国家标准的规定；围护结构中，复合板和框架须可靠连接；框架应符合有关结构的施工验收规范的规定；墙板和吊顶板在安装之前应对板材的材料、品种、规格尺寸、性能进行检查，核实是否能满足设计要求；必要时对抽样进行性能测试（耐火性、安全无毒性、抗弯强度、变形量等性能）；墙板安装应垂直，吊顶板安装应水平，板面平整，位置正确；吊顶板和墙板的板缝应均匀一致，板缝的间隙误差应不大于0.5 mm，板缝应用密封胶条均匀密封，密封处应平整、光滑、略高于板面；与门窗、柜体、各种接口及其相关装置的衔接处要平整（高差±1mm）、不产尘且密封。

4. 项目验收重在项目的过程检查验收，其中装饰结构板安装应符合表2.6.3.2。

装配式洁净工程装饰结构板安装验收要求　　**表2.6.3.2**

检查项目	允许偏差
竖缝及墙面垂直度	1.5mm
立墙面垂直度	1.5mm
接缝直线度	1.0mm
两相邻板之间高低差	0.5mm

5. 竣工验收重在功能性验收、综合性能验收和整体环保验收。功能性验收主要为：各设施设备是否满足使用功能要求，是否达到医疗需求；综合性能验收主要为净化指标是否满足标准规范的要求；整体环保验收主要为建成后的洁净房间内的甲醛、苯等有机挥发物是否满足要求。

2.6.3.3　项目运维与传统洁净工程项目基本相同，主要为净化空调部分、电气部分、医用气体部分、给水排水部分、装饰部分等的运行维护应符合相关规范要求。

本章作者简介

沈崇德：医学博士，硕士生导师，南京医科大学附属无锡市人民医院副院长。

张鑫：天津市龙川净化工程有限公司副总经理、营销部总经理。

马兆勇：高级工程师，从事整装模块化手术室设计、研发、生产制造。

陈汉青：无锡汉佳医疗科技有限公司董事长，并拥有多项高新科技专利，旗下创办多家公司。

第7章　医用洁净室的环境卫生安全装备

钟秀玲

第1节　概　　述

2.7.1.1　关于洁净手术室环境控制中的问题与对策。

【技术要点】

1. 洁净手术室定义：《医院洁净手术部建筑技术规范》GB 50333—2013 将洁净手术室（clean operating room）定义为：采用空气净化技术，把手术环境空气中的微生物粒子及微粒总量降到允许水平的手术室。

2. 洁净手术室使用中存在的问题：原国家卫生部、建设部提出的洁净手术部的建设标准（GB 50333—2002），目的是满足手术环境的洁净要求，该标准已实施10年，确实改变了手术室的面貌，对降低手术切口感染起到了积极的控制作用。但是，在执行过程也存在一些问题，盲目追高净化级别，对相关受控环境不控制：

(1) 清洁卫生及卫生工具不到位，洁具不洁，脱絮，再污染；

(2) 进入洁净室人员不控制，不穿洁净服，导致洁净手术室棉尘污染和手术衣、铺单血液透印微生物双向污染；

(3) 电外科的操作不正规，导致有毒的气体不能及时排出，严重影响洁净室的洁净度，产生有毒气溶胶不防护，危害病人与手术中的医护身心健康，增加手术中双向感染的风险。

2.7.1.2　关于洁净手术室的环境卫生。

【技术要点】

1. 洁净手术室不是保险箱，不是做了洁净手术室就可以高枕无忧了，还需要更加严格的管理，针对手术室环境卫生等相关受控环境采取有效措施，更好地落实世界卫生组织的“清洁卫生更安全”这一基础而重要的内容，保证洁净手术室的净化，实现手术安全。

2. 盲目追高净化级别或不按照标准施工，错误理解或导向，专门为垃圾建通道，使手术室外走廊（阳光明媚的空间给了垃圾，浪费了上天给人类的阳光，不环保，不人性!）成了污染物品的暂存、清点场所，导致不能及时清除污染源，形成真正的污染源，使得高付出的净化手术室再次污染。

3. GB 50333—2013 再次明确洁净手术室的布局流程及“洁污分明”的原则，根据条件，可以单通道、双通道、多通道、洁净中心岛或带前室等设计，保证无菌物品不污染的原则可建洁净中心岛型通道，明确了垃圾就地打包转运等规定，确保手术环境安全。

4. 流程上要做到洁污分明，在布置上、流程上给出规划。洁污分明是一切路线、操作都是明确的、可行的，符合无菌操作流程，但不等同于截然分开的“分流”（有隔离要求的除外）。操作上要做到符合无菌技术操作要求。

2.7.1.3　应克服洁净手术室内棉尘污染。

【技术要点】

1. 使用棉绒材料的清洁工具进行洁净室清洁，穿着棉纺织的手术衣，使用棉布的手术铺单，棉布的包装材料，这些因素导致手术室棉絮、灰尘粒子超标，回风口阻塞，使手术过程环境洁净度控制失败，导致眼科病人手术后 8 个人 12 只眼睛发生眼炎的事件发生。

2. 回风口及室内物体表面棉絮堆积并随着送风路径再次扬起或阻塞回风口，影响高级别手术室的净化效果，甚至导致二次污染。

3.《医院洁净手术部建筑技术规范》GB 50333—2013 规定回风口至少要加装中效过滤器，减少回风污染，降低运行成本，确保安全。同时要落实现行医药行业标准《病人、医护人员和器械用手术单、手术衣和洁净服　第 7 部分：洁净度　微生物试验方法》YY/T 0506.7，采取减少人手术室的人数及活动等综合措施，降低洁净手术室内棉尘污染。

2.7.1.4　微粒是术后肉芽肿及腹膜结节生成的重要因素。

【技术要点】

1. 微尘与颗粒污染物导致术后并发症的报道可追溯到 20 世纪 40 年代，主要包括：腹痛、粘连、肉芽肿、植入关节周边骨质溶解、植入组织松动甚至失效等。一般认为，粘连的产生源于腹膜对手术创伤、组织缺血以及异物微粒侵入三个主要因素所进行的自身修复反应。而动物实验表明，剖腹手术中异物导致的腹膜粘连的可能性比组织缺血、肠道操作损伤等还要高。大量研究表明，手术过程中因手术操作进入患者腹腔和伤口的细微异物颗粒与术后腹腔内肉芽肿及腹膜结节的生成有密切联系。

2. Tinker 等人曾利用动物实验较为详细地描述了大鼠腹腔内引入细微异物颗粒后肉芽肿的形成过程：异物颗粒植入 24h 后，显微镜下检测就发现所植入异物颗粒漂浮于水肿液中并伴有多核白细胞出现；5d 后，大量的纤维蛋白及多核白细胞出现并被颗粒组织所包绕；9d 后，巨细胞出现，吞噬异物颗粒后的肉芽肿非干酪化病灶形成；13d 后间质性纤维化出现。1991～1993 年间，鹿特丹大学附属医院等四所欧洲医院对曾接受腹部手术的超过 400 例患者进行临床调研。结果表明，约有 25%的患者在手术缝合处发现了肉芽肿，而上次腹部手术人员采用有粉手套的 39 例病患中，约 5%在腹腔内发现了淀粉样肉芽肿。相关医疗记录显示，缝合处发现肉芽肿的患者不得不再次接受手术治疗。

3. 在大型骨科手术如全髋关节置换术中，仍有 13%的患者在术后出现了植入假体周围骨质溶解和异物颗粒导致的肉芽肿特征并充满异物颗粒巨细胞。

2.7.1.5　关于微生物与手术部位感染。

【技术要点】

1. 据世界卫生组织调查，手术室空气中的含菌量与手术部位感染的发生率呈正相关，浮游菌总数达 700～1800cfu/m^3 时，则感染率明显增高；若降至 180cfu/m^3 以下，则感染的危险性就大为降低。

2. 骨科手术术后，一半的手术衣外层带菌，使用一次性手术衣和铺巾的术后感染率明显低于使用棉布手术衣和铺巾系统。使用棉布组伤口感染是使用一次性组的 2.5 倍。

3. 手术铺单的防水性能要求：手术衣和手术铺单应有良好的隔水性能（例如，防液体渗透的材料），AAMI 保护性屏障委员会建立了液体屏障性能分级系统，根据这一系统对医疗环境中使用手术衣和手术盖单提出了最低要求：

(1) 外科盖单的目的是要创造手术时的无菌环境；

(2) 无菌环境的营造以无菌的盖单铺垫出无菌的表面，此表面用以放置手术必要的无菌器械及术者戴了无菌手套的手；

(3) 病人与临近的病床区域均以无菌盖单覆盖，只留下以消毒过的外科切口与邻近区；

(4) 盖单材质的要求防止微生物在无菌区域和非无菌区域转移；

(5) 结构疏松的纺织材料更容易让微生物穿透；

(6) 盖单的材质必须能有效阻挡微生物由非无菌区到无菌区；

(7) 为达效果，盖单材质必须使用防血、防水、防磨损及不产棉绒的材料；

(8) 能维持恒温环境，进而保持病人体温；

(9) 盖单材质必须能在手术间静电情况下具有防止着火的功能；

(10) 为了要达到灭菌，通常以气体（gas）或压力蒸气（steam under pressure）灭菌，因此盖单材质必须能通过气体或压力蒸汽才行。

2.7.1.6　关于手术使用的盖单

【技术要点】

1. 一次使用的手术盖单

(1) 防止细菌与液体的穿透；

(2) 完美手术盖单的条件为柔软、无棉绒、重量轻、坚实不透潮、无刺激性及静电；

(3) 轻而坚实可以防止热囤积，便于贮存，节省贮存空间；

(4) 单次使用的手术盖单可减少重复使用及洗消时可能造成的污染问题，但是需要焚烧处理，不环保；

(5) 一次性手术衣和手术洞巾的特性：面料种类不同，产生微粒不同。

新型功能性材料长纤聚酯纤维则产尘落絮最少，可重复使用，要环保。

2. 关于可重复使用的手术盖单

(1) 可重复使用的手术盖单最重要的是在手术正常使用下能确保在手术时液体不会渗漏，起到切口保护作用。2015 年国家食品药品监督局发布的医疗器械分类判定表中，手术器械目录将手术衣、手术盖单等定为 2 类医疗器械。

(2) 手术盖单在清洗消毒的过程中，纤维会经历涨缩，重复清洗会伤到纤维。大部分手术盖单的说明书都认定 75 次的洗涤和消毒将会使手术盖单失去阻隔功能，医院必须监控这些手术盖单清洗消毒的次数，才符合品管要求。

(3) 手术衣和消毒盖单应做到以下几点：减少微粒产生来源，尽量减少或不使用棉绒布，使用无粉尘手套，进入手术室穿着洁净服及手术盖单应符合现行行业标准 YY/T 0506.7 的要求及采取进入人数控制，限制其活动等措施。

(4) 适当地阻隔微生物、微粒物质和液体屏障，湿态时亦能提供有效屏障。

(5) 新型长纤聚酯纤维具有高强度、不断絮、不脱尘、防尘阻菌、静电消散、可降低粉尘吸附与对电子仪器的干扰、抗泼水、止滑效果好、棉质手感、柔软且透气性佳、可耐多次高温清洗及压力蒸汽灭菌等特性，符合 YY/T 0506 的规定，是取代棉和一次性用品的材料，作为洁净服、手术衣和手术盖单等二类医疗器械原材料值得推荐。

2.7.1.7　电外科的气溶胶环境污染与防护应成为重要环境目标。

【技术要点】

1. 电外科设备已成为外科手术必备的工具之一，主要包括高频电刀（单极、双极）、大血管闭合系统、氩气刀、水刀、射频刀、超声刀等，但由于电外科设备在使用中形成的电磁场效应是一种看不见摸不着的物质，在实际使用中会存在一定的安全风险，因此在国家医疗设备管理目录中，将其归属于“三类”高风险医疗设备。

2. 在使用中必须符合国际电工委员会、国家相关标准以及厂家的要求和建议等，以保证临床使用中的安全，避免相关事故的发生。

3. 电外科设备已经成为各类外科手术室的必须设备，且超过 85%的外科手术会利用到电外科设备进行外科手术的治疗。在使用电外科设备进行手术时，或多或少地会出现手术烟雾，根据美国职业安全与健康管理署（OSHA）的资料统计，美国每年有多达 50 余万医护人员暴露在手术室烟雾中，其中包括外科医生、麻醉医生、护士和其他工作人员。对手术室烟雾的防范已引起医疗领域管理者和手术室工作人员的高度重视。

4. 为了确保医务人员和患者的健康安全，有效的防护措施是设置合理烟雾抽排设施与阻止烟雾吸入。

2.7.1.8　相关受控环境均需要控制，以实现全面控制。

【技术要点】

1. 美国 2011～2014 年的最新研究表明，手术室空气中的微生物可成为导致手术部位感染致病菌的重要来源。高效空气过滤器（HEPA）可提供最好的环境（SDC-9）。

2. 影响手术室中空气污染的因素很多，若不控制则影响手术室空气的洁净度，如：

（1）进入洁净室不穿洁净服；

（2）对室内的温湿度调节控制不及时或失败；

（3）供应空气的质量，空气交换的频率；

（4）手术室中的人数，手术室工作人员的走动，人体每天有将近 100 万含各种微生物的皮肤鳞片从正常皮肤上脱落!

3. 导致手术部位感染的微生物来源是患者自身的微生物占 50%，来源于手术者的微生物占 35%。

4. 病人手术部位的盖单和工作人员服装的质量，是否能有效屏蔽微生物是双向防护的根本，是降低手术部位感染、减少职业感染的关键。

5. 手术环境的清洁过程的质量，如卫生方式、工具的材质、处理过程等其相关的受控条件及感染控制的水平等决定了洁净手术室的净化效果，因此，加强相关环节的控制，综合治理才是王道。

第 2 节　洁净手术室的环境卫生

2.7.2.1　洁净手术室环境卫生管理的基本原则是实现过程控制，既能除菌又能除尘，无副作用，保持室内净化，把手术环境空气中的微生物粒子及微粒总量降到允许水平。

【技术要点】

1. 采用空气净化技术实现过程控制。

2. 为更有效、节能，采用局部净化，确实保证手术间送风的洁净、无菌、无尘并且采用合理的气流组织形式，集中布置送风过滤器覆盖手术区域的置换通风模式，上送下回，把握气流方向。

3. 强调主体环境与相关环境都要受控，如前室、走廊、人的更衣、行走、环境卫生、卫生工具及卫生方式等活动等都处在受控状态，称为全面控制同时关键点控制。

2.7.2.2　医用洁净手术室的环境卫生管理应清洁与消毒并重。

【技术要点】

1. 依据《医疗机构环境表面清洁与消毒管理规范》WS/T 512—2016 对高风险手术环境和物体表面清洁擦拭规定的标准操作流程（SOP）有效清洁，适度消毒。

2. 清洁与消毒原则：

（1）应根据环境感染危险度类别和卫生等级管理要求选择清洁卫生的方法、强度、频率，以及相应的清洁用具和制剂。

（2）推荐采取清洁用具颜色编码，红色——卫生盥洗室，黄色——手术间（患者单元），蓝色——公共区域。

（3）环境清洁卫生实践，应采取湿式卫生清洁的方式。

（4）清洁手术区域时，应按由上而下、由洁到污的顺序进行。遵循先清洁、再消毒的原则。

（5）清洁剂使用应遵守产品使用说明书要求的应用浓度，应根据应用对象和污染物特点选择不同类型的清洁剂，推荐卫生盥洗间采用酸性清洁剂，手术区设备和家具表面采用中性清洁剂，有严重污染的表面采用碱性清洁剂。应用中应关注与清洁对象的兼容性。

（6）环境和物体表面清洁擦拭应规范、有效清洁，杜绝清洁盲区（点）；严禁将使用（污染）后的抹布、地巾（拖把）“二次浸泡”至清洁/消毒溶液中。

（7）一旦发生患者血液、体液、排泄物、分泌物等污染时，应采取清洁/消毒措施；被大量（≥10mL）患者血液、体液等污染时，应先采用可吸湿性材料清除污染物，再实施清洁和消毒措施。

（8）不推荐采用高水平消毒剂对环境和物体表面进行常规消毒；不推荐常规采用的化学消毒剂对环境进行喷洒消毒。

（9）对频繁接触、易污染的表面可采用清洁—消毒一步法；对于难清洁或不宜频繁擦拭的表面，采取屏障保护措施，推荐采用铝箔、塑料薄膜等覆盖物，“一用一换”，或“一用一清洁/消毒”，使用后的废弃屏障物按医疗废物处置。

（10）实施日常清洁与消毒的人员应按要求、按标准预防的原则做好个人防护

（11）应定期、不定期对日常清洁与消毒工作开展质量考评，方法及标准参见《医疗机构环境表面清洁与消毒管理规范》WS/T 512—2016 附件 2。

（12）每间手术室在手术前，手术后进行清洁，有污染时应在清洁的基础上进行消毒；连续做 10 台手术后应严格实施终末清洁（彻底的全面清洁）与消毒的原则。

（13）应规定清洁与消毒的标准化操作规程（SOP）工作流程、清洁/消毒时间和频次、使用的清洁剂/消毒剂名称、配制浓度、作用时间，以及清洁剂/消毒剂应用液更换的空间和时间等。

2.7.2.3　应有感染暴发的强化清洁与消毒措施。

【技术要点】

1. 应制定医院感染暴发或疑似暴发时的环境清洁消毒应急预案。规定感染暴发期间强化环境清洁/消毒的标准操作规程（SOP）。

2. 标准化操作规程（SOP）应规定清洁与消毒的工作流程、清洁/消毒时间和频次、使用的清洁剂/消毒剂名称、配制浓度、作用时间，以及清洁剂/消毒剂应用液更换的空间和时间等；明确医务人员与环境卫生服务人员的职责分工和工作区域划分。

3. 在标准预防的基础上严格遵守按疾病传播途径采取接触隔离、飞沫隔离和空气隔离等措施；做好随时清洁和消毒。

4. 医院感染暴发期间，强化清洁/消毒的人员应按标准预防及根据传播途径的要求做好个人防护。

5. 应及时开展对清洁与消毒工作质量的评估，尤其应关注易引发医院感染暴发的致病菌、耐药菌在环境和物体表面的污染程度与检出率。

2.7.2.4　清洁工具的复用处理必须有制度。

【技术要点】

1. 清洁工具的选择

(1) 推荐采用微细纤维材料的抹布和地巾（拖把头），推荐扁平脱卸式地巾（拖把见图2.7.2.4-1）；不宜使用传统固定式拖把。采用清洗机进行清洗，热消毒。

图2.7.2.4-1　微细纤维材料的抹布和地巾

（2）推荐采用洗地吸干机（见图2.7.2.4-2）对大面积地面实行清洁卫生。其配备两个水箱，用清洁的水箱水洗地面，随后用刮板将水刮起同时吸入另一水箱，工作结束将污水排入下水，实现快速清洗，若需去污或消毒，可在水箱内加入适当的去污剂或消毒剂．

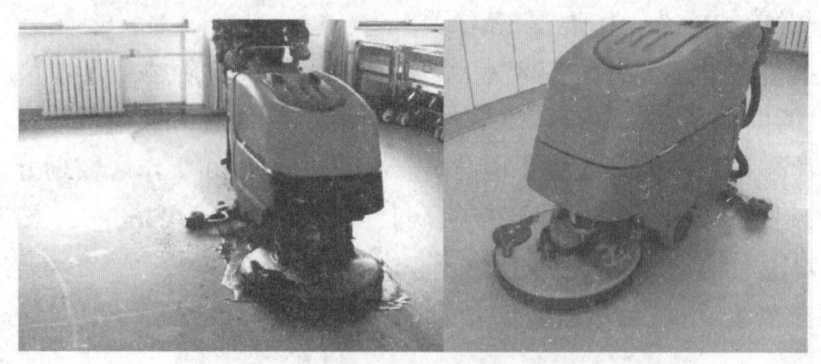

图2.7.2.4-2　洗地吸干机

2. 清洁工具的清洁与消毒

（1）推荐对复用的洁具（如抹布、地巾（拖把头）等）采取机械清洗、热力消毒、机械干燥、装箱备用。清洗机应具有热力消毒功能，（90℃，3～5min；或93℃，1～3min），拖布清洗消毒机和干燥设备，见图2.7.2.4-3。或是清洗、消毒、干燥一体机，实现高水平消毒自动完成，见图2.7.2.4-4。电脑控制，并可物理过程监控，打印物理监控结果，便于电脑及纸质留存。

图2.7.2.4-3　自动清洗消毒机和配套的干燥箱

图2.7.2.4-4　自动清洗消毒干燥机

（2）对塑料类洁具（如，水桶、拖把柄等）可采用含二氧化氯消毒剂或其他适宜消毒剂进行擦拭或浸泡消毒。

（3）对尚不具备机械清洗、消毒、干燥的单位，要求对抹布、地巾（拖把）分池流动水清洗，清洗用水池做到“一洗一消毒”（推荐采用二氧化氯消毒剂或其他适宜消毒剂擦拭或喷雾消毒）。抹布、地巾（拖把头）应充分干燥，备用。

（4）清洁用具的复用人员在复用处置中应按照标准预防的方法做好个人防护。

（5）对清洁用具的复用质量可参考《医院消毒卫生标准》GB 15982—2012进行抽检。

（6）应及时开展对清洁与消毒工作质量的评估，尤其应关注易引发医院感染暴发的致病菌、耐药菌在环境和物体表面的污染程度与检出率。

2.7.2.5 洁净手术室清洁卫生管理应制度化，明确专人负责。

【技术要点】

1. 洁净手术室应将环境清洁卫生工作纳入本单位的质量管理体系。全体医务人员都有责任参与、维护和监督本单位的环境清洁卫生工作。

2. 应建立健全环境清洁卫生工作的组织管理体系，明确各部门和人员的职责，建立和完善相关规章制度和操作规程。

3. 医院感染管理部门应参与环境清洁卫生质量的监督，并参与对环境卫生服务机构的人员开展的相关业务指导。

4. 总务后勤部门（或由单位指定的部门）应负责对环境卫生服务机构的监管；并协调与临床科室之间的工作任务分配。

5. 环境卫生服务机构（或单位内部承担部门）应建立完善的环境清洁卫生质量管理体系，建立健全质量管理文件、程序性文件和作业指导书，人员配置应当科学合理，实行全体人员上岗培训及考核制度，清洁人员应掌握医院感染预防与控制、清洁消毒基本原则及方法等基本知识，以满足医疗卫生机构质量管理和患者安全的基本要求。

6. 宜由护士负责手术室的手术设备仪器的日常清洁与消毒工作。

7. 环境卫生服务机构人员负责环境和家具表面的清洁与消毒，并在护士的指导下对手术室内设备仪器实行终末清洁和消毒工作。卫生洁具复用和储存条件等要符合要求。相关设施的建设和卫生洁具的配备应满足环境清洁卫生的需要。

2.7.2.6 应确定清洁消毒的频度。

【技术要点】

1. 清洁卫生清洁级卫生等级管理规定：在环境清洁卫生实践中，以采用清水清洁为主，必要时可采用清洁剂辅助清洁；清洁卫生频度>1次/d，必要时可以提高清洁频度。清洁级卫生管理标准达到区域内环境整洁、卫生、无异味。

2. 手术室高危险区，常规应每天术前当班护士对本台手术室环境、物表进行清洁；手术后再次对手术环境物表进行清洁；若发生血液、体液、排泄物、分泌物等污染时应清除污染，立即实施消毒，如污点的清洁/消毒。消毒级卫生管理标准应达到区域内环境和物体表面不得检出致病菌和耐药菌。一旦发生血液、体液、排泄物、分泌物等污染时应立即实施清洁/消毒。

3. 环境清洁卫生服务机构应根据委托单位的特点，实行动态管理，及时调整清洁卫生策略与程序；最大限度满足委托单位突发事件中的清洁/消毒需求；要求建立内部质量监控体系，及时发现问题，及时整改。接受委托单位的监管，保持与委托方沟通顺畅、互通有无。

4. 环境清洁卫生服务机构应根据承包单位环境感染危险度和环境卫生等级管理要求制定标准化操作规程（SOP），并获得委托方的认可方可实施。

5. 环境清洁卫生服务机构应及时了解国家及地方行政部门颁布的相关法律法规；鼓励开发和引进环境清洁/消毒的新技术、新方法；持续提高服务水平和质量。

6. 环境清洁卫生服务机构应为全体员工定期开展相关的法律法规、医院感染防控、业务技能和个人防护等方面的培训；实行新员工上岗前培训，考核合格方能上岗。相关的培训资料、师资教材、人员考试情况等应归档备查。

7. 环境清洁卫生服务机构应对其雇佣的员工实行人文关怀，开展定期健康体检，实行免费预防接种。建立健全劳动安全事故预防体系，一旦发生职业暴露事故应及时报告，并采取必要的处置措施与健康跟踪。

8. 环境清洁卫生服务机构使用的消毒产品应符合法规要求，取得相应的资质证明文件，并留档备查。

9. 使用后的手术衣、盖单应分类回收送相关部门（CSSD）专业洗涤、消毒、灭菌，监测合格后复用；废弃物按医疗废物处置后立即打包转运处理。

2.7.2.7　关于清洁消毒效果的检测方法。

【技术要点】

1. 目测法：采用格式化的现场检查表格，培训考核人员，统一考核评判方法与标准，以目测检查环境是否干净、干燥、无尘、无污垢、无碎屑、无异味等。

2. 化学法：

（1）荧光标记法：将荧光标记在邻近患者诊疗区域内高频接触的环境表面。在环境清洁服务人员实施清洁工作前预先标记，清洁后借助紫外线灯检查荧光标记是否被有效清除，计算有效的荧光标记清除率，考核环境清洁工作质量。

（2）荧光粉迹法：将荧光粉撒在邻近患者诊疗区域内高频接触的环境表面。在环境清洁服务人员实施清洁工作前预先标记，清洁后借助紫外线灯检查荧光粉是否被扩散，统计荧光粉扩散的处数，考核环境清洁工作“清洁单元”的依从性。

（3）ATP 法：按照 ATP 监测产品的使用说明书执行。记录监测表面的相对光单位值（RLU），考核环境表面清洁工作质量。

3. 微生物法：

（1）环境微生物考核方法参考现行国家标准《医院消毒卫生标准》GB 15982。

（2）清洁工具复用处理后的微生物考核指标，采样方法和评价方法应参考现行国家标准《医院消毒卫生标准》GB 15982 的相关规定。

2.7.2.8　关于环境表面常用消毒剂的选择。

【技术要点】

1. 如何选择表面消毒剂：杀菌谱广和杀菌速度快（3min 以下），有机物存在不影响杀菌效果，材料器械兼容性好、稳定性好，耐用性高，易于使用，无毒性，手套兼容性好，即安全、有效、环境友好的原则。

2. 美国环保局（EPA）注册的环境清洁消毒剂分类：

（1）季胺盐类：有清洁效果、无强烈气味、对人体毒害小、缺点消毒时间长（10min）、对细菌孢子无效，对无包膜病毒如诺沃克病毒无效，多用在地板的清洁消毒。

（2）含氯制剂：杀菌效果好，价格低；缺点是稀释后不稳定，清洁效果差，遇有机物失活，易损坏清洁物体表面，腐蚀金属制品，与其他化学试剂反应而产生有害气体，具有较强的异味，不利于病人和清洁人员，少用于日常清洁消毒，多用于控制疫情暴发。

（3）酒精类消毒剂：可杀细菌，高浓度（80%）可杀包膜病毒（HIV \ HBV），价格便宜。缺点：对真菌无效，易燃，易损坏清洁物体表面，清洁效果差，蛋白、血液变性难以清洁，EPA注册的没有单含酒精的消毒剂。季铵盐类加低浓度酒精类消毒剂，杀菌速度快2～3min，中效消毒剂（结核杆菌、细菌、真菌、病毒），清洁效果好，不含致癌物，物体表面兼容性好，无异味。缺点：对细菌孢子无效。是在美国使用最多的表面消毒剂。

（4）过氧化氢类消毒剂：杀菌效果好，对人体毒性小；缺点：价格高，清洁效果差，易损坏清洁物体表面。

（5）酚类消毒剂：稳定性好；缺点：有残留物，致癌，刺激皮肤，有异味。多用于地板清洁消毒。

3. 我国消毒技术规范将常用的消毒剂分为3个水平：

（1）高水平消毒剂：包括含氯消毒剂、二氧化氯、过氧乙酸、过氧化氢等，可以杀灭细菌繁殖体、结核杆菌、芽孢、真菌、亲脂类病毒（有包膜）、亲水类病毒（无包膜）。

① 含氯消毒剂：使用浓度（有效成分）为400～700mg/L，使用方法为擦拭、拖地，适用范围为细菌繁殖体、结核杆菌、真菌、亲脂类病毒；使用浓度（有效成分）为2000～5000mg/L，使用方法为擦拭、拖地，适用范围为所有细菌（含芽孢）、真菌、病毒。使用时注意含氯消毒剂对人体有刺激作用，对金属有腐蚀作用，对织物、皮草类有漂白作用，有机物污染对其杀菌效果影响很大。

② 二氧化氯：使用浓度（有效成分）为100～250mg/L，使用方法为擦拭、拖地，适用范围为细菌繁殖体、结核杆菌、真菌、亲脂类病毒；使用浓度（有效成分）为500～1000mg/L，使用方法为擦拭、拖地，适用范围为所有细菌（含芽孢）、真菌、病毒。使用时注意对金属有腐蚀作用；有机物污染对其杀菌效果影响很大。

③ 过氧乙酸：使用浓度（有效成分）为1000～2000mg/L，使用方法为擦拭，适用范围为所有细菌（含芽孢）、真菌、病毒。对人体有刺激作用，使用时注意对金属有腐蚀作用，对织物、皮草类有漂白作用。

④ 过氧化氢：使用浓度（有效成分）为3%，使用方法为擦拭，适用范围为所有细菌（含芽孢）、真菌、病毒。对人体有刺激作用；使用时注意对金属有腐蚀作用，对织物、皮草类有漂白作用。

自动化过氧化氢喷雾消毒器按产品说明使用，用于环境表面耐药菌等病原微生物的污染，注意有人情况下不得使用。

（2）中水平消毒剂：包括碘类、醇类、部分双长链季铵盐类等。

① 碘伏：使用浓度（有效成分）为0.2%～0.5%，使用方法为擦拭，适用范围为除芽孢外的细菌、真菌、病毒。主要用于采样瓶和部分医疗器械表面消毒；对二价金属制品有腐蚀性；不能用于硅胶导尿管消毒。

② 醇类：使用浓度（有效成分）为70%～80%，使用方法为擦拭，适用范围为细菌繁殖体、结核杆菌、真菌、亲脂类病毒。

（3）低水平消毒剂：季胺盐类（除部分双长链季铵盐类为中水平消毒剂），使用浓度（有效成分）为1000～2000mg/L，使用方法为擦拭、拖地，适用范围为细菌繁殖体、真菌、亲脂类病毒。注意不宜与阴离子表面活性剂如肥皂、洗衣粉等合用。

4. 其他：

（1）紫外线辐照：方法为照射，按产品说明使用，用于环境表面耐药菌等病原微生物的污染，注意有人情况下不得使用。

（2）消毒湿巾：依据病原微生物特点选择消毒剂，按产品说明使用，一般用于日常消毒；注意湿巾遇污染或擦拭时无水迹应丢弃。

（3）酸性氧化电位水：是一种新型的绿色环保消毒剂。将经过纯化处理的自来水中加入微量的氯化钠（NaCl 浓度小于 0.1%），在有离子隔膜的两室型电解槽中电解后，从阳极一侧得到的以次氯酸为主要有效成分的酸性水溶液称为“酸性氧化电位水”，在阴极一侧得到的碱性水溶液称为碱性氧化电位水，如图 2.7.2.8 所示。

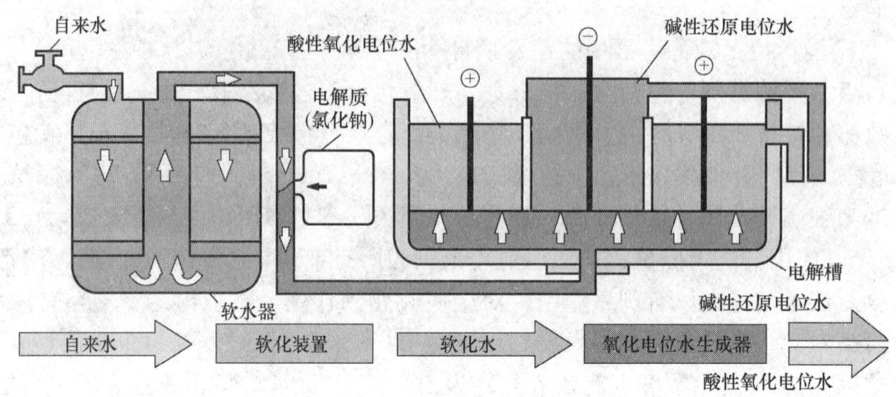

图 2.7.2.8　酸性氧化电位水生成原理

第 3 节　洁净手术环境的安全装备

2.7.3.1　洁净手术环境的安全装备与无菌屏障的建立。

【技术要点】

1. 手术过程中患者的血液可能会溅到医护人员的衣服和皮肤上，血液中的微生物都可能会导致医护人员感染。此外，通过被污染的衣服中的细菌传播也会导致医生和患者感染，所以建立一个环境——无菌屏障，防止手术中的微生物感染非常有必要。

2. 无菌屏障被定义为在手术切口与细菌可能来源之间进行阻隔的任何类型的材料。

3. 屏障的作用是阻止微生物传播到外科无菌区。防护服（包括无菌手术衣和帽子等）被普遍使用，用于阻隔细菌。

4. 传统可重复使用的手术衣大多数由纯棉纱织造，由于其不能很好地阻隔细菌，正逐渐被非织造布制成的一次性手术衣取代。

2.7.3.2　手术衣、刷手衣、白大褂和护士制服皆属于防护服类型。

【技术要点】

1. 防护服主要分为可重复使用或一次性使用。刷手衣、白大褂和护士制服往往是可重复使用的织物；而手术衣既包括可重复使用织物又包括一次性使用织物。

2. 可重复使用和一次性使用防护服的特点取决于纤维类型、织物组织结构和后整理过程，以此确保织物达到最佳的防护作用。

3. 可重复使用防护服：

（1）通常由纯棉、涤纶（聚酯）或棉和涤纶混纺，织造成平纹织物。平纹组织结构可使织物更加坚牢、舒适。

① 棉织物防护服：舒适、便于护理，缺点是防护性能较差。

（a）棉纤维是天然短纤维，纵向呈扁平的转曲带状，封闭的一端尖细，生长在棉籽上的一端较粗且敞口。棉纤维的横断面由许多同心层组成，呈腰圆形。腰圆形允许棉纤维随意地接触皮肤，尤其是穿戴者出汗时棉织物的舒适性更优于其他织物。

棉纤维由 90 多个纤维素聚合物构成（见图 2.7.3.2-1）。

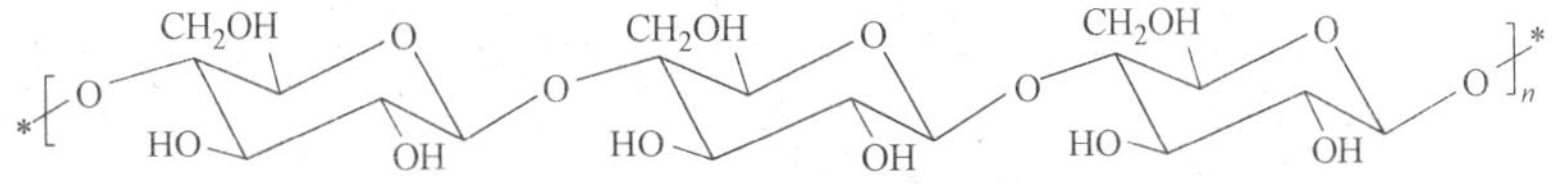

图 2.7.3.2-1　纤维素聚合物结构

棉纤维是一种坚固、耐用纤维，因为分子中有氢键作用，并且棉纤维具有高的结晶度。棉纤维有 65%～70%的结晶区和 30%～35%的非结晶区，结晶区纵向对齐，非晶区内有空隙或孔洞。大多数结晶区纤维相比非结晶区纤维往往更坚牢、耐用，且少吸附。棉纤维便于护理，因为它可以消毒处理而且不会破坏自身结构。

（b）棉织物防护服的缺点是在医护人员及病人阻隔细菌的渗透和传播过程中不能起到很好的防护作用。棉纤维分子结构中有许多羟基（OH），所以棉纤维具有吸水性，棉纤维可以从穿戴者的身体吸走汗水，提高织物舒适度。然而，水分子可以在纤维上释放静电，作为细菌载体并使细菌聚集。此外，当棉织物防护服溅到液体时，棉纤维的亲水性会使液体渗透或穿透织物（例如血液、体液）。

② 涤纶（聚酯）织物防护服：耐用，但舒适性较差。

（a）聚酯是合成纤维，通常是透明的白色或灰白色。聚酯纤维纵向是光滑、棒状结构，其横截面为圆形或三叶形。最常见的聚酯是聚对苯二甲酸乙二醇酯（PET），它由亚甲基、羰基、酯基和苯环相连接（见图 2.7.3.2-2）。

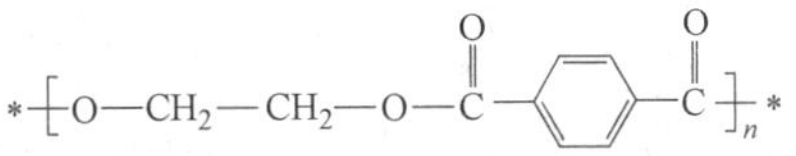

图 2.7.3.2-2　聚酯聚合物结构

（b）聚酯是一种高强纤维，其制成的防护服非常耐用。其聚合度（DP）范围从 115 到 140，由大约 35%的结晶区和 65%的非结晶区组成。虽然聚酯纤维结晶区小于棉纤维结晶区，但其非结晶定向排列，因此与大多数的晶区结构相似，非结晶定向排列使聚酯纤维非常耐用。

（c）聚酯纤维是光滑、棒状结构，会刺痒穿戴者的皮肤，而且聚酯纤维是一种疏水性纤维，即它含有非极性键，因此不吸水。如果穿戴者出汗，聚酯纤维的疏水性将无法吸汗或排除身体的水分，所以其穿着舒适性较差。此外，由于聚酯纤维的疏水性，如果服装被污染，将很难通过洗涤消除。

③ 涤棉混纺织物防护服：舒适、耐用。

涤纶和棉纤维混纺织物是防护服最常见的面料。主要用于刷手衣、白大褂和护士制服。涤棉混纺织物可结合棉纤维的舒适性和聚酯纤维耐用性的联合性能，比 100%纯棉织物更耐用，比100%聚酯织物吸水性更好。

4. 一次性使用防护服

(1) 一次性使用防护服主要应用于外科手术。

(2) 一次性防护服两个最常用纤维类型是木浆/聚酯纤维或烯烃纤维，通过改变纤维成分和粘接方法形成不同类型无纺布。

(3) 非织造布（无纺布）是最常用的一次性使用纺织品，通常是将纺织短纤维或长丝进行定向或随机撑列，通过挤压形成纤网结构，然后采用机械、热粘或化学等方法加固而成。

主要有以下几种类型：

① 水刺无纺布：水刺工艺是将高压微细水流喷射到一层或多层纤维网上，使纤维相互缠结在一起，从而使纤网得以加固而具备一定强力。

② 热粘合无纺布：热粘合无纺布是指在纤网中加入纤维状或粉状热熔粘合加固材料，纤网再经过加热熔融冷却加固成布。

③ 浆粕气流成网无纺布：气流成网无纺布又可称作无尘纸、干法造纸无纺布。它是采用气流成网技术将木浆纤维板开松成单纤维状态，然后用气流方法使纤维凝集在成网帘上，纤网再加固成布。

④ 湿法无纺布：湿法无纺布是将置于水介质中的纤维原料开松成单纤维，同时使不同纤维原料混合，制成纤维悬浮浆，悬浮浆输送到成网机构，纤维在湿态下成网再加固成布。

⑤ 纺粘无纺布：纺粘无纺布是在聚合物已被挤出、拉伸而形成连续长丝后，长丝铺设成网，纤网再经过自身粘合、热粘合、化学粘合或机械加固方法，使纤网变成无纺布。

⑥ 熔喷无纺布：熔喷无纺布的工艺过程：聚合物喂入→熔融挤出→纤维形成→纤维冷却→成网→加固成布。

⑦ 针刺无纺布：针刺无纺布是干法无纺布的一种，针刺无纺布是利用刺针的穿刺作用，将蓬松的纤网加固成布。

⑧ 缝编无纺布：缝编无纺布是干法无纺布的一种，缝编法是利用经编线圈结构对纤网、纱线层、非纺织材料（例如塑料薄片、塑料薄金属箔等）或它们的组合体进行加固，以制成无纺布。

2.7.3.3　对不同材质的防护服应进行比较，首选不易产生微尘并具有阻隔效果、疏水且透气的材质。

【技术要点】

1. 棉纤维织物：棉质手术衣具有透气性佳、手感好、价格低等优点，但棉织物没有阻隔防护，若遇大型手术、大出血或需使用大量冲刷液时，当手术衣被流出的液体浸湿后渗入内层刷手衣，使医护人员和病人面临更大的感染风险。

2. 聚酯纤维的超细纤维织物：100%长纤聚酯纤维，经密150～170根/股，纬密100～120根/股，嵌入0.3～0.8cm导电纤维或碳纤维高密度纺织，使织物具有抗静电效果（类似无尘服织物）。这种材料应用于手术衣会因化学纤维本身的疏水性、不易产生微尘，加上纤维高密度，使织物具有很好的阻隔效果，加上抗静电使手术衣的防护性明显提升。但其穿着的舒适性较差。一件聚酯类手术衣的成本（售价）约600～800元，但其重复使用的耐水洗次数较棉质手术衣平均增加 30～50 次，且质轻、不吸水的特性降低了水洗成本，这也是目前化纤类（聚酯）手术衣使用量渐渐提升的重要因素。

3. 三层贴合织物：三层贴合织物内外层为长纤聚酯纤维，中间层以聚氨酯、聚四氟乙烯（PTFE）膜贴合，可有效阻隔血液、微生物的穿透，并使皮肤产生的热气或水蒸气从内排出，维持生理舒适性等。但其材料制造成本过高，国外一件成本约 2000 元以上，且经过医疗等级要求的高温洗涤、消毒与灭菌处理后，易使贴合膜剥离脱落，所以未来应先降低材料生产成本并研究如何设定适当的水洗灭菌程序，使这种先进的材料快速应用到国内医疗领域。

第 4 节　手术衣、手术铺单和洁净服的特性与测试

2.7.4.1　应对各防护材料特性进行评价，且有正规的评价报告。

【技术要点】

1. 手术衣

手术衣需要评价的特性参见表 2.7.4.1-1。

2. 手术铺单

手术铺单需要评价的特性参见表 2.7.4.1-2。

手术衣需要评价的特性

表 2.7.4.1-1

特　　性
阻微生物穿透——干态
阻微生物穿透——湿态
洁净度——微生物
洁净度——微粒物质
落絮
阻液体穿透
透气性
胀破强度——干态
胀破强度——湿态
拉伸强度——干态
拉伸强度——湿态

手术铺单需要评价的特性

表 2.7.4.1-2

特性
阻微生物穿透——干态
阻微生物穿透——湿态
洁净度——微生物
洁净度——微粒物质
落絮
阻液体穿透
胀破强度——干态
胀破强度——湿态
拉伸强度——干态
拉伸强度——湿态

3. 洁净服

洁净服需要评价的特性参见表 2.7.4.1-3。

洁净服需要评价的特性　　表 2.7.4.1-3

特性
阻微生物穿透——干态
洁净度——微生物
洁净度——微粒物质
落絮
胀破强度——干态
拉伸强度——干态

2.7.4.2　关于各评价性能的定义。

【技术要点】

1. 阻微生物穿透（resistance to microbial penetration）

材料阻止微生物从一面向另一面穿过的能力。

2. 洁净度——微生物（cleanliness-microbial）

产品和/或包装上存活微生物的总数。在实际应用中，微生物清洁度常称为“生物负载”。

3. 洁净度——微粒物质（cleanliness-particulate matter）

在不受机械冲击下所能释放的污染材料的粒子。

4. 落絮（linting）

织物在使用中因受力脱落微粒或纤维段。这些纤维段和微粒是来自织物本身。

5. 阻液体穿透（resistance to liquid penetration）

材料阻止液体从其一面穿过另一面的能力。

6. 透气性（permeability to air）

指空气透过织物的能力。

7. 断裂强力（breaking strength）

指在规定条件下对规定尺寸的试样，沿试样长度方向拉伸至断裂时的最大力。

8. 胀破强度（bursting strength）

把试样夹固定在可变形的薄膜上，通过液压挤压薄膜直至织物被胀破。胀破样品所需的总压力和挤压薄膜所需压力的差就是织物胀破强度。

2.7.4.3　关于性能测试方法。

【技术要点】

1. 阻干态微生物穿透性评价试验方法

按照 EN ISO 22612：2005 试验评价产品阻微生物污染尘埃穿透性（见图 2.7.4.3-1）[3]。

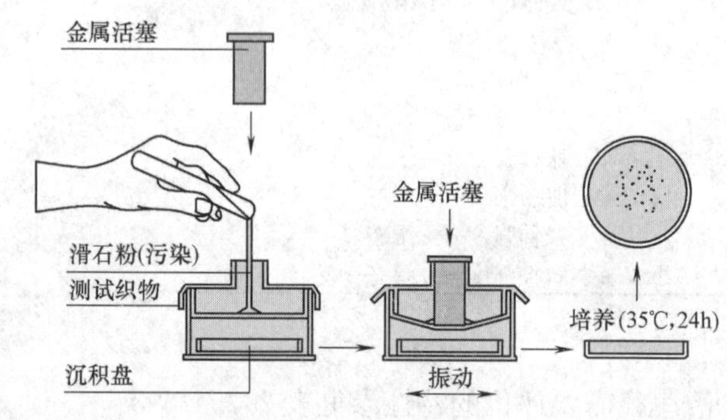

图 2.7.4.3-1　阻干态微生物穿透性评价试验方法

测试目的是确定材料干态条件下抵抗携带微生物的微粒穿透材料的能力。该方法可确定滑石粉中微生物能够穿透材料的微生物数量。

测试结果以琼脂板上观察到的微生物数量 CFU（菌落形成单位）表示（见表 2.7.4.3-1）。

2. 阻湿态微生物穿透性评价试验方法

按照 EN ISO 22610：2006 试验评价产品的阻微生物污染液穿透性见图 2.7.4.3-2。

阻干态微生物穿透性测试要求[3]　　表 2.7.4.3-1

单位	手术衣				铺单				洁净服
	标准性能		高性能		标准性能		高性能		要求
	关键部位	非关键部位	关键部位	非关键部位	关键部位	非关键部位	关键部位	非关键部位	
Lg (CFU)	N/A	≤2	N/A	≤2	N/A	≤2	N/A	≤2	≤2

注：N/A 表示不适用。

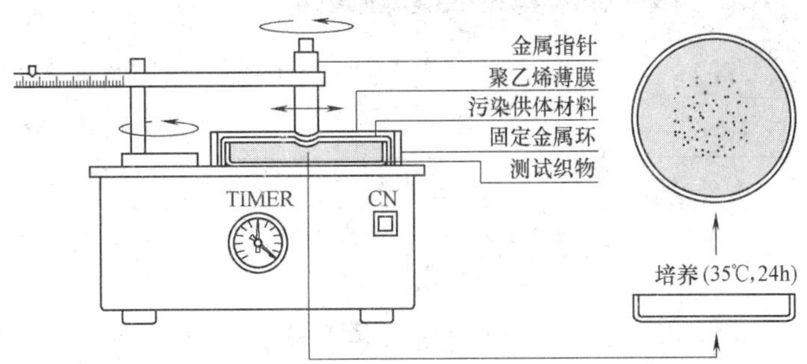

图 2.7.4.3-2　阻湿态微生物穿透性评价试验方法

测试目的是确定材料在液体池中和机械力作用下材料抵抗微生物穿透的能力。

测试结果用 BI（阻挡指数）表示（见表 2.7.4.3-2）。

阻干态微生物穿透性测试要求　　表 2.7.4.3-2

单位	手术衣				铺单				洁净服
	标准性能		高性能		标准性能		高性能		要求
	关键部位	非关键部位	关键部位	非关键部位	关键部位	非关键部位	关键部位	非关键部位	
BI	≥2.8	N/A	6.0	N/A	≥2.8	N/A	6.0	N/A	N/A

注：N/A 表示不适用。

3. 洁净度——微生物的评价试验方法

按照 ISO 11737-1：2006 标准进行微生物试验评价产品的洁净度一微生物（见图 2.7.4.3-3）。

测试目的是确定产品中微生物的数量，微生物洁净度尤其重要。如需将产品标识为无菌，则灭菌水平应达到 10^6。对于不要求为无菌的产品，此测试方法可评估其潜在的微生物污染。

测试结果以每板十进制对数 CFU（菌落形成单位）表示（见表 2.7.4.3-3），数字越小表明洁净度越好。

4. 洁净度——微粒物质的评价试验方法

按照 EN ISO 9073-10：2005 试验评价洁净度——微粒物质，具体试验方法参照图 2.7.4.3-4。

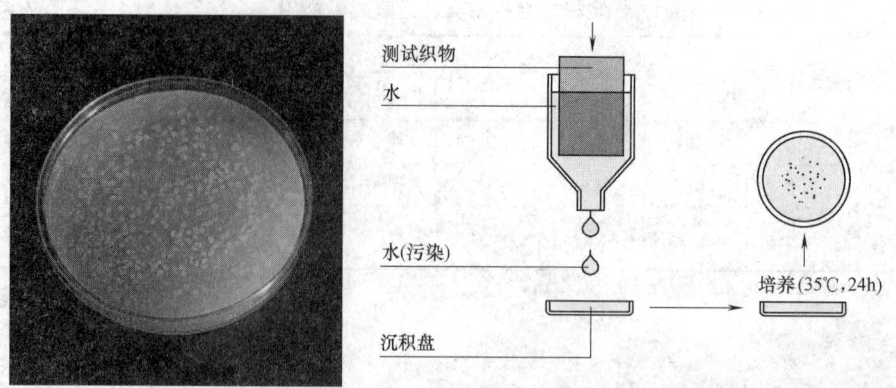

图 2.7.4.3-3　阻微生物洁净度评价试验方法

阻微生物洁净度测试要求　　表 2.7.4.3-3

单位	手术衣				铺单				洁净服
	标准性能		高性能		标准性能		高性能		要求
	关键部位	非关键部位	关键部位	非关键部位	关键部位	非关键部位	关键部位	非关键部位	
Lg_{10} (CFU/dm^2)	≤2	≤2	≤2	≤2	≤2	≤2	≤2	≤2	≤2

5. 落絮评价试验方法

按照 ISO 9073-10：2005 试验评价产品的落絮（见图 2.7.4.3-4）[3]。

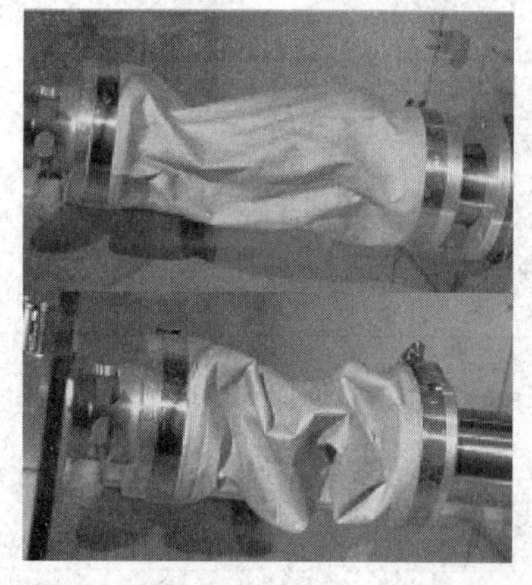

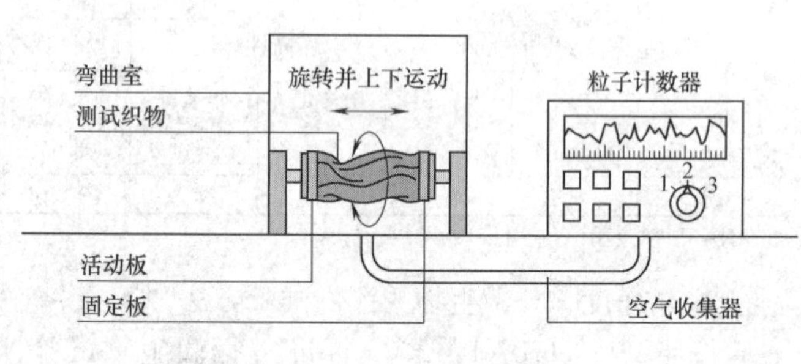

图 2.7.4.3-4　落絮评价试验方法

测量落絮和洁净度——微粒物质是相同的设备，通过相同的测试方法获得各自的测试指标。在固定次数的循环扭转和轴向力共同作用下，测量从产品中释放出尺寸范围在 3～25μm 的微粒数。洁净度——微粒物质测量要求产品中微粒快速释放，而落絮是测量产品中长期存储的微粒。

微粒尺寸范围在 3～25μm 之间被认为能够传播感染，并以此为依据（见表 2.7.4.3-4）。

阻微生物洁净度测试要求　　表 2.7.4.3-4

单位	手术衣				铺单				洁净服
	标准性能		高性能		标准性能		高性能		要求
	关键部位	非关键部位	关键部位	非关键部位	关键部位	非关键部位	关键部位	非关键部位	
IPM	≤3.5	≤3.5	≤3.5	≤3.5	≤3.5	≤3.5	≤3.5	≤3.5	≤3.5
Lg_{10}（落絮计数）	≤4.0	≤4.0	≤4.0	≤4.0	≤4.0	≤4.0	≤4.0	≤4.0	≤4.0

6. 抗渗水性（阻液体穿透）评价试验方法

按照 EN ISO 20811：1993 试验评价产品的抗渗水性（见图 2.7.4.3-5）。

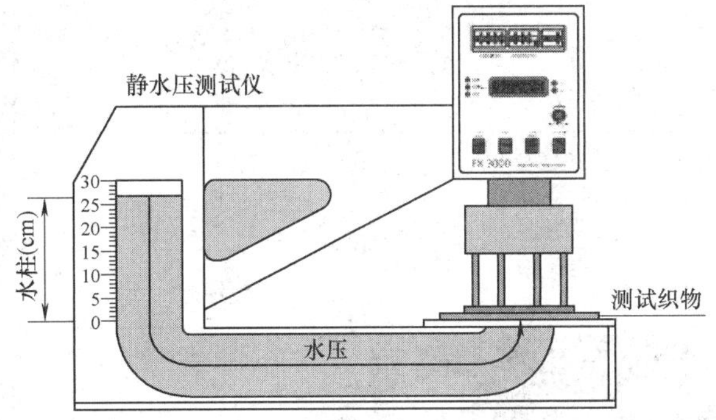

图 2.7.4.3-5　阻液体穿透评价试验方法

这种测试方法评估在增加静水压力下织物结构的行为。当施加足够的压力时，水会穿透织物并发生液体渗透。对于医护人员和病人来说防止液体穿透手术衣造成污染是至关重要的。

测试结果用厘米水柱（cmH_2O）表示（见表 2.7.4.3-5）[3]。数值越高表示抗渗水性能越好。

阻体穿透性能要求　　表 2.7.4.3-5

单位	手术衣				铺单				洁净服
	标准性能		高性能		标准性能		高性能		要求
	关键部位	非关键部位	关键部位	非关键部位	关键部位	非关键部位	关键部位	非关键部位	
cm H_2O	≥20	≥10	≥100	≥10	≥30	≥10	≥100	≥10	N/A

注：N/A 表示不适用。

7. 透气性评价试验方法

按照《纺织品　织物透气性的测定》GB/T 5453—1997 试验评价产品的透气性。

8. 干态和湿态下的胀破强度评价试验方法

按照 ISO 13938-1：2000 试验评价产品的干态和湿态下的胀破强度（见图 2.7.4.3-6）[3]。

这种测试方法测量织物破裂或穿刺时的强力。例如，外科医生在手术中肘部或器械可能会对织物的小区域施加压力，使手术衣的某些区域发生破裂或穿刺。

测试结果以千帕（kPa）表示（见表 2.7.4.3-6）[3]，数值越高表示抵抗胀破能力越强。

9. 干态和湿态下的拉伸强度评价试验方法

按照 ISO 9073-3：1989 试验评价产品的干态和湿态下的拉伸强力（见图 2.7.4.3-7）。

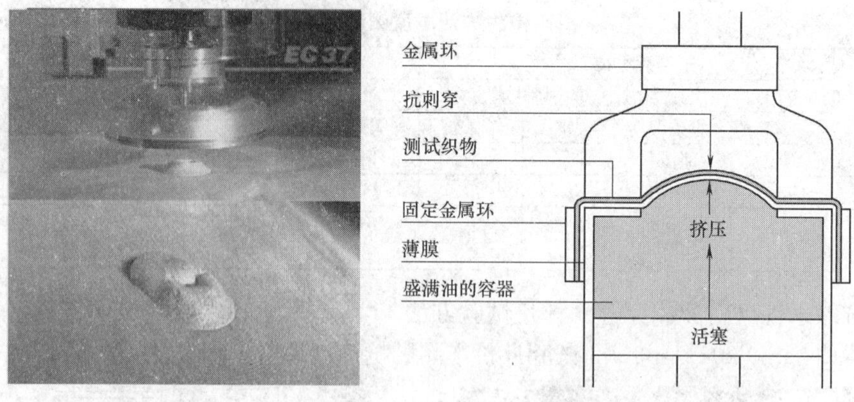

图 2.7.4.3-6　胀破强度试验方法

胀破强度测试要求　　表 2.7.4.3-6

单位	手术衣				铺单				洁净服
	标准性能		高性能		标准性能		高性能		要求
	关键部位	非关键部位	关键部位	非关键部位	关键部位	非关键部位	关键部位	非关键部位	
kPa	≥40	≥40	≥40	≥40	≥40	≥40	≥40	≥40	≥40

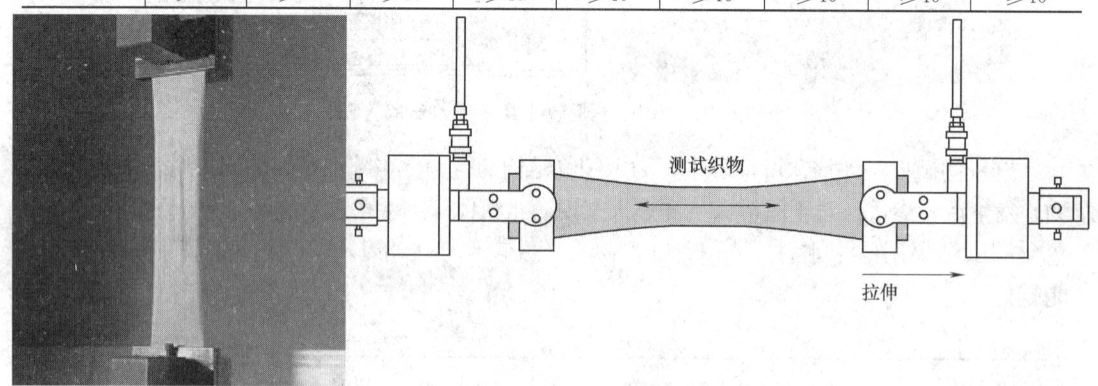

图 2.7.4.3-7　拉伸强度试验方法

这种测试方法测量织物承受拉伸应力的能力。这种类型的应力发生在正常磨损的情况下，最低要求是保证设备性能良好，无机械故障。

测试结果以牛顿（N）表示（见表 2.7.4.3-7）[3]，数值越高代表织物抗拉伸强度越大。

拉伸强度测试要求　　表 2.7.4.3-7

单位	手术衣				铺单				洁净服
	标准性能		高性能		标准性能		高性能		要求
	关键部位	非关键部位	关键部位	非关键部位	关键部位	非关键部位	关键部位	非关键部位	
N	≥20	≥20	≥20	≥20	≥15	≥15	≥20	≥20	≥20

2.7.4.4　关于手术衣、手术铺单和洁净服各性能评价指标。

【技术要点】

1. 欧洲标准 EN 13795 对医用防护材料（手术衣、手术铺单、洁净服）性能评价要求进行了规定。

（1）手术衣测试要求见表 2.7.4.4-1

手术衣测试要求　　表 2.7.4.4-1

特　　性	单位	标准性能		高性能	
		关键部位	非关键部位	关键部位	非关键部位
阻微生物穿透——干态	Lg_{10}(CFU)	N/A	≤2	N/A	≤2
阻微生物穿透——湿态	BI	≥2.8	N/A	≥6.0	N/A
洁净度——微生物	Lg_{10}(CFU/dm^2)	≤2	≤2	≤2	≤2
洁净度——微粒物质	IPM	≤3.5	≤3.5	≤3.5	≤3.5
落絮	Lg_{10}(落絮计数)	≤4.0	≤4.0	≤4.0	≤4.0
阻液体穿透	cmH_2O	≥20	≥10	≥100	≥10
胀破强度——干态	kPa	≥40	≥40	≥40	≥40
胀破强度——湿态	kPa	≥40	N/A	≥40	N/A
拉伸强度——干态	N	≥20	≥20	≥20	≥20
拉伸强度——湿态	N	≥20	N/A	≥20	N/A

注：N/A 表示不适用。

手术衣性能测试各部位如图 2.7.4.4-1 所示。

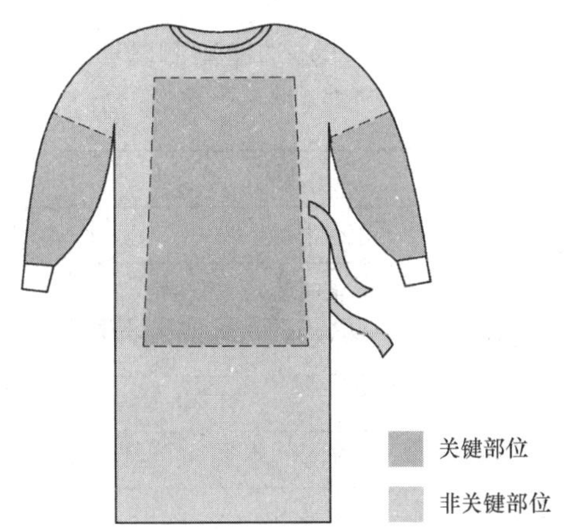

图 2.7.4.4-1　手术衣各部位示意图

(2) 手术铺单测试要求见表 2.7.4.4-2。

手术铺单测试要求　　表 2.7.4.4-2

特　　性	单位	标准性能		高性能	
		关键部位	非关键部位	关键部位	非关键部位
阻微生物穿透——干态	Lg_{10}(CFU)	N/A	≤2	N/A	≤2
阻微生物穿透——湿态	BI	≥2.8	N/A	≥6.0	N/A
洁净度——微生物	Lg_{10}(CFU/dm^2)	≤2	≤2	≤2	≤2
洁净度——微粒物质	IPM	≤3.5	≤3.5	≤3.5	≤3.5
落絮	Lg_{10}(落絮计数)	≤4.0	≤4.0	≤4.0	≤4.0
阻液体穿透	cmH_2O	≥30	≥10	≥100	≥10
胀破强度——干态	kPa	≥40	≥40	≥40	≥40
胀破强度——湿态	kPa	≥40	N/A	≥40	N/A
拉伸强度——干态	N	≥15	≥15	≥20	≥20
拉伸强度——湿态	N	≥15	N/A	≥20	N/A

注：N/A 表示不适用。

手术铺单性能测试各部位如图 2.7.4.4-2 所示。

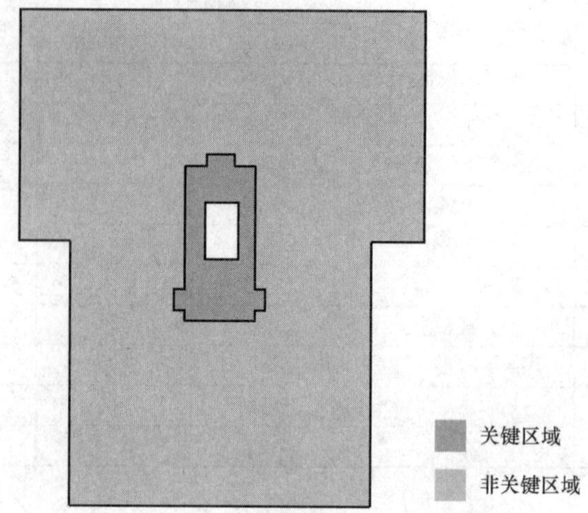

图 2.7.4.4-2　手术铺单各部位示意图

(3) 洁净服测试要求见表 2.7.4.4-3。

洁净服测试要求　　表 2.7.4.4-3

特　性	单　位	要　求
阻微生物穿透——干态	Lg_{10}(CFU)	≤2
洁净度——微生物	Lg_{10}(CFU/dm^2)	≤2
洁净度——微粒物质	IPM	≤3.5
落絮	Lg_{10}(落絮计数)	≤4.0
胀破强度——干态	kPa	≥40
拉伸强度——干态	N	≥20

洁净服性能测试各部位如图 2.7.4.4-3 所示。

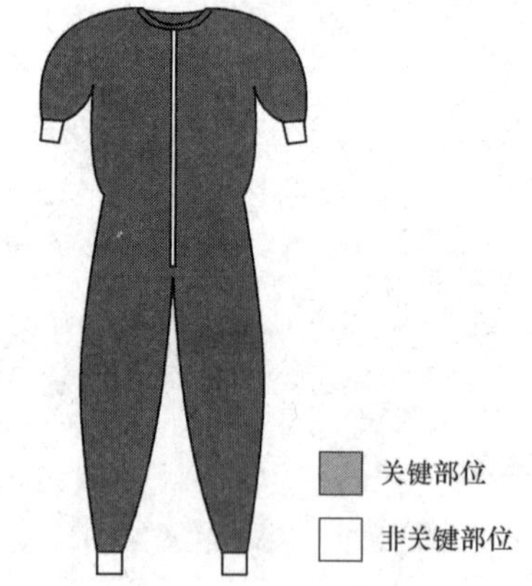

图 2.7.4.4-3　洁净服各部位示意图

2.7.4.5　关于防护材料的阻隔性能。

【技术要点】

1. 医用手术衣和铺单最基本的功能是在非无菌区与无菌区之间创造一道有效阻隔的屏障，防止切口部位感染，实现对患者和医护人员双向的保护。

2. 手术防护服所用织物属于医用屏蔽织物，最重要的性能应该是阻隔（barrier）性能。阻隔性能包括拒液性能和阻微生物渗透的性能。

3. 医护人员在进行医疗救护中，不可避免地会接触到病人的血液和体液，病人的体液和血液往往可能携带包括乙型肝炎病毒（HBV）、丙型肝炎病毒（HCV）和人类免疫缺陷病毒（HIV）在内的各种病原微生物，所以要求手术防护服使用的防护材料应该能阻止体液和血液及其携带的各种病原微生物的渗透，同时也防止和减少来自医护人员皮肤携带的病原微生物再次污染体液和血液通过直接接触患者手术切口引发感染的潜在危险。

4. 美国医疗仪器促进协会对医疗保健场所中使用的防护类型服装和手术单的阻隔液体穿透性能进行分类，制定了 ANSI/AAMI PB70：2012 标准，标准中对医用屏蔽织物的阻隔性能要求及测试方法进行介绍，如表 2.7.4.5 所示。

AAMI PB70 阻隔性能的分级级别（针对关键区域）　　表 2.7.4.5

级别		测试方法	性能要求
1		AATCC 42(抗冲击渗透)	≤4.5g
2		AATCC 42(抗冲击渗透)	≤1.0g
		AATCC 127(静水压)	≥20cm
3		AATCC 42(抗冲击渗透)	≤1.0g
		AATCC 127(静水压)	≥50cm
4	手术铺单	ASTM F1670(抗一定压力人造血渗透)	通过
	手术衣	ASTM F13671(抗 phi-X 174 一定压力血传病原体)	通过

(1) 第一级（Level 1）医疗纺织用品必须经过冲击渗透防水试验，渗水量必须小于 4.5g；阻隔级别 Level 1 主要是对最小的流体风险如眼科手术、皮肤活检等手术采用 1 级防护手术衣（见图 2.7.4.5-1）。

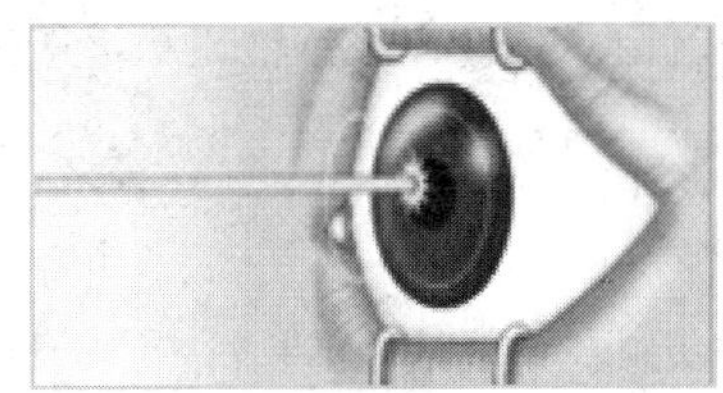
眼科手术

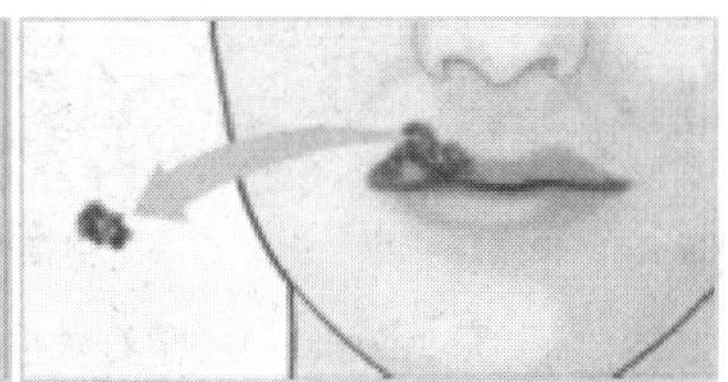
皮肤活检

图 2.7.4.5-1　需要防护级别 Level 1 的外科手术

(2) 第二级（Level 2）则必须经过冲击渗透防水与静水压两项试验，前者渗水量必须小于 1.0g 以内，后者必须静水压大于 20cmH_2O 以上；阻隔级别 Level 2 主要是对术中液体喷溅及喷雾风险小，如扁桃体摘除术、疝修补术与血管造影等类似手术可以采用 2 级防护手术衣（见图 2.7.4.5-2）。

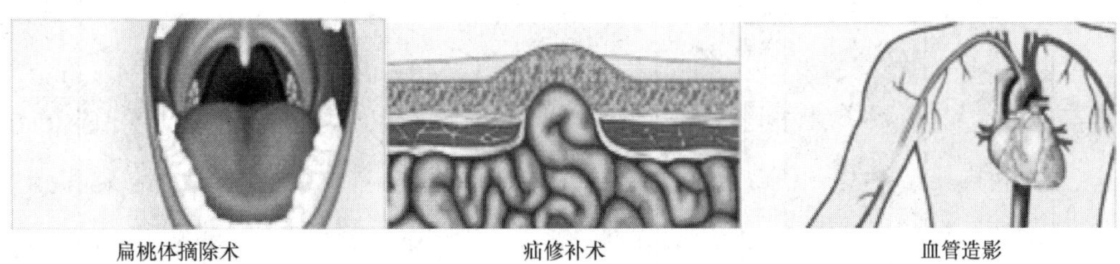
扁桃体摘除术　　疝修补术　　血管造影

图 2.7.4.5-2　需要防护级别 Level 2 的外科手术

(3) 第三级（Level 3）其渗水量除必须小于 1.0g 之外，静水压试验还必须大于 50cmH_2O 以上；阻隔级别 Level 3 主要是对有一定液体喷溅或喷雾风险的手术，如肩关节镜、经尿道前列腺电切术、乳腺癌根治术等，应采用防护级别 3 级的外科手术衣（见图 2.7.4.5-3）。

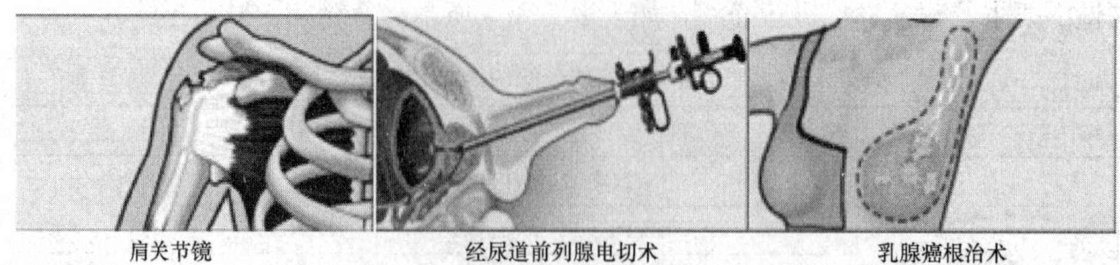

图 2.7.4.5-3　需要防护级别 Level 3 的外科手术

（4）第四级（Level 4）对于手术衣或其他防护衣则必须通过血液与病毒渗漏两项试验，手术衣和铺巾等拒水性要求在 13.8kPa 下保持 1min 合成血液不得渗透，还须进行微生物渗透测试，Phi—X174 抗菌体不得透过。阻隔级别 Level 4 主要是对有大液体量喷溅风险的手术，如髋关节置换术、剖腹产、心脏搭桥等，在外科手术医生双袖及胸前的重点防护区域应当采取防护级别为 4 级的外科手术衣（见图 2.7.4.5-4）。

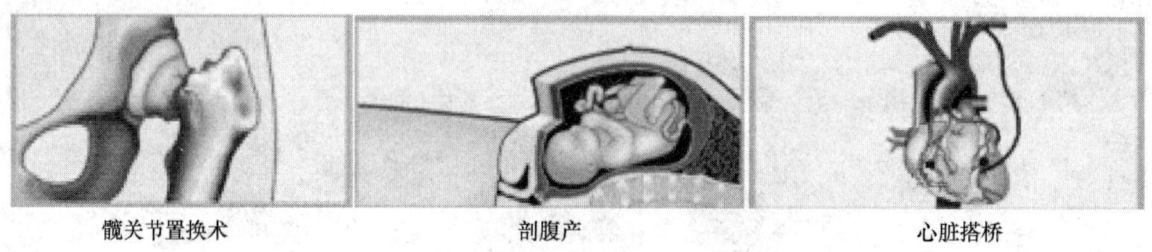

图 2.7.4.5-4　需要防护级别 Level 4 的外科手术

手术衣等的选择主要是面料阻隔性能的选择，所有四个阻隔性能分级都是建立在其关键区域的性能之上的。手术衣及隔离衣关键区域如图 2.7.4.5-5 所示。

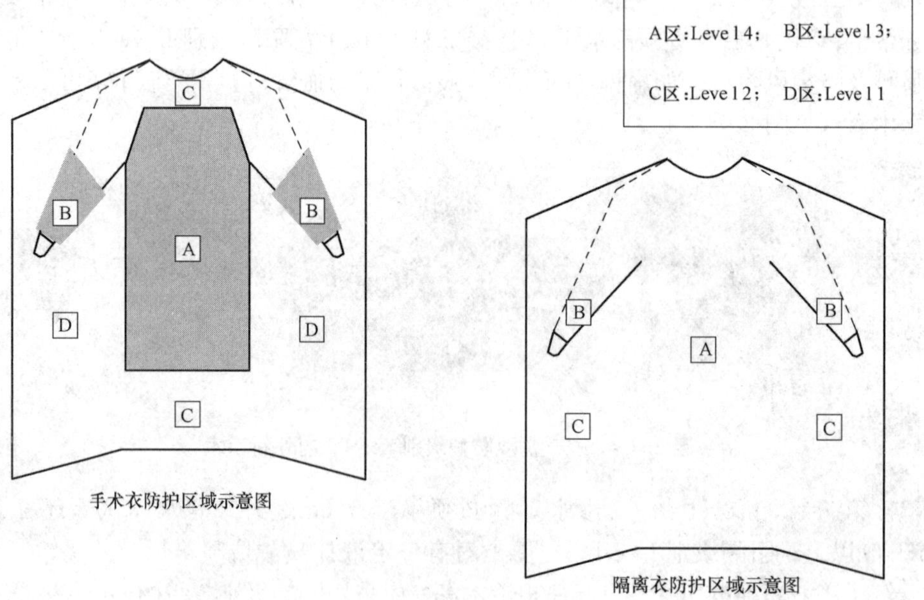

图 2.7.4.5-5　手术衣及隔离衣关键区域

第 5 节　电外科设备的使用和安全

2.7.5.1　电外科设备为外科手术必备的工具之一。

【技术要点】

1. 电外科设备主要包括如高频电刀（单极、双极）、大血管闭合系统、氩气刀、水刀、射频刀、超声刀等，但由于电外科设备在使用过程中形成的电磁场效应是一种看不见摸不着的物质，在实际使用中会存在一定的安全风险。

2. 电外科设备属于"三类"高风险医疗设备。在使用中必须符合国际电工委员会、国家相关标准以及厂家的要求和建议等，以保证临床使用中的安全，避免相关事故的发生。

2.7.5.2　电外科仪器应具备完善的资料：说明书、保修、维护和检查手册，并注意安全使用。

【技术要点】

1. 严格标准程序安装：在仪器使用安装时应进行开箱检测、验收，并符合医院验收流程，电外科仪器应牢固安放在专用台车或手术吊塔上，电外科仪器不得覆盖或放置它物。

2. 使用前安全检测：电源线应保持合适长度，避免电源线缠绕、打结、碾压及妨碍人员行走。

3. 正确连接和配置相关附件：如脚踏开关、刀笔、中性电极（负极板）等。

4. 做好日常维护检查记录：定期检查仪器性能，使用、维护情况应做好详细记录。

5. 电外科仪器安全警报及激活提示音应始终处于可听、可视状态，达到可提醒术者及工作人员的音量。

6. 避免电磁干扰：电外科手术仪器选购应具有电网干扰过滤功能，分源供电，减少转换接头，中性电极（负极板）连线和应用电极（电刀笔）连线平行放置，与干扰设备如心电监护仪、神经监测仪保持一定距离，至干扰波消失。

7. 避免电流泄漏：工作电极导线和中性电极（负极板）连接线不能缠绕在一起，工作电极导线不能缠绕在金属器械上，特别是在固定电极时，工作电极和其他电子设备连接线应分别固定。另外，患者不应与金属物体接触，患者与手术床之间应该使用绝缘垫和防水单阻隔，患者肢体也不应互相接触，以免电流泄漏或产生危险的旁路电流。在电刀激发操作时不应与金属器械接触达到间接止血的目的，操作者身体不应接触患者或手术床等金属物。

8. 合理设置功率，把仪器正确安装后，以最低功率设定为起点，根据手术需要逐步调整功率，以免造成功率过大致组织热损伤及低频电流对神经肌肉刺激引起损害，若是婴幼儿，则应视其体重限定最高的功率输出，如表 2.7.5.2 所示。

婴幼儿手术功率限制　　　　表 2.7.5.2

体　重	最大功率限制
小于 2.7kg	不超过 50W
大于 2.7kg 但小于 11.4kg	不超过 150W

必要时，开启“新生儿”监控模式（NeonatalNE monitoring），确保婴幼儿手术的安全，如图2.7.5.2所示。

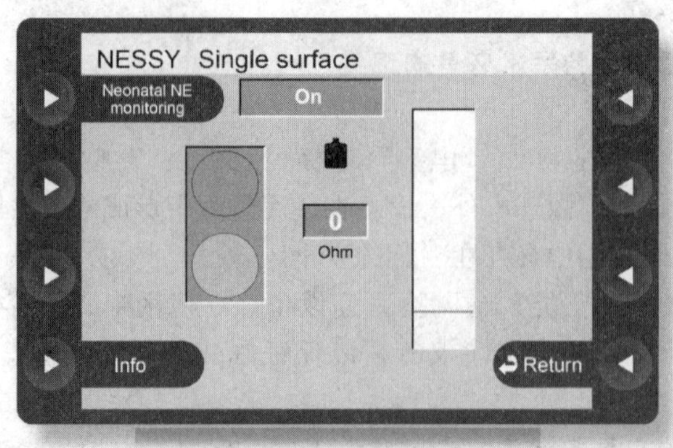

图2.7.5.2　新生儿监控设置

第6节　电外科烟雾的防护

2.7.6.1　为了确保医务人员和患者的健康安全，有效的防护措施是设置合理的烟雾抽排设施与阻止烟雾吸入。

【技术要点】

1. 手术烟雾由95%的水或蒸汽和5%以颗粒形态存在的细胞碎片组成。颗粒内含有害化学成分、生物颗粒、活性细胞物质或病毒、非活性颗粒、碳化组织和细菌。

2. 电外科设备可以产生小至0.1μm的颗粒，激光类设备可以产生平均直径为0.3μm的颗粒，而超声刀则会产生平均直径为0.35～6.5μm的颗粒。这些微小的颗粒被人体吸入后，直接沉积在肺泡中，危害人体健康。

3. 手术过程中使用到的能量器械所产生的烟雾包含有超过600余种有机化合物，大部分都会对人身体健康造成一定危害。长期吸入或暴露于这些污染的环境中，会诱发呼吸系统、消化系统、生殖系统、神经系统、血液系统以及免疫系统的疾病。

4. 在外科手术烟雾中还可能存在有病毒颗粒、细胞活性碎片、DNA片段等具有生物活性的物质，例如研究发现在手术烟雾中含有牛纤维乳头状瘤病毒（BPV）和人乳头瘤病毒（HPV，见图2.7.6.1-1）完整的DNA片段，而人类免疫缺陷病毒（HIV，见图2.7.6.1-2）可在CO_2激光产生的烟雾中保持活性14d，在28d后才完全消失。1992年GattiBryant等收集了在乳房整形手术中产生的烟雾，研究发现可诱使沙门氏菌TA98菌株发生突变。目前我国HIV的感染人数超过了80万人，乙型肝炎病毒（HBV）的感染人口比率更是超过了10%，这大大增加了医护人员感染HIV、HBV、HPV等病毒的潜在风险。

2.7.6.2　应设烟雾抽排系统，即时排除手术烟雾，同时应采取个人防护措施。

【技术要点】

1. 中央排烟系统的应用

（1）在手术室内应配备具有高效率过滤系统的手术烟雾抽排设备，其排气速率须达到

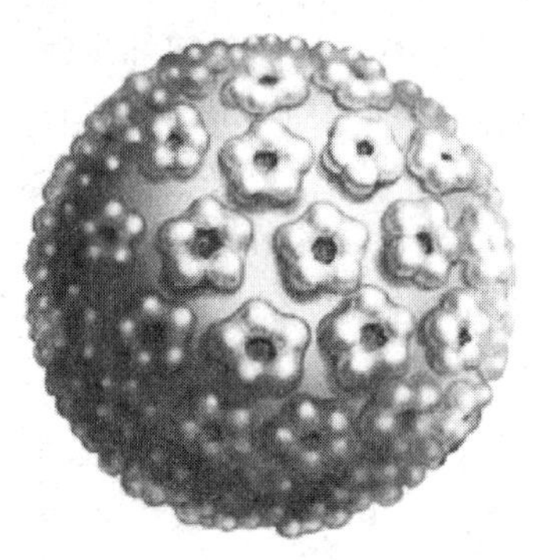

图 2.7.6.1-1　人乳头瘤病毒（HPV）颗粒

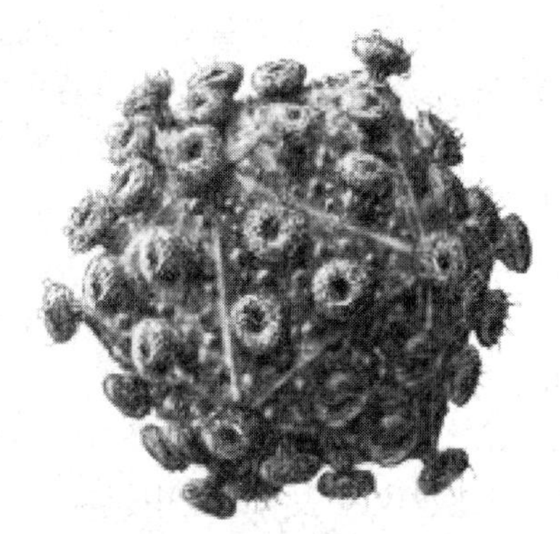

图 2.7.6.1-2　人类免疫缺陷病毒（HIV）颗粒

30～45m/min。

（2）为有效预防医院感染，中央排烟系统需使用具备 99%以上效率的微量颗粒过滤网。

（3）手术室可选用安装具有物理机械通风净化功能的新风系统、移动式空气过滤净化排烟装置等，以达净化手术间空气。

2. 移动式排烟系统的应用

（1）烟雾疏散设备不会干扰外科医生的手术活动；

（2）有足够大的负压吸引力，能够确保有效除烟；

（3）有足够的过滤能力，保证环境空气安全的过滤系统，其中过滤系统尤为重要，它必须能容纳产生的所有烟雾有效去除有害成分及臭味，操作简便。

以使用德国爱尔博 IES2 烟雾过滤清除器（见如图 2.7.6.2-1）为例，其过滤效率为 99.9999%，

能去除 0.01μm 以上直径的颗粒，能有效去除术中烟雾以及更小微粒的病毒，其具体操作要求为：

① 在手术区域 5cm 范围内安装德国爱尔博 IES 2 烟雾过滤清除器模块。

② 连接电刀主机（IES2 能完美兼容相关电刀主机）。

③ 将具有吸烟功能的电刀笔或烟雾抽吸管与烟雾清除过滤器模块连接。

图 2.7.6.2-1　IES2 烟雾过滤清除器

④ 检查刀笔的吸烟管或烟雾抽吸管是否完整，确认无破损情况。

⑤ 在烟雾过滤器模块界面设置手术抽吸模式、抽吸功率、续抽时间等参数。

⑥ 启动电刀，输出的同时进行烟雾清除。如使用烟雾抽吸管，应放置距产生烟雾的高频电刀手术电极 2～3cm 附近。

3. 个人防护要求

（1）注意呼吸的防护，推荐佩戴高性能过滤性的外科口罩（见图 2.7.6.2-2）、手套和穿隔离衣，应能有效过滤 0.01μm 直径的颗粒。

（2）由于外科手术烟雾可能会吸附在表面，有研究表明，隐形眼镜会更多地吸附手术烟雾，因此建议在手术过程中佩戴外科防护眼镜（如图 2.7.6.2-3）。

图 2.7.6.2-2　外科用电外科/激光口罩

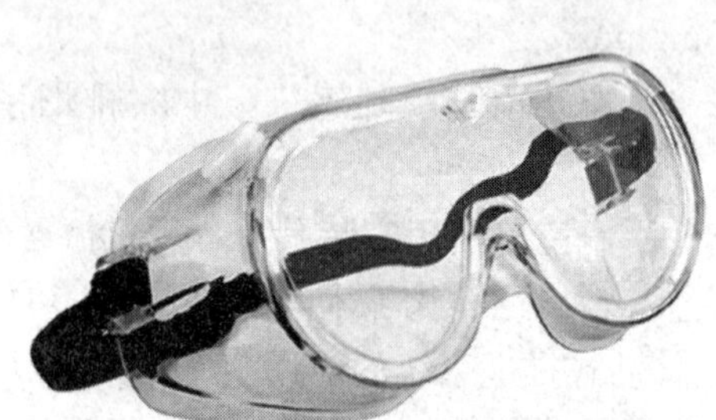

图 2.7.6.2-3　外科常用眼部防护镜

本章参考文献

[1] Moylan J A, Fitzpatrick K T, Davenport K E, Reducing wound infections. Improved gown and drape barrier performance. *Arch Surg*, 1987, 122-152-157.

[2] 山东省医疗器械产品质量检验中心. 病人、医护人员和器械用手术单、手术衣和洁净服　第 1 部分：制造厂、处理厂和产品的通用要求 YY/T 0506.2—2016. 北京：中国标准出版社，2016.

[3] UNDERATANDING THE EUROPEAN STANDARD—SURGICAL GOWNS, DRAPES AND CLEAN AIR SUITS, EN 13795—2006, 2006.

[4] Liquid barrier performance and classification of protective apparel and drapes intended for use in health care facilities, ANSI/AAMI PB 70—2003, 2003.

本章作者简介

钟秀玲：煤炭总医院特聘专家（享受国务院政府特殊津贴），国家卫生和计划生育委员会国家医院感染质量控制与改进中心专家，北京医院感染质量控制与改进中心专家，北京体检质量控制与改进中心专家，国家卫生和计划生育委员会医院感染控制专家咨询委员，中国医学装备协会医用洁净装备工程分会相关受控环境安全控制研究专委会主任委员。

第 8 章　医用洁净区域的智能化

沈崇德　张永航　郑军　徐兴良

第 1 节　医用洁净区域智能化系统概述

2.8.1.1　医院洁净区域的智能化系统是洁净工程的重要内容组成，也是发展最快，对洁净空间未来运营、服务和医疗技术应用有重大影响的工程内容，需要精心筹划、总体规划、分步实施。

2.8.1.2　建设目标：医用洁净区域智能化系统建设的目标是满足需要、顺应发展，构建高效、安全、节能、开放的智慧型洁净功能空间。

【技术要点】

1. 关注不同洁净空间的智能化需求，统筹兼顾信息化与智能化领域，顺应技术进步和时代发展要求。

2. 积极采用国内外新技术和新设备，并充分考虑功能和技术的扩展，构建高速信息传输通道和信息基础设施，适应医院洁净空间不同领域的信息应用和未来发展需求，促进智慧型数字化医院建设。

2.8.1.3　建设原则：洁净空间智能化工程的实施原则是实用性、整体性、前瞻性、兼容性、开放性、稳定性、经济性、规范性、易维护性等。

【技术要点】

1. 实用性。实用性是系统建设成功与否的重要标志，智能化系统对用户而言首先是实用、好用。

2. 整体性。智能化系统涉及诸多领域，应通盘考虑，避免重复建设，避免信息孤岛，注重系统集成和集中管理。洁净空间的智能化系统是医院智能化系统的重要组成，应纳入医院智能化系统的范畴来规划设计，应满足医院信息化整体发展的要求。

3. 前瞻性。系统应具有良好的架构，适应新技术带来的变革，保证系统在相当一段时间内不过时、不落后，并考虑冗余。

4. 兼容性。应用标准化和国际国内主流技术，系统间、设备间能够兼容，便于集成，设备或软件提供方应要求各方开放接口。

5. 开放性。在设备选型、网络结构、系统架构上应充分考虑系统延伸和扩展的需要，要求选用的设备和系统具有一定的开放性，以满足今后根据发展需要进行二次开发的要求和系统融合要求。

6. 稳定性。系统架构、设备选型、软件部署、未来运行应注重稳定、安全、可靠。

7. 经济性。立足于当前实际，选用性价比高的软硬件平台，系统要具有良好的可操作性，管理方便、应用灵活。

8. 规范性。系统设计应按照已有的标准，设计、施工、设备安装、现场管理、验收等应规范。

9. 易维护性。系统维护是整个系统生命周期中所占比例最大的，易维护性、易用性直接关系到系统的实际应用价值。

2.8.1.4　主要建设内容：洁净空间的智能化系统建设内容涉及业务系统、运维服务支持系统、基础支撑系统、信息应用系统等，其中也包括一系列洁净空间的专项智能化系统，主要包括专用系统、网络通信系统、安全防范系统、多媒体音视频系统、建筑设备智能管理系统、机房工程、医院信息应用系统等。

【技术要点】

1. 专用系统：洁净区域专用系统是体现洁净区域智能化水平的核心内容，提供洁净区域医疗业务应用所需的特定功能的智能化系统，其与医院的业务和流程关联紧密，专业性非常强，主要包括：数字化手术部系统、智能重症监护室系统、探视对讲系统、医用对讲系统等。

2. 网络通信系统：网络通信系统为智能化提供可靠的通信传输通道和网络平台。洁净工程中涉及的系统主要包括：综合布线系统、无线网络系统、网络交换系统、专项存储系统、语音通信系统等。

3. 安全防范系统：洁净工程涉及的安防子系统主要包括：安防视频监控系统、实时报警系统、出入口控制系统、一卡通系统等。

4. 多媒体音视频系统：多媒体音视频系统主要是医院智能化系统中有关音频和视频的子系统的集合，洁净区相关的系统主要包括公共广播与背景音乐系统、有线电视系统、公共信息发布系统、自助查询与服务系统、多媒体会议系统、视频融合信息平台等。信息发布系统指公共区域的所有显示设备，包括 LED 信息大屏、各类 LED 显示屏等。

5. 建筑设备智能管理系统：建筑设备智能管理系统是指医院主要机电设备的计算机监控和管理，为医护人员和病患家属提供舒适环境的系统，并达到节能减排和科学管理的效果。洁净工程涉及的系统主要包括洁净空间机电智能管控系统、医用气体系统智能监控系统、楼宇自控系统接入等。

6. 机房工程：洁净工程智能化涉及的机房工程主要包括综合管路和楼层接入机房、中控室等。

7. 信息系统：洁净空间涉及的信息系统包括临床类、运营类、客户服务类等，例如电子病历、HRP 等。还应重点关注洁净区域的专项信息化系统，例如手术麻醉系统、重症监护信息系统等。

2.8.1.5　洁净空间智能化系统的快速发展。主要发展趋势可以概括为专业化、多元化、集成化、智能化、可视化、虚拟化、移动化与标准化。

【技术要点】

1. 专业化。专业化就是不同功能的洁净区域将越来越多地出现数字化手术室、智慧重症监护病房等专业化、智能化产品，集成度更高，适用性更好，功能更强大。

2. 多元化。多元化就是智能化系统应用领域日益多元，展现方式和实现手段也日益多元，日益丰富多彩。

3. 集成化。集成化就是各应用系统功能的整合、数据的融合和门户的集成，实现互联互通。如各类视频资源融合现成视频融合应用信息平台，异构系统集成建立机电运维管理信息平台等。智能化系统由单系统功能模块的集成向单系列多系统的集成转化，进而转为多系统的集成；由功能的整合、门户的集成，逐步过渡为数据的综合管理和利用共享；由以功能界面的集成展现，集中管理，最终实现统一索引、统一注册、统一门户、统一通信、统一交互、统一数据利用和管理。

4. 智能化。智能化就是基于物联网技术、基于人工智能技术、基于数据挖掘分析的逻辑判断、决策支持，实现自动化过程控制、任务管理、智能导航、安全警示、机电设备运营优化等；其中物联网、人工智能等新技术，将带来革命性的变化，智能机器人在医院的应用将越来越广泛，自动感知、机器学习、万物互联、虚拟现实将带来医院支持系统智能化程度和发展模式意想不到的变化。

5. 可视化。可视化就是利用 3D 技术、BIM 技术、GIS 技术、VR 技术，实现运营环境、运营设施、运营状态的基于平台的可视化，实现设施设备全生命周期运维的可视化。例如手术室机电设备运维的可视化。

6. 虚拟化。虚拟化就是利用云计算、虚拟化技术，实现基于云端的平台资源存储、平台部署和应用系统管理、应用系统开发维护等，洁净工程中的智能化应用系统和计算资源将越来越多地采用云的方式部署。

7. 移动化。移动化就是利用 WIFI、ZIGBEE、RFID、蓝牙乃至 4G、5G、NB-IOT 等技术不断引入实际应用领域，不仅是各类通信方式的移动化体现，更是基于移动化的掌上应用的丰富，包括服务端、运维端和管理端，互联网＋的应用将日益丰富，院内院外的界限将日益模糊。

8. 标准化。标准化就是智能化相关标准将越来越健全，功能、数据、系统、接口乃至平台建设将向标准化程度越来越高的方向发展，从而更好地促进互联互通、促进数据挖掘利用。

第 2 节　医用洁净区域智能化系统的部署

2.8.2.1　洁净区域智能化系统设计应纳入医院智能化系统设计同步进行或与洁净工程设计同步且有序地进行。

【技术要点】

1. 洁净区域智能化系统设计全过程与医院建筑设计一样，通常有概念方案设计、初步设计、施工图设计三个阶段，分阶段进行成果沟通和确认。智能化系统设计与建筑设计同步进行是最佳做法。建议深化设计的工作尽可能请有经验的医院智能化设计单位或者有经验的洁净空间设计单位在建筑平面设计完成后即展开，且尽量细化，避免招标后再深化导致很多歧义或不可控的局面。

2. 主要设计步骤分为以下几步：①基线调查：如为改扩建项目，需要充分了解医院原有洁净空间信息发展现状和有关要求，了解智能化系统建设现状；②编制项目工程智能化系统设计任务书（也可采用概念设计思路确认的方式来完成）：对医院洁净区域智能化工程进行总体定位，涉及的各系统模块进行部署，确定投资规模；③形成设计方案：包括概念方案设计、初步方案设计；④方案优化：分项系统专家咨询、论证，不断完善方案；

⑤形成施工图：在点位图的基础上形成施工图。进而形成合适的招标技术要求。

3. 洁净区域智能化系统的设计成果可作为洁净工程设计成果的构成，一并提交用户。

2.8.2.2 洁净区域智能化系统设计任务书应规范编制，包含必要的要素。

【技术要点】

洁净区域智能化系统设计任务书作为医院工程项目智能化化系统设计任务书的组成，一般应由业主方编制，鉴于智能化系统复杂，业主方一般没有经验，常由设计单位梳理完成或由业主方聘请的智能化专项咨询团队、咨询顾问在调研后完成。该区域的设计任务书也可由洁净工程设计团队根据业主需要，同时作为洁净工程项目的整体需求内容构成提出建议。洁净区域智能化设计任务书主要包括以下要素：

1. 项目背景与概况：主要描述项目的来源，项目基本情况，洁净工程的构成，主要规模，建设目标定位，投资规模等。

2. 基线调查情况：如为改扩建项目，应描述原有使用的同类洁净工程的信息化智能化基础，包括主要系统构成、建设年限、主要亮点和存在的问题；迁建项目需要说明哪些系统和哪些设备需要迁移，业务流程上的延续等。

3. 智能化项目建设目标和指导原则：确定洁净区域智能化项目的建设目标和指导原则。

4. 项目投资控制：确定洁净区域智能化系统投资控制范围和要求。

5. 项目设计范围：确定设计范围边界，确定设计成果的展现方式。

6. 主要建设内容与要求：描述需要设计的子系统，以及各子系统的功能、设备等方面的要求。

2.8.2.3 洁净区域智能化系统设计应按规范完成设计任务、施工图设计文件，应满足设备材料采购、非标准设备制作和施工的需要。智能化专业设计文件应包括封面、图纸目录、设计说明、设计图和主要设备及材料表。

【技术要点】

洁净区域施工图的设计深度和成果主要包括以下几个方面：

1. 设计说明要求：包括①工程概况；②设计依据；③设计范围：本工程拟设的智能化系统，表述方式应符合现行国家标准《智能建筑设计标准》GB 50314层级分类的要求和顺序，并针对项目条件和需求增减调整；④设计内容：应包括洁净工程智能化系统及各子系统的用途、结构、功能、功能、设计原则、系统点表、系统及主要设备的性能指标；⑤各系统的施工要求和注意事项（包括布线、设备安装等）；⑥设备主要技术要求及控制精度要求（亦可附在相应图纸上）；⑦防雷、接地及安全措施等要求（亦可附在相应图纸上）；⑧与相关专业的技术接口要求及专业分工界面说明；⑨各分系统间联动控制和信号传输的设计要求；⑩对承包商深化设计图纸的审核要求。⑪凡不能用图示表达的施工要求，均应以设计说明表述；⑫有特殊需要说明的可集中或分列在有关图纸上。

2. 图例要求：①应注明主要设备的图例、名称、数量、安装要求。②注明线型的图例、名称、规格、配套设备名称、敷设要求。

3. 主要设备及材料表：分子系统注明主要设备及材料的名称、规格、单位、数量。

4. 设计图纸要求：①系统图应表达系统结构、主要设备的数量和类型、设备之间的连接方式、线缆类型及规格、图例；②平面图应包括设备位置、线缆数量、线缆管槽路由、线型、管槽规格、敷设方式、图例；③图中应表示出轴线号、管槽距、管槽尺寸、设计地面标高、管槽标高（标注管槽底）、管材、接口形式、管道平面示意，并标出交叉管槽的尺寸、位置、标高；纵断面图比例宜为竖向 1∶50 或 1∶100，横向 1∶500（或与平面图的比例一致）。对平面管槽复杂的位置，应绘制管槽横断面图；④在平面图上不能完全表达设计意图以及做法复杂容易引起施工误解时，应绘制做法详图，包括设备安装详图、机房安装详图等；⑤图中表达不清楚的内容，可随图作相应说明或补充其他图表。

5. 系统预算编制要求：①确定各子系统主要设备材料清单；②确定各子系统预算，包括单位、主要性能参数、数量、系统造价。

6. 设备清单：①分子系统编制设备清单；②清单编制内容应包括序号、设备名称、主要技术参数、单位、数量及单价。

7. 技术需求书：①技术需求书应包含工程概述、设计依据、设计原则、建设目标以及系统设计等内容；②系统设计应分系统阐述，包含系统概述、系统功能、系统结构、布点原则、主要设备性能参数等内容。

2.8.2.4　洁净区域智能化系统内容较多，核心系统选型和实施需要把握关键技术要点。常见的通用系统的技术要求如本条的技术要点所述。

【技术要点】

1. 综合布线系统

（1）综合布线系统应为医院洁净区域提供一个高性能的数据和语音通信的传输媒质，支持电话、数据、图文、图像等多媒体业务，满足语音、数字信号传输的需要，并能适应今后不断发展的计算机网络的需求。

（2）整个综合布线系统具备开放性、灵活性和可扩性，充分满足医院内部之间及与外界的信息交流需要，可实现资源共享、信息共享、物联网、互联网等应用。

（3）在数据信息点上能够任意连接计算机、打印机、传真机、摄像机等设备，在语音信息点上应能任意连接各类型的电话、内部通信终端等设备。

（4）系统设计一般采用六类非屏蔽布线系统，线缆均采用低烟无卤型或阻燃型。一般需要实现万兆主干，千兆到桌面。系统一般包含 4 个物理隔离的网络系统，分别对应于医院内部应用数据网、医院外部数据网、医院机电数据网、医院语音通讯网。从发展来看，未来光纤到桌面是趋势。

（5）洁净区域的智能化综合布线一般涉及工作区子系统、水平子系统、管理区子系统。

（6）工作区子系统：数据与语音可都采用六类信息插座，能够满足高速数据及语音信号的传输，信息插座采用不同的颜色用以区分语音信息点、数据点，方便管理。为了保护跳线，减少弯角上的辐射和衰减，减少插座内的积灰影响电气性能和防水，所采用的信息插座建议全部使用 86 型面板带防尘插座，带配套安装附件；各信息点附近需设 220V 电源插座。设备网末端直接采用 RJ 45 水晶头连接。手术室、ICU 部分空间可布置光口。信息点位应充分预留，例如 ICU 需要考虑不同医疗设备的接入，每床一般需要预留 4～5 个。

（7）水平子系统：水平子系统设计一般采用六类 4 对非屏蔽双绞线缆，数据、语音、设备网水平线缆可均按采用六类配置，以便在使用时可根据实际需要在管理间（电信间或弱电间）配线架上通过调整跳线方便更换各信息点的使用功能。水平线缆采用六类4对非屏蔽双绞线，水平线缆沿弱电金属桥架或金属管敷设，线缆长度不超过90m；双绞线敷设到信息点位置后需预留0.3m，双绞线到数字监控摄像机位置后预留1.5m，双绞线到电信间机柜位置后盘留3m。

（8）管理间子系统：管理间（IDF）由端接主干及水平线缆的配线架和安装配线架的机柜等组成。数据及设备网主干线缆端接一般采用19″机架式光纤配线架，语音主干线缆端接一般采用19″机架式110型配线架；水平部分线缆（数据+语音+设备网）端接全部采用模块化配线架端接，便于数据点及语音点互换。手术部建议单独设立中控室。

2. 综合管路系统

综合管路、桥架设计时需要充分考虑与土建、装修、空调、水、电等基础设施专业设备相配合，拟考虑多路分色桥架系统。内外网单独一路桥架。楼层弱电间、弱电竖井，弱电线槽的空间应符合标准要求。

3. 无线网络系统

（1）无线网络应支持移动查房、移动护理、移动心电采集、远程影像传输、各类移动工作站等应用。如有条件，结合物联网定位技术和传感技术，还应支持母婴匹配与婴幼儿防盗、ICU（手术室）设备清点和跟踪系统、移动设备定位监控、医疗废弃物管理、生命体征实时侦测等。

（2）无线组网方式有多种，应选择适合医院的组网方式。无线网络类型有无线局域网、ZIGBEE、RFID、蓝牙、NB-IOT等。无线网络在洁净空间使用时应对医疗设备安全无干扰。

（3）洁净区域金属墙体阻隔较多，无线局域网选型一般建议采用集中式管理的“瘦无线AP+集中控制器AC”架构，采用“敏捷式部署方式”，也可考虑采用馈线模式。部署位置应充分测试，避免丢包、掉线、同频干扰等现象。

4. 计算机网络系统

（1）计算机网络为医院业务应用系统提供强有力的网络支撑平台；计算机网络设计不仅要体现当前网络多业务服务的发展趋势，同时具有最灵活的适应、扩展能力；整合数据、语音和图像等多业务的端到端、以IP为基础的、统一的一体化网络平台，支持多协议、多业务、安全策略、流量管理、服务质量管理、资源管理等。

（2）洁净区域计算机网络设计应满足该区域的要求，并接入医院整体网络计算机系统。

（3）洁净区域的计算机网络设计主要是网络交换机和相关安全系统设计。网络交换机带宽、流量、安全策略等均应满足洁净区域影像等大数据流量传输的要求。

5. 语音通信系统

（1）洁净区语音通信系统纳入全院级语音通信网络。

（2）语音通信系统布点应满足业务应用需要。

（3）洁净区语音通信系统设计中，应关注区域内的通话调度问题，例如手术室、血液科洁净病房等。需要考虑部门级小型数字用户交换机。

6. 公共广播与背景音乐系统

（1）洁净区域公共广播系统为全院区公共广播的组成，但有一定的个性需求。

（2）一般采用公共广播和背景音乐一体化设计。系统要能实现日常广播和紧急广播两种功能，平时播放背景音乐和日常广播，发生火灾等异常情况时，可依据消防系统提供的信号，通过切换控制器强行把相应的楼层或区域的广播切换接入紧急广播，组织人员及时疏散，而其他安全区域仍能正常广播。也可采用IP模式，进行单独分区，以便播放不同特色的音乐。

（3）采用IP系统时，总控制中心的PC呼叫站及各分区的麦克风呼叫站，可通过系统软件编程控制广播，可实现紧急呼叫、音源选择、独立的分区广播和群组呼叫功能；系统具有定时功能，通过软件编程实现“时序控制特定音源分配”的播放模式；系统音频服务器可提供大容量的音频文件存储和提供完善的管理功能。适合ICU、手术部、洁净病房等实现分室播放不同的背景音乐。

7. 有线电视系统

（1）洁净区域有线电视系统是全院有线电视系统的组成。

（2）有线电视网采用同轴电缆传输或IPTV模式，从电视室向各楼层分布，将信号传送到各洁净空间。

（3）在系统的终端，用户可接收来自系统中心发送的任何信息，用户只需增加相应的双向终端设备便可享受综合业务信息网提供的一切服务。

（4）有线电视点位重点在于洁净病房、示教室等区域。

8. 机房系统

（1）洁净区域机房工程只涉及弱电间和手术室等重点部门的中控室。

（2）重点部门的中控室应创造一个安全、可靠的工作环境，满足计算机等各种电子设备对温度、湿度、洁净度、电磁场强度、噪声干扰、安保监控、电源质量、防雷和接地等的特殊要求；提供抗电磁干扰、抗静电等功能。

（3）弱电管理间应注意合理的温度控制，空间应满足弱电设施部署要求，应有有效的防雷接地等措施；一般建议不小于$3m^2$，最好$4\sim6m^2$。

9. 信息发布系统

（1）洁净区信息发布系统主要是患者等候区、出入口等区域的信息发布，常见于手术等候区。

（2）采取集中控制、统一管理的方式将视音频信号、图片和滚动字幕等多媒体信息通过网络平台传输到显示终端；能够实时地发布手术状态、健康宣教等重要信息；

（3）可采用LED显示器或点阵屏。

10. 多媒体会议系统

（1）洁净区域多功能会议系统一般主要用于内部示教室应用。手术示教系统一般需要接入专业多媒体会议室，实现手术示教和远程直播。

（2）多功能会议系统是在计算机软硬件的支持下，采用电子化、数字化和网络化的会议设施以及形象化、多元化和多媒体化的展示手段，将各类数据和图像等信息以声图并茂的视觉和听觉效果，将信息传递给会议的出席者。一般需要在示教室配置高清投影机和相关会议系统。

11. 视频监控系统

（1）洁净区安防视频监控系统应纳入医院安防网络。一般在出入口、医患沟通室、重要物品库房、公共通道设立视频监控摄像点位。一般选用全数字网络视频监控系统，主要分成图像的采集、图像的传输、图像的存储、图像的显示以及系统的管理与控制五大部分，由 IP 高清网络彩色摄像机、安防专用网络、网络存储服务器和高清视频解码服务器以及集中管理服务平台组成。洁净区域安防视频监控的重点为布线和摄像头选型。

（2）ICU、PICU、NICU 等区域一般需要进行闭路电视监控。病床每床设一台监控摄像机，主机设在护士站，并设一台液晶监视器，方便护士及时了解各病床情况。系统采用全数字监控系统。

（3）洁净区域医患沟通室等录音录像单独集中设置，并设录像启停装置。在安防数据中心设一台数字硬盘录像机，视频采用动态录像模式，录像时间不少于 1 年。

12. 实时报警系统

（1）入侵报警系统采用大型总线式报警主机，控制中心设置在安防消控中心，前端各布撤防键盘、手动报警按钮，报警信号通过弱电间内防区模块接入报警总线，并上传到中心报警主机。

（2）洁净区域中如有特别重要的场所，例如生物安全标本室、危险品库等，在重要场所和出入口有必要设立红外双鉴探测器。

（3）紧急求助手动报警系统主要设在洁净区域的护士站、分诊台、医患沟通室等处，保证在突然情况的时候，控制中心可以第一时间收到求助信息。

（4）各手动报警按钮、现场布撤防键盘信号接入设在弱电间内的报警防区模块。

13. 门禁管理系统

（1）出入口控制系统（门禁系统）对通道进行安全有效的出入控制。一般由控制主机、门禁控制器、读卡器、电子门锁、感应卡、开门按钮、发卡系统等构成。系统一般采用 M1 非接触式读卡方式，控制器采用 TCP/IP 协议通信，信号接入设备网。

（2）鉴于物联网应用日益广泛，建议门禁应适应多个频段，如有条件应覆盖手机 NFC 卡。同时建议关注读取手机二维码的门禁系统。

（3）应接入一卡通系统，实现门禁出入、身份确认、考勤等活动的一体化，能够对门禁出入信息以及报警事件进行记录，后期可索引查询。

（4）视频监控子系统和门禁子系统建议实现联动，抓拍现场图像，并启动录像存储，及时记录人员进出的信息，为每一条门禁的进出记录留下实时的图像与视频资料。

（5）手术中心、各类 ICU 监护中心、洁净病房换车间入口处和医护人员出入口门禁系统与可视对讲系统结合，入口处可以与对应护士站进行可视双向通话功能，并通过护士站可开启门锁。医护人员出入口也可设置人脸识别系统、虹膜识别系统、指纹识别系统等。

（6）手术室等洁净区域内部的洁净物品库、麻醉用品库、弱电间、强电间等，建议也接入门禁系统。

14. 楼宇自控系统

（1）主要用于楼宇机电设施和环境进行集中管理。

（2）洁净区环境和机电管控一般建议建立本区域的自动化控制系统，同时接入全院级的楼宇智能控制系统。

（3）洁净区局部的楼宇自控系统即环境和机电管控系统，一般包括洁净区净化空调子系统、冷热源子系统、空调新风子系统、送排风子系统、给水排水子系统、变配电子系统等。例如手术室空气洁净度、温度、湿度、静压、新风量、噪声、供应网络对地电阻，设备层空调净化机组各级过滤器的压差，风机供电频率及转速，电动阀门开启度，新风、送风、回风的温湿度，表冷器进水、回水的温度都应严格监视和控制。

（4）系统自动接收各控制器上传的统计信息及设备状态信息（正常、故障及报警），并能记录、打印、分析和管理，实现对所有机电设备的集中管理和自动监测，确保建筑内所有机电设备的安全运行并达到最佳状态。

（5）洁净手术部环境管控系统需要每间手术室配置自动控制触摸屏，常见需要实现的功能包括：①显示功能：显示当前时间、手术时间、麻醉时间；显示手术室内的温度、湿度等空调参数；显示风速、室内静压等空气净化参数。②预置功能：预置手术室内的温度、湿度，预置净化空调机组的送风量，手术和麻醉时间预置，发出时间提醒信号。③控制功能：控制净化空调机组启停和风机转速，控制手术室排风机、无影灯、观片灯、照明灯以及摄像机、对讲机、背景音乐等，将手术室内的所有设备都集中在屏幕上进行管理。④报警功能：对手术室内各类监视参数都具有超差报警功能，如医用气体压力、过滤器压差、空调净化机组故障、供电故障等。⑤查询功能：对手术室内的温度、湿度、洁净度、医用气体压力、过滤器压差、室内余压、机组故障、电源故障等运行状态进行记录，以供历史查询，既可指导维修，又有益于手术事故的分析。特殊功能手术室都希望具有这一技术。

15. 探视对讲系统

（1）适用于 ICU、PICU、洁净病房等探视需要。

（2）探视对讲系统用于监护病人与家属之间的探视对讲，采用全数字 IP 网络双向可视对讲，基于局域网，以 TCP/IP 协议传输视频、音频和多种控制信号。可同时支持多路探视者探视，互不干扰。

（3）ICU 等洁净区域每病床可安装 1 台病床分机（也可采用移动车载方式），探视间（谈话间）安装 2 台探访分机，护士站设 1 台探视管理主机。病床分机采用可伸展式支架安装，能将可视病床分机悬挂式固定在病人床头上方。当病人家属探访时，由管理主机控制，病人家属和病人就可分别通过探访分机和病床分机进行音视频双向通信。在建立家属和患者的音视频对讲的同时，还可以附加探视计时功能、监听插话功能、图像查看功能、主机呼叫分机功能、分机呼叫主机功能、多方通话等功能。也可考虑建立互联网探视功能。

16. 医用对讲呼叫系统

（1）医用呼叫对讲系统主要用于洁净病房、重症监护室等。

（2）洁净病房的系统一般由护士站主机、医生主机、病员一览表、走廊显示屏、病房门口机、病床分机、卫生间紧急呼叫按钮等组成。

（3）系统一般采用“双总线＋无线”的方式，即用于呼叫的病床终端、病房门口机、护士站主机均采用双总线模式；病床显示终端采用无线方式，用于病人信息显示、查询、健康教育等功能，也可以基于蓝牙实现病人健康监测信息的采集传输。也可采用完全 TCP/IP 模式，或者病房门口机与护士站主机采用 TCP/IP 通信（走内网），病床分机与病房门口机采用 RS 485 通信。

（4）手术区应配置护士站与各手术室之间的双向对讲呼叫系统、ICU护士站与各病床之间的双向对讲呼叫系统、妇产科护士站与各分娩室间的双向对讲呼叫系统可采用单纯双总线模式。

17. 医疗专用系统

（1）洁净区医疗专用系统主要涉及整体数字化手术部与手术示教系统、一体化数字化手术室、智慧重症监护病房系统等。

（2）各系统应根据不同区域的要求选择功能较为完备的专用系统。兼容临床数据集成、音视频管理、单元内专业业务信息系统等。例如数字化手术部系统将手术视频示教系统、手术麻醉系统、临床信息系统、手术室运行管理系统、手术物流管理系统、手术环境管理系统、手术相关服务系统和物联网技术高度集成，融为一体。

（3）洁净空间医疗专用系统需要专项设计，并预留各类显示屏、专用线缆、编解码器等。

18. 医院信息系统

（1）医院信息系统包括临床信息系统，如EMR、PACS、LIS、临床路径系统、护理信息系统等；包括运营管理信息系统，如HIS、OA、HRS、HRP、BI等；还包括客户服务信息系统、知识管理信息系统、区域信息协调信息系统等。

（2）洁净区域将顺应医院信息化的发展，部署相关信息应用系统。在智能化设计中，只需要了解和关注，预留基础应用条件。部分专用系统如手术麻醉系统、供应室管理信息系统、重症监护系统等可随智能化工程项目一并部署。

第3节　洁净手术部智能化系统部署

2.8.3.1　部署洁净手术部智能化系统，应正确理解其内涵。

【技术要点】

1. 狭义的手术部智能化系统是通过对灯床塔、手术室环境、腔镜等手术室设备的集成控制及手术室内外的音视频交互通信，提供更加舒适便利的操作环境，实现设备集中控制和手术示教及转播。常见的一体化、数字化手术室和手术示教系统属于此范畴。

2. 广义的手术部智能化系统是通过医疗设备集成技术及医院信息集成技术建立围手术期临床数据中心，实现手术教学、手术指导、手术会诊、手术麻醉、手术护理、手术室运营及决策管理、手术环境管理、手术物流管理、手术室相关服务及过程管理等，对手术临床及围手术期闭环综合追溯管理提供全面支持。一般可以理解为手术部整体的数字化。

3. 手术室智能化系统的另外一种理解是手术室楼宇智能控制，即手术机电智能管控与环境监测，在上文楼宇自动控制系统中已提及。

2.8.3.2　手术部智能化系统部署目标是以患者围手术期临床数据中心建设为核心，以病人的智能化服务为中心，以自动化管控为导向，以手术医疗设备、音视频及信息系统集成为三大支撑平台，以手术医疗行为管理、手术麻醉、手术护理、手术示教与观摩、远程与会诊、医护患协同、中央监控与管理、毒麻药品管理、高值易耗品管理、手术器械包管理、医疗设备管理、手术决策支持、设备集中控制、手术室环境监测与控制等系统为基础应用，建设成为实现全面覆盖手术室的业务管理及流程，打造全方位、高集成和超共享的

数字化手术室。

【技术要点】

1. 信息展示多元化

（1）同步医院各类信息系统，集成各类医疗设备，实现患者诊疗信息的集中展示、传输与存储。

（2）数据文字类基本信息可分模块清晰地展示给术者和医护人员，包括术前生化生理指标、电子病历。

（3）图像类信息在手术前后全过程内可随时调用，实时、便捷地获取，主要包括各类医学影像。

（4）实时生命体征监测信息可实时更新展示。

（5）手术动态视频可实现三维展现，根据需要灵活、可选择地显示在显示终端屏幕上。

2. 手术决策智能化

（1）对患者所有相关诊疗信息进行深度挖掘，逐渐形成可扩展的智能规则和知识表达。

（2）与手术室实时交互时，就病理诊断、疾病性质、手术情况和病人病情进行记录，自动推送检查报告。

（3）智能提醒医护人员查看，辅助医护人员对患者病情变化做出精确判断，能够智能提醒监测异常值。

（4）对医疗临床数据的智能化分析，对医院临床操作管理提供精确的辅助决策功能。

3. 手术管理系统化

（1）集成医院信息与设备，实现床旁监护设备的自动采集与信息共享，自动生成符合国家规定的麻醉电子病历，服务于临床。

（2）与医院供应室、病理科、麻醉等系统无缝对接，实现医疗资源共享，提高信息沟通的及时性和准确性。

（3）定制化设计方案，实现手术全业务流程信息化，为医院科室管理、绩效考核、物资查询、人员管理、统计分析及科研提供系统化支持。

4. 数据管理一体化

（1）对手术过程中所有图像与手术的影像进行集中管理，结合术前术后相关信息，集成并连接其他区域的远程医疗、会诊、监控和会议设备。

（2）通过数字化存储技术，实现患者围手术期医疗数据的全面整合，建立围手术期临床数据中心。

（3）能够按时间顺序查看围手术期医疗数据并实现在同一时间轴下同步播放手术多路视频影像、生命体征及术中事件；完整回溯整个手术过程，并对重要事件进行标注。

（4）借助存储平台，确保海量围手术期临床数据的统一管理和高效存储使用，为教学科研等活动提供宝贵的资料。

5. 资源管理可溯化

（1）将自动控制技术引入手术室资源管理流程。

（2）与排班系统对接，通过门禁控制人员进出。

（3）通过自动化设备智能发放回收洗手衣、手术鞋，实现手术室物资可追溯。

（4）与供应室对接，全程追溯毒麻药品，杜绝药品流失。

（5）将科室的医疗设备、高值易耗品、器械包等分别进行统一编码，对低于库存的耗材进行提醒，对器械包的基本信息进行维护以及过期提醒。

（6）通过扫描条码，完成各项核查信息，并对使用情况进行追溯。

6. 医疗质量可控化

（1）使医护人员从繁琐的病历书写中解放出来，集中精力关注患者的诊疗，将更多的时间用于分析、诊断，减少了医护人员的工作量。

（2）以服务临床业务为核心，为医护人员、业务管理人员、院级领导提供流程化、信息化、自动化、智能化的临床业务综合管理平台。

（3）解决患者诊疗信息的电子化记录问题。

7. 手术流程闭环化

（1）覆盖从患者入院，经过术前、术中、术后，直至出院的全过程。

（2）针对患者围手术期业务全流程，实现手术自动排班、病房交接、手术麻醉、器械及设备管理、术中输血、术后恢复等。

（3）在围手术期相关业务实现闭环管理的基础上，对散落的各个环节有效信息进行科学组织，有效加工提取，形成手术进程闭环管理，协同显示各节点手术进程。

（4）针对科室管理，完成每日上班护士的考勤及绩效，形成相应记录单。

（5）带有查询功能，实现手术业务流程的闭环化管理。

8. 信息安全可视化

（1）提供严格的鉴权体系，确保病人的隐私和医生的学术隐私，为医生、护士及家属等多方参与提供了安全保障。

（2）提供用户访问日志功能，对访问过的数据以及特殊的操作进行记录，并提供记录查看和检索手段。

（3）具有权限的用户才能获取数据资料，直播过程中，可随时切断手术画面。

2.8.3.3　手术部智能化系统种类较多，不同的医疗机构应根据不同的管理需求和经济实力选择合理的配置。

【技术要点】

1. 手术部智能化子系统的分类方法众多，现按照手术部智能化管理对象类别不同将系统划分为 14 类子系统，如图 2.8.3.3 所示。

2. 不同类型的医疗机构可根据自身特点和发展需要，选择不同的配置，如表 2.8.3.4 所示。

3. 手术部智能化系统以手术临床为核心，将医院管理信息与临床信息整合，在实现对手术室的人、财、物进行统一的调度和管理的同时，真正实现科室管理、教学培训、手术直播、远程会诊、学术交流、麻醉及护理电子病历、医学信息数据库等一体化管理。

2.8.3.4　手术部智能化具有不同的专业系统，应关注不同的手术室设备配置和技术要求。

【技术要点】

1. 手术医疗行为管理系统

（1）手术医疗行为管理系统的重点是入口许可、收发衣管理和二次更鞋管理等功能，

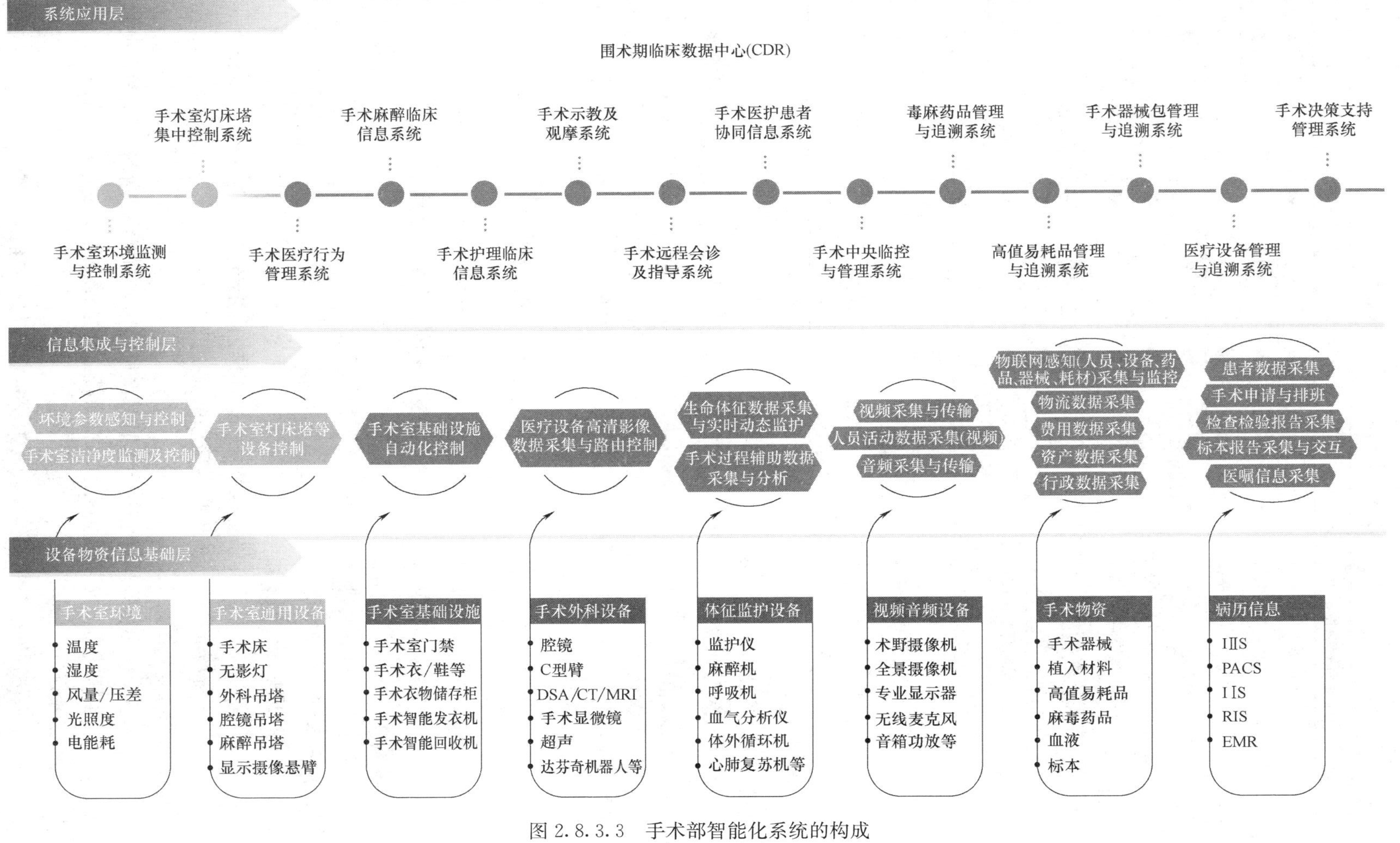

图 2.8.3.3　手术部智能化系统的构成

手术部智能化系统配置选项表　　表 2.8.3.4

手术部智能化系统	综合性医院	专科医院	特殊病医院
手术医疗行为管理系统	●	●	●
手术麻醉临床信息系统	●	●	●
手术护理临床信息系统	●	●	●
数字化手术室系统（手术示教及观摩）	●	●	●
手术远程会诊及指导系统	●	●	●
手术医护患协同信息系统	●	●	●
手术中央监控与管理系统	●	○	○
毒麻药品管理与追溯系统	●	●	○
高值易耗品管理与追溯系统	●	●	○
手术器械包管理与追溯系统	●	○	○
医疗设备管理与追溯系统	●	○	○
手术室设备集中控制系统	●	○	○
手术室环境监测与控制系统	●	●	●
手术决策支持管理系统	●	●	○

注：●需配置；○宜配置。

配置相应的设备设施和应用软件。

（2）手术室入口需要配置门禁、刷卡或其他身份识别方式方可进入。门禁系统与手术排班系统集成，验证进入人员当天是否有参与手术。

（3）医护人员取洁净鞋更换，刷卡开启电子鞋柜，存放外出鞋。在更衣室内，通过刷卡在手术衣自助发放机中按尺码选择领取含 RFID 芯片的手术衣，系统自动进行衣物与领物人信息的关联登记。

（4）更衣回收时，将污衣投放入手术衣自动回收机里，智能管理系统自动检测确认回收。

2. 手术麻醉临床信息系统

（1）在手术室配置麻醉医生工作站，安装该系统供麻醉医生使用，将该工作站固定于工作站支架上。

（2）配置数据采集套件，采集麻醉机等的信息。

（3）手术麻醉系统需要与临床信息系统集成。

3. 手术护理临床信息系统

（1）手术室配置护理工作站壁挂套件和一体机，设备安装应配合净化工程安装。

（2）软件系统应支持手术护理临床信息系统相关功能。

4. 手术示教及观摩系统

（1）手术室室内无影灯吊臂上安装术野摄像机，用来拍摄病人手术部位术野视频。

（2）在手术床的两边安装单显示器吊臂系统，在吊臂上各安装专业 26 寸医用显示器，用来显示术野视频。

（3）手术室吊顶安装全景摄像机，观察手术室内人员的整体活动。

(4) 手术间墙壁上安装26寸医用彩色触摸控制屏，以完成术中所有信号的控制与切换。

(5) 在墙壁安装42寸PACS影像专用显示屏，以调取患者PACS影像信息。

(6) 在手术床一侧墙面上安装48寸多功能专业显示屏或液晶电视，以显示术中远程场景、电子病历等各种信号。

(7) 在手术床或床尾安装48寸多功能专业显示屏或液晶电视，专门用于显示监护仪信号。

(8) 扩音音箱采用吸顶的安装方式，美观大方，医生佩戴耳麦式无线话筒实现语音的互动。

(9) 手术室内预留嵌入式信息设备机柜（需要净化公司配合），以存放数字化手术室相关设备。

(10) 在手术示教室配置全景高清摄像机、高清投影仪（支持1080 P）、专业音响设备等，便于观看手术高清视频转播，与手术室实现语音和视频的双向互动。

(11) 手术室音视频与临床信息系统集成，进行存储与管理。

5. 手术远程会诊及指导系统

(1) 手术远程会诊系统由显示设备、编解码终端、摄像机、麦克风以及其他手术室设备构成。

(2) 显示设备主要为46～60寸显示屏，可使用3块46～60寸显示屏拼接，作为视频系统显示设备。三块屏幕分别显示本地、远端画面和本地医疗数据采集画面。55寸电子白板显示屏作为交互式电子白板显示屏。对于显示屏分辨率要求是至少支持1080 P显示分辨率。

(3) 编解码终端需提供四路全高清1080 P显示输出；3路全高清视频输入接口；1路高清数据采集接口；4路标清视频输入接口。

(4) 摄像机须为1080 P以上全高清摄像机，置于显示屏幕上端，能够覆盖参会人员。摄像机高度控制在拍摄人员坐姿头顶向下俯视45°以内。

(5) 吊装全景摄像机拍摄会诊室全景画面。

(6) 会诊人员众多的情况下，至少采用2个高灵敏度全向麦克风，可自由进行切换。

(7) 配置高品质音箱、会诊工作站、医用胶片扫描仪、医用灰阶显示器3M、数字心电图机、办公一体机等，实现手术远程会诊。

6. 手术医护患协同信息系统

(1) 手术室入口配置一块触摸查询机，可以查询到具体医生或患者的手术安排和手术状态。

(2) 护士站配置两块大尺寸显示屏，滚动显示和发布手术麻醉排班信息等，如手术间号、患者姓名、年龄、性别、手术名称、麻醉医生、手术医生、手术护士等信息。手术过程中医生可进行信息修改，并可以实时进行更新发布。

(3) 家属等待区配置两块大尺寸显示屏，从麻醉系统实时获取手术进程信息、动态，向患者家属展现手术状态。手术过程中医生可进行信息发布并召唤家属。

(4) 家属等待区安装LED公告屏幕，并运行LED公告系统，可以实时、动态显示手术进程信息；医生可以通过语音播报以及大屏幕提示来召唤家属谈话；家属可以通过

LED 屏幕播放的内容了解手术麻醉基本知识。

7. 手术中央监控与管理系统

(1) 配置网络硬盘录像机、控制键盘和硬盘用于录制和存储视频。

(2) 监控室配置一台显示终端，采用编解码器编解码视频，以便于显示多间手术室实时状态，并且手术室各信号源可在显示设备上自由切换。

(3) 与一般安防监控的区别在于视频信息必须与手术及患者信息深度集成，可以作为病案的一部分内容。

8. 毒麻药品管理与追溯系统

(1) 可配置专用智能化毒麻药柜。

(2) 配置相关工作站和扫描枪，用于提示和查找毒麻药品。

(3) 如有条件可采用不同的技术手段，实现对毒麻药品进行定位追溯。

9. 高值易耗品管理与追溯系统

(1) 如有条件，可配置高值易耗品智能储存柜；如无条件，需建立专用库房。

(2) 配置相关工作站和扫描枪，用于提示和查找高值易耗品。

(3) 如有条件，可采用不同的技术手段，实现对高值易耗品进行定位追溯。

10. 手术器械包管理与追溯系统

(1) 系统与供应室管理系统一体化融合。

(2) 配置相关工作站和扫描枪，用于记录、提示和查找手术器械包。

(3) 如有需要，可对手术器械包进行定位追溯。

11. 医疗设备管理与追溯系统

(1) 与医疗设备管理系统融合。

(2) 配置相关工作站和扫描枪，用于提示和查找医疗设备。

(3) 如有需要，可实现对医疗设备进行定位追溯。

12. 手术室设备集中控制系统

(1) 手术室集中控制系统采用一台触摸屏通信和控制技术。

(2) 手术室内各种强弱电控制、信息、通信控制集于一体。

(3) 实现各手术室空调、灯光、温度、湿度、时间等控制。

13. 手术室环境监测与控制系统

(1) 通过各种传感器、远程数据采集模块配合上位控机等环境监测执行器件。

(2) 实现对手术室内的温度、湿度、风速、压差、新风量等各种环境参数的实时采集、监测及集中控制。

(3) 确保室内环境符合手术需要以及医疗设备的正常运行，并能与其他系统集成。

14. 手术决策支持管理系统

(1) 该系统通过一台管理工作站，统计并展示既往患者病案。

(2) 通过网络连接知识库平台，对病案进行分析。

2.8.3.5　手术部配置不同的专项智能化系统时，应关注各类系统功能配置。

【技术要点】

1. 手术医疗行为管理系统：结合医院准出入管理系统，将整个手术部工作流程自动化，通过对各个工作节点的控制和管理，针对医护人员、患者和护工三类人群设定进出权限，避免无权限人员任意进出手术室，提高手术部洁净度。

（1）系统采用物联网技术，实现手术医护人员身份识别和准入管理，手术衣、鞋的发放，回收和追溯管理，电子衣鞋柜的智能化管理，严格控制手术人员的进入和流动，建立了手术资源和人员行为的智能化管理体系，在确保手术安全及感染控制的同时，实现了手术室资源的高效利用，提高了手术室的工作效率和管理水平。

（2）医护管理主要功能应包括：标签管理，可针对标签的不同类别进行注册，可针对标签进行分组管理，可变更标签的类别及状态信息；医护人员信息管理；统计查询；异常信息提示；短信发布功能；设备远程监测管控；门控管理；准入控制管理；流程控制管理等。

（3）患者通道管理具有患者身份核查及追踪功能。融合患者信息与医生信息，通过患者腕带扫描进行绑定，进门刷卡核实患者信息。患者身份核实后，需要在换车区将患者换到洁净区推车上，送患者进入病房。

（4）护工管理具有护工呼入、刷卡响应、实时追踪及空闲管理功能。

2. 手术麻醉临床信息系统：相关的子系统全程协助麻醉医生完成记录工作，采集床旁设备信号，实时监测患者生命体征信息，为手术提供决策支持，实时监测追踪毒麻药品，为管理者提供便利。以麻醉科、手术室业务及数据准确、安全为基础，兼顾临床与管理两条主线，达到数字化手术室管理的要求。根据医院临床医生、麻醉科医生、手术室护士等具体工作流程和需要进行定制和改造，以满足科室的要求。手术麻醉临床信息系统业务流程如图 2.8.3.5-1 所示。

3. 手术护理临床信息系统：手术护理系统能全面记录手术室的各项工作，实现了病

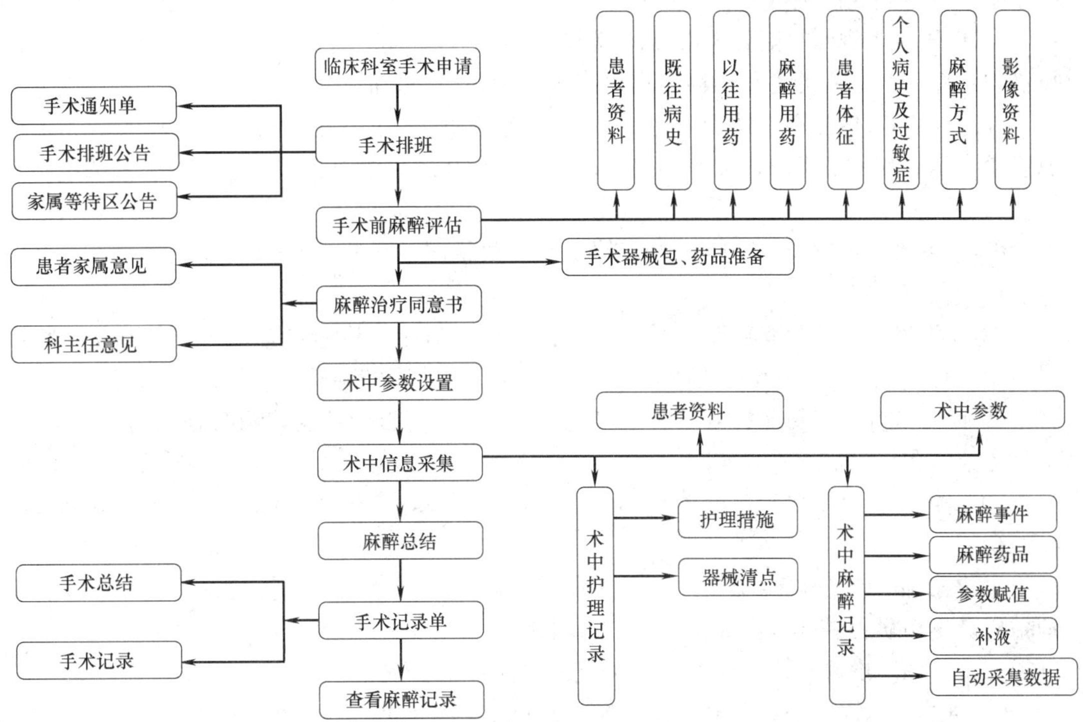

图 2.8.3.5-1 麻醉业务流程

人信息的采集、储存与共享，体现了手术前方便查阅与统一安排；手术中便于记录与保存；手术后便于管理与统计。系统覆盖与手术护理工作相关的各个临床工作环节，具有手术资源管理、手术质量管理、科室人员管理、术中协同管理、手术调度管理及收费管理等模块，能够将手术护理的日常工作标准化、流程化和自动化，将手术室内的手术设备、手术耗材、手术器械进行闭环式可追溯管理。

4. 手术示教及观摩系统：主要用于教学和观摩用途，其具有 3 大主要功能。

（1）系统集成功能

① 对手术医疗设备如腔镜、血管造影机（DSA）、骨科导航机器人（X 光机）、神经外科手术显微镜、术中 MR/CT、达芬奇机器人和 3D 内镜等设备进行高度影像集成；对手术床旁监护仪、麻醉机、呼吸机及血气分析仪等患者生命体征进行高度集成。

② 对手术室术野高清摄像机、全景摄像机及音频等信号进行高度集成。

③ 将手术过程中查询或接收的大量 HIS、LIS、PACS、RIS、EMR 等信息化系统患者信息进行整合。

（2）系统示教与观摩功能

① 视频分辨率要求达到 1080 P 全高清，支持超高清 4K 技术并且向下兼容；视频的采集、编码、传输、解码、存储全过程都必须满足高清视频质量标准；支持 H. 265、H. 264 HighProfile 等网络编解码技术。

② 系统提供手术间情况一览功能：以一屏多画面方式展现当前所有手术间情况，实时动态展现各个手术间当前手术患者的信息、手术信息以及当前手术进展情况。

③ 提供观摩权限管理功能：观摩手术前，需要获得手术室同意后方可开始观摩，如果手术室拒绝则无法观摩该手术间的手术。

④ 提供手术观摩功能：能够在会议室观摩指定手术间的手术，实现双向的沟通交流，可同时观摩一个手术的多路画面，也可全屏显示某一路画面。

⑤ 提供病历报告调阅功能：能够在具备权限的情况下，在会议室调取病人的相关信息及手术情况，病历资料可以和多路手术视频集成显示，没有权限则会提示无查阅电子病历的权限。

⑥ 提供会议主题设置功能：可根据学术会议情况，设置发布会议主题名称、主办医院名称、会议安排等信息。

⑦ 提供患者病情摘要功能：可自动根据患者术前相关检验检查报告进行分析，将结果以图形化方式汇总成患者病情摘要，辅助专家在手术开始前充分了解患者病情。

⑧ 提供云台控制功能：可对手术间术野摄像机进行云台控制，调节画面角度、深度，满足专家学术讨论需求。

⑨ 提供声音控制功能：可随时对麦克风进行调节，实现音量调节、静音、麦克风沉默等功能。

⑩ 提供病历报告调阅功能：可随时调取当前病案患者相关的检验、检查、影像、病理报告及病历病程等报告，方便专家进行讨论。

（3）谈话间设计

① 通过音视频技术对手术过程关键环节向患者家属进行展示和沟通。

② 支持召唤家属功能，系统自动发送谈话提醒信息至患者家属等待区域的大屏上，

并进行语音提示，及时有效地通知家属进入谈话间。

③ 谈话医师在谈话过程中实时调取手术间视频展现给家属查看，并能自主选择视频通道。

④ 支持手术端在谈话过程中一键录像，支持自定义录像开始结束节点，录制结束后，录像自动保存至本地，可将其上传至统一的存储服务器，可在手术档案管理中进行统一维护管理。

⑤ 谈话系统设置一机双屏，支持同步将谈话医师调取的手术室直播视频以及患者检查报告、医嘱信息屏幕扩展至家属屏幕上显示，方便家属了解患者病情，帮助谈话医师无障碍地与家属沟通病情。

5. 手术远程会诊及指导系统

在医院网络可达的地方即可实现高清视频在线直播，支持多方视频窗口显示本人或远程各方视频；支持床边监护仪等生命体征数据实时传输，为会诊专家提供连续动态的诊断依据；支持多方智能混音，方便手术视频会议与手术会诊中的多方讨论。能够进行远程手术指导，支持远程专家对手术室云台的实时控制，具有远程连接的能力，在异地对手术医生进行远程协助，大量的实时手术过程信息、病人生命体征变化信息和电子病历信息便于进行实时远程会诊。

6. 手术医护患协同信息系统

医护患协同系统中大屏公告子系统是协助医生与患者交流沟通的计算机应用程序，其主要任务是处理患者所在手术状态的信息，帮助医生、护理人员以及患者家属及时、准确地了解患者所处的手术状态。手术排班大屏功能模块支持显示手术排台一览表，可动态显示当天手术的排台结果和手术进程，动态显示当前手术的进展状态，方便家属了解手术情况，能够支持视频、ppt 等宣传材料的播放；支持医院通知、公告等内容的发布，支持患者隐私加密处理。

7. 手术中央监控与管理系统：手术中央监控与管理系统通过将手术室全景视频与手术信息关联，为手术室决策管理、医院感染管理、质控管理提供辅助支撑。手术中央监控模块主要包括对手术间使用及手术情况、手术患者整体医疗进程进行统一化监控管理，以保证手术室使用规范，患者入院治疗过程全程跟踪，其功能结构如图 2.8.3.5-2 所示。

8. 毒麻药品管理与追溯系统

毒麻药品管理与追溯系统覆盖了与麻醉相关的各个临床工作环节，提高整个工作流程的效率，其功能模块如图 2.8.3.5-3 所示。

9. 高值易耗品管理与追溯系统

对手术室高价值和特殊耗材进行管理，从耗材进入手术室到使用等进行全程透明化管控，耗材管理形成闭环的管控。可对耗材进行追溯查询，可快速查询到所需的耗材信息、对接物资系统、直接调取相关数据内容，比人工查阅方便、快捷、准确。

10. 手术器械包管理与追溯系统

对手术室范围内无菌器械包进行管理，从无菌器械包进入手术室到使用等进行全程透明化管控。器械包管理形成闭环管控。

11. 医疗设备管理与追溯系统

医疗设备管理与追溯系统规范手术室医疗设备使用流程，确保医疗设备使用和进出手

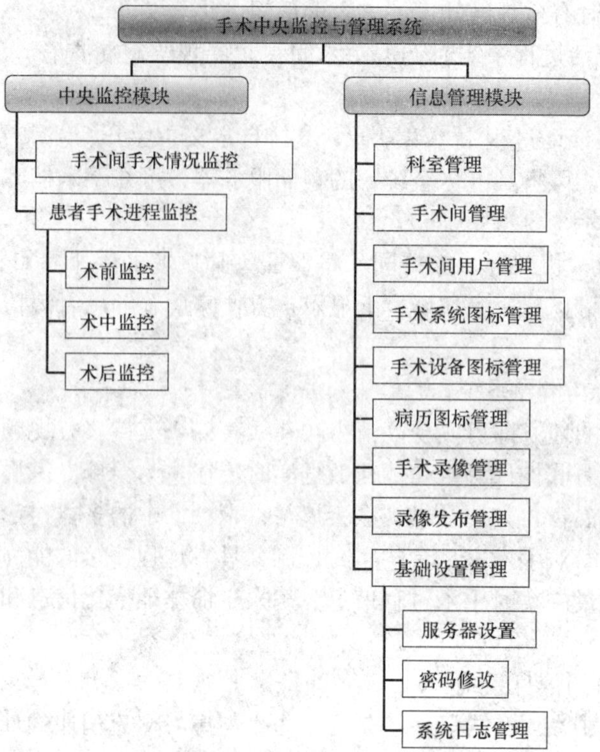

图 2.8.3.5-2　中央监控管理系统功能结构

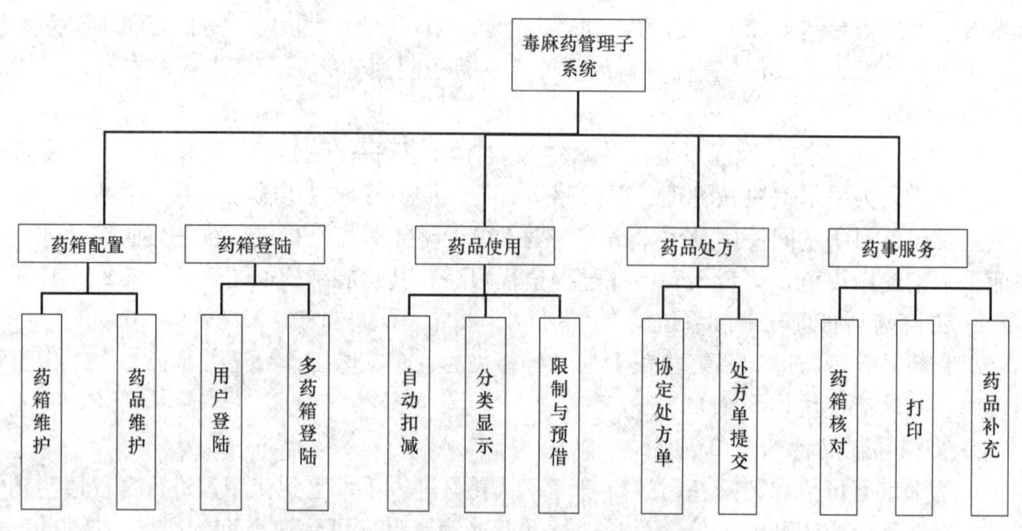

图 2.8.3.5-3　毒麻药管理系统功能模块

术室受到严格管控，手术室管理者可通过系统实时了解设备当前位置，查询到设备使用的所有记录，实现设备使用的规范化、流传和可追溯性。

12. 手术室设备集中控制系统

手术室设备集中控制系统能根据手术操作的要求，在手术室触摸屏上对多个设备进行设置，辅助医生高效安全地完成手术。医护人员能通过该系统完成设备的控制，节约手术的准备时间，提高手术室工作效率，创造一流手术环境。手术设备集中控制界面示例如图 2.8.3.5-4 所示。

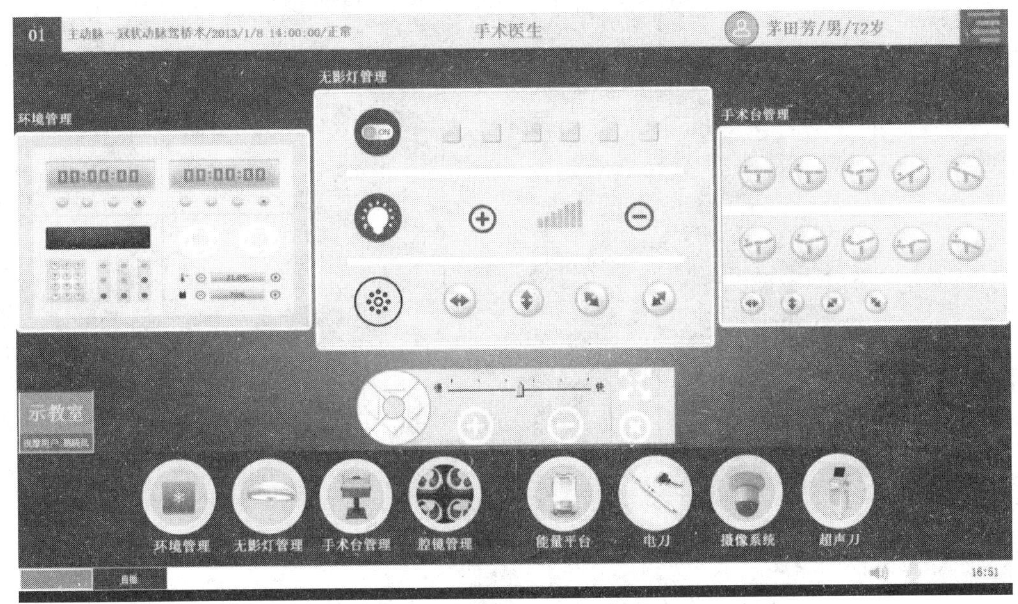

图 2.8.3.5-4　手术室设备集中控制界面示例图

（1）将手术室内各种强弱电控制、信息、通信控制集于一体，解决各手术室空调、灯光、温度、湿度、时间等控制。

（2）一机多屏控制技术的通信和控制取代传统的手动操作控制。

（3）对无影灯、手术床、环境、摄像、录播等设备均可进行控制，支持设备广泛。

（4）支持一键调用和一键复位功能，能够存储和预设手术模型。

13. 手术室环境监测与控制系统

手术室环境监测与控制系统通过各种传感器、远程数据采集模块配合上位工控机等环境监测执行器件实现对手术室内的温度、湿度、风速、压差、新风量等各种环境参数的实时采集、监测及集中控制，确保室内环境符合手术需要以及医疗设备的正常运行，并能与其他系统集成，系统架构示意图如图 2.8.3.5-5 所示。

（1）环境监测。主要包括温度监测、湿度监测、风量/气压监测、光照度监测、电能耗监测、粉尘监测。

（2）环境控制。主要包括温湿度控制、气压控制、粉尘控制、光照度控制等。

14. 手术决策支持管理系统

手术决策支持管理系统根据患者既往病史、既有临床数据，结合专家知识库进行综合分析，在术前诊断和术中治疗时给予医护人员相应参考和提醒，统计阶段内相关的业务数据并以图表形式展现，为管理者提供决策参考和病案分析回顾，实现围手术期的闭环追溯管理。手术决策支持管理系统功能模块如图 2.8.3.5-6 所示。

2.8.3.6　手术部智能化系统设计与部署应规范、有序地推进。

【技术要点】

1. 智能化手术部项目建设是一件非常复杂的系统性工程，需要统一部署，长远规划，

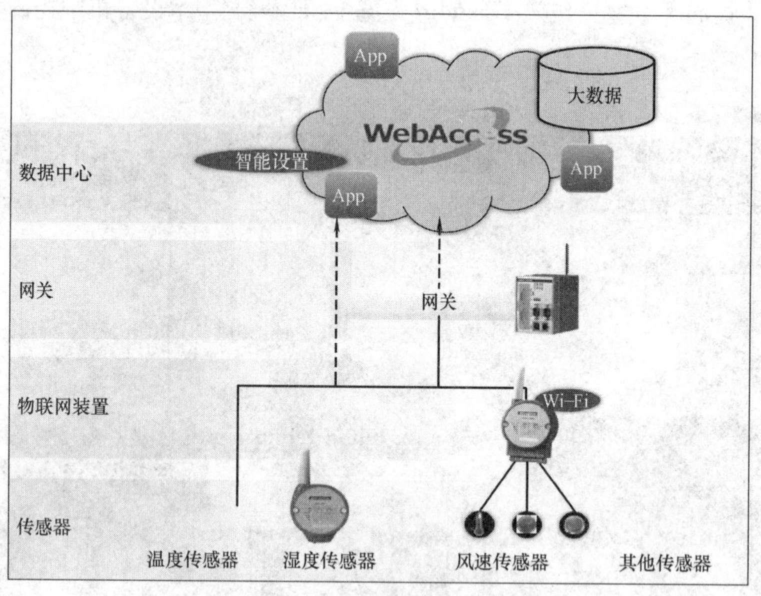

图 2.8.3.5-5　手术室环境监测与控制系统架构示意图

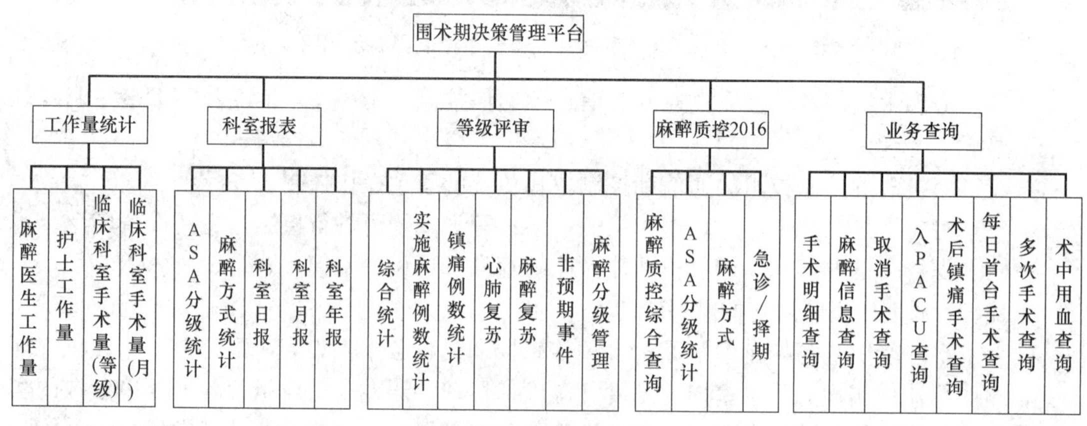

图 2.8.3.5-6　手术决策支持管理系统功能模块

分步实施。对项目实施过程加以严格控制，确保在项目的立项、设计、实施及管理等各阶段做到规范化、合理化，智能化手术部系统设计与部署主要步骤如图 2.8.3.6 所示，应分阶段做好相应工作。

2. 净化工程设计阶段。应有效编制设计任务书，选择有实力的设计单位或净化企业

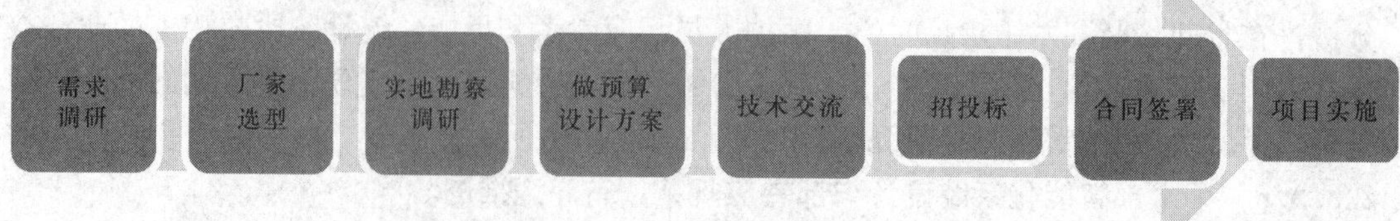

图 2.8.3.6　手术部智能化系统设计与部署

完成相关设计工作。图纸应采用 CAD 图纸设计。如手术室墙面的空间预留、设备机柜嵌入式摆放等硬件环境预留等位置。

3. 净化工程强弱电设计阶段。强电弱电点位需符合手术室日常供电，同时保证信息系统能顺利接入医疗网，涉及位置主要有：手术室大门门禁、换鞋区、更衣室、手术室吊塔、手术室墙面、吊臂吊塔等。所有的点位，在净化强弱电设计阶段进行规划设计。

4. 医用设备采购阶段。医院所采购麻醉机、监护仪、呼吸机、血气分析仪等床边设备需具备数据输出接口，方便临床信息系统采集数据。医院采购的吊臂吊塔需符合数字化手术室术野摄像机及术野显示屏的安装及配备。为保证手术室内的移动类高端医疗设备能最为简洁地接入系统，医院采购的吊塔需具备数字化手术室音视频相关的接口预留（如：光纤接口、高清视频接口）。

5. 工程施工阶段。因为手术室系统含有大量硬件安装工程，考虑到手术室洁净度管理，首先应完成医院内部网络基本框架搭设，添置中心机房相关设备。其次针对手术室区域开始从外内的分区域施工安装，包括：①摆放自动收发衣机及衣鞋柜等固定设备，实现手术室人员、手术衣、一次鞋、衣鞋柜的整体管理（如有需要）。②完成手术室内硬件设备安装，如各类医用屏、手术护理工作站等，并将手术所需要的和手术过程中产生的大量数据集中展现在手术室。③手术示教室等设备的安装。

6. 信息系统建设阶段。注重在手术室临床信息系统和医院其他信息系统的整合，结合医院信息基础设施环境而形成分布式、模块化、实时性的数字化手术室平台。建设内容包括医疗信息系统（HIS、PACS、LIS、EMR）的接口、手术麻醉临床信息系统，手术护理临床信息系统。

2.8.3.7 案例介绍。

1. 解放军总医院

解放军总医院完成了 4 间 DSA 手术室、1 间磁导航和 1 间术中 CT 室的数字化建设。集成 DSA 影像信号、心导管工作站心电信号、血管内超声信号、光学相干断层成像信号、手术间实时视频信号及术者语音信号等在一个平台上进行同步传输，实现医院 HIS、PACS、LIS 和 EMR 信息与系统的整合，如图 2.8.3.7 所示。

图 2.8.3.7 解放军总医院数字化手术室建设

对导管室进行数字化建设，在手术床边固定安装一个摄像吊臂，在摄像吊臂上安装一台高清术野摄像机（需敷设的电缆有色差线缆、电源电缆、控制电缆、六类网线），顶棚的合适角落安装一台全景摄像机，在墙面上壁挂一台 PACS 影像显示屏，壁挂一块 46 寸以上的液晶电视用来显示各种视频信息。需要注意的是，在靠近床头一侧的墙面上预留 2 个标准 86 面板，用来安装 VGA、SDI、DVI-I 视频信号模块，这些模块用来连接 DSA 手术室的如 IVUS、OCT 等专有信号。手术间终端实现了导管室内 DSA 高清影像信号、心导管工作站信号、血管内超声信号、光学相干断层成像信号、FFR 信号、手术间实时信号和术者语音信号等同步采集，实现了病人手术影像信息和电子病历的完美整合，使导管室内直接调取各种影像信息成为可能。

在操作室，需要把心电监护设备的信号传送到设备间机柜中的手术室集中控制器，在操作室墙面上壁挂一块液晶电视用来显示各类视频信息，在操作台上放置一块显示屏及键鼠。

在患者家属谈话间部署一台摄像机、一块大屏幕液晶屏和一套桌面麦克风音箱，用来就手术情况进行视频家属谈话。医生通过直播 DSA 影像和视频信号向患者家属告知为什么选择此类手术方案，彻底改变了以往医生单一口述的谈话方式，使患者家属明白了为什么要放置多个支架，加强医患矛盾沟通，避免了不必要的医疗纠纷。

在观摩端进行数字化建设，由于导管室具有放射性，每台手术最多只能 1～2 名学生跟台学习，培训效率较低。数字化手术室系统建成后，学习室内将完全再现手术室过程，突破了手术室内空间与时间的限制，使观摩与教育的人数获得了极大的提升。主任医师在办公室通过手术终端与手术主刀医师进行音视频的双向实时交互，真正实现远程手术指导与远程会诊。

数字化导管室的建设不单单局限于导管间内“灯、床、塔、环境条件”的简单集成控制，而是向更高层面的是集成各类医疗设备、整合各种数据资源的临床信息一体化集成和内外通信上。这一整套系统的建设有效解决了导管间对于高度无菌环境的要求，有利于杂交手术的开展。解决了导管间内空间限制，实现了各类医疗信息系统的集成以及各种医疗设备的采集，提高了介入手术效率。解决了医患之间的沟通问题，减少了医患矛盾；实现了高质量实时音视频的远程手术指导、教学与学术会议。

2. 中山大学附属第三医院

中山大学附属第三医院建设数字化手术室和行为管理系统，通过数字化网络，集成医院现有 HIS、LIS、PACS、EMR，将患者信息充分融合在一个平台上，便于医护工作者调阅。建设手术室医疗行为管理系统，实现手术室准入式管理，实现手术衣鞋智能化管理。运用信息化技术，整合手术室医疗设备及术野、全景视频信号，实现跨院区全方位的手术远程指导和会诊教学，实现多院区的数字化中央监控。

数字化手术室系统能够集成手术术野/全景视频、患者基本信息、病人生命体征等信息并存储为超媒体电子病历，满足医学研究和医疗举证。融合了视频监控技术、自动化设备远程控制技术、视音频信号编解码技术、临床信息整合及共享技术，实现信息和设备高度融合的全新数字化手术室，在提高手术效率的同时为拓展更多的医学应用和医疗服务提供了崭新的平台。

建设手术室医疗行为管理系统后，能有效地管理手术衣、鞋等的发放与回收，规范了医护人员在手术区域的医疗行为，提高了管理水平，提升了工作效率。智能化的手术门禁管理系统，结合手术排班系统和医护人员鉴权体系，实现了手术室的准入管理及安全管理，避免出现无权限的医护人员进入手术室的行为。

第4节　洁净重症监护病房智能化系统部署

2.8.4.1　洁净重症监护病房的智能化系统以床旁信息工作站和护理信息工作站为核心，通过全流程的患者信息集成和共享，为重症临床治疗、护理等业务提供服务支持。

【技术要点】

1. 洁净重症监护病房的智能化系统以床旁信息工作站和护理信息工作站为核心，以患者的临床过程为主线，通过全流程的患者信息集成和共享，为重症临床治疗、护理等业务提供服务和支持。

2. 用于实施重症患者抢救治疗过程中监护数据的采集、医疗文书的书写、信息共享及再利用，其主要架构如图2.8.4.1所示。

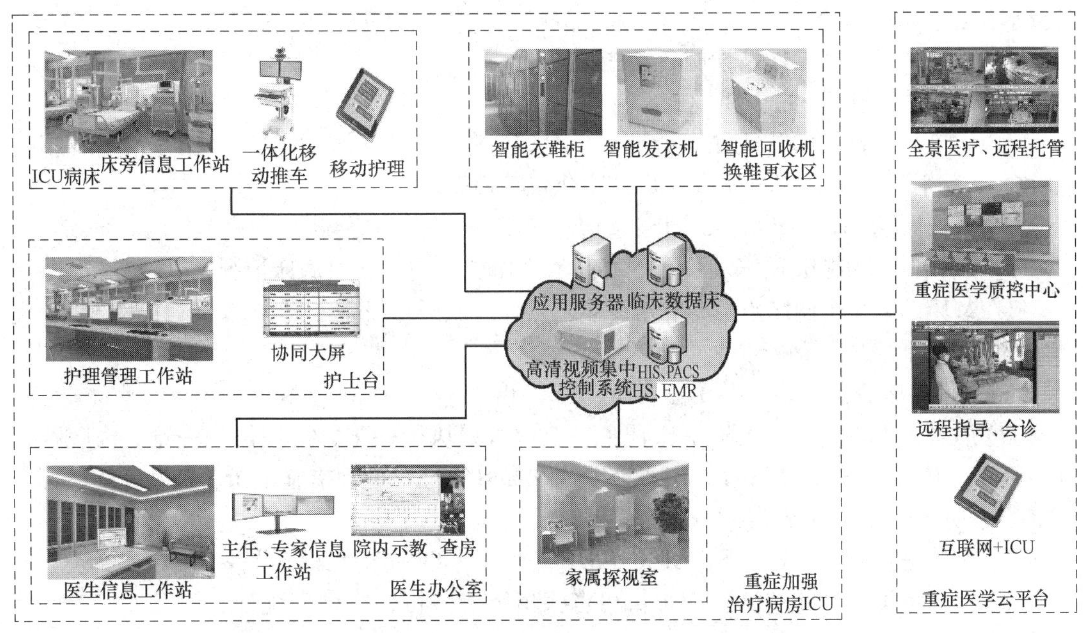

图2.8.4.1　重症监护病房智能化系统建设架构

3. 系统与相关医疗仪器的设备集成，实现患者信息的自动采集与共享；以服务临床业务工作的开展为核心，提供流程化、信息化、自动化、智能化的临床业务综合管理平台；覆盖重症诊疗相关的各个临床工作环节，实现对危重患者科学化、系统化的全程监控。

2.8.4.2　洁净重症监护病房的智能化系统包括多个方面的专项模块，应合理选配。

【技术要点】

1. 洁净重症监护病房智能化系统除传统智能化涉及的综合布线、安防、环境管控等系统外，还包括一系列专项模块，这些模块属于医疗专项信息化模块，不同的医疗机构应根据自身管理需要分阶段配置。

2. 洁净重症监护病房智能化系统主要包括表2.8.4.2所示的专项模块。

洁净重症监护室智能化系统配置选项表　　表2.8.4.2

重症监护病房智能化系统		综合性医院	专科医院	特殊病医院
重症床旁信息工作站		●	●	●
重症护理管理工作站		●	●	●
重症医生辅诊工作站		●	●	●
重症医疗行为管理系统		●	○	○
重症协同医疗平台	医患协同	●	●	●
	医护协同	●	●	○
	抢救协同	●	○	○

注：●需配置；○宜配置。

2.8.4.3　洁净重症监护病房的专项智能化系统涉及一系列主要基础设施和功能配置，应在设计与选型中注意。

【技术要点】

1. 重症床旁信息工作站设施与功能配置

（1）重症床旁工作站主要设施配置

① 以支架或推车的方式在床旁部署一台床旁信息工作站，采集床旁医疗设备如多功能监护仪、呼吸机、血气分析仪、血液净化仪等信息。

② 集成医院HIS、PACS、LIS、EMR、CPOE等信息系统。

③ 床尾上方顶棚吸顶安装一台网络高清摄像机，用来观察病床情况。

④ 每床部署4个网络点、1个光纤接入点，组成医疗设备专网；部署3个网络点，连接医院内外网。

（2）重症床旁工作站主要功能

① 患者出入科管理、医护工作任务一览、医嘱执行一览、护理信息一览、医嘱执行计划和医嘱执行、观察项管理、出入液管理、导管管理、护理措施记录、护理评估、标本采集、护理查房、医生查房。

② 集成医院HIS、PACS、LIS、EMR等信息系统和床旁医疗设备。

③ 进行各类信息的统计查询、对患者病情智能分析、感染率统计、等级评审指标管理等。

④ 集成高清视频处理能力，可用于病床与医生办公室进行音视频交互、一键抢救、家属视频探视等。

2. 重症护理管理工作站主要设施与功能配置

（1）重症护理管理工作站主要设施配置

① 在护士站办公桌面上采用双显示屏设计，采用专业支架形成双屏拼接方案。

② 主屏显示系统主操作界面，副屏主要显示医疗文书，实现医疗文书真正的“所见即所得”，编辑文书时，副屏实时显示文书最终效果。

（2）重症护理管理工作站主要功能

① 可进行特护单等文书管理、护理计划管理、医疗模板管理、危重评分、人员管理、视频探视管理等。

② 可查看患者信息总览、报警信息、任务信息、夜间视频监护、患者病情数据。

③ 可进行各类信息的统计查询、对患者病情智能分析、感染率统计、等级评审指标管理等。

④ 可实现重症监护科室临床工作智能提醒、护理智能化、操作规范化引导、质控过程化。

⑤ 可完善特护单等文书管理、护理计划管理、医疗模板管理、危重评分、人员管理等。

⑥ 实现检验信息自动采集、优化管路管理，实现患者全景总览。

⑦ 符合临床实际工作客观规律，融入科学的医疗业务体系的系统、软件、管理思想等。

3. 重症辅诊工作站主要功能配置

（1）对 ICU 患者诊疗数据进行深度挖掘，科学分析，将国内外先进的医学诊疗模型与患者诊疗信息、检查检验信息、护理信息、医嘱数据等各类医疗信息相结合，为患者定制诊疗计划，在辅助医生诊疗的同时引导医疗操作行为，更好地为患者服务，逐渐形成医疗科研知识库。

（2）涵盖病人信息概览、医疗文书查看、患者数据查看与分析、患者评估、危重评分以及质量检测等模块。

（3）提供智能分析功能，自动对患者的各项数据进行深度分析和挖掘，对患者生命体征、检查检验和医嘱数据进行图形化展示，对患者的多种数据进行对比分析、深度检测、合理计算和评估，实现数据的有效利用，为医生对病情的诊断做出辅助。

4. 重症医疗行为管理主要设施和功能配置

（1）重症医疗行为管理主要设施配置

① 医护入口设计准入控制系统，采用人脸识别或 IC 卡的方式对人员身份进行鉴别和控制。

② 在更衣区、换鞋区设计智能发衣设备、智能回收设备、智能更衣柜、智能更鞋柜等；

③ 利用物联网等技术，工作服鞋的发放和回收由传统人工模式变革为智能机模式。

（2）重症医疗行为管理主要功能

① 医疗行为管理系统采用物联网技术，实现医护人员身份识别和准入管理。

② 工作服鞋的发放回收和追溯管理。

③ 电子衣鞋柜的智能化管理，严格控制人员的进入和流动。

④ 建立医疗资源和人员行为的智能化管理体系，在确保安全及感染控制的同时，实现 ICU 资源的高效利用。

5. 重症协同医疗平台主要设施与功能配置

（1）医患协同主要设施与功能配置

① 每床的床旁信息工作站内置一块高清摄像机或者在每床顶棚上安装高清摄像机，家属探视端及护士站护理管理工作站都采用内置高清摄像机的一体机；也可采用移动工作站；

② 所有终端都配置有高保真的麦克风及音箱，实现易管理和使用的视频探视。

③ 配置一块探视公告大屏方便患者家属了解探视安排。探视端软件运行在一体机电脑上，采用触摸屏的方式。

④ 患者家属在探视室只要找到要探视的床号，轻轻点击，便向护士站管理端发送探视的请求。护士站的管理人员通过探视申请后，患者家属和患者就可以进行音视频交互。通过护士站的插话功能，护士站的医生也可以与家属和患者进行三方会谈。管理端可对探视进行审批，当有家属申请探视时，会在申请列表显示等待的申请请求。管理端还包括一些其他功能，如后台管理、音视频管理、用户管理等。当家属与患者在进行探视过程中，护士还可以进行“挂断”和“插话”操作。

（2）医护协同主要设施与功能配置

① 在护士站设立液晶公告大屏，显示患者病情基本信息、医生值班信息、科室工作安排等，方便医护沟通，信息共享。

② 实现音视频交互，系统可实现床旁、护士站、医生办公室、主任办公室、护士长办公室的视音频通话。

③ 病床监护仪集中监控大屏集中显示病床监护仪患者生命体征波形，方便护士实时了解病情。

④ 全景视频集中监控大屏集中显示病床全景视频，方便护士了解病床情况。

⑤ 每日病情公告大屏显示患者基本信息及医生值班信息，方便医护沟通，信息共享。

⑥ 日常宣教大屏显示医院业务流程、入院流程、出院流程以及各种检查流程；医疗卫生常识、日常医疗卫生常识、饮食习惯、作息习惯；诊疗协同知识，诊疗协同知识等。

（3）抢救协同主要设施与功能配置

① 通过专用设备和系统，将抢救过程中的所有音视频记录。

② 支持抢救时直接与相关医护人员进行音视频沟通。

③ 提供多点视频协同，可同时与多名医护人员进行视频协同。

④ 提供所有的内容具备在需要时的录音功能。

⑤ 提供抢救的音视频记录功能，系统支持抢救音视频回放，可以抢救事后回放、追溯，可用于记录补充、教学、科研支持。

2.8.4.4　洁净病房专项智能化系统设计部署应有系统思维。

【技术要点】

1. 充分考虑数据处理的实用性，把满足临床业务作为第一要素进行考虑。

2. 用户接口和操作界面应尽可能考虑人体结构特征及视觉特征，界面力求美观大方，操作力求简便实用。

3. 建立统一的数据平台，满足未来数据利用以及原有数据的继承，为数据的再利用提供保障。

4. 系统软件设计尽量模块化、组件化，并提供配置模块和客户化工具，使应用系统可灵活配置，适应不同的情况。

5. 可根据医院的具体工作流程定制、重组和改造，并为医院提供定制和改造的客户化工具。

6. 系统可灵活地扩充业务功能，无缝互连其他业务系统，提供必要的系统外连接口和丰富的设备接口，能方便地进行软件客户化定制与维护。

7. 系统设计需考虑严格的角色、权限设置，有统一的身份认证体系，实现单点登录，所有操作保存痕迹，应用层、数据层均有访问限制，做到安全可靠，防止入侵。

8. 采用 XML、HL7、ICD10、SNOMED、IHE 等标准，软件的数据字典遵循国际和国家数据字典的规范和准则。

2.8.4.5　案例介绍。

【技术要点】

空军总医院建设重症监护临床信息系统，对科室业务流程进行智能化管理。系统能够对护士的工作形成可量化、可评估的完整管理体系，对科室业务流程进行了信息化的梳理，形成了一条新型的诊疗工作流，在帮助医护人员解决实际工作难题的同时，提高了科室的信息化水平。还能够实现与 HIS、LIS、PACS、EMR 等医疗信息系统的集成，达到医院信息资源高度共享的目的。另外，该系统能够自动采集重症监护设备的信号，并记录下来，保证数据的真实性，有效降低手工记录造成的医疗差错，提升医疗质量，也有效降低了医护人员的工作量。同时，医院通过系统的全闭环处理、医嘱执行管理、医嘱交班管理、模板化操作等功能，使护理工作更加精细化。

第 5 节　医用洁净区域的智能化工程实施与运维

2.8.5.1　医用洁净区域的智能化工程实施前期重点应把好需求关、设计关和招标关。

【技术要点】

1. 把好需求关：适应项目实际情况、医院方要求和洁净空间智能化系统发展趋势的需求，是合理设计的关键。在洁净工程建设设计前期，建设单位最好对类似洁净工程进行考察，在考察学习的基础上，提出自己在洁净工程中需要的智能化系统，设计人员在设计时充分听取建设单位人员的意见，将建设单位提出的合理需求设计到位。设计人员在医院进行需求整理时应参与讨论，为建设单位提供智能化方案建议，帮助建设单位了解洁净工程所应该建设的智能化系统。

2. 把好设计关：应寻找专业的、有过设计大型医院智能化系统的专业设计单位或者有过大型医院洁净工程项目设计实施经验的单位进行专项设计。设计单位应承担需求分析、初步设计、施工图设计、设备产品选型、预算编制、现场实施跟踪、咨询服务的全过程服务。设计方案形成后，应组织总体和分项论证，反复推敲，施工图应细化。

3. 把好招标关：招标根据代理机构的不同分内部招标、财政平台招标、市场招标和国际招标等。洁净区域智能化系统工程既可纳入医院建设项目智能化工程标段，也可纳入洁净工程标段，也有单独招标的，例如数字化手术部系统。一般建议大系统需要延伸到洁净空间的，纳入智能化系统工程；洁净工程内部独立使用的智能化系统纳入洁净工程。标书中应包含技术要求和主要验收要点。在工程招投标阶段，建设单位应通过造价咨询机构根据招标图纸做好工作量清单，做到无漏项、缺项，根据造价信息及市场行情做好控制价，做到价格合理。在招标文件的编制方面，要对施工单位的施工资质严格要求，对施工人员的技术水平严格要求，中标单位及项目负责人都必须具有达到完成项目的要求才可以参与投标。

2.8.5.2　医用洁净区域的智能化工程的实施阶段重点应把好监理关、施工关。

【技术要点】

1. 把好监理关：应寻找专业的智能化专业监理单位，并形成规范的监理流程和合适的监理方案，对洁净空间的智能化系统工程进行专业监理。

2. 把好施工关：智能化系统工程管理包括很多方面，其中较为突出的是施工管理、技术管理和质量管理。①施工管理包括工程进度管理、工种接口界面的协调管理、施工的组织管理、施工现场安全管理等方面的内容。②技术管理包括技术标准和规范管理、安装工艺管理、技术资料文件管理等方面的内容。③质量管理需要按照 ISO 9001 的工程质量规范要求进行管理。包括施工图质量管理、设备材料的质量管理、安装工艺的规范管理和系统的检验与测试管理等步骤。每项管理内容应根据项目要求进行细化。④现场组织协调中，应注意细致的图纸会审和现场交底、施工节点安排、与各工种的配合、与功能和布局变更相匹配的图纸变更等，尽量控制工程进度，减少返工，减少工程变更，把握质量控制节点。⑤实施阶段启动，建设单位和监理单位应按照招投标文件，严格检查中标单位的资质、项目负责人及参与人员是否与招投标文件的要求完全一致，是否能胜任智能化系统的建设。⑥施工单位进场后，要求施工单位尽快审核图纸，并根据现场实际情况，对图纸进行深化（如有必要），并提出合理化建议，深化后的图纸需设计院及建设单位确认后再实施。⑦实施中，施工单位应该在施工总承包单位、建设单位及监理单位的统一协调下，与其他各专业分包协调，制定详细可行的施工组织计划，计划经工程参建各方确认后严格遵照执行。⑧施工过程中，智能化系统施工单位应与各专业分包单位密切配合，注意施工先后顺序，避免出现施工先后顺序混乱，造成返工或不能满足使用要求的现象。⑨智能化系统发生变更时，应协调各参建单位确认由于智能化系统变更引起的其他专业的变更，在其他各专业都确认可以变更时，方可实施，避免由于智能化系统变更引起其他专业无法实施的现象。

2.8.5.3 医用洁净区域智能化工程的实施阶段后期重点应把好验收关。

【技术要点】

1. 智能化工程质量控制需要按照规范要求把好验收关。验收包括节点验收、专项验收和竣工验收。①节点验收是指重要的施工节点、阶段性成果的验收，例如隐蔽工程在封板前的验收、各类重点传感器的安装验收等；隐蔽工程在施工时要按照隐蔽工程的施工要求施工，保留好音视频及影像资料，做好隐蔽前的各项节点验收，验收合格后方可进行下一步施工。②专项验收指系统专项的验收，例如闭路电视监控系统的验收、数字化手术室的验收等。③竣工验收为竣工结束，交付使用前的细部验收、必要的检测和系统联调验收。④洁净区域智能化系统工程项目建议编制验收方案，例如节点验收的内容、系统验收的要求等，应明确验收的流程、提交的文档等。⑤每一个系统完成的每一阶段，都必须经过技术指标测试，完成合格后允许进入下阶段系统的全面施工，各系统进入全面施工后对于综合布线等或复杂的系统组合，应进行抽样检测，抽样检测工作要求现场施工质量管理员负责完成，产品合格方可使用，并将有关资料存档。

2. 洁净工程的智能化系统验收建议与整个工程同时验收，智能化系统仅作为验收中的一项内容，按照智能化系统的设计要求进行验收。

3. 智能化系统验收时，要求施工单位提供硬件系统的使用说明书、保修卡等购买时附带的所有资料，软件系统必须提供操作手册，必要时要求提供系统设计、数据库设计等资料，以备在出现特殊情况时，可以直接从后台进行数据修改处理。

4. 智能化系统验收时，建设单位、设计单位、监理单位及施工单位应参考施工图纸进行逐项验收，同时要求施工单位提供智能化系统竣工图纸。

2.8.5.4　洁净区域智能化系统建设完成后应规范推进运维工作。

【技术要点】

1. 运维人员的确定及培训：①洁净工程智能化系统验收后，建设单位要确定专门的运维人员，运维人员最好在系统建设的前期就参与讨论系统的建设，了解建设过程，竣工后运维人员可以直接查看竣工图，能够快速解决系统出现的问题，对于自己不能解决的问题能够及时和施工或专业运维单位沟通并提供解决方案，尽量不影响系统的正常使用。②洁净工程智能化系统建设完成后，一定要求施工单位对运维人员进行培训，培训应该使使用人员可以熟练操作各个系统，运维人员不仅要学会各系统的熟练操作，而且要具备简单维修的能力，如不能维修，则需要能准确判断出故障点并及时报修。

2. 运维组织管理：①系统正常运行期间，运维人员应该定期（建议 1～2 周）对系统运行的硬件进行巡检，包括电源稳定情况、温湿度等机房环境、传感器和控制柜等的稳定性情况，并做好巡检记录。在不影响使用的情况下，保证 1 周对运行系统的服务器重新启动 1 次，并检查操作系统是否需要更新，保证操作系统不存在漏洞，防止木马等病毒的入侵，保证操作系统能够安全运行。对于传感器等设施进行定期稳定性监测。②对于重要的洁净工程，智能系统的服务器电源要保证双路供电，并配备 UPS，最好做成两台服务器互相备份，做好冗余，一台因故障停机后另一台可以自动启动，以保证系统正常运行。对于保存数据量较大的存储设备，运维人员每周至少应检查一次其存储空间是否够用，发现不能满足使用的存储设备及时进行必要的处理。③在使用单位不具备运维能力的情况时，建议使用单位与具备相应维护能力的单位签署运维协议，保证洁净区域智能化系统能够正常运行。

本章作者简介

沈崇德：医学博士，硕士生导师，南京医科大学附属无锡市人民医院副院长。

张永航：管理学硕士，高级经济师，麦迪科技首席运营官。国家“863”课题数字化手术室核心成员。

郑军：德中韦氏（北京）科技发展有限公司营销总经理。

徐兴良：中国中医科学院广安门医院基建办公室主任，高级工程师，工学博士，北京市评标专家库专家。

第 9 章　医用洁净装备配套工程保障

徐俊　张昆东　蔡佳义　田助明　陈雯　涂路　潘刚

第1节　水　系　统

2.9.1.1　医用洁净工程的水系统除了空调水系统外，还包括：冷水、热水、热回水、软水、纯水、污水、废水、通气管道8个部分。其中手术部一般常用冷水、热水、热回水、污水、废水管路；中心供应室根据各医院设备的不同相应配置软水、纯水等管路。

2.9.1.2　给水。

【技术要点】

1. 医院洁净工程中给水系统的设计要求。

(1) 洁净工程生活用水的水质均应符合现行国家标准《生活饮用水卫生标准》GB 5749 和《二次供水设施卫生规范》GB 17051 等的要求，均有两路进水口，由大楼连续正压的给水供应系统供给。

(2) 给水系统的管材应综合考虑工程情况以及医院投资充裕程度确定，依次为铜管、薄壁不锈钢管、金属复合管以及塑料管，且禁止使用镀锌钢管。

(3) 洁净工程的盥洗设备均应同时设置冷热水系统，当采用大楼循环热水系统供应时，循环水温应不低于 50℃；当采用储水设备供应时，循环水温应不低于 60℃。

(4) 洁净工程的热水系统应采用同程供水系统，保证用水温度。对于手术室数量不多的小型手术部，由于其平面布置简单、盥洗设备少、热水管路短、水力条件好，适宜采用以整个手术部为供水单元的统一热水供应方式。大型手术部应根据盥洗设备分区、分散布置的特点，采用以不同盥洗设备为独立供水单元的分散热水供应方式。

(5) 水质较硬的地区，加温水系统一定要加装软水装置及净水装置，否则对电极寿命影响很大。

(6) 洁净手术部刷手池、ICU 洁净区与血液病房洁净区内洗手盆热水系统宜采用电热水器供应。热水器宜设置在刷手池及柜式洗手盆内部，便于安装、维修及清洁。

(7) 刷手池和洗手池建议选择具有容易清洁和维护，耐用和持久，抗污渍等特点的产品。

(8) 各净化工程配水需求应满足表 2.9.1.2-1 的要求。

净化工程配水需求　　　　**表 2.9.1.2-1**

净化工程名称	冷水	热水	纯水	软水	酸化水
手术部	√	√	△		
ICU	√	√	△		

续表

净化工程名称	冷水	热水	纯水	软水	酸化水
血液病房	√	√	√		
生殖中心	√	√			
静脉配置中心	√	√	√		
烧伤病房	√	√	△		
医学实验室	√	√	√		
医用动物实验室	√	√	√		
负压隔离病房	√	√	√		
供应室	√	√	√	√	√

注："√"代表需要设置，"△"代表可能设置。

(9) 下列场所的用水点应采用未接触性或非手动开关，并应防止污水外溅：

① 公共卫生间的洗手盆、小便器、大便器；

② 产房、刷手池、护士站、治疗室、无菌室、血液病房、ICU、烧伤病房、负压隔离病房、生殖中心、检验科、配方室等房间内的洗手盆；

③ 其他有无菌要求或防止交叉感染的卫生器具。

(10) 采用未接触性或非手动开关的用水点应符合以下要求：

① 公共卫生间的洗手盆应采用感应式水龙头、小便器采用感应式自动冲洗阀、蹲式大便器采用脚踏式自闭冲洗阀；

② 产房、刷手池、护士站、治疗室、无菌室、血液病房、ICU、烧伤病房、负压隔离病房、生殖中心、检验科、配方室等房间内的洗手盆应采用感应式、膝控或肘控式水龙头；血液病房、负压隔离病房内应采用感应式智能坐便器，避免接触感染；

③ 其他有无菌要求或防止交叉感染的卫生器具应按上述要求选择水龙头或冲洗阀。

(11) 负压病房、血液病房内的洁具用水及手术部刷手池用水宜供应无菌水，应在血液病房的冷、热水总供水管增加紫外线消毒器并设置过滤器；同时，给水系统应增加循环泵，强制水流循环，保证除菌效果。

(12) 洁净工程常用给水点设计应满足表 2.9.1.2-2 的要求。

常用给水点设计　　　　**表 2.9.1.2-2**

用水器具名称	额定流量(L/S)	当量	给水管径(mm)
洗手盆	0.1	0.5	DN15
洗涤盆、拖把池	0.4	2	DN20
刷手池(双人位)	0.4	2	DN20
淋浴器	0.1	0.5	DN15
蹲便器(自闭冲洗阀)	1.2	6	DN25
坐便器	0.1	0.5	DN15
小便器(自闭冲洗阀)	0.1	0.5	DN15

2. 给水管道施工工艺流程，针对关键部位、关键工序以及关键点的质量控制。

(1) 洁净工程洁净区内的给水管道不应穿越洁净手术室或洁净病房，管道敷设方式可影响洁净室的空气洁净度，因此，管道均应暗装。横管应在设备层、技术夹层内敷设；立管应在墙板、管槽或技术夹层内敷设。当必须穿越时，管道应采取防漏措施。

（2）管道穿越洁净用房墙壁、楼板时应加设套管，做好管道与套管间的密封措施，防止室外未净化的空气进入室内，保证室内洁净度。

（3）洁净用房内管道因内外表面温差结露，直接影响室内温湿度与洁净度，因此管道均应采取防结露措施。防结露保温厚度见表2.9.1.2-3。

给水管道防结露保温层厚度（mm）　　　　**表2.9.1.2-3**

冷水、热水及热回水管径（mm）	DN15～20	DN25～65	DN80～150
橡塑保温棉厚度	25	30	35

（4）给水管材、附件采购至项目入场前均应有出厂合格证明及检验报告，严格控制管材附件质量，杜绝不合格产品用于工程施工。

（5）给水管材、附件采购至项目后应设有专用的场所堆放，禁止随意堆放，避免管材及附件出现损坏，影响工程质量。

（6）施工前应与土建总包单位和其他分包单位进行技术交底，完成施工界面协调，各专业管道走向和标高确定。施工中应严格根据设计图纸要求敷设管道，非现场条件限制，不得随意更改。

（7）给水管道不能直接连接到任何可能引起污染的卫生洁具及设备上，应在这种系统连接中设有空气隔断装置或预防回流的装置，如止回阀等。否则受到污染的水由于背压、倒流或超压控流等原因，由卫生洁具或设备倒流至整个给水系统，造成严重后果。

（8）管道经过建筑物结构伸缩缝、沉降缝或抗震缝时应设置补偿装置，避免因结构伸缩沉降影响管道的整体密封性，从而影响水质。

（9）热水管与冷水管间距不得小于0.15m，上、下平行安装时热水管应在冷水管上方。垂直平行安装时热水管应在冷水管左侧。室内给水与排水管道平行敷设时，两管间的最小水平净距不得小于0.5m；交叉铺设时，垂直净距不得小于0.15m。给水管应铺在排水管上方，若给水管必须铺在排水管的下方时，给水管应加套管，其长度不得小于排水管管径的3倍。

（10）给水管道必须进行水压试验及冲洗。给水管道安装完成后，应首先在各出水口安装水阀或堵头，并打开进户总水阀，将管道注满水，然后检查各连接处，没有渗漏，才能进行水压试验。水压试验要求如下：

①《建筑给水排水及采暖工程施工质量验收规范》GB 50242—2002第4.2.1条规定：室内给水管道的水压试验必须符合设计要求。当设计没有注明时，各种材质的给水管道系统试验压力均为工作压力的1.5倍，但不得小于0.6MPa。

② 检验方法：金属及复合管给水管道系统在试验压力下观测10min，压力降不应大于0.02MPa，然后降到工作压力进行检查，应不渗不漏；塑料管给水管道系统应在试验压力下稳压力1h，压力降不得超过0.05MPa，然后在工作压力的1.15倍状态下稳压2h，压力降不得超过0.05MPa，同时检查各连接处不得渗漏。

③ 水压试验操作程序如表2.9.1.2-4所示。

水压试验操作程序　　表 2.9.1.2-4

操作程序	内　容
连接试压泵	试压泵通过连接软管从室内给水管道较低的管道出水口接入室内给水管道系统
向管道注水	打开进户总水阀向室内给水管系统注水，同时打开试压泵卸压开关，待管道内注满水并通过试压泵水箱注满水后，立即关闭进户总水阀和试压泵卸压开关
向管道加压	按动试压泵手柄向室内给水管系统加压，致试压泵压力表批指示压力达到试验压力(0.6MPAa)时停止加压
排出管道空气	缓慢拧松各出水口堵头，待听到空气排出或有水喷出时立即拧紧堵头
继续向管道加压	再次按动试压泵手柄向室内给水管系统加压，致试压泵压力表批指示压力达到试验压力时停止加压。然后按 GB 50242—2002 第 24.2.1 条规定的检验方法完成室内给水管系统压力试验。试验完成后，打开试压泵卸压开关卸去管道内压力

注：1. 可以按上述方法分别对室内冷水系统和热水系统进行压力试验；也可以用连接软管将冷、热出水口连通，一次完成冷水系统和热水系统的压力试验。
2. 进户总水阀关闭严密与否是准确完成压力试验的关键，若总水阀不能关闭严密，则应该将室内给水管道与室外给水管网分离，然后进行室内给水管系统压力试验。
3. 管道排空是为了保证室内给水管系统压力试验的准确性，一定要认真做好。

(11) 冬期施工在负温度下进行水压试验，由于试验过程中管内很快结冰，致使管道冻坏。因此尽量避免在冬季进行试验。工程必须在冬季进行试验时，要保证室内正温度下进行，试验完毕后立即将水吹净。若实在不能进行水压试验时，可用压缩空气进行试验。

(12) 给水管道系统竣工前应严格按照系统内最大设计流量或不小于 3m/s 的水流速度进行冲洗。不得以水压强度试验泄水代替冲洗。

(13) 管道的防腐与保温应在压力试验合格并通过隐蔽验收后进行。

(14) 给水系统除根据外观检查、水压试验、通水试验和灌水试验的结果进行验收外，还须对工程质量进行检查。对管道工程质量检查的主要内容包括：管道的平面位置、标高、坡向、管径管材是否符合设计要求；管道支架、卫生器具位置是否正确，安装是否牢固；阀件、水表、水泵等安装有无漏水现象且有较好的可视性和可操作性；卫生器具排水是否通畅，以及管道油漆和保温是否符合设计要求，给水排水工程应按检验批、分项、分部或单位工程验收。

3. 给水管道材料应采用不锈钢管、铜管、铝塑复合管或 PPR 给水管。

(1) 薄壁不锈钢管：宜采用卡凸式连接，属于活性连接方式，具有迅速装配、方便日后的改动或维护、对施工人员技术要求不高、连接稳定、不受安装环境影响、提高施工工作效率，降低安装成本、无电无声无明火操作等技术优势。不锈钢管具有强度高、抗腐蚀性能强、韧性好、抗振动冲击和抗震性能优、低温不变脆、输水过程中可确保输水水质的纯净，且经久耐用且无二次污染等特点。故不锈钢管受到重视，目前它正朝着减小壁厚、降低成本方面发展。因此，在筹建资金充足的情况下，建议选用薄壁不锈钢管。

(2) 铜管：铜管被称为是最佳供水管道。铜管可采用卡套式连接或银焊连接。铜管质地坚硬，不易腐蚀，且耐高温、耐高压，可在多种环境中使用。与此相比，许多其他管材的缺点显而易见，比如过去住宅中多用的镀锌钢管，极易锈蚀，使用时间不长就会出现自来水发黄、水流变小等问题。还有些材料在高温下的强度会迅速降低，用于热水管时会产生安全隐患，而铜的熔点高达 1083℃，热水系统的温度对铜管微不足道。另外，铜管还具有抗微生物的特性，可以抑制细菌的滋生，尤其对大肠杆菌有抑制作用，水中 99%以上的细菌在进入铜管 5h 后会自行消失。因此，铜管为首选管材。当然，如此优质的管材其缺点则是价格高。

（3）金属与非金属复合管：兼有金属管道的强度大、刚度好和非金属管材耐腐蚀、内壁光滑、不结垢等优点。复合管的缺点是两种材料热膨胀系数相差较大，容易脱开。

（4）PPR管：塑料管有良好的化学稳定性、卫生条件好、热传导好、内壁光滑阻力小、安装便捷、成本低、无毒无二次污染等优点；其缺点则是抗击性能及耐热性能差，热膨胀系数大。

4. 负压病房及血液病房用水宜满足以下要求：

（1）宜从水源单独引管至血液病房及负压病房所在楼层水井，避免该洁净区用水与其他楼层或单元的用水接触，造成传染。

（2）热水系统宜采用储水式热水器单独供水；冷水系统宜采用循环供水。

（3）进入负压病房及血液病房区的供水干管宜设置过滤器，进入各个病房内的管道与出水管均应设置紫外线杀菌装置及过滤器，保证该洁净区内给水系统水质。

2.9.1.3　排水。

【技术要点】

1. 医院洁净工程中排水系统的设计要求：

（1）医院医疗区污废水排放宜采用污、废分流制的排水系统。

（2）排水系统的管材应综合考虑工程情况以及医院投资充裕程度确定，依次为耐高温不锈钢排水管、柔性铸铁排水管、塑料排水管。

（3）医院下列场所应采用独立排水系统或间接排放：

① 综合医院的传染病门急诊和病房的污水应单独收集处理；

② 放射性废水应单独收集处理；

③ 牙科废水应单独收集处理；

④ 医院专用锅炉排污、中心供应室高温废水等应单独收集并设置降温池或降温井；

⑤ 医院检验科等处分析化验采用的有腐蚀性的化学试剂应单独收集，综合处理后再排入院区污水管道或回收利用；

⑥ 其他医疗设备或设施的排水管道为防止污染而采用间接排放。

（4）当洁净病房为暗卫生间或所在建筑物高度超过10层时，卫生间的排水系统宜采用专用通气立管系统；医院公共卫生间排水横管超过10m或大便器超过3个时，宜采用环形通气管；当对卫生间内空气质量要求高时，宜采用器具通气系统。

（5）卫生器具及地漏应单独设置存水弯，存水弯的水封高度不得小于50mm，且不得大于100mm，地漏的通水能力应满足地面排水的要求。

（6）洁净工程中处在不同房间内的卫生器具不可共用存水弯，若共用存水弯，不同房间之间的受污染空气就可能通过联通排水管道进入另一房间，造成交叉污染。

（7）洁净区内不应设置地漏。污洗间、卫生间、办公区内卫生器具旁可设置地漏，且必须采用带密封盖地漏。空调机房及拖把池旁必须设置高水封带密封盖地漏。

（8）洁净区内排水横管管径应比设计值大一级。

（9）缺水区域给水排水设计应考虑节能处理及管道堵塞问题，并非加大管径就能解决问题。排水管道坡度可适当增加，减小排水充满度，增大排水速率，减少堵塞概率。

（10）洁净工程常用排水点设计应满足表2.9.1.3的要求。

常用排水点设计　　表 2.9.1.3

用水器具名称	排水流量(L/S)	当量	排水管径(mm)
洗手盆	0.1	0.3	DN50
洗涤盆、拖把池	0.33	1	DN50
刷手池(双人位)	0.33	1	DN75
淋浴器	0.15	0.45	DN50
蹲便器(自闭冲洗阀)	1.5	4.5	DN100
坐便器	2	6	DN100
小便器(自闭冲洗阀)	0.1	0.3	DN50

2. 排水管道施工工艺流程，针对关键部位、关键工序以及关键点的质量控制。

(1) 洁净工程洁净区内的排水管道不应穿越洁净手术室，管道敷设方式可影响洁净室的空气洁净度，因此，管道均应暗装。横管应在设备层、技术夹层内敷设；立管应在墙体、管槽或技术夹层内敷设。当必须穿越时，管道应采取防漏措施。

(2) 管道穿越洁净用房墙壁、楼板时应加设套管，做好管道与套管间的密封措施，防止室外未净化的空气进入室内，保证室内洁净度。

(3) 污废水管的清扫口不宜设在洁净区上方，立管清扫口宜避开洁净室所在楼层或单独设置在封闭管井中。无法避免时，应采用铜质或不锈钢盖密封。

(4) 排水管材、附件采购至项目入场前均应有出厂合格证明及检验报告，严格控制管材附件质量，杜绝不合格产品用于工程施工。

(5) 排水管材、附件采购至项目后应设有专用的场所堆放，禁止随意堆放，避免管材及附件出现损坏，直接影响工程质量。

(6) 施工中应严格根据设计图纸要求敷设管道，非现场条件限制，不得随意更改。

(7) 排水管道不得穿越伸缩缝、沉降缝或抗震缝。

(8) 排水管道楼板留孔在管道安装后一定要根据规范要求进行封堵。

(9) 排水管道安装完成后必须进行灌水试验。根据不同的管径，对管道两端进行封堵处理后，注入水静泡 72h 后进行试验。灌水试验检验方法：隐蔽或埋地的排水管道在隐蔽前必须做灌水试验，其灌水高度应不低于底层卫生器具的上边缘或底层地面高度。灌水（过程）满水 15min 水面下降后，再灌满观察 5min，液面不下降，检查管道及接口无渗漏为合格。

(10) 冬期施工在负温度下进行灌水试验，由于试验过程中管内很快结冰，致使管道冻坏。因此尽量避免在冬季进行试验。工程必须在冬季进行试验时，要保证室内正温度下进行，试验完毕后立即将水排净。

(11) 排水管道应采用耐高温不锈钢管、柔性铸铁管、UPVC 管。

3. 特殊洁净用房的排水设置。

(1) 血液病房和负压病房：宜单独设置排水立管，避免该洁净区排水与其他楼层或单元的排水接触，造成传染。负压病房及血液病房内禁止设置地漏、清扫口。

(2) 供应室：高温灭菌器、高压清洗机等高温废水宜单独设置排水立管排放，并需要经过降温池后再排放至集水坑。严禁中途合并至其他排水管，避免出现高温蒸汽倒灌至病区排水管，造成排水不畅、地漏冒水、汽等问题。

（3）静脉用药调配中心（室）内安装的水池位置应当适宜，干净无异味，不得对静脉用药调配造成污染；洁净室内不应设置地漏；淋浴室及卫生间不得设置在静脉用药调配中心（室）内。

第2节 电气系统

2.9.2.1 供电。医院建筑用电应根据负荷供电可靠性要求及中断供电对人身安全、经济损失等造成的影响度进行分级，根据《医疗建筑电气设计规范》JGJ 31—2013，洁净区域用电负荷属于一级负荷中特别重要负荷，如手术室、ICU、CCU、层流病房、生殖中心培养室、产房及婴儿病房等涉及患者生命安全的设备及照明用电、重症呼吸道感染区的通风系统用电等，应采用双路市电（一般采用10kV电源）及应急柴油发电机组，当市电停电或故障时，应急电源的供电容量应满足一级负荷中特别重要负荷。要求中断供电时间≤0.5s的一级负荷中特别重要负荷，应设置在线式不间断电源装置（UPS）。

医院洁净区域供电方案见图2.9.2.1-1。

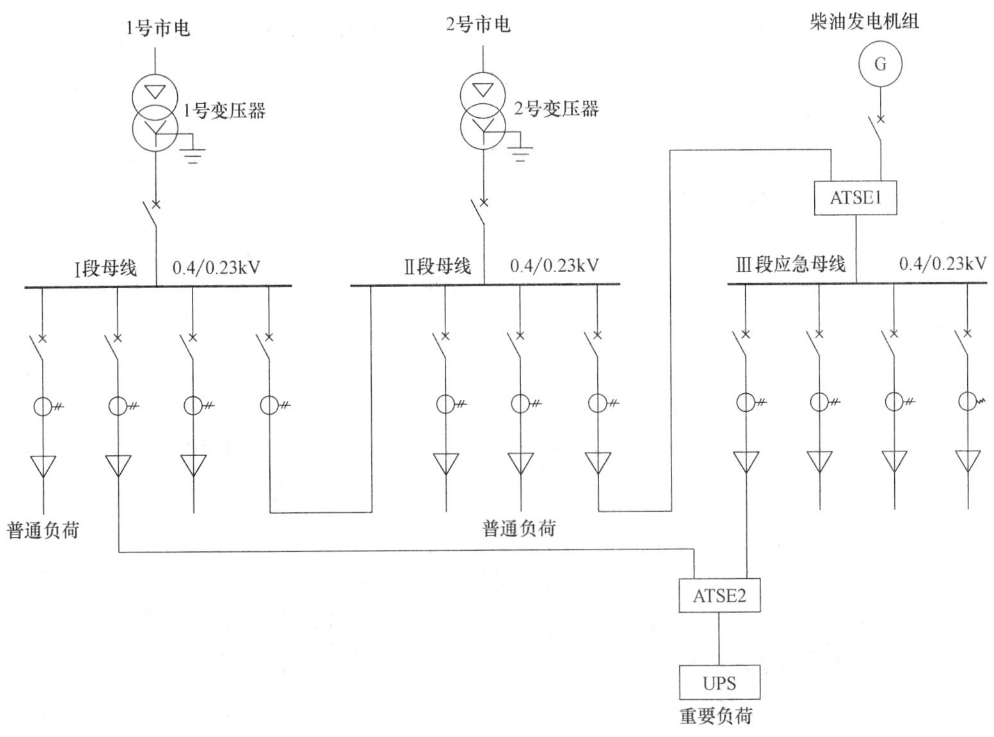

图2.9.2.1-1 医院洁净区域供电方案

【技术要点】

1. 供电系统应根据医用电气设备工作场所的分类进行设计。

医疗场所的分类：《建筑物电气装置 第7-710部分：特殊装置或场所的要求 医疗场所》GB 16895.24—2005，［本部分等同采用IEC 60364-7-710：2002年（第一版）《建筑物电气装置第 7-710 部分》附录 A 和附录 B]。分为：0 类、1 类、2 类；

《医疗建筑电气设计规范》JGJ 31—2013 表 3.0.2 以及《综合医院建筑设计规范》GB 51039—2014 表 8.1.2 亦有详细描述。

分类方法仅供参考，重点关注应急电源的切换时间和供电周期。

(1) 医疗场所按电气安全防护要求分为三类：

0 类场所：不使用医疗电气设备接触部件的医疗场所。

1 类场所：医疗电气设备接触部件需要与患者体表、体内（除 2 类医疗场所所述部位以外）接触的医疗场所。

2 类场所：医疗电气设备接触部件需要与患者体内（指心脏或接近心脏部位）接触以及电源中断危及患者生命的医疗场所。其中洁净区域的手术室、术前准备室、术后苏醒室、麻醉室、重症监护室、早产婴儿室、心血管造影室等属于 2 类医疗场所。

(2) 2 类医疗场所患者区域内带接触部件的医疗电气设备应采用医疗 IT 系统供电。

(3) 2 类医疗场所大型设备可采用 TN-S 系统或 TT 系统放射式独立供电，且应设置剩余电流不超过 30mA，Type A 或 Type B 的 VD 型剩余电流动作保护器，例如手术台、移动式 X 光机、大于 5kVA 的大型设备。

2. 洁净区域应采用独立双路电源供电。

(1) 洁净手术部属于一级用电负荷，应由两路独立电源供电（双重电源），洁净区域总配电柜的供电电源应直接由低压配电室的两个专用回路提供。

(2) 洁净区域总配电柜应设在非洁净区域。

(3) 每个手术室、层流病房、洁净实验室、生殖细胞培养室等洁净间应设独立的配电箱，置于清洁走廊，不得设在洁净区域内或手术室内。

3. 有生命支持电气设备的洁净手术室必须设置应急电源。自动恢复供电时间应符合下列要求：①生命支持电气设备应能实现在线切换。②非治疗场所和设备恢复供电时间应小于或等于 15s。③应急电源工作时间不应小于 30min。

(1) 洁净手术室及监护病房内的生命支持电气设备的负荷为特别重要负荷，除了有两路市电接入外，还应自备应急电源，并能实现零秒切换。

(2) 根据国家标准，2 类医疗场所故障情况下断电自动恢复的时间应不大于 0.5s，即停电时间 $t \leqslant 0.5s$，实际工程中一般采用在线式 UPS 设备来满足此要求双电源切换时间和电源稳定时间应小于 15s。

(3) UPS 输入功率因数应≥0.8，输入电流畸变率 THDI<5%

(4) 每间有生命支持电气设备的洁净手术室配置的 UPS 宜采用冗余模块化 UPS，主机及电池组装方式灵活，便于检修维护，并随每间手术室独立的配电箱安装。

4. 洁净区域内用于维持生命和其他位于“患者区域”内的医疗电气设备和系统的供电回路应使用医疗 IT 系统。

(1) 首先要搞清楚患者区域范围，请参见 GB 16895.24—2005 图 710A 患者区域示例。

(2) 其次应明确医疗 IT 系统所包含的内容：等电位接地、医用隔离变压器、绝缘监视系统。

IT 系统的电源端不接地或经高阻抗接地，其电气装置的外露导电部分，被单独或集中地通过保护线（PE）接至接地极，图 2.9.2.1-2 为 IT 系统示意图。

（3）IT 系统隔离变压器一次侧与二次侧应设置短路保护，不应设置用于切断电源的过负荷保护，应采用单磁式断路器保护。应设置过负荷及超温监测装置，可显示实时工作电流及医用隔离变压器的温度值。

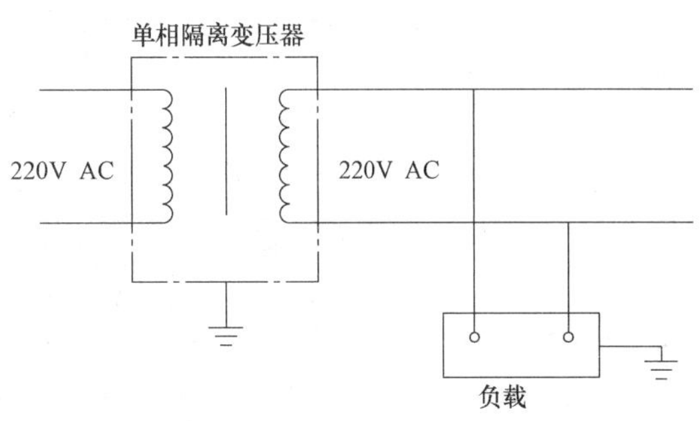

图 2.9.2.1-2　IT 系统示意图

（4）必须是医用隔离变压器，医用隔离变压器应满足现行国家标准《电力变压器、电源装置和类似产品的安全第 16 部分：医疗场所供电用隔离变压器的特殊要求》GB 19212.16/IEC 61558-2—15 中有关医疗系统隔离变压器各项技术参数的规定。不能用普通工业用隔离变压器替代。

验收时，医用隔离变压器应出具国家认证部门的专业检测报告。

（5）为了及时发现 IT 系统的绝缘状态以及定位供电系统漏电部位，确保医疗 IT 供电系统稳定安全运行，医疗 IT 系统应设绝缘监测报警装置。

（6）IT 系统应安装在每个手术室的独立的配电箱内，可与非患者区域的 TN-S 系统安装在同一柜内，并应设置区分明显标志（见图 2.9.2.1-3）。

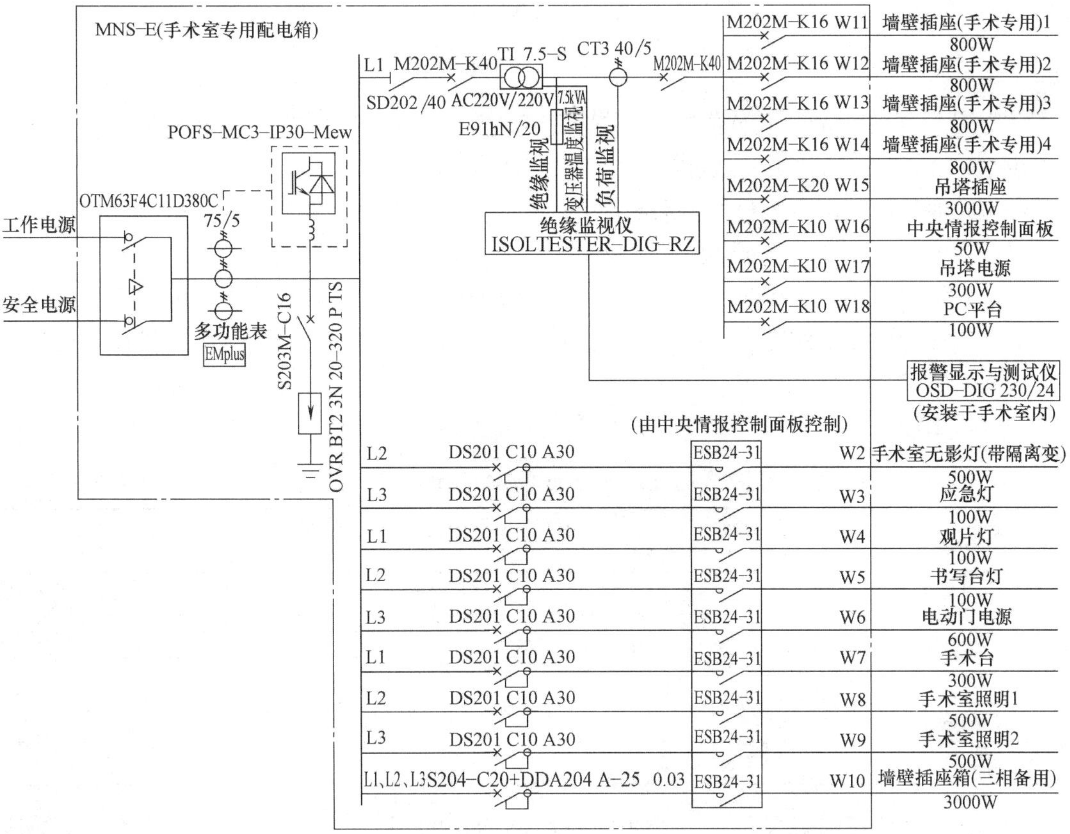

图 2.9.2.1-3　手术室 IT 隔离电源系统及 TN-S 系统图

5. 洁净室内非生命支持系统可采用 TN-S 系统回路，并宜设置剩余电流不超过 30mA，Type A 或 Type B 的 VD 型剩余电流动作保护器（RCD）作为自动切断电源的措施。

（1）在 0 类和 1 类医疗场所允许采用额定剩余动作电流≤30mA 的剩余电流保护器作为自动切断电源的措施。应根据可能产生的故障电流特性选择 A 型或 B 型剩余电流保护器。

（2）在 2 类医疗场所中，剩余电流动作保护器（RCD）只用于下列负荷：手术台驱动机构、移动式临时 X 光机、额定功率大于 5kVA 的大型设备、非用于维持生命的电气设备。

（3）TN-S 系统如图 2.9.2.1-4 所示。

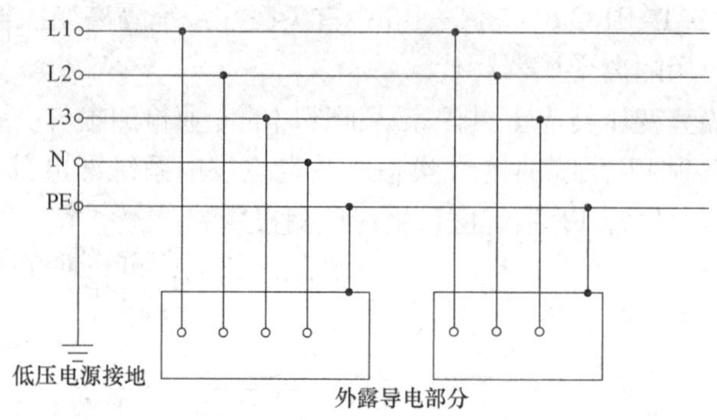

图 2.9.2.1-4　TN-S 系统示意图

6. 洁净手术室的配电总负荷应按手术功能要求计算。一间手术室非治疗用电总负荷不应小于 3kVA；治疗用电总负荷不应小于 6kVA。

（1）非治疗用电负荷包括手术室灯带、观片灯、手写台、控制面板等负荷。

（2）治疗用电负荷包括插座箱、吊塔、无影灯等负荷。

（3）洁净室用电负荷应当充分预留，包括空调系统用电、洁净室内用电、非洁净区用电及专用医疗设备等用电，建议在医疗大楼设计过程中同时进行洁净区域的设计，充分考虑净化区域的用电负荷需求。

（4）洁净手术室用电负荷参考表 2.9.2.1。

洁净手术室用电负荷参考　　**表 2.9.2.1**

等级	治疗用电(kW)	非治疗用电(kW)	空调负荷(kW)	面积(m^2)
Ⅰ级	7	3	50	45
Ⅱ级	6	3	22	35
Ⅲ级	6	3	17	35
Ⅳ级	6	3	12	30
辅助用房	5			

洁净室的建设一般有：新大楼的构成部分；旧建筑物中普通区域经改变用途变更为洁净用房；原洁净室重新改造。不管何种方式，应当充分考虑洁净室的负荷情况，给予

满足。

7. 洁净手术部进线电源的电压总谐波畸变率不应大于 2.6%，电流总谐波畸变率不应大于 15%。

(1) 谐波的产生

医院手术室的整个运行系统中，电力电子装置被广泛使用。比如：空调系统使用的变频器，手术室内使用的节能灯、电子镇流器、二极管无影灯等，直流侧采用电容滤波的二极管整流电路也是严重的谐波污染源。使其输入电流的谐波分量很大，给电网和手术室设备运行造成严重的电磁污染。

谐波的危害：电系统的谐波会严重干扰手术室内医疗器械的正常安全使用，严重影响手术室内医疗检测装置的工作精度和可靠性。

谐波注入电网后会使无功功率加大，功率因数降低，甚至有可能引发并联或串联谐振，损坏电气设备以及干扰通信线路的正常工作，使测量和计量仪器的指示和计量不准确。

(2) 谐波的治理

首先，应在设计阶段优先考虑洁净手术部内每一项用电负荷正常工作时所产生的谐波电流含量达到国家标准和规范要求的指标，从源头予以关注和治理。比如，日光灯的电子镇流器、变频器等的谐波污染降到最低。

其次，对手术部进线处配电接点进行电能分项计量，同时对进线电源的谐波电压和谐波电流含量进行监测。如果长时间谐波含量超标，应采取有效的消除谐波电流的措施。

消除谐波电流措施，分为无源滤波装置和有源滤波装置。有条件时应尽可能在谐波源处补偿处理。

需要注意的是，安装谐波滤波装置只能清除安装接点对电网的谐波的干扰而不能消减谐波电流对安装接点和负载之间的谐波电流干扰。另外，要注意安装的谐波滤波装置滤去的谐波频率范围是否包含 3 次、5 次、7 次、11 次等低次谐波含量。

采用闭环控制的有源滤波装置可实时监视线电流，并将测量的谐波转换为数字信号，经过控制器处理后生成 PWM（脉宽调制控制信号），这些信号驱动 IGBT 电源模块通过 DC 电容器在电网中注入与谐波电流频率相同、相位相反的滤波电流，有效滤除谐波。有源动态滤波器在滤除谐波的同时，还能有效平衡线电流，从而达到降低中性电流的效果，如图 2.9.2.1-5 所示。

有源滤波装置的设计选型需基于各负荷的谐波电流，如新建医院不能提供相关参数，宜按照整个系统的非线性负载电流有效值的 30% 初步估算设计滤波器电流。

有源滤波装置应安装在手术部总配电柜旁，并留有从柜备用位置，当电流电压畸变率不符合要求时，便于增加从柜，以减小谐波电流对电网的污染。

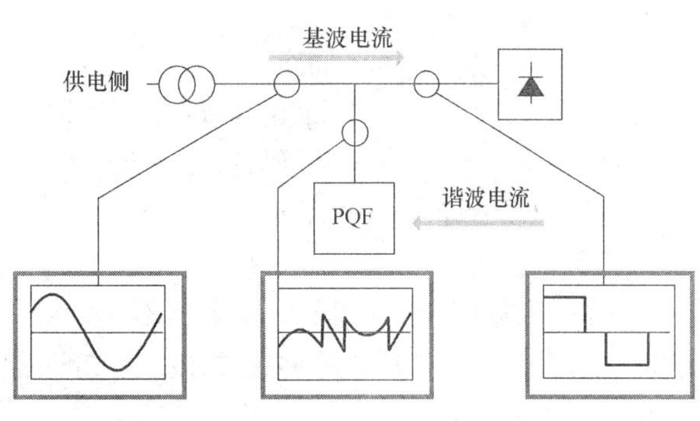

图 2.9.2.1-5　有源滤波装置示意图

2.9.2.2　配电。

【技术要点】

1. 合理布局综合布线。

（1）布线不应采用环形布置。如果室内管线采用环形布置，当空间有一定强度的变化电磁场时会产生电磁扰流，对与之连接的设备产生电磁干扰。

（2）大型洁净手术部内配电应按功能分区控制。配电箱到供电末端采用放射式供电。放射式供电的特点是当引出线故障时，对其余出线互不影响，供配电可靠性高，用线较多，成本较高。

（3）洁净室内的电气线路，应只能专用于本手术室内的电气设备，无关的电气线路不应进入或通过本手术室。尽可能缩短IT变压器到医疗电器设备的接线距离，医疗IT系统的配电线缆建议采用非金属管线敷设，以减少IT系统的容性漏电流。非金属管线应注意满足保护管老化和抗压强度的要求。

（4）洁净室的总配电柜应设于非洁净区内。每个手术室应设置独立的专用配电箱，为了减少维修时工作人员带来的外来尘、菌，箱门不应开向手术室内。

（5）洁净手术室内、洁净辅助用房和无菌室不应布有明敷管线，穿越手术室隔墙管线需加以封堵。

2. 洁净区用电应与非洁净区域辅助用房用电分开。

（1）二者负荷供电等级不一样，使用时间也不同，分开设置是为了节能和降低运行费用。

（2）每间手术室独立设配电盘是为了用电安全，消除相互干扰。

3. 当非治疗用电设置独立配电箱时，可采用一个分支回路供电。每个分支回路所供配电箱不宜超过3个。

把治疗和非治疗用电分开，是降低投资、降低三相不平衡因素的有效措施，可进一步增强安全系数。控制和减少每一个回路的故障辐射区域

4. 合理安排手术室内插座箱数量和安装位置：

（1）每间洁净手术室内应设置不少于3个治疗设备用电插座箱，并宜安装在侧墙上。每箱不宜少于3个插座，并应设接地端子。

（2）每间洁净手术室内应设置不少于1个非治疗设备用电插座箱，并宜安装在侧墙上。每箱不宜少于3个插座，其中应至少有1个三相插座，并应在面板上有明显的“非治疗用电”标志。

（3）手术室内仪器用电插座一般设于平行于手术台的两侧墙上和头部一侧墙上。插座箱必须嵌入式安装，不允许凸出墙面，允许凹3～5mm，插座箱及其四周必须做密封处理；必须用金属体，其壳体必须做接地处理。

插座箱内应设置1～2个等电位接地端子，为新接设备接地保护使用。

5. 导线的选择：

（1）IT系统内配电导线的额定电压不应采用300/500V而应采用450/750V。

（2）根据医院特殊环境和防火要求，所有导线应采用阻燃型，配电箱进线导体截面不小于$6mm^2$。

（3）配电箱的进线电缆建议采用4＋1型低烟无卤型阻燃电缆，有条件的单位也可以

使用矿物绝缘电缆，空调机组的进出线电缆建议采用普通阻燃型电缆，考虑变频器谐波电流对中性线的影响，中性线电流应计算校核，电缆芯数建议优先使用4+1型。

6. 电器的选择：

(1) 电源转换开关应采用PC级，且额定电流应大于计算电流的1.25倍。

(2) 转换开关前应加带隔离功能的3极断路器，用来切断短路电流，保护线路和转换开关；当电压偏差超过系统正常电压的10%时，转换开关应可靠的动作。

(3) 手术室专用电箱的进线断路器宜采用带有隔离功能的断路器，保证用电的安全和在排除故障后能尽快供电。

(4) 照明回路的保护断路器建议采用1P断路器，插座回路建议采用2P剩余电流断路器，剩余电流值应为30mA。应优先使用电磁式剩余电流断路器，确保线路故障时末端剩余电流断路器能准确动作。

2.9.2.3　安全防护。

【技术要点】

1. 当采用医用IT系统时，为保证使用安全，应符合下列要求：

(1) 多个功能相同的毗邻房间或床位，应至少安装1个独立的医用IT系统。

(2) 医用IT系统应配置绝缘监视器，并应符合下列要求：

① 交流内阻应大于或等于100kΩ。

② 测试电压不应大于直流25V。

③ 在任何故障条件下，测试电流峰值不应大于1mA

④ 当电阻减少到50kΩ时应报警显示，并配置试验设施。

⑤ 宜具备RS 485接口及通用多种通信协议可选。

(3) 每一个医用IT系统应设置显示工作状态的信号灯和声光警报装置。声光警报装置应安装在有专职人员值班的场所。

(4) 医用隔离变压器应设置过负荷和高温的监控。

2. 1类和2类医疗场所应设防止间接触电的断电保护，并应符合下列要求：

(1) IT、TN系统，预期接触电压不应超过25V。

(2) TN系统最大分断时间：230V应为0.2s，400V应为0.05s。

(3) IT系统中性点不配出，最大分断时间：230V应为0.2s。

3. 洁净室配电管线应采用金属管敷设。穿过墙和楼板的电线管应加套管，并应用不燃材料密封。进入洁净室内的电线管管口不得有毛刺，电线管在穿线后应采用无腐蚀和不燃材料密封。

(1) 必须保证不能断电的特殊用电部位，在火灾发生时也不会因烧坏电线而短路。

(2) 密封是防止管线内外气流交换。

4. 电源线缆应采用阻燃产品，有条件的宜采用相应的低烟无卤型或矿物绝缘型。

(1) 阻燃电缆应符合现行国家标准GB/T 18380.3的要求。

(2) 低烟无卤型或矿物绝缘型的在火焰中应具有无烟无毒性能和不燃的性能。

5. 地面插座应选用防水型插座，辅助用房的插座应根据功能及使用者要求布置。

(1) 为了避免电线短路等问题，应选用防水型插座。

(2) 辅助用房内配置插座应根据本室内功能状态和使用位置来确定安装数量及安装

位置。

（3）每一个断路器出线回路所带的插座数量应满足现行行业标准 JGJ 16 的要求。

6. 医疗场所严禁采用 TN-C 接地系统，由局部医疗 IT 系统和 TN-S 系统共用接地装置，洁净手术室应设置可靠的辅助等电位接地系统，装修钢结构体及进入手术室内的金属管等应有良好的等电位接地。

（1）2 类医疗场所已设置等电位联结母排，必须易于检查，可以安装于嵌墙等电位接地箱内。可以分别断开连接在套管中的各导线，清晰地区别功能和来源（因此建议在两端设置标志），以便于测试，如图 2.9.2.3 所示。

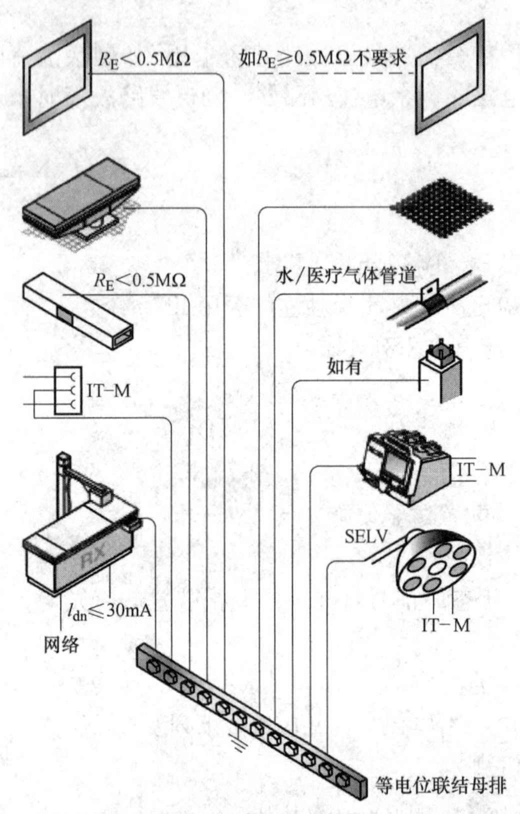

图 2.9.2.3　常用需连接等电位联结母排设备

（2）需连接到等电位接地排的元件：如可能引起电势差的元件，必须连接到等电位联结母排上，且每个元件都有其独立的导体连接位于患者区域中或在使用过程中可能会进入患者区域的导电部分和外露导电部件，包括那些安装在 2.5m 以上高度的设备，例如无影灯设备的导电部分。具体包括：

① 设备保护导线（包括 SELV 和 PELV 设备）。

② 场所内所有插座的接地端子，因为它们可以通过供电线路连接至患者区域的移动设备外壳。

③ 冷热水管道、排水管道、医用气体管道、空调、石膏板支撑结构、分场所的钢筋混凝土铁构件。

④ 医用隔离变压器绕组之间放置的任何金属屏蔽网。

⑤ 任何金属屏幕，以减少电磁场干扰。

⑥ 位于地板下的任何导体网络。

⑦ 非电动和固定式手术台，对地绝缘手术台除外。

（3）在 2 类医疗场所内，电源插座的保护导体端子、固定设备的保护导体端子或任何外界可导电部分与等电位联结母排之间的电阻不得超过 0.2Ω。

7. 洁净区电源应加装电涌保护器。

（1）防止雷击时或其他大型用电设备启停时产生的浪涌电流。

（2）为防止无线电通信设备对医疗电器设备产生干扰，洁净手术室内禁止设置无线通信设备。同时，也是为了防雷击电磁脉冲，保护医疗电子设备，以免造成人身安全威胁。

（3）建筑物电子信息系统雷电防护等级参见现行国家标准《建筑物电子信息系统防雷技术规范》GB 50343 相关内容。

(4) 电涌保护器的连接导线应短、直，其长度不宜大于 0.5m，当电涌保护器具有能量自动配合功能时，电涌保护器直接的线路长度不受限制，电涌保护器应有过电流保护装置和劣化显示功能。

(5) 电涌保护器宜带有信号输出装置。

2.9.2.4　照明及其他。

1. X 线诊断室、加速器治疗室、核医学扫描室、γ 照相机室和手术室等用房，应设防止误入的红色信号灯，红色信号灯电源应与机组连通，并实现电气联锁。

(1) 防止室外人员误入，影响医疗工作。

(2) 避免人员误入后遭受医用射线的辐射。

2. 所有洁净区域的照度均匀度不应低于 0.7。

(1) 不能有过暗的区域。有时设计的平均照度达标，但均匀度会不达标。手术室内照度应满足《医院洁净手术部建筑技术规范本规范》GB 50333—2013 表 4.0.1 最低照度要求。

(2) 平均照度要求：办公室为 300Lx，护士站为 300Lx，手术间为 750Lx，走廊为 50Lx，走廊的火灾应急照明灯不少于 0.5Lx。

(3) 手术部光源显色指数 $Ra \geqslant 90$，色温在 2500～5000K 之间。

3. 手术台两头的照明灯具至少各有 3 支，灯具应有应急照明电源。

(1) 应急照明灯具要自备电池。

(2) 由于手术台的头部有时候可能会转换，所以手术台两头的照明灯都要有应急电源。

4. 手术室、抢救室安全照明照度应为正常照明照度值，其他 2 类医疗场所备用照明照度值不应低于一般照明照度值的 50%。有治疗功能的房间至少有 1 个灯具应由应急电源供电。

(1) 维护基本照度，保证医生和病患的安全需要。

(2) 应急时间不少于 30min。

5. 照明设计应符合现行国家标准《建筑照明设计标准》GB 50034 的有关规定，且应满足绿色照明要求。整体电气方案应体现绿色节能理念，控制系统应能够根据各区域的不同工况实现分区控制，节约能耗。应按照《绿色医院建筑评价标准》GB/T 51153—2015 控制项、评分项设计实施。

(1) 依据《综合医院建筑设计规范》GB 51039—2014，医疗用房应采用高显色照明光源，显色指数应大于或等于 80，手术室光源显色指数应大于或等于 90，宜采用带电子镇流器的三基色荧光灯。

(2) 如果采用新型 LED 光源应用于手术部等洁净区域，光源应满足《建筑照明设计标准》GB 50034—2013。对长时间工作或停留的场所，选用 LED 灯应符合下列技术条件要求：

① 显色指数 Ra 不应低于 80。手术室显色性不应低于 90。不仅仅是 LED 光源，其他光源也应满足该要求。

② 同类光源的色容差不应超过 5 SDCM。不仅仅是 LED 光源，其他光源也应满足该要求。

③ 特殊显色指数 $Ra>0$（饱和红色）。

④ 色温不宜高于4000K。

⑤ 寿命期内的色偏差不应超过0.007（也称为“色维持”）。

⑥ 不同方向的色偏差不应超过0.004。

⑦ 严禁在照明区域产生眩光和反射眩光。由于LED灯表面亮度高，限制眩光更显重要，为此，LED灯具宜有漫射罩；否则，应有不小于30°的遮光角。

⑧ 灯的谐波应符合《电磁兼容限值谐波电流发射限值（设备每相输入电流≤16A)》GB 17625.1—2012的规定。气体放电灯和LED灯的谐波往往是3次谐波最大，其危害也最大。该标准规定：灯功率大于25W者，3次谐波不得超过30λ%（λ为功率因数）；小于或等于25W者，3次谐波不得大于86%，或 不大于3.4mA/W。室内用LED灯多数小于或等于25W，必须采取措施和对策，降低3次谐波，减小其危害。

⑨ 灯具的功率因数λ不宜小于0.9。对于功率小于或等于25W的灯而言，由于其谐波电流大而导致λ降低，所以其电子整流器应采取有效措施进行处理。

功率因数 $$PF=\cos\Phi/(1+THDI^2)^{1/2}$$

假设负载功率因数为0.96，若谐波电流总畸变率为：$THDI=50\%$，则

$$PF=0.96/(1+0.5^2)^{1/2}=0.86$$

⑩ LED灯在发光时不应有频闪现象。

(3) 严禁使用0类灯具。

(4) 照明应优先选用节能洁净灯具，应为嵌入式密封灯带，灯具应有防眩光灯罩。

(5) 照明、插座应分别由不同的支路供电，照明回路应为单相三线制，所有插座回路均应设置剩余电流断路器保护。

(6) 出口示灯、疏散指示灯、走道指示灯均采用双电源末端互投供电。

(7) 各区域的电力供应应能够实现独立控制，独立切断。

(8) 净化空调机组的运行应根据实际需求进行调节，避免能耗浪费。净化机组的调速变频器应设置防谐波污染的专用变频器滤波器，并经过整体谐波电流总含量测试。

2.9.2.5　施工安装与检验。常规电气施工安装应按照现行国家标准《建筑电气工程施工质量验收规范》GB 50303等相关标准规范，严格把控施工质量。包括：电线管及桥架敷设安装、导线及电缆敷设安装、开关及插座安装、弱电安装等常规电气设备安装。材料设备的选择应当严格按照业主方的要求进行严格筛选，施工过程应避免材料浪费。

1. 开关、插座和电动门安装。

(1) 开关、插座安装

① 安装在同一建筑物的开关宜采用同一系列的产品。开关的通断位置应一致。

② 开关边缘距门框的距离宜为0.15～0.25m，开关底边距地面高度宜为1.4m。

③ 并列安装的相同型号开关距地面高度应一致，高底差不应大于1mm，同一室内安装的开关高度差不应大于5mm。

④ 插座底边距地300mm。

⑤ 洗消、消毒、备餐等潮湿环境插座采用防水防尘插座，底边距地1.1m安装。在有淋浴、浴缸的卫生间内，开关、插座和其他电器应设在卫生间以外。

（2）电动门安装

① 光敏管的一体导线应穿于钢管内。

② 各控制盒、电动机固定应牢固（不得用铝铆钉固定）。

③ 光敏管安装应紧贴板面。

④ 接地可靠。

⑤ 电动门应由就近配电箱引单独回路供电。

2. 等电位安装。

（1）对手术室、抢救室、ICU、CCU、导管造影室、肠胃镜、内窥镜、治疗室、功能检测室、有浴室的卫生间等应采用局部等电位联结。

（2）为了进一步减少 1 类和 2 类场所内的电位差，应在该等场所内实施局部等电位联结，将该场所内高度在 2.5m 以下的部分都纳入局部等电位联结范围：

① PE 线；

② 装置外导电部分；

③ 防电场干扰的屏蔽层；

④ 隔离变压器一、二次绕组间的金属屏蔽层；

⑤ 地板下可能有的金属网格。

（3）具体做法：

① 在该场所内分配电箱近旁，靠近柱旁距地 0.5m 处设置一局部等电位联结端子板，并与柱内至少 2 根主筋可靠连接。

② 如果该类场所建在二层以上，则局部等电位端子板应用 $16mm^2$ 的铜芯线穿非金属管或利用 40×4 热镀锌扁钢引至建筑物的总接地体（并应与隔离变压器前的 TN-S 系统的 PE 线连接），将上述各部分用 $\geq 6mm^2$ 的铜芯线以放射式连接于局部等电位端子板。

③ 在 2 类场所等电位联结系统中，局部等电位联结端子板与插座 PE 线端子、固定式设备 PE 线端子、装置外可导电部分等之间的连接线和连接点的电阻总和不应大于 0.2Ω，任何两个可导电体间的电位差在 10mV 以下。

④ 2 类场所内医用 IT 系统的 PE 线是医院内 TN-S 系统 PE 线的延伸，IT 系统和 TN-S 系统共用同一个保护接地的接地装置，切勿为该类场所另设单独的接地极和 PE 线，因为这样设计极易在该场所内形成大于 50mV 的电位差，增大电击危险。

3. 自动控制系统安装。

（1）自控系统配电柜在设备层或机房最接近机组处放置，并便于维修调试人员检修和观察，留有合适的检修通道，前面应留有 0.8m 以上的维修间距，并保证其他电气元件安装接线方便。

（2）配电柜用型钢焊接作支架，表面应做防锈处理，外部四周应以镀锌板密封。

（3）所有进入电控柜的导线，应从电柜下部型钢基础处进入电控柜，禁止从电控柜顶部、侧部开孔进入电控柜，便于变频柜散热。请注意柜体散热孔不要被任何物体遮挡。

（4）每路导线敷设至用电设备前应通过接线盒和包塑金属软管作转接，软管长度不宜大于 300mm，所有进机组的包塑金属软管注意做防水下垂弯处理，以防止冷凝水顺导线线管下流到相关电气设备，发生短路事故。

(5) 自控柜进出线要用扎带等整理好，分清回路，各导线回路应编号，方向应一致，标志应清晰。

(6) 单股导线可直接与接线端子连接，多股导线应做好末端处理，选择合适的导线连接头。多芯电缆应做好护套末端处理，用热缩管或绝缘包布处理，露出部分长度应一致，屏蔽电缆的屏蔽层的应做好单点接地。

(7) 远程控制线应避免从送风管洞处进入手术层，宜单独设置进出管线的穿墙套管，并做好防护和严密封堵。

4. 配电柜和配电箱安装

(1) 柜本体外观检查应无损伤及变形，油漆完整无损。柜内部检查：电气装置及元件、绝缘瓷件齐全，无损伤、裂纹等缺陷。

(2) 安装前应核对配电箱编号是否与安装位置相符，按设计图纸检查其箱号、箱内回路编号。箱门接地应采用软铜编织线和专用接线端子。箱内接线应整齐，满足设计要求及《建筑电气工程施工质量验收规范》GB 50303—2015 的规定。

(3) 作业条件：配电箱安装场所土建应具备内粉刷完成、门窗已装好的基本条件。预埋桥架及预埋件均应清理好；场地具备运输条件，保持道路平整畅通。

(4) 配电箱定位：根据设计要求现场确定配电箱位置，按照箱的外形尺寸进行弹线定位。

(5) 每扇柜门应具备分别用铜编织线与 PE 排可靠联结。

(6) 控制回路检查：应检查线路是否因运输等因素而松脱，并逐一进行紧固，检查电器元件是否损坏。

(7) 原则上控制线路在出厂时就进行了校验，不应对柜内线路私自进行调整，发现问题应及时与供应商联系。

(8) 控制线校验后，端子板每侧一般一个端子压接一根导线，最多不能超过两根，并且应做好联结导线的连接头达到国家标准规定的技术要求。

5. 初检与周期性检查。

(1) 初检

对于0类场所的电气系统（普通电源系统）需依据规定的要求检查。IEC 60364-6-61，2001《建筑物电气装置　第6-61部分：检验-初检》IEC 60364 对/GB/T 16895.23—2005。

对于1类和2类场所的电源系统，除了符合普通系统的检查要求外，还必须执行表2.9.2.5-1所示的检查。

1和2类场所电源系统检查　　**表 2.9.2.5-1**

	实施的测验和检查	1类场所	2类场所
1	医疗 IT 系统绝缘监视仪和外接监视仪信号装置的功能测试	—	■
2	医用隔离变压器二次绕组空载泄漏电流和外壳泄漏电流测量(如果变压器制造商已经测量过,可不进行测量了)	—	■
3	辅助等电位节点间的电阻测量	—	■
4	等电位导体和保护地导体的连续性检查	■	—
5	目视检查以确保遵守标准 IEC 60364-7-710 的其他规定	■	■

注：IEC 60364-7-710 对应国内标准为《建筑物电气装置第7-710部分：特殊装置或场所的要求医疗场所》。GB/T 16895.24—2005

① 检查所需设计文件：
(a) 每个医疗场所建筑平面图；
(b) 等电位结点和相关连接点位置的建筑平面图；
(c) 电气设计接线图。
② 检查所需测量仪器：
(a) 电压计；
(b) 毫安表；
(c) 毫欧表，空载电压 4～24V AC/DC，并且测试电流为 10A；
(d) 断路器测试装置；
(e) 谐波检测装置；
③ 医疗 IT 系统的功能测试：
(a) 报警电路中电流的测量：
测试目的：必须保证即使出现故障电路中电流值也不能超过 1mA DC；
仪器：毫安表。
(b) 动作试验：
测试目的：检查绝缘监视仪功能是否正常，即当绝缘电阻值低于 50kΩ 时，报警响起。
仪器：变阻器。
(c) 医用隔离变压器的漏电电流测量：
测试目的：检查次级绕组和医用隔离变压器外壳对地漏电电流不高于 0.5mA；
仪器：毫安计。
(d) 信号指示系统的功能测试：
测试目的：检查声光报警系统的功能，无需仪器。
在之前的测试步骤中：
是否存在信号指示灯绿灯亮，表示运行正常；
是否存在信号指示灯黄灯亮，表示报警设备受干扰（绝缘电阻<50kΩ)；
黄灯不能关闭，除非故障已排除；
当报警装置动作时（绝缘电阻 <50kΩ)，声报警信号响起；各部门所有人员一定都能听见。
(e) 辅助等电位结点的测试（2 类医疗场所)；
测试目的：检查每个等电位结点和插座接地脚的连接，固定装置及任何外露导电部件的接地端子阻值不得高于 0.2Ω；
仪器：伏安表空载电压为 4～24V AC/DC，能提供至少 10A 的电流。
(f) 辅助等电位结点的测试（1 类医疗场所)：
测试确认保护地和等电位导体及等电位联结母排是否连接正确以及是否完好；
测试目的：检查导体的电气连续性；
仪表：欧姆表，空载电压为 4～24V AC/DC，能提供至少 0.2A 的电流。
(g) 用于识别外露导电部件的测量：
测试目的：通过测量对地电阻来确认金属部分是否为外露导电部件；通常认为 2 类医疗场所的外露导电部件电阻值低于 0.5MΩ，而 1 类医疗场所则低于 200Ω；

仪表：将欧姆表或其他类似带插头的工具。

④ 目视检查：目视检查要特别注意如下情况：

(a) TN 和 TT 系统中保护电器的配合；

(b) 保护电器的整定；

(c) SELV 和 PELV 系统；

(d) 消防安全设备；

(e) 类医疗场所插座供电回路的配置；

(f) 等电位箱内标识；

(g) 由安全电源供电的插座标志；

(h) 安全电源及照明设备的性能。

(2) 周期性检查

除了仔细准确的预防、维护外，医疗场所也要按一定时间间隔进行定期检查。定期检查的目的是确保医疗条件与初期检查时的一样，以确保安全设备及系统的正常运行。

表 2.9.2.5-2 归纳了医疗场所电气系统检测及根据 IEC 60364-7-710 要求的检测周期。特别注意的是这些是 IEC 60364 对普通系统的检查要求之外的部分。

医疗场所电气系统检测周期表 **表 2.9.2.5-2**

定期检查内容	定期检查周期
绝缘监视仪的功能测试(医疗 IT 系统)	每 6 个月
目视检查保护电器的整定	每年
辅助等电位节点的电阻测量	每 3 年
检测 RCD 动作值 $I\Delta n$	每年
空载测试	每月
带载测试(持续至少 30min)	每 4 个月
根据供货商说明书要求,电池供电的安全设施电源的功能测试	每 6 个月

根据 GB 16895.24—2005 第 710.6 章检验的要求，初始和定期测试的数据结果必须书面或电子存档并长期保留。

第 3 节 医用气体系统

医用气体系统作为生命支持系统，用于维系危重病人的生命，减少病人的痛苦，促进病人康复，并用于驱动多种医用治疗工具。本节主要探讨洁净用房或设备所需要的医用气体，并从规划、施工、气体终端、在线监测和检验应急等方面进行深入探讨，为项目建设和管理提供基本参考。

2.9.3.1 医用气体概述。医用气体系统主要包括液氧、氧气汇流排、医用分子筛制氧站、医用空气源、真空汇、医用气瓶等。

【技术要点】

1. 液氧。

(1) 医院液氧储罐设置、防火间距按《综合医院建筑设计规范》GB 51039—2014 第

10.2.9 条的规定执行。

(2) 液氧储罐周围要求按《建筑设计防火规范》GB 50016—2014 第 4.3.5 条的规定执行。

(3) 医用液氧储罐与医疗卫生机构外部建筑的防火间距按《建筑设计防火规范》GB 50016—2014 第 4.3.3 等的规定执行［注：医用氧气源均不应设置在地下空间或半地下室(半地下结构视实际情况而定义)，根据建筑防火要求，单罐容积不应大于 $5m^3$，总容积不宜大于 $20m^3$ 的液氧进行设计规划，超过的需要另外重新设计新站，再进行规划。］

2. 氧气汇流排

(1) 氧气汇流排与机器间的隔墙耐火极限不应低于 1.5h，与机器间之间的联络门应采用甲级防火门。

(2) 医用气体汇流排不应与医用压缩空气机、真空汇或医用分子筛制氧机设置在同一房间内。输送氧气含量超过 23.5%的医用气体汇流排，当供气量不超过 $60m^3/h$ 时，可设置在耐火等级不低于三级的建筑内，当应靠外墙布置，并应采用耐火极限不低于 2.0h 的墙和甲级防火门与建筑物的其他部分隔开。

(3) 输氧量超过 $60m^3/h$ 的氧气汇流排间、氧气压力调节阀组的阀门室宜布置成独立建筑物，当与用户厂房毗连时，其毗连厂房的耐火极限等级不应低于二级，并应采用耐火极限不低于 2.0h 的不燃烧体无门、窗、动的隔墙与该厂房隔开。

(4) 汇流排钢瓶应考虑搬运的方便性。

3. 医用分子筛制氧站

(1) 氧气站的布置，应按《氧气站设计规范》GB 50030—2013 第 3.0.1 条要求的经技术经济综合比较后择优确定。

(2) 制氧站选址《综合医院建筑设计规范》GB 51039—2014 第 10.2.8.1 条的规定执行。

(3) 氧气站的乙类生产场所不得设置在地下空间或不通风的半地下空间。

(4) 建筑物呈阶梯式的结构，有较好通风条件的半地下空间可考虑设置制氧站。制氧站内应设置相应气体浓度报警装置，且与换气系统联动。房间换气次数不应少于 $8h^{-1}$，或平时换气次数不应少于 $3h^{-1}$，事故状况时不应少于 $12h^{-1}$。

(5) 制氧站宜布置为独立单层建筑物，其耐火等级不应低于二级，建筑围护结构上的门窗应向外开启，并不得采用木质、塑钢等可燃材料制作。与其他建筑毗连时，其毗连的墙应为耐火极限不低于 3.0h 且无门、窗、洞的防火墙，站房应至少设置一个直通室外的门。

(6)《建筑灭火器配置设计规范》GB 50140—2005 对氧气站划分为工业建筑严重危险级。设置在 B、C 类火灾场所的灭火器，其最大保护距离应符合表 2.9.3.1-1 的规定。

B、C 类火灾场所的灭火器最大保护距离（m）　　　表 2.9.3.1-1

危险等级灭火器形式	手提式灭火器	推车式灭火器
严重危险级	9	18
中危险级	12	24
轻危险级	15	30

(7) 灭火器的配置按《建筑灭火器配置设计规范》GB 50140—2005 第6.1节的规定执行。

(8) 灭火器类型的选择：

① A类火灾场所应选择水型灭火器、磷酸铵盐干粉灭火器、泡沫灭火器或卤代烷灭火器。

② B类火灾场所应选择泡沫灭火器、碳酸氢钠干粉灭火器、磷酸铵盐干粉灭火器、二氧化碳灭火器、灭B类火灾的水型灭火器或卤代烷灭火器。

极性溶剂的B类火灾场所应选择灭B类火灾的抗溶性灭火器。

③ C类火灾场所应选择磷酸铵盐干粉灭火器、碳酸氢钠干粉灭火器、二氧化碳灭火器或卤代烷灭火器。

④ D类火灾场所应选择扑灭金属火灾的专用灭火器。

⑤ E类火灾场所应选择磷酸铵盐干粉灭火器、碳酸氢钠干粉灭火器、卤代烷灭火器或二氧化碳灭火器。但不得选用装有金属喇叭喷筒的二氧化碳灭火器。

⑥ 非必要场所不应配置卤代烷灭火器。

(9) 应急备用气源的医用氧气不得由分子筛制氧系统或医用液氧系统供应，只能由汇流排提供。

(10) 医用分子筛制氧机组供应源应设置应急备用电源。

(11) 医用分子筛制氧机供应源应设置氧浓度及水分、一氧化碳含量实时在线检测设施，检测分析仪的最大测量误差为±0.1%。

(12) 医用分子筛制氧机机组应设置设备运行监控和氧浓度及水分、一氧化碳杂质含量监控和报警系统。

(13) 医疗卫生机构不应设置将分子筛制氧机产出气体充入高压气瓶系统。

(14) 医用分子筛制氧源，应设置独立的专用配电柜，并配置一用一备配电柜。

(15) 氧气汇流排作为备用氧时压力应设置为0.38MPa以上。充分考虑手术间、ICU数量，保证冗余量。

(16) 医用分子筛制氧机供应源应由医用分子筛制氧机机组、过滤器和调压器等组成，必要时应包括增压机组。医用分子筛制氧机组宜由空气压缩机、空气储罐、干燥设备、分子筛吸附器、缓冲罐等组成，增压机组应由氧气压缩机、氧气储罐组成。

(17) 医用分子筛制氧系统宜设置露点保证装置、压缩空气水分检测装置、氧气在线检测装置以及远程监控系统。

(18) 空压机选型应注意所在地海拔高度，海拔较高地区建议参照表2.9.3.1-2中的对应系数进行适当调整。

修正系数表 **表2.9.3.1-2**

海拔高度(m)	0	305	610	914	1219	1524	1829	2134	2438	2743	3048	3653	4572
需气量修正系数	1	1.03	1.07	1.1	1.14	1.17	1.2	1.23	1.26	1.29	1.32	1.37	1.43

(19) 手术室、ICU等生命支持区域的医用气体管道宜从医用气源处单独接出。

(20) 医用氧气的排气放散管均应接至室外安全处，并防雨、防鼠，排散口距地面不得低于4.5m，远离火源。

(21) 氧气站的氧气放散管应引至室外安全处，放散管口距地面不得低于4.5m。

4. 医用空气源

(1) 压缩空气站的位置参考分子筛制氧站，也可布置于地下室。

(2) 在保证分子筛制氧机进气量的前提下，压缩空气站可与分子筛制氧共用系统。

(3) 器械空气同时用于牙科时，不得与医疗空气共用空气压缩机组。

(4) 牙科空气供应源宜设置为独立的系统，且不得与医疗空气供应源共用空气压缩机。

5. 真空汇

(1) 独立传染病科医疗建筑物的医用真空系统宜独立设置。

(2) 牙科专用真空汇应独立设置，可布置于地下室、地面、楼顶等处。

(3) 负压吸引机房应单独设置，其排放气体应经过处理后排入大气。

(4) 医疗污水排放按《综合医院建筑设计规范》GB 51039—2014 第6.8.1条的规定执行。

(5) 真空罐宜配套紫外线消菌杀毒装置。

6. 医用气瓶

(1) 医用气体气瓶包括：氧气、空气、氮气、二氧化碳、氧化亚氮、医用混合气瓶。

(2) 所有气瓶必须检验合格，减压器需要计量检验合格，方可使用。

(3) 所有气瓶不得使用至压力为0，至少保证留有0.5MPa。

(4) 备用气源应设置或储备24h以上用量；应急备用气源应保证声明支持区域4h以上的用气量。

(5) 气瓶存放仓库要分类、分区存放，做好防火防盗防泄漏措施。

(6) 操作气瓶人员应持有压力容器上岗证。

2.9.3.2 医用气体工程施工：主要包括管道安装、压力试验及泄漏性试验以及管道吹扫。

【技术要点】

1. 一般规定

(1) 医用气体安装工程开工前应具备下列条件：

① 施工企业、施工人员应具备相关资质证明与执业证书；

② 已批准的施工图设计文件；

③ 压力管道与设备已按有关要求报建；

④ 施工现场管道安装位置的风管、水管道、电缆桥架、消防管道等施工面完成；

⑤ 现场达到“三通一平”的施工条件。

(2) 医用气体器材设备安装前按《医用气体工程技术规范》GB 50751—2012 第10.1.2条进行检查。

(3) 医用气体管材及附件在使用前应按产品标准进行外观检查，并应符合下列规定：

① 所有管材端口密封包装应完好，阀门、附件包装应无破损；

② 管材应无外观制造缺陷，应保持圆滑、平直，不得有局部凹陷、碰伤、压扁等缺陷；高压气体、低温液体管材不应有划伤压痕；

③ 阀门密封面应完整，无伤痕、毛刺等缺陷；法兰密封面应平整光洁，不得有毛刺及径向沟槽；

④ 非金属垫片应保持质地柔韧，应无老化及分层现象，表面应无折损及皱纹；

⑤ 管材及附件应无锈蚀现象。

（4）焊接医用气体铜管及不锈钢管材时，均应在管材内部使用惰性气体保护，并应符合下列规定：

① 焊接保护气体可使用氮气或氩气，不应使用二氧化碳气体；

② 应在未焊接的管道端口内部供应惰性气体，未焊接的邻近管道不应因被加热而氧化；

③ 焊接施工现场应保持空气流通或单独供应呼吸气体；

④ 现场应记录气瓶数量，并应采取防止与医用气体气瓶混淆的措施。

2. 医用气体管道安装

（1）所有医用气体管材、组成件安装前均应脱脂，不锈钢管材、组成件应经酸洗钝化、清洗干净并封装完毕，并应达到《医用气体工程技术规范》GB 50751—2012 第 5.2 节的规定。未脱脂的管材、附件及组成件应作明确的区分标记，并应采取防止与已脱脂管材混淆的措施。

（2）医用气体管材切割加工应符合下列规定：

① 管材应使用机械方法或等离子切割下料，不应使用冲模扩孔，也不应使用高温火焰切割或打孔；

② 管材的切口应与管轴线垂直，端面倾斜偏差不得大于管道外径的 1%，且不应超过 1mm；切口表面应处理平整，并应无裂纹、毛刺、凸凹、缩口等缺陷；

③ 管材的坡口加工宜采用机械方法，坡口及其内外表面应进行清理；

④ 管材下料时严禁使用油脂或润滑剂。

（3）医用气体管材现场弯曲加工应符合下列规定：

① 应在冷状态下采用机械方法加工，不应采用加热方式制作；

② 弯管不得有裂纹、折皱、分层等缺陷；弯管任一截面上的最大外径与最小外径差与管材名义外径相比较时，用于高压的弯管不应超过 5% ，用于中低压的弯管不应超过 8%；

③ 高压管材弯曲半径不应小于管外径 5 倍，其余管材弯曲半径不应小于管外径 3 倍。

（4）管道组成件的预制应符合现行国家标准《工业金属管道工程施工规范》GB 50235 的有关规定。

（5）医用气体铜管道之间、管道与附件之间的焊接连接均应为硬钎焊，并应符合下列规定：

① 铜钎焊施工前应经过焊接质量工艺评定及人员培训；

② 直管段、分支管道焊接均应使用管件承插焊接；承插深度与间隙应符合现行国家标准《铜管接头　第 1 部分：钎焊式管件》GB 11618.1 的有关规定；

③ 铜管焊接使用的钎料应符合现行国家标准《铜基钎料》GB/T 6418 和《银钎料》GB/T 10046 的有关规定，并宜使用含银钎料；

④ 现场焊接的铜阀门，其两端应已包含预制连接短管；

⑤ 铜波纹膨胀节安装时，其直管长度不得小于 100mm，允许偏差为±10mm。

（6）不锈钢管道及附件的现场焊接应采用氩弧焊或等离子焊，并应符合下列规定：

① 管道对接焊口的组对内壁应齐平，错边量不得超过壁厚的 20%；除设计要求的管道预拉伸或压缩焊口外，不得强行组对；

② 焊接后的不锈钢管焊缝外表面应进行酸洗钝化。

（7）不锈钢管道焊缝质量应符合下列规定：

① 不锈钢管焊缝不应有气孔、钨极杂质、夹渣、缩孔、咬边；凹陷不应超过 0.2mm，凸出不应超过 1mm；焊缝反面应允许有少量焊漏，但应保证管道流通面积；

② 不锈钢管对焊焊缝加强高度不应小于 0.1mm ，角焊焊缝的焊角尺寸应为3～6mm；

③ 直径大于 20mm 的管道对接焊缝应焊透，直径不超过 20mm 的管道对接焊缝和角焊缝未焊透深度不得大于材料厚度的 40% 。

（8）医用气体管道焊缝位置应符合下列规定：

① 直管段上两条焊缝的中心距离不应小于管材外径的 1.5 倍；

② 焊缝与弯管起点的距离不得小于管材外径，且不宜小于 100mm；

③ 环焊缝距支、吊架净距不应小于 50mm；

④ 不应在管道焊缝及其边缘上开孔。

（9）医用气体管道与经过防火或缓燃处理的木材接触时，应防止管道腐蚀；当采用非金属材料隔离时，应防止隔离物收缩时脱落。

（10）医用气体管道支吊架的材料应有足够的强度与刚度，现场制作的支架应除锈并涂二道以上防锈漆。医用气体管道与支架间应有绝缘隔离措施。

（11）医用气体阀门安装时应核对型号及介质流向标记。公称直径大于 80mm 的医用气体管道阀门宜设置专用支架。

（12）医用气体管道的接地或跨接导线应有与管道相同材料的金属板与管道进行连接过渡。

（13）医用气体管道焊接完成后应采取保护措施，防止脏物污染，并应保持到全系统调试完成。

（14）医用气体管道现场焊接的洁净度检查应符合下列规定：

① 现场焊缝接头抽检率应为 0.5%，各系统焊缝抽检数量不应少于 10 条；

② 抽样焊缝应沿纵向切开检查，管道及焊缝内部应清洁，无氧化物、特殊化合物和其他杂质残留。

（15）医用气体管道焊缝的无损检测应符合下列规定：

① 熔化焊焊缝射线照相的质量评定标准，应符合现行国家标准《金属熔化焊焊接接头射线照相》GB/T 3323 的有关规定；

② 高压医用气体管道、中压不锈钢材质氧气、氧化亚氮气体管道和－29℃以下低温管道的焊缝，应进行 100% 的射线照相检测，其质量不得低于Ⅱ级，角焊焊缝应为Ⅲ级；

③ 中压医用气体管道和低压不锈钢材质医用氧气、医用氧化亚氮、医用二氧化碳、医用氮气管道，以及壁厚不超过 2.0mm 的不锈钢材质低压医用气体管道，应进行 10%的射线照相检测，其质量不得低于Ⅲ级；

④ 焊缝射线照相合格率应为 100%，每条焊缝补焊不应超过 2 次。当射线照相合格率低于 80%时，除返修不合格焊缝外，还应按原射线照相比例增加检测。

（16）医用气体减压装置应进行减压性能检查，应将减压装置出口压力设定为额定压力，在终端使用流量为零的状态下，应分别检查减压装置每一减压支路的静压特性 24h，其出口压力均不得超出设定压力 15%，且不得高于额定压力上限。

（17）敷设医用气体管道的场所，其环境温度应始终高于管道内气体的露点温度 5℃以上，因寒冷天气可能使医用气体析出凝结水的管道部分应采取保温措施。医用真空管道坡度不得小于 0.002。

（18）医用氧气、氮气、二氧化碳、氧化亚氮及其混合气体管道的敷设处应通风良好，且管道不宜穿过医护人员的生活、办公区，必须穿越的部位，管道上不应设置法兰或阀门。

（19）生命支持区域的医用气体管道宜从医用气源处单独接出。

（20）建筑物内的医用气体管道宜敷设在专用管井内，且不应与可燃、腐蚀性的气体或液体、蒸汽、电气、空调风管等共用管井。

（21）室内医用气体管道宜明敷，表面应有保护措施。局部需要暗敷时应设置在专用槽板或沟槽内，沟槽的底部应与医用供应装置或大气相通。

（22）医用气体管道穿墙、楼板以及建筑物基础时，应设套管，穿楼板的套管应高出地板面至少 50mm。且套管内医用气体管道不得有焊缝，套管与医用气体管道之间应采用不燃材料填实。

（23）医疗房间内的医用气体管道应作等电位接地；医用气体的汇流排、切换装置、各减压出口、安全放散口和输送管道，均应作防静电接地；医用气体管道接地间距不应超过 80m，且不应少于一处，室外埋地医用气体管道两端应有接地点；除采用等电位接地外，宜为独立接地，其接地电阻不应大于 10Ω。

（24）医用气体输送管道的安装支架应采用不燃烧材料制作并经防腐处理，管道与支吊架的接触处应作绝缘处理。

（25）供氧管道不应与电缆、腐蚀性气体和可燃气体管道敷设在同一管道井或地沟内。敷设有供氧管道的管道井，宜有良好的通风。

（26）氧气管道架空时，可与各种气体、液体（包括燃气、燃油）管道共架敷设。共架时，氧气管道宜敷设到其他管道的外侧，并宜敷设到燃油管道上面，供应洁净手术室部的医用气体管道应单独设吊架。

（27）除氧气管道专用导线外，其他导线不应与氧气管道敷设在同一支架上。

（28）架空敷设的医用气体管道，水平直管道支吊架的最大间距应符合表 2.9.3.2-1 的规定；垂直管道限位移支架的间距应为表 2.9.3.2-1 中数据的 1.2～1.5 倍，每层楼板处应设置一处。

医用气体水平直管道支吊架最大间距　　**表 2.9.3.2-1**

公称直径 DN (mm)	10	15	20	25	32	40	50	65	80	100	125	≥150
铜管最大间距 (m)	1.5	1.5	2.0	2.0	2.5	2.5	2.5	3.0	3.0	3.0	3.0	3.0
不锈钢管最大间距(m)	1.7	2.2	2.8	3.3	3.7	4.2	5.0	6.0	6.7	7.7	8.9	10.0

（29）架空敷设的医用气体管道之间的距离应符合下列规定：

① 医用气体管道之间、管道与附件外缘之间的距离，不应小于 25mm，且应满足维护要求。

② 医用气体管道与其他管道之间的最小间距应符合表 2.9.3.2-2 的规定，无法满足时应采取适当隔离措施。

架空医用气体管道与其他管道之间的最小间距（m）　　表 2.9.3.2-2

名　称	与氧气管道净距		与其他医用气体管道净距	
	并行	交叉	并行	交叉
给水排水管，不燃气体管	0.15	0.10	0.15	0.10
保温热力管	0.25	0.10	0.15	0.10
燃气管，燃油管	0.50	0.25	0.15	0.10
裸导管	1.50	1.00	1.50	1.00
绝缘导线或电缆	0.50	0.30	0.50	0.30
穿有导线的电缆管	0.50	0.10	0.50	0.10

（30）埋地敷设的医用气体管道与建筑物、构筑物等及其地下管线之间的最小间距，均应符合现行国家标准《氧气站设计规范》GB 50030 有关地下敷设氧气管道的间距规定。

（31）埋地或地沟内的医用气体管道不得采用法兰或螺纹连接，并应作加强绝缘防腐处理。

（32）埋地敷设的医用气体管道深度不应小于当地冻土层厚度，且管顶距地面不宜小于 0.7m。当埋地管道穿越道路或其他情况时，应加设防护套管。

（33）医用气体阀门的设置应符合下列规定：

① 生命支持区域的每间手术室、麻醉诱导和复苏室，以及每个重症监护区域外的每种医用气体管道上，应设置区域阀门；

② 医用气体主干管道上不得采用电动或气动阀门，大于 DN25 的医用氧气管道间门不得采用快开阀门；除区域阀门外的所有阀门，应设置在专门管理区域或采用带锁柄的阀门；

③ 医用气体管道系统预留端应设置阀门并封堵管道末端。

（34）医用气体区域阀门的设置应符合下列规定：

① 区域阀门与其控制的医用气体末端设施应在同一楼层，并应有防火墙或防火隔断隔离；

② 区域阀门使用侧宜设置压力表且安装在带保护的阀门箱内，并应能满足紧急情况下操作阀门需要。

③ 医用气体管道井内阀门的安装位置高度应在 1.2～1.5m 处，方便应急可以直接操作阀门。

（35）医用气体管道的设计使用年限不应小于 30 年。

3. 医用气体管道应分段、分区以及全系统作压力试验及泄漏性试验。

（1）医用气体管道压力试验应符合下列规定：

① 低压医用气体管道、医用真空管道应做气压试验，试验介质应采用洁净的空气或干燥、无油的氮气；

② 低压医用气体管道试验压力应为管道设计压力的 1.15 倍，医用真空管道试验压力应为 0.2MPa；

③ 医用气体管道压力试验应维持试验压力至少 10min，管道应无泄漏、外观无变形为合格。

（2）医用气体管道应进行 24h 泄漏性试验，并应符合下列规定：

① 压缩医用气体管道试验压力应为管道的设计压力，真空管道试验压力应为真空压力 70kPa；

② 小时泄漏率应按下式计算：

$$A=\left[1-\frac{(273+t_1)P_2}{(273+t_2)P_1}\right]\times\frac{100}{24}$$

式中　A——小时泄漏率（真空为增压率），%；

P_1——试验开始时的绝对压力，MPa；

P_2——试验终了时的绝对压力，MPa；

t_1——试验开始时的温度，℃；

t_2——试验终了时的温度，℃。

（3）医用气体管道在未接入终端组件时的泄漏性试验，小时泄漏率不应超过 0.05%。

（4）压缩医用气体管道接入供应末端设施后的泄漏性试验，小时泄漏率应符合下列规定：

① 不超过 200 床位的系统应小于 0.5%；

② 800 床位以上的系统应小于 0.2%；

③ 200～800 床位的系统不应超过按内插法计算得出的数值。

（5）医用真空管道接入供应末端设施后的泄漏性试验，小时泄漏率应符合下列规定：

① 不超过 200 床位的系统应小于 1.8%；

② 800 床位以上的系统应小于 0.5%；

③ 200～800 床位的系统不应超过按内插法计算得出的数值。

4. 医用气体管道吹扫

医用气体管道在安装终端组件之前应使用干燥、无油的空气或氮气吹扫，在安装终端组件之后除真空管道外应进行颗粒物检测，并应符合下列规定：

（1）吹扫或检测的压力不得超过设备和管道的设计压力，应从距离区域阀最近的终端插座开始直至该区域内最远的终端；

（2）吹扫效果验证或颗粒物检测时，应在 150L/min 流量下至少进行 15s，并应使用含 50μm 径滤布、直径 50mm 的开口容器进行检测，不应有残余物。

（3）管道吹扫合格后应由施工单位会同监理、建设单位共同检查，并应进行“管道系统吹扫记录”和“隐蔽工程（封闭）记录”。

2.9.3.3　医用气体终端。

【技术要点】

1. 医用气体终端压力

（1）医用气体终端处的参数按《医用气体工程技术规范》GB 50751—2012 第 3.0.2 条的要求执行。

注：350kPa气体压力允许最大偏差为350kPa$^{+50}_{-40}$kPa，400kPa气体的压力允许最大偏差为400kPa$^{+100}_{-80}$kPa，800kPa气体的压力允许最大偏差为800kPa$^{+200}_{-160}$kPa。

在医用气体使用处于医用氧气混合形成医用混合气体时，配比的医用气体压力应低于该处医用氧气压力50～80kPa，相应的额定压力也应减小为350kPa。

(2) 医用气体管路系统在末端设计压力、流量下的压力损失应符合表2.9.3.3的规定。

医用气体管路系统设计压力、流量需求表 **表2.9.3.3**

医用气体种类	额定压力(kPa)	典型使用流量(L/min)	设计流量(L/min)	备注
牙科空气	550	50	50	气体流量要求视牙椅具体型号的不同有差别
牙科专用真空	15(真空压力)	300	300	
医用氧化亚氮/氧气混合气	400(350)	6～15	20	在使用处混合提供气体时额定压力为350kPa
医用氧气	400	5～10	10	—

2. 设备带安装要求

(1) 医用治疗设备带的安装应符合下列规定：

① 医疗建筑内宜采用同一制式规格的医用气体终端组件；

② 医用治疗设备带内不可活动的气体供应部件与医用气体管道的连接宜采用无缝铜管，且不得使用软管及低压管组件；

③ 医用治疗设备带的外部电气部件不应采用带开关的电源插座，也不应安装能触及的主控开关或熔断器；

④ 医用治疗设备带的等电位接地端子应通过导线单独连接到病房的辅助等电位接地端子上；

⑤ 医用治疗设备带安装后不得存在可能造成人员伤害或设备损伤的粗糙表面、尖角或锐边；

⑥ 医用治疗设备带中心线安装高度距地面宜为1350～1450mm，悬梁形式的医用治疗设备带底面安装高度距底面宜为1600～2000mm；

⑦ 医用治疗设备带可能安装的照明灯或阅读灯、呼叫对讲机的布置不应妨碍医用气体装置或器材的使用；

⑧ 出于以人为本的考虑，有时把气体终端组件安装的带有壁画的墙内，此时最边上的气体终端组件至少应该离两边墙体100mm，离顶部200mm，离墙体底部300mm，墙体内深度不宜小于150mm；墙面上有标明内有医用气体装置的明显标识；

⑨ 为了使用方便，一些医疗卫生机构可能在医用气体供应装置或病床两侧同时布置气体终端组件；相同气体终端组件应对称。

⑩ 医用设备治疗带安装时，气体接入口应与电源接入口分开接入；

⑪ 医用治疗设备带安装后，应能在环境温度为10～40℃、相对湿度为30%～75%、大气压力为70～106kPa、额定电压为220V±10%的条件下正常运行。

(2) 医用吊塔、ICU吊桥、ICU功能柱的安装：

医用吊塔、ICU吊桥、ICU功能柱主要应用于医院手术部、ICU等科室，属于悬梁形式的用气供应装置。根据设计要求，可安装供氧终端、吸引终端、压缩空气终端、二氧化碳终端等医用终端、电源插座、网络插口、传呼分机等功能设备，设置监护仪、输液泵等设备专用安装位置及空间。

① 管路应按医用气体工程管道安装要求进行连接，设备内医用气体管路与医用气体系统之间应单独设置维修阀门，当设备气体系统出现故障可快速关闭该气源进行检修。维修阀门应设置在易操作的位置，如检修孔或产品顶部装饰罩旁。在连接管道前，应确认医用气体系统已吹扫干净。终端与气体管道连接时，要确保气体种类匹配，严禁接错。

② 吊塔设备如操作扶手，其安装高度应符合设计要求，一般应为900～1200mm。

③ 设备配置的气体终端组件的安装高度距地面一般应为900～1600mm，具体高度应符合设计要求；横排布置的终端组件宜按相邻的中心距为80～150mm等间距布置，竖排布置的终端组件宜按相邻的中心距为120～200mm等间距布置。

④ 电源插座组件的安装高度距地面应900～1600mm，横排布置的电源插座组件宜按相邻的中心距为60～120mm等距布置，竖排布置的电源插座组件宜按相邻的中心距为80～150等距布置。

⑤ 医用吊塔、ICU吊桥、ICU功能柱安装时必须保证设备内立柱的垂直度以及各种横臂、安装平台的水平度，满足设计要求。对旋转类的设备，其运动部件安装必须确保其运动灵活，静止状态不会自行漂移。

(3) 壁画式终端箱及手术室嵌入式终端盒的安装：

① 实心砖墙或彩钢板采用侧面打孔上膨胀螺丝的方法固定终端箱，固定后需调整终端箱或终端盒，确保其横平竖直，并易于维修拆卸；

② 将医用气体管道连接到终端箱内的终端接口上，通常采用软管快速接头连接。医用气体管道与终端箱之间应设置维修阀门，便于终端箱终端出现故障时可快速关闭气源进行检修，终端与气体管道连接时，要确保气体类型的匹配，严禁接错。

③ 将预留的电源线、弱点线、传呼线与终端箱内已连接好的插座、弱点接口、传呼分机按规范进行安装连接。

④ 将画框固定在箱体上，并进行调整确保横平竖直，滑动灵活。

3. 管道材质选用

(1) 按《医用气体工程技术规范》GB 50751—2012第5.2节的要求执行。

(2) 医用气体供应与病人的生命息息相关，出于管道寿命和卫生洁净度方面的严格要求，特对管材作此规定。

铜作为医用气体管材，是国际公认的安全优质材料，具有施工容易焊接质量易于保证、焊接检验工作量小、材料抗腐蚀能力强，特别是具有较好的抗菌能力的优点。因此，目前国际上通用的医用气体标准中，包括医用真空在内的医用气体管道均采用铜管。

在我国，业内也有多年使用不锈钢管的经验。不锈钢管与铜管相比强度、刚性能更好，材料的抗腐蚀能力也较好。但是在使用中有害残留不易清除，尤其医用气体管道通常口径小壁厚薄，焊接难度大，总体质量不易保证，焊接检验工作量也较大。

目前有色金属行业标准《医用气体和真空用无缝铜管》YS/T 650—2007规定了针对用气体的专用铜管材要求，而国内没有针对医用气体使用的不锈钢管材专用标准。鉴于国内医用气体工程的现状，将铜与不锈钢均作为医用气体允许使用的管道材料，但建议医院使用医用气体专用的成品无缝铜管。

镀锌钢管在国内医院的真空系统中曾大量使用，并经长期运行证明了其易泄露、寿命短、影响真空度等不可靠性，依据国际通用规范的要求不再采纳。

国内的医院大多为综合性医院，非金属管材在材料、质量、防火等方面的实际工程实施中可控制性差，依据国际通用标准，未将非金属管材列为医用真空管路的允许材料，但允许麻醉废气、牙科真空等设计真空压力低于 27kPa 的真空管路使用。

4. 医用氮气、医用二氧化碳、医用氧化亚氮、医用混合气体供应源按《医用气体工程技术规范》GB 50751—2012 第 4.3 节的要求执行。

5. 麻醉或呼吸废气排放系统按《医用气体工程技术规范》GB 50751—2012 第 4.5 节的要求执行。

6. 医用气体管道安装技术要求按《医用中心供氧系统通用技术条件》YY/T 0187—1994 的要求执行。

(1) 空气系统压力值为 0～0.8MPa（可调）。

(2) 压力值在 0.5MPa 时，平均小时漏率<1%。

(3) 吸引系统负压值为－0.02～－0.07MPa（可调）。

(4) 负压值在－0.07MPa 时，平均小时漏率<1.8%。

(5) 各病区、各手术室装有精度不低于 1.5 级的真空表。

(6) 吸引系统在任何环境下都不能高于环境压力。

(7) 负压系统负压值高于－0.019MPa，低于－0.073MPa 时报警。

(8) 分管道、终端压力为 0.3～0.4MPa；

(9) 每个终端氧气流量≥10L/min；

(10) 氧气管道气体流速≤10m/s；

(11) 系统泄漏率应小于 0.2%/h；

(12) 手术室的使用率为 75%、ICU 的使用率为 100%、抢救室的使用率为 15%、普通病房的使用率为 15%；

(13) 氧气管道可靠接地，接地电阻<10Ω；

(14) 最大和最小使用流量工况下供氧最远管道压力损失不超过 10%。

2.9.3.4　医用气体在线监测管理系统。

【技术要点】

1. 医用气体系统报警。

(1) 医用气体系统宜设置集中监测与报警系统。

(2) 医用气体系统集中监测与报警的内容应包括：

① 声响报警无条件启动，1m 处的声压级不应低于 55dB（A），并应有暂停、静音功能；

② 视觉报警应能在距离 4m，视觉小于 30°和 100Lx 的照度下清除辨别。

③ 报警器应具有报警指示灯故障测试功能及断电恢复自启动功能，报警传感器回路短路时应能报警。

(3) 监测系统的电路和接口设计应具有高可靠性、通用性、兼容性和可扩展性，关键部件或设备应有冗余。

（4）监测系统软件应设置系统自身诊断及数据冗余功能。

（5）中央监测管理系统应能与现场测量仪表以相同的精度同步记录各子系统连接运行的参数、设备状态等。

（6）监测系统的应用软件宜配备实时瞬态模拟软件，可进行存量分析和用气量预测等。

（7）集中监测管理系统应有参数超限报警、事故报警及报警记录功能，宜有系统或设备故障诊断功能。

（8）集中监测管理系统应能以不同方式显示各子系统运行参数和设备状态的当前值与历史值，并应能连续记录储存不少于一年的运行参数，中央监测管理系统宜兼有信息管理（MIS）功能。

（9）监测及数据采集系统的主机应设置不间断电源。

2. 医用气体传感器。

（1）医用气体传感器的测量范围和精度应与二次仪表匹配，并应高于工艺要求的控制盒测量精度。

（2）医用气体露点传感器精度漂移应小于1℃/a。一氧化碳传感器在浓度为10×10^{-6}时，误差不应超过2×10^{-6}。

（3）压力或压差传感器的工作范围应大于监测采样点可能出现的最大压力或压差的1.5倍，量程宜为该点正常值变化范围的1.2～1.3倍。流量传感器的工作范围宜为系统最大工作流量的1.2～1.3倍。

（4）气源报警压力传感器应安装在管路总阀门的使用侧。

（5）区域报警传感器应设置维修阀门，区域报警传感器不宜使用电接点压力表。除手术室、麻醉室外，区域报警传感器应设置在区域阀门使用侧的管道上。

（6）独立供电的传感器应设置备用电源。

3. 医用气体流量计。

（1）流量计不应安装在有振动、潮湿、易受机械损伤、有强电磁场干扰、高温、温度变化剧烈和有腐蚀性气体的位置。

（2）流量计宜安装在室内，如需安装在室外，应采取防晒、防雨、防雷措施。

（3）流量计应安装在能真实反映气体流量的位置。

（4）流量计的前后管道上应安装切断阀门（截止阀），同时应设置旁通管道。

（5）流量控制阀应安装在流量计的下游，流量计使用时上游所装的截止阀应全开，避免上游部分的流体产生不稳流现象。

（6）应在流量计的直管段前安装过滤器。

（7）流量计应水平安装在管道上，安装时流量计轴线应与管道轴线同心，流向要一致。

（8）流量计安装点上下游配管的内径与流量计内径相同。

（9）流量计上游管道长度应有不小于$2D$的等径直管段，如果安装场所允许的条件下，上游直管段宜为$20D$、下游为$5D$。

（10）流量计外壳、被测流体和管道连接法兰三者之间应做等电位连接，并应接地。

(11) 流量计应可靠接地，不能与强电系统地线共用。

4. 医用气体在线监测管理系统配电电缆途径选择、敷设环境敷设按《电力工程电缆设计规范》GB 50217—2007中电缆布线一般规定要求执行。

(1) 明敷的电缆不宜平行敷设在热力管道的上部。电缆与管道之间无隔板防护时的允许距离，除城市公共场所应按现行国家标准《城市工程管线综合规划规范》GB 50289执行外，尚应符合表2.9.3.4的规定。

电缆与管道之间无隔板防护时的允许距离（mm）　　表2.9.3.4

电缆与管道之间走向		电力电缆	控制和信号电缆
热力管道	平行	1000	500
	交叉	500	250
其他管道	平行	150	100

(2) 抑制电气干扰强度的弱电回路控制和信号电缆，除应符合GB 50217—2007第3.6.6条～第3.6.9条的规定外，当需要时可采取下列措施：

① 与电力电缆并行敷设时相互间距，在可能范围内宜远离；对电压高、电流大的电力电缆间距宜更远。

② 敷设于配电装置内的控制和信号电缆，与耦合电容器或电容式电压互感、避雷器或避雷针接地处的距离，宜在可能范围内远离。

(3) 电缆敷设的防火封堵，应符合下列规定：

① 布线系统通过地板、墙壁、屋顶、顶棚、隔墙等建筑构件时，其孔隙应按等同建筑构件耐火等级的规定封堵。

② 电缆敷设采用的导管和槽盒材料，应符合现行国家标准《电气安装用电缆槽管系统　第1部分：通用要求》GB/T 19215.1、《电气安装用电缆槽管系统第2部分：特殊要求第1节：用于安装在墙上或天花板上的电缆槽管系统》GB/T 19215.2和《电气安装用导管系统　第1部分：通用要求》GB/T 20041.1规定的耐燃试验要求，当导管和槽盒内部截面积大于或等于710mm^{2}时，应从内部封堵。

③ 电缆防火封堵的材料，应按耐火等级要求，采用防火胶泥、耐火隔板、填料阻火包或防火帽。

④ 电缆防火封堵的结构，应满足按等效工程条件下标准试验的耐火极限。

5. 控制电缆及其金属屏蔽按《电力工程电缆设计规范》GB 50217—2007的要求执行。

2.9.3.5　医用气体工程的检验与应急。

1. 检验规定

(1) 医用气体工程中存在的压力容器按《压力容器安全技术监察规程》第一章　第2条的规定进行分类。

(2) 压力容器的使用单位，在压力容器投入使用前，应按《压力容器使用登记管理规则》的要求，到安全监察机构或授权的部门逐台使用登记（《压力容器安全技术监察规程》第118条规定）

(3) 在用压力容器，按照《在用压力容器检验规程》、《压力容器使用登记管理规则》

的规定，进行定期检验、评定安全和办理注册登记（《压力容器安全技术监察规程》第131条规定）。

（4）压力容器应进行定期检验，检验周期按《压力容器安全技术监察规程》第132条规定进行。

（5）安全附件应实行定期检验制度。安全附件的定期检验按照《在用压力容器检验规程》的规定进行。

（6）压力表和测量仪表应按国家质量技术监督局规定的期限进行校验。

2. 监督管理规定

医用分子筛中心制氧系统接受国家食药监局管理。

3. 操作规程

（1）建立设备档案，详细记录设备的运行情况、维护保养计划、实施维保情况；

（2）建立设备操作规范流程；

（3）建立设备的规章制度，

（4）编制培训计划，定期进行专业培训与安全教育，持证上岗。

4. 设备计量与检测

（1）根据国家计量规定，压力表、安全阀等均属于强检设施。实际工作中，对于无法拆卸的压力表等已经安装的，可采取更换高精度压力表，加强重点部位的检测，保证使用安全和设备运行。新设备安装设计时，充分考虑压力表的检测计量，保证检测不影响设备运转。

（2）液氧罐设计一用一备，安全阀仍宜备一套，以备检测使用。重要设备，配件周期超过三天以上的，平衡阀、液位表等宜备用一套，以保证设备正常运行。

（3）设备电源一用一备，以保证设备正常运行。

5. 医用气体紧急预演及预案

（1）医用气体氧气源故障时，通知相关部门，做好应急方案。手术室及ICU开启氧气汇流排，即使自动转换的，也应派人进行检查。对于病房的危重患者，先用氧气袋进行供应，以保证氧气瓶送到现场前投入使用。氧气瓶使用时，压力低于0.5MPa应更换。

（2）医用真空系统故障：设备主电源故障时，迅速转换备用电源箱；设备故障时，启动电动吸引器；医院电源故障时，并且生命支持单元电源故障，还需备用一定数量的手动吸引器。

（3）医用分子筛制氧系统故障时，使用医用氧气瓶减压后供呼吸机使用，并检测压力流量，剩下0.5MPa时，应更换气瓶。

（4）医院要按照危急重症患者数量，宜配置相应的医用氧气瓶、电动吸引器和手动吸引器，并做好应急预案和演练，每年最少一次。

6. 医用气体设备的报废

（1）严重损坏无法修复的设备。

（2）超过使用年限的。存在严重隐患的或性能低劣的设备。

（3）维修费超高，超过设备价值50%以上的设备。

（4）技术落后，机型淘汰的，无法提供配件的设备。

（5）违反国家规定，严重污染环境、耗水电高的设备。

（6）计量检测不合格者和严重隐患的设备。

（7）出现以上情况者，根据不同价值，有相关部门审核批准后，方可报废。

（8）报废设备未经审批，任何人不得拆卸任何部件。特种设备报废后，需要到相关质检部门销案。并由其监管，拆分销毁设备，不得它用

第4节　故障排除及日常维护

当前，国内各医院都加大了对包括手术部在内的医疗洁净项目的建设投入，当这些洁净项目投入使用之后，能否正常、高效、稳定地运行，将直接影响医治效率的高低。所以如何及时发现问题、排除故障，提高日常的维护水平变得格外重要。本节根据实际保障工作中的经验总结，针对洁净设备维护过程各系统的频现问题进行归纳。主要从常见故障分析和日常系统维护两方面进行论述，以期对提高医院运维管理者的实操性起到一定的作用。

2.9.4.1　常见故障分析与解决办法

【技术要点】

1. 电气部分常见故障分析与解决办法见表2.9.4.1-1。

电气部分常见故障分析与解决办法　　　　**表2.9.4.1-1**

常见故障	原因分析	解决办法
电力控制柜空开跳闸	空开接线桩松脱或烧糊	检查空开接线桩、测量电流和电源相序、检查空开限流元件
	电流和电源相序接反	
	空开限流元件发烫	
灯管不亮	是否停电	检查启辉器、镇流器、线路或控制开关
	灯管钨丝是否烧断（两头发黑）	

2. 空调及控制部分常见故障分析及解决办法见表2.9.4.1-2。

空调及控制部分常见故障分析及解决办法　　　　**表2.9.4.1-2**

常见故障	原因分析	解决办法
机组不能启动	急停开关被按下	检查各功能开关、电机线圈及轴承是否正常；变频器、保险丝、PLC控制器等是否正常
	“应急、停止、自动”开关被拨至停止位置	
	三相电源缺相	
	机组急停中间继电器R3或机组启停中间继电器R2坏	
	电极线圈绕组开路，用万用表欧姆档检测其电阻为无穷大	
	电极绝缘击穿，对地短路，用兆欧表测量线圈绝缘电阻小于5MQ	
	电机线圈匝间短路	
	电机轴承卡死	
	主回路交流接触器M的线圈烧断，用万用表欧姆档测量电阻值为无穷大	

续表

常见故障	原因分析	解决办法
机组不能启动	电机回路微型断路器MCB1跳闸；	检查各功能开关、电机线圈及轴承是否正常；变频器、保险丝、PLC控制器等是否正常
	线路对地绝缘电阻为零	
	变频器内部短路	
	控制电路故障：保险丝烧断	
	消防报警故障	
	PLC控制器故障；	
缺风报警	风机皮带张力下降、皮带断开	更换皮带或检查压差开关
	压差开关失调、开关坏	
	风道阻塞	清理风道
中效过滤报警	送风量超过额风量	调整送风量，重新设置压差值或更换开关
	压差开关设定值不对、开关坏	
	滤网已到终阻力，需清洗或更换粗、中效滤网	
高效过滤报警	送风量超过额定风量	调节送风量
	压差开关设定值不对、开关坏	重新设置压差值或更换开关
	过滤器已到终阻力	更换
送风机故障	变频器控制面板显示过流故障	减少送风量，安装机组各过滤网
	变频器控制面板显示过热故障	检查通风和风扇的运行、检查电机功率是否匹配
	变频器控制面板显示硬件故障	立即停止，联系厂家
	变频器烧坏	更换
	热继电器脱扣	复位
加湿器故障	加湿器缺水	清洗水过滤器或加大水压
	加湿器排水阻塞	疏通排水管
	加湿量过小导致电极片烧坏	清洗电极片水垢或更换电极片
	加湿电子板故障	电子板更换
手术室排风机停转	排风机热继电器动作：①三相电源缺相；②机叶轮卡壳	风机电机烧坏故障排除后按热继电器复位键
高温报警	高温断路器设定值过低，导致非正常脱扣	调整设定值
	高温断路开关开路	更换高温断路开关
	高温报警回路的线路断开	检查线路，连接断开线路
夏季手术室温度偏高	冷冻水供水温度偏高	调整冷热源供水温度
	新风预处理机组冷水盘管手阀被关闭，送风温度偏高	开启手动调节水阀
	冷冻水供水流量不足：①冷冻水供、回水总管阀门开度过小；②冷冻水供水管过滤器阻塞	开大手动调节水阀，清洗供水Y形过滤器
	冬夏工况转换温度开关失灵，或安装位置不正确，导致水阀动作相反	检查开关及开关安装位置

续表

常见故障	原因分析	解决办法
夏季手术室温度偏高	水阀故障，不能按控制信号正常开启	检查水阀，恢复控制信号正常
	电加热故障	检查电加热装置
	温湿度传感器坏	更换温湿度传感器
	手术室温湿度显示面板坏	检查面板
夏季手术室温度偏低	冷水阀故障	清洗阀体，检查执行器
	电加热器回路故障	检查开关是否脱扣；更换烧坏的电加热器
	热水阀故障	清洗阀体，检查执行器
冬季手术室温度偏低	新风预处理机组热水盘管手阀被关闭，送风温度偏低	开启手动调节水阀
	热水供水温度偏低	提高冷热源供水温度
	热水供水流量不足：①热水供、回水总管阀门关小或关闭；②热水供水管过滤器阻塞	开启手动调节水阀，清洗供水Y形过滤器
	冬夏工况转换温度开关失灵，或安装位置不正确，导致水阀动作相反	供水为冷冻水则开启夏季模式，供水为热水需开启冬季模式
	水阀故障，不能按控制信号正常开启	更换电动水阀执行器
	温湿度传感器坏	更换温湿度传感器
	手术室温湿度显示面板坏	更换面板
	电加热故障	更换加热电阻丝
冬季手术室湿度偏低	温湿度传感器坏	更换温湿度传感器
	手术室温湿度显示面板坏	更换面板
	电极式加湿器故障	检修电极式加湿器
	干蒸汽供应不正常：①没有蒸汽供应；②蒸汽供应质量差，带水；③加湿阀卡住；④蒸汽管理过滤器阻塞	开启蒸汽锅炉，开启疏水器阀门，用压缩空气吹洗加湿阀，清洗Y形过滤器
温湿度显示值跳动不定	传感器信号线屏蔽层接地不良	重新将屏蔽层接地处理
	电控箱至手术室控制板的温度信号接地不良	重新接地处理
	变频器干扰	做好屏蔽处理
湿度过高	加湿系统出现异常	检查加湿系统开启信号，检查加湿阀门
	除湿系统出现异常	调节冷冻水供水温度至7～9℃
	加热温度偏低或洁净区产生大量湿源等原因造成	开启电再热系统，加大排风量
风速风量偏小	设计标准不够	增加送风机频率、减小风机皮带盘
	粗中高效过滤器堵塞	更换
	风阀异常	调节风阀固定至某开启度
	风机异常	更换风机皮带、轴承等易损件
	变频器异常	检修

续表

常见故障	原因分析	解决办法
压差偏小	新风防虫网或粗效过滤网堵塞	检查新风防虫网或粗效过滤网是否堵塞，若堵塞则进行清洗
	粗、中效过滤袋压差不在合格范围内	检查粗、中效过滤袋压差是否在合格范围内，如不合格应更换
	送风机皮带松动或打滑	检查送风机皮带是否有松动或打滑现象，如有则进行调整或更换皮带
	新风手动阀、新风电动阀、送风阀、送风防火阀、回风阀、排风阀开启异常	调整各阀门开启度
	送、排风机（运行频率）不正常	及时调整
	采取上述方法后，压差仍无明显改善	适当增加新风量或送风量（调整风机运行频率）
	若增加新风量或送风量后，压差仍无明显改善	说明高效过滤器堵塞，必须更换高效过滤器
压差过大	新风阀、送风阀、回风阀、回风防火阀开启度异常	调整各阀门开启度
	粗、中效过滤袋压差不在合格范围内	及时更换
	送、排风机（运行频率）故障	及时调整
	排风机皮带松动或打滑	进行调整或更换皮带
	排风箱中效过滤袋或高效过滤器堵塞	更换相应的中效过滤袋或高效过滤器
局部房间压差不合格	洁净区的门有异常，如密封不严	密封处理
	压差计未归零，工作是不正常，校验不在有效期内	立即联系校验部门对压差表进行校验确认；若压差计正常，确认该房间送风量或回风量（排风量）是否正常，若正常，则检查压差相对房间送风量或者回风量（排风量，排风量的检查方法同排风机的检查）是否正常
	防护门斗下面没有密封条	密封处理
模块机组	水流开关跳脱（系统检测到 3s 内回水管无水）	查看水泵是否正常运行，自动补水是否正常并排出管道空气
	压缩机过载（系统检测到运行最大电流超过设定值），压缩机老化，冷冻油脏或少，风机故障，高低压故障	可按复位键复位并用钳形表观察实际运行电流，微调最大电流最大设定值并观察噪声是否正常，频繁报警可先关闭该系统等专业维修人员处理
	出水温度过低或过高（出入水温度探头故障）	更换或调换温度并清洗过滤器
	低压故障（系统检测到低压管道最低值低于设定值 0.3Pa），低压开关损坏或漏氟都可导致。	观察铜管是否有明显的漏氟导致的油迹，可用泡沫涂于铜管油迹处观察，待专业人员维修
	排气温度过高（系统排期段温度探头检测到排气温度高于 120℃），散热不佳导致	清洁翅片并观察风扇是否正常

3. 自动门常见故障分析及解决办法见表2.9.4.1-3。

自动门常见故障分析及解决办法 表2.9.4.1-3

常见故障	原因分析	解决办法
按开关或给感应器信号,门不动作	电子板和减速器无电	通电
	电子板开门信号灯不亮	检查是否正常通电
	电子板正常,减速器无显示	检查减速器通电或更换减速器
	电机有电压,电机不运转	更换电机
	电机无电压,减速器有故障显示	检查电机供电或更换电机
	门被堵死	清理门体运行轨迹上的杂物
	门脱轨(往内往外脱轨)	将滑轮扳至运行轨道上
门开到终点而不关用手拉门,门又打开	感应器故障	检查感应器是否被干扰或更换感应
	开门按钮开门不复位	更换
	电子板故障	更换

4. 医用气体部分:

(1) 空气压缩机常见故障分析及解决办法见表2.9.4.1-4。

空气压缩机常见故障分析及解决办法 表2.9.4.1-4

常见故障	原因分析	解决办法
机器无法启动	无运行电压或控制电压	检查保险丝,总电源开关和输电线
	故障尚未予以确认	确认故障信息
	压力储存器压力未释放	等机器压力释放后再启动,压力储存器压力必须小于0.8Pa才能启动
	电机有故障	检查接头、绕组等
	空气端有故障	手工转动空气端,必要时更换空气端
	环境温度低于1℃	保证环境温度不低于1℃,必要时安装一个加热器
	远程开关/时间控制器被激活	关闭远程开关/时间控制器
	管路压力高于设定的最低压力	待管路压力下降至最低设定压力以下
机器在启动阶段停机	吸气调节器只能部分关闭	进行修理,必要时更换吸气调节器
	机器有短路	检查电磁阀
	保险丝失效	确定原因并把它们消除;更换失效的保险丝
	开关箱中的接头松了	检查并把它们上紧
	油的黏滞性太大	按环境温度选择润滑油的类型,或安装辅助加热器
	由于手动开和关太频繁,超过了电机开、停的最大循环数	避免频繁地进行手动开和关,使电机冷却

续表

常见故障	原因分析	解决办法
机器达不到终点压力	压力监控器值设定得太低	检查,并重新设定
	吸气调节器不能完全打开	维修,需要时更换吸气调节器;检查电磁阀
	减少空气使用量,或再切入一台压缩机	空气消耗过量
	精细油分离器堵塞	更换精细油分离器
	空气滤清器堵塞	进行中间清洗,或更换滤清器
	压缩机系统漏气严重	检查机器
机器关闭	环境温度过高	给压缩机房通风
	主电机故障	检查主电机和热敏电阻
	风扇装置有故障	检查或更换风扇
	传感器、接头或电线出现故障	检查传感器、接头和电线
	供电线的截面太小	测量用电需求,必要时更换电线
	用电量太大	精细油分离器滤芯或空气滤清器滤芯堵塞,需要时予以更换
	油位太低	给压力储存器加满油
	注油压力太低	更换油过滤器滤芯,清洗油路系统
	油温太高	检查油冷却器和冷却风扇
卸载压力过高	吸气调节器不能正确关闭	检查吸气调节器和电磁阀
	系统不能卸载	检查电磁阀和电线
压缩空气中含油	精细油分离器失效	更换
	油起泡	换油
	油位过高	排放油
	最小压力阀的开启压力过低	检查最小压力阀
	节流阀孔口堵塞	清理或清洁孔口
空气滤清器中有油	吸气调节器中的止回功能失效	检查吸气调节器,需要时予以更换
	吸气调节器不能正确关闭	检查吸气调节器和电磁阀
频繁启动急停按钮	安全阀失效	更换
	精细油分离器堵塞或最终压缩压力传感器失效	更换精细油分离器或最终压缩压力传感器
	吸气调节器关闭太缓慢	检查吸气调节器和电磁阀
	总管压力传感器失效	更换总管压力传感器
	电子线路有故障	更换

(2) 油式滑片真空泵的常见故障分析及解决办法见表2.9.4.1-5。

油式滑片真空泵常见故障分析及解决办法 表2.9.4.1-5

常见故障	原因分析	解决办法
启动器中断	检查输入电压及频率是否与铭牌所注资料相符	使用带有时间延迟跳闸的启动器
	检查连接线盒之接线是否正确	
	不正确的启动开关设置	
	启动保护开关太灵敏	
吸气量不足	进口过滤器或滤网阻塞	检查泵吸入口或系统是否泄漏
	吸管太长太小	润滑油的黏度不正确
真空泵操作异常高温	室温或吸入口温度过高	
	冷却空气循环不良	
	润滑油的黏性太大;油分离器阻塞式污损;排气口背压太高	
排气口有可见的油雾	油气分离器未装好	
	使用不合规格之油品	
	油分离器阻塞式污损;排气口背压太高;室温式吸入口温度过高;冷却空气循环不良	
异常噪声音	泵缸体磨损	更换新品
	真空调压阀有异响(如有装配)	
水进入润滑油造成乳化	泵使用中有水进入	在进口侧加装水分离器
水气超过气镇阀所能承受的范围		询问供应商是否提供加大型气镇阀
泵每次只使用很短的时间,无法达到正常操作温度		封闭进气侧并让泵运转直到油清澈

(3) 水环式真空泵常见故障分析及解决办法见表2.9.4.1-6。

水环式真空泵常见故障分析及解决办法 表2.9.4.1-6

常见故障	原因分析	解决办法
泵启动困难	电源有故障	检查电路连接是否正常,是否有缺相启动
	异物入泵,叶轮卡死	新泵安装要加装滤网,防止异物进入,待运行一段时间后拆除,以免滤网堵塞
	工作液太多,压力高	建议工作液水位不要高于泵轴线10cm
	叶轮与圆盘摩擦	轴承磨损,更换轴承
	有水垢、铁锈	停机超过10~15d建议排空泵腔内的循环水,以免产生水垢
	电机故障	电机缺相、过载

续表

常见故障	原因分析	解决办法
真空度低(吸气压力高)	吸气管道漏气或管路过细	抽、排气管径要与泵的管径一至
	入口阀未开或有阻力/过滤网堵塞	检查阀门、清理滤网
	大气压力过低、真空表不准	排气有阻塞,校正真空表
	供水量过小	增大水量
	排气阀片不起作用	阀片损坏,更换
	轴封或泵密封漏气	更换相应配件
	端面间隙过大	调间隙
	泵转速低	电机故障
	吸气/工作温度过高	降低温度
轴承故障	润滑油牌号错误、量过多或过少	2BV 系列泵是自润滑轴承,无需加油,建议 4～5 年更换
	润滑油过期或有杂质	2BV 系列泵轴承无需加油
	轴承进水、锈蚀、划伤	机械密封磨损或轴封泄漏,造成轴承进水
	联轴器或皮带轮安装不正	联轴器不同心,皮带不平行
	安装不当	水平安装不规范,造成泵振动大,轴承容易磨损
泵泄漏	吸入介质有腐蚀性,材质选型有误	根据介质要求重新选型
	硬颗粒入泵	增加过滤装置
	气蚀严重	降低吸入介质的温度,打开气蚀保护管
	排气压力过高、吸水量过大	排气管径变小,管路太长,弯头太过,造成排气压力增大;控制进水量
	螺栓或焊渣等入泵	增加滤网
	水垢(机封)	水质太脏,机封磨损,更换机封
振动大、噪声大	联轴器不同心	重新校正
	地脚螺栓固定不牢	重新加固
	工作液过多、压力过高、吸水量过大	控制进水量
	排气受阻	检查排气管道是否有阻塞
	有异物入泵	拆泵检查
	气蚀现象	打开气蚀保护装置
	轴承故障	更换轴承
	叶轮不平衡	重新进行动平衡校正
	排气阀片脱落	更换阀片
超电流、电机发热	工作液过多,压力过高	控制工作液水量
	排气及水管路过高、过细、转弯过急	检查排气管是否安装规范

续表

常见故障	原因分析	解决办法
超电流、电机发热	排气孔堵塞、阀片脱落	检查排气管，更换阀片
	水垢引起泵内部摩擦	定期清洗水箱，以免水质太脏容易结垢
	吸水量过大	控制水量
	电机或电源故障	检查电机
	阀片脱落	更换阀片
	轴承故障	更换轴承

2.9.4.2　医用洁净室日常维护管理包括按规范要求的时间定期对各类空气过滤器耗材进行清洗与更换；各类设备与系统的保养、维护、维修及检测、调校。

【技术要点】

1. 空调系统的日常维护管理见表2.9.4.2-1。

空调系统的日常维护管理　　表2.9.4.2-1

使用部位		日常维护
空气过滤器耗材	粗效过滤器	集中新风机组、自取新风机组每周清洗一次，每月视情况更换；循环机组每2周视情况清洗，3个月更换一次；净化区域内回风网每2周清洗一次，每3个月更换一次
	中效过滤器	新风机组、自取新风机组每2周清洗一次，每3个月视情况更换；循环机组每月视情况清洗，半年更换一次
	亚高效过滤器	新风机组每半年更换一次
净化空调系统以及其控制系统	情报面板	多功能中央控制系统(情报面板)照明系统、空调控制系统、麻醉废气控制、手术灯，时钟、计时钟、温、湿度显示器、情报面板系统正常工作
		系统运行性能指标检查：检查监控器显示值与设定值的符合性，包括各区的正压值、梯度监控记录
		远控面板：控制开关灵活，接触器无打火现象，接线端子牢固，电路板无尘； 观片箱、书写台照明亮度正常，镇流器无损坏，活动部件完好无损
		系统运行实时监控数据，手术区内换气次数、静压差、压力梯度、温度、湿度、噪声等有控制要求的参数，以及影响压力的局部排风设备、排风机、送风机等关键设施设备的运行、电力供应等的当前状态，能监控、记录和存储故障的现象、发生时间和持续时间；应可以随时查看历史记录
	净化空调机组	检查风机电流及绝缘值与变频器性能；粗效段风机叶轮清洁，根据风机叶轮玷污粉尘情况，不定期清洗；风机、电机轴承每两个月检查注油一次；传动皮带每月检查一次是否有破裂现象
		负压段积水检查，对接水盘及冷凝水路清洁。及时维修更换老化或受损配件，防止净化空调机组内积水或渗漏
		机组清洁，防虫网清洁：机组内外、防虫网保持清洁，防虫安全网有松动或生锈现象要及时维修
		设备层室内无积水，机座钢结构无锈，整体环境清洁；新风口保持清洁、牢固，做到机房内干燥、通风、清洁、无灰尘、异物

续表

<table>
<tr><th colspan="2">使用部位</th><th>日 常 维 护</th></tr>
<tr><td rowspan="10">净化空调系统以及其控制系统</td><td>空气过滤器</td><td>粗、中效过滤器清洗、更换；定期清洗粗、中效过滤器、回风口、排风口并进行记录；粗、中效过滤器视情况更换；亚高效过滤器每年定期更换1次；高效过滤器每2年更换1次并进行记录，更换完毕后需对洁净室参数做一次全面的检测</td></tr>
<tr><td>阀门</td><td>风柜与风管间的软接头检查、防虫网清洁；检查维修手动阀门的联动性、辐度符合性，更换老化封条或软接头，保养自动、手动或联动阀门</td></tr>
<tr><td>热交换器的翅片清洁</td><td>清洁热交换器的翅片，肋片有压倒的要用弛梳梳好；风柜定期检查、保养；对风柜内外进行清洁并拧紧所有紧固件，更换或维修受损配件；风机舱门的密闭性检查 检查风柜门密闭性，更换老化的密封条和配件</td></tr>
<tr><td>电热管</td><td>检测电加热器阻值，更换老化的电热管；根据检测数据进行保养维修或更换</td></tr>
<tr><td>加湿器</td><td>定期检查电磁阀，对其进行通电试验，保证干蒸汽管道上各功能阀门工作正常，发现损坏立即更换</td></tr>
<tr><td>风机盘管</td><td>末端控制定期检查温控开关的动作情况，控制失灵的要及时修复或更换；
减振装置的紧固、更换：检查防振装置的弹性，松动的需要紧固、如有老化现象必须更换；
供回水水管保温材料：水管绝热层如有超温、老化、破损须及时修补或更换；
盘管肋片清洗、修复：吹吸或水洗，肋片有压倒的要用弛梳梳好；
风机叶轮清洁、修复：根据风机叶轮玷污粉尘情况，不定期清洗，检查叶轮的焊接部位及轴承是否符合要求，并进行维修保养，消除安全隐患；
冷凝器中的水管清洗：每年必须采用机械方法清洗一次冷凝器中的水管，清洗或更换管道过滤器；
新风机组粗效过滤器清洗，及时更换风阻超过要求的过滤器</td></tr>
<tr><td>送回风系统</td><td>防火阀、电动密闭阀、风量阀、定风量阀及手动阀的检查、维护，检查各种风阀的密封性、灵活性、稳固性和开启的准确性，及时进行润滑和堵漏保养；
静压箱及送风装置：静压箱密封，管道保温良好，风量配比合理；
系统的支吊构件检查、修复、除锈刷漆：支吊构件必须牢固，及时修复和紧固，锈蚀的要除锈刷漆处理；
排风装置：保持排风口过滤网无破损、无尘；
风管绝热层或保护层检查、维修：检查风管绝热层或保护层，脱落或破损的及时修复；
风管系统的支吊构件状态检查：检查风管系统的支吊构件，做好修复、紧固和除锈工作</td></tr>
<tr><td>排风系统</td><td>排风机风机运转状态：风机转速和变频器数据必须一致、风量流动对室内梯度压差保持一致，整机无异响及振动；风机电流监测、皮带检查、添加润滑油；检查风机转速（风机电流）及绝缘值与变频器性能，对风机轴承补充润滑油，检查、调节皮带</td></tr>
<tr><td>空调水系统</td><td>水过滤器定期拆开清洁，管道过滤器定时清洗、排除污垢、除锈，更换损坏的过滤装置；
水管绝热层或保护层检查、修复：水管绝热层如有超温、老化、破损须及时修补或更换；
检查阀体、手动浮球阀、自动排气阀，通断电检查电磁阀和电动压差调节阀，对动作不灵的要修理或更换各组件；
室内外阀门加注润滑油，露天阀门定期更换润滑油、密封垫及除锈；
电磁阀和电动压差调节阀通断电检查，检查联动工作在各种状态下是否正常；
水管系统的支吊构件检查、修复、除锈刷漆：支吊构件必须牢固，及时修复和紧固，锈蚀的要除锈刷漆处理；
箱体及钢结构基座除锈刷漆，各部位箱体及钢结构基座需要防腐除锈刷漆工作，坚固基座连接处</td></tr>
</table>

2. 电气系统的日常维护管理见表2.9.4.2-2。

电气系统的日常维护管理　　表2.9.4.2-2

使用部位		日常维护
自控系统		弱电系统管线检查及修复:保证线管完整、牢固、线路整洁,杜绝鼠类进入线管或桥架;DDC程序机 数据稳定、准确
动力照明系统以及弱电系统	弱电系统	背景音乐系统、呼叫系统:呼叫对讲系统、背景音乐系统工作时无噪声,满足使用要求
		视频监控器视频系统调节、检查、保养:①监视器图像清晰;②监视设备无尘;③插件、端子牢固;④控制器控制云台工作正常
		语音系统:通话功能检查、检查通话选择性(向内通话受控、向外通话非受控)与通话清晰度
	电力系统	电力供应系统:三相电路分配均衡,双路供电应有冗余;电力供应应满足洁净室的所有用电要求,并应有冗余;照明、自控系统、监视和报警系统等不间断备用电源,电力供应应至少维持30min
	配套系统	配电柜箱体及柜内所有电气部件保洁:对交流接触器、热继电器、自动空气开关、中间继电器等所有电子元件,进行风枪除尘
		元器件与接线端子系统巡查:对恒温自控系统、变频器、中心控制屏、温湿度传感器性能进行检查,接触器功能性检查,及时更换老化、受损电子元件和其他配件。散热风扇状态检查,确保配电柜通风正常,风扇运行风量满足电器散热要求

3. 给水排水系统的日常维护管理见表2.9.4.2-3。

给水排水系统的日常维护管理　　表2.9.4.2-3

使用部位	日常维护
蒸气管道	蒸气管道保温及密闭性检查:保障供汽系统的管道阀体工作正常、支吊构件牢固无锈,保温棉无老化脱胶现象
给水排水系统	给水管路、阀门、软接日常检查、定期更换
	排水口日常清洗及排水管路严密性检查
	刷手池电热水器、电气元件日常保养与维护,易损原件定期更换

4. 医用气体源与汇流排的日常维护管理见表2.9.4.2-4。

医用气体源与汇流排日常维护管理　　表2.9.4.2-4

使用部位	日常维护
医用气体源采用瓶装气体汇流排供应	定期检测汇流排上减压阀及压力表,按压力容器安全技术监察规程进行检验
	汇流排低压输出压力设定按用户设备的要求进行调节
	定期对汇流排自动切换装置进行检验,校验其灵敏度
	汇流排与医用气体钢瓶的连接采用防错接措施的,一周要检查一次措施的牢固性
医用空气供应源	供应源可由气瓶或空气压缩机组供应,用气瓶供气时,设备的维护按汇流排维护规定进行处理;由空气压缩机组供应时,参照医用分子筛制氧系统维护保养规定
医用氮气、医用二氧化碳、医用氧化亚氮、医用混合气体供应源	用汇流排集中供气的,维护保养按汇流排维护保养处理

续表

使用部位	日常维护
真空汇	真空汇采用水环式真空泵和油压式真空泵： ①采用环式真空泵时，要定期检测真空机组的防倒流装置，定期检测真空泵排污阀，泵体内结垢情况，如结垢要及时清理； ②采用油压式真空泵时，要定期检测真空机组的防倒流装置，定期更换油过滤器和空气过滤器
医用氧气供应源	医用氧气供应源分为医用液氧贮罐供应源、医用氧气瓶汇流排供应源、医用分子筛制氧机供应源： ①用氧气瓶汇流排供应源维护保养按本表第1项处理； ②用液氧贮罐供应源维护保养按液氧处理； ③用分子筛制氧机供应源维护保养
空气压缩机	检查进风滤网、散热翅片、空气过滤除尘、冷干机翅片除尘、油位观察、皮带松紧度调整、冷干机自动排水器清洗、电机轴承检查、紧固件松紧度
机房	卫生清扫、冷干机自动排水器手动排放试验、空气罐无水确认

本章参考文献

[1] 中国建筑科学研究院等. 医院洁净手术部建筑技术规范. GB 50333—2013. 北京：中国建筑工业出版社，2014.

[2] 中国建筑科学研究院等. 医疗建筑电气设计规范 JGJ 312—2013. 北京：中国建筑工业出版社，2014.

[3] 国家卫生和计划生育委员会规划与信息司等. 综合医院建筑设计规范. GB 51039—2014. 北京：中国计划出版社，2015.

[4] 中机中电设计研究院等. 建筑物电气装置. 第7-710部分：特殊装置或场所的要求医疗场所 GB 16895.24—2005. 北京：中国标准出版社，2006.

[5] 中国建筑科学研究院等. 绿色医院建筑评价标准. GB/T 51153—2015. 北京：中国计划出版社，2015.

[6] 中国建筑东北设计研究院. 民用建筑电气设计规范. JGJ 16—2008. 北京：中国建筑工业出版社，2008.

[7] 上海市医疗器械检测所. 医用电气设备　第1部分：安全通用要求. GB 9706.1—2007. 北京：中国标准出版社，2008.

[8] 中国电力科学研究院等. 电磁兼容　限值　谐波电流发射限值（设备每相输入电流≤16A）GB 17625.1—2012. 北京：中国标准出版社，2013.

[9] 中国建筑科学研究院等. 建筑照明设计标准 GB 50034—2013. 北京：中国建筑工业出版社，2014.

[10] 浙江省工业设备安装集团有限公司. 建筑电气工程施工质量验收规范 GB 50303—2015. 北京：中国计划出版社，2016.

[11] 许钟麟，医院洁净手术部建筑技术规范实施指南. 北京：中国建筑工业出版社，2014.

[12] 德国格力马医用 IT 安全供电系统-产品手册，2015，10.

[13] ABBH＋Line 二类医疗场所的实用指南-产品手册，2013，7.

[14] 中国医院协会医院建筑系统研究分会等. 医用气体工程技术规范 GB 50751—2012. 北京，中国计划出版社，2012.

[15] 中国中元兴华工程公司氧气站设计规范 GB 50030—2013. 北京，中国计划出版社，2013.

[16] 中国电力工程顾问集团西南电力设计院. 电力工程电缆设计规范 GB 50217—2007. 北京，中国计划出版社，2007.

[17] 公安部天津消防研究所. 建筑设计防火规范 GB 50016—2014. 北京，中国计划出版社，2014.

[18] 中机中电设计研究院. 低压配电设计规范 GB 50054—2011. 北京，中国计划出版社，2011.

[19] 中国化学工程第十一建设有限公司. 自动化仪表工程施工及验收规范 GB 50093—2013. 北京，中国计划出版社，2011.

[20] 国家医疗器械质量监督检验中心. 医用中心吸引系统通用技术条件 yyt 0186—1994. 国家医药管理局，1994.

[21] 公安部上海消防研究所. 建筑灭火器配置设计规范 GB 50140—2005. 北京，中国计划出版社，2014.

[22] 谭西平. 医用气体系统规划建设与运行管理指南. 北京：中国质检出版社，2016.

本章作者简介

徐俊：南方医科大学南方医院总务处副处长，工程硕士，高级工程师。

张昂东：中国建筑科学研究院净化中心电气主任工程师。

蔡佳义：曾任职于中国民生银行、广东省洁净技术行业协会，现为广州蓝盛净化科技有限公司总经理，从事洁净室建造及相关配套设备推广工作。

田助明：1988 年毕业于上海交通大学机械工程专业，珠海和佳医疗设备股份有限公司副总裁。

陈雯：现任 ABB 电气产品业务部医疗行业经理，为多家医院建设提供中低压电气产品及服务。

涂路：中国中元国际工程有限公司，教授级高级工程师。

潘刚：本德尔中国区代表。

第 10 章　洁净装备工程检测

张彦国　郝学安　李屹　党宇

第 1 节　综合性能评定检验通用要求

2.10.1.1　综合性能评定检验是工程验收不可或缺的项目。

【技术要点】

1. 洁净工程验收应按分项验收、竣工验收和综合性能评定检验三个阶段进行。工程质量的保证除了最后的严格检验，还需要施工过程中全周期内各阶段的严格控制来保证。

(1) 分项验收指按照不同工程项目在工程中进行验收，是一种通过自行质量检查评定实行的过程控制，具有阶段性验收的性质。

(2) 竣工验收阶段应包括设计符合性确认、安装确认和运行确认。

(3) 综合性能评定检验是通过对洁净室综合性能全面评定进行性能检验和性能确认，并在性能确认合格后实现性能验收。

2. 综合性能评定的基本检验方法应按现行国家标准《洁净室施工及验收规范》GB 50591、《医院洁净手术部建筑技术规范》GB 50333 等针对该洁净区域的有关规定执行，由具有工程质检资质的第三方承担，一般由建设方委托。不得以工程的调整测试结果或单项指标测试结果代替综合性能全面评定的检验结果。

(1) 综合性能评定检验应以空态或静态为准。任何检验结果都必须注明状态。

(2) 综合性能全面评定检验进行之前，应对被测环境和风系统再次全面彻底清洁，系统应已连续运行 12h 以上。

(3) 综合性能评定检验应审核综合性能检验单位的资质、检验报告和检验结论。

(4) 综合性能评定检验所使用检验仪表必须经过计量检定合格并在有效期内，按现行国家标准《医院洁净手术部建筑技术规范》GB 50333 的规定进行检验，最后提交的检验报告应符合规范的规定。建设方、设计方、施工方均应在场配合、协调。

(5) 综合性能评定检验中对于相关规范要求的必测项目中有 1 项不符合规范要求，或规范无要求时不符合设计要求，或不符合工艺特殊要求，所有这些要求都应经过建设方和检验方协商同意并记入检验文件，经过调整后重测符合要求时，应判为性能验收通过；重测仍不符合要求时，则该项性能验收应判为不通过。

(6) 选测项目不符合要求，而必测项目符合要求时，应不影响判断性能验收通过，但必须在性能验收文件中对不符合要求的选测项目予以说明。

2.10.1.2　检验单位必须具有法定的第三方检验资质。

1. 非专业机构的检测报告不具有科学性和专业性，不具备相应资质的报告不具有任何科学或法律上的效力，资质不全面的单位出具的检测报告的科学性、权威性、认可程度也差很多。

2. 项目竣工后的综合项目评定的检测工作，须确保通过经由国家卫生和计划生育委员会授权的专业工程质量检验机构或取得国家实验室认可资质条件的国家级第三方检测机构的检验，符合条件的第三方检测机构出具的报告在封面上方应至少具有图 2.10.1.2 所示的标志：从左至右依次为 CMA（红色）、CAL（红色）、ILAC-MRA/CNAS（蓝色）中的两个或两个以上。

中国计量认证标志

审查认可标志

国际互认联合标识

国家实验室认证标识

图 2.10.1.2　第三方检测机构标志

图 2.10.1.2 中标志、标识的含义介绍如下：

(1) 中国计量认证标志（CMA，China Metrology Accredidation）：标志由“CMA”三个英文字母组成的图形和该中心计量认证证书编号两部分组成。计量认证是我国通过计量立法，对为社会出具公证数据的检验机构进行强制考核的一种手段，计量认证是检验机构最基本的、必须有的认证。

(2) 审查认可标志（CAL，China Accredited Laboratory），审查认可是国家实施的一项针对承担监督检验、仲裁检验任务的各级质量技术监督部门所属的质检机构和授权的国家、省级质检中心（站）的一项行政审批制度，审查认可的依据是《标准化法》、《标准化法实施条例》、《产品质量法》等法律法规。具有 CAL 标志的前提是计量认证合格，然后机构的质量管理等方面的条件也符合要求，具有 CAL 标志的检验报告比仅具有 CMA 标志的具有法律效力。如果出现质量纠纷，检验报告可作为证据。

(3) 国际互认联合标识（ILAC-MRA）指国际实验室认可合作组织多边承认协议，拥有此标志的检验结果可以在世界上约 50 余个经济体的实验室认可机构得到互认。

(4) 国家实验室认证标识（CNAS）表明本中心的检测能力和设备能力通过中国合格评定国家认可委员会认可。中国合格评定国家认可制度在国际认可活动中有着重要的地位，其认可活动已经融入国际认可互认体系，并发挥着重要的作用。中国合格评定国家认可委员会是国际认可论坛（IAF）、国际实验室认可合作组织（ILAC）、亚太实验室认可合作组织（APLAC）和太平洋认可合作组织（PAC）的正式成员。

3. 承担医院洁净装备工程检测的机构应具备完整的质量管理体系和管理文件。质量管理手册是管理体系运行的纲领性文件，其规定了质量方针和质量目标，系统地描述了资质认定评审准则、实验室和检查机构能力认可准则要求的各个要素的落实情况，明确了各部门及各岗位人员的职责和相互关系。因此，为保证各项工作的质量，承担综合性能评定检验的机构应建立与其活动范围相适应的、完整的质量管理体系，制定质量管理体系文件，并保证该体系得以实施、维持和持续改进。

2.10.1.3　检测人员和检测设备必须具备相应的管理要求。

【技术要点】

1. 从事综合性能评定检验工作的专业技术人员均应具有工程建设领域相关专业技术经历，并经过上岗培训、考核和授权。现场检测人员应持证上岗并在授权范围内从事相应的工作。确保所有操作专门设备、从事检测/检查/校准以及评价结果和签署报告人员的能力。对从事特定工作的人员，按要求进行资格确认。

2. 承担综合性能评定的检验机构使用的所有设备应有唯一性标识。新购置的设备应及时建立设备档案，并交质量部归档。

（1）对检测结果的准确度和有效性有影响的所有设备都应有表明其状态的明显标签，以绿、黄、红三色标签为例，标签的使用应符合下列规定：

① 绿色标签——合格证，表明设备经检定、校准（包括内部校准）达到设备的设计要求；

② 黄色标签——准用证，表明设备部分量程的准确度不合格或部分功能丧失，但可满足工作所需量程的准确度和功能要求；

③ 红色标签——停用证，表明设备已损坏、检定/校准不符合要求或超过检定/校准周期。

（2）承担综合性能评定的检验机构应根据设备的性能和使用情况确定设备是否需要进行期间核查，并负责制定核查规程，按“文件控制程序”进行审批和发放。可行时，一次性检定及检定/校准为周期一年以上的设备应进行期间核查。

（3）用于检测/检查/校准和抽样的设备及其软件应达到要求的准确度，并符合相应标准规范的要求。对结果有重要影响的仪器的关键量或值，应制定校准计划。

（4）当检测、校准用仪器设备发生故障或出现可疑数据时，应立即停止使用，加贴停用标识，并尽量予以隔离，防止误用，同时应对故障可能造成的结果进行核查。仪器设备修复后应通过校准或核查证明其能够正常工作。

2.10.1.4　检测设备必须符合一定的技术条件。

【技术要点】

1. 风量罩

（1）原理：风量罩主要由风量罩体、基座、显示屏构成（见图 2.10.1.4-1）。风量罩体主要用于采集风量，将空气汇集至基座上的风速均匀段上。在风速均匀段上装有根据毕托管原理制作的风压传感器，传感器将风速的变化反映出，再根据基底的尺寸将风量计算出来。由于集中空调系统中风口处的气流比较复杂，测量工作难度较大。使用风量罩能迅速、准确地测量风口平均通风量，是测量风口通风量的主要设备。

图 2.10.1.4-1　风量罩

（2）设备性能建议：风量范围为 42～4250m^3/h；精度读数为±3%或±12m^3/h（风量>85m^3/h）；分辨率为 1m^3/h。

2. 热球式风速仪

（1）原理：热球式风速仪是由热球式测杆探头和测量仪表两部分组成（见图 2.10.1.4-2）。探头有一个直径 0.6mm

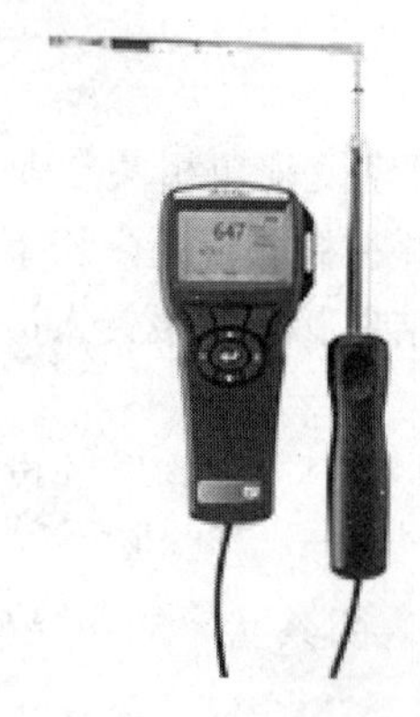

图 2.10.1.4-2　热球式风速仪

的玻璃球，球内绕有加热玻璃球用的镍铬丝圈和两个串联的热电偶。热电偶的冷端连接在磷铜质的支柱直接暴露在气流中。当一定大小的电流通过加热圈后玻璃球的温度升高。升高的程度和风速有关风速小时升高的程度大，反之升高的程度小。升高程度的大小通过热电偶在电表上指示出来。根据电表的读数，查校正曲线即可查出所的风速（m/s）。热球式风速仪在供暖、通风、空气调节、环境保护、节能监测、气象、农业、冷藏、干燥、劳动卫生调查、洁净车间、化纤纺织、各种风速实验室等方面有广泛的用途。

（2）设备性能建议：风量范围为 0～30m/s；精度读数为读数的±3%或±0.015m/s；分辨率为 0.01m/s。

3. 尘埃粒子计数器

（1）原理：尘埃粒子计数器主要由光源、两组透镜、测量腔、光检测器和放大电路五大部分构成（见图 2.10.1.4-3）。其中，光源极大地影响着计数器的性能，是其关键部件之一，需满足寿命长、稳定性高、不易受外界干扰等要求；两组透镜用于完成聚焦的功能，一组用于聚焦光源发出的光，一组用于聚焦散射现象产生的散射光；测量腔用于使空气中的微粒在光照下发生散射；光检测器用于将光脉冲信号转换为电脉冲信号；放大电路用于将微弱的电信号进行放大并挑选出满足要求的脉冲信号，对其进行计数并显示出来。尘埃粒子计数器是用于测量洁净环境中单位体积内尘埃粒子数和粒径分布的仪器。它可广泛应用于各省市药检所、血液中心、防疫站、疾控中心、质量监督所等权威机构，以及电子行业、制药车间、半导体、光学或精密机械加工、塑胶、喷漆、医院、环保、检验所等生产企业和科研部门。

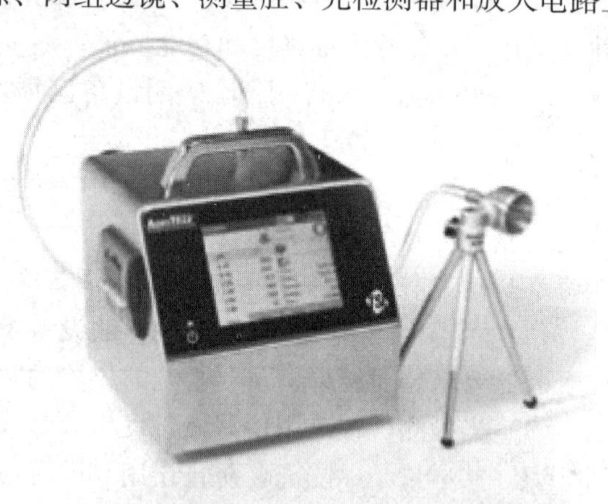

图 2.10.1.4-3　激光尘埃粒子计数器

（2）设备性能建议：粒径范围为 0.3～25μm；最多可测量 6 个通道数据；流量为 0.1/1.0CFM（2.83/28.3L/min）。

4. 压差计

（1）原理：压差计多用于测量两个不同点处压力之差的测压仪表（见图 2.10.1.4-4）。目前常用的有双波纹管差压计、膜片式差压计以及单元组合仪表的差压变送器等。当气体流经压差计管道内的节流件时，流速将在节流件处形成局部收缩，因而流速增加，静压力降低，于是在节流件前后便产生了压差。流体流量越大，产生的压差越大，这样可依据压差来衡量流量的大小。该测量方法以流动连续性方程（质量守恒定律）和伯努利方程（能量

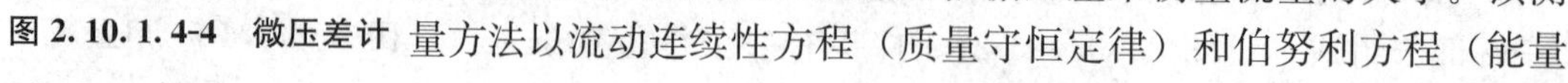

图 2.10.1.4-4　微压差计

守恒定律）为基础，用来检测洁净室的压差计。首先要求量程要小，因为需要检测的压力差在几帕到几十帕之间；其次要求精度要高，能够准确测量几帕的压力差，再就是要求仪器零点稳定，漂移小，须带零点校准。

（2）设备性能建议：测量范围为±250Pa；精度为满量程的±0.5%。

5. 温湿度计

（1）原理：温湿度传感器探头分别安装铂电阻传感器和高分子薄膜型湿敏电容（见图2.10.1.4-5）。测量温度时，由于铂电阻具有阻值随温度改变的特性，故仪器可通过电阻值的变化转化为电压值，传输给测量电路进而测量出环境温度；测量湿度时，湿敏电容能从周围气体中吸水而引起本身电容和电阻值的变化，其变化的幅度即表示周围气体的相对湿度。根据温湿度的波动范围，应选择足够精度的测试仪表。

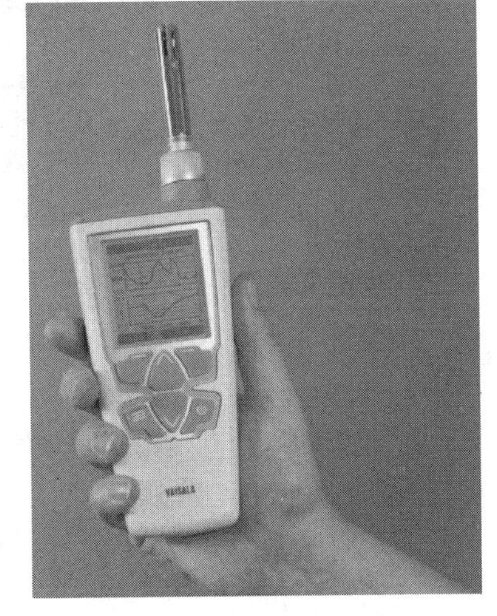

图2.10.1.4-5 温湿度计

（2）设备性能见表2.10.1.4-1。

温湿度计性能表　　表2.10.1.4-1

温度	传感器类型	热敏电阻
	范围	0～60℃
	精度	1±0.6℃
	分辨率	0.1℃
相对湿度	传感器类型	薄膜电容
	范围	5%～95%RH
	精度	2±3%RH
	分辨率	0.1%RH

6. 声级计

（1）原理：声级计的原理是由传声器将声音转换成电信号，再由前置放大器变换阻抗，使传声器与衰减器匹配的技术。放大器将输出信号加到计权网络，对信号进行频率计权（或外接滤波器），然后再经衰减器及放大器将信号放大到一定的幅值，送到有效值检波器（或外按电平记录仪），在指示表头上给出噪声声级的数值（见图2.10.1.4-6）。

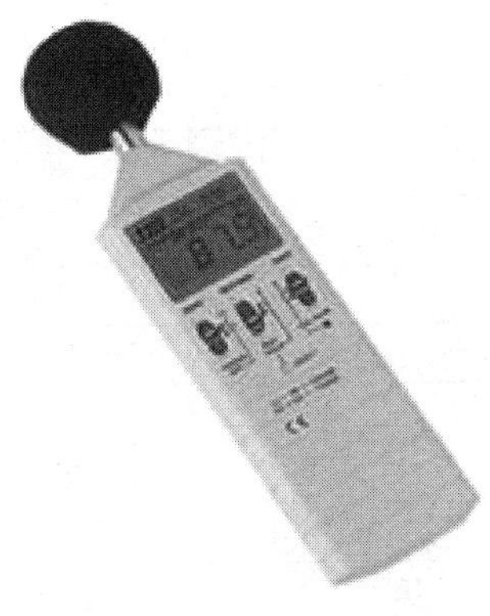

图2.10.1.4-6 声级计

（2）设备性能建议：宜使用带倍频程分析仪的声级计，如选用无倍频程分析仪，频率测量范围应为31.5Hz～8kHz；声级计的最小刻度不宜低于0.1dB（A）。量程：A声级LO（Low）加权：35～100dB；HI（High）加权：65～130dB；C声级LO（Low）加权：35～100dB；HI（High）加权：65～130dB。

7. 照度计

（1）原理：照度是物体被照明的程度，也即物体表面所得到的光通量与被照面积之

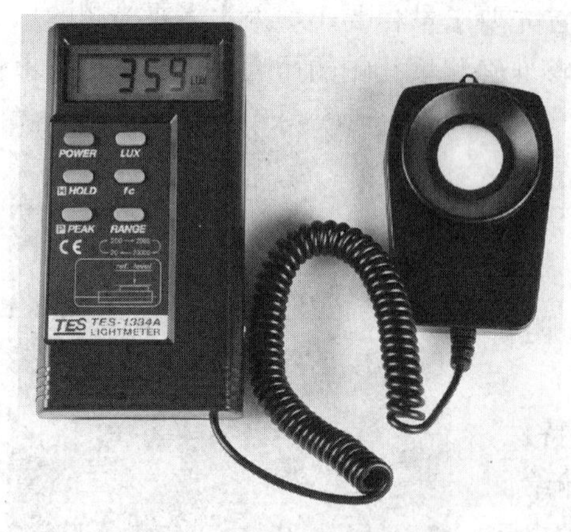

图 2.10.1.4-7　数字式照度计

比。照度计是一种专门测量光度、亮度的仪器仪表（见图 2.10.1.4-7）。通常是由硒光电池或硅光电池和微安表组成光电池，是把光能直接转换成电能的光电元件。当光线射到硒光电池表面时，入射光透过金属薄膜到达半导体硒层和金属薄膜的分界面上，在界面上产生光电效应。产生的光生电流的大小与光电池受光表面上的照度有一定的比例关系。

（2）设备性能建议：测量范围：20/200/2000/20000Lux；分辨率：0.01Lux；准确度：±3%rdg±0.5%f.s.（＜10000lux）

8. 谐波测试仪

（1）原理：谐波测试仪器指用于检测谐波的仪器，也叫作谐波检测仪，又称谐波分析仪（见图 2.10.1.4-8）。绝大部分谐波测量仪器都使用傅立叶变换的方法来进行谐波测量。在电力系统中谐波产生的根本原因是由于非线性负载所致。当电流流经负载时，与所加的电压不呈线性关系，就形成非正弦电流，即电路中有谐波产生。谐波频率是基波频率的整倍数，根据法国数学家傅立叶分析原理证明，任何重复的波形都可以分解为含有基波频率和一系列为基波倍数的谐波的正弦波分量。因此，将测量得到电流、电压等模拟信号转换为数字信号，再进行傅立叶分解，即可得到各阶次谐波大小、畸变率、相位等数据。

（2）设备性能建议见表 2.10.1.4-2。

谐波测试仪性能表　　表 2.10.1.4-2

	量程	分辨率	精度
伏特			
V_{rms}(交流+直流)	1～1000V 相电压	0.01V	±0.1%额定电压
V_{pk}	1～1400V_{pk}	1V	5%额定电压
电压峰值因数(CF)	1.0＞2.8	0.01	±5%
V_{rms}½		0.1V	±0.2%额定电压
V_{fund}		0.1V	±0.1%额定电压
电流(精度不包括电流钳精度)			
A_{mps}(交流+直流)	5～6000A	1A	±0.5%±5 个计数点
	0.5～600A	0.1A	±0.5%±5 个计数点
	5～2000A	1A	±0.5%±5 个计数点
	0.5～200A(仅交流电)	0.1A	±0.5%±5 个计数点
A_{pk}	8400A_{pk}	1A_{rms}	±5%
	5500A_{pk}	1A_{rms}	±5%
电流峰值因数(CF)	1～10	0.01	±5%
A_{mps}½	5～6000A	1A	±1%±10 个计数点
	0.5～600A	0.1A	±1%±10 个计数点
	5～2000A	1A	±1%±10 个计数点
	0.5～200A(仅交流电)	0.1A	±1%±10 个计数点

续表

	量程	分辨率	精度
电流(精度不包括电流钳精度)			
A_{fund}	5～6000A	1A	±0.5%±5 个计数点
	0.5～600A	0.1A	±0.5%±5 个计数点
	5～2000A	1A	±0.5%±5 个计数点
	0.5～200A(仅交流电)	0.1A	±0.5%±5 个计数点
Hz			
Hz	42.500～57.500Hz	0.001Hz	±0.001Hz
	51.000～69.000Hz	0.001Hz	±0.001Hz
电源			
瓦特	最大 6000MW	0.1W～1MW	±1%±10 个计数点
(VA, var)	最大 2000MW	0.1W～1MW	±1%±10 个计数点
功率因数 (Cosj/DPF)	0～1	0.001	±0.1%@额定负载状态
能量			
kWh (kVAh, kvarh)	取决于电流钳变比和额定电压		±1%±10 个计数点
能量损失	取决于电流钳变比和额定电压		±1%±10 位数 不含线电阻精度
谐波			
谐波次数(n)	直流，1～50 次分组：谐波分组，根据 IEC61000-4-7 而定		
间谐波次数(n)	关闭，1～50 次分组：谐波和间谐波子组，根据 IEC61000-4-7 而定		
电压(V)	0.0%～100%	0.10%	±0.1%±nx0.1%
	0.0%～100%	0.10%	±0.1%±nx0.4%
	0.0～1000V	0.1V	±5% *
	0.0%～100%	0.10%	±2.5%
电流(A)	0.0%～100%	0.10%	±0.1%±nx0.1%
	0.0%～100%	0.10%	±0.1%±nx0.4%
	0.0～600A	0.1A	±5%±5 个计数点
	0.0%～100%	0.10%	±2.5%
功率	0.0%～100%	0.10%	±nx2%
	取决于电流钳变比和额定电压	—	±5%±nx2%±10 个计数点
	0.0%～100%	0.10%	±5%
相角	−360°～+0°	1°	±nx1°
闪变			
P_{lt}、P_{st}、P_{st}(1min)P_{inst}	0.00～20.00	0.01	±5%

续表

	量程	分辨率	精度
不平衡			
电压	0.0%～20.0%	0.10%	±0.1%
电流	0.0%～20.0%	0.10%	±1%
电源信号			
电源信号	在两个独立的频率下，阈值、限值和控制信号持续时间可编程	—	—
信号频率	60～3000Hz	0.1Hz	
相对 V%	0%～100%	0.10%	±0.4%
±绝对 V3s（3 秒平均值）	0.0～1000V	0.1V	±5

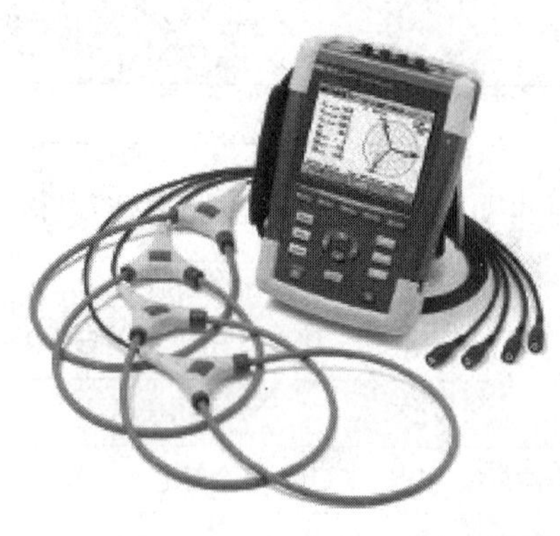

图 2.10.1.4-8　三相电能质量分析仪

9. 紫外分光光度计

（1）原理：

① 分光光度计原理：分光光度计又称光谱仪，是将成分复杂的光，分解为光谱线的科学仪器（见图 2.10.1.4-9）。测量范围一般包括波长范围为 380～780nm 的可见光区和波长范围为 200～380nm 的紫外光区。不同的光源都有其特有的发射光谱，因此可采用不同的发光体作为仪器的光源。钨灯的发射光谱：钨灯光源所发出的 380～780nm 波长的光谱光通过三棱镜折射后，可得到由红、橙、黄、绿、蓝、靛、紫组成的连续色谱；该色谱可作为可见光分光光度计的光源。分光光度计采用一个可以产生多个波长的光源，通过系列分光装置，从而产生特定波长的光源，光线透过测试的样品后，部分光线被吸收，计算样品的吸光值，从而转化成样品的浓度。样品的吸光值与样品的浓度成正比。

② 气相色谱仪（见图 2.10.1.4-10）原理：一定量（已知量）的气体或液体分析物被注入柱一端的进样口中或气源切换装置，当分析物在载气带动下通过色谱柱时，分析物的分子会受到柱壁或柱中填料的吸附，使通过柱的速度降低。分子通过色谱柱的速率取决于吸附的强度，它由被分析物分子的种类与固定相的类型决定。由于每一种类型的分子都有自己的通过速率，分析物中的各种不同组分就会在不同的时间（保留时间）到达柱的末端，从而得到分离。检测器用于检测柱的流出流，从而确定每一个组分到达色谱柱末端的时间以及每一个组分的含量。通常来说，人们通过物质流出柱（被洗脱）的顺序和它们在柱中的保留时间来表征不同的物质。气相色谱仪除可进行甲醛浓度的测定外，还可进行苯及总易挥发物浓度的检测。

（2）设备性能建议：

① 分光光度计：波长范围：190～1100nm；光度准确度（K2Cr2O7）：±0.01A；波

长准确度：±1.0nm；分辨率（正己烷中的甲苯）：>1.5；杂散光（KCl，198nm）：>2。

② 气相色谱仪：采样灵敏度：0.1μV/S；量程：−1～1V；测量精度：±0.2%；重复性：（峰面积）±0.1%，（峰高）±0.2%。

图 2.10.1.4-9　紫外分光光度计

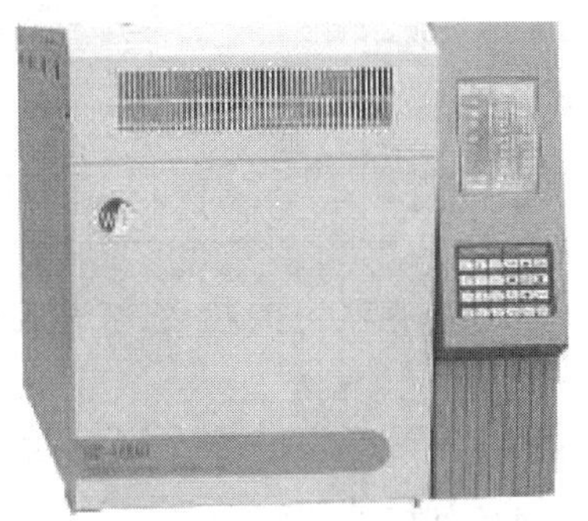

图 2.10.1.4-10　多用途气相色谱仪

第 2 节　医用洁净功能用房检测通用要求

2.10.2.1　综合性能评定检验必须遵循有关规范给定的条件。

【技术要点】

1. 进行综合性能评定检验时洁净室的占用状态区分如下：工程调整测试应为空态，工程验收的检验和日常例行检验应为空态或静态，使用验收的检验和监测应为动态。当有需要时也可经建设方（用户）和检验方协商确定检验状态。

2. 进行综合性能评定检验时受检区域内工程应完全竣工，正常运行，并提前运行 12h 以上；检验之前，应对所测环境作彻底清洁，但不得使用一般吸尘机吸尘。擦拭人员应穿洁净工作服，清洗剂可根据场合选用纯化水、有机溶剂、中性洗涤剂或自来水。

3. 进行综合性能评定检验时，检验人员应保持最低数量，必须穿洁净工作服，测微生物浓度时必须穿无菌服、戴口罩。测定人员应位于下风向，尽量少走动。

2.10.2.2　现场检测顺序应遵循规范要求依次进行。

【技术要点】

1. 检验项目顺序首先宜测风速、风量、静压差，然后检漏，再测洁净度。在其他物理性指标测试完毕并对房间内完成表面消毒后，进行细菌浓度的测定，测定细菌浓度前不得进行空气消毒。

2. 表 2.10.2.2 中的检验项目应按《洁净室施工及验收规范》GB 50591—2010 附录 E 所列的方法进行检验。当有明显理由不便执行该规范的检验方法时，可经委托方（用户）和检验方双方协商用其他方法，并载入协议。

医用洁净功能用房常规检测项目　　表 2.10.2.2

序号	项　目
1	风速和风量测试(换气次数)
2	静压差
3	空气洁净度级别

续表

序号	项　目
4	温度、相对湿度
5	悬浮微生物浓度(沉降菌或浮游菌)
6	噪声
7	照度
8	系统新风量

2.10.2.3　常规项目的检测方法应遵循现行国家标准《洁净室施工及验收规范》GB 50591 进行

【技术要点】

1. 风量和风速的检测

(1) 风量、风速检测必须首先进行，净化空调各项效果必须是在设计的风量、风速条件下获得。

(2) 风量检测前必须检查风机运行是否正常，系统中各部件安装是否正确，有无障碍(如过滤器有无被堵、挡)，所有阀门应固定在一定的开启位置上，并且必须实际测量被测风口、风管尺寸。

(3) 测定室内微风速仪器的最小刻度或读数应不大于 0.02m/s，一般可用热球式风速仪，需要测出分速度时，应采用超声波三维风速计。

(4) 对于单向流，采用室截面平均风速和截面积乘积的方法确定送风量，其中垂直单向流的测定截面取距地面 0.8m 的无阻隔面（孔板、格栅除外）的水平截面，如有阻隔面，该测定截面应抬高至阻隔面之上 0.25m；水平单向流取距送风面 0.5m 的垂直于地面的截面，截面上测点间距不应大于 1m，一般取 0.3m。测点数应不少于 20 个，均匀布置。

(5) 对于风口风量的检测，内安装过滤器的风口可采用套管法、风量罩法或风管法(直接在风管上打洞，在管内测定）测定风量，为测定回风口或新风口风量，也可用风口法（直接在紧邻风口的截面上多点测定)。

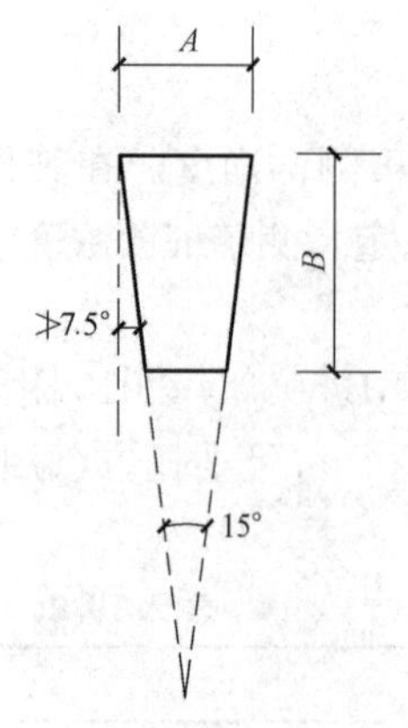

图 2.10.2.3-1　锥形套风管

A—套管口边长之一；

B—套管口长度

(6) 用任何方法测定任何风口风量（风速）时，风口上的任何配件、饰物均一律保持原样。

(7) 选用套管法时，用轻质板材或膜材做成与风口内截面相同或相近、长度大于 2 倍风口边长的直管段作为辅助风管，连接于过滤器风口外部，在套管出口平面上，均匀划分小方格，方格边长不大于 200mm，在方格中心设测点。对于小风口，最少测点数不少于 6 点。也可采用锥形套管，上口与风口内截面相同或相近，下口面积不小于上口面积的一半，长度宜大于 1.5 倍风口边长，侧壁与垂直面的倾斜角不宜大于 7.5°（见图 2.10.2.3-1)，以测定截面平均风速，乘以测定截面净面积算出风量。

(8) 选用带流量计的风量罩法时，可直接得出风量。风量罩面积应接近风口面积。测定时应将风量罩口完全罩住过滤器或出风口，风量罩面积应与风口面积对中。风量罩边与接触面应严密无泄漏。

（9）对于风口上风侧有较长的支管段且已经或可以打孔时，可以用风管法通过毕托管测出动压，换算成风量。测定断面距局部阻力部件的距离，在局部阻力部件后者，距离局部阻力不少于 5 倍管径或 5 倍大边长度。在局部阻力前者，距离部阻力不小于 3 倍管径或 3 倍大边长度。

（10）对于矩形风管，测定截面应按奇数分成纵、横列，再在每一列上分成若干个相等的小截面，每个小截面尽可能接近正方形，边长最好不大于 200mm，测点设于小截面中心。小管道截面上的测点数不宜少于 6 个。对于圆形风管，应按等面积圆环法划分测定截面和确定测点数。

在风管外壁针对划分的每行方格中心上开孔，以便插入热球风速仪测杆或毕托管。用毕托管时先测定动压，然后由下式确定风量：

$$Q=1.29F\sqrt{\overline{P}_a}$$

$$\overline{P}_a=\left(\frac{\sqrt{p_{i1}}+\sqrt{p_{i2}}+K\ \sqrt{p_{in}}}{n}\right)^2$$

式中　Q——风量，m^3/s；

F——管道截面积，m^2；

$\overline{P}_a$——平均动压，Pa；

$P_{i1}\Lambda P_{in}$——各点动压，Pa。

（11）静压差的测定应在所有房间的门关闭时进行，有排风时，应在最大排风量条件下进行，并宜从平面上最里面的房间依次向外测定相邻相通房间的压差，直至测出洁净区与非洁净区、室外环境（或向室外开口的房间）之间的压差。

（12）有不可关闭的开口与邻室相通的洁净室，还应测定开口处的流速和流向。

2. 空气洁净度级别的检测

（1）室内检测人员应控制在最低数量，一般宜不超过 2 人，面积超过 $100m^2$ 又需快速完成测定任务时，可酌情增加人数。人员必须穿洁净服，应位于测点下风侧并远离测点，动作要轻，尽可能保持静止。

（2）0.1～5μm 微粒的检测应符合以下要求：

① 采用光学粒子计数器（OPC）测定 0.1～5μm 的微粒计数浓度，然后计算空气洁净度级别。粒子计数器粒径分辨率≤10%，粒径设定值的浓度允许误差为±20%，并应按所测粒径进行标定，符合现行国家标准《尘埃粒子计数器性能试验方法》GB/T 6167 的规定。

② 测点数可按下式求出：

$$n_{min}=\sqrt{A}$$

式中　n_{min}——最少测点数（小数一律进位为整数）；

A——被测对象的面积，m^2；对于非单向流洁净室，指房间面积；对于单向流洁净室，指垂直于气流的房间截面积；对于局部单向流洁净区，指送风面积。

测点数也可按表 2.10.2.3-1 选用。

测点数选用表　　　　**表 2.10.2.3-1**

面积(m^2)	洁净度			
	5 级及高于 5 级	6 级	7 级	8～9 级
<10	2～3	2	2	2
10	4	3	2	2
20	8	6	2	2
40	16	13	4	2
100	40	32	10	3
200	80	63	20	6
400	160	126	40	13
1000	400	316	100	32
2000	800	623	200	63

③ 每一受控环境的采样点宜不少于 3 点。对于洁净度 5 级及优于 5 级上的洁净室，应适当增加采样点，并得到用户（建设方）同意并记录在案。

④ 采样点应均匀分布于洁净室或洁净区的整个面积内，并位于工作区高度（取距地 0.8m，或根据工艺，协商确定），当工作区分布于不同高度时，可以有 1 个以上测定面。

乱流洁净室（区）内采样点不得布置在送风口正下方。

⑤ 如建设方要求增加采样点，应对其数目和位置协商确定。

⑥ 每一测点上每次的采样必须满足最小采样量。最小采样量根据“非零检测原则”由下式求出：

$$最小采样量=\frac{3}{级别浓度下限}\ (L)$$

式中，浓度下限单位为粒/L。

每次采样最小采样量按表 2.10.2.3-2 选用。

最小采样量　　　　**表 2.10.2.3-2**

洁净度等级	不同等级下，大于或等于所采粒径的最小采样量					
	0.1μm	0.2μm	0.3μm	0.5μm	1μm	5μm
1 级浓度下限(粒/m^3)	1	0.24	—	—	—	—
采样量(L)	3000	12500	—	—	—	—
2 级浓度下限(粒/m^3)	10	2.4	1	0.4	—	—
采样量(L)	300	1250	3000	7500	—	—
3 级浓度下限(粒/m^3)	100	24	10	4	—	—
采样量(L)	30	125	294	750	—	—
4 级浓度下限(粒/m^3)	1000	237	102	35	8	—
采样量(L)	3	12.7	29.4	86	375	—
5 级浓度下限(粒/m^3)	10000	2370	1020	352	83	—
采样量(L)	2	2	3	8.6	36	—
6 级浓度下限(粒/m^3)	100000	23700	10200	3520	832	29

续表

洁净度等级	不同等级下，大于或等于所采粒径的最小采样量					
	0.1μm	0.2μm	0.3μm	0.5μm	1μm	5μm
采样量(L)	2	2	2	2	3.6	102
7 级浓度下限(粒/m^3)	—	—	—	35200	8320	293
采样量(L)	—	—	—	2	2	10.2
8 级浓度下限(粒/m^3)	—	—	—	352000	83200	2930
采样量(L)	—	—	—	2	2	2
9 级浓度下限(粒/m^3)	—	—	—	3520000	832000	29300
采样量(L)	—	—	—	2	2	2

注：表中最小采样量取到 2L，用 2.83L/min 计数器时，则实际最小采样量大于 2L。表中最小采样量大于 2.83L 的，可用 2.83L/min 计数器采样多于 1min，或用 28.3L/min 计数器采样 1min，其余类推。

⑦ 每点采样次数应满足可连续记录下 3 次稳定的相近数值，3 次平均值代表该点数值。

⑧ 当怀疑现场计算出的检测结果可能超标时，可增加测点数。

⑨ 测单向流时，采样头应对准气流；测非单向流时，采样头一律向上。

⑩ 当要求 0.1～5μm 微粒在采样管中的扩散沉积损失和沉降、碰撞沉积损失小于采样浓度的 5%时，水平采样管长度也应符合 28.3L/min 的粒子计数器水平采样管的长度不应超过 3m，2.83L/min 的粒子计数器水平采样管的长度不应超过 0.5m 的要求。

⑪ 采样口流速与室内气流速度若不相等，其比例应在 0.3∶1～7∶1 之间。

⑫ 当因测定差错或微粒浓度异常低下（空气极为洁净）造成单个非随机的异常值，并影响计算结果时，允许将该异常值删除，但在原始记录中应记明。每一测定空间只许删除一次测定值，并且保留的测定值不少于 3 个。

⑬ 对于需要很大采样量、耗时很大的某粒径微粒的检测，可采用顺序采样法，即将每次测定结果标注于图 2.10.2.3-2 上，当标注点落入不符合要求区时，即停止检测，结果为不达标；当标注点落入符合要求区时，停止检测，结果为达标；当标注点一直在继续

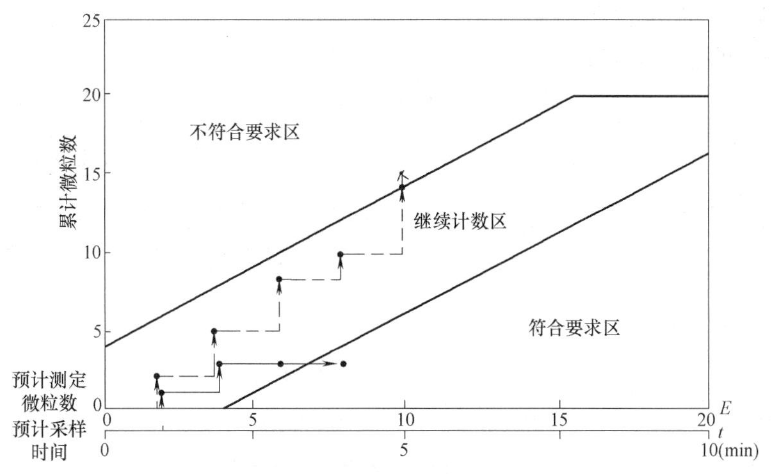

图 2.10.2.3-2　顺序采样法判断范围

区中延伸，而总采样量已达到表 2.10.2.3-2 的最小采样量，累计微粒数仍小于 20，即停止检测，结果为达标；当标注点一直在继续区中延伸，而总采样量未达到最小采样量，但累计微粒数已超过 20 时，即停止检测，结果为不达标。

3. 温度、相对湿度的检测

（1）室内空气温度和相对湿度测定之前，空调净化系统应已连续运行至少 8h。

（2）温度的检测可采用玻璃温度计、数字式温湿度计；湿度的检测可采用通风式干湿球温度计、数字式温湿度计、电容式湿度检测仪或露点传感器等。根据温湿度的波动范围，应选择足够精度的测试仪表。温度检测仪表的最小刻度不宜高于 0.4℃，湿度检测仪表的最刻度不宜高于 2%。

（3）测点为房间中间一点，应在温湿度读数稳定后记录。测完室内温湿度后，还应同时测出室外温湿度。

4. 悬浮微生物浓度（沉降菌或浮游菌）的检测

（1）悬浮微生物的采样装置有以下两类：

① 采用无源采样装置，如培养皿。

② 采用有源采样装置，如撞击采样器、离心采样器、过滤采样器。

（2）空气洁净环境中悬浮微生物的静态或空态检测前，应对各类表面进行擦拭消毒，但不得对室内空气进行熏蒸、喷洒之类的消毒。动态检测均不得对表面和空气进行消毒。

（3）沉降菌检测应符合下列要求：

① 使用直径 90mm（ϕ90）的培养皿采样。当采用其他直径培养皿时，应使其总面积和 ϕ90 皿总面积相当。

② 培养皿中灌注胰蛋白酶大豆琼脂培养基，必须留样作阴性对照。

③ 培养皿表面应经适当消毒清洁处理后，布置在有代表性的地点和气流扰动极小的地点。在乱流洁净室内培养皿不应布置在送风口正下方。

④ 当用户没有特定要求时，培养皿应布置在地面及其以上 0.8m 之内的任意高度。

⑤ 每一间洁净室或每一个控制区应设 1 个阴性对照皿。

⑥ 动态监测时也可协商布点位置和高度。

⑦ 培养皿数应不少于微粒计数浓度的测点数，若工艺无特殊要求应大于等于表 2.10.2.3-3 中的最少培养皿数，另外各加 1 个对照皿。

最少培养皿数　　**表 2.10.2.3-3**

洁净度级别	所需 ϕ90 培养皿数(以沉降 0.5h 计)
高于 5 级	44
5 级	13
6 级	4
7 级	3
8 级	2
9 级	2

⑧ 当延长沉降时间时，可按比例减少最少培养皿数，为防止脱水，最长沉降时间不宜超过 1h，当所需沉降时间超过 1h，可重叠多皿连续采样。除非经过验证，证明更长的

沉降时间可以基本按比例增加菌落数。

⑨ 培养皿应从内向外布置，从外向内收皿。

⑩ 每布置完 1 个皿，皿盖只允许斜放在皿边上，对照皿盖挪开即盖上。

⑪ 布皿前和收皿后，均应用双层包装保护培养皿，以防污染。

⑫ 收皿后皿应倒置摆放，并应及时放入培养箱培养，在培养箱外时间不宜超过 2h。如无专业标准规定，对于检测细菌总数，培养温度采用 35～37℃，培养时间为 24～48h；对于检测真菌，培养温度为 27～29℃，培养时间为 3d。

⑬ 布皿和收皿的检测人员必须穿无菌服，但不得穿大褂。头、手均不得裸露，裤管应塞在袜套内，并不得穿拖鞋。

⑭ 对培养后的皿上菌落计数时，应采用 5～10 倍放大镜查看，若有 2 个或更多的菌落重叠，可分辨时则以 2 个或多个菌落计数。

⑮ 当单皿菌落数太大受到质疑时，可按以下原则之一进行处理：

(a) 每皿平均菌落数取到小数点后 1 位；

(b) 动态监测时，每点叠放多个平皿或采用可自动切换的仪器，每点应采满 4h 以上，每皿可采用 30min。当只放 1 个皿时，可低于 4h，但不可少于 1h。

⑯ 每皿平均菌落数取到小数点后 1 位。

⑰ 动态监测时每点叠放多个平皿或采用可自动切换的仪器，每点应采满 4h 以上，每皿可采 30min。当只放 1 个皿时，可低于 4h，但不可少于 1h。

(4) 浮游菌采样应符合下列要求：

① 使用单级或多级撞击式采样器、离心采样器或过滤采样器，采样必须按所用仪器说明书的步骤进行，特别要注意检测之前对仪器消毒灭菌，并对培养皿或培养基条做阴性对照。

② 采样点数应不少于微粒计数浓度测点数。

③ 采样点应在离地 0.8m 高的平面上均匀布置，或经委托方（用户）与检测方协商确定。乱流洁净室内不得在送风口正下方布点。静态或空态检测前对室内各种表面应作擦拭消毒。

④ 每点采样 1 次，如工艺无特殊要求，每次采样量应大于或等于表 2.10.2.3-4 推荐的浮游菌最小采样量。

浮游菌最小采样量　　　　**表 2.10.2.3-4**

洁净度级别	最小采样量(L)
5 级和高于 5 级	1000
6 级	300
7 级	200
8 级	100
9 级	100

每次采样时间不宜超过 15min，不应超过 30min。

当洁净度很高或预期含菌浓度可能很低时，采样量应大于最小采样量很多，以满足减少计数误差的要求。

⑤ 采样器应用支架固定，采样时检测人员应退出，手持离心式采样器除外。检测人员的穿戴本节第（3）条（沉降菌检测）第⑮款的规定。必须手持采样器时，应将手臂伸直，站于下风向。

⑥ 采样后宜在2h之内将采样器中的培养皿或培养基条送入培养箱中培养。

⑦ 每点平均值取到小数点后1位。

⑧ 动态监测的测点位置、数量和高度由工艺并经协商确定。每间洁净室或每一个独立受控环境中各点总采样量，不分级别，均应大于1m³。每点可用多台采样器。

⑨ 单点菌落数太大时，按本节第（3）条（沉降菌检测）第⑮款的原则处理。

5. 噪声的检测

（1）一般情况下只检测A声级的噪声，必要时采用带倍频程分析仪的声级仪，按中心频率63、125、250、500、1000、2000、4000、8000Hz的倍频程检测，测点附近1m内不应有反射物。声级计的最小刻度宜不低于0.2dB（A）。

（2）测点距地面高1.1m。面积在15m²以下的洁净室，只测室中心1点，15 m²以上的洁净室除中心1点外，应再测对角4点，距侧墙各1m，测点朝向各角。

（3）当为混合流洁净室时，应分别测定单向流区域、非单向流区域的噪声。

（4）有条件时，宜测定空调净化系统停止运行后的本底噪声，室内噪声与本底噪声相差小于10dB（A）时，应对测点值进行修正：6～9dB（A）时减1dB（A），4～5dB（A）时减2dB（A），＜3dB（A）时测定值无效。

6. 照度的检测

（1）室内照度的检测为测定除局部照明之外的一般照明的照度。

（2）室内照度的检测采用便携式照度计，照度计的最小刻度应不大于2Lx。

（3）室内照度必须在室温趋于稳定之后进行，并且荧光灯已有100h以上的使用期，检测前已点燃15min以上，白炽灯已有10h以上的使用期，检测前已点燃5min以上。

（4）测点距地面高0.8m，按1～2m间距布点，30m²以内的房间测点距墙面0.5m，超过30 m²的房间，测点离墙1m。

7. 系统新风量的检测

测新风量、回风量等负压风量时，如受环境条件限制无法采用套管或风量罩，也不能在风管上检测时，则可用风口法。风口上有网、孔板、百叶等配件时，测定面应距其约50mm，测定面积按风口面积计算，测点数同本节第1小节（风量和风速的检测）第（7）条的规定。对于百叶风口，也可在每两条百叶中间选不少于3点，并使测点正对叶片间的斜向气流。测定面积按百叶风口通过气流的净面积计算。

第3节 各类医用洁净功能用房检测项目

2.10.3.1 洁净手术部。

【技术要点】

1. 检测依据《医院洁净手术部建筑技术规范》GB 50333—2013。

2. 推荐检测项目：截面风速、风速不均匀度、换气次数、静压差、洁净度、温度、相对湿度、噪声、照度、细菌浓度、新风量、排风量、谐波畸变率、甲醛、苯和总挥发性

有机化合（TVOC）浓度

3. 评价标准见表 2. 10. 3. 1-1。

洁净手术部用房主要评价标准　　表 2. 10. 3. 1-1

名称	室内压力	最小换气次数 h^{-1}	工作区平均风速(m/s)	温度(℃)	相对湿度(%)	最小新风量[m^3/($h\cdot m^2$)]或(h^{-1},仅指本栏括号中数据)	噪声[dB(A)]	最低照度(Lx)	最少术间自净时间(min)
Ⅰ级洁净手术室和需要无菌操作的特殊用房	正	—	0.20～0.25	21～25	30～60	15～20	≤51	≥350	10
Ⅱ级洁净手术室	正	24	—	21～25	30～60	15～20	≤49	≥350	20
Ⅲ级洁净手术室	正	18	—	21～25	30～60	15～20	≤49	≥350	20
Ⅳ级洁净手术室	正	12	—	21～25	30～60	15～20	≤49	≥350	30
体外循环室	正	12	—	21～27	≤60	(2)	≤60	≥150	—
无菌敷料室	正	12	—	≤27	≤60	(2)	≤60	≥150	—
未拆封器械、无菌药品、一次性物品和精密仪器存放室	正	10	—	≤27	≤60	(2)	≤60	≥150	—
护士站	正	10	—	21～27	≤60	(2)	≤55	≥150	—
预麻醉室	负	10	—	23～26	30～60	(2)	≤55	≥150	—
手术室前室	正	8	—	21～27	≤60	(2)	≤60	≥200	—
刷手间	负	8	—	21～27	—	(2)	≤55	≥150	—
洁净区走廊	正	8	—	21～27	≤60	(2)	≤52	≥150	—
恢复室	正	8	—	22～26	25～60	(2)	≤48	≥200	—
脱包间　外间脱包	负	—	—	—	—	—	—	—	—
脱包间　内间暂存	正	8	—	—	—	—	—	—	—

4. 特殊要求：

(1) Ⅰ级手术室截面风速不均匀度：

① 为了更好地控制Ⅰ级手术室手术区的术中感染风险，在测试手术区截面风速的同时，还要根据各点实测风速计算出Ⅰ级手术室手术区送风的不均匀度，满足要求的风速不均匀度，可以有效避免送风盲区，从而得到更好的送风效果。国家规范要求Ⅰ级手术室手术区地面以上 1.2m 截面按规范要求布置测点时，风速不均匀度 $\beta\leqslant0.24$，计算公式见下式。

$$\beta=\frac{\sqrt{\frac{\sum(v_i-\bar{v})^2}{k}}}{\bar{v}}$$

式中　v_i——每个测点的速度，m/s；

$\bar{v}$——各测点平均速度，m/s；

k——测点数。

② 测点范围为集中送风面正投影区边界 0.12m 内的面积，均匀布点，测点平面布置见图 2.10.3.1-1。测点高度距地 1.2m，无手术台或工作面阻隔，测点间距不应大于 0.3m（见图 2.10.3.1-2）。当有不能移动的阻隔时，应记录在案。

③ 检测仪器最小分辨率应能达到 0.01m/s，仪器测杆应固定位置，不能手持。每点检测时间不少于 5s，每秒记录 1 次，取平均值。

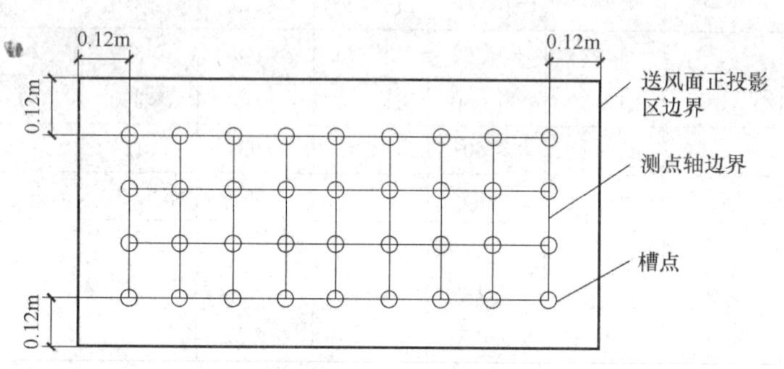

图 2.10.3.1-1　地面以上 1.2m 截面风速测点平面布置

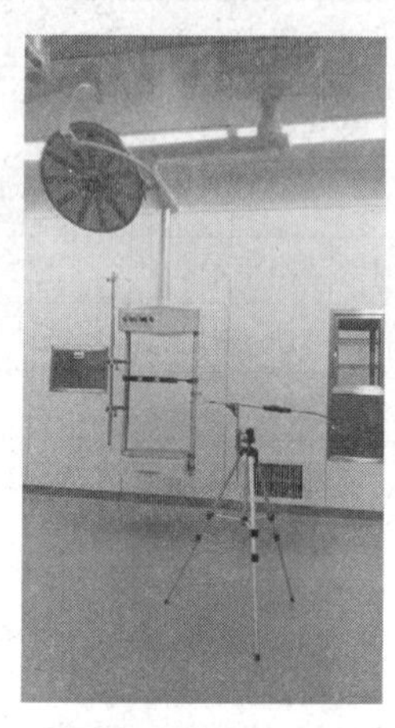

图 2.10.3.1-2　截面风速测试实例

（2）细菌浓度的检测：

① 当采用浮游法测定浮游菌浓度时，细菌浓度测点数应和被测区域的含尘浓度测点数相同，且宜在同一位置上。每次采样应满足表 2.10.3.1-2 规定的最小采样量的要求，每次采样时间不应超过 30min。采样器如图 2.10.3.1-3 和图 2.10.3.1-4 所示。

图 2.10.3.1-3　安德森采样器

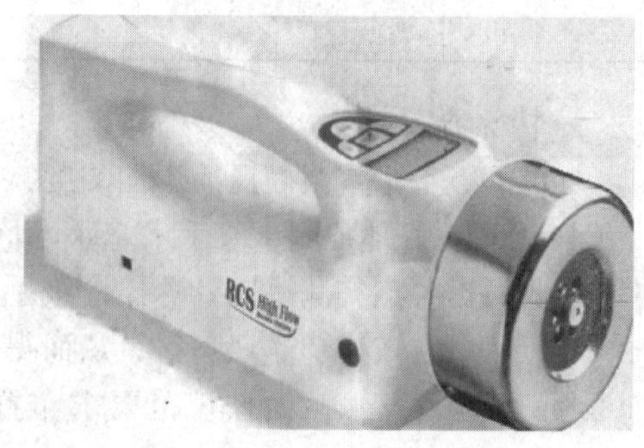

图 2.10.3.1-4　离心式采样器

② 当用沉降法测定沉降菌浓度时，细菌浓度测点数要和被测区域含尘浓度测点数相同，同时应满足表 2.10.3.1-3 规定的最少培养皿数的要求。

浮游菌最小采样量　　表 2.10.3.1-2

被测区域洁净度级别	每点最小采样量[m^3(L)]
5 级	1(1000)
6 级	0.3(300)
7 级	0.2(200)
8 级	0.1(100)
8.5 级	0.1(100)

沉降菌最小培养皿数　　表 2.10.3.1-3

被测区域洁净度级别	每区最小培养皿数(Φ90,以沉降 30min 计)
5 级	13
6 级	4
7 级	3
8 级	2
8.5 级	2

注：如沉降时间适当延长，则最少培养皿数可以按比例减少，但不得少于含尘浓度的最少测点数。采样时间略低于或高于 30min 时，允许换算。采样点可布置在地面上或不高于地面 0.8m 的任意高度上。

③ 不论用何种方法检测细菌浓度，都应有 2 次空白对照。第 1 次应对用于检测的培养皿或培养基条做对比试验，每批一个对照皿。第 2 次是在检测时，应每室或每区 1 个对照皿，对操作过程做对照试验（见图 2.10.3.1-5 和图 2.10.3.1-6）：模拟操作过程，但培养皿或培养基条打开后应立即封盖。两次对照结果都应为阴性。整个操作应符合无菌操作的要求。采样后的培养基条或培养皿，应置于 37℃条件下培养 24h，然后计数生长的菌落数。菌落数的平均值均应四舍五入进位到小数点后 1 位。

④ 当某个皿菌落数太大受到质疑时，应重测，当结果仍很大时，应以两次均值为准；当结果很小时，可再重测或分析判定。

⑤ 布皿和收皿的检测人员应遵守无菌操作的要求。

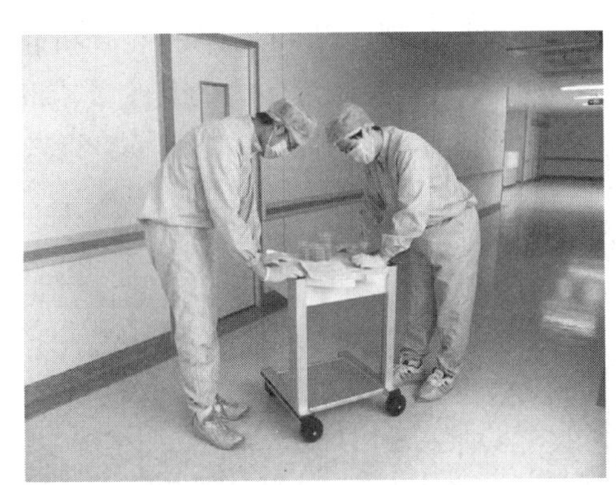

图 2.10.3.1-5　布皿准备阶段

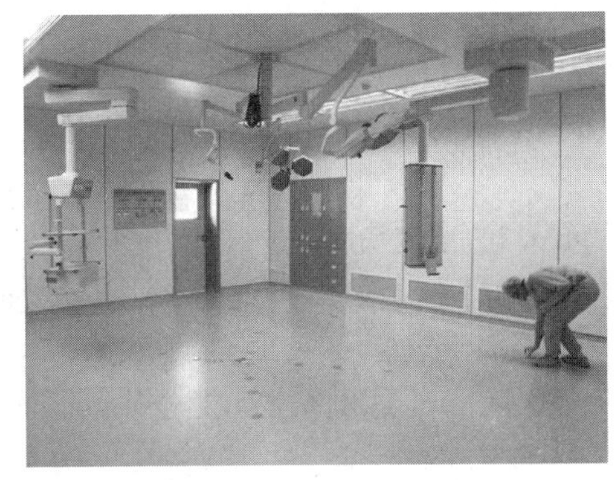

图 2.10.3.1-6　布皿位置

（3）谐波畸变率：

① 谐波畸变率检测是现行国家标准《医院洁净手术部建筑技术规范》GB 50333 新增的内容，因为目前手术室净化空调系统的风机普遍采用变频控制，变频器会干扰电源，电源受到“污染”会对手术室内的关键仪器设备产生影响，如心脏起搏器等，可能会造成医

疗问题。

② 检测仪器及检测方法按现行国家标准《电源质量检测设备　通用要求》GB/T 19862、《电能质量 公用电网谐波》GB/T 14549 和《电能质量检测分析仪器检定规程》DL/T 1028 的要求执行（见图 2.10.3.1-7）。

图 2.10.3.1-7　谐波畸变率测试实景

（4）甲醛、苯和总挥发性有机化合物（TVOC）浓度：

① 甲醛、苯和总挥发性有机化合物（TVOC）浓度的检测是现行国家标准《医院洁净手术部建筑技术规范》GB 50333 新增的内容，手术部装修中使用了大量的装修材料和胶粘剂，污染风险高，再加上手术部封闭，新风量有限，对污染物的稀释能力有限，因此为了保护医务人员和病人的身体健康，应对新建手术室的污染情况进行基本参数检测（见图 2.10.3.1-8）。

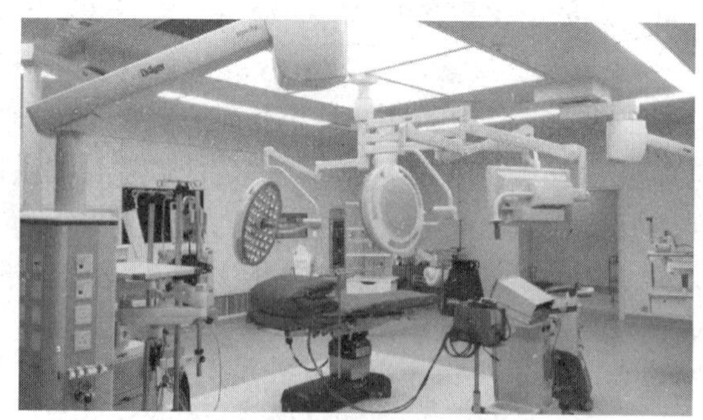

图 2.10.3.1-8　手术室实景

② 甲醛、苯和总挥发性有机化合物（TVOC）浓度检测的其余要求和验收标准，应符合现行国家标准《民用建筑工程室内环境污染控制规范》GB 50325 中的规定。

2.10.3.2　层流病房。

【技术要点】

1. 检测依据

《医院洁净手术部建筑技术规范》GB 50333—2013。

2. 推荐检测项目：截面风速、换气次数、静压差、洁净度、温度、相对湿度、噪声、照度、细菌浓度等。层流病房实景见图 2.10.3.2。

3. 评价标准见表 2.10.3.2。

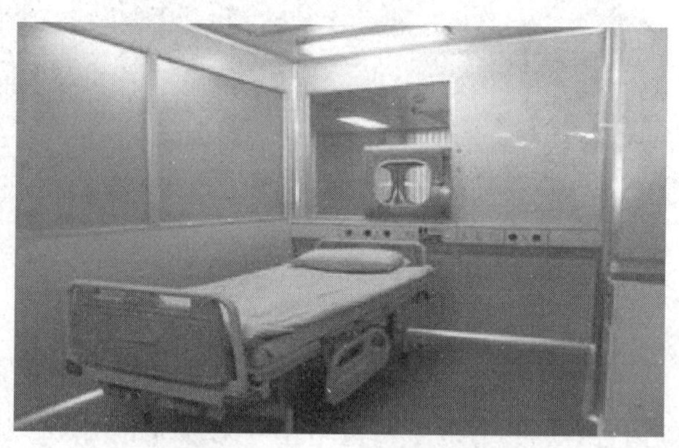

图 2.10.3.2　层流病房实景

层流病房各类功能用房评价标准　　　　　　　　　　**表 2.10.3.2**

级别	适用范围	空气洁净度级别	细菌浓度	
			浮游菌（个/m³）	沉降菌［个/(Φ90 皿・30min)］
Ⅰ	重症易感染病房	100(M3.5)	＜5	＜1
Ⅱ	内走廊、护士站、病房、治疗室、手术处置	10000(M5.5)	＜150	＜5
Ⅲ	体表处置室、更换洁净工作服室、敷料贮存室、药品贮存室	100000(M6.5)	＜400	＜10
Ⅳ	一次换鞋、一次更衣、医生办公室、示教室、实验室、培育室	无级别	—	—

级别	名称	静压			换气次数	单向流截面风速(m/s)	
		程度	相邻低级别最小压差(Pa)	对室外最小正压值(Pa)	h^{-1}	垂直	水平
Ⅰ	100 级病房	++	8	15	—	0.18～0.25	0.23～0.3
Ⅱ	10000 级用房	+	5	15	＞25	—	—
Ⅲ	100000 级用房	+	5	15	＞15	—	—
	体表处置	—	−5	10	25	—	—
	厕所	—	−10	—	＞15	—	—
	污物间	—	−10	—	—	—	—

级别	温度		相对湿度(%)	最小新风量(h^{-1})	噪声[dB(A)]
	冬季(℃)	夏季(℃)			
Ⅰ	22～24	24～26	45～60	≥10	45～50
	30～32*	32～34*	35～45*	全新风	
Ⅱ	22～24	25～27	45～60	＞5	≤50
Ⅲ	20～22	26～28	＜65	＞3	≤50
	24～26	27～29	＜75	＞6	≤60
	22～24	27～29			≤60

注：* 适用于烧伤病房；
"M" 表示为国单位制。

4. 特殊要求：

(1) 截面风速：

① 层流病房按照送风方式分为两种气流组织形式。垂直单向流：层流效果好，自净能力强，能够有效保证洁净度级别，患者室内活动，在床上休息、接受治疗，均能保证相同的洁净度，一般情况下，对于人员进出情况较少的病房，主要采用垂直单向流；水平单向流：始终将病人置于上风侧，将可能带来污染物的医护人员置于下风侧。出风风速较快，病人头部吹风感明显。水平单向流实际是一种准开放的模式，对于经常需要医护人员

或家属进出的病人，比如不能自理的儿童等，选用水平层流更加适用一些。

② 对于垂直单向流病房，要求测点应距离地面800mm截面上均匀布置；对于水平单向流病房，要求测点在距离送风面500mm截面上均匀布置；测试截面布点数均不应少于10点，平均风速值应符合表2.10.3.2中对应的要求。

③ 表2.10.3.2中规定的风速值不是设计初始值，而是病房在进行综合性能检测时现场必须保证的最小值，截面风速的取值是运行中必须保持的风速，由于在病人休息时避免吹风感，宜取最小下限值，当病人活动、治疗、抢救时宜取最大风速。

（2）温度：

① 层流病房主要包括血液病房（骨髓移植病房）和重度烧伤病房两类。对于烧伤病房而言，除需要具备层流病房洁净级别高的特点之外，由于患者的残余创面的迁延不愈和，加之疤痕的瘙痒、疼痛，故一般情况下对重度烧伤病人会实行开放疗法，要求创面尽量暴露在洁净环境中，因而对病房内的温度有一定要求。

② 进行温度测试时，应首先判断病房类型，即属血液病房（骨髓移植病房）或烧伤病房后，对温度现场实测，评价标准应符合表2.10.3.2中对应的要求。

（3）噪声：

① 当病人活动时，噪声应控制在小于50dB（A），但该数值对于病人休息时显得偏高，为兼顾病人休息时对于低噪声要求的情况，故表2.10.3.2中对于噪声标准要求45～50dB（A）。

② 采用分散式空调系统时，噪声指标可取上限值；采用集中式空调系统时，可取下限值。

2.10.3.3　负压隔离病房

【技术要点】

1. 检测依据：《负压隔离病房建设配置基本要求》DB 11/663—2009、《传染病医院建筑施工及验收规范》GB 50686—2011、《医院洁净手术部建筑技术规范》GB 50333—2013。

2. 推荐检测项目：换气次数、静压差、洁净度、温度、相对湿度、噪声、照度、细菌浓度、新风量。负压隔离病房实景见图2.10.3.3-1。

3. 评价标准见表2.10.3.3-1。

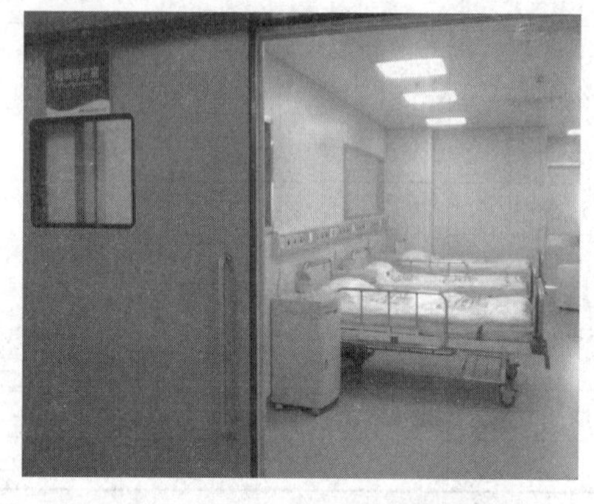

图2.10.3.3-1　负压隔离病房实景

负压隔离病房主要评价标准　　表2.10.3.3-1

名　称	室内压力	与相邻房间最小压差(Pa)	最小换气次数(h^{-1})	温度(℃)	相对湿度(%)	噪声[dB(A)]
隔离病房	负	5	10	22～26	25～60	≤48
卫生间	负	5	—	21～27	—	≤60
缓冲	正	5	10	21～27	—	≤60
走廊	正	5	8	21～27	≤60	≤52

4. 特殊要求：

（1）换气次数：

① 隔离病房的原理是通过用洁净空气不断稀释污染空气，达到动态降低污染物散发浓度的目的。经理论计算及实验数据证明，隔离病房内换气次数取 8～12h^{-1}，图 2.10.3.3-2 所示为隔离病房内换气次数与污染物去除效率的关系。

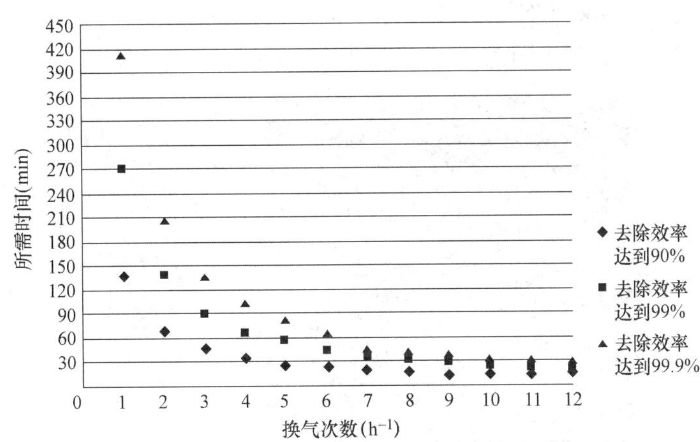

图 2.10.3.3-2　换气次数与污染物去除效率关系

② 对缓冲室而言，由于其体积较小，即使换气次数达到 60h^{-1}以上时，所需风量也仅为 300m^3/h 左右，对于整体通风系统来说微不足道，且如果继续提高换气次数后对于隔离效果影响并非十分明显（见表 2.10.3.3-2），故标准中要求换气次数不小于 60h^{-1}。

换气次数对隔离系数的影响　　　　**表 2.10.3.3-2**

换气次数(h^{-1})	t(min)	$\beta_{3.1}$
60	0.1	42.9
80	0.1	43.9
100	0.1	45.4
120	0.1	47.7

（2）静压差：

① 压差要求参见表 2.10.3.3-1，病房对其缓冲，缓冲对内走廊的相对压差应不小于 5Pa，负压程度由高到低依次卫生间、负压隔离病房、缓冲间、内走廊。

② 设于潜在污染区内（前）走廊与清洁区之间的缓冲间应对该走廊与室外均保持正压，对和室外相通的区域的相对正压差应不小于 10Pa。

③ 因病房及其卫生间都是污染区，而卫生间都设有排风，气流必是由病房流向卫生间的。从动态气流隔离的原理出发，只要求从病房向卫生间的定向气流，即卫生间可通过调整排风，使其负压程度稍高于病房即可。

（3）排风高效过滤器检漏：

① 负压隔离病房及其卫生间排风应采用可安全拆卸的零泄漏排风装置。

② 高效过滤器应经现场扫描检漏，确认无漏后方可安装入零泄漏装置。

2.10.3.4　静脉用药配置中心。

【技术要点】

1. 检测依据：GB 50457—2008《医药工业洁净厂房设计规范》、《医院洁净手术部建筑技术规范》GB 50333—2013、《静脉用药集中调配质量管理规范》、《药品生产质量管理规范 2010》。

2. 推荐检测项目：换气次数、静压差、洁净度、温度、相对湿度、噪声、照度、细菌浓度、洁净工作台及生物安全柜综合性能测试。静脉用药配置中心实景见图 2.10.3.4。

图 2.10.3.4　静脉用药配置中心实景

3. 评价标准见表 2.10.3.4-1。

静脉用药配置中心主要评价标准　　表 2.10.3.4-1

名　称	室内压力	与相邻房间最小压差(Pa)	最小换气次数(h^{-1})	温度(℃)	相对湿度(%)	噪声[dB(A)]
一更	正	—	10	20～25	≤70	≤60
二更	正	5	15	20～25	≤70	≤60
洁具	正	5	15	20～25	≤70	≤60
普通药配置	正	5	15	20～25	≤70	≤60
化疗药配置	负	5	15	20～25	≤70	≤60
肿瘤药配置	负	5	15	20～25	≤70	≤60

注：噪声要求是在房间设备（安全柜等）不开启时的要求。

4. 特殊要求：

(1) 静压差

① 全胃肠外营养（TPN）配制间应当持续送入新风，与二次更衣室之间维持正压差。

② 抗生素用药、化疗用药及其他危害药品调配间与二次更衣室之间应当呈 5～10Pa 负压差。

③ 二次更衣室与一次更衣室之间应保证不小 5～10Pa 的正压差。

(2) 洁净度级别：

① 一次更衣室、洗衣洁具间应为Ⅲ级洁净用房，相当于《医药工业洁净厂房设计规范》GB 50457—2008 中 10 万级的要求，GMP 中 D 级的要求，但指标略有不同。

② 二次更衣室、全胃肠外营养（TPN）、抗生素用药、化疗用药及其他危害药品调配

间应为Ⅱ级洁净用房，相当于《医药工业洁净厂房设计规范》GB 50457—2008 中万级的要求，GMP 中 C 级的要求，但指标略有不同。

③ 全胃肠外营养（TPN）内的洁净工作台、抗生素用药、化疗用药及其他危害药品调配间内的生物安全柜，其操作区域洁净度均应达到Ⅰ类洁净用房局部区域 5 级的要求。

（3）细菌浓度：我国《药品生产质量管理规范 2010》（GMP）规定：静脉用药属于无菌药品，动态环境下细菌浓度评价标准可参照表 2.10.3.4-2 中选取

洁净区微生物动态标准　　**表 2.10.3.4-2**

洁净度等级	浮游菌(cfu/m³)	沉降菌(Φ90mm)(cfu/4h)	表面微生物	
			接触碟(Φ55mm)(cfu/碟)	5 指手套(cfu/手套)
A	<1	<1	<1	<1
B	10	5	5	5
C	100	50	25	
D	200	100	50	

对于微生物静态标准，在《医药工业洁净厂房设计规范》GB 50457—2008、《医院洁净手术部建筑技术规范》GB 50333—2013 中均有涉及，表 2.10.3.4-3 和表 2.10.3.4-4 分别为上述规范中对微生物静态标准的要求

微生物静态标准（GB 50457—2008）　　**表 2.10.3.4-3**

洁净用房等级	沉降法细菌最大平均浓度	空气洁净度等级
Ⅰ	局部集中送风区域：0.2 个/(30min・Φ90)皿；其他区域：0.4 个/(30min・Φ90 皿)	局部 5 级，其他区域 6 级
Ⅱ	1.5cfu/(30min・Φ90 皿)	7 级
Ⅲ	4cfu/(30min・Φ90 皿)	8 级
Ⅳ	6cfu/(30min・Φ90 皿)	8.5 级

微生物静态标准（GB 50333—2013）　　**表 2.10.3.4-4**

空气洁净度等级	悬浮粒子最大允许数		微生物最大允许数	
	≥0.5μm	≥5μm	浮游菌(cfu/m³)	沉降菌(cfu/皿)
100	3500	0	5	1
10000	350000	2000	100	3
100000	3500000	20000	500	10
300000	10500000	60000	—	15

（4）设备工作时压力梯度的保证：

对于抗生素用药、化疗用药及其他危害药品的调配，均应在生物安全柜内进行，对于生物安全柜的选择主要采用ⅡA2 型及ⅡB2 型两种，由于ⅡA2 型安全柜采用 70%的循环风，30%外排，ⅡB2 型安全柜采用 100%外排。因此，其运行时会对房间的压力梯度产生较大影响。因此，对于安装有ⅡB2 型生物安全柜的房间，应在生物安全柜的开启、关闭两种状态下分别对房间的压力梯度进行测试，且两种状态下房间之间的压力梯度变化不

宜过大。

2.10.3.5 消毒供应中心。

【技术要点】

1. 检测依据：《综合医院建筑设计规范》GB 51039—2014、《医院洁净手术部建筑技术规范》GB 50333—2013、《医院消毒供应中心 第1部分管理规范》WS 310.1—2016。

2. 推荐检测项目：换气次数、静压差、洁净度、温度、相对湿度、噪声、照度、细菌浓度、新风量。消毒供应中实景见图2.10.3.5。

图2.10.3.5 消毒供应中心实景

3. 评价标准见表2.10.3.5-1。

消毒供应中心主要评价标准 表2.10.3.5-1

工作区域	温度(℃)	相对湿度(%)	最小换气次数(h^{-1})	噪声[dB(A)]
去污区	16～21	30～60	10	≤60
检查、包装及灭菌区	20～23	30～60	10	≤60
无菌物品存放区	≤24	≤70	4～10	≤60

4. 特殊要求：

(1) 洁净度级别：消毒供应中心划分为三区：去污区、检查包装及灭菌区以及无菌物品存放区。其中无菌物品存放区是指已经灭菌合格的物品储存和配送的区域，该区域洁净度级别不宜低于Ⅳ级。

(2) 静压差要求：

① 无菌存放区对相邻并相通房间不应低于5Pa的正压。

② 污染区对相邻并相通房间和室外均应维持不低于5Pa的负压。

③ 空气流向由洁到污；去污区保持相对负压，检查、包装及灭菌区保持相对正压。

(3) 照明要求：对不同功能区域的照明要求见表2.10.3.5-2。限制最低照度是为了能够保障正常的工作进行。限制最高照度是为了减少或消除各区域内工作人员的疲劳感，降低或杜绝人为错误。

工作区域照明要求 表2.10.3.5-2

工作面/功能	最低照度(Lx)	平均照度(Lx)	最高照度(Lx)
普通检查	500	750	1000
精细检查	1000	1500	2000

续表

工作面/功能	最低照度(Lx)	平均照度(Lx)	最高照度(Lx)
清洗池	500	750	1000
普通工作区域	200	300	500
无菌物品存放区域	200	300	500

2.10.3.6　生殖中心。

【技术要点】

1. 检测依据：《医院消毒卫生标准》GB 15982—2012、《综合医院建筑设计规范》GB 51039—2014、《医院洁净手术部建筑技术规范》GB 50333—2013、《人类辅助生殖技术规范》、《室内空气质量标准》GB/T 18883—2002。

2. 推荐检测项目：截面风速、换气次数、静压差、洁净度、温度、相对湿度、噪声、照度、细菌浓度、新风量、排风量、洁净工作台综合性能测试。生殖中心实景见图 2.10.3.6。

图 2.10.3.6　生殖中心实景

3. 评价标准见表 2.10.3.6-1。

生殖中心主要评价标准　　**表 2.10.3.6-1**

名　　称	室内压力	与相邻低级别房间最小压差(Pa)	最小换气次数(h^{-1})	温度(℃)	相对湿度(%)	噪声[dB(A)]
移植	正	5	18	21～25	30～60	≤49
取卵	正	5	18	21～25	30～60	≤49
胚胎培养	正	5	50	21～27	30～60	≤60
冷冻	正	5	15	21～27	30～60	≤60
精液处理	正	5	15	21～27	30～60	≤60
走廊	正	5	10	21～27	≤60	≤52

4. 特殊要求：

(1) 换气次数：胚胎培养室（体外授精实验室）换气次数宜不小于 $50h^{-1}$。

(2) 洁净度：

① 胚胎培养室（体外授精实验室）应为Ⅰ级洁净用房，即局部区域 5 级，其他区域 6 级。

② 取卵室、移植室应为Ⅱ级洁净用房。

③ 其他辅助用房应为Ⅳ级洁净用房。

(3) 静压差：

① 胚胎培养室（体外授精实验室）与移植室、取卵室及低级别洁净用房之间应维持不小于 5Pa 的正压差。

② 移植室、取卵室与相邻低级别洁净用房之间应维持不小于 5Pa 的正压差。

(4) 噪声要求：Ⅰ、Ⅱ级洁净用房噪声不应大于 45dB（A），其余洁净用房噪声不应大 60dB（A）。

（5）甲醛、苯有机物：目前大量国内学术论文的研究均表明，甲醛、苯、TVOC 等有机物对胚胎有影响，由于目前对上述项目未有明确评价标准及相关检测依据，故建议暂时按照《室内空气质量标准》GB/T 18883—2002 进行评价，评价指标见表 2.10.3.6-2。

室内空气质量评价指标（GB/T 18883—2002）　　表 2.10.3.6-2

序号	参数类别	参　数	单位	标准值	备　注
1	物理性	温度	℃	22～28	夏季空调
				16～24	冬季供暖
2		相对湿度	%	40～80	夏季空调
				30～60	冬季供暖
3		空气流速	m/s	0.3	夏季空调
				0.2	冬季供暖
4		新风量	$m^3/(h·人)$	30[①]	
5	化学性	二氧化硫 SO_2	mg/m^3	0.50	1h 均值
6		二氧化氮 NO_2	mg/m^3	0.24	1h 均值
7		一氧化碳 CO	mg/m^3	10	1h 均值
8		二氧化碳 CO_2	%	0.10	日平均值
9		氨 NH_3	mg/m^3	0.20	1h 均值
10		臭氧 O_3	mg/m^3	0.16	1h 均值
11		甲醛 HCHO	mg/m^3	0.10	1h 均值
12		苯 C_6H_6	mg/m^3	0.11	1h 均值
13		甲苯 C_7H_8	mg/m^3	0.20	1h 均值
14		二甲苯 C_8H_{10}	mg/m^3	0.20	1h 均值
15		苯并[a]芘 B(a)P	mg/m^3	1.0	日平均值
16		可吸入颗粒物 PM_{10}	mg/m^3	0.15	日平均值
17		总挥发性有机物 TVOC	mg/m^3	0.60	8h 均值
18	生物性	菌落总数	cfu/m^3	2500	依据仪器定
19	放射性	氡 ^{222}Rn	Bq/m^3	400	年平均值(行动水平[②])

注：① 新风量要求≥标准值，除温度、相对湿度外的其他参数要求≤标准值；
② 达到此水平建议采取干预行动以降低室内氡浓度。

本章作者简介

张彦国：中国建筑科学研究院环能院净化技术中心主任，教授级高级工程师。

郝学安：济宁市疾控中心消杀科科长。

李屹：国家建筑工程质量监督检验中心-空调净化室高级主管、高级工程师。

党宇：国家建筑工程质量监督检验中心-空调净化室高级主管、工程师。

第3篇
单项医用洁净装备工程规划设计

陈尹

篇主编简介

陈尹：上海建筑设计研究院有限公司第一事业部（医卫部）高级工程师，负责医院机电系统设计。

第 1 章　洁净手术部洁净装备工程

闫新郑　黄德强　卜从兵　王文一　高峰

第 1 节　洁净手术部的规划设置及布局流程

3.1.1.1　洁净手术部应对洁净手术室及受控环境实行全面控制。

【技术要点】

全面控制、过程控制、关键点控制是现代质量控制理念的三要素。

3.1.1.2　洁净手术部规划的主要要求是综合考虑。

【技术要点】

1. 洁净手术部是医院的核心，不是孤立存在的，要与其他科室相互配合才能充分发挥其作用，例如 ICU 病房、消毒供应中心、住院部病房、血库、检验科、病理科等。因此在洁净手术部建设中要进行全方位、立体的考虑。

2. 宜有通向各区的直接通道或者电梯。

3.1.1.3　洁净手术部手术室间数及用房分级。

【技术要点】

1. 洁净手术部手术室间数按外科系统床位数确定时，按 1∶(20～25) 的比例计算，即每 20～25 床设 1 间手术室。

2. 手术室的级别可根据医院科室开展的手术类型确定各级手术室，综合医院Ⅰ级手术室数量不宜超过手术室总量的 15%。

3. 洁净手术部洁净用房应按空态或静态条件下的细菌浓度分级。

4. 洁净手术室的用房分级标准应符合表 3.1.1.3-1 的规定，洁净辅助用房分级标准应符合表 3.1.1.3-2 的规定。

我国洁净手术室等级标准（空态和静态）　　表 3.1.1.3-1

等级	沉降法(浮游法)细菌最大平均浓度		表面最大染菌密度	空气洁净度级别	
	手术区	周边区		手术区	周边区
Ⅰ	0.2 个/30minΦ90 皿(5 个/m^3)	0.4 个/(30min·Φ90 皿)(10 个/m^3)	5 个/cm^2	5	6
Ⅱ	0.75 个/30minΦ90 皿(25 个/m^3)	1.5 个/(30min·Φ90·皿)(50 个/m^3)	5 个/cm^2	6	7
Ⅲ	2 个/30minΦ90 皿(75 个/m^3)	(4 个/30min·Φ90 皿)(150 个/m^3)	5 个/cm^2	7	8
Ⅳ	5 个/(30min·Φ90 皿)(175/m^3)		5 个/cm^2	8.5	

注：1. 括号中解释和数据为对应关系。细菌浓度是直接所测结果，不是沉降法和浮游法互相换算的结果。

2. 眼科专用手术室周边区洁净度级别可比手术区低 2 级。

我国洁净手术部洁净辅助用房等级标准（空态或静态）　　表 3.1.1.3-2

等级	沉降法(浮游法)细菌最大平均浓度	表面最大染菌密度	空气洁净度级别
Ⅰ	局部：0.2个/(30min·Φ90皿)(5个/m^3) 其他区域：0.4个/(30min·Φ90皿)(10个/m^3)	5个/cm^2	6级(局部5级)
Ⅱ	1.5个/(30min·Φ90皿)(50个/m^3)	5个/cm^2	7级
Ⅲ	4个/(30min·Φ90皿)(150个/m^3)	5个/cm^2	8级
Ⅳ	5个/(30min·Φ90皿)(175个/m^3)	5个/cm^2	8.5级

注：细菌浓度是直接所测的结果，不是沉降法和浮游法相换算的结果。

第2节　洁净手术部分区布局及流程

3.1.2.1　洁净手术部应按功能划分洁净区与非洁净区。

【技术要点】

1. 洁净区包括：

（1）手术区。主要是指各级手术间区域，包括负压手术室和特殊手术室。

（2）洁净用房。需要无菌操作的特殊用房、体外循环室、手术室前室、刷手间、术前准备室、无菌物品存放室、一次性物品室（已脱外包）、高值耗材室、预麻室、精密仪器室、护士站、洁净区走廊或任何洁净通道、恢复（麻醉苏醒）室、手术室的邻室（如铅防护手术室旁的防护间）等。

（3）清洁区。污染走廊、污洗间、隔离污洗间、污物暂存处、打包间、石膏间、病理室等。

2. 非洁净区包括：

办公区：用餐室、卫生间、淋浴间、换鞋处、更衣室、医护休息室、值班室、示教室、储物间等。

洁净手术部洁净区与非洁净区之间的联络必须设缓冲室或传递窗。既保证了各区气流组织和净化级别相对独立，而且相互连通便于医疗业务开展。

3.1.2.2　洁净手术部通道形式应根据医院的需求和可行性确定。

【技术要点】

1. 洁净手术部的内部平面和洁净区走廊有手术室前单走廊、手术室前后双走廊、纵横多走廊、集中供应无菌物品的中心无菌走廊（即中心岛）和各手术室带前室等形式；应根据规范规定，本着节约面积、便于疏散、功能流程短捷和洁污分明的原则，按实际需要选用。

2. 各通道形式特点：

（1）单通道形式：整个手术部仅设置单一通道，即手术室进病人手术车的门前设通道。将手术后的污废物经就地打包密封处理后，可进入此通道。

（2）双通道形式：即手术室前后均设通道。将医务人员、术前患者、洁净物品供应的洁净路线与术后的患者、器械、敷料、污物等污染路线分开。

（3）多通道形式：即手术部内有纵横多条通道，设置原则与双通道形式相同。适用于较大面积的大型手术部，使同一楼层内可容纳多排手术室。

（4）集中供应无菌物品的中心无菌走廊：手术室围绕着无菌走廊布置，无菌物品供应路径最短。

（5）手术室带前室：使用起来方便，减少了交叉感染，但需要增加面积。

3. 以上各通道形式参见图3.1.2.2-1～图3.1.2.2～3。

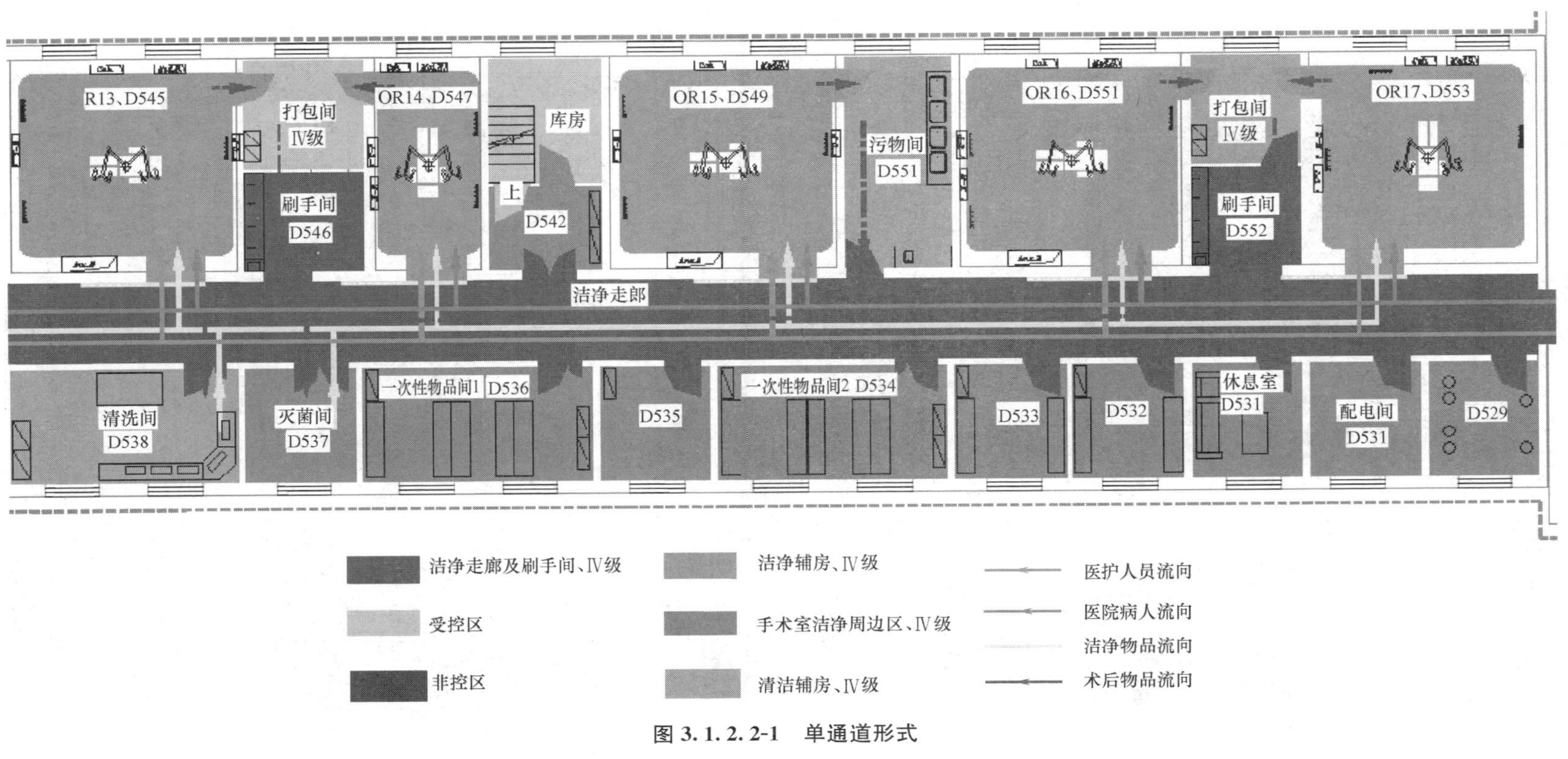

图 3.1.2.2-1　单通道形式

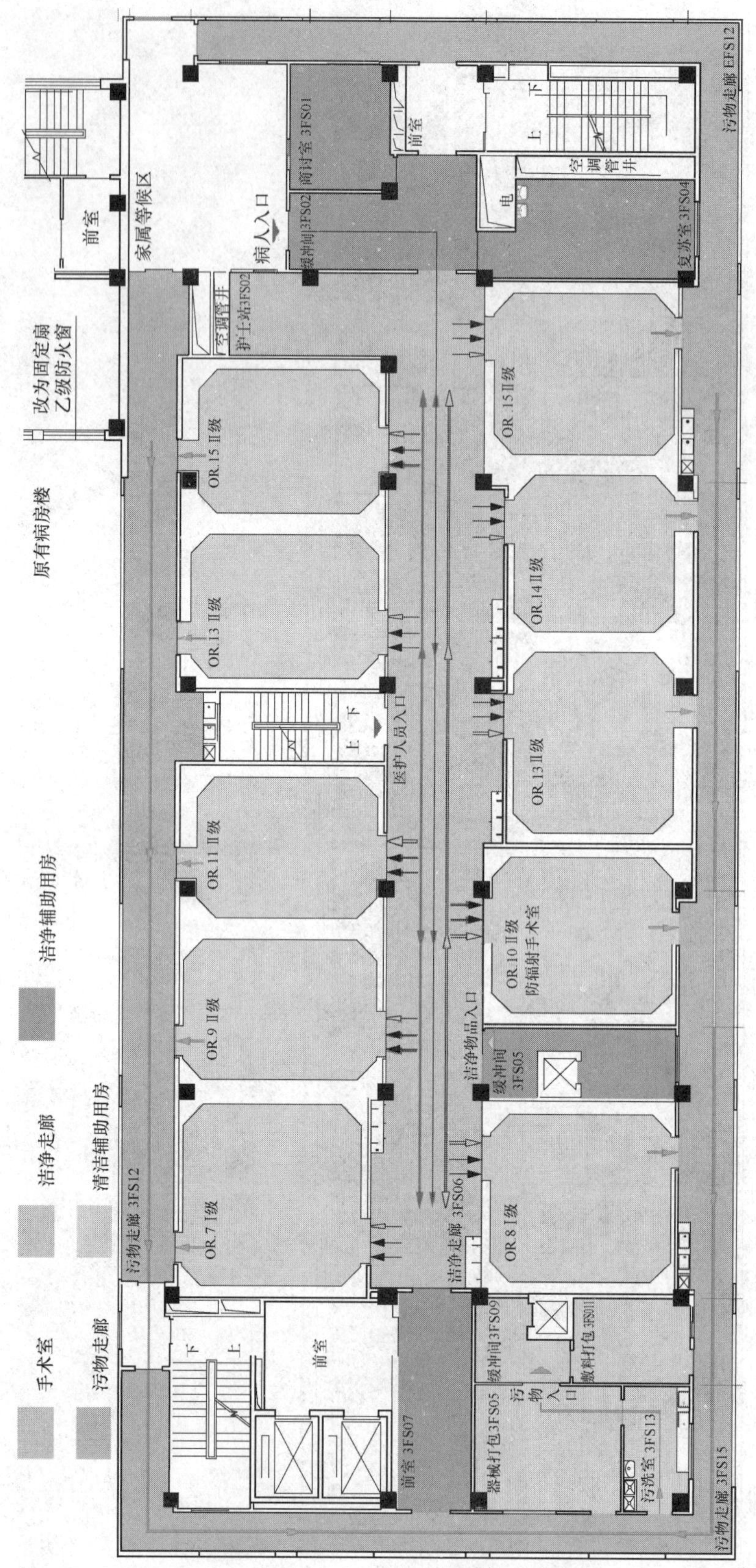

图 3.1.2.2-2　双通道形式

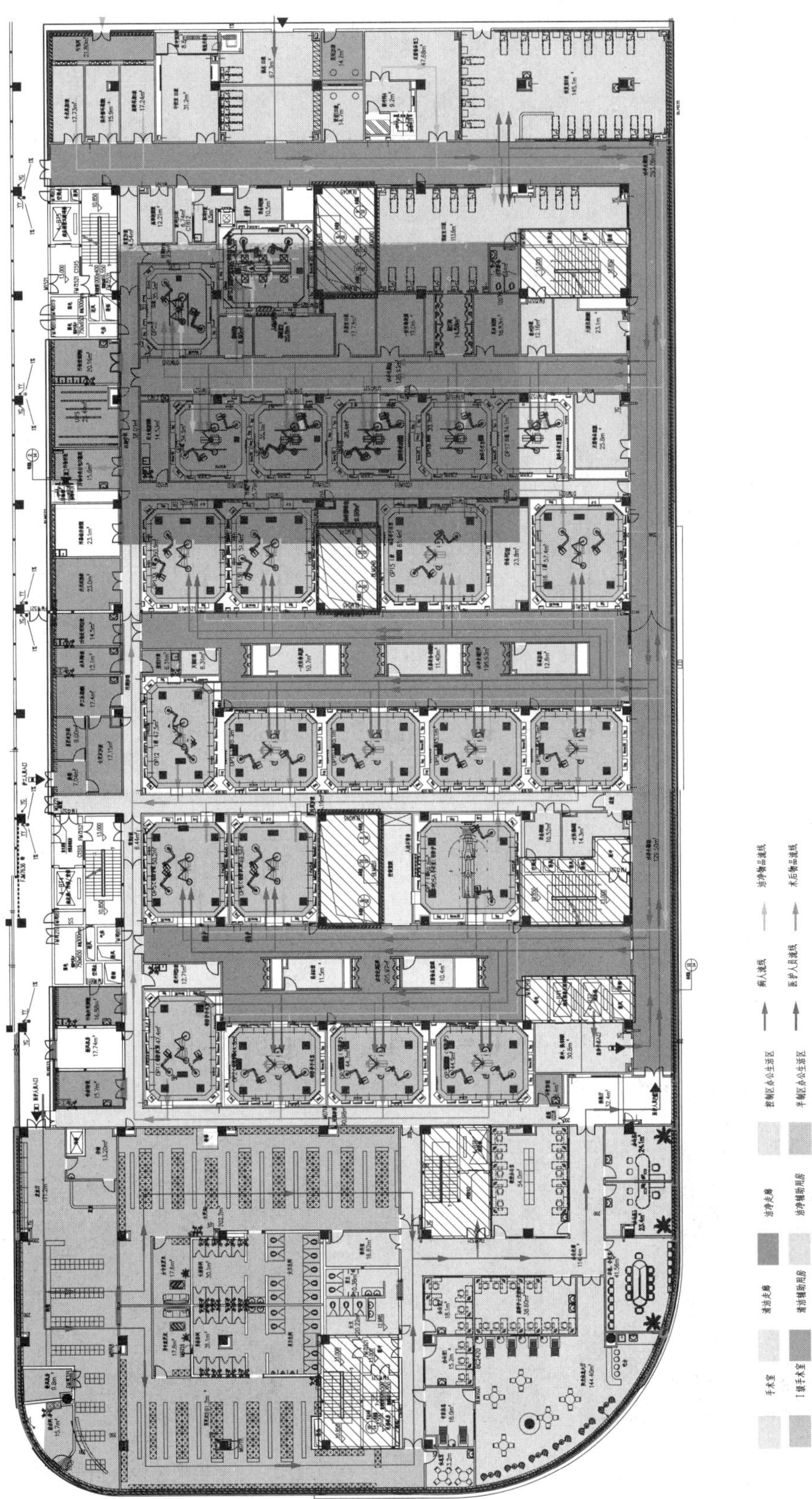

图 3.1.2.2-3　多通道形式

3.1.2.3　洁净手术部的流程应遵循洁污分明的原则。

【技术要点】

1. 洁净手术部进行流程设计的目的是为了解决交叉感染。

基本原则是：人物流程清晰、洁污分明、符合无菌要求、缩短和减少操作路线（见图 3.1.2.3-1）。

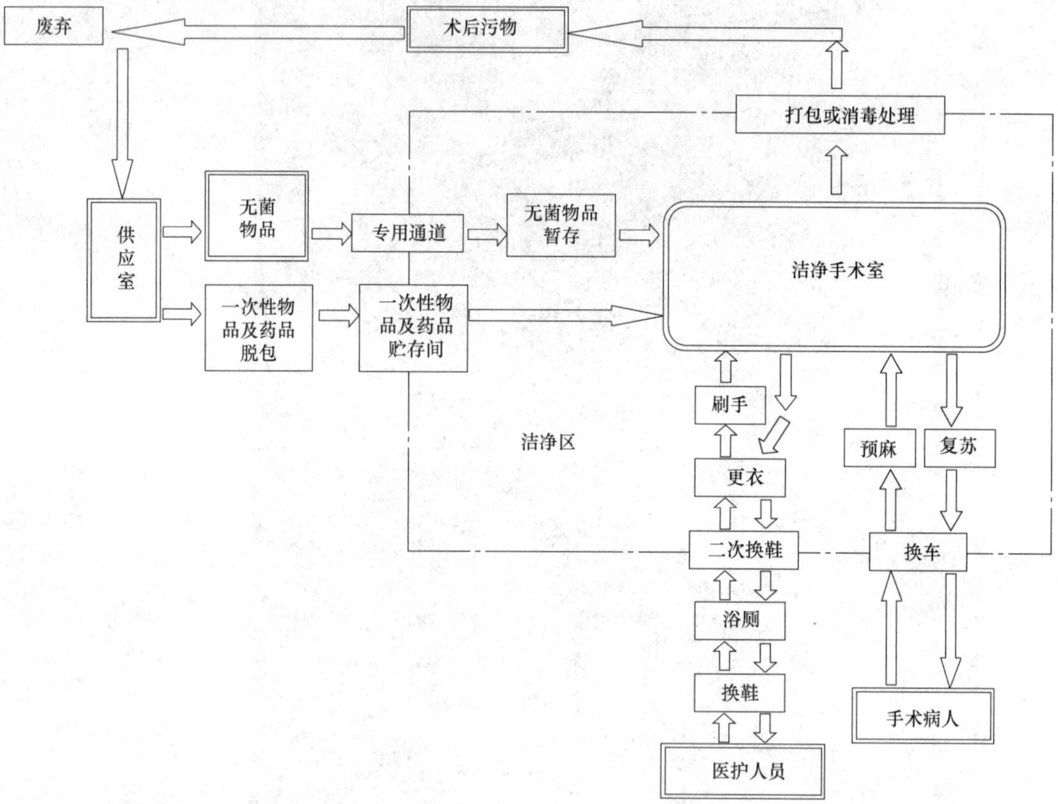

废弃
术后污物
打包或消毒处理
供应室
无菌物品
专用通道
无菌物品暂存
洁净手术室
一次性物品及药品脱包
一次性物品及药品贮存间
刷手
洁净区
更衣
预麻
复苏
二次换鞋
换车
浴厕
换鞋
手术病人
医护人员

图 3.1.2.3-1　洁净手术部人、物流程示意图

2. 手术部流程的分类见图 3.1.2.3-2～图 3.1.2.3-5。

手术患者
手术换车
手术部洁净走廊
麻醉准备
洁净手术室
病房
ICU病房
换病床车
复苏室

图 3.1.2.3-2　手术病人流程

医护人员
换鞋更衣
洁净手术室
刷手间
洁净通道
实习参观人员。

图 3.1.2.3-3　手术医护人员流程

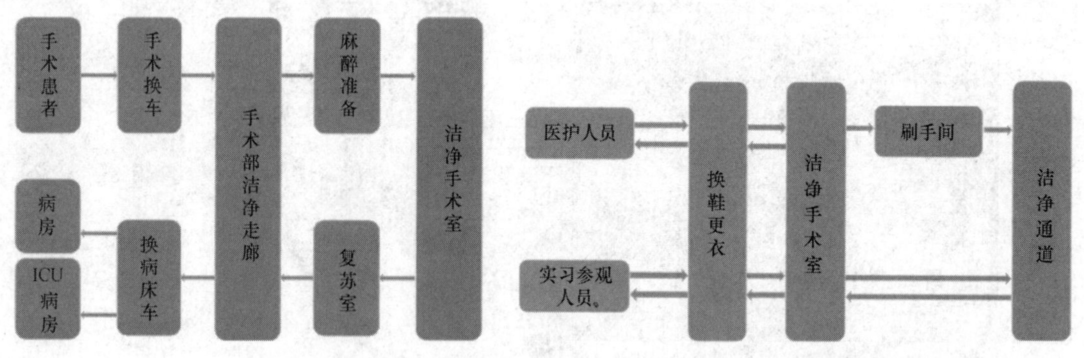

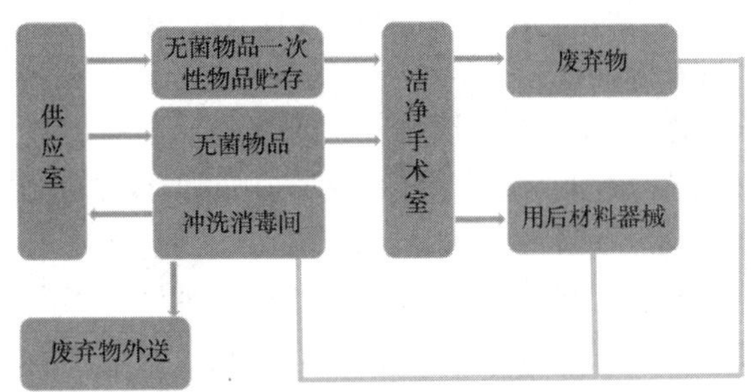

图 3.1.2.3-4 手术部洁污流程

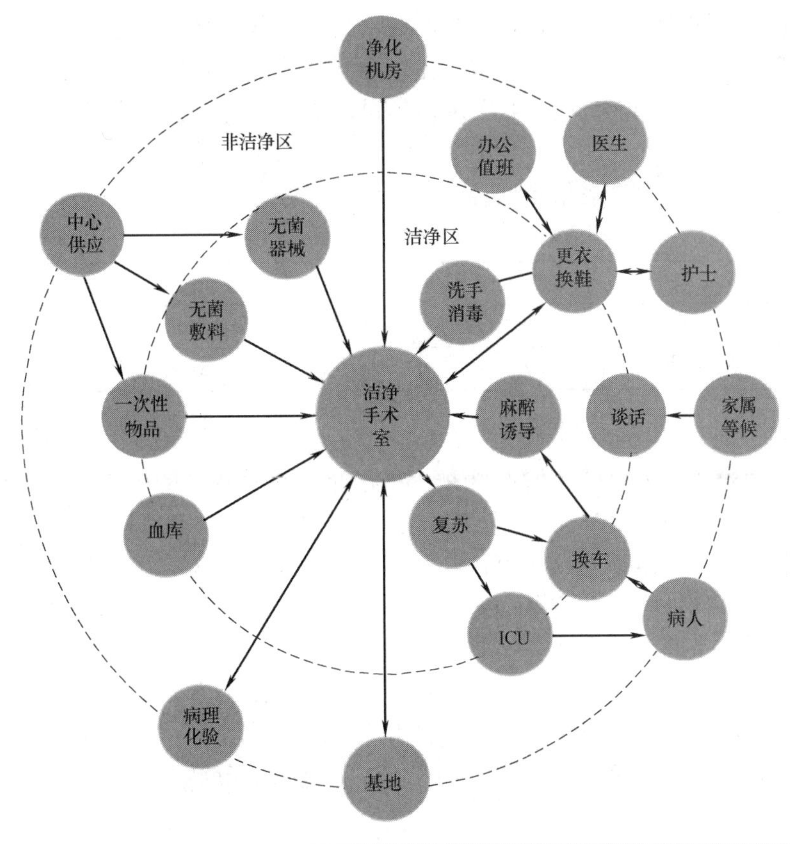

图 3.1.2.3-5 洁净手术部组成及功能关系

注：以上各图引自许钟麟主编《洁净手术部建设实施指南》。

3.1.2.4 洁净手术部各区平面布局重点应满足适用、经济的原则。

【技术要点】

1. 手术区平面布局

(1) 洁净手术部内手术室应相对集中布置。Ⅰ级手术室应独立成区或者处于干扰最小的区域。

(2) Ⅱ级手术室的建设应成为大中型医院的主体，属于深部组织及生命主要器官大型手术可用Ⅱ级手术室。

（3）Ⅲ级手术室可根据使用科室分区布置（如：普外手术区、眼科手术区、腔镜手术区等），便于集中管理、资源共享。

（4）洁净手术部内特殊手术室应配置专用的设备间，如：心脏外科手术室配体外循环室、达芬奇手术室配设备存放间、DSA手术室配操作间及设备间。

（5）负压手术室应自成一区，有独立出入口，并与手术部外建筑通道建立快捷联系。负压手术室布置应洁污分流，配备专用的无菌储物间、冲洗消毒间及清洁通道。负压手术室与洁净手术部内洁净通道应设分隔门及缓冲室，以便于对负压手术室隔离封闭。负压手术室的建设应根据各自需求，不是洁净手术部都要建负压手术室。

（6）门诊手术室：可设置独立的手术室，手术室不宜小于5.5m×4.5m，相关的辅助用房有准备室、更衣室、术后休息室和污物室组成，有条件的还需设置敷料间等无菌室。

（7）产科：可设置独立的手术室，在产妇分娩的特殊情况下，采用剖宫产的时候可在手术室内进行，便于洁污分明；其手术室的设计要求与洁净手术部相同；手术室不宜小于6.0m×5.0m。

（8）洁净手术室具体规格参见表3.1.2.4-1。

手术室参考面积　　**表3.1.2.4-1**

序号	名称	参考规格（长×宽）（m）	序号	名称	参考规格（长×宽）（m）
1	Ⅰ级手术室	8.0×6.0	3	Ⅲ级手术室	7.0×5.0
2	Ⅱ级手术室	7.0×6.0	4	Ⅳ级手术室	6.5×5.0

2. 洁净区辅助用房布置要点

（1）洁净辅助用房总体布置原则是：尽量布置在手术区的中心位置，尽量靠近手术室，最大限度地服务于手术。

（2）洁净区主要包括的用房有：无菌室（无菌敷料室或无菌器械室）、体外循环间、高值耗材室、一次性物品室、药品室、麻醉室、复苏室、护士站、刷手间、换车间、应急消毒间、麻醉准备间等，选择设置贵重仪器室等。

（3）在此类房间布局和设计时需要重点考虑的因素有：

① 无菌室：无菌室分无菌敷料室和无菌器械室，可分开设置。无菌室宜紧邻与消毒供应中心直通的无菌电梯。若手术室集中，可设一大间无菌室；若手术室分散，应就近分区设置。

② 一次性物品室：应根据手术区的大小布置，应包含一次性物品外脱包间、一次性物品存储间紧邻无菌室“跨区”设置。

③ 麻醉／复苏室：麻醉／复苏室设置于病人入口附近，宜分开设置，麻醉室内应设置麻醉准备间（毒麻药品存放）。麻醉室也可根据手术室的布局分区设置。复苏室床位数与手术间数宜按1∶2布置。

④ 护士站：设置于手术部的入口处或手术部的中心位置。对进出手术部的人员进行管理，应有物流传输、数据信息点等设施。

⑤ 洁净区走廊：洁净区走廊是洁净手术部的重要通道，承担着医护人员、病人、洁净物品通行的任务。洁净走廊在设计时通常考虑以下要点：

（a）洁净走廊要足够宽，尽量少弯或无弯，保证流程顺畅。

（b）分区隔断门：洁净走廊上的分区隔断门宜采用电动推拉趟门。

⑥ 体外循环间：是一种特殊装置暂时代替人的心脏和肺脏工作，进行血液循环及气体交换的技术。此间应紧邻手术间，便于体内、体外共同进行手术时设备进出方便，面积不宜小于 $15m^2$，用于体外循环机、膜肺、变温水箱等设备的存放。

⑦ 刷手间：专供手术者洗手用，宜采用分散布置的方式，通常设在两个手术间之间，一间刷手间可负担不超过 2～4 间手术室。刷手龙头按每间手术室设 1.5～2 个的原则设置，并应采用非手动开关；如刷手池设在走廊上，应凹进去一些，其结构应能防止水外溅到地面。手术者消毒手臂后，即可进入手术间。洗手间应安装自动出水洗手槽（感应式或膝碰式）、自动出刷架及无菌洗手刷、洗手液、擦手液（手臂消毒液）、无菌毛巾或纸巾等固定放置架，并应设有热风吹干机。

⑧ 换车间：病人进入手术部的入口，换车间要足够大，便于存放污车和洁车。

⑨ 应急消毒间：应在 5～6 间手术间设置一间，用于连台手术中一些贵重的数量较少的手术器械（如腔镜），或不慎掉地的器械的临时灭菌消毒用，因考虑设在洁净区域，故不能设清洗池，可考虑设置需快速压力蒸汽灭菌器/等离子灭菌器。整个手术间的器械清洗均设置在非洁净区，集中打包后送入中心供应室集中处理。

⑩ 麻醉准备间：应临近预麻室，此间为预麻间的医护人员在对病人进行麻醉时对一些麻醉药物、敷料物品的一个整理并准备的房间，需采用净化系统。

⑪ 缓冲室：洁净区与非洁净区之间必须设缓冲室，对物流应设传递窗。洁净区内在不同空气洁净级别区域之间宜设置隔断门。缓冲室要与进入的区域同级，不小于 $3m^2$，空气洁净度最高为 6 级。缓冲室可作他用，如更衣室的换衣间。

⑫ 洁净辅房主要是指在洁净区内的洁净辅助用房（见表 3.1.2.4-2）。

洁净手术部内设置的洁净区辅助用房的要求　　　　表 3.1.2.4-2

	用房名称	洁净用房等级
在洁净区内的洁净辅助用房	需要无菌操作的特殊用房	Ⅰ～Ⅱ
	体外循环室	Ⅱ～Ⅲ
	手术室前室	Ⅲ～Ⅳ
	刷手间	Ⅳ
	术前准备室	
	无菌物品存放室(已脱外包)、预麻室	
	精密仪器室	
	护士站	
	洁净区走廊或任何洁净通道	
	恢复(麻醉苏醒)室	
	手术室的邻室(如铅防护手术室旁的防护间)	无

3. 非洁净区平面布局的要点

（1）当布局形式为两侧均有手术室时，走廊宽度≥1.5m；当布局形式为单侧手术室时，走廊宽度≥1.2m。

（2）在适当位置设计保洁室（靠近上下水）。

（3）在靠近骨科手术室的地方设石膏间。

（4）走廊的适当位置设计标本室，用于病理标本的暂存。若病理科距手术部较远，可在手术部清洁区内设置术中病理室，并设配套的设备，由病理科派专业技术人员操作。

4. 办公区辅助用房的布置要点

（1）办公区为非洁净区，包括：主任办、医生办、护士长办、护士办、麻醉办、护士交接班、资料室、男女值班室、换鞋区、男女更衣室、男女卫生间等，可选择设置医生休息室、餐厅、示教室、库房、卫生间等。

（2）主任办、护士长办、医生办、麻醉办、示教室：尽量布置在采光较好、出入方便的位置。若手术部较大，可分区域设置，房间面积根据手术部具体规模确定，主任办、医生办、护士长办面积宜为15m^2。

（3）医生或专家休息室：尽量靠近手术区，降低来回距离，方便实用。

（4）男女值班室：设置于办公区内受干扰最小处，如有条件应附设卫生间。

（5）餐厅：餐厅的设计规模应根据手术部的实际情况来确定，应设有配餐室（配餐室门开向自然区）。

（6）换鞋区、男女更衣室、男女卫生间：

① 换鞋区要布置足量的鞋柜，要配有空间上的物理分隔。

② 男女更衣室入口在换鞋区，出口在办公区或洁净区（此时更衣间应按缓冲室设计），应有明显的标识。

③ 手术部男女更衣室的面积不宜小于1m^2/人，单室最小面积不小于6m^2。

④ 男女更衣室附属卫生间要尽可能布置在有上下水管道的位置，并应处于更衣室的前端。

（7）中心控制室：可设置在办公区，也可设在护士站；面积为20m^{2}左右。

（8）家属谈话室：设置于洁净区与普通区之间，医生从洁净区进入，家属从普通区进入。

（9）办公区辅房主要是指在非洁净区内的非洁净辅助用房（见表3.1.2.4-3）。

非洁净区内的非洁净辅助用房的要求　　**表3.1.2.4-3**

	用房名称	洁净用房等级
在非洁净区内的非洁净辅助用房	用餐室	无
	卫生间、淋浴间、换鞋处、更衣室	
	医护休息室	
	值班室	
	示教室	
	紧急维修间	
	储物间	
	污物暂存处	

5. 其他用房

洁净手术部平面设计同时要考虑空调机房、排风机房、新风机房、笑气、氮气、二氧化碳气等医用气体汇流排间的位置、面积等，可与洁净手术部同层设置，或设置于设备层，但一定要有电梯，便于钢瓶的垂直运输。

6. 特殊手术室平面布局

随着手术室的发展，根据手术室类型出现了较多专业手术间，以满足不同治疗需求和不同医疗设备要求。

（1）特殊手术室分类：

① 复合DSA手术室；

② 复合CT手术室；

③ 复合MRI手术室；

④ 机器人手术室；

⑤ 达芬奇机械臂手术室。

此类手术室建筑环境要求和级别各不相同，需要在建筑装饰、暖通空调、电气、医气和给水排水等相关专业进行区别对待。

（2）各种特殊手术室平面布局的注意事项：

① 复合DSA手术室：复合DSA手术室不仅有外科手术设备，还有介入手术设备，手术室要安装吊塔、无影灯、存储视频会议及示教系统设备，还要考虑血管造影机的运动范围。为保障手术顺利进行，建议手术空间最好有保证不同设备厂家的要求的长、宽，以便达到实际的使用要求，手术间净面积应≥50m^2。操作间：用于血管机的各种工作站需要配置操作间，操作间净面积应为20～25m^2；设备间：附属设备间净面积为15～20m^2。层高宜大于4.5m。

DSA复合手术室若采用悬吊设备，应顺着手术室长轴方向布置，并且悬吊设备的显示装置要正对着操作间的观察窗，手术室入口的门应在手术室的短轴上，并且要开在远离悬吊设备侧。这样布置不仅可以方便操作，还可以方便患者进出手术间。

② 复合CT手术室：各项要求基本与DSA手术室类似，特殊之处要单独考虑CT设备的冷却问题。

③ 复合MRI手术室：MRI手术室在建设时要考虑附近电梯、建筑设备的影响，宜与设备机房、移动设备等保持10m以上距离。MRI手术室的面积应该要大于普通MRI机房的面积，一般要求在50m^2以上，跨距宜选择8500mm以上。综合考虑MRI和洁净手术室要求，层高宜大于4.5m。

④ 机器人手术室：因机器人设备占用空间较大，机器人臂伸缩需要足够的空间，因此手术间净宽应不小于7m，净长不小于9m，净面积应≥65m^2。操作间净面积应为20～25m^2；设备间：附属设备间净面积为15～20m^2。

⑤ 达芬奇机械臂手术室

根据各类手术外科的特点，位于无菌区内的床旁机械臂系统需要灵活改变停放位置，要求手术室须拥有足够的活动空间，而无菌区外的医生控制系统通常宜固定于手术室内靠墙之处，使主刀医生能够直接同时看到患者和助手，便于交流。

达芬奇手术机器人系统自身体积庞大，因此对手术室的室间平面尺寸也有一定要求，最好所占面积在50m^2以上，长宽最佳比例为1∶1，有条件时应配备设备存放间。

第3节　洁净手术部建筑装饰设计

3.1.3.1　洁净手术部的建筑装饰应遵循不产尘、不积尘、耐腐蚀、不开裂、防潮防霉、容易清洁、环保节能和符合防火要求的总原则。

【技术要点】

1. 洁净手术部内使用的装饰材料应无毒无味，并应符合现行国家标准《民用建筑工程室内环境污染控制规范》的规定。

2. 洁净手术部内与室内空气直接接触的外露材料不得使用木材和石膏。

3. 洁净手术部建筑层高不宜低于4.5m，梁底高不宜低于3.6m；设备层梁底高不宜低于2.2m。手术室装修净高度不得低于2.7m。

3.1.3.2　关于洁净手术室装饰装修材料及设备设施的选择原则。

【技术要点】

1. 地面。可选择的地面装饰用材较少，在洁净手术室装饰中常用到的有：釉面瓷砖、水磨石、环氧树脂、PVC卷材、橡胶卷材等。从满足规范要求来讲，水磨石、环氧树脂、PVC卷材、橡胶卷材都符合规范要求，从适用性、装饰效果和维护性上比较，PVC卷材和橡胶卷材比较适合，所以成为目前的主流装饰材料，在各大医院有着较好使用效果。

2. 墙面。可选择的手术室墙面装饰用材较多，在洁净手术室装饰中常用到的有：电解钢板、不锈钢板、防锈铝板、彩钢板、铝塑板、树脂板、卡索板、玻璃板、瓷砖及涂料等。以上材料只要满足了规范对墙板结构密封性要求均可使用。目前医院使用的电解钢板、不锈钢板、防锈铝板较多，针对手术室人性化特点，目前树脂板和玻璃板的使用也不少。

3. 天花。手术室天花一般与墙面为统一材料。在手术室天花上避免预留上人维修口，避免因技术夹层中由于漏风常形成正压，从而会造成从孔缝隙向手术室渗漏。

4. 门。洁净手术室进出手术车的门，净宽不宜小于1.4m，手术室根据需要设置门类型，一般常用的有：电动悬挂门、手动推拉门。如手术室为防辐射或屏蔽，则根据需要选择适合的防辐射门和屏蔽门，并在选择此类型自动门时避免选用带地面凹槽的类型，主要是为了避免地面出现凹槽积污。自动门应设置自动延时关闭装置，并保证气密封效果。

5. 窗。手术室一般不应设外窗，应采用人工照明，主要是为避免室外光线对手术的影响及室外环境对手术室的污染。

防辐射及屏蔽手术间的特殊观察窗需按照相关规范要求，做好窗框与墙壁的连接，避免射线泄露和屏蔽失效。

3.1.3.3　关于洁净手术部辅助用房装饰装修材料及设备设施的选择。

【技术要点】

1. 地面。地面装饰用材基本和手术室类似，PVC卷材和橡胶卷材成为目前的主流装饰材料。

2. 墙面。辅助用房选用的材料一般为：彩钢板、铝塑板、树脂板、卡索板、瓷砖及涂料等。各种材料各有利弊，可根据具体房间需求和医院造价选择适合的材料。

3. 天花。目前天花材料的选择一般为：铝扣板、彩钢板、防锈铝板等，材料均符合规范要求，根据院方需求和造价等指标进行选择即可。在施工时注意顶板的平整度和密封性。

4. 门。洁净区的自动门和手动门均应为气密封门，避免压力泄露。除洁净区通向非洁净区的平开门和安全门为向外开之外，其他洁净区内的门均向静压高的方向开。在走廊及手术部入口处，应将门设为自动门，并具有自动延时关闭和防撞击功能，并应有手动功能。

5. 窗。Ⅲ、Ⅳ级洁净辅助用房可设外窗，但应是不能开启的双层玻璃密闭窗或两道窗。

6. 设备设施。手术部辅助用房及走廊可根据布局情况设置刷手池、物品存储柜等。

3.1.3.4 关于特殊手术室对装饰的要求。

【技术要点】

1. 复合DSA手术室：复合DSA手术室应采用六面防护，防护材料有铅板、复合铅板、硫酸钡等。DSA手术室的防护级别应根据血管造影设备的放射量来确定手术室的防护级别，四周采用相应防护级别的铅板或复合铅板防护到顶板，顶板与地面宜采用与墙面相同防护级别的硫酸钡水泥，并做保护层。

复合DSA手术室的门采用相应防护级别的电动推拉趟门，门与地面之间的缝隙要做防护处理。操作间与手术室之间的观察窗也应采用相应防护级别的铅玻璃窗。操作间内应有存放铅衣的区域。

应在复合DSA手术室内合适的位置预留检修口或检修门，以方便后期的维护工作。

2. 复合MRI手术室：核磁共振手术室的电磁屏蔽采用铜板做六面立体围护，铜板厚度根据核磁技术要求确定。核磁手术室的隔墙及天花所用的龙骨、饰面材料均应采用免磁的非金属材料，尽量避免金属建筑材料运用在手术室内。建议采用木龙骨（需要进行防火防腐处理），饰面材料可采用树脂类或无机类的装饰板材。

手术室的地面需要按照磁场的强度用不同的颜色区分50高斯线和5高斯线，这样有助于医护人员在磁体扫描时将非磁兼容的医疗设备移出50高斯线。

第4节 洁净手术部净化空调系统

3.1.4.1 洁净手术部净化统应使洁净手术部处于受控状态。

【技术要点】

1. 洁净手术部净化统应使洁净手术部处于受控状态，应既能保证洁净手术部整体控制，又能使各洁净手术室灵活使用。

2. 不能因某洁净手术室停开而影响整个手术部的压力梯度分布，破坏各室之间的正压气流的定向流动，引起交叉污染。

3. 洁净手术室（不含负压手术室）应与辅助用房分开设置净化空调系统；Ⅰ、Ⅱ级洁净手术室与负压手术室（含其前后缓冲室）应每间采用独立净化空调系统，Ⅲ、Ⅳ级洁净手术室可2～3间合用一个系统。

净化空调系统应在以下位置设置空气过滤器或装置：

（1）在新风口或紧靠新风口处设置新风过滤器或装置，并应符合规范《洁净手术部建筑技术规范》GB 50333—2013 第 8.3.9 条的规定。

(2) 在空调机组送风正压段出口设置预过滤器。

(3) 在系统末端或靠近末端静压箱附近设置末级过滤器或装置，并应符合《洁净手术部建筑技术规范》GB 50333—2013 第 8.3.6 条的规定。

(4) 在洁净用房回风口设置回风过滤器。

(5) 在洁净用房排风入口或出口设置排风过滤器。

4. 洁净手术室应做排风系统，并且应与辅房排风系统分开设置，排风系统应与新风系统连锁。净化空调系统应有便于调节控制风量并能保持稳定的措施。

5. 手术室空调管路应短、直、顺，尽量减少管件，应采用气流性能良好、涡流区小的管件和静压箱。管件、配件的制作与安装应符合现行国家标准《洁净室施工及验收规范》GB 50591 的要求。

6. 不得在Ⅰ、Ⅱ、Ⅲ级洁净手术室和Ⅰ、Ⅱ级洁净辅助用房内设置供暖散热器和地板供暖系统，但可用墙壁辐射散热板供暖，辐射板表面应平整、光滑、无任何装饰，可以清洗。Ⅳ级洁净手术室和Ⅲ、Ⅳ级洁净辅助用房如需设供暖散热器，应选用表面光洁的辐射板散热器。散热器热媒温度应符合现行国家标准《民用建筑供暖通风与空气调节设计规范》GB 50736 的相关规定。

3.1.4.2 洁净手术部各类用房应满足最低的技术指标见表 3.1.4.2。

洁净手术部各类用房最低技术指标 表 3.1.4.2

名称	室内压力	最小换气次数(h^{-1})	工作区平均风速(m/s)	温度(℃)	相对湿度(%)	最小新风量[$m^3/(h.m^2)$或h^{-1}(仅指本栏括号中数据)]	噪声dB(A)	最低照度(Lx)	最少术间自净时间(min)
Ⅰ级洁净手术室和需要无菌操作的特殊用房	正	—	0.20～0.25	21～25	30～60	15～20	≤51	≥350	10
Ⅱ级洁净手术室	正	24	—	21～25	30～60	15～20	≤49	≥350	20
Ⅲ级洁净手术室	正	18	—	21～25	30～60	15～20	≤49	≥350	20
Ⅳ级洁净手术室	正	12	—	21～25	30～60	15～20	≤49	≥350	30
体外循环室	正	12	—	21～27	≤60	(2)	≤60	≥150	—
无菌敷料室	正	12	—	≤27	≤60	(2)	≤60	≥150	—
未拆封器械、无菌药品、一次性物品和精密仪器存放室	正	10	—	≤27	≤60	(2)	≤60	≥150	—
护士站	正	10	—	21～27	≤60	(2)	≤55	≥150	—
预麻醉室	负	10	—	23～26	30～60	(2)	≤55	≥150	—
手术室前室	正	8	—	21～27	≤60	(2)	≤60	≥200	—
刷手间	负	8	—	21～27	—	(2)	≤55	≥150	—
洁净区走廊	正	8	—	21～27	≤60	(2)	≤52	≥150	—
恢复室	正	8	—	22～26	25～60	(2)	≤48	≥200	—

续表

名称		室内压力	最小换气次数(h^{-1})	工作区平均风速(m/s)	温度(℃)	相对湿度(%)	最小新风量[$m^3/(h.m^2)$或次 h^{-1}(仅指本栏括号中数据)]	噪声dB(A)	最低照度(Lx)	最少术间自净时间(min)
脱包间	外间脱包	负	—	—	—	—	—	—	—	—
	内间暂存	正	8	—	—	—	—	—	—	—

注：1. 负压手术室用房室内压力一栏应为“负”。
2. 平均风速指集中送风区地面以上 1.2m 截面的平均风速。
3. 眼科手术室截面平均风速应控制在 0.15～0.2m/s。
4. 温湿度范围下限为冬季的最低值，上限为夏季的最高值。
5. 手术室新风量的取值，应根据有无麻醉或电刀等在手术过程中散发有害气体而增减。

3.1.4.3 洁净手术部净化空调系统应按用途、级别、大小分开设置。

【技术要点】

1. 洁净手术室及与其配套的相邻辅房应与其他洁净辅助用房分开设置净化空调系统。

2. Ⅰ、Ⅱ级洁净手术室与负压手术室（含其前后缓冲室）每间应采用独立的净化空调系统。根据医院具体情况来确定Ⅲ、Ⅳ级洁净手术室的机组合用系统。

3. 在设置Ⅲ、Ⅳ级洁净手术室空调系统时，应根据院方手术类型、手术室利用率和造价来综合考虑，一拖一、一拖二和一拖三系统的运行费用不同，前期成本投入不同。如手术室利用率较高，可考虑一拖二和一拖三系统，但尽量避免不同类型手术室相互共用导致的诸多问题。如使用率较低，而且不同类型手术室较为分散，就可以尽量考虑一拖一和一拖二系统。

4. 洁净区空调系统和非洁净区空调系统应分开设置。

5. Ⅰ～Ⅲ级洁净手术室采用集中式净化空调系统；Ⅳ级洁净手术室和Ⅲ、Ⅳ级洁净辅助用房，可采用集中式净化空调系统或者带高中效及其以上过滤效率过滤器的净化风机盘管加独立新风的净化空调系统或者净化型立柜式空调器。

6. 对于非洁净区域如办公区，可根据《民用建筑供暖通风与空气调节设计规范》GB 50736—2012，按照舒适性空调进行设计。

7. 不得在Ⅰ、Ⅱ、Ⅲ级洁净手术室和Ⅰ、Ⅱ级洁净辅助用房内设置供暖散热器和地板供暖系统，但可用墙壁辐射散热板供暖，辐射板表面应平整、光滑、无任何装饰，可清洗。当Ⅳ级洁净辅助用房需设置供暖散热器时，应选用表面光洁的辐射板散热器。散热器热媒温度应符合《民用建筑供暖通风与空气调节设计规范》GB 50736—2012 的有关规定。

8. 空气处理及空调设备选型

(1) 空气处理过程

① 净化空调空气处理过程大致有以下几种：

(a) 一次回风再加热系统。室外新风与室内回风混合后处理至机器露点，进行降温除湿，然后通过再热升温至送风状态点送入室内。该系统形式的主要缺点是能耗大，由于需要对降温降湿后的空气进行再加热，使得能量冷热相抵，造成能量浪费。但在净化系统中，一次回风系统更容易调节房间的温湿度。

（b）二次回风系统。回风在热湿处理设备前后各混合一次，第二次回风量并不负担室内负荷，仅提高送风温度和增加室内空气循环，相对于一次回风系统，可以节省再热热量。此外，由于目前大型洁净手术部往往有外围清洁走廊，手术室建筑负荷很小，有的甚至是建筑内区，相对来说室内散湿量较大，手术室热湿比很小。要求冷水进水温度为7℃，有的甚至为5℃，这对大多数医院来说难以做到。另外，如果采用二次回风替代一次回风方式，靠变动风阀来调节二次回风比以适应负荷变化，对室内较严的温湿度控制要求的手术室难以使用。

（c）独立新风+净化风机盘管。对于Ⅳ级洁净手术室和Ⅲ、Ⅳ级洁净辅助用房，可采用集中式净化空调系统或者带高中效及其以上过滤效率过滤器的净化风机盘管加独立新风的净化空调系统。

经过过滤、热湿处理后的新风应直接送入洁净室，不应与净化风机盘管的进风口相连或至送到风机盘管机组的回风吊顶处。采用独立新风系统可以避免当风机盘管机组的风机停止运行时，新风可能从带有过滤器的回风口吹出，不利于空气质量的保证。另外，新风和风机盘管的送风混合后在送入室内时，会造成送风和新风的压力难以平衡，有可能影响新风量的送入。

② 新风处理过程：

（a）分散处理方式，即每个净化空调系统的新风单独从室外引入（主要为非手术室系统），新风的热湿负荷由循环机组承担，该系统形式主要用于无设备层、空调机房面积狭小或者新风湿负荷较小的区域。

（b）集中处理方式，即净化空调系统的新风系统分为机组集中由室外引入，按照分组设置净化新风机组。引入的新风，经过新风机组过滤处理、冷却降温除湿或加热后直接送到净化空调机组吸入端。该系统形式主要用于洁净手术部、层流病房等空调循环机组较多、空调机房空间充足及新风湿负荷较大的区域。

（c）新风预热，当室外温度低于5℃时应对新风进行预热。可以在新风机组入口增加一套预热盘管或者设置电加热装置，在新风温度低于5℃时将其预热至5℃。根据《绿色医院建筑评价标准》GB/T 51153—2015 第5.1.3条规定，建议采用热水或者蒸汽对新风进行预热处理。

（2）空气处理设备选型

① 净化空调机组选型

净化空调机组是指用于对微生物有控制要求的空间的空气处理机组，是净化空调系统中最常用的重要部件，医用净化空调机组应能避免产生微生物的二次污染、抑制机组附着微生物的滋生，且能满足温度、相对湿度、洁净度、室内压力等医疗特定要求。

（a）净化空调循环机组（两管制）见图3.1.4.3-1。

该类型空调循环机组设一组盘管，夏季是冷却盘管，冬季是供热盘管，只能单制冷或单供热，空调水系统为两管制系统。空气的再热过程通过设置于表冷段后的电加热装置实现。

（b）净化空调循环机组（四管制）见图3.1.4.3-2。

该类型空调循环机组各设一组冷、热处理盘管，并分别采用一组供回水管与冷源、热源连接。空调水系统为四管制系统，该系统可以实现单制冷或单供热及同时制冷和供热。

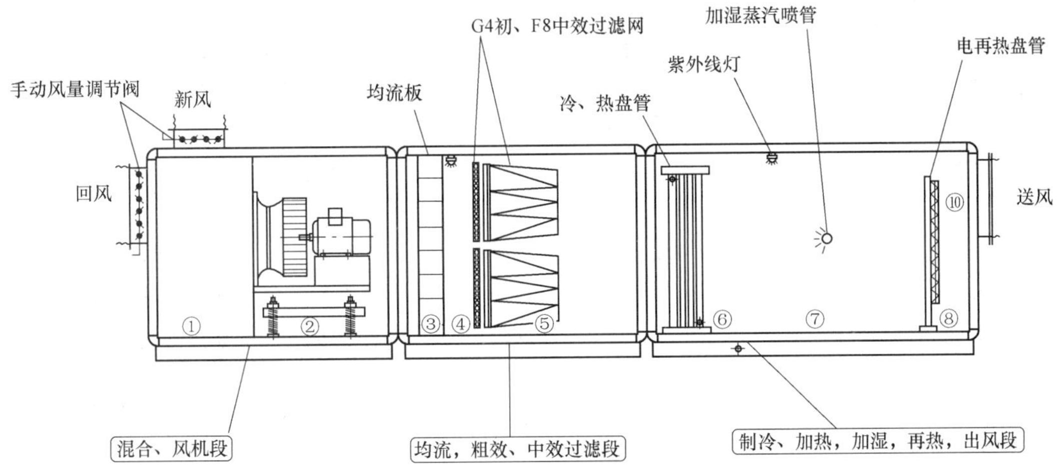

图 3.1.4.3-1　净化空调循环机组（两管制）功能段

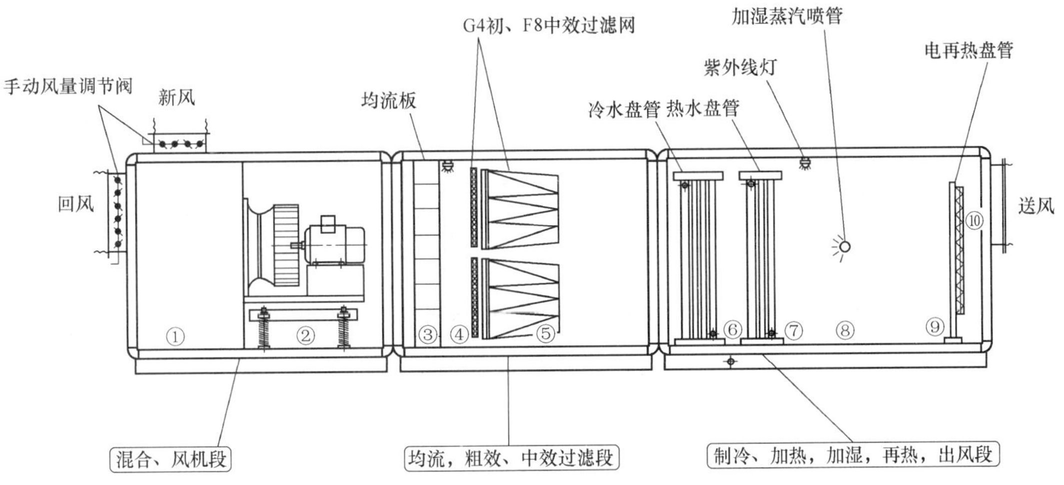

图 3.1.4.3-2　净化空调循环机组（四管制）功能段

由于四管制系统冷、热水管道是分开的，夏季时可以由表冷段冷却空气后直接经过加热段对空气进行再热处理，无需配置电加热装置，并且采用热水再热对室内负荷变化的适应性强，调节灵活，可满足不同的温湿度要求，可以对不同冷热负荷的空调系统进行精确控制。

（c）心脏外科手术室用净化空调机组见图 3.1.4.3-3。

大多数心脏外科手术需要在术中为患者建立体外循环，以便施行心脏手术室利用体外循环泵临时替代心脏功能。

心血管搭桥手术需要经历 5 个阶段，在开胸并建立体外循环阶段，需要降低手术室内温度，降低患者基础代谢，以保护心、脑等重要器官，同时减少人体血液与 EBO 机器循环；当进行心脏搭桥手术时，要将室内温度迅速恢复到正常温度，即 22～26℃，以便医生可以在适宜的温度下正常做手术；当搭桥手术过程结束后回复人体血液循环时，需要急速升高室内温度；在进行关胸手术时，要将温度恢复到室内正常温度。

根据手术特点，该类型手术室用空调机组一般配置使温度速升速降的直接膨胀盘管剂。在手术过程中，手术医生可以根据需求调节温度，当需求温度小于21℃时，自控系统会开启直膨机，在短时间内将温度降低到16℃；同样，当进入到胸口缝合阶段，手术医生调节温度之后，自控系统开启加热装置（电再热或者热水再热），在短时间内将温度升至24℃。

该类型手术室净化空调机组功能段配置如图3.1.4.3-3所示。

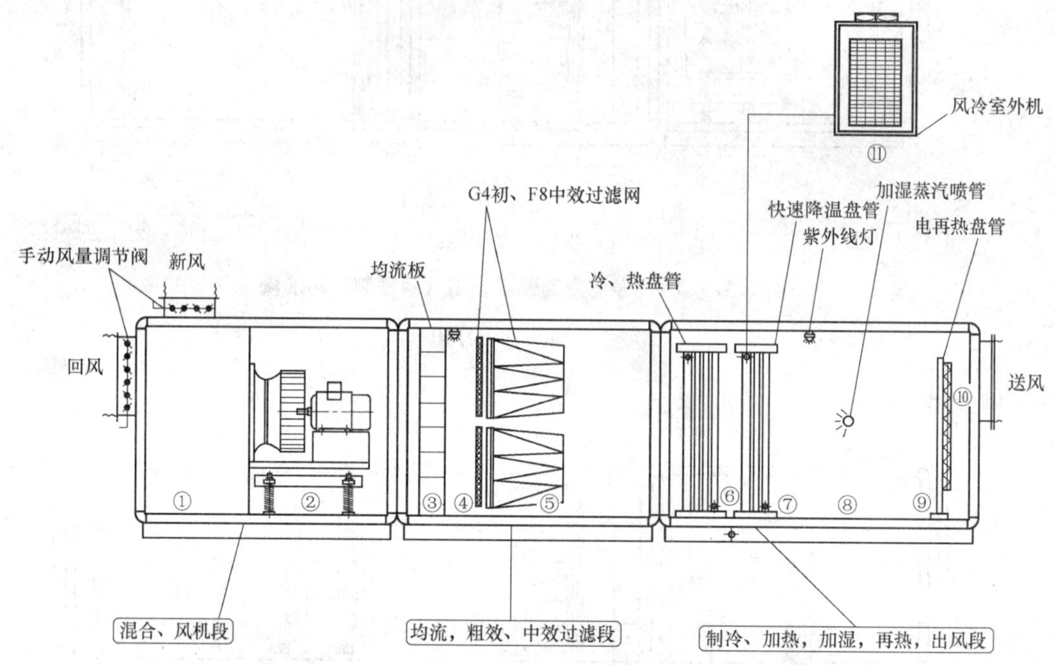

图3.1.4.3-3　心脏外科手术室净化空调循环机组功能段

② 新风预处理机组

新风机组过滤器应优先选用低阻力的过滤器或者过滤装置。

当手术部设置新风预处理机组时，机组应在供冷季节将新风处理到不大于要求的室内状态点的焓值。当有条件时，宜采用新风湿度优先控制模式。

由于新风无致病菌，因此整个系统的除湿任务由集中新风处理承担，手术室室内状态可以有新风集中处理消除余湿量与循环风空调调节室内温度两个系统来实现。这样的新风处理不再是将新风处理到不会干扰室内的状态，即室内焓值点，而要求新风处理到更低的焓值，不仅要先消除新风自身的高湿量，还要消除室内余湿量，这就是湿度优先控制模式。

当系统设置独立的新风处理机组时，强调其处理终状态点，目的在于尽可能降低高温高湿的新风对系统控制的影响，尤其是洁净手术室的空调机组更应如此。

依据温湿度独立调节空调系统原理，即由新风系统承担手术室夏季全部湿负荷，负责室内湿度调节与控制，循环处理系统只承担室内显热负荷，负责室内温度调节与控制，通过深度除湿实现节能的目的。双冷源深度除湿技术产品由压缩机、蒸发器、冷凝器、制冷回路组成，与冷水盘管两级接力。

基于双冷源深度除湿技术的新风预处理方案采用深度除湿技术，利用压缩机、冷凝器、毛细管、蒸发器组成制冷回路，可有效实现最低 8℃的低露点控制。冷凝器置于蒸发器后，将送风升至 20℃，防止送风口凝露。装置如图 3.1.4.3-4 所示：

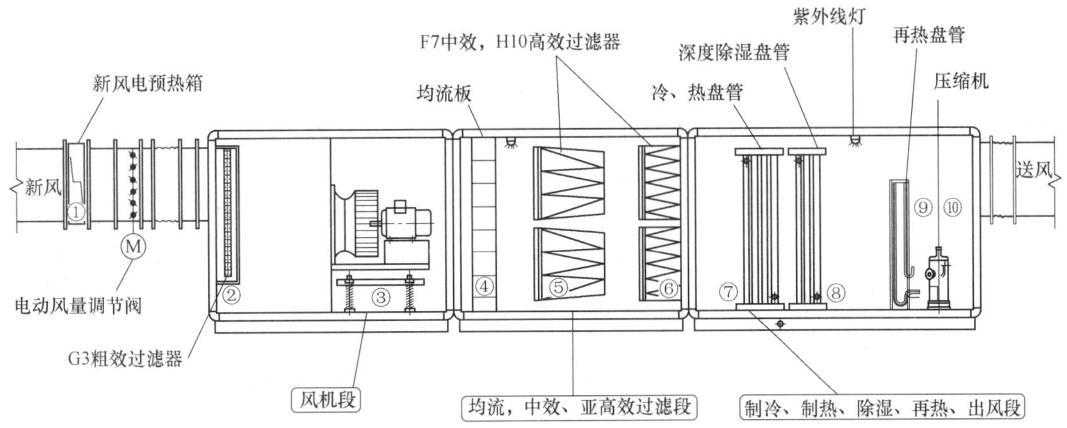

图 3.1.4.3-4　新风预处理机组功能段

新风先经过粗中效过滤器过滤，然后经冷水盘管冷却除湿，再经过抽湿再热机的蒸发器进行深度除湿，可达到最低 8℃的露点温度，最后经过抽湿再热机的冷凝器进行等湿再热，一般会有 7℃的温升，送入循环机组与回风混合后一同进入循环机组的冷水盘管进行近似干工况下的等湿冷却，处理到送风温度后送入室内。

③ 净化风机盘管

对于Ⅳ级洁净手术室和Ⅲ、Ⅳ级洁净辅助用房，当采用半集中式空调系统时，应采用带高中效及其以上过滤效率过滤器的净化风机盘管（见图 3.1.4.3-5）。

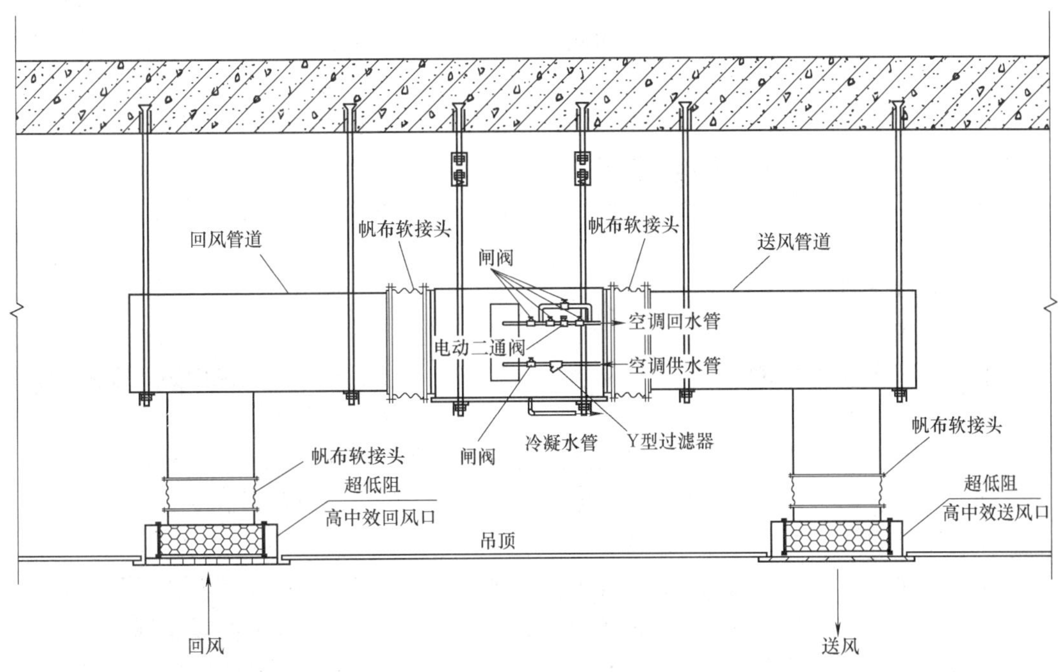

图 3.1.4.3-5　净化风机盘管

(3) 洁净空调机房

洁净手术部应设有设备层，空调机组安装在设备层内。空调机房地面、墙面应平整耐磨，地面应做防水和排水处理；穿过楼板的预留洞口四周应有挡水防水措施。顶、墙应做涂刷处理。

设备层除了要有足够空间安装各种大型设备外，还需要预留一定的位置和通道供维护管理人员对净化空调系统进行维护和维修工作，如更换过滤器，检查风机、电机、加湿器、自控系统和各种阀门等。

在大楼设计阶段需要重视设备层的空间要求，建议设备层层高大于3.0m，梁底净高大于2.2m。另外，如果设备层还需要兼负管道转换层的作用，层高高度还需要适当加大。

9. 洁净空调风系统

(1) 气流组织

① 洁净手术室气流组织：洁净手术室的主要功能是有效控制室内尘埃粒子，特别是手术区的细菌浓度。因此就要阻止室外灰尘、细菌进入手术室，并把室内产生的尘埃粒子、细菌有效地排出去。洁净手术室的气流组织就担负着上述功能，所以说，它是洁净手术室维持良好净化效果的重要手段。

② 手术室气流组织从保护手术切口关键部位出发，采用集中顶部送风（Ⅰ手术室送风天花2.6m×2.4m，Ⅱ级手术室送风天花2.6m×1.8m，Ⅲ级手术室送风天花2.6m×1.4m）两侧回风，以实现净化的目的。在送风装置下形成洁净度最高的主流区，周围则属于涡流区，只有在回风口附近才存在回流区。主流区内洁净度最高。

③ 洁净手术室应采用平行于手术台长边双侧墙的下部回风，不宜采用四角或者四侧回风。采用双侧下回风是为了尽可能保证送风气流的二维运动，以减少中心区域的湍流，同时主要发尘的人是站在手术台两侧面的，二维回风可减少微粒在全室的弥散。同时人员主要集中在平行于房间长边的手术台两侧，回风口设在长边上能够使散发的微粒尽快得到排除。

④ 洁净辅助用房气流组织；洁净辅助用房应在房间顶部设置送风装置，经常有人活动又需要送洁净风的房间，应采用下侧回风，当侧墙之间距离大于或等于3m时，可采用双侧下部回风，不宜采用四侧或四角回风。经常无人且需送洁净风的房间以及洁净区走廊或其他洁净通道可采用上回风。

(2) 风口选型

① 送风口选型

Ⅰ～Ⅲ级洁净手术室不宜在送风静压箱中侧布高效过滤装置，宜采用满布高效过滤装置，或采用阻漏式送风天花。

(a) 无影灯立柱和底罩占有送风面的送风盲区不宜大于0.25m×0.25m。

(b) 送风装置应方便更换或能在手术室外更换其中的末级过滤器。

(c) Ⅳ级手术室可在顶棚上分散布置送风口。

(d) 洁净辅房送风口选型：Ⅰ级洁净辅房应在顶部设置集中送风装置，面积根据医疗要求确定。Ⅱ～Ⅳ级洁净辅房在顶棚分散布置送风口，风口规格及数量根据所负责的区域的送风量确定。如果送风口的送风速度要求降到0.13～0.5m/s之间，可增加风口数量。

(e) 非阻隔式空气净化装置不得作为末级净化设施，末级净化设施不得产生有害气体和物质，不得产生电磁干扰，不得有促使微生物变异的作用。

(f) 洁净空调系统中过滤器的选择应在满足过滤效率的前提下，优先选用低阻力的过滤器或过滤装置。

(g) 各级洁净手术室和洁净用房送风末级过滤器或装置的最低过滤效率应符合表3.1.4.3-1的规定。

末级过滤器或装置的效率 **表3.1.4.3-1**

洁净手术室和洁净用房等级	末级过滤器或装置的最低效率	洁净手术室和洁净用房等级	末级过滤器或装置的最低效率
Ⅰ	99.99%(≥0.5μm)	Ⅲ	95%(≥0.5μm)
Ⅱ	99%(≥0.5μm)	Ⅳ	70%(≥0.5μm)

(h) 在新风口或紧靠新风口处设置新风过滤器或装置，并应符合规范的规定。

(i) 在空调机组送风正压段出口设置预过滤器。

(j) 在系统末端或靠近末端静压箱附近设置末级过滤器或装置，并应符合规范的规定。

(k) 在洁净用房回风口设置回风过滤器。

(l) 在洁净用房排风入口或出口设置排风过滤器。

② 回风口选型

(a) 洁净室回风口选型：手术室下部回风口洞口上边高度不宜超过地面之上0.5m，洞口下边离地面不宜小于0.1m。Ⅰ级洁净手术室的两侧回风口宜连续布置，其他级别手术室的两侧回风口，每侧不应少于2个，宜均匀布置。

对于采用上送下侧回的气流分布，回风口高度必须使弯曲的气流在工作面（0.7～0.8m）以下，同时单向流洁净室回风口要连续布置，才能减少紊流区；为不影响卫生，并考虑回风口法兰边宽，所以回风口洞口下边不应太低，至少离地0.1m。

回风口的吸风速度宜按表3.1.4.3-2选用。

回风口吸风速度 **表3.1.4.3-2**

回风口位置		吸风速度(m/s)
下部	经常无人房间和走廊	≤1.5
	经常有人房间	≤1
上部	走廊	≤2

控制下回风口吸风速度主要在于噪声控制。根据噪声控制要求，由洁净用房与走廊，有人与无人等不同状况定出不同的吸风速度。

(b) 洁净手术室内的回风口应设对≥0.5μm微粒计数效率不低于60%的中效过滤器，回风口百叶片宜选用竖向可调叶片。

(c) 当负压手术室采用循环风时，应在顶棚排风口入口处以及室内回风口入口处设高效过滤器，并应在排风出口处设止回阀。当负压手术室设计为正负压转换手术室时，应在部分回风口上设高效过滤器，另一部分未安装高效过滤器的回风口供正压时使用，均由密闭阀控制。回、排风口高效过滤器的安装必须符合现行国家标准《洁净室施工及验收规范》GB 50591的要求。

当在回风口上安装无泄漏回风口装置（内装有B类及以上高效过滤器）时，负压洁净室可以采用循环风。

一般空气传染病患者用的负压手术室可采用循环风，但应在其顶棚排风口处及室内回风口入口处设高效过滤器。负压手术室在对烈性传染病患者进行手术室应转换为全新风工况运行。

由于正负压转换手术室是正压手术室与负压手术室的集成，所以在考虑其净化空调系统时，应综合考虑正压、负压两种工况。负压状态下为保护室外周围环境，避免污染物外泄引起院内外感染，应在室内排风入口处设高效过滤器；另外，为保护手术室内医护工作者，避免因室内空气循环引起污染物浓度升高，应在室内回风入口处设高效过滤器。

正负压转换手术室仅在空气传染患者进行手术时才需负压运行，更多时间是处于正压运行状态。正压状态时，室内并无空气传染性病院微生物，无需在室内排风、回风入口处设置高效过滤器。由于正负压手术室设置一套净化空调系统，共用一套排风口、回风口，在正负压状态切换时不可能人为去拆除、安装回风或排风入口处高效过滤器，故可将回风口分为两部分，一部分不装高效过滤器，在正压状态下使用，此时室内下侧高效回风口关闭，另一部分回风口可加装高效过滤器，在负压状态下使用，详见图3.1.4.3-6。

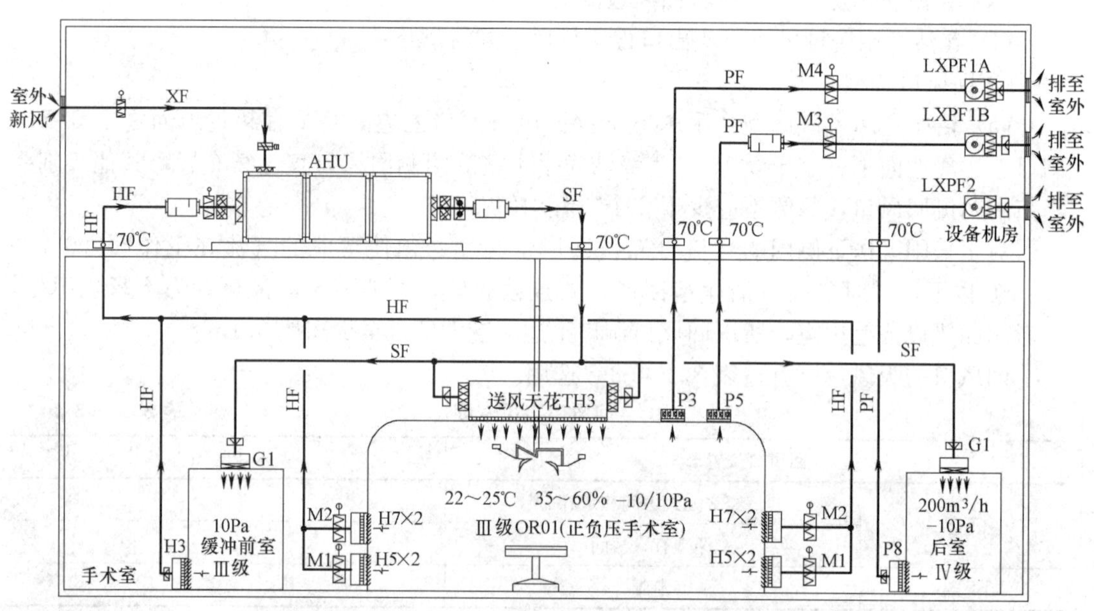

阀门、风机切换说明						
手术室使用状态	阀门M1	阀门M2	阀门M3	阀门M4	风机LXPF1A	风机LXPF1B
正压	开	关	关	开	开	关
负压	关	开	开	关	关	开

图3.1.4.3-6　正负压手术室空调原理图

图3.1.4.3-6中H7、P5为带B类高效过滤器的回、排风口，H5为带中效过滤器的回风口，P3为带高中效过滤器的排风口。

③ 排风口选型：洁净手术室应设置上部排风口，其位置宜在病人头侧的顶部。为了

排除一部分麻醉气体和室内污浊空气，排风口应设在上部并靠近麻醉气体发生源的位置，即手术台上人的头部的上方。排风口吸入速度不应大于 2m/s。

正压手术室排风管上的高中效过滤器宜设在出口处，当设在室内入口处时，应在出口处设止回阀。除为防止倒灌外，还要防止有害气溶胶排出。

设置排风系统的洁净辅助用房的排风系统入口或者出口应设置中效过滤器。

负压手术室排风口参照上一节的要求进行选型。

④ 新风口选型：在新风口或紧靠新风口处应设置新风过滤器或装置。

应采用防雨性能良好的新风口，新风口所在位置也应采取有效的防雨措施，其后应设孔径不大于 8mm、便于清扫的网格。

新风口进风净截面的速度不应大于 3m/s。当新风口净截面风速较大时，不仅会吸入一些较重的大颗粒（包括雨点），还增加了噪声和阻力。

新风口距地面或屋面应不小于 2.5m，水平方向距排气口不小于 8m，并在排气口上风侧的无污染源干扰的清净区域。

新风口不应设在机房内，也不应设在排气口上方及两墙夹角处。

新、排风口的相对位置，应遵循避免短路的原则。新风口应在排风口下方，这是新风防污染的重要原则，特别是当排风中可能有特殊污染成分（如有害微生物）时。

⑤ Ⅰ～Ⅲ级洁净手术室和负压手术室内除集中净化空调方式外，不应另外加设空气净化器。其他洁净用房可另外加设带高中效及以上效率过滤器的空气净化器。

Ⅰ～Ⅲ级洁净手术室采用局部集中送风且其面积较大，气流组织质量良好时，如果在手术室顶部再设局部净化设备，容易干扰局部集中垂直下送气流区的气流，所以不应直接在这些洁净手术室内设置其他净化设备。只有其他乱流洁净用房，才允许设置这种局部净化设备，但也要注意局部净化设备与净化空调系统的送风气流协调，不得干扰。

（3）风管及阀门、附件

① 风管

（a）空调风管应选用无油镀锌板，如室内使用，上下锌层一般不低于 120G，如室外使用，上下锌层一般不低于 240G。

吊架、加固框、连接螺栓、风管法兰、铆钉均应采用镀锌件，法兰垫料应采用不产尘、弹性好、不易老化的软橡胶或者闭孔海绵橡胶等。

风管的外保温宜选用防护级别达到 B1 级的橡塑保温棉，不得使用玻璃棉等纤维制品。

净化空调系统的密封工作要做好，包括风管与法兰连接，设备、部件与风管的连接，各接缝必须严密，减少漏风。

不锈钢材料在存放时一定要防止与其他碳钢材料接触，避免不锈钢材料锈蚀。

加工制作洁净系统的风管应在相对密封的室内进行。制作用材料应经过 2～3 次酒精或无腐蚀清洁剂擦洗后，才能进入制作场所待用。

（b）手术室空调管路应短、直、顺，尽量减少管件，应采用气流性能良好、涡流区小的管件和静压箱。风管、管件、配件的制作与安装应符合现行国家标准《洁净室施工及验收规范》GB 50591 的要求。

风系统的末级过滤器（高效过滤器）之前的风管材料应选用镀锌钢板或不覆油镀锌钢

板。有防腐要求的排风管道应采用不产尘、不低于难燃B1级的非金属板材制作，若有面层，面层应为不燃材料。

（c）净化空调系统风管漏风率（不含机组），应符合现行国家标准《洁净室施工及验收规范》GB 50591的规定，Ⅰ级洁净用房系统不大于1%，其他级别的不大于2%。

设计风量应考虑系统漏风率和机组漏风率，后者也在1%～2%之间，由厂家提供。

风管加工和安装严密性的试验压力，总管可采用1500Pa，干管（含支干管）可采用1000Pa，支管可采用700Pa，也可采用工作压力作为试验压力。

（d）应在新风、送风的总管和支管的适当位置，按现行国家标准《洁净室施工及验收规范》GB 50591的要求开风量检测孔。

（e）净化空调系统对消声有较高的要求，风管内的空气流速宜按表3.1.4.3-3选用。

风管内的空气流度（m/s）　　表3.1.4.3-3

室内允许噪声级[db(A)]	主管风速	支管风速
25～35	3～5	≤2
35～50	4～7	2～3

② 风阀

（a）风阀材质。制作风阀的轴和零件表面应进行防腐蚀处理，轴端伸出阀体处应密封处理，叶片应平整光滑，叶片开启角度应有标志，调节手柄的固定应可靠。

净化空调系统和洁净室内与循环空气接触的金属件如阀门等必须防锈、耐腐，对已做过表面处理的金属件因加工而暴露的部分必须再做表面保护处理。

（b）风阀选型。净化空调新风管总段应设置电动密闭阀、调节阀，接循环机组新风支管设置定风量阀，送、回风管段总干管、各路支管的分支点处、风管末端均应设置调节阀应设置调节阀，洁净室内的排风系统应设置调节阀、止回阀或电动密闭阀。负压手术室或正负压切换手术室高效回（排）风口处设置密闭阀，根据控制需求选择手动或者电动。

新风管上的调节阀用于调节新风比；电动密闭阀用于空调机组停止运行时关闭新风。回风总管上的调节阀用于调节回风比。送风支管及送风末端上的调节阀用于调节洁净室的送风量。回风支管及回风末端上的调节阀用于调节洁净室内的正压值。空调机出风口处的密闭调节阀用于并联空调机组停运时的关闭切断，也可用于单台空调机的总送风量调节。排风系统吸风管上的调节阀用于调节局部排风量，排风管段上的止回阀或电动密闭阀等用于防止室外空气倒灌。

（4）附件

净化空调系统的送、回风总管及排风系统的吸风总管段上宜采取消声措施，以满足室内噪声要求。

10. 通风系统

（1）手术室排风系统。手术室排风系统和辅助用房排风系统应分开设置。各手术室的排风管可单独设置，也可并联，并应和新风系统联锁。

排风管出口不得设在楼板上的设备层内，应直接通向室外。

每间正压手术室的排风量不宜低于250m³/h，需要排除气味的手术室（如剖腹产手术室），排风量不应低于送风量的 50%。其他负压房间排风量由设计确定。

手术室内污染源有麻醉余气、聚集在术者周围的医护人员的气味、术者开刀时腔体内发出的臭气，加上顺势接管手术刀发生的有毒气溶胶等，因此手术室内应采用局部排风，而不采用普通空调系统回风管路上设排风。

当手术部设置设备层时，排风机宜设置于设备层内，以便于安装维护。

（2）辅助用房排风系统。刷手间、预麻室、麻醉准备间、苏醒室、清洗打包、消毒间、灭菌间等污染较严重及产生大量水汽的房间，应设置机械排风系统。办公区卫生间、浴室等房间排风系统参照《民用建筑供暖通风与空气调节设计规范》GB 50736—2012 中的规定设计。

洁净室的排风量应根据房间的新风量和保证房间压差所需的压差风量确定。

当手术部设置设备层时，排风机宜设置于设备层内，以便于安装维护。

（3）配电间、UPS 间、复合手术室设备间等发热量较大的房间宜设置独立的通风系统。排风温度不宜高于 40℃。当通风无法保证室内设备工作要求时，宜设置空调降温系统。

（4）气瓶间应设置事故通风系统，事故通风机应采取防爆通风设备。

对可能突然散放有害气体或有爆炸危险气体的场所，应设置事故排风系统。有时虽然很少或没有使用，但并不等于可以不设，应以预防为主。这对防止管道、设备逸出有害气体而造成人身事故是至关重要的。关于事故通风的通风量，要保证事故发生时，控制不同种类的放散物浓度低于国家安全及卫生标准所规定的最高容许浓度，且换气次数不低于 $12h^{-1}$。

事故排风系统应根据气瓶间可能释放的放散物设置相应的检测报警及控制系统，以便及时发现事故，启动自动控制系统，减少损失。事故通风的手动控制装置应装在室内、外便于操作的地点，以便一旦发生紧急事故，使其立即投入运行。

（5）排风系统联锁设计。送风、回风和排风系统的启闭宜联锁。正压洁净室联锁程序应先启动送风机，在启动回风机和排风机；关闭时联锁程序应相反。

负压洁净室联锁程序应与上述正压洁净室相反。

11. 空调水系统

（1）空调冷热水及冷凝水系统

① 净化空调冷热水及冷凝水系统的设计参照《民用建筑供暖通风与空气调节设计规范》GB 50736—2012 第 8.5 条的规定。

② 当空调水系统负责区域较大或者可以设计成环形水路时，宜采用同程式系统，即至空调末端设备的各并联环路近似相等，阻力大致相同，流量分配较均衡，有利于水力平衡，可以减少系统初调试的工作。

当异程式系统并联环路的水力不平衡率大于 15%时，应设置必要的流量调节或水力平衡装置。

需要用阀门调节进行平衡的空调水系统，应在每个并联支环路设置可测量数据的流量调节或水力平衡装置。

③ 当采用热水对新风进行预热时，对于严寒地区的预热盘管，为了防止盘管冻结，要求供水温度相应提高，不宜低于 70℃。

(2) 空调加湿系统

① 加湿器。净化空调系统应满足洁净室全年相对湿度的需求，应在净化空调机组中设置加湿装置。

考虑到有水直接介入的加湿器容易滋生细菌、变质，因此对于净化空调系统，不应采用有水直接介入的形式。加湿器材料应抗腐蚀，便于清洁和检查。

净化空调系统常用的加湿装置主要有干蒸汽加湿器、二次干蒸汽加湿器（蒸汽转蒸汽）、电极式蒸汽加湿器、电热式蒸汽加湿器等，各种类型加湿器对比参见表3.1.4.3-4。

净化空调常用加湿器对比　　**表3.1.4.3-4**

选项	1	2	3
加湿技术	电极、电热加湿	干蒸汽加湿	二次干蒸汽加湿
加湿原理	利用电能加热水，水被加热而产生蒸汽	对饱和蒸汽进行干燥处理，干燥的蒸汽经调节阀进入喷管喷出	利用一次蒸汽将软水或者饮用水加热产生洁净的二次蒸汽，经喷雾管喷出
空气处理过程	等温加湿 空气与水仅发生湿交换	等温加湿 空气与蒸汽仅发生湿交换	等温加湿 空气与蒸汽发生热湿交换
加湿能力	3～120kg/h	范围极广	范围极广
加湿效率	75%～90%	约95%	约99%
加湿效果	好 加湿迅速、均匀、稳定，可以满足室内相对湿度波动范围≤±3%的要求	好 相对湿度的精确控制[±(3%～5%)]，蒸汽分布均匀，能迅速在空气中被完全吸收	非常好 相对湿度的精确控制[±(3%～5%)]，蒸汽分布均匀，能迅速在空气中被完全吸收
病菌滋生问题	高温杀菌，无此病菌问题	直接接自锅炉房或市政蒸汽，洁净度不易保证	使用洁净二次蒸汽，无病菌滋生问题
结垢及维护问题	结垢在加湿桶内，需定期清洗或更换加湿桶	整套蒸汽供应系统的维护较易处理。无喷水现象和噪声问题	整套蒸汽供应系统的维护较易处理。无喷水现象和噪声问题
单位耗能量	最高	低 （采用废热回收生产蒸汽）	低 （采用废热回收生产蒸汽）

由于电极式、电热式加湿器能耗较高，基于节能考虑，宜选用干蒸汽加湿器或者二次干蒸汽加湿器，因此，建议医院设置集中洁净蒸汽供应系统。不应直接采用锅炉蒸汽。

② 加湿系统：

(a) 冬季净化空调加湿量可按室内外空气的含湿量差和新风量进行计算；加湿给水量（或蒸汽量）可按产品提供的加湿效率进行计算。

(b) 当采用电极式或者电热式加湿器或者蒸汽转蒸汽加湿器时，加湿水质应达到生活饮用水标准。电极式加湿器不应采用纯水，电热式加湿器可采用纯水。当采用纯水时，加湿水管宜选用不锈钢管。

当给水硬度较高时，加湿用水应进行水质软化处理。因为水的硬度过高，加湿过程中产生水垢，会造成加湿器的喷嘴堵塞而影响加湿效率，同时也会使电热棒或电极棒表面结垢，降低传热效率。

(c) 当采用蒸汽加湿器时，为避免蒸汽中含有锅炉水处理剂，宜采用蒸汽—蒸汽热交换器，以保证蒸汽品质。

进入加湿器入口的饱和蒸汽压力≤0.4MPa。

(d) 加湿用水或蒸汽的供应不应间断，以保证洁净室内相对湿度的稳定。

(e) 蒸汽加湿器的凝结水，宜回收利用。可以回到锅炉房的凝结水箱或者作为某些系统（生活热水系统）的预热在换热机房就地换热后再回到锅炉房。

凝结水系统应采取阻汽排水措施。

12. 净化空调绝热和防腐

净化空调风系统及水系统的绝热与防腐设计应符合《民用建筑供暖通风与空气调节设计规范》GB 50736—2012 第11章的相关规定。

对于室外管道，应在保温层外表面设保护层，保护层可选用金属、玻璃钢或者铝箔等材质。

3.1.4.4 洁净手术部净化空调系统可采用独立冷热源或从医院集中冷热源供给站接入，除应满足夏、冬季设计工况冷热负荷使用要求外，还应满足非满负荷使用要求。

【技术要点】

1. 冷热源的配置方式

冷热源系统是手术部空调系统运行的基础，需要在设计初期进行规划和设计，目前常用的几个组成方式如下：

(1) 建筑大楼共用冷热源系统；

(2) 冬季和夏季采取共用冷热源系统，过渡季节采用独立冷热源系统；

(3) 洁净手术部独立设置冷热源系统。

以上几种方式各有利弊，需要综合考虑选择适合医院需求的方式。

2. 冷热源系统需要注意的问题

(1) 共用冷热源系统需要注意的问题

洁净手术部净化空调系统所需要的冷热源全年全部由大系统供应，大系统冷热源系统正常夏季制冷、冬季制热，春秋过渡季节停用，但洁净手术室常建在手术部的内区，过渡季节也需要制冷，若此时仍开启大系统，就会出现大马拉小车、管道管线过长、能源损耗大、经济性差等现象。

另外，大系统供应冷源的水温通常达不到手术室净化空调系统夏季除湿的水温要求(供水7℃，出水12℃)，就会出现手术室内湿度过高，可能会出现感染。

(2) 过渡季节采用独立冷热源系统需要注意的问题

若洁净手术部净化空调冷热源系统在冬夏采用系统供应，过渡季节由独立的冷源供应，虽然可以解决能源浪费、经济性差等问题，但是由于存在两套管路，就会出现自动切换时间选择、管道回流、压力平衡等问题。

因夏季仍采用大系统，所以手术室夏季除湿还是存在问题的。

(3) 独立冷热源系统需要注意的问题

独立冷源系统虽然不仅能解决夏季除湿问题，还能在过渡季节开启部分制冷系统为洁净手术室净化空调系统服务，但由于还是存在两套管路（热源热仍采用大系统），仍然会出现压力平衡、管道回流等问题，最主要的是增加了初投资。

建议有条件的医院将净化区域的冷热源独立出来，这样便于后期的运行管理，降低运行成本。

3.1.4.5　洁净空调自动化控制应本着有效、快速、简约的原则。

【技术要点】

1. 新风预热系统的控制

新风预热系统在冬季寒冷地区用来加热新风，防止新风与一次回风混合后达到饱和，产生水雾或结冰。新风预热系统的预热方式有电预热、蒸汽预热、热水预热三种。当采用蒸气或热水进行加热时，一般采用控制蒸气或热水的调节阀开度实现温度控制；当采用电加热时，通过晶闸管电力控制器，控制其加热电功率实现温度控制。

2. 电再热的控制

电再热通常设在表冷器之后或二次回风混合段后。电再热的目的是在有相对湿度要求的情况下，保证送风温度或空调室内的温度，其控制方式与一次加热的情况基本相同。

3. 冬季加湿系统的控制

净化空调系统中加湿的方法比较多。通常采用蒸汽加湿器（一次蒸汽或二次蒸汽）和电加湿器（电极加湿器或电热加湿器）的开关控制或功率调节。蒸汽加湿时，根据湿度控制要求，可通过对电磁阀进行位式控制或采用二通调节阀的连续调节来实现。

4. 夏季除湿系统的控制

空气冷却干燥处理常用表冷器来完成。采用表冷器进行湿度控制时，是通过调节表冷器的冷媒（如冷冻水）流量来实现。当湿度高于要求值时，可通过加大冷水阀的开度来加大其流量，实现除湿（即干燥）处理；反之减少流量，实现加湿处理。应该说明的是，由于空气的物理性质，其湿度的控制相对比较复杂，方法也较多。另外，在南方地区净化空调除湿系统长增加深度除湿系统（气候原因），深度除湿是通过冷媒进一步将温度降低进而达到除湿的目的。

5. 正压控制

洁净手术部正压控制是通过控制新风量或回风量来实现的，即通过控制新风门或回风门的开度来实现。

6. 其他控制与空调节能

① 风机故障报警。

② 风机变频控制

净化空调系统自动控制系统的设备有控制器、传感器及执行器等。

3.1.4.6　特殊手术室应充分考虑或预留对洁净空调系统要求的余地。

【技术要点】

1. 复合DSA手术室

由于DSA手术室面积较大，在设计非诱导送风装置覆盖面积时，要充分考虑复合手术区域需要的面积，特别是要覆盖手术床的运动范围，实现5级空气洁净度级别环境，周边区域实现6级空气洁净度级别。配备血管机的复合手术室的Ⅰ级送风装置的尺寸可比一般的Ⅰ级送风装置的面积大，但是要考虑悬吊式血管机吊轨之间的距离，一般为3.1m×2.6m。长度顺导轨长方向布置。另外，为了保证周边区的洁净度级别及较少涡流区，可在层流罩外增设配有同级别过滤性能的高效送风口。

设备间主要放置血管造影机（DSA）机柜、信息整合系统机柜、手术床控制机柜，设备的运行环境是18～22℃，需要配独立的空调，在洁净区内的设备间正常要求是全年制冷的，并配有排风系统，保证设备间各种高压部件和控制部件以及核心计算机的正常运转。

2. 复合MRI手术室

所有进入MRI手术室的净化风管都必须经过波导。设计时需要对所有的净化风管进行准确计算，保证位置及规格尺寸都能与实际的管道相匹配，从而满足屏蔽和净化两方面的要求。

由于磁体的滑行依靠吊顶上的轨道，而轨道所在的位置正好是洁净手术室的送风静压箱，因此静压箱的样式、尺寸需要根据轨道及屏蔽的要求进行特殊设计。

3. 机器人手术室

因机器人手术室面积较大，为保证周边区的洁净度级别及较少涡流区，可在非诱导送风装置外增设配有同级别过滤性能的高效送风口。

设备的运行环境是18～22℃，需要配独立的空调，在洁净区内的设备间正常要求是全年制冷的，并配有排风系统，保证设备间各种高压部件和控制部件以及核心计算机的正常运转。

4. 达芬奇机械臂手术室

按照医院在达芬奇机器人手术室开展手术的类型，并依据现行国家标准《医院洁净手术部建筑技术规范》GB 50333可以采用Ⅰ级或Ⅲ级洁净手术室，Ⅰ级洁净手术室主要做胸外科、心血管外科手术，Ⅲ级洁净手术室主要做各类腹腔镜、普通外科手术。

5. 心外科手术室

Ⅰ级心外科手术室洁净空调系统除配备正常冷源系统外，还应配置温度速升速降功能，能迅速将手术室温度从室温降到16℃，并在满足手术需求后，迅速从低温升至正常室温。

第5节　洁净手术部强弱电设计

3.1.5.1　洁净手术部电气设计应根据洁净手术部用电负荷的分级和医用电气设备工作场所的分类进行供配电系统设计。

【技术要点】

1. 洁净手术部强电设计

（1）双路电源供应

洁净手术部供电系统为一级负荷，应采用双路电源供电。根据《建筑物电气装置第7-710部分：特殊装置或场所的要求　医疗场所》GB 16895.24—2005规定，手术室电源级别≤0.5s级，包括0s级、0.15s级、0.5s级。0.15s级、0.5s级使用切换时间小于相应级别的自动转换开关切换两路市电。

目前手术室普遍采用的是双路电源＋应急电源供电方式。

（2）不间断电源供应

规范要求：有生命支持电气设备的洁净手术室必须设置应急电源。自动恢复供电时间应符合下列要求：

① 生命支持电气设备应能实现在线切换。

② 非治疗场所和设备应≤15s。

③ 应急电源工作时间不宜小于30min。

所以手术室必须依照规定设置不间断应急电源。

① 为保证患者的生命安全，县（区）级及以上的医院的手术部的照明和电力应按一级负荷的要求供电。两路电源可在手术部所在楼层的总配电箱处自动切换。对于二级以上的医院手术部应按一级负荷中特别重要负荷的要求供电，还必须增设应急电源。应急电源一般采用柴油发电机组＋UPS组合，且UPS应为在线式。当UPS装置容量较大时，宜在电源侧采取高次谐波的治理措施。在TN-S供电系统中，UPS装置的交流输入端宜设置隔离变压器或专用变压器；当UPS输出端的隔离变压器为TN-S、TT接地形式时，中性点应接地。

② 相对来说大型UPS相比小型UPS具有较高的抗干扰性。由于手术区内小型医疗设备众多，因此干扰众多，如隔离变压器的励磁冲击电流、设备短路故障电流、电机起动电流等。由于大型UPS的耐受冲击电流比小型UPS大得多，因此影响相对较小，也决定了大型UPS较小型UPS更稳定。

③ 普通EPS的切换时间较长，不能保证电子设备不间断工作，故不能应用于手术区供电。

④ 应将UPS作为手术室配套电源的首要选择，且在条件满足的情况下尽量选择大型UPS集中供电方式。设计应急电源的容量不宜过大，一般供电时间≥30min即可。

（3）隔离电源设置

规范要求：在洁净手术室内，用于维持生命和其他位于“患者区域”内的医疗电气设备和系统的供电回路应使用医疗IT系统，并符合有关现行国家标准的要求。

洁净手术室的治疗用电应设置医疗IT系统，并紧靠使用场所加单相隔离变压器，心脏外科手术室用电系统必须设置隔离变压器。由医疗IT系统的配电箱直接从手术部总配电柜专线供电。

洁净手术室内的电源回路应设绝缘检测报警装置。

（4）防静电措施

洁净手术室应采取防静电措施。洁净手术室内所有饰面材料的表面电阻值应在106～1010Ω之间。

手术室在施工过程中要作局部等电位联结，以确保医用设备的等电位接地、电力系统保护接地、防雷接地的电位相同，避免发生事故。

（5）配电及照明要求

① 配电要求：

每间洁净手术室内应设置不少于3个治疗设备用电插座箱，安装在侧墙上。每箱不少于3个插座，应设接地端子。

每间洁净手术室内应设置不少于1个非治疗设备用电插座箱，安装在侧墙上。每箱不少于3个插座，其中至少有1个三相插座，并应在面板上有明显的“非治疗用电”标识。

对于病房及通往手术室的走道，其照明灯具不宜居中布置，灯具造型及安装位置宜避免卧床患者视野内产生直射眩光。

② 照明要求：

手术室灯具应选用不易积尘、易于擦拭的密闭洁净灯具，且照明灯具宜吸顶安装，其水平照度不宜低于750Lx，垂直照度不宜低于水平照度的1/2。手术室内应无强烈反光，大型及以上手术室的照度均匀度（最低照度值/平均照度值）不宜低于0.7。手术室的灯具开关应为分别控制或对角控制，以适应手术室的特殊需要，手术室的一般照明宜采用调光式，但应避免由此而对精密电子仪器产生干扰。对于有可能施行神经外科手术的手术室，宜装设热过滤装置，以减少光谱区在800～1000nm的辐射能照射在病人身上，防止手术面组织的过速干燥。手术室专用无影灯设置高度宜为3.0～3.2m，其照度应在$20\times10^3\sim100\times10^3$Lx（胸外科为$60\times10^3\sim100\times10^3$Lx），有影像要求的手术室应采用内置摄像机的无影灯。口腔科无影灯的照度不应小于10×10^3Lx。

手术室一般照明灯具的布置应与顶棚上的设备相协调，如固定或轨道安装的X射线机、手术灯、空调格栅、医用悬吊送气装置、手术显微镜、闭路电视装置、观察窗等。灯带必须布置在送风口之外。只有全室单向流的洁净室允许在过滤器边框下设单管灯带，灯具必须有流线型灯罩。当装设吸顶式灯具及一般壁灯时，壁灯的水平光强应降到最低限度，以减少医务人员的视觉疲劳。手术室顶棚高度应能为装设特殊灯具（包括手术台及手术人员有关的辅助灯）提供有效的净空。灯头应至少能抬高到净高2.0m的高度。

手术室、部分科室、医生办公室需设置观片灯，观片灯可嵌墙安装，也可明装，建议其供电回路设置剩余电流动作保护。如医院影像已采用数字信号，可减少观片灯的设置。

手术室的照度均匀度（最低照度值/平均照度值）不应低于0.7。照度应遵照规范要求。

因手术部均为内部照明，所以在照明中能源损耗较大，建议使用LED光源的照明设备。不仅能有效节能，而且在维护方面，LED光源的寿命达到了50000h以上，而且LED光源采用低压直流供电，在使用中只要散热系统配置合理，其光衰发生得很慢，可以极大地减少净化灯具的更换频率，有效避免了每年进行维修更换的繁琐工序。

LED照明一般采用低压直流电作为工作电源，基于这个特点，LED洁净灯可以直接配备应急电源，充电之后可以在无市电供应的情况下紧急供电，维持照明。

对于荧光灯灯管的选择，应尽量选用色温在4000～5000K之间并且与无影灯光源色温相适应的洁净荧光灯。

洁净手术室的配电总负荷应按手术功能要求计算。一间手术室非治疗用电总负荷不应小于3kVA；治疗用电总负荷不应小于6kVA。规范要求的是下限值，随着大型设备进入手术部，手术室的配电总负荷应根据不同类型区别对待。

3.1.5.2 电气设计应充分考虑到人身和用电两种安全。

【技术要点】

1. 在洁净手术部内，非生命支持系统可采用TN-S系统回路，并采用最大剩余动作电流不超过30mA的剩余电流动作保护器（RCD）作为自动切断电源的措施。

为了避免谐波注入电网后会使无功功率加大，功率因数降低，甚至有可能引发并联或串联谐振，损坏电气设备以及干扰通信线路的正常工作，使测量和计量仪器的指示和计量不准确，洁净手术部电源总进线的谐波电流允许值应符合现行国家标准，进线电源的电压总谐波畸变率不应大于2.6%，电流总谐波畸变率不应大于15%。

2. 在消防联动控制设计中，不应切除手术部的电源，因为此部分供电方式多为从变配电室至末端的放射式供电，对其他区域影响不大。

3. 洁净手术室内用电应与辅助用房用电分开，每个手术室的干线必须单独敷设。洁净手术部用电应从配电中心专线供给。各分支回路除具有短路、过流、过电压保护外，还应有剩余电流保护。根据使用场所的要求，主要选用 TN-S 系统和 IT 系统两种形式。心脏外科手术室的配电箱必须加隔离变压器，系统图见图 3.1.5.2。手术室内常规照明灯、手术床和三相插座不必通过隔离变压器。洁净手术部配电管线应采用金属管敷设，穿过墙和楼板的电线管应加套管，套管内用不燃材料密封。进入手术室的电线管穿线后，管口应

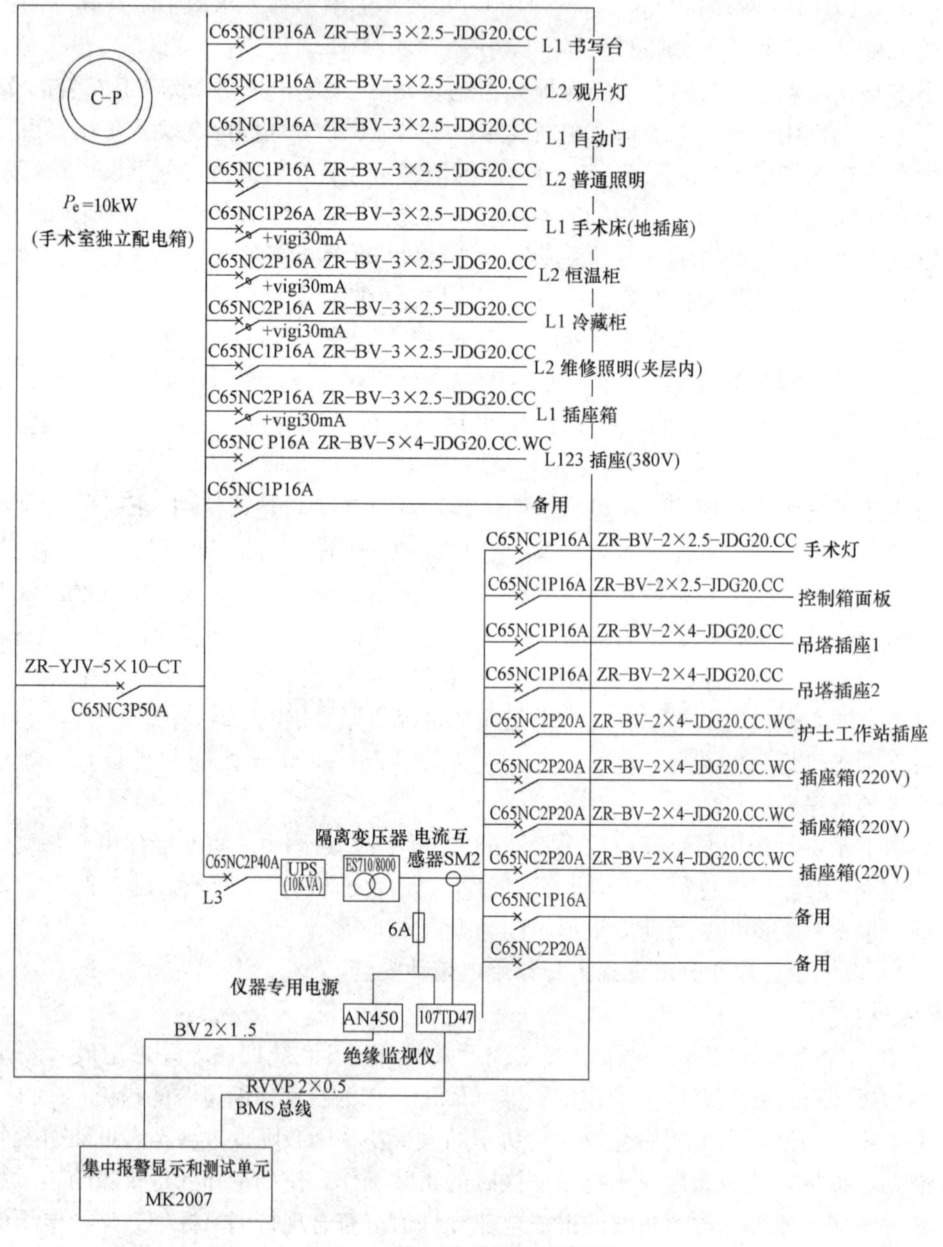

图 3.1.5.2　手术室配电系统图

采用无腐蚀和不燃材料封闭。特殊部位的配电管线宜采用矿物绝缘电缆。设有射线屏蔽的房间，应采用在地面设置非直通电缆沟槽布线方式。

4. 洁净手术部的总配电箱，应设于非洁净区内。供洁净手术室用电的专用配电箱不得设在手术室内。配电箱和电器检修口设于手术室外，是为了检修时工作人员不进入手术室，以减少因外来尘、菌的侵入而带来的交叉感染因素。每个洁净手术室应设有一个独立专用配电箱，配电箱应设在该手术室的外廊侧墙内。由于手术室配电的重要性，洁净手术室内的电源宜设置漏电检测报警装置。

5. 医院的大型医疗设备包括核磁共振机（MRI）、血管造影机（DSA）、肠胃镜、计算机断层扫描机（CT）、X光机、同位素断层扫描机（ECT）、直线加速器、后装治疗机、钴60治疗机、模拟定位机等。由于大型医疗设备对电源电压要求高，对其他负荷影响大，在大型医疗设备较多的医院，宜采用专用变压器供电，并放射式供电。

6. 电线电缆的选择要求：医疗建筑二级及以上负荷的供电回路，控制、监测、信号回路，医疗建筑内腐蚀、易燃、易爆场所的设备供电回路，应采用铜芯线缆。二级及以上医院应采用低烟、低毒阻燃类线缆，二级以下医院宜采用低烟、低毒阻燃类线缆。

3.1.5.3 关于洁净手术部弱电设计。

【技术要点】

1. 洁净手术室视音频示教系统

对于手术室而言，由于受室内面积限制和手术规程要求，不可能容纳很多人员，通过在手术室安装的摄像及录音系统，再通过手术室吊顶上安装的全景摄像机，对手术过程的细节一览无遗。本系统可在各会议室、各示教室、诊室等实现远程医疗会诊、实时观摩学习，以及整个手术过程的全程摄录，便于日后回放、调看数据等。

手术室的无影灯（或吊塔）上设置一台高精度带滤光功能的专业彩色摄像机和拾音器，视频、音频、控制等信号线缆汇集到手术部控制室的监控主机，然后网络或光缆进入示教中心。

（1）手术室设计。手术室设置全景摄像机、术野摄像机、医疗仪器影像音频采集和音频输出点（无线耳麦）。

（2）示教室设计。示教室设置高清示教终端及显示设备、音箱、麦克风等，高清示教终端通过网络连接至环网交换机，主要作用是：手术示教、实时及非实时的手术浏览；可通过高清示教终端与手术室进行双向音视频互动，观摩指导手术过程，可与办公室、手术室进行双向音视频互动，开展远程医疗教学、远程医疗会诊、远程手术示视频会议等（见表3.1.5.3）。

医疗建筑综合布线系统信息点的标准配置和增强配置　　表3.1.5.3

编号	医疗场所	标准配置	增强配置	备注
01	手术室	5个内网数据	10个内网数据	
02	预麻苏醒室床位	2个内网数据	4个内网数据	
03	护士站	2个语音 8个内网数据	2个语音 10个内网数据	
04	主任办公室	1个语音 1个内网数据 1个外网数据	1个语音 2个内网数据 1个外网数据	军队医院应考虑其特殊要求，增设1个校园网，1个军训网

续表

编号	医疗场所	标准配置	增强配置	备注
05	护士长办公室	1个语音 1个内网数据 1个外网数据	1个语音 2个内网数据 1个外网数据	军队医院应考虑其特殊要求，增设1个校园网，1个军训网
06	医生办公室	每名医生配置 1个语音 1个内网数据 1个外网数据	每名医生配置 1个语音 2个内网数据 1个外网数据	
07	处置治疗值班室	1个语音	1个语音 1个内网数据	
08	示教室	1个语音 1个内网数据 2个外网数据	1个语音 4个内网数据 2个外网数据	可根据使用功能及面积配置1个光纤点
09	洁净用房	1个语音	1个语音 1个内网数据	根据使用面积及功能确定

（3）高清手术示教系统应用。高清手术示教系统可实现远程手术示教、远程手术指导、远程手术转播、远程专家会诊、远程医疗教学、远程医疗会议，还可以与医院监控系统集成，建立医院视频应用综合化管理平台。

2. 网络电话系统

采用网线和电话线，对手术部各房间进行布点，并根据需要设置内网和外网连接。目前，为了便于数字化信息的流转，网络布线一般采用六类网线。因手术室内医疗设备和医疗信息联网的要求较多，故应在手术间内根据需要和以后的发展预留。

3. 背景音乐系统

手术室、洁净走廊、清洁走廊、大厅等设置背景音乐天花喇叭，同时在手术室内、护士站、办公室等房间设置背景音乐系统音量控制器。

手术室内音量控制器一般集成于情报面板内。系统采用有线定压传送、分区控制方式。系统音质清晰、灵敏度高、频响范围广、失真度小。系统主机宜设置于手术部护士站或中控室，系统通过DVD机可连续播放各种格式的音乐文件，通过话筒可实现分区寻呼、广播找人、信息发布等功能。该系统应包含天花喇叭、音控器、带前置广播功放、DVD机、分区矩阵、分区寻呼器、话筒、消防强切装置等。

背景音乐系统宜按医院功能分区及消防防火分区设置广播输出回路数，并应满足相关规范要求。

广播音响系统基本可分4个部分：节目设备、信号的放大和处理设备、传输线路和扬声器系统。

4. 一体化监控管理系统

采用高清网络摄像机和硬盘录像机，利用网络不仅可在值班室的监控显示屏上面随时调看监控画面，还可以通过手机APP随时查看监控。监控数据可以长时间保存。

在每间手术室、预麻苏醒室、重要库房、走廊、出入口设置半球彩色摄像机，在护士站和谈话间设置视频半球彩色摄像机和拾音器，控制等信号线缆汇集到手术部的监控主机上，用于监视和录制手术室的全景及手术部主要公共区域。

在护士站可以观看到手术室内的手术实施情况，使用数字硬盘录像机进行图像的保存和记录，可以通过主机回放。

视频安防监控系统一般由前端、传输、控制及显示记录四个主要部分组成。前端部分包括一台或多台摄像机以及与之配套的镜头、云台、防护罩、解码驱动器等，传输部分包括电缆和/或光缆，以及可能的有线/无限信号调制解调设备等；控制部分主要包括视频切换器、云台镜头控制器、操作键盘、各类控制通信接口、电源和与之配套的控制台、监视器等；显示记录设备主要包括监视器、录像机、多画面分割器等。

5. 门禁系统

(1) 门禁系统应用

① 在手术室各个净化区域出入口及医护区、通往楼顶的楼梯口等出入口设置门禁系统，在主要出入口可设置可视门禁系统。

② 系统采用集中管理、分散控制的联网结构，通过手术部内部的 TCP/IP 网络，将管理区域的门禁点连接至中央管理平台。并可根据房间不同，设置权限，防止意外和恶意入侵。

③ 根据安全需求的不同，以刷卡、刷卡或密码、指纹、刷卡＋密码、刷卡＋指纹、刷卡＋密码＋指纹、密码＋指纹等开门方式。

④ 系统管理主机宜设在安防中心，后台数据库中心设于医院电子信息系统主机房内。系统具有如下功能：记录、修改、查询所有持卡人的资料，监视记录所有出入情况及出入时间，对非法侵入或破坏进行报警并进行记录；当火灾报警信号发出后，自动打开火灾及相邻层的电子门锁，方便人员疏散。

⑤ 除重要房间外，其余主要通道出入口的出入口控制系统（门禁）实现与火灾报警系统及其他紧急疏散系统联动，当发生火灾或需紧急疏散时，通过消防信号及分励脱扣开关自动切断火灾及相邻层门禁控制器电源，使门处于常开状态。

⑥ 系统宜与电子巡查系统、入侵报警系统、视频安防监控系统等联动。

⑦ 设有门禁系统的疏散门，在紧急逃生时，应不需要钥匙或其他工具，轻易便可从建筑物内开启。应急疏散门可采用内推闩加声光报警模式。

⑧ 感应式 IC 卡出入管理控制系统（简称门禁系统）具有对门户出入控制、实时监控、保安防盗报警等多种功能，它主要方便内部员工出入，杜绝外来人员随意进出，既方便了内部管理，又增强了内部的保安，从而为用户提供一个高效和具经济效益的工作环境。它在功能上实现了通信自动化（CA）、办公自动化（OA）和管理自动化（BA），以综合布线系统为基础，以计算机网络为桥梁，全面实现对通信系统、办公自动化系统的综合管理。

(2) 门禁系统结构和配置

① 功能管理结构模式

模式一：单向感应式（读卡器＋控制器＋出门按钮＋电锁）

使用者在门外出示经过授权的感应卡，经读卡器识别确认合法身份后，控制器驱动打开电锁放行，并记录进门时间。按开门按钮，打开电锁，直接外出。

适用于安全级别一般的环境，可以有效防止外来人员的非法进入，是最常用的管理模式。

模式二：双向感应式（读卡器＋控制器＋读卡器＋电锁）

使用者在门外出示经过授权的感应卡，经读卡器识别确认身份后，控制器驱动打开电锁放行，并记录进门时间。使用者离开所控房间时，在门内同样要出示经过授权的感应卡，经读卡器识别确认身份后，控制器驱动打开电锁放行，并记录出门时间。

适用于安全级别较高的环境，不但可以有效地防止外来人员的非法进入，而且可以查询最后一个离开的人和时间，便于特定时期（例如失窃时）落实责任、提供证据。鉴别方式的意思是在当前的通行时段下使用何种方式开启电锁。

单卡识别：开门方式是只感应有效卡即可开启电锁。

密码：开门方式是只键入有效密码开启电锁（这个功能需要带键盘的读卡器）。

卡加密码：开门方式是感应有效卡之后还须输入有效密码才能开启电锁（这个功能需要带键盘的读卡器）。

双卡：开门方式是必须要连续有两张有效卡感应后，才能开启电锁。

自由通行：开门方式是在读卡器上任意感应一张有效卡就能开启电锁，且锁将一直开启，直到该时间段结束自动关闭。

开门是用门禁软件直接开启当前门的电锁，在设定的开门时间内电锁会重新关闭。

关门是当使用过下面的门长开命令后，把电锁关闭，恢复正常门禁状态。

门长开是用门禁软件直接开启当前门的电锁，电锁开启一直保持开锁状态，不再锁门，直到使用了上面的关门命令。

② 基本组成部分

(a) 读卡器：通过射频感应原理，识别感应卡内置加密卡号。

(b) 感应卡：存储用户的不可复制和解密的ID号。

(c) 门禁控制器：存储感应卡权限和刷卡记录，并中央处理所有读卡器上传信号，负责和计算机通信和其他数据存储器协调，配合管理软件的智能处理中心。

(d) 电锁：电动执行机构。

(e) 485/232信号转换器：对所有数据存储器进行联网和远距离通信。

(f) 管理软件：通过电脑对所有单元进行中央管理和监控，进行相应的时钟、授权、统计管理工作。

(g) 开门按钮：出门可以设置为按按钮的方式。

(h) 电源：提供系统运作电源和电锁的执行结构的电源供应。

6. 手术室群呼系统

(1) 二级及以上医院以及类似等级医疗建筑的手术室，应设置医护对讲系统。医护对讲系统是实现护士站工作人员与手术室医生之间沟通的工具。通常可用于双向传呼、双向对讲、紧急呼叫优先等功能。

(2) 医护对讲系统分为网络式和总线式，主要由主机、对讲分机、卫生间紧急呼叫按钮（拉线报警器）、病房门灯和走廊显示屏等设备组成。

(3) 医护对讲系统主机设在护士站，各手术室内和预麻苏醒室病床的设备带（桥塔）设置免提式的对讲分机，实现医务人员之间的双向呼叫对讲，可以实现如下功能：

① 护士站的主机接通电源后，分机只要有按动呼叫器的按钮，呼叫分机、主机提示灯点亮，同时在主机上声光报警，通知值班人员某处在呼叫。无呼叫时，主机及各分机处

于受话状态。

② 值班人员拿起主机上的话筒，立即切断报警，按下通话按钮，即可与呼叫人通话。

③ 当值班人员要与某一处通话时，只要拿起话筒，同时按下主机对应分机的按键，此时呼叫分机上指示灯亮，双方指示灯亮。

④ 主机、分机上均有复位按钮可同时清除所有呼叫。

⑤ 主机上可以调整呼叫信号和对讲音量。

⑥主机上具有三级护理设定的功能，并用不同颜色的指示灯显示和不同声音提示。

7. 中央空调远程控制系统

由计算机和净化空调控制器组成，可远程控制机组及显示和记录机组运行状态，达到集中控制的目的。便于手术部的整体控制。

8. 信息发布系统

信息发布由计算机和大屏显示系统完成，主要发布信息为：术中情况、麻醉及手术知识、术后的健康管理。主要作用是：安抚家属紧张情绪和心态，指导家属学习术后恢复知识，改善医院管理。

9. 医护排班系统

医护排班系统是医护管理系统的重要组成部分，包括以下功能：病患信息统计、医护工作班表排定、排定发布医护人员班表、医护信息统计、工作报表管理等。

医护排班系统不仅可以全自动地产生医护排班表，而且在护理人力资源配置方面也有重要的意义，在各科室护士人数相对固定的前提下，以需求为导向，优化人力资源配置，不仅节约人力资源，还避免了个别科室人力资源的浪费。

10. PACS系统（医学影像信息系统）

PACS系统就是影像归档和通信系统。它是应用在医院影像科室的系统，主要任务就是把日常产生的各种医学影像（包括核磁、CT、超声、各种X光机、各种红外仪、显微仪等设备产生的图像）通过各种接口（模拟、DICOM、网络）以数字化的方式海量保存起来，当需要的时候在一定的授权下能够很快地调回使用，内容显示在手术室内PACS屏幕上。同时增加一些辅助诊断管理功能。它对各种影像设备间传输数据和组织存储数据具有重要作用。

11. 设备及人员定位系统

设备定位系统是蓝牙网管嗅探器组成的星形网络，交换机需要连接到上级的网络，并且上级网络应具备DHCP能力，系统连接到公网上就可实现用设备管理云平台管理设备。可实现医护人员定位、医疗物品定位等功能。

12. 清洁人员呼叫及定位系统

清洁人员呼叫及定位系统的主要作用是：手术室内手术完毕以后及时呼叫清洁人员的一套系统。手术完成以后，医护人员可以在智能平面触摸式控制箱上按键，手术完成的信息通过网管反映到定位服务器和信息化终端上，定位服务器和信息化终端安装在护工休息室，护工休息室的值班人员从触摸式信息化终端上也可看到带有无线手腕终端的清洁人员所在的位置，即可指令离做完手术手术室最近的清洁人员到手术室内清洁卫生。系统有记忆存储功能，能查询清洁人员的工作记录。

此系统适合手术量较多的医院，可以有效管理手术结转，提高手术室使用效率。

13. 设备清洗呼叫系统

设备清洗呼叫系统实现手术室和器械清洗室之间及时通信的一套系统。手术完成以后，医护人员可以在智能平面触摸式控制箱上按键，手术完成的信息通过网管反映到服务器和信息化终端上，服务器和信息化终端安装在器械清洗室，清洗人员从信息化终端上可看到手术完成的信息，即可指令工作人员到对应的手术室内把要清洗的器械取回器械清洗室。

3.1.5.4　特殊手术室对电气设备的要求。

【技术要点】

1. 复合DSA手术室

复合DSA手术室配电系统除按正常手术室预留用电负荷外，还应为DSA手术室血管造影设备预留足够的用电负荷，一般为140kW/间。

2. 复合MRI手术室

核磁共振手术室内的医护人员，针对不同的操作，有不同的照明要求，因此在照明设计时需要综合考虑一般手术、内窥镜手术、磁体扫描时对房间照明的不同要求。

核磁共振手术室内照明均应设置为直流灯。

如核磁手术室和核磁检查属于共用状态，手术室可切换为普通手术室使用的方案，可在手术间内分别设置交流灯和直流灯。磁体移动至手术间时，对交流灯及直流灯进行切换，当磁体移动到手术室内时，所有交流灯关闭，所有直流灯打开。同理，磁体移出手术室时，所有直流灯关闭，同时打开交流灯。这样就可以满足手术间正常照明和磁体扫描工作时照明的需求。

所有进入MRI手术室的电气管线都必须采取相应的处理。电线电缆都需要经过电源滤波器方可进入手术室。设计时需要对所有的电气管线进行准确计算，保证波导和滤波器的数量、位置及规格尺寸都能与实际的管道相匹配，从而满足屏蔽的要求。

3. 机器人手术室

机器人手术室配电系统除按正常手术室预留用电负荷外，还应为机器人设备预留足够的用电负荷，一般为160kW/间。

第6节　手术部医用气体

3.1.6.1　关于洁净手术部医用气体气源特性及应用。

【技术要点】

1. 洁净手术部气源主要是氧气、压缩空气、负压吸引、氮气、氧化亚氮（笑气）、氩气、二氧化碳等。

（1）氧气。氧气的分子式为O_2，它是一种强烈的氧化剂和助燃剂，高浓度氧气遇到油脂会发生强烈的氧化反应，产生高温，甚至发生燃烧、爆炸，所以在《建筑设计防火规范》中被列为乙类火灾危险物质。氧气也是维持生命的最基本物质，医疗上用来给缺氧病人补充氧气。直接吸入高纯氧对人体有害，长期使用的氧气浓度一般不超过30～40%。普通病人通过湿化瓶吸氧；危重病人通过呼吸机吸氧。氧气还用于高压仓治疗潜水病、煤气中毒以及用于药物雾化等。

（2）一氧化二氮。一氧化二氮的分子式为 N_2O，它是一种无色、好闻、有甜味的气体，人少量吸入后，面部肌肉会发生痉挛，出现笑的表情，故俗称笑气（laugh-gas）。人少量吸入笑气后，有麻醉止痛作用，但大量吸入会使人窒息，医疗上用笑气和氧气的混合气（混合比为：65% N_2O+35% O_2）作麻醉剂，通过封闭方式或呼吸机给病人吸入，麻醉时要用准确的氧气、笑气流量计来监控两者的混合比，防止病人窒息。停吸时，必须给病人吸氧 10 多分钟，以防缺氧。

（3）二氧化碳。二氧化碳的分子式为 CO_2，俗称碳酸气。它是一种无色、有酸味、毒性小的气体。医疗上二氧化碳用于腹腔和结肠充气，以便进行腹腔镜检查和纤维结肠镜检查。此外，它还用于试验室培养细菌（厌氧菌）。高压二氧化碳还可用于冷冻疗法，用来治疗白内障、血管病等。

（4）氩气。氩气的分子式为 Ar，它是一种无色、无味、无毒的惰性气体。氩气在高频高压作用下，被电离成氩气离子，这种氩气离子具有极好的导电性，可连续传递电流。而氩气本身在手术中可降低创面温度，减少损伤组织的氧化、炭化（冒烟、焦痂）。因此，医疗上常用于高频氩气刀等手术器械。

（5）氮气。氮气的分子式为 N_2。它是一种无色、无味、无毒、不燃烧的气体，医疗上用来驱动医疗设备和工具。氮气常用于外科、口腔科、妇科、眼科的冷冻疗法，治疗血管瘤、皮肤癌、痤疮、痔疮、直肠癌、各种息肉、白内障、青光眼以及人工授精等。

（6）压缩空气。压缩空气用于为口腔手术器械、骨科器械、呼吸机等传递动力。

（7）负压吸引。治疗中产生的液体废物有痰、脓血、腹水、清洗污水等，它们可由真空（vacuum）吸引系统收集、处理。

（8）麻醉废气。一般是指病人在麻醉过程中呼出的混合废气，其主要成分为氧化二氮、二氧化碳、空气、安氟醚、七氟醚、异氟醚等。麻醉废气对医护人员有危害，同时废气中的低酸成分对设备有腐蚀作用，所以病人呼出的麻醉废气应当由麻醉废气排放系统（Anaesthetic Gas Scavenging System）收集处理或稀释后排出楼外。目前常用的处理方法是用活性炭吸收麻醉废气，然后烧掉。

3.1.6.2 关于洁净手术部医用气体系统的组成。

【技术要点】

1. 医用气体系统是指向病人和医疗设备提供医用气体或抽排废气、废液的一整套装置。

2. 常用的供气系统有氧气系统、笑气系统、二氧化碳系统、氩气系统、氮气系统、压缩空气系统等。常用的抽排系统有负压吸引系统、麻醉废气排放系统等。系统配置根据医院的需要决定。但氧气系统、压缩空气系统和负压吸引系统是必备的。

3. 医用气体系统主要以医用氧气、医用真空、医疗空气三种医用气体系统为主，用于所有医疗单元；其他医用气体系统如氧化亚氮系统、氮气系统/器械空气系统、二氧化碳系统等，仅在手术室、介入治疗室、大型实验室等科室使用，应用比较局限，设备相对集中，医用气体用量相对较少，通常采用钢瓶汇流排的方式就近供应。

4. 每个供气系统一般由气站、输气管路、监控报警装置和用气设备四部分组成。

5. 氧气系统气站可由制氧机、氧气储罐、一级减压器等组成；输气管路由输气干线、二级稳压箱、表阀箱、楼层总管、支管、检修阀、分支管、流量调节阀、氧气终端等组成；监控报警装置由压力表、报警装置、情报面盘等组成；用气设备为湿化瓶或呼吸机等。

6. 压缩空气系统气站可由空气压缩机、冷干机、多级过滤系统、一级减压器等组成；输气管路由输气干线、二级稳压箱、表阀箱、楼层总管、支管、检修阀、分支管、流量调节阀、空气终端等组成；监控报警装置由压力表、报警装置、情报面盘等组成。

7. 负压吸引系统由吸引站、输气管路、监控报警装置和吸引设备四部分组成。吸引站由真空泵、真空罐、细菌过滤器、污物接收器、控制柜等组成；输气管路由吸引干线、表阀箱、楼层总管、支管、检修阀、分支管、流量调节阀、吸引终端等组成；吸引设备为负压吸引瓶；监控报警装置由真空表、报警装置、情报面盘等组成。

8. 麻醉废气排放有两种方式：真空泵抽气和引射抽气。引射抽气系统由废气排放终端、废气排放分支管、支管、废气排放总管等组成。目前，常用射流式废气排放系统。

3.1.6.3　关于医用气体系统的管道设置及材料选择。

【技术要点】

1. 洁净手术部的负压（真空）吸引和废气排放输送导管可采用镀锌钢管或PVC管，其他气体可选用脱氧铜管或不锈钢管。

2. 医用气体导管、阀门和仪表安装前应清洗内部并进行脱脂处理，用无油压缩空气或氮气吹除干净，封堵两端备用，禁止存放在油污场所。

3. 凡进入洁净手术室的各种医用气体管道必须做导静电接地，接地电阻不应大于10Ω，中心供给站的高压汇流管、切换装置、减压出口、低压输送管路和二次再减压出口处都应做导静电接地，接地电阻不应大于10Ω。

3.1.6.4　关于医用气体系统的气体终端设置及选择。

【技术要点】

1. 气体终端应符合相关现行国家规范、标准的要求，应采用国际单位制（法定单位制），接口制式应统一，麻醉废气排放终端宜采用射流式。

2. 气体终端制式的选择应综合吊塔和设备带整体考虑，避免出现接口制式不一致，导致无法替换插接。

3. 负压吸引应设置防倒吸装置，防止在手术中将污物吸入负压终端及管道而导致堵塞。

4. 各区域配置医用气体终端要求见表3.1.6.4-1。

每床每套终端接头最少配置数量（个）　　**表3.1.6.4-1**

用房名称	氧气	压缩空气	负压(真空)吸引
手术室	2	2	2
恢复室	1	1	2
预麻室	1	1	1

注：1. 预麻室如需要可增设氧化亚氮终端。
2. 腹腔手术和心外科手术室除配置表中所列气体终端外，还应配置二氧化碳气体终端。
3. 神经外科、骨科和耳鼻喉科还应配置氮气终端。

5. 各区域配置医用气体终端要求见表3.1.6.4-2。

终端压力、流量、日用时间 表 3.1.6.4-2

气体种类	单嘴压力(MPa)	单嘴流量 (L/min)	平均日用时间(min)	同时使用率(%)
氧气	0.40～0.45	10～80(快速置换麻醉气体用)	120(恢复室1440)	50～100
负压(真空)吸引①	−0.03～−0.07	15～80	120(恢复室1440)	100
压缩空气	0.40～0.45	20～60	60	80
压缩空气②	0.90～0.95	230～350	30	10～60
氮气	0.90～0.95	230～350	30	10～60
氧化亚氮	0.40～0.45	4～10	120	50～100
氩气	0.35～0.40	0.5～15	120	80
二氧化碳	0.35～0.40	6～10	60	30

注：① 负压手术室负压（真空）吸引装置的排气应经过高效过滤器后排出。
② 此项用于动力设备，如设计氮气系统，该项也可以不设。

3.1.6.5 关于医用汇流排气源配置原则与选址要求。

【技术要点】

1. 医用氧气钢瓶汇流排供应源作为主气源时，医用氧气钢瓶宜设置数量相同的两组，并应能自动切换使用。医用氧气钢瓶汇流排气源的汇流排容量，应根据医疗卫生机构最大需氧量及操作人员班次确定，医用气体汇流排应采用工厂制成品，氧气汇流排气瓶储存库的房间内宜设置氧气浓度报警装置。

2. 医用二氧化碳、医用氧化亚氮（笑气）气体供应源汇流排，不得出现气体供应结冰情况，汇流排间选址与主要布置原则：

(1) 汇流排站房不应设置在地下空间或半地下空间，汇流排间应防止阳光直射。

(2) 汇流排间、空瓶间、实瓶间的地坪应平整、耐磨和防滑。

(3) 输气量超过60m^3/h的氧气汇流排间宜布置成独立建筑物，当与其他建筑物毗连时，其毗连建筑物的耐火等级不低于二级，并应采用耐火极限不低于2h的无门、窗、洞的隔墙与该毗连建筑物隔开，且应符合《特种设备安全检察条例》和《钢制压力容器》GB 150的有关规定。

(4) 各种医用气体汇流排在电力中断或控制电路故障时，应能持续供气。

3.1.6.6 关于洁净手术部医用气体管路设计。

【技术要点】

1. 管路布置

(1) 洁净手术部用的医用气体应通过专用管路从气站单独引入。从气站来的输气管路进入大楼后，与布置在气体管井中的供气干管相连接。供气干管在各用气楼层都设有气体出口，出口处装有楼层气体总阀。楼层医用气体管道一般分为总管、支管和分支管。

(2) 楼层气体总管在管井处与供气干管的楼层气体总阀相连接。气体总管上装有二级稳压箱和气体报警装置的表阀箱。表阀箱内装有气体总管的切断阀。

(3) 支管是总管与分支管之间的连接管道。当用气单元较多且不分布在同一条走廊的两侧时，总管以后的管路就要分为两条支路或多条支路，通过支管将气体分配给该支路的各分支管。如用气单元很少，且在同一条走廊的两侧，就不一定需要支管，而由总管直接将气体分配给各分支管。各支管上装有该支路的检修阀。

（4）分支管是直接进入手术室和其他用气单元的管道。它的一端连接吊塔、嵌壁终端箱或设备带上的气体终端，另一端连接气体支管或气体总管。分支管上装有各手术室的检修阀和气体调节阀。

（5）一般气体总管和支管都敷设在走廊的吊顶上。这样便于安装和维修，且维修时不会影响到手术室。

2. 医用气体管路布置应注意的事项

（1）气体应尽可能通过最短的路径到达每个气体终端，以减少压力损失。

（2）应使总管到达最远一个气体终端的管路总长最短，以降低管路系统的总阻力损失。

（3）管道应尽量走直线，少拐弯，且不应挡门、窗。

（4）管道应便于装拆、检漏和维修。

（5）医用气体管道与燃气管、燃油管、发热管道、腐蚀性气体管道的距离应大于1.5m，且要采取隔离措施。

（6）医用气体管道与电线管道的平行距离应大于0.5m，交错距离应大于0.3m。如无法保证，应考虑采取绝缘防护措施。

（7）管道排列应整齐、美观。

3. 管路计算

医用气体管道的管径应根据医用气体的流量、性质、流速及管道允许的压力损失等因素确定。设定平均流速并按下式初算管径，再根据管子系列调整为实际管径，并最后复核实际平均流速。

$$D_i = 0.0188[W_o / v_\rho]^{0.5}$$

式中　D_i——管子内径（m）；

W_o——质量流量（kg/h）；

v——平均流速（m/s）；

ρ——流体密度（kg/m^3）。

以实际的管子内径 D_i 与平均流速 v 核算管道压力损失，确认选用管径为可行。如压力损失不满足要求应重新计算。

第7节　洁净手术部给排水系统

3.1.7.1　关于洁净手术部给水排水系统设计。

【技术要点】

1. 给水排水系统基本要求

（1）洁净手术部内的给水排水管道均应暗装，应敷设在设备层或技术夹道内，不得穿越洁净手术室。

（2）穿过洁净用房的墙壁、楼板时应加设套管，管道和套管之间应采取密封措施。

（3）管道外表面存在结露风险时，应采取防护措施，并不得对洁净手术室造成污染。可采用聚乙烯泡沫管壳外包薄钢板或薄铝板等方式。

2. 给水系统

(1) 洁净手术部用水的水质必须符合生活饮用水卫生标准，应有两路进口，由处于连续正压状态下的管道系统供给。

(2) 洁净手术部刷手间的刷手池应同时供应冷、热水，应设置有可调节冷热水温的非手动开关的龙头，按每间手术室设置1.5～2个龙头配备，宜设置消毒、干洗等设备。

(3) 给水管与卫生器具及设备的连接应有空气隔断或倒流防止器，不应直接连接。

(4) 洁净区域给水管道接大楼给水系统主干管或楼层阀门井设计预留口，用水量和管径选择等水力计算参数执行现行国家标准《建筑给水排水设计规范》GB 50015和《综合医院建筑设计规范》GB 51039；同时，建议在设计前后均与大楼给水系统设计进行对接，保证给水系统整体运行的可靠稳定。

(5) 洁净手术部内的盥洗设备应同时设置冷热水系统，当采用储存设备供热水时，水温不应低于60℃；当设置循环系统时，循环水温应大于或等于50℃；热水系统任何用水点在打开用水开关后宜在5～10s内出热水。

(6) 手术部刷手池用水，考虑到洁净度的影响，应采用恒温阀+紫外线消毒模式，冷热水共同汇流至恒温阀内，恒温阀控制供水温度宜为30～35℃，混合温水再经过管式紫外线灭菌器后供给龙头（参考国家标准图集09S303-56）。

3. 排水系统

(1) 要求设计排水系统时严格执行现行国家标准《建筑给水排水设计规范》GB 50015和《综合医院建筑设计规范》GB 51039，排水管道要有足够大的排水能力，按照管道充满度0.5和重力流设计。

(2) 洁净区域排水管道应就近排至大楼排水系统主干管或排水立管设计预留口，排水横管直径应比设计值大一级，保证整体排水的通畅；同时，建议大楼排水系统设计应在洁净区域楼层立管处均预留三通口，应结合净化区域给水排水深化设计，适当增加楼层排水立管的布置，保证整体排水系统的通畅。

洁净手术部内的排水设备，必须在排水口的下部设置高度大于50mm的水封装置。

(3) 洁净手术部洁净区内不应设置地漏。洁净手术部内其他地方的地漏，应采用设有防污染措施的专用的密封地漏，且不得采用钟罩式地漏。

(4) 洁净手术部应采用不易积存污物又易于清扫的卫生器具、管材、管架及附件。

(5) 洁净手术部的卫生器具和装置的污水透气系统应独立设置。

4. 直饮水系统

(1) 洁净区域直饮水系统供应方式应同大楼饮水供应系统一致，当采用医院集中供应系统时，用水量和管径选择等水力计算参数执行现行国家标准《建筑给水排水设计规范》GB 50015和《综合医院建筑设计规范》GB 51039。

(2) 直饮水用水点位配置应根据医院洁净区域范围功能间饮水需求预留。

3.1.7.2 洁净手术部水管道应使用不锈钢管、铜管或塑料管。

【技术要点】

1. 塑料管：具有化学稳定性好、卫生条件好、热传导低、管内光滑阻力小、安装方便、价格低廉、材料基本无二次污染等优点；其缺点是抗冲击力差、耐热性差、热膨胀系数大。

2. 铜管与不锈钢管：铜管在经济发达国家与地区的建筑给水、热水供应中得到普遍应用。其机械性能好、耐压强度高、化学性能稳定、耐腐蚀，使用寿命为镀锌管的3～4倍；且具有抗微生物的特性，可以抑制细菌的滋生，尤其对大肠杆菌有抑制作用。所以铜管为首选管材。不锈钢管的强度高、刚度好，内壁光滑，无二次污染。

3. 金属与非金属复合管：兼有金属管强度大、刚度好和非金属管的耐腐蚀、内壁光滑、不结垢等优点；其缺点是两种材料热膨胀系数差别较大容易脱开。

排水管道可采用镀锌钢管、无缝钢管或UPVC管。

地漏应选用不锈钢洁净型地漏。

3.1.7.3　洁净手术部供水水质分为清洁用水和生活用水。

【技术要点】

1. 清洁用水，一般可采用陶瓷过滤器、紫外线消毒器等措施进行消毒灭菌、过滤水中杂质。

2. 为了防止水中生成肺炎双球菌，洁净手术部内的所有洗漱区域应同时设置冷热水系统；蓄热水箱、容积式热交换器、存水槽等设施的内存热水在需要循环的场所，其水温不应低于60℃。

3.1.7.4　关于洁净手术部卫生器具的要求和选择。

【技术要点】

1. 卫生器具和配件应符合现行行业标准《节水型生活用水器具》CJ 164的有关规定。洁净工程设计卫生器具的选择应符合现行国家标准《综合医院建筑设计规范》GB 51039的规定，洁净区域用水点应采用非手动开关，并采取防止污水外溅的措施，满足洁净度的要求。

2. 洁净手术部应选用不易于积存污物又易于清扫，自带存水弯，水封高度≥50mm的卫生器具；卫生器具污水透气系统应独立设置，保证排水的通畅。

3. 针对医院蹲便器的选择，建议采用后排式，选择感应式或脚踏式自闭冲洗阀。

4. 医院医护人员卫生洁具的配置数量见表3.1.7.4。

医院医护人员卫生洁具的配置数量　　表3.1.7.4

适合任何种类职工使用的卫生设施		
数量(人)	大便器数量	洗手盆数量
1～5	1	1
6～25	2	2
26～50	3	3
51～75	4	4
76～100	5	5
＞100	增建卫生间的数量或按照每25人的比例增加设施	

第8节　洁净手术部消防设计

3.1.8.1　关于洁净手术部围护结构防火设计

【技术要点】

1. 洁净手术部所在建筑物耐火等级不应低于二级。

2. 洁净手术部宜划分为单独的防火分区。当与其他部门处于同一防火分区时，应采取有效的防火防烟分隔措施，并应采用耐火极限不低于 2.00h 的防火隔墙与其他部位隔开。

3. 除直接通向敞开式外走廊或直接对外的门外，与非净区域相连通的门应采用耐火极限不低于乙级的防火门，或在相通的开口部位采取其他防止火灾蔓延的措施。

4. 当洁净手术部内每层或一个防火分区的建筑面积大于 2000m^2 时，宜采用耐火极限不低于 2.00h 的防火隔墙分隔成不同的单元，相邻单元连通处应采用常开甲级防火门，不得采用卷帘。

5. 当洁净手术部所在楼层大于 24m 时，每个防火分区内应设置一间避难间。

6. 与手术室、辅助用房等相连通的吊顶技术夹层部位应采取防火防烟措施，分隔体的耐火极限不应低于 1.00h。

7. 当洁净手术室设置的自动感应门停电后能手动开启时，可作为疏散门。

3.1.8.2　关于洁净手术部灭火及防排烟系统设计。

【技术要点】

1. 洁净手术部应设置自动灭火消防设施，洁净手术室内不宜布置洒水喷头。

2. 手术室内可不设置室内消火栓，但设置在手术室外的室内消火栓应能保证 2 只水枪的充实水柱同时到达手术室内的任何部位。当洁净手术部不需设置室内消火栓时，应设置消防软管卷盘等灭火设施。

3. 洁净手术部应按现行国家标准《建筑灭火器配置设计规范》GB 50140 的规定配置气体灭火器。

4. 洁净手术部的技术夹层应设置火灾自动报警系统。

5. 洁净手术部应按有关建筑防火规范对无窗建筑或建筑物内无窗房间的要求设置防排烟系统。

3.1.8.3　关于洁净手术部消防系统材料的选择。

【技术要点】

1. 洁净手术室内的装修材料应采用不燃材料，手术部其他部位的内部装修材料应采用不燃或难燃材料。

2. 洁净区内的排烟口应采取防倒灌措施，排烟口应采用板式排烟口。

3. 防火阀的设置和构造应符合下列规定：

(1) 通风管道穿越不燃性楼板处应设置防火阀。通风管道穿越防火墙处应设置防烟防火阀，或者在防火墙两侧设防火阀。

(2) 送、回、排风总管穿越通风、空调机房的隔墙和楼板处应设置防火阀，防止机房的火灾通过风管蔓延到建筑的其他房间内。

(3) 送风、回、排风管穿过休息室、多功能厅、会议室、易燃物质实验室、储存量较大的可燃物品库房及贵重物品间等性质重要或火灾危险性大的房间的隔墙和楼板处应设置防火阀。

(4) 多层和高层建筑中的每层水平送风、回风管道与垂直风管交接处的水平管段上，应设置防火阀。

(5) 风管穿过建筑变形缝处的两侧，均应设置防火阀。

(6) 防火的关闭方向应与通风管内的气流方向一致，且应使设置防火阀的通风管道具有一定的强度，在设置防火阀的管段处应设单独的支吊架，防止风管变形。

4. 净化空调系统风管、附件及辅助材料的耐火性能应符合下列规定：

(1) 净化空调系统、排风系统的风管应采用不燃材料。

(2) 排除有腐蚀性气体的风管应采用耐腐蚀的难燃材料。

(3) 排烟系统的风管应采用不燃材料，其耐火极限应大于0.5h。

(4) 附件、保温材料、消声材料和胶粘剂等均采用不燃材料或难燃材料。

第9节　洁净手术室施工质量控制与管理

3.1.9.1　洁净手术部的建造是集工艺、土建、净化空调、给水排水、自动控制、配电、医用气体等专业为一体的综合项目。

【技术要点】

1. 洁净手术部的施工应以净化空调工程为核心。

2. 洁净手术部的施工与验收除了执行建筑和安装工程施工与验收规范外，同时执行现行国家标准《医院洁净手术部建筑与技术规范》GB 50333、《医用气体工程技术规范》GB 50751，并且重点注意以下内容的检查与监督：

(1) 洁净手术部施工应在土建工程完成、围护结构外门窗安装完毕，与室内装饰工作同时开始。

(2) 严格执行图纸会审制度和开工前的技术交底。

(3) 重点审核施工单位应重视"施工组织设计"文件及专项工程施工方案的编制，编制一套切实可行的"施工组织设计"文件及专项工程施工方案，能有效的指导工程与管理。

(4) 建设单位及监理单位重点审核施工单位编制的"施工组织设计"文件及专项工程施工方案，方案一经通过必须认真监督实行。

3.1.9.2　关于洁净手术部建筑装饰工程施工质量的控制。

【技术要点】

1. 洁净手术室主体结构施工程序下图3.1.9.2。

2. 洁净手术室施工应按一定程序进行，应避免系统安装时的带尘作业，尤其是安装高效过滤器时。

3. 重点检查质量保证措施，严格执行隐蔽工程的检查验收。

4. 装饰工程检查重点：

(1) 进场材料是否符合设计及规范要求；

(2) 隐蔽工程施工是否符合设计和规范要求；

(3) 门窗安装固定、开启方向是否符合设计要求；

(4) 装饰墙面排板与分割是否符合美观大方的原则；

(5) 顶面、墙面平整度是否符合检验标准；

(6) 墙面、地面、门窗的颜色是否协调美观；

(7) 在装饰过程中必须要注意墙面、吊顶、支撑结构安全可靠，尤其是吊顶，除了考

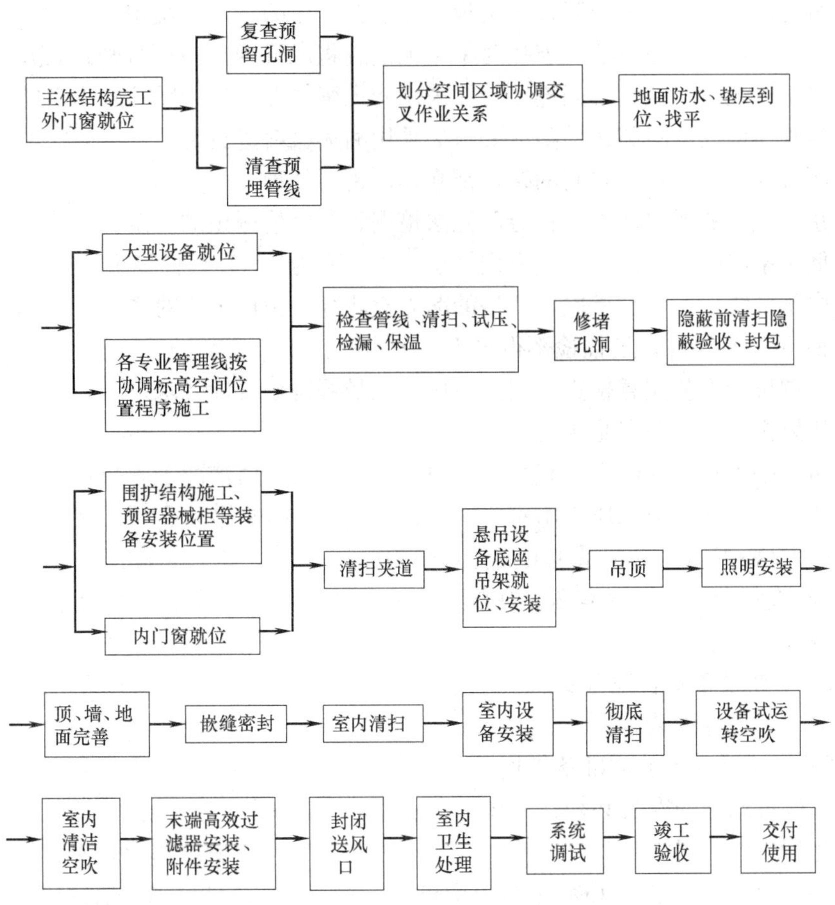

图 3.1.9.2　主体结构施工程序

虑吊顶本身的重量及气压对其产生的压力外，还要注意上人孔的设置位置，手术室内不得设上人孔或检修孔。

（8）在所有施工工序完成后，应采用中性密封胶对地面、外窗、墙面、吊顶等缝隙进行全面封闭，对吊顶、墙面的所有检修孔、检修门等也均须进行密封处理，以保证压力的形成。

3.1.9.3　关于洁净手术部净化空调工程施工质量的控制。

【技术要点】

1. 基本程序

净化空调工程施工管理的基本程序和舒适性空调系统是一致的，不同点在于净化空调系统的特殊性，要求各工序的技术措施及管理制度要严格细致的执行。

净化空调系统施工的基本程序由10个主要工序构成：施工准备、风管与部配件制作、风管与部件安装、通风空调设备安装、空调水系统安装、防腐保温、单机试运转、系统联合试运转、系统试验与调整、竣工验收。

2. 施工检查要点

（1）严格检查进场通风工程的材料及部件是否符合设计及投标文件所要求的质量标准。

（2）风管加工必须采用脱脂镀锌钢板，必须在干净的室内环境中进行加工，完成一段立即清洁内壁，风管与角钢法兰连接时采用无菌胶将风管四个角进行密封，并用薄膜封闭两端。在风管安装时，风管之间连接处要采用防火密封性良好的闭孔胶条封闭。

（3）风管与墙面的间隙按照防火要求必须用耐火材料进行封堵，封闭密实，再用密封胶封闭。所有的洞口与管道之间的接口都必须做密封处理。

（4）系统风管的严密性检验符合漏光法检测和漏风量测试的规定。

（5）低压系统的严密性检验宜采用抽检，抽检率为5%，且抽检不得少于一个系统。

（6）中压系统的严密性检验，严格的漏光检测合格条件下，对系统风管漏风量测试进行抽检，抽检率为20%，且抽检不得少于一个系统。

（7）空调机组安装注意检查机组的减振施工是否符合设计要求。

（8）排风机安装减振器是否符合设计要求；

（9）负压手术室的气流组织有别于其他手术室，空气由洁净走廊向负压手术室内，产生较大的压力，缓冲间与负压手术室之间也存在一定的压力差，必须在调试时认证检查。

（10）认真检查通风空调系统的启停逻辑顺序。

（11）检查每个洁净分区有压差梯度要求的房间，压差表安装是否合理，压差值是否符合设计或规范要求。

3. 通风空调设备安装检查要点

（1）高效过滤器安装

① 高效过滤器安装前的准备工作

（a）高效过滤器的安装必须在洁净室内装修、设备安装、空调系统安装完成，电源接通后才能进行。

（b）高效过滤器安装前必须对洁净室进行全面彻底的清扫、擦拭合格后，洁净空调系统连续运转12h以上，再次进行清扫，擦拭干净后安装过滤器。

② 高效过滤器安装前的检查

（a）高效过滤器的搬运与存放应按生产厂商的要求进行，搬运过程中应轻拿轻放，防止激烈振动和碰撞，搬入洁净室前对包装进行全面清扫，避免尘土带入洁净室内。

（b）高效过滤器的拆箱应平直向下缓慢取出，放置于平整的台面上，防止损坏滤纸和边框。

（c）高效过滤器取出后应对其滤纸、密封胶、边框等外观进行检查，核查边长、对角线、厚度是否符合要求，产品合格证书是否齐全，技术性能是否符合设计要求。

（d）高效过滤器的检漏：外观检查完毕后应对高效过滤器逐个进行检漏，检漏分为检漏仪法（光度计法）和粒子计数器法。

③ 高效过滤器的安装与缝隙密封

（a）高效过滤器的框架应平整。每个高效过滤器的安装框架平整度允许偏差不大于1mm。而且要保持过滤器外框上的箭头和气流方向一致。当其垂直安装时，滤纸折痕应垂直于地面。

（b）高效空气过滤器和框架之间的密封一般采用密封垫、不干胶、负压密封、液槽密封和双环密封等方法时，都必须把填料表面、过滤器边框表面和框架表面及液槽擦拭干净。

(c) 采用密封垫时，厚度不宜超过8mm，压缩率为25%～30%。采用液槽密封时，液槽内的液面高度要符合设计要求，框架各接缝处不得有渗漏现象。采用双环密封条时，粘贴密封时不要把环腔上的孔眼堵住；双环密封和负压密封都必须保持负压管道畅通。

(2) 消声器安装

净化空调系统的消声器采用微穿孔型的消声器，消声器的型号、尺寸须符合设计要求，并标明气流方向。消声器的穿孔板应平整，孔眼排列均匀，穿孔率应符合设计要求。框架牢固，共振腔隔板尺寸应正确，外壳严密不渗漏。

在运输和安装过程中不得损坏，安装方向正确，应设单独的支架，不得由风管来承担其重量，安装前、后应严格擦拭干净。

(3) 通风机安装

通风机的型号及规格应符合设计规定，其出口方向应正确。叶轮旋转平稳，停转后不应每次停留在同一位置上。固定通风机的螺栓应拧紧，并有防松动装置。

(4) 净化空调机组的安装

① 安装前的准备工作

(a) 认真核对厂家发货清单或明细表，分系统、分机房将设备运送至指定位置。

(b) 检查各功能段是否齐全，管道接口方向是否正确，制冷或加热段的换热器排数等是否与设备资料相符。

(c) 核查风机段的风机与电动机的技术参数，并检查风机的形式与系统气流方向是否相符。

(d) 检查箱体表面是否受损，设备检查门、门框是否平整、密封条应符合规定要求，拼接缝是否严密、内部配件有无损坏，损坏的应修复或更换。

(e) 对机组的基础进行检查。净化空调机组的基础可采用混凝土或钢平台基础，基础的长度及宽度应按照机组的外形尺寸向外各加100mm，基础的高度应考虑到凝结水排水管的水封与排水的坡度，基础平面须水平，对角线水平误差应不大于5mm。

(f) 检查机组各零部件的完好性，对有损伤的部件应修复，对破损严重的要予以更换。

② 净化空调机组的安装

(a) 净化空调机组各功能段的组装，应符合设计规定的顺序和要求。对各功能段组装找平找正，连接处要严密、牢固可靠。

(b) 现场组装的净化空调机组，应对其漏风量进行检测。

(c) 净化空调机组（循环机组及新风机组）安装大样图见图3.1.9.3-1和图3.1.9.3-2。

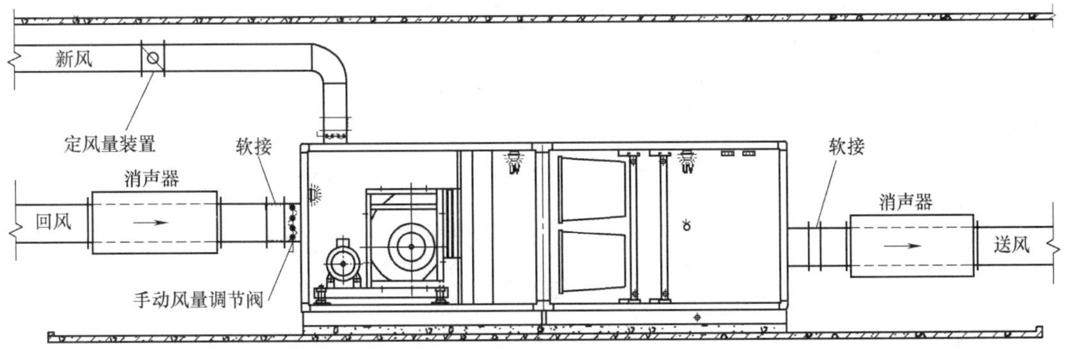

图3.1.9.3-1 净化空调循环机组安装大样图

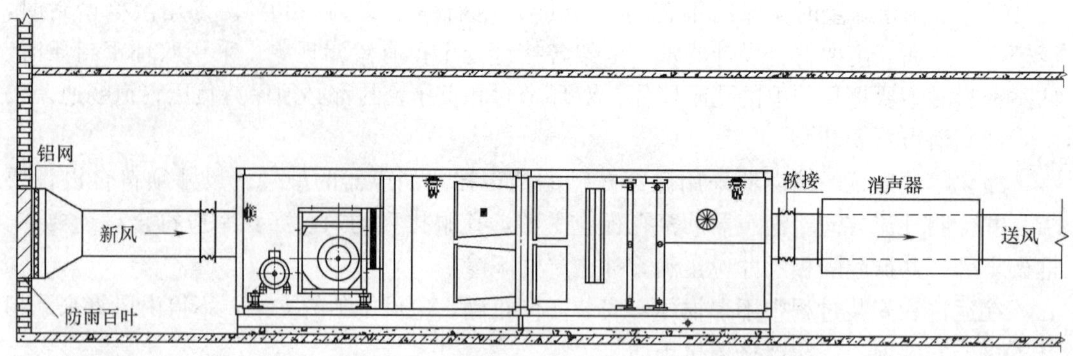

图 3.1.9.3-2　净化空调新风机组安装大样图

（5）净化风机盘管安装

① 风机盘管就位前，应按照设计要求的形式、型号及接管方向（左、右式）进行复核，确认无误后再进行安装。

② 卧室风机盘管的吊杆必须牢固可靠，标高应根据冷热供、回水管及凝结水管的标高确定，特别是冷凝水管的标高必须低于风机盘管滴水盘的标高，以便凝结水的排出。

③ 风机盘管在安装过程中应与室内装饰工作密切配合，防止在施工过程中送、回风口预留的位置和尺寸与室内装饰不符，应考虑维修和阀门开关的方便。

④ 与风机盘管连接的冷热供、回水管必须采用柔性连接，接管应平直，严禁渗漏。

⑤ 风机盘管室温调节器安装位置必须正确，避免直接安装在面向送风气流或阳光直射的墙壁上。

（6）风冷式空调机组安装

① 风冷式空调机组的组成：室内机组；室外机组；连接管，包括制冷剂液管和吸气管。

② 风冷式空调机组的安装：

（a）室外机组根据设计要求固定牢固，一般常安装在房顶、地面或墙上。安装在房顶或地面上的基础应比地平高出不少于100mm，防止雨水灌入。

（b）室内机组根据设计位置固定在基础上，机组除安装平直外，应保证机组方向正确。

（c）室内外机组就位后进行气、液管的连接，气、液管采用紫铜管，连接管采用喇叭口接头形式。中间接头采用氧—乙炔铜焊或银焊。

（d）室内外机组连接后应排除管道内的空气，排除空气时可利用室内机组或室外机组截止阀上的辅助阀进行排气。

（e）连接管内的空气排除后，打开截止阀进行检漏，确认制冷剂无泄漏，在用制冷剂气体检漏仪进行检漏。

4. 空调水系统安装检查要点

（1）空调水系统的类型

① 闭式系统：空调管路系统冷（热）水在蒸发器（或换热设备）与空调末端装置密闭循环，其系统的最高点设膨胀水箱，冷（热）水不与大气相接触。该系统的优点为减少

管道和设备的腐蚀，并减少水泵克服静水压力而降低功率。

② 开式系统：空调管路系统的冷（热）水在冷（热）水箱或水池与空调末端设备循环，其缺点是系统管路与设备易腐蚀，需要克服静水压的能耗，增加水泵的容量。

③ 同程式系统：空调管路系统供、回水干管的水流方向相同，每一环路的管路长度相等，其优点是水量调节简便，便于系统水力平衡。

④ 异程式系统：空调管路系统供、回水干管的水流方向相反，每一环路的管路长度不等。缺点是水量调节困难，系统水力平衡较为麻烦。

⑤ 两管制系统：空调管路系统的供冷、供热管道合用同一管路系统，特点是管路系统简单，对于同时有供冷、供热要求的空调系统不能采用。

⑥ 四管制系统：空调管路系统分别设置供冷、供热及回水管道，以满足同时制冷、制热要求。该系统工程投资较高，管路系统复杂，占用较多建筑空间。

⑦ 单式泵系统：空调管路系统的冷、热源侧与负荷侧何用一组循环水泵。该系统简单，但不能调节水泵流量和节省输送能耗，且不能适应供水分区压降较为悬殊的系统。

⑧ 复式泵系统：空调管路系统的冷、热源侧与负荷侧分别设置循环水泵，可实现水泵的变流量，适应供水分区不同的压降，节省输送能耗。单系统较为复杂，投资费用高。

（2）水系统常用附件

① 膨胀水箱：膨胀水箱的作用是空调水管路系统中收容和补偿系统中水的胀缩量。膨胀水箱有膨胀管、循环管、信号管、溢水管及排水管，在系统中的连接部位如下：

（a）膨胀管：空调水系统为机械循环系统，应接至水泵入口前的位置，作为系统的定压点。

（b）循环管：接至系统定压点前的水平回水干管上，使热水有一部分缓慢地通过膨胀管而循环，防止水箱里的水结冰。

（c）信号管：一般接至机房内的水池或排水沟，以便检查膨胀水箱内是否断水。

（d）溢水管：系统内水受热膨胀而容积增加超出水箱的容积，通过溢水管排至附近的下水管道或屋面上。

（e）排水管：用于清洗水箱及排空，与溢水管连接在一起排至附近的下水管道或屋面上。

② 分水器、集水器：分水器和集水器是水系统中用于连接通向各个环路的多根并联管道的装置，属于二级压力容器，应由具备二级压力容器资质的单位制作。

（a）分水器、集水器直径应按并联各支管的总流量通过其断面流速 v=1.0～1.5m/s来确定，对于流量较大的系统，可允许增大流速，一般最大不应超过 4m/s。

（b）分水器、集水器各支管的配管间距，应考虑阀门之间的手轮操作方便，并保持阀门安装在同一水平位置，预留一只支管备用，并留有压力表、温度计和泄水管。

（c）分水器、集水器根据机房实际情况可采用墙上安装和落地安装，支架按相关标注图制作和安装。

③ 管道补偿器：管道补偿器又名为伸缩器或伸缩节，为使空调水系统管道在热状态条件下的稳定和安全，减少管道在热胀冷缩时产生的应力，在安装管道时应考虑受热伸长量的补偿。工程中常采用金属波纹补偿器，安装时设置固定支架，并应在补偿器的预拉伸前固定。

④ 平衡阀：平衡阀在空调水系统中主要用来对各分支管路的流量达到平衡状态，防止出现水力失调现象而影响各空调系统的使用效果。

平衡阀的选用及安装要求如下：

(a) 设有平衡阀的管路系统，应进行水力平衡计算，平衡阀可定量消除剩余压头及检测流量，在施工图或设计说明书上应注明流经平衡阀的设计流量，便于管路系统的平衡测试。

(b) 为使流经平衡阀的水温接近环境温度，使末端装置静压相对一致，平衡阀应安装在回水管路中。对于总管上的平衡阀，应安装在水泵吸入端的回水管路中。

(c) 为保证水量测量的准确性，平衡阀应安装在水流稳定的直管段处。

(d) 平衡阀的阀径与管径相同，使之达到截止阀的功能。

(e) 管路系统安装结束后，应进行系统的平衡测试，并将调整后的各阀锁定。

(f) 管路系统进行平衡调试后，不能变动平衡阀的开度和定位锁紧装置。

⑤ 空调水系统管道安装：空调水系统管道的安装工艺与供暖管道安装基本相同，应遵守现行国家标准《通风与空调工程施工质量验收规范》(GB 50243)。

(a) 一般要求：

《通风与空调工程施工质量验收规范系统》采用的钢管及附件应符合设计要求的型号规格后方可安装。

管道和管件安装前应将其内、外壁的污物和锈蚀清除干净，在安装中断或结束后应及时封闭敞口的管口。

管道从梁底或其他管道的局部部位绕过，如高于或低于管道的水平走向，其最高点应安装排气阀门，最低点应安装泄水阀门。

管道穿越墙体或楼板处应设钢制套管，管道接口不得置于套管内，钢制套管应与墙体饰面或楼板底部平齐，上部应高出楼层地面 20～50mm，并不得将套管作为管道支撑。

管道成排明装时，其直管段应相互平行，弯曲部分的曲率半径相等。

(b) 支架安装：

应根据具体情况采用不同类型支架，对于冷水管道须采用木垫式支架以防止“冷桥”现象。

根据施工图要求，确定管路走向、标高、坡度，确定支架的具体位置及与建筑构件连接方法，砖墙部位以预埋铁方式固定，梁、柱、楼板部位采用膨胀螺栓法固定。

在管路中设有补偿器，其固定支架、活动支架和导向支架的安装位置须符合设计要求。

支架安装尽可能避开管道焊口，管架离焊口距离大于 50mm。

(c) 管道安装：

根据施工图经实测确定各段管线的下料管径和长度并进行编号。

将预制的管段按编号要求吊到支架上，管道在支架上应采取临时固定措施。

在配管过程中，干管或支干管的弯管和焊口部位不应与支管连接，如需连接则必须距离焊口为一个管径的距离，但不小于 100mm。

管道安装的基本原则：先大管，后小管；先主管，后支管。

立管安装时管道的外壁应距抹灰墙面 30～50mm 以上，如需保温则增加保温层的厚度。

立管安装应保持垂直，其垂直度每米允许偏差为2mm，立管长度大于5m，其允许偏差小于8mm。

冷凝水排水坡度应符合设计文件规定，当设计无规定时其坡度宜大于或等于8‰，软管连接的长度不宜大于150mm。

（d）管道部件的安装：

阀门安装的位置、进出口方向应正确，便于操作，连接应牢固紧密，启闭灵活；成排阀门的排列应整齐美观，在同一水平面上允许的偏差为3mm。安装时阀门应处于关闭状态。

电动、气动等自控阀门在安装前应进行单体调试，包括开启、关闭等动作试验。

冷热水的水除污器（水过滤器）应安装在进机组前的管道上，方向正确且便于清污，与管道连接牢固严密，其安装位置应便于滤网的拆装和清洗。

闭式系统管路应在系统最高处及所有可能聚集空气的高点设置排气阀，在管路最低点应设置排水管及排水阀。

⑥ 管道与设备的连接：

管道与设备的连接应在设备安装完毕后进行，冷热水及冷却水系统应在系统冲洗、排污合格循环2h后才能与空调设备相连通。

为减少设备振动对管道系统的影响，与水泵、空调机组等设备接管必须为柔性接口，一般采用橡胶软接头或金属软管，连接方式为法兰或丝口连接。柔性短管不得强行对口连接，与其连接的管道应设置独立支架。

与空调设备连接时，应对设备采取可靠的保护措施，在设备与管道连接前，应对连接法兰间进行封堵，防止在施工中焊渣等异物进入设备，造成隐患，损坏设备。

5. 防腐与保温

（1）防腐工程

① 防腐前的表面处理：为了使油漆能起到防腐蚀的作用，除了选用的油漆本身耐腐蚀外，还要求油漆和管道表面有良好的结合，因此在管道未涂刷油漆前，应清除表面的灰尘、污垢与锈斑，并保持干燥。

② 管道及设备的刷油：工程常用的油漆涂刷方法有手工涂刷和空气喷漆法两种。

（a）通风空调管道及设备的油漆种类应按不同用途及不同的材质来选择，洁净系统有严重腐蚀要求的，应特别注意材料的选择。

（b）油漆不应在低温或潮湿环境下喷漆，一般要求环境温度不能低于5℃，相对湿度不大于85％。

（c）喷、涂油漆应使漆膜均匀，不得用堆积、漏涂、露底、起泡、掺杂及混色等缺陷，支、吊、托架的防腐处理应与管道相一致。

（d）风管法兰或加固角钢制作后，必须在和风管组装前涂刷防锈底漆，管道的支、吊、托架的防腐工作，必须在下料预制后进行。

（2）保温工程

① 风管保温：

（a）风管的保温应根据设计选用的保温材料和结构形式进行施工，保温结构应结实，外表平整，无张裂和松弛现象。

(b) 隔热层应平整密实，不能有裂缝空隙等缺陷，隔热层采用粘结工艺时，粘结材料应均匀地涂刷在风管或空调设备外表面上，紧密贴合。在粘结隔热材料时，其纵、横向接缝应错开，并进行包扎或捆扎，包扎的搭接处应均匀贴紧，捆扎时不得破坏隔热层。为了美观规整，矩形风道应加金属护角。

(c) 室外风管采用薄钢板或镀锌钢板作保护时，为避免连接的缝隙有渗漏，其接缝应顺水流方向，并将接缝设置在风管的底部。

(d) 风管内设置电加热器的部位，电加热器前后800mm范围内的风道隔热层应采用不燃材料，一般采用石棉板进行保温。

(e) 保温工程应在风管、部件、设备质量检查合格后进行。

(f) 保温后的风阀应操作方便，风阀的启闭必须标记明确清洗。

(g) 风机盘管及空调机组与风管接头处以及易产生凝结水的部位，其保温不能漏包。

② 水管保温：空调水系统管道的保温应在管道压力试验合格或制冷系统压力、真空试验、检漏合格及防腐处理后进行。水系统管道保温按其功能可分为隔热层、防潮层及保护层。

(a) 隔热层施工：隔热层选用产品的材质和规格应符合设计要求，管壳的粘贴应牢固，铺设应平整；扎绑应紧密，无滑动、松弛与断裂现象。

硬质或半硬质绝热管壳的拼接缝隙，保温时不应大于5mm，保冷时不应大于2mm，并用粘结材料勾缝填满；纵缝应错开，外层的水平接缝应设在侧下方。

硬质或半硬质绝热管壳应用金属丝或难腐的织带捆扎，其间距为300～350mm，且每节至少捆扎2道。

松散或软质的绝热材料应按规定的密度压缩其体积，疏密应均匀。

(b) 防潮层施工：

防潮层应紧密地粘贴在绝热层上，封闭良好，不得有虚粘、气泡、褶皱、裂缝等缺陷。

立管的防潮层应由管道的低端向高端敷设，横向搭接的缝口应朝向低端，纵向的搭接缝应位于管道的侧面，并顺水流方向。

(c) 金属保护壳的施工：

金属保护壳应紧贴绝热层，不得有脱壳、褶皱、强行接口等现象，接口的搭接应顺水流方向，搭接的尺寸为20～25mm。采用自攻螺丝固定时，螺钉间距应匀称，并不得刺破防潮层。

户外金属保护壳的纵、横向接缝，应顺水流方向，其纵向接缝应位于管道的侧面。金属保护壳与外墙面或屋顶的交接处应加设泛水。

6. 单机试运转

(1) 单机试运转的程序

① 首先检查通风空调设备及其附属设备的电气主回路及控制回路的性能，应符合相关规范要求，达到供电可靠，控制灵敏，为设备试运转创造条件。

② 按设备技术文件或施工及验收规范要求，分别对各种设备的检查、清洗、调整，并连续进行一定时间的运转，直至各项技术指标达到要求。

③ 通风空调设备及其附属设备单机试运转合格后，方可组织人力进行系统联动试运转。

（2）风机试运转

① 风系统的风量调节阀、防火阀等应全开，并检查各项安全措施。

② 盘动叶轮应无卡阻和摩擦现象，叶轮旋转方向与机壳上箭头所示方向一致。

（3）水泵的试运转

① 泵试运转前，应做下列检查：

（a）原动机的转向应符合泵的转向；

（b）各紧固件连接部位不应松动；

（c）润滑油脂的规格、数量、质量应符合水泵技术文件的规定；有预润滑要求的部位应按水泵技术文件的规定进行预润滑；

（d）润滑、水封、轴封、密封冲洗、冷却、加热、液压、气动等附属系统的管路应冲洗干净，保持通畅。

（e）安全、保护装置应灵敏、可靠；

（f）泵和吸入管路必须充满输送液体，排尽空气，不得在无液体情况下启动；自吸泵的吸入管路不需充满液体；

（g）泵启动前，泵的出入口阀门应处于下列开启位置：入口阀门全开；出口阀门离心泵全闭，其他泵全开；离心泵不应在出口阀门圈闭的情况下长时运转；也不应在性能曲线中驼峰处运转。

② 泵的启动和停止应按设备技术文件的规定进行。

③ 泵在设计负荷下连续运转不应小于2h，且应符合下列要求：

（a）附属系统运转正常，压力、流量、温度等符合设备技术文件的规定；

（b）运转中不应有不正常的声音；

（c）各静密封部位不应渗漏；

（d）各紧固件不应松动；

（e）电动机的电流不应超过额定值；

（f）滚动轴承的温度不应高于75℃，滑动轴承的温度不应高于70℃；

（g）泵的安全、保护装置应灵敏、可靠。

④ 试运转结束后，应做好下列工作：

（a）关闭泵的出入口阀门和附属系统阀门；

（b）放尽泵内积存的液体，防止锈蚀和冻裂；

（c）如长时间停泵，应采取必要措施，防止设备被沾污、锈蚀和损坏。

（4）空调机组的试运转

① 空调机组风量的测定：用校正过的叶轮、转杯或热电风速计，在空调室各构件间的中间室内测定风速。由于整个断面的风速是不相等的，最少须测5点，求得截面平均风速，再计算出风量。测得的风量与用测压管和微压计测得的风量相差不应超过±10%，否则，需检查原因。

② 空调机组阻力的测定：构件的阻力位构件前后的全压值之差。当构件前后风量相等、风速较小、气流较均匀时，可直接测构件前后的静压差，从而得到构件的阻力。

③ 温度的测定：温度可根据需要用不同分度的水银温度计测定，也可用热电偶温度计测定。测温时须多点测定，取其平均值。在测定加热器前后温度时，为防止辐射热影响读数，应在温度计的感温部分套一表面光亮的锡纸或铝箔等。

④ 风机盘管的试运转：按设备技术文件的规定进行。

⑤ 制冷系统的测试和试运转：冷水机组、制冷机的试运转按设备技术文件的规定进行，而整个制冷系统的测试、试运转则和整个空调系统的调试同时进行。

7. 联合试运转

（1）概述

经过风管及部件的制作及系统设备、附属设备及管路等的安装，构成了各个完整的系统，其最终的目的在于使空调与洁净房间的温度、湿度、气流速度及洁净度等能够达到设计给定的参数和生产工艺的要求，保证建设单位能够早日投产动用。根据施工质量验收规范的要求，施工单位对所安装的空调与洁净工程，除必须进行单体设备试运转、系统联合试运转外，还要按施工质量验收规范规定的调试项目进行系统的试验调整，使单体设备能达到出厂的性能、系统各设计参数达到预计的要求，使系统能够协调动作。

在新建的工程安装结束后，应由施工、设计和建设单位组成调试班子，对系统进行检验调整，对于检验设计，施工的质量和设备的性能能否满足生产工艺要求是必不可少的环节，是施工单位交工验收的重要工序。系统的检验调整是以设计参数为依据来判断系统是否达到预想的目的，并可以发现设计、施工及设备上存在的问题，从而提出补救措施，并从中吸取经验教训。

空调与洁净系统特别是要求较高的恒温恒湿系统和要求较高的洁净系统的检验调整，是一项综合性较强的技术工作，它牵涉的范围较广，除空调系统外，还涉及制冷系统、供热系统及自动调节系统等各个方面。在调试过程中，调试人员不仅与建设单位的动力部门、生产工艺部门加强联系密切配合，而且与电气试调人员、安装钳工、通风工、管工等有关工种协同工作，方能较顺利地完成系统调试工作。

（2）程序

各单体空调机组、洁净设备及附属设备运转合格后，即可进行系统联合运转。对于空调洁净系统可按以下程序进行：

① 空调系统风管上的风量调节阀全部开启，启动风机，使总送风阀的开度保持在风机电动机允许的运转范围内。

② 运转冷水系统和冷却水系统，待正常后，冷水机组投入运转。

③ 空调系统的送回风、新风、排风系统、冷水系统、冷却水系统及冷水机组等运转正常后，可将冷水控制系统和空调控制系统投入，以确定各类调节阀起闭方向的正确性，为系统的调试工作创造条件。

④ 无生产负荷的系统调试（对于洁净系统来讲，也可称为“空态”或“静态”）为施工单位对工程进行最后的一个工序。对系统的各个环节进行试验，并经过，调整后使各工况参数达到设计要求，以满足设计要求。

⑤ 综合效能调试（对于洁净系统来讲也可称为综合性能全面评价）是带生产负荷的综合效能调试，是在设计要求条件下所做的测定和调整，对工程进行综合性能全面评定。

8. 系统试验与调整

（1）施工单位的调试范围

空调、洁净系统的调试范围，按现行国家标准《通风与空调工程施工质量验收规范》GB 50243 和《洁净室施工及验收规范》GB 50591 的规定。

设计要求条件下的综合效能试验调整，应由建设单位负责，设计、施工及监理单位配合。

（2）系统调试应具备的条件

系统调试前除准备经计量检定合格的仪器仪表、必要的工具及电源、冷热源外，其工程的收尾工作已结束，工程的质量必须经验收达到施工质量验收规范的要求。为了保证调试工作的顺利进行，必须在调试前对各部位进行外观检查和验收。

（3）空调工程的外观检查

① 风管表面平整、无破损。风管连接处以及风管与空调器、风量调节阀、消声器等部件的连接无明显缺陷。

② 各类调节阀的制作和安装应正确牢固、调节灵活、操作方便，防火阀、排烟阀等防火装置应关闭严密，动作可靠。

③ 封口表面应平整，颜色一致，安装位置正确，封口的可调节部件应能正常动作。

④ 管道、阀门及仪表安装位置应正确，无水、气渗漏。

⑤ 风机、冷水机组、水泵及冷却塔等设备安装的精度，其偏差应符合《通风与空调工程施工质量验收规范》的有关规定。

⑥ 风管、部件及管道的支、吊架形式、位置及间距应符合《通风与空调工程施工质量验收规范》的规定。

⑦ 组合式空调机组外表平整，接缝严密，各功能段组装顺序正确，喷水室无渗漏。

⑧ 风管、部件、管道及支架的油漆应附着牢固，漆膜厚度均匀，油漆颜色与标识符合设计和国家有关标准要求。

⑨ 绝热层的材质、厚度应符合设计要求。表面平整、无断裂和松弛。室外防潮层和保护壳应顺水搭接，无渗漏。

⑩ 消声器安装方向正确，外表面应平整无破损。

⑪ 风管、管道的柔性接管的位置应符合设计要求，接管不得强扭。

（4）净化工程的外观检查

洁净工程的外观检查，除按照空调工程的检查内容外，根据洁净工程的特点，还应进行下列内容的检查：

① 各种管道、自动灭火装置及净化空调设备（空调器、风机、净化空调机组、高效空气过滤器等）的安装应正确、牢固、严密，其偏差值应符合《通风与空调工程施工质量验收规范》的要求。

② 净化空调器、静压箱、风管系统及送、回风口无灰尘。

③ 洁净室的内墙面、吊顶表面和地面，应光滑平整，色泽均匀，不起灰尘；地板无静电现象。

④ 送回风口及各类末端装置、各类管道、照明及动力配线、配管及工艺设备等穿越洁净室时，穿越处的密封处理必须可靠严密。

⑤ 洁净室内各类配电盘、柜和进入洁净室的电器管线管口应密封可靠。

(5) 净化空调系统的测定与调整

① 测定调试前的准备工作：测定调试工作应在土建工程验收、通风、空调工程竣工后，各系统的单机试运转、测试系统联合运转、外观检查、清洁工作合格下进行。

(a) 熟悉通风系统的设计图纸、资料及工艺要求，各项设计的技术指标。

(b) 做好调试和运转的实施方案，组织工作、技术措施，并获得设计、建设、使用方面同意。

(c) 检查整个通风系统的构件、部件、设备的安装是否符合使用和设计要求，不符合之处，应记录备案，进行修理。检查阀门安装是否正确、开关灵活，通风机转向是否正确、电源绝缘性能是否良好，自控设备运转是否符合设计要求等。

(d) 清扫通风防护设备各房间、空调机房、风道、水泵、水管、水池和水箱等，将一切杂物、灰尘、油污等冲刷清洗干净。洁净空调尚应按照规范要求进行密封和清洁工作。

(e) 测量仪表应准备校对就绪，检查各单机试运转是否正常与符合设计和出场技术要求。

② 空调系统测试调整仪表：

(a) 温度仪表；

(b) 湿度仪表；

(c) 压力仪表；

(d) 风速测试仪表；

(e) 声级测试、转速测试；

(f) 尘埃粒子计数器、富有微生物采样器（细菌采样器）；

(g) 万用表、钳流表。

③ 室内空气参数的测定与调整：

(a) 综述。洁净空调室内参数有18个，其测定与调整应符合下列规定：通风空调工程应在接近设计条件的情况下作综合性能的测定与调整；测定范围、深度应根据设计要求的空调和洁净度等级确定（见表3.1.9.3-1）。

综合性能全面评定检测项目和顺序　　　　**表3.1.9.3-1**

序号	项目	单项流(层流)		乱流洁净室
		洁净度高于100级	100级	洁净度1000级及低于1000级
1	室内送风量，系统总新风量(必要时系统总送风量)，在排风时的室内排风量	检测		
2	静压差	检测		
3	截面平均风速	检测		不测
4	截面风速不均匀度	检测	必要时测	不测
5	洁净级别	检测		
6	浮游菌和沉降菌	检测		
7	室内温度和相对湿度	检测		
8	室温(或相对湿度)波动范围和区域温差	必要时测		

续表

<table>
<tr><th rowspan="2">序号</th><th rowspan="2">项目</th><th colspan="2">单项流(层流)</th><th>乱流洁净室</th></tr>
<tr><th>洁净度高于100级</th><th>100级</th><th>洁净度1000级及低于1000级</th></tr>
<tr><td>9</td><td>室内噪声级</td><td colspan="3">检测</td></tr>
<tr><td>10</td><td>室内倍频程声压级</td><td colspan="3">必要时测</td></tr>
<tr><td>11</td><td>室内照度和照度均匀度</td><td colspan="3">检测</td></tr>
<tr><td>12</td><td>室内微震</td><td colspan="3">必要时测</td></tr>
<tr><td>13</td><td>表面导静电性能</td><td colspan="3">必要时测</td></tr>
<tr><td>14</td><td>室内气流流行</td><td colspan="2">不测</td><td>必要时测</td></tr>
<tr><td>15</td><td>流线平行性</td><td>检测</td><td>必要时测</td><td>不测</td></tr>
<tr><td>16</td><td>自净时间</td><td>不测</td><td>必要时测</td><td>必要时测</td></tr>
</table>

注：1～3项必须按表中顺序，其他各项顺序可以稍作变动，14～16项宜放在最后。

(b) 室内温度、相对湿度及洁净度的测定，应根据设计要求的空调和洁净等级确定工作区，并在工作区内布置测点：

一般空调房间应选择在人经常活动的范围或工作面为工作区；

恒温恒湿房间离围护结构0.5m、离地高度0.5～1.5m处为工作区；

不同级别及流型洁净室的测定工作区详见各有关检测项目的具体规定。

(c) 空调精度等级超过±0.5℃的房间、对气流速度有要求的空调区域、洁净室应作气流组织的测定。相同条件下可以选择具有代表性的房间进行气流组织测定。房间内气流流型及速度应符合设计和规范要求。

(d) 噪声的测定一般以房间中心离地1.1～1.2m处为测点，较大面积的民用空调的测定应按设计要求进行。噪声测定可以用声压级，并以声压级A档为准。若环境噪声比所测噪声低于10dB以下时，可不做修整。

高效过滤器检漏、风量、风速、室内截面平均风速、速度不均匀率、静压差、洁净度、浮游菌、沉降菌、温度、湿度、噪声、照度、微振、表面导静电性能、气流流型、流线平行性、自净时间的检测详见下文。这里应指出的是测点数及测点布置以及记录、计算应严格按规范的规定进行。有的参数测点应综合考虑，如洁净度，它是由两个控制值来控制的，除了每个采样点必须采读三次，且三次的平均浓度小于或等于级别上限外；则室内平均含尘浓度与置信度和各测点平均含尘浓度的标准误差积之和亦应小于或等于级别上限。

(e) 静压差的检测：静压差的测定应在所有的门关闭时进行，并应从平面上最里面的房间依次向外测定。

对于洁净度高于100级的单向流（层流）洁净室，还应测定在门开启状态下，离门口0.6m处的室内侧工作高度的粒子数。

静压差检测结果应符合下列规定：

相邻不同级别洁净室之间和洁净室与非洁净室之间的静压差应大于5Pa；

洁净室与室外静压差应大于10Pa；

洁净室高于100级的单向流（层流）洁净室在开门状态下，在出入口的室内侧0.6m处不应测出超过室内级别上限的浓度。

(f) 单向流（层流）洁净室截面平均风速、速度不均匀度的检测：测定风速宜用测定架固定风速仪以避免人体干扰，不得不手持风速仪测定时，手臂应伸直至最长位置，使人体远离测头。

(g) 测定洁净度的最低限度采样点数按表3.1.9.3-2的规定确定。每点采样次数不少于3次，各点采样次数可以不同。

最低限度采样点数　　**表3.1.9.3-2**

面积(m^2)	洁净度			
	100级及高于100级	1000级	10000级	100000级
<10	2~3	2	2	2
10	4	3	2	2
20	8	6	2	2
40	16	13	4	2
100	40	32	10	3
200	80	63	20	6
400	160	126	40	13
1000	400	346	100	32
2000	800	633	200	63

注：表中面积的含义是：对于单向流（层流）洁净室，是指送风面面积，对于乱流洁净室，是指房间面积。

洁净室的最小采样量按表3.1.9.3-3的规定确定。

每次采样的最小采样量　　**表3.1.9.3-3**

级别	粒径(μm)				
	0.1	0.2	0.3	0.6	5
1	17	85	198	566	
10	2.83	8.5	19.8	56.6	
100		2.83	2.83	5.66	
1000				2.83	85
10000				2.83	8.5
10000				2.83	8.5

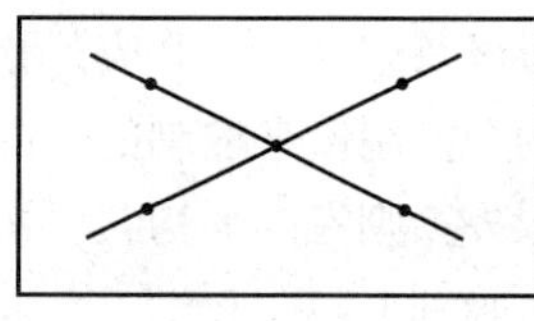

图3.1.9.3-3

对于单向流洁净室，采样口应对着气流方向，对于乱流洁净室，采样口宜向上。采样速度均应尽可能接近室内气流速度。

洁净度测点布置原则是（见图3.1.9.3-3）：

多于5点时可分层布置，但每层不少于5点；

5点或5点以下时可布置在离地0.8m高平面的对角线上，或该平面上的两个过滤器之间的地点，也可以在认为需要的布点的其他地方。

(h) 室内浮游菌和沉降菌的检测。

浮游菌的检测方法：

应按测定空气洁净度的布点规定布置测点；

测定人员不得多于2人，测定人员必须穿无菌工作服；

测定前对仪器必须进行充分灭菌，净化空调系统至少运行24h；

用于测定的培养基必须进行空白对照培养实验；

测定、培养全过程必须符合无菌操作的要求；

浮游菌浓度测定必须在照明灯全开启情况下进行；

测菌的最小采样量应符合表 3.1.9.3-4 的规定；

对细菌应在 37℃条件下培养 24h，对真菌应在 22℃条件下培养 48h；

检测结果应符合设计要求。

浮游菌最小采样量　　**表 3.1.9.3-4**

洁净级别	最小采样量[m^3(L)]	洁净级别	最小采样量[m^3(L)]
5 级	1(1000)	8 级	0.1(100)
6 级	0.3(300)	8.5 级	0.1(100)
7 级	0.2(200)		

沉降菌的检测：

用于测定的培养皿必须进行空白对照试验，测定中还应布置空白对照平皿；

沉降菌测定时，培养皿应布置在有代表性的地点和气流扰动极小的地点。培养皿数可与按表 3.1.9.3-5 确定的采样点数相同，但培养皿最少量应满足表 3.1.9.3-5 的规定；

测试结果应符合设计规定。

最少培养皿数　　**表 3.1.9.3-5**

洁净度级别	所需 Φ90 培养皿数（以沉降 0.5 计）	洁净度级别	所需 Φ90 培养皿数（以沉降 0.5 计）
5 级	13	8 级	2
6 级	4	8.5 级	2
7 级	3		

(i) 室内空气温度和相对湿度的检测：

室内空气温度和相对湿度测定之前，净化空调系统应已连续运行至少 24h。对恒温要求的场所，根据对温度和相对湿度波动范围的要求，测定宜连续进行 8～48h，每次测定间隔不大于 30min。

根据温度和相对湿度波动范围，应选择具有足够精度的仪表进行测定。一般精度的空调系统，温度可用 0.1℃分度的水银温度计测定；高精度的空调系统，可用 0.01℃分度的水银温度计或小量程温度自动记录仪测定。相对湿度可用带小风扇的干湿球温度计或电湿度计测定。

室内测定一般布置在以下各处：

送、回风口处；

恒温工作区内具有代表性的地点（如沿着工作周围布置或等距离布置）；

室中心（没有恒温要求的系统，温、湿度只测此一点）；

敏感元件处。

所有测点宜在同一高度，离地面 0.8m。也可以根据恒温区的大小，分别布置在离地面不同高度的几个平面上。测点距外墙表面应大于 0.5m。

测点数按表 3.1.9.3-6 确定；室内温度和相对湿度的技术偏离要求时，其可能的原因和调整方法可参考表 3.1.9.3-6。

温湿度测点数　　表3.1.9.3-6

序号	室内温度和相对湿度	产生的原因	调节方法
1	个别房间的温度，相对湿度偏高，或偏低	房间的送风量过大或过小	调节送风量：减小或增加送风量
2	个别房间的温度，有时偏高，有时偏低	有局部发热、发热设备的开关等	根据具体情况解决（对发热设备隔热等）
3	所有房间的温度均偏高或偏低	送风温度偏高或偏低	调节二、三次加热器的散热或调节二次循环风量
4	个别房间的相对湿度偏高，而温度正常	房间发湿量大	减少湿源或增加送风量
5	大多数房间的相对湿度均偏高	“露点”湿度偏高或偏低	调节喷水温度等降低或提高“露点”温度
6	大多数房间的相对湿度均偏高	挡水板过水量过大	
7	房间温度低，相对湿度偏高	送风湿度过低	增加二、三次加热器散热量或增加二次循环风量

(j) 室内噪声的检测：

测噪声仪器为带倍频程分析仪的声级计。一般只测A声级，必要时测倍频程声压级。

测点位置：宜按5点设置，面积在15m^{2}以下者，可用室中心1点；测点高度距地面1.1m。

室内噪声级检测，应符合设计的规定。

(k) 室内气流流型的检测和室内气流组织的测定：

目的：

了解不同送风量和不同送风速度对气流流型和室内空气参数（主要是温度和速度）的影响。

有净化或超净要求的房间，了解室内气流流型对室内净化效果的影响。

系统调整后室内空气温度、相对湿度或气流速度不能满足使用要求时，需测定气流组织，以便找出原因，分析改进。

测点的布置：

测点间隔一般为0.5m，但靠近顶棚、墙面和射流轴线处可为0.25m，以增加测点。

平面测点——在空调区域平面上（一般离地2m），测回流始端（离墙0.5～1m）、回流中间和回流终端（也离墙0.5～1m）以及送风管道平行的三条线，线上各测点的数量为送风口个数的两倍。

垂直单向流（层流）洁净室选择纵、横剖面各一个，以及距地面高度0.8m、1.5m的水平面各一个；水平单向流（层流）洁净室选择纵剖面和工作区高度水平面各一个，以及距送、回风墙面0.5m和房间中心处等3个横剖面，所有面上的测点间距均为0.2～1m。

乱流洁净室选择通过代表性送风口中心的纵、横剖面和工作区高度的水平面各一个，剖面上测点间距为0.2～0.5m，水平面上测点间距为0.5～1m。两个风口之间的中心线上应有测点。

温度、气流速度的测点：温度一般可用水银温度计测定。但由于测点较多，常用热电偶温度计测定。气流速度用热电偶风速计测定。如有需要，还可以用电湿度计测定相对湿度。

测量各送风口的风量。

用发烟器或悬挂单丝线（直径 10μm 左右）的方法逐点观察和记录气流流向，气流流型，并在有测点布置的剖面图上标出流向，并绘出气流流型图。

根据测出的各点温度、气流速度，画出个断面的温度场、气流速度场。

根据测定结果，进行分析研究，对室内气流组织作出评价。

室内气流流型检测应绘出流型图和给出分析意见。

(l) 自净时间的检测：

本项测定必须在洁净室停止运行相当时间，室内含尘浓度已接近大气尘浓度时进行。如果要求很快测定，则可当时发烟。

如果以大气尘浓度为基准，先测出洁净室浓度，然后再开机运行，定时读数直到浓度到达最低限度为止，这一段时间即为自净时间。如果以人工（如发巴兰香烟）为基准，则将发烟器放在离地面 1.8m 以上的室中心点发烟 1～2min 即停止，待 1min 后，在工作区平面的中心点测定含尘浓度，然后开机，方法同上。

由测得的开机前原始浓度或发烟停止后 1min 的污染浓度，室内到达稳定时的浓度（N），和实际换气次数（n），得到计算自净时间，与实测自净时间进行对比。

3.1.9.4　关于洁净手术部电气（强弱电）质量的控制。

【技术要点】

1. 强电部分

(1) 洁净部分配电箱施工前必须做好施工技术交底，尤其是配电箱的安装高度、安装位置、安装方式、位号、型号等。

(2) 配电箱应安装在安全、干燥、易操作的清洁区及以外场所，如设计无特殊要求，配电箱底边距地高度为 1.5m，照明配电箱底边距地高度不小于 1.8m，双电源切换总配电柜落地安装。

(3) 每个手术室应设置独立的专用配电箱（柜），箱门不应开向手术室内。空调机组及冷热源总配电箱应深入负荷中心设置间。

(4) 特别重要负荷设置的在线应急电源 UPS，应根据需求功能确定容量大小，根据配电范围确定安装位置。生命支持的电气设备应能实现在线切换，特别是心外手术室在手术过程中要使用体外循环机，是绝对不允许出现断电现象的，所以必须采用在线式的 UPS 作为应急电源保证其安全，而不能使用 EPS 作为应急电源。因 EPS 有不同的切换时间，会导致正在工作的抢救电气复位。设置的 UPS 应满足切换时间和电源后备时间的相关要求。

(5) IT 系统应安装在专用的配电箱、柜内，不应外置裸露在技术夹层或夹道。隔离变压器应满足《电力变压器、电源装置和类似产品的安全第 16 部分：医疗场所供电用隔离变压器的特殊要求》GB 19212.16—2005、IEC 61588-2-15 的医疗系统各项电气技术参数的要求。设置 IT 主要是防止设备漏电、造成触电危险。

(6) 洁净区应考虑谐波的影响，因为电力系统的谐波会严重干扰手术室内医疗器械的正常安全使用，严重影响洁净室内医疗检测装置的工作精度和可靠性。谐波注入电网后会使无功功率加大，功率因数降低，甚至有可能引发并联或串联谐振，损坏电气设备以及干扰通信线路的正常工作，使测量和计量仪器的指示和计量不准确。通常在末端总配电箱/

柜设置抑制谐波装置。

（7）实施和检查主要检查设计和施工说明，检查设备名录，以国家、行业及地方标准、设计说明和设备名录、现场检查为依据。

2. 弱电部分

（1）当背景音乐系统和消防广播兼并时，应设置消防强切装置及电源监控装置，验收调试时配合大楼系统整体调试验收。

（2）自控系统施工说明：

① 主要施工措施和施工关键点：

（a）自控箱的安装：将DDC控制器底座先安装在DDC控制箱内，并按其输入输出点需要配够外部接线端子，接好引线，按施工图将端子编号，待调试前将DDC控制器装于底座上，以免过早安装后现场丢失或损坏。

（b）检测元件的安装：将温湿度传感器按图纸要求安装在风管或水管上。压差开关的正负导管使用8mm塑料导管引至取样点。流量开关及流量变送器安装在水平直管段上，避免水流不稳、冲击、涡流的影响。

（c）调节阀及执行机构的安装：根据图纸要求，将调节阀装于管道上，按照执行机构组装要求将调节阀执行机构与阀门连接，将阀门阀杆与执行机构锁紧。将风阀执行器与风门连接，调整好开度，使开度与执行器刻度相对，锁紧阀杆及机构。

（d）线管安装和导线敷设：线管安装和导线的敷设按设计图纸及规范要求进行，金属管路较多或有弯时，宜适当加装接线盒。

② 控制系统调试：

自动调节系统在未正式投入联动之前，进行模拟试验，以校验系统的运作是否正确，是否符合设计要求，无误时，可投入自动调节运行。

用电脑将已编制好的软件录入DDC控制器，检查DDC外部接线是否正确，绝缘是否良好。接通DDC电源，在控制现场模拟动作各外部设备，在电脑终端上检查各数字输入点及模拟输入点状态及参数是否准确。用电脑终端操作阀门及控制回路的接触器，检查阀门开度是否与输出信号相对，检查配电箱柜内受控接触器是否与操作相符。经上述检查无问题后，将各系统开通，在控制室主机上检查各状态参数是否和现场一致，将现场配电箱柜转换开关转至自动位置，系统投入运行。

自动调节系统投入运行后，查明影响系统调节品质的因素，进行系统正常运行效果分析，并判断能否达到预期的效果。

3.1.9.5　关于洁净手术部医用气体工程质量的控制。

【技术要点】

1. 医用气体管道系统材料检验及现场管理

（1）管道材料应符合设计要求：医用气体管道应选用紫铜管或不锈钢管，手术室废气排放输送管可采用镀锌钢管。

（2）管道系统材料施工前应按下列程序进行检验：检查材料质量证明资料、合格证，对材料包装及外观检查，检验材料规格是否符合设计要求，并做好检验记录。

（3）管道材料、管件及管道支承件等应由具有材料知识、识别能力、实践经验及熟悉规章制度的专职保管员管理。

(4) 管道材料、管件及管道支承件等材料入库时，保管员应在确认检验合格后方可入库。

(5) 系统所有材料进场后，均应按照项目监理的管理要求进行报验，报验合格后方可安装施工。

2. 医用气体管道施工安装

(1) 管道安装要便于操作、维修。

(2) 管道安装位置应符合环境和安全保护的要求。所有医用气体管道与支架之间必须作绝缘处理。

(3) 管道穿过楼板或墙壁时，必须加套管，楼板套管的长度应高于地面50mm以上，套管内的管段不应有焊缝和接头，管子与套管的间隙应用不燃烧的软质材料填满。

(4) 压缩医用气体管道贴近热管道（温度超过40℃）时，应采取隔热措施，管道上方有电线、电缆时，管道应包裹绝缘材料或外套PVC管或绝缘胶管。

(5) 除氧气管道专用的导电线外，其他导电线不应与氧气管道敷设在同一支架上。

(6) 医用真空管道应坡向总和缓冲罐，坡度不应小于2‰。

(7) 医用气体管终端应安全可靠，终端内部应清洁且密封良好。

3. 医用气体管道系统的吹扫

(1) 管道、附件表面擦洗干净，各类配套设备的箱体内部也要清理干净。

(2) 吹扫用的气体为洁净的无油压缩空气或干燥无油的氮气。

4. 管路系统的耐压试验和泄漏性试验

医用气体管道系统安装施工后应分段、分区以及全系统分别进行耐压试验及泄漏试验。试验合格后按照《医用气体工程技术规范》GB 50751—2012 表C.0.2做好试验记录，完善签字，并按监理单位要求做好隐蔽工程验收记录。

5. 管道的标识与防腐

(1) 铜管、不锈钢管表面均有保护层，不宜涂漆。

(2) 医用气体管道焊缝在压力试验合格后应进行酸洗钝化等防腐处理。

(3) 医用气体管道标识应包含以下内容：

① 气体的中英文名称或代号；

② 气体的颜色标记；

③ 标有气体流动方向的箭头。

第10节 洁净手术室工程验收

3.1.10.1 关于洁净手术部的竣工验收。

【技术要点】

1. 工程竣工验收的条件

(1) 按照设计文件和双方合同约定各项施工内容。

(2) 有完整并经核定的工程竣工资料。

(3) 有设计、施工、监理等单位分别签署确认的工程合格文件。

(4) 有施工单位签署的工程资料保修书。

（5）有公安消防部门出具认可文件或允许使用文件。

（6）对于铅防护要求的洁净手术部，应有卫生检查检疫部门出具的铅防护等级认可文件或允许使用文件。

（7）建设行政主管部门或其委托的质量监督部门责令整改的问题整改完毕。

2. 工程竣工验收人员组成

洁净手术部的工程验收，应由建设单位组织，设计单位、监理单位、质量监督部门、施工单位、消防部门共同参加。

3. 工程竣工验收内容

（1）工程资料验收；

（2）工程实体验收。

4. 验收程序

（1）参加项目竣工验收的各方已对竣工的工程目测检查，逐一核对工程资料所列内容是否齐备和完整。

（2）举行各方参加的现场验收会议。

（3）办理竣工验收签证书，各方签字盖章，验收合格后，施工单位将工程移交给建设单位。

（4）如果洁净手术部为单项工程，经验收合格后直接交与建设方，并由建设方上报主管部门，经批准后方可投入使用。

（5）如果洁净手术部为单位工程中的一个单项工程，必须先进行单项验收，经单项验收合格后，并不能作为最终验收，必须随该单位工程一起进行整体工程验收，单位工程验收合格签署竣工验收鉴定书后，方能投入使用。

3.1.10.2　关于建筑装饰工程的竣工验收。

【技术要点】

1. 洁净手术部密闭性检查；

2. 材料是否符合《洁净手术部建筑技术规范》的要求；

3. 刷手池配备是否与手术室数量相适应；

4. 手术室内配置及其设置位置是否符合设计要求；

5. 自动门感应系统开启、延时、防撞是否可靠平稳；

6. 洁污流向是否合理分流、流向短捷；

7. 洁净区与非洁净区之间是否设置了缓冲间；

8. 是否设有安全报警系统及灭火装置，且有明显的紧急通道标识。

3.1.10.3　关于净化空调系统工程的竣工验收。

【技术要点】

1. 净化空调工程的验收分段及检测、调整状态

（1）净化空调工程的竣工验收与一般空调工程不同，它由竣工验收和综合性能全面评定两个阶段组成。

① 竣工验收主要检验施工质量，出现的质量责任在施工单位。综合性能全面评定主要检验设计性能的好坏，性能达不到的原因，可能由于施工质量和工艺本身流程等引起的，但更多地体现在设计方面引起的质量问题。

② 综合性能全面评定在竣工验收之后进行，竣工验收不能代替综合性能全面评定。

③ 综合性能全面评定应由具有检验经验和资格，且与施工、设计、建设三方无关的第四方进行评定与仲裁。

(2) 竣工验收和综合性能全面评定的检测和调整在空态或静态下进行。若设计是静态，而检测要求动态下进行，或设计是动态而检测要求在静态下进行，应由建设、设计、施工三方共同协商检测状态及动静化。一般动静比不应超过5倍，洁净级别越高，动静比较小。例如电子工业车间的测定按1∶3进行。

任何一种检测得出的洁净级别必须注明检测状态，在空态和静态下检测时，由于人是发尘体，因此进入室内的检测人员应不多于两人，且应穿洁净工作服，并尽量少走动。

2. 竣工验收

(1) 竣工验收前，施工单位必须组织力量对各项分部工程进行外观检查，单机试运转及测试调整、系统联合试运转测试调整初验合格；同时，设计变更、施工检查记录、分项分段验收记录、材料配件设备性能检测报告、说明书、合格证等文字资料齐全，验收条件具备后，再提请建设单位组织验收。

(2) 分部工程外观检查的验收：

① 各种管道、自动灭火装置及净化空调设备（空调器、风机、净化空调机组、高效过滤器和空气吹淋室等）安装应正确、牢固、严密，其偏差应符合有关规定，规格型号应符合设计要求。

② 高、中效过滤器与风道连接及风道设备的连接，应有可靠的密封。

③ 各类调节装置应严密、调节灵活、操作方便。

④ 净化空调器、静压箱、风道系统及送回风口无灰尘。

⑤ 洁净室的墙面及顶棚表面、地面应光滑、平整、色泽均匀、不起灰尘。地板无静电现象。

⑥ 送、回风口及各类末端装置、各类管道、照明及动力配线的配管以及工艺设备等穿越洁净室时，穿越处的密封处理应可靠严密。

⑦ 洁净室内各类配电盘、柜和进入洁净室的电器管线管口应有可靠的密封。

⑧ 各种刷涂保温工程应符合规定。

(3) 单机试运转及系统试运转的验收：

① 有试运转要求的设备，如净化空调器，空调器、排风系统，局部净化设备（洁净工作台、静电自净器、洁净干燥箱）、空气吹淋室、余压阀、真空吸尘器、清扫设备、烟感温感火灾报警装置，自动灭火装置、洁净空调自动调节控制装置、仪表等的单机试运转应符合设备技术文件有关规定和前款单机试运转与测试的有关要求。

② 单机试运转合格后，必须进行带冷（热）源的系统正常联合试运转不少于8h。运转中系统各项设备部件联动运转必须协调，动作正确，无异常现象。

(4) 施工文件验收：

① 竣工验收时施工单位应提供下列文件：

(a) 设计文件或设计变更的证明文件，有关协议书、竣工图；

(b) 主要材料、设备、调节仪表、配件的出厂合格证书、使用说明书等；

(c) 单位工程、部分分项工程质量检验评定表；

(d) 开工、竣工报告、土建隐蔽工程系统、管线隐蔽工程系统的封闭记录、设备开箱检查记录、管道压力测试记录，管道系统吹洗（脱脂）记录、风道漏风检查记录、中间验收单和竣工验收单；

(e) 通风机的风量及转速检测记录；

(f) 系统风量的测定和平衡记录；

(g) 室内静压的检测、调整记录；

(h) 制冷设备及系统的测试调整记录；

(i) 水泵冷却塔等单机运转和测试调整记录；

(j) 自动调节系统联动运行报告；

(k) 高效过滤器的检漏报告；

(l) 室内洁净度级别检测报告；

(m) 室内温湿度、风速、流线等参数的检测、调节记录（包括原始记录）；

(n) 竣工验收结论及评定质量等级报告。

3. 综合性能全面评定

综合性能全面评定由建设单位组织，由有检测经验和资格的第四方承担，施工、设计单位配合，检测时建设、设计、施工单位人员必须在场。验收评定见本书第1篇第6章。

3.1.10.4 关于洁净手术部电气工程的竣工验收。

【技术要点】

1. 重点检查自动控制系统运行的可靠性；

2. 对讲呼叫能否正常工作；

3. 若认为短路，检查控制开关工作状况；

4. 检查上位机与每间手术室中央控制面板信号连接是否正确，控制是否正确；

5. 检查IT电源工作状况；

6. 强制切换主供电回路，检查双电源切换柜工作是否正常可靠；

7. 检查网络系统、电话系统是否畅通；

8. 检查盘柜电缆压线鼻子连接是否可靠；

9. 检查盘内接线是否符合要求。

3.1.10.5 关于洁净手术部医用气体工程的竣工验收。

【技术要点】

1. 医用气体系统验收应进行测试性试验、防止管道交叉错接的检验及标识检查、所有设备及管道和附件标识的正确性检查、所有阀门标识与控制区域标识正确性检查、减压装置静态特性检查、气体专用性检查。

2. 医用气体系统验收应进行检测与报警系统检验，并应符合下列规定：

(1) 每个医用气体子系统的气源报警、就地报警、区域报警。应按规范《医用气体工程技术规范》GB 50751—2012第7.1节的规定对所有报警功能逐一进行检验，计算机系统作为气源报警时应进行相同的报警内容检验。

(2) 应确认不同医用气体的报警装置之间不存在交叉或错接。报警装置的标识应与检验气体、检验区域一致。

(3) 医用气体系统已设置集中监测与报警装置时，应确认其功能完好，报警标识应与检验气体、检验区域一致。

3.1.10.6 关于洁净手术部给水排水工程的竣工验收。

1. 施工验收标准

洁净手术部工程施工完成后，除应经过建设方按照医疗工艺要求自检外，还应由建设方按照现行国家标准《医院洁净手术部建筑技术规范》GB 50333 附录 B 列出项目的验收，并应按照现行国家标准《洁净室施工及验收标准》GB 50591 组织综合性能全面的检测。

同时，室内给水排水安装工程质量必须按照现行国家标准《建筑给水排水及采暖工程施工质量验收规范》GB 50242 及《给水排水管道工程施工及验收规范》GB 50268 执行。

2. 施工验收注意事项

(1) 施工完后，应对照设计院和净化区域深化设计图纸管道预留口位置，逐一检查，确认所有未使用预留管口进行封堵完成。

(2) 检查所有地漏、清扫口设置位置是否合理。

(3) 对卫生器具自带存水弯与管道连接口逐一检查，防止浊气污染室内空气。

(4) 在系统试压、防腐验收完成后，应参考图集《管道和设备保温、防结露及电伴热》03S401 进行管道保温和防结露处理，建议保温材料的选择与医院给水排水系统设计统一。

第 11 节 洁净手术室工程移交与售后服务、日常管理

3.1.11.1 关于洁净手术部工程的移交。

【技术要点】

1. 洁净手术部工程的移交参见本书第 1 篇第 6 章的内容。

2. 除了工程移交外，施工单位还要针对洁净手术部工程整理、编制出一套“易损备件表”及“使用与维护手册”，交建设单位或维护部门使用，以便指导后期维护。

3. “易损备件表”见表 3.1.11.1。

易损备件表 **表 3.1.11.1**

项目名称：

序号	易损备件名称	规格、型号、技术参数	单位	数量	使用部位	生产厂家	备注

4. “使用与维护手册”的内容：

(1) 建筑装饰维护方法及注意事项；

(2) 通风空调系统维护方法及注意事项，常见故障判断与排除方法；

(3) 电气系统维护方法及注意事项，常见故障判断与排除方法；

（4）医用气体系统维护方法及注意事项，常见故障判断与排除方法；

（5）给水排水系统维护方法及注意事项，常见故障判断与排除方法。

3.1.11.2　洁净手术部售后服务分施工单位承担的服务和建设单位或使用单位自行的维护服务。

【技术要点】

1. 对于施工单位承担的服务，应该按施工服务承诺书的内容进行服务。

2. 建设单位或使用单位自行的维护服务。

3.1.11.3　关于洁净手术部的日常管理。

【技术要点】

1. 日常维护

（1）检验时机及部位：

① 每日通过净化自控系统进行机组监控并记录，发现问题及时解决；每月对非洁净区域局部净化送、回风口设备进行清洁状况的检查，发现问题及时解决。

② 每月对各级别洁净手术部至少进行1间静态空气净化效果的监测并记录。

③ 每半年对洁净手术部进行一次尘埃粒子的监测，监控高效过滤器的使用状况并记录。

④ 每半年对洁净手术部的正负压力进行监测并记录。

⑤ 洁净手术部综合性能指标测定（静压差、截面风速、换气次数、自净时间、温湿度、新风量、洁净度级别和细菌浓度等技术指标），医院每年进行一次，结果符合相关规定要求，并且有记录。

⑥ 新风入口过滤网：1周左右清扫1次，多风沙地区周期缩短；过滤器更换周期：粗低效过滤器，1～2个月；中效过滤器，2～4个月；亚高效过滤器，1年以上；高效过滤器，3年以上。

⑦ 对洁净区域内的非阻漏式孔板、格栅、丝网等送风口，应当定期进行清洁。对洁净区域内回风口格栅应当使用竖向栅条，每天擦拭清洁1次，对滤料层应按照上述规定更换。

⑧ 负压手术部每次手术结束后应当进行负压持续运转15min后再进行清洁擦拭，达到自净要求方可进行下一个手术。过滤致病气溶胶的排风过滤器应当每半年更换一次。

⑨ 热交换器应当定期进行高压水冲洗，并使用含消毒剂的水进行喷射消毒。

⑩ 对空调器内部加湿器和表冷器下的水盘和水塔，应当定期清除污垢，并进行清洗、消毒。对挡水板应当定期进行清洗，对凝结水的排水点应当定期进行检查，并进行清洁、消毒。

（2）检验项目：

① 外观检查；

② 单机试运转试验；

③ 联机试运转试验；

④ 换气次数测定；

⑤ 静压差测定；

⑥ 高效过滤器阻力监测及检漏。

⑦ 高效过滤器阻力的监测。

2. 日常管理

（1）保洁人员分工明确，不同区域的清洁工具不能混用，需有明显标志。

（2）洁净手术部的净化空调系统应当在手术前 30min 开启，手术部清洁工作应在每天手术结束后净化空调系统运行时进行，达到自净时间后关机。

（3）手术部用物必须保持整齐、清洁，物面无尘，地面无碎屑、无污迹。定期清洗与保养。

（4）每日保洁：当天手术结束后进行彻底清洁消毒，包括壁柜、无影灯、仪器、器械车、手术床、操作台面、地面。在无明显污染的情况下，物体表面用清水擦拭，内外走廊、辅助间地面每天湿式拖抹两次（上午第一场手术开始后和当天手术结束后各一次）。

（5）每周保洁：室内外环境卫生彻底清洁，包括顶棚、窗户、墙壁、空调机滤网等每周清洁擦拭一次。

（6）手术结束后迅速清理手术床及用物，并进行空气消毒大于 30min。未经清洁、消毒的手术间不得连续使用；按不同级别关闭手术间，达到自净时间，进行下一台手术。

（7）术中被手术病人血液或体液污染的物面和地面，应及时用醇类或含氯消毒液进行擦拭，消毒液的浓度根据感染类型进行选择。清洁的顺序应遵循从相对清洁到污染的原则，避免污染扩散。

本章作者简介

闫新郑：中共党员，管理学硕士，教授级高级工程师。现任郑州大学第一附属医院副院长。

黄德强：深圳达实智能股份有限公司副总裁，江苏久信医疗科技有限公司董事长。

卜从兵：苏州华迪医疗科技有限公司董事长，高级工程师。

王文一：北京文康世纪科技发展有限公司总经理，高级工程师，参与编写《医用气体系统工程规划建设与运行管理指南》和《医院智能化建设》。

高峰：深圳市亿金达实业有限公司董事长，中国暖通净化行业协会常务副会长。

第2章 重症监护单元（ICU）洁净装备工程

郑伟 白浩强 袁董瑶 许晓帅

第1节 基本概念

3.2.1.1 重症监护单元（ICU）的概念。

【技术要点】

ICU是英文Intensive Care Unit的缩写，意为加强护理病房（或重症监护病房）。重症监护单元是收治内科、外科等各科病人中患有呼吸、循环、代谢及其他全身功能衰竭的病人，并对他们集中进行强有力的呼吸、循环、代谢及其他功能的全身管理，或可能发生急性功能不全、随时可能发生生命危险的病人治疗管理。

第2节 必要性

3.2.2.1 重症监护单元（ICU）目前面临的现状。自20世纪80年代我国建设第一例ICU病房到目前为止，ICU已经得到了很大的普及，在挽救危重病人生命的同时，也为医院和社会带来了巨大的社会效益和经济效益。目前我国ICU病房建设已经很普及，但在重症监护病房床位配置、设备配置、布局设计、使用维护管理等方面存在诸多问题。

3.2.2.2 重症监护单元（ICU）洁净病房建设的必要性。

【技术要点】

1. 重症监护单元是应用先进的诊断、监护和治疗设备与技术，对病情进行连续、动态的定性和定量观察，并通过有效的干预措施，为重症患者提供规范的、高质量的生命支持，改善生存质量。重症患者的生命支持技术水平，直接反映医院的综合救治能力，体现医院整体医疗实力，是现代化医院的重要标志。

2. 采用洁净技术建设的洁净重症监护室，可以通过有效控制病房空气中的尘埃粒子和细菌数量，达到降低和控制重症病人细菌性感染率的目的，为临床救治提供了良好环境条件。空气洁净技术是重症监护病房防止外源性感染的主要措施，控制污染作用显著，已成为现代医院降低感染率，提高医疗质量的重要技术手段。

第3节 工作流程

3.2.3.1 重症监护单元（ICU）工作流程。合理的人流物流的医疗流向，各行其道，尽

量减少各种干扰和交叉感染。

1. 医护人员流线：专用通道→换鞋→更衣→洗手→清洁走廊→各自工作域区。

2. 患者流线：病人入口→换床→洁净走廊→病房。

3. 清洁物品流线：洁净物品入口或气动物流口经缓冲、脱外→无菌物品室→各病床。

4. 污物流线：病房或处置室→污物走廊→污物间清洗或污物暂存→专用污梯（或楼梯）。

3.2.3.2　重症监护单元（ICU）平面与空间设计：

1. 某医院重症监护室（ICU）平面布置图及流程图如图3.2.3.2-1～图3.2.3.2-3所示。

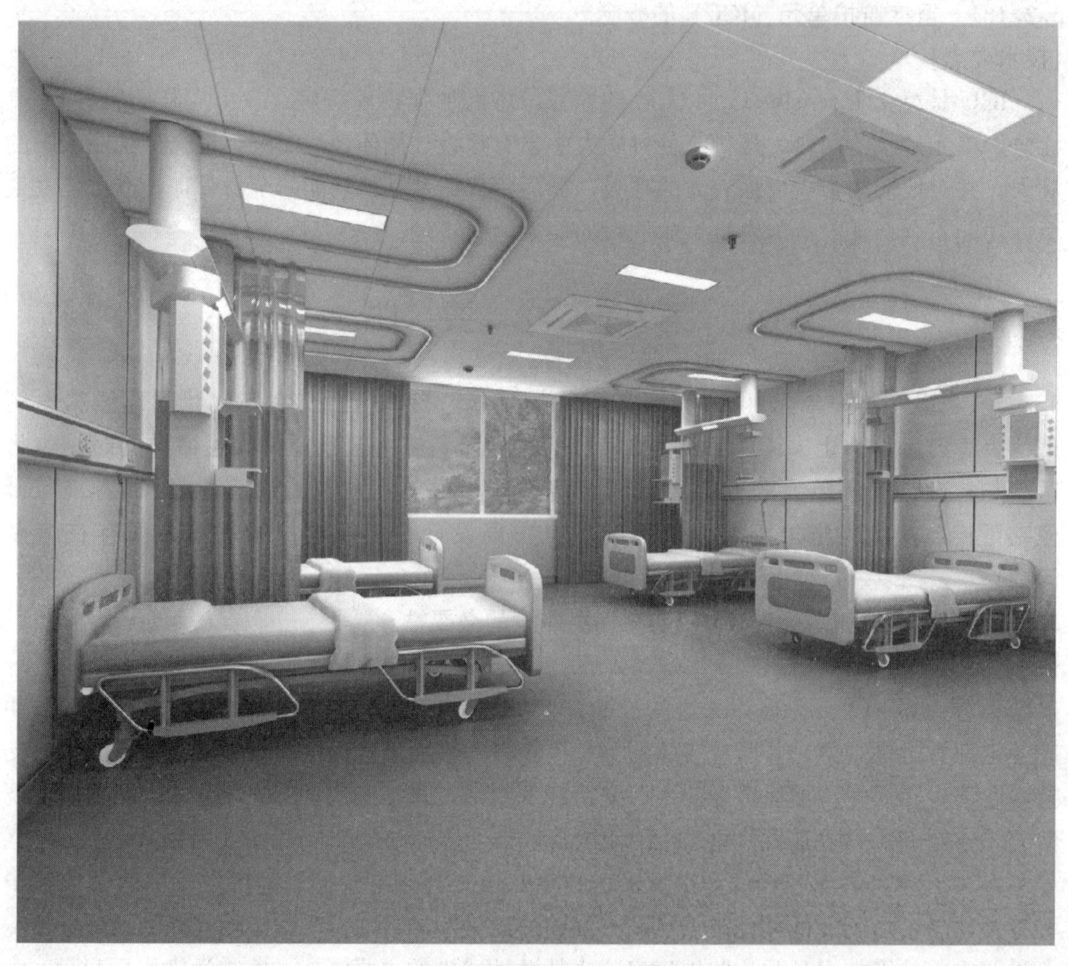

图3.2.3.2-1　ICU效果图

2. 某医院重症监护室（NICU）平面效果及流程图如图3.2.3.2-4～图3.2.3.2-6所示。

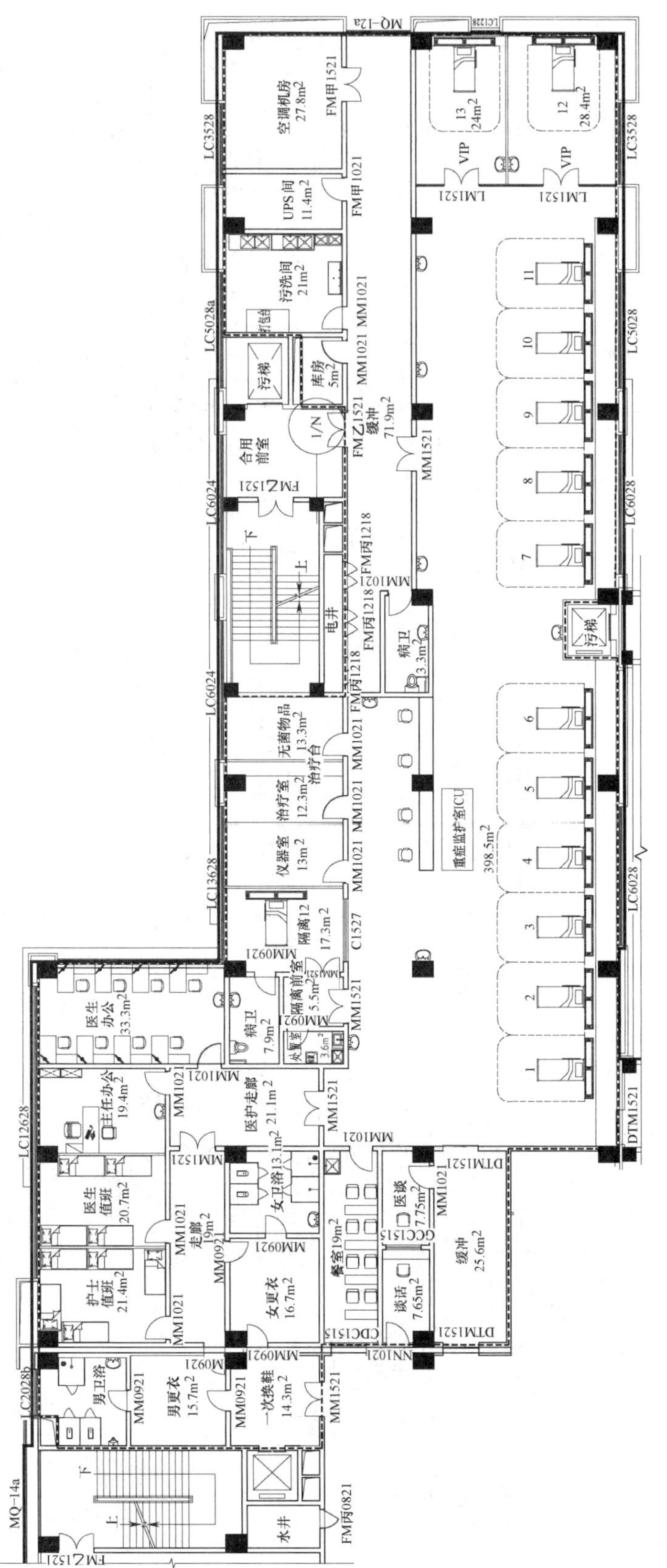

图 3.2.3.2-2 ICU 平面图

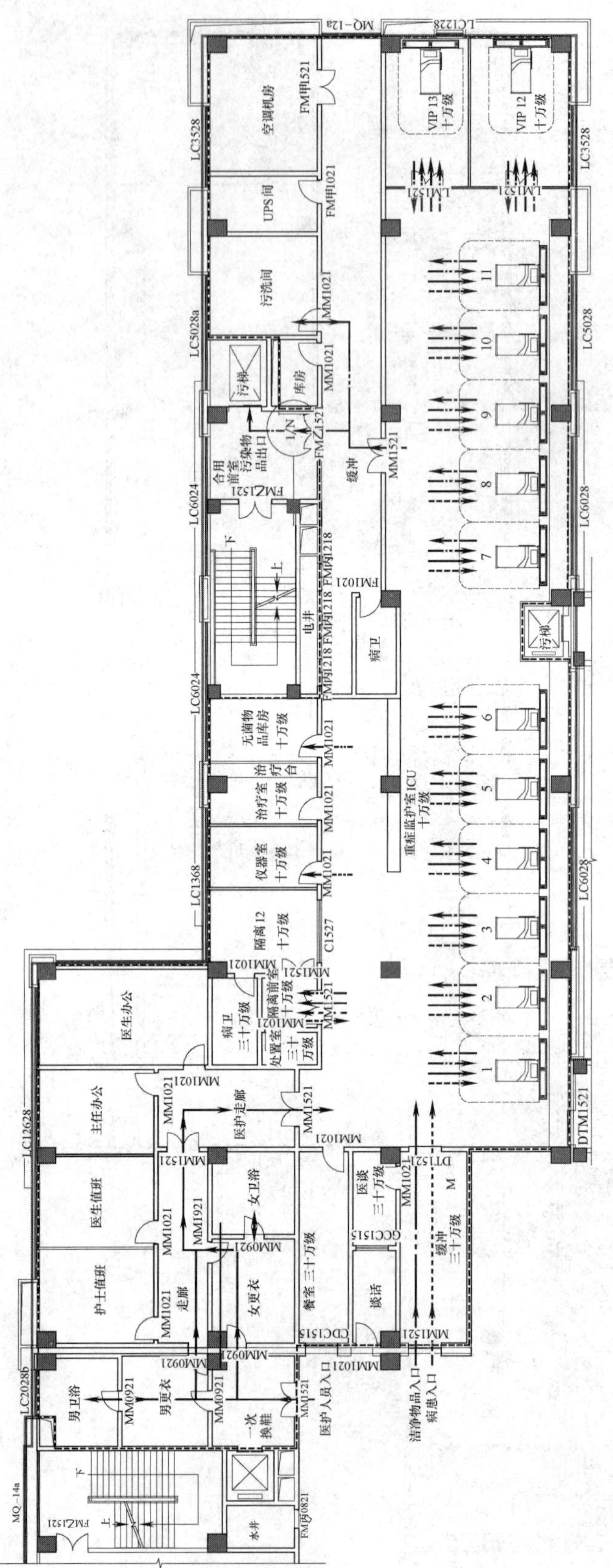

图 3.2.3.2-3　ICU流程图

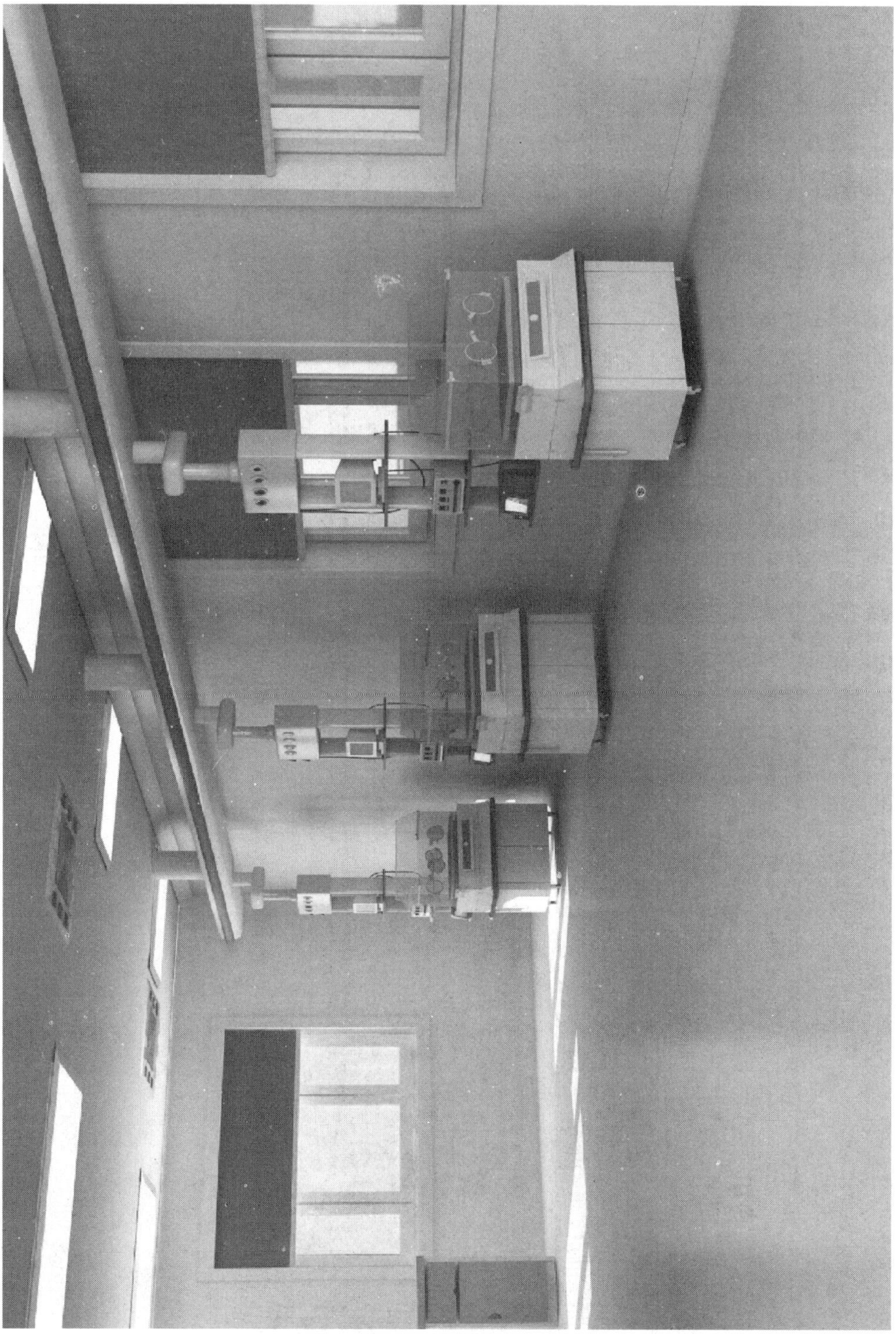

图 3.2.3.2-4　NICU效果图

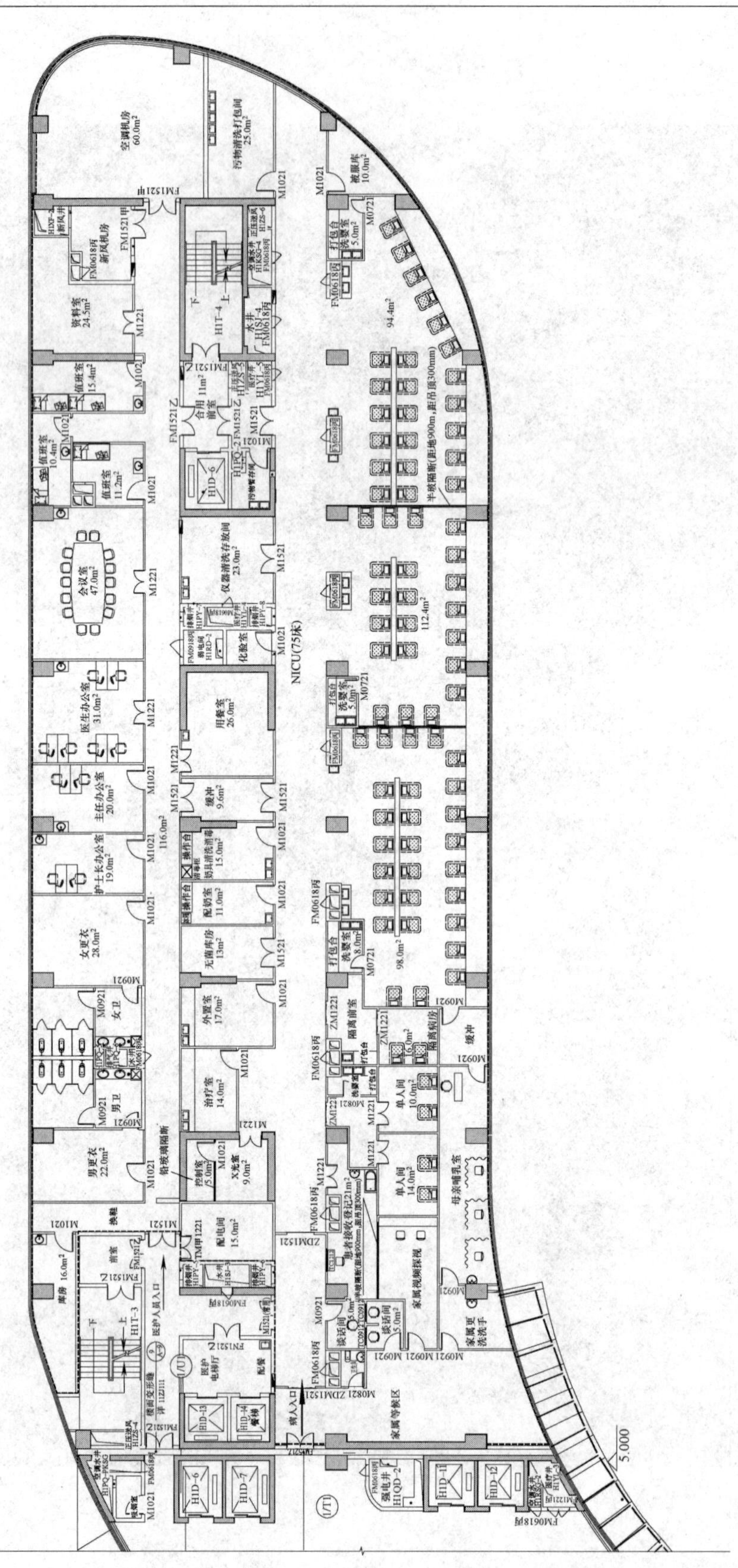

图 3.2.3.2-5　NICU 平面图

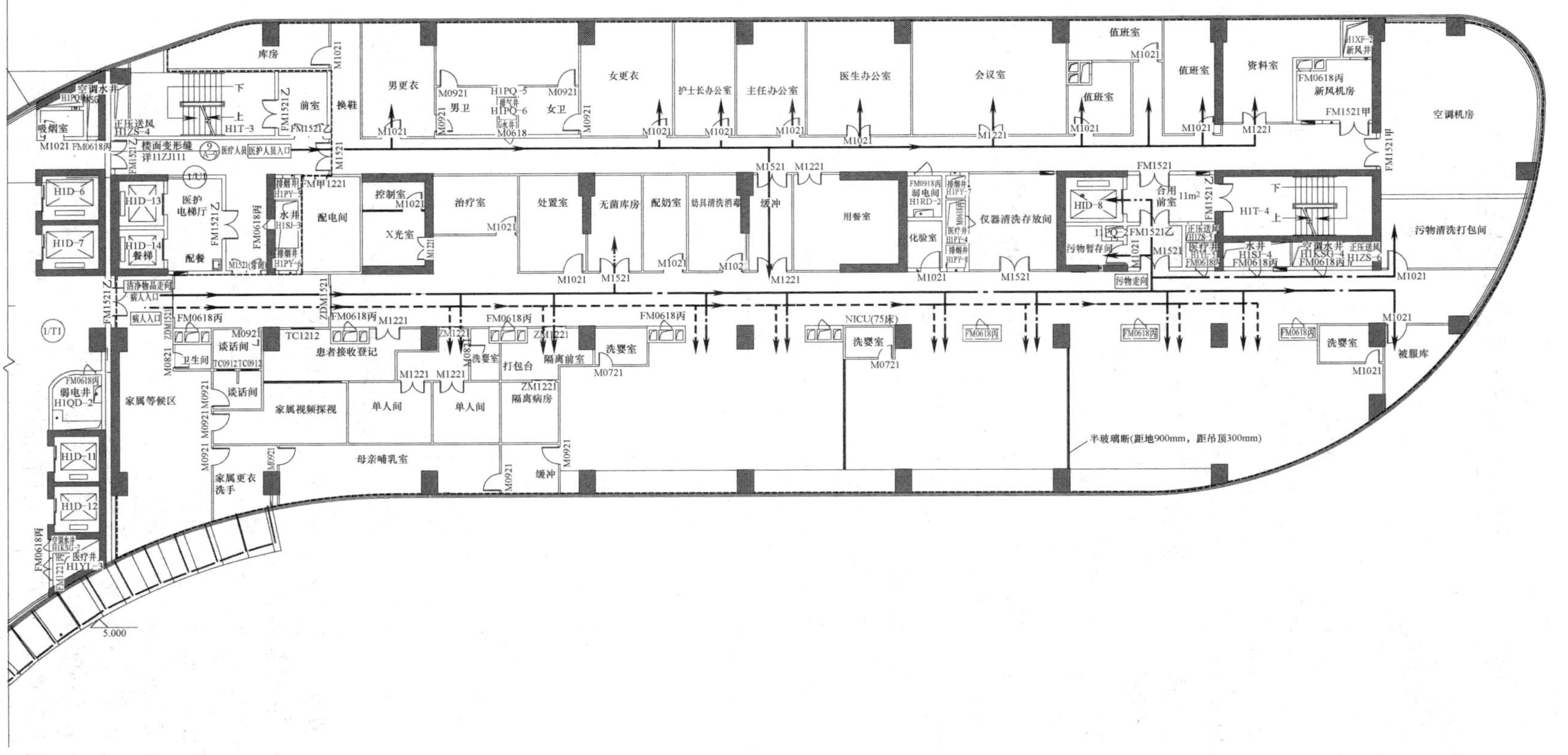

图 3. 2. 3. 2-6　NICU 流程图

第 4 节　各专业设计要点及注意事项

3.2.4.1　装饰装修工程。

【技术要点】

1. 重症监护单元（ICU）医疗建筑布局

（1）ICU 病房的位置应与手术部相邻或相近布置，这样既方便护士去手术室接送病人又可减少污染。当 ICU 病人病情恶化时，可及时送往手术室进行抢救，手术完成后的危重病人也方便就近转运至 ICU。ICU 病房的位置还宜与急诊科、放射诊断科、介入治疗科就近布置，并应有快捷联系（路径）。当水平方向无法满足时，尽可能在垂直方向满足。外科 ICU 病人多数来自手术室、外科病房或急诊室，因此，外科 ICU 应设在这些科室的附近，便于转入、转出和联系，并且靠近相关科室，如化验室、血库等（就更利于工作）。

（2）人员通过电梯（到达 ICU 病房），物品通过气动传输管线输送、轨道物流小车（或人工运输）输送（目前国外医院的 ICU 病房大多采用这种布局方式）。

（3）重症监护单元（ICU）在其平面布局、人流物流、通风空调系统、电气系统、给水排水系统等方面都有其特殊性。布局上需考虑三区划分（清洁区、半污染区及污染区），便于气流组织及压力梯度的形成。

2. 重症监护单元（ICU）与科室间的关系图见 3.2.4.1-1。

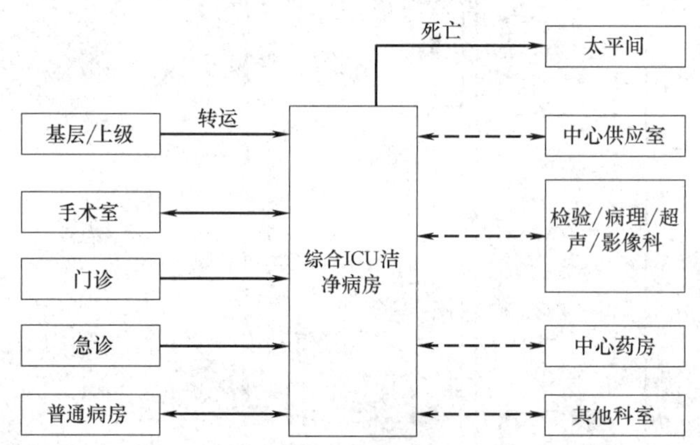

图 3.2.4.1-1　ICU 病房与其他科室间的关系图

3. 重症监护单元（ICU）洁净工程各功能间的关系图见图 3.2.4.1-2。

护士站设在 ICU 病房中央，并设有一台监视全科病人的心电监护仪可显示全科病人的心电情况。现代高科技用于护理管理大大减轻了医护人员的劳动强度，提高了工作效率。ICU 病房的入口应设自动门由护士站控制。ICU 病房宜设闭路电视供探视者对视对讲，随着网络技术的不断发展及智能手机的普及，手机移动探视已经成为一个趋势。

4. 重症监护单元（ICU）设备配置

ICU 的设备必须配有床边监护仪、中心监护仪、多功能呼吸治疗机、麻醉机、心电图机、除颤仪、起搏器、输液泵、微量注射器、处于备用状态的吸氧装置、气管插管及气

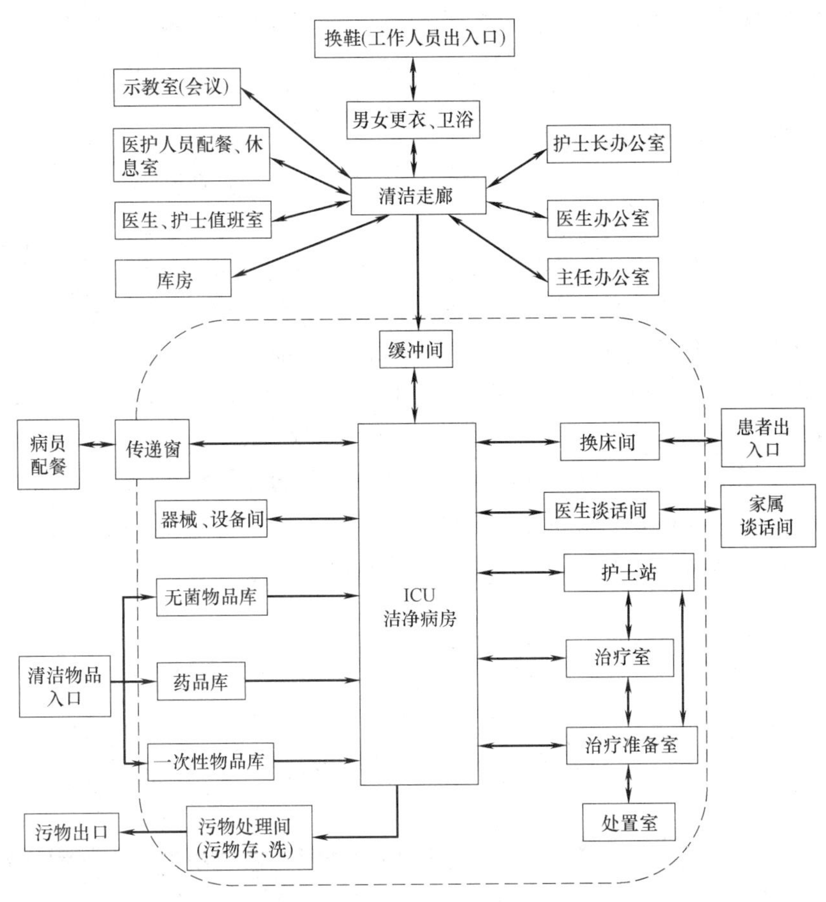

图 3.2.4.1-2 ICU病房洁净工程各功能间关系图

管切开所需急救器材。在条件较好的医院，还配有血气分析仪、微型电子计算机、脑电图机、B超机、床旁X线机、血液透析器、动脉内气囊反搏器、血尿常规分析仪、血液生化分析仪等。

5. 重症监护单元（ICU）病床规模与医护人员比值计算参考

（1）ICU床位数一般为医院总床位数的2%～8%。ICU床位使用率波动很大，可根据具体情况开设。

（2）床位的计算方法：ICU床位＝预期ICU年收治病人（800）×平均住ICU天数（4.5）/[365天×预期ICU床位使用率（0.8）]。

（3）500张床位以下综合医院：8～12张综合ICU病床。

（4）规模与功能分区：总床位数占医院总床位的2%～8%，最佳ICU单元6～12床。

（5）ICU病房每张床单位要有足够的面积，以利于抢救及各项操作，一般为12～15m^2，每张床的距离要在1.2m以上，鼓励在人力资源充足的条件下多设计单间或分隔式病房。单间病房的面积要在16～20m^2，可以接受特重感染、传染病患者。

（6）每个ICU最少配备一个单间病房，面积不少于18m^2。每个ICU中的正压和负压隔离病房的设立根据患者专科来源和卫生行政部门的要求决定配备负压隔离病房1～2间。

（7）病区与床位空间：开放式病床12～16m^2；单间病房18～25m^2。

(8) 医护人员配比：医师与床位比例：(0.8～1)∶1以上；护士与床位比例：(2.5～3)∶1以上。

(9) 病人一般平均住ICU的时间是3～5d，病情复杂者为2～4周。

6. 重症监护单元（ICU）分类

(1) 综合ICU包括：外科重症监护病房（SICU）、内科重症监护病房（MICU）、急诊重症监护病房（EICU）等。

(2) 专科ICU主要包括：烧伤重症监护病房（BICU）、呼吸重症监护病房（RICU）、肾病重症监护病房（UICU）、新生儿重症监护病房（NICU）、产科重症监护病房（OICU）、儿科重症监护病房（PICU）、麻醉重症监护病房（AICU）、移植重症监护病房（TICU）等。冠心病重症监护治疗病房（CCU）、心肺重症监护病房（CPICU）、心脏外科重症监护病房（CSICU）、神经外科重症监护病房（NSICU）。

本章以综合ICU及NICU病房洁净工程为例进行设计与施工、验收、移交等内容的讨论，其他各种ICU病房可参照这两种ICU病房进行。

7. 重症监护单元（ICU）设计

(1) 综合ICU洁净病房布局设计

① 通常采用开放式布置方式，但ICU洁净病室因危重病人居多，发生交叉感染的机会也相应增加。遇有严重感染、传染、服用免疫抑制剂及需要多种仪器监测治疗的病人应与其他危重病人相对隔离，即ICU病室应设置隔离单间，面积宜为18～25m^2。

对于做脏器移植手术后环境等级需百级空气洁净度的病人，ICU病室应设置百级单间，面积宜为18～25m^2。

以上占地面积宜在16～20m^2。为便于医护人员能直接观察到病人，面向护士中心监测站的墙壁最好选用玻璃隔断分隔，或应用闭路电视监护。

② 单间隔离ICU、普通ICU病床之间应设吊帘分隔，以便在做治疗时尊重病人的隐私。隔离ICU及洁净ICU病床之间设玻璃隔断，既满足了洁净要求，又可以使病人免受干扰，还方便了护士观察病情。监护病床的床间净距建议不宜小于1.5m，监护病房单床间面积建议不应小于12.00m^2。其主要原因是ICU床位必须配有床边监护仪、中心监护仪、多功能呼吸治疗机、麻醉机、心电图机、除颤仪、起搏器、输液泵、微量注射器、气管插管及气管切开所需急救器材。在条件较好的医院还配有血气分析仪、微型电子计算机、脑电图机、B超机、床旁X线机、血液透析器、动脉内气囊反搏器、血尿常规分析仪、血液生化分析仪等。因此，ICU病房每床位占有面积较大，应留有足够的空间。每个ICU最少配备一个单间病房。

③ 每个ICU中的正压和负压隔离病房的设立，可以根据患者专科来源和卫生行政部门的要求决定，通常配备负压隔离病房1～2间。鼓励在人力资源充足的条件下，多设计单间或分隔式病房。

④ 国内常用的ICU床位面积：开放式监护室每床占用面积为7～10m^2，2～4床单元的每床占用面积为10～15m^2，床与床之间边距尺寸不小1.5m。单间病房的面积要在15～20m^2，可以接收特危、严重感染、传染病患者。就监护单元而言，其总面积一般为床位面积的2～3倍。

(2) 综合ICU病房及辅助用房组成及分类

①ICU病房及辅助用房的组成

ICU病房分为三个功能区：医护人员办公区、重症监护治疗区、污物清洗消毒区。

（a）医护人员办公区：由更鞋间、衣帽发放、男女更衣（卫浴）间、清洁走廊、医生办公室、护士长办公室、主任办公室、护士值班室、医生值班室、餐厅/休息室、会议室、配餐室、化验室、缓冲间、库房等组成。

（b）重症监护治疗区：由换床间、开放式监护病房、小监护室、单间监护室、隔离监护室、护士站、治疗室、治疗准备室、处置室、器械间、营养液配置间、洁净物品库、一次性物品库、被服库等组成。

（c）污物清洗消毒区：由污物暂存间、污物清洗间、消毒存放间组成。

ICU辅助用房（指医护人员办公区及供治疗用的功能间）面积与病房面积之比宜达到1.5∶1以上。

②ICU洁净病房及辅助用房的分类

医护人员办公区：

（a）更鞋间　设在医护人员通道出入口，是医护人员进入重症护理单元的出入口，面积根据ICU病房的床位多少及医护人员数量来确定。

（b）衣帽发放　与更鞋间相连或同处一处，面积根据医护人员数量来确定。

（c）男女更衣（卫浴)间　与更鞋间相连分设男更衣、女更衣，更衣室室内设卫生间、淋浴间，面积大小及蹲位数量、淋浴头数量根据医护人员数量来确定。

（d）清洁走廊　办公区域的公共走廊，宽度宜为1.5m以上。

（e）医生办公室　宜接近ICU治疗区，面积根据医护人员数量来确定，设内网、外网（互联网)、电话、呼叫、洗手盆。

（f）护士长办公室　面积9～12m^2。设内网、外网（互联网)、电话、呼叫、洗手盆。

（g）主任办公室　同护士长办公室设置。

（h）护士值班室　面积根据医护人员数量来确定，设电话、呼叫、卫生间。

（i）医生值班室　面积根据医护人员数量来确定，设电话、呼叫、卫生间。

（j）餐厅/休息室　面积根据医护人员数量来确定，一般不小于20m^2，设电话、呼叫、洗手盆、配餐台。

（k）会议室　面积根据医护人员数量来确定，一般不小于25m^2，设电话、呼叫、洗手盆。

（l）配餐室　面积根据医护人员数量来确定，设呼叫、洗手盆、配餐台。

（m）化验室　ICU病房距离手术部较远时才予以设置，主要进行与抢救有关的一般化验，如血常规、血气、血电解质、肾功能等时间性强的项目。一般与抢救手术室相连，面积一般为9～12m^2。

重症监护治疗区：

（a）开放式监护室　接收一般性重症患者。

（b）小单元式监护室（2～4床）　接收中等危病患者。

（c）单间监护室　接收特危、需要处于正压房间的患者。

（d）隔离监护室　收治具有传染性疾病的重症患者。

（e）护士站　即中心监护站，直接观察所有监护的病床。应在适中位置，视线畅通，便于观察监护病人面部表情，护士站与监护室处于同一空间。护士站设有报警监护仪，用计算机进行数据记录、分析、存储。设院内网、互联网、电话、中央监控、对讲、背景音乐控制接口、多设电源插座（一般都在12个以上）等。同时，护士站要有一定的储藏空间，便于各类表格的存放，要注意其高度的设置，便于护理人员工作与观察，做到简洁大方。

(f) 治疗准备室 宜设置在护士站附近，便于医护人员操作，室内要有操作台、物品柜、治疗车、抢救车、锐器盒、医疗和非医疗分色废物桶、冰箱。面积一般为$9m^2$以上。

(g) 处置室 宜与治疗室或治疗准备室相邻。处置室要设置处置台、水池、医疗和非医疗分色废物桶、储物柜。处置室与治疗室或治疗准备室的空间最好用玻璃隔断分隔，便于护理人员观察。

(h) 器械室 ICU治疗区域的适当位置，面积一般不小于$10m^2$。

(i) 治疗室（或换药室） 宜设置在护士站、处置室附近，室内宜有物品柜、换药床、治疗车操作台、洗手池、医疗和非医疗分色废物桶。面积不宜低于$9m^2$。

(j) 储存室 存储辅料器材、其他备用床具。一般随床位数量确定。

(k) 高营养配制 患者营养液配置，一般位于房间尽头。

(l) 库房 存储被服被单、床具杂物等。

(m) 家属接待室或谈话间 面积一般不小于$4m^2$。

污物清洗消毒区：

(a) 便盆处理间 用来倾倒患者的大小便或呕吐物，并对便盆进行清洗。该间设有大小便倾倒池、清洗池。同时对便盆进行浸泡、消毒、控干、存储。面积一般不宜小于$9m^2$。

(b) 污物间 分类收集、中转存放各类污物、清洗、存放保洁用品，内放污医车（袋）、保洁车及保洁物品，设水池。面积一般不小宜于$6m^2$。

(3) 综合ICU病房布局方式

按照床位与护士站的相互关系ICU的布置方式可分为：单面式、双面式、三面式、环绕式。

① 单面式：病床沿病房一侧一字形排开，辅助房间布置在另侧。护士站面向病床一个方向，注意点集中，但护理距离较长。弥补的方法是在病房的两端分设两个护理小组，治疗室设在近护士站的位置，可减少护理距离过长的弊病（见图3.2.4.1-3）。

② 双面式：病房沿病房两侧布置。中间设两个护士站及主要治疗用房，两名护士面向病房的两个方向，医生办公等其实辅助用房布置在病房的走廊外侧。其优点是护理距离较短，布局紧凑避免了单面式的不足。双面式ICU病房布局方式见图3.2.4.1-4。

③ 三面式：病床沿病房的三个方向布置。中间设护士站及主要治疗用房，多名护士面向病床的三个方向，这样做的优点是护理距离较短，护理人员集中，便于监护及医护人员互相支持（见图3.2.4.1-5）。

④ 环绕式：核心部位设置护士站，病床绕护士站布置。医护人员可以边工作边观察，护理距离短，有利于提高工作效率。缺点是周围都是病人，不是集中在一个方向，难于专注。护士站距治疗及辅助用房距离较远，联系不便（见图3.2.4.1-6）。

8. NICU病房设计

(1) NICU病房的建筑布局

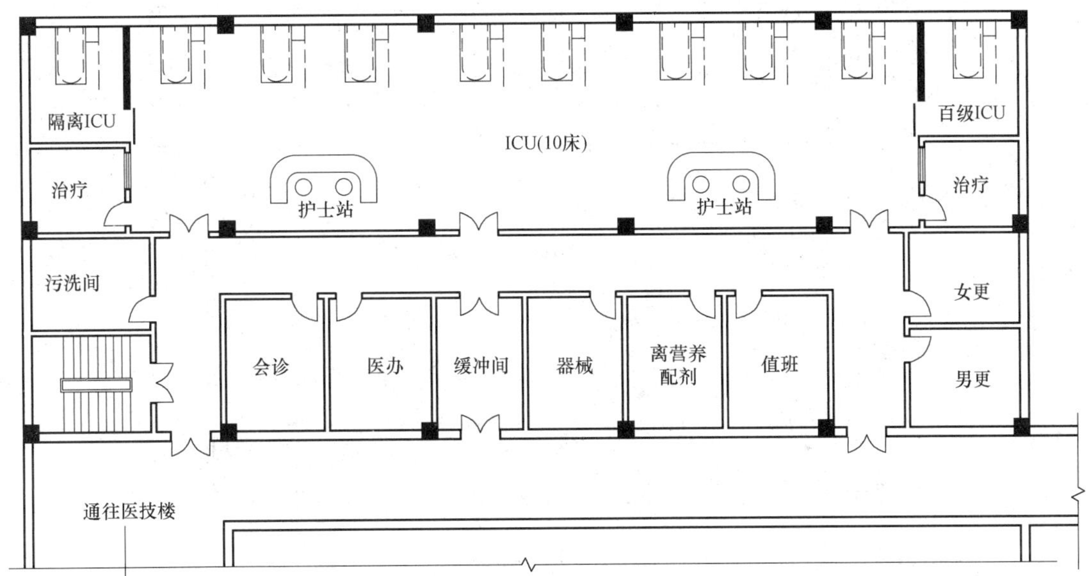

图 3.2.4.1-3　单面式 ICU 病房布局方式

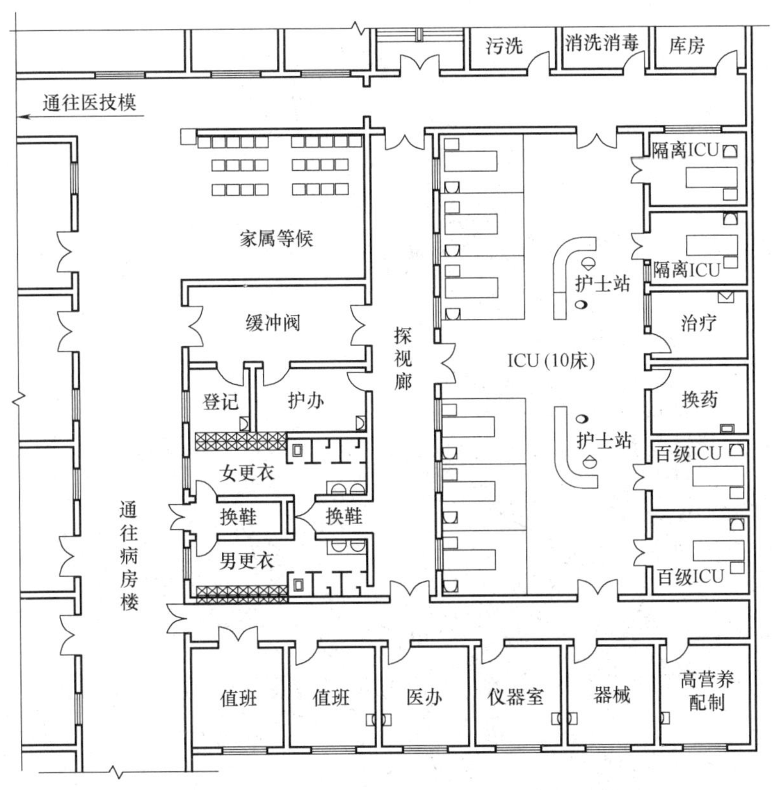

图 3.2.4.1-4　双面式 ICU 病房布局方式

① 医院建筑各部门之间组成复杂，各个科室众多，相互之间的功能关系和密切程度各不相同，NICU 属于专科性 ICU，同时又隶属于新生儿科，和产科关系很密切。NICU

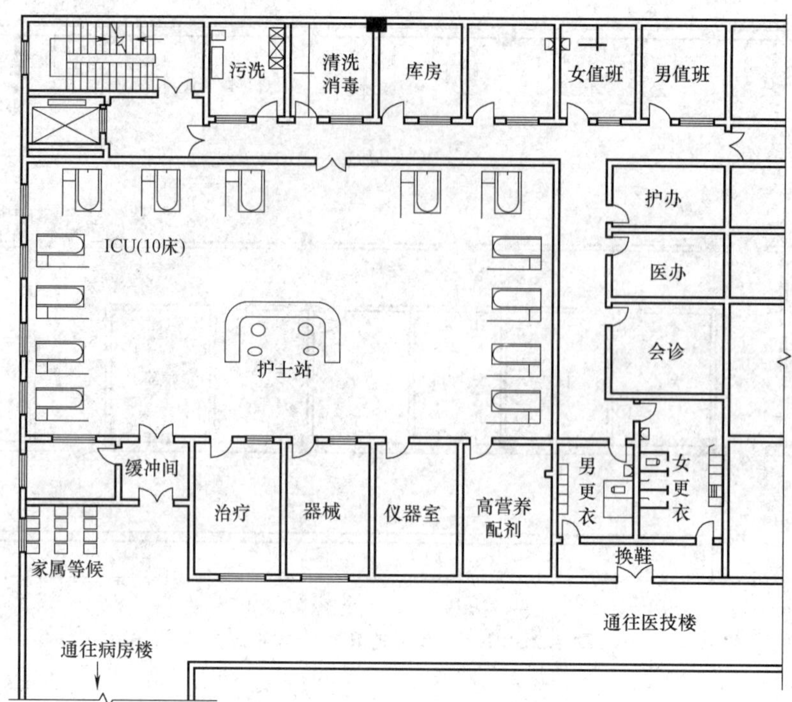

图 3.2.4.1-5 三面式 ICU 病房布局方式

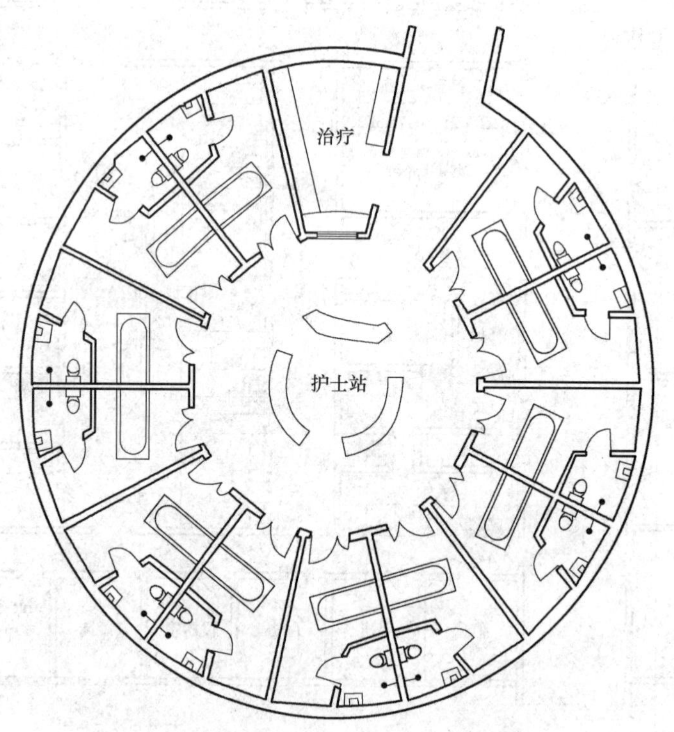

图 3.2.4.1-6 环绕式 ICU 病房布局方式

的人流/物流的流线较为复杂，强度和频度也较高。环境要求无噪声干扰、无污染，又便于消毒，一般在医院建筑中独成一区，一般设在病房楼尽端，有独立出入门户和可控制环境。

② NICU 与手术的关系也很密切，方便救治，防止感染，便于患儿的转运，宜临近手术室设置，同时应尽可能临近相关诊疗室和功能区，包括中心供应/影像科室、儿科急诊室、儿科外科、化验室、病理科等，利于专业科室间的协作。

③ 妇女儿童专科医院的 NICU 病区规模相对综合医院大一些，儿科专科医院 NICU 的床位数占医院儿科床位数的 3.7%，一般规模为 10～50 床，综合医院新生儿 NICU 的床位数占医院儿科床位数的 10.6%，规模为 14～28 床，并设有恢复病床，占总床位数的 65%。

④ NICU 的病区设置 10～20 张床最为合适，这样能充分发挥医护人员作用，提高设备的使用率，获得最好的社会效益和经济效益，病床数在 20 床以上的 NICU 宜分区管理。NICU 应经常有 20%的空床，以便于随时接收危重患儿。NICU 床位应考虑用呼吸机和不用呼吸机的床位比例，一般以 7：3 较为适宜。

⑤ 独立单元 NICU 的总病床数不低于 4 张。每张床的占地面积不低于 $10m^2$。

⑥ NICU 病床应采用婴儿保温箱或者辐射抢救床。各式婴儿床的尺寸一般为 600mm×1200mm。

⑦ 新生儿沐浴间面积不应小于 $15m^2$；配奶间和奶瓶清洗间面积均应大于 $4m^2$。

⑧ 医患沟通室一般有 $5m^2$ 左右即可；视频探视室 $5m^2$ 即可；仪器设备间应大于 $20m^2$。

⑨ 如科室部分设备需在本科室清洗，设备清洗间应大于 $25m^2$；污区应分污物清洗和污物暂存 2 个单独的房间。

⑩ NICU 内应配备有医生办公室、护士工作站、治疗室、配药室、仪器室、更衣室、清洁室、污物处理室、值班室。还应配备小型实验室、示教室、家属接待室、家属探视室、营养准备室等。

⑪ NICU 病房与其他科室间的关系如图 3.2.4.1-7 所示。

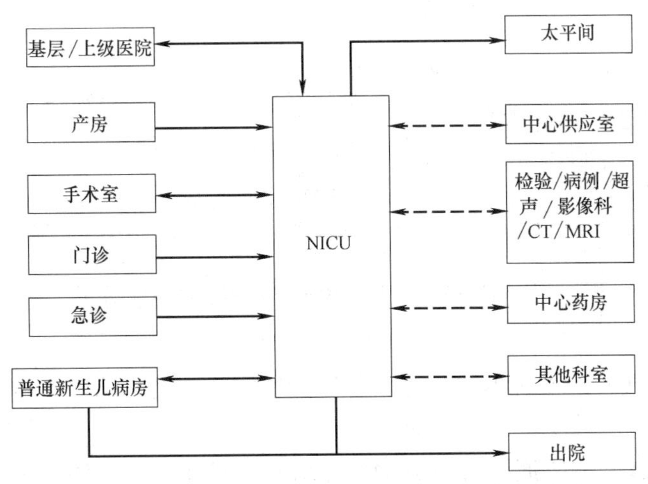

图 3.2.4.1-7　NICU 病房与其他科室间的关系图

（2）NICU 病房功能分区

功能分区：洁净无菌区、清洁区、半污染区、污染区

① 治疗监护区（洁净无菌区）：主要有监护病房、恢复病房、隔离病房和护理辅助用房。恢复病房常和Ⅱ级新生儿病房联合设置，该部分进一步划分为早产儿、足月儿、光疗区、观察区隔离婴儿室等区域。

② 护理辅助用房（洁净无菌区）：包括护士站、配药间、洗婴室、配奶间、奶具消毒间、治疗室、仪器室、洁物室等。

③ 后勤办公区（清洁区）：包括卫生通过间、男女更衣室、医生办公室、值班室、餐厅、休息室级会议示教室。

④ 入口接待区（半污染区）：包括病人入口通过间、入院处置室、家属谈话间、等候区及探视区域。

⑤ 污物处理区（污染区）：包括污物处理室、污洗间、清洁通道直接到达污梯。

⑥ 功能分区图详见图 3.2.4.1-8。

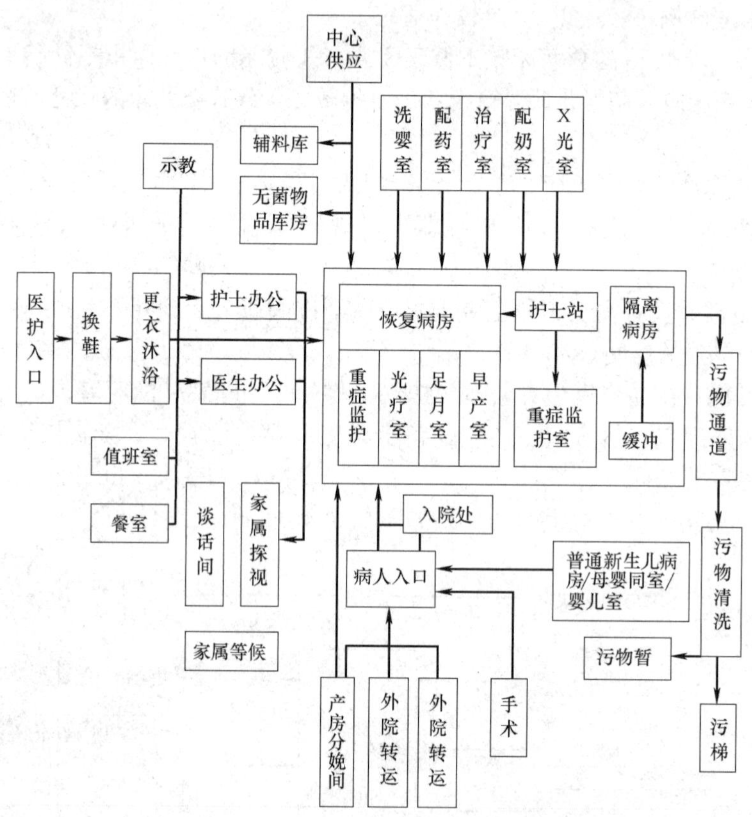

图 3.2.4.1-8　NICU 病房功能分区图

(3) NICU 病房布局方式

① 依照新生儿科的人流界定，在 NICU 病区中，主要的活动人群为四类：病人、护士医生、谈事人员。

② NICU 病区的主要流线可以分为医生流线、护士流线、病人流线、探视人员。其中病人还涉及对外的转运路线。物品供应流线主要有洁净流线和污物流线。

③ NICU 一般应采用三通道形式，分开病人、医护和物流的流线，避免混杂交叉干扰。要求符合院内感染控制的要求，遵循洁污分区、人物分流原则。

④ 人流遵循非洁净区→半洁净区→洁净区和无菌区的阶梯顺序。

（4）NICU 病房环境卫生学要求

① 环境空气、表面卫生要求。ICU 的环境要求应符合现行国家标准《医院消毒卫生标准》GB 15982 的有关规定，空气中的细菌菌落总数≤4cfu/（15min・ϕ9cm 平皿），采用洁净用房的重症监护病房宜用Ⅳ级标准设计，早产儿室和新生儿重症监护（NICU）、免疫缺陷新生儿室宜为Ⅲ级洁净用房。对于刚做完移植手术的患者，其对外部环境的抵抗力相对较低，因此应按照Ⅱ级洁净用房设计。

② 空气消毒：

（a）不建议在 ICU 病房安装紫外线灯用于室内空气消毒和物体表面消毒。

（b）采用自然通风的，应具备病房充分通风换气的建筑结构和条件；装备机械通风设施进行机械通风时，要考虑实际使用时室内空气的流动方向，必须能形成合理的气流组织，避免污染借助气流造成更多的扩散。

（c）没有洁净 ICU 病房的，宜在病房安装酶杀菌过滤技术空气净化消毒器或紫外线循环风空气消毒器，安装数量应满足空间处理要求；消毒器应选购国家卫生和计划生育委员会批准的产品，并严格按照批准的消毒空间大小进行安装、使用；注意使用消毒器的适用空间，按照批准的说明书规定空间进行消毒才能确保有效；所用消毒器的循环风量（m^3/h）必须是房间体积的 8 倍以上；可在有人情况下使用。隔离病房不建议安装非阻隔式空气净化器以及超高效的过滤器。

3.2.4.2　给水及排水工程。参照本书第 3 篇中“手术部洁净装备工程”给水及排水工程设计。

3.2.4.3　通风空调工程。

【技术要点】

1. 室内设计参数（见表 3.2.4.3-1）

ICU 室内设计参数　　表 3.2.4.3-1

名称	室内压力	换气次数（h^{-1}）	温度（℃）	相对湿度（%）	最小新风量（h^{-1}）	噪声［dB(A)］
ICU	正	10～13	21～27	40～65	2	≤45
TICU(移植)	正	17～20	21～27	40～65	2	≤45
NICU	正	12～15	24～26	40～65	2	≤45
隔离单间	负	10～13	21～27	40～65	10～13(无高效过滤器时全新风)	≤45
隔离 NICU	负	12～15	24～26	40～65	10～13(无高效过滤器时全新风)	≤45
处置间、治疗室	正	8～10	21～27	≤60	5	≤60
护士站	正	10～13	21～27	≤60	2	≤45

（1）TICU（移植重症监护病房）收治刚做完移植手术的患者。

（2）ICU 对噪声有着较高的要求。ICU 噪声如果过高，不仅会刺激人体的交感神经，使心率加快，血压升高，还会让疼痛病人的痛感加剧，严重影响睡眠，会严重影响患者的康复以及医护工作者对患者的护理和治疗。

2. 室外设计参数

根据《民用建筑供暖通风与空气调节设计规范》GB 50736—2012 中规定的主要城市的室外空气计算参数采用。

3. 空调系统

（1）空调系统形式

① ICU 宜按照Ⅲ、Ⅳ级洁净辅助用房进行设计。对于新建工程的重症监护室，宜采用集中式净化空调系统；对于改建工程的重症监护室，可采用带高中效及其以上过滤效率过滤器的净化风机盘管加独立新风的净化空调系统或者净化型立柜式空调器。

② TICU（移植重症监护病房）应采用集中式净化空调系统。

③ 对于非洁净区域（如办公区），可根据规范《民用建筑供暖通风与空气调节设计规范》GB 50736—2012，按照舒适性空调进行设计。

④ 不得在 ICU 的洁净用房内设置供暖散热器和地板供暖系统，但可用墙壁辐射散热板供暖，辐射板表面应平整、光滑、无任何装饰，可清洗。当Ⅳ级洁净辅助用房需设置供暖散热器时，应选用表面光洁的辐射板散热器。散热器热媒温度应符合《民用建筑供暖通风与空气调节设计规范》GB 50736—2012 的有关规定。

（2）系统划分

ICU 洁净区空调系统和非洁净区空调系统应分开设置，净化空调系统宜 24h 连续运行。

当空调机房的面积满足条件时，隔离病房应采用独立的空调系统，并应采用全新风的直流式空调系统。净化空调系统应有便于调节控制风量并能保持稳定的措施。

对于隔离病房，由于该类型病房室内含有可通过空气传染的病原微生物，为防止污染物扩散传播，隔离病房宜设置一套独立的净化空调系统，并且保持负压状态，避免与其他区域共用空调系统而引起交叉污染。

4. 空气处理及空调设备选型

（1）空气处理过程

① ICU 空气处理过程的类型及特点参见本书第 2 篇第 4 章。

② 新风处理：由于 ICU 相对于手术室洁净级别较低，并且空调机组数量较少，因此 ICU 净化空调系统的对新风的处理一般采用分散式处理方式，即每个净化空调系统的新风单独从室外引入，新风的热湿负荷由循环机组承担。

当室外温度低于 5℃时，应对新风进行预热。可以在新风机组入口增加一套预热盘管或者设置电加热装置，在新风温度低于 5℃时将其预热至 5℃。根据《绿色医院建筑评价标准》GB/T 51153—2015 第 5.1.3 条规定，建议采用热水或者蒸汽对新风进行预热处理。

（2）空气处理设备选型

ICU 净化空调机组的选型参见本书第 2 篇第 4 章。

当隔离病房设置独立的空调系统时，应选用全新风式净化空调机组。

净化风机盘管：对于改造项目的 ICU 工程，当原有系统为风机盘管加新风的系统形式时，可以采用超低阻高中效风口将原有风口替换，不需要对原有空调系统进行大的改造，从而可以大幅度降低工程造价。

（3）空调机房

ICU 净化空调机组应安装在空调机房内，同时应邻近所服务的区域。空调机房应设置于有外墙的区域或者在机房内设置进风井，同时空调机房应就近空调水管道井设置。

ICU 净化空调机组包括风机、过滤、表冷、加热、加湿等功能段，相较于舒适性空调机组具有风量大、功能段多、尺寸大、重量大等特点。因此，净化空调机组安装于空调机房内有利于日常维修和噪声控制。对于移植重症监护病房，空调机房面积不宜小于净化区域面积的 6%，其他类型 ICU 的净化空调机房面积不宜小于净化区域面积的 4%，空调机房楼板荷载不小于 300kg/m^2。

净化空调机组安装在邻近所服务的空调区的机房内，可减少空气输送能耗和风机全压、有效地减小机组噪声等。空调机房临近外墙或者进风井，可便于就近采集新风，同时空调机房距离管道井较短，可降低空调水系统的能耗及造价。

空调机房内应考虑接入加湿用水或者蒸汽管道，同时应进行排水和地面防水设计。

5. 通风空调系统

（1）气流组织

① ICU 病房气流组织。ICU 病房宜采用上送下回的气流组织，送风气流不应直接送入病床面，可设置于病床床尾上方。每张病床均不应处于其他病床的下风侧。排风（或回风）口应设在病床床头的附近（见图 3.2.4.3）。

由于 ICU 中的患者体弱，又长期密闭在室内，对室内气流很敏感，特别是晚上。布置送风口时要避免吹风感，气流不应直接吹经患者的头部。因此，ICU 送风口应设置在病床床尾上方的顶棚面上。

ICU 病房尘埃粒子、细菌主要产生于病床床头，因此在病床床头附近设置回风口或者排风口可以减少微粒在病房内的弥散，并在回风口内设置过滤器能够使散发的微粒尽快得到排除。

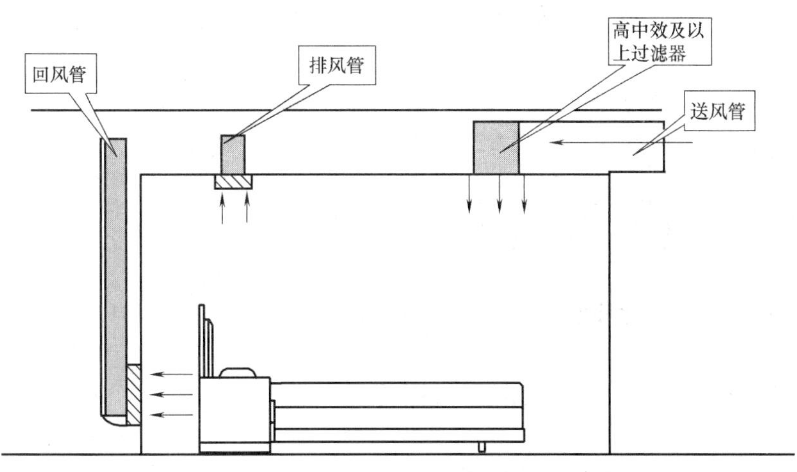

图 3.2.4.3　ICU 气流组织形式

② 其他洁净辅助用房气流组织。对于无菌物品存放间、洁净走廊等用房的气流组织设计参照本书第 2 篇有关洁净手术部洁净辅助用房章节。

（2）风口选型

① 送风口选型。ICU洁净用房在顶棚分散布置送风口，风口规格及数量根据所负责的区域的送风量确定。

洁净用房送风末级过滤器或装置的最低过滤效率应符合表3.2.4.3-2的规定。

对于采用净化风机盘管加独立新风的系统形式，新风系统的末端送风装置亦应符合表3.2.4.3-2的规定。

末级过滤器或装置的效率　　**表3.2.4.3-2**

洁净手术室和洁净用房等级	末级过滤器或装置的最低效率
Ⅱ	99%(≥0.5μm)
Ⅲ	95%(≥0.5μm)
Ⅳ	70%(≥0.5μm)

② 回风口选型。参照本书第2篇有关洁净手术部辅助用房回风口选型的章节。

隔离病房保持负压状态，为了保护室外周围环境，避免污染物外泄引起院内外感染，应在室内排风入口处设高效过滤器。

③ 排风口选型。ICU病房应设置上部排风口，其位置宜在病人头侧的顶部。为了排除室内污浊空气，排风口应设在上部并靠近病床床头的位置。排风口吸入速度不应大于2m/s。

设置排风系统的洁净用房的排风系统的入口或者出口应设置中效过滤器。

对于隔离病房，应采用全新风系统，并在病床床头附近设置下部排风口，排风入口处设高效过滤器。

④ 新风口选型。ICU新风口选型参照本书第2篇相关章节。

(3) 风管及阀门、附件

ICU风管及阀门、附件设计参照本书第2篇相关章节。

(4) 配电间、UPS间等发热量较大的房间宜设置独立的通风系统。排风温度不宜高于40℃。当通风无法保证室内设备工作要求时，宜设置空调降温系统。

(5) 排风系统联锁设计

送风、回风和排风系统的启闭宜联锁。正压洁净室联锁程序应先启动送风机，再启动回风机和排风机；关闭时联锁程序应相反。

负压洁净室联锁程序应与上述正压洁净室相反。

6. 空调水系统

ICU空调水系统设计参照本书第2篇相关章节。

7. 空调冷热源

ICU空调冷热源设计参照本书第2篇相关章节。

8. 绝热与防腐

ICU绝热与防腐设计参照本书第2篇相关章节。

3.2.4.4　电气工程。

【技术要点】

1. 基本要求

(1) ICU属于2类医疗场所（医疗电气设备接触部件需要与患者体内接触、手术室以及电源中断或故障后将危及患者生命的医疗场所，应为 2 类场所），见表 3.2.4.4。

医疗场所及设施的类别划分与要求自动恢复供电的时间　　表 3.2.4.4

名称	医疗场所及设施	场所类别			要求自动恢复供电时间 t(s)		
		0	1	2	$t \leqslant 0.5$	$0.5 < t \leqslant 0.5$	$t > 15$s
住院部	重症监护室、早产儿室	—	—	√	√[①]	√	

注：①指的是涉及生命安全的电气设备及照明。

（2）ICU 病房及空调设备用电应分别单独设置双电源切换总配电箱，末端互投，电源独立取自低压配电室，配电箱到供电末端采用放射式供电。ICU 床位用电属于一级负荷重（特别重要负荷），设置在线式应急电源 UPS 作为备用电源，工作时间不应小于 30min；IT 专用配电箱电源取自双电源切换总配电箱。UPS 间位置设置应考虑后期维护检修方便，设置在非洁净区域，配电深入负荷中心。ICU 总配电箱见图 3.2.4.4-1。

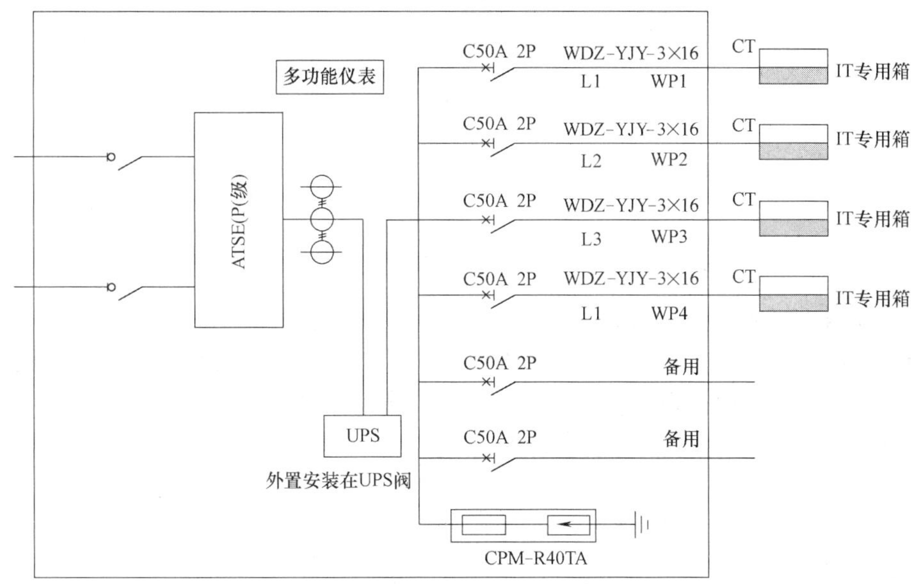

图 3.2.4.4-1　ICU 总配电箱

（3）UPS 配电间面积根据床位数及负荷容量大小确定，ICU 每床位单独供电并与辅助用房用电分开，保证每床用电安全可靠，消除相互干扰，每床设计用电负荷按照不小于 2kVA 考虑。

（4）ICU 一般每四床设置一套 8kVA 的 IT 系统，系统主要由隔离变压器、绝缘监视仪、外接报警显示等设备组成，实时监测设备、电网的绝缘、负荷、温度等信息。出现异常时立即动作并报警，以便医护人员及时掌握电源状态。报警装置装在便于永久性监视场所，一般均装在护士站可视位置墙面，并能实现过负荷和高温的监控。IT 专用配电箱见图 3.2.4.4-2。

2. 导线选择

根据《医疗建筑电气设计规范》JGJ 312—2013 第 5.5.2 条，二级及以上医院应采用低烟、低毒阻燃类线缆，二级以下医院宜采用低烟、低毒阻燃类线缆。

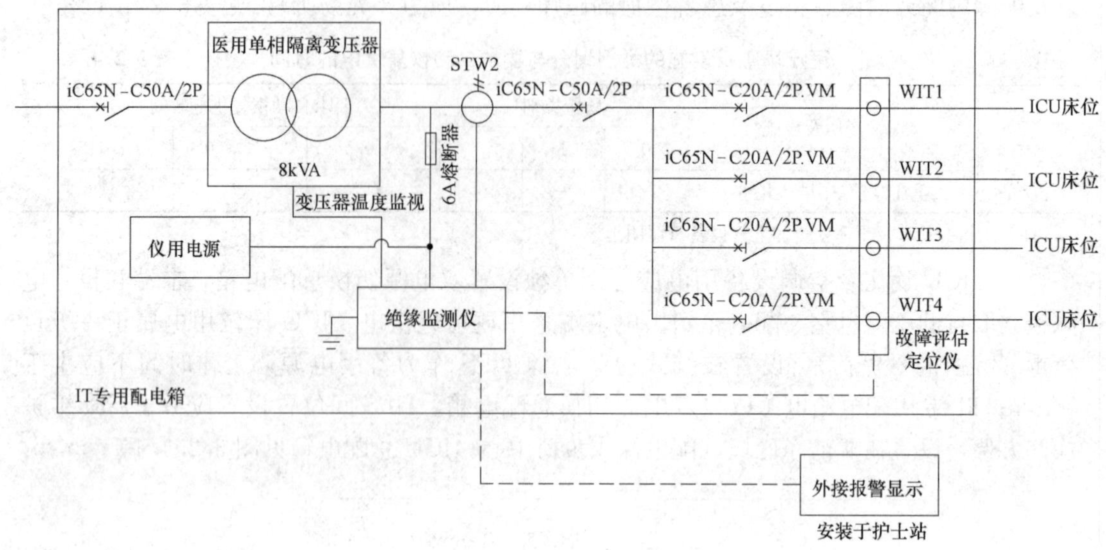

图 3.2.4.4-2　IT 专用配电箱

3. 照明

(1) 灯具优先选用节能灯具，灯具的造型及安装宜避免卧床患者视野内产生直射眩光。

(2) 灯具选用不易积尘、易于擦拭的密闭洁净灯具，尽量选用吸顶安装，照度标准值以 300Lx 为准。在有治疗的房间至少设置 1 个灯具由应急电源供电，时间不少于 30min。灯具的控制根据房间功能的不同尽可能满足一灯一控，大厅根据需要采用集中控制。

(3) ICU 每床根据需要设置夜间照明灯具，安装在床头右侧面，距地不低于 0.3m。每床吊顶照明灯具满足抢救时相关照明要求，灯具采用单独控制，床头部位照度按照不大于 0.1Lx，儿科病房按照不大于 1Lx 设置。根据 ICU 大厅及公共走廊面积，适当选择智能照明，采用集中控制方式实现节能的目的。

3.2.4.5　智能化工程。

【技术要点】

1. 综合布线系统

(1) ICU 综合布线系统主要由工作区子系统、水平布线系统组成；楼层配线间子系统一般由大楼中标智能化公司统一负责，便于系统集成及统一。

(2) 工作区子系统：医生办公室、主任办公室、护士长办公室及功能用房等点位的布置应根据房间面积及工位等综合考虑；一般可按标准配置，当项目信息化要求较高时，根据甲方要求设置。信息点配置要求可以参考表 3.2.4.5 确定。

(3) 施工范围划分上，洁净范围内所有点位设置及配线一般由专业洁净单位负责施工，所有布线均需接入到本防火分区内就近弱电间/井内综合布线机柜，弱电间/井内设备配置应由大楼中标的智能化公司统一设置，洁净施工方配合调试。

2. 闭路电视监控系统

(1) ICU 电视监控系统设计一般满足在主要出入口及贵重药品库房、患者床位等能实现全方位、全天候，集防盗、防范、监控监视于一体的防范系统。

医疗建筑综合布线系统信息点的标准配置和增强配置　　　表 3.2.4.5

编号	医疗场所	标准配置	增强配置	备　　注
01	护士站	1个语音 3个内网数据	1个语音 6个内网数据	
02	主任办公室	1个语音 1个内网数据 1个外网数据	1个语音 2个内网数据 1个外网数据	军队医院应考虑其特殊要求，增设1个校园网，1个军训网
03	护士长办公室	1个语音 1个内网数据 1个外网数据	1个语音 2个内网数据 1个外网数据	军队医院应考虑其特殊要求，增设1个校园网，1个军训网
04	医生办公室	每名医生配置 1个语音 1个内网数据 1个外网数据	每名医生配置 1个语音 2个内网数据 1个外网数据	
05	处置治疗值班室	1个语音	1个语音 1个内网数据	
06	示教室	1个语音 1个内网数据 2个外网数据	1个语音 4个内网数据 2个外网数据	可根据使用功能及面积配置1个光纤点
07	洁净用房	1个语音	1个语音 1个内网数据	根据使用面积及功能确定
08	患者床位	4个内网数据	4个内网数据	

（2）系统由前端摄像部分、传输部分、存储系统及显示管理系统组成；系统具有存储、处理、还原等功能，监视装置一般设置在护士站。

（3）洁净部分摄像机分辨率建议不小于720P，主要出入口及大厅分辨率建议不小于1080P，均采用彩色半球摄像机。电源采用集中方式供给，可从就近UPS电源回路配电箱中取电或者集中从每层安防电源箱取电。

（4）具体参数、规格设置等可参考本书第3篇第1章。

3. 门禁系统

（1）门禁系统可采用磁卡、指纹、面部识别、感应卡等作为授权识别的工具，通过控制主机编程，记录进出人员身份、时间等数据。

（2）在ICU医护人员及患者出入及污物出入等重要出入口处设置门禁控制装置，洁净区域的门禁装置应能满足在发生火灾报警时通过消防联动控制相应区域的出入口处于开启状态；设置在洁净区的自动感应门能在停电后手动开启，兼顾疏散门。

（3）具体参数、规格设置等可参考本书第3篇第1章。

4. 背景音乐系统

背景音乐系统设计主要是满足呼叫找人、播放一些轻音乐使患者放松，能达到一个舒适、轻松的治疗环境。应分区设置，在单间、办公室等设置音量控制器，根据需求调节音量大小，具体配置可参考本书第3篇第1章。

5. 探视及呼叫系统

(1) ICU根据医院需求及后期发展需要，一般设置探视及呼叫系统。

(2) ICU常用探视系统主要有设置的移动探视车方式、可视电话方式及借助互联网探视方式等，各个探视方式均有自己的优缺点，在选用时应考虑实际需要设置。

(3) 当每床采用可视电话或者互联网探视方式时，一般和常用呼叫系统功能合一；当采用移动探视车方式时，还需要在每床设置呼叫系统。

(4) 呼叫系统主要是基于局域网（可跨网段跨路由）和总线结合的传输方式，专门用于医院护士与病床病人之间的呼叫、对讲、广播等；可用于PICU、ICU、产科病房、负压病房、BICU中心等涉及其他等需要护理对讲的场所。系统由护士站管理主机、液晶病员一览表、医生值班室主机、病床分机、卫生间呼叫按钮、走廊液晶屏、病房门口三色灯等。可实现病人在病房或卫生间有任何情况一键呼叫，同时具有护士站主机相互托管、呼叫转接、护理增援、输液报警、移动式无线对讲、广播等功能。

3.2.4.6　消防工程。参照本书第3篇中"手术部洁净装备工程"消防工程设计。

3.2.4.7　医用气体工程。参照第3篇中"手术部洁净装备工程"医用气体工程设计。

本章参考文献

[1] 许钟麟，沈晋明. 医院洁净手术部建筑技术规范实施指南. 北京：中国建筑工业出版社，2014.

[2] 中国建筑科学研究院.《医院洁净手术部建筑技术规范》GB 50333—2013. 北京：中国计划出版社，2013.

[3] 国家卫生和计划生育委员会规划与信息司.《综合医院建筑设计规范》GB 51039—2014. 北京：中国计划出版社，2014.

[4] 黄锡璆. 中国医院建设指南（第三版）. 北京：中国质检出版社，中国标准出版社，2015.

[5] 罗运湖. 现代医院建筑设计（第二版）. 北京：中国建筑工业出版社，2010.

[6] 黎明. 医疗建筑中新生儿重症监护病区（NICU）的建筑设计研究学位论文. 广州：华南理工大学，2012.

[7] 许译心. 安全与尊重——ICU人性化细节设计. 中国医院建筑与装备，2013（1）：47-48.

[8] 格伦，杨天奇. 谈医院病房设计. 中国医院建筑与装备，2012（9）：85-85.

[9] 许钟麟，孙鲁春等. 创新技术在既有重症监护病房净化空调系统改造中的应用. 工程质量，2011，29（5）：33-36.

[10] 龚伟，孙鲁春. 新型重症监护病房净化空调系统的应用. 暖通空调，2009，39（12）：107-108.

[11] 沈晋明. 重症监护病房环境控制依据与实施. 洁净与空调技术，2006（2）：48-51.

[12] 沈晋明，刘燕敏. GB 51039—2014《综合医院建筑设计规范》编制思路. 暖通空调，2015（3）：41-46.

[13] 朱大庆. 按世界先进技术和理念建设儿科重症监护病房. 洁净与空调技术，2008（1）：76-80.

[14] 李迎春. ICU家属弹性探视重要性和可行性. 工企医刊，2010，2.

[15] 王钰姝，屈纪富，孙澂. 视频探视系统在ICU的应用及效果. 解放军护理杂志，2011，28（22）：28-30.

本章作者简介

郑伟：研究生学历，首都医科大学附属北京友谊医院规划建设处处长。

白浩强：高级工程师，西安交通大学博士，四腾公司总经理、党总支书记。

袁董瑶：江苏省张家港市第一人民医院医学工程处，高级工程师。

许晓帅：高级工程师，山东帅迪医疗科技有限公司总经理，获得国家专利 15 项，山东省科技金桥奖获得者。

第 3 章　复合手术室洁净工程

陈尹　吕晋栋　王文一　张华

第 1 节　概　　述

3.3.1.1　复合手术室的由来及发展趋势。

复合手术室是英文“hybrid operation room”的中文翻译，它把原本需要分别在不同手术室、分期才能完成的重大手术，合并在一个手术室里一次完成。它不等同于把两个手术室的仪器设备、人员等，放到一个手术室里那种简单意义上的合并，而是打破学科壁垒，借助全新的复合式手术设施，以病人为中心，多学科联合，将内外科治疗的优点有机结合起来，给病人一个全新治疗体验。

多学科复合一体化手术室可用于不同学科，如心脏学科、血管外科、神经外科、骨科介入手术，这主要归功于日新月异的医疗新工艺。洁净手术室和 MRI、DSA、CT、DR 等大型医疗设备整合在一起，开创了医疗工艺的新明天。

3.3.1.2　复合手术室主要应用范围：

1. 高危心脏大血管疾病；
2. 复杂冠心病；
3. 先天性心脏病以及心瓣膜病；
4. 血管外科疾病；
5. 脑外科。

3.3.1.3　复合手术室的组成。现代多功能复合手术室主要由净化手术室、数字化手术室、手术床、吊塔、无影灯、核心医疗设备（DSA、CT、MRI 等）、辅助医疗设备（麻醉机、呼吸机、体外循环机等功能设备）组合而成。

3.3.1.4　复合手术室的特点：

1. 减少了并发症和翻修手术；
2. 对高精度手术实时控制；
3. 手术中对患者的精确解剖；
4. 患者受到更好、更专业的护理；
5. 减少了患者的治疗时间，因为由原来的两台手术变为一台联合手术；
6. 复合一体化手术跨学科应用，提高了经济效益。

3.3.1.5　复合手术室的建筑基本要求。

【技术要点】

1. 复合手术室往往需要安装一些负载较大的医疗设备，如 DSA、CT、MRI、吊塔等，在实施方案确定前需要对建筑楼板、顶板的强度进行复核，确保结构安全。特别要注意一些重型设备安装钢梁或吊架的重量。

2. 重大设备在安装时还需要考虑设备搬运路径，确保搬运路径不破坏建筑楼面。部分设备不能分拆时，需要考虑货运电梯、通道宽度、门体尺寸等各种情况。

3. 由于复合手术室很多设备会产生一定的射线辐射，需要根据设备的当量来确定射线防护标准，也可以参照设备厂家场地指导作业书。地面和顶面防护材料也可用满足配比要求的硫酸钡水泥来处理，顶面防护可以在上一层楼面上进行，可以避免在楼板打孔锚固设备。

4. 复合手术室的用电负荷较大，其总电源直接来自总配电柜，特别是针对高功率设备，应避免中间二级用电分配或制作电缆中间接头。确保电压压降在控制范围内，应避免发热量过高而出现过载情况。

5. 一体化复合手术室多用于微创手术、内窥镜手术，手术过程中防止微电击十分重要，医疗设备都应采用隔离供电，手术室、设备间都应等电位接地。手术室内直接接触病人的设备及吊塔、墙壁暗装电源均需接入IT电源隔离保护系统。

6. 对于高精密设备，在配电系统内应设计失压保护装置。

第2节　复合DSA手术室

3.3.2.1　复合DSA手术室结构与防护设计。

【技术要点】

1. DSA手术室均布荷载要求≥7.5kN/m²，要求手术室楼板结构坚固、能够有效承受负载，避免设备基座下沉，根据设备安装要求考虑是否降板降梁处理，同时提前设计好电缆沟及沟盖板，以利于设备安装和保养。如果手术室是在中间层，可采用穿楼板布线的方式处理（考虑防辐射的穿楼板的维护），地面要求平坦、光洁、无尘，平整度各厂家分别有要求，要特别注意。

现在市场上有3款DSA比较适合在Ⅰ级洁净手术室中使用，分别为西门子公司的ZEEGO血管造影机、飞利浦公司的FLEXMOVE FD20平板血管造影机、GE公司的IGS730。这三款机型对楼板承重的要求差异较大，应根据厂家要求分别处理。

2. DSA手术室按所采用设备的发射量来确定防护级别，必须符合《医用X射线诊断放射卫生防护标准》等，根据DSA的最大射线剂量，一般设计防护为3～5个铅当量，具体防护等级应该根据实际的房间布局和设备的要求具体计算，在手术间的4个墙面和房顶、地面（底层的地面除外）都要用铅皮或者铅板、硫酸钡板、钡沙水泥等进行防护，保证没有射线泄露。

3. 操作间和手术间之间的观察窗应在1.2m×1.5m左右的铅玻璃，屏蔽门也应达到相应的铅当量，采用电机控制，内、外均可开启，并设立门机联锁装置和安装警示灯，满足在断电情况下屏蔽门能打开，在竣工后需专业机构进行射线防护的检测。

3.3.2.2　复合DSA手术室设备安装的形式。

【技术要点】

1. 悬吊式系统按不同厂家不同设备型号分为宽轨距和窄轨距，两种方式要求结构的顶棚或地板有足够的承重。安装在顶棚上的悬吊式系统，对准患者进行检查较容易，但其机械部件在手术视野上方移动，可能导致粉尘下落，造成患者的感染。

2. 落地式系统则避免了尘埃污染，当影像设备不使用时，可移开、停放在侧，有利于手术及人员的出入，但其缺点是占地面积较大。

3.3.2.3　复合 DSA 手术室建筑布局的设计如图 3.3.2.3-1 所示。

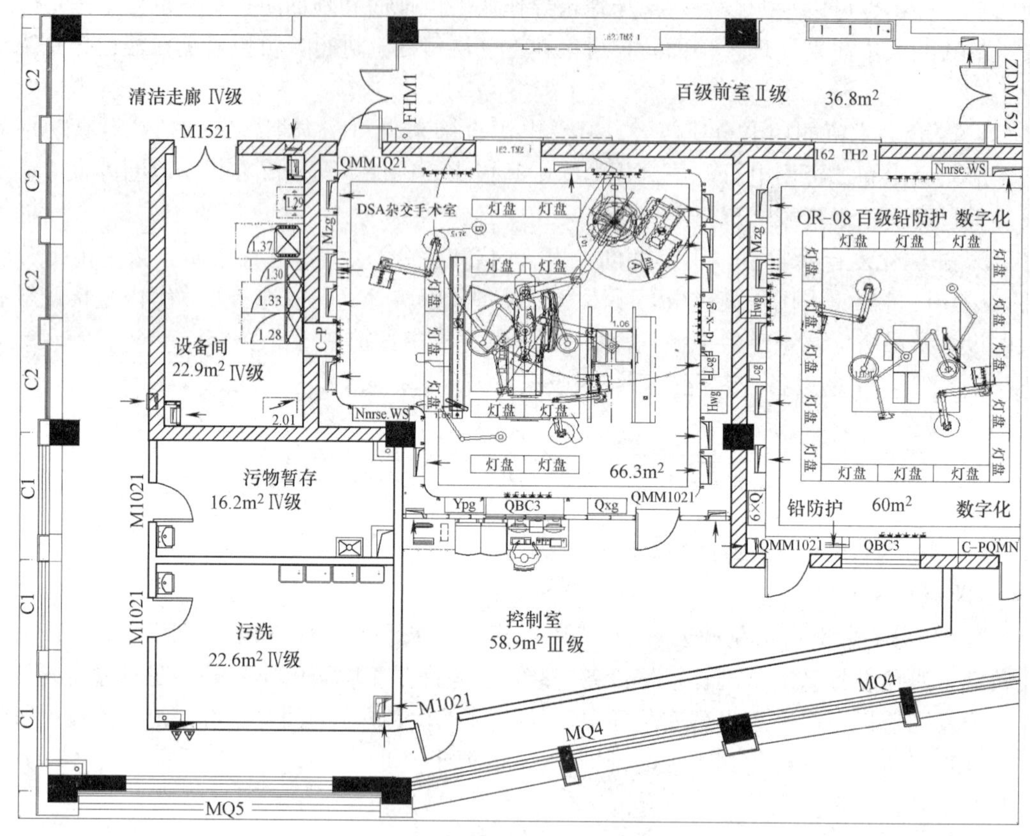

图 3.3.2.3-1　DSA 手术室

【技术要点】

1. 选址考虑：复合手术室可以自成一区，一般考虑放置在洁净手术部统一考虑，也可单独布置。按照医院手术类型考虑如何选择放置地址；特别应注意便于设备的安装运输，设备运输通道的高度、宽带及承重、辅助间空调机组的位置。

2. 复合手术室布局，通常包括：手术间、操作间、设备间。单独设置时还要考虑有登记室、阅片室、医生办公室、病人准备室、更衣间、卫生间等。

3. 房间面积：

(1) 手术间：复合手术中，不仅有外科手术设备，还有介入手术设备，手术室要安装吊塔、无影灯、存储视频会议及示教系统设备，还要考虑血管造影机的运动范围，为保障手术顺利进行，建议手术空间最好有保证不同设备厂家的要求的长、宽，以便达到实际的使用要求，手术间净面积应大于或等于 50m²。长度和宽度若同时开展神经外科或大血管外科手术，应达到Ⅰ级层流标准。

(2) 操作间：用于血管机的各种工作站需要配置操作间，操作间净面积应为 20～25m²。

(3) 设备间：附属设备间净面积在 15～20m²。

4. 手术间高度：若根据Ⅰ级层流各种风道的尺寸和布局，层高宜在 4.5 m 以上，顶棚高度的设置主要要考虑血管机的运动高度，一般为 2.9～3.1m。悬吊式系统的手术室的净高度和血管机的要求有关，不同的血管机对导轨和地面的高度差要求不一样，故设备要提前确定，以便手术室施工图纸的确定，其他形式的高度不小于 3m。

5. 手术间设备布置：DSA 复合手术室悬吊设备应顺着手术室长轴方向布置，并且悬吊设备的显示装置要正对着操作间的观察窗，手术室入口的门应在手术室的短轴上，并且要开在远离悬吊设备侧。这样布置不仅可以方便操作，还可以方便患者进出手术间（见图 3.3.2.3-2）。

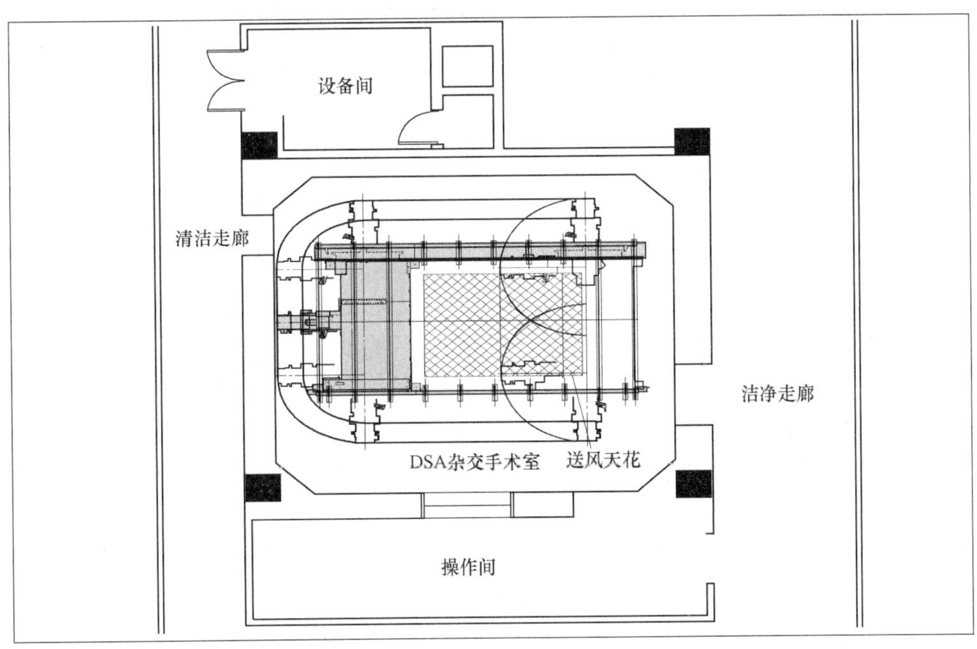

图 3.3.2.3-2　复合 DSA 手术室

3.3.2.4　复合 DSA 手术室洁净空调系统。

【技术要点】

1. 复合 DSA 手术室洁净度级别按《医院洁净手术部建筑技术规范》GB 50333—2013 中Ⅰ级或Ⅲ级手术室标准执行，具体级别根据所开展手术的需求确定。由于 DSA 手术室面积较大，在设计非诱导送风装置覆盖面积时，要充分考虑复合手术区域需要的面积，特别是要覆盖手术床的运动范围实现 5 级空气洁净度级别的环境，周边区域实现 6 级空气洁净度级别。配备血管机的复合手术室的Ⅰ级层流罩的尺寸可比一般的Ⅰ级层流的面积大，但是要考虑悬吊式血管机吊轨之间的距离，一般为 3.1m×2.6m。长度顺导轨长方向布置。另外，为保证周边区的洁净度级别及较少涡流区，可在非诱导送风装置外增设配有同级别过滤性能的高效送风口。Ⅰ级层流的风机、风道、风量、单位体积内尘埃细菌的含量按照国家标准执行。由于手术室面积一般较大，增大送风天花面积时应相应增加送风量。如果根据手术需要按Ⅲ级手术室设置，房间面积考虑情况与Ⅰ级相同。

2. 操作间净化级别按现行国家标准《医院洁净手术部建筑技术规范》GB 50333中Ⅲ级洁净辅助用房要求确定。

3. 设备间的设计：设备间主要放置血管造影机（DSA）机柜、信息整合系统机柜、手术床控制机柜，设备的运转环境是18～22℃，需要配独立的空调，在洁净区内的设备间正常要求是全年制冷的，并配有排风系统，保证设备间各种高压部件和控制部件以及核心计算机的正常运转；由于血管机在工作时存在用电瞬时大功率的要求，在配电房到设备用电处的距离和用电线径须符合各厂家的技术要求，避免产生的压降影响设备工作。

3.3.2.5　复合DSA手术室的设备配置。

【技术要点】

1. 平板血管造影机的选择。目前各大知名品牌的生产商有针对不同等级的医院推出了各种配置方案，包括移动C臂方案、悬挂C臂方案、落地多轴C臂方案。选择血管造影机的原则：体现在Hybrid手术室内C臂打角度要灵活、停止位多样，提供大范围的投照视野，以满足复杂的投照要求；同时应可以大范围移位，在不需要进行透视和减影监控时，C臂机架要能完全移除手术床范围，方便手术的顺利进行。用户界面要简单易用，不仅能满足各种造影手术的需要，还能节省手术室空间，图像质量清晰，能够精确显示最微小的病灶，并提供足够大的成像视野。除此之外还有更进一步的专科化、流程化要求。再比如做肿瘤介入手术，医院可使用血管机类CT功能。建议在达到诊断要求的前提下，X线辐射剂量尽量少，以减少对手术室医护人员和患者的放射辐射损伤。

2. 吊塔、吊臂、和手术灯的选择：

（1）吊塔的选择分两部分，正常的麻醉塔和外科塔根据手术室要求布置，麻醉塔宜放置在病人头部右侧，方便使用麻醉师应用，如果外科塔在血管机术间，需放置，可放置在病人脚部不影响病人推车的位置，应采用双臂结构。

（2）多联显示臂、手术灯、铅屏蔽吊臂的放置位置应和血管机供应商沟通，有些血管机配置单上还有这些配置。如未配置，应考虑百级层流天花的尺寸较大，需要这些吊臂是双节臂塔，并且在确定好手术间尺寸之后再确定吊塔臂的长度，确保手术时吊塔能到达所需要到达的位置。

（3）悬吊式的血管机的灯、塔、臂等设备应避开血管机移动区域安装。

3. 手术床的选择：

（1）手术床要求轻巧、移动灵活，有较好的X线透光性，宜选用不可分式碳纤床面，以便调节手术体位。

（2）考虑手术床的楼板承重问题。

3.3.2.6　复合DSA手术室信息整合系统。

【技术要点】

1. 复合手术室是目前较先进和实施复杂手术的手术室，实现各种病人信息的存储、传输、调阅以及整合。它的主要作用为图像采集、传输、显示；数据库系统与PACS、HIS、LIS，通过国际通用的传输协议进行病人信息的交换、调阅与存储、整合；手术过程的存储和导出实现学术会议音视频的双向实时交流和远程会议。这些成为常规配置，信息整合系统也是复合手术室实现数字化、图像实时传递、外围设备的一体化控制等功能最重要的组成部分。

2. 复合手术室工程建设复杂，除Ⅰ级洁净手术室（具放射防护机房屏蔽功能）外，在有限空间的Ⅰ级静压送风层流区及其周围集成设计安装了DSA等多套辅助治疗与监控设备，这就要求需要医学工程专家、临床医学专家、设备供应商与安装施工方，把设计思路写成书面的文件，召集厂家的工程师开会详细讲述设计思路和具体细节，结合各种设备的实际参数和性能确定设备的最终配置；根据厂家提供的各种设备的实际参数以及手术室的空间，确定手术室内布局及安装图纸；根据图纸和手术间的现场实际环境，召集各厂家工程到现场确定安装位置及具体细节，在现场地面画出各个机器安装的精确位置；复核图纸无误后施工。

第3节 复合CT手术室

3.3.3.1 复合CT手术室的布局。

【技术要点】

1. 复合CT手术室一般采用两种布局：

（1）除需要一般手术室布置平面及配备辅助设施外，还应配备CT设备机房、设备间、操作间等。建议手术室的尺寸为8.5m×6m，操作间尺寸为5.5m×3m，设备间尺寸为2.5m×2.5m。

（2）CT设备放在手术室中，不需要CT设备机房，但是手术室尺寸更大，一般在11m×6m左右。由于设备的要求，手术室顶高度应保持在2.7～3.5m之间（见图3.3.3.1-1）。

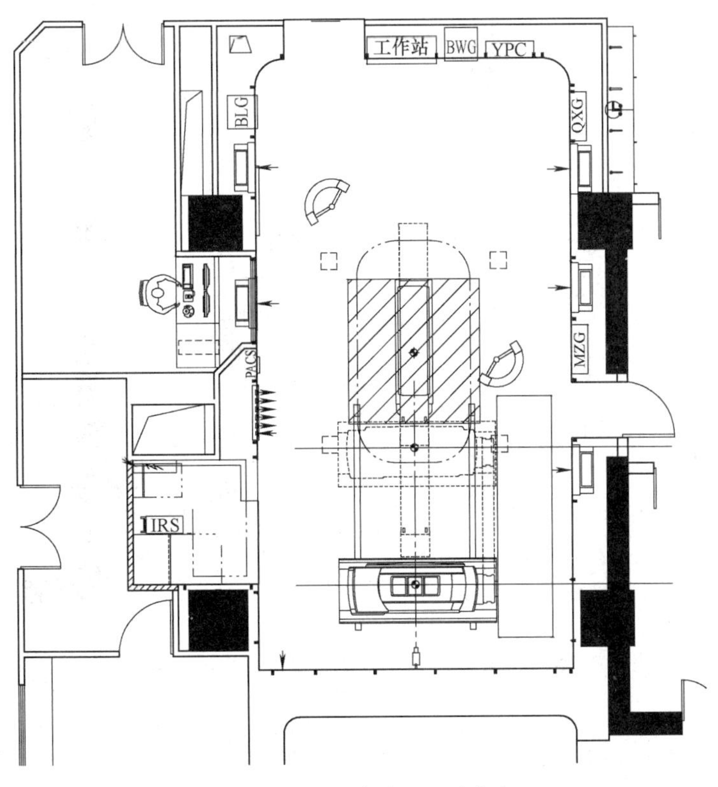

图3.3.3.1-1 复合CT手术室

2. 复合CT手术室的建设要求：

(1) 承重要求：复合CT设备重量为2900kg左右，地面要求楼板必须有相应的承重能力，可以承载设备的负荷。这就要求在建设手术室前考虑地面的做法、降板等措施良好的利用，避免出现后续不必要的麻烦。

(2) 设备防护要求：复合CT手术室墙面、地面、顶层必须采用良好的防辐射措施，复合CT设备，防护等级一般为3～4个铅当量，具体防护等级应更根据手术室房间面积、楼板厚度以及设备的具体参数而定。手术间的墙面一般采用铅皮、硫酸钡板进行防护，地面顶层一般通过硫酸钡水泥进行防护。墙面防护时应注意固定防护材料的节点必须采取相应措施，避免射线泄露。

(3) 电动门防护要求：复合CT手术室采用气密封铅防护感应推拉门。门体防护当量必须与手术室的六面防护等级一致，并且具有气密封功能，保证手术室的压力梯度。

(4) 配电要求：复合CT设备要求专线供电，电源供电制式为TN-S，电压400V，最大偏差不得超过±10%；频率50Hz，最大偏差不得超过±5Hz。相间电压间的最大偏差不得超过最小相电压的2%。推荐使用专用独立电源变压器。电源变压器至CT机之间最好拉设专用独立电力电缆（见图3.3.3.1-2）。

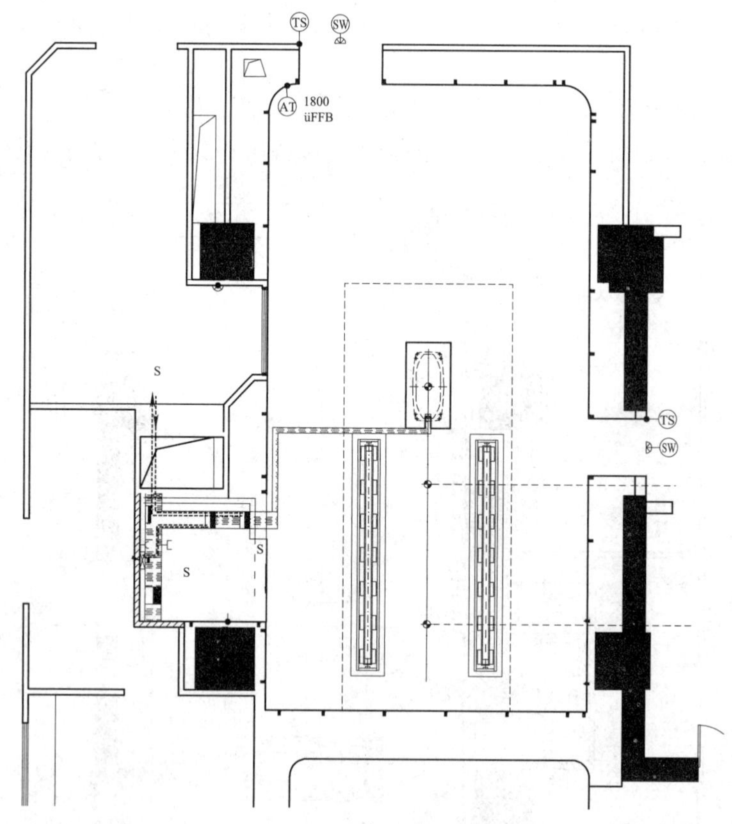

图3.3.3.1-2　复合CT手术室现场地面准备

(5) 空调要求：

① 一般CT手术室是不需要净化空调的，但是复合CT是手术联系在一起的，因此，复合CT手术室需要净化空调，由于复合CT手术室主要担负神经外科手术，根据规范要

求，手术室净化级别为Ⅰ级，其余洁净辅助用房则均按照《医院洁净手术部建筑技术规范》GB 50333—2013 的要求进行设计（见表 3.3.3.1）

复合 CT 手术室空调要求　　表 3.3.3.1

名称	级别	温度(℃)	温度变化率(℃/h)	湿度(%)	湿度变化率(%/h)	最少术间自净时间(min)
手术间	Ⅰ级	21～25	≤2	30～60	≤6	10
设备间	Ⅱ级	21～25	≤2	30～60	≤6	—
操作间	Ⅱ级	21～25	≤2	30～60	≤6	—

② 送回风口及气流组织：根据《医院洁净手术建筑技术规范》GB 50333—2013 中Ⅰ级洁净手术室的送风天花面积不小于 2.4m×2.6m 的区域。同时由于手术室面积较大，需要在送风天花外再增加送风口，在手术室长边侧设有下回风口，保证气流组织均匀分布，以保证室内洁净度符合设计标准。将排风口设置在移动屏蔽门侧，将紊流控制在排风口范围内。

（6）冷却系统要求：冷却水管通过 CT 设备底部沿设备支架敷设，接至手术室外，整个系统包括户内单元、分流加热器、户外单元组成（见图 3.3.3.1-3）。

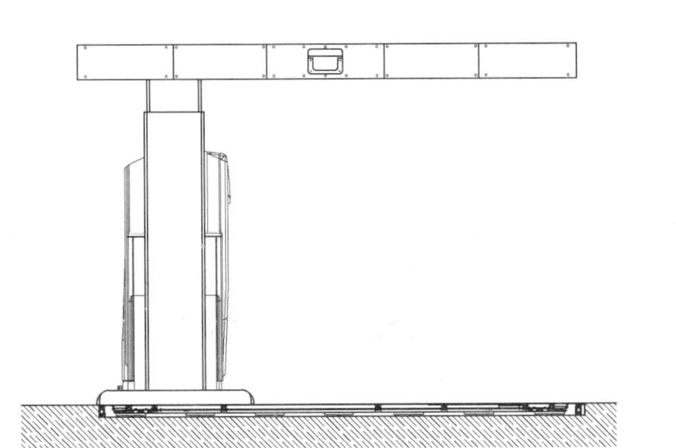

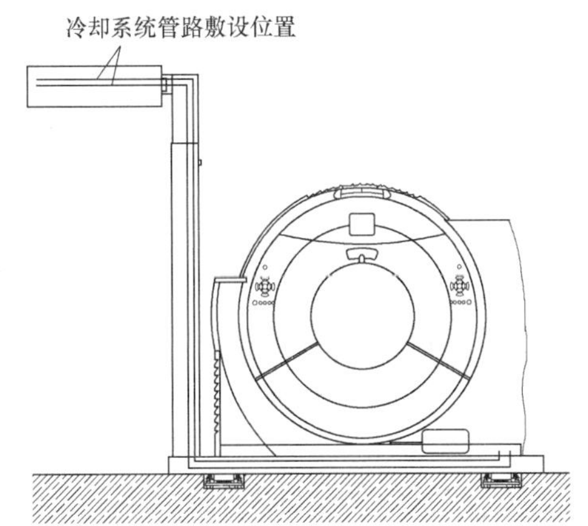

图 3.3.3.1-3　复合 CT 手术室设备侧视以及正视图

（7）复合 CT 手术室信息化建设：数字化手术室根据医院现实及未来的需要整合了处理所有复杂外科手术所需要的诊断设备和监护设备以及手术设备和工具，在治疗的同时可以通过影响导航和跟踪及时诊断。

第4节　复合 MRI 手术室

3.3.4.1　选址的要求：MRI 手术室的选址需要考虑建筑物周围环境对磁共振设备的影响

【技术要点】

1. 周围道路上移动车辆对 MRI 设备的影响。

2. 附近电梯、建筑设备的影响（由厂商进行评估），宜距离设备机房 10m 以外。

3. MRI 手术室的面积应大于普通 MRI 机房的面积，一般要求在 40m^2 以上，跨距宜在 8500mm 以上。

4. 综合考虑MRI设备和洁净手术室要求，层高宜大于4.5m。

3.3.4.2 MRI手术室的通常布局。目前，MRI手术室主要分为两室布局：磁共振手术室—诊断室（附设设备间）和三室布局：磁共振手术室—诊断室（附设设备间）—磁共振手术室

【技术要点】

医院的平面布局宜根据手术的具体需要、未来的发展空间、建筑物的整体布局及投资费用等方面综合考虑，选择适合医院本身的平面布局。

3.3.4.3 术中核磁工作原理。

【技术要点】

1. 术中核磁的手术室是由两个各自独立的房间组成的统一体，一间是手术室（OR），另一间则是磁体设备房间（DR），另一间是控制室。

2. OR与DR之间有一道移动屏蔽门相隔，平时关闭，手术时可开启也可关闭。房间吊顶有轨道相通，磁体设备吊装在轨道上，可以来回滑动（见图3.3.4.3-1及图3.3.4.3-2）

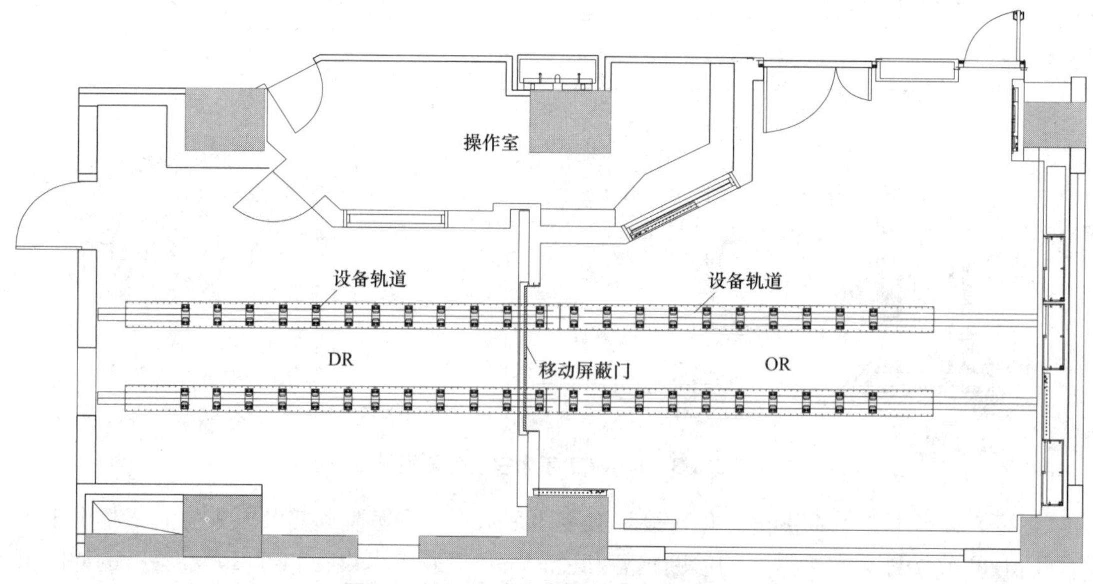

图3.3.4.3-1 术中核磁手术室平面示意

3. 工作过程为：

（1）病人先在DR进行磁共振检测，确认头颅病灶的部位。

（2）将病人推入OR准备手术，此时移动屏蔽门是先开后关闭状态。

（3）病人在OR进行手术，此时移动屏蔽门是关闭状态，OR与DR为独立的两间洁净室。

（4）术后移动屏蔽门打开，由DR的磁体设备移动至OR进行磁共振扫描，以便观察手术是否彻底成功。此时OR与DR联通，成为一个整体洁净室。

（5）手术结束前磁体退回DR间。

（6）手术结束，病人离开手术室。

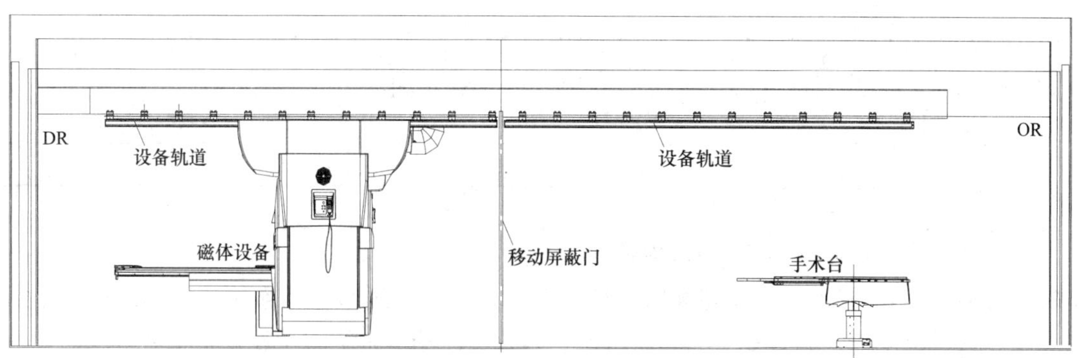

图 3.3.4.3-2　术中核磁手术室剖面示意

3.3.4.4　术中核磁房间参数。MRI 手术室对房间的温度湿度和洁净度有严格的要求，达不到这些参数的要求将对手术有直接的影响（见表 3.3.4.4-1 和表 3.3.4.4-2）。

MRI 手术室对房间温湿度要求　　表 3.3.4.4-1

参数 区域	夏季		冬季		允许噪声
	室内温度	相对湿度	室内温度	相对湿度	dB(A)
手术室(OR)	22	55	22	40	≤50
MRI(DR)	22	55	22	40	≤52
各洁净辅房	24	50	22	40	≤55

各房间洁净指标　　表 3.3.4.4-2

参数 名称	最小静压(Pa)	换气次数 h^{-1}	手术区手术台工作高度截面平均风速(m/s)	最小新风量		噪声 [dB(A)]
	对相邻低级别洁净室			m^3/h	h^{-1}	
手术室(OR)	+8	—	0.25～0.30	1200(门闭) 2400(门开)	—	≤50
磁体间(DR)	+8	22(门闭) 36(门开)	—	800	—	≤52
操作室	+5	13	—	—	4	≤55
洁净走廊	+5	13	—	—	4	≤52
物品存放	+5	13	—	—	4	≤55
影像资料	+5	13	—	—	4	≤55
麻醉准备	-5	13	—	—	4	≤55
库房	+5	13	—	—	4	≤55
缓冲	+5	13	—	—	4	≤55
门诊病人缓冲	+5	10	—	—	3	≤55
换床区	+5	10	—	—	3	≤55
男更衣	+5	10	—	—	3	≤55

续表

名称＼参数	最小静压(Pa) 对相邻低级别洁净室	换气次数 h^{-1}	手术区手术台工作高度截面平均风速(m/s)	最小新风量 m^3/h	最小新风量 h^{-1}	噪声[dB(A)]
女更衣	+5	10	—	—	3	≤55
污物打包	+5	10	—	—	3	≤55

注：手术室的最小新风量应根据不同的房间条件计算而得。

3.3.4.5　术中核磁房间的屏蔽要求：MRI手术室的六面屏蔽壳体所采用的屏蔽板（包括壁板、顶板、底板）必须由具有良好导电、导磁性能的金属网或金属复合材料构成，包括MRI手术室的自动移动门和诊断室窗户，同样需按MRI的特殊要求进行电磁屏蔽处理。

【技术要点】

1. MRI手术室采用射频屏蔽门及屏蔽窗。

2. 所有进入手术室的净化管道、电气管线、控制线、信号线、各种医疗气体管道都必须采用非磁性材料处理，且电线电缆需要经过电源滤波器后方能接入手术室区域。

3. 空调净化送风口、回风口需装通风波导。

4. MRI手术室屏蔽壳体应采用单点接地，其接地电阻≤2Ω，须小于避雷接地的接地电阻。

5. 屏蔽壳体未与地连接时，其与地线间的绝缘电阻应不小于10kΩ。

3.3.4.6　术中核磁房间的结构要求：应区分磁共振设备是固定式还是移动式、悬挂式或落地式，考虑楼板、梁对荷载的要求，满足结构对运行的要求。设备搬入时要考虑走廊承重及门的宽度。

【技术要点】

1. 当选择悬挂磁体时，还需对滑动轨道固定钢梁进行设计，钢梁同时需满足强度、挠度及磁体设备的功能要求。

2. 选择固定磁体时，应进行降板降梁设计，满足磁体下地面钢筋含量不超过设备厂家规定的要求。

3.3.4.7　术中核磁房间的装修。

【技术要点】

1. 装修材料中的龙骨、装饰面板均应采用非磁性材料。

2. 室内照明灯具需综合考虑一般手术、内窥镜手术及磁体扫描对室内照明的不同需求，可分别设置普通交流灯具、可调光交流白炽灯、直流灯、手术灯等多种照明形式来满足不同使用情况的要求。

3. 应对磁体移动和使用、交流灯与直流灯三者进行联动设计，当磁体移动到手术室内时，交流灯具全部关闭，所有直流灯具同步打开，满足了手术室内照明和磁体扫描的环境要求。故宜合理考虑电源柜设备间的位置。

4. 照明、插座及所有磁屏蔽壳体内用电都必须经由壳体与外界交界处设置的电源滤波器过渡，避免内部电源对外界及外界电源对壳体内电源的干扰。

5. 监控及网络布线尽量使用光纤传播，避免电磁干扰，光纤穿越屏蔽壳体时需设置波导管，避免漏磁。

6. 按照磁体设备要求，宜采用从配电室直接铺设电缆供应，保证独立供电，且应选择优质的多股铜芯电缆。

7. 其他设备（包括空调机组、照明等）可由大楼配电箱供电，主机和冷水机组应采用两路供电。

8. 此外，根据选择厂家的不同，应考虑连接磁体失超管的路径，失超管出口宜高出地面 3.8m 以上，部分厂家可能还需排气管道及失超阀。

3.3.4.8　术中核磁房间的净化设计。

【技术要点】

1. 净化级别及系统

(1) 就一般核磁检查室（DR）而言，是不需要净化空调的，但是术中核磁将检查与手术联系到一起，需要“互动”。因此，DR 也需要做净化。

(2) 手术室（OR）以脑外科手术为主，手术室净化级别定为Ⅰ级，而 DR 与 OR 之间在手术过程中移动屏蔽门将打开，彼此连成一体，为了保证 OR 内的洁净度及气流组织的稳定，将 DR 定为Ⅱ级手术室来设计净化系统，否则会造成 OR 与 DR 之间压差及洁净度相差过大，开门时造成两室气流的不稳定，对Ⅰ级层流的扰动太大，从而影响手术的效果。

(3) 对于一个磁体检查室来说，Ⅱ级手术室的标准又太高，同时也不利于节能。因此，根据 OR 与 DR 的工作特性，采取了一个折中的办法：在 OR 与 DR 之间屏蔽门关闭状态时，其实两室是各自独立的，只有在门打开时才相互连通。因此，可考虑为 DR 设计一个变风量系统，在屏蔽门关闭时，设计为一般Ⅲ级洁净室的标准，保证房间的洁净度及相对于邻室辅助用房的压差。

(4) 在屏蔽将要打开之前，再将 DR 的洁净级别提高至Ⅱ级手术室标准，使 DR 与 OR 在屏蔽门打开连通之后，OR 室内的洁净环境不会受到太大的影响，保证手术的正常进行。

(5) 其余洁净辅助用房则均按照现行国家标准《医院洁净手术部建筑技术规范》GB 50333 的要求进行设计。

2. 送回风口及气流组织

(1) 按照《医院洁净手术建筑技术规范》GB 50333—2013 的要求，Ⅰ级洁净手术室的送风面积不小于 2.4m×2.6m 的区域。但是 OR 吊顶装了两根轨道供磁体移动，因此只能将 2.4m×2.6m 的送风区域分成三块，每块大小为 0.8m×2.6m，同时由于手术室面积较大，并且是不规则形状，因此在手术室四周都设有下回风口，保证气流组织能分布均匀，以保证室内洁净度符合设计标准。

(2) 为了尽可能地减小开门后 DR 对 OR 的影响，当门打开时希望能够将气流紊流状态控制在一定范围内，保证手术台区域的平行流，因此将两个房间的排风口设置在移动屏蔽门侧，将紊流控制在排风口范围内，《洁净室施工验收规范》中要求洁净室开门时，距门 0.6m 处洁净度不低。因此两侧排风口设置在距门 0.65～0.8m 的距离，而手术台距门约 2.5m。气流紊流区域影响不到手术台工作区域（见图 3.3.4.8-1～图 3.3.4.8-3）。

(3) 当门打开时，OR 对 DR 保持大于或等于 8Pa 的正压，气流方向从屏蔽门处流向 DR，流经 DR 排风区域随着 DR 的排风气流被抽走。

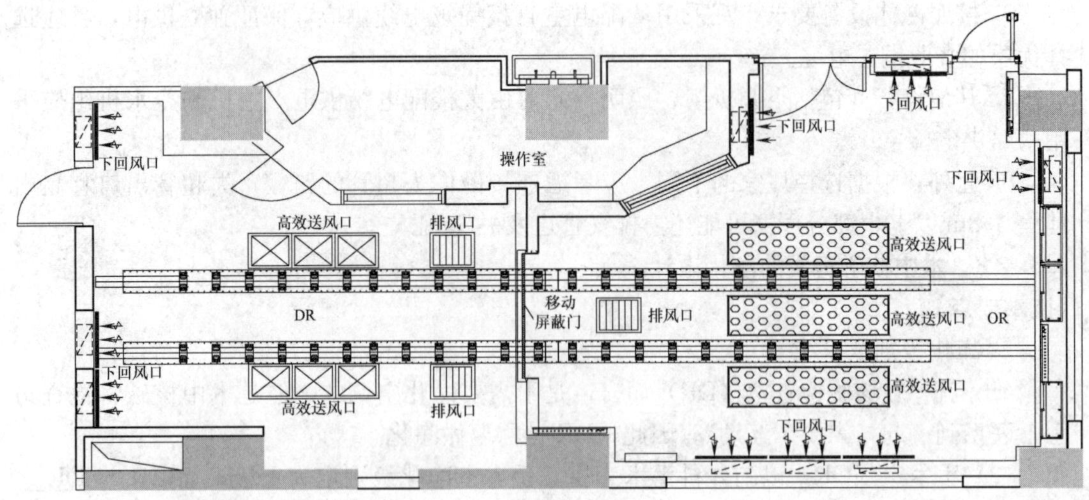

图 3.3.4.8-1　术中核磁风口布置示意

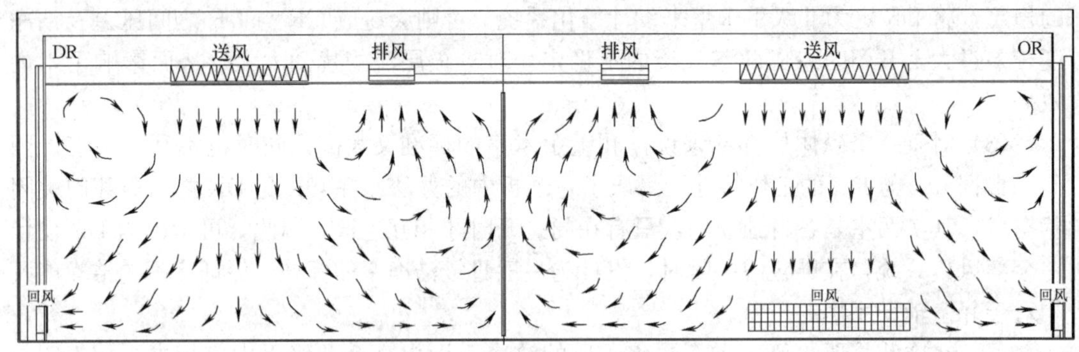

图 3.3.4.8-2　气流组织示意（门闭时）

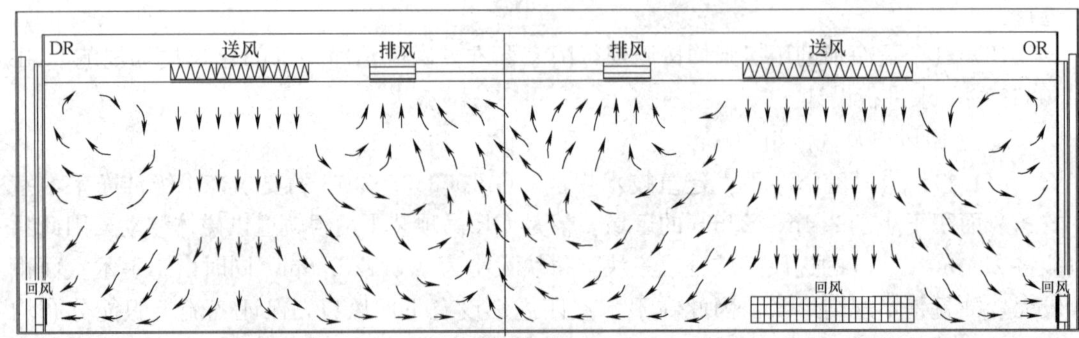

图 3.3.4.8-3　气流组织示意（门开时）

第 5 节　达芬奇手术室

3.3.5.1　达芬奇手术机器人复合手术室概述。

【技术要点】

达芬奇机器人是将太空遥控机器手臂技术转化为临床应用而研发的一种腹腔镜手术辅

助设备，主要用于各类微创手术的医疗手术机器人。将其接入到一体化复合手术室中，能更好地满足临床教学、手术示教、远程医疗、视频会议及远程学术交流的需要。

3.3.5.2　达芬奇手术机器人复合手术室的组成。

【技术要点】

达芬奇手术机器人系统主要分为3部分（见图3.3.5.2）：手术医师操作主控台；机械臂、摄像臂和手术器械组成的移动平台；三维成像视频影像平台。实施手术时外科医生不与病人直接接触，通过观察监视器操作控制系统，医生的动作通过计算机传递给手术台边的机械手，机械手的前端安装各种微创手术器械模拟外科医生的技术动作。医生控制台装有三维视觉系统和动作定标系统，医生手臂、手腕和手指的运动通过传感器在电脑中记录下来，并同步翻译给机器手臂。

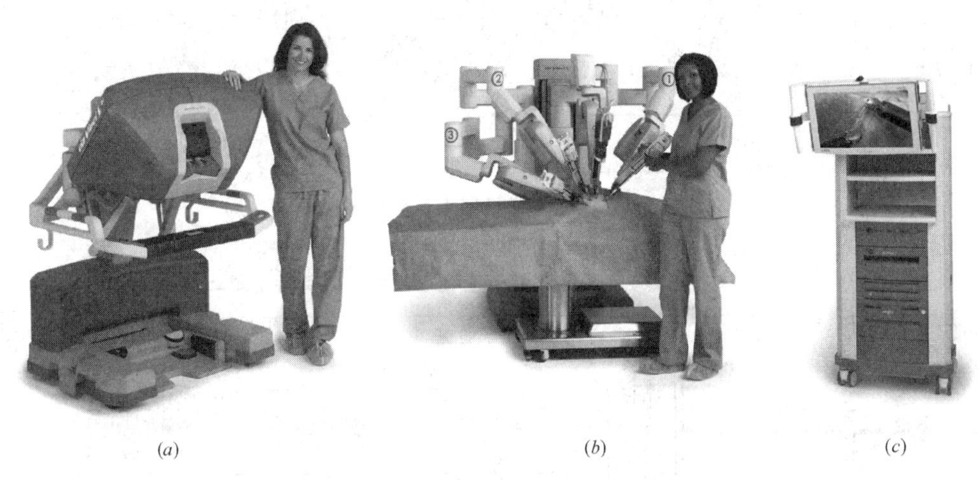

(a)　(b)　(c)

图 3.3.5.2

(a) 手术医师操作主控台；(b) 机械臂、摄像臂；(c) 三维成像视频影像平台

3.3.5.3　达芬奇手术机器人复合手术室平面布局。

【技术要点】

1. 根据各类手术外科的特点，位于无菌区内的床旁机械臂系统需要灵活改变停放位置，要求手术室拥有足够的活动空间，而无菌区外的医生控制系统宜固定于手术室内靠墙之处，使主刀医生能够同时直接看到患者和助手，便于交流。床旁机械臂系统应位于无菌区内的患者切口对侧；立体成像系统台车的位置对医生控制系统和机械臂系统的依赖较小，在预留足够空间的前提下可根据实际手术位置灵活摆放，最佳位置为床旁机器手臂系统同侧下方手术床床尾，使摄像电缆能够自由移动。因设备比较多，再加上达芬奇手术机器人系统自身体积庞大，因此对手术室的室间平面尺寸也有一定要求，最好所占面积在 $50m^2$ 以上，长宽最佳比例为1：1，有条件时应配备设备存放间（见图3.3.5.3-1）。

2. 为保证手术机器人系统各组成部分能够在日常手术期间流畅工作，可根据床头位以及医生站位来确定麻醉吊塔、外科吊塔、手术无影灯、吊臂显示器、远程转播显示器、全景摄像机等的安装位置。安装吊塔吊臂对手术室的高度有严格要求（高度≥3m）。同时，由于床旁机械臂系统需能够灵活移动，手术室内四周应尽可能配备足够的电源插座。手术室内的其他设备如恒温箱、操控面板、温湿度检测器、时钟、看片灯等的安装位置都要符合人体工效学设计原则，以满足实际使用需求（见图3.3.5.3-2）。

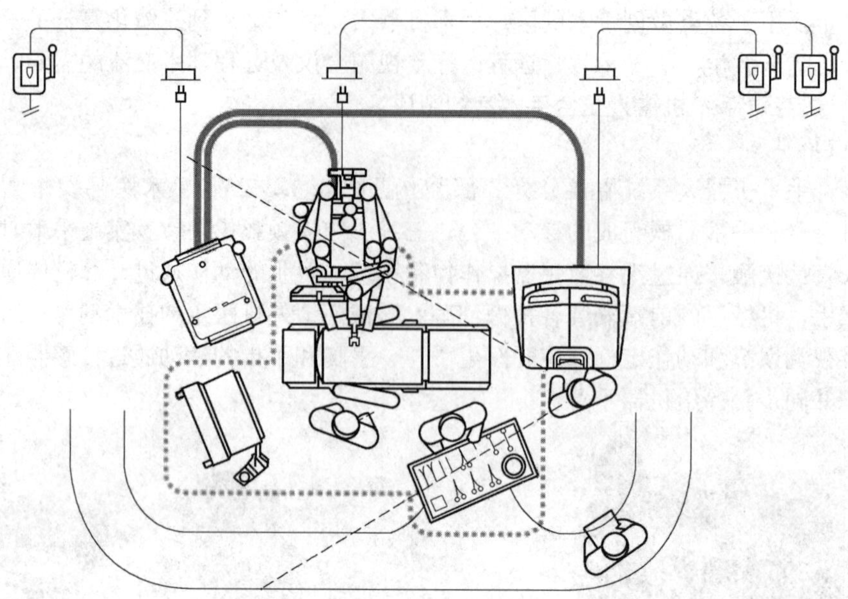

图 3. 3. 5. 3-1　达芬奇手术机器人复合手术室平面布局

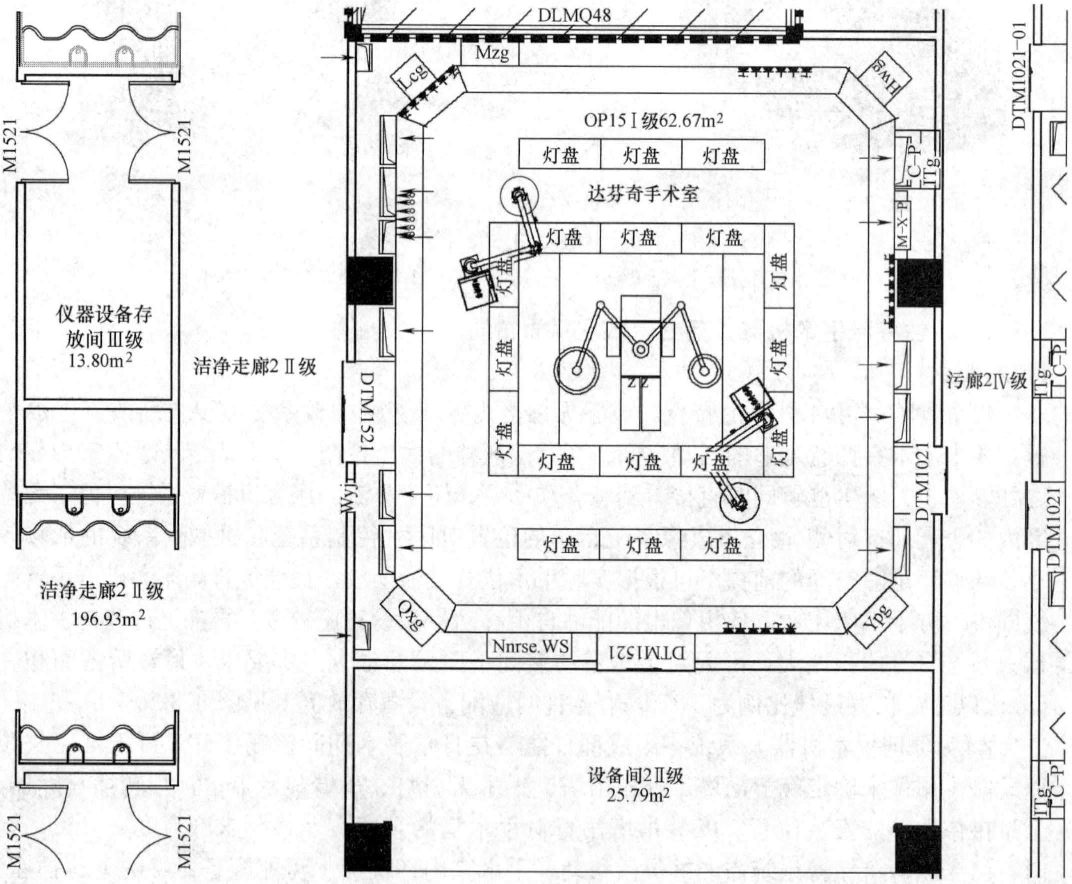

DLMQ48
Mzg
Lcg
Hwg
OP15 Ⅰ级62.67m²
灯盘 灯盘 灯盘
达芬奇手术室
M1521
仪器设备存放间Ⅲ级
13.80m²
洁净走廊2 Ⅱ级
洁净走廊2 Ⅱ级
196.93m²
DTM1521
Wyj
Qxg
Nnrse.WS
Ypg
DTM1021
DTM1021-01
污廊2Ⅳ级
设备间2Ⅱ级
25.79m²

图 3. 3. 5. 3-2　达芬奇手术室

3.3.5.4　达芬奇洁净手术室设计。按照医院在达芬奇机器人手术室开展手术的类型，并依据现行国家标准《医院洁净手术部建筑技术规范》GB 50333 可以采用Ⅰ级或Ⅲ级洁净手术室开展，Ⅰ级洁净手术室主要作胸外科、心血管外科手术室，Ⅲ级洁净手术室主要做各类腹腔镜、普通外科手术。在设计层流罩覆盖面积时，要充分考虑复合手术区域需要的面积，特别是要覆盖手术床的范围主流区空气洁净度级别环境，周边区域空气洁净度级别。

3.3.5.5　达芬奇手术机器人复合手术室的信息化。达芬奇手术室信息化不仅仅是视音频教学，还有设备、信息、空间及图文数据传输的整合。

【技术要点】

1. 设备整合：将手术室内的设备包括灯、床、电外科设备、内镜摄像系统整合到同一界面，进行集中控制。

2. 空间整合：将手术室内的设备包括内镜系统、麻醉机、外科设备固定在腔镜吊塔上，以减少设备的反复移动和连接，缩短护士准备、整理设备的时间。同时，通过监视器吊臂把监视器悬挂于空中，术中可以按医生要求进行调节，实现手术室无线化，为手术提供方便。

3. 信息整合：与 PACS 采用界面方式集成，可调阅患者的影像资料；与 HIS/CIS 集成，可实现患者基本信息的共享。

4. 图文数据传输整合：通过一套集影像、数据管理和视频通信为一体的数字化平台，将手术室内来自于不同设备的医疗影像和数据无缝集成后显示在医生需要的监视器上，并通过光纤和网络实现医院各个转播点的音视频传输，通过视频会议系统实现远程异地实时转播。

5. 另外，达芬奇手术室通过对视频信号进行处理和融合，将普通平面图像转换成 3D 图像，并将其传输至操作台，供医生使用。将达芬奇手术机器人系统接入到一体化手术室控制系统中，使系统的视频图像以及手术室间的音视频图像能够通过远程医疗视频系统进行实时转播，完成示教、远程沟通等功能。达芬奇手术机器人系统的视频图像信号可以通过立体成像系统或医生控制系统传出，因此需在医生控制系统靠墙之处以及外科吊塔处布置信号接口。

本章参考文献

[1]　吴建军，王艳峰．心血管病医院复合手术室设计及节能措施．中国医院建筑与装备，2012，5.

[2]　李海云，严华刚．医学影像工程学．北京：机械工业出版社，2010.

[3]　裴作升．CT 临床应用的新技术．医疗卫生装备，2005，04.

[4]　徐林．手术室导航系统机器在骨科中的应用．广东医学，2005，26（2）：143-144.

[5]　吕晋栋　彭盼　论 MRI 导航手术室的建设　中国医院建筑与装备 2016 第 07 期

[6]　陈尹　朱竑锦　术中核磁共振手术室的净化空调设计 建筑科学 2012 增刊二

[7]　Liane Wang. 达芬奇机器人三科联合微创手术.《门诊．医疗器械精品指南》，2014，08：126-131.

本章作者简介

陈尹：上海建筑设计研究院有限公司第一事业部（医卫部）高级工程师，负责医院机电系统设计。

吕晋栋：山西省人民医院教授级高级工程师，信息管理处处长，中国医学装备协会医用洁净装备工程分会常务委员。

王文一：北京文康世纪科技发展有限公司总经理，高级工程师，参与编写（医用气体系统工程规划建设与运行管理指南）和《医院智能化建设》。

张华：苏州中卫宝佳净化工程有限公司总经理，建造师，高级工程师。

第 4 章　血液病房洁净装备工程

孙鲁春　刘柏华　王刚

第 1 节　概　　述

3.4.1.1　血液病房是指造血干细胞移植病房。

【技术要点】

移植病房设计在对环境中外源性病原微生物控制的同时，也应对病人自身所携带和产生的内源性病原微生物进行清除和控制，特别是病人在大小便时产生大量的细菌污染室内和空气。为了达到对患者全环境保护治疗的目的，有效预防及减少感染，移植病房需配置洁净无菌卫生间。

第 2 节　病房特点

3.4.2.1　整体布局及功能。

【技术要点】

1. 组成及特点。移植病房单元的组成：洁净无菌单人间病房、护士站、治疗准备间、配餐食品间、储存间、卫生通过间。

2. 功能布局及流程。按功能布局，可分为面向南朝向的单面式和面向东与南朝向的 L 形两面式布局方式。移植病房设置在环形走廊通道中央，以病房为中心，划分出患者、医护人员、探视人员和洁净物品、污染物品等专用通道和分区（图 3.4.2.1），将人、物、洁、污分流。各区域洁净度、压力梯度层次分明，功能流程短捷、洁污分明，保证医护人员、病人、洁净物品以及污物合理分流，杜绝交叉感染。

3.4.2.2　病房布局及设施设备。

【技术要点】

1. 病房仅为单人间，是由洁净度百级的层流间和千级的卫生间组成。

2. 病房面积为 9～11m^2（3.3m×3.2m）；卫生间面积为 2.4～3m^2（2m×1.2m）；病房外为万级的治疗前室和十万级洁净走廊（见图 3.4.2.2-1）。

3. 病房内建筑材料采用环保的木质纤维与树脂合成的板材，表面光洁、防污染、耐腐蚀、材质坚硬不变形。

4. 配电系统：采用 IT 不接地系统，选用专用配电箱，内设隔离变压器及绝缘监视装置，当发生第一次绝缘故障时，有绝缘监视装置发生预告信号，便于尽快排除故障；专用配电箱采用双电源末端互投，当失去市电时，由应急电源投入使用。

5. 配置液晶电视、音乐点播系统、影像监控系统、呼叫对讲系统、背景音乐、网络

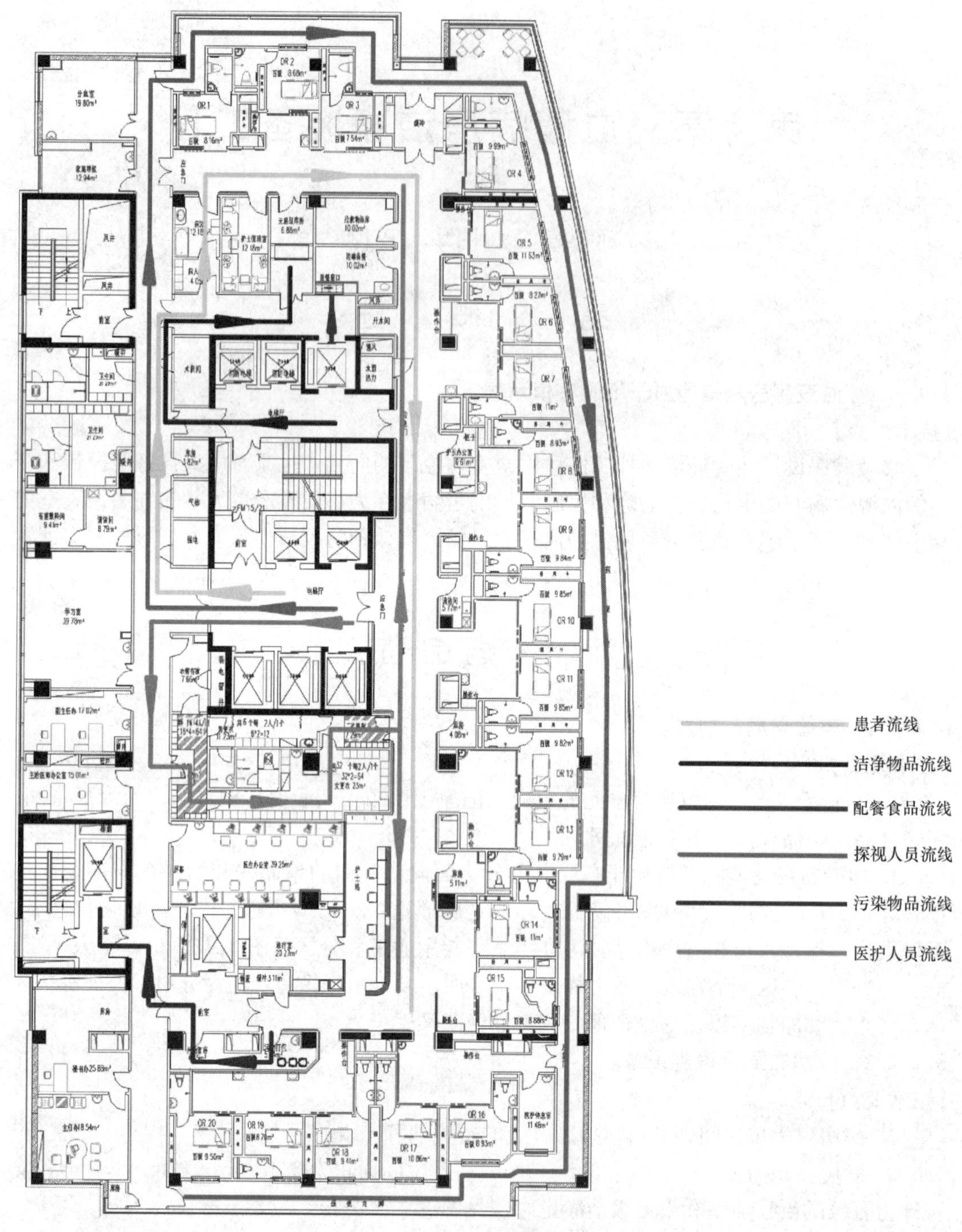

图 3.4.2.1　流线图

系统。

6. 探视窗采用双层密封玻璃内设电动无线遥控百叶，患者可在病床上通过窗户和对讲机与探视人员交流，还可以观看到户外的风景。

7. 千级净化环境的卫生间配置淋浴、全自动无水箱坐便器等设施；洗脸盆用水采用过滤、灭菌独立供水系统；卫生间内的排水地漏应采用多通道地漏，洗脸盆排水连接到多通道地漏，其水封深度要不小于 80mm，且应在水流中断后自动关闭，以防止异味进入房间；单独的送风和排风系统。既安全又能保护患者的隐私，让患者充分感受到亲切大方、温馨舒适、高品质的治疗休养环境（见图 3.4.2.2-2）。

8. 设置独立的治疗前室，布置供护士准备注射或输液物品的操作台、洗手池。手动、自动双重感应自动气密门，便于医护人员进出。病房与治疗前室隔墙上安装可开启的治疗推拉窗，减少护理人员出入病房的次数，保障病房的洁净度（见图 3.4.2.2-2）。

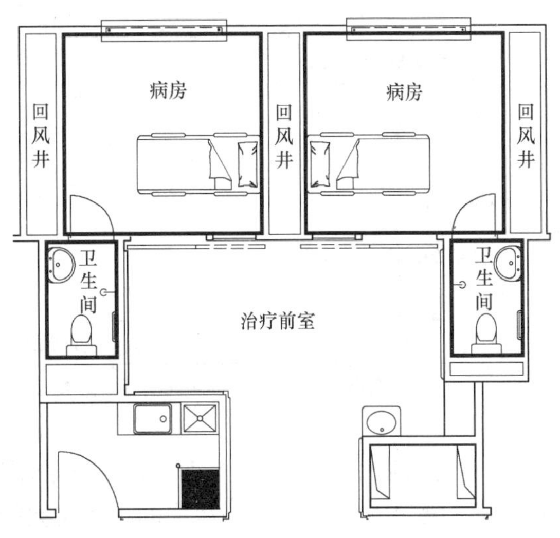

图 3.4.2.2-1　血液病房布局

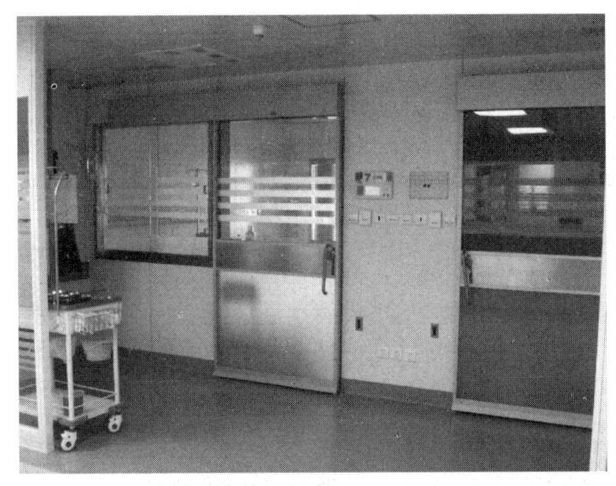

图 3.4.2.2-2　治疗前室

第 3 节　洁净技术特点

3.4.3.1　移植病房分级。

【技术要点】

为控制不同用途用房的室内空气环境卫生质量，降低外源性感染风险，洁净用房分为 5 级。各级用房在空态或静态条件下，细菌浓度（沉降法细菌浓度或浮游法细菌浓度）和空气洁净度级别都必须符合等级标准。洁净用房分级和指标应符合表 3.4.3.1 的要求。

移植病房的等级标准（空态或静态）　　　　表 3.4.3.1

洁净用房名称	沉降法（浮游法）细菌最大平均浓度	空气洁净度级别	参考洁净等级
移植病房	0.2cfu/30min・Φ90 皿（5cfu/m³）	ISO 5 级	Ⅰ
病房内卫生间、无菌操作室	0.4 个/30min・Φ90 皿（10cfu/ m³）	ISO 6 级	Ⅰ
治疗准备前室	1.5cfu/30min・Φ90 皿（50cfu/m³）	ISO 7 级	Ⅱ
洁净区走廊、护士站	4cfu/30min・Φ90 皿（150cfu/m³）	ISO 8 级	Ⅲ
无菌物品存放、精密仪器室	6cfu/30min・Φ90 皿	ISO 8.5 级	Ⅳ

注：浮游法的细菌最大平均浓度采用括号内数值。细菌浓度是直接所测的结果，不是沉降法和浮游法互相换算的结果。

3.4.3.2　主要技术指标。移植病房的各类洁净用房除静态细菌浓度和洁净度级别应符合相应等级的要求外，各类洁净用房的其他主要技术指标可按表 3.4.3.2-1 设计。

移植病房主要技术指标　　　　表 3.4.3.2-1

名称	空气洁净度级别	最小换气次数（h^{-1}）	病床区平均风速（m/s）	温度（℃）	相对湿度（%）	最小新风量［$m^3/(h \cdot m^2)$］或（h^{-1}，仅指本栏括号中数据）	噪声［dB(A)］	最低照度（Lx）
移植病房	ISO 5	—	白天：0.15～0.25；夜晚：0.1～0.15	22～26	45～55	15～20	≤50 夜晚：≤40	≥250
病房内卫生间、无菌操作用房	ISO 6		—	22～26	40～60		≤50 夜晚：≤45	≥150
治疗准备前室	ISO 7	24		22～26	40～60	15～20	≤50	≥200
洁净区走廊、护士站	ISO 8	18	—	22～26	40～60	15～20	≤50	≥200
无菌物品存放、精密仪器室	ISO 8.5	12	—	22～26	40～60	15～20	≤52	≥200
其他		10	—	21～26	35-60	(3)	≤52	≥150

【技术要点】

1. 温度、湿度。应满足患者居住治疗期间的需求。一般冬季病房温度为 22～24℃，相对湿度为 45%～50%；夏季病房温度为 24～26℃，相对湿度为 50%～55%；病房温度、湿度波动应控制在±2℃或±5%的范围。

2. 洁净度。移植病房的洁净度指标参考国内、外医院协会的标准，其中：日本医院协会标准《医院空调设备的设计与管理指南》（HEAS-02-2004）要求洁净度为Ⅰ级（百级）；美国建筑学会标准《医院和卫生设施建设与装备指南》（1998）要求设计成使气体直接由最洁净的病人护理区域流向较不洁净区域的形式，送风端设置对 0.3μm 微粒的效率为 99.97%的高效过滤器；俄罗斯联邦国家标准 GOST R525392006 要求移植病房病床区域为百级，病床周围区域为千级。结合我国有关规范要求，设定移植病房内洁净度为

ISO5 级（百级）标准，卫生间为 ISO6 级（千级）或 ISO7 级（万级）标准。

3. 压力梯度。移植病房对洁净走廊、卫生间等不同区域有一个合理的、有序的压力梯度是十分关键的（见表 3.4.3.2-2）。为了维持移植病房的洁净度免受邻室的污染，要求在移植病房内维持高于邻室的空气压力，且在门开启时保证有足够的气流向外流动。尽量减少由开门动作和人的进入的瞬时带进来的气流量，并在门开启状态下，保证气流方向是向外的，把污染程度降到最低。通过对不同送风量所建立的不同压差和开门状态流线的计算模拟，选择病房和卫生间的压差为 5～8Pa，使卫生间内的压力保持稳定。开门时病房内大部分地方的流线没有发生变化，基本保持垂直，只有在靠近门附近的小部分空间内流线发生向卫生间的弯曲，且气流方向是朝向卫生间的，说明卫生间内的污染只是在门附近很小的区域，不会进入移植病房，不会影响病房的洁净度。

不同区域静压差指标　　　　**表 3.4.3.2-2**

名称	最小静压(Pa)		
	程度	对相临低级别洁净室	对室外非洁净区
移植病房	++	+8(对卫生间)	+18
	++	+8(对洁净走廊)	
Ⅲ级洁净走廊	+	+10(对非洁净区)	+10

4. 空气相对流速。病房送风速度选择：白天 0.25～0.15m/s，晚上 0.15～0.10 m/s；能够满足治疗和修养需求，同时，可以改善夜间修养环境。

白天大风量运行和晚上小风量运行状况下，对病床上患者的发尘影响半径进行模拟和对病房的自净时间进行计算，在大、小风量下人的发尘半径都可以控制在 50cm 以内。大风量运行时约 40s 全部排出室内的污染物，小风量运行时约 60s 全部排走污染物。

5. 室内允许噪声值。移植病房一般空间较小，而且患者治疗期一般为 30d，需要 24h 在病房内连续治疗和修养，洁净空调设备需常年 24h 运行，产生的噪声对患者的治疗和修养有一定的影响，因此，应尽可能减少设备运行噪声对患者的干扰。

6. 日照与照明。移植病房的探视窗应朝向东或南，应保证有足够的日照时间；探视窗采用双层密封玻璃内设电动无线遥控百叶，患者可在病床上通过窗户和对讲机与家属交流，还可以观看到户外的风景。

7. 室内空气质量。移植病房竣工使用前应对室内空气质量进行全面检测，其检测结果应符号国家标准（见表 3.4.3.2-3）。

室内空气质量标准　　　　**表 3.4.3.2-3**

房间	TVOC(mg/m³)	苯(mg/m³)	甲苯(mg/m³)	二甲苯(mg/m³)
标准值	<0.6	<0.11	<0.2	<0.2

第 4 节　洁净空调及设备

3.4.4.1　洁净空调方式。移植病房和洁净配套附属用房的空调负荷和洁净度要求相差较大，各房间用途和使用时间均不尽相同，而且整个建筑物空调容量较大，因此用一个系统来解决是

不合理的。为使洁净空调系统既能保持室内要求参数，又经济合理，就需要将系统分区。

【技术要点】

1. 洁净空调系统分区应考虑的主要因素是：温湿度参数、洁净度的等级、压力梯度、使用时间、空调设备的容量和节能管理等。

2. 移植病房和配套附属洁净用房的洁净空调系统应分为两个系统。骨髓移植病房的洁净空调系统应采用一对一的独立空调系统；配套附属洁净用房的洁净空调系统，如护士站、治疗准备前室、洁净区走廊、无菌物品存放、精密仪器室等应采用共用的一个系统。

3.4.4.2 洁净空调系统。移植病房空调系统的方式主要有两类：一类是新风处理型，由具有冷、热处理功能的新风机组和循环处理机组组成的空调系统；二是新风过滤型，由仅作三级过滤功能的新风机组和空调处理机组组成的空调系统。

【技术要点】

1. 新风处理型。新风处理型是在新风机组中对新风进行热湿处理，承担系统全部新风负荷和部分室内湿负荷，再经循环机组处理后，达到室内要求的温湿度状态（见图3.4.4.2-1）。其优点是循环机组只承担部分室内冷负荷，干工况运行；夏季可以有效避免在循环机组中因冷热抵消带来的能源浪费，可减小循环机组内冷、热盘管的容量，但其缺点是冬季新风机组内盘管在0℃以下低温时容易冻坏，存在安全隐患。

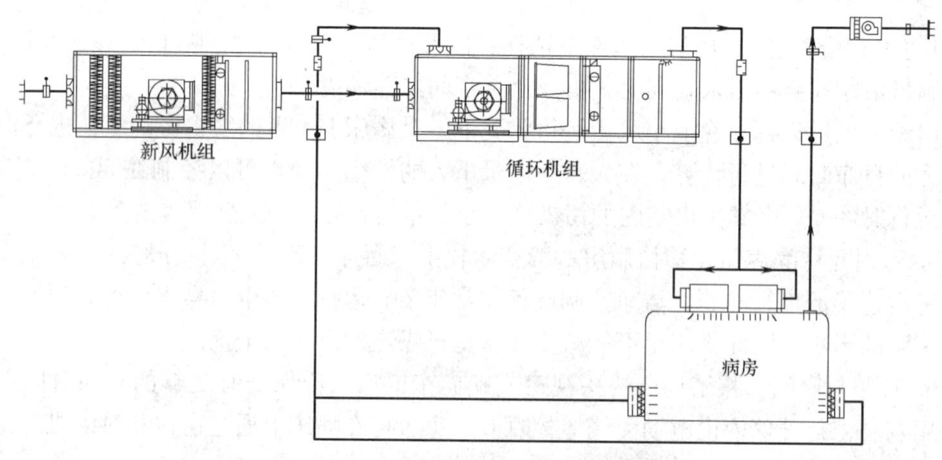

图3.4.4.2-1 新风处理型空调系统

2. 新风过滤型。新风过滤型是在新风机组中对新风只进行三级过滤，不进行热湿处理，将净化后的新风送入空调机组内进行热湿处理（见图3.4.4.2-2）。其优点是经过过滤的新风进入空调机组与回风混合后，过渡季节和冬季可以充分利用新风冷量，不仅减少了过渡季节和冬季的冷负荷，有效地实现节能，而且避免了在0℃以下低温时冻坏机组的可能。

3. 对比分析：新风处理型和新风过滤型洁净空调系统对比如表3.4.4.2所示。

4. 移植病房净化空调系统。由一对一的变频空调机组、集中式变频新风过滤机组和排风机组组成（图3.4.4.2-3）。集中式新风机组将经过三级过滤后的洁净新风分别送至每间病房的空调机组内，空调机组分别向病房和卫生间送风，保持病房和卫生间、病房和洁净走廊之间有序而稳定的压力梯度。

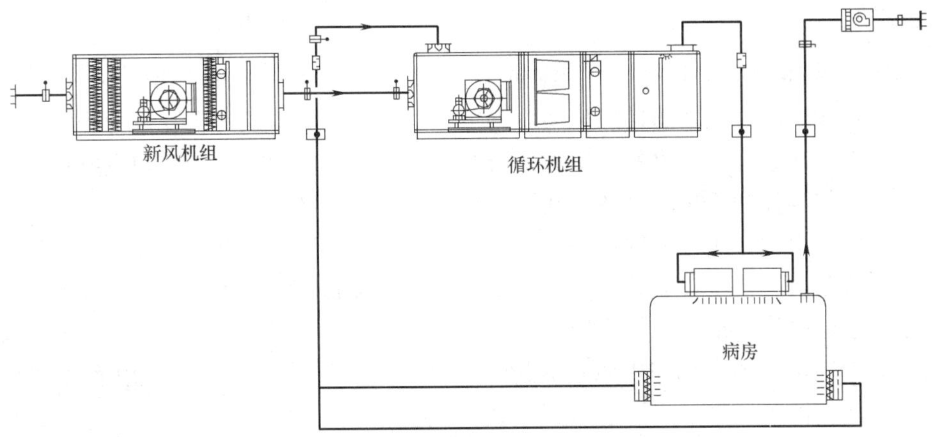

图 3.4.4.2-2　新风过滤型空调系统

新风处理型和新风过滤型对比分析表　　　表 3.4.4.2

系统形式 内容	新风处理型	新风过滤型
安全性	可实现干工况运行；但在 0℃以下低温时容易冻坏，存在安全隐患；系统管理复杂；维修量大	防冻，系统简单可靠，维修量小
经济性	夏季节能效果好；但控制系统复杂，设备配置要求高，投资比较大	冬季和过渡季节节能效果明显；投资比较小
适用性	适合南方地区	更适合北方地区

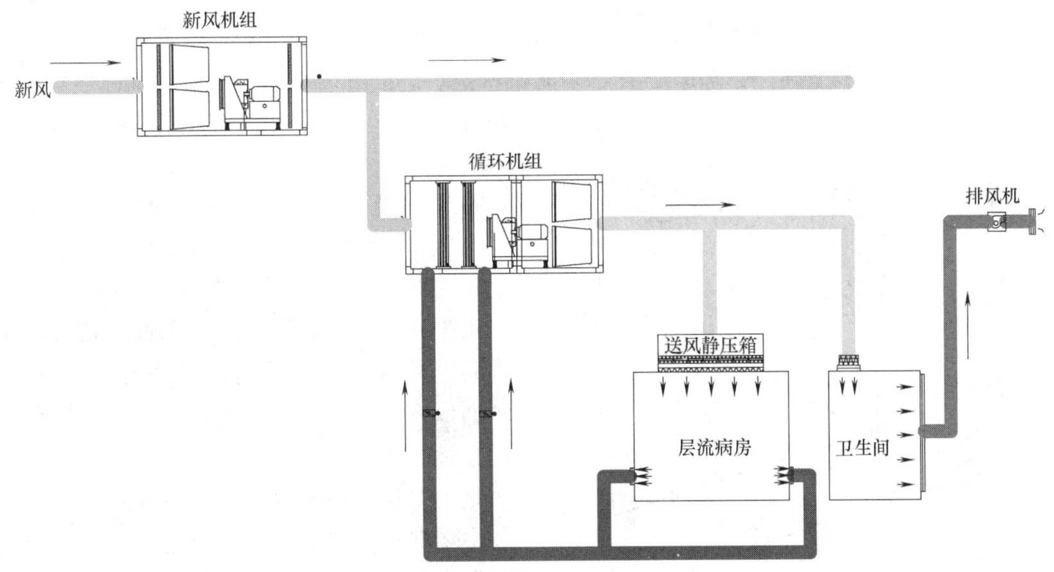

图 3.4.4.2-3　骨髓移植病房净化空调系统

3.4.4.3　气流组织。

【技术要点】

1. 移植病房送、回风方式

患者居住在病房内，外源性病原微生物得到了有效控制，但是患者自身的发尘、发菌产生的内源性、病原性微生物的感染源便成为主要来源。对污染源的控制主要考虑患者的发尘、发菌影响半径和病房的自净时间。因此，选择合理的气流组织方式是十分重要的。目前病房的气流组织方式有两种：一种是水平层流；另一种是垂直层流方式。两种方式在国内外广泛应用，工艺比较成熟，如日本等采用水平层流较多，我国及美国较多采用垂直层流。水平层流的优点是：方便医护人员进行操作，污染小；缺点是：风速较大，噪声相对较大，洁净风从患者头部向下吹，人感觉不适。垂直层流的优点是：患者无明显吹风感，相对舒适。由于病房不同于手术室，病人入住后，在身体允许的情况下，下床在病房内走动，因此要使病房内整个空间送风均达到百级标准，通过对垂直层流和水平层流送风方式的对比分析，选择上送下回满布式垂直层流送风方式更优。除去四周的灯带外，实际满布率达到80％以上。

通过对病房流线平行度和回风口离地高度的模拟分析，优先采用双侧下部回风，下部回风口洞口上边高度不应超过地面之上0.5m，洞口下边离地面不应低于0.1m。

通过对设计方案中的白天大风量运行和晚上小风量运行状况下，病床上患者的发尘影响半径进行模拟和对病房的自净时间进行计算，在大、小风量下人的发尘半径都可以控制在50cm以内。大风量运行时用约40s全部排出室内的污染物，小风量运行时约60s全部排走污染物。

2. 移植病房卫生间送、排风方式

在百级病房内配置洁净卫生间，控制卫生间内污染物散发、提高卫生间的洁净级别、防止感染是设计和施工的重点和难点。卫生间的通风主要考虑两个目的：一是加速排出卫生间内的污染物；二是淋浴时排出室内的水蒸气，保持卫生间的干燥，防止滋生霉菌。从气流组织角度看，在排风方式上有一对矛盾：①当患者使用坐便器时，坐便器位于患者的底部空间，如果从上部排风会造成向上的气流，将坐便器处的污染物自下而上带到上部空间，经过患者呼吸空间，会加大患者感染的机率；②淋浴后的水蒸气总是向上漂浮，集中在顶部空间，而采用上排风方式水蒸气排放会比较顺畅。最佳的方案：采取卫生间顶部送风，在靠近坐便器的侧墙上设置连续的排风口，排风口从坐便器上方一直延伸至屋顶（见图3.4.4.3-1）。洁净的气流从屋顶向下送出后，由于在侧墙上有排风口，因此气流经过坐便器后直接将坐便器处的污染物带走、排出。这种通风形式不会使污染物在室内循环，以最近的距离、最短的时间将坐便器处散发的污染物排走，对排出污染物是效果最好的。

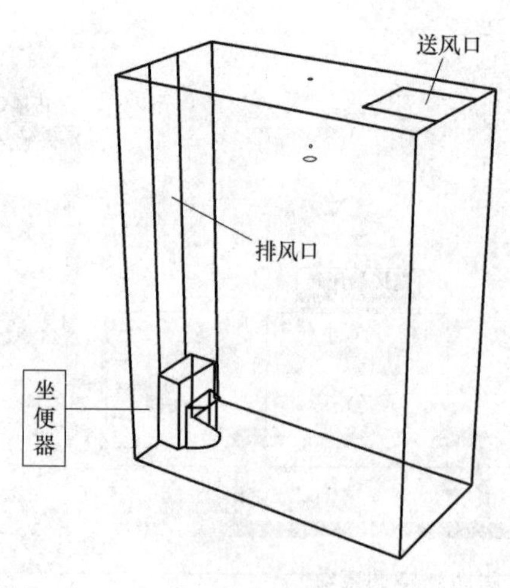

图3.4.4.3-1　卫生间排风方案

淋浴时产生水蒸气是不可避免的，最重要的是淋浴后能够最快、最有效地将室内的水蒸气排走，以防环境滋生细菌。从排出室内水蒸气的变化曲线可以发现（图 3.4.4.3-2），洗浴时排风口处水蒸气的流量很大，当洗浴之后，随着排风不断将水蒸气带走，排风口处水蒸气的流量不断减小，最后排风口处水蒸气的流量几乎为零。三种方案都能在 3min 左右将室内的水蒸气排走。

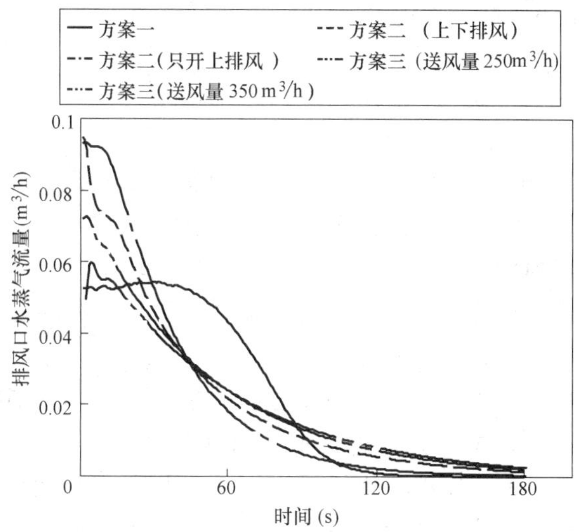

图 3.4.4.3-2 排风口处水蒸气的流量随时间的变化

3.4.4.4 设备层。移植病房的洁净空调系统及设备应设在设备层中，其设备层应设在病房楼板上部。

【技术要点】

1. 设备层内设备、管道的安装与维修应有足够的操作空间，设备层梁下净高不宜低于 2.2m。根据《建筑工程建筑面积计算规范》GB/T 50353—2013 第 3.0.24 条规定：建筑物内的设备管道夹层不应计算面积。

2. 设备层内应进行简易装修；其地面、墙面应平整耐磨，地面应做防水和排水处理；穿过楼板的预留洞口四周应有挡水防水措施。顶、墙应做涂刷处理。

3. 设备层与病房相通的部位，要求设备层内干净、防尘。

4. 设备层内的设备、机组及管道等均应采取隔振、降噪措施。

3.4.4.5 空调水系统。移植病房空调水系统应采用将冷、热供回水管分开的四水管系统形式。

3.4.4.6 空调冷、热、湿源。洁净空调系统所消耗的能量大部分是用于冷、热、湿源系统中的。合理选择冷、热、湿源系统对整个系统的安全运行和节能降耗至关重要。选择冷、热、湿源形式不仅需要考虑其能耗指标，还需要考虑经济性，即初投资、当地的能源结构、建筑和气候特点等因素。医院空调冷、热、湿源方案首先应该选择的是能源的安全可靠性，其次是能源结构合理、环保节能，对环境影响小和运行成本最低的冷、热、湿源方案。

【技术要点】

1. 移植病房一般设置在环形走廊通道中央，病房处于空调内区，由于病房送风量很大，送风温差较小，室内热湿负荷较小且稳定，夏季空气处理需要先进行冷却降温除湿，再进行等湿加热，需大量的再热量；过渡季节和初冬季节，病房内仍然需要一定的降温冷量。因此，骨髓移植病房配置的冷、热、湿源应具有可靠性、经济性、适应性，方便维护和运行。

2. 热源。对有条件的医院，热源应首选市政热力，蒸汽热源可以医疗用汽为主，兼顾重点部位的供暖、空调和生活热水的备用热源。

3. 空气加湿器宜采用电热式。

4. 热回收设备。有条件的可以采用全热热回收设备，冬季将排风中的热和水分回收利用；夏季将排风中的水分除去而冷量回收利用，可收到较好的经济效益和环境效益。

5. 空调冷源：一是电力空调冷水机组，直接提供7℃空调冷水供给洁净空调机组使用。这种方式是一种常见的空调冷源方案，但其不足是过渡季和冬季不易供冷。由于过渡季和冬季骨髓移植病房内仍需要少量供冷，因此，冷水机组开机后，管道内的空调水迅速达到冷机的最低温度，导致停机；当管道内的水温升高后，机器又重新启动，如此反复，对冷机的损耗较大，耗电量较大，易降低使用寿命。

二是采用冰蓄冷技术。为了较好地保障全年用冷的需求，可以在夜间低谷电力时段将大楼所需空调冷量部分制备好，并以冰的形式蓄存起来（见图 3.4.4.6-1）。因此，在过渡季、冬季时，其供冷是为了制冰，机组可以满负荷开启，不会停机，对于医院手术部、骨髓移植病房、ICU 等过渡季和冬季需要供冷的地方非常方便；夏季用于湿度控制十分稳定；同时，利用峰、谷电价更可以节省电费。

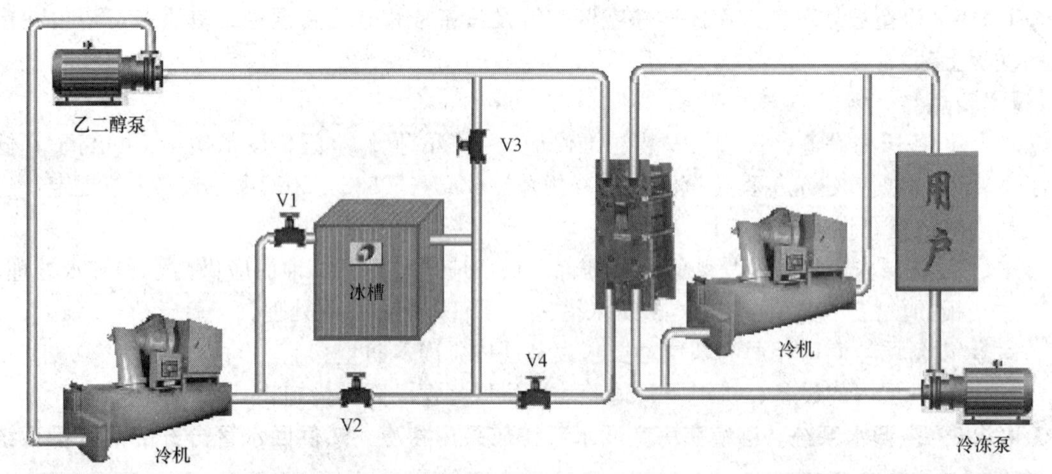

图 3.4.4.6-1　蓄冰系统原理图

（1）优点：

① 冰蓄冷空调的制冰过程主要是在夜间进行，实行峰谷电价后，虽然总用电量不会减少，但能利用谷价电，节省运行电费。

② 采用冰蓄冷空调，用电高峰期可以在夜间低谷时段制冰用于白天供冷，减少白天高峰期用电负荷约 25％～30％，对医院用电起到“削峰填谷”的作用，增加了医院供电的安全和可靠性（图 3.4.4.6-2），同时减少制冷主机容量约 30％～35％和机房设备用电功率 20％左右。

③ 冰蓄冷系统可实现低温供水和低温送风，提高除湿能力，有利于对手术室空气湿度的控制；同时节省水、风输送系统的投资和降低能耗，提高空调舒适度。由于有蓄冰，

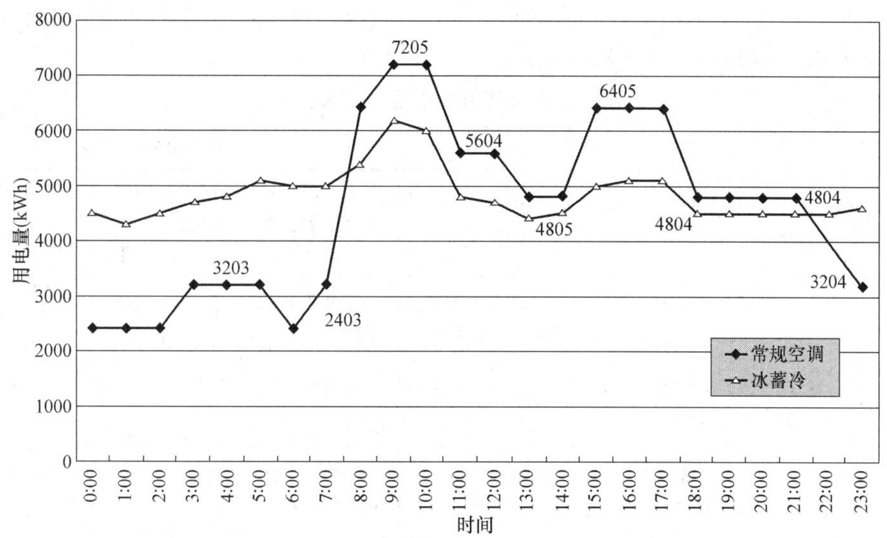

图 3.4.4.6-2　常规空调与冰蓄冷用电日负荷曲线图

为冬季和过渡季和应急冷源提供了保障。制冷设备满负荷运行的比例增大，运行状态稳定，提高了设备利用率。

④ 冰蓄冷空调按照事先设定的程序由计算机控制自动完成各种设备的运行及状态显示，自动化程度大幅提高，降低了操作人员的劳动强度。

（2）缺点

① 冰蓄冷空调初投资较高，比常规空调多 20%左右。

② 冰蓄冷空调与常规空调相比占地面积比较大，多一个蓄冰池。

③ 冰蓄冷空调自控设备有所增加（主要是电动阀门），运行管理技术要求较高，操作人员需要经过培训。

6. 多功能热泵机组能够在蒸发器获得冷水的同时，从热回收器获得冷凝热加热热水，不平衡部分通过辅助换热器排放，从而实现同时制冷和制热，而只需输入一份能源，便同时获取冷量和热量，大大降低了能耗。因此，过渡季还可以采用多功能热泵提供冷热水，可以显著降低能耗，减少排放。

3.4.4.7　空调设备及部件。

【技术要点】

1. 送风天花

移植病房依靠预先建立的洁净环境对骨髓移植患者进行保护，减少治疗过程中的感染机率，确保快速康复。因此，骨髓移植病房与普通病房的主要区别就在于以空气洁净技术为保障手段。而空气洁净技术的最后一道关口是末端高效送风口或送风面，是对于保证病房所需洁净环境最为关键的末端技术措施。末端技术措施大致可分为两类：一类是普通型送风天花，一类是阻漏型送风天花。普通净化系统把高效过滤器设在送风末端的做法，一旦末端发生泄漏，则其后再无保障体系，洁净环境将会受到污染，特别是对于单向流的高级别洁净病房，将产生无可挽回的后果。阻漏型的做法就是在末端设置亚高效的阻漏层，把原来集过滤、气流分布和堵漏密封要求于一身的高效末端风口移到静压箱外的一定位置，使其只起过滤作用，而把气流分布的任务由阻漏层承担，并且把末端的密封要求大大简化，重要的一点是不在室内换过滤器。二者的比较如表 3.4.4.7-1 所示。

阻漏型送风天花与普通型送风天花的比较　　表 3.4.4.7-1

比较项目	送风天花	阻漏型送风天花
室内洁净度	高效过滤器有泄漏，室内洁净度必将受到影响	高效过滤边框通过无漏结构，做到不会漏；而高效过滤器滤芯泄漏，在经过了阻漏层后可使气流浓度降低至原来的 1/475 倍，洁净度稳定可靠
主流区气流	洁净送风天花下侧的气流均匀度难保证，达不到国家标准的要求，抗环境干扰弱	洁净送风天花下侧的气流均匀度很好，完全达到国家标准的要求，抗环境干扰强
出风面积	出风面采用多块散流网孔板组合，安装工艺复杂，气流满布率≤70%	仅用四块阻漏层板组合，安装方便，气流满布率≥90%
设备高度	装置及安装高度高，在建筑层高较低的场合无法安装	装置厚度仅 350mm，特殊情况下可再降低其厚度，能适合更多的安装场合
设备维护	更换高效过滤器必须进入洁净手术室、层流病房，不利于洁净手术部的无菌管理	在手术室、层流病房外更换高效过滤器，不污染受保护环境，更换快捷、操作方便
安装质量	现场制作、传统拼装，不利于设备质量的保证	工厂制造，现场组合安装，有利于设备质量的保证
外形与结构	出风面采用很多块散流网孔板组合，固定、密封工艺复杂，易产生漏点，固定螺丝外露，不美观	用四块阻漏层组合，末端结构简单，连接件隐蔽，出风面质感好，美观

阻漏型送风天花不仅在安全性和适用性方面有优点，而且在经济上也有一定的优势，与进口送风天花相比，阻漏型送风天花价格比其低 54%，是进口送风天花价格的一半左右，虽然阻漏型送风天花价格略高于国产普通型送风天花，但其安装损耗较低、使用寿命长、更安全、更适用，能够有效解决病房末端高效过滤器在安装和使用中泄漏的问题，降低感染风险和医疗成本，具有较好的社会和经济效益。

2. 加湿设备

骨髓移植病房冬季加湿量较大，加湿系统所消耗的电量也较大，如图 3.4.4.7-1 所示，因此，选择湿源首先应该考虑能源的安全可靠性，其次是对环境影响和运行成本最小的加湿设备。

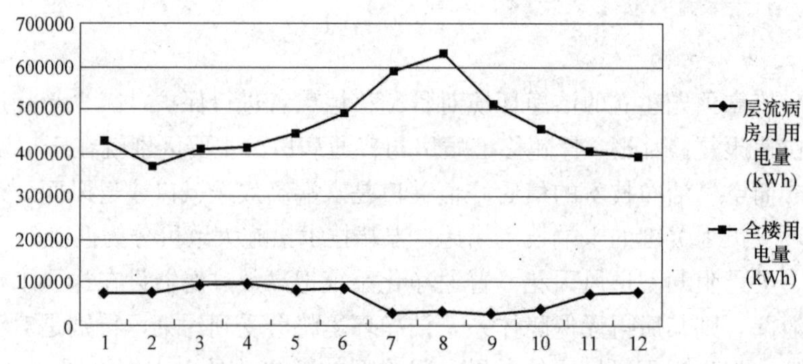

图 3.4.4.7-1　普通病房与层流病房全年用电量情况

3. 超低阻过滤器

超低阻高中效空气过滤器对大气菌的过滤效率≥95%，可有效降低室内微生物污染。过滤效率如表3.4.4.7-2所示。

超低阻高中效空气过滤器过滤效率　　表3.4.4.7-2

滤料型号	额定风量 (m^3/h)	过滤效率 η(%)					
		≥0.3μm	≥0.5μm	≥0.7μm	≥1.0μm	≥2.0μm	≥5.0μm
Ⅰ	400	61.8	61.6	79.2	86.3	94.2	96.4
Ⅱ	400	74.8	79.4	87.4	89.8	93.8	95.8

超低阻高中效空气过滤器（500mm×400mm×60mm）的阻力与风量基本呈线性关系，风量为700m^3/h时，阻力不足20Pa，对风机盘管的影响不大，如图3.4.4.7-2所示。

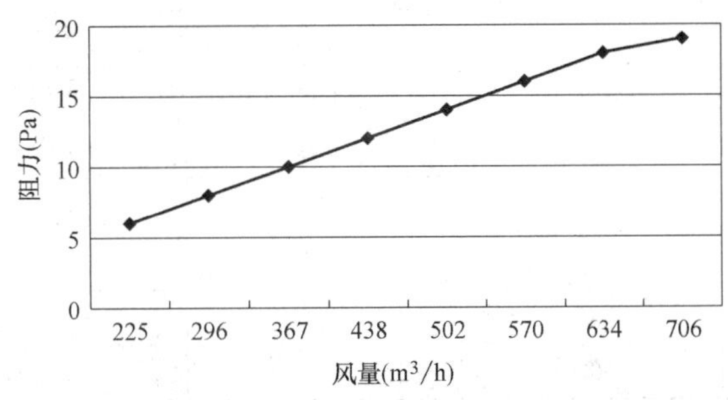

图3.4.4.7-2　超低阻高中效空气过滤器阻力风量关系曲线

4. 排风余热回收设备

排风余热回收系统由排风系统、新风系统和冷暖自动转换热管型热回收装置组成。排风系统将病房、走廊和卫生间等区域的废气收集后由排风机送至冷暖自动转换热管型热回收装置；新风系统将室外新风引入冷暖自动转换热管型热回收装置，排风与新风在冷暖自动转换热管型热回收装置中进行冷热交换，从而使新风升温（冬季）或降温（夏季），达到将排风余热回收利用的目的。

第5节　系统运行与节能

3.4.5.1　系统运行方式。

【技术要点】

1. 净化空气处理机组宜采用变频器对风机风量进行调控及恒定系统风量的方式，其稳定性、舒适性和节能性效果均优于采用定风量阀的方式。

2. 根据病房所在地的气候特征及空调运行特点，采用一、二次回风的调节运行方式，并设置白天、夜间运行模式，使病房环境更安静、舒适，同时可以降低能耗，减少运行成本。

3. 夏季，根据冷负荷要求确定合适的一、二次风量，按比例运行，让新风通过表冷器后的冷量正好抵消室内的热湿负荷，减少电再热量，从而达到节能的目的。

4. 冬季，因一次回风系统和二次回风系统都没有冷热抵消现象，新风与一次回风混合后，不需要进行电预热，节省初投资和运行电费，还可防止冻裂机组盘管。因此，冬季应增大一次风量，或直接按一次回风系统运行。

3.4.5.2 一、二次回风系统运行能耗分析。

【技术要点】

夏季采用一、二次回风，冬季使用一次回风，该空气处理方式具有明显的节能效果（见表3.4.5.2-1和表3.4.5.2-2）。

不同风量下空气处理过程能耗表　　表3.4.5.2-1

处理工况		二次回风量 7420m³/h	二次回风量 6000m³/h	二次回风量 4800m³/h	二次回风量 0m³/h
一次回风量(m³/h)		580	2000	3200	8000
夏季	制冷量(kW)	5.67	9.8	13.4	27.24
	再热量(kW)	0	4.15	7.74	21.56
	机器露点(℃)	14.73	14.36	14.39	15.5
	月耗电量(kWh)	1020	4752	7985	20426
冬季	预热量(kW)	2.87	0	0	0
	加热量(kW)	2.89	5.77	5.77	5.77
	月耗电量(kWh)	2160	1380	1380	1380
全年	耗电量(kWh)	19080	36792	56190	130836

二次回风与一次回风能耗比较　　表3.4.5.2-2

系统形式	制冷量（kWh）	制热量（kWh）	电加热量（kW）	全年耗电量（kWh/间）	总耗电量（kWh）
一次回风系统	8945	22839	1095	10945	175100
二次回风系统	8340	12512	404	6660	106540
能耗比较	1.073	1.825	2.710	1.645	1.643

3.4.5.3 一、二次回风系统运行使用效果。

【技术要点】

1. 冬季运行效果。根据1月下旬实际运行的数据（见图3.4.5.3-1）可看到，冬季室外新风经过滤后直接与室内回风混合的混合温度已基本接近室内温度，只需少量加热即可达到室内所需要的送风温度，较好地解决了冬季机组防冻问题，运行十分可靠。

2. 夏季运行效果。从图3.4.5.3-2可以看出，夏季工况只开一次回风（图中前半段）和开二次回风（图中后半段），一次回风段的混合温度明显比二次回风段低，经过表冷器降温后，一次回风比二次回风需要的电加热量多出一倍，节能效果较为明显。

3.4.5.4 热管型排风余热回收运行效果。

【技术要点】

由实际运行的数据（见图3.4.5.4-1、图3.4.5.4-2）可看到：

1. 冬季室外新风经过热管型排风余热回收装置后，新风温度已基本接近室内温度，只需少量加热即可达到室内所需要的送风温度，较好地解决了冬季机组防冻问题，运行十

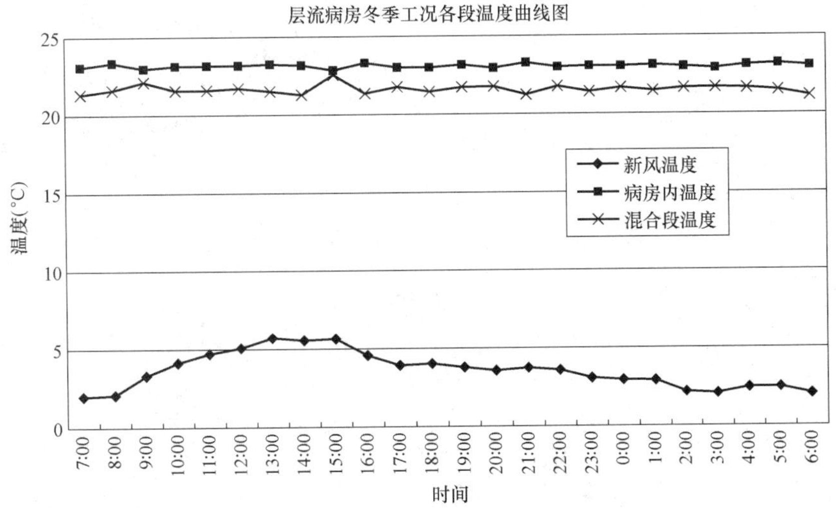

图 3.4.5.3-1　冬季工况温度曲线图

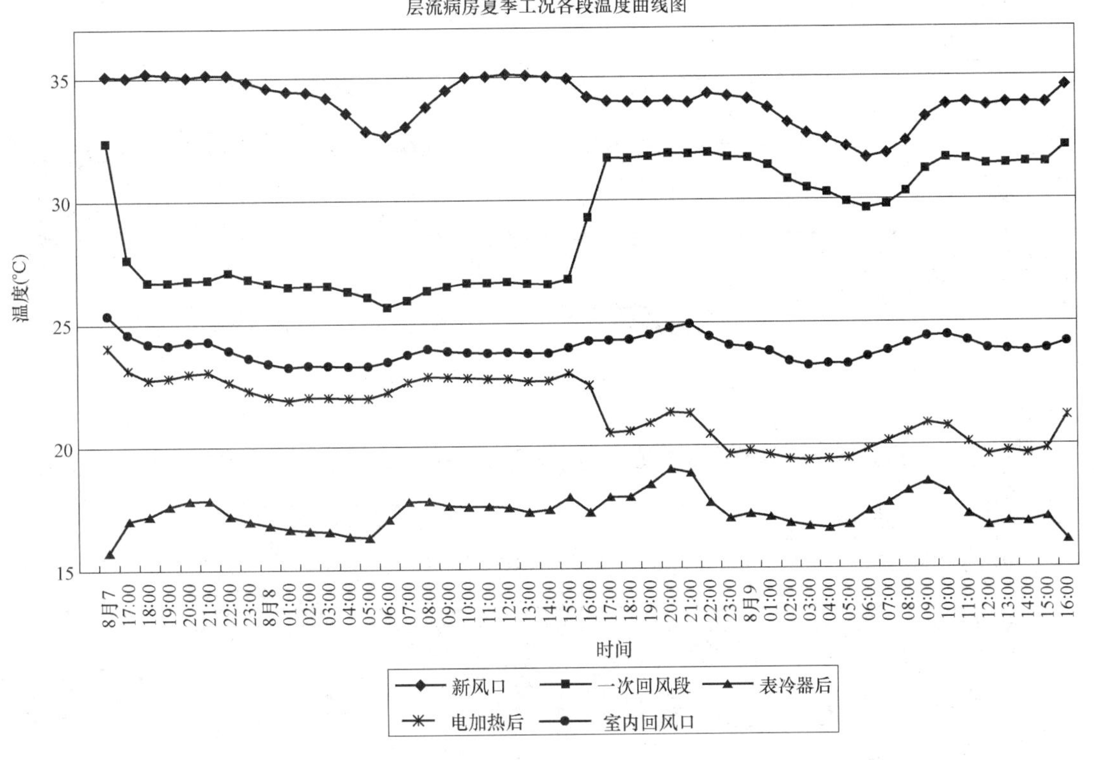

图 3.4.5.3-2　夏季工况温度曲线图

分可靠。

2. 冬季新风经热管型回收装置后，将排风中60%～80%的显热热量转换给新风回收利用，使新风温度可升至5℃以上，不再需要防冻预热。每年可节省可观的冷热源费用。

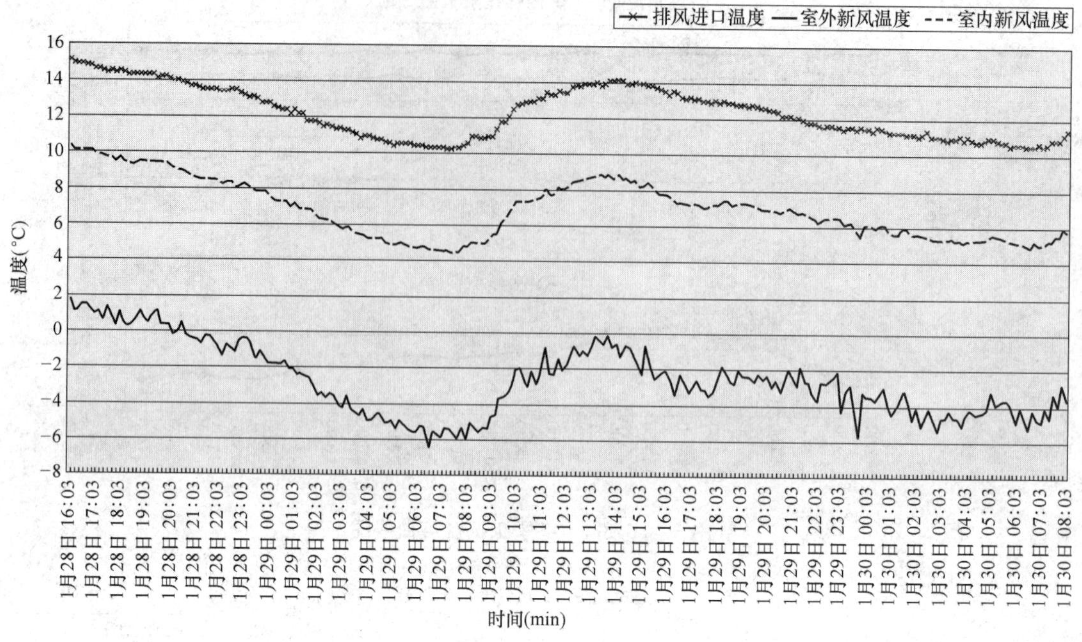

图 3.4.5.4-1　冬季采用热回收室内、外新风及排风进口温度曲线图

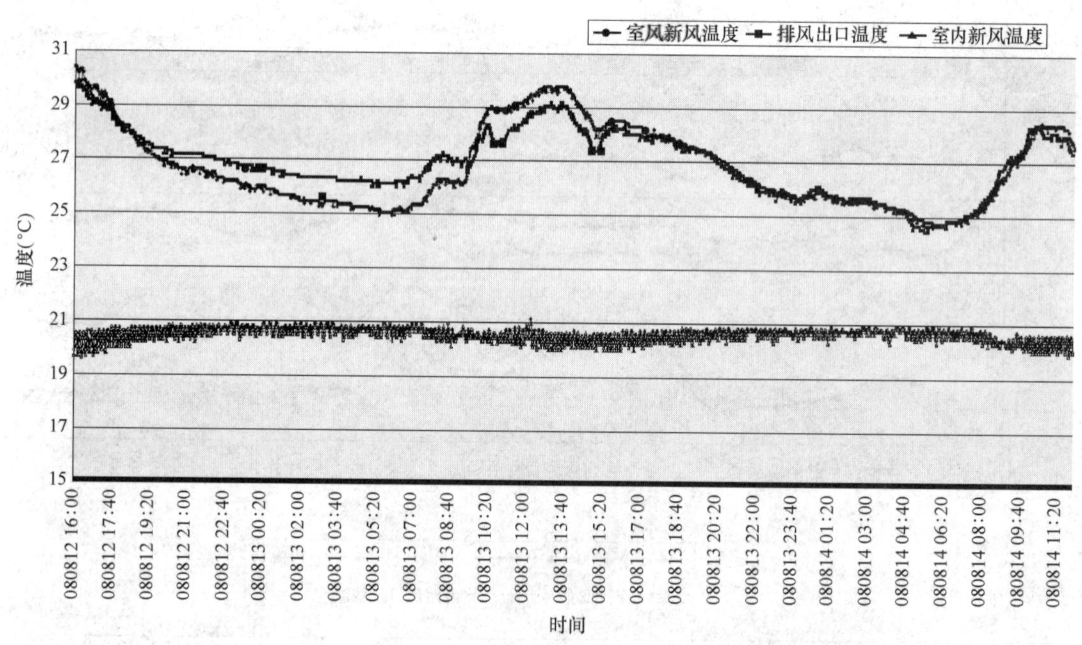

图 3.4.5.4-2　夏季采用热回收室内、外新风及排风出口温度曲线

本章参考文献

[1]　许钟麟. 洁净室及其受控环境设计. 北京：化学工业出版社，2008.

［2］ 中国建筑科学研究院. 医院洁净手术部建筑技术规范 GB 50333—2002. 北京：中国建筑工业出版社，2013.
［3］ 孙鲁春，龚伟. 新型无菌病房的建设（1）、（2）. 中华医院感染学杂志，2009：2316、2598.
［4］ 孙鲁春，龚伟，杨彩青，陈凤娜，杨旭东. 无菌病房卫生间设计及应用效果分析 . 暖通空调，2009，39（9）：124-128.
［5］ 杨彩青，杨旭东，孙鲁春，龚伟. 层流无菌病房卫生间通风方案研究 . 建筑科学，2009，25（8）：83-86.

本章作者简介

孙鲁春：解放军总医院高级工程师，医院建筑建设和管理专家。

刘柏华：山东东营市人民医院，历任医院基建科主任，现任总务科主任 。

王刚：高级工程师，四川科创源洁净工程有限公司总经理。

第 5 章　生殖中心洁净装备工程

董建华　赵奇侠　白浩强　周建青　王文一

第1节　概　　述

3.5.1.1　生殖中心的概念：生殖中心是人类辅助生殖技术（Assisted Reproductive Technology，ART）包括人工授精（Artificial Insemination，AI）和体外受精-胚胎移植（In Vitro Fertilization and Embryo Transfer，IVF-ET）及其衍生技术工作的场所，是治疗不育症的有效手段，简称：IVF 实验室。IVF 实验室是其中极为重要的部分，对 IVF 结局中有重要影响。在体内，配子和胚胎处于一个无光、恒温、恒湿、低氧的环境，母体内分泌及子宫、输卵管微分泌环境极其复杂，配子或胚胎在受到母体自身保护的环境下生长发育。但在体外，配子或胚胎自身不具备任何屏障和保护功能，可能暴露于含有害气体的空气中，面临温度、渗透压、PH 等变化的应激，这可能削弱胚胎的发育潜能。高质量的 IVF 实验室为配子和胚胎的生长发育提供了相对稳定的场所，建立稳定、安全、可靠的 IVF 实验室对于维持 IVF 成功率具有重要作用。

3.5.1.2　生殖中心洁净区的组成：主要由生殖医学临床诊断区、体外受精技术（IVF）区、人工授精技术（AI）区和办公辅助区四部分组成。

【技术要点】

1. 主要用房：由若干间为胚胎培养服务的操作室和若干个为男女病人服务的手术室组成。

2. 辅助用房：又可分为直接或间接为医生或者病人服务。

（1）直接为胚胎培养服务的功能用房，如取卵室、移植室、显微操作间、精液处理室、胚胎冷冻室、准备间、风淋室及培养缓冲间等，是必不可少的；

（2）间接为胚胎培养服务的房间，如取精室、男女医护人员及病患更衣室、病人休息室、手术通道、耗材间、资料室、气瓶间、洗涤间等。

（3）按照总体要求，为胚胎培养服务的功能用房应设置净化空调系统，为胚胎培养服务的其他洁净辅助用房，应设置在洁净区内，并设置相应的净化空调系统。

第 2 节　必　要　性

3.5.2.1　生殖中心建设的必要性：

1. 设计上缺少相应的理论和原则；

2. 使用与维护上，没有相应的标准或规范给予指导；

3. 优良的建筑环境是保证胚胎细胞成活率的重要措施之一；

4. 为今后生殖医学中心的建筑设计提供科学、有益的资料，也为生殖中心洁净工程的使用与维护，保障其安全、可靠运行提供技术指导。

第 3 节　基本医疗需求及工作流程

3.5.3.1　基本医疗需求。自 1978 年世界上第一例体外受精婴儿诞生以来，各国的辅助生殖技术取得了突飞猛进的发展。迄今为止，全世界依靠辅助生殖技术来到人世间的婴儿数已超过几百万，已经被越来越多的人认识。全国各地生殖医学中心纷纷成立，覆盖全国各省、地、市，甚至到达县城，但在建设过程中存在很多问题，设计上缺少相应的理论和原则；使用与维护上，也没有相应的标准或规范给予指导。本篇以生殖医学中心为对象，以生殖医学、建筑学、社会学、心理学为基础。结合笔者对医院中生殖医学中心的建设、使用、维护的调研和分析，同时结合辅助生殖技术的医疗工作和病人心理护理的需求，对生殖医学中心从规模、位置、功能分区、平面布局形式、流线组织、洁净实验室设计的基本原则和方法及相关专业等方面进行阐述。

人类辅助生殖技术中胚胎成活率是衡量生殖技术先进性的重要数据，如何保证胚胎细胞的成活率，除了采用国内外先进的设备和成熟的操作技术以外，优良的建筑环境也是重要的措施之一。

3.5.3.2　工作流程：生殖中心的工作流程见图 3.5.3.2，根据人员和物品不同，流线分为：医生流线、男女患者流线、洁净物品流线和污物流线。

【技术要点】

工作人员流线：换鞋→普通更衣→缓冲间→各个工作区域；

女患者流线：更衣→洁净走廊→人工授精室/取卵室/移植室；

男患者流线：更衣→取精室；

洁净物品流线：专用电梯→洁净走廊→洁净物品辅房；

污物流线：集中打包→污物走廊→污物分类清洗、消毒→污梯。

3.5.3.3　生殖中心平面图与空间设计示意图。生殖中心平面图见图 3.5.3.3-1，生殖中心空间设计示意图见图 3.5.3.3-2。

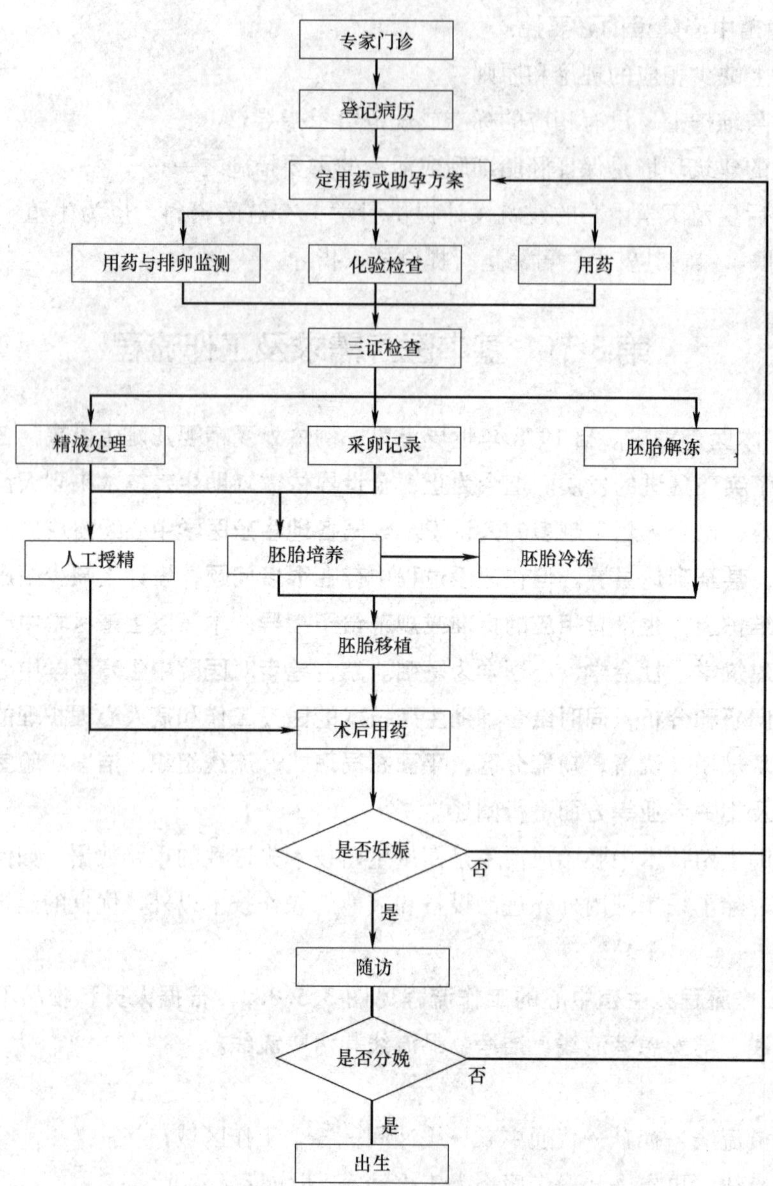

图 3.5.3.2　生殖中心的工作流程

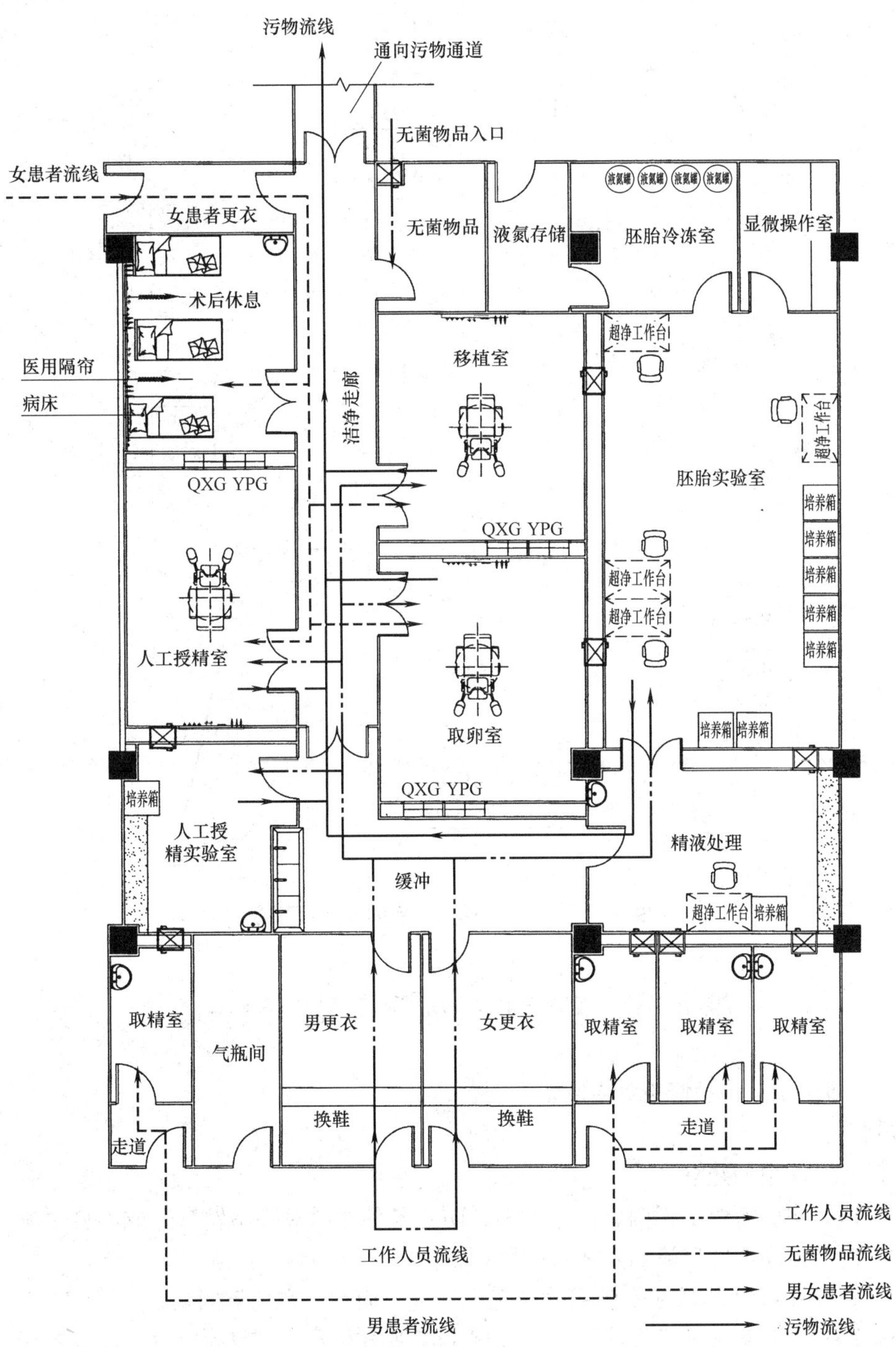

图 3.5.3.3-1　某医院生殖中心流线图

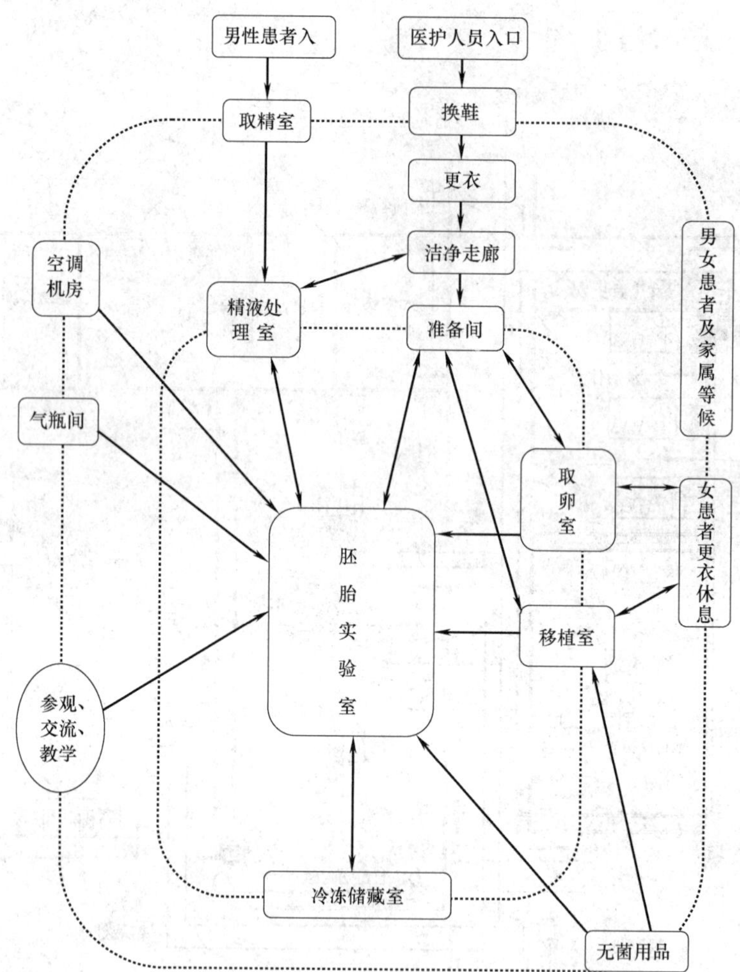

图 3.5.3.3-2　生殖中心空间设计示意图

第 4 节　各专业设计要点及注意事项

3.5.4.1　建筑及装饰装修设计要求。

【技术要点】

1. IVF 实验室的建立

(1) IVF 实验室要求无菌、避免污染、防止各种材料对胚胎发育造成不良影响；

(2) 需要洁净的空气流通及适宜的面积；

(3) 在设计和建立 IVF 实验室时应考虑选址、面积、布局等因素；

(4) IVF 实验室建立远离建筑工地或城市规划中有大型工程的地方，以及餐厅、化工厂、加油站、繁忙的公路交通地带；

(5) 在医院内，IVF 实验室建立在较高的楼层上有利于空气流通和空气质量的改善。应避免邻近手术室、消毒室、洗涤室、传染科、放射科、病理科；

(6) 地面、墙面、吊顶请参照本书第 3 篇第 1 章第 3 节洁净手术部建筑装饰设计。

2. 平面布局

生殖医学中心按工作流程主要有临床诊断和 ART 实验室两大主要分区，其中 ART 实验室是核心部位。

(1) 临床诊断区

临床诊断区域是患者的主要就诊场所，女科、男科、护理、检验等各部分密切配合，共同完成对患者的诊疗活动。以下为各部分房间要求：

女科：诊室（3～5 间）、B 超室、检查室、治疗室、门诊手术室。

男科：诊室（1～2 间）、男科检查室、男科治疗室。

护理：注射室、留观室、宣教室、咨询室、档案室、辅料间。

检验：取精室（2～3 间，与男科检验室邻近，并有洗手设备）、男科检验室、内分泌及血液免疫检验室。

其他办公用房：候诊室、更衣室、办公室、仓储间等。

(2) ART 实验室区（此分区需要空气净化）

ART 实验室主要包括：取精室、精液处理室、取卵室、人工授精实验室、胚胎实验室、移植室、胚胎冷冻室、显微操作间、胚胎冷冻、解冻室等，其他辅助功能室如准备间、风淋室、资料室、耗材间、气瓶间、洗涤间等。

生殖中心 ART 实验区各功能间之间的关系见图 3.5.4.1

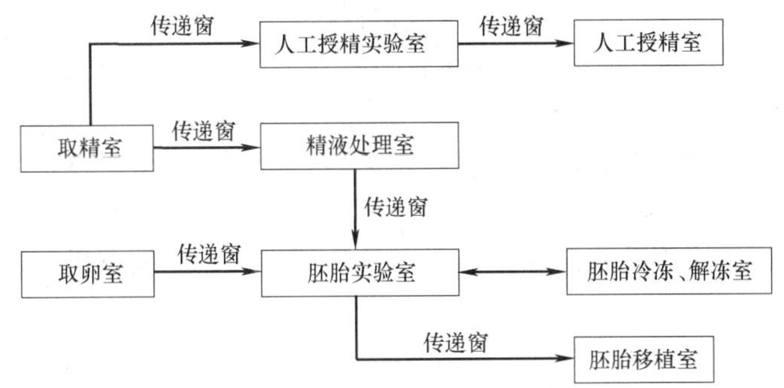

图 3.5.4.1　生殖中心 ART 实验区功能间关系图

ART 实验室区按工作性质分为体外受精技术（IVF）区和人工授精技术（AI）区两部分，虽然二者有重合的工作环节，但是按国家卫生和计划生育委员会的要求，AI 的部分场所需要专用，因此此区域仍按两区划分，部分房间如取精室可通用。

① 体外受精区：平面房间主要由取精室、穿刺取精手术室、精液处理室、取卵室、胚胎实验室、胚胎移植室、胚胎冷冻室、液氮储存室、耗材试剂库、麻醉复苏区以及其他办公辅助用房组成。

体外受精（胚胎学实验室）与移植手术室相邻布置。取回的受精卵或卵胞，其转移的距离控制在 30m 以内。由于卵子和胚胞必须在一定的温度和 pH 值的孵化器中培养，保持胚胎学实验室的净化状态是非常必要的。同时设置与之相关的实验室，如精液处理室、胚胎冷冻室、准备室等，并且设置独立的显微操作室，用于单精子卵细胞浆内显微注射、辅助孵化、卵裂球活检等，显微操作室的位置设置在人员走动少、开关门等振动小的地方，以减少对显微操作的影响。胚胎冷冻室保留足够大的面积，以满足日益增长的 IVF

周期带来的胚胎冷冻需求。实验室各个单元之间需要有相对独立的区域和方便联系的通道，如，将患者与医生的走道分开布置，以利安全和效率。而患者分男女，在设计时也可考虑将走道分开设置，这样有利于舒缓患者的心理压力。

胚胎移植室是将胚胞植入母体的地方，不需要挂式手术灯，可利用无窗空间以保证其私密性和净化需要。内部设计应平和温馨，以免患者情绪紧张引起子宫收缩，增加手术验证度。胚胎移植室可参照Ⅲ级洁净手术室建筑标准设计。

② 人工授精区：人工授精区可附属在体外受精技术分区内，但功能房间如人工授精实验室、人工授精室要单独设计且专用。平面房间主要由取精室、人工授精实验室、人工授精室以及其他办公辅助用房组成。

人工授精实验室主要是作精液处理的地方，增养孵化增强其活力。该室应紧邻取精室布置，取精室的位置应较隐秘，防视线干扰。取精室与人工授精实验室（精液处理室）之间的隔墙上设无菌传递窗，传送精液样本，房间有电视，可按休息室进行布置。

3. 场所要求

临床诊断和 ART 实验室两大分区不管哪一区域都有护理的密切配合，设计时要充分考虑护理的工作场所。以下主要针对 ART 实验室区域：

(1) 人工授精场所总面积不得少于 $100m^2$，其中人工授精实验室和授精室的专用面积各不少于 $20m^2$。

(2) 体外受精场所面积应足够大，以确保仪器设备的安全放置与使用，布局应考虑配子、胚胎的运输路线，使之最短、最安全、无障碍。

① 机构专用面积不小于 $200m^2$。用于体外受精实验室和取卵室的面积不小于 $60m^2$。

② 场所布局须合理，符合洁净要求，建筑和装修材料要求无毒，应避开对工作产生不良影响的化学源和放射源。

③ 工作场所须符合医院建筑安全要求和消防要求，保障水电供应，各工作间应具备空气消毒设施。

④ 超声室面积不小于 $10m^2$。

⑤ 取精室与精液处理工作区临近，设 2～3 间，其中 1 间设有病床（用于辅助取精），房间门禁管理，内设有电视，单人间设置，保证私密性，突出人性化的设计；取精室与护士站设有语音对讲系统，便于医患之间的沟通。取精室与精液处理室和人工授精实验室之间用互锁式传递窗连接，患者取精后，可以直接通过传递窗送至精液处置室和人工授精实验室，并有洗手设备。每间不少于 $5m^2$。

⑥ 取卵室：供 B 超指导下经阴道取卵用。面积不小于 $15m^2$，环境符合医疗场所Ⅱ类标准。

⑦ 体外受精实验室：面积不小于 $20m^2$，并具备缓冲区。环境符合医疗场所Ⅰ类标准，建议设置空气净化层流室，其中胚胎操作区达到百级标准，并具备温控条件。

⑧ 胚胎移植室：面积不小于 $10m^2$，环境符合医疗场所Ⅱ类标准。

⑨ 精液处理室：紧邻取精室和胚胎实验室，房间等级不低于医疗场所Ⅱ类标准，面积不少于 $10m^2$。

4. 设备配置

充足的设备是 IVF 工作的保障。通常需要 3 台或 3 台以上超净工作台。操作台面采用不锈钢，高度为75cm，用于选卵、胚胎观察等。用于单精子卵细胞浆内显微注射（ICSI）等显微操作的超净工作台需要配备减振台，以减少振动对单精子卵细胞浆内显微注射操作影响。具体各功能房间的设备配置见表3.5.4.1 。

各功能房间设备配置表　　　　**表3.5.4.1**

房间名称	设　备
精液处理室	超净工作台、二氧化碳培养箱、嵌墙式储物柜
取卵室	药品柜、麻醉柜、器械柜、保温柜、保冷柜、墙腰式医用气源配置箱（设有2个氧气、1个压缩空气、1个二氧化碳、1个真空吸引）、观片灯、输液导轨、计时器（分别标有：手术时间和北京时间）、免提对讲机、妇科手术床、手术室专用无影灯、插座箱4套（每面墙设1套）
胚胎移植室	移植室的房间配置同取卵室
人工授精实验室	超净工作台，二氧化碳培养箱，嵌墙式储物柜
人工授精室	药品柜、器械柜、保温柜、墙腰式医用气源配置箱（设有2个氧气、1个压缩空气、1个真空吸引）、观片灯、输液导轨、计时器（分别标有：手术时间和北京时间）、免提对讲机、妇科手术床、插座箱2套
胚胎实验室	双人超净工作台、二氧化碳培养箱
冷冻室	干燥箱，液氮储存罐、转运罐、若干成品操作台

5. 设计及装饰选材原则

（1）生殖中心装饰设计选材原则：要无毒、无味，不能产生有害物质。

（2）如果有外墙窗应采取合理的遮阳措施。

（3）实验室设计尽量远离空调机房设置，以避免振动影响到胚胎实验操作。

（4）在流线设计中要重点处理两方面的问题：第一，合理设计流程，尊重就诊病人的隐私；第二，从医院感染学的角度出发合理设计人流、物流，避免交叉感染，使不同的人流合理分流，合理设计各种检验、实验标本的流程。

3.5.4.2　给水及排水工程。

【技术要点】

1. 给水设施

生殖中心的给水管道与大楼给水管道对接，参考《医院洁净手术部建筑技术规范》GB 50333—2013。

生殖中心内医生进手术室/实验区之前配置刷手设施，男患者取精后配置清洁设施，手术/实验后部分物品配置清洗设施。刷手设施、清洁设施必须保障其恒温出水。

术前刷手设施、取精清洁设施、物品清洗设施功能不同，要求人性化设计，如术前刷手设施配置可调节冷热水温的非手动开关的龙头，结合生殖中心的周期量配备足量的龙头数量，弧度防溅设计；取精清洁设施以患者使用出发，合适的设施高度，360°可旋转伸缩龙头设计；物品清洗设施按污洗、浸泡、消毒三级阶梯式清洗理念、降低二次污染、顺流设计。

2. 排水设施

生殖中心排水管道与大楼排水管道对接，参考《医院洁净手术部建筑技术规范》GB 50333—2013。

生殖中心洁净区内不应设置地漏。生殖中心内其他地方的地漏，应采用设有防污染措施的专用密封地漏，且不得采用钟罩式地漏。

3. 其他

生殖中心部分设备上的高温排水，必须配置混水装置，降温处理后排入大楼排污管道内。

3.5.4.3　通风空调工程。

【技术要点】

1. 特殊要求

净化空调系统是维持整个生殖中心空气质量的重要部位。对胚胎成功率有着举足轻重的作用，系统需对不同洁净等级的房间进行有效的控制，并且依靠智能自动控制系统将温湿度控制在理想状态。普通的空调系统无法满足生殖中心保障体系的要求，其系统宜具有以下特点：

(1) 系统清洁、干燥、易清洗，确保送风的洁净和无菌。

(2) 系统前端配置灭菌系统，有效阻隔细菌。

(3) 空调箱内易产生细菌部位配置杀菌装置，防止细菌滋生。

(4) 保证不同区域之间合理的气流流向和压力分布。

(5) 排出废气和有害气体，并安装防倒灌装置，防止外部环境污染室内。

(6) 多级空气过滤将送风中的微生物粒子过滤掉。

(7) 控制温度湿度调节，抑制细菌繁殖，降低人体发菌量。

2. 空调系统选择

整个生殖中心各区域的功能有所不同，可划分几个区域来控制，利用智能自动控制系统将几个区域有效地配合起来。特殊区域系统应全年不间断运行，其他相互配合的功能区配以变频控制，达到节能效果。由于生殖中心的风量要求比较大，应对其配置设备层或独立的机房间，以有效控制噪声和振动。

3. 净化空调系统使生殖中心处于受控状态

要求净化空调系统既能保证生殖中心整体控制，又能使各分区灵活使用。生殖中心不管采用何种净化空调系统，处于何种运行状态，也无论哪个分区停开，均不能影响整个生殖中心有序的梯度压力分布，均应使整个生殖中心始终处于受控状态，否则会破坏各房间正压气流的定向流动，引起交叉感染或污染室内环境。

4. 净化空调系统的空气过滤

整个系统至少设三级空气过滤。第一级空气过滤应设置在新风口，第二级应设置在系统正压段，第三级应设置在系统的末端或应尽量靠近末端，有条件或特殊要求的应在前端设置灭菌过滤装置。

5. 净化空调系统的新风

(1) 新风的采集口设置应合理，新风口应做防雨措施，有条件的应对朝向进行规划。新风口进风速度应控制在规定范围内，防止雨水吸入新风管内，也可有效控制噪声。

(2) 系统的新风口不应设在排气口上方，与排风的垂直、水平距离也应达到相关规范要求；

6. 净化系统的排风

(1) 生殖中心部分房间易产生异味，影响室内空气质量。故将这些房间空气排出室外，对于异味比较严重的房间应进行全排处理。

（2）排风机启闭应与空调系统联动控制，防止整个系统启闭时室内压力混乱。

（3）排风口附近管路上应设置防倒灌装置。

7. 手术部使用的冷热源

应考虑整个生殖中心净化空调系统能在过渡季节使用的可能性。

8. 空调系统的部件与材料

（1）净化空调系统是最常用的必不可少的部件，它的制作与选材应满足日常维护方便的特点，如清洗、消毒、更换过滤器、防锈、防腐、顺利排水等均应比普通空调设备的要求更高，特别是作为生殖中心以控制尘埃粒子、细菌及有害气体为主要对象。因此，对各种部件的选材，应有足够的重视，并在选型时必须考虑完全满足生殖中心洁净需求的、完全自动化变频可调的、专业的净化机组。

（2）净化空调机组材料和结构。净化空调机组内表面及内置零部件应选用不产尘、不易积水、防腐蚀的材料或面层，材质表面光洁易清洁，内衬板材常选用不锈钢。

3.5.4.4　电气工程。

【技术要点】

1. 基本要求

（1）生殖中心必须采用独立双路电源供电，采用TN-S系统供电方式，总配电箱设于非洁净区，生殖中心内洁净手术室干线必须单独敷设。

（2）取卵室、授精室、胚胎移植室、男科手术室、宫腔镜手术室建议设置成空气净化层流室，按手术室标准配置，室内配电要求可参考本书第3篇第1章手术部的配电要求，根据需要配置观片灯，授精室、胚胎移植室可不设观片灯。

（3）胚胎移植室、授精室、取卵室应配置UPS不间断电源系统，供电时间不少于30min，尤其是胚胎培养室的用电，关系到培养箱内胚胎的正常培养，建议UPS不间断电源后备供电时间不少于8h，保证各功能设备供电的连续性。

（4）净化区域内空调控制装备显示面板应与手术室内墙面齐平，各插座箱、插座、灯具、开关等室内设备边角应做密封处理，不影响气流组织，防止空气污染。

（5）胚胎移植室建议设置气柱式吊塔，每个吊塔用电负荷约6kVA，每塔配置二氧化碳气体终端5个、氮气气体终端5个、混合气（二氧化碳、氧气、氮气）气体终端10个、电源插座20组和网络插座6组，可供足够的培养箱使用。

（6）IVF超净工作台每台建议配置至少2组插座箱，每组插座箱内含5个插座和1个网络端口；每个层流工作站建议配置2个插座，1个网络端口；插座应选用多功能型，以适用国内外各种型号规格的用电设备。

（7）生殖中心区域的二氧化碳气体、氧气、氮气、混合气体、压缩空气、负压吸引各气体管道上应设置带通信功能的压力表、气体压力报警装置，当气体压力过高或过低时都应报警，安装在护士工作站，方便医护人员及时了解各种气体工作状况。

（8）超净工作台的电机应选用低噪声型，给医护人员营造一个良好的工作环境及胚胎培养的实验环境，启动开关应在各工作站附近，方便医护人员操作。

（9）生殖中心区域内的配电线管应采用金属管敷设，穿过墙和楼板的线管应加套管，并应用不燃材料密封。电线管在穿线后应采用无腐蚀和不燃材料密封。

2. 电线电缆

医疗建筑二级及以上负荷的供电回路，控制、监测、信号回路，医疗建筑内腐蚀、易燃、易爆场所的设备供电回路，应采用铜芯线缆。二级及以上医院应采用低烟、低毒阻燃类线缆，二级以下医院宜采用低烟、低毒阻燃类线缆。

3. 照明

生殖中心各房间照明应采用洁净气密封照明灯具，禁用普通灯具代替，节能环保，分区控制，严禁使用紫外线杀菌灯，受精卵在强光下易被杀死。在取卵室、人工授精手术室、胚胎移植室、人工授精实验室、解冻室、冷冻室、精液处理室等房间及实验工作台设置亮度可调式射灯，实现局部照明、亮度可控，保证实验的成功率。

生殖中心洁净手术室内平均照度应在350lx以上，百级层流工作站平均照度应在350lx以上，其余辅助用房及走廊平均照度应在200lx以上。

4. 等电位联结

在一类和二类医疗场所内，应安装局部等电位联结，并连接到等电位联结母线上，实现保护接地导体、外界可导电部分、抗电磁干扰的屏蔽物、隔离变压器的金属外壳等的等电位。

等电位接地具体要求可参考《医疗场所电气设计与设备安装》08SD706-2及《等电位联结安装》15D502相关内容。

3.5.4.5　智能化工程

【技术要点】

1. 综合布线

（1）生殖中心区域洁净手术室设置六类网络终端插座6个以上，2个设置在护士工作台内，每台吊塔上配置2个六类网络终端，在手术室综合控制箱上设置免提电话面板，相应功能房、办公辅助用房、护士站等应按使用要求设置网络、电话终端。

（2）电话、网络系统所有布线预留至弱电间，在弱电间设置数据配线架及网络交换机，与院内计算机网络信息系统连接。

（3）电话、网络系统布线应采用六类非屏蔽电缆，其传输性能应符合TIA/EIA 568B.2六类标准。

2. 闭路电视监控

（1）在生殖中心的胚胎移植室、取卵室、人工授精手术室、洁净走廊、各主入口、胚胎培养室、冷冻室、观察室、谈话间、脱包区等均设置彩色半球摄像机，摄像机应符合以下要求：

① 水平分辨率达540线以上；最低照度0.65lx；高级数字自动跟踪白平衡；自动背光补偿功能。

② 系统主机由数字硬盘录像机、液晶监视器、视频矩阵及控制键盘等设备组成，系统通过硬盘录像机进行集中控制和处理，视频图像通过显示器显示，系统可实现记录图像的回放、检索等，同时监控画面可任意切换、任意分割、任意组合和排列。

③ 通过数字硬盘录像机实现长时间（每路摄像时间≥48h）图像的存储、调用、备份并支持网络分控功能，可实现移动监测摄像、全天监测摄像等功能。

④ 电视监控系统主机设置于生殖中心护士站。监控摄像头可采用数字网络型或者模

拟型，走廊、各主入口的监控系统可接入至医院安防监控系统，随时查看公共区域状况。

⑤ 具体参数、规格设置等可参考本书第 3 篇第 1 章手术部洁净工程电视监控系统设计要求。

3. 门禁系统

(1) 在生殖中心，非本科室医护工作人员或者病人家属谈话出入口处设置彩色可视对讲门禁主机，手术部护士站设置可视对讲室内分机。进入人员可通过设置在门口的可视对讲主机与护士站分机视频对讲通话，身份确认，经同意后开门进入。

(2) 在医护工作人员出入口处设置可刷卡密码门禁系统，工作人员通过刷卡或者输入密码开门进入。

(3) 具体配置及要求可参考本书第 3 篇第 1 章手术部洁净工程门禁系统设计要求。

4. 背景音乐

(1) 各实验室、洁净手术室、洁净走廊、家属等候区、相应功能辅助用房等设置背景音乐天花喇叭。实验室、手术室、经常有人的功能辅助用房内同时设置背景音乐系统音量控制器，可单独控制。系统采用有线定压传送方式，分区控制方式。系统音质清晰、灵敏度高、频响范围广、失真度小。主机设备设置于生殖中心护士站，系统通过 DVD 机可连续播放各种格式的音乐文件通过话筒可实现分区寻呼、广播找人、发布信息等功能。

(2) 系统应包含天花喇叭、声控器、纯后级广播功放、前置放大器、DVD 机、十分区矩阵、话筒等，可根据净化面积及功能选择系统配置。

(3) 系统可实现生殖中心紧急抢救时呼叫所有人员，办公区呼叫手术间人员、呼叫家属区等功能。

(4) 具体配置及要求可参考本书第 3 篇第 1 章手术部洁净工程背景音乐系统设计要求。

5. 呼叫对讲

(1) 在术后观察室、苏醒室、取精室等各房间病床每床设置 1 套呼叫对讲分机，卫生间每个蹲位设置 1 个呼叫按钮，护士站设置呼叫主机。

(2) 系统由护士站管理主机、病床分机、卫生间呼叫按钮等组成。可实现病人在病房或卫生间有任何情况一键呼叫，实现紧急呼叫、求助功能。

(3) 具体参数、规格设置等可参考本书第 3 篇第 1 章手术部洁净工程医护对讲系统设计要求。

3.5.4.6　消防工程。

【技术要点】

1. 房间隔墙的耐火等级：根据《建筑设计防火规范》GB 50016—2014 要求，根据民用建筑的分类，医疗建筑为一类建筑。而《综合医院建筑设计规范》GB 51039—2014 中提出，医院建筑耐火等级不应低于二级。因此按照防火规范，生殖中心洁净区位于医疗建筑内，其生殖中心区域使用的隔墙为房间隔墙。它的耐火等级不得低于二级，因此采用不燃性大于半小时的洁净专用隔墙。

2. 自动灭火消防设施：由于生殖医学中心属生命实验室，所以对环境的要求非常严格，尤其是胚胎移植室、人工授精实验室、胚胎实验室等室内不应布置洒水喷头，只设置感烟报警装置。

3. 室内消火栓：由于生殖中心区域内火灾荷载受到严格控制，且即使在室内设置了消火栓也往往无法使用，因此根据建筑防火设计规范的规定，建筑内需要设置消火栓时，可将应在生殖中心区域内设置的消火栓移至其附近，如设置在生殖中心区域外的走道等位置。但不管设置在何处，均应能保证其发挥应有的作用，消防用水量及消火栓的保护半径等应符合相应建筑防水设计规范的规定。当建筑规模较小而按规定不需要设置室内消火栓时，应从实际灭火需要出发设置消防软管卷盘或轻便消防水龙等轻便灭火设施。

4. 建筑的防烟与排烟：生殖中心区域为了满足实验室洁净度的要求，房间较为密闭，且洁净区域均保持高于周围环境的气压。洁净区域一般不开窗或只开密闭的固定窗。其防排烟系统的设计，当为独立建造时应按照无窗建筑考虑；当与其他建筑合建时应按建筑内的无窗房间考虑。

5. 建筑内部的安全疏散：生殖中心内应设置烟感报警，火灾疏散应急照明和消防安全疏散指示标志。

6. 消防广播系统：消防广播系统设于走廊、前室、会议室、办公区等处。

3.5.4.7　医用气体工程。

【技术要求】

生殖中心气源需求不同于洁净手术部，它是以胚胎顺利成功发育为目标，供气要求充分满足核心区域培养箱需求和辅助治疗的需求。

1. 气源种类：

(1) 培养箱供气：生殖中心结合自身培养箱情况配置二氧化碳、氮气、混合气体；气源备用量最低时不少于7d使用量。

(2) 医疗供气：结合院内大楼供气系统配置氧气、负压吸引、压缩空气等；生殖中心内取卵室、移植室、病人休息室等房间气源根据院内大楼供气系统配置氧气、负压吸引、压缩空气，以供必要时辅助治疗使用。若整个中心为相对独立，没有条件提供，宜配置移动式小型供气设备。具体配置设计可参照本书第3篇第1章的相关内容。

2. 气源配置方式：生殖中心胚胎培养室必须设置独立气瓶间，CO_2、N_2、混合气汇流排放置在气瓶间内，配置带自动报警装置的自动切换汇流排，当超、欠压或者切换供气时自动报警，汇流排气源输出需要具备二级稳压，以保障培养箱用气安全。结合国内专家使用经验，供气管道宜采用不锈钢管道。管道的布置要求便于检修，接口设置方便使用，供气出口端配置微调压计、压力表进行三级稳压和显示，做到实时监控，随时根据需求调整参数。

3. 培养箱监控方式：培养箱作为胚胎体外生长发育的主要场所，其稳定性直接影响着胚胎的发育潜能，所以培养箱的供气是至关重要的。每个生殖中心必须保障采购的CO_2、N_2、混合气气源纯度；部分生殖中心可配置培养箱监控。对培养箱内的温湿度及气体浓度实时监控，当气体浓度以及温度超出报警限值且在设定的时间内不能自动恢复时，报警系统就会自动发出报警提示，有部分培养箱还设有远程报警接口，可接入远程报警输出设备，如电话或短信报警，可以让实验室技术人员不在工作时间范围内也能够了解培养箱的运行情况。

第5节　生殖中心施工管理与验收、日常维护

本书有关医用洁净装备工程施工与验收的章节。

本章作者简介

董建华：北京市医院建筑协会副会长，北京大学第一医院原基建处长。

赵奇侠：高级工程师，硕士生导师，北医三院基建处处长。

白浩强：高级工程师，西安交通大学博士，四腾公司总经理、党总支书记。

周建青：苏州理想建设工程有限公司董事长，专注研究生殖中心建设二十年。

王文一：北京文康世纪科技发展有限公司总经理，高级工程师，参与编写《医用气体系统工程规划建设与运行管理指南》和《医院智能化建设》。

第6章　静脉用药调配中心洁净工程

李郁鸿　尤奋强　武化云　魏晓蒙

第1节　概　　述

3.6.1.1　静脉配液中心的建设应符合《药品生产质量管理规范（2010）》（即GMP）的规定，在生产、采购、储存、配送的全过程中以质量为核心，实行全过程的动态管理控制。

【技术要点】

国家卫生和计划生育委员会组织制定的《静脉用药集中调配质量管理规范》及《静脉用药集中调配操作规程》已颁布实施，对我国医疗机构静脉药物配置中心的规范化建设、管理、运行，保障院内静脉用药安全将起到积极的推动作用。

3.6.1.2　静脉用药集中调配是指医疗机构药学部门根据医师处方或用药医嘱，经药师进行适宜性审核，由药学专业技术人员按照无菌操作要求，在洁净环境下对静脉用药物进行加药混合调配，使其成为可供临床直接静脉输注使用的成品输液操作过程。

【技术要点】

对于"普通及TPN药品（肠外营养液）"在7级（C级）洁净区背景下的局部5级（A级）的超净工作台上进行配置。对于"抗生素及化疗药品（危害药品）"在7级（C级）背景下的局部5级（A级）的生物安全柜里进行配置。

第2节　静脉用药调配中心规划

3.6.2.1　静脉用药调配中心平面宜分为四区，见表3.6.2.1

静脉用药调配中心分区　　　　**表3.6.2.1**

工作区	工作内容	时间安排
办公区	病区医嘱(医师处方)	长嘱11：30前送达,临嘱随时送达
	静配中心药师审核(通过后)	
	打印处方、标签	
排药区	核对处方、标签排药	
	除去药品外包装清洁消毒、按患者(人)集中入筐,分别送至配制室	
配制区	核对药品、标签、配制并签名	长嘱次日早8：00前配制完成,临嘱随时配制
核对发放区	核对、检查配制药品质量	
	签字、打包、分各病区集中、交配送人员并签字	
	配送人员送至病区、护士签收	长嘱次日早8：30前送达,临嘱及时送达

【技术要点】

1. 医院静脉配液中心选址、布局合理，运输方便、高效、适用性强，并考虑预留发展空间。

2. 抗生素及化疗药物配置区和普通及TPN药物配置区为净化区，其区域面积、各功能室设置应完善适用，洁净度等级、压差梯度、照度等参数指标须严格保证。该区域是重点保证区域。

3. 该区各功能间（室）应配套完善，流程合理、避免交叉。空调系统、强弱电系统、给水排水、消防等系统配置合理，符合相关标准规范的要求。

3.6.2.2　静脉用药调配中心选址及布局的基本要求是避免交叉污染。

【技术要点】

1. 静脉用药调配中心（室）总体区域设计布局，宜设于人员流动少，靠近住院部药房及药品库的安静区域，以便与医护人员沟通和药品及成品的运送。设置地点应远离各种污染源，禁止设置于地下室或半地下室，周围的环境、路面、植被等不会对静脉用药调配过程造成污染。洁净区的净化系统新风口应当设置在周围30m内环境清洁、无污染地区，离地面高度不低于3m。

2. 静脉用药调配中心（室）的洁净区、辅助工作区应当有适宜的空间摆放相应的设施与设备；洁净区应当含一次更衣、洗衣清洁间、二次更衣及调配操作间；辅助工作区应当含有与之相适应的药品与物料贮存、审方打印、摆药准备、成品核查、包装和普通更衣等功能室。

面积充足时可设辅助工作区，如办公室、值班室、普区清洁间、耗材库、资料室、冷藏库、推车存放区、医护人员休息就餐室、会议室等用房。

（1）静脉输液配置区应按工艺流程重点配置相应洁净级别的配制室（TPN普通营养药配置室及抗生素、化疗药物配置室），各室位置布局合理、流程短捷、工作方便、避免交叉。根据各配置室的特点设计相适应的空气洁净度级别、气流组织形式及压差及送、回、排风系统。不同洁净度等级洁净区之间的人员和物流出入应有防止交叉污染的相应设施。

（2）静脉用药调配中心（室）各区的关系见图3.6.2.2。

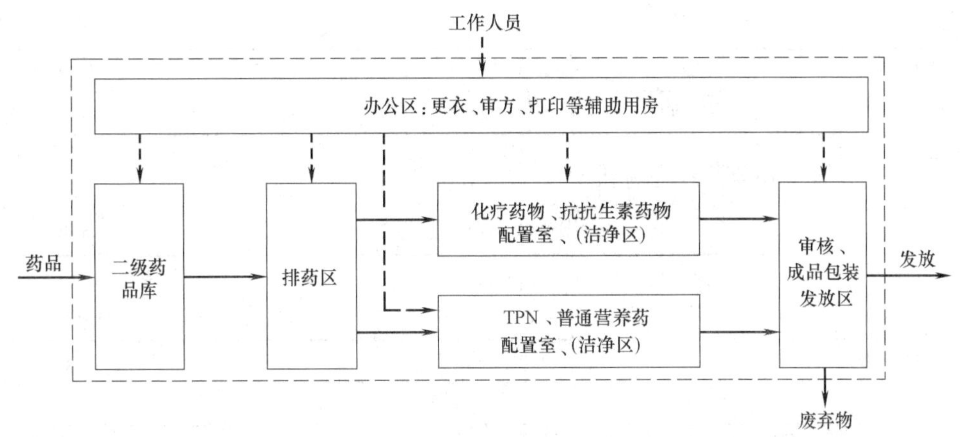

图3.6.2.2　静脉用药调配中心（室）各区关系图

3.6.2.3　静脉用药调配中心功能区（室）基本技术指标见表 3.6.2.3-1～表 3.6.2.3-3。

【技术要点】

1. 主要技术指标

静脉用药调配中心（室）中心技术指标　　表 3.6.2.3-1

<table>
<tr><th colspan="2">功能区(室)
名称</th><th>洁净度
等级</th><th>最小换气
次数(h⁻¹)</th><th>压差
(Pa)</th><th>温度
(℃)</th><th>相对湿度
(%)</th><th>照　度
(Lx)</th></tr>
<tr><td rowspan="4">抗生素类
及化疗
药物
配置区</td><td>配置室</td><td>万级(C级)</td><td>≥25</td><td>与二更−5～10</td><td rowspan="8">18～26</td><td rowspan="8">40～65</td><td>≥300</td></tr>
<tr><td>二次更衣室</td><td>万级(C级)</td><td>≥25</td><td>与普区≥20</td><td rowspan="3">≥150</td></tr>
<tr><td>一次更衣室</td><td>十万级(D级)</td><td>≥15</td><td>与普区>5～10</td></tr>
<tr><td>洗衣清洁室</td><td>十万级(D级)</td><td>≥15</td><td>低于一更
大于普区</td></tr>
<tr><td>普通及
TPN药
物配置区</td><td>配置室</td><td>万级(C级)</td><td>≥25</td><td>与普区
≥20</td><td>≥300</td></tr>
<tr><td rowspan="3">≥</td><td>二次更衣室</td><td>万级(C级)</td><td>≥25</td><td>与普区 10～15</td><td rowspan="3">≥150</td></tr>
<tr><td>一次更衣室</td><td>十万级(D级)</td><td>≥15</td><td>与普区 5～10</td></tr>
<tr><td>洗衣清洁室</td><td>十万级(D级)</td><td>≥15</td><td>低于一更
大于普区</td></tr>
<tr><td>普通
工作区</td><td>办公区、
排药区、核对
发放区等</td><td>—</td><td>5～8</td><td>—</td><td>18～26</td><td>30～65</td><td>≥200</td></tr>
<tr><td rowspan="3">药品
库区</td><td>常温库</td><td>—</td><td>5～8</td><td>—</td><td>10～30</td><td rowspan="2">40～65</td><td rowspan="2">≥200</td></tr>
<tr><td>阴凉库</td><td>—</td><td>5～8</td><td>—</td><td><20</td></tr>
<tr><td>冷藏柜</td><td>—</td><td>—</td><td>—</td><td>2～8</td><td>—</td><td>—</td></tr>
</table>

2. 洁净室各级别空气悬浮粒子标准见表 3.6.2.3-2。

悬浮粒子标准　　表 3.6.2.3-2

洁净度级别	悬浮粒子最大允许数(个/m³)			
	静　态		动　态	
	0.5μm	0.5μm	0.5μm	0.5μm
C级(万级)	352000	2900	3520000	29000
D级(十万级)	3520000	29000	不作规定	不作规定

3. 洁净区微生物监测动态标准见表 3.6.2.3-3。

微生物监测动态标准　　表 3.6.2.3-3

洁净度级别	浮游菌(cfu/m³)	沉降菌(ϕ90mm)(cfu/4h)	表面微生物	
			接触(ϕ55mm)(cfu/碟)	5指手套(cfu/手套)
C级(万级)	100	50	25	—
D级(十万级)	200	100	50	—

注：以上表格数据根据《静脉用药集中调配质量管理规范》、《药品生产质量管理规范（2010年修订）》、《药品GMP指南》等文献整理，供参考。

3.6.2.4　静脉用药调配中心功能区（室）宜设置为一个相对独立的区域，以便管理，并与医院住院部药房及药品库临近，以方便药品的运输及发放。

【技术要点】

1. 两配置区（洁净区）面积根据医院各类液体配制量及设置的生物安全柜、水平层流工作台的台数、规格合理确定。其他区域用房根据该区域规划面积合理配置。该区域吊顶高度宜为 2.6～2.8m。

2. 静脉用药调配中心功能区（室）平面布局及工艺流程参考示例见图 3.6.2.4-1 和图 3.6.2.4-2。

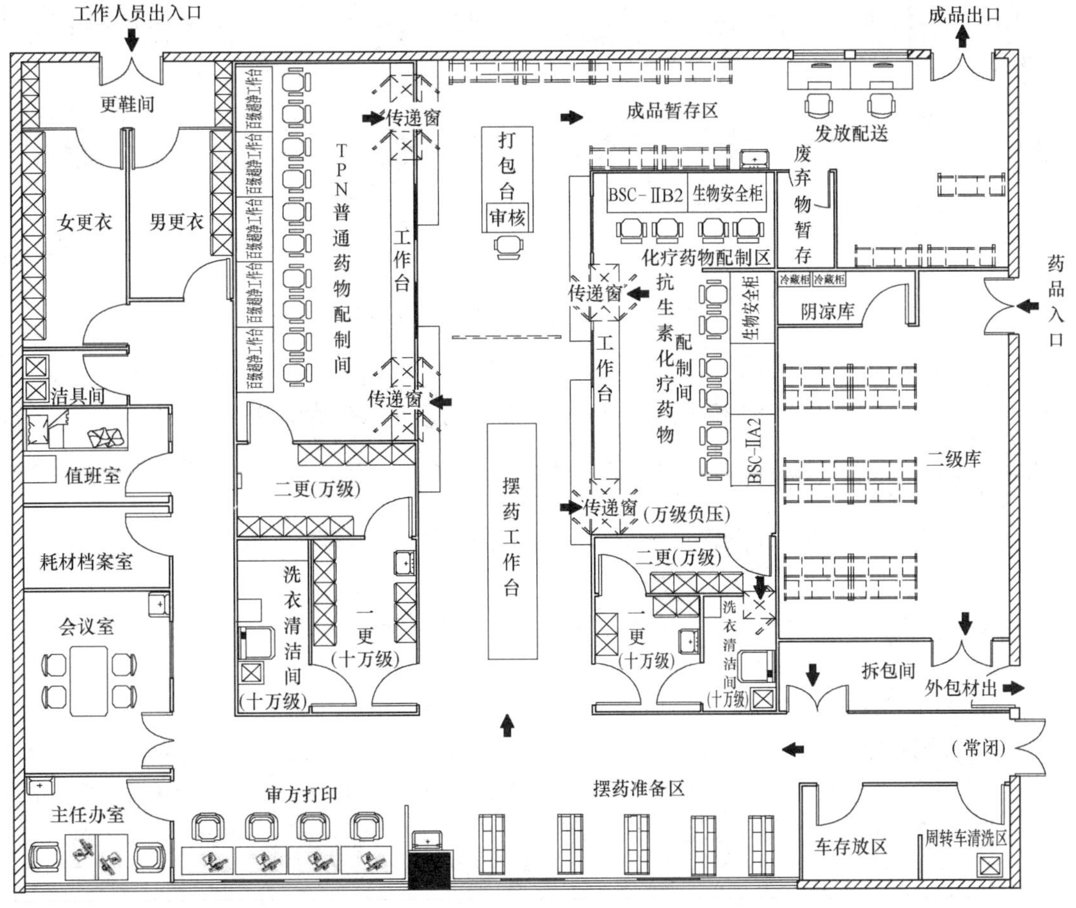

图 3.6.2.4-1　静脉配液中心示例一

3. 静脉用药调配中心功能区（室）建筑面积参考计算。一般医院静脉用药调配中心功能区（室）建筑面积的大小与医院规划建设的床位有直接的关系，下面通过一些经验公式来详细说明，供参考：

（1）根据医院患者静脉注射药物用量计算。一般每 100 张医院病床每天所需静脉注射药物为 5 袋/人，按普通药物和抗生素、肿瘤药物的比例一般是 7∶3 来进行统计，当然不同性质的医院其比例配置也不同，这个要根据实际情况具体问题具体分析；再根据医院的总床位数即能初步计算出医院每天需求的普通药物和抗生素、肿瘤药物的数量。

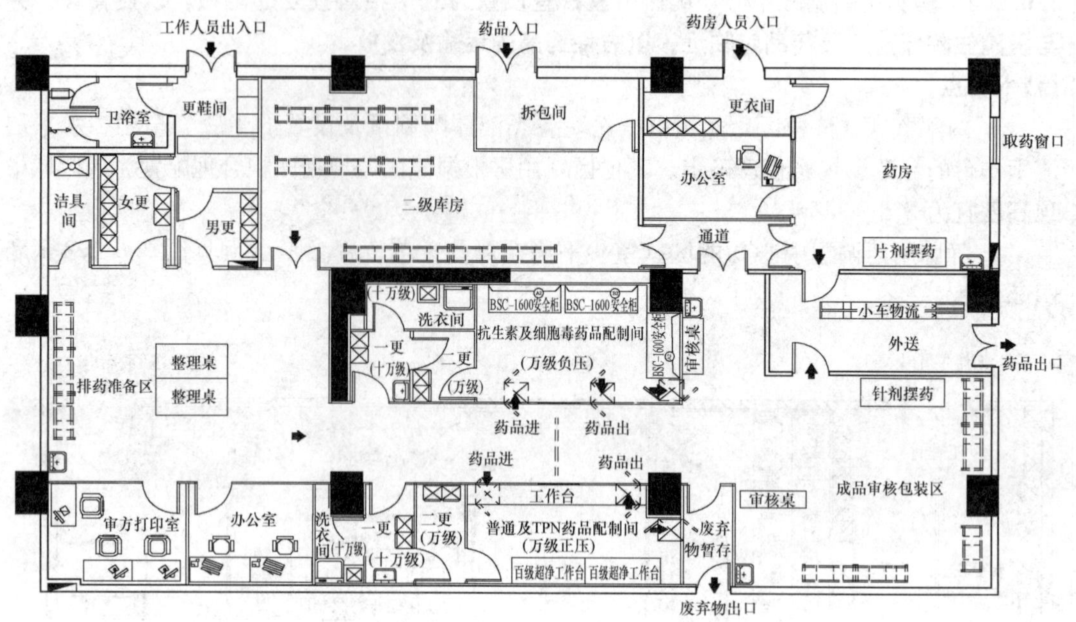

图 3.6.2.4-2　静脉配液中心示例二

(2) 根据配置区（洁净区）使用面积及百级超净工作台、百级生物安全柜数量确定。每台百级超净工作台（用于配置普通及 TPN 药物设备）或每台百级生物安全柜（用于配置抗生素药物和化疗药物的设备）的产能如下：双人台，100 袋/h；单人台：60 袋/h（这是按受过专门培训的、较熟练的药技人员的工作效率来考量的）。

① 百级水平层流工作台需求数量（台）＝普通及 TPN 药物日配置总数量/每台设备产能。

② 百级生物安全柜的需求数量（台）＝抗生素药物和化疗药物日配置总数量/每台设备产能。

③ 实际配置时可考虑医院今后的发展情况，适当的预留摆放设备的空间。

④ 百级水平层流工作台外形尺寸：双人型 1400mm×700mm×1500mm(长×宽×高)
单人型 1000mm×700mm×1500mm(长×宽×高)

⑤ 百级生物安全柜外形尺寸：双人型 1800mm×800mm×2100mm(长×宽×高)
单人型 1200mm×800mm×2100mm(长×宽×高)

（注意：以上尺寸仅为参考，设计时以选定厂家产品尺寸为准）

⑥ 药品配置室面积一般为超净工作台和生物安全柜占地面积的 5～6 倍为宜。

⑦ 药物配置区的一更、二更、洗衣间一般考虑面积为 5～10m^2 为宜，并保证设备设施（如更衣柜，洗衣机，清洗池、槽，灭菌柜，洗手池等），以满足实际需求。

(3) 一般整个静脉用药调配中心功能区的建筑面积和医院床位数的关系是：

① 日产量在 500 袋以下的，建筑面积为 100～150m^2；

② 日产量在 500～1000 袋的，建筑面积为 150～300m^2；

③ 日产量在 1000～2000 袋的，建筑面积为 300～500m^2；

④ 日产量在 2000～3000 袋的，建筑面积为 500～650m^2；

⑤ 日产量在 3000 袋以上的，每增加 500 袋，建筑面积在上述基础上增加 $30m^2$，依此类推。

具体项目设计中可根据医院的情况进行计算、规划，并适当预留一些发展空间，一般需考虑十年以上的使用寿命，并把可以预见的业务发展量纳入规范的范围内，以便应对医院业务量的增长。

3.6.2.5　关于静配中心平面流程，包括工作人员进出流程和药品、物料进出流程。

【技术要点】

1. 工作人员进出流程：

(1) 进入工作区：更鞋→更衣（普区）(脱外衣穿工作衣)→进入工作区（普区）→进各配置区时再次更鞋（洁净区专用鞋）脱外衣（一更）→进入（二更）穿无菌隔离服帽子、口罩等→进入配置区。

(2) 返程：配置区→（二更）脱无菌隔离服帽（送入洗衣间常规清洗消毒）→(一更）脱洁净鞋（送人洗衣间常规清洗消毒）、一次性口罩、手套等，丢入污物桶（定时送出），换工作服→进入普区→进普区更衣室更衣→离开。

2. 药品物料进出流程：

(1) 药品物品进入：药品物品（医院库房)→二级库→脱包装→排药区→排药→经传递窗送入各配置室→配置室配置。

(2) 成品出：配置好的药品→经传递窗传出→成品核对区核→成品包装→分病区置于密闭容器中、加锁或封条→暂存区→按时由专人送达各病区→病区药疗护士核对签收。

(3) 配置室使用的一次性注射器、手套、口罩及检查后的西林瓶、安瓶等废弃物妥善收集，按规定本医疗机构统一处理。

3.6.2.6　静脉用药调配中心功能区（室）装饰用材：

1. 普通区墙壁吊顶材料颜色应当适合人的视觉；顶棚、墙壁、地面应当平整、光洁、防滑，便于清洁，不得有脱落物。所使用的建筑材料应当符合环保及消防防火要求。

常用材料有：玻镁彩钢板、无机预涂板等。地面 2mm 橡胶卷材或 PVC 地板。

2. 洁净区房间内顶、墙壁、地面应当平整光滑、无裂缝、接口严密、无颗粒物脱落，避免积尘，便于有效清洁消毒，板材交界处应当成弧形。所使用的建筑材料应当符合环保及消防防火要求。

常用材料有：玻镁彩钢板等。地面 2mm 橡胶卷材或 PVC 地板。

3. 门窗：门宜选用与墙体配套的钢制气密门，带观察窗；室内窗宜选用钢化玻璃固定窗。

4. 静脉用药调配中心功能区（室）与外部联通的门处须选配挡鼠板、电猫、灭蚊蝇灯、风幕机等，以防止尘埃、鼠和昆虫进入。

3.6.2.7　静脉用药调配中心功能区（室）宜配置独立的冷热源系统或自配直彭式冷热源系统，以方便灵活使用。

【技术要点】

1. 配置区（洁净区）空调系统配置：

(1) 抗生素类及化疗药物配置区、普通及 TPN 药品配置区为洁净区，由于两室配置的药品性质不同，应各自独立配置1台洁净型净化空调机组，自取新风，配电极式或电热式加湿器，并就近设置净化空调机房。

（2）送风系统：按各区域洁净度级别、排风量、压差、新风量等因素计算系统送风量及新风量。根据温湿度要求计算冷热量及加湿量。合理选配洁净空调机组。送风末端（房间顶部）安装高效送风口送风，配置H13～H14高效过滤器。

（3）回风系统：宜在设备边下侧均布回风口，房间宽度＞3m时宜双侧布置、≤3m时可单侧布置（格栅竖向），距地面高度＞0.1m，上边高度不宜高于地面0.5m。使工作人员处于上风侧，且送风口距回风口不得小于3m。对于抗生素类及化疗药物配置区，由于设备排风量较大，应根据具体设备的数量及排风量进行分析、计算，可选用全新风系统。

（4）排风系统：配置室及洗衣洁具间配置相应的排风系统，特别是抗生素及化疗药品配置区的排风，要根据配置的生物安全柜排风量、设备台数及工作状态等因素，合理配置排风及控制系统，保证该区稳定的负压状态。排风口配置F5～F8中效过滤器。生物安全柜排风系统应加装活性炭过滤器，用于过滤排出的有害气体。

（5）压差：两配置区的压差梯度设计是保证配置药品的质量安全、防止交叉污染、保护配置人员身心健康的重要措施。配置安装压差计及压差异常报警装置，保证各区压差符合相关规范要求。各配置区气流流向及压差梯度示意见图3.6.2.7。

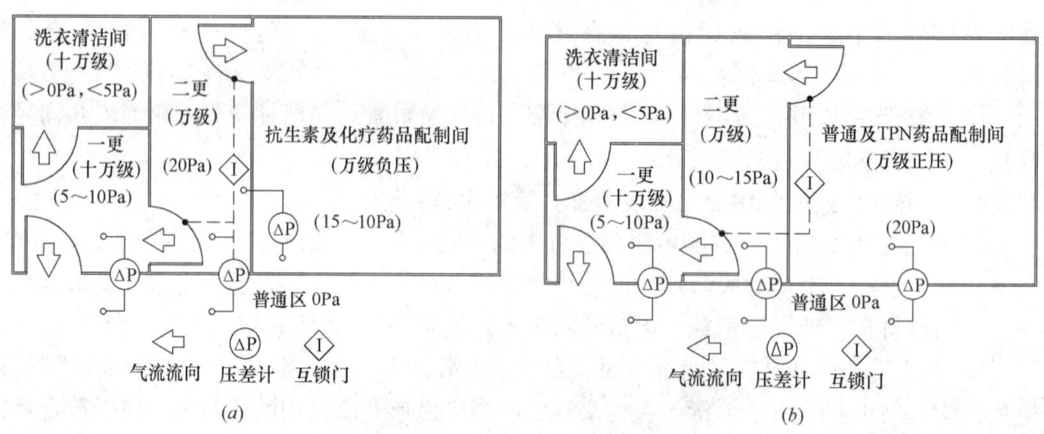

图3.6.2.7　压差分配示意

（*a*）抗生素及化疗药品配制区气流流向及压差梯度示意图；（*b*）普通及TPN药品配置区气流流向及压差梯度示意图

（6）洁净空调自控系统：各区净化空调机组配置相应的自控系统，保证空调系统的温湿度满足相关规范要求。宜在适当位置安装控制面板，并显示运行参数，随时掌握运行情况。

2. 办公区、工作区等非洁净区空调系统配置：新风［宜配置独立新风机组，加粗效（G3～G4）和中效过滤器（F5～F8）两级过滤］＋风机盘管系统。有污染的房间及区域配置排风系统。

3. 阴凉库、低温库的空调配置：应根据其温湿度要求可独立配置相应的空调系统如VRV系统、单机等。

4. 室内新风量：

（1）根据相关规范要求，医药洁净室（区）新风量，应取下列最大值：

① 补偿室内排风量和保持室内正压所需新鲜空气量。

② 室内每人新鲜空气量不应小于 $40m^3/h$。

根据上述规范要求并结合工程经验，洁净区（室）新风量的确定方法如下：

① 抗生素药物及化疗药物配置室配置的药物具有毒性，可采用直流式全新风方式。

② 普通及 TPN 药物配制室，采用回风方式，为了保证房间压差梯度，新风量按房间换气次数 3～4 次来确定，并应根据具体情况进行计算验证。

（2）普通区新风量按相应规范确定执行。

3.6.2.8　静脉用药调配中心功能区（室）强弱电系统应根据医疗场所分类及自动恢复供电时间的要求进行设计。可根据医院具体情况选配 UPS 电源，满足该区域供电需求。

【技术要点】

1. 强电系统

（1）宜给空调系统配置独立的配电柜，以便和其他区域的配电分开，免受影响，配电柜的安装位置应在非净化区，并便于检修。

（2）该域内应选择不易积尘、便于擦拭和外壳不易锈蚀的小型加盖暗装配电箱及插座箱。洁净室内不宜设置大型落地安装的配电设备，功率较大的设备宜由配电室直接供电。

（3）审方打印区根据工作要求设置相应数量的电脑桌，每张电脑桌至少应考虑设置 3 个五孔插座。

（4）摆药区配置相应数量的冰箱，用于储存有低温冷藏要求的药品；每台冰箱需设置一个五孔电源插座（220V/10A）。

（5）在净化区配制室内每台生物安全柜和超净工作台侧配置 4 个五孔电源插座。

（6）在各配制室玻璃观察窗的不锈钢操作台（内、外）各设置 3 个电源插座。

（7）该区域内的电气管线宜敷设在技术夹层或技术夹道内，或者暗敷在墙内；管材应采用金属管道，与线盒和末端设备间的连接电线应套有包塑软管保护。

（8）电线、电缆的选用须符合相关标准规范要求。

（9）该区域内照明光源，宜采用高效荧光灯，整个区域内的灯具应采用洁净灯具，灯具的安装方式宜采用吸顶明装，灯具与顶棚接缝处应采取密封措施。其灯具结构应便于清洁、更换及检修。目前比较流行是采用 LED 灯具，结构简单、功率小、照度高。

（10）在主要功能房间内设置紫外线消毒灯，数量按消毒规范设置。洁净区内的照度要大于 300Lx，工作区内的照度大于 150Lx，照度均匀度不应小于 0.7。

（11）该区域内应设置备用照明，并应满足所需场所或部位活动和操作的最低照明。

（12）该区域内应设置应急照明。在安全出口和疏散通道及转角处设置的疏散标志，应符合现行国家标准《建筑设计防火规范》GB 50016 的有关规定。在专用消防处应设置红色应急照明灯。

（13）洁净空调设备间内应设置检修照明。

（14）该区域内设置可靠的等电位接地系统。

2. 弱电系统

（1）审方打印区内每张电脑桌考虑设置一个信息口。

(2) 在配制室，每个生物安全柜和超净工作台侧要设置一个信息口。

(3) 在各配制室玻璃观察窗的不锈钢操作台（内外）要各设置1个信息口。

(4) 为方便与内外联系，该区域主要工作室内应设置与内外联系的电话装置。

(5) 人员、物品的出入口宜考虑设置可视对讲门禁系统，以便对出入口加强管理。

(6) 为缓解工作人员的压力，可考虑设置背景音乐系统。

(7) 为对该区域实现监控管理，可考虑配置监控系统。

(8) 为了加强管理，有条件时应配置建立电子药品信息管理系统。

3.6.2.9　静脉用药调配中心功能区（室）给水排水及消防等系统配置。

【技术要点】

1. 给水排水系统

静脉用药调配中心（室）内安装的水池位置应当适宜，不得对静脉用药调配造成污染，不设地漏；室内应当设置有防止尘埃和鼠、昆虫等进入的设施；淋浴室及卫生间应当在中心（室）外单独设置，不得设置在静脉用药调配中心（室）内。

(1) 一般规定

① 所有与本区域无关的管道不宜穿越本区域，所有引入医药洁净区的管道应采用暗敷方式。

② 管道的外表面应采取防结露措施，并不得对洁净室造成污染。

③ 给水排水支管穿越洁净室顶棚、墙壁和楼板处宜设置套管，管道与套道之间应密封，无法设置套管的部位应采取密封措施。

④ 水质应符合现行国家标准《生活饮用水标准》GB 5749 的要求，根据需要可配置热水系统。给水管应选用不锈钢管、铜管或无毒给水塑料管。

⑤ 洁净区水池宜选用不锈钢水池，有水区域应当干净，无异味，其周边环境应当干净、整洁。

(2) 给水系统的设计要求

① 给水管应选用耐腐蚀、安装连接方便的管材，目前比较主流的方式采用不锈钢卡压管。

② 净化区（一更、洗衣洁具间）洗手池及洗涤池的安装位置要适宜，水封密封可靠，便于操作，并且宜考虑供应热水。

③ 在净化区洗衣间应设置专用的洗衣机龙头，并且其安装位置适合洗衣机的方便使用。

(3) 排水系统的设计要求

① 排水管应选用 UPVC 管道，不应采用软 PVC 管，应采用硬连接，可避免污染物的积聚。管径宜比正常设计大一号，保证排水的流畅。

② 根据国家标准《建筑给水排水设计规范（2009年版）》GB 50015—2003 第 4.2.6 条强制性规定，排水管存水弯水封高度不得小于 50mm，以防止有害气体对室内造成污染，此点应引起重视。

③ 如用水量较大，确需安装地漏的（如普区的洁具间、周转车清洗间等），地漏应选用 304 不锈钢高水封洁净地漏。其内表面应光洁、易于清洗，应有密封盖，耐消毒灭菌，水封高度不得小于 50mm，与排水立管连接。每次使用后及时加注消毒液。

2. 消防系统：

消防系统根据该区域配置位置及大楼配置情况等，按照国家相关消防设计规范设计相应的系统，如消防排烟系统、烟感报警系统、喷淋系统等。

第3节　基本装备配置

3.6.3.1　静脉药物配置中心基本装备配置：静脉用药调配中心（室）应当有相应的仪器和设备，保证静脉用药调配操作、成品质量和供应服务管理。仪器和设备须经国家法定部门认证合格。各室配置的办公家具、柜、台、架、洁具等符合医疗场所对挥发性有害物质的规定。

1. 抗生素及化疗药物配室应当配置 BSC-Ⅱ B2/A2 型百级生物安全柜（参见本书第2篇第3章）。

2. 普通及 TPN 养药品配制室应配备百级水平层流洁净台（参见本书第2篇第3章），供肠外营养液和普通输液静脉用药调配使用。

3. 传递窗：不锈钢互锁带紫外线灯的传递窗，用于需配制药品的传入配制室及配制成品的传出通道，具体台数、规格根据医院配液量选配，常用规格有 600mm×600mm×600mm；800mm×600mm×600mm；1200mm×600mm×600mm 等规格。

4. 静脉药物配置中心净化区的洗衣清洁间内应配置污洗池、洗衣机（带烘干功能）、灭菌柜、不锈钢工作台。

5. 静脉药物配置中心净化区的一更应配更衣柜、洗手池、烘手器；二更宜配置更衣柜，手消毒器。

6. 静脉配置中心净化区配置室宜配置净化系统集中控制屏及温度、湿度、压差集中显示屏，以便工作人员及时了解配制室的运行情况。

7. 两净化区配置的无菌隔离服应在款式或颜色上有明确区别，以防混用。

8. 在二级库房要设置药品堆放的货架，不得直接落地放置。

9. 在摆药区要配置药物摆放的货架和储存箱及不锈钢工作台，并设置标签，便于管理。有特殊低温储存的药物需储存在冰箱内，因此要根据需要配置相应数量的冷藏箱。

10. 在审方间要求配置查找、接收医嘱和药方的工作电脑和打印机等办公设备及办公桌椅。

11. 在核对区要配置放置药物的操作台及电脑设备，以方便核对。

12. 在发放区要配置发放台，成品暂存的货架，按病区集中存放，方便发放。

13. 工作区配置药品周转车，并设置周转车的清洗及存放区。

14. 在清洁间要有用于清洁物品的污洗池和晾干架。

【技术要点】

1. 静脉药物配置中心配套的仪器和设备的选型与安装，应当符合易于清洁、消毒和便于操作、维修和保养。

2. 衡量器具准确，定期进行校正，并保留校正记录。

3. 所有仪器设备应有相关使用管理制度与标准操作规程，应有专人管理，定期维护保养，做好使用、保养记录，建立仪器设备档案。

4. 与药品内包装直接接触的物体表面应光洁、平整、耐腐蚀、易清洗或消毒，不与药品包装发生任何反应，不对药品和容器造成污染。

5. 设备、仪器、衡器、量具的使用者应进行使用前培训，并有记录。

6. 药品、医用耗材和物料的储存应当有适宜的二级库，按其性质与储存条件要求分类定位存放，不得堆放在过道或洁净区内。

本章作者简介

李郁鸿：教授级高级工程师，郑州大学第一附属医院信息处处长，中国医学装备协会医用洁净装备工程分会副秘书长，国家卫生和计划生育委员会工程管理咨询专家。

尤奋强：昆山市中医医院（南京中医药大学附属医院）副院长，教授、主任中药师。

武化云：研究生导师，中国医师协会神经损伤培训委员会常务委员兼总干事，现任武警总医院神经创伤外科护士长。

魏晓蒙：西安苍龙实业公司总工程师，从事空气净化工程施工、设计 20 年。

第 7 章　烧伤重症监护病房洁净装备工程

谢江宏　白浩强

第1节　概　　述

3.7.1.1　烧伤病人的分级。

【技术要点】

1. 烧伤是由于热、电、放射线、酸、碱、刺激性、腐蚀性物质及其他各种理化因素（暴力除外）作用于人体，造成体表及其下面组织的损害、坏死，并可引起全身一系列病理改变的损伤。严重者也可伤及皮下或黏膜下组织，如肌肉、骨、关节甚至内脏。

2. 烧伤按烧伤深度分级为：Ⅰ度烧伤、浅Ⅱ度烧伤、深Ⅱ度烧伤、Ⅲ度烧伤；按烧伤面积分级为：轻度烧伤、中度烧伤、重度烧伤、特重度烧伤；对易发生严重感染的重度和特重度烧伤病人应收治于烧伤重症监护病房治疗。

3.7.1.2　重度烧伤患者的特点及治疗难点。

【技术要点】

1. 烧伤病人由于皮肤损伤导致体表天然屏障被破坏，机体的屏障功能丧失，因此极易引发烧伤创面感染，感染和休克是烧伤患者死亡的主要原因之一。

2. 因皮肤损毁导致皮肤体温调节功能的丧失，身体表面温度大量散发，体温受环境温度的影响较明显，病人多怕冷。

3. 中度以上吸入性损伤病人，常需做气管切开术，气道开放后易形成肺部感染，故对环境无菌要求较高。

4. 病人抵抗力低，烧伤恢复期长，死亡率高。

5. 手术及麻醉次数多，时间长。多次麻醉则需考虑患者的耐受性、耐药性、变态反应性和依从性。

6. 由于皮肤烧伤，浅静脉多已栓塞，静脉通道建立困难。同时，由于皮肤烧伤，增加了液路固定的困难，容易脱落。大面积烧伤，渗出多，有时尚需加压输液，才能及时得到容量补充。

7. 监测困难。烧伤面积越大，烧伤程度越深，病情越严重。麻醉中应该有很多监测指标，但大面积患者却不能得到，标准化的麻醉监测可能出现困难。

3.7.1.3　烧伤重症监护病房采用洁净技术建设的必要性。

【技术要点】

1. 皮肤是人体的第一道防线，大面积烧伤致使皮肤受损，使人体的非特异性免疫能力减弱。没有了皮肤就很容易沾染细菌，烧伤后的患者烧伤患处会有较多渗出的液体，这些液体和血浆成分相似，是细菌非常好的培养基，烧伤创面坏死组织的存在，也成为病原菌生长繁殖的良好培养基，空气中的细菌易导致创面感染，烧伤创面成为病原菌侵入机体的主要途径，。细菌性感染是大面积烧伤病人死亡的主要原因，防治感染仍是降低死亡率的关键。

2. 烧伤重症监护病房是集中重度和特重度烧伤病人进行抢救与治疗的区域，因此成为医院感染最为易发的病区，也是医院感染管理重点监控的科室。

3. 采用洁净技术建设的烧伤重症监护洁净病房，可以通过有效控制病房空气中的尘埃粒子和细菌数量，从而减少病房内空气中细菌含量，达到降低和控制重症烧伤病人细菌性感染率的目的，为临床救治严重烧伤患者提供了良好环境条件，尤其对提高重度及特重度烧伤病人的早期救治成功率具有十分重要的意义。

4. 空气洁净技术是烧伤重症监护病房防止外源性感染的主要措施，控制污染作用显著，已成为现代医院降低感染率、提高医疗质量的重要技术手段。

5. 烧伤重症监护病房洁净装备工程就是指采用洁净技术建设的用于治疗重度烧伤病人的重症监护病房（或叫加强护理病房）；烧伤重症监护病房洁净装备工程属于专业ICU，简称 BICU（Burn Intensive Care Unit)。

第 2 节　烧伤重症监护病房洁净装备工程的规划布局与设计

3.7.2.1　烧伤重症监护洁净病房（BICU）宜单独或相对独立设置，尽量毗邻普通烧伤病房单独布置，或在普通烧伤病区尽端划出部分区域设置相对独立的烧伤重症监护洁净病房；床位多时可设立 BICU 病区护理单元。

【技术要点】

烧伤重症监护洁净病房与相关科室间的关系见图 3.7.2.1。

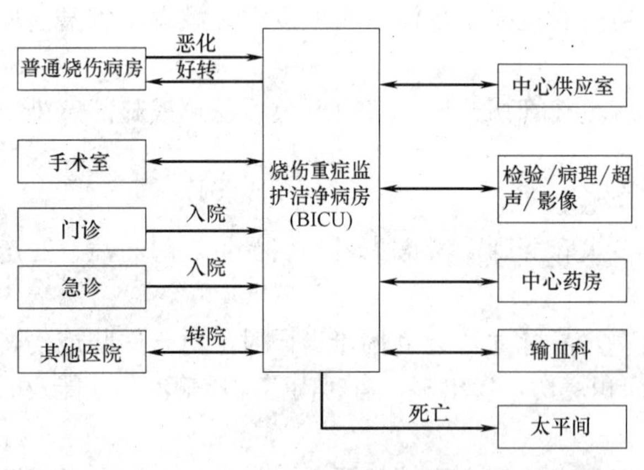

图 3.7.2.1　烧伤重症监护洁净病房与其他科室间的关系图

3.7.2.2　烧伤重症监护病房洁净装备工程护理单元的功能房间组成如下：烧伤重症监护病房洁净装备工程监护病房区和辅助用房区建筑面积比约 1：（1~1.5)，监护病房区包括大开间多床位监护病房、单间监护病房、隔离病房，辅助用房区主要为男女更衣室、缓冲室、走廊、换车间、护士站、治疗室、换药室、医生办、盥洗间、卫生间、药品室、器械室、平车室、男女值班室、库房、餐厅、药浴室（又叫浸浴室)、便盆处置间、污物暂存间、污物清洗及处理间。其中重要功能房间为：监护病房、护士站、药浴间、便盆处置间。设置烧伤重症监护洁净病房，必须至少设置一间负压隔离烧伤重症监护病房，宜设于距患者通道入口最近的区域并设缓冲间；有条件时宜设置单独出入口，其建设应按照负压

隔离病房的要求进行。婴幼儿烧伤重症监护病房洁净装备工程病房可以单独设置，以方便家属陪伴喂奶。有条件时可设置单间病房。

【技术要点】

烧伤重症监护洁净病房各功能用房之间的关系见图 3.7.2.2。

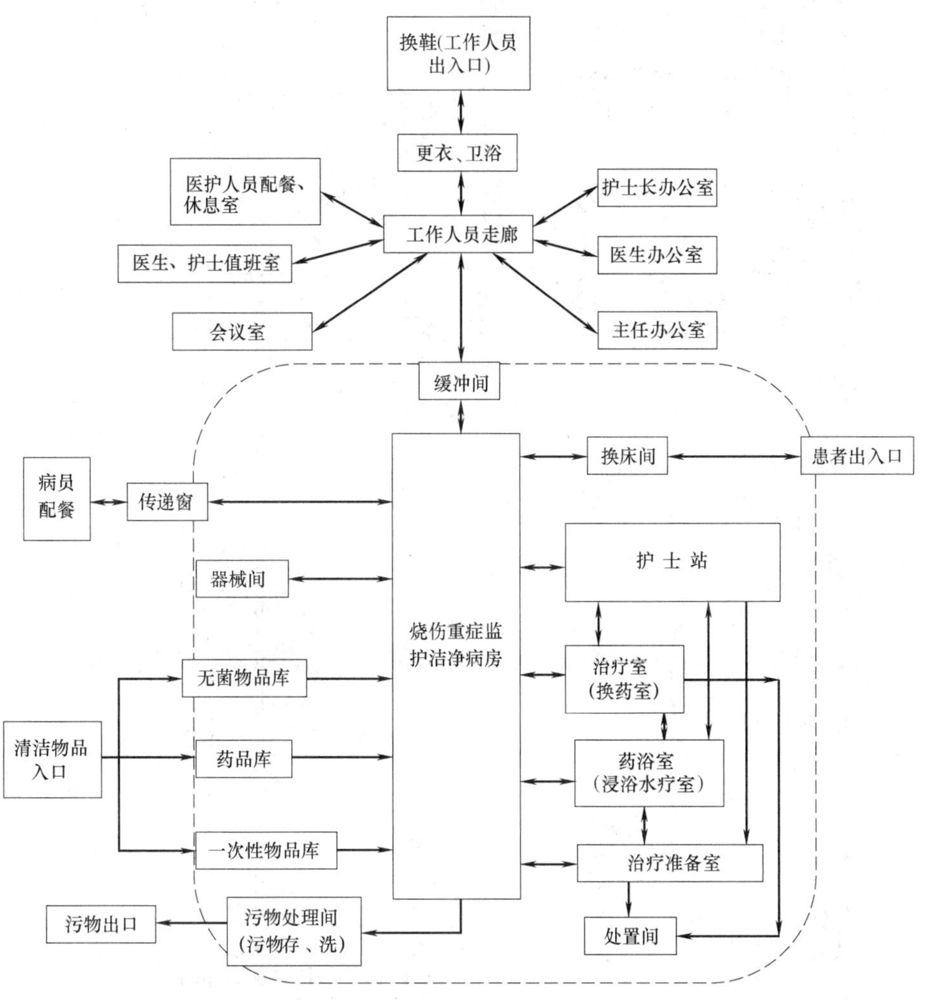

图 3.7.2.2　烧伤重症监护洁净病房各功能用房的关系图

3.7.2.3　烧伤重症监护洁净病房功能房间的布局和流程。

【技术要点】

1. 烧伤重症监护洁净病房的房间布局可采用单走廊式、双走廊式、环形走廊式。

2. 烧伤洁净病房监护大厅中，按照护士站与监护病房之间的相对布局，可分为单面式、双面式、U 形三面式、环绕式。ICU 护士站设置的位置，应保证护士可以直视到每一张病床。

3. 工作人员流线、病人流线、清洁物品流线及污物外运流线应符合“流程便捷、洁污分明”的卫生学要求。

烧伤重症监护病房洁净装备工程的布局和流程见图 3.7.2.3

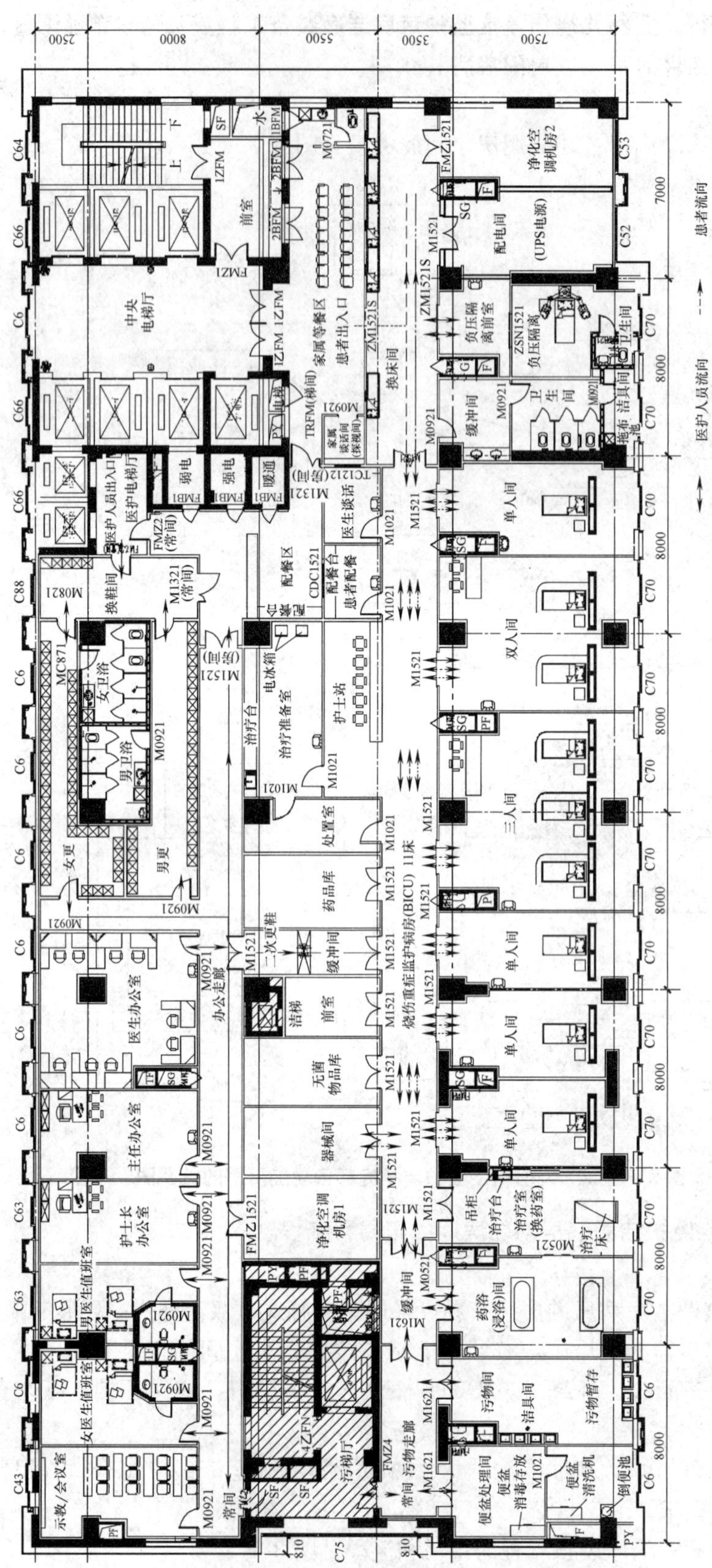

图 3.7.2.3　烧伤重症监护洁净病房（BICU）布局及流程图

3.7.2.4　烧伤重症监护洁净病房的洁净度等级。烧伤监护病房洁净等级应为Ⅲ级洁净用房，有特殊要求时可为Ⅱ级，辅助用房中的洁净房间应为Ⅳ级洁净用房。

3.7.2.5　烧伤重症监护洁净病房中特殊用房的建筑设计。

【技术要点】

1. 烧伤重症监护洁净病房的要求：烧伤重症监护病区（BICU）宜采用空气净化技术建设洁净病区，病区内宜为单间隔离病室。工作人员进入病区须更衣、换鞋。病床的上部及周围应留安装烧伤治疗机的空间。单间病房要求面积大于 15.0m^2，房间开间尺寸不应小于 3.3m，病人入口门洞通过尺寸不应小于 1.2m，房间净高度不宜低于 2.5m。为便于病人周身换药，多床位监护病房的床间净距应不小于 1.2m。病房隔墙采用半玻墙，便于医护人员观察和处理。当多床一室时，不能使一个患者的病床处于另一个患者的下风口。

2. 药浴间要求：烧伤洁净病房必须设置药浴间（又叫浸浴水疗间），药浴间宜毗邻换药室附近，并靠近污物通道处，可设于净化或非净化区。药浴间面积不应小于 25.0m^2，房间宽度不应小于 4.0m。房间内设置大型药浴池，药浴池具有电动起吊病人装置设备，药浴池应布置在房间中心部位，四周留有足够的护理人员操作空间。药浴池体型大、质量重、废水排放多，布置要考虑楼面承重及排水，地面要做好防水及找坡；药浴间地面应比相邻房间低 5～10cm。药浴池用水宜采用无菌水（或纯水），如无集中供应热水，房间还应设置电加热热水器（容量 150L 以上，具有防漏电措施）或燃气壁挂锅炉；依据实际设备预留用电负荷。室内配备氧气、负压吸引及压缩空气等急救设备，房间设排气扇及紫外线杀菌灯。

3. 器械间要求：由于烧伤洁净病房所用医疗器械较多，器械间要求面积应在 15.0m^2 以上，房间宽度不应小于 3.0m，房间需要放置各种仪器设备；可设置不小于两组仪器设备层架，每组仪器架 3～4 层，长度 1.5m～2.5m。

4. 便盆处理间：烧伤监护室病人大都长期不能下床，便盆用量大，应设置便盆处理间。便盆处理间的处理流程应为：倒便→冲洗→浸泡→消毒→烘干→存放。便盆处理间内有倒便器、便盆冲洗槽、浸泡消毒池、烘干机、便盆存放层架；排水管径不小于 100mm，地面要做好防水及找坡，应设地漏；房间设置排风系统及紫外线杀菌灯；预留烘干机电源，功率大于 5kW。便盆处理间应位于污染区内，与监护病房路线短捷，房间面积应不小于 10.0m^2，房间宽度不应小于 2.4m。

5. 卫生间设置要求：烧伤病人使用的卫生间常是被的地方，其实卫生间的设置和管理同样重要。卫生间最好要比普通病房卫生间要大，能满足护理人员同入和轮椅的使用。应安装坐式马桶，两边加装扶手。同样，卫生间所有设施和墙体、地面应进行消毒处理，以预防感染。

6. 其他要求：

（1）患者通道与医护人员通道尽可能分开设置，有条件的宜设置探视走廊（可兼作污物走廊）。

（2）建议每 6 个床位设置一个盥洗间；器械室要大，主要是存放各类器械。医生办公室宜毗邻护士站，方便医生与护士及患者沟通。

（3）建议有条件的医院在建设烧伤监护病房时，尽量按照洁净病房建设，这样可以对病房空气中的尘埃粒子及室内温湿度起到较好的调节控制作用，对预防和控制创面感染及呼吸道感染，降低败血症及交叉感染的发生率，加快病人康复。主要通道必须与消防通道相通，防火分区需要设防火门处，应安装常闭防火门，与消防监控系统相连。

(4) 由于少儿或婴幼儿烧伤患者容易哭闹，建议其洁净病区与成年烧伤重症患者分开，独立设置，以减少对其他患者的干扰，也方便哺乳期婴幼儿的哺乳。

(5) 非净化区的房间应安置纱门、纱窗，防蚊、防蝇。

(6) 污物应有专门容器收集，最好有独立出口。

(7) 如果病床中有悬浮床设置要求的，其楼板要考虑承重问题。

(8) 装饰用材料要求同 ICU 洁净病房。

3.7.2.6 烧伤重症监护洁净病房暖通设计。

【技术要点】

1. 监护病房要求室内温度冬天宜维持在 28～32℃；夏季宜维持在 26～30℃，室内相对湿度冬季宜不低于 40%；夏季宜不高于 90%；

2. 宜采用新风湿度优先控制模式，室内放置温湿度计，以便随时观察温湿度的变化。

3. 隔离病房每套有独立的全空气系统，隔离病房换气次数 $12h^{-1}$，缓冲室换气次数 $60h^{-1}$。噪声不大于 45dB。

4. 空气要求流通性较好，房间无异味。

5. 没有条件对烧伤重症监护病房洁净装备工程进行整体净化工程建设的医院，应至少安装空气消毒机和空气自净器，保证空气内的沉降法（浮游法）细菌含量控制在 6cfu/(30min・ϕ90 皿) 以下（三十万级），并且设置排风系统，每小时排风量最少 $3h^{-1}$。

6. 由于烧伤重症监护病房患者多采用烧伤治疗机作为辅助治疗，故吊顶上高效送风口的位置设置及回风口位置要合理，注意处理好吊架固定式烧伤治疗机与高效送风口及灯具之间的位置关系，以防位置冲突。

7. 药浴室相对湿度比较大，且有药物散发的特殊气味，故需加大排风量。

8. 回风口宜设于患者头部床侧下方；多床一室时，每张病床均不应处于其他病床的下风侧。

9. 其余设计要求同 ICU 洁净病房。

3.7.2.7 烧伤重症监护洁净病房电气设计。

【技术要点】

1. 护士站应设中央监护站，通过生命监护设备监护病人的病情变化。

2. 烧伤重症监护病房房间照明应采多路控制开关（至少一组采用双控，保证房间病人与室外医护人员都能开关）；平均照度宜为 300Lx。

3. 每个床位设置一组摄像头（最好具有集中控制及远程可视对讲功能的智能监控系统）、一组呼叫按钮（具备对讲功能）、一组语音电话；病人床头设备带安装高度距地 1.3～1.5m，不少于 5 个五孔组合插座（设置吊塔的预留一组五孔组合插座）。

4. 建议配备“移动探视车”。家属探视通过可视对讲系统进行。由于烧伤监护病房的病人都为病情较重的烧伤病人，其在监护病房的住院周期多在一个月以上。为防止交叉感染，一般医院都不允许家属床边探视，有些医院会设计一个探视走廊，定时开放进行探视，但对离探视走廊较远的病人，家属根本看不见，探视效果很不好，建议配备“移动探视车”，车上装有安装于可伸缩软管上的平板电脑，推至床头交流，利用无线网络进行音视频连线，实现人文关怀，有的医院已采用，效果较好。

5. 药浴室需考虑药浴池再热用电负荷，大于 5kW，且充分考虑等电位接地的安全、可靠性，必须设漏电保护开关。

6. 其余设计要求同 ICU 洁净病房。

3.7.2.8 烧伤重症监护洁净病房气体设计。

【技术要点】

1. 有条件的病房最好设置吊塔（干湿分离），承载能力不小于 120kg；确保各类仪器都能放置；当采用医疗设备带时，要求床头墙上布置高度距地 1.3～1.5m，气体为 3 气（氧气、负压吸引、压缩空气）一用一备，电源最少 8 组五孔多功能插座。

2. 其余设计要求同 ICU 洁净病房。

3.7.2.9 烧伤重症监护洁净病房给排水设计。

【技术要点】

1. 隔离病房亦可设置独立卫生间，洗手池应采用感应水龙头。

2. 药浴室需设洁净型排水地漏。需考虑热水供应系统，建议药浴用水采用消毒后的冷热水或纯净水。

3. 其余设计要求同 ICU 洁净病房。

3.7.2.10 烧伤重症监护洁净病房消防设计。

【技术要点】

烧伤监护洁净病房消防及排烟设计同 ICU 洁净病房。

第 3 节 烧伤重症监护病房洁净装备工程特殊设备

3.7.3.1 烧伤重症监护病房洁净装备工程主要特种设备有：烧伤治疗机、药浴池、层流洁净床隔离单元、悬浮床、翻身床等。

【技术要点】

1. 辐射烧伤治疗机

烧伤治疗机是烧伤病人的专用治疗设备，一般分为：

（1）吊架固定式烧伤治疗机：安装于病床的正上方，尺寸约为 1.9m（长）×0.75m（宽）×0.15m（厚），是利用红外线辐射原理对病人的烧伤皮肤进行高效辐射，以加快皮肤表面干燥，便于皮肤的恢复再生；功率不大于 1.8kW，辐射功率和部位可调，带照明；可进行高度调节；其顶部应注意避开高效出风口和灯具（见图 3.7.3.1-1）。

（2）地面支架移动式烧伤治疗机：其功能与吊架固定式相同（见图 3.7.3.1-2）。

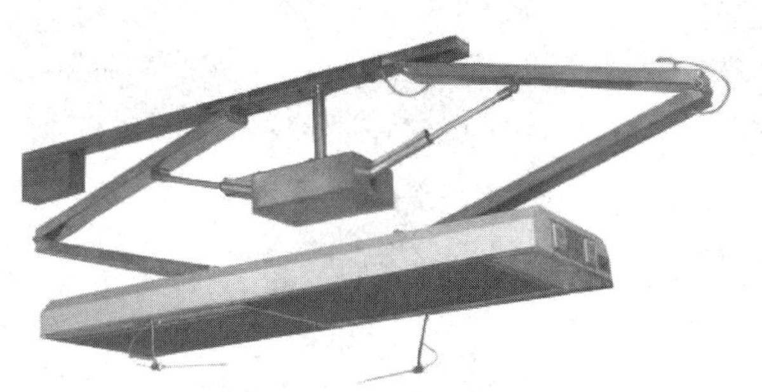

图 3.7.3.1-1 吊架固定式烧伤治疗机

图 3.7.3.1-2 地面支架移动式烧伤治疗机

2. 层流洁净床隔离单元

在烧伤重症监护病房洁净装备工程病区未采用洁净工程时，可选用层流洁净床隔离单元，这是一种将单个病床设置于一个封闭的层流罩内，层流罩带有一个层流净化循环系统，可以达到千级净化程度（见图 3.7.3.1-3）。

3. 高效辐射洁净烧伤治疗机

将辐射烧伤治疗机和层流洁净床隔离单元结合起来，在顶部辐射架体内装有高效红外线辐射装置，同时还装有层流循环风机；在烧伤治疗机周围，用布帘将病人围护起来，以起到保温和保护隐私的作用，布帘为窗帘式，不用时可收起，也可采用塑料围帘；围帘为一次性物品如图 3.7.3.1-4 和图 3.7.3.1-5 所示。

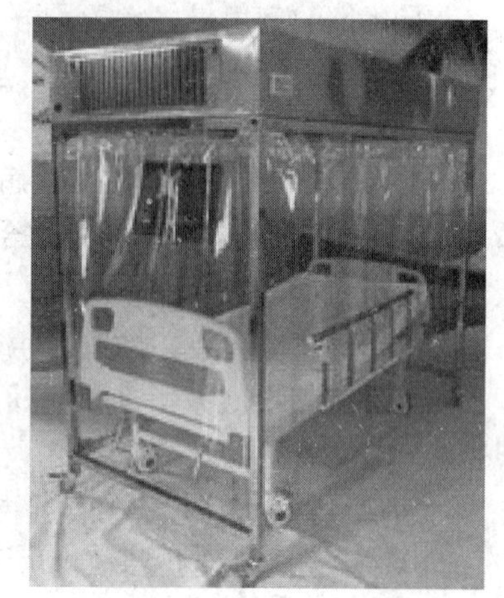

图 3.7.3.1-3　垂直层流洁净床隔离单元

该设备具有以下特点：

（1）该设备采用宽频电磁波谱辐射辐增效技术，光子能量转化充沛，渗透力强，促进血液循环，可以减少病人体表渗出液，加速溃疡和创面的干燥愈合，促进皮肤再生。

（2）对患者身体周边环境形成“小气候”，类似一个更高洁净级别的“围帘式洁净棚”，床上区域空气洁净度可以达到百级净化程度，预防感染。

（3）采用人工智能模式控制，“傻瓜式”轻触按键操作，方便快捷，减轻医护人员劳动强度。

（4）针对人体创面部位可分前、中，后三区分别控制。

（5）可与普通病床及翻身床配合，用于全身性大面积烧烫伤患者的辐射治疗。

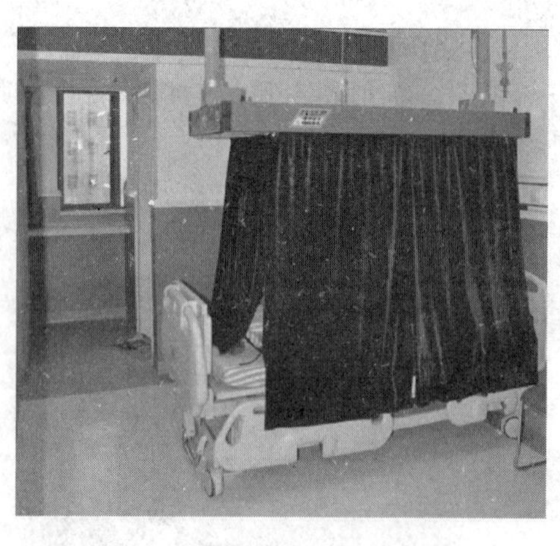

图 3.7.3.1-4　（悬吊式）高效辐射洁净烧伤治疗机

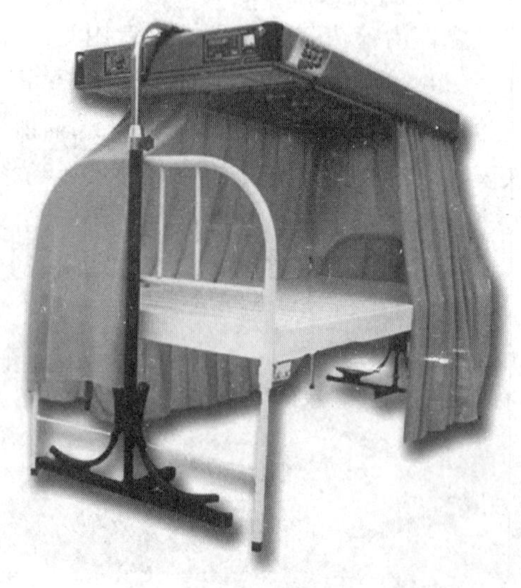

图 3.7.3.1-5　（移动支架式）高效辐射洁净烧伤治疗机

4. 烧伤治疗床（多功能翻身床）

烧伤治疗床具有坐、卧、躺等多种体位自动调节定位功能，也具有自动翻身功能，如图 3.7.3.1-6 和图 3.7.3.1-7 所示。

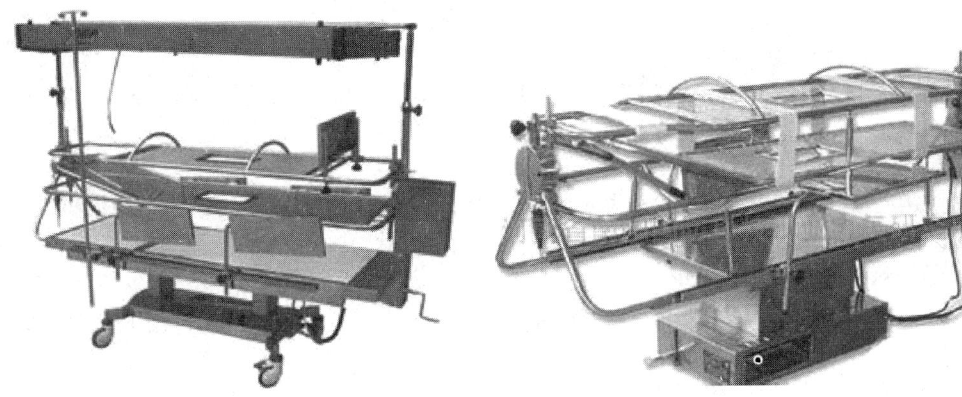

图 3.7.3.1-6　手动烧伤治疗床（多功能翻身床）　**图 3.7.3.1-7　电动烧伤治疗床（多功能翻身床）**

5. 药浴池

药浴池是烧伤病人重要的治疗设备，其自带的提升装置可以将病人从平车上吊起并移动送至药浴池内，药浴池的尺寸约为 1.0m（宽）×2.2m（长）×0.7m（高）（见图 3.7.3.1-8）。该设备除具有冷热水龙头和排水管道外，还具有自动加热功能，水温可调节，自动加热电源功率约 2kW。

6. 悬浮床

由硅瓷粉组成的颗粒在流动舱内，通过过滤并加热的空气驱动微颗粒产生管状的由下而上的单一方向气泡，从而使人体达到悬浮的目的，同时对身体背侧有按摩的作用。人体与床接触的部位受力均衡，使长期卧床患者既无需翻身又能避免褥疮的发生，床体温度可调控（见图 3.7.3.1-9）。

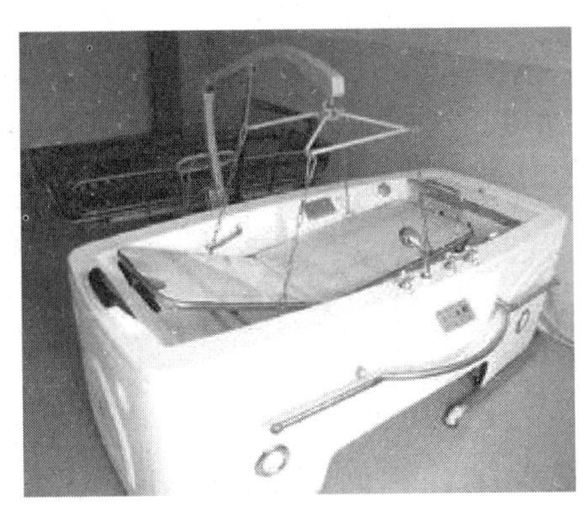

图 3.7.3.1-8　药浴池

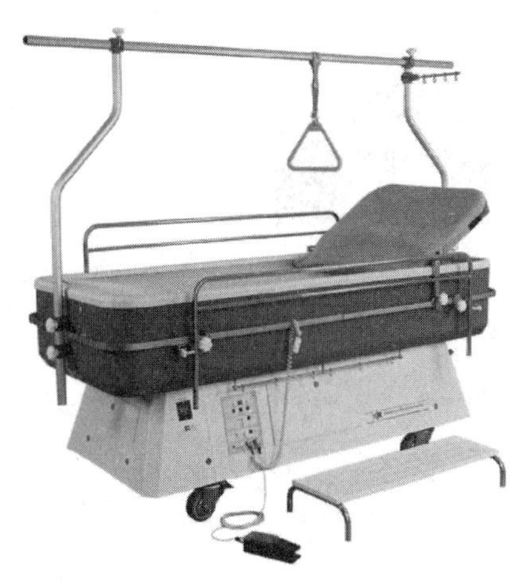

图 3.7.3.1-9　悬浮床

本章参考文献

[1] 陈辉，范珊红. 中国烧伤重症监护病房医院感染管理工作的概念与工作开展的背景意义. 李六亿主编. 中国医院感染管理卅年. 北京：北京大学医学出版社，2016.

[2] 谢江宏. 传染病房空调通风系统设计方案的优化. 北京：安装杂志，2003，3：23

[3] 许钟麟，白浩强. 医院洁净用房建设. 黄锡璆主编. 中国医院建设指南. 北京：研究出版社，2012.

[4] 李敏主编. 中国现代医院专科专属医治空间建筑设计. 西安：陕西人民出版社，2016：

[5] 黄建美，李根凤. 烧伤重症监护病房的布局. 北京：中华护理杂志，1987，8：362.

[6] 国家卫生和计划生育委员会规划与信息司. 综合医院建筑设计规范 GB 51039—2014. 北京：中国计划出版社，2015.

[7] 中国建筑科学研究院. 医院洁净手术部建筑技术规范 GB 50333—2013.. 北京：中国建筑工业出版社，2013.

[8] 许钟麟著. 洁净室及其受控环境设计. 北京：化学工业出版社，2008.

[9] 许钟麟著. 空气洁净技术原理（第四版）. 北京：科学出版社，2014.

本章作者简介

谢江宏：解放军第四军医大学唐都医院营房科，高级工程师。国家卫生和计划生育委员会及陕西省卫生和计划生育委员会卫生计生工程专家库成员，中国医学装备协会医用洁净装备工程分会理事。

白浩强：高级工程师，西安交通大学博士，四腾公司总经理、党总支书记。

第8章　洁净医学实验室工程

牛维乐　李锋　梁志忠

第1节　洁净医学实验室的分类

3.8.1.1　洁净医学实验室承担各类医疗机构的样本检测、医疗科学和医疗技术研究、医疗人才培养等重要工作，包括无菌实验室（Sterile laboratory）、PCR实验室（基因扩增实验室）（Polymerase Chain Reaction Lab）、生物治疗中心（Biological treatment center）、PET中心（正电子发射计算机断层显像中心）（Position Emission Computed Tomography Center）、生物安全实验室（Biosafety Laboratory）。

3.8.1.2　洁净医学实验室的建设目标是为医疗人员提供一个满足医疗检测的规程、满足国家相关规范和标准、洁净舒适的工作环境。

【技术要点】

1. 无菌实验室（Sterile laboratory）主要是指用于微生物学、生物医学、生物化学、动物实验、基因重组以及生物制品等研究使用的实验室。这类实验室通常为正压实验室。主要的参考标准为《洁净厂房设计规范》GB 50073、《洁净室施工及验收规范》GB 50591。

2. PCR实验室（基因扩增实验室）（Polymerase Chain Reaction Lab）是指通过扩增检测特定的DNA或RNA，进行疾病诊断、治疗监测和预后判定等的实验室。这类实验室通常为负压或者相对负压实验室。主要参考标准为《临床基因扩增检验实验室管理暂行办法》（卫医发〔2010〕194号）。

3. PET中心（正电子发射计算机断层显像中心）（Position Emission Computed Tomography Center）是集核物理、放射化学、分子生物学、医学影像学和计算机等高新技术之大成，从分子水平上反映人体的生理、病理变化、代谢改变的显像实验室。这类实验室通常为负压或者相对负压实验室。主要参考标准为《药品生产质量管理规范（2010年修订）》、《操作非密封源的辐射防护规定》GB 11930—2010。

4. 生物安全实验室（Biosafety Laboratory）是对实验人员和环境有一定危害的生物因子操作的实验室。生物安全实验室根据所从事的生物因子的危害性分为4个级别。这类实验室通常为负压实验室。主要的考标准为《实验室　生物安全通用要求》GB 19489、《生物安全实验室建筑技术规范》GB 50346、《医学实验室安全认可准则》CNAS-CL36（ISO15190：2003）。生物治疗中心（Biological treatment center）和HIV实验室（性病、艾滋病实验室）（human immunodeficiency virus Lab）均属于生物安全实验室。生物治疗中心是指采用生物免疫疗法治疗各类疾病的实验室。HIV实验室（性病、艾滋病实验室）是指从事性病、艾滋病研究的实验室。

3.8.1.3　洁净医学实验室涉及的实验领域比较宽泛，应该根据具体的实验工艺要求确定其各项技术指标。

【技术要点】

1. 无菌实验室的洁净等级通常为万级，主要的操作间可以设计成万级背景下的局部百级；PCR实验室的洁净等级通常为十万级；PET中心的洁净度通常为万级；生物安全实验室为十万级或者万级，具体的洁净度等级依据实验室的具体操作要求确定。

2. 没有局部排风的正压十万级实验室换气次数宜为10～15h^{-1}；有局部排风的正压十万级实验室换气次数应考虑局部排风量的大小确定。

3. 没有局部排风的正压万级实验室换气次数宜为15～25h^{-1}；有局部排风的正压十万级实验室换气次数应考虑局部排风量的大小。

4. 局部百级的截面风速宜为0.2～0.4m/s。

5. 实验室的夏季室内温度宜为24～28℃，冬季室内温度宜为20～24℃。

6. 实验室的夏季室内相对湿度宜为50％～65％，冬季室内相对湿度宜为30％～50％。

7. 实验室主要操作间的平均照度宜大于或等于300Lx，辅助区的照度宜大于或等于200Lx。

8. 没有局部排风设备的实验室的噪声宜小于或等于60dB（A），有局部排风设备的实验室噪声宜小于或等于65dB（A）。

9. 正压洁净室对外的静压差值应大于或等于10Pa，不同级别之间的相邻相通房间之间的静压差大于或等于5Pa，有工艺要求维持相对负压的房间之间的静压差值大于或等于5Pa。

10. 负压洁净室的压力梯度按照现行国家标准《实验室　生物安全通用要求》GB 19489和《生物安全实验室建筑技术规范》GB 50346确定。

11. 正压实验室的新风量要满足大于或等于40m^3/(人·h）的最低要求，同时兼顾局部排风和维持正压的要求。

12. PCR实验室和PET中心负压实验室采用全新风直流式空调系统，全送全排。

13. 负压实验室和生物安全实验室根据实验室工艺要求以及现行国家标准《实验室　生物安全通用要求》GB 19489和《生物安全实验室建筑技术规范》GB 50346确定是否采用全新风空调系统。

第2节　洁净医学实验室的设计理念

3.8.2.1　洁净医学实验室建设的问题

【技术要点】

国内实验室建设存在一个普遍现象就是在没有进行全面、细致的实验室设计的情况下就开始土建设计和施工，这样就会带来一系列的问题：

1. 没有给实验室预留专门的空调机房、配电室及配电设施、通风竖井等配套设施。

2. 大楼没有专门的实验室排水管网。

3. 大楼的楼面不能承受大型仪器设备的重量。

这些问题在大楼建成后都是很难解决的问题，通常会造成投资大幅增加，影响实验室的设计质量和运行效果。因此，建议今后的医疗设施建设前就要进行详细的洁净医学实验室设计，将洁净医学实验室设计融入大楼设计过程，建设现代的、功能完备的洁净医学实验室。

3.8.2.2　洁净医学实验室的设计理念。

【技术要点】

现代的洁净医学实验室的设计理念应包括：

1. 安全可靠：从功能布局、气流控制、智能监控、应急消防、系统管理等多角度、全方位进行设计，确保实验人员、样品、仪器、系统和环境安全。

2. 先进前卫：在参照相关国家标准规范的基础上，参考国外的先进实验室设计经验，与国际前沿技术接轨，进行充分的前瞻性设计，充分考虑检测项目、检测仪器和检测技术拓展和更新换代需求，实现实验室管理的人性化、智能化和集成化。

3. 大气美观：洁净医学实验室的设计要充分体现实验室特色和专业特点，通过不同的空间设计、颜色搭配、空间的转化与链接、塑造大气美观的实验环境，既要做到实验室的标准化设计，又要兼顾不同个体的差异化需求。

4. 环保节能：围绕实验室的各个设计环节进行节能设计，优化实验室的废物、废气、废水的处理设施，满足国家对于节材、节水、节能、环保的低碳设计要求。让洁净医学实验室的建设单位既要建得起实验室，又能用得起实验室。

第3节　洁净医学实验室的设计

3.8.3.1　洁净医学实验室的工艺设计。洁净医学实验室的设计应该从工艺设计开始，充分了解实验各个工艺环节、先后顺序、技术要求、废物排放，通过合理的工艺设计为洁净医学实验室的建设打下坚实的基础。

【技术要点】

1. 要详细了解洁净实验室操作对象的特性、对实验人员和环境有无危害。

2. 要充分了解实验流程的各个环节及其对环境的要求。

3. 无菌实验室常用的实验仪器有：恒温培养箱、二氧化碳培养箱、普通冰箱（冰柜）、低温冰箱（冰柜）、超低温冰箱（冰柜）、摇床、离心机、超净工作台、层流罩等。

4. PCR实验室（基因扩增实验室）常用的实验仪器有：普通冰箱（冰柜）、低温冰箱（冰柜）、超低温冰箱（冰柜）、离心机、电泳槽、PCR仪、超净工作台、通风橱、生物安全柜等。

5. PET中心（正电子发射计算机断层显像中心）常用的实验仪器有：热室分装箱。

6. 生物安全实验室常用的实验仪器有：恒温培养箱、二氧化碳培养箱、普通冰箱（冰柜）、低温冰箱（冰柜）、超低温冰箱（冰柜）、摇床、离心机、洗板机、酶标仪、电泳槽、程序降温系统、超净工作台、生物安全柜、层流罩、可移动式消毒锅、单扉消毒锅、双扉消毒锅等。

7. 要详细了解各实验单元之间的压力状况，详见洁净医学实验室的技术指标部分。

8. 要详细了解实验仪器的配电要求、配气要求、排风要求、送风要求、给排水要求。

9. 要充分了解生物因子的危险等级，根据不同的危险等级选择不同的防护装备、设计相应的防护设施、选择适宜的建筑、结构、空调、给排水、配电及自动控制设施。

10. 洁净医学实验室要设计好三类流线：人员流线、洁物流线、污物流线。尽可能做到人员流线和货物流线分开，尤其是洁物入口、污物出口和人员进出口需要分开设置。

11. 在建筑面积有限的场所，物流出入口可采用传递窗代替。

12. 三级和四级生物安全实验室的人流路线应符合空气洁净技术关于污染控制和物理隔离的原则。

13. 无菌室、PCR实验室和PET中心所采用的传递窗可以设普通的传递窗，传递窗内设置紫外消毒灯。

14. 生物安全实验室所采用的传递窗需要根据不同的实验室等级和传递窗的安装部位确定，实验区对外传递窗的密封性要好，并且可以自带洁净、消毒功能，实验区内部的传递窗可以采用普通传递窗。

3.8.3.2　建筑、装修、结构。洁净医学实验室通常为整体建筑的一部分，通常布置在医疗机构各科室的最内侧，这类实验室的围护结构通常采用轻质复合结构墙体，要求这类墙体整体性好、拼缝少、有利于建成后的卫生保持。采用整体性好的地面。由于是洁净区，通常不设计可开启的外窗，窗可以采用金属框架或者合金框架的双层固定窗。门通常采用金属壁板门。

【技术要点】

1. 无菌实验室通常包括换鞋、男女一更、男女二更、缓冲、走廊、无菌实验室、洁物入口、污物出口。二更可以兼作缓冲间，换鞋可以和一更合并。在建筑面积有限的场所物流出入口可用传递窗代替。

2. PCR实验室主要由四个独立的功能单元构成：样品和试剂准备区、核酸提取室(标本制备区)、扩增区、产物分析区。每个区之间设置传递窗；每个区需要有自己的缓冲间，当不设置统一的人流出入口时，各缓冲间都要兼作各区的更衣室。比较好的PCR实验室可以设计统一的人员出入口、洁物入口和污物出口。

3. PET中心包括一更、缓冲、二更、气闸、物流入口、分装准备室、分装热室、热室后室。比较完善的PET中心还要设计配套的无菌检测室和阳性对照室。

4. 生物安全一级实验室可以是一间安装了生物安全柜的独立的房间，实验室的门应有可视窗锁闭，门锁及门的开启方向不应妨碍室内人员的逃生。详细要求可以参照现行国家标准《实验室生物安全通用要求》GB 19489。

5. 生物安全二级实验室宜设置更衣室和主实验室，主实验室内设置生物安全柜，主实验室要求维持微负压。详细要求可以参照现行国家标准《实验室　生物安全通用要求》GB 19489。

6. 生物安全三级a类实验室防护区应包括主实验室、缓冲间等，缓冲间可兼作防护服更换间；辅助工作区应包括清洁衣物更换间、监控室、洗消间、淋浴间等；生物安全三级b1类实验室防护区应包括主实验室、缓冲间、防护服更换间等。辅助工作区应包括清洁衣物更换间、监控室、洗消间、淋浴间等。主实验室不宜直接与其他公共区域相邻。详细要求可以参照现行国家标准《生物安全实验室建筑技术规范》GB 50346。

7. 生物安全四级实验室防护区应包括主实验室、缓冲间、外防护服更换间等，辅助工作区应包括监控室、清洁衣物更换间；设有生命支持系统四级生物安全实验室的防护区应包括主实验室、化学淋浴间、外防护服更换间等，化学淋浴间可兼作缓冲间。详细要求可以参照现行国家标准《生物安全实验室建筑技术规范》GB 50346。生物安全四级实验室一般为国家重点工程项目，由于设计工程的特殊性质，本章不详细叙述及讨论，不提供平面设计实例。

8. 改造的洁净医学实验室的室内净高不宜低于2.5m，新建的洁净医学实验室的室内净高不宜低于2.6m。

9. 三级和四级生物安全实验室宜设置设备层，设备层警告不宜低于2.6m。

10. 二级生物安全实验室应在实验室或者实验室所在建筑内配备高压灭菌器或者其他消毒灭菌设备。

11. 三级生物安全实验室应在防护区内设置生物安全型双扉高压灭菌器，灭菌器主体一侧应有维护空间。

12. 四级生物安全实验室主实验室应设置生物安全型双扉高压灭菌器，灭菌器主体所在的房间应为负压。

13. 洁净医学实验室的墙面、顶棚的材料应易于清洁消毒、耐腐蚀、不起尘、不开裂、光滑防水、表面涂层已具有抗静电性能。通常的材料有各类满足防滑要求的复合彩钢板、电解钢板、铝板或者不锈钢板。

14. 洁净医学实验室的地面应采用无缝防滑耐磨、耐腐蚀地面，踢脚与墙面齐平。地面与墙面的相交位置及其围护结构的相交位置宜做半径不小于30mm的圆弧处理。通常的地面材料有：彩色自流平地面、PVC卷材焊接地面、橡胶卷材地面等。

15. 洁净医学实验室的门应能自动关闭并设置观察窗，并设置门锁。实验室的门宜开向压力较高的区域。缓冲间的两个门之间要能够互锁。需要打压测试的区域的门要采用密闭门，密闭门可以是机械压紧式或者充气式，当设置充气式密闭门时，要设置压缩空气系统。

16. 无菌实验室的设计应充分考虑超净工作台等大型设备的安装空间和运输通道。

17. PCR实验室的设计考虑超净工作台、通风橱、生物安全柜等大型设备的安装空间和运输通道。

18. PET中心的设计应考虑热室分装机的安装空间和运输通道。

19. 生物安全实验室的设计应考虑生物安全柜、双扉高压锅、污水处理设备等大型设备的安装空间和运输通道。

20. 洁净医学实验室的结构设计要充分考虑超净工作台、通风橱、生物安全柜、离心机、热室分装机、生物安全柜、双扉高压锅、污水处理设备的荷载情况。

21. 生物安全实验室的结构要求要满足现行国家标准《生物安全实验室建筑技术规范》GB 50346的要求。

3.8.3.3　空调、通风和净化。

【技术要点】

1. 洁净医学实验室的室内环境均为人工受控环境，通过为洁净医学实验室设置空调系统来维持洁净医学实验室的内环境，保持一定的空气温度和相对湿度、换气次数、压力状况、空气的洁净度，为实验人员提供舒适的工作环境。

2. 洁净医学实验室空调系统的投资占实验设施建设投资的比重很大，洁净医学实验室空调系统运行正常与否关系到洁净医学实验室能否正常运转。

3. 洁净医学实验室的空调系统基本上均为全空气空调系统，空调系统的能耗是整个设施能耗的很大的组成部分。如何减少空调的能耗是洁净医学实验室节能的关键环节。

4. 医学洁净实验室的空调净化系统的划分应依据操作对象的危害程度、平面布置等情况经过经济技术比较后确定，并应采取有效措施避免污染和交叉污染。

5. 空调净化系统的划分应有利于实验室的消毒、灭菌以及自动控制系统的设置和节能运行。

6. 医学洁净实验室的空调净化系统应能承担实验室内各类实验设备、实验人员的热湿负荷。

7. 医学洁净实验室的空调机房不应距离实验室过远，净化空调系统的风机应选用风压变化较大时风量变化较小的离心风机。

8. 洁净区内不应设置分体空调、风机盘管等分散的室内空调。

9. 无菌实验室可以采用全空气一次回风、二次回风空调系统，新风量大的空调系统可以采用全空气一次回风系统，新风量小的空调系统可以采用全空气二次回风系统，空调系统的运行模式可以采用湿度控制优先的策略。

10. PCR实验室和PET中心的空调均要采用全新风直流式空调系统，全送全排。空调送风系统和排风系统之间可设置非接触式的热回收系统，如乙二醇热管热回收系统，乙二醇溶液的浓度根据冬季室外最低气温确定。

11. 洁净医学实验室空调系统的设计应根据洁净医学实验室的使用功能、实验种类、设施的平面系统划分进行划分和设置，对于有生物安全要求的洁净医学实验室，需符合现行国家标准《生物安全实验室建筑技术规范》GB 50346的规定。空调系统的划分和空调方式的选择应经济合理，并有利于洁净医学实验室的消毒、自动控制、系统设置、节能运行，同时避免互相影响。

12. 洁净医学实验室空调系统的负荷计算应充分考虑建筑围护结构、人员、实验设备的冷、热、湿负荷。空调系统均要预留足够的夏季再热量，夏季再热优先采用热水、蒸汽，在夏季没有热水、蒸汽的场合可以采用电再热。

13. 洁净医学实验室实验人员日常呼吸所需要的氧气是由洁净医学实验室的送风提供的；实验室的环境温湿度、洁净度也是由洁净医学实验室的送风来保证的。通常洁净医学实验室的空调系统为全空气空调系统，空调机组从设施之外抽取新鲜的空气，通过各级过滤器的过滤去除尘埃和微生物；通过表冷器、加热器、加湿器进行热湿处理，对空气进行升温或者降温；满足要求的空气由送风机通过送风管送入室内，满足实验人员的需要。

14. 洁净医学实验室的送风系统应设置粗、中、高效三级空气过滤器。为防止经过中效空气过滤器的送风再被污染，中效空气过滤器宜设在空调机组的正压段，对于全新风系统，可在表面冷却器前设置一道保护用中效过滤器。

15. 对于全新风系统，新风量比较大，新风经过粗效过滤后，其含尘量还是比较大的，容易造成表面冷却器的表面积尘、阻塞空气通道，影响换热效率。

16. 空调机组的安装位置应考虑日常检查、维修及过滤器更换等因素。对于寒冷地区和严寒地区，应考虑水冷式换热设备的冬季防冻问题。对于水冷式换热设备的防冻问题应着重考虑新风的防冻问题，可以采用设新风电动阀并与新风机连锁、设防冻开关，同时设置辅助电加热器等方式。

17. 送风系统新风口的设置应符合下列要求：①新风口应采取有效的防雨措施。②新风口处应安装防鼠、防昆虫、阻挡绒毛等的保护网，且易于拆装。③新风口应高于室外地面2.5m以上，同时应尽可能远离排风口和其他污染源。

18. 有正压要求的洁净医学实验室，排风系统的风机应与送风连锁，送风先于排风开启，后于排风关闭。

19. 有负压要求洁净医学实验室的排风应与送风连锁，排风先于送风开启，后于送风关闭。

20. 房间之间不应共用一夹墙作为回（排）风道，使用同一夹墙作为回（排）风道容易造成交叉污染，同时压差也不易调节。

21. 洁净医学实验室的排风不应影响周围环境的空气质量，如不能满足要求时，排风系统应考虑消除污染的措施，并宜设在排风机的负压段，洁净医学实验室的排风如果含有氨、硫化氢等污染物，该污染物不能直接排入大气，需要经过活性炭过滤器吸附或者采用其他有效的污染物处理方式。

22. 洁净医学实验室的回（排）风口宜有过滤、调节风量的功能，以便调节各房间的压差。

23. 蒸汽高压灭菌器宜采用局部排风措施带走其所散发的热量。

24. 洁净医学实验室的气流组织宜采用上送下回（排）方式。采用上送下排的气流组织形式，对送风口和排风口的位置要精心布置，使室内气流合理，尽可能减少气流停滞区域，确保室内可能被污染的空气以最快速度流向排风口。

25. 洁净医学实验室的回（排）风口下边沿离地面不宜低于0.1m，上边不宜高于0.5m；回（排）风口风速不宜大于2m/s。室内排风口高度必须低于工作面。这是一般洁净室的通用要求，回（排）风口下边太低容易将地面的灰尘卷起。

26. 由于木制框架在高湿度的环境下容易滋生细菌，因此高效空气过滤器不应使用木制框架。

27. 为了方便地测量系统的新风量、总风量，调节风量平衡，调整各房间之间的压力，洁净医学实验室的风管适当位置上应设置风量测量孔。

28. 送排风系统中的粗、中效空气过滤器宜采用一次抛弃型，粗、中效空气过滤器对送风起预过滤的作用，其过滤效果直接关系到高效空气过滤器的使用寿命，避免频繁更换高效过滤器，因为高效空气过滤器的更换费用要比粗、中效空气过滤器高得多。

29. 由于淋水式空气处理有繁殖微生物的条件，因此洁净医学实验室的空调净化设备不应采用淋水式空气处理机组，应尽可能采用表面冷却器进行降温除湿。采用表面冷却器时，通过盘管所在截面的气流速度不宜大于2.0m/s。

30. 洁净医学实验室的各级空气过滤器前后应安装压差计，测量接管应通畅，安装严密。

31. 洁净医学实验室宜选用干蒸汽加湿器、电极式加湿器、电热式加湿器，加湿设备与其后的过滤段之间应有足够的距离。为防止过滤器受潮而有细菌繁殖，并保证加湿效果，加湿设备应和过滤段保持足够距离。减少产尘、积尘的机会。

32. 洁净医学实验室的空调机组需要进行漏风量检测，空调机组箱体内保持1000Pa

的静压值时，箱体漏风率应不大于2%。

33. 洁净医学实验室送风系统的消声器或消声部件的材料应能不产尘、不易附着灰尘，其填充材料不应使用玻璃纤维及其制品。

34. 洁净医学实验室送、排风系统的设计应考虑所用实验设备、生物安全柜等设备的使用条件，产生污染气溶胶的设备不应向室内排风。

35. 洁净医学实验室的房间或区域需单独消毒时，其送、回（排）风支管应安装气密阀门，安装气密阀门的作用是防止在消毒时由于该房间或区域与其他房间共用空调净化系统而污染其他房间。

36. 洁净医学实验室空调净化系统中的各级过滤器随着使用时间的增加，容尘量逐渐增加，系统阻力也逐渐增加，所需风机的风压也增大，因此尽可能选用风压变化较大时，风量变化较小的风机，从而使净化空调系统的风量变化较小，利于空调净化系统的风量稳定在一定范围内。

37. 已建洁净医学实验室工程中全空气系统居多，其能耗比普通空调系统高得多，运行费用相当可观，往往很多单位是建得起用不起。因此，在空调设计时必须把“节能”作为一个重要条件来考虑，在满足使用功能的前提下，尽量降低运行费用。

3.8.3.4　给排水与气体供应。由于大多数医学洁净实验室都是医疗大楼的一部分，因此医学洁净实验室的给水、排水和气体供应的来源均为所在大楼的给水、排水和气体供应系统。医学洁净实验室的给水、排水和气体供应应该和大楼的给水、排水和气体供应系统可靠连接，并设置流量测装置，进出实验室的各类管道应该不渗漏、耐压、耐温、耐腐蚀。实验室内应有足够的清洁、维修和维护明装管路的空间。实验室所使用的高压气体或者可燃气体应有满足规范要求的安全设施。实验区内尽量减少各类和实验室给水、排水和气体供应无关的管道穿越。

【技术要点】

1. 洁净医学实验室的给水应符合现行国家标准《生活饮用水卫生标准》GB 5749 的要求。

2. 负压的洁净医学实验室的给水管路上应设置倒流防止器或者其他防止回流污染的装置，这些防回流装置应安装在易于检修、更换的位置。

3. 负压实验室的室内和紧急逃生出口处设置紧急淋浴装置。

4. 室内明装的给水管路宜采用不锈钢管路、铜管、无毒塑料管，管道的连接方式应该可靠。

5. 吊顶内安装的给水管道和管件，应选用不生锈、耐腐蚀和连接方便可靠的管材和管件，以满足净化要求。管道外表面可能结露时，应采取有效的防结露措施，防止凝结水对装饰材料、电气设备等的破坏。

6. 洁净医学实验室的排水宜与其他生活排水分开设置，根据不同区域排水的特点分别进行处理。

7. 净化区内不宜穿越排水立管，如排水立管穿越屏障环境设施的净化区，则其排水立管应暗装，并且屏障环境设施所在的楼层不应设置检修口。

8. 排水管道应采用不易生锈、耐腐蚀的管材，可采用建筑排水塑料管、柔性接口机制排水铸铁管等。

9. 高压灭菌器排水管道最好单独排出室外，采用金属排水管、耐热塑料管等。

10. 洁净医学实验室的地漏应采用密闭型，以防止不符合洁净要求的地漏污染室内环境。

11. 活毒废水处理：

(1) 洁净医学实验室的排水含有具有一定危险的活病毒时，需要对排水进行灭活处理。灭活处理的方式有加药灭活和高温灭活两种，加药灭活可以参照医院污水处理的方法(氯片消毒法)，高温灭活适用于传染性强并且采用加药灭活杀不死的活毒废水消毒。高温灭活的温度根据病毒的种类确定，高温灭火的热源可以采用电或者蒸汽。

(2) 高温灭活工艺流程图如图 3.8.3.4-1 所示

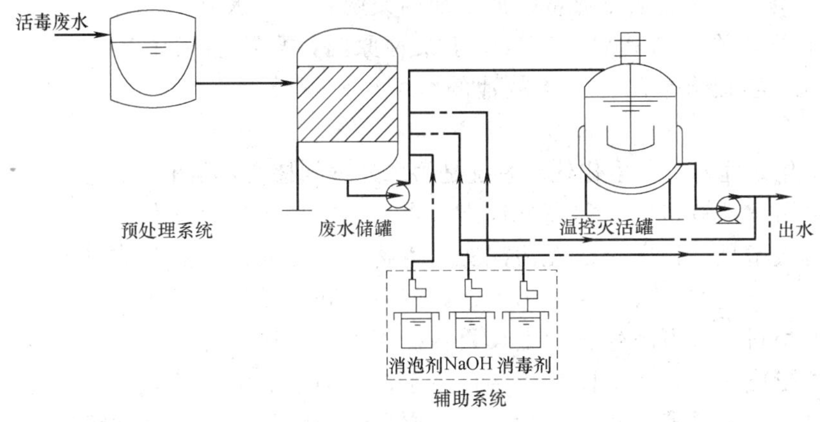

图 3.8.3.4-1　高温灭活工艺流程图

(3) 实验室废水经收集管网后进入预处理设施。除掉余留的部分悬浮物，出水一级泵提进入储罐，储罐内的废水由泵定量输送至温控灭活罐。设置的电加热设施将废水加热至 135℃，在一定温度、压力下，停留一定时间后，废水中的病毒等微生物被杀死，然后向温控灭活罐的夹层内通入冷却水，这样被消毒处理后的废水被冷却至 40℃后排入病毒综合污水处理站。为保证处理系统正常运转，需安装化学加药设施，用于消泡、清洗以及配置杀菌消毒液对系统进行消毒时使用。储罐总储存能力为 1 天产生的废水量的 120%。

(4) 该系统的工作方式为序批式，每套系统每天工作两个周期，每个周期的工作时间为 2.5～3h，即：每天工作 5～6h 即可处理完全部废水。如果投入使用后，废水量超出所提供的设计水量，该系统还可调整至每天工作 3～8 个周期，以满足增加的处理水量要求。

12. 废水综合处理系统：

(1) 洁净医学实验室的排水在进入市政排水管网之前需要达到一定的排放标准，出水水质达到《污水综合排放标准》GB 8978—1996Ⅱ级标准（见表 3.8.3.4）。

污水排放标准　　**表 3.8.3.4**

项目	CODcr (mg/L)	BOD5 (mg/L)	悬浮物 (mg/L)	氨氮 (mg/L)	PH
排放值	≤150	≤30	≤150	≤25	6～9

（2）由于洁净医学实验室的排水一般都不能满足上述排放标准，因此需要建立废水综合处理系统。废水综合处理系统需要 4 个相对独立的处理阶段，分别为：预处理系统、生化处理系统、深度处理系统和辅助处理系统。

（3）预处理系统：废水的预处理系统包括废水的接收与储存，也是废水进入后续系统前的准备阶段。此系统可保证后续处理阶段稳定运行，并起到均匀配水、恒定水量的作用，可以有效降低因实验室废水排放不连续对系统造成的冲击。各建筑物排出的综合废水（含各实验室经消毒处理后的废水以及冲洗废水等）收集到格栅井，内设的机械细格栅可以截留大部分粒径等于或大于 5mm 的悬浮物。当格栅由最高位向下运行时，截留的悬浮物自动落入位于下方的储渣罐。废水经格栅后进入调节池，调节池容积为 6 h 的废水排放量。调节池内设两台潜污水泵，一备一用，水泵通过设在池中的液位开关控制其启停。当由于某种原因，泵不能工作时，废水可通过调节池内的溢流口溢流入事故池，事故池的容积可确保整个中心的污水在事故情况下不超越外排。

（4）生化处理系统：生化处理系统是污水处理的核心，目的是进一步去除污水中的胶体物质和可溶性有机物，提高处理出水水质。拟采用接触氧化法处理工艺。生物接触氧化处理技术是一种介于活性污泥法与生物滤池之间的一种生物处理技术，兼具二者的优点，广泛应用于处理生活污水、城市污水和食品加工等工业废水。生物接触氧化池内加装填料，可为微生物的生长繁殖提供栖息场所，并可增加反应池内的活性污泥含量，所形成的气、液、固三相共存体系，有利于氧的转移，溶解氧充沛，适于微生物存活增值；填料表面布满生物膜，形成了生物膜的主体结构能够有效提高净化效果，抗冲击负荷显著增强。池底敷设微孔曝气系统，为微生物降解污水中的有机物，创造适宜的生存环境。在曝气的作用下，生物膜表面不断接受曝气吹托，这样有利于生物膜的不断更新，使该工艺具有更强的抗冲击负荷的能力，在提高处理效率的同时可减少构筑物的占地。生化处理系统的供气由两台罗茨鼓风机提供，其中一台为备用。鼓风机的启停由 PLC 控制，一台风机发生故障时，备用风机应自动切换运行，并同时声光报警。

（5）深度处理系统：因排水中包括没有采取任何预处理措施的实验室排水，废水中难免会有病原性微生物存在，尽管经过生化处理会去除一部分，但出于安全的考虑，在系统排水前需对气浮出水做消毒处理。消毒系统包括集水池、加药系统和消毒池。气浮出水首先在集水池集中，池内设潜水泵两台，一备一用，通过液位开关控制水泵的启停，通过 PLC 控制两水泵的运行切换，确保一台水泵能够运行，并能对事故情况做出报警。采用的消毒剂为二氧化氯（CLO_2），消毒能力与氯相当或更强。尤其是一种已被证实的有效的杀病毒剂，灭活病毒的有效性超过氯。其通过吸附在病毒蛋白质的外膜上，可造成病毒的灭活。这可确保系统出水不会对环境造成任何不良影响。

（6）辅助处理系统（污泥处理系统）：生化过程既是微生物的新陈代谢过程，大量失去活性的微生物以剩余活性污泥的形式排出系统，因这部分物质含水率很高（约为95%～97%），所以需做脱水处理。污泥脱水系统包括储泥池、污泥浓缩罐以及污泥脱水系统。其中污泥脱水系统又包括板框压滤机、加药设备以及污泥输送设备（气动隔膜泵）。由气浮池排入的泥首先在污泥池集中，为防止污泥粘附于池底，污泥池底设气体搅拌装置。污泥通过污泥提升泵提升至污泥浓缩池罐，罐内设慢速机械搅拌，罐体上部设出水口，污泥浓缩后的上清液由污水提升泵提升至调节池。浓缩后的污泥通过气动隔膜泵进入板框压滤机脱水。脱水后泥饼，由专人清运出厂区。

（7）废水综合处理系统工艺流程如图 3.8.3.4-2 所示。

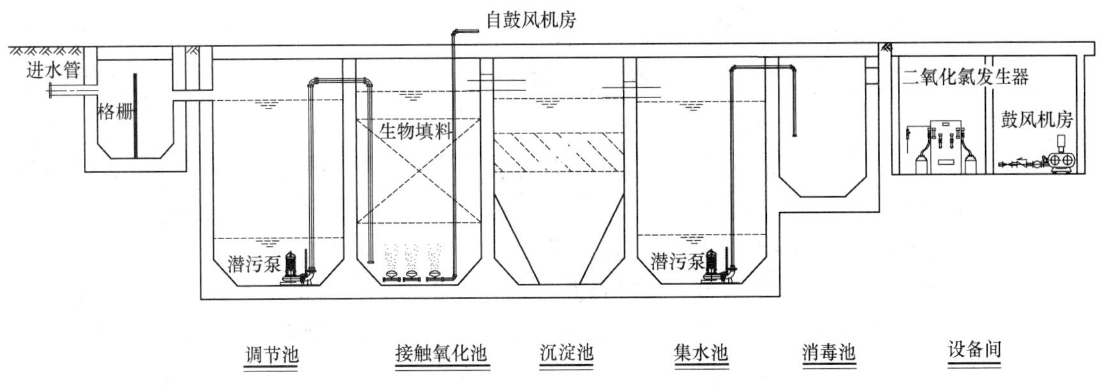

图 3.8.3.4-2　废水综合处理系统工艺流程图

3.8.3.5　电气。洁净医学实验室应保证可靠的用电供应，设置专用配电箱，配电箱设置在洁净区外。医学洁净实验室的管线用电负荷并没有规定得太严，从我国现有的配电要求考虑，医学洁净实验室用电负荷不宜低于 2 级，宜设置备用电源。管线密封措施应满足实验室的密封性要求。

【技术要点】

1. 对于洁净医学实验室（不包括生物安全实验室）可根据实际情况选择用电负荷的等级。当后果比较严重、经济损失较大时，用电负荷不应低于 2 级。

2. 洁净医学实验室设置专用配电柜主要考虑方便检修与电源切换。配电柜宜设置在辅助区是为了方便操作与检修。屏障环境设施内的配电设备，应选择不易积尘的暗装设备，以减少屏障环境设施内的积尘点，保证屏障环境设施的密闭性，有利于维持屏障环境设施内的洁净度与静压差。

3. 洁净医学实验室的电气管线应暗敷，设施内电气管线的管口应采取可靠的密封措施，以减少屏障环境设施内的积尘点，保证屏障环境设施的密闭性，有利于维持屏障环境设施内的洁净度与静压差。

4. 洁净医学实验室的配电管线宜采用金属管，穿过墙和楼板的电线管应加套管，套管内应采用不收缩、不燃烧的材料密封。金属配管不容易损坏，也可采用其他不燃材料。配电管线穿过防火分区时的做法应满足防火要求。

5. 洁净医学实验室的照明灯具应采用密闭洁净灯；照明灯具宜吸顶安装；当嵌入暗装时，其安装缝隙应有可靠的密封措施。灯罩应采用不易破损、透光好的材料。用密闭洁净灯主要是为了减少洁净医学实验室内的积尘点和易于清洁；吸顶安装有利于保证施工质量；当选用嵌入暗装灯具时，施工过程中对建筑装修配合的要求较高，如密封不严，洁净医学实验室设施的压差、洁净度都不容易满足要求。

6. 洁净医学实验室宜设置工作照明总开关。为了便于照明系统的集中管理，通常设置照明总开关。

7. 洁净医学实验室的自控系统应遵循经济、安全、可靠、节能的原则，操作应简单明了。

8. 为了方便工作人员管理，防止外来人员误入洁净医学实验室，洁净医学实验室宜设门禁系统。

9. 为防止工作人员误操作，因此缓冲间的门是不能同时开启的，缓冲室的门宜设置互锁装置，当出现紧急情况时，所有设置互锁功能的门都应处于可开启状态，以利于疏散与救助。

10. 洁净医学实验室应设送、排风机正常运转的指示，风机发生故障时应能报警，相应的备用风机应能自动或手动投入运行。

11. 屏障环境设施净化空调系统的配电应设置自动和手动控制，自动控制主要是指备用风机的切换、温湿度的控制等，手动控制是便于净化空调系统故障时的检修。

12. 空气调节系统的电加热器应与送风机联锁，并应设无风断电、超温断电保护及报警装置，用以避免系统中因无风电加热器单独工作导致的火灾，为了进一步提高安全可靠性，还要求设无风断电、超温断电保护措施。例如，用监视风机运行的风压差开关信号及在电加热器后面设超温断电信号与风机启停连锁等方式，来保证电加热器的安全运行。

13. 电加热器的金属风管应接地。电加热器前后各800mm范围内的风管和穿过设有火源等容易起火部位的管道，均必须采用不燃保温材料。屏障环境的压差超过设定范围时，宜有声光报警功能，对于负压环境，设置声光报警以防污染大气环境，对于正压环境设置声光报警是为了防止正压过低而影响室内的洁净度与压力梯度，但声光报警只需在典型房间设置，而不需每个房间都设。

14. 自控系统应满足控制区域的温度、湿度要求。屏障环境设施内外应有可靠的通信方式。屏障环境设施的工作人员进出净化区需要更衣，为了方便屏障环境设施内工作人员之间及其与外部的联系。

3.8.3.6　消防。洁净医学实验室的消防要满足国家相关消防规范的规定。

【技术要点】

1. 洁净医学实验室的耐火等级不应低于二级，或设置在不低于二级耐火等级的建筑中。二级耐火等级基本适合屏障环境设施的耐火要求，故要求独立建设的该类设施耐火等级不应低于二级，当该类设施设置在其他建筑物中时，包容它的建筑物必须做到不低于二级耐火等级。

2. 具有防火分隔作用且要求耐火极限值大于0.75h的隔墙，应砌至梁板底部，且不留缝隙。

3. 洁净医学实验室吊顶空间较大的区域，其顶棚装修材料应为不燃材料且吊顶的耐火极限不应低于0.5h。由于功能需要有些局部区域具有较大的吊顶空间，为了保证该空间的防火安全性，故要求吊顶的材料为不燃且具有较高的耐火极限值。在此前提下，可不要求在吊顶内设消防设施。

4. 洁净医学实验室应设置火灾事故照明。屏障环境设施的疏散走道和疏散门均应设置灯光疏散指示标志。火灾事故照明和疏散指示标志可采用蓄电池作备用电源，但连续供电时间不应少于 20min。

5. 洁净医学实验室安全出口的数目不应少于 2 个。安全出口处应设置疏散指示标识和应急照明灯具。

6. 洁净医学实验室疏散通道门的开启方向，可根据区域功能特点确定。

7. 洁净医学实验室可设自动喷淋装置，前提是一旦出现误喷不会导致该洁净医学实验室出现严重的污染后果、设备损坏或者影响实验结果。

8. 洁净医学实验室应设消火栓、灭火器等灭火器材，洁净医学实验室内应设置消火栓系统且应保证两个水枪的充实水柱可同时到达任何部位。

9. 洁净医学实验室的消火栓尽量布置在非洁净区，如布置在洁净区内，消火栓应满足净化要求，并应作密封处理，防止与室外直接相通，破坏屏障。

第 4 节　洁净医学实验室的施工要求

3.8.4.1　洁净医学实验室的施工过程中应对每道工序制订具体的施工组织设计，施工组织设计是工程质量的重要保证，各道工序均应进行记录、检查，验收合格后方可进行下道工序，施工安装完成后，应进行单机无负荷试运转和系统的联合试运转及调试，做好调试记录，并编写调试报告。

【技术要点】

1. 洁净医学实验室建筑装修工程的墙面、地面都应易于清洁，为了保证施工质量达到设计要求，施工现场应做到清洁、有序。

2. 洁净医学实验室有压差要求房间的所有缝隙和孔洞都应填实，并在正压面采取可靠的密封措施。如果洁净医学实验室有压差要求的房间密封不严，房间所要求的压差难以满足，同时房间泄漏的风量大，造成所需的新风量加大，不利于空调系统的节能。

3. 有压差要求的房间宜在合适位置预留测压孔，测压孔未使用时应有密封措施。很多工程中并未设置测压孔，而是通过门下的缝隙进行压差的测量。如果门的缝隙较大时，压差不容易满足，门的缝隙较小时（如负压屏障环境的密封门），容易将测压管压死，使测量不准确，所以建议预留测量孔。

4. 墙面、顶棚材料的安装接缝应协调、美观，并应采取密封措施。屏障环境设施中的圆弧形阴阳角均应采取密封措施。

5. 洁净医学实验室净化空调机组的风压较大，基础高度应能保证冷凝水的顺利排出，净化空调机组的基础对本层地面的高度不宜低于 200mm，表冷段的冷凝水管上应设水封。

6. 空调机组安装前应先进行设备基础、空调设备等的现场检查，合格后方可进行安装。空调机组安装时设备底座应调平，并做减振处理。各检查门应平整，密封条应严密。粗、中效空气过滤器的更换应方便。

7. 送风、排风、新风管道的材料应符合设计要求，加工前应进行清洁处理，去掉表面油污和灰尘。净化风管加工完毕后，应擦拭干净，并用塑料薄膜把两端封住，安装前不得去掉或损坏。屏障环境设施的所有管道穿过顶棚和隔墙时，贯穿部位必须有可靠的密封。送、排风管道宜暗装；明装时，应满足净化要求。送、排风管道的咬口缝均应有可靠的密封。各类调节装置应严密，调节灵活，操作方便。

8. 采用除味装置时，其室内应采取保护除味装置的过滤措施。排风除味装置应有方便的现场更换条件。

第5节　洁净医学实验室的检测和验收

3.8.5.1　洁净医学实验室投入使用之前，必须经过竣工验收和综合性能评价，竣工验收必须有建设方、设计方、监理方、施工总承包、分包方参加。综合性能评价应由第三方完成，综合性能评价的执行单位最好由建设方委托。

【技术要点】

1. 工程检测应包括建筑相关部门的工程质量检测和环境指标的检测。

2. 工程检测应由有资质的工程质量检测部门进行。

3. 工程检测的检测仪器应有计量单位的检定，并应在检定有效期内。

4. 工程环境指标检测应在工艺设备已安装就绪，净化空调系统已连续运行48h以上的静态下进行。

5. 环境指标检测项目、检测结果应符合项目环境评价建议书的要求。

6. 在工程验收后，项目投入使用前，应委托有资质的独立第三方进行环境指标的检测。

7. 工程验收的内容应包括建设与设计文件、施工文件、建筑相关部门的质检文件、环境指标检测文件等。

8. 工程验收应出具工程验收报告。验收结论分为合格、限期整改和不合格三类。对于符合规范要求的，判定为合格；对于存在问题，但经过整改后能符合规范要求的，判定为限期整改；对于不符合规范要求，又不具备整改条件的，判定为不合格。

第6节　洁净医学实验室的运行管理

3.8.6.1　洁净医学实验室运行的日常工作。洁净医学实验室的日常维护要求有两个：一是保证设施内要求的空气温度和相对湿度；二是保证设施内级别要求的洁净度。

【技术要点】

1. 进入洁净医学实验室时，保证人净的措施：洗手；换衣、鞋；风淋（万级）。

2. 保证进入设施物料净化的措施：进入设施内的物料应在运入设施之前进行清洗和必要的净化处理，以减少物料在洁净医学实验室内的发尘量。

3. 保证进入设施的空气是洁净的措施：净化空调系统在运行中所使用的各级空气过滤器必须是完好而无破损或泄漏。为防止送风系统将尘粒带进室内，必须对系统中使用的粗、中效及末端（高效）空气过滤器进行定期的泄漏检查。

4. 保证净化空调系统的送风量：保证空调系统的送风量就是保证洁净医学实验室内的换气次数，以满足室内气流组织的需要。如果系统送风量过低，则会使洁净室内送风口处的气流速度降低，从而破坏室内的气流组织形式，使室内受到污染的空气无法排出，达不到室内要求的洁净度等级。

5. 按要求保证洁净医学实验室内的正静压值：洁净医学实验室在运行中一般都要求其与邻室、走廊（包括外走廊）之间保持一定的正静压差，即洁净医学实验室内的静压值高于邻室（不同洁净级别的房间）、走廊的静压，以避免邻室、走廊等含尘浓度较高的洁净医学实验室外部的空气对其造成污染。

6. 尽量减少洁净医学实验室的产尘量：仅仅从净化空调系统的运行和管理方面来考虑，解决影响洁净医学实验室内洁净度的外部条件是不够的，还应解决影响洁净医学实验室内洁净度的内部原因。在洁净医学实验室内，产生尘埃的因素有两个：一是设备的运转；二是操作人员的活动。因此，应从这两方面控制洁净医学实验室的产尘量。

7. 保证对洁净医学实验室内的定期清扫：洁净医学实验室运行一段时间后，免不了在一些死角、壁面、台面上会积存一些尘埃，如果不及时进行清扫，这些尘埃在较大气流的冲击或其他某种扰动下，会重新卷入室内空气中，从而增加了室内空气尘粒的浓度，使室内空气的洁净度等级下降，无法保证工作的正常进行。因此，必须对洁净医学实验室进行定期的清扫。

3.8.6.2　洁净医学实验室运行的管理制度。为使净化空调系统能得以安全、高效、节能的运行，日常管理过程中制定严格及有效的运行管理制度并严格认真地执行是非常必要的。

【技术要点】

1. 具有下列情况者应不能进入洁净医学实验室：皮肤有晒焦、剥离、外伤和炎症、瘙痒症者；对化学纤维、化学溶剂有异常反应的人员；手汗严重者；感冒、咳嗽和打喷嚏、鼻子排出物过多者；过多掉头皮及头发者。

2. 日常应注意的事项：在洁净医学实验室内不要拖足行走，不做不必要的动作或走动；不许吸烟和饮食。

3. 对入室人员状况的登记：对上、下午进入洁净室的人数、时间要分别登记；对正式工作人员以外的人员进入洁净医学实验室的人数和时间进行登记。

4. 不准带入洁净医学实验室的物品：除按规定可带入的所有物品外，一切个人物品包括钥匙、手表、手帕、书包等不准带入洁净医学实验室。

5. 严格执行卫生和安全制度：洁净医学实验室的清扫应在每天下班前无菌操作结束后进行；清扫要在洁净医学实验室净化空调系统运行中进行；清扫用拖布、抹布，不要用易掉纤维的织物材料；净化空调系统启动时，禁止先开回风机；系统关闭时，禁止先停送风机；系统未运行时，不应单独开启局部排风系统；进入洁净医学实验室应随手关门；安全门必须保证随时可以开启，安全通道上不准堆放杂物；应经常检查洁净区中的安全防火设施；洁净医学实验室发生火警时，应立即发出警报，关闭风机和洁净工作台等设备，切断电源及易燃气体的通路。

3.8.6.3　洁净医学实验室的维护和保养。

【技术要点】

1. 日常保养内容（由使用者执行）：

（1）洁净医学实验室内部包括玻璃面、彩钢板面清洁擦洗，地面清扫；

（2）室内设备和灯具表面的擦洗；

（3）风淋室的擦洗；

（4）洁净医学实验室外部包括玻璃面、彩钢板面、地面的清洗，灭菌柜、消毒洗手池的清洗；

（5）洁净医学实验室顶棚的清洁卫生工作；

（6）回风夹道内的清洁卫生工作，包括玻璃面、彩钢板面、地面的清洗。

2. 年度保养内容：

（1）净化空调机每半年清洗、擦洗一次；

（2）检查风机、风阀等传动、转动部位、轴承及轴承座润滑情况，定期加注油脂，确保传动灵活。

（3）运行两年后，应使用化学方法清除热交换器铜管内的水垢，用压缩空气或水冲洗换热器表面的污物，直至干净为止。

（4）检查空调箱、水箱、风管等内部有无锈蚀脱漆现象，及时清除及补漆；检查各部位的空气调节阀门有无损坏，及时修复；检查各电控箱、配电盘、电器接线有无松脱发热现象，仪表动作是否正常等，并及时修复；定期检验、校正测量和控制仪表设备，保证其控制准确可靠。

（5）粗、中效过滤袋使用一段时间后，需更换或取出进行拍打和压缩空气反吹后，用肥皂水清洗干净，太阳晒干后方能重新使用（重复使用次数最多为3次）。

（6）运转一段时间后应停机，调整皮带的松紧。皮带受损或缺少应及时更换与配齐。

（7）常规情况下，高效空气过滤器一般4000h更换一次，粗、中效空气过滤袋使用1000h清洗、2000h更换，空调机新风口过滤膜无纺布每半年更换一次。

（8）紫外线灭菌灯使用寿命一般为3000h，但当效率降至70%时需更换。

（9）检修与值班人员应对洁净医学实验室和有关设备、备件的运行、检查、检修、更换、维护、保养等情况作好登记记录，便于以后查阅与管理。

3. 洁净医学实验室的定期检查项目如表3.8.6.3所示。

洁净医学实验室的定期检查项目　　**表3.8.6.3**

项目	检查方法及其他
尘埃数	由质检部定期用尘埃粒子计数器测定0.5μm以上和5μm以上的尘埃数
菌数	由质检部定期测定落下菌数或悬浮菌数等(用微生物测定仪)
风量	测量空调用的高效过滤器的压差,检查过滤器堵塞、安装部分的缝隙或过滤器损坏而引起的泄漏情况,每年两次用风速仪检查送风回风新风的风量

第7节　洁净医学实验室的设计实例

3.8.7.1　主要介绍无菌实验室、PCR实验室、PET中心以及生物安全实验室的设计。

1. 无菌实验室（见图3.8.7.1-1）

2. PCR实验室（基因扩增实验室）（见图3.8.7.1-2和图3.8.7.1-3）

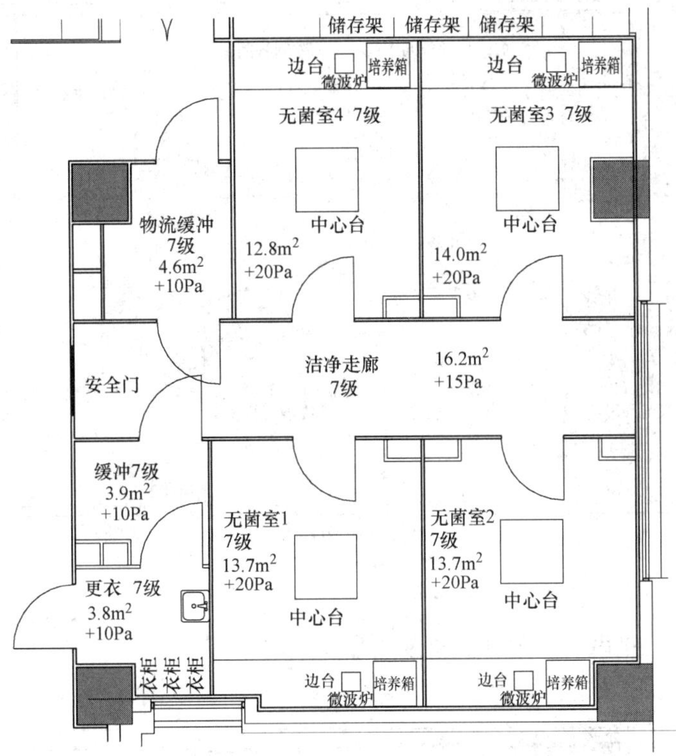

图 3.8.7.1-1 无菌实验室

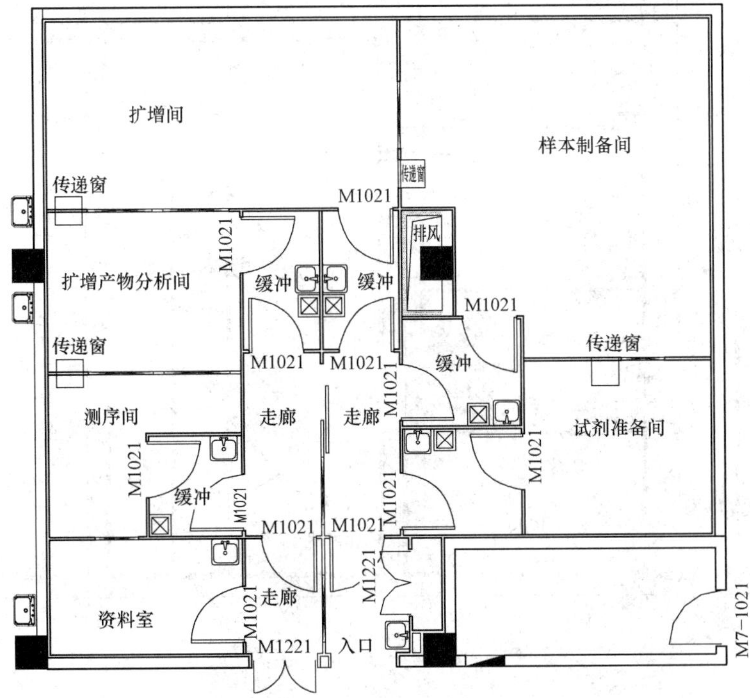

图 3.8.7.1-2 PCR 实验室 1

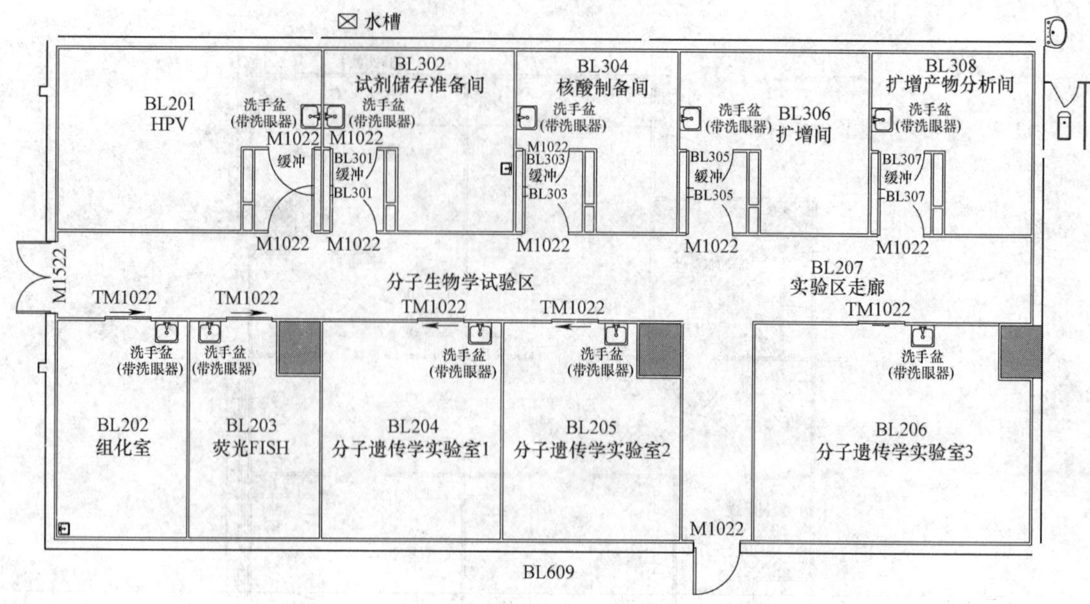

图 3.8.7.1-3　PCR 实验室 2

3. PET 中心（正电子发射计算机断层显像中心）

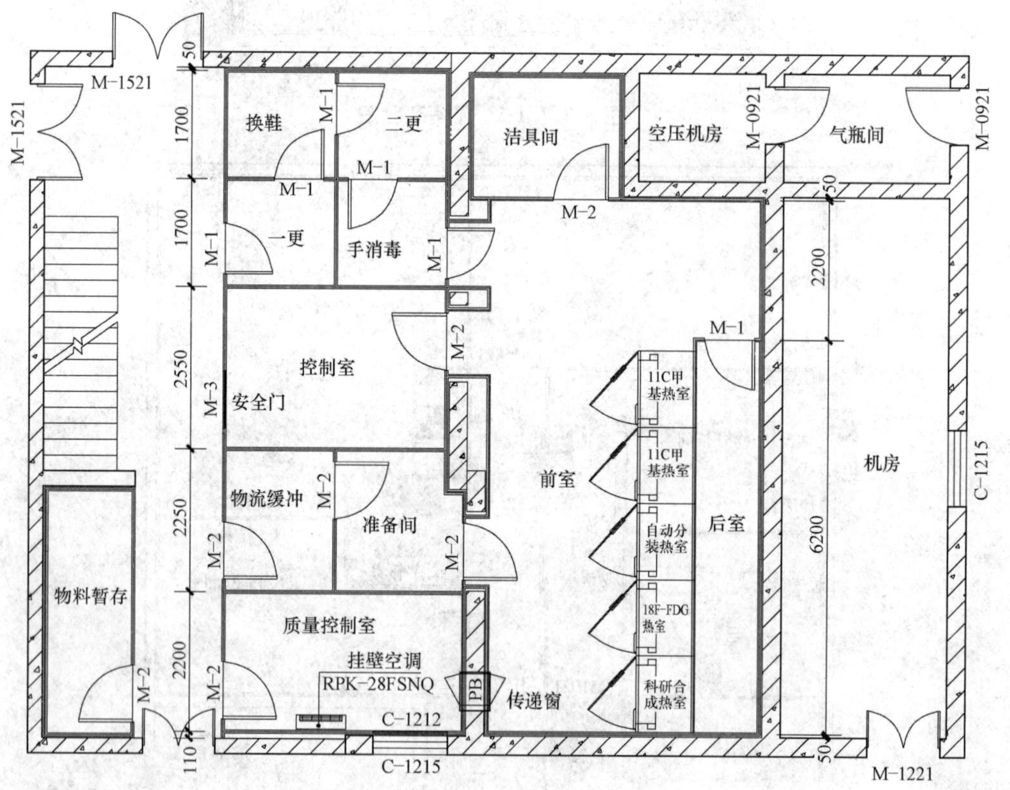

图 3.8.7.1-4　PET 中心

4. 生物安全实验室（见图 3.8.7.1-5 和图 3.8.7.1-6）

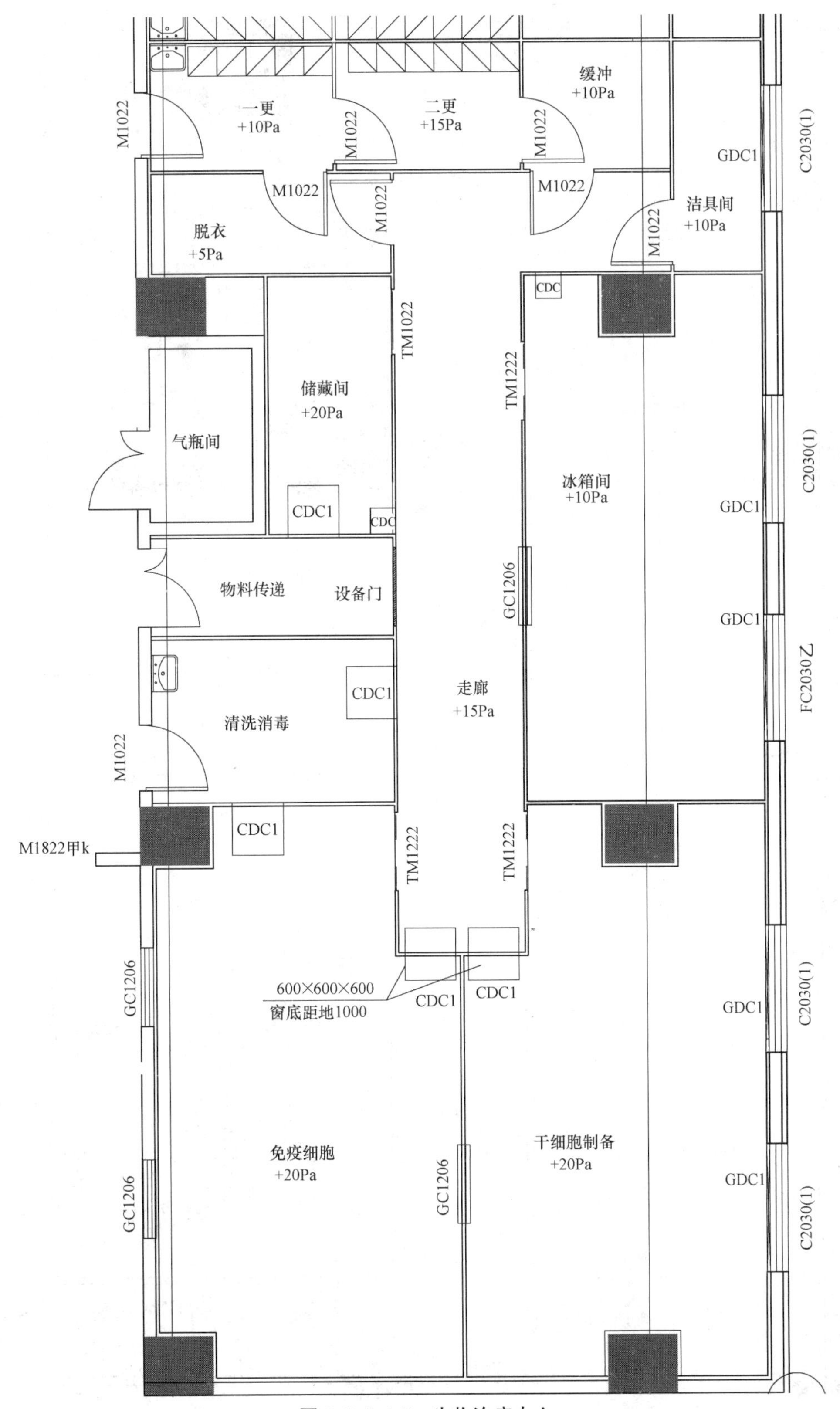

图 3.8.7.1-5　生物治疗中心

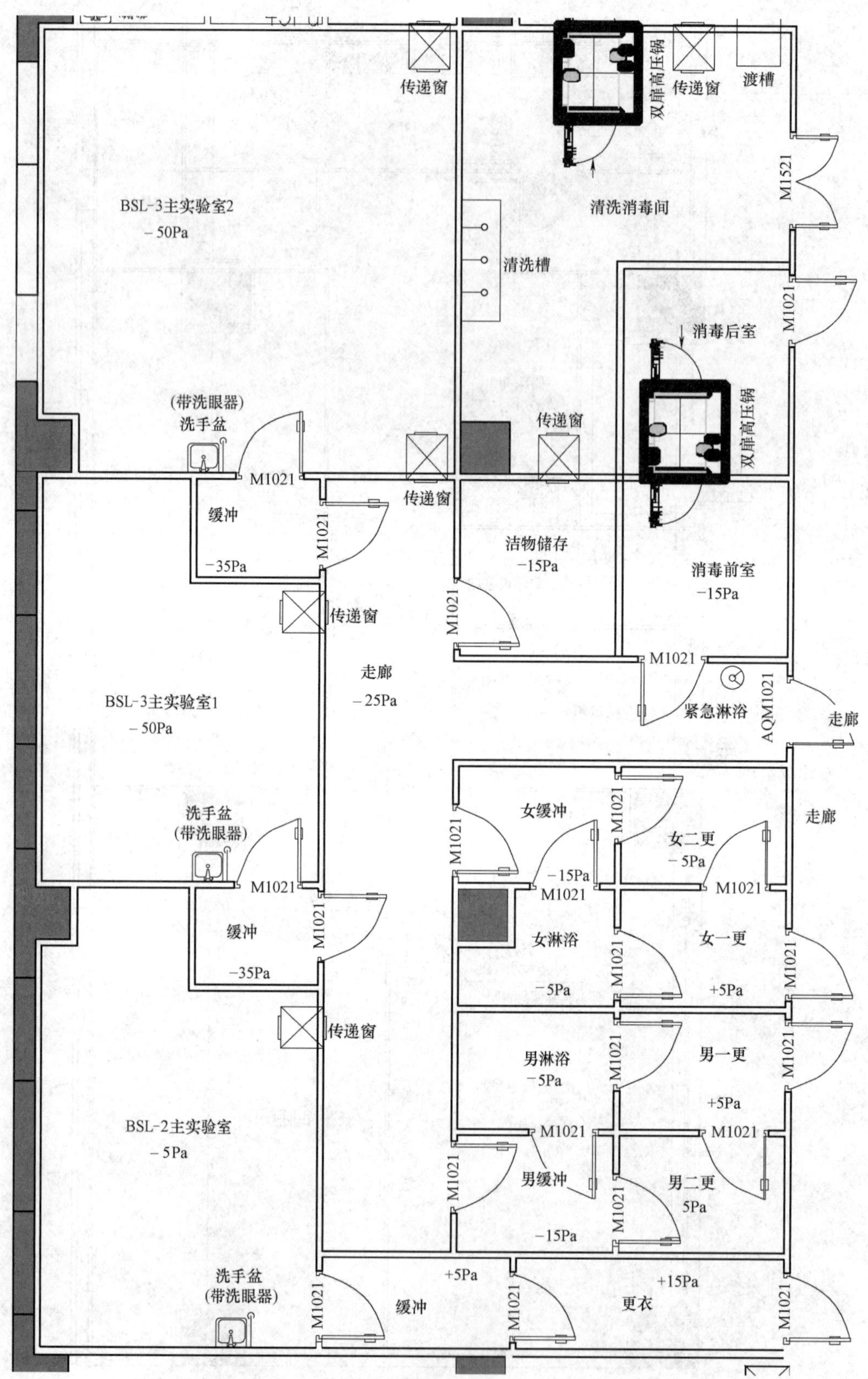

图 3.8.7.1-6　生物安全三级、二级实验室

本章作者简介

牛维乐：中国建筑科学研究院教授级高级工程师，注册公用设备（暖通专业）工程师。

李锋：高级工程师，青岛市市立医院基建办公室主任，主导医院后勤、动力设备管理、院内改造翻建项目等。

梁志忠：重庆思源建筑技术有限公司副总经理、一级建造师。

第 9 章　消毒供应中心洁净工程

吕晋栋　初冬　陈鲁生　王学彦

第 1 节　消毒供应中心位置及面积的选择

医院 CSSD 的新建、扩建和改建，应遵循医院感染预防与控制的原则，遵守国家法律法规对医院建筑和职业防护的相关要求，进行充分论证。

3.9.1.1　医院消毒供应中心（CSSD）宜接近手术室、产房和临床科室，或与手术室之间有物品直接传递专用通道。

3.9.1.2　医院消毒供应中心不宜建在地下室或半地下室。

【技术要点】

1. 对于区域化集中管理的消毒服务机构，应当选择交通便利、采光良好、自然通风好、区域相对独立的环境。

2. 应在计划阶段早期就确定建筑功能区域的方向，以避免阳光过度照射，具有良好的自然通风。减少控制室内温度、湿度所消耗的能源。

3.9.1.3　消毒供应中心建筑面积应符合医院建设方面的有关规定，并与医院的规模、性质、任务相适应，兼顾未来发展规划的需要。中心面积可按床位之比为（0.6～0.9）∶1 确定。比如，600 张床位的医院消毒供应中心的占地面积应为：600×(0.6～0.9m^2/床)＝360～540m^2。

【技术要点】

1. CSSD 的各区域最小面积：包括 CSSD 3 个工作区域的基本设备与设施占用的面积、运行车与工作操作台占用的面积、人员工作活动的面积和器械暂存等需要的面积；辅助区域如两个缓冲间、仓库、基本办公区和工作人员更衣生活区等需要的面积。这些需要的面积之和，为 CSSD 最小面积。

2. 根据处理手术器械的数量进行面积调整：包括每天处理手术器械的总数量、外来器械及植入物数量。外来器械数量多，接收清点和清洗的时间长；手工去污特殊的手术器械数量多，占用工作位置的时间长，停留区域占用面积也大。因此，需要在最小面积的基础上增加去污区的面积。

3. 机械清洗设备的类型和面积：如长龙清洗消毒器可一次容纳较多的污染器械，工作面积和器械暂放区的面积相对占用较小。可根据这些因素调整面积。

4. 物品库存及周转：医院 CSSD 的物品存放量、每天复用的器械是否在当天送回各科室，这些因素也影响无菌物品存放区的面积设计；另外，工作效率也是设计工作区域面积的一个因素，工作效率化、物品滞留时间长、器械处理时间过于集中等，都是设计面积需要考虑的因素。

5. 面积与工作运行成本进行测算：如空调、照明、水及维护设施的成本，工作人员搬运距离等人力成本消耗等因素。

综合以上的因素从中选择最佳的CSSD总面积设计方案。

6. 一般来讲，供应室可分成7个功能区域，下面是它的具体分区以及通常所占面积分配比率：

(1) 物品回收区：占供应室总面积的8%～10%；

(2) 重复使用物品的清洗消毒区，占供应室总面积的20%～22%；

(3) 物品事务管理区，占供应室面积的5%～6%；

(4) 物品检查、补充区及物品配套包装区，占供应室面积的30%～32%；

(5) 物品灭菌区，占供应室面积的6%～8%；

(6) 无菌物品及一次性物品保管发放区，占供应室总面积的20%～22%；

(7) 工作人员生活区，占供应室面积的5%～6%。

第2节　消毒供应中心内部分区

3.9.2.1　平面布局分工作区与辅助区。工作区包括去污区、检查包装及灭菌区（含敷料间）、无菌物品冷却及发放区、无菌物品存放区、各区域所需要的工具存放处置间。辅助区包括生活区与办公区，其中有更衣室、卫生间、值班房、会议（培训）室、办公室及库房。

【技术要点】

平面布局原则：依据复用器械处理流程的基本原则，即从污到洁，不交叉逆行，各区域有实际屏障相隔。良好的平面布局能充分体现消毒供应整个工作流程中的院内感染管理的基本原则。同时，流畅的工作流程有利于提高工作效率与质量管理。

第3节　消毒供应中心设计考虑因素

3.9.3.1　供水。

【技术要点】

1. 水压：CSSD常水水压应为196～294kPa（2～3kgf/cm^2），水质应为无颗粒状沉淀物，符合生活饮用水卫生标准，温度应在30℃以下。冷热水源总管进入CSSD后应设置截止阀及压力表。

2. 热水：建立热水供应的管路系统，循环水温应在50℃以上，热水管路应作保温处理。

3. 软化水及纯化水：CSSD的水处理设备应在独立的房间。有条件时应选择纯化水处理设备用于复用医疗器械的漂洗过程。供水管路材质应防腐、防锈，建议选用不锈钢材质。纯化水电导率≤15μS/cm（25℃）。

3.9.3.2　排水。

【技术要点】

1. 地漏：CSSD地漏宜采用带过滤网的无水封直通型地漏加存水弯头，地漏的通水能力应满足地面排水的要求。去污区应设置单独的地漏，无菌物品存放区、检查包装区和灭菌区的工作区域不设地漏，排水地漏可设置在缓冲间或洁具间内。

2. 用水设备均应设置相应的排水管。脉动真空设备建议设置单独的排水，以防排水不畅造成湿包等现象。清洗消毒器设独立排水管，管径不得小于 *DN*75，满足短时间大量排放水的要求。

3. 去污区内的主要设备如全自动清洗设备、超声波清洗设备及附属设施（如污物清洗浸泡槽）的排水应进入集中的污水处理系统。脉动真空的排水、去离子水及蒸馏水制水设备的排水不用进入污水处理系统。

4. 脉动真空灭菌器及全自动清洗消毒器等排热水的设备管路，必须选用耐高温材质，具体耐温程度根据设备自身要求处理。

5. 排水管路定期疏通（如除垢等），防止排水不畅或堵塞造成的各种影响。

3.9.3.3　用电。

【技术要点】

1. CSSD供电可参照现行国家标准《建筑照明设计标准》GB 50034，区域内电量、电压要满足使用设备的需要，配置220V、380V两路供电，工作区域照明符合 WS 310.1 的要求。

2. 功率较大的设备应单独设立电源箱，如脉动真空灭菌器、全自动清洗消毒器等。

3. 电源箱和开关应入墙安装，减少积尘，所有电源均应设有接地系统。

4. 应根据CSSD的发展规划预留一定的电容量的发展空间。

3.9.3.4　照明。

【技术要点】

1. 照明应为嵌入式或吸顶式结构。

2. 照明光源应充足，便于器械等检查。

3. 必要时可采用局部辅助光源，如带光源的打包台、放大镜等。

4. 具体要求见表3.9.3.4。

工作区域照明要求　　　　**表3.9.3.4**

工作面/功能	最低照度 Lx	平均照度 Lx	最高照度 Lx
普通检查	500	750	1,000
精细检查	1000	1500	2000
清洗池	500	750	1000
普通工作区域	200	300	500
无菌物品存放区域	200	300	500

3.9.3.5　蒸汽。

【技术要点】

1. CSSD可设置单独的蒸汽管路以确保蒸汽源压力。蒸汽压力总气源应为 $4kg/cm^2$，。蒸汽减压后进入设备前蒸汽源压力为 $2.5kg/cm^2$。为了保障蒸汽使用安全及质量要求，蒸汽管道进入CSSD必须设置总截止阀，减压前气源压力表，减压后气源压力表、安全阀、汽水分离系统；每台灭菌器设置单独的蒸汽阀门，以防止单台设备出现故障维修时其他设备不能正常使用。

2. 蒸汽管路材质选择及安装要求：运送蒸汽管材应选用抗压力、耐高温及防锈的产品，以保证蒸汽纯净，从而保证灭菌效果。建议选用不锈钢材质。蒸汽管道接触冷空气后，产生较多的冷凝水和向空气中散发热量造成局部环境高温的同时，会造成灭菌物品湿包的现象及降低蒸汽效能。为了减少此类现象发生，可在蒸汽管道外采取隔热棉进行密封保温措施。蒸汽管路要合理设置疏水阀。在蒸汽进入蒸汽灭菌器前管路最低处设置疏水阀，能确保蒸汽灭菌器停用状态时，冷凝水及时排出。管道安装后必须经过通水试验。

3. 蒸汽质量参数技术要求：蒸汽质量参数技术要求应根据国家的蒸汽灭菌器相关标准及灭菌器生产厂家的要求设计。蒸汽质量要求符合 WS 310.2，如表 3.9.3.5 所示。

蒸汽冷凝物质质量要求　　　　表 3.9.3.5

项　目	指　标
蒸发残留	≤10mg/L
氧化硅(SiO_2)	≤1mg/L
铁	≤0.2mg/L
镉	≤0.005mg/L
铅	≤0.05mg/L
除铁、镉、铅以外的其他重金属	≤0.1mg/L
氯离子(Cl^-)	≤2mg/L
磷酸盐($P_2O_5^{5-}$)	≤0.5mg/L
电导率(25℃时)	≤5μS/cm
pH 值	5.0～7.5
外观	无色、洁净、无沉淀
硬度(碱性金属离子的总量)	≤0.02mmol/L

3.9.3.6　工作区：分为去污区、检查包装及灭菌区和无菌物品存放区域。各区域必须相对独立，有实际的屏障间隔。每个区域配有固定的设备配置和相对独立的工作范围及功能。去污区、检查包装区、无菌物品存放区之间的人流、空气流和物流应单向流程设置，不能交叉和逆行。

3.9.3.7　去污区：

1. 污物入口。设大门间隔，下收车可出入。大门安装自动闭合器，保持自然关闭状态。将去污区和外部环境相隔，达到相对密闭的要求。

2. 人员出入缓冲间。是半污染区，在去污区缓冲间内划分为污染工作服暂放区和清洁服、口罩、帽子及工作鞋清洁物品暂存区。设洗手池，面积大于 $5m^2$。

3. 清洁物品传递窗。洁物传递窗应有自动闭合功能，处于关闭状态。洁净 CSSD 应设双门互锁窗，保持空气压差。

4. 洁物放置架。放置消毒后的物品、清洁工具，用于防护工具暂放等。

5. 洗手设施。去污区内设冲眼器和洗手池，感应式或脚踏式开关，附设手清洁剂、干手设备。

3.9.3.8　检查包装及灭菌区：

1. 包装区域内通道及空间。工作区内的通道及空间宽度不应小于1.2m，以利于工作人员及工作车的运作以及工作时的物品搬运顺畅。在器械组合、检查及包装的工作区域内工作人员人数最多，器械在此区域停留的时间最长，工作要求更加细致，所以，应优先采用自然光线、良好的气流质量及工作环境。

2. 清洁物品入口。通过2个传递窗分别接收去污区及外送的清洁物品、包装材料、敷料、器械及其他物品的补充。

3. 包装台。推荐包装台之间最小1500mm，高度800mm，符合人体力学原则。如果包装台靠墙放置最少应距墙900mm。包装台位于窗户一侧，以便光线充足。包装台的材质不宜使用不锈钢板等反光的材料，以避免对工作人员视觉刺激。

4. 敷料间。进行敷料的制作、检查和布类打包。敷料间应有抽风系统，以减少棉絮及尘埃附着在环境物体表面。

5. 人员出入缓冲间。缓冲间是清洁区，目的是阻隔外来的尘埃，尽可能降低对包装环境带来的影响。内设洗手池，用于放置外来人员的物品，是包装区专用工作服、工作鞋的暂存区域，也是人员进出更衣换鞋区。

3.9.3.9　无菌物品存放区：

1. 储存间。用于存放无菌物品和无外包装的一次性无菌物品。

2. 发放区。用于无菌物品的发放。

3. 无菌物品库房。工作人员进出无菌物品存放间的房门应处于常闭状态，可不单独设缓冲间，在进入工作区域前设洗手设施。

3.9.3.10　辅助区：该区域分为生活区和办公区。良好的内部设计能提高员工士气。在整个部门创造一种吸引人的、愉快的环境。办公室、培训室及员工休息室尽量选择自然采光和通风，室内可用绿色植物等装饰。

3.9.3.11　生活用房：设置员工休息室、男女更衣室、男女卫生间及值班室。

【技术要点】

1. 员工休息室。主要提供给工作人员在工作中需要休息的场所。休息室比较理想的位置应该是方便工作人员通往工作区域和更衣室，成为工作区与生活区的交通中心。紧张的工作之余，工作人员可在此轮流休息。在休息室内要有洗手设施、饮水条件及舒适的座位。

2. 更衣室及卫生间。设男女更衣室，面积大小应根据员工人数的需要设置。室间分为两个区域，即上班工作服放置区与私人物品放置区。卫生间应设置个人淋浴的条件。

3. 值班室。实行24h工作制的CSSD可设男女值班室。

3.9.3.12　办公用房：设置办公室、培训室、储物室及库房。与部门主要入口相近，方便人员及物品的进出。

【技术要点】

1. 办公室。主要用于各类资料、文件存放，具有护理管理人员办公的功能。其面积能满足进行下列活动：质量记录的控制与保存，操作系统、各类设备维护及使用状态的记录与说明书的存放，财务管理，物品进出仓库的管理资料的保存，工作质量流程文件与数据的保存，工作人员学习、培训、考核、工作业绩及基本情况的文件和数据资料的保存。

2. 培训室。此房间可用作有工作人员的学习讨论、培训及会议，也可作为部门图书馆，但应尽量避免与设备、空调机房或嘈杂区域相邻。培训室提供员工培训及发展的安静环境，应能容纳CSSD所有部门的员工。

3. 库房。主要用于接收机存储CSSD工作过程中所用的原材料及消耗品，如日耗品、包装材料、监测材料及各类清洗剂。

3.9.3.13　CSSD典型布局图见图3.9.3.13。

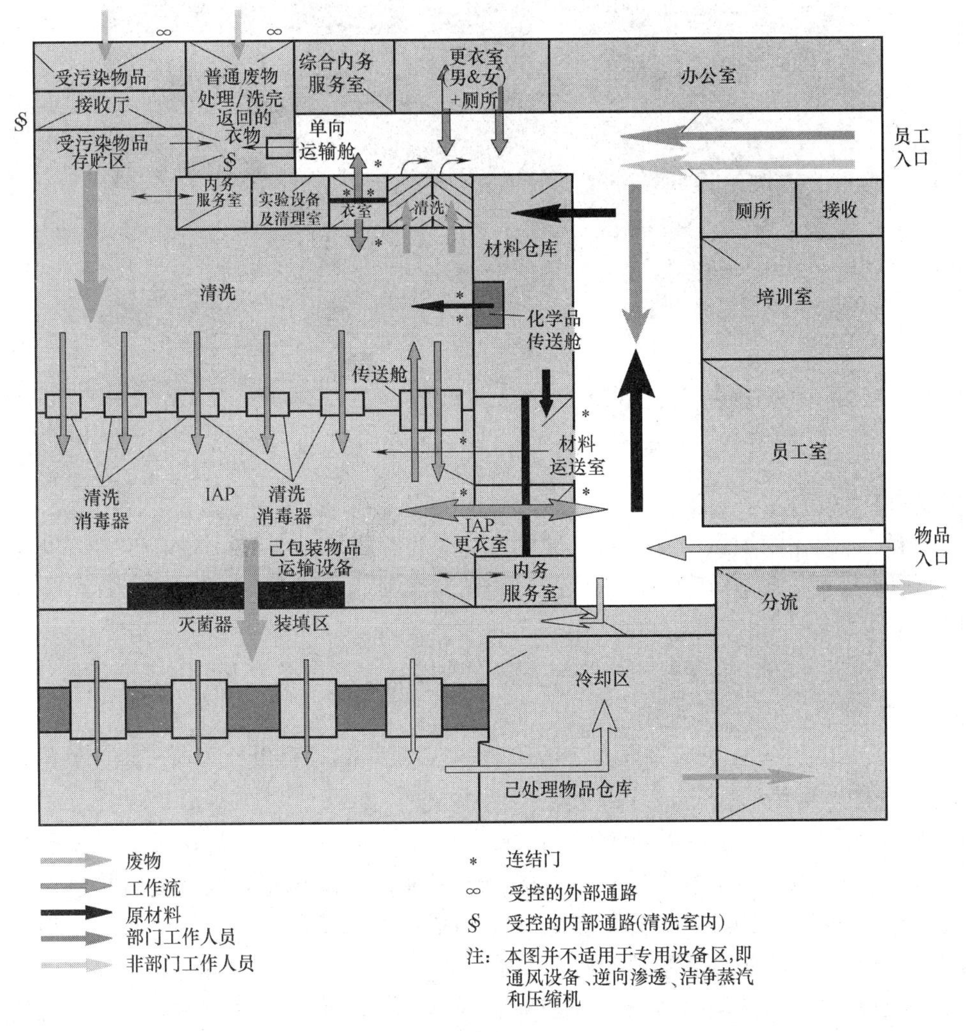

图3.9.3.13　CSSD典型布局图

第4节　设备配置

3.9.4.1　消毒供应中心主要清洗设备为全自动热力清洗消毒机（见图3.9.4.1）。全自动清洗消毒机是通过自动控制清洗腔内的水流量、水压、温度、清洗剂剂量等重要参数，使器械在要求的温度下维持一定时间，实现对物品清洗消毒的全自动清洗消毒设备。物品在

该清洗消毒器中可以自动完成从清洗、消毒到干燥的全过程。全自动热力清洗消毒器的工作介质为水，通过热力方式实现消毒。

图 3.9.4.1　全自动热力清洗消毒机

【技术要点】

1. 国际标准化组织颁布了针对机械热力清洗消毒器的标准 ISO/EN 15883，规定了不同器械湿热消毒必须达到的 AO 值（AO 值为温度和时间的积分值，起始计算温度为 65℃）：

（1）AO 值为 60，主要处理那些与完整皮肤接触，不带大量有可引起严重疾病的耐热致病菌的器械。

（2）AO 值为 600，对应 80℃、10min 或 90℃、1min，可以杀灭所有细菌繁殖体，真菌孢子和一些不耐热的病毒。

（3）AO 值为 3000，对应 80℃、50min 或 90℃、5min，可以灭活 Hepatitis B 病毒。

2. 国家卫生和计划生育委员会下发的 WS 310.2-2016 规定，消毒后直接使用的诊疗器械、器具和物品，湿热消毒温度应≥90℃，时间≥5min，或 AO 值≥3000；消毒后继续灭菌处理的，其湿热消毒温度≥90℃，时间≥1min，或 AO 值≥600。

3. 全自动热力清洗消毒器可根据器械的种类和污染程度设置不同的清洗消毒程序，一个完整的程序应包含预洗、主洗、消毒、漂洗、冲洗和干燥等过程，还可选择设置上油程序。

3.9.4.2　灭菌设备：CSSD 处理的物品经过清洗、消毒、检查包装后，需要灭菌的物品根据物品所能耐受的温度及其他特性，选择不同的灭菌方式。灭菌的主要设备为压力灭菌器、干热灭菌器、低温灭菌器等。

【技术要点】

1. 根据加热介质不同，可以分为干热灭菌和湿热灭菌。干热灭菌即利用直接对物品加热，实现灭菌；湿热灭菌即用水或水蒸气加热物品，实现灭菌。微生物对干热灭菌的耐受力比对湿热灭菌的强，因此，湿热灭菌与干热灭菌相比，灭菌所需要的温度较低，对物品的穿透速度快，要求热持续时间短，因此是目前公认的可靠、廉价、环保的消毒灭菌方法。

2. 压力蒸汽灭菌的方式：

（1）下排式压力蒸汽灭菌器：该类灭菌器利用重力的作用使热蒸汽在灭菌器中从上而下将冷空气挤出灭菌器腔体。排出的冷空气由饱和蒸汽取代，利用蒸汽释放的潜热使物品升温到灭菌温度。此类灭菌器设计简单，但空气排出不彻底，温度不宜超过126℃，所需灭菌时间比较长。

（2）预真空压力蒸汽灭菌器：20世纪60年代，英国首先研制出预真空压力蒸汽灭菌器，大大改变了灭菌器的灭菌质量和效率。这种灭菌器主要的改进在于将排出冷空气的方式由被动性变为主动性。即将冷空气由真空泵抽出，冷空气排出较彻底（>98%），从而使温度提高，整个灭菌周期明显缩短。

3. 低温灭菌器：

（1）环氧乙烷灭菌器：环氧乙烷又名环氧乙烯（EO），在低温下无色透明，属于高效消毒剂，可杀灭细菌繁殖体与芽孢、真菌和病毒等；具有芳香醚味；穿透力强，对大多数物品无损坏，消毒灭菌后可快速挥发。环氧乙烷灭菌程序主要包括预热、预湿、抽真空、通入气化环氧乙烷达到预定浓度、维持灭菌时间、消除灭菌柜内环氧乙烷气体、解析以除去灭菌物品内环氧乙烷的残留程序。

（2）过氧化氢等离子体灭菌器：过氧化氢等离子体灭菌是低温灭菌技术中的新成员，等离子体是某些气体或气体状态在强电磁场的作用下，形成气体晕放电及电离而产生的。低温过氧化氢气体等离子体装置，首先通过过氧化氢液体经过弥散变成气体状态后对物品进行灭菌，然后再通过产生的等离子体进行第二阶段灭菌。等离子体过程的另一个作用是加快和充分分解过氧化氢气体在物品和包装材料上的残留。目前常用的过氧化氢等离子体灭菌器，工作温度为55℃，灭菌周期为28～75min，排放产物为水和氧气。灭菌后物品可以直接使用。

（3）低温蒸汽甲醛灭菌器：甲醛为饱和脂肪醛类中最简单的化合物，可由天然气氧化获得，为合成树脂、醇、酸等多种化学物的中间体，多用于橡胶、塑料、皮革、造纸、药品等生产，亦常用于灭菌、消毒和防腐。

（4）温度对甲醛气体的灭菌作用有明显的影响，随着温度的升高，灭菌的作用也加强。理想的灭菌温度在50～80℃之间。同时，相对湿度越大，浓度越高，灭菌效果越有效。甲醛气体穿透力较差，即使有很薄的一层有机物的保护亦会大大影响灭菌速度。所以对灭菌物品一定要有效清洗，去除可能存在的有机物后再放入低温蒸汽甲醛灭菌器内灭菌。

3.9.4.3　辅助设备，主要包括物品接收分类设施；清洗工具及设备；水处理系统；器械包装台和敷料打包台；医用热封机；器械包储存架。

【技术要点】

1. 物品接收、分类设施主要包括：污物回收车或回收箱；污物接收台；分类台。

2. 清洗工具及设备主要包括：高压水枪、气枪；超声波清洗机；干燥柜。

第5节 装饰、安装、空调净化方案要点

3.9.5.1 彩板围护结构：主要包括顶板、隔墙、洁净门、视窗、安全门、防火门、互锁门、压差计、传递窗、干手器、手消毒器、更衣镜、不锈钢防撞带等相关配套辅件的安装。

3.9.5.2 空调系统：送风、回风、排风、防排烟系统的风管及相应保温层、保护层的安装。相应风管系统阀部件的安装（如手动风阀、电动阀、定风量阀、变风量阀、防火阀、排烟阀、送风口、回风口、新风口、排风口、消声器等）。

【技术要点】

1. 应注意高效过滤器送风口的安装。

2. 应注意工艺设备排风系统的安装。

3. 应注意空调系统的检测与调试，如风管漏光测试、风管漏风量测试、风量平衡测试、压差调试等。

3.9.5.3 空调机组的配管：主要是从空调机房中各介质的主管道预留口至相应的空调机组的管道。

【技术要点】

主要为空调机房内空调系统相关的饮用水、冷冻水、蒸汽、纯蒸汽、蒸汽冷凝水、空调冷凝水等管道、管道阀部件及仪表的安装（含下水接入相应的排水/汽主管）。以及上述范围内管道保温层和保护层的采购、制作与安装。

3.9.5.4 电气系统：动力管线及照明管线的安装；插座安装、灯具安装、设备通电及其调试；设备接地、防静电装置及相关管线安装及测试。

【技术要点】

1. 开关和插座的安装施工按设计图纸插座平面布局图中的分布、数量和规格以及安装高度要求进行施工。

（1）电源插座采用嵌墙式防水安全型。

（2）开关和插座要求选择同一色系的面板。

（3）开关为翘板式大板开关，暗装式。

（4）插座原则上选用2+3型220V暗装式插座。

（5）所有开关、插座供电电线均有隔墙板中预留或穿入，需配备电线保护管（热镀锌水煤气管）。

（6）接线盒分顶板上安装和壁板内安装（金属冲压件）。

2. 电线电缆：主要为交联聚乙烯电力电缆，应符合现行国家标准GB/T 12706的规定。

3.9.5.5 给水排水系统：包括普通污废水管（不锈钢水池、地漏、硬管排放等）、工业蒸汽进出设备（洁净室内为不锈钢管，洁净室外为碳钢管）、蒸汽冷凝水回收或排放管、饮用水、纯化水、软水及相关配件的安装。

【技术要点】

1. 工作量包括上述范围内管道及阀件的保温和保护层、管道支吊架的安装。

2. 消防系统不包含在本区域的施工范围内，但包含配合消防专业的彩板开孔、收边及打胶。

3. 地漏采用防臭返溢式

3.9.5.6　系统调试：包括空调系统联动调试、消防联动测试、互锁功能测试、传递窗功能测试、高效检测、温湿度测试、噪声测试、照度测试、关键房间自净时间测试、定温室热分布测试、洁净区洁净度测试、风管漏风量测试、风管漏光测试、压差调试、全系统综合调试等。

3.9.5.7　工艺设备及工艺管道：包括施工范围内的所有工艺设备的安装及管道连接，工艺管道的安装（除甲方特别指定由其他供应商安装的之外）。

3.9.5.8　洁净区相关指标要求：参照现行行业标准 WS 310 的要求。

【技术要点】

1. 洁净级别：洁净区（检查、包装及灭菌区和无菌物品存放区）8级。

2. 换气次数：$10h^{-1}$。

3. 压差：去污区应保证相对负压；检查、包装及灭菌区和无菌物品存放区应保证相对正压。

4. 温湿度：去污区温度在18～20℃之间；检查包装区、无菌物品存放区温度在20～23℃。相对湿度原则上要求在45%～65%范围内，特殊要求除外。

本章作者简介

吕晋栋：山西省人民医院信息管理处处长，教授级高级工程师，中国医学装备协会医用洁净装备工程分会常务委员。

初冬：中国医学装备协会医用洁净装备工程分会委员及专家组成员，中国医院协会医院建筑系统研究分会委员及专家组成员，《绿色医院建筑评价标准》编委。

陈鲁生：山东省肿瘤医院设备物资部主任，副研究员，中国医学装备协会医用洁净装备工程分会理事。

王学彦：陕西天际净化工程有限公司副总经理，电气工程师。

第 10 章　负压隔离病房洁净装备工程

曹国庆　白浩强

第1节　基本概念

3.10.1.1　负压隔离病房洁净装备工程是指通过净化空调系统使病房内空气静压低于病房外相邻环境空气静压的病房。是救治传染性较强的带有传染性疾病的患者，隔离病原微生物及保护医护人员的重要医疗建筑设施。

3.10.1.2　负压隔离病房洁净装备工程的治疗对象及其分类。

【技术要点】

1. 负压隔离病房洁净装备工程主要用于防止空气传播的疾病对病房以外的环境和患者以外的人的感染，这些病症包括结核、水痘、肺炎、非典型肺炎、病毒性出血热、安博拉病毒等。

2. 平时没有传染病病人时，隔离病房可作为普通病房使用，这在美国建筑师学会标准指南中有明文规定："隔离室……当不需要隔离时，可用作普通护理室或可以分成独立的隔离室"，"当没有空气传染病病人时，隔离室可供未感染病人使用"。

3. 隔离病房按患者疾病的传染性强弱，可按如下分级：

（1）接触隔离，例如用于隔离肝炎型传染性疾病的患者；

（2）液滴隔离，和接触隔离的差别体现在操作程序之中；

（3）空气隔离，例如对肺结核、埃博拉/拉沙出血热、"非典"、金黄色葡萄球菌感染患者。

也可以按要求的压差不同，分为四级，澳大利亚就是这样分级的，如表 3.10.1.2 所示。

澳大利亚《医疗设施中隔离病房分级与设计导则》中的分类　　表 3.10.1.2

病房分类	S级(零压)	N级(负压)	A级(压力切换)	P级(正压)
通风关键	病房和相邻走廊之间压差为零	病房气压低于相邻走廊	通风设施可以实现病房的正压或负压切换	病房气压高于相邻走廊
预防感染方式	防止接触感染和飞沫感染	防止空气途径感染	不推荐采用	防止外界环境的病原体感染病房中的严重免疫缺陷病人
例子	抗万古霉素肠球菌病、肠胃炎、皮肤炎、肝炎A、脑膜炎球菌感染的病人	麻疹、水痘、疑似或确诊为肺结核或喉结核的病人	不推荐采用	预防骨髓移植病人感染曲霉病

3.10.1.3　原理及作用：负压隔离病房洁净装备工程主要是控制可以通过气溶胶传播的传染性疾病，为了不使隔离病房内的空气扩散到室外环境或其他房间造成传染，维持病房内的负压是最为有效的手段之一。同时，通过隔离处置，将传染病人和普通病人以及健康人员分开处置，极大地避免了交叉感染的可能，也便于对传染性病人的单独治疗和护理。同时，隔离处置也便于污染物的消毒，缩小污染范围，减少传染病传播的机会。

【技术要点】

1. 隔离病房最好单独设置，如不具备条件也应在建筑物一侧，自成一区。

2. 负压隔离病房洁净装备工程的主要原则是物理隔离，主要通过建筑物本身的隔离以及空调系统形成的负压隔离。一般情况下，负压隔离病房洁净装备工程应由病房、独立卫生间、缓冲间、走廊等组成。

3. 根据污染严重程度划分区域，一般可分为污染区、半污染区和清洁区，不同区域之间应设置缓冲间，以进一步减小污染扩散的风险。

第2节　必　要　性

3.10.2.1　面临的传染病现状：目前人类所面对的各类传染病（Infectious Diseases），均为由各种病原体引起的能在人与人、动物与动物或人与动物之间相互传播的一类疾病。

【技术要点】

1. 自从人类出现，传染性疾病便随之出现，综观人类发展历史上历次重大的传染病大流行事件，都给当时的人类社会带来了无法弥补的严重损失，无不显示出人类在面对寄生性生物入侵时的脆弱无助。“传染病过去是，而且以后也一定会是影响人类历史的一个最基础的决定因素”（威廉姆·麦可尼，《瘟疫与人》）。

2. 据悉，每年有超过1500万人死于传染病，其中80%以上发生在包括中国在内的发展中国家。另根据一份世界银行的报告《为健康投资》提供的资料，1990年死于传染病的全球死亡人数达1669万人，占总体死亡人数的34.4%，而死于战争的人数仅为32万人，占0.64%。死于传染病的人数是死于战争人数的50多倍。

有人认为，随社会发展和科学进步，伴随着细菌学、流行病学的不断突破和公共健康体系的逐步完善，历史上曾经是横行一时、被认为是绝症的一些传染病如天花、肺结核、鼠疫等已经被人类消灭或基本上得到了控制。但是，近年来的种种遭遇表明：21世纪，传染病依然存在。

3. 即使传染病在发达国家已经得到了一定的控制，但是在发展中国家，传染病仍然在危害人类的健康。每年全球死亡人口中大约有1/4是死于传染病。随着全球化进程的不断加速，国际间的交流与人际往来越来越频繁和密切，给传染病的传播提供了更加广泛的平台。

4. 过去已经控制的疾病如霍乱、鼠疫、疟疾、肺结核和白喉等开始重新出现。1993年，世界卫生组织就曾经宣布肺结核成了全球危机，因为肺结核的发病率不断上升，在我国，肺结核发病率也位居传染病之首。

5. 一些新的传染病陆续粉墨登场。2003年，一场突如其来的SARS忽然让人们感受到疾病对健康、经济增长甚至社会秩序的威胁。紧随其后的禽流感、甲型H1N1流感等也都严重威胁人类生命与全球经济的发展。

6. 在我国（尤其是农村地区），由于人口众多，卫生条件及生活习惯不佳，传染病一直严重影响着人民的生活生产。2009年，我国内地报告事件数较2008年同期上升8.85%，病例数上升64.98%，死亡数上升140.19%（甲型H1N1流感作为2009年新发现的传染病，在全球及我国广泛流行，对突发公共卫生事件的总体水平产生较大影响）。报告事件数的上升主要与季节性流感报告事件数增加有关；报告病例数和死亡数上升主要与甲型H1N1流感有关（摘自国家卫生和计划生育委员会通报——2009年我国内地突发公共卫生事件信息）。

7. 以北京地区为例，根据北京疾病预防控制中心（CDC）的统计显示，2010年北京地区乙类传染病共计89729例，丙类传染病68642例，全年传染病患者达15.8万人！近两年由于甲型H1N1流感的爆发，虽然在我国已得到有效控制，但传染病患例较往年依然有所上升。

3.10.2.2　建设的必要性：传染病尤其是烈性传染病严重影响着人们的身体健康、经济发展、国家安全和社会稳定，而我国又不得不时刻准备着应对各种可能发生的传染病的肆虐，因此，我国公共卫生体系的建设是刻不容缓的。而作为应对传染病控制关键环节之一的负压隔离病房洁净装备工程的建设，也应被有关部门提到更高的高度上来。

【技术要点】

通过SARS、甲型H1N1流感等传染病的肆虐过程可以反映出我国公共卫生体系存在的巨大压力。我国曾经被称为发展中国家公共卫生的样板，但是近20年来，我国的公共卫生体系已经成为可持续发展和全面建设小康社会的"软肋"：

1. 由于人口众多，面对大规模流行性传染病暴发时的就医压力巨大；

2. 医疗资源相对稀缺、受经济条件所限，应对传染病的基础建设尚待完善；

3. 在传染病房尤其是有较高技术要的隔离病房建设上，缺乏统一的标准规范和工艺要求。

第3节　负压隔离病房洁净装备工程的现状及存在的问题

近年来，关于负压隔离病房洁净装备工程的研究和建设在我国正逐步发展起来。负压隔离病房洁净装备工程主要用于隔离患有呼吸系统传染疾病的病人，此类病人的病菌可以通过人的呼吸、飞沫和空气等非直接接触途径进行传染，必须通过维持室内负压以防止室内污染空气向外扩散而造成区域性传染。但负压隔离病房洁净装备工程是一个复杂的系统建设，投资立项、选址、设计、施工、验收等各环节均需要谨慎全面的考虑和专业的技术知识力量配合，目前各地只是根据各自的经济条件、思想意识和相对有限的技术知识水平进行建设，因此建设水平参差不齐，应对突发事件的能力有限。

根据国家建筑工程质量监督检验中心净化检测室对国内多家传染病医院负压隔离病房洁净装备工程的工程检查、检测及诊断，发现国内负压隔离病房洁净装备工程的建设存在诸多问题，集中体现在规范标准欠缺、设计不规范，施工质量不高及验收标准不全等方面。

3.10.3.1　相关规范及标准。美国生物恐怖事件发生后，特别是SARS疫情过后，我国进

行负压隔离研究显得更加重要。我国已经认识到负压隔离病房洁净装备工程建设的重要性，逐步开展了不同程度的公共卫生体系的新（改扩）建活动，包括传染病医院门诊楼、负压手术室、负压隔离病房洁净装备工程的建设，这为成功应对2009年突发的甲型H1N1流感打下了坚实的基础。多地在SARS之后新建或改建的隔离病房在甲型H1N1流感爆发时都起了至关重要的作用。然而，由于各地隔离病房建设规模、标准不一，从硬件设施到隔离理念上也存在着较大差异，因此不同隔离病房的使用效果也有可能是天壤之别。究其原因，主要在于缺乏统一、专业的规范标准。

【技术要点】

1. 目前国内专门针对负压隔离病房洁净装备工程的设计、施工规范依然处于报批阶段，该领域现行的设计及施工规范只能参考《医院洁净手术部建筑技术规范》GB 50333—2013、《洁净厂房设计规范》GB 50073—2013《洁净室施工及验收规范》和GB 50591—2010中相关条款，其中难免会出现对于“负压隔离病房”这一特殊领域的盲区。另外，从对公共卫生体系的监管角度来看，卫生部门也缺乏统一的国家级的对负压隔离病房洁净装备工程建设配置的基本要求。

2. 2009年12月发布的北京市地方标准《负压隔离病房建设配置基本要求》DB 11/663—2009是目前国内在该领域较为成熟和领先的相关标准，对北京市负压隔离病房的建设配置提出了一系列基本要求，涉及工艺布局、气流控制、压力控制、净化系统设置等各个方面，对各地开展隔离病房建设起到了标杆作用，一直为各地相关部门所借鉴。

3.10.3.2　负压隔离病房洁净装备工程设计中存在的问题。如前所述，目前国内缺乏针对性较强的专业设计规范，同时各地设计单位对负压隔离病房洁净装备工程的认识也有待提高。负压隔离病房洁净装备工程在其平面布局、人流物流、通风空调系统、给水排水系统等方面都有其特点。但一些设计单位缺乏基本的隔离理论基础知识，存在布局上未考虑分区（清洁区、半污染区及污染区），气流组织上未考虑单向流，压力梯度不明确等问题。

【技术要点】

1. 通风和空调施工设计图内容表达不完整，缺少隔离病房和普通病房的室内参数要求，缺少必要的剖面图或说明，缺少对空调机组、高效过滤器等设备必要的技术要求和说明。设计不符合《建筑工程设计文件编制深度规定》第4.7条对设计文件深度的规定。

2. 隔离病房回风口（段）未设计高效过滤器，系统排风机没有备用风机。

3. 图纸的设计与施工说明中关于排风控制的描述：“排风机与净化空调机组联动，净化机组开启时，排风机随之开启，净化机组关闭时，排风机随之关闭”错误，如按此设计方式运行，会导致开、关机过程中负压房间出现正压，致使污染物外泄。

4. 污染走廊未设通风空调设施，不利于形成有序的压力梯度。

5. 用于收治疑似病人的病房缓冲间未设任何通风措施，难于形成必要的压力梯度，会导致致病微生物在楼内传播。

6. 在某些设计中，有的新风口距相邻排风口不足3m，且位于排风口上方（见图3.10.3.2-1），有的新风取风口设在排水立管通气口附近（见图3.10.3.2-2）。排水透气口位于新风口上风侧或距离过近，通气口散发的和排风口吹出的污气易被吸入到新风口。

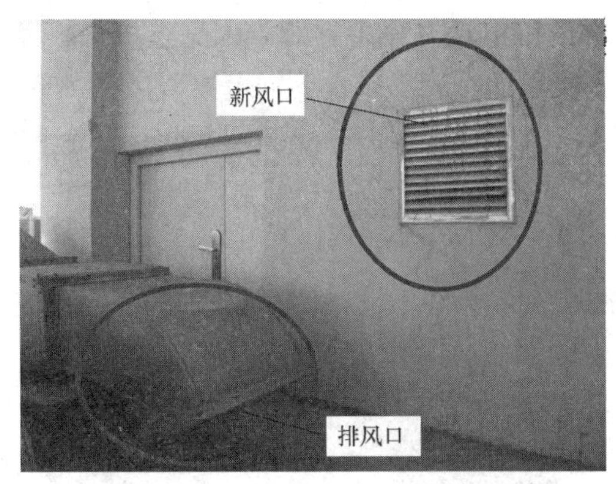

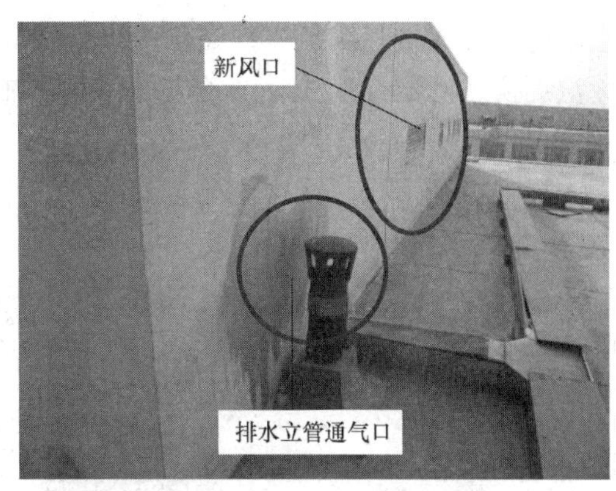

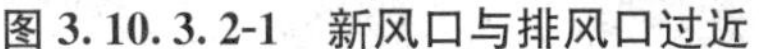
图 3.10.3.2-1　新风口与排风口过近

图 3.10.3.2-2　新风口与排水透气口过近

可见，由于缺乏针对性强的专业设计规范标准，关于负压隔离病房洁净装备工程建设的诸多设计要点往往被忽略，甚至会出现一些设计错误。

3.10.3.3　负压隔离病房洁净装备工程施工中存在的问题。负压隔离病房洁净装备工程的施工过程，无论是在负压隔离病房洁净装备工程的空调系统还是围护结构等方面都可能存在诸多问题。

【技术要点】

1. 空调设备

隔离病房系统不应采用现场拼装的机组，应采购正规工厂制造的整机。现场自行拼装的机组受工艺影响，漏风率大，过滤器、风机和电机无法维护和更换，无法满足工艺性空调的各项要求。

图 3.10.3.3-1～图 3.10.3.3-4 为某传染病医院负压隔离病房洁净装备工程系统所采用的现场拼装组合空调机组。该空调机组采用直接膨胀式制冷，表冷器安装在室内空调机组机箱内，压缩机和冷凝器等置于室外机内，供热采用电加热器。所有空调机组壁板和框架均采用夹芯彩钢板和铝合金型材现场制作，工艺粗糙，机组在风机段和中效过滤段没有

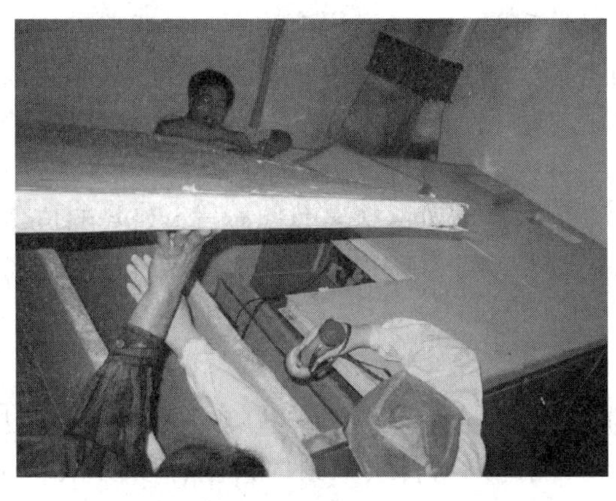
图 3.10.3.3-1　空调机组构造

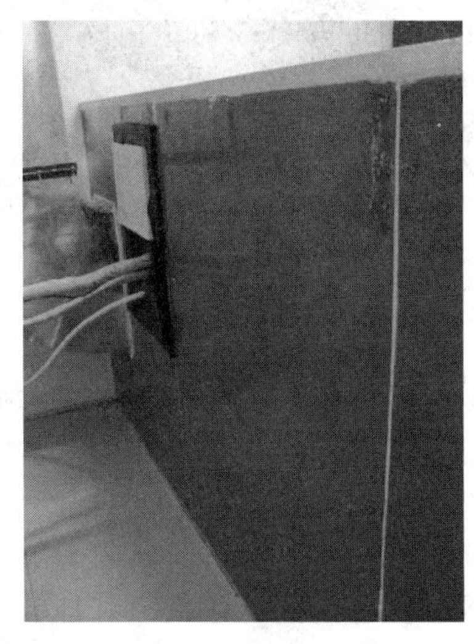
图 3.10.3.3-2　冷凝水排水管未作返水弯

检修门，且直接利用机房地面作为机组底板。整体机组没有设备铭牌，未见整机合格证。无法更换过滤器，无法对设备进行保养和维修。机组的冷凝水排水管均未做 U 形返水弯。

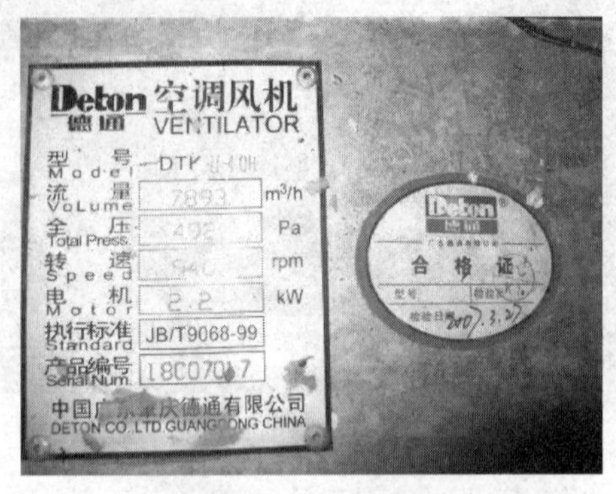

图 3.10.3.3-3　风机铭牌

图 3.10.3.3-4　空调机组表冷器和电加热器

施工方单独采购风机、制冷设备、过滤器等部件，然后现场拼装而成，无整机合格证。不符合《医院洁净手术部建筑技术规范》GB 50333—2013 第 1.0.5 条的规定："洁净手术部所用材料必须有合格证或试验证明，有有效期限的必须在有效期之内。所有设备和整机必须有专业生产合格证和铭牌。"此外，机组在风机段和中效过滤段没有检修门，难于进行正常维修和保养，且直接利用机房地面做机组底板，无法排除清洗废水，不符合《医院洁净手术部建筑技术规范》GB 50333—2013 第 7.3.1 一条的规定：空调设备内部结构应便于清洗并能顺利排除清洗废水。

图 3.10.3.3-5　某传染病隔离病房屋顶排风机

2. 排风设备

常见问题有：排风机组拼装，难以满足工艺要求；排风机未做备用，一旦故障，负压房间将失去保障；排风机出口未安装防护罩（网），如图 3.10.3.3-5 所示，会导致雨水、异物、昆虫和小动物进入设备。

3. 风口及风管

风口常见问题：隔离病房内的高效过滤器排风位置与设计不符，部分高效过滤器难以更换（见图 3.10.3.3-6 和图 3.10.3.3-7），难以保证更换后不泄漏，不便于进行检漏，排风口位置偏高。

风管常见问题：对于洁净空调而言，风管漏风率的要求要高于普通空调，新的洁净室施工及验收规范中明确指出，空调管道应进行漏风检查，满足规范要求。

4. 围护结构

负压隔离病房洁净装备工程对围护结构的密闭性要求较高，但一些隔离病房在建设时对此没有的足够重视。如图 3.10.3.3-8 所示，某隔离病房首层吊顶内顶棚有多处密封不严，风道穿越壁板时出现缝隙，从吊顶内可见漏光。

图 3.10.3.3-6　病房排风高效过滤器安装位置不合理

图 3.10.3.3-7　病房排风高效过滤器安装位置过高

密封不严问题会造成室内洁净度不达标或者致病微生物传播，《洁净厂房设计规范》GB 50073—2013 第 5.3.7 条第 1 款强制规定：“洁净室门窗、墙壁、顶棚、地（楼）面的构造和施工和缝隙，均应采取可靠的密闭措施”。

某些隔离病房的门或家具采用木质材料，如图 3.10.3.3-9 所示。窗为气密性较差的推拉窗。一方面木质材料不能满足洁净区内的无菌要求；另一方面，此类门窗会导致围护结构的气密性较差。

图 3.10.3.3-8　顶板密封不严

图 3.10.3.3-9　病房木质门

围护结构不严密，还会导致压力梯度无法保证，不能形成有效的气流保护。

另外，一些地区在进行负压隔离病房洁净装备工程建设时所采用的围护结构材料未达到消防要求。图 3.10.3.3-10 所示为某地区隔离病房洁净室顶棚和壁板采用 50mm 厚聚苯乙烯夹芯彩钢板。

图 3.10.3.3-10　围护结构材质

《洁净厂房设计规范》GB 50073—2013 第 5.2.4 条强制规定“洁净室的顶棚和壁板（包括夹芯材料）应为不燃体，且不得采用有机复合材料。”因此该工程不符合消防要求。

第 4 节　负压隔离病房洁净装备工程的规划布局与设计

由上述可知，目前国内隔离病房建设中存在着诸多问题，设计、施工、验收等都急需统一的标准作为依据。即使在不久的将来，相关隔离病房设计规范或验收规范出台，也依然缺乏适合业主使用的可操作性指导标准。

对于业主而言，隔离病房的设计或施工规范往往过于专业和复杂，对于非机电类相关专业出身的医疗体系工作人员在理解和使用上有一定难度。

对于设计和施工单位而言，需要在达到规范要求时更好地理解业主的需求，因地制宜，满足不同地区不同层次需求的隔离病房的建设。

因此，相对简单明确、适合业主和承建单位使用的关于负压隔离病房洁净装备工程建设配置基本要求的标准成为目前国内隔离病房建设中急需解决的问题。业主可以将标准中的基本配置要求作为依据，对设计和施工单位进行监督，也可以作为卫生部门对本体系内隔离病房建设的评价标准。

目前在北京市实施的《负压隔离病房建设配置基本要求》DB 11/663—2009 正是在这样的环境下出台的，该标准是以动态隔离理论为理论基础，结合负压隔离病房洁净装备工程的工艺特点和我国国情，并通过对我国已建和在建的负压隔离病房洁净装备工程的调研、检测、检查、诊断和设计而得出的一套完整描述隔离病房基本要求的标准。该标准对北京市负压隔离病房洁净装备工程的建设配置提出了一系列基本要求，涉及工艺布局、气流控制、压力控制、净化系统设置等各个方面。

3.10.4.1　设计技术措施及技术要点。

【技术要点】

1. 建筑与装饰装修工程设计

（1）建筑布局

① 负压隔离病房是由病室、患者独立卫生间、污物消毒室、缓冲间及医护人员通道

组成的一个单元体。

② 负压隔离病房的布局应采用双通道布置方式，具有良好的自然通风和天然采光条件。病区内建立“三区二带二线”；“三区”：清洁区、半污染区、污染区；“二带”：在清洁区与半污染区、半污染区与污染区之间建立两个缓冲带；“二线”：内走廊、外走廊，封闭式隔断界限分明。

③ 根据需要，负压隔离病房可分设1床间、2床间或多床间。

④ 负压隔离病房的使用面积（不含卫生间）应符合表3.10.4.1的规定。

负压隔离病房使用面积（不含卫生间）　　表3.10.4.1

单人间			双(多)人(每床)		
标准值	最小值	床与任何固定障碍最小距离	标准值	最小值	最小床间距
$11m^2$	$9m^2$	0.9m	$9m^2$	$7.5m^2$	1.1m

⑤ 负压隔离病房洁净装备工程层高不宜小于4.0m，室内吊顶高度不宜小于2.5m。

⑥ 负压隔离病房应设独立卫生间及污物清洗间。

⑦ 病房的门建议采用气密性自动门或气密性平开门；窗户采用气密封窗，同时考虑紧急自然通风窗、走廊宽度等。有压差梯度要求的房间必须安装压差计。

⑧ 每间负压隔离病房为一个独立的通风空调系统，配备中心供氧、压缩空气、吸引系统、监护及通信设备、双门密闭机械互锁传递窗、紧急自然通风窗等；病室朝向走廊一侧安装密闭大玻璃窗，便于观察患者情况。

⑨ 缓冲间为医护人员工作走廊到病室的通过间。缓冲间内设有感应式洗手设施、脚踏式污染防护用品收集器具及免接触手消毒器、风淋装置。缓冲间的双门为电子互锁门，开一道门进入缓冲间，只有在第一道门关闭后，才能打开另一道门。医护人员快速进入缓冲间后，随即关门，进行全身风淋。风淋后静待大于1min使气流稳定，并使从病房内带出的污染物与气味通过负压通风系统排除干净；脱卸防护用品，洗手、手消毒，离开。

⑩ 卫生间内设坐便器、淋浴器、洗手池、扶手等设施，且有紧急呼叫装置。

（2）负压隔离病房流程

① 医护人员及患者流程

（a）医护人员由清洁区入口乘电梯进入工作走廊（清洁区），经卫生通过室（更鞋、淋浴、更衣）到治疗区内走廊（半污染区），经缓冲间进出病房，医护人员每进入一级区域按要求更衣。

（b）患者从污染区入口乘电梯通过外围走廊或污染通道进入治疗区。

（c）各区标识明显，互无交叉，物品专区专用。

② 药物及食物流程

（a）药物及食物传送通过内走廊与各病房间设双门机械互锁密闭传递窗，用于为患者传递食物、药物等，且传递窗带有紫外线杀菌灯。

（b）餐车不得进入病区。治疗区工作人员接收后在配餐间进行分餐，用治疗区内餐车分送，由传递窗送入，使用一次性餐具。

③ 生活垃圾及污染物处理

（a）对患者使用后的物品，采用压力蒸汽灭菌、紫外线照射、消毒剂浸泡、擦拭、熏

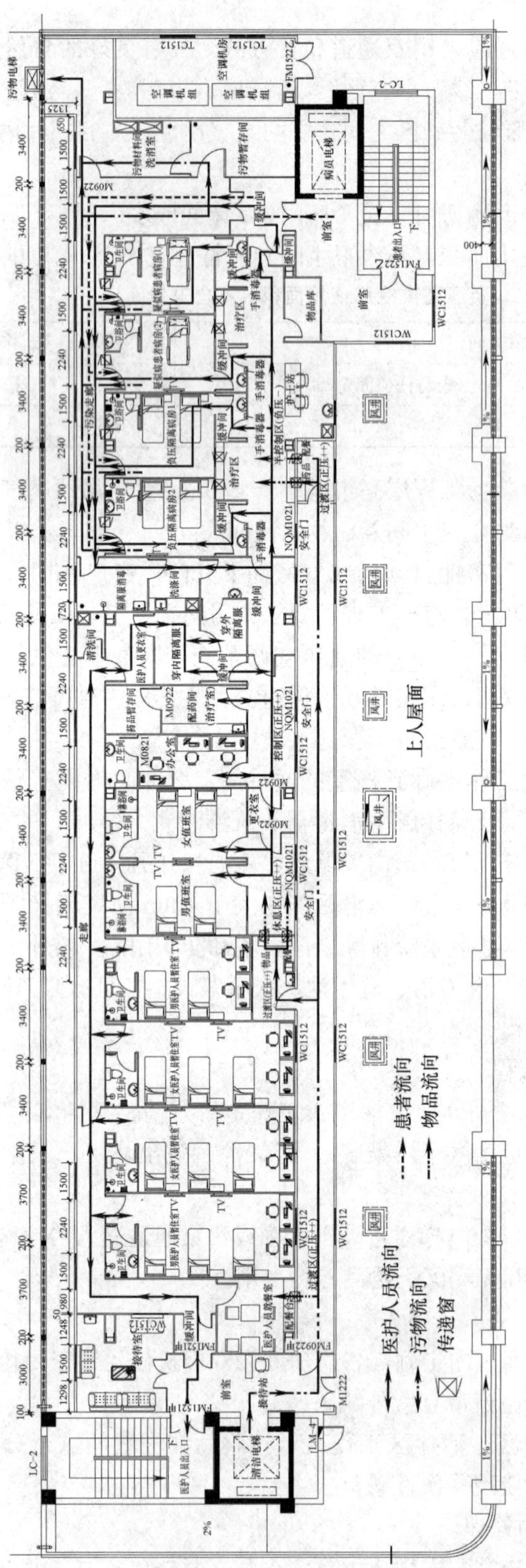

图 3.10.4.1-1　某医院负压隔离病房平面流程图

蒸等方法消毒。

（b）患者产生的生活垃圾及其他废弃物均属医疗废物，由各病房的污染通道收集，双层医疗废物袋装或一次性医疗废物桶密封后专人接收运送、焚烧。

（c）患者的排泄物和生活污水排入独立污水处理系统进行消毒后，排入医院污水系统，达到安全排放。

④ 感控要求

根据所在区域不同，进行医疗操作时，因接触污染物的危险程度不同，实行分级防护，即清洁区、半污染区、污染区分别按不同的防护要求和着装，标志清楚，通行流程不交叉，如图 3.10.4.1-1 所示。

2. 给水排水工程设计

（1）缓冲间内应设洗手盆。供水龙头采用非接触式感应冷热混合龙头。

（2）接入负压隔离病区的给水主管道上必须安装止回阀，防止有污染的水回流到大楼给水系统。

（3）所有用水设备均使用非手动水龙头或冲洗阀。

（4）病区内尽可能不设地漏，其他设施需要设计地漏时应采用高水封不锈钢地漏，水封高度不小于 50mm。

（5）负压隔离病房的排水应集中收集，经消毒后再排入医院内污物处理池。

（6）出屋面的排水管道排气应设置高效过滤器装置，经高效过滤后才能排入大气中，而且该排气口不能在其他空调系统的新风口上风侧。

3. 通风空调工程设计

（1）空调形式：

① 每一个病房为一个独立空调系统（为保证压差梯度风机采用变频控制）。如果病房的风系统也可采用部分循环风回风，但回风口必须采用动态密封负压高效无泄漏排风装置，同时必须配有高效过滤器，否则将有相当的不安全性（见图 3.10.4.1-2）。

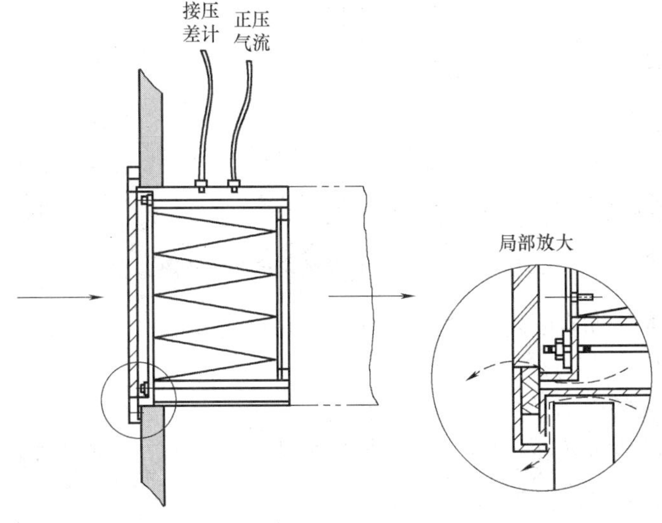

图 3.10.4.1-2　动态密封负压高效无泄漏排风装置

② 公共治疗区设置独立空调系统，清洁区、潜在污染区、污物区应分别设置空调系统。

(2) 气流组织形式：

① 病房气流组织：

(a) 气流组织应尽量排除死区、停滞区和避免送、排风短路。

(b) 送、排风口的布置一般设在病床的端头墙面，应使洁净空气首先流过病房内医护人员可能停留的区域，然后流过传染源（主要指病人头部）进入排风口。这样，医护人员就会处在气流的上风口，不会处于传染源和排风口之间。送风口布置在房间的一侧，与病人相对，排风从病人头部下风侧排出。

气流组织通常受到空气送风温差、送排风口准确位置、医疗器具和家具摆放位置以及卫生保健人员和病人活动情况的影响。排风口的底部应在房间地板上方不低于100mm的位置。

② 公共治疗区的气流流向：

(a) 致病因子可能传播到隔离病区其他部分，因此，隔离区域应该设计成定向气流。气流应从清洁区域流向非清洁区域。

(b) 公共治疗区的送风必须使洁净空气首先流过医护人员可能停留的区域。空气流向应从走廊流入隔离病房，以防止污染物传播到其他区域。空气流向通过压力梯度控制来实现。空气从较高压力区域流向较低压力区域，且所有回风必须采用下回风，回风口上安装中效过滤器（见图3.10.4.1-3）。

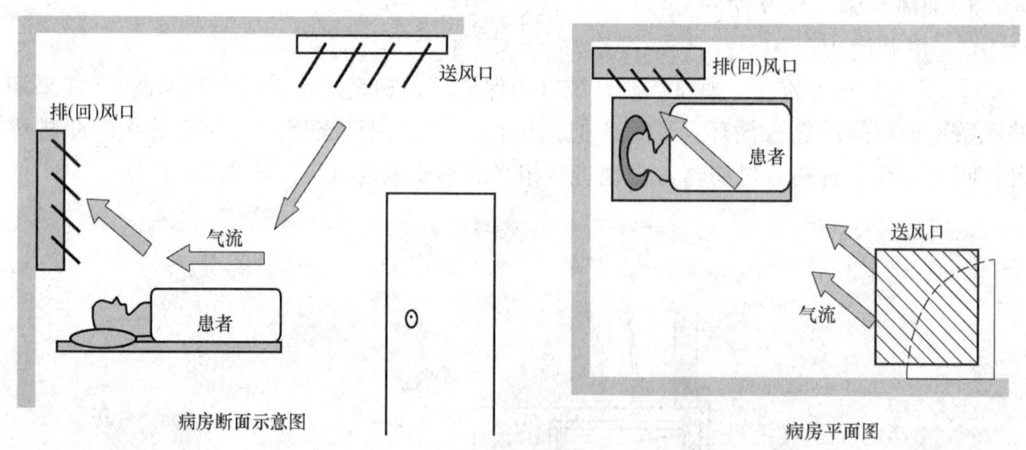

图3.10.4.1-3　负压隔离病房气流流向图

(3) 换气次数及洁净度要求：详见《负压隔离病房建设配置基本要求》DB 11/663—2009，一般为6～12h^{-1}。

(4) 压差梯度的确定：

① 为了严格控制致病因子对其他区域的污染，隔离病房一般应设前室（缓冲室或气闸室），如图3.10.4.1-4所示。

② 隔离病区内应保持一定的负压梯度，走廊→前室→隔离病房的压力依次降低。

③ 病室内的负压值应低于缓冲间10Pa，但具体负压值应根据病室、卫生间、缓冲间

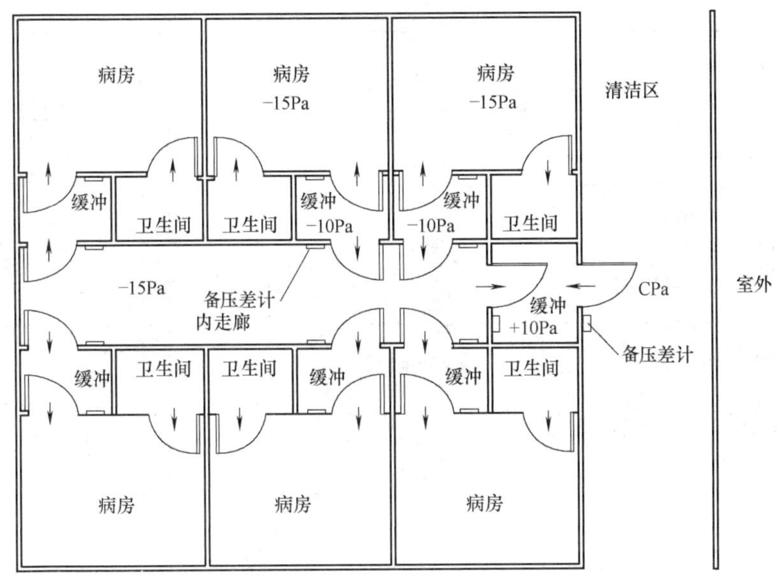

图 3.10.4.1-4　压差梯度

3 个独立隔间之间的负压梯度值加以确定。负压梯度是指负压隔离病房的病室、卫生间、缓冲间具有有序的梯度压差，以确保气流从低污染区向高污染区定向流动。毫无疑义，作为医护人员的通道，相对病室和卫生间而言，缓冲间内空气最为清洁，因此缓冲间内的空气压力相对病室应为正压一般不小于 10Pa。缓冲间内的空气压力相对患者卫生间 15Pa，公共治疗区内的空气压力相对缓冲间不小于 15Pa，公共治疗区内的空气压力相对室外不小于 10Pa。

（5）排风处理：为了防止对环境的污染，排风必须进行处理。处理的方法有多种，如高效过滤、紫外线消毒、高温消毒等。对于采用何种方式，笔者认为空气过滤是最有效的方法之一。排风采用何种级别的过滤器，笔者认为应在室内回（排）风口处设不低于 B 类的高效过滤。

（6）负压隔离病房室内噪声要求：室内噪声不高于 50dB。

（7）负压隔离病房控制：负压隔离病房压力梯度控制通常采用差值风量控制法，控制送风量和排（回）风量之间的恒定风量差（见图 3.10.4.1-5）。为了维持压力梯度稳定控制，常采用压力无关的定风量阀或变风量阀，如不锈钢文丘里阀，控制精度高、响应速度快，又可以消毒。要求在负压隔离病房外门边采用显示屏醒目显示厕所、病房、前室、走廊的压力梯度值，并能上传数据。

由于文丘里阀优异的控制功能，在非疫情期间很容易将负压隔离病房转换成正压病房与普通病房，提高了负压隔离病房使用率。

（8）节能环保问题：由于负压隔离病房大部分采用直流式全新风的通风空调系统，能耗会比较大，系统设计时应尽可能采取一些新型节能措施，如热管、乙二醇双盘管热回收系统等，最大限度地降低运行费用。

① 排风能量回收：系统可设能量回收装置，但为了防止送风和排风交叉污染，不能使用全热热回收装置。

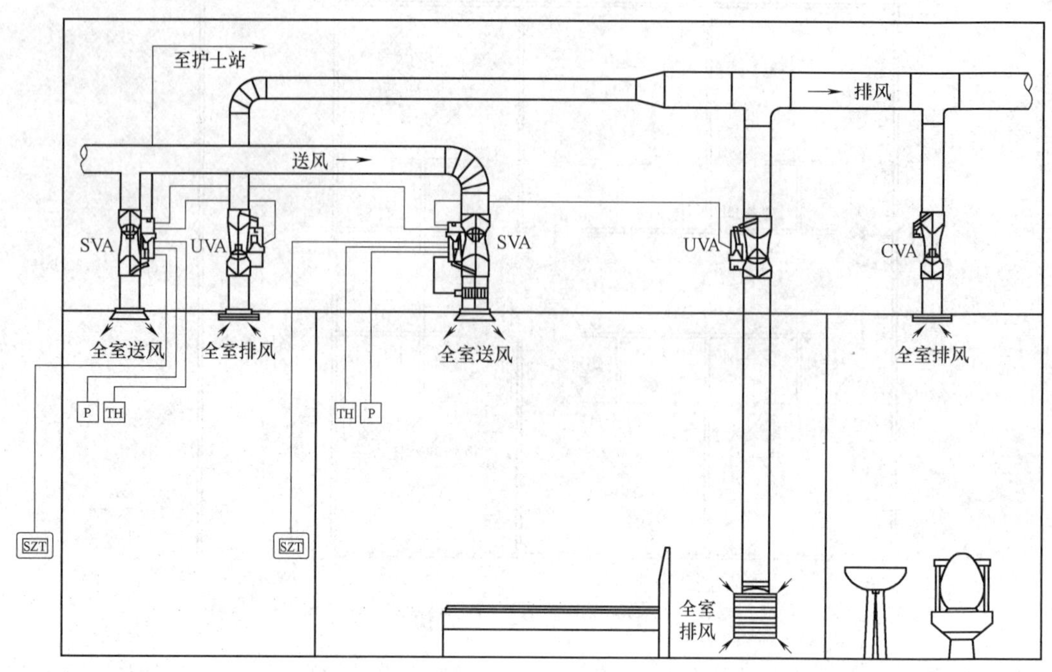

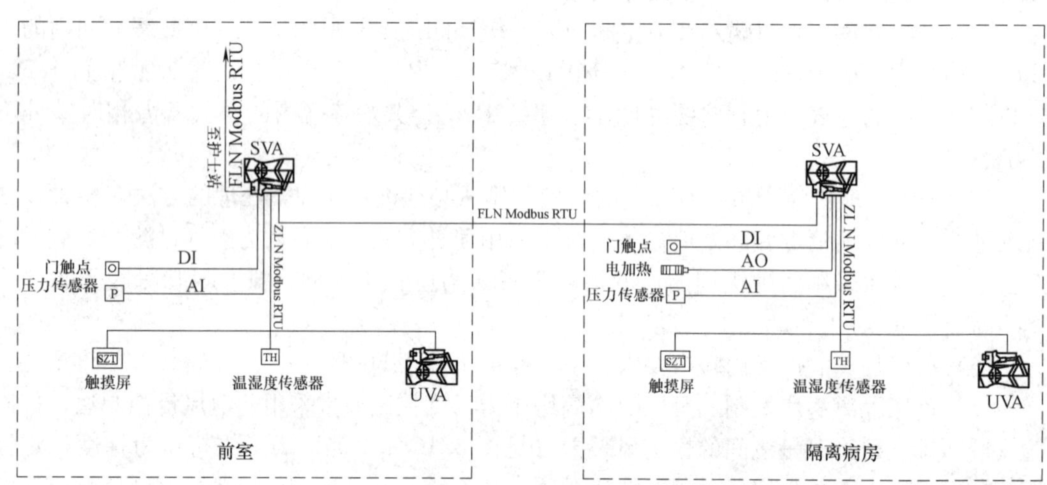

图 3.10.4.1-5 压差梯度控制图

② 合理的暖通空调系统设计（见图 3.10.4.1-6）。

(9) 系统对配件、空调设备的要求：

① 空调机组采用双风机或后备风机系统。在风机发生故障后可自动切换到后备风机，确保病房保持负压状态。

② 排风箱采用双排风机系统，在风机发生故障后可自动切换到后备风机，确保病房保持负压状态。

③ 必须采用符合卫生级洁净要求的空调机组。

④ 空调机组中设紫外线杀菌灯。

⑤ 消声器或消声弯头采用双腔式微孔板式消声器。

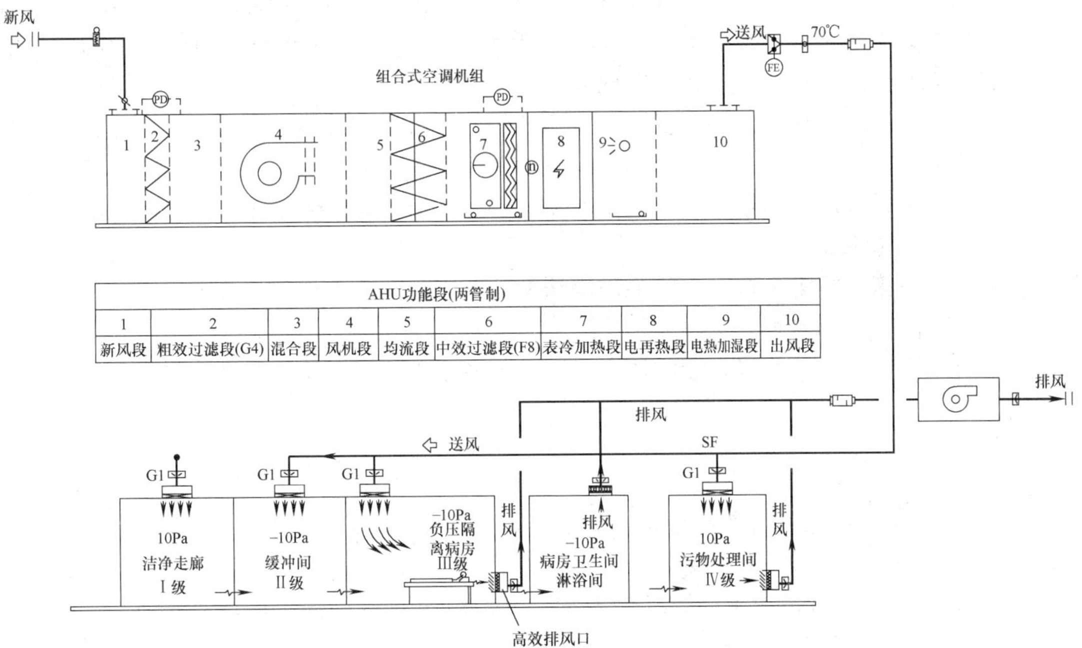

图 3.10.4.1-6　负压隔离病房空调系统原理图

注：1. 洁净走廊相对于室外为正压 10Pa。

2. 负压隔离病房缓冲间相对于洁净走廊为负压－10Pa。

3. 负压隔离病房相对于缓冲间为负压－10Pa。

4. 病房卫生间相对于负压隔离病房为负压－10Pa。

5. 污物处理间相对于负压隔离病房为负压－10Pa。

(10) 工程设备要求：

① 通风空调设备。隔离病房系统不应采用现场拼装的机组，应采购正规工厂制造的整机。所有设备和整机必须有专业生产合格证和铭牌及相关技术说明书。

② 排风设备。排风机组不应采用现场拼装的机组，难以满足工艺要求；排风机必须一用一备，如有排风机发生故障，负压房间也有安全保障。

4. 电气工程设计

(1) 病房前的缓冲间门应设置电子互锁。

(2) 进入负压病房的电线、桥架及穿墙孔等应密封、防止漏风影响房间压差。

(3) 其他设计要求参考本书第 3 第 2 章 ICU 洁净装备工程电气设计要求。

5. 信息工程设计

(1) 护士站设中央监护站，通过生命监护设备监护病人的病情变化。

(2) 病房洁净工程房间照明应采多路控制开关（至少一组采用双控，保证房间病人与室外医护人员都能开关）；平均照度宜为 300Lx。

(3) 每个床位设置一组摄像头（最好具有集中控制、远程可视对讲功能的智能监控系统）、一组呼叫按钮（具备对讲功能）、一组语音电话；病人床头设备带安装高度距地1.3～1.5m，不少于3组六孔组合插座（设置吊塔的预留一组六孔组合插座）。

(4) 建议配备“移动探视车”。为防止感染，一般医院都不允许家属临床探视，有些医院会设计一个探视走廊，定时开放进行探视，但对离探视走廊较远的病人，家属根本看不见，探视效果很不好，建议配备“移动探视车”，车上有安装于可伸缩软管上的平板电脑，利用无线网络进行视频连线，实现人文关怀。

(5) 在负压隔离病房门口设置压力监测，最好具有通信功能，能实现集中监控、报警等必要功能。

(6) 其他设计同本书第3篇第2章ICU洁净装备工程智能化工程设计要求。

6. 消防工程设计

参考本书第3篇第2章重症监护病房洁净装备工程消防工程设计要求。

7. 医用气体工程设计

参考本书第3篇第2章重症监护病房洁净装备工程医用气体工程设计要求。

本章参考文献

[1] 负压隔离病房建设配置基本要求 DB 11/663—2009，北京：北京市质量技术监督局，2009.
[2] 许钟麟. 隔离病房设计原理. 北京：科学出版社，2006.
[3] 美国建筑师学会. 医院和卫生设施设计与建设指南（Guidelines for design and Construction of Hospital and Healthcare Facilities），1998.
[4] 沈晋明，刘云祥. 隔离病房与SARS病房通风空调设计. 暖通空调，2003，04：10-14.
[5] 国家卫生和计划生育委员会等. 中国医院建设指南（第三版）（中册）. 北京：中国质检出版社，中国标准出版社，2005.
[6] 王永江，黄平弟，伍灵钟，章开文，罗耀东. 浅谈负压隔离病房的设计与施工. 中国卫生工程网，2009-12-01.
[7] 祁建城，王健康，王政，徐新喜，王海涛. 染病负压隔离病房设计、建造与管理（三）——检测、维护与使用管理.
[8] 李迎春. ICU家属弹性探视重要性和可行性. 工企医刊，2010，23（2）：72-74.
[9] 朱弋，王振洲，徐志荣等. 现代化医院手术部的设计及质量管理. 中国医学装备，2010，7（9）：30-32.
[10] 欧阳东. 医院建筑电气设计. 北京：中国建筑工业出版社，2011.
[11] 罗广福. 传染病医院（病区）建设技术问题的探讨. 中国医院建筑与装备，2004，5（2）：36.
[12] 解娅玲. 传染病负压隔离病房的设计与管理. 中华医院感染学杂志，2007，12：1544.
[13] 王荣，许钟麟，张益昭等. 隔离病房应用循环风问题探讨. 暖通空调. 2006，10（36）：68-69.

本章作者简介

曹国庆：中国建筑科学研究院环能院净化技术中心主任研究员，全国暖通净化专委会副秘书长。

白浩强：高级工程师，西安交通大学博士，四腾公司总经理、党总支书记。

第 11 章　医疗机构实验动物屏障设施的建设

傅江南　迟海鹏　王宝庆　杜树夺

第1节　基本概念

3.11.1.1　实验动物设施环境：

1. 初级环境（Junior Environment）：也称为相关受控环境，是指控制动物生存采取的特定措施，保证实验动物基本生存最适环境等。涉及现行的普通环境、屏障环境。

2. 次级环境（Secondary Environment）：围绕着实验动物身体并影响代谢稳定的物理、化学、生物的微小环境。一般特指盒/笼内环境。涉及现行的屏障环境、隔离环境。

【技术要点】

实验动物屏障环境、隔离环境设施属于生物实验室洁净工程范畴。医疗机构的实验动物设施，应依照《实验动物设施建筑技术规范》GB 50447—2008 和《实验动物环境及设施》GB 14925—2010 进行设计、施工、验收、运行。在国家标准规范中，实验动物设施包括：普通环境（conventional environment）、屏障环境（barrier environment）和隔离环境（isolation environment）三个基本概念。普通环境、屏障环境通过设施来实现，隔离环境通过隔离器等设备来实现。实验动物环境设施分类见表 3.11.1.1。

实验动物环境设施的分类　　　　**表 3.11.1.1**

环境设施分类		使用功能	适用动物等级
普通环境		实验动物生产，动物实验，检疫	基础动物
屏障环境	正压	实验动物生产、动物实验，检疫	清洁级动物、SPF 级动物
	负压	动物实验、检疫	清洁级动物、SPF 级动物
隔离环境	正压	实验动物生产、动物实验、检疫	无菌动物、SPF 动物、悉生动物
	负压	动物实验、检疫	无菌动物、SPF 动物、悉生动物

注：引自《实验动物环境及设施》GB 14925—2010。

3.11.1.2　临床医学实验动物设施。相对于基础医学而言，以临床医学为主要目的，以实验动物/实验用动物为载体，临床医疗机构从事的临床疾病病因、病机实验研究的一类设施。局限于狭义的临床研究为主和医疗机构为建设主体。

【技术要点】

1. 临床医疗机构开展的动物实验类型：以手术方法研究及手术技能培训；动物形态学研究；动物影像学研究；动物疾病模型建立、实验动物介入治疗、腔镜模拟操作、机器人手术动物保障等为重点的实验。

2. 临床医疗机构所需要动物种类与特点：除小型啮齿类外，更多使用实验犬、小型猪、实验兔、猫、羊、非人灵长类、禽类、水生生物等。除小型啮齿类实验动物有较好的病原微生物控制外，绝大多数普通级实验动物/实验用动物携带有一些病原微生物，构成了医疗机构动物实验的生物安全隐患。

3. 我国临床医疗机构实验动物设施基本现状：

(1) 我国现代医疗机构的发展已逐步形成相应体系：已逐步形成集中、统一、高效的综合发展模式，并能够充分整合现代医疗资源，进行最大限度的资源共享，提高医疗效率；同时，各个专业划分也越来越细化、专业化、高效实用，以顺应现代医疗需求。我国医疗机构的实验动物设施所占比例见图 3.11.1.2。

(2) 实验动物设施建设是现代医疗机构进行医疗、教学、科研任务必不可少的重要组成部分，是医疗机构科研体系建设的基础性工作，是医疗机构提高治疗效果，提升教学质量，加强科学研究成果的重要保证。应把其建设与管理纳入重点平台建设，从制度、资金、场地等各方面予以全方位扶持和保障。

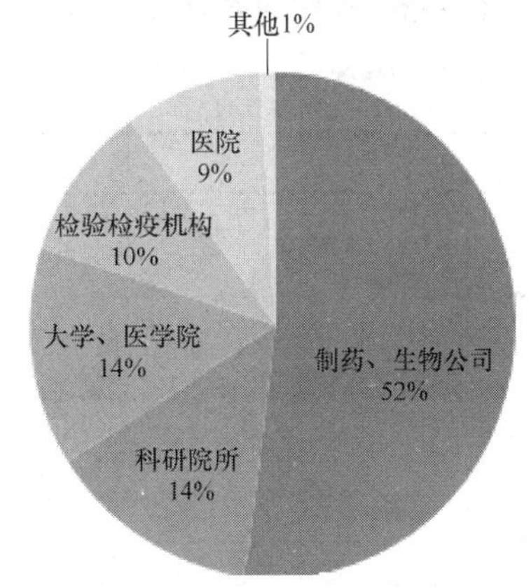

图 3.11.1.2　我国医疗机构实验动物实验动物设施所占比例

图片来源：中国实验动物信息网。

(3) 医疗机构实验动物设施存在问题：我国现代医疗机构综合发展模式时间不长，实验动物设施规划建设也不完善，注重临床医疗资源，轻视辅助资源；实验动物设施规模、标准滞后于医疗机构发展水平；设计理念、施工水平、材料选用等都有诸多缺憾。另外，医疗机构决策者长期将实验动物设施放在配角辅助地位，甚至一些没有实验动物设施的医疗机构就使用病人诊断、治疗、检验的仪器设备进行动物实验。

(4) 医疗机构实验动物设施存在的风险：在我国，规范的实验动物生产、使用监管制度与生物安全体系还很不完善，由于实验动物研究的环境条件、安全和饲养方面的要求，也应与体内、体外传染病研究所推荐的生物安全水平相似，称为动物生物安全水平。因此，对保障医疗机构公共卫生和人身健康带来风险。不规范的实验动物的生物安全问题，已经明显地威胁到人身安全和生态环境。

① 医疗机构在整体布局过程中，应该充分考虑实验动物设施选址的风险隐患。医疗机构是社会公共服务产品的提供者，一些机构位于闹市区、居民区等人群集中区域，实验动物设施产生的污染空气如氨气、甲基硫醇和硫化氢气体、动物尸体、实验废弃物等构成了影响要素，一旦构成威胁，会导致社会不良影响。

② 实验动物/实验用动物自身潜在性感染因素：医疗机构实验动物设施涉及的实验动物特点，除小型啮齿类实验动物有较好的病原微生物控制外，绝大多数普通级实验动物/实验用动物携带有一些病原微生物，或经遗传修饰的生物体和危险的病原体等，构成了医疗机构动物实验的生物安全隐患。

③ 动物的毛、皮屑、饲料和垫料的碎屑往往可以被气流携带而在空气中漂浮，形成漂浮，颗粒物（气溶胶），可引起医疗机构人员过敏性疾病和变态反应疾病。

④ 一些没有实验动物设施的医疗机构使用病人诊断、治疗、检验的仪器设备进行动物实验，容易导致感染性疾病传播，如流行性出血热、狂犬病、破伤风、布鲁氏杆菌

病等。

⑤ 一些医疗机构还有实验外科教学工作，其教学场所不能满足教学动物相对应的等级环境要求，个别机构使用不合格动物，导致教学过程的生物安全风险。

医疗机构应严格按照国家和地方主管部门（科学技术主管部门）相关法律法规要求执行。实验动物设施建设执行的专业标准主要为：《实验动物设施建筑技术规范》GB 50447—2008、《实验动物环境及设施》GB 14925—2010、《生物安全实验室建筑技术规范》GB 50346—2011。

3.11.1.3 临床医疗机构实验动物设施建设分类见表3.11.1.3。

实验动物设施污染控制分类 表3.11.1.3

序号		最大安全	高度安全	中度安全	最低安全
1	动物来源	无菌动物，生存于隔离器内，剖腹产或胚胎移植	无菌动物	普通级动物	实验用动物
2	动物进入	血胎屏障、无菌通道、无菌渡槽	密封无菌笼具外表面无菌化，无菌通道	密封无菌笼具外表面无菌化，无菌通道	
3	饲育器材	无菌隔离器设备	DVC、IVC、EVC设备、屏障设施	层流架设备、屏障设施	普通笼器具
4	人员进入	裸体淋浴、着隔离服，风淋、戴手套（不能直接接触动物）	裸体淋浴、着隔离服，风淋、戴手套（不能直接接触动物）	着工作服，风淋、戴手套	着工作服，戴手套
5	实验人员进入	禁止进入	着隔离服，风淋、戴手套（不能直接接触动物）	着工作服，风淋、戴手套	
6	管理	严格的操作规程（SOP）：地面、顶棚、墙壁定期消毒除菌，笼架具、物体表面每日消毒除菌	严格的操作规程（SOP）：地面、顶棚、墙壁定期消毒除菌，笼架具、物体表面每日消毒除菌		防控人畜共患病
7	物品进入	121℃高温高压灭菌30min，每炉检测合格		82℃消毒	
8	病原微生物检测		19病毒、14细菌、所有体内外寄生虫/季		检测人畜共患病病源
9	净化要求	ISO 5级，HEPA(U18)	ISO 7级，HEPA(U13)	ISO 9级，中效过滤器	
10	通风要求	全新风，$60h^{-1}$换气	全新风或部分回风，$\geqslant 15h^{-1}$换气		
11	结果有效性				
12	实验动物等级	无菌级/悉生动物	无特定病原体（SPF级）	清洁级、普通级	实验用动物

第2节 临床医学实验动物设施

3.11.2.1 临床医学实验动物设施是以临床医学为主要目的，以实验动物/实验用动物为载体，从事的临床疾病病因、病机实验研究、教学等的一类设施。

【技术要点】

1. 现代医疗机构实验动物设施的建设要求具有专业化、高质量的实验空间，以保证实验研究任务能够准确、有序、保质保量地完成。现代综合医疗机构动物实验中心是现代医疗机构建设的重要内容。

2. 临床需要的除小型啮齿类动物外，以动物手术方法研究及手术技能培训；动物形态学研究；动物影像学研究；动物疾病模型建立、实验动物介入治疗、腔镜模拟操作、机器人手术动物保障等为重点的实验。

所需要动物种类：除小型啮齿类外，更多使用实验犬、小型猪、实验兔、猫、羊、非人灵长类、禽类、水生生物等。

3.11.2.2　临床医疗机构实验动物设施分为两类：实验动物设施和实验动物生产设施，以前者为主。

【技术要点】

1. 实验动物设施洁净工程属于生物实验室洁净工程技术范畴：控制对象应为室内空气生物污染物，主要包括细菌、真菌、霉菌、病毒、藻类、原虫、体内外寄生虫及其排泄物、动物和人的皮屑等，统称为气溶胶。其中有些是致病（敏）微生物，有些是非致病生物，还有些是条件致病生物，能引起传染病或过敏，有些能产生毒素，引起急、慢性疾病，或导致实验动物应激状态。

2. 实验动物设施污染物主要来源：

（1）进入屏障设施的空气：由通风系统进入。由于屏障设施高效过滤器本身或安装泄漏，≥5μm 的颗粒物携带病原微生物进入；

（2）与实验动物接触的物品：饲料、垫料、饮用水、接触物品等；

（3）人或野生动物：接触动物的人，携带呼吸道传播病原微生物的人或进入屏障设施的野生动物、昆虫等。

3.11.2.3　建设实验动物屏障设施的基本技术要素：污染空气少进入，污染物少接触，污染物少产生，污染物快排除，全新风，人流、物流、动物流、空气流、污物流无交叉。

【技术要点】

1. 进入动物屏障区空气中污染物少进入；送风至少经过三级过滤（粗效、中效和高效），并且高效过滤器应设置在系统的末端。

2. 进入洁净区域的人流、物流、动物流、空气流、水流、污物流严格控制无菌化。

3. 实验动物设施洁净区应尽可能减少产生污染空气、污染物、污染水的产生。

4. 实验动物设施洁净区域的污染物产生后尽快排出；洁净工程应有合理的气流组织，应有足够的净化和空调送风量，应维持必要的压力梯度（正压梯度或负压梯度）。

5. 动物实验洁净工程要求全新风。

6. 动物实验人流、物流、动物流、空气流、污物流无交叉。

第3节　临床医疗机构实验动物屏障设施的建设

3.11.3.1　工艺平面设计

【技术要点】

1. 临床医疗机构实验动物设施的选址应避开各种污染源，远离病房大楼、人口稠密聚居区；总平面的出入口不宜少于两处，人员出入口与动物尸体、废弃物出口分开设置。应设置一个废弃物暂存处并置于隐蔽处；建筑物周围 3m 地面应硬化，周围不应种植易滋生蚊蝇类的植物。

2. 临床医疗机构实验动物屏障设施应按功能划分为动物生存区和辅助区，两者有明确分区。动物生存区内饲养室与实验操作室宜分开设置。净化区内不设置卫生间，不设楼梯、电梯。

辅助区应设置用于储藏灭菌后的动物饲料、动物垫料、笼器具等物品的用房。不同种类、级别的实验动物应分开饲养。

3. 实验动物屏障设施工艺平面布局由三走廊式、双走廊式、单走廊式三种形式构成。

单走廊布局方式：是指动物饲育室或实验室排列在走廊两侧，通过这一个走廊运入和运出物品；该类设施布局压差设计应以动物生存区静压差值为最大。

双走廊布局方式：是指动物饲育室或实验室两侧分别设有洁净走廊和污物走廊，洁物通过洁净走廊运入，污物通过污物走廊运出；该类设施布局压差设计应为洁净走廊高于动物生存区高于洁净走廊和污物走廊。

多走廊布局方式：是多个双走廊方式的组合，例如将洁净走廊设于两排动物室外围，中间是污物走廊的三走廊方式。该类设施布局与压差设计与双走廊布局相似。

目前国内实验动物屏障设施以双走廊为主。此类设施设计要求突出节能和增加空间有效使用率；强调模块化设计，结合人体功效学特点以及实用性（避免浪费）。工艺布局设计中的共识：一是在洁净区内设计人流、物流、动物流专门通道，不能出现交叉点。即：人员进出流线不交叉、洁物进出流线不交叉，动物进出流线不交叉；不同人员之间、不同动物之间也应避免互相交叉污染。以双走廊布局的屏障环境动物实验设施为例，人员、动物、物品的工艺流线示意如下：

人员流线：一更→二更→洁净走廊→动物生存区→污物走廊→二更→淋浴（必要时）→一更；

动物流线：动物接收（检疫隔离区）→传递窗（消毒通道、动物洗浴）→洁净走廊→动物生存区→污物走廊→解剖室→（无害化消毒→）尸体暂存；

物品流线：清洗消毒→高压灭菌器（传递窗、渡槽）→洁物储存间→洁净走廊→动物生存区→污物走廊→（解剖室→）（无害化消毒→）污物暂存。

动物实验区包括饲育室和实验操作室、饲育室和实验操作室的前室或者后室、准备室（样品配制室）、手术室、解剖室（取材室）等；辅助实验区包括更衣室、缓冲室、淋浴室、清洗消毒室、洁物储存室、检疫观察室、无害化消毒室、洁净走廊、污物走廊等；辅助区包括门厅、办公、库房、机房、一般走廊、卫生间、楼梯等。

在保证减少污染动物的前提下，尽量做到不交叉或少交叉，完全不交叉困难；要求在工艺布局设计中采取相应的措施，避免人对物品、动物、外界环境对物品和动物之间产生交叉污染。每一个操作单元动物生存区至少开两个门；在符合安全、防火、劳动保护、环境保护等有关规定和满足生产要求的情况下，门开得越少越好。只要进入的物品不会互相污染，没有必要多设入口；相邻洁净区间，如果空调系统参数相同，可在隔墙上开门，开传递窗用来传送物品。尽量少用或者不用洁净通道。屏障环境设施净化区的门窗应有良好的密闭性。屏障设施的密闭门应向空气压力较高的一侧房间开启，能自动关闭。应有防止昆虫、野鼠等动物进入和实验动物外逃的措施。

4. 犬、猴、猪等实验动物入口宜设置洗浴间，动物生存区宜设置运（活）动场所，单个动物面积至少应满足国家标准要求（建议满足欧美要求）。

5. 负压屏障设施应设置无害化处理设施或设备，废弃物品、笼具、动物尸体、实验用水等应经无害化处理后才能运出实验区。

6. 为便于污染控制，动物实验室应设置检疫隔离观察室，其面积应满足使用需求，一般不宜过小。

7. 屏障设施应设置物品进入洁净区的高压灭菌等消毒设备，应考虑灭菌设备尺寸以及设备更换时进出通道、运行重量对楼板荷载影响。灭菌设备排放的冷凝水、冷却水应采用耐 137℃高温的金属管材料，常用灭菌设备载荷、尺寸、能耗参数见表 3.11.3.1-1。实验动物专用灭菌器能耗见表 3.11.3.1-2。

实验动物专用灭菌器载荷与尺寸一览表　　**表 3.11.3.1-1**

编号	设备内容积(m^3)	设备总重(kg)	设备运行重量(kg)	设备内室尺寸(长×宽×高)(mm)	设备最大外形尺寸(长×宽×高)(mm)
1	0.36	1100	1400	980×600×600	1240×1215×1863
2	0.36[D]	1200	1500		1240×1215×1863
3	0.66	1500	2000	1100×780×780	1344×1568×2012
4	0.66[D]	1600	2100		1344×1568×2012
5	0.91[B]	1900	2600	1500×780×780	1744×1568×2012
6	0.91[D]	2000	2700		1744×1568×2012
7	1.38	2500	3600	1550×760×1180	1812×1609×2005
8	1.38[C]	2500	3600		1812×1609×2065
9	1.67	2600	3900	1870×760×1180	2132×1609×2005
10	1.67[C]	2600	3900		2132×1609×2065
11	2.0	3000	4500	1700×1000×1200	2016×1874×2074
12	2.0[C]	3000	4500		2016×1874×2134
13	1.2	2200	3000	1500×680×1180	1923×1900×1946
14	1.2[C]	2200	3000		1923×1900×1946
15	1.5	2500	3500	1870×680×1180	2293×1900×1946
16	1.5[C]	2500	3500		2293×1900×1946
17	1.62	2700	3800	1620×760×1180	2140×2180×2031
18	1.62[C]	2700	3800		2140×2180×2031
19	2.0	3000	4500	2100×760×1180	2620×2180×2031
20	2.0[C]	3000	4500		2620×2180×2031

注：B—地上安装；C—地坑安装；D—自带电热蒸发器。

实验动物专用灭菌器能耗一览表　　**表3.11.3.1-2**

内容积（m^3）	备注	耗蒸汽量（kg/次）	压缩气流量（L/min）	耗水量（kg/次）	电源（kW）（AC/50Hz）			公共配套资源及工作参数范围	
					控制（220V）功率	动力（380V）			
						真空泵功率	电热管功率		
0.35	非电热	15	30	300	0.5	1.45	—		
0.35	电热	—	30	315	0.5	1.45	30	蒸汽源压力（非电热）	0.3～0.5MPa（饱和蒸汽）
0.66	非电热	25	40	500	0.5	2.35	—		
0.66	电热	—	40	525	0.5	2.35	40		
0.91	非电热	35	40	700	0.5	2.35	—	水源压力	0.15～0.3MPa（软化水硬度≤0.03mmol/L）
0.91	电热	—	40	735	0.5	2.35	54		
1.38	非电热 地上安装	50	60	1100	0.5	2.35	—		
1.38	非电热 地坑安装	50	60	1100	0.5	2.35	—	压缩空气压力	0.5～0.7MPa（无水、无油）
1.67	非电热 地上安装	60	60	1300	0.5	3.85	—		
1.67	非电热 地坑安装	60	60	1300	0.5	3.85	—		
2.0	非电热 地上安装	70	100	1600	0.5	3.85	—	工作压力	0.25MPa
2.0	非电热 地坑安装	70	100	1600	0.5	3.85	—		
2.32	非电热 地上安装	80	100	1900	0.5	3.85	—		
2.32	非电热 地坑安装	80	100	1900	0.5	3.85	—	最高工作温度	139℃
2.5	非电热 地上安装	90	100	2000	0.5	4.0	—		
2.5	非电热 地坑安装	90	100	2000	0.5	4.0	—		
3.2	非电热 地上安装	110	100	2500	0.5	4.0	—	空气排出量（脉动三次）	>99%
3.2	非电热 地坑安装	110	100	2500	0.5	4.0	—		

8. 屏障设施的净化区不应设置地漏；犬、猴、猪等动物实验室的地漏应用杜绝臭气倒灌装置。

9. 新建屏障环境设施的层高不宜小于5.2～5.6m。室内净高不宜低于2.4～2.8m，并应满足设备对净高的需求。洁净走廊、污物走廊净宽应大于或等于1.5m，门洞宽度不宜小于1.0m，应考虑设计大型设备进出预留通道。

10. 实验动物屏障设施压差设计原则：为了保证实验动物屏障设施达到国家标准，维持某一个高于/低于邻室的空气压力，是实验动物屏障设施区别于一般普通空调房间和普通洁净室设施的重要特点，也是控制洁净度的重要组成部分。

根据ISO 14644-1的要求，灭菌后区为最洁净区域，应该是压差最高点。实验动物屏障设施压差设计为：灭菌后区→洁物储存区→洁净走廊→动物生存区→污物走廊→缓冲区，屏障设施对外缓冲区应设计为负压区，避免污染空气外溢。

实验动物设施不同于普通的民用建筑，也不同于工业洁净室，该类设施因用途差异而有较复杂的功能分区，工艺流程（包括人流、物流、动物流、空气流、污物流等）禁止交叉，以及动物饲养方式和设备选型的多样性。所以对工艺设计有着较高的要求。

3.11.3.2 实验动物屏障设施的运行特点。

【技术要点】

1. 实验动物屏障设施必须保持365d/a、24h/d不间断运行。实验动物屏障设施实质是给实验动物初级环境提供：ISO 7级洁净度，换气次数≥$15h^{-1}$，25℃（40%～70%）（温湿度恒定）。冬季升温加湿需要电加热，能耗巨大，同时，为保障该环境空气的无污染状态而需要维持一定的压差。

2. 保证实验动物接触物品灭菌所需要的灭菌设备的电蒸汽消耗。一般每台1.0m^3灭菌器需配置电蒸汽发生器40～60kW电耗。

3. 有效使用面积小。按照国际通用设计理念，屏障设施有效使用面积不足40%（一般为34%～38%），导致投资大，使用效率低，运行成本高，不能见到显著的投资效益。

实验动物屏障设施另一个运行特点是污染臭气严重，对周边的医疗建筑物构成一定的空气污染，必须坚持局部污染局部处理后再汇入全面排风系统无害化处理的原则。建议采用有效处理方法，除应急状态外禁止使用活性炭做无害化处理。

3.11.3.3 实验动物屏障设施净化空调系统模式。

【技术要点】

1. 实验动物屏障系统模式：目前国内较多采用这种模式。一次性投资较大，北上广深等地区实验动物屏障设施造价在1万元/m^3以上（不含笼器具），现行国家标准《实验动物设施建筑技术规范》GB 50447、《实验动物环境及设施》GB 14925中的技术参数要求主要针对这类设施。SPF动物在此环境中生存。目前国内主要有小型SPF啮齿类动物、禽类等，大型SPF动物较少。

2. 独立通风笼盒系统模式（Individual Ventilated Cages IVC模式）或独立排气通风笼盒系统Exhaust Ventilated Cages，EVC模式：是指在密闭独立单元（笼盒或笼具）内，洁净气流高换气频率独立通气，污染臭气集中外排的SPF级实验动物饲育与动物实验设备。一段时间内，该设备配套超净工作台使用可以保持SPF动物不被污染。此类设备目前国内没有产品的国家标准，一些省区仅使用IVC设备，不核发实验动物使用许可证。

屏障设施与独立通风笼盒系统的区别见表3.11.3.3。

3. 屏障系统+IVC模式：近年来，国内一些实验动物设施从节能角度出发，采用以屏障环境正压系统配合使用IVC、EVC、隔离器等设备模式，也成为双系统模式。这类工程目前尚未推广，许多技术尚待完善，但可以确信，是未来实验动物屏障设施发展的方向。

独立通风笼盒系统设备与屏障设施比较　　表3.11.3.3

类别	项目	独立通风系统设备	屏障系统
建设	占地面积	小	大
	初始投入	低	高
	施工周期	短	长
	设备费用	高	低
	能源消耗	低	高
	备用电源要求	必须有	必须有
运行	日常维护费用	低	高
	适用性	以小型啮齿类为主	各种实验动物
	洁净度	满足要求	满足要求
	笼盒内换气次数	$10 \sim 100h^{-1}$(可调节)	$\geqslant 15h^{-1}$(可调节)
	笼盒内湿度	满足要求	满足要求
	笼盒内外氨浓度	低	高
	垫料更换频次	低	高
	对工作人员的保护	好	好
	规模生产度	低	高
	操作要求	复杂	简单
污染控制	集多种动物实验于一室	可以	不可以
	动物逃逸几率	小	大
	动物传染病传播速度	缓慢	很快
	动物运输	方便	不方便
研发	研发条件	容易满足	影响参数多,不容易满足
	产品开发	容易	难度大
	研发成本	低	高

3.11.3.4　围护结构要点：围护结构应选用无毒、无放射性的材料。墙面和顶棚的材料应易于清洗消毒、耐腐蚀、不起尘、不开裂、无反光、耐冲击、光滑防水。地面材料应防滑、耐磨、耐腐蚀、无渗漏，踢脚不应突出墙面。屏障环境设施净化区内的地面垫层宜配筋，潮湿地区、经常用水冲洗的地面应做防水处理。

【技术要点】

1. 屏障系统一般采用A～B1级防火的无机板、金属板或者B级玻镁夹芯板、岩棉夹芯板。围护结构需要消毒，所以必须选用具有耐药性和耐水性的材料和施工方法。

2. 屏障设施顶棚一般为彩钢板吊顶，为便于设备管线安装和维修保养，应设供人行走的行走带。

3. 地面要选用与之相适应的材料和防水工程。屏障设施小型啮齿类动物的饲养室地面不需冲洗，目前大多采用优质的PVC卷材；普通级动物的饲养室，不仅需擦拭，还要清洗；犬、猴、小型猪设施除用水清洗外，还需要备用热水或蒸气清洗。目前多采用环氧树脂自流平的地面材料。

4. 屏障环境设施的门窗应有较好的密闭性，门上设观察窗。设施内相邻 2 个区域的门应开向压力大的一侧，并能自动关闭，缓冲室的门宜设互锁装置。净化区设置外窗时，应采用具有良好气密性的固定窗，啮齿类动物的生产区（实验区）内不应设外窗、不设地漏。应有防止昆虫、野鼠等动物进入屏障区和实验动物外逃的措施。在建筑设计窗高时，应考虑装修材料不外漏，避免影响外立面。

5. 大动物的实验设施应考虑耐水性、耐药性、无毒性的吸声、隔声材料和措施。有条件的设施可以选择在负层为宜，但应留足光照与运动空间。

6. 承重问题：屏障设施的高压灭菌、消毒设备、洗器笼清洗设备、大型浸泡水槽、冷热源机组、水生生物养殖装置、大型影像学设备等，应考虑设备运行重量对楼板荷载的影响。

为降低员工劳动强度，大型实验动物屏障设施使用一些新型灭菌设备，楼板需要下沉 35～40cm。设备厂商一般可以提供技术参数。因此，除灭菌、消毒设备应放置在物净通道关键位置外，其他重型设备最好要放置在地下一层或一层。另外，灭菌设备冷却排水应采用耐 137℃高温的金属管材料，应考虑灭菌设备更换时进出通道。

3.11.3.5　空调、通风和空气净化要点。

【技术要点】

1. 净化空调方式的选择

临床医疗机构实验动物设施应由使用者根据具体用途划分详细的功能区域；设计机构再根据空调系统节能方式确定系统划分和空调方式，最好分时段、分区域确定净化空调系统。

2. 净化空调系统的设计

临床医疗机构实验动物设施净化空调系统的设计应充分考虑初级环境净化空调系统，也必须考虑隔离器、IVC、EVC 次级环境净化空调系统，同时兼顾换笼台、动物饲养架、生物安全柜等通风和动物、人员、设备的污染负荷及冷、热、湿负荷。

3. 实验动物设施通风原则

为保证实验动物设施的洁净度、臭气污染控制等特殊要求，通风设计应该依照初级环境与次级环境区分设计的原则，把全面通风、局部通风、应急通风根据具体用途划分详细的功能区域后综合考虑。屏障环境设施的动物洁净区，送、排风机应采用互为备用方式设计，当风机故障时，应能保证屏障区所需环境参数要求。

（1）送风系统的设计原则：根据国家标准要求，使用开放式笼架具的屏障环境，应采用全新风的顶送侧回送风方式。使用独立通风笼具的设施可以采用局部回风方式，其空调系统的新风量应满足补充室内排风与保持室内压力梯度所需风量之和。国家标准《实验动物设施建筑技术规范》GB 50447 也明确规定采用上送下排的气流组织形式，并且要求对送风口和排风口的位置精心布置，尽可能减少气流停滞区域，确保室内可能被污染的空气以最快的速度流向排风口。

（2）排风系统的设计原则：实验动物屏障设施根据各功能区域不同，应有多组局部排风系统组成的系统全面排风。各局部排风划分原则是：向大气排放污染臭气时，其污染物排放应遵循综合治理、循环利用、达标排放和总量控制。排出的污染臭气应首先进行无害化处理后才能排放，并应符合《大气污染物综合排放标准》的相关规定。

负压区设定：可能对洁净动物构成污染或产生污染臭气的无洁净度要求的区域。如：笼器具清洗消毒区、普通级大动物饲育区、对外缓冲区、灭菌前区、电梯前厅等，宜设计单独负压区（－10Pa）。负压区要求排风与送风连锁，排风先于送风开启，后于送风关闭。

正压区设定：有洁净度要求的区域一般按照国家标准，按照压力梯度设计为正压。排风系统的风机宜与送风连锁，送风先于排风开启，后于排风关闭。

（3）负压设备管道：在洁净区内相对于洁净室负压的管道系统。主要指与动物饲养设备密接的专门负压系统。如IVC、EVC、隔离器、换笼台、生物安全柜、转运推车、洁净工作台等设备运行过程中，产生污染气溶胶，威胁洁净区动物，该类设备排风接入初级环境排风系统支管，又对其造成影响。因此不应向室内排风，也不应接入初级环境排风支管。

（4）局部排风计算：局部排风是局部换气，主要用在几种散发有害气体的点，比如生物安全柜、通风柜、IVC、隔离器、换笼台、动物转运车等。

局部通风的计算方法：局部通风如无法确定换气体积，则不应按照换气次数计算。应按操作面风速计算法，比如局部排风罩，按照通过罩口面的风速，通风柜按照开口处的风速，一般取0.5m/s。局部通风设备可以根据次级环境笼盒、隔离器等内容积确定换气次数，隔离器宜按照≥$50h^{-1}$、IVC、EVC可以按照≥$20h^{-1}$换气。

空调净化系统送、排风支管宜安装气密阀门。空调净化系统的风机宜选用风压变化较大时风量变化较小的类型。屏障环境和隔离环境过渡季节应有冷热源。包括使用开放式笼具的屏障环境设施的动物生存区以及普通环境的IVC、EVC、隔离器。

排风口设置应远离新风取风口，且不应处于新风口常年风向的上方。排风应适当高排。若采用射流风机，风速应大于或等于15.3m/s。

4. 实验动物设施污染空气无害化处理原则

（1）满足国家现行有关大气污染物排放标准的要求。

实验动物屏障设施主要向大气排放的空气污染物是氨气和硫化氢气体。现行国家标准《实验动物环境及设施》GB 14925和《实验动物设施建筑技术规范》GB 50447中，提出设施内氨浓度（动态工况）≤14.0mg/m^3，向大气排放标准则强调“实验动物设施的建设除应符合本规范的规定外，尚应符合国家现行有关标准的规定，没有具体指标参数，目前国内外比较理想的处理方法较少，性价比很低。国家现行有关标准有：《民用建筑工程室内环境污染控制规范》GB 50325—2010中氨气的排放标准：Ⅰ类、Ⅱ类民用建筑≤0.20mg/m^3。《恶臭污染物排放标准》GB 14554厂界标准值：氨浓度：一级：1.0、二级：≤2.0、三级：≤5.0。

公共场所的卫生标准中规定：空气中排放的氨浓度应小于或等于0.5mg/m^3。

化工企业附近居民区的大气中的氨浓度应小于0.2mg/m^3。

人可感知的最低的氨浓度：5.0ppm，大多数人明显刺激感觉的氨浓度：20ppm。

（2）满足快排除原则。实验动物屏障设施运行后，不断产生污染臭气，主要是氨气（NH_3，小型啮齿类为主）和硫化氢气体（H_2S，大动物为主）。因此，通风设计时应满足快排除原则。现行国家标准《实验动物设施建筑技术规范》GB 50447也明确规定了上送下排的气流组织形式，并且要求对送风口和排风口的位置精心布置，尽可能减少气流停滞区域，确保室内可能被污染的空气以最快速度流向排风口。实验动物设施产生污染臭气主要有：根据不同污染空气性质，NH_3 在洁净区内蓄积，不断上升到房间高处，硫化氢气体会下沉，对不同污染臭气采用不同高度的排风口。风口风速控制在 3m/s 左右，风管风速控制在 7m/s 以下。

(3) 实验动物屏障设施污染臭气应采用局部一级处理后再总排风管二级处理原则。目前，排风除 NH_3、H_2S 主要采用的方法有：

局部化学法处理：目前主要有针对氨气、硫化氢气体的化学过滤器；排风系统支管应设置消除污染的化学装置，如化学过滤器等，并应设置在风机的负压段。应根据污染臭气处理量预留设备空间，同时预留有关设备的阀门、风机、检测孔等处的操作空间。污染臭气处理系统的主体设备之间应留有足够的安装和检修空间。

吸收法污染臭气处理：吸收工艺的选择应考虑的因素主要是污染臭气性质、流量、浓度、吸收剂性质、吸收装置特性以及经济性等。吸收装置有喷淋塔、板式塔、湍球塔等。活性炭吸附可以在应急工况下使用。

光解法处理：光解工艺的选择应考虑的因素：污染气体的流量、流速、压力、组分、性质、进口浓度、排放浓度等。宜按最大污染臭气排放量的 120%进行设计，并控制气流速度。光解设备连续工作时间不应少于 12 个月。气体的接触时间应大于或等于 1.0s。

射流排气法处理：也称排气射流筒法。排气筒的高度应满足国家现行有关大气污染物排放标准的要求，最低高度不得低于 15m，排气筒高度指从地面至排气口的垂直高度。排气筒出口风速宜为大于或等于 15.5m/s，对集中大型排气筒宜预留排风能力。排气筒应设置用于监测的采样孔和监测平台，以及必要的附属设施。排气射流筒顶端不应设置伞帽。

5. 实验动物屏障设施节能原则

实验动物屏障设施净化空调系统成本非常高，约为一般空调的 7 倍以上。同时，运行成本巨大。一般情况下实验动物屏障设施净化空调系统用电量约占整个耗能的 50%～60%，在“节能减排，环保一票否决制”的环境下，如何使设施系统最佳设计与能源有效运用，达到低能耗运行目的，就成为不得不做且相当重要的工作了。实验动物屏障设施能耗极大。据统计，建成的屏障系统动物设施每年的运行费用约为每平方米 900～1200 元以上。很多动物设施建成后，巨大的日常运行费用成为业主沉重的经济负担。减少能耗是动物房设计水平极其重要的指标。实验动物屏障设施能耗重点有以下几部分：

(1) 以全新风方式，全年 24h 运行，冷热源设备和容量需求巨大；

(2) 物流需要的灭菌设备，6～8h/d，所需的电蒸汽发生器耗电量较大；

(3) 满足 12/12h 照明的人工光源需要较大耗电量；

(4) 局部与全面通风臭气无害化处理系统。

目前，确定合理的冷热源供给方式，功能区域详细划分，分时段、分系统设计全面、局部通风量，尽量降低换气次数，设备冷热量回收等是实验动物屏障设施节能的关键。因此，实验动物屏障设施的节能措施有以下几个重点：

(1) 确定合理的冷热源供给方式：为了维持实验动物次级环境的最适温湿度，选定合理的冷热源极为重要。临床医疗机构一般供应室配备有数台灭菌设备，使用燃气锅炉为热源，因此，实验动物屏障设施以燃气锅炉作为供热源为首选。冷源可根据系统划分与设备节能特点选定。也可以采用地源、水源热泵机组，制冷制热工况稳定，能效比高，节能效果显著。

（2）功能区域详细划分，降低空调冷热负荷：应根据实验动物屏障设施的使用特点详细划分各功能区域，净化空调系统新风的热湿和净化处理可集中也可分散设置。负压区划分以可能对动物构成污染或产生污染臭气的无洁净度要求的区域（生物安全类实验室ABSL-2以上除外）。如：笼器具清洗消毒区、普通级大动物饲育区、对外缓冲区、灭菌前区、电梯前厅等，宜设计单独负压区（－10Pa）。正压区依据国家标准，按照压力梯度划分为动物生存区和辅助区、通道区等。次级环境的设备通风：在洁净区内相对于洁净室设计负压的管道系统。主要指与动物饲养设备密接的专门负压系统，如IVC、EVC、隔离器、换笼台、生物安全柜、转运推车、洁净工作台等设备运行过程中，产生污染气溶胶，威胁洁净区动物，该类设备排风接入初级环境排风系统支管，又对其造成影响。因此不应向室内排风，也不应接入初级环境排风支管。分时段设计：24h运行和间断运行的部分要区分开来；根据动物生存区动物数量调整换气次数，宜采用变频方式。动物生存区内采用换气效率高的送风口及气流控制方式，以及部分排风再循环，减少新风使用量。

（3）采用先进技术，充分回收能量：采用显热能量回收装置，在寒冷及严寒地区冬季大温差工况下，显热回收率50%～60%，节能效果较为显著。国外已有实验动物设施采用分子筛式全热能量回收装置，全热回收效率在70%以上。总排风管经无害化处理后可以全部排风再循环，减少新风使用量。

（4）围护结构保温：强化外墙与屋面的保温隔热能力；根据实验目的、动物种类和房间功能的不同进行分区。

3.11.3.6　给水排水要求

【技术要点】

1. 实验动物屏障设施内用水的种类与处理方法：屏障环境设施和隔离环境设施的净化区用水包括动物饮用水和洗刷用水，均应达到无菌要求，主要是保证实验动物生产设施中生产的动物达到相应的动物级别的要求，保证实验动物实验设施中动物实验结果的准确性。改革开放后，我国实验动物设施内用水无论是饮用水还是洁净区内用水，多采用高压蒸汽灭菌，一些单位使用酸化水饲喂大小鼠，至今仍有多数单位采用此方法。近年来，随着水处理技术不断进步，新型水处理方法越来越多。常用的方法主要有：酸化水、反渗透水、纯水等。

实验动物屏障设施内用水主要有3类：动物饮用水，洁净区内用无菌水、超纯水以及常规自来水。

2. 实验动物饮用水技术要求：动物饮用水微生物指标要求：无菌；动物饮用水毒理指标要求：重金属符合要求；动物饮用水感官性状和一般化学指标：铝、铁、锰、铜、锌、钠、氯化物、硫酸盐、溶解性总固体、总硬度、挥发酚类、阴离子合成洗涤剂、氨氮、硫化物等符合要求；动物饮用水农药残留物要求：七氯、马拉硫磷、六六六、对硫磷、滴滴涕、敌敌畏、五氯酚、六氯苯、乐果、灭草松、百菌清、呋喃丹、林丹、草甘膦、敌敌畏、莠去津、溴氰菊酯、2，4-滴、丙烯酰胺、苯等符合要求；消毒水消毒剂指标要求：臭氧等符合要求。较早前小型啮齿类实验动物使用的强酸性离子水（pH为2.5）目前被无菌水代替，因为当pH降至2.0时，会对实验动物免疫系统产生影响。反渗透水是目前实验动物屏障设施最常用的方法。它不仅可以除去盐类和存在于离子状态的其他物质，还可以除去悬浮物和有机物质、胶体、细菌和病毒。反渗透净化除了可以从水中除去有毒有机和无机污染外，还能保证完全无菌，在投资和运转费用方面越来越可以与传统的方式竞争，更不用说那些需要高质量水的实验动物屏障设施领域。

洁净区动物饮用水出水口安装要点：一般宜将水处理设备安装在洁净区外，便于检修和维护；接水口除接入自动饮水装置外，应设置在人员走动较少区域，接水口与墙面夹角应小于或等于 90°（预防宿水滞留滋生细菌）。

洁净区内用无菌水：用于洁净区内配制消毒液，主要是日常擦拭无菌区墙壁、顶棚、地面、笼架具、用具等，用水量不大。主要技术要求：无菌。另外，近年来，由于动物行为学设备、水生生物设备等在洁净区使用，因此需要一定量无菌水。

超纯水：主要用于动物实验室。

3. 实验动物设施排水

大型实验动物设施生产区（实验区）的粪便量较大，粪便中含有的病原微生物较多，单独设置化粪池有利于集中处理。同时，排水中有动物皮毛、粪便等杂物，为防止堵塞排水管道，实验动物设施的排水管径比一般民用建筑的管径大。应根据不同区域排水的特点，分别进行处理。同时防止排水管道泄漏而污染屏障环境。如排水立管穿越屏障环境设施的净化区，其排水立管应暗装，并且屏障环境设施所在的楼层不应设置检修口。防止不符合洁净要求的地漏污染室内环境。排水管道可采用建筑排水塑料管、柔性接口机制排水铸铁管等。

高压灭菌器冷凝水排水管道应采用金属排水管，为防止灭菌物品气味外溢，灭菌器冷凝水管口应与竖管接口密接。

3.11.3.7　电气和自控。

【技术要点】

1. 对于实验动物数量比较大的屏障环境设施的动物生产区（实验区），出现故障时造成的损失也较大，用电负荷一般不应低于 2 级。设置专用配电柜主要考虑方便检修与电源切换。配电柜宜设置在辅助区是为了方便操作与检修。

2. 用密闭洁净灯主要是为了减少屏障环境设施净化区内的积尘点和易于清洁；吸顶安装有利于保证施工质量；当选用嵌入暗装灯具时，施工过程中对建筑装修配合的要求较高，如密封不严，屏障环境设施净化区的压差、洁净度都不易满足。屏障设施洁净灯建议在顶棚上面更换。鸡、鼠等实验动物的动物照度很低，不调节则难以满足标准要求，因此满足动物照度可以使用红色光或照度可调节。为了满足 12/12（10/14）h 周期照明，应设置照明总开关。

3. 屏障环境设施生产区（实验区）的门禁系统可以方便工作人员管理，防止外来人员误入屏障环境设施污染实验动物。缓冲间的门是不应同时开启的，为防止工作人员误操作，缓冲室的门宜设置互锁装置。在紧急情况（如火灾）下，缓冲室所有设置互锁功能的门都应处于开启状态，人员能方便地进出，以利于疏散与救助。电加热器与送风机应联锁，可避免系统中因无风电加热器单独工作导致的火灾。连接电加热器的金属风管接地，可避免造成触电类的事故。电加热器前后各 800mm 范围内的风管和穿过设有火源等容易起火部位的管道，采用不燃材料是为了满足防火要求。温度、湿度、压差声光报警是为了提醒工作人员尽快处理故障，应根据经济能力设置。实验动物屏障设施动物生存区应设置摄像监控装置，随时监控特定环境内的实验、动物的活动情况等。

3.11.3.8　实验动物屏障设施的建筑消防要求。

【技术要点】

1. 实验动物屏障设施建筑消防特点：实验动物屏障设施建筑装修有一些高分子的合成材料会产生浓烟和毒气。工艺生产中往往会使用大量易燃易爆的化学物质也是实验动物屏障设施潜在的火灾威胁。因此实验动物屏障设施的防火和人员疏散非常重要。

甲乙类实验动物屏障设施建筑的耐火等级应为一级或二级，宜为单层建筑，其最大占地面积不宜超过3000m²。丙、丁、戊类实验动物屏障设施建筑的耐火等级可为一级或二级，可为单层或多层，除丙类建筑占地面积不应超过8000m²（单层、二级），6000m²（多层、二级）、4000m²（多层、三级）外，丁类和戊类建筑占地面积不限。

实验动物屏障设施人员疏散的原则：疏散路线要简捷明了，便于寻找和识别；疏散路线要做到步步安全（着火房间→房间门→疏散走道→楼梯间→室外）；扑救线路不要与疏散路线交叉；疏散通道要通畅，少曲线，少高低不平，少宽窄变化；疏散方向至少有2个可供人员疏散的门；疏散门的开启方向应有利于人员的疏散逃生。

逃生门开启方向：屏障环境设施净化区疏散通道门的开启方向可根据区域功能特点确定。

实验动物屏障设施生产区（实验区）吊顶空间较大的区域，其顶棚装修材料应为不燃材料，且吊顶的耐火极限不应低于0.5h。内部的装修材料应尽量避免采用在燃烧时产生大量浓烟和有毒气体的高分子合成材料。实验动物屏障设施的顶棚和壁板（包括夹心材料）应为不燃烧体，且不得采用有机复合材料。顶棚的耐火极限不应低于0.4h，疏散走道的耐火极限不应低于1.0h。具有防火分隔作用且要求耐火极限值大于0.75h的隔墙，应砌至梁板底部，且不留缝隙。面积大于50m²的屏障环境设施净化区安全出口的数目不应少于2个，其中1个安全出口可采用固定的钢化玻璃密闭。

2. 室内外消火栓系统：实验动物设施内应设置消火栓系统且应保证两个水枪的充实水柱同时到达任何部位。室内外消火栓供水系统的用水量应根据实验动物屏障设施火灾危险性类别，建筑物的耐火等级以及建筑物的体积等因素，根据现行国家标准《建筑设计防火规范》GB 50016和《消防给水及消火栓系统技术规范》GB 50974等确定。

3. 自动喷水灭火系统：屏障环境设施净化区内不应设置自动喷水灭火系统，应根据需要采取其他灭火措施。根据目前实际情况，当地消防部门要求必须设置该系统，但可以不在洁净区留自动喷水灭火口，用水量应根据实验动物屏障设施的火灾危险性等级和《自动喷水灭火系统设计规范》GB 50084确定。自动喷水灭火系统实验动物屏障设施宜采用预作用式。

4. 实验动物屏障设施各个场所必须配置灭火器，其设计应满足现行国家标准《建筑灭火器配置规范》GB 50140的要求。除消防给水外，还应设置必要气体灭火系统等。

5. 实验动物屏障设施的电气消防：

（1）实验动物屏障设施的电源和供配电。根据现行国家标准《建筑设计防火规范》GB 50016和《洁净厂房设计规范》GB 50073的要求，消防电源的负荷分级应符合现行国家标准《供配电系统设计规范》GB 50052的要求。消防用电的设备应采用专用的供电回路，当生产、生活用电切断时，应仍能保证消防用电，其配电设备应有明显的标志。消防用电设备的管线应满足火灾时连续供电，并且管线应有防火要求。屏障环境设施应设置火灾事故照明。屏障环境设施的疏散走道和疏散门，应设置灯光疏散指示标志。当火灾事故照明和疏散指示标志采用蓄电池作备用电源时，蓄电池的连续供电时间不应少于 20min。

（2）实验动物屏障设施的消防报警和控制。实验动物屏障设施的生产区（包括技术夹层）、机房、站房等均应设置火灾探测器（感温探测器、感烟探测器或空气采样器等），早预知、早报警。实验动物屏障设施生产区及走廊应设置手动火灾报警按钮。实验动物屏障设施应设置消防值班室（或控制室），消防控制室应设置消防专用电话总机。消防控制设备及线路连接应可靠，且有合格的显示功能。

（3）消防报警应进行核实，并应进行如下消防联动控制。启动消防水泵（除自控外还应设手动控制装置）。关闭电动防火阀，停止空调风机、排风机、新风机，并接收其反馈信号。关闭有关部位的电动防火门或防火卷帘门。点亮应急照明灯和疏散标志灯。手动切断有关部位的非消防电源。启动火灾应急扩音器，进行人工和自动广播。控制电梯降至首层，并接收反馈信号。

6. 实验动物屏障设施的防排烟

根据现行国家标准《建筑设计防火规范》GB 50016 和《洁净厂房设计规范》GB 50073 的要求，实验动物屏障设施的疏散走廊和面积大于 300m^2 的实验动物屏障设施均应设置机械防排烟措施。对实验动物屏障设施防排烟系统的要求：疏散走廊应设置防排烟系统，但对于大面积的洁净区，当每 50m^2 内不超过一个工作人员时可不设置防排烟系统。

本章参考文献

[1] 全国实验动物标准化委员会. 实验动物　环境及设施 GB 14925—2010. 北京：中国标准出版社，2011.

[2] 中国建筑科学研究院. 实验动物设施建筑技术规范 GB 50447—2008.

[3] 吴晓松，刘广东，刘亮. 大型医院实验动物中心建设与发展策略探讨. 军医进修学院学报，2012，33（5）.

[4] 王漪，张道茹，戴玉英，刘冕，王吉星. 我国实验动物科学技术的基础与前沿——实验动物发展的战略思考实验动物设施的设计特点和建议. 中国比较医学杂志，2011，21（10）：11.

[5] 刘静珊. 现代综合医院动物实验中心建筑设计研究［硕士学位论文］. 西安建筑科技大学，2014.

本章作者简介

傅江南：暨南大学实验动物管理中心主任，硕士生导师，副教授。

迟海鹏：北京戴纳实验科技有限公司总经理。

王宝庆：高级工程师，青岛大学附属医院后勤管理部副主任。

杜树夺：教授级高级工程师，深圳市威大医疗系统工程有限公司总工程师。

第 12 章　洁净手术室基本装备

张楠　王文一　张鑫　贾汝福

第 1 节　概　　述

3.12.1.1　手术室基础装备配置。

【技术要点】

洁净手术室基础装备是指为洁净手术室配备的与手术室平面布置和建筑安装有关的基础设施，并不包含专用的、可移动的或临时医疗仪器设备、电脑及其他配套的设备。基础设备是一间手术室在手术过程中必不可少的辅助设备，它在手术室中的安装各有其相对应的位置，可以在此基础上按使用需要增加某些配件，如收藏柜、储藏柜，抽屉等，在布置或制造时往往与柜、箱等联体形成上下布置制作，以免在室内显得凌乱。洁净手术室基础装备见表 3.12.1.1。

洁净手术室基本装备　　　　表 3.12.1.1

装备名称	每间最低配置数量
无影灯	1 套
手术台	1 台
计时器	1 只
医用气源装置	2 套
麻醉气体排放装置	1 套
医用吊塔、吊架	根据需要配置
免提对讲电话	1 部
观片灯(嵌入式)或终端显示屏	根据需要配置
保暖柜	1 个
保冷柜	Ⅰ级手术室 1 个，Ⅲ级手术室宜分区布置
药品柜(嵌入式)	1 个
器械柜(嵌入式)	1 个
麻醉柜(嵌入式)	1 个
净化空调参数显示调控面板	1 块
微压计(最小分辨率达 1Pa)	1 台
记录板	1 块

注：1. 可按医疗要求调整所需装备。
　　2. 对于多功能复合手术室等新型手术室，可按实际医疗需要对医疗、影像等装备的配备进行调整。

3.12.1.2　手术室及其基础设备平面布置详见图 3.12.1.2。

【技术要点】

1. 洁净手术室宜为长方形，手术台置于室中心，即其中心线与室的长轴重合，能够更好地配合回风口的布置。

2. 手术室的医疗仪器一般均布置在手术室的两侧，患者头部为麻醉机的位置。与麻醉机、麻醉塔相邻的位置可考虑布置医用气源系统。

3. 洁净手术室手术床床边距墙不应小于1.8m；回风口布置在手术室的长边方向。

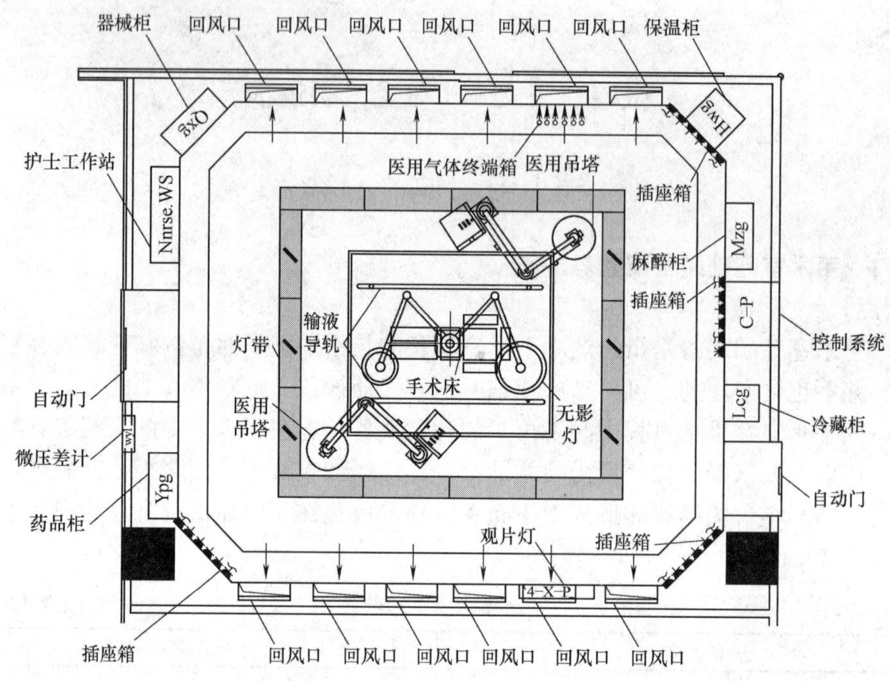

图3.12.1.2　手术室内基本装备布置图

4. 洁净手术室出入口的门净宽不宜小于1.4m，当采用电动悬挂式自动门时，应具有自动延时关闭和防撞击功能，并应有手动功能。

第2节　洁净手术室基本装备介绍

3.12.2.1　无影灯。

【技术要点】

1. 无影灯可根据所开展的手术类型进行配置，宜采用多头型无影灯；无影灯架调平板的位置应设在送风过滤器进风面之上，距离进风面不应小于5cm，送风顶棚下面不应安装无影灯底座护罩。

2. 手术无影灯宜采用LED作为发光体，其光照无紫外及红外辐射，解决了传统光源通过滤色系统来减少红外、紫外光的辐照度的问题，手术用光更加自然、清晰。

3. 无影灯宜采用蜂巢状的发光单元体，通过精确的排列，结合透镜技术，使每一个单元的光斑在同点会聚，组合成理想的手术光斑。

4. 无影灯在安装时需穿过送风静压箱，因此应对穿过的转接架周围作密封罩，然后按无影灯样本中的安装要求作安装处的结构处理。转接架的高度为无影灯安装高度与楼板之间的高度差。

3.12.2.2　手术台。

【技术要点】

1. 手术台一般与手术室长边平行布置，手术台的中心与手术室的中心应一致。手术台分为手动式、电动式和液压式。通常配备电动式手术台，电源功率约为1.5kW，具体参数要求还应按产品说明书的需求配置。

2. 手术室的医疗仪器一般布置在手术室的内侧，患者头部为麻醉机的位置。手术台的外侧为患者进入手术室时平车推行的通道，因此手术台的头部位置宜靠近入口处，应使平车推入手术室时不在手术室内转向为宜。

3.12.2.3　手术室多功能情报面板。手术室多功能情报面板由时钟、计时钟、电话/群呼/背景音乐、医疗气体报警、主控屏、净化空调系统监测等功能模块组成，还可配置影像系统、清洁人员呼叫系统、器械回收呼叫系统等。

【技术要点】

1. 净化空调系统监测：净化空调参数宜采用LED数码管显示，能准确显示到小数点后1位的温湿度数值，方便医护人员准确了解手术室相关环境参数；并设有空调/值班开机、温湿度设定键、空调系统正常指示灯、空调系统故障报警指示灯、高效报警指示灯，方便医护人员了解空调系统的运行情况。空调系统带有RS 485通信接口及硬接线连接方式接口，方便不同手术室与恒温恒湿控制系统的对接。

（1）机组启、停；

（2）值班运行/全风量运行转换；

（3）温、湿度的设定；

（4）室内温、湿度的显示；

（5）机组启、停指示；

（6）机组值班状态指示；

（7）机组运行指示；

（8）机组故障指示；

（9）高效过滤器堵塞报警指示，麻醉废气排放系统开/关及故障报警；

（10）正负压转换控制及指示（仅正负压转换手术室有此要求）。

（11）手术室照明开/关，无影灯开/关；

（12）北京时间、手术计时、呼叫和免提对讲；

（13）各种医用气体故障报警。

2. 电话/群呼/背景音乐系统：电话系统应便于各手术室之间或与护士站和医生办公室之间的通话联络。群呼系统主要用于各手术室之间的广播联系。背景音乐系统用于控制手术室内音乐播放，让医护人员工作在一个优雅的环境。系统带广播强插功能：当有护士站广播系统（需另配置专用主机设备）输入24V强插控制电压时，可强行打开各手术室面板的音量开关，并将音量调到最大音量状态，通过手术室内天花喇叭播报广播信息。

3. 医用气体报警：氧气、压缩空气、负压吸引、笑气、氮气、氩气、二氧化碳等医用气体的正常及故障状态检测及报警提示，方便医护人员了解各种气体的情况；各手术室的面板可设置为主、副板功能，通过RS 485信号联通所有手术室，同步显示各种医用气体的情况；各面板也可独立接收医用气体压力表提供的状态信号。

4. 开关控制系统：带有主手术灯、副手术灯、书写台灯、照明灯1、照明灯2、照明灯3、辅助开关1、辅助开关2、辅助开关3、废气排放开关等操作按键，及消防、IT电源的报警提示，方便医护人员对手术室内相应设备进行控制及状态了解；各开关控制的继电器接点额定电流需大于或等于20A。

5. 手术计时钟/麻醉计时钟：手术室计时器宜兼具麻醉计时、手术计时和一般时钟计时功能，应有时、分、秒的清楚标识，并宜配置计时控制器；停电时应自动接通自备电池，自备电池供电时间不应低于10h。计时器宜设置在患者不易看到的墙面上方。医护人员通过操作面板的模式、开始、停止按键，准确地对手术过程中的时间进行监控。

3.12.2.4　医用气源装置。

【技术要点】

医用气源装置在手术室里是辅助治疗所需的必要装备之一。医用气源装置应分别设置在手术台病人头部右侧麻醉吊塔上和靠近麻醉机的墙上，距地高度为1.0～1.2m，麻醉气体排放装置宜设置在麻醉吊塔（或壁式气体终端）上。气源由各气体站经管道送到手术室终端上，需要时通过插头与患者或仪器相连通。

3.12.2.5　观片灯。

【技术要点】

洁净手术室应采用嵌入式观片灯，嵌入式观片灯可按大小分为几种规格，可依手术复杂程度分别选用；按样式可分为普通观片灯、遮覆式观片灯、液晶观片灯等。一般高级别手术室多采用较大规格的观片灯。但低级别手术室内至少应选择三联以上的观片灯。

观片灯应设置在术者对面的墙上。

3.12.2.6　药品柜、器械柜、麻醉品柜。

【技术要点】

1. 洁净手术室内药品柜、器械柜、麻醉柜应采用嵌入式安装，材质宜采用不锈钢。柜门可采用平开式或推拉式。推拉式门要求导槽不应有锐边，同时应利于卫生清扫。平开门开启角度应达到180°。门的材料宜采用钢化玻璃，增强通透性，便于医护人员观察柜内物品，柜门应带锁。药品柜、器械柜应设置在病人脚侧墙内，麻醉柜应嵌入病人头侧墙内。

2. 药品柜、器械柜、麻醉柜的外形尺寸应根据建筑结构及具体使用需求来确定，一般不宜小于900mm（宽）× 1700mm（高）× 350mm（深）。但实际使用中柜体深度往往达不到使用需求，故建议柜体深度宜大于400mm（深），部分科室要大于450mm（深）。

3.12.2.7　输液导轨。

【技术要点】

输液导轨是为输液瓶吊杆滑行而设置的，患者通过手部或腿部进行输液，因此输液导轨应顺手术台正上方两侧各设一条，与手术台平行，长度大于2.5m，两条轨道间距宜为1.2～1.4m。

3.12.2.8　记录板（护士工作站）。

【技术要点】

1. 记录板

(1) 记录板为安装翻板式或插板式。小型记录板尺寸为500mm（宽）× 400mm

（高）×300mm（深），大型记录板尺寸为800mm（宽）×400mm（高）×300mm（深）。书写板合上时应与墙面平齐，使用时翻下。记录板打开后距地高度为1100mm。

（2）记录板箱体应密封，箱体内宜安装照明系统，必须安装安全接地端子。

2. 护士工作站

（1）护士工作站不仅具备记录板可以记录手术信息的功能，还可以放置物品，以及配置网络、电话插口，可以实现连接网络。

（2）嵌入式安装，柜体采用304不锈钢拉丝板制，铝材装饰边框收口。柜体尺寸为1300mm（宽）×1800mm（高）×350mm（深），柜体深度可根据实际需要调整。

（3）柜体分为上、中、下三层：上层为三开掩门；中层中空，下层也为三开掩门，下层带可调节活动玻璃托架。

（4）柜门均采用铝材组框与丝印工艺玻璃饰面结合制作，工艺拉手孔，工作台板可选用人造大理石或其他材料。

3.12.2.9　手术室专用保温柜、保冷柜。

【技术要点】

1. 保温柜、保冷柜是为了手术便捷，使手术过程中使用的生理盐水、药品在手术前进行处理，以保证在手术过程中使用方便。比如，有的药品、用品、移植到患者身体上的器官需要低温贮存，而在使用时又必须回温到与患者体温相似，为缩短传递过程，手术室应安装这一设备。

2. 保冷柜温度为4±2℃，保暖柜温度为50±2℃。

3.12.2.10　插座箱。

【技术要点】

1. 手术室插座箱宜布置在手术室四周墙壁上，供手术室移动设备使用，若为医疗用电，必须经过UPS不间断电源。

2. 插座箱上应按要求布置接地端子。

3.12.2.11　微压计。

【技术要点】

1. 微压计是为方便医生和护士准确监控手术室相关环境参数（室内压差）以及控制手术室压力分布和气流组织，以满足医护人员对不同手术需求而设置。空调系统监测显示采用高亮双数码管LED显示。

2. 微压计宜设置于手术车入口门外墙上可视高度。压差测量范围：－50～50Pa。

3.12.2.12　医用吊塔、吊架。

【技术要点】

吊塔在洁净手术室内是一项必不可少的医疗设备。一般有麻醉塔、微创外科塔、腔镜塔、体外循环塔等。吊塔内应设有各种气体接口、电源插座、仪器平台、通信装置、废气回收排放接口等。

1. 医用吊塔的功能

（1）提供气源及电源，包括麻醉气体排放接口及网络接口。

（2）吊塔可悬挂麻醉机及为麻醉监护仪、腔镜设备（如监视器、气腹机、光源及摄像等）提供摆放仪器的平台。

（3）可按实际需求选择电动或机械单臂或双臂吊塔。

2. 医用吊塔的安装要求

（1）医用吊塔应安装牢固、安全可靠。具体安装位置应根据使用需求来确定，一般安装在临近手术台头部一侧吊顶上方，不许安装在进手术室的门口，影响通行。

（2）吊塔预埋钢板应浇筑在上一层楼板的基础中，预埋钢板至少有4处与结构钢筋焊接，每处焊缝长度应大于100mm。若在楼板浇筑时未预埋钢板，应采用穿透螺栓固定预埋钢板。

本章作者简介

张楠：解放军总医院教务部副教务长，工学学士、经济学硕士、工商管理硕士，高级工程师、高级采购师、高级物流师。中国生物医学工程学会临床医学工程分会副主任委员兼秘书长，中国研究型医院学会医学工程学专业委员会常务委员。

王文一：北京文康世纪科技发展有限公司总经理，高级工程师，参与编写《医用气体系统工程规划建设与运行管理指南》和《医院智能化建设》。

张鑫：天津市龙川净化工程有限公司副总经理，营销部总经理。

贾汝福：硕士，现任沧州市中心医院副院长、主任护师、教授，天津医科大学硕士导生师，中国医学装备协会理事，河北省康复医学会副理事长。

第4篇
工 程 示 例

严建敏

篇主编简介

严建敏：教授级高级工程师，主任工程师，上海市卫生建筑设计研究院有限公司咨询室主任，国家注册公用设备工程师，国家注册咨询工程师（投资）。

工程案例1　湖北省人民医院东院区洁净手术部

4.1.1　工程概况：

湖北省人民医院又名武汉大学人民医院，其东院（武汉光谷中心医院）位于武汉东湖新技术开发区高新六路，占地250亩，总建筑面积253890m^2，为省市区重点建设项目，是集医疗、教学、科研于一体的大型高规格综合性三甲医院。其净化工程分为手术部、ICU、CCU、消毒供应中心及实验室等。

4.1.2　设计理念

1. 可靠的净化工程各系统的专业深化设计：以现代的病菌感染控制思路将洁净手术部、办公用房等单元作为一个控制整体的综合保障体系的设计概念为指导，吸收国内其他净化工程的设计经验与教训，并结合本院的实际情况，同时充分考虑医疗行业的可持续发展，作为本工程的设计理念。现代的洁净工程的目的是：最大限度地保持无菌清洁环境，防止交叉感染。所以在建筑规划上必须符合功能流程短捷和洁污分明的原则。

2. 根据这种控制思想，在本工程内根据功能要求进行明确的洁净与污染分区；合理规划材料及设备的配置需求。

3. 针对本项目整体设计方案，突出如下原则：净化等级不同的区域采用气体梯度压差，其流向由高压向低压，洁净向非洁净方向的气流组织，防止非洁净或污染区域的气体侵入洁净区域，低级别净化区域污染高净化级别区域；空调系统采用三级过滤，有效地将所有进入洁净控制区域的空气中尘埃粒子和细菌除去，保证室内空气符合设计医疗要求，手术室内采用集中上送风，下部侧回风，有效稀释和排除室内人员、设备等产生的尘菌，是室内及关键工作区域保证无尘无菌的要求；合理的温度和湿度，保证室内人员的舒适度、降低人体发尘量及抑制细菌的繁殖；内部配置合理，设备达到净化要求，符合医院及国家有关规范要求，先进的设备、柜体、控制面板，符合人体操作使用。

4. 洁净手术部建设符合《医院洁净手术部建筑技术规范》GB 50333要求的原则，但医院往往受建筑条件、资金制约等因素影响，而手术部空调的任务是，维持室内所需要的气候状态并除去空气中的尘埃、微生物、气味和有害气体，而医院手术室的空调是最重要也是最困难的任务，尤其是控制空气途径造成的术后感染至关重要，因为降低和避免术后感染是保证手术成功、缩短患者恢复时间、降低医疗费用的关键所在。另外，手术室空调的另一特点是服务面积虽小但风量大、能耗高、使用时间不确定，因此对医院洁净手术部的平面布局、空调净化等设计理念作了以下原则性的规划：①符合卫生学和医学流程的要求（无菌技术、人流技术及洁污分明）。②全方位、全过程地控制污染途径（包括手术部空气净化，无菌物品发送、储存，无菌技术操作及使用后物品的消毒处理）。③流线简明、快捷、高效的原则（所有人流、物流工作轨迹、环节都能及时、周到、方便）。④符合洁净手术部管理要求。⑤手术室空调在创造高度洁净的室内气候同时特别注意空调系统的节能。

5. 医疗流程见图 4.1.2。

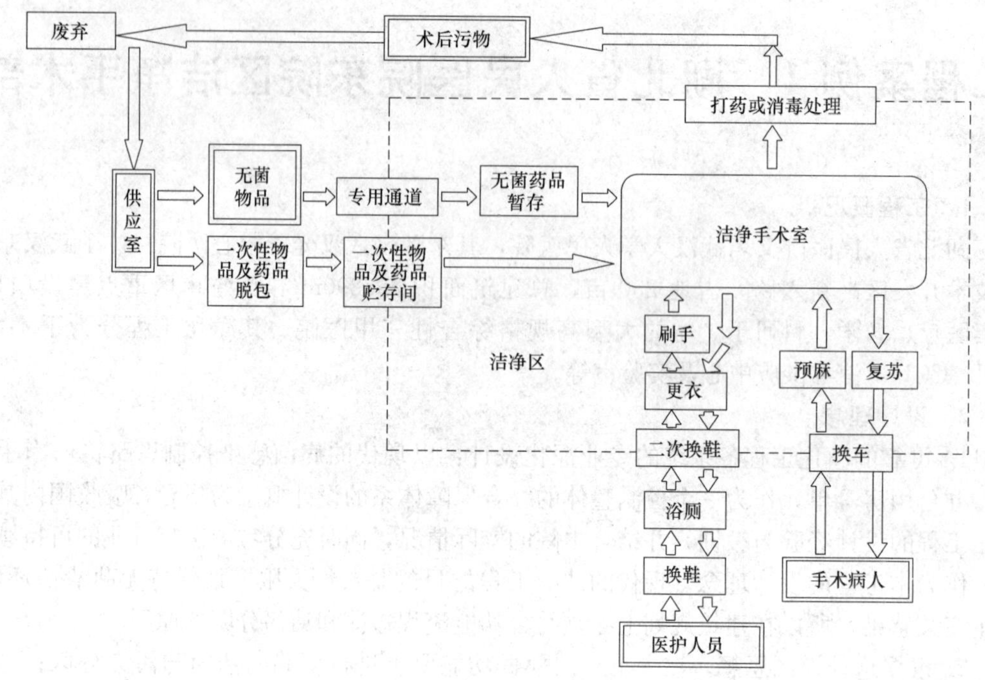

图 4.1.2　医疗流程

4.1.3　手术室组成及年手术量

该项目净化手术部共设置 26 间净化手术室，分设 4 间Ⅰ级手术室，22 间Ⅲ级手术室。其中设有 8 间示教手术室及 6 间放射防护手术室；ICU、CCU 分别设置 20 张床位。每年承接各种手术 2000 台。

4.1.4　设计图纸

该工程主要设计图纸见图 4.1.4-1 和图 4.1.4-2，设备材料明细及手术室基本配置见表 4.1.4-1 和表 4.1.4-2。

设备材料明细表　　表 4.1.4-1

序号	项目名称	规格型号	单位
1	组合电源插座箱	每台含 4 个 220V 插座，2 个接地端子	套
2	组合电源插座箱(380V)	每台含 4 个插座，1 个 380V，3 个 220V，2 个接地端子	套
3	墙面防水	H=1.8m，聚氨酯，1.5mm 厚	m^2
4	湿区地面防水处理	聚氨酯，1.5mm 厚	m^2
5	“手术中”指示灯		套
6	“手术中”放射指示灯		套
7	手术室三维节点及表面喷涂	R300	个
8	背景墙(换鞋间)		项

续表

序号	项目名称	规格型号	单位
9	嵌入式药品柜(带抽屉)	内嵌式安装,规格1200mm×1700mm×350mm,304磨砂不锈钢,分四门开启,上下两层,平移门,内置8mm钢化玻璃高强度托架,隔板位置和高度可任意调节,周边采用不锈钢包边,柜体内密封	套
10	硫酸钡水泥	35mm厚	m^2
11	嵌入式麻醉柜	内嵌式安装,规格1200mm×1700mm×350mm,304磨砂不锈钢,分四门开启,上下两层,平移门,内置8mm钢化玻璃高强度托架,隔板位置和高度可任意调节,周边采用不锈钢包边,柜体内密封	套
12	顶面铅板专用镀锌方钢龙骨	50×30×1.2	m^2
13	内嵌式书写台	与控制面板一体,不锈钢,带照明光管,内置220V电源、网络插口各一套	套
14	中央控制面盘(采用触摸或触控式进口有机玻璃面板)	含时钟、计时钟;空调系统启停、监控,温湿度显示及控制,高效过滤网堵塞报警;照明系统控制,麻醉废气排放启停、监控;免提电话、对讲面板;医用气体系统监控、报警;背开式检修;通信模块:提供空调信息、计时钟、开关控制的远程读写	台
15	墙面铅板专用镀锌龙骨	50×30×1.2	m^2
16	嵌入式器械柜	内嵌式安装,规格1200mm×1700mm×350mm,304磨砂不锈钢,分四门开启,上下两层,平移门,内置8mm钢化玻璃高强度托架,隔板位置和高度可任意调节,周边采用不锈钢包边,柜体内密封	套
17	内嵌式电脑书写台	内嵌式安装,规格1200mm×1700mm×400mm,304磨砂不锈钢	套
18	墙面方钢龙骨(辅房)	50×30×1.2	m^2
19	顶面镀锌方钢龙骨(辅房)	50×30×1.2	m^2
20	手术室墙面镀锌方钢龙骨	50×30×1.5	m^2
21	顶面手术室镀锌方钢龙骨	50×30×1.5	m^2
22	X光观片箱(四联)	四联	套
23	X光观片箱(六联)	六联	套
24	医用气体终端箱	1200mm×250mm×100mm	套

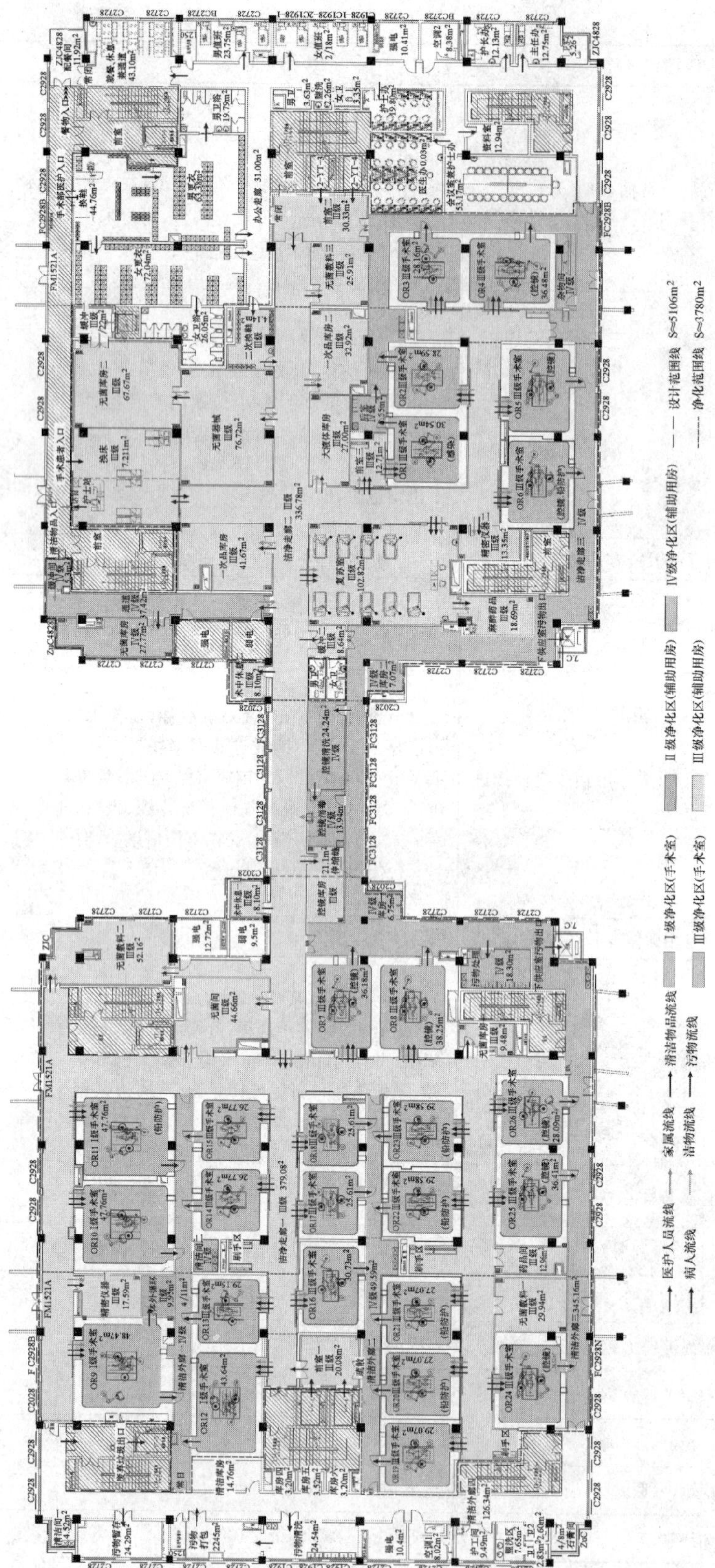

图 4.1.4-1　四层手术部平面布局图

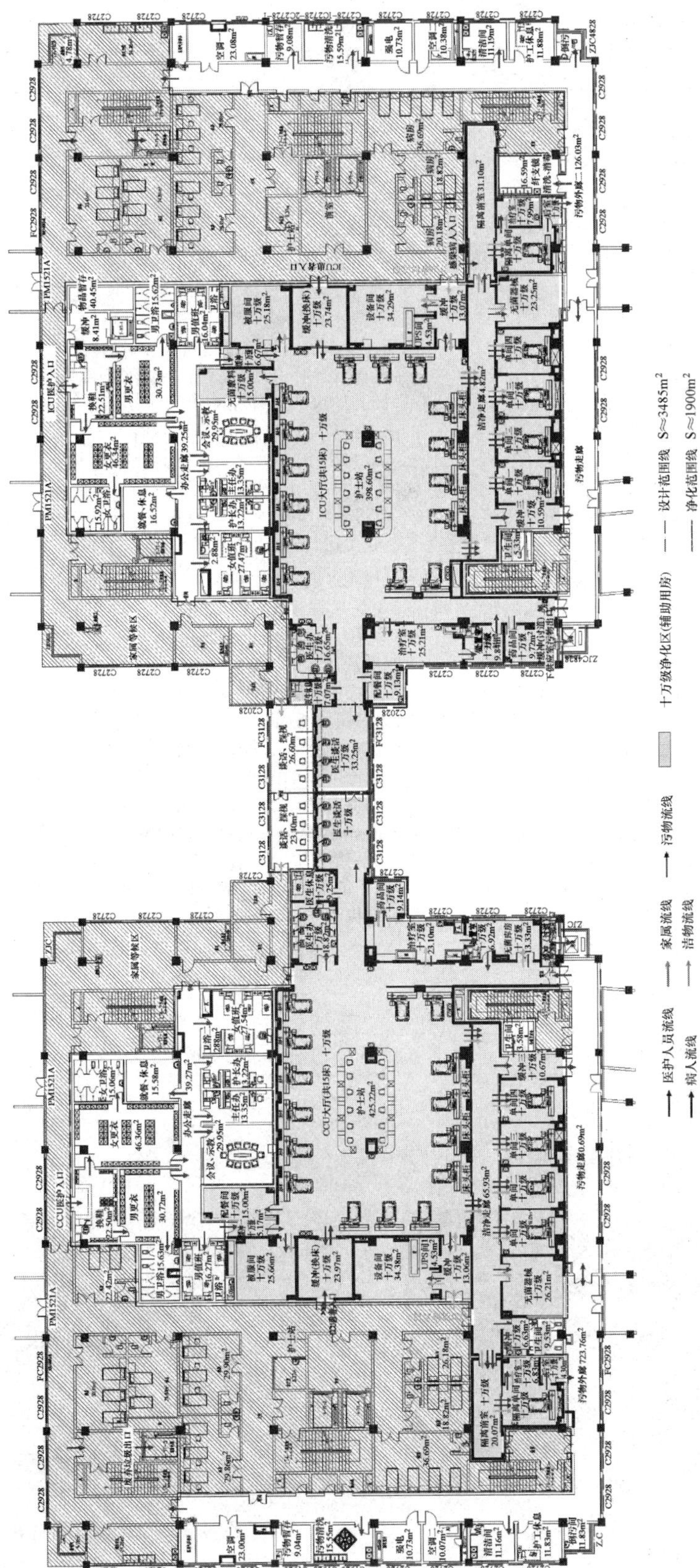

图 4.1.4-2　三层 ICU、CCU 平面布局图

手术室基本配置表 表4.1.4-2

序号	项目名称	规格型号	单位
1	组合电源插座箱	每台含4个220V插座,2个接地端子	套
2	组合电源插座箱(380V)	每台含4个插座,1个380V,3个220V,2个接地端子	套
3	"手术中"放射指示灯		套
4	手术室三维节点及表面喷涂	R300	个
5	嵌入式药品柜(带抽屉)	内嵌式安装,规格1200mm×1700mm×350mm,304磨砂不锈钢,分四门开启,上下两层,平移门,内置8mm钢化玻璃高强度托架,隔板位置和高度可任意调节,周边采用不锈钢包边,柜体内密封	套
6	嵌入式麻醉柜	内嵌式安装,规格1200mm×1700mm×350mm,304磨砂不锈钢,分四门开启,上下两层,平移门,内置8mm钢化玻璃高强度托架,隔板位置和高度可任意调节,周边采用不锈钢包边,柜体内密封	套
7	内嵌式书写台	与控制面板一体,不锈钢,带照明光管,内置220V电源、网络插口各一套	套
8	中央控制面盘(采用触摸或触控式进口有机玻璃面板)	含时钟、计时钟;空调系统启停、监控,温湿度显示及控制,高效过滤网堵塞报警;照明系统控制,麻醉废气排放启停、监控;免提电话、对讲面板;医气系统监控、报警;背开式检修;通信模块:提供空调信息、计时钟、开关控制的远程读写	台
9	嵌入式器械柜	内嵌式安装,规格1200mm×1700mm×350mm,304磨砂不锈钢,分四门开启,上下两层,平移门,内置8mm钢化玻璃高强度托架,隔板位置和高度可任意调节,周边采用不锈钢包边,柜体内密封	套
10	内嵌式电脑书写台	内嵌式安装,规格1200mm×1700mm×400mm,304磨砂不锈钢	套
11	X光观片箱(六联)	六联	套
12	医用气体终端箱	1200mm×250mm×100mm	套

4.1.5 示例照片

该工程实景照片见图4.1.5-1～图4.1.5-7。

图4.1.5-1 换鞋间背景

图4.1.5-2 换床间背景

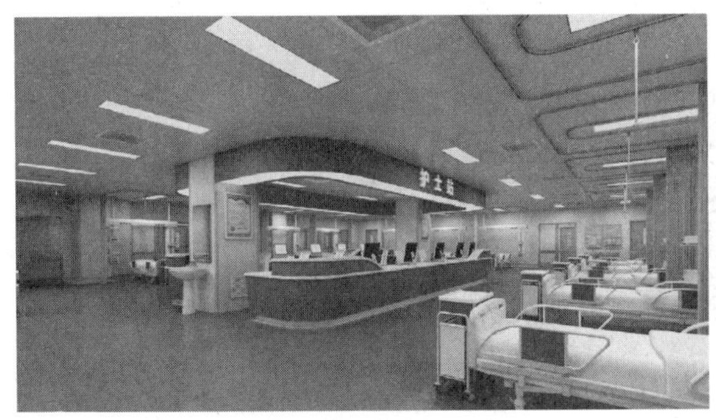

图 4.1.5-3　ICU 护士站台

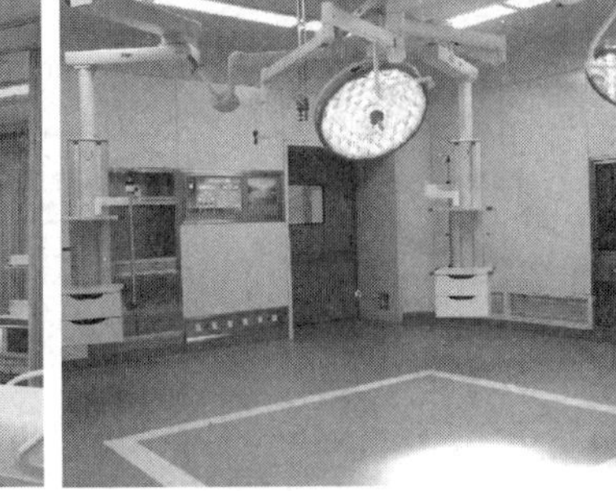

图 4.1.5-4　手术间

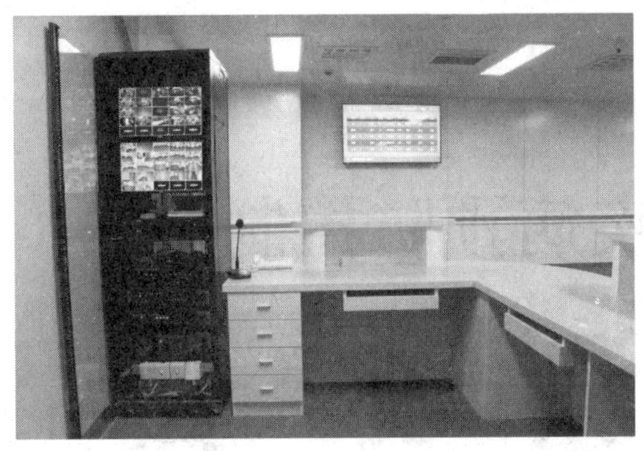

图 4.1.5-5　手术部智能系统

图 4.1.5-6　洁净走廊

图 4.1.5-7　净化机房

4.1.6　实测报告

2014002984S

湖北省疾病预防控制中心

检 测 报 告

报 告 编 号　　鄂疾控（2016）检字第 12095 号

检 测 对 象　　东院洁净手术部、ICU 及 CCU 微环境

被检测单位　　湖北省人民医院

检 测 类 别　　洁净环境检测

声　　明

1、检测报告无“计量认证标志及认证号”、“国家实验室认可标志及认可号”和“检测专用章”无效。

2、检测报告涂改无效，骑缝章不完整无效。

3、未经本中心书面同意不得部分复制（全文复制除外）检测报告。

4、检测报告无编制人、审核人、授权签字人签字无效。

5、对检测报告若有异议，应于收到检测报告之日起15天内向我单位提出，逾期视作对本报告无异议。

6、样品送检数量不能满足复检、仲裁需要或要求复检、仲裁时间已超过样品保质期或按有关规定不进行复检、仲裁的检验项目不接受送检单位复检、仲裁要求。

7、未经本中心同意，任何单位和个人不得以本中心的名义和本检测报告作商业广告。

8、凡伪造本中心检测报告，作虚假广告，本中心将追究法律责任。

9、检测报告中标注“#”号的项目不属于国家实验室认可及计量认证项目。

10、本检测报告一式三份，一份由检测机构存档，两份交送检单位。

地　　址：武汉市洪山区卓刀泉北路6号

电　　话：027-87652029

邮政编码：430079

2014002984S

湖北省疾病预防控制中心

检 测 报 告

鄂疾控（2016）检字第12095号　　　　第1页　共12页

被检测单位	湖北省人民医院		
检测地址	武汉市高新六路光谷一路交汇处	被检测单位陪同人	姚红玲
检测对象	东院洁净手术部、ICU及CCU微环境	检测数量	26间洁净手术室、ICU及CCU
检测日期	2016年7月22日	报告日期	2016年7月29日
环境条件	温度22.3℃、相对湿度53.7%		
检测项目	温度、相对湿度、工作照度、噪声、空气洁净度、静压差等		
检测依据	GB50333-2013、GB50073-2013		

检测结论：

1.洁净手术部受检26间洁净手术室的空气洁净度级别检测结果均达到或优于设计级别。依据《医院洁净手术部建筑技术规范》GB 50333-2013，OR9～OR12四间手术室均符合Ⅰ级洁净手术室的规定；OR1～OR8及OR13～OR26二十二间手术室均符合Ⅲ级洁净手术室的规定；其中OR1手术室的静压差检测结果符合正负压手术室的规定要求，受检各辅房区均符合Ⅲ级洁净辅房的规定。

2.ICU及CCU受检各区的空气洁净度检测结果均达到或优于8级（十万级）。

3. 洁净手术部、ICU及CCU受检各区间的空气细菌指标、温湿度、噪声、静压差指标及其它所检微环境指标检测结果分别符合《医院洁净手术部建筑技术规范》GB 50333-2013、《中国重症加强治疗病房（ICU）建设与管理指南》（卫生部，2006）及《医院消毒卫生标准》GB15982-2012的相应规定要求。

检测结果见第2～12页，附湖北省人民医院东院洁净手术部、ICU及CCU平面布置图。

湖北省疾病预防控制中心（检测专用章）检测专用章

授权签字人：　　　审核人：　　　编制人：

2016年7月29日　　2016年7月29日　　2016年7月29日

湖北省疾病预防控制中心

检　测　报　告

2014002984S

鄂疾控（2016）检字第 12095 号　　　　第 2 页　　共 12 页

检测结果：

检测地点	检测项目及检测结果（静态）			
	空气浮游菌 (cfu/m³)	尘埃粒子 (≥0.5μm)（千粒/m³）	尘埃粒子 (≥5.0μm)（千粒/m³）	空气洁净度（级）
洁净手术部				
OR1 手术区	0	98.6	0.42	7
OR1 周边区	25	131.2	3.39	8
OR2 手术区	0	1.6	0.21	6
OR2 周边区	0	78.7	0.35	7
OR3 手术区	25	95.8	0.49	7
OR3 周边区	50	140.2	1.19	7
OR4 手术区	0	62.3	1.55	7
OR4 周边区	0	87.2	1.21	7
OR5 手术区	0	5.6	0.14	6
OR5 周边区	25	8.8	0.21	6
OR6 手术区	0	1.4	0.07	6
OR6 周边区	0	9.9	0.35	7
OR7 手术区	0	3.4	0.14	6
OR7 周边区	25	33.3	1.06	7
OR8 手术区	25	143.0	1.84	7
OR8 周边区	25	169.7	0.56	7

湖北省疾病预防控制中心

检 测 报 告

2014002984S

鄂疾控（2016）检字第 12095 号

检测结果：

检测地点	检测项目及检测结果（静态）			
	空气浮游菌（cfu/m³）	尘埃粒子（≥0.5μm）（千粒/m³）	尘埃粒子（≥5.0μm）（千粒/m³）	空气洁净度（级）
洁净手术部				
OR9 手术区	0	1.0	0.00	5
OR9 周边区	0	12.5	0.14	6
OR10 手术区	0	0.2	0.00	5
OR10 周边区	0	14.6	0.21	6
OR11 手术区	0	0.7	0.00	5
OR11 周边区	0	0.5	0.07	6
OR12 手术区	0	0.0	0.00	5
OR12 周边区	0	0.1	0.00	6
OR13 手术区	25	5.6	0.14	6
OR13 周边区	0	25.2	0.42	7
OR14 手术区	0	58.6	0.35	7
OR14 周边区	25	152.2	1.84	7
OR15 手术区	0	3.4	0.14	6
OR15 周边区	0	33.3	1.06	7
OR16 手术区	25	143.0	1.84	7
OR16 周边区	25	169.7	14.28	8

湖北省疾病预防控制中心

检　测　报　告

2014002984S

鄂疾控（2016）检字第 12095 号　　　　第 4 页　　共 12 页

检测结果：

检测地点	检测项目及检测结果（静态）			
	空气浮游菌（cfu/m³）	尘埃粒子（≥0.5μm）（千粒/m³）	尘埃粒子（≥5.0μm）（千粒/m³）	空气洁净度（级）
洁净手术部				
OR17 手术区	0	106.8	1.70	7
OR17 周边区	0	131.2	3.39	8
OR18 手术区	0	28.6	1.77	7
OR18 周边区	25	78.7	3.96	8
OR19 手术区	0	95.8	1.91	7
OR19 周边区	0	240.1	4.59	8
OR20 手术区	0	62.3	1.55	7
OR20 周边区	50	87.2	2.97	8
OR21 手术区	0	12.8	0.21	6
OR21 周边区	0	62.3	0.42	7
OR22 手术区	25	18.4	0.35	7
OR22 周边区	50	19.8	0.42	7
OR23 手术区	0	35.6	0.35	7
OR23 周边区	0	63.5	1.06	7
OR24 手术区	0	128.0	1.84	7
OR24 周边区	50	169.7	4.59	8

湖北省疾病预防控制中心

检　测　报　告

2014002984S

鄂疾控（2016）检字第 12095 号

检测结果：

检测地点	检测项目及检测结果（静态）				
	空气浮游菌（cfu/m³）	空气沉降菌（cfu/皿·30min）	尘埃粒子（≥0.5μm）（千粒/m³）	尘埃粒子（≥5.0μm）（千粒/m³）	空气洁净度（级）
洁净手术部					
OR25 手术区	0	/	156.2	1.77	7
OR25 周边区	0	/	312.5	3.39	8
OR26 手术区	0	/	121.4	0.56	7
OR26 周边区	25	/	223.5	3.46	8
无菌间	/	0.0	87.6	1.70	7
无菌敷料一	/	0.3	37.3	1.27	7
腔镜库房	/	0.3	83.1	1.20	7
药品间	/	0.7	97.0	18.52	8
体外循环	/	0.0	97.2	1.98	7
精密仪器	/	0.3	50.2	1.70	7
一次品库房	/	1.0	48.6	3.39	8
复苏室	/	0.7	68.5	3.60	8
洁净走廊一	/	1.0	245.7	1.84	7
换床间	/	1.0	2581.8	12.08	8

湖北省疾病预防控制中心

检 测 报 告

2014002984S

鄂疾控（2016）检字第12095号　　　　第6页　　共12页

检测结果：

检测地点	检测项目及检测结果（静态）			
	空气浮游菌 （cfu/m³）	尘埃粒子 （≥0.5μm） （千粒/m³）	尘埃粒子 （≥5.0μm） （千粒/m³）	空气洁净度 （级）
ICU区				
ICU大厅	50	85.0	3.82	8
单间一	0	207.7	4.73	8
单间二	0	110.0	1.84	7
单间三	25	77.5	3.60	8
单间四	0	268.7	3.18	8
治疗室一	25	152.9	1.41	7
隔离单间	25	139.6	0.64	7
治疗室二	0	40.4	0.35	7
无菌敷料	0	89.8	0.35	7
无菌器械	50	391.5	1.14	7
CCU区				
CCU大厅	50	268.6	1.98	7
单间一	0	50.9	1.91	7
单间二	25	35.1	1.77	7
单间三	0	44.0	1.70	7
单间四	0	52.2	0.56	7

湖北省疾病预防控制中心

检　测　报　告

2014002984S

鄂疾控（2016）检字第 12095 号

检测结果：

检测地点	检测项目及检测结果（静态）			
	空气浮游菌（cfu/m³）	尘埃粒子（≥0.5μm）（千粒/m³）	尘埃粒子（≥5.0μm）（千粒/m³）	空气洁净度（级）
CCU 区				
治疗室一	0	107.3	0.71	7
隔离单间	25	95.6	1.13	7
治疗室二	0	88.6	0.49	7
无菌敷料	50	191.7	3.67	8
无菌器械	0	77.3	0.78	7

本页以下空白

湖北省疾病预防控制中心

检　测　报　告

2014002984S

鄂疾控（2016）检字第 12095 号　　　　第 8 页　共 12 页

检测结果：

检测地点	温　度（℃）	相对湿度（%）	噪　声 dB（A）	工作照度（Lx）	换气次数（次/h）	静压差（Pa）（相对位置）
	检测项目及检测结果（静态）					
洁净手术部						
OR1 手术室	22.3	53.7	48.7	610	21.5	对前室（正压态）+6 对前室（负压态）-7
OR2 手术室	21.9	55.8	48.3	620	20.3	对洁净走廊 +7
OR3 手术室	21.6	52.7	45.3	632	19.0	对洁净走廊 +5
OR4 手术室	21.8	54.3	46.4	636	19.0	对洁净走廊 +6
OR5 手术室	21.5	59.4	48.9	652	26.3	对洁净走廊 +5
OR6 手术室	21.3	56.8	48.8	640	18.4	对洁净走廊 +7
OR7 手术室	21.9	59.6	44.4	640	28.5	对洁净走廊 +6
OR8 手术室	21.3	57.2	48.9	648	18.9	对洁净走廊 +6
OR9 手术室	22.1	50.9	50.8	580	/	对洁净走廊 +8
OR10 手术室	22.4	57.7	50.5	590	/	对洁净走廊 +9
OR11 手术室	22.2	57.6	50.1	702	/	对洁净走廊 +10
OR12 手术室	22.3	56.5	50.4	652	/	对洁净走廊 +9
OR13 手术室	21.4	56.7	48.6	455	19.9	对洁净走廊 +7
OR14 手术室	21.5	56.8	48.2	452	19.5	对洁净走廊 +5

湖北省疾病预防控制中心

检　测　报　告

2014002984S

鄂疾控（2016）检字第12095号

检测结果：

检测地点	检测项目及检测结果（静态）					
	温　度（℃）	相对湿度（%）	噪　声 dB（A）	工作照度（Lx）	换气次数（次/h）	静压差（Pa）（相对位置）
洁净手术部						
OR15手术室	21.3	52.6	48.2	558	18.5	对洁净走廊 +5
OR16手术室	20.9	53.5	47.6	602	18.2	对洁净走廊 +6
OR17手术室	21.4	54.6	47.3	618	19.6	对洁净走廊 +7
OR18手术室	21.2	52.8	48.5	596	20.1	对洁净走廊 +5
OR19手术室	21.6	52.6	48.6	542	18.4	对洁净走廊 +5
OR20手术室	21.5	53.7	45.9	628	18.3	对洁净走廊 +7
OR21手术室	21.8	52.8	46.2	612	17.6	对洁净走廊 +5
OR22手术室	21.4	54.4	47.5	559	18.5	对洁净走廊 +6
OR23手术室	21.5	55.6	45.8	586	18.8	对洁净走廊 +6
OR24手术室	21.8	54.2	42.9	604	18.2	对洁净走廊 +5
OR25手术室	21.7	54.8	46.4	588	18.1	对洁净走廊 +5
OR26手术室	21.8	53.7	46.2	542	18.6	对洁净走廊 +6

湖北省疾病预防控制中心

检　测　报　告

2014002984S

鄂疾控（2016）检字第12095号　　　　第10页　共12页

检测结果：

检测地点	检测项目及检测结果（静态）					
	温　度（℃）	相对湿度（%）	噪　声 dB（A）	工作照度（Lx）	换气次数（次/h）	静压差（Pa）（相对位置）
洁净手术部						
无菌间	22.8	58.6	42.5	270	13.2	/
无菌敷料一	22.5	58.4	42.3	220	12.5	/
腔镜库房	22.4	58.5	41.5	200	12.7	/
药品间	22.7	58.4	42.6	150	12.9	/
体外循环	22.5	58.2	45.8	240	18.3	/
精密仪器	22.1	56.6	44.4	320	16.5	/
一次品库房	22.4	58.1	42.3	280	10.3	/
复苏室	22.3	54.2	42.2	245	10.5	/
洁净走廊一	23.8	58.8	45.6	215	11.2	/
换床间	24.1	58.9	45.2	202	10.6	对外+10
ICU区						
ICU大厅	22.4	59.2	41.5	252	10.8	对换床间+11
单间一	22.2	59.4	42.8	302	10.6	/

湖北省疾病预防控制中心

检　测　报　告

2014002984S

鄂疾控（2016）检字第 12095 号

检测结果：

检测地点	检测项目及检测结果（静态）					
	温　度（℃）	相对湿度（%）	噪　声 dB（A）	工作照度（Lx）	换气次数（次/h）	静压差（Pa）（相对位置）
ICU 区						
单间二	22.4	59.2	42.5	215	10.5	/
单间三	22.5	58.8	42.2	220	10.8	/
单间四	22.4	58.4	42.8	218	11.2	/
治疗室一	22.3	58.5	44.6	202	10.6	/
隔离单间	23.2	52.6	44.8	223	10.7	对前室-7
治疗室二	22.8	56.4	44.5	212	10.9	/
无菌敷料	22.5	56.3	44.5	201	10.2	/
无菌器械	22.4	55.8	44.6	224	10.5	/
CCU 区						
CCU 大厅	22.8	56.4	44.2	215	11.4	对换床间+10
单间一	22.6	56.2	44.3	188	10.8	/
单间二	22.7	56.6	44.5	204	10.6	/
单间三	22.7	56.7	44.7	212	10.5	/

湖北省疾病预防控制中心

检　测　报　告

2014002984S

鄂疾控（2016）检字第 12095 号　　　　第 12 页　共 12 页

检测结果：

检测地点	检测项目及检测结果（静态）					
	温　度（℃）	相对湿度（%）	噪　声 dB（A）	工作照度（Lx）	换气次数（次/h）	静压差（Pa）（相对位置）
CCU 区						
单间四	22.4	58.4	44.2	188	10.6	/
治疗室一	22.5	58.2	44.8	192	10.4	/
隔离单间	22.4	58.7	44.5	202	10.8	/
治疗室二	22.3	58.4	44.5	212	10.3	/
无菌敷料	22.6	58.2	44.3	225	11.0	/
无菌器械	22.5	56.7	43.7	225	12.1	/

注：OR9、OR10、OR11 及 OR12（Ⅰ级）手术室工作区平均风速依次为 0.22m/s、0.21m/s、0.23m/s 和 0.22m/s，本页以下空白。

工程案例 2　青海省人民医院住院综合楼洁净手术部

青海省人民医院是始建于 1927 年的平民医院，1929 年命名为省立中山医院，1956 年迁址后更名为青海省人民医院，是我国青藏高原上成立时间最早、建设规模最大、综合实力最强，集医疗、教学、科研、保健、康复和急救为一体的省级大型三级甲等综合性医院。临床医技专业科室 53 个，编制床位 2200 张，规划床位 2600 张。

住院综合楼洁净手术部位于住院综合楼六层、七层，设备夹层位于七层技术夹层。洁净手术部建筑面积约为 7000m^2，手术部共设手术室 30 间。五层 ICU 至六、七层手术部设有专用内部电梯，便于两个科室使用。

4.2.1　设计理念

1. 布局合理。Ⅰ级手术室设计在七层手术部内侧区域，处于干扰最小位置；正负压切换手术室设计在六层洁净走廊与清洁走廊交汇处，为负压手术预留专用通道，避免交叉感染。

2. 流线清晰。手术部贯彻“外周污物回收型”设计理念，将医护流线、病人流线、洁物流线及污物流线区分开来。部分手术室采用德国设计理念，手术室带前室单走廊，每间手术室附设一间预麻间和刷手间，极大地提高了手术室使用效率，降低了昂贵造价，减少了建筑使用平面。

3. 用材得当。手术部用材坚持“关键部位进口，其他部位国产”的理念，手术室地面卷材、自动门、刷手池、净化空调机组、隔离变压器等关键设备或材料采用进口品牌。

4. 以人为本。Ⅰ级手术室采用模块化、艺术化钢化玻璃墙板，材料原始，绿色环保，并且每块墙板均可根据需要拆卸和升级，更加满足未来手术室改造升级的需求；同时在钢化玻璃墙板中植入艺术画，一改传统手术室冰冷压抑的装修风格，一定程度上缓解了医护人员手术的疲劳感和患者紧张的情绪。手术部刷手池均采用高分子聚合物材料，耐腐性较传统的不锈钢刷手池更强。同时，波浪形的设计保证医护人员在刷手过程中水滴不会外溅。

4.2.2　手术室组成及年手术量

洁净手术部建筑面积约为 7000m^2，手术层层高 4.3m，设备层层高 4.2m。洁净手术部由洁净手术室、洁净辅助区及非洁净区组成。Ⅰ级洁净手术室 6 间（DSA、术中 CT、机器人手术室、心脏外科、眼科、骨科），Ⅲ级洁净手术室 24 间（正负压切换手术室 1 间），辅助用房按Ⅳ洁净用房设计。设计年手术量 2 万台/年，实际手术量 2.4 万台/年。

4.2.3　医疗流程

医护人员在六层非洁净区换鞋、更衣后，进入洁净区，刷完手后进入手术室，术前穿手术衣和戴手套，术毕应原路退出手术；病人从非洁净区进入后，在洁净区换洁车或清洁车辆，并在洁净区进行麻醉、手术和恢复，术后退出手术部至病房或 ICU；无菌物品在

供应中心消毒后，通过专用洁净通道进入洁净区，并在洁净区无菌储存，按要求送入手术室（详见手术部流程图）

4.2.4　手术室特点

手术部刷手池均采用高分子聚合物材料，耐腐性较传统的不锈钢刷手池更强。同时波浪型的设计保证医护人员在刷手过程中水滴不会外溅。

4.2.5　绿色、环保、节能措施

装饰装修：手术部墙体采用钢化玻璃墙板，材料原始，绿色环保；墙体及吊顶面板之间缝隙采用医用硅胶条或进口中性胶密封，避免产生甲醛等有害气体。

净化空调：所有净化空调机组控制系统均设计变频器，根据系统需要自动调节机组风量大小，一定程度上达到节能效果；根据手术室功能及等级不同，合理划分净化空调系统，分区控制，避免空气交叉污染的同时达到节能目的。

4.2.6　手术室设计图纸

设计图纸包括：手术室平面图，手术室流程图，冷热源系统图，空调风系统图，空调系统控制原理图，手术室基本装备表，（见图 4.2.6-1～图 4.2.6-11）主要设备材料表见表 4.2.6-1 和表 4.2.6-2。

手术室基本装备表　　　　**表 4.2.6-1**

装备名称	必须配置数量	备　注
医用气体面盘	1 套/间	配气体终端
四联观片灯	1 套/间(Ⅲ级)	防眩光读取；最大发光密度 3500～5200cd/m²，可调节；无闪烁、节能高频灯；可控荧光灯；全电动连续光亮控制；调节范围 90%
六联观片灯	1 套/间(Ⅰ级)	防眩光读取；最大发光密度 3500～5200cd/m²，可调节；无闪烁、节能高频灯；可控荧光灯；全电动连续光亮控制；调节范围 90%
组合多功能控制箱	1 个/间	含麻醉、手术计时、温湿度控制等
药品柜(嵌入式)	1 个/间	1200×1700×400
麻醉柜(嵌入式)	1 个/间	1200×1700×400
器械柜(嵌入式)	1 个/间	1200×1700×400
保温柜(嵌入式)	1 个/间	600×1000×450
组合电源插座箱(嵌入式)	3 组/间	每组 3 个 220V 插座，带 2 个接地端子；其中 1 组为 2 个 220V 插座、1 个 380V 插座，带 2 个接地端子
组合电源插座箱(嵌入式)	1 组/间	每组 3 个 220V 插座，1 个 380V 插座，带 2 个接地端子，非治疗用电
输液导轨	2 套/间	每套含两个吊钩

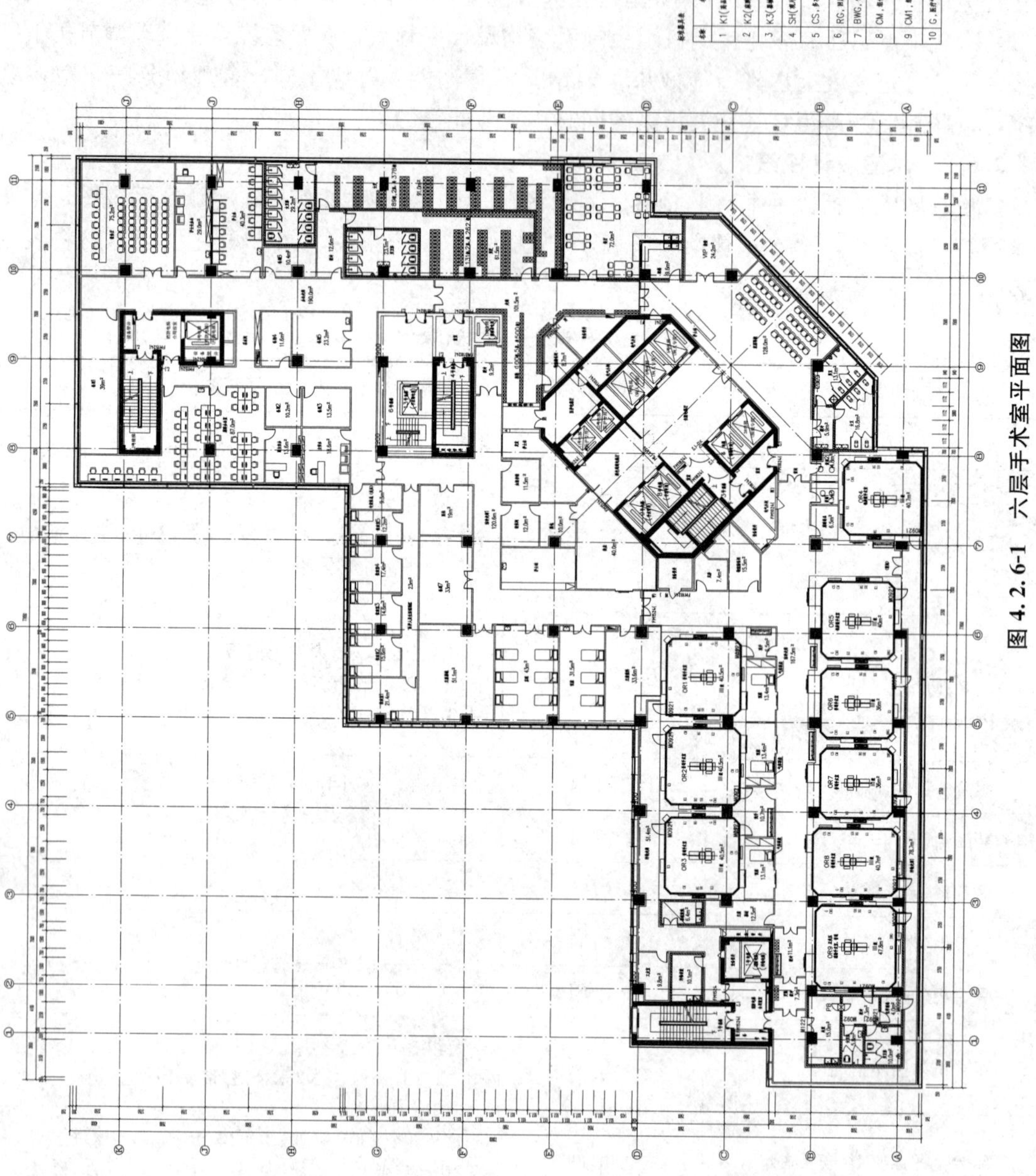

图 4.2.6-1　六层手术室平面图

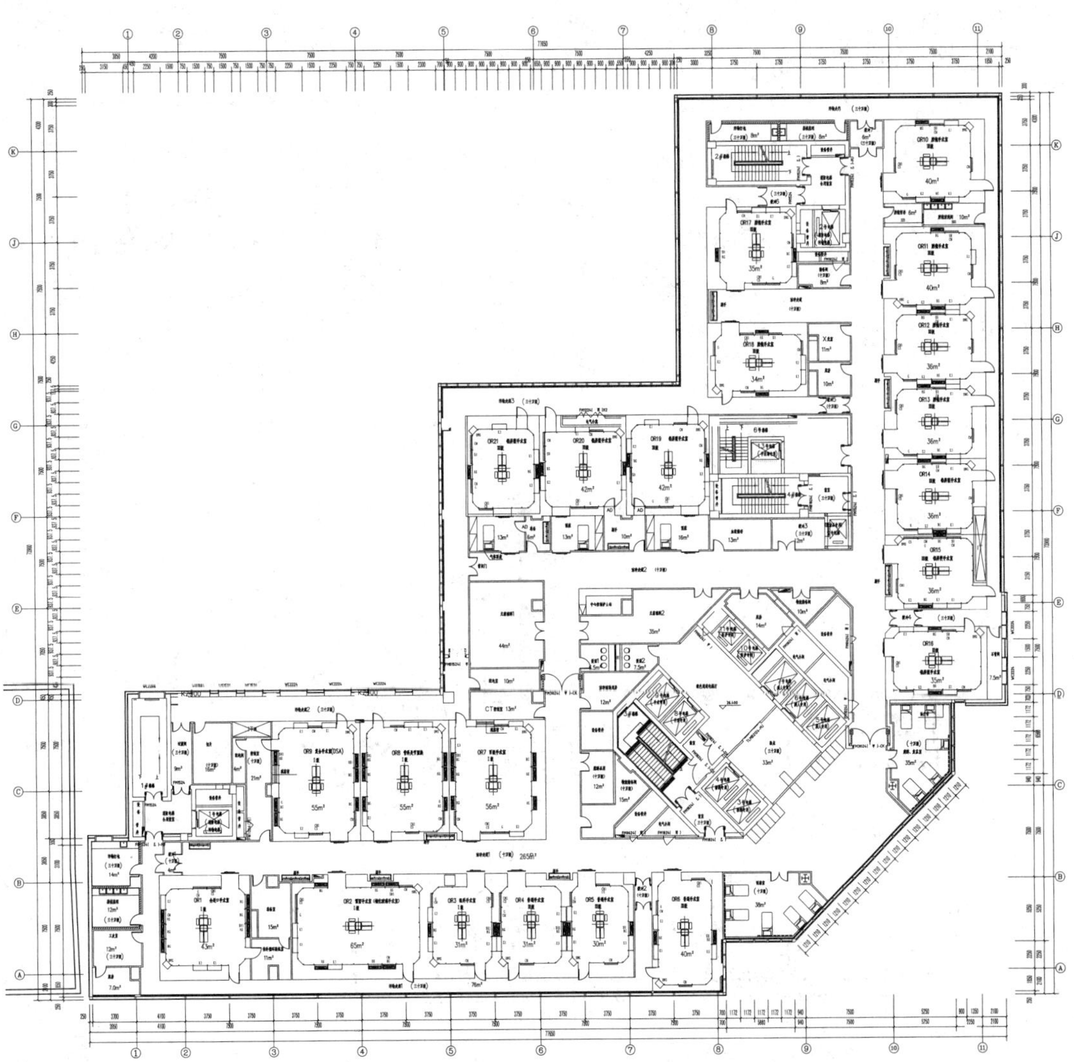

图 4.2.6-2　七层手术室平面图

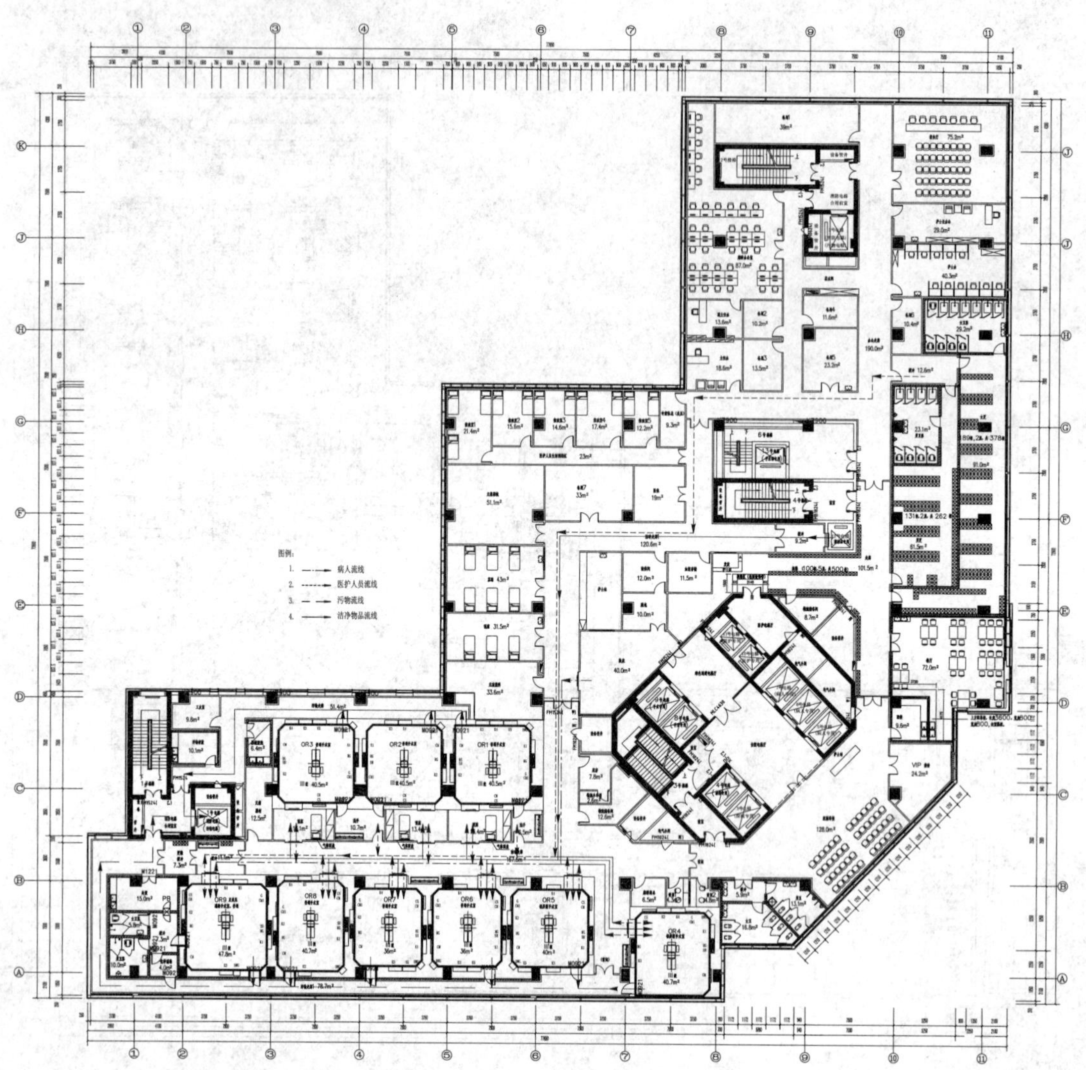

图 4.2.6-3 六层手术室流程图

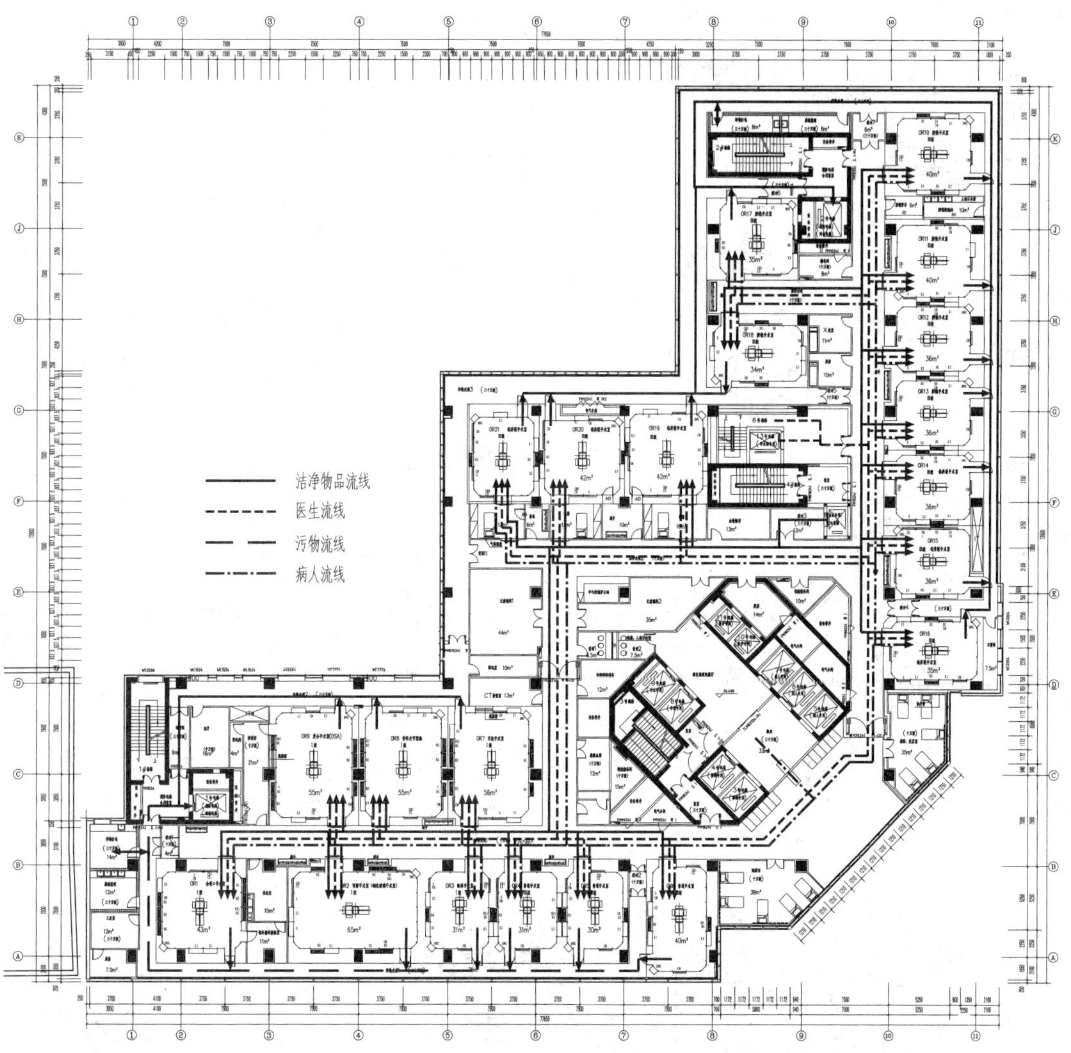

图 4.2.6-4　七层手术室流程图

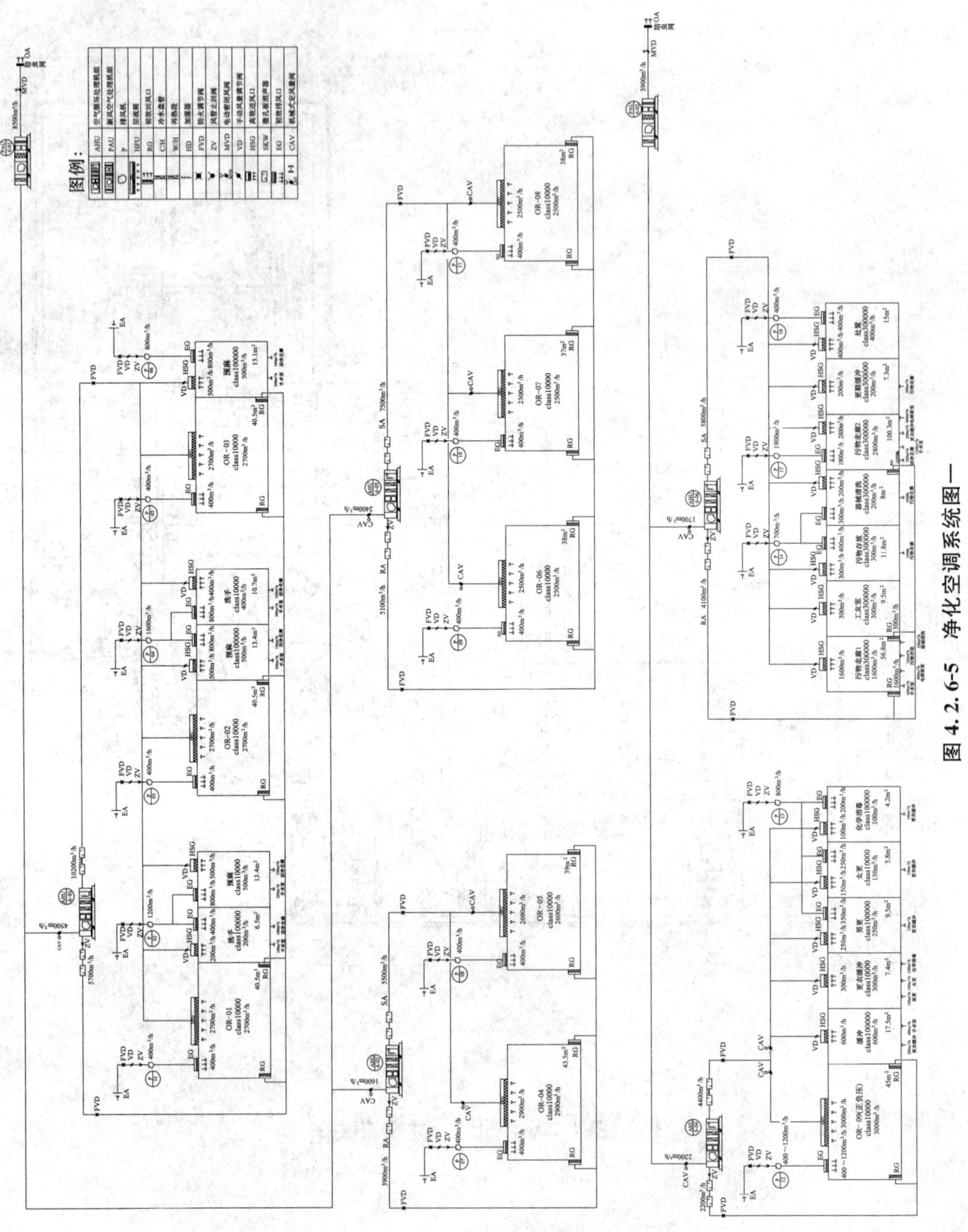

图 4. 2. 6-5　净化空调系统图一

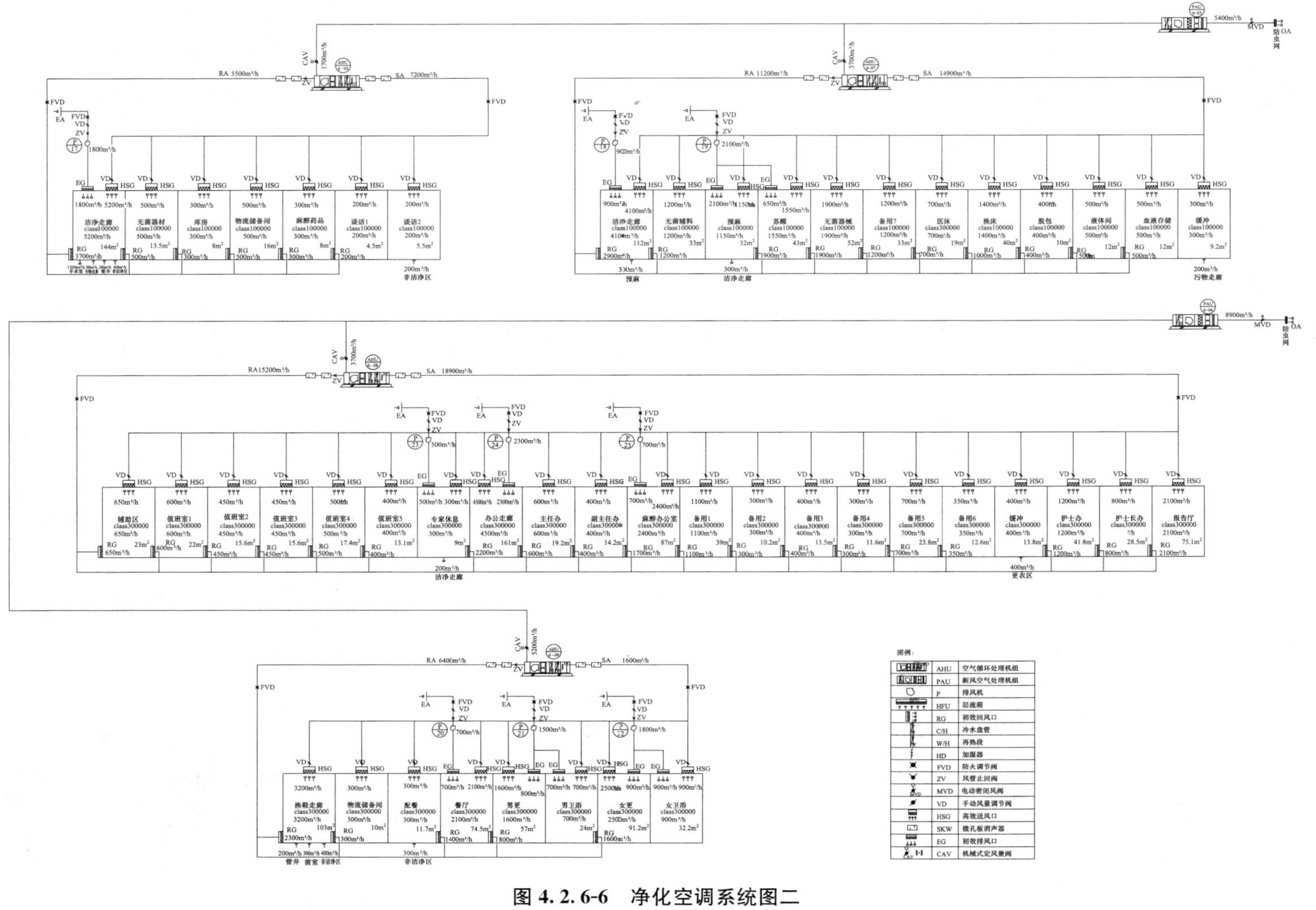

图 4.2.6-6　净化空调系统图二

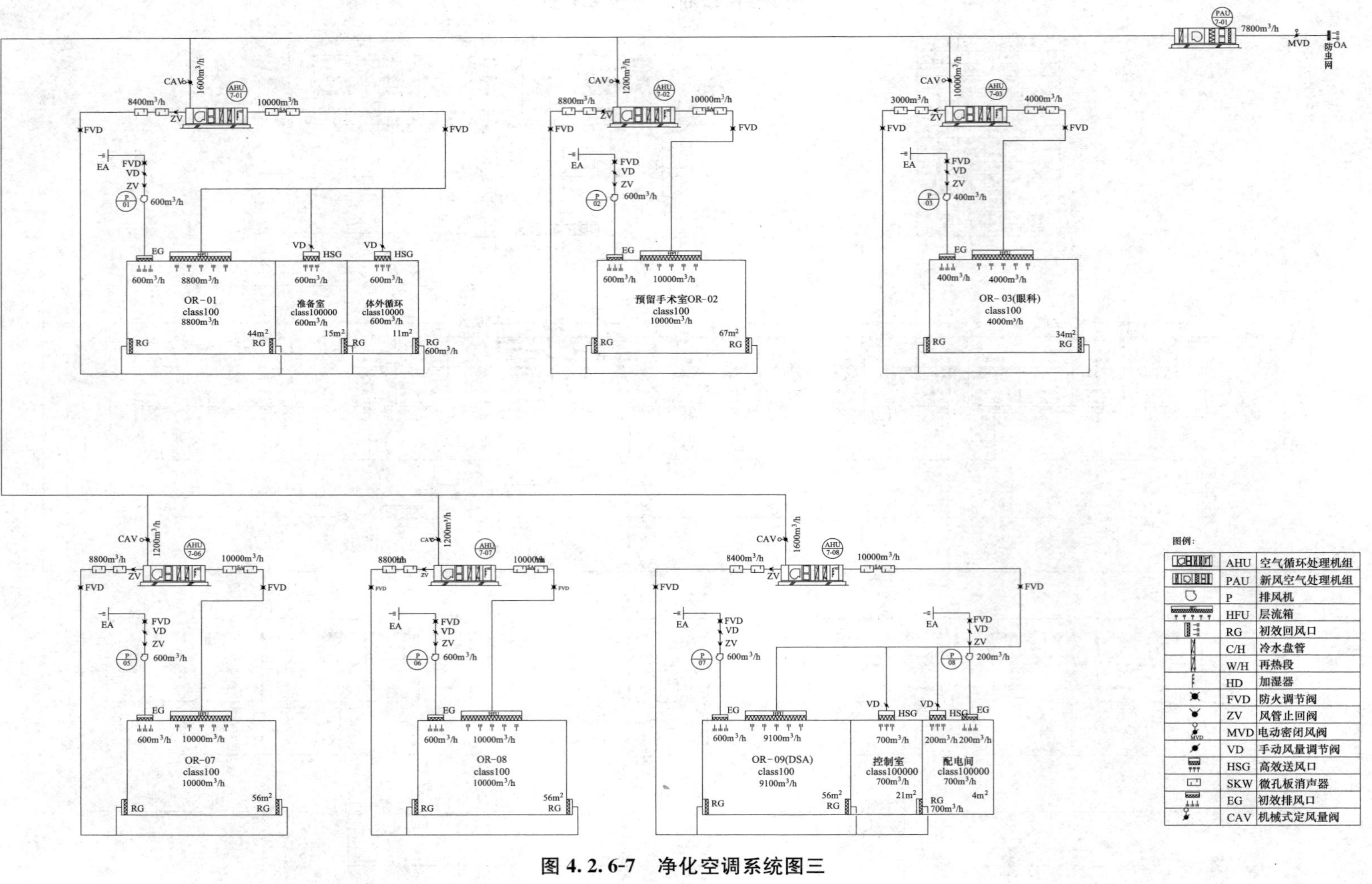

图 4.2.6-7　净化空调系统图三

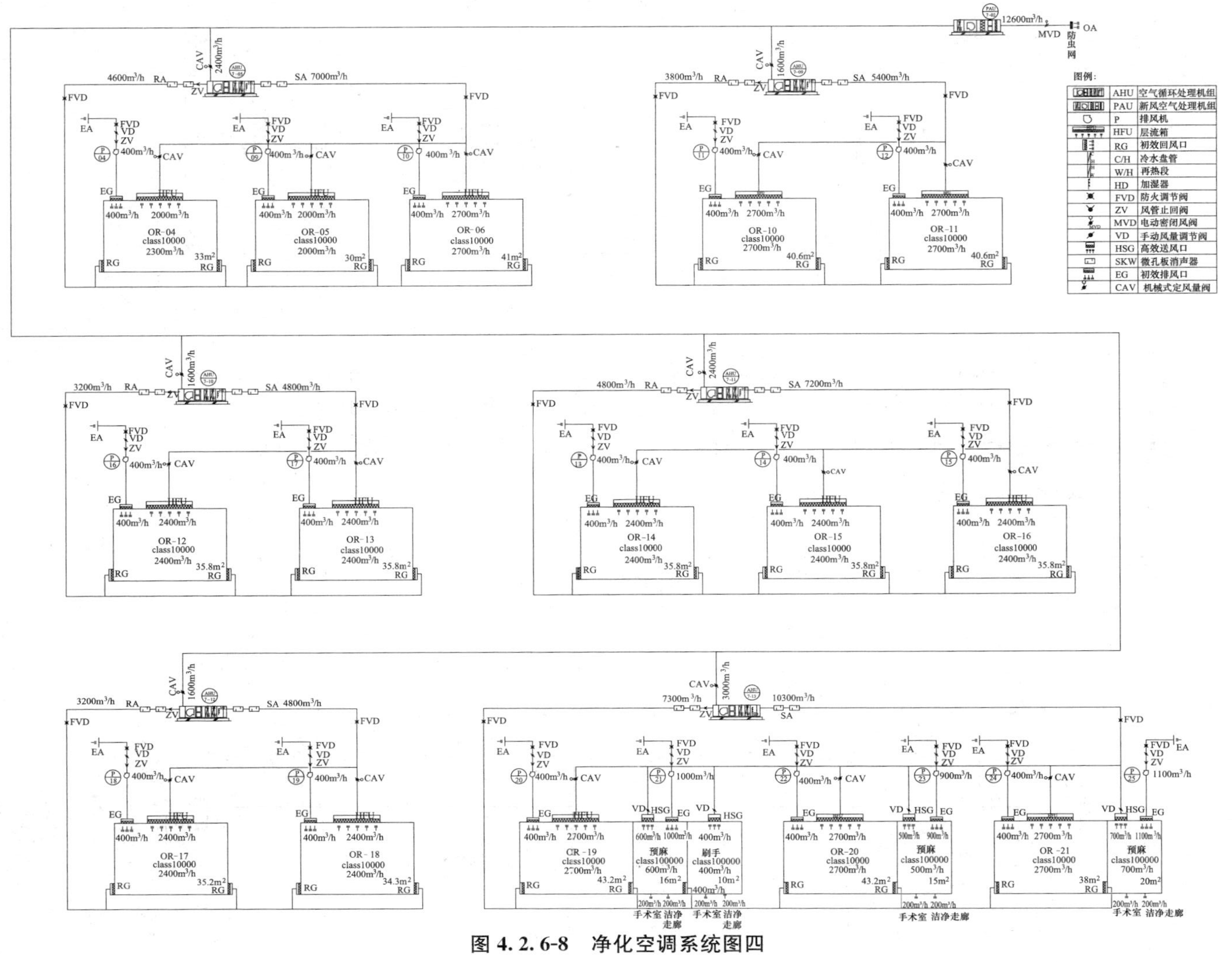

图 4.2.6-8　净化空调系统图四

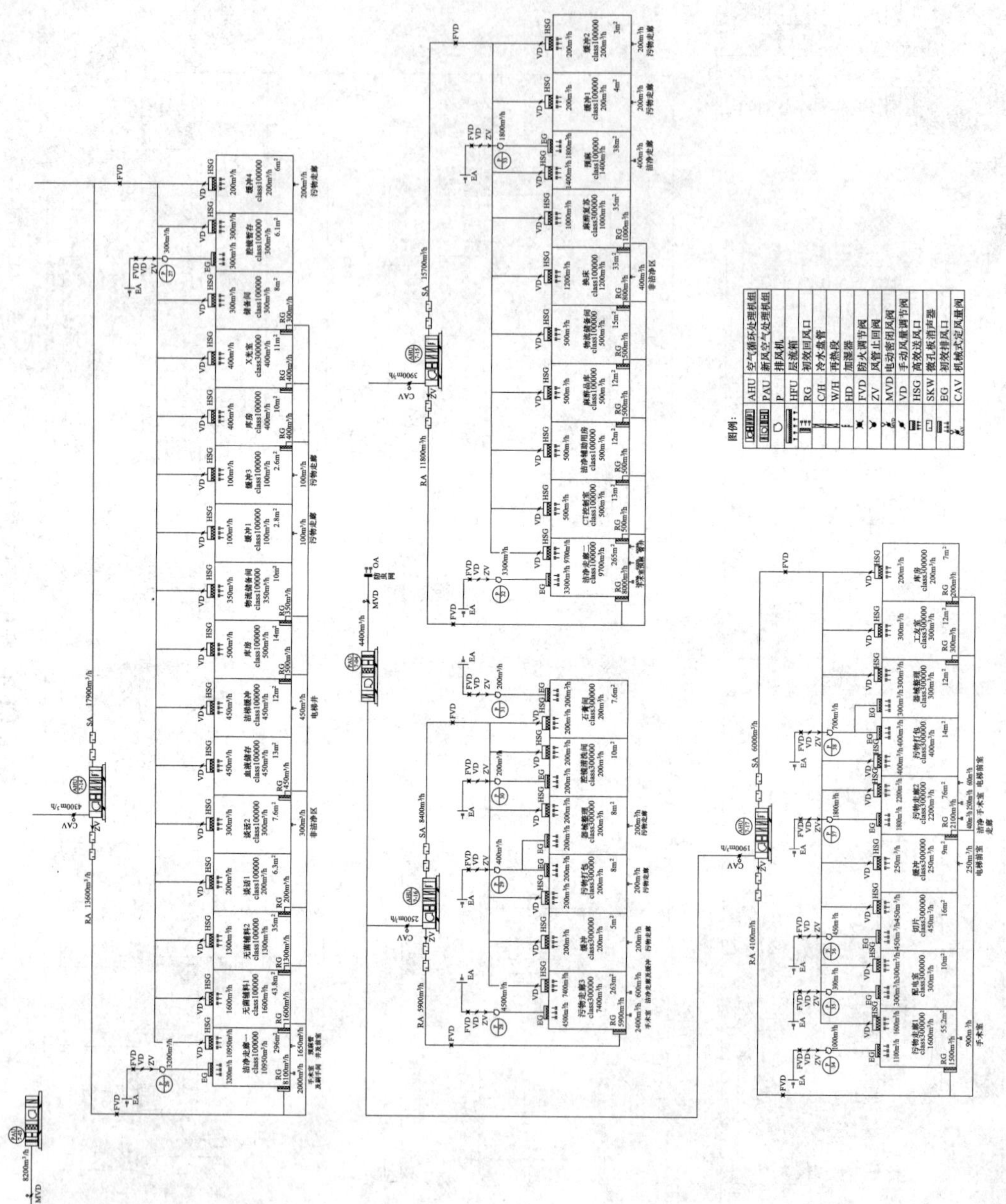

图 4.2.6-9　净化空调系统图五

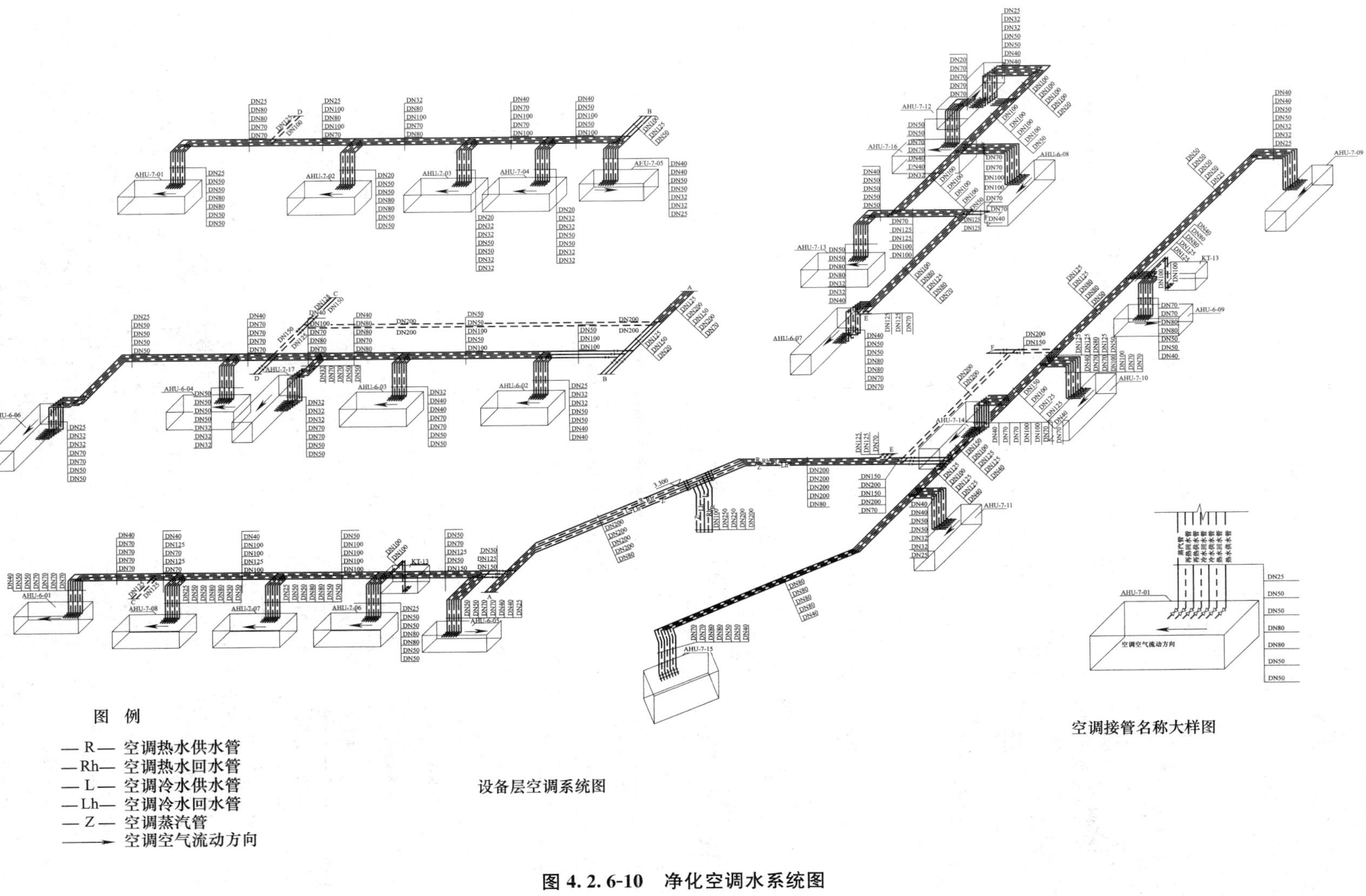

图 4.2.6-10　净化空调水系统图

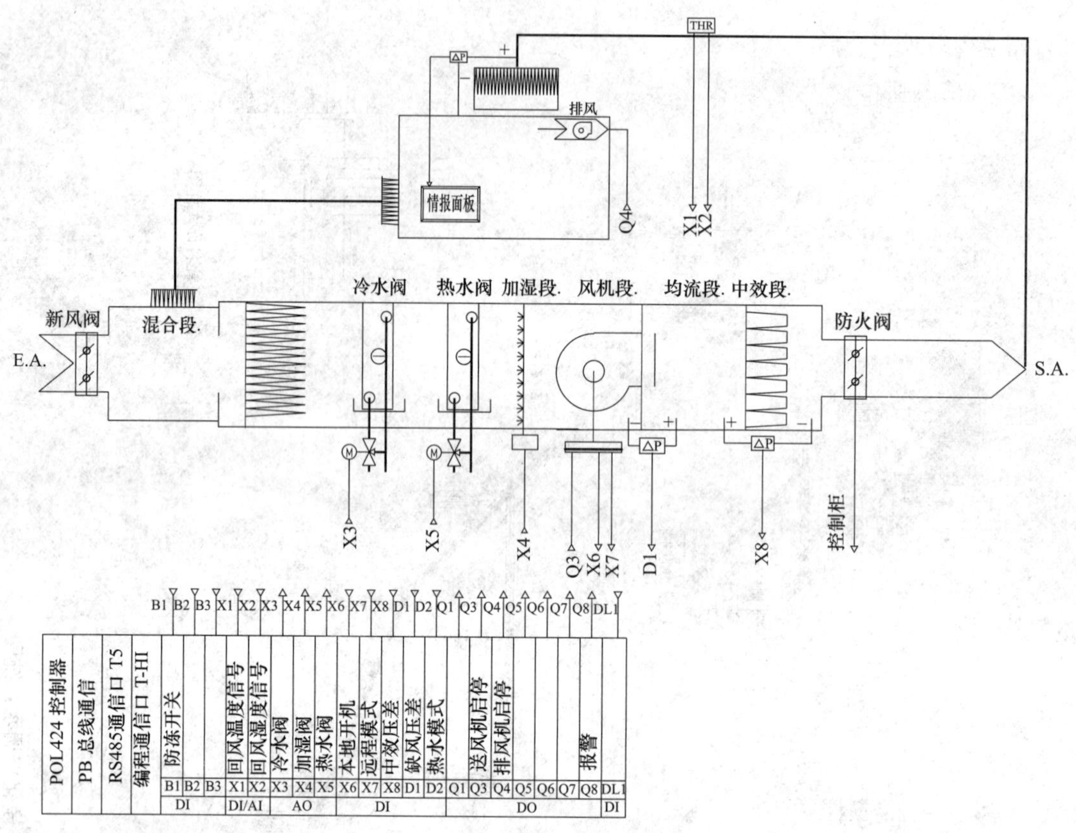

图 4.2.6-11　空调系统控制原理图

Ⅲ级手术室空调主要设备材料表　　　　**表 4.2.6-2**

序号	项目(规格、型号)	数量	单位	备　注
1	循环机组 AHU(9000m³/h)	1	台	风量 9000m³/h,冷量 48kW,热量 21kW,再热量 18kW,加湿量 16kg/h,机外余压 700Pa
2	排风机(400m³/h)	1	台	机外余压 250Pa
3	新风防雨百叶(1000×500)	1	个	防雨、防虫
4	排风防雨百叶(500×500)	1	个	防雨、防虫
5	阻漏式送风天花 2600×2400×350(Ⅰ级)	1	台	国家专利产品
6	卫生型微穿孔板消声器(1000×800×700)	4	个	双层微孔板,微孔孔径 1mm,穿孔率 2%,膨胀比 200(80：120),镀锌钢板厚度 1.2mm,微穿孔板 0.6mm
7	防火阀(800×700)	2	个	70℃时关闭,优质镀锌钢板,采用烘板法兰铆压制作,焊口密封严密,外观无变形,镀锌板厚 2mm,防腐处理全面,所有阀体四周补密封胶,有防火合格证
8	防火阀(200×200)	1	个	70℃时关闭,优质镀锌钢板,采用烘板法兰铆压制作,焊口密封严密,外观无变形,镀锌板厚 2mm,防腐处理全面,所有阀体四周补密封胶,有防火合格证

续表

序号	项目(规格、型号)	数量	单位	备　注
9	止回阀(800×700)	1	个	外框镀锌钢板、叶片铝板,采用烘板法兰铆压制作,焊口密封严密,外观无变形,镀锌板厚 2mm,防腐处理全面,所有阀体四周补密封胶优质镀锌钢板
10	止回阀(200×200)	1	个	外框镀锌钢板、叶片铝板,采用烘板法兰铆压制作,焊口密封严密,外观无变形,镀锌板厚 2mm,防腐处理全面,所有阀体四周补密封胶优质镀锌钢板
11	手动风量调节阀(200×200)	1	个	优质镀锌钢板,采用烘板法兰铆压制作,焊口密封严密,外观无变形,镀锌板厚度 2mm,防腐处理全面,所有阀体四周补密封胶
12	定风量阀(1100m^3/h)	1	个	
13	电动密闭阀(320×320)	1	个	含执行器,采用烘板法兰铆压制作,焊口密封严密,外观无变形,镀锌板厚 2mm,防腐处理全面,所有阀体四周补密封胶

4.2.7　现场照片

该工程现场照片如图 4.2.7-1～图 4.2.7-4 所示。

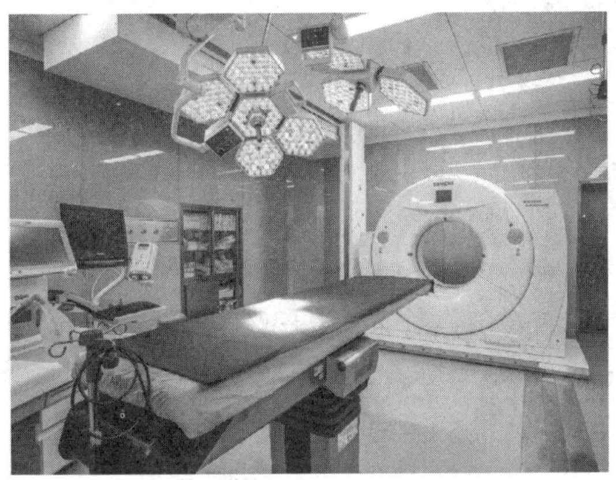

图 4.2.7-1　术中 CT 手术室实景图

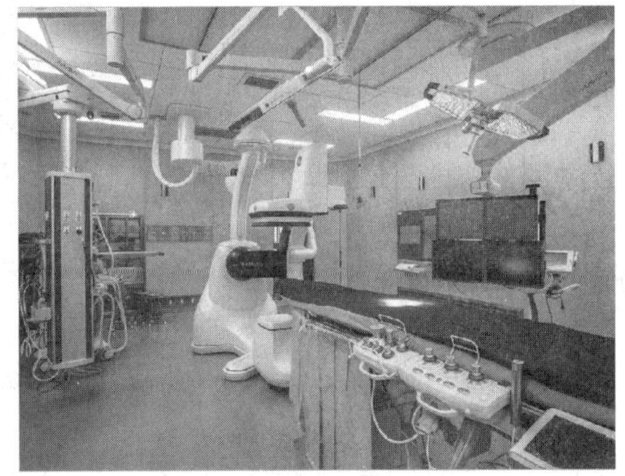

图 4.2.7-2　DSA 手术室实景图

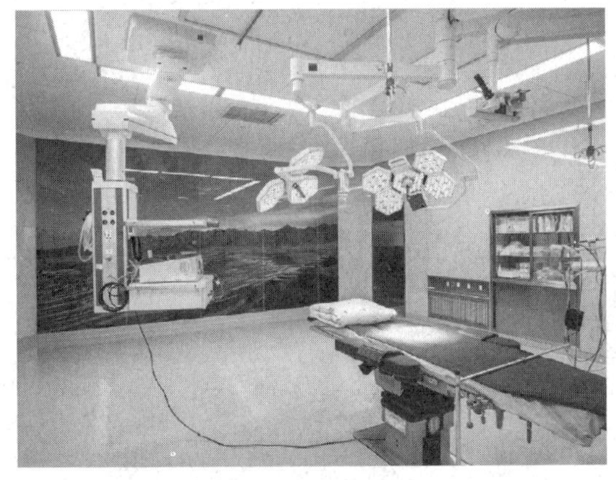

图 4.2.7-3　预留机器人手术室实景图

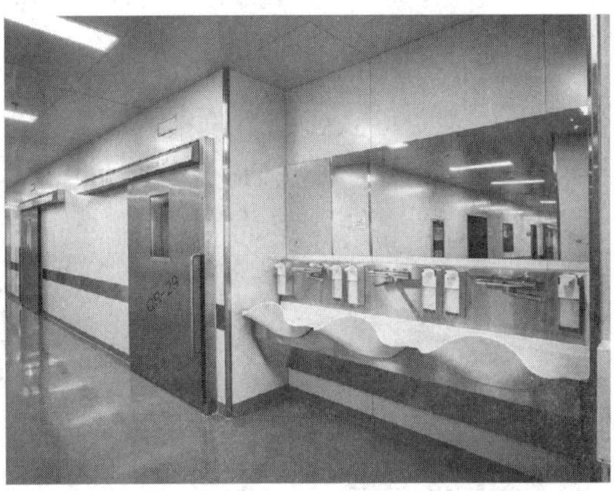

图 4.2.7-4　洁净走廊实景图

4.2.8 实测报告

2016-009630

中国认可
国际互认
检测
TESTING
CNAS L0230

检 验 报 告

TEST REPORT

BETC-JH-2016-00725

工程/产品名称
Name of Engineering/Product 青海省人民医院住院楼六、七层手术部净化工程

委托单位
Client 宁夏鑫吉海医疗工程有限公司

检验类别
Test Category 委托检验

国家建筑工程质量监督检验中心

NATIONAL CENTER FOR QUALITY SUPERVISION
AND TEST OF BUILDING ENGINEERING

国家建筑工程质量监督检验中心检验报告

TEST REPORT OF NATIONAL CENTER FOR QUALITY SUPERVISION AND TEST OF BUILDING ENGINEERING

委托编号(Commission No.):2016-009630

报告编号(No. of Report): BETC-JH-2016-00725　　第 1 页 共 23 页 (Page 1 of 23)

委托单位 (Client)		宁夏鑫吉海医疗工程有限公司		
地 址 (ADD.)		宁夏银川市兴庆区民族南街以东名人国际20层8号	电话 (Tel.)	0951-4105729
工程名称 (Name of engineering)		青海省人民医院住院楼六、七层手术部净化工程		
工程地点 (Place of engineering)		青海省西宁市共和路青海省人民医院		
委托日期 (Client date)		2016-11-28	检验日期 (Test date)	2016-12-03 2016-12-16
检验 (Test)	项目 (Item)	截面风速、换气次数、静压差、洁净度、沉降菌浓度、温度、相对湿度、照度、噪声、新风量、排风量。(静态)		
	仪器 (Instruments)	TSI9565P 型多功能精密风速仪/数字压力计、TSI8375 风量罩、BCJ-1 型尘埃粒子计数器、MJP150II 霉菌培养箱、HM34C 温湿度测量仪、Testo540 照度仪、1350A 声级计		
	依据 (Test based on)	GB50333-2013《医院洁净手术部建筑技术规范》(以下简称手术部规范)、		
判定依据 (Criteria based on)		手术部规范		

检验结论(Conclusion)

1、截面风速：所测Ⅰ级手术室手术区工作面截面风速均符合手术部规范的要求（不小于 0.2m/s）；所测眼科手术室手术区工作面截面风速均符合手术部规范的要求（不小于 0.15m/s）。

2、换气次数：所测Ⅲ级手术室换气次数符合手术部规范的要求（Ⅲ级不小于 18 次/h）；所测手术部辅助用房均符合手术部规范的要求。

3、静压差：所测手术室与相邻房间的压差均符合手术部规范中不小于+5Pa 的要求；六层 OR9 Ⅲ级手术室正压状态下与相邻房间的压差符合手术部规范中不小于+5Pa 的要求，负压状态下与相邻房间、与大气之间的负压值均符合手术部规范中不小于-5Pa、略低于 0Pa 的要求；六层 OR1~OR3 Ⅲ级手术室的预麻、洗手与洁净走廊之间、预麻/苏醒与洁净走廊 1 之间及七层 OR19~OR21Ⅲ级手术室的预麻、刷手与洁净走道 1 之间的负压值符合手术部规范中不小于-5Pa 的要求；不同洁净度区域之间、洁净区与非洁净区之间的压差均符合手术部规范中不小于+5Pa 的要求。

4、洁净度：所测手术室及辅助用房均达到手术部规范的要求。

5、沉降菌浓度：所测手术室及辅助用房均符合手术部规范的要求。

6、温度及相对湿度：所测手术室及辅助用房均符合手术部规范的要求。

7、噪声：所测Ⅰ级手术室均符合手术部规范中不大于 51dB(A)的要求；所测Ⅲ级手术室符合手术部规范中不大于 49dB(A)的要求；预麻/苏醒及麻醉复苏均符合手术部规范中不大于 48dB(A)的要求；其余手术部辅助用房均符合手术部规范的要求。

8、照度：所测手术室均符合手术部规范中不小于 350 lx 的要求；所测手术部辅助用房均符合手术部规范中不小于 150 lx 或不小于 200 lx 的要求。

9、新风量和排风量：所测手术室新风量均符合手术部规范中不小于 $15m^3/h \cdot m^2$ 的要求，所测手术部辅助用房新风量均符合手术部规范中不小于 2 次/h 的要求；所测手术室排风量均符合手术部规范中不小于 $250m^3/h$ 的要求。

综合结论：该工程所测房间综合性能指标均达到手术部规范的要求。

备 注	-------			
批准 (Approval)	审核 (Verification)	主检 (Chief tester)	联系电话 (Tel.)	报告日期 (Date)
张[illegible]	冯[illegible]	党宇	010-84287031	2017-01-04

国家建筑工程质量监督检验中心检验报告

TEST REPORT OF NATIONAL CENTER FOR QUALITY SUPERVISION AND TEST OF BUILDING ENGINEERING

委托编号(Commission No.):2016-009630

报告编号(No. of Report): BETC-JH-2016-00725　　　第 2 页 共 23 页（Page 2 of 23）

1.工程概况

本项工程检验为青海省人民医院住院楼六、七层手术部净化工程，是新建项目，设计单位为青海省建筑勘察设计研究院，施工单位为宁夏鑫吉海医疗工程有限公司，地点位于青海省西宁市共和路青海省人民医院。该工程包括六层手术部和七层手术部共 30 间手术室及 105 间辅助用房，共设置 25 套独立的净化空调系统，其中六层Ⅲ级手术室（OR1~OR3 及其辅助用房、OR4~OR5、OR6~OR8）各设置 1 套独立的净化空调系统；六层Ⅲ级正负压切换手术室（OR9 及其辅助用房）设置 1 套独立的净化空调系统；六层手术部洁净辅助用房共设置 5 套独立的净化空调系统；七层Ⅰ级手术室（OR1 及其准备室和体外循环、OR2、OR7、OR8、OR9 及其控制室）各设置 1 套独立的净化空调系统；七层Ⅰ级眼科手术室（OR3）设置 1 套独立的净化空调系统；七层Ⅲ级手术室（OR4~OR6、OR10~OR11、OR12~OR13、OR14~OR16、OR17~OR18、OR19~OR21 及其辅助用房）各设置 1 套独立的净化空调系统；七层手术部洁净辅助用房共设置 4 套独立的净化空调系统。手术室内气流组织上送下回。

国家建筑工程质量监督检验中心受宁夏鑫吉海医疗工程有限公司委托对该工程的空调净化项目的综合性能指标进行检验。

2.检验测定项目和依据

(1)　检验项目

① 截面风速，使用 TSI9565P 型多功能精密风速仪/数字压力计进行检测。

② 换气次数，使用 TSI8375 风量罩及 TSI9565P 型多功能精密风速仪/数字压力计进行检测。

③ 静压差，使用 TSI9565P 型多功能精密风速仪/数字压力计进行检测。

④ 洁净度，使用 BCJ-1 型尘埃粒子计数器进行检测。

⑤ 沉降菌浓度，使用 MJP150 Ⅱ 霉菌培养箱进行检测。

⑥ 温度，使用 HM34C 温湿度测量仪进行检测。

⑦ 相对湿度，使用 HM34C 温湿度测量仪进行检测。

⑧ 噪声，使用 1350A 声级计进行检测。

⑨ 照度，使用 Testo540 照度仪进行检测。

⑩ 新风量和排风量，使用 TSI 9565-P 多功能精密风速仪/数字压力计和 TSI8375 风量罩进行检测。

以上均为静态检测。

(2) 检验依据：

以上各项检验方法和评定标准按 GB 50333-2013《医院洁净手术部建筑技术规范》进行。

3. 检验结果

（一）六层手术部检验结果：

国家建筑工程质量监督检验中心检验报告

TEST REPORT OF NATIONAL CENTER FOR QUALITY SUPERVISION AND TEST OF BUILDING ENGINEERING

委托编号(Commission No.):2016-009630

报告编号(No. of Report): BETC-JH-2016-00725　　第 3 页 共 23 页（Page 3 of 23）

（1）六层 OR1~OR3 Ⅲ级手术室及其辅助用房、OR4~OR5 Ⅲ级手术室、OR6~OR8 Ⅲ级手术室（AHU-601、602、603）系统检验结果见附表一至附表三，平面见附图一。

换气次数检验结果，所测Ⅲ级手术室均符合手术部规范的要求（不小于 18 次/h），所测辅助用房换气次数均符合手术部规范的要求。

静压差检验结果，所测Ⅲ级手术室与相邻房间的压差均符合手术部规范中不小于+5Pa 的要求，OR1~OR3 Ⅲ级手术室的预麻、洗手与洁净走廊之间的负压值均符合手术部规范中不小于-5Pa 的要求。

洁净度检验结果，所测Ⅲ级手术室及辅助用房均符合手术部规范的要求。

沉降菌浓度检验结果，所测Ⅲ级手术室均符合手术部规范的要求（手术区不大于 2.0 cfu / φ90 皿•0.5h，周边区不大于 4.0 cfu / φ90 皿•0.5h）。

温度检验结果，所测Ⅲ级手术室均符合手术部规范的要求（21~25℃），所测辅助用房均符合手术部规范的要求。

相对湿度检验结果，所测Ⅲ级手术室均符合手术部规范的要求（30%~60%），所测辅助用房均符合手术部规范的要求。

噪声检验结果，所测Ⅲ级手术室均符合手术部规范中不大于 49 dB(A)的要求，所测辅助用房均符合手术部规范的要求。

照度检验结果，所测Ⅲ级手术室均符合手术部规范中不小于 350 lx 的要求，所测辅助用房均符合手术部规范中不小于 150 lx 或不小于 200 lx 的要求。

新风量检验结果，所测Ⅲ级手术室均符合手术部规范中不小于 $15m^3/h•m^2$ 的要求。

排风量检验结果，所测Ⅲ级手术室均符合手术部规范中不小于 $250m^3/h$ 的要求。

（2）六层 OR9 Ⅲ级正负压切换手术室及其辅助用房（AHU-604）系统检验结果见附表四，平面见附图一。

换气次数检验结果，所测 OR9Ⅲ级正负压切换手术室符合手术部规范的要求（不小于 18 次/h），所测辅助用房换气次数均符合手术部规范的要求。

静压差检验结果，所测 OR9Ⅲ级正负压切换手术室正压状态下与相邻房间的压差符合手术部规范中不小于+5Pa 的要求，负压状态下与相邻房间、与大气之间的负压值均符合手术部规范中不小于-5Pa、略低于 0Pa 的要求。不同洁净度级别区域之间均符合手术部规范中不小于+5Pa 的要求。

洁净度检验结果，所测 OR9Ⅲ级正负压切换手术室及辅助用房均符合手术部规范的要求。

沉降菌浓度检验结果，所测 OR9Ⅲ级正负压切换符合手术部规范的要求（手术区不大于 2.0 cfu / φ90 皿•0.5h，周边区不大于 4.0 cfu / φ90 皿•0.5h）。

温度检验结果，所测 OR9Ⅲ级正负压切换手术室符合手术部规范的要求（21~25℃），所测辅助用房均符合手术部规范的要求。

相对湿度检验结果，所测 OR9Ⅲ级正负压切换手术室符合手术部规范的要求（30%~60%），所测辅助用房均符合手术部规范的要求。

噪声检验结果，所测 OR9Ⅲ级正负压切换手术室符合手术部规范中不大于 49 dB(A)的要求，所测辅助用房

国家建筑工程质量监督检验中心检验报告

TEST REPORT OF NATIONAL CENTER FOR QUALITY SUPERVISION AND TEST OF BUILDING ENGINEERING

委托编号(Commission No.):2016-009630

报告编号(No. of Report): BETC-JH-2016-00725　　第 4 页 共 23 页（Page 4 of 23）

均符合手术部规范的要求。

照度检验结果，所测 OR9Ⅲ级正负压切换手术室符合手术部规范中不小于 350 lx 的要求，所测辅助用房均符合手术部规范中不小于 150 lx 或不小于 200 lx 的要求。

新风量检验结果，所测 OR9Ⅲ级正负压切换手术室符合手术部规范中不小于 $15m^3/h•m^2$ 的要求。

排风量检验结果，所测 OR9Ⅲ级正负压切换手术室符合手术部规范中不小于 $250m^3/h$ 的要求。

（3）六层手术部辅助用房（AHU-605~609）系统检验结果见附表五至附表九，平面见附图一。

换气次数检验结果，所测房间换气次数均符合手术部规范的要求。

静压差检验结果，预麻/苏醒与洁净走廊 1 之间的负压值符合手术部规范中不小于-5Pa 的要求，不同洁净度区域之间、洁净区与非洁净区之间的压差均符合手术部规范中不小于+5Pa 的要求。

洁净度检验结果，所测房间均符合手术部规范的要求。

沉降菌浓度检验结果，所测房间均符合手术部规范的要求（10 万级不大于 4.0 cfu/ φ90 皿·0.5h，30 万级不大于 6.0 cfu/ φ90 皿•0.5h）。

温度检验结果，所测房间均符合手术部规范的要求。

相对湿度检验结果，所测房间均符合手术部规范的要求。

噪声检验结果，预麻/苏醒符合手术部规范中不大于 48 dB(A)的要求，其余所测房间均符合手术部规范的要求。

照度检验结果，所测房间均符合手术部规范中不小于 150 lx 或不小于 200 lx 的要求。

新风量检验结果，所测房间均满足手术部规范中不小于 2 次/h 的要求。

（二）七层手术部检验结果：

（1）七层 OR1 Ⅰ级手术室及其辅助用房、OR2 Ⅰ级手术室、OR7 Ⅰ级手术室、OR8 Ⅰ级手术室、OR9 Ⅰ级手术室及其辅助用房（AHU-701、702、706、707、708）系统检验结果见附表十至附表十一、附表十三至附表十五，平面见附图二。

截面风速检验结果，所测Ⅰ级手术室手术区工作面截面风速均符合手术部规范的要求（不小于 0.2m/s）。

换气次数检验结果，所测辅助用房换气次数均符合手术部规范的要求。

静压差检验结果，所测Ⅰ级手术室与相邻房间的压差均符合手术部规范中不小于+5Pa 的要求。

洁净度检验结果，所测Ⅰ级手术室及辅助用房均符合手术部规范的要求。

沉降菌浓度检验结果，所测Ⅰ级手术室均符合手术部规范的要求（手术区不大于 0.2 cfu/ φ90 皿·0.5h，周边区不大于 0.4 cfu/ φ90 皿·0.5h）。

温度检验结果，所测Ⅰ级手术室均符合手术部规范的要求（21~25℃），所测辅助用房均符合手术部规范的要求。

相对湿度检验结果，所测Ⅰ级手术室均符合手术部规范的要求（30%~60%），所测辅助用房均符合手术部规范的要求。

噪声检验结果，所测Ⅰ级手术室均符合手术部规范中不大于 51 dB(A)的要求，所测辅助用房均符合手术部

国家建筑工程质量监督检验中心检验报告

TEST REPORT OF NATIONAL CENTER FOR QUALITY SUPERVISION AND TEST OF BUILDING ENGINEERING

委托编号(Commission No.):2016-009630

报告编号(No. of Report): BETC-JH-2016-00725　　第 5 页 共 23 页（Page 5 of 23）

规范的要求。

照度检验结果，所测Ⅰ级手术室均符合手术部规范中不小于 350 lx 的要求，所测辅助用房均符合手术部规范中不小于 150 lx 或不小于 200 lx 的要求。

新风量检验结果，所测Ⅰ级手术室均符合手术部规范中不小于 15m^3/h•m^2 的要求。

排风量检验结果，所测Ⅰ级手术室均符合手术部规范中不小于 250m^3/h 的要求。

（2）七层 OR3Ⅰ级眼科手术室（AHU-703）系统检验结果见附表十二，平面见附图二。

截面风速检验结果，所测Ⅰ级眼科手术室手术区工作面截面风速符合手术部规范的要求（不小于 0.15m/s）。

静压差检验结果，所测Ⅰ级眼科手术室与相邻房间的压差符合手术部规范中不小于+5Pa 的要求。

洁净度检验结果，所测Ⅰ级眼科手术室符合手术部规范的要求。

沉降菌浓度检验结果，所测Ⅰ级眼科手术室符合手术部规范的要求（手术区不大于 0.2 cfu/ϕ90 皿·0.5h，周边区不大于 0.4 cfu/ϕ90 皿·0.5h）。

温度检验结果，所测Ⅰ级眼科手术室符合手术部规范的要求（21~25℃）。

相对湿度检验结果，所测Ⅰ级眼科手术室符合手术部规范的要求（30%~60%）。

噪声检验结果，所测Ⅰ级眼科手术室符合手术部规范中不大于 51 dB(A)的要求。

照度检验结果，所测手术室均符合手术部规范中不小于 350 lx 的要求。

新风量检验结果，所测手术室均符合手术部规范中不小于 15m^3/h•m^2 的要求。

排风量检验结果，所测手术室均符合手术部规范中不小于 250m^3/h 的要求。

（3）七层 OR4~OR6Ⅲ级手术室、OR10~OR11Ⅲ级手术室、OR12~OR13Ⅲ级手术室、OR14~OR16Ⅲ级手术室、OR17~OR1Ⅲ级手术室、OR19~OR21Ⅲ级手术室及其辅助用房（AHU-705、709~713）系统检验结果见附表十六至附表二十一，平面见附图二。

换气次数检验结果，所测Ⅲ级手术室符合手术部规范的要求（不小于 18 次/h），所测辅助用房换气次数均符合手术部规范的要求。

静压差检验结果，所测Ⅲ级手术室与相邻房间的压差符合手术部规范中不小于+5Pa 的要求，OR19~OR21Ⅲ级手术室的预麻、刷手与洁净走道 1 之间的负压值符合手术部规范中不小于-5Pa 的要求。

洁净度检验结果，所测Ⅲ级手术室及辅助用房均符合手术部规范的要求。

沉降菌浓度检验结果，所测Ⅲ级手术室符合手术部规范的要求（手术区不大于 2.0 cfu / ϕ90 皿•0.5h，周边区不大于 4.0 cfu / ϕ90 皿•0.5h）。

温度检验结果，所测Ⅲ级手术室符合手术部规范的要求（21~25℃），所测辅助用房均符合手术部规范的要求。

相对湿度检验结果，所测Ⅲ级手术室符合手术部规范的要求（30%~60%），所测辅助用房均符合手术部规范的要求。

噪声检验结果，所测Ⅲ级手术室符合手术部规范中不大于 49 dB(A)的要求，所测辅助用房均符合手术部规范的要求。

国家建筑工程质量监督检验中心检验报告

TEST REPORT OF NATIONAL CENTER FOR QUALITY SUPERVISION AND TEST OF BUILDING ENGINEERING

委托编号(Commission No.):2016-009630

报告编号(No. of Report): BETC-JH-2016-00725　　第 6 页 共 23 页 (Page 6 of 23)

照度检验结果，所测Ⅲ级手术室符合手术部规范中不小于 350 lx 的要求，所测辅助用房均符合手术部规范中不小于 150 lx 或不小于 200 lx 的要求。

新风量检验结果，所测Ⅲ级手术室符合手术部规范中不小于 $15m^3/h·m^2$ 的要求。

排风量检验结果，所测Ⅲ级手术室符合手术部规范中不小于 $250m^3/h$ 的要求。

（4）七层手术部辅助用房（AHU-714~717）系统检验结果见附表二十二至附表二十五，平面分别见附图二。

换气次数检验结果，所测房间换气次数均符合手术部规范的要求。

静压差检验结果，不同洁净度区域之间、洁净区与非洁净区之间的压差均符合手术部规范中不小于+5Pa 的要求。

洁净度检验结果，所测房间均符合手术部规范的要求。

沉降菌浓度检验结果，所测房间均符合手术部规范的要求（10 万级不大于 4.0 cfu/ φ90 皿·0.5h，30 万级不大于 6.0 cfu/ φ90 皿•0.5h）。

温度检验结果，所测房间均符合手术部规范的要求。

相对湿度检验结果，所测房间均符合手术部规范的要求。

噪声检验结果，麻醉复苏符合手术部规范中不大于 48 dB(A)的要求，其余所测房间均符合手术部规范的要求。

照度检验结果，所测房间均符合手术部规范中不小于 150 lx 或不小于 200 lx 的要求。

新风量检验结果，所测房间均满足手术部规范中不小于 2 次/h 的要求。

注：报告中Ⅰ级手术室洁净度级别相当于手术区百级、周边区千级；Ⅲ级手术室洁净度级别相当于手术区万级、周边区 10 万级；Ⅲ级辅助用房洁净度级别相当于 10 万级；Ⅳ级辅助用房洁净度级别相当于 30 万级。

（本页以下无正文）

国家建筑工程质量监督检验中心检验报告

TEST REPORT OF NATIONAL CENTER FOR QUALITY SUPERVISION AND TEST OF BUILDING ENGINEERING

委托编号(Commission No.):2016-009630

报告编号（No.of Report）：BETC-JH-2016-00725　第 7 页　共 23 页（Page 7 of 23）

附表一、六层AHU-601系统（OR1、OR2、OR3手术室及其辅房）检验结果

房间名称		房间设计级别	换气次数（次/h）	静压差（Pa）	含尘浓度 粒/L 点平均最大值 ≥0.5μm	含尘浓度 粒/L 点平均最大值 ≥5.0μm	含尘浓度 粒/L 室平均统计值 ≥0.5μm	含尘浓度 粒/L 室平均统计值 ≥5.0μm	沉降菌（cfu/φ90皿·0.5h）	温度（℃）	相对湿度（%）	噪声［dB(A)］	照度（lx）最低	照度（lx）平均
OR1手术室（Ⅲ级）	手术区	万级	18.3	+7（对OR1手术室预麻） +7（对OR1手术室洗手） +9（对污物走廊）	1.8	0	2.0	0	0	22.8	56.0	45.9	658	709
	周边区	10万级			16.5	1.1	14.5	0.9	0					
OR2手术室（Ⅲ级）	手术区	万级	19.4	+6（对OR2手术室预麻） +5（对OR2+OR3手术室洗手） +14（对污物走廊）	1.2	0	1.4	0	0	22.5	56.9	44.9	569	598
	周边区	10万级			6.7	0.2	6.1	0.2	0					
OR3手术室（Ⅲ级）	手术区	万级	18.3	+7（对OR2手术室预麻） +11（对OR2+OR3手术室洗手） +6（对污物走廊）	3.9	0.2	4.4	0.3	0	22.1	57.4	48.3	605	648
	周边区	10万级			33.7	1.5	31.6	1.4	0					
OR1手术室预麻		10万级	14.2	-14（对洁净走廊）	748.4	1.8	1277.2	4.3	——	22.3	48.5	48.3	176	197
OR1手术室洗手		10万级	13.7	-14（对洁净走廊）	2324.9	4.1	2509.6	6.9	——	22.2	48.2	48.2	365	371
OR2手术室预麻		10万级	13.8	-7（对洁净走廊）	33.9	0.4	33.9	0.4	——	22.0	49.0	48.5	152	192
OR2+OR3手术室洗手		10万级	12.5	-16（对洁净走廊）	176.1	0.6	191.1	0.9	——	22.5	46.1	47.2	178	232
OR3手术室预麻		10万级	13.1	-16（对洁净走廊）	788.3	5.9	788.7	9.6	——	22.8	44.1	47.6	186	216

AHU-601系统新风量：3773m^3/h（16.6m^3/h•m^2）；OR1手术室排风量：289m^3/h；OR2手术室排风量：282m^3/h；OR3手术室排风量：304m^3/h；
室外温度：-1.7℃；相对湿度：45.8%。

（本页以下无正文）

国家建筑工程质量监督检验中心检验报告

TEST REPORT OF NATIONAL CENTER FOR QUALITY SUPERVISION AND TEST OF BUILDING ENGINEERING

委托编号(Commission No.):2016-009630

报告编号（No. of Report）：BETC-JH-2016-00725　　第 8 页　共 23 页（Page 8 of 23）

附表二、六层AHU-602系统（OR4、OR5手术室）检验结果

房间名称		房间设计级别	换气次数（次/h）	静压差（Pa）	含尘浓度 粒/L 点平均最大值 ≥0.5μm	点平均最大值 ≥5.0μm	室平均统计值 ≥0.5μm	室平均统计值 ≥5.0μm	沉降菌（cfu/φ90皿·0.5h）	温度（℃）	相对湿度（%）	噪声［dB(A)］	照度（lx）最低	照度（lx）平均
OR4铅屏蔽手术室（III级）	手术区	万级	23.6	+7（对洁净走廊） +11（对污物走廊1）	1.8	0.1	2.7	0.2	0	22.7	38.0	46.5	482	513
	周边区	10万级			5.9	0.1	5.4	0.2	0					
OR5铅屏蔽手术室（III级）	手术区	万级	21.8	+6（对洁净走廊） +9（对污物走廊1）	5.8	0.1	7.3	0.2	0	22.9	38.4	47.3	606	643
	周边区	10万级			2.9	0.1	3.0	0.1	0					

AHU-602系统新风量：1756m³/h（21.8m³/h•m²）；OR4铅屏蔽手术室正压排风量：278m³/h；OR5铅屏蔽手术室正压排风量：294m³/h；
室外温度：-1.7℃；相对湿度：45.8%。

附表三、六层AHU-603系统（OR6、OR7、OR8手术室）检验结果

房间名称		房间设计级别	换气次数（次/h）	静压差（Pa）	含尘浓度 粒/L 点平均最大值 ≥0.5μm	点平均最大值 ≥5.0μm	室平均统计值 ≥0.5μm	室平均统计值 ≥5.0μm	沉降菌（cfu/Φ90皿·0.5h）	温度（℃）	相对湿度（%）	噪声［dB(A)］	照度（lx）最低	照度（lx）平均
OR6手术室（III级）	手术区	万级	23.1	+5（对洁净走廊） +8（对污物走廊1）	1.6	0	1.8	0	0	23.0	46.2	46.9	577	605
	周边区	10万级			2.1	0	2.1	0	0					
OR7手术室（III级）	手术区	万级	26.7	+5（对洁净走廊） +9（对污物走廊1）	0.7	0	0.9	0	0	23.0	49.0	46.8	569	593
	周边区	10万级			1.1	0	1.0	0	0					
OR8手术室（III级）	手术区	万级	21.5	+7（对洁净走廊） +10（对污物走廊1）	0.6	0	0.7	0	0	23.1	47.3	43.7	369	501
	周边区	10万级			2.2	0	2.3	0	0					

AHU-603系统新风量：1980m³/h（17.6m³/h•m²）；OR6手术室排风量：310m³/h；OR7手术室排风量：305m³/h；OR8手术室排风量：312m³/h；
室外温度：-1.7℃；相对湿度：45.8%。

（本页以下无正文）

国家建筑工程质量监督检验中心检验报告

TEST REPORT OF NATIONAL CENTER FOR QUALITY SUPERVISION AND TEST OF BUILDING ENGINEERING

委托编号(Commission No.):2016-009630

报告编号（No.of Report）：BETC-JH-2016-00725　第 9 页　共 23 页（Page 9 of 23）

附表四、六层AHU-604系统（OR9手术室）检验结果

房间名称		房间设计级别	换气次数（次/h）	静压差（Pa）	含尘浓度 粒/L 点平均最大值		室平均统计值		沉降菌（cfu/φ90皿·0.5h）	温度（℃）	相对湿度（%）	噪声[dB(A)]	照度（lx）	
					≥0.5μm	≥5.0μm	≥0.5μm	≥5.0μm					最低	平均
OR9正负压切换手术室（Ⅲ级）（正压）	手术区	万级	21.0	+6（对缓冲） +6（对更衣缓冲） +12（对污物走廊1）	0.6	0	0.7	0	0	23.0	48.6	45.4	482	568
	周边区	10万级			1.6	0	1.6	0	0					
OR9正负压切换手术室（Ⅲ级）（负压）	手术区	万级		-12（对缓冲） -7（对更衣缓冲） -8（对污物走廊1） -2（对大气）	1.8	0	1.9	0	——			48.6		
	周边区	10万级			2.5	0	2.7	0	——					
缓冲		10万级	11.8	同级别，无静压差要求	9.3	0.4	18.4	1.0	——	23.0	47.2	45.8	217	239
更衣缓冲		10万级	10.5	+5（对化学消毒）	15.3	0.8	21.3	1.4	——	23.2	49.0	50.5	571	579
男更		10万级	10.9	同级别，无静压差要求	28.0	0.6	59.3	0.6	——	23.1	45.8	49.9	526	557
女更		10万级	12.4	同级别，无静压差要求	32.6	4.1	51.1	6.9	——	23.3	47.8	50.3	296	304
化学消毒		30万级	13.1	同级别，无静压差要求	35.5	0.5	53.3	0.8	——	23.1	44.1	51.0	657	660

AHU-604系统新风量：2241m³/h（18.2m³/h•m²）；OR9手术室正压排风量：326m³/h，负压排风量1012m³/h；室外温度：-1.7℃；相对湿度：45.8%。

（本页以下无正文）

国家建筑工程质量监督检验中心检验报告

TEST REPORT OF NATIONAL CENTER FOR QUALITY SUPERVISION AND TEST OF BUILDING ENGINEERING

委托编号(Commission No.):2016-009630

报告编号（No.of Report）：BETC-JH-2016-00725　第 10 页　共 23 页（Page 10 of 23）

附表五、六层AHU-605系统——手术部辅助房间检验结果

房间名称	房间设计级别	换气次数（次/h）	静压差（Pa）	含尘浓度 粒/L 点平均最大值 ≥0.5μm	点平均最大值 ≥5.0μm	室平均统计值 ≥0.5μm	室平均统计值 ≥5.0μm	沉降菌（cfu/Φ90皿·0.5h）	温度（℃）	相对湿度（%）	噪声[dB(A)]	照度（lx）最低	照度（lx）平均
洁净走廊	10万级	10.1	+11（对非洁净区） +8（对污物走廊1）	105.1	3.1	108.9	3.4	0	24.0	47.0	48.7	319	346
无菌器械	10万级	16.0	同级别，无静压差要求	4.9	0.7	6.8	1.0	——	24.2	40.8	44.6	873	930
库房	10万级	11.7	同级别，无静压差要求	79.0	1.5	108.7	2.5	——	24.1	46.9	47.3	389	391
物流储备间	10万级	24.1	同级别，无静压差要求	30.4	0.6	35.1	0.9	——	24.1	48.2	52.9	410	419
麻醉药品	10万级	14.8	同级别，无静压差要求	75.4	0.6	80.7	1.2	——	23.8	47.9	45.9	370	386
谈话1	10万级	11.7	同级别，无静压差要求	2386.3	4.2	2638.3	5.5	——	23.5	44.3	47.9	435	441
设备管井	10万级	27.4	同级别，无静压差要求	43.5	0.4	16.4	0.7	——	24.6	46.1	45.7	350	363

AHU-605系统新风量：1728m^3/h（3.5次/h）；室外温度：-1.7℃；相对湿度：45.8%。

附表六、六层AHU-606系统——手术部辅助房间检验结果

房间名称	房间设计级别	换气次数（次/h）	静压差（Pa）	含尘浓度 粒/L 点平均最大值 ≥0.5μm	点平均最大值 ≥5.0μm	室平均统计值 ≥0.5μm	室平均统计值 ≥5.0μm	沉降菌（cfu/Φ90皿·0.5h）	温度（℃）	相对湿度（%）	噪声[dB(A)]	照度（lx）最低	照度（lx）平均
更鞋缓冲	10万级	10.8	+5（对污物走廊1）	3.3	0	4.9	0	——	24.8	49.5	47.4	306	310
污物走廊	30万级	10.2	+5（对非洁净区）	6156.8	4.6	6417.8	4.9	0.1	23.2	44.8	49.7	986	989
工友室	30万级	11.3	同级别，无静压差要求	4892.0	7.1	5047.7	10.8	——	22.7	52.3	52.8	663	681
污物存放	30万级	11.2	同级别，无静压差要求	8431.1	8.6	9244.8	10.5	——	22.8	57.9	48.7	412	450
器械清洗	30万级	10.9	同级别，无静压差要求	5345.6	6.1	5722.5	12.4	——	22.7	55.2	48.3	501	518
污物走廊1	30万级	11.9	+16（对非洁净区）	84.5	1.1	256.4	1.8	0.1	24.8	35.7	47.1	899	956
处置间	30万级	8.0	同级别，无静压差要求	703.5	1.5	757.0	2.8	——	25.3	47.5	48.1	396	417

AHU-606系统新风量：1917m^3/h（3.9次/h）；室外温度：-1.7℃；相对湿度：45.8%。

国家建筑工程质量监督检验中心检验报告

TEST REPORT OF NATIONAL CENTER FOR QUALITY SUPERVISION AND TEST OF BUILDING ENGINEERING

委托编号(Commission No.):2016-009630

报告编号（No.of Report）：BETC-JH-2016-00725　第 11 页　共 23 页（Page 11 of 23）

附表七、六层AHU-607系统——手术部辅助房间检验结果

房间名称	房间设计级别	换气次数（次/h）	静压差（Pa）	含尘浓度 粒/L 点平均最大值 ≥0.5μm	含尘浓度 粒/L 点平均最大值 ≥5.0μm	含尘浓度 粒/L 室平均统计值 ≥0.5μm	含尘浓度 粒/L 室平均统计值 ≥5.0μm	沉降菌（cfu/φ90皿·0.5h）	温度（℃）	相对湿度（%）	噪声[dB(A)]	照度（lx）最低	照度（lx）平均
洁净走廊1	10万级	10.7	+5（对医护人员生活辅助区） +5（对办公走廊）	72.3	1.5	76.4	1.8	0	22.9	38.0	49.7	295	349
无菌敷料	10万级	11.3	同级别，无静压差要求	13.3	1.3	25.5	2.2	——	23.7	37.6	45.2	421	428
预麻/苏醒	10万级	11.3	-7（对洁净走廊1）	14.7	0.4	18.2	0.7	——	23.2	37.4	44.5	782	787
无菌器械	10万级	11.4	同级别，无静压差要求	30.2	0.2	35.2	0.5	——	22.5	38.7	44.6	873	930
备用7	10万级	12.9	同级别，无静压差要求	5.3	0.2	10.0	0.5	——	22.3	39.3	44.8	215	218
医休	10万级	10.4	同级别，无静压差要求	18.4	0.6	24.0	1.2	——	22.4	38.9	48.4	165	176
换床	10万级	10.9	+12（对非洁净区）	6.0	0.2	10.1	0.5	——	22.9	38.0	47.1	251	290
脱包	10万级	12.9	同级别，无静压差要求	181.5	1.2	187.4	2.1	——	22.3	39.4	46.6	191	229
液体间	10万级	11.1	同级别，无静压差要求	4.7	0.4	6.0	0.7	——	22.2	39.5	50.1	336	359
血液存储	10万级	12.0	同级别，无静压差要求	5.7	0.2	8.5	0.5	——	22.4	39.1	53.9	214	219
缓冲	10万级	11.8	同级别，无静压差要求	12.1	0.6	17.1	1.5	——	22.5	39.3	39.1	186	202

AHU-607系统新风量：4477m^3/h（4.2次/h）；室外温度：-1.7℃；相对湿度：45.8%。

（本页以下无正文）

国家建筑工程质量监督检验中心检验报告

TEST REPORT OF NATIONAL CENTER FOR QUALITY SUPERVISION AND TEST OF BUILDING ENGINEERING

委托编号(Commission No.):2016-009630

报告编号（No. of Report）：BETC-JH-2016-00725 第 12 页 共 23 页（Page 12 of 23）

附表八、六层AHU-608系统——手术部辅助房间检验结果

房间名称	房间设计级别	换气次数（次/h）	静压差（Pa）	含尘浓度 粒/L 点平均最大值 ≥0.5μm	含尘浓度 粒/L 点平均最大值 ≥5.0μm	含尘浓度 粒/L 室平均统计值 ≥0.5μm	含尘浓度 粒/L 室平均统计值 ≥5.0μm	沉降菌（cfu/Φ90皿·0.5h）	温度（℃）	相对湿度（%）	噪声［dB(A)］	照度（lx）最低	照度（lx）平均
辅助区	30万级	10.3	同级别，无静压差要求	36.0	1.8	109.2	4.9	0	22.3	33.9	48.2	432	438
值班1	30万级	10.9	同级别，无静压差要求	3.5	0.2	4.5	0.5	0.1	22.5	33.3	45.2	989	1005
值班2	30万级	10.1	同级别，无静压差要求	5.3	0.2	12.8	0.5	0	22.4	33.5	47.2	983	987
值班3	30万级	10.8	同级别，无静压差要求	4.2	0.5	6.1	1.1	0	22.3	33.6	46.7	887	892
值班4	30万级	10.7	同级别，无静压差要求	4.2	0.5	6.1	1.4	0	22.3	33.8	50.3	686	734
值班5	30万级	11.5	同级别，无静压差要求	292.9	0.4	406.8	0.7	0	22.4	35.0	51.6	562	575
专家休息	30万级	10.0	同级别，无静压差要求	27.2	0.8	31.6	2.4	0.6	22.5	35.0	44.2	323	469
办公走廊	30万级	8.9	+12（对非洁净区）	13.5	0.7	15.0	0.8	0	22.8	35.1	48.4	242	274
主任办	30万级	10.5	同级别，无静压差要求	3.5	0.2	4.5	0.5	0	22.5	33.3	48.6	431	579
副主任办	30万级	10.1	同级别，无静压差要求	329.6	1.1	332.1	1.4	0	23.4	32.7	51.3	369	370
麻醉办公室	30万级	10.9	同级别，无静压差要求	4.6	0.5	4.9	0.6	0.2	23.2	33.6	48.2	786	834
备用1	30万级	10.7	同级别，无静压差要求	8.4	0.4	10.6	1.0	0	22.8	33.5	48.2	896	942
备用2	30万级	10.1	同级别，无静压差要求	4.9	0.2	7.1	0.2	0	23.9	33.3	48.7	268	274
备用3	30万级	10.4	同级别，无静压差要求	4.1	0.5	5.4	1.1	0	22.8	33.1	53.5	244	249
备用4	30万级	10.0	同级别，无静压差要求	9.5	0.2	9.9	0.2	0	23.4	34.5	53.8	387	392
备用5	30万级	10.1	同级别，无静压差要求	3.2	0.4	4.1	1.0	0	23.8	33.6	53.9	473	480
备用6	30万级	10.2	同级别，无静压差要求	12.2	0.8	20.4	2.4	0	24.4	32.8	52.3	206	222
缓冲	30万级	10.4	同级别，无静压差要求	15.3	0.8	36.3	1.8	0	24.2	33.4	47.9	373	579
护士办	30万级	10.0	同级别，无静压差要求	17.2	0.6	34.1	1.5	0	24.5	32.6	52.7	363	371
护士长办	30万级	10.3	同级别，无静压差要求	3.5	0.2	3.6	0.2	0	24.3	32.2	49.4	306	310
报告厅	30万级	10.2	同级别，无静压差要求	6.4	0.5	7.5	0.7	0	23.9	32.7	47.3	842	856

AHU-608系统新风量：4554m^3/h（3.1次/h）；室外温度：-1.7℃；相对湿度：45.8%。

国家建筑工程质量监督检验中心检验报告

TEST REPORT OF NATIONAL CENTER FOR QUALITY SUPERVISION AND TEST OF BUILDING ENGINEERING

委托编号(Commission No.):2016-009630

报告编号（No. of Report）：BETC-JH-2016-00725　第 13 页　共 23 页（Page 13 of 23）

附表九、六层AHU-609系统——手术部辅助房间检验结果

房间名称	房间设计级别	换气次数（次/h）	静压差（Pa）	含尘浓度 粒/L 点平均最大值		室平均统计值		沉降菌（cfu/Φ90皿·0.5h）	温度（℃）	相对湿度（%）	噪声［dB(A)］	照度（lx）	
				≥0.5μm	≥5.0μm	≥0.5μm	≥5.0μm					最低	平均
换鞋走廊	30万级	10.0	+6（对非洁净区）	7.3	0.1	9.5	0.1	0.1	24.7	33.6	49.4	319	355
餐厅	30万级	9.9	同级别，无静压差要求	36.4	1.4	39.5	1.8	—	23.3	34.7	49.8	878	954
男更	30万级	10.6	同级别，无静压差要求	14.6	0.2	23.4	0.2	0.1	23.8	38.1	52.0	489	541
男卫浴	30万级	8.2	同级别，无静压差要求	23.3	0.6	42.1	1.5	—	24.0	37.6	50.9	538	590
女更	30万级	8.6	同级别，无静压差要求	33.0	0.8	49.2	2.1	0.1	23.4	39.1	51.6	584	779
女卫浴	30万级	8.9	同级别，无静压差要求	32.5	0.8	53.8	2.7	—	23.3	38.7	48.8	678	687

AHU-609系统新风量：4349m³/h（4.1次/h）；室外温度：-1.7℃；相对湿度：45.8%。

（本页以下无正文）

国家建筑工程质量监督检验中心检验报告

TEST REPORT OF NATIONAL CENTER FOR QUALITY SUPERVISION AND TEST OF BUILDING ENGINEERING

委托编号(Commission No.):2016-009630

报告编号（No.of Report）：BETC-JH-2016-00725 第 14 页 共 23 页（Page 14 of 23）

附表十、七层AHU-701系统（OR1手术室及其辅房）检验结果

房间名称		房间设计级别	截面风速 (m/s)	换气次数 (次/h)	静压差 (Pa)	含尘浓度 粒/L 点平均最大值 ≥0.5μm	点平均最大值 ≥5.0μm	室平均统计值 ≥0.5μm	室平均统计值 ≥5.0μm	沉降菌 (cfu/φ90皿·0.5h)	温度 (℃)	相对湿度 (%)	噪声 [dB(A)]	照度 (lx) 最低	照度 (lx) 平均
OR1全进口手术室（Ⅰ级）	手术区	百级	0.24	——	+10（对洁净走道） +18（对污物走廊） +5（对体外循环装机室）	0	0	0	0	0	23.5	30.3	47.1	532	667
	周边区	千级	——	——		3.2	0	2.8	0	0					
准备室		10万级	——	14.4	同级别，无静压差要求	26.6	2.5	34.3	2.8	——	22.9	38.1	51.5	312	319
体外循环		10万级	——	20.1	同级别，无静压差要求	16.0	1.1	38.2	1.4	——	23.0	31.7	52.1	367	371

AHU-701系统新风量：1806m^3/h（28.7m^3/h•m^2）；OR1手术室排风量：522m^3/h；室外温度：-2.1℃；相对湿度：46.6%。

附表十一、七层AHU-702系统（OR2手术室）检验结果

房间名称		房间设计级别	截面风速 (m/s)	换气次数 (次/h)	静压差 (Pa)	含尘浓度 粒/L 点平均最大值 ≥0.5μm	点平均最大值 ≥5.0μm	室平均统计值 ≥0.5μm	室平均统计值 ≥5.0μm	沉降菌 (cfu/φ90皿·0.5h)	温度 (℃)	相对湿度 (%)	噪声 [dB(A)]	照度 (lx) 最低	照度 (lx) 平均
OR2手术室（Ⅰ级）	手术区	百级	0.21	——	+8（对洁净走道） +21（对污物走廊）	0	0	0	0	0	22.0	46.4	46.5	516	613
	周边区	千级	——	——		2.6	0	2.1	0	0.1					

AHU-702系统新风量：1333m^3/h（20.8m^3/h•m^2）；OR2手术室排风量：457m^3/h；室外温度：-2.1℃；相对湿度：46.6%。

附表十二、七层AHU-703系统（OR3手术室）检验结果

房间名称		房间设计级别	截面风速 (m/s)	换气次数 (次/h)	静压差 (Pa)	含尘浓度 粒/L 点平均最大值 ≥0.5μm	点平均最大值 ≥5.0μm	室平均统计值 ≥0.5μm	室平均统计值 ≥5.0μm	沉降菌 (cfu/φ90皿·0.5h)	温度 (℃)	相对湿度 (%)	噪声 [dB(A)]	照度 (lx) 最低	照度 (lx) 平均
OR3眼科手术室（Ⅰ级）	手术区	百级	0.20	——	+10（对洁净走道） +21（对污物走廊）	0	0	0	0	0	23.7	40.6	45.6	563	586
	周边区	千级	——	——		3.9	0	3.7	0	0					

AHU-303系统新风量：685m^3/h（22.1m^3/h•m^2）；OR3手术室排风量：355m^3/h；室外温度：-2.1℃；相对湿度：46.6%。

国家建筑工程质量监督检验中心检验报告

TEST REPORT OF NATIONAL CENTER FOR QUALITY SUPERVISION AND TEST OF BUILDING ENGINEERING

委托编号(Commission No.):2016-009630

报告编号（No.of Report）：BETC-JH-2016-00725　第 15 页　共 23 页（Page 15 of 23）

附表十三、七层AHU-706系统（OR7手术室及其辅房）检验结果

房间名称		房间设计级别	截面风速 (m/s)	换气次数 (次/h)	静压差 (Pa)	含尘浓度 粒/L				沉降菌 (cfu/φ90皿·0.5h)	温度 (℃)	相对湿度 (%)	噪声 [dB(A)]	照度 (lx)	
						点平均最大值		室平均统计值							
						≥0.5μm	≥5.0μm	≥0.5μm	≥5.0μm					最低	平均
OR7手术室（Ⅰ级）	手术区	百级	0.22	——	+11（对洁净走道） +32（对污物走廊1） +11（对CT控制室）	0	0	0	0	0	23.9	42.8	45.5	385	460
	周边区	千级	——	——		2.4	0	1.9	0	0					
AHU-706系统新风量：1417m³/h（25.3m³/h•m²）；OR7手术室排风量：443m³/h；室外温度：-2.1℃；相对湿度：46.6%。															

附表十四、七层AHU-707系统（OR8手术室）检验结果

房间名称		房间设计级别	截面风速 (m/s)	换气次数 (次/h)	静压差 (Pa)	含尘浓度 粒/L				沉降菌 (cfu/φ90皿·0.5h)	温度 (℃)	相对湿度 (%)	噪声 [dB(A)]	照度 (lx)	
						点平均最大值		室平均统计值							
						≥0.5μm	≥5.0μm	≥0.5μm	≥5.0μm					最低	平均
OR8骨科关节置换手术室（Ⅰ级）	手术区	百级	0.22	——	+7（对洁净走道） +28（对污物走廊1）	0	0	0	0	0	23.7	43.7	45.9	396	485
	周边区	千级	——	——		2.5	0	2.2	0	0					
AHU-707系统新风量：1930m³/h（35.1m³/h•m²）；OR8手术室排风量：428m³/h；室外温度：-2.1℃；相对湿度：46.6%。															

附表十五、七层AHU-708系统（OR9手术室）检验结果

房间名称		房间设计级别	截面风速 (m/s)	换气次数 (次/h)	静压差 (Pa)	含尘浓度 粒/L				沉降菌 (cfu/φ90皿·0.5h)	温度 (℃)	相对湿度 (%)	噪声 [dB(A)]	照度 (lx)	
						点平均最大值		室平均统计值							
						≥0.5μm	≥5.0μm	≥0.5μm	≥5.0μm					最低	平均
OR9复合手术室（DSA）（Ⅰ级）	手术区	百级	0.21	——	+8（对洁净走道） +28（对污物走廊1） +16（对控制室）	0	0	0	0	0	23.4	51.0	47.3	402	480
	周边区	千级	——	——		4.2	0	2.6	0	0					
控制室		10万级	——	14.5	同级别，无静压差要求	32.5	2.4	67.2	4.5	——	22.7	40.2	50.5	328	346
AHU-708系统新风量：1696m³/h（32.6m³/h•m²）；OR9手术室排风量：403m³/h；室外温度：-2.1℃；相对湿度：46.6%。															

（本页以下无正文）

国家建筑工程质量监督检验中心检验报告

TEST REPORT OF NATIONAL CENTER FOR QUALITY SUPERVISION AND TEST OF BUILDING ENGINEERING

委托编号(Commission No.):2016-009630

报告编号 (No.of Report) : BETC-JH-2016-00725　第 16 页　共 23 页 (Page 16 of 23)

附表十六、七层AHU-705系统（OR4、OR5、OR6手术室）检验结果

房间名称		房间设计级别	换气次数（次/h）	静压差（Pa）	含尘浓度 粒/L 点平均最大值 ≥0.5μm	点平均最大值 ≥5.0μm	室平均统计值 ≥0.5μm	室平均统计值 ≥5.0μm	沉降菌（cfu/φ90皿·0.5h）	温度（℃）	相对湿度（%）	噪声[dB(A)]	照度（lx）最低	照度（lx）平均
OR4手术室（III 级）	手术区	万级	22.5	+8（对洁净走道） +20（对污物走廊）	3.9	0.7	5.1	0.9	0.3	23.8	41.9	45.0	512	567
	周边区	10万级			0.9	0	1.0	0	0					
OR5手术室（III 级）	手术区	万级	20.4	+6（对洁净走道） +19（对污物走廊）	4.8	0.2	6.4	0.3	0	24.0	39.6	46.8	556	619
	周边区	10万级			7.7	0.9	8.6	1.0	0					
OR6手术室（III 级）	手术区	万级	18.1	+7（对洁净走道） +20（对污物走廊）	1.3	0	1.5	0	0	24.1	39.2	45.5	659	674
	周边区	10万级			10.2	1.2	10.3	1.2	0.1					

AHU-705系统新风量：4366m³/h（28.6m³/h•m²）；OR4手术室正压排风量：355m³/h；OR5手术室正压排风量：372m³/h；OR6手术室正压排风量：382m³/h；室外温度：-2.1℃；相对湿度：46.6%。

附表十七、七层AHU-709系统（OR10、OR11手术室）检验结果

房间名称		房间设计级别	换气次数（次/h）	静压差（Pa）	含尘浓度 粒/L 点平均最大值 ≥0.5μm	点平均最大值 ≥5.0μm	室平均统计值 ≥0.5μm	室平均统计值 ≥5.0μm	沉降菌（cfu/Φ90皿·0.5h）	温度（℃）	相对湿度（%）	噪声[dB(A)]	照度（lx）最低	照度（lx）平均
OR10腔镜手术室（III 级）	手术区	万级	22.6	+6（对洁净走道1） +12（对污物走廊2）	1.9	0.4	2.4	0.5	0	22.9	41.2	46.5	563	696
	周边区	10万级			7.9	1.2	7.2	1.2	0					
OR11腔镜手术室（III 级）	手术区	万级	22.6	+6（对洁净走道1） +15（对污物走廊2）	1.1	0.1	1.1	0.2	0	22.9	39.5	46.8	759	779
	周边区	10万级			2.4	0.7	2.2	0.6	0					

AHU-709系统新风量：1502m³/h（19.8m³/h•m²）；OR10手术室排风量：337m³/h；OR11手术室排风量：350m³/h；室外温度：-2.1℃；相对湿度：46.6%。

（本页以下无正文）

国家建筑工程质量监督检验中心检验报告

TEST REPORT OF NATIONAL CENTER FOR QUALITY SUPERVISION AND TEST OF BUILDING ENGINEERING

委托编号(Commission No.):2016-009630

报告编号（No. of Report）：BETC-JH-2016-00725　第 17 页　共 23 页（Page 17 of 23）

附表十八、七层AHU-710系统（OR12、OR13手术室）检验结果

房间名称		房间设计级别	换气次数（次/h）	静压差（Pa）	含尘浓度 粒/L 点平均最大值		含尘浓度 粒/L 室平均统计值		沉降菌（cfu/φ90皿·0.5h）	温度（℃）	相对湿度（%）	噪声［dB(A)］	照度（lx）	
					≥0.5μm	≥5.0μm	≥0.5μm	≥5.0μm					最低	平均
OR12骨科手术室（Ⅲ级）	手术区	万级	28.1	+5（对洁净走道1） +13（对污物走廊2）	1.1	0.1	1.2	0.2	0	22.8	37.2	46.5	707	798
	周边区	10万级			3.9	0.8	3.4	0.8	0					
OR13骨科手术室（Ⅲ级）	手术区	万级	22.0	+5（对洁净走道1） +14（对污物走廊2）	1.2	0.2	1.4	0.3	0	22.8	37.2	45.5	775	834
	周边区	10万级			7.7	1.6	7.6	1.8	0					
AHU-710系统新风量：1438m³/h（21.8m³/h•m²）；OR12手术室正压排风量：354m³/h；OR13手术室正压排风量：359m³/h； 室外温度：-2.1℃；相对湿度：46.6%。														

附表十九、七层AHU-711系统（OR14、OR15、OR16手术室）检验结果

房间名称		房间设计级别	换气次数（次/h）	静压差（Pa）	含尘浓度 粒/L 点平均最大值		含尘浓度 粒/L 室平均统计值		沉降菌（cfu/φ90皿·0.5h）	温度（℃）	相对湿度（%）	噪声［dB(A)］	照度（lx）	
					≥0.5μm	≥5.0μm	≥0.5μm	≥5.0μm					最低	平均
OR14骨科手术室（Ⅲ级）	手术区	万级	20.7	+5（对洁净走道1） +16（对污物走廊2）	1.2	0	1.5	0	0	23.3	42.4	46.4	587	658
	周边区	10万级			3.4	0.7	3.3	0.7	0					
OR15骨科手术室（Ⅲ级）	手术区	万级	22.0	+6（对洁净走道1） +17（对污物走廊2）	1.3	0.2	1.5	0.2	0	23.1	43.2	46.8	524	572
	周边区	10万级			6.4	0.9	6.3	1.0	0					
OR16骨科手术室（Ⅲ级）	手术区	万级	20.7	+8（对洁净走道1） +17（对污物走廊2）	2.7	0.2	3.5	0.3	0	22.9	46.7	46.0	569	622
	周边区	10万级			10.7	1.6	10.7	1.7	0					
AHU-711系统新风量：5472m³/h（32.8m³/h•m²）；OR14手术室排风量：347m³/h；OR15手术室排风量：340m³/h；OR16手术室排风量：362m³/h； 室外温度：-2.1℃；相对湿度：46.6%。														

（本页以下无正文）

国家建筑工程质量监督检验中心检验报告

TEST REPORT OF NATIONAL CENTER FOR QUALITY SUPERVISION AND TEST OF BUILDING ENGINEERING

委托编号(Commission No.):2016-009630

报告编号（No. of Report）：BETC-JH-2016-00725 第 18 页 共 23 页（Page 18 of 23）

附表二十、七层AHU-712系统（OR17、OR18手术室）检验结果

房间名称		房间设计级别	换气次数（次/h）	静压差（Pa）	含尘浓度 粒/L 点平均最大值		含尘浓度 粒/L 室平均统计值		沉降菌（cfu/φ90皿·0.5h）	温度（℃）	相对湿度（%）	噪声[dB(A)]	照度（lx）	
					≥0.5μm	≥5.0μm	≥0.5μm	≥5.0μm					最低	平均
OR17骨科手术室（III级）	手术区	万级	23.6	+8（对洁净走道1） +18（对污物走廊2）	0.6	0	0.7	0	0	23.1	42.2	42.4	448	540
	周边区	10万级			7.7	0.9	7.8	0.9	0					
OR18骨科手术室（III级）	手术区	万级	25.5	+6（对洁净走道1） +15（对污物走廊2）	0.6	0	0.7	0	0	23.2	42.0	43.6	587	621
	周边区	10万级			10.5	1.1	10.7	1.1	0					

AHU-712系统新风量：1447m³/h（20.7m³/h•m²）；OR17手术室排风量：334m³/h；OR18手术室排风量：363m³/h；室外温度：-2.1℃；相对湿度：46.6%。

附表二十一、七层AHU-713系统（OR19、OR20、OR21手术室及其辅房）检验结果

房间名称		房间设计级别	换气次数（次/h）	静压差（Pa）	含尘浓度 粒/L 点平均最大值		含尘浓度 粒/L 室平均统计值		沉降菌（cfu/φ90皿·0.5h）	温度（℃）	相对湿度（%）	噪声[dB(A)]	照度（lx）	
					≥0.5μm	≥5.0μm	≥0.5μm	≥5.0μm					最低	平均
OR19腔镜手术室（III级）	手术区	万级	19.2	+22（对OR19+OR20手术室刷手） +16（对OR19腔镜手术室预麻） +12（对污物走廊2）	4.1	0.4	5.1	0.5	0	22.6	44.7	45.5	513	567
	周边区	10万级			4.8	0.6	5.1	0.6	0					
OR20手术室（III级）	手术区	万级	21.2	+15（对OR19+OR20手术室刷手） +6.（对OR20手术室预麻） +6（对污物走廊2）	7.8	0.6	9.9	0.8	0	22.5	42.8	45.5	562	601
	周边区	10万级			8.7	0.8	8.8	0.9	0					
OR21铅屏蔽手术室（III级）	手术区	万级	19.2	+12（对OR21铅屏蔽手术室预麻） +7（对污物走廊2）	3.4	0.4	3.6	0.4	0	21.9	44.9	44.5	456	478
	周边区	10万级			8.5	0.8	8.6	0.9	0					
OR19腔镜手术室预麻		10万级	13.6	-14（对洁净走道1）	1976.3	7.7	2386.5	8.3	——	22.7	44.2	52.1	251	270
OR19+OR20手术室刷手		10万级	13.9	-18（对洁净走道1）	2716.6	9.0	2937.2	13.0	——	22.7	43.0	49.7	216	254
OR20手术室预麻		10万级	10.4	-11（对洁净走道1）	936.9	4.9	1104.1	7.3	——	22.2	45.9	50.7	156	179
OR21铅屏蔽手术室预麻		10万级	20.2	-16（对洁净走道1）	894.8	8.6	1317.1	9.2	——	21.7	41.5	50.3	223	260
OR21铅屏蔽手术室刷手		10万级	21.9	-11（对洁净走道1）	2848.5	10.7	2936.2	14.2	——	22.2	43.4	47.6	299	318

AHU-713系统新风量：4378m³/h（26.2m³/h•m²）；OR19手术室排风量：384m³/h；OR20手术室排风量：448m³/h；OR21手术室排风量：382m³/h；
室外温度：-2.1℃；相对湿度：46.6%。

国家建筑工程质量监督检验中心检验报告

TEST REPORT OF NATIONAL CENTER FOR QUALITY SUPERVISION AND TEST OF BUILDING ENGINEERING

委托编号(Commission No.):2016-009630

报告编号（No.of Report）：BETC-JH-2016-00725　第 19 页　共 23 页（Page 19 of 23）

附表二十二、七层AHU-714系统——手术部辅助房间检验结果

房间名称	房间设计级别	换气次数（次/h）	静压差（Pa）	含尘浓度 粒/L 点平均最大值 ≥0.5μm	点平均最大值 ≥5.0μm	室平均统计值 ≥0.5μm	室平均统计值 ≥5.0μm	沉降菌（cfu/Φ90皿·0.5h）	温度（℃）	相对湿度（%）	噪声[dB(A)]	照度（lx）最低	照度（lx）平均
洁净走道1	10万级	11.9	+9（对污物走廊2）	48.4	7.1	47.1	4.5	——	21.3	49.6	48.3	281	334
无菌敷料1	10万级	13.4	同级别，无静压差要求	60.4	5.1	149.4	9.4	——	21.4	50.4	44.6	289	337
无菌敷料2	10万级	16.5	同级别，无静压差要求	7.7	0.7	14.2	1.3	——	21.4	49.1	45.2	256	291
谈话1	30万级	14.1	同级别，无静压差要求	48.4	4.1	61.8	6.9	——	21.4	49.5	42.6	259	260
血液储存	10万级	18.9	同级别，无静压差要求	26.1	4.0	34.3	5.9	——	22.8	44.8	44.9	348	352
洁梯缓冲	10万级	31.4	+6（对非洁净区）	27.1	3.2	32.4	4.3	——	22.8	47.6	45.6	316	318
缓冲1	10万级	20.2	+9（对污物走廊2）	25.3	3.1	29.7	3.1	——	23.5	47.2	42.1	339	343
缓冲3	10万级	22.7	+8（对污物走廊2）	995.9	8.7	1206.8	10.3	——	23.4	47.5	46.8	329	331
X光室	10万级	13.5	同级别，无静压差要求	22.4	2.5	29.9	2.8	——	23.7	49.0	46.6	254	262
储备间	10万级	10.9	同级别，无静压差要求	32.9	1.6	33.8	1.7	——	23.9	47.2	47.2	278	282
腔镜暂存	10万级	15.3	同级别，无静压差要求	58.2	6.5	89.1	12.7	——	23.7	46.6	48.7	262	275
缓冲4	10万级	13.7	+11（对污物走廊2）	62.6	5.1	65.4	5.4	——	23.9	49.9	43.5	274	280

AHU-714系统新风量：2552m^3/h（4.6次/h）；室外温度：-2.1℃；相对湿度：46.6%。

（本页以下无正文）

国家建筑工程质量监督检验中心检验报告

TEST REPORT OF NATIONAL CENTER FOR QUALITY SUPERVISION AND TEST OF BUILDING ENGINEERING

委托编号(Commission No.):2016-009630

报告编号（No.of Report）：BETC-JH-2016-00725　第 20 页　共 23 页（Page 20 of 23）

附表二十三、七层AHU-715系统—— 手术部辅助房间检验结果

房间名称	房间设计级别	换气次数（次/h）	静压差（Pa）	含尘浓度 粒/L 点平均最大值 ≥0.5μm	点平均最大值 ≥5.0μm	室平均统计值 ≥0.5μm	室平均统计值 ≥5.0μm	沉降菌（cfu/φ90皿·0.5h）	温度（℃）	相对湿度（%）	噪声［dB(A)］	照度（lx）最低	照度（lx）平均
洁净走道	10万级	11.7	+12（对非洁净区）	63.8	4.5	57.7	5.0	——	24.2	36.4	51.9	306	413
CT控制室	10万级	20.0	同级别，无静压差要求	9.3	0.9	11.8	1.3	——	23.9	40.9	46.6	421	436
洁净辅助用房	10万级	17.1	同级别，无静压差要求	24.9	3.7	29.5	4.3	——	23.9	41.0	48.8	402	406
麻醉品库	10万级	22.8	同级别，无静压差要求	68.6	4.6	75.7	6.2	——	24.0	42.1	51.6	246	252
换床	10万级	18.1	同级别，无静压差要求	147.7	8.0	160.2	12.4	——	24.1	41.5	47.3	367	371
麻醉复苏	10万级	11.5	同级别，无静压差要求	46.5	2.4	81.5	4.2	——	24.1	40.8	47.2	424	430
预麻	10万级	15.2	-12（对洁净走道）	88.7	2.7	187.3	3.6	——	23.9	38.5	49.2	326	337
设备管井	10万级	16.8	同级别，无静压差要求	28.9	1.4	30.2	1.5	——	23.8	40.6	49.1	331	349
缓冲1	10万级	24.8	+24（对污物走廊）	13.8	1.3	14.1	1.9	——	23.6	38.5	49.5	302	303
缓冲2	10万级	26.4.	+8（对污物走廊）	343.8	2.5	456.8	3.7	——	23.4	40.5	46.4	268	271

AHU-715系统新风量：9628m³/h（5.3次/h）；室外温度：-2.1℃；相对湿度：46.6%。

附表二十四、七层AHU-716系统—— 手术部辅助房间检验结果

房间名称	房间设计级别	换气次数（次/h）	静压差（Pa）	含尘浓度 粒/L 点平均最大值 ≥0.5μm	点平均最大值 ≥5.0μm	室平均统计值 ≥0.5μm	室平均统计值 ≥5.0μm	沉降菌（cfu/φ90皿·0.5h）	温度（℃）	相对湿度（%）	噪声［dB(A)］	照度（lx）最低	照度（lx）平均
污物走廊2	30万级	9.1	同级别，无静压差要求	6915.2	19.7	6894.8	15.9	——	21.2	43.2	47.0	382	962
缓冲	30万级	13.2	+6（对非洁净区）	25.3	3.1	29.7	3.1	——	23.0	45.3	46.1	238	247
污物打包	30万级	13.8	同级别，无静压差要求	5022.3	26.3	6562.9	33.4	——	21.9	45.7	43.1	236	240
器械整理	30万级	13.7	同级别，无静压差要求	618.8	5.2	687.8	5.8	——	22.8	45.2	46.9	296	319
腔镜清洗间	30万级	12.1	同级别，无静压差要求	2847.2	9.4	2968.4	11.0	——	21.1	46.5	44.9	249	251
石膏间	30万级	13.9	同级别，无静压差要求	8063.0	15.4	9264.2	15.7	——	21.1	43.8	51.3	786	843

AHU-716系统新风量：1880m³/h（2.5次/h）；室外温度：-2.1℃；相对湿度：46.6%。

国家建筑工程质量监督检验中心检验报告

TEST REPORT OF NATIONAL CENTER FOR QUALITY SUPERVISION AND TEST OF BUILDING ENGINEERING

委托编号(Commission No.):2016-009630

报告编号（No. of Report）：BETC-JH-2016-00725　第 21 页　共 23 页（Page 21 of 23）

附表二十五、七层AHU-717系统——手术部辅助房间检验结果

房间名称	房间设计级别	换气次数（次/h）	静压差（Pa）	含尘浓度 粒/L 点平均最大值 ≥0.5μm	含尘浓度 粒/L 点平均最大值 ≥5.0μm	含尘浓度 粒/L 室平均统计值 ≥0.5μm	含尘浓度 粒/L 室平均统计值 ≥5.0μm	沉降菌（cfu/φ90皿·0.5h）	温度（℃）	相对湿度（%）	噪声［dB(A)］	照度（lx）最低	照度（lx）平均
污物走廊	30万级	9.0	+11（对非洁净区）	3192.7	4.7	8772.7	8.5	—	23.6	43.2	51.9	307	314
缓冲	30万级	26.4	+6（对非洁净区）	33.9	3.7	70.8	5.2	—	21.9	46.8	55.7	302	310
污物走廊1	30万级	17.0	同级别，无静压差要求	453.2	5.3	578.9	6.2	—	21.7	47.4	52.7	384	415
污物打包	30万级	10.2	同级别，无静压差要求	8137.6	12.6	8531.2	9.8	—	23.1	41.5	54.7	402	408
器械整理	30万级	13.5	同级别，无静压差要求	8104.4	7.9	8531.2	9.8	—	22.6	47.2	51.1	418	425
工友室	30万级	14.3	同级别，无静压差要求	5773.7	5.4	7857.4	6.7	—	22.5	49.4	51.4	379	390
库房	30万级	8.8	同级别，无静压差要求	2939.2	7.2	3472.4	8.7	—	22.5	49.1	52.6	334	352

AHU-717系统新风量：2769m^3/h（3.3次/h）；室外温度：-2.1℃；相对湿度：46.6%。

（本页以下无正文）

国家建筑工程质量监督检验中心检验报告

TEST REPORT OF NATIONAL CENTER FOR QUALITY SUPERVISION AND TEST OF BUILDING ENGINEERING

委托编号(Commission No.):2016-009630

报告编号(No. of Report): BETC-JH-2016-00725　　　　第 22 页 共 23 页 (Page 22 of 23)

附图一：六层手术部平面图

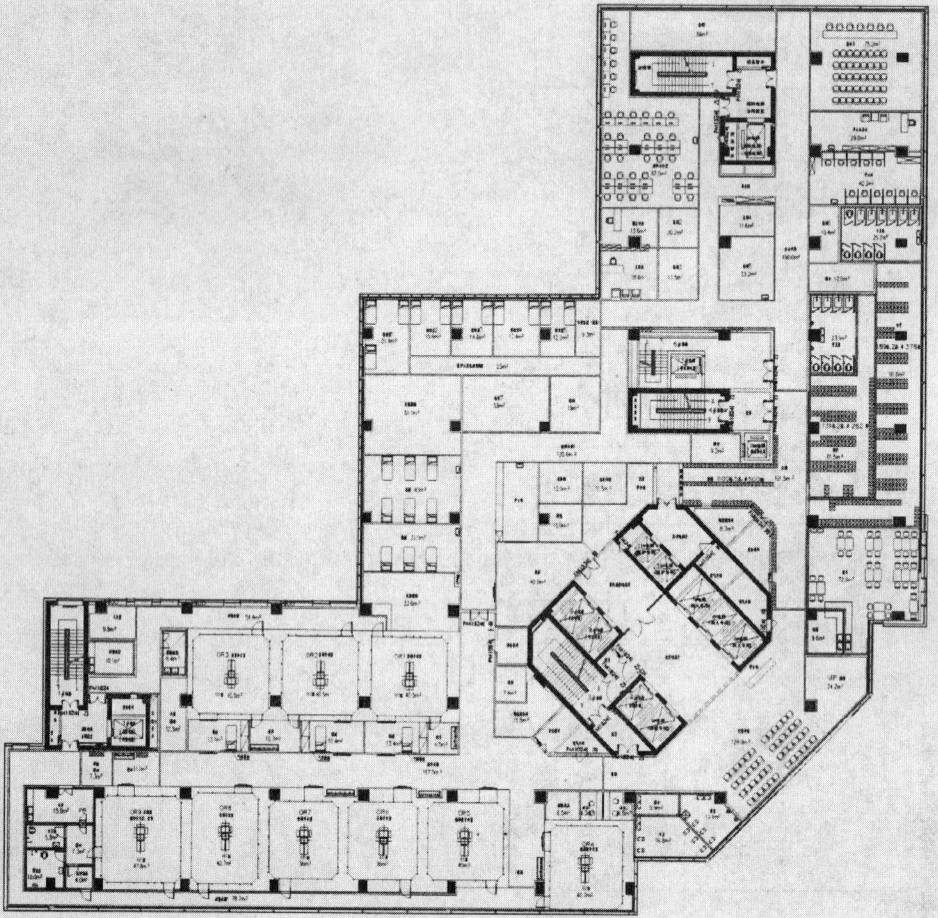

(本页以下无正文)

编者注：六层手术部平面图清楚图纸见本书图 6.2.6-1。

国家建筑工程质量监督检验中心检验报告

TEST REPORT OF NATIONAL CENTER FOR QUALITY SUPERVISION AND TEST OF BUILDING ENGINEERING

委托编号(Commission No.):2016-009630

报告编号(No. of Report): BETC-JH-2016-00725　　第 23 页 共 23 页 (Page 23 of 23)

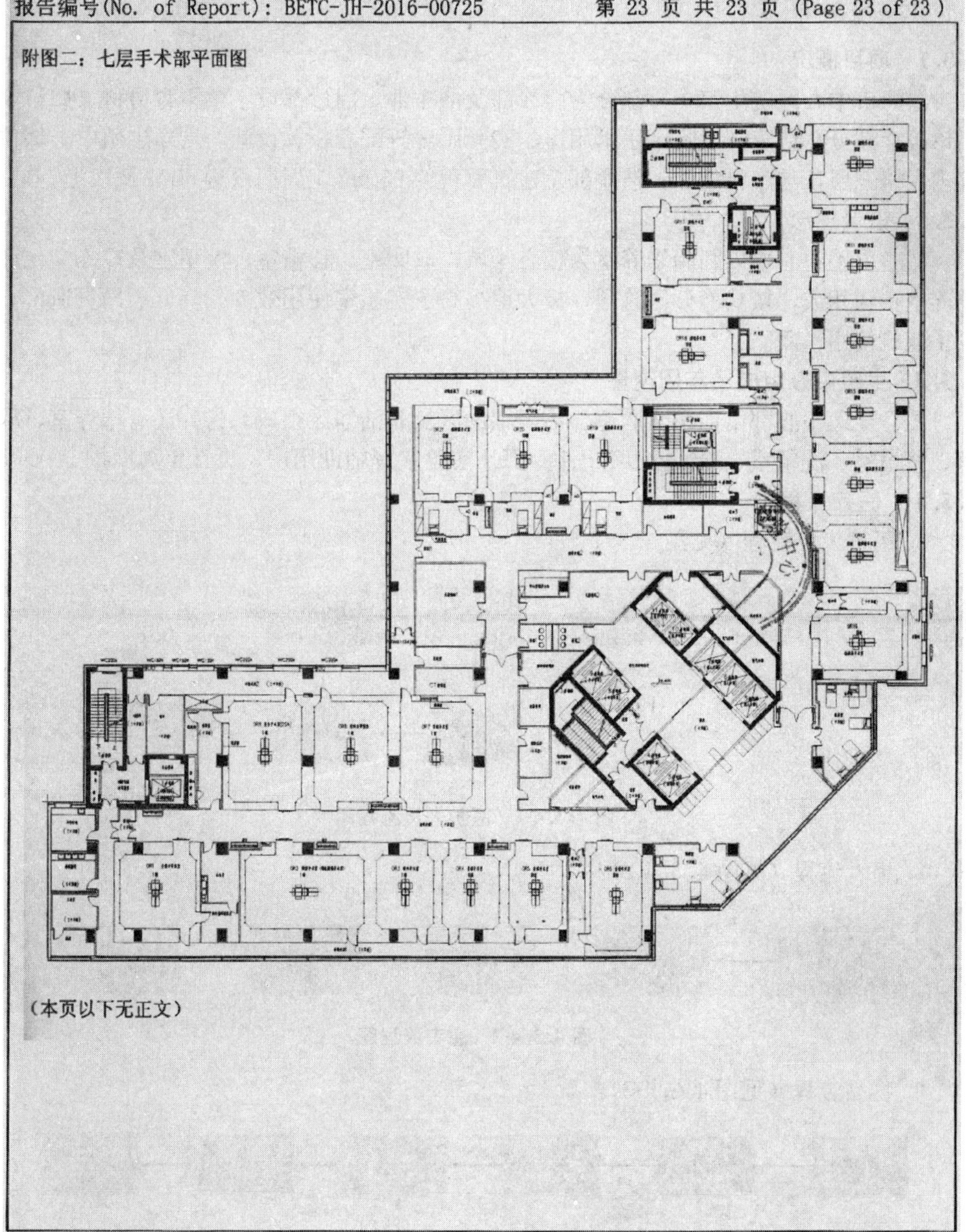

附图二：七层手术部平面图

(本页以下无正文)

编者注：七层手术部平面图清楚图纸见本书图 4.2.6-2。

工程案例3　漯河市中心医院洁净生殖中心部

4.3.1　项目概况

漯河市中心医院生殖中心部分为门诊部及洁净部。门诊部设不孕不育男科、妇科配套门诊医疗部分；洁净部设临床手术用房、实验用房等配套相关设施。洁净生殖中心部位于院内大楼三层，与产科相邻；洁净部总建筑面积约 950m^2，周期量达 5000 例以上。

4.3.2　设计理念

洁净生殖中心部以胚胎培养室为核心区域，取卵室、移植室、洗精室及冷冻室与胚胎培养室相辅相成，按功能分区管理，极大地提高了实验室使用效率，降低了昂贵造价，减少了建筑使用平面。

4.3.3　生殖中心组成及年周期量

洁净生殖中心部由洁净实验室、洁净辅助区及非洁净区组成。另外还有培养室、取卵室、移植室、洗精室、冷冻室、IUI 室、IUI 实验室等辅助用房，设计年周期量 5000 例。

4.3.4　医疗流程

1. 医护人员流程（见图 4.3.4-1）：

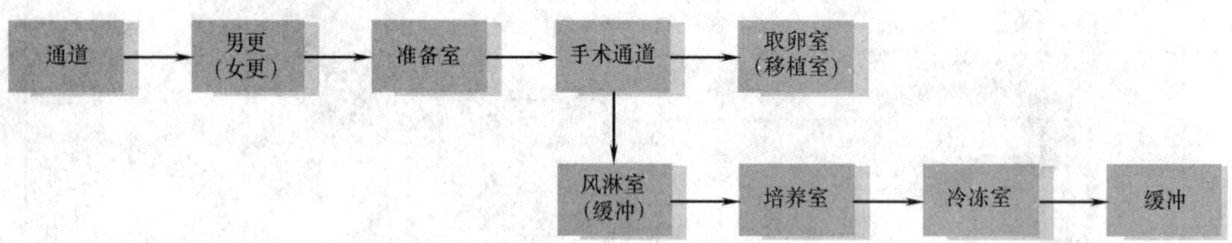

图 4.3.4-1　医护人员流程图

2. 患者流程（见图 4.3.4-2）：

图 4.3.4-2　患者流程图

3. 物品流程（见图 4.3.4-3）：

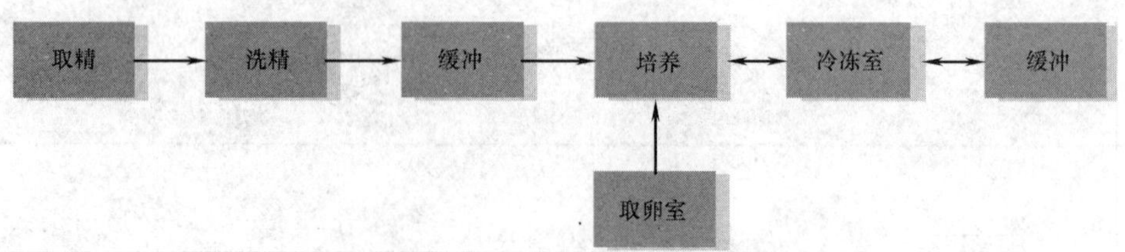

图 4.3.4-3　物品流程图

4.3.5　生殖中心特点

平面布置：医生通道、女病人通道及男病人通道三通道独立分区，医生办公辅助房间在非洁净区。方便护士管理患者流向、术前核对信息，医生办公辅助房间相对集中独立，不受干扰，后期运行成本可控性高。

4.3.6　新技术、新工艺、新设备

1. 生殖中心部可独立运行，供水、供电、通风空调单独计费。

2. 生殖中心部围护结构为钢板结构，非焊接，可拆卸。当生殖中心设备更新、面积扩大时，可任意组装，围护结构可重复利用，节省大量材料。

3. 洁净空调设备体积小、重量轻，可露天安装，防雨水、抗寒流。

4.3.7　绿色、环保、节能措施

1. 人流、物流、洁污分流设计，实现绿色、环保、节能理念，实践证明，采用被动式绿色节能往往是最简单、最有效的方法。

2. 围护结构采用可拆卸“钢板结构”，避免将来实验室改扩建时造成浪费，并可以将拆除的钢板重复利用。

4.3.8　主要设计特点

1. 建筑

生殖中心医生通道、女病人通道及男病人通道三通道充分满足大楼消防要求，最大限度利用建筑面积，并按经济性、实用性、美观性原则，采用可拆卸围护结构，钢板结构无缝拼接，可重复使用，节地节材。生殖中心单元化、模块化、集成化，绿色环保。

2. 空调

空调系统独立设置，根据实验室性质、使用时间、洁净等级，合理划分不同的净化空调系统。净化空调箱采用变频控制；在部分负荷时，低速运行或单台运行。排风机与空调箱连锁，减少不合理使用时间，节省能耗。

3. 电气

（1）实验室内采用智能照明控制，对空调、给排水、热水系统等实施BA控制，达到节能效果。

（2）对生殖中心部的照明、动力、医疗设备的低压配电箱安装电流、电源、能耗检测计量电子式数字表。计量表精度等级为1.0级以上，均带通信接口。全部能耗检测、计量数据通过信号总线采集，可集中显示、储存于设在变电所的后台计算机上。

4. 给水排水

（1）生殖中心准备间洗手水嘴采用电磁感应水嘴，设置热回水系统，确保各用水点热水水温，减少用水浪费。

（2）热水管均作保温处理以降低热损耗，降低长期运行和管理成本。

4.3.9　技术经济指标

该生殖中心部技术经济指标见表4.3.9。

4.3.10　设计图纸

生殖中心部平面方案图如图4.3.10所示。

技术经济指标　　　　**表 4.3.9**

<table>
<tr><td>项目名称</td><td colspan="5">漯河市中心医院洁净生殖中心部</td></tr>
<tr><td>设计单位</td><td colspan="5">苏州理想建设工程有限公司</td></tr>
<tr><td>施工公司</td><td colspan="5">苏州理想建设工程有限公司</td></tr>
<tr><td>建设地点</td><td colspan="5">漯河市人民东路54号</td></tr>
<tr><td>竣工时间</td><td>2016年1月19日</td><td colspan="3">验收时间</td><td>2016年1月19日</td></tr>
<tr><td>使用时间</td><td>2016年1月21日</td><td colspan="4"></td></tr>
<tr><td>生殖中心部总建筑面积</td><td>950.00m^2</td><td colspan="3">其中:培养室面积</td><td>63.47m^2</td></tr>
<tr><td rowspan="3">实验室数量</td><td rowspan="3">20间</td><td rowspan="3">其中：</td><td colspan="2">千级</td><td>1间</td></tr>
<tr><td colspan="2">万级</td><td>10间</td></tr>
<tr><td colspan="2">十万级</td><td>6间</td></tr>
<tr><td>辅助用房总建筑面积</td><td>491.24 m^2</td><td colspan="4">其中:包含候诊区及其他辅房</td></tr>
<tr><td>医用气体配置种类</td><td>氧气、吸引</td><td colspan="2">其他:特殊气体</td><td colspan="2">氮气、二氧化碳、混合气</td></tr>
<tr><td>生殖中心部层数</td><td>三层</td><td colspan="2">其中：</td><td colspan="2"></td></tr>
<tr><td>实验室层高</td><td>2.6m</td><td colspan="2">建筑梁下高度</td><td colspan="2">3.05m</td></tr>
<tr><td>冷热源方式</td><td colspan="5">空调机组自带冷热源,全年提供</td></tr>
<tr><td>空调洁净系统(方式)</td><td colspan="5">风量处于合理范围内采用一次回风方式</td></tr>
<tr><td>新风组合形式</td><td colspan="5">空调机组自取新风方式</td></tr>
<tr><td>温湿度处理方式</td><td colspan="5">电热式加湿器</td></tr>
<tr><td rowspan="3">送风形式</td><td>送风天花</td><td rowspan="3" colspan="4">取卵室、移植室、IUI室、穿刺室采用送风天花集中送风,其余实验室采用高效送风口送风;辅助功能房采用舒适性送风。</td></tr>
<tr><td>高效送风口</td></tr>
<tr><td>其他</td></tr>
<tr><td>生殖中心部空调总冷/热负荷</td><td colspan="5">约950/172kW</td></tr>
<tr><td>生殖中心部供电总负荷</td><td colspan="5">约162.75kW</td></tr>
<tr><td>单位造价</td><td colspan="5">视具体情况而定</td></tr>
</table>

4.3.11　现场照片

该工程现场照片如图4.3.11-1～图4.3.11-4所示。

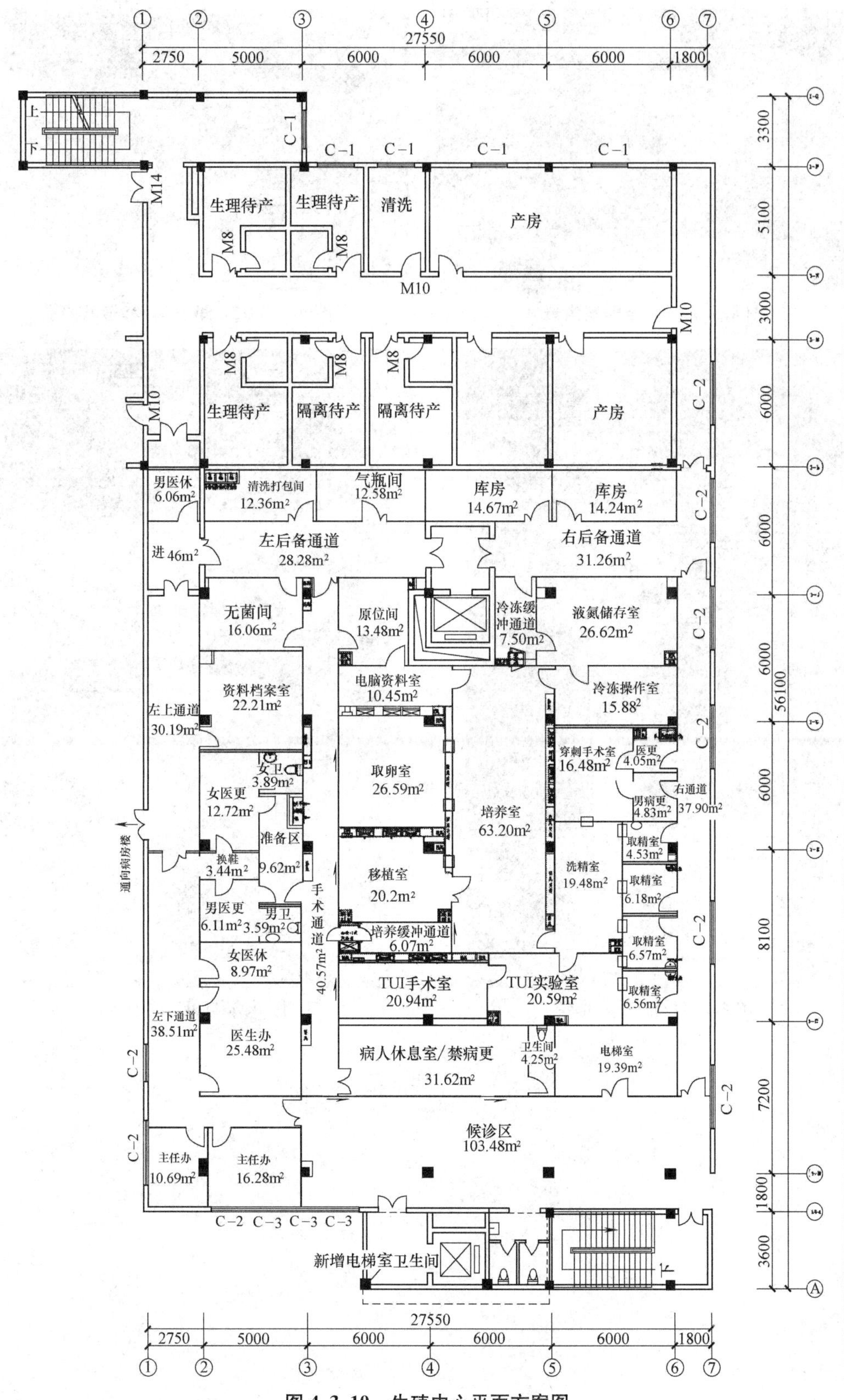

图 4.3.10　生殖中心平面方案图

图 4.3.11-1 培养室内景

图 4.3.11-2 取卵室/移植室内景

图 4.3.11-3 手术通道

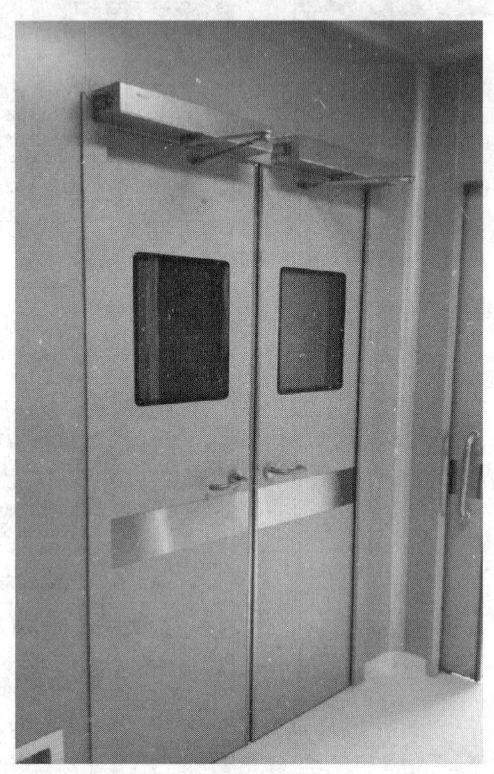

图 4.3.11-4 通道入口

工程案例4　上海交通大学附属瑞金医院洁净手术部

4.4.1　设计理念

上海交通大学附属瑞金医院洁净手术手术部的设计理念为：以人为本、洁污分流、节能减排、功能完善、灵活通用。

洁净手术部的布局为单走廊的方式，充分考虑到人流、物流通道的合理性及实用性。并且将手术部根据不同使用科室划分为若干手术区，充分整合手术资源，提高手术周转效率。

洁净手术部不仅要营造良好的医疗环境，还要营造舒适、惬意的工作、休息环境。不再一味追求手术室间数，而是在满足使用需求的前提下充分增加辅助用房及办公用房的数量及面积，为医护人员提供良好的休息及办公环境。

4.4.2　手术室组成及年手术量

医院洁净手术部设置在大楼第三、四层，共设18间手术室，其中百级手术室3间（复合手术室2间），万级手术室15间。设计施工工艺参照瑞金医院6号楼二楼（西）手术室，手术部包括洁净走廊、清洁走廊、配套功能辅房等。2016年度年手术量约为28000台。

4.4.3　手术室设计图纸

该工程设计主要图纸见图4.4.3-1～图4.4.4-7；手术室基本装备表、主要设备材料表见表4.4.3-1和表4.4.3-2。

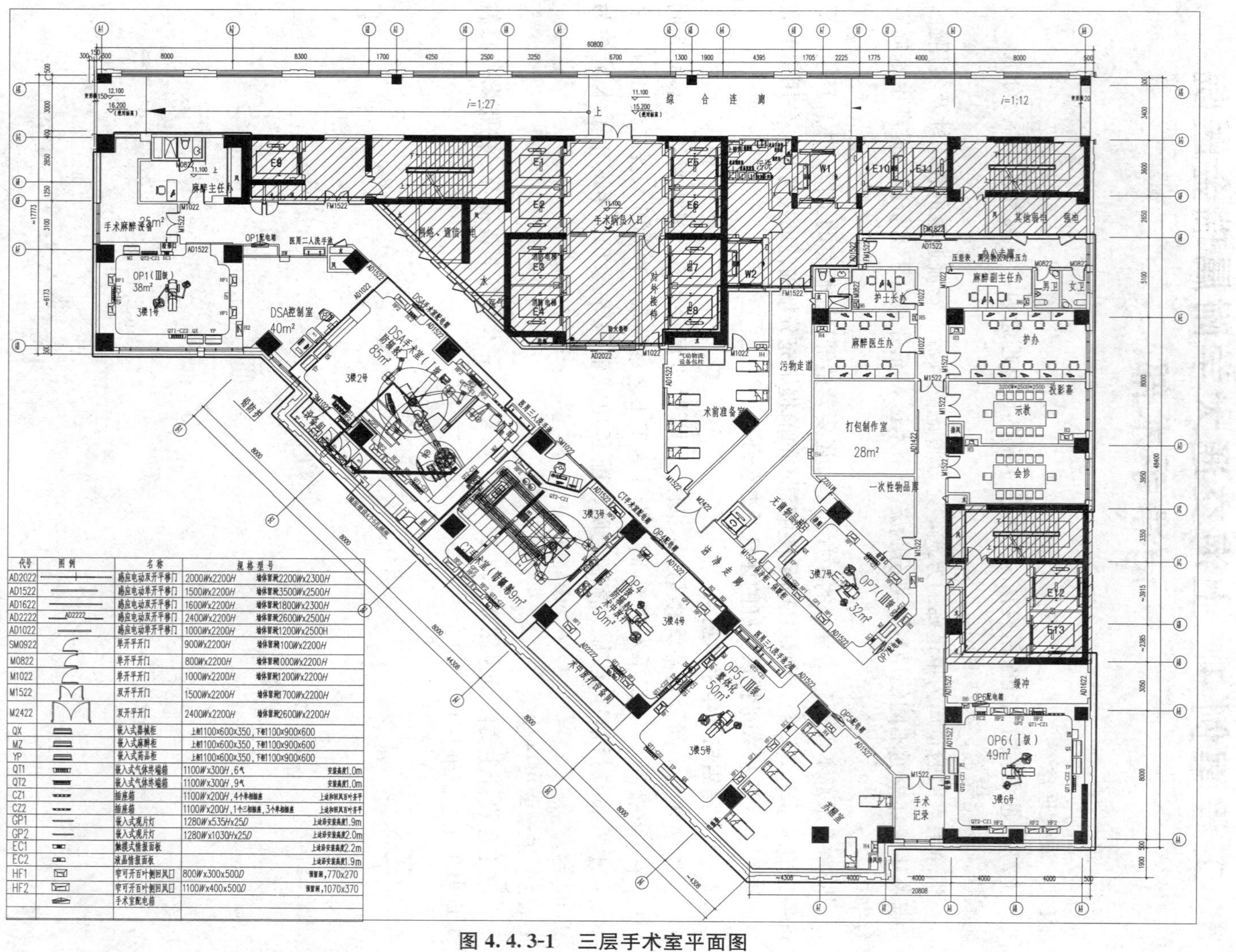

代号	图例	名称	规格型号
AD2022		感应电动双开平移门	2000Wx2200H　墙体留洞2200Wx2300H
AD1522		感应电动单开平移门	1500Wx2200H　墙体留洞3500Wx2500H
AD1622		感应电动双开平移门	1600Wx2200H　墙体留洞1800Wx2300H
AD2222	AD2222	感应电动双开平移门	2400Wx2200H　墙体留洞2600Wx2500H
AD1022		感应电动单开平移门	1000Wx2200H　墙体留洞1200Wx2500H
SM0922		单开平开门	900Wx2200H　墙体留洞100Wx2200H
M0822		单开平开门	800Wx2200H　墙体留洞000Wx2200H
M1022		单开平开门	1000Wx2200H　墙体留洞1200Wx2200H
M1522		双开平开门	1500Wx2200H　墙体留洞1700Wx2200H
M2422		双开平开门	2400Wx2200H　墙体留洞2600Wx2200H
QX		嵌入式器械柜	上柜1100x600x350，下柜1100x900x600
MZ		嵌入式麻醉柜	上柜1100x600x350，下柜1100x900x600
YP		嵌入式药品柜	上柜1100x600x350，下柜1100x900x600
QT1		嵌入式气体终端箱	1100Wx300H，6气　安装高度1.0m
QT2		嵌入式气体终端箱	1100Wx300H，9气　安装高度1.0m
CZ1		插座箱	1100Wx200H，4个单相插座　上边和回风百叶齐平
CZ2		插座箱	1100Wx200H，1个三相插座，3个单相插座　上边和回风百叶齐平
GP1		嵌入式观片灯	1280Wx535Hx25D　上边沿安装高度1.9m
GP2		嵌入式观片灯	1280Wx1030Hx25D　上边沿安装高度2.0m
EC1		触摸式情报面板	上边沿安装高度2.2m
EC2		液晶情报面板	上边沿安装高度1.9m
HF1		窄可开百叶侧回风口	800Wx300x500D　预留洞，770x270
HF2		窄可开百叶侧回风口	1100Wx400x500D　预留洞，1070x370
		手术室配电箱	

图 4.4.3-1　三层手术室平面图

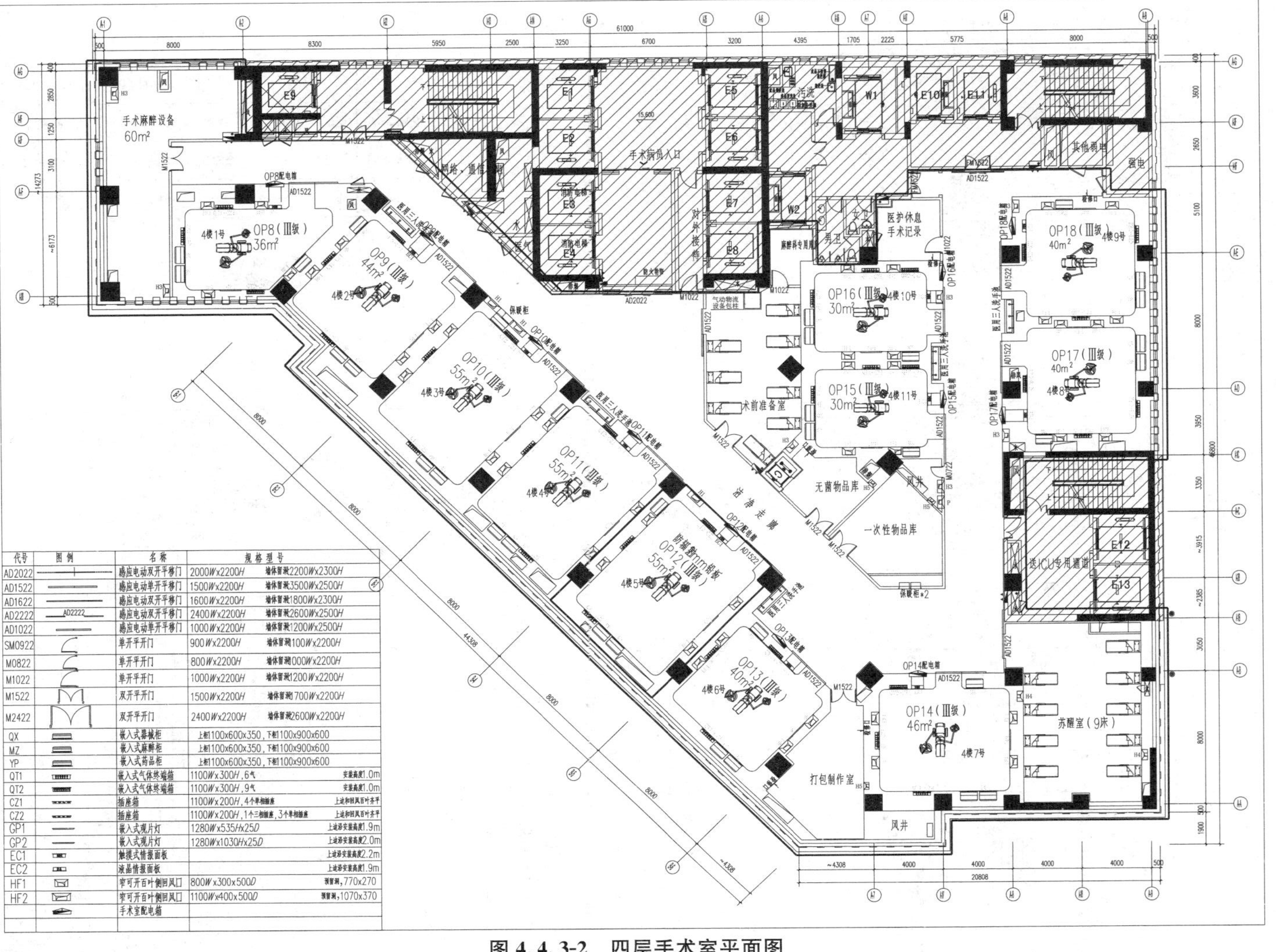

图 4.4.3-2　四层手术室平面图

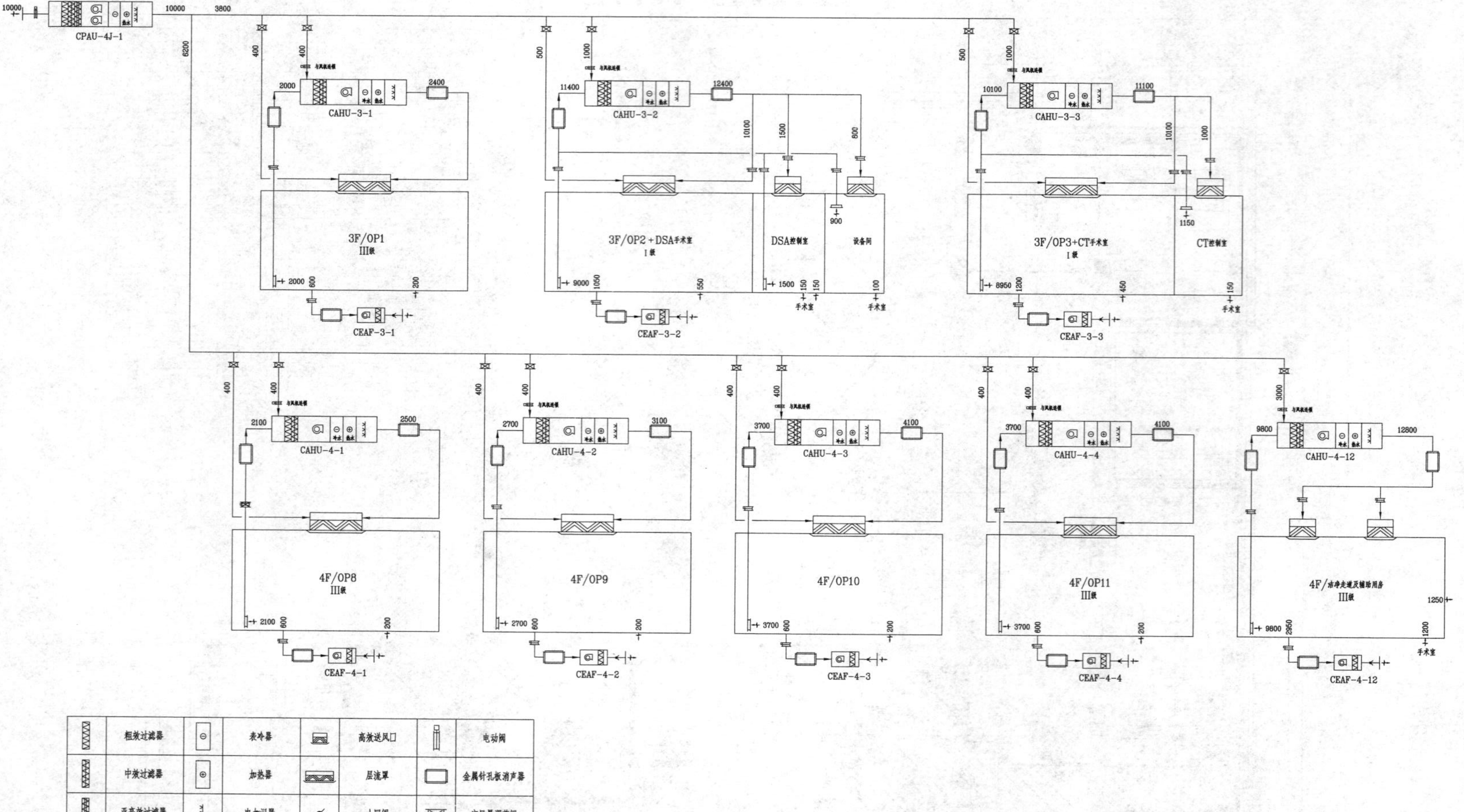

图 4.4.3-3　手术室空调流程图一

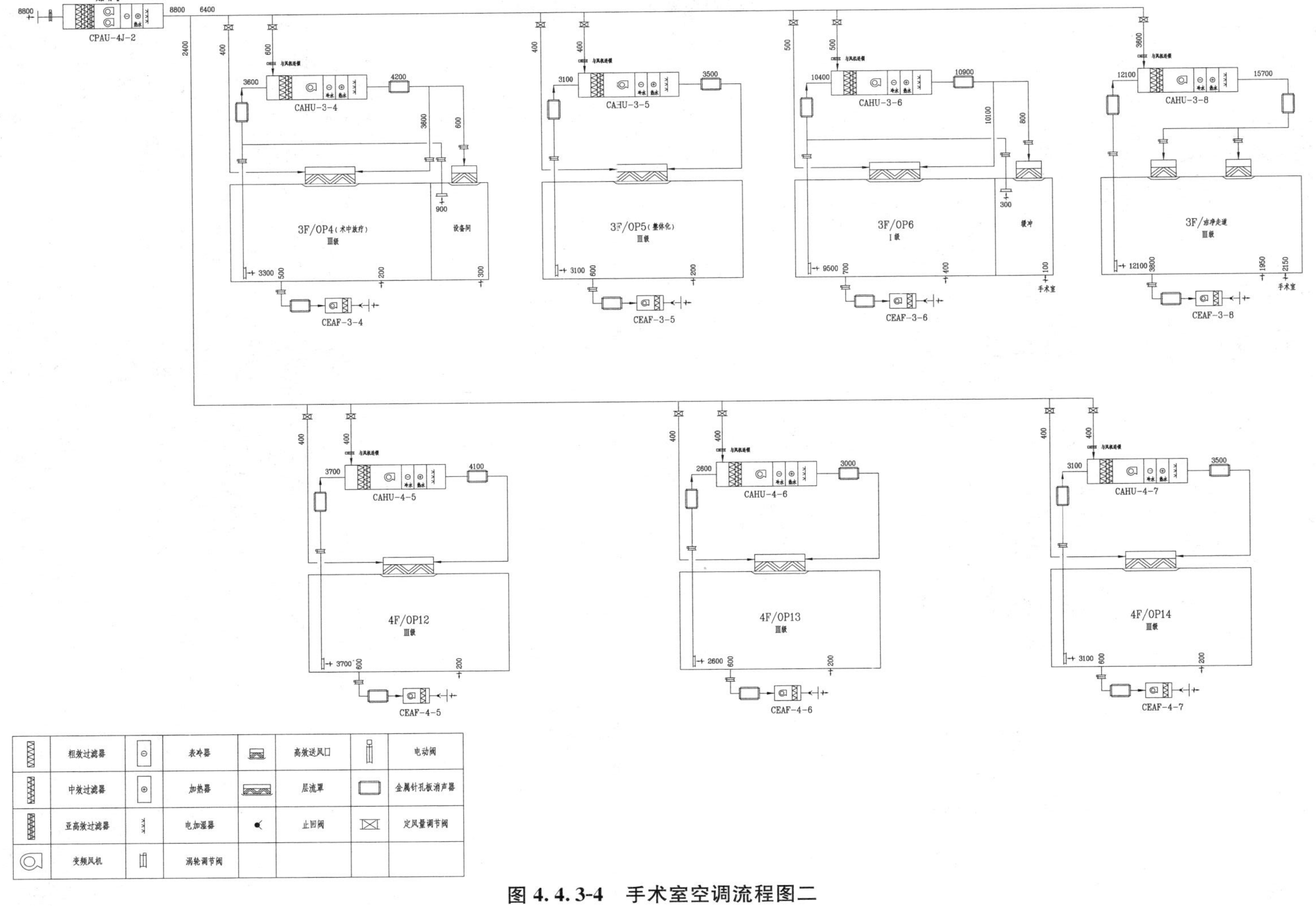

图 4.4.3-4　手术室空调流程图二

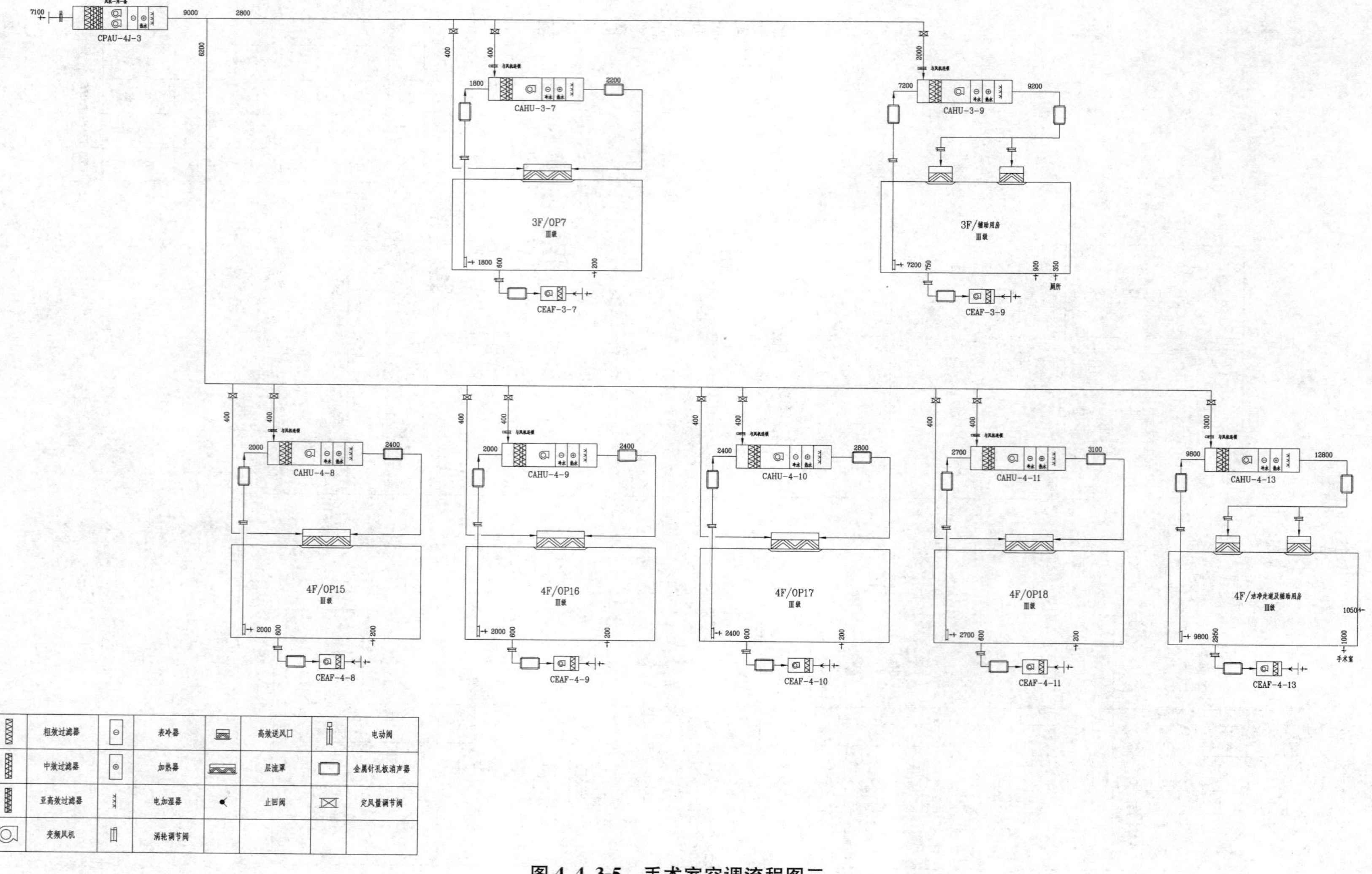

图 4.4.3-5　手术室空调流程图三

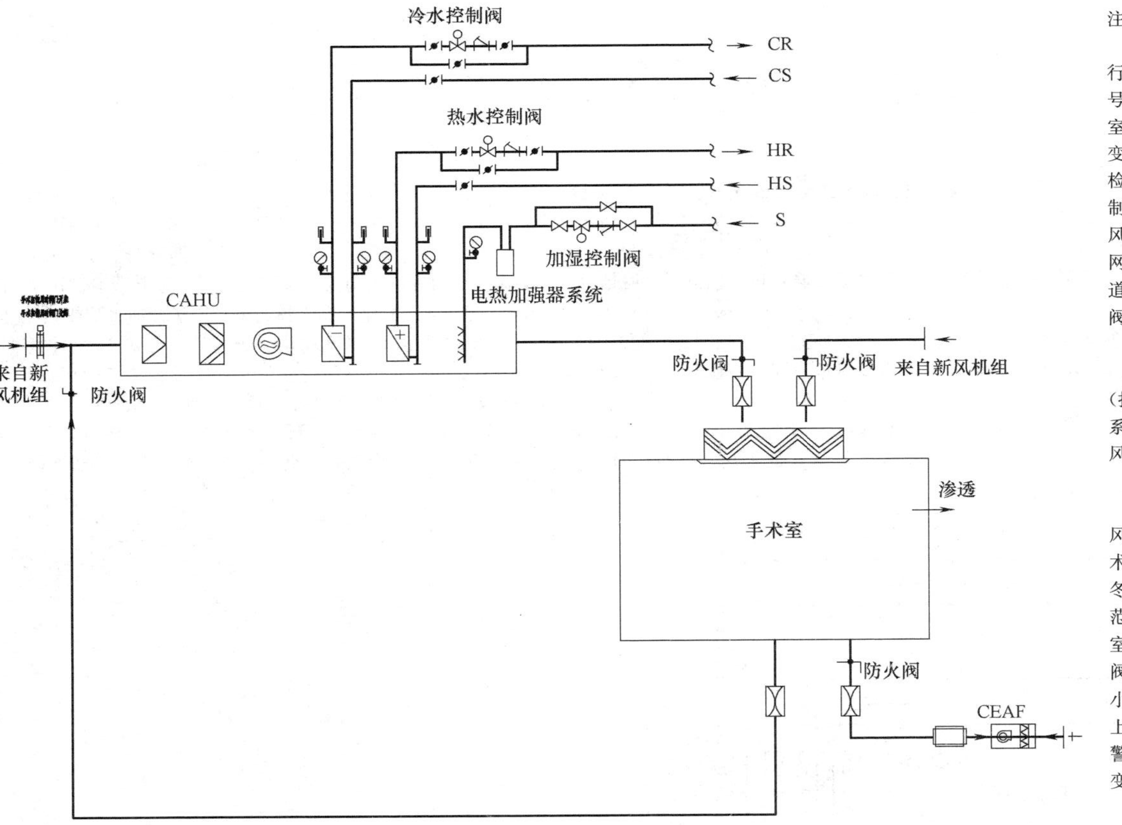

图 4.4.3-6　手术室净化机组控制要求图

注：1. 手术室空调机组要求：

送风机急停开关（指示、信号），机组启体，系统运行（表示室内，信号，控制室内）、系统值机（指示、信号），系统选择（指示室内、信号）防火阀阵指示、手术室门开关，高、中效过滤器报警（指示、信号、机组），变频/应急/定位控制（可以变频、定频、应急运行模式）、检修灯（使用时信号）、机组值机（指示室内，信号、控制室内），机组高温（信号），室内温度设定（室内）、回风温度（信号、室内）、回风温度（信号、室内）高效滤网报警（信号，室内），压表报警（信号，室内与程序走道，室内），加湿控制，冷水阀控制，热水阀控制，新风阀控制。

2. 手术室排风根据要求：

风机急停开关（指示、信号），机组启停，系统运行（指示室内、信号、控制室内）系统错误（指示，信号），系统故障（指示室内，信号），由手术室门开，阀控制排风机。

3. 控制要点：

由手术室门开关控制排风机；开门排风机关，关门排风机开，平时排风机按需要时开停，热水阀控制夏季由手术室内温度范围控制（冷水阀控制优先于热水阀控制），冬季由手术室内温度控制，冷水阀控制由手术室内的温度范围控制，由手术室内的温度范围控制，温度优先，手术室的逆风机停机或值机运行（变频）时关闭冷水阀，热水阀（冬季要有5%的开度）、新风阀，加温控制室内温度小于设定值下限−5%时加湿启动，室内温度大于设定值上限时加温关闭。送风温度超过80%时，加热关闭并报警，手术室送风机变频由送风总管的风速控制，排风机的变频由压差控制。

4. 送风压力<50Pa，视机组为缺风故障。

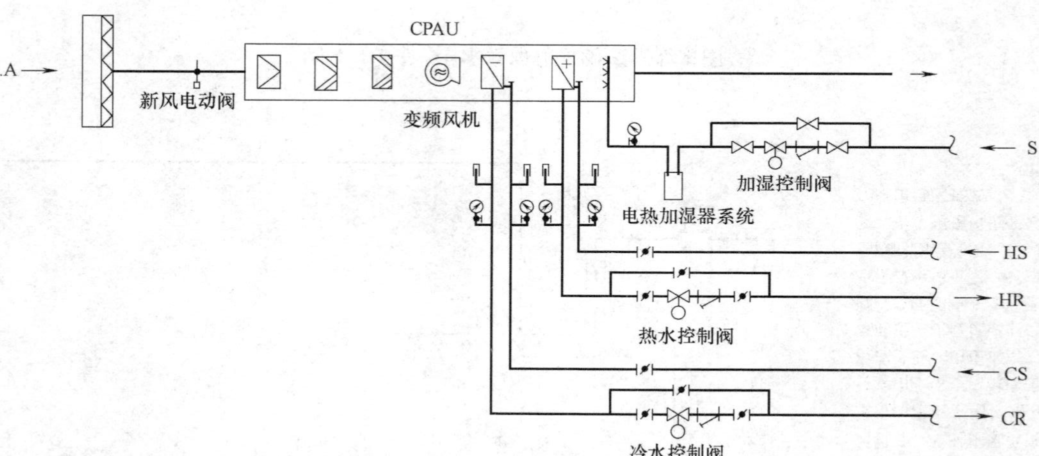

注：1. 送风机急停开关（指示、信号）、机组启停、系统运行（指示室内、信号、控制室内）、系统值机（指示、信号），系统故障（指示室内，信号），粗、中、高效过滤器报警（指示、信号、机组）、变频/应急/定频控制（可以变频，定频，应急运行模式）、检修灯（使用时信号）、机组值机（指示室内、信号、控制室内）、机组高温（信号），送风温度设定（室内）、加湿控制、冷水阀控制，热水阀控制，室内指护士站内控制。

2. 控制要求：热水阀控制由冬季设定的送风温度控制。冷水阀控制由设定的温度控制。由机组出口压力变频运行。新风阀与机组连锁；夏季风机停机新风阀关闭，风机启动打开冷水阀、新风阀，风机启动；冬季风机停机新风阀关闭，热水阀有 5%的开度，风机启动打开热水阀，新风阀，风机启动，加湿控制由送风湿度小于设定值时加湿启动，大于设定值时加湿关闭、送风机变频由送风总管的压力控制。

3. 机组联动控制要求；当新风机组所供应的循环机组中任意一台启动时，新风机组自动启动，当所供应的循环机组全部停机时，新风机组低速恒压运行，新风机组只能通过护士站的新风控制面板停机。

4. 送风压力小于 50Pa，视机组为缺风故障。恒定送风压力为 550Pa。

图 4. 4. 3-7　净化新风机组控制要求图

手术室基本装备表 表 4.4.3-1

名 称	数 量	备 注
手术室智能液晶情报面板	1 个/间百级手术室	微电脑液晶触摸式，显示空调的送回风温度、滤网压差、室内外压差；时钟显示（麻醉时间、手术时间、北京时间）；空调、排风机的运行状态、故障指示；水阀、风阀的开启大小和故障指示。分别控制无影灯的子灯和母灯，控制手术室的照明可开启三分之一、三分之二、全开、全关。控制手术门的开启，可实现全开、半开和全关，并与净化空调和排风机联动，每次开门均实现照明灯具由全关到开启三分之一光源。控制背景音响的开关等。免费提供接口，开放协议并配合调试
触摸式情报面板	1 套/间万级手术室	微电脑表面触摸式，显示空调的送回风温度、滤网压差、室内外压差；时钟显示（麻醉时间、手术时间、北京时间）；空调、排风机的运行状态、故障指示；水阀、风阀的开启大小和故障指示。分别控制无影灯的子灯和母灯，控制手术室的照明可开启三分之一、三分之二、全开、全关。控制手术门的开启，可实现全开、半开和全关，并与净化空调和排风机联动，每次开门均实现照明灯具由全关到开启三分之一光源。控制背景音响的开关等。免费提供接口，开放协议并配合调试
单联空调控制面板	1 套/走廊辅房机组	微电脑表面触摸式，含温湿度显示和设定、开关机、空调运行状态显示和故障报警、过滤器报警等
内藏式医气箱-1	1 套/间手术室	德标，符合 DIN 标准，所有插头均为不可互换式；终端箱每种气体管路设置切断阀。端口配置：2 路氧气，2 路负压，1 路空气，1 路二氧化碳，1 路氮气，1 路笑气，1 路麻醉废气输出口。必须自带 2 道自闭锁气功能，带插拔件，每个终端配一个插拔件
内藏式医气箱-2	2 套/间手术室	德标，符合 DIN 标准，所有插头均为不可互换式；终端箱每种气体管路设置切断阀。端口配置：1 路氧气，1 路负压，1 路空气，1 路二氧化碳，1 路氮气，1 路笑气，2 道自闭锁气功能
X 观片灯箱	1 个/间手术室	百级手术室：6 联；万级手术室：4 联，LED 感应背光观片
嵌入式麻醉柜	1 个/间手术室	1.2 不锈钢材料，上柜约 $1100W\times600H\times350D$；下柜约 $1100W\times900H\times600D$，下柜有不锈钢台面
嵌入式药品柜	1 个/间手术室	1.2 不锈钢材料，上柜约 $1100W\times600H\times350D$；下柜约 $1100W\times900H\times600D$，下柜有不锈钢台面
嵌入式器械柜	1 个/间手术室	1.2 不锈钢材料，上柜约 $1100W\times600H\times350D$；下柜约 $1100W\times900H\times600D$，下柜有不锈钢台面
组合式电源插座箱-1	2 个/间手术室	1.2mm 不锈钢制，每组为 3 个 220V 10A 插座，1 个 220V 16A 插座，带 2 个等电位段子，暗装
组合式电源插座箱-2	1 个/间手术室	1.2mm 不锈钢制，每组为 1 个 380V 10A 插座，3 个 220V 10A 插座，带 2 个等电位段子，暗装
等电位接地箱	1 个/间手术室	1.2mm 不锈钢制，内部配置 40×4 铜排，含不少于 8 位接线端子
专用净化送风天花	1 个/间手术室	配 H13 无隔板低阻力高效过滤器，对于 $\geqslant0.5\mu m$ 粒子，过滤效率为 $\geqslant99.99\%$
手术室排风口	1 个/间手术室	配 F7 中效过滤器

续表

名 称	数 量	备 注
医用净化灯	10～12组/间手术室	万级:配电子镇流器,因数大于0.95,3个光源,中间1个回路,两侧一个回路,门边翘板开关,触摸屏控制; 百级:LED光源
保温柜和保冷柜	1套/百级手术室及三、四层走道各2台	设备甲供,预留位置与电源
IT隔离变压器	1套/间手术室	
注:以上器械设备均为嵌入式		
顶棚输液导轨及吊架	2根/间手术室	直线型导轨,长度2.6m,配可升降挂钩4个
无影灯和吊塔吊支架	各1套/间手术室	12mm以上钢制,含螺栓等全部配件
感应电动单开平移门	根据图纸数量	门体采用不锈钢面板,门洞尺寸1500×2200,1.2mm厚304不锈钢门套。传动形式为凸轮轨道履带式,使用寿命长,操作维护简单、安全、方便,密封用橡胶密封条处理,关闭时完全密封,并应具有应急手动开门功能,防夹、防撞;其中感应装置备完全光控,门机系统均要求原装进口,每樘800×600观察窗,具备常开功能,面板控制,半开全开,常开,室外半开。安装方式:整个门体嵌入墙体和墙表面相平。每间手术室的电动门上设置"手术中"显示灯。需要防辐射处理的手术室门也同样需要达到相应防辐射要求
辅房钢制平移门	根据图纸数量	用于辅助用房。0.8mm厚钢板喷塑门体,带视窗;铝合金门套。含门锁、进口闭门器、门吸等其他五金配件
手术室平开门	根据图纸数量	用于手术室。0.8mm厚钢板喷塑门体,带视窗;铝合金门套。含门锁、进口闭门器、门吸等其他五金配件
走廊平开门	根据图纸数量	用于走廊。0.8mm厚钢板喷塑门体,带视窗;铝合金门套。含门锁、进口闭门器、门吸等其他五金配件
不锈钢感应洗手池	根据图纸数量	甲供,根据业主要求提供给水管,电源到位
医疗设备带	1套/床	用于术前准备、苏醒室。每床气体:2路氧气,2路负压,2路空气,自带二道自闭锁气功能。2个信息终端,3个5眼万能电源插座

空调主要设备表 **表4.4.3-2**

序号	名称	规格	型号或标准号	单位	数量	备注
1	净化新风机组	风量:10000m³/h	CPAU-4J-1	台	1	选型风量11500m³/h
		冷量:165.4kW				
		热量:94.9kW				
		功率:11kW				
2	电热加湿器	加湿量:98.8kg/h	自带成套控制系统	套	1	WCPAU-4J-1
		耗电量:76.1kW				

续表

序号	名称	规格	型号或标准号	单位	数量	备注
3	净化新风机组	风量:8800m^3/h	CPAU-4J-2	台	1	选型风量10000m^3/h
		冷量:143.8kW				
		热量:82.5kW				
		功率:11kW				
4	电热加湿器	加湿量85.9kg/h	自带成套控制系统	套	1	配CPAU-4J-2
		耗电量:66.2kW				
5	净化新风机组	风量:9000m^3/h	CPAU-4J-3	台	1	选型风量10000m^3/h
		冷量:150.4kW				
		热量:86.2kW				
		功率:11kW				
6	电热加湿器	加湿量:89.8kg/h	自带成套控制系统	套	1	配CPAU-4J-3
		耗电量:69.2kW				
7	净化空调机组	风量:2400m^3/h	CAHU-3-1	台	1	选型风量3000m^3/h
		冷量:10.6kW				
		热量:5.2kW				
		功率2.2kW				
8	电热加湿器	加湿器:6.7kg/h	自带成套控制系统	套	1	配CAHU-3-1
		耗电量:5.2kW				
9	净化空调机组	风量:12400m^3/h	CAHU-3-2	台	1	选型风量15000m^3/h
		冷量:48.7kW				
		热量:36.5kW				
		功率:15kW				
10	电热加湿器	加湿量:12.5kg/h	自带成套控制系统	套	1	配CAHU-3-2
		耗电阻:9.7kW				
11	净化空调机组	风量:11100m^3/h	CAHU-3-3	台	1	选型风量15000m^3/h
		冷量:43.6kW				
		热量:32.7kW				
		功率:15kW				
12	电热加湿器	加湿量:12.5kg/h	自带成套控制系统	套	1	配CAHU-3-3
		耗电量:9.7kW				
13	净化空调机组	风量:4200m^3/h	CAHU-3-4	台	1	选型风量5000m^3/h
		冷量:18.5kW				
		热量:9.1kW				
		功率:3.7kW				
14	电热加湿器	加湿量:8.3kg/h	自带成套控制系统	套	1	配CAHU-3-4
		耗电量:6.4kW				

续表

序号	名称	规格	型号或标准号	单位	数量	备注
15	净化空调机组	风量:3500m³/h	CAHU-3-5	台	1	选型风量4000m³/h
		冷量:15.4kW				
		热量:7.6kW				
		功率:3.7kW				
16	电热加湿器	加湿量:6.7kg/h	自带成套控制系统	套	1	配CAHU-3-5
		耗电量:5.2kW				
17	净化空调机组	风量:10900m³/h	CAHU-3-6	台	1	选型风量15000m³/h
		冷量:48.0kW				
		热量:23.7kW				
		功率:15kW				
18	电热加湿器	加湿量:8.3kg/h	自带成套控制系统	套	1	配CAHU-3-6
		耗电量:6.4kW				
19	净化空调机组	风量:2200m³/h	CAHU-3-7	台	1	选型风量3000m³/h
		冷量:9.7kW				
		热量:4.8kW				
		功率:2.2kW				
20	电热加湿器	加湿量:6.7kg/h	自带成套控制系统	套	1	配CAHU-3-7
		耗电量:5.2kW				
21	净化空调机组	风量:15700m³/h	CAHU-3-8	台	1	选型风量18000m³/h
		冷量:72.1kW				
		热量:30.1kW				
		功率:18.5kW				
22	电热加湿器	加湿量:29.9kg/h	自带成套控制系统	套	1	配CAHU-3-8
		耗电量:23.1kW				
23	净化空调机组	风量:9200m³/h	CAHU-3-9	台	1	选型风量12000m³/h
		冷量:42.2kW				
		热量:17.6kW				
		功率:7.5kW				
24	电热加湿器	加湿量:16.6kg/h	自带成套控制系统	套	1	配CAHU-3-9
		耗电量:12.8kW				
25	净化空调机组	风量:2500m³/h	CAHU-4-1	台	1	选型风量3000m³/h
		冷量:11.0kW				
		热量:5.4kW				
		功率:2.2kW				
26	电热加湿器	加湿量:6.7kg/h	自带成套控制系统	套	1	配CAHU-4-1
		耗电量:5.2kW				

续表

序号	名称	规格	型号或标准号	单位	数量	备注
27	净化空调机组	风量:3100m³/h	CAHU-4-2	台	1	选型风量 4000m³/h
		冷量:12.2kW				
		热量:6.7kW				
		功率:3.7kW				
28	电热加湿器	加湿量:6.7kg/h	自带成套控制系统	套	1	配 CAHU-4-2
		耗电量:5.2kW				
29	净化空调机组	风量:4100m³/h	CAHU-4-3,4,5	台	3	选型风量 5000m³/h
		冷量:16.1kW				
		热量:8.9kW				
		功率:3.7kW				
30	电热加湿器	加湿量:6.7kg/h	自带成套控制系统	套	3	配 CAHU-4-3,4,5
		耗电量:5.2kW				
31	净化空调机组	风量:3000m³/h	CAHU-4-6	台	1	选型风量 4000m³/h
		冷量:13.2kW				
		热量:6.5kW				
		功率:3.7kW				
32	电热加湿器	加湿量:6.7kg/h	自带成套控制系统	套	1	配 CAHU-4-6
		耗电量:5.2kW				
33	净化空调机组	风量:3500m³/h	CAHU-4-7	台	1	选型风量 4000m³/h
		冷量:15.4kW				
		热量:7.6kW				
		功率:3.7kW				
34	电热加湿器	加湿量:6.7kg/h	自带成套控制系统	套	1	配 CAHU-4-7
		耗电量:5.2kW				
35	净化空调机组	风量:2400m³/h	CAHU-4-8,9	台	2	选型风量 3000m³/h
		冷量:10.6kW				
		热量:5.2kW				
		功率:2.2kW				
36	电热加湿器	加湿量:6.7kg/h	自带成套控制系统	套	2	配 CAHU-4-8,9
		耗电量:5.2kW				
37	净化空调机组	风量:2800m³/h	CAHU-4-10	台	1	选型风量 4000m³/h
		冷量:12.3kW				
		热量:6.1kW				
		功率:3.7kW				
38	电热加湿器	加湿量:6.7kg/h	自带成套控制系统	套	1	配 CAHU-4-10
		耗电量:5.2kW				
39	净化空调机组	风量:3100m³/h	CAHU-4-11	台	1	选型风量 4000m³/h
		冷量:13.7kW				
		热量:6.7kW				
		功率:3.7kW				

续表

序号	名称	规格	型号或标准号	单位	数量	备注
40	电热加湿器	加湿量：6.7kg/h	自带成套控制系统	套	1	配 CAHU-4-11
		耗电量：5.2kW				
41	净化空调机组	风量：12800m³/h	CAHU-4-12，13	台	2	选型风量 15000m³/h
		冷量：58.8kW				
		热量：24.5kW				
		功率：15kW				
42	电热加湿器	加湿量：24.9kg/h	自带成套控制系统	套	2	配 CAHU-4-12，13
		耗电量：19.2kW				
43	排风过滤机组	风量：500m³/h	CEAF-3-6	台	1	选型风量 600m³/h
		功率：1.1kW				
44	排风过滤机组	风量：600m³/h	CEAF-3-1，4，5，7 CEAF-4-1～11	台	15	选型风量 800m³/h
		功率：1.1kW				
45	排风过滤机组	风量：800m³/h	CEAF-3-9	台	1	选型风量 1000m³/h
		功率：1.5kW				
46	排风过滤机组	风量：1000m³/h	CEAF-3-3	台	1	选型风量 1100m³/h
		功率：1.5kW				
47	排风过滤机组	风量：1100m³/h	CEAF-3-2	台	1	选型风量 1500m³/h
		功率：1.5kW				

4.4.4　现场照片

该工程现场照片如图 4.4.4-1～图 4.4.4-3 所示。

图 4.4.4-1　手术部建筑外景

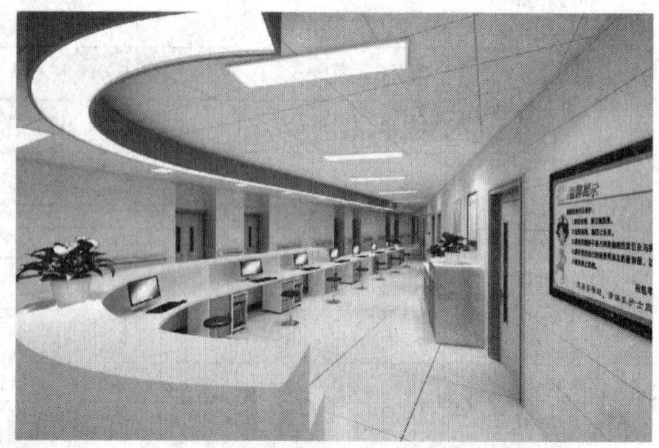

图 4.4.4-2　护士站

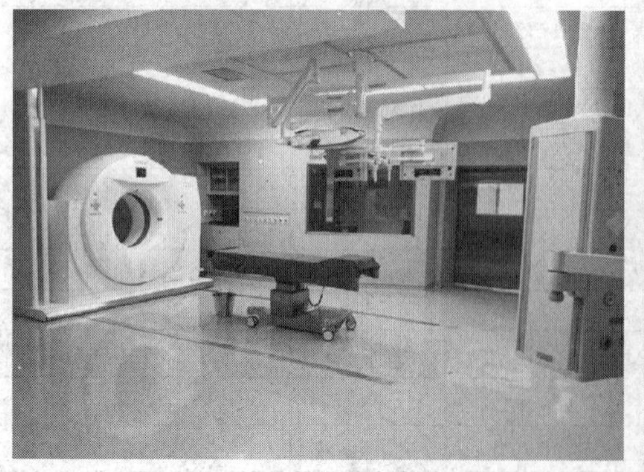

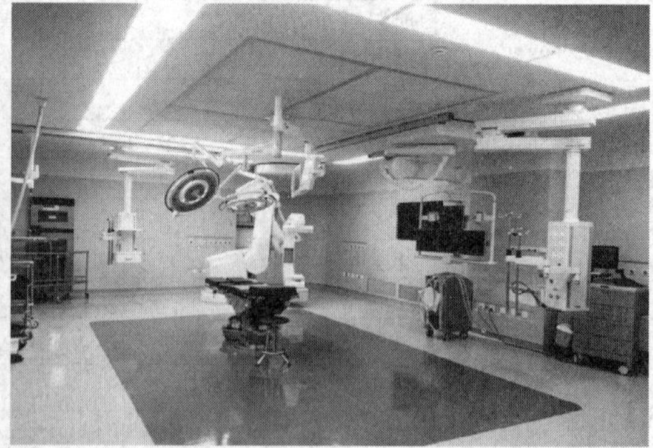

图 4.4.4-3　手术室内景功能布置图

4.4.5 检测报告

2015-009634

2015000333Z

(2015)国认监认字(077)号

CNAS L0230

检 验 报 告

TEST REPORT

BETC-JH-2015-00632

工程/产品名称 Name of Engineering/Product	上海交通大学医学院附属瑞金医院普通病房综合大楼手术部/ICU/中心供应室/负压间净化工程——三层、四层手术部
委托单位 Client	上海交通大学医学院附属瑞金医院
检验类别 Test Category	委托检验

国 家 建 筑 工 程 质 量 监 督 检 验 中 心

NATIONAL CENTER FOR QUALITY SUPERVISION AND TEST OF BUILDING ENGINEERING

国家建筑工程质量监督检验中心检验报告

TEST REPORT OF NATIONAL CENTER FOR QUALITY SUPERVISION AND TEST OF BUILDING ENGINEERING

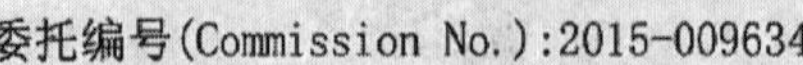
委托编号(Commission No.):2015-009634

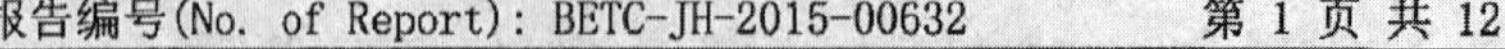
报告编号(No. of Report): BETC-JH-2015-00632　　　第 1 页 共 12 页 (Page 1 of 12)

委托单位 (Client)		上海交通大学医学院附属瑞金医院		
地 址 (ADD.)		上海市黄浦区瑞金二路 197 号	电话 (Tel.)	18917762781
工程名称 (Name of engineering)		上海交通大学医学院附属瑞金医院普通病房综合大楼手术部/ICU/中心供应室/负压间净化工程——三层、四层手术部		
工程地点 (Place of engineering)		上海市黄浦区瑞金二路 197 号		
委托日期 (Client date)		2015-12-12	检验日期 (Test date)	2015-12-18
检验 (Test)	项目 (Item)	截面风速（百级）、换气次数、静压差、含尘浓度、沉降菌浓度、温度、相对湿度、噪声、照度、新风量、排风量。（静态）		
	仪器 (Instruments)	TSI 8375 型风量罩、TSI 9565-P 多功能精密风速仪/数字压力计、BCJ-1 型尘埃粒子计数器、HM34C 温湿度测量仪、1350A 声级计、Testo540 照度仪、Φ90 培养皿		
	依据 (Test based on)	GB50333-2013《医院洁净手术部建筑技术规范》（以下简称手术部规范）		
判 定 依 据 (Criteria based on)		手术部规范		

检验结论 (Conclusion)

1. 截面风速：所有Ⅰ级手术室手术区工作面截面风速均符合手术部规范的要求（不小于 0.2m/s）。
2. 换气次数：所有Ⅲ级手术室换气次数均符合手术部规范的要求（Ⅲ级不小于 18 次/h）；所测手术部辅助用房均符合手术部规范的要求。
3. 静压差：所有Ⅰ级、Ⅲ级手术室与相邻房间的压差均符合手术部规范中不小于+5Pa 的要求；洁净区与非洁净区之间的压差均符合手术部规范中不小于+5Pa 的要求。
4. 洁净度：所有手术室及所测手术部辅助用房均符合手术部规范的要求。
5. 沉降菌浓度：所有手术室及所测手术部辅助用房均符合手术部规范的要求。
6. 温度与相对湿度：所有手术室及所测手术部辅助用房均符合手术部规范的要求。
7. 噪声：所有手术室均符合手术部规范中Ⅰ级不大于 51dB(A)、Ⅲ级不大于 49dB(A)的要求，所测手术部辅助用房均符合手术部规范的要求。
8. 照度：所有手术室均符合手术部规范中手术室不小于 350 lx 的要求，所测手术部辅助用房均符合手术部规范中不小于 150 lx 或不小于 200 lx 的要求。
9. 新风量和排风量：所有手术室新风量均符合手术部规范中不小于 $15m^3/h{\cdot}m^2$ 的要求，所测手术部辅助用房新风量均满足手术部规范中不小于 2 次/h 的要求；所测手术室排风量均符合手术部规范中不小于 $250m^3/h$ 的要求。

综合结论：该工程所测房间综合性能指标均符合手术部规范要求。

备 注	------			
批准 (Approval)	审核 (Verification)	主检 (Chief tester)	联系电话 (Tel.)	报告日期 (Date)
			010-84287031	2015-12-18

国家建筑工程质量监督检验中心检验报告

TEST REPORT OFNATIONALCENTER FOR QUALITY SUPERVISION AND TEST OF BUILDING ENGINEERING

委托编号(Commission No.):2015-009634

报告编号(No. of Report): BETC-JH-2015-00632　　第2页共12页 (Page 2 of 12)

1.工程概况

本项工程检验为上海交通大学医学院附属瑞金医院普通病房综合大楼手术部/ICU/中心供应室/负压间净化工程——三层、四层手术部，是新建项目，设计单位为上海励翔建筑设计事务所，施工单位为苏州市华迪净化系统有限公司，地点为上海市黄浦区瑞金路二路197号。该工程共设置22套独立的净化空调系统，其中Ⅰ级手术室（OP2、OP3、OP6）各设置1套独立的净化空调系统；Ⅲ级手术室（OP1、OP4、OP5、OP7~OP18）各设置1套独立的净化空调系统；手术部洁净辅助用房设置4套独立的净化空调系统。室外新风经过三级过滤后，分别送入各系统对应的组合式空调机组内，组合式空调机组主要承担室内负荷。手术室内气流组织上送下回。

国家建筑工程质量监督检验中心受上海交通大学医学院附属瑞金医院委托对该工程所测房间空调净化项目的综合性能指标进行检验。

2.检验测定项目和依据

(1) 检验项目

① 截面风速，使用TSI 9565P型多功能精密风速仪/数字压力计进行检测。

② 换气次数，使用TSI 8375型风量罩进行检测。

③ 静压差，使用TSI 9565P型多功能精密风速仪/数字压力计进行检测。

④ 洁净度，使用BCJ-1型尘埃粒子计数器进行检测。

⑤ 沉降菌浓度，使用φ90培养皿进行检测。

⑥ 温度和相对湿度，使用HM34C温湿度测量仪进行检测。

⑦ 噪声，使用1350A声级计进行检测。

⑧ 照度，使用Testo540照度仪进行检测。

⑨ 新风量和排风量，使用TSI 8375型风量罩及TSI 9565-P多功能精密风速仪/数字压力计进行检测。

以上均为静态检测。

(2) 检验依据：

以上各项检验方法和标准评定按GB 50333-2013《医院洁净手术部建筑技术规范》及委托书进行。

3.检验结果

（1）OP2、OP3、OP6Ⅰ级手术室（AHU-302、303、306）系统检验结果见附表一~附表三，平面见附图一。

截面风速检验结果，所有Ⅰ级手术室手术区工作面截面风速均符合手术部规范的要求（不小于0.2m/s）。

静压差检验结果，所有Ⅰ级手术室与相邻房间的压差均符合手术部规范中不小于+5Pa的要求。

洁净度检验结果，所有Ⅰ级手术室均达到手术部规范的要求。

沉降菌浓度检验结果，所有Ⅰ级手术室均符合手术部规范的要求（手术区不大于0.2cfu/φ90皿·0.5h，周边区不大于0.4cfu/φ90皿·0.5h）。

温度检验结果，所有手术室均符合手术部规范的要求（21~25℃）。

相对湿度检验结果，所有手术室均符合手术部规范的要求（30%~60%）。

国家建筑工程质量监督检验中心检验报告

TEST REPORT OFNATIONALCENTER FOR QUALITY
SUPERVISION AND TEST OF BUILDING ENGINEERING

委托编号(Commission No.):2015-009634

报告编号(No. of Report): BETC-JH-2015-00632　　第 3 页 共 12 页 (Page 3 of 12)

噪声检验结果，所有Ⅰ级手术室均符合手术部规范中不大于 51dB(A)的要求。

照度检验结果，所有手术室均符合手术部规范中不小于 350 lx 的要求。

新风量检验结果，所有手术室均符合手术部规范中不小于 $15m^3/h \cdot m^2$ 的要求。

排风量检验结果，所有手术室均符合手术部规范中不小于 $250m^3/h$ 的要求。

（2）OP1、OP4、OP5、OP7~OP18 Ⅲ级手术室（AHU-301、304、305、307、401~411）系统检验结果见附表四~附表十八，平面见附图一、附图二。

换气次数检验结果，所有Ⅲ级手术室均符合手术部规范的要求（不小于 18 次/h）。

静压差检验结果，所有Ⅲ级手术室与相邻房间的压差均符合手术部规范中大于+5Pa 的要求。

洁净度检验结果，所有Ⅲ级手术室均达到手术部规范的要求。

沉降菌浓度检验结果，所有Ⅲ级手术室均符合手术部规范的要求（手术区不大于 2.0 cfu / Φ90 皿·0.5h，周边区不大于 4.0 cfu / Φ90 皿·0.5h）。

温度检验结果，所有手术室均符合手术部规范的要求（21~25℃）。

相对湿度检验结果，所有手术室均符合手术部规范的要求（30%~60%）。

噪声检验结果，所有Ⅲ级手术室均符合手术部规范中不大于 49dB(A)的要求。

照度检验结果，所有手术室均符合手术部规范中不小于 350 lx 的要求。

新风量检验结果，所有手术室均符合手术部规范中不小于 $15m^3/h \cdot m^2$ 的要求。

排风量检验结果，所有手术室均符合手术部规范中不小于 $250m^3/h$ 的要求。

（3）手术部辅助用房（AHU-308、309、412、413）系统检验结果见附表十九~附表二十，平面见附图一、附图二。

换气次数检验结果，所测房间换气次数均符合手术部规范的要求。

静压差检验结果，洁净区与非洁净区之间的压差均符合手术部规范中不小于+5Pa 的要求。

洁净度检验结果，所测房间均达到手术部规范的要求。

沉降菌浓度检验结果，所测房间均符合手术部规范的要求（30 万级不大于 6.0 cfu / Φ90 皿·0.5h）。

温度检验结果，所测房间均符合手术部规范的要求。

相对湿度检验结果，所测房间均符合手术部规范的要求。

噪声检验结果，所测房间均符合手术部规范的要求。

照度检验结果，所测房间均符合手术部规范中不小于 150 lx 或不小于 200 lx 的要求。

新风量检验结果，所测房间均满足手术部规范中不小于 2 次/h 的要求。

注：附表中手术室洁净度级别，百级相当于洁净度 5 级，千级相当于洁净度 6 级，万级相当于洁净度 7 级，10 万级相当于洁净度 8 级；辅助用房洁净度级别，10 万级相当洁净度 8 级，为Ⅲ级洁净辅助用房；30 万级相当于洁净度 8.5 级，为Ⅳ级洁净辅助用房。

（本页以下无正文）

工程案例 5　郑州大学附属医院郑东新区医院洁净手术部

4.5.1　概述

郑州大学第一附属医院郑东新区医院洁净手术部位于 4 号楼（急诊楼）三、四层，设备夹层位于五层技术夹层。洁净手术部建筑面积约为 11842m^2，手术层层高 4.3m，设备层层高 2.9m。洁净手术部共设医疗电梯 8 部，其中医护人员电梯 2 部，负压手术区专用电梯 1 部，洁净物品供应电梯 1 部，清洁物品电梯 1 部，手术部内部工作人员电梯 1 部。洁净手术部另设 3 部绿色通道电梯，1 部专为急诊患者使用，可直通地下停车场，1 部通向血库，1 部通向病理科。洁净手术部普通患者均由与 4 号楼三、四层洁净手术部直接相连的 5 号、6 号、7 号病房楼运送到手术部。

4.5.2　设计理念

本工程的设计理念为以人为本、洁污分流、节能减排、功能完善、灵活通用。

洁净手术部的布局为纵横多走廊＋手术室自带前室的方式，充分考虑到人流、物流通道的合理性及实用性。并且将手术部根据不同使用科室划分为若干手术区，充分整合手术资源，提高手术周转效率。

负压手术室区域配有独立的医用电梯、换车间、恢复室等辅助设施，自成一区，避免与其他手术室形成交叉，减少感染的几率。

洁净手术部不仅要营造良好的医疗环境，还要营造一个舒适惬意的工作休息环境。不再一味追求手术室间数，而是在满足使用需求的前提下充分的增加辅助用房及办公用房的数量及面积，为医护人员提供良好的休息及办公环境。

4.5.3　手术室组成及年手术量

三、四层洁净手术部共配置 51 间手术室，其中四层配置 23 间手术室，含Ⅰ级手术室 16 间（铅防护手术室 7 间，含 1 间术中 DSA 铅防护手术室、1 间达芬奇手术室）、Ⅲ级手术室 7 间（1 间术中 DSA 铅防护手术室）；三层配置 28 间手术室［含负压手术室 3 间（独立出入口）、急诊手术室 4 间、2 间为铅防护手术室］，均为Ⅲ级手术室。另外在三、四层分别布置了洁净辅助用房及办公辅助用房。

设计手术量为 4 台/(间・天)，每年按 300 天工作日计算，年手术量 6.12 万台。

4.5.4　洁净手术部特点

1. 洁净手术部核心布置：洁净手术部位于 4 号急诊楼，但与其有密切关系的科室紧密相连，如：外科重症护理单元（ICU）位于 3 号楼四层，与洁净手术部同层，术后患者可不出楼直接送到 ICU；外科病房位于 5 号楼、6 号楼，并且都直接与手术部相连，术前患者可不出楼直接送到手术部；病理科位于 4 号楼六层，配有专用电梯运输术中病理标本；输血科（血库）位于 4 号楼二层；消毒供应中心位于 4 号楼地下一层，并配有专用的、可上人洁梯、污梯直通手术部的无菌区及清洁区。

2. 平面布局的先进性：洁净手术部的布局方式为纵横多走廊＋手术室自带前室。洁净手术部、负压手术区、急诊手术区出入口均为单独设置，并配有独立的电梯、换车间、恢复室等辅助设施。

3. 功能完备：洁净手术部按照使用需求配置了心外科、脑外科、神经外科、骨科、普通外科等手术室，同时还配置了术中DSA手术室、达芬奇手术室等。

4. 现代化设施：为便捷术者，增设了医护排班信息系统、医疗设备定位系统、清洁人员呼叫定位系统、医疗设备清洗呼叫系统、医学影像信息系统。

5. 人性化设计：洁净手术部在设计时不仅考虑营造良好的医疗环境，同时还考虑营造舒适惬意的工作休息环境。在满足手术使用需求的前提下充分增加辅助用房及办公用房的数量及面积，每层均设置了阳光休息大厅，并通过不同的装饰材料及色彩搭配营造温馨的休息环境。

4.5.5　手术室设计图纸

该工程设计主要图纸包括：见图4.5.5-1～图4.5.5-7；手术室基本装备表见表4.5.5。

手术室基本装备表　　表4.5.5

装备名称	数　量	配置要求
中央控制面板	1套	六联：时钟；计时钟；空调系统启停、监控，温湿度显示及控制，高效过滤网堵塞报警；照明系统控制，消防报警；免提电话面板；医用气体系统监控、报警；手术间门头显示灯控制按钮；术中影像系统；清洁人员呼叫系统；器械回收呼叫系统
内嵌式物品柜	1套	不锈钢材料，900×1700×350，分四门开启，上下两层，内置不锈钢托架，可放置足量手术器械。 柜体采用磨砂不锈钢板，柜门采用6mm厚钢化玻璃
内嵌式麻醉柜	1套	同上
内嵌式药品柜	1套	带抽屉2个，其他要求同上
导管柜	1套	仅特殊手术间设置。规格：900×1700×350，分四门开启，上柜设活动层架，下柜带滑轨。柜体采用磨砂不锈钢板，柜门采用6mm厚钢化玻璃
医护工作站	1套	操作台面为进口杜邦人造石，柜体采用18mm中密度纤维板，面贴防火板制作，规格：1300×1900×350，可放置电脑2台
微压差计	1套	每间手术间配置1个，正负30Pa
液晶观片箱	1套	百级手术室设六联，其余手术室设四联
PACS屏	1套	部分手术室配置
输液导轨	1套	每套含4个吊钩；安装形式方便清洁
组合电源插座箱（医疗用电）	3组	治疗用电插座箱：3个220V、10A插座，1个220V、16A插座，2个接地端子
组合电源插座箱（非医疗用电）	1组	非治疗用电插座箱：1个三相380V插座，3个220V、10A插座，2个接地端子
藏墙医用气体终端箱	1套	德制终端，符合DIN标准，所有插头均为不可互换式，为快速插拔型，可单手操作；终端箱每种气体管路设置切断阀；配置要求详见“医用气体系统工程技术要求”。要求进口品牌终端
麻醉废气排放系统	1套	除墙面设置终端外，吊塔预留管道。采用压缩空气射流形式排放，要求进口品牌终端
保温柜	1套	每间手术室配置1套，进口品牌，有效内容积大于90L，温控范围5～80℃
保冷柜	1套	百级手术室每间设置1套，万级手术室分区域设置(具体位置详见招标图纸)。进口品牌，有效内容积大于75L，温控范围：4±1℃

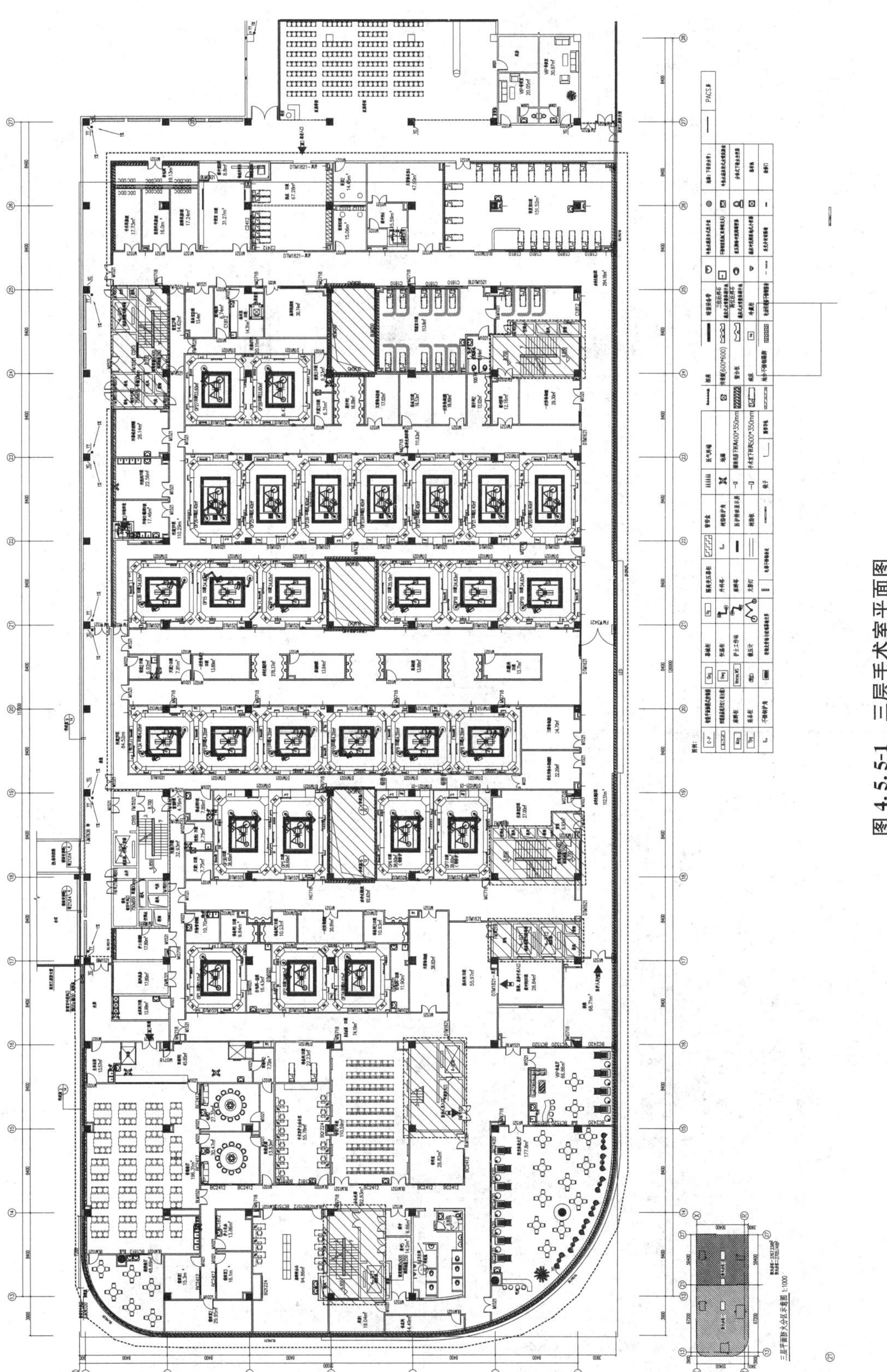

图 4.5.5-1　三层手术室平面图

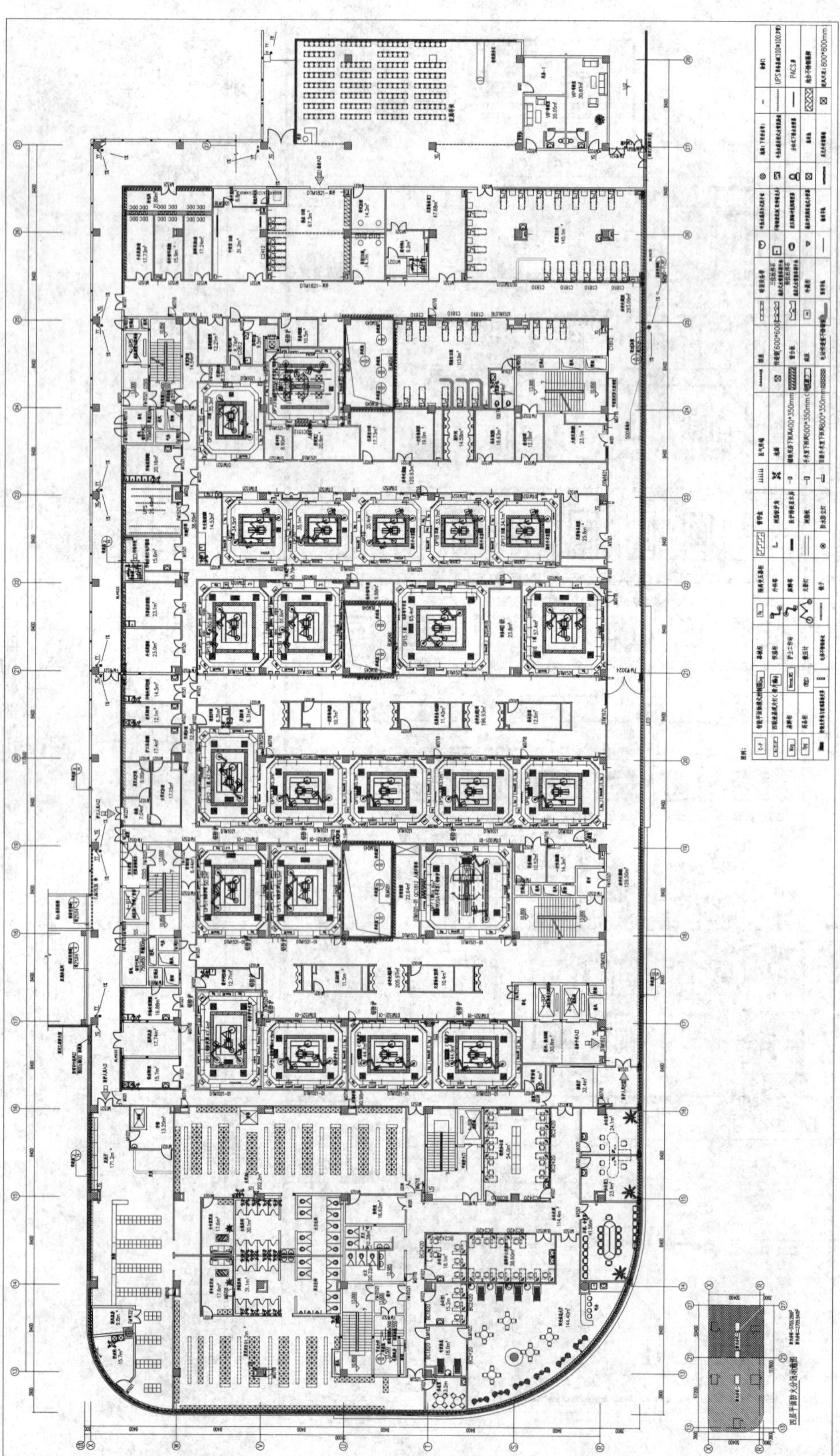

图 4.5.5-2　四层手术室平面图

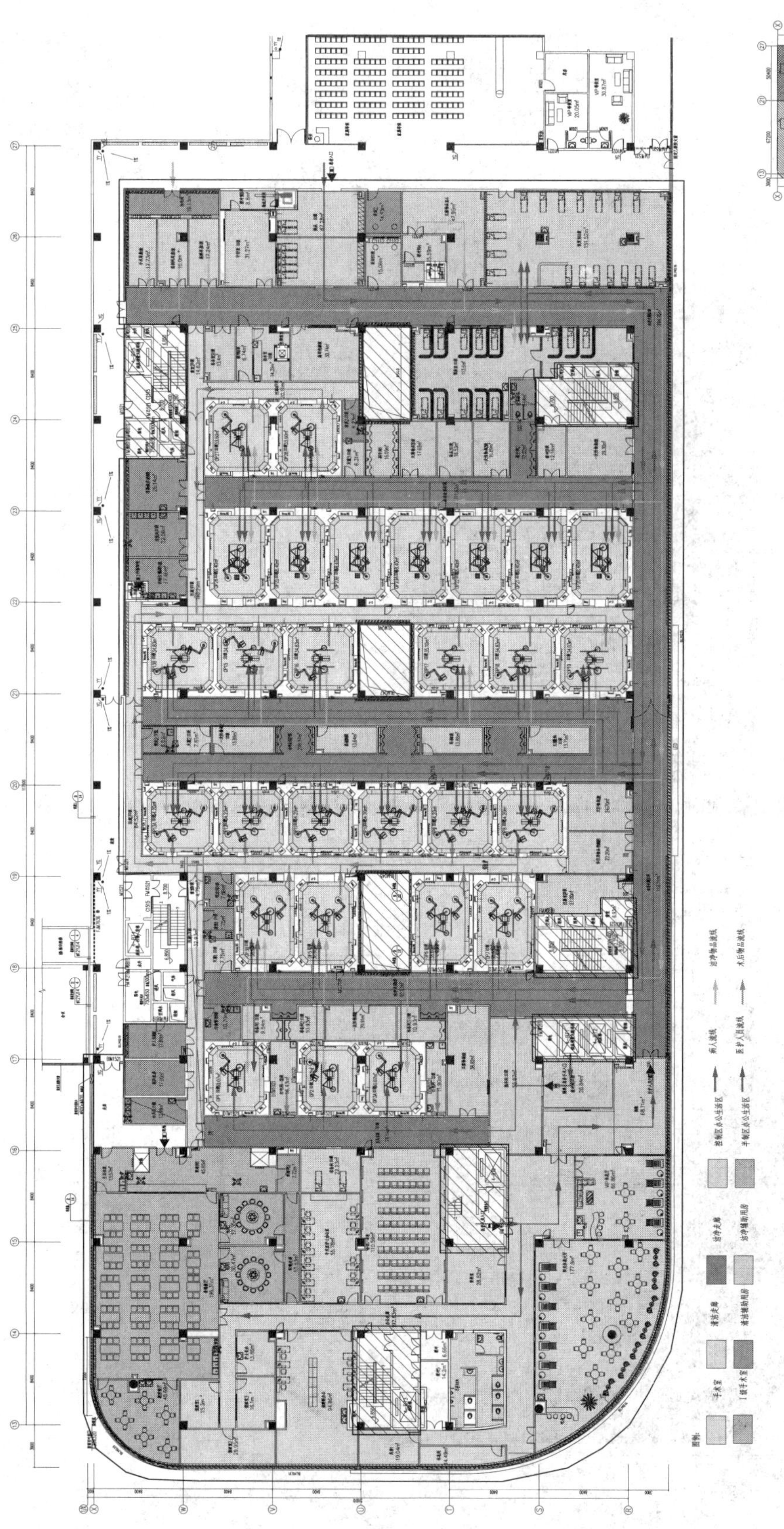

图 4.5.5-3　三层手术室流程图

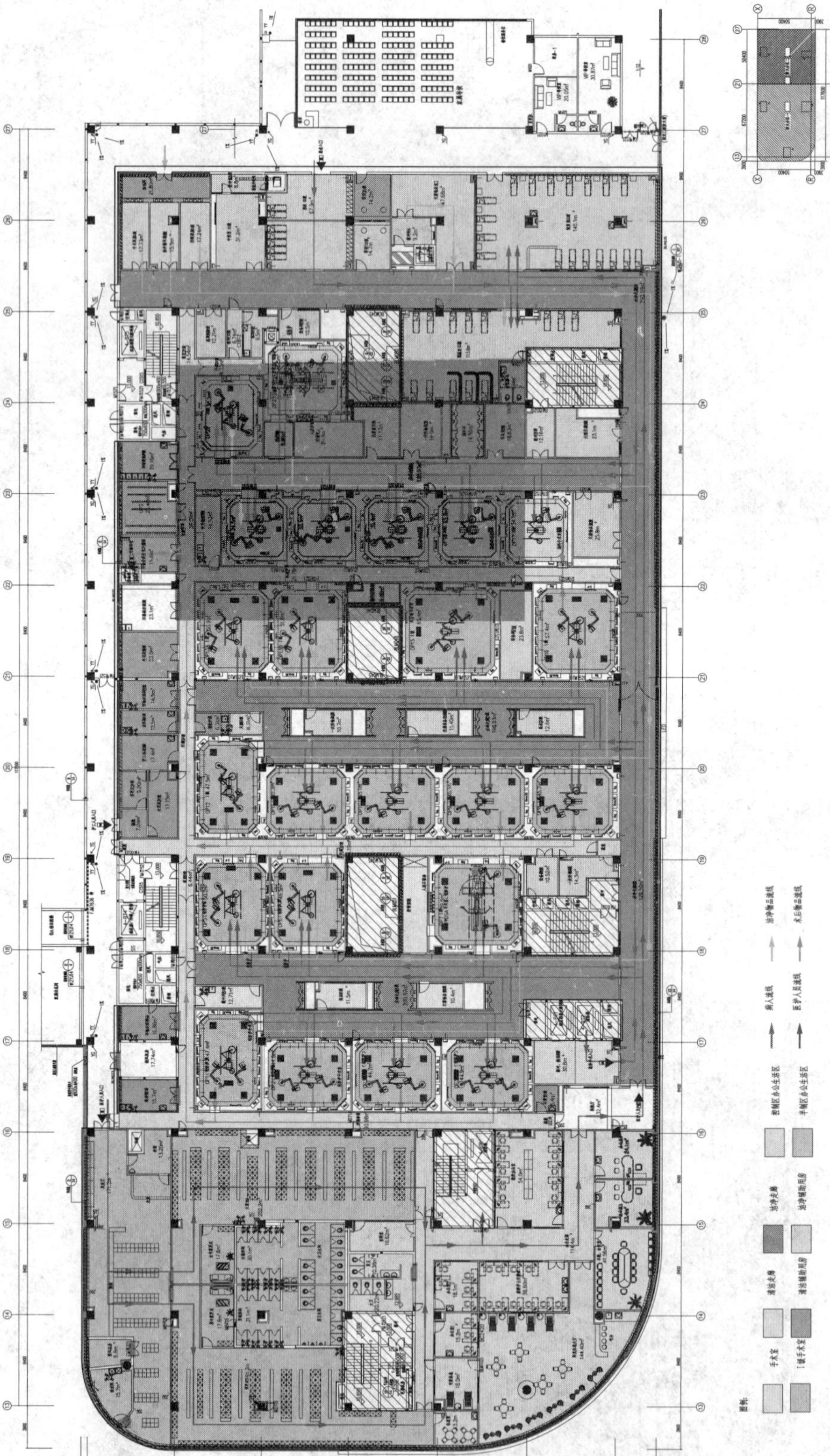

图 4.5.5-4　四层手术室流程图

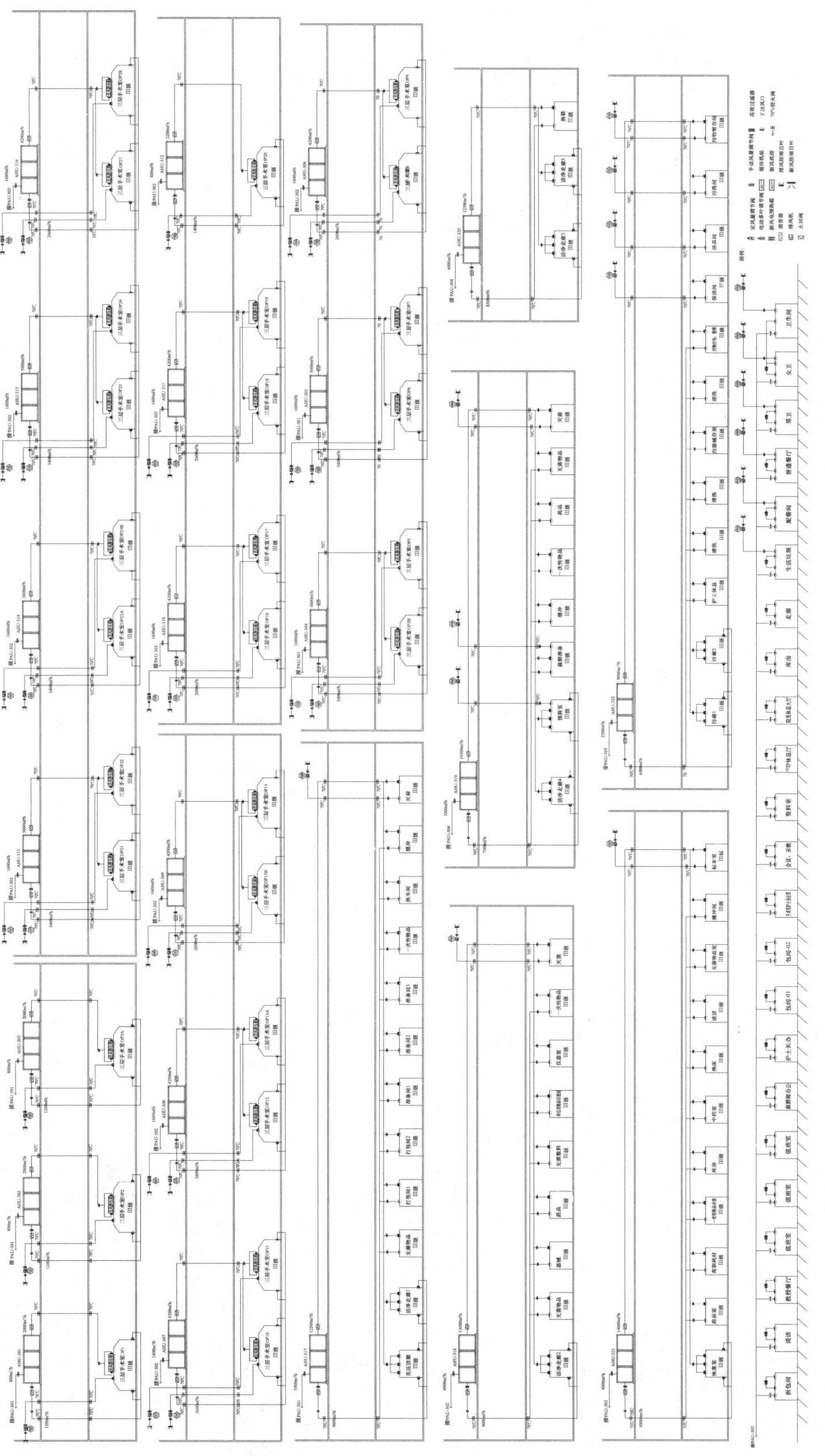

图 4.5.5-5　三层空调风系统图

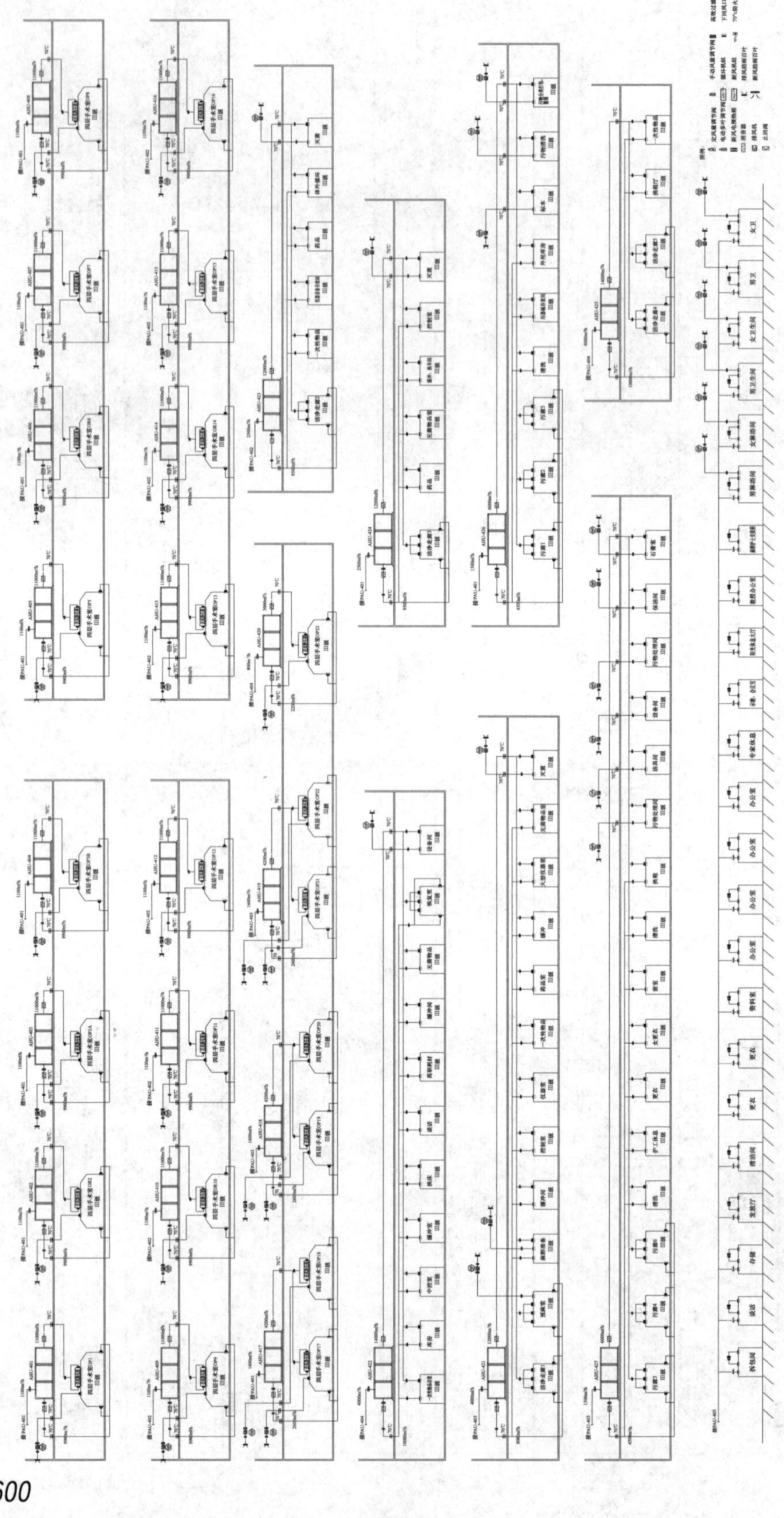

图 4.5.5-6　四层空调风系统图

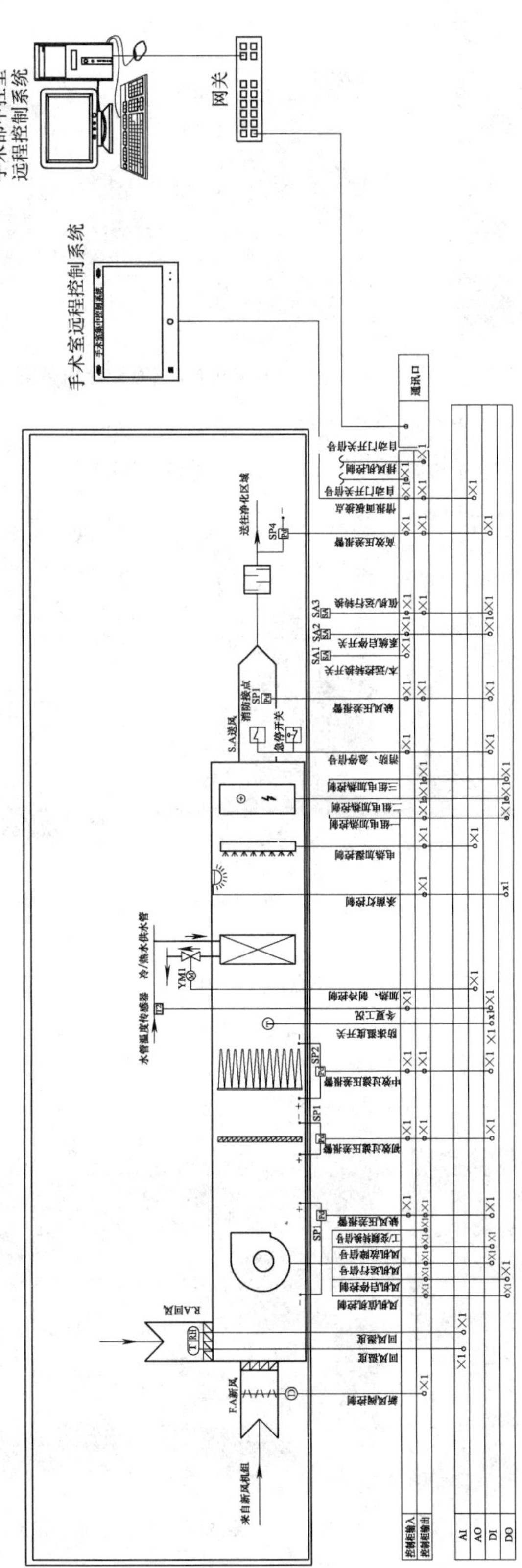

图 4.5.5-7　空调系统控制原理图

4.5.6 现场照片

1. 手术部建筑外景，环境优美，交通便利（见图 4.5.6-1 和图 4.5.6-2）。

图 4.5.6-1 医院建筑外环境 1

图 4.5.6-2 医院建筑外环境 2

2. 病人入口大厅，宽敞明亮，医护人员操作方便（见图 4.5.6-3）。

3. 手术室护士站，医护人员视野开阔，兼顾所有床位（见图 4.5.6-4）。

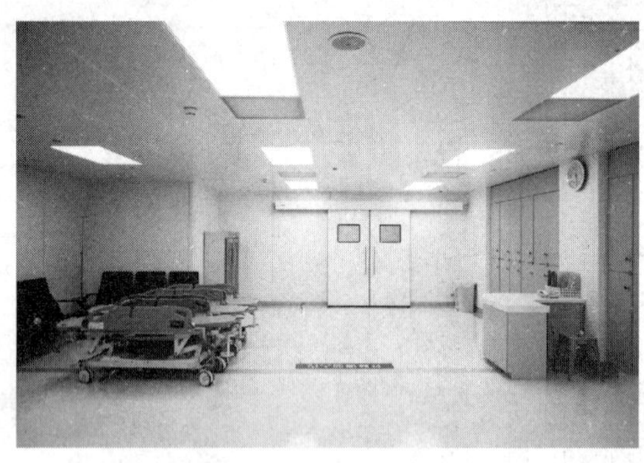

图 4.5.6-3 病人入口换车间

图 4.5.6-4 预麻室护士工作站

4. 手术室内景功能布置见图 4.5.6-5～图 4.5.6-7。

5. 洁净区走廊、体外循环室、手术室前室、刷手间、术前准备室、无菌物品存放室、一次性物品室高值耗材室、预麻室、精密仪器室、护士站、恢复（麻醉苏醒）室等布局合理、医疗流程便捷（见图 4.5.6-8～图 4.5.6-12）。

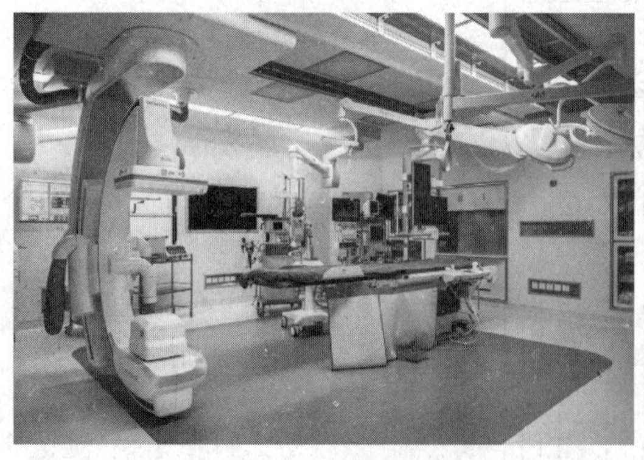

图 4.5.6-5 多功能复合手术室

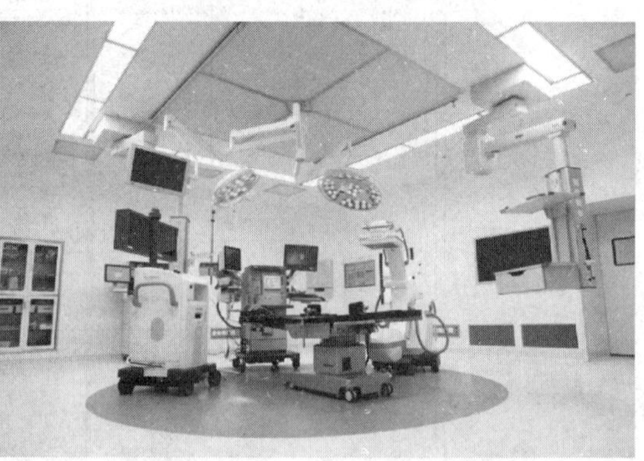

图 4.5.6-6 Ⅰ级手术室

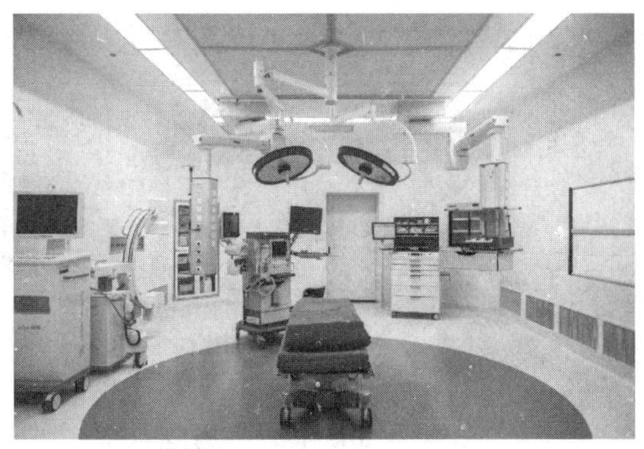

图 4.5.6-7　Ⅲ级手术室

图 4.5.6-8　洁净区通道

图 4.5.6-9　恢复（麻醉苏醒）室

图 4.5.6-10　洁净走廊

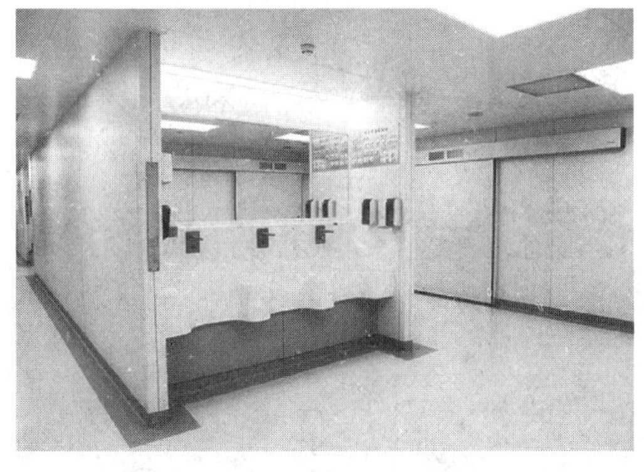

图 4.5.6-11　刷手间

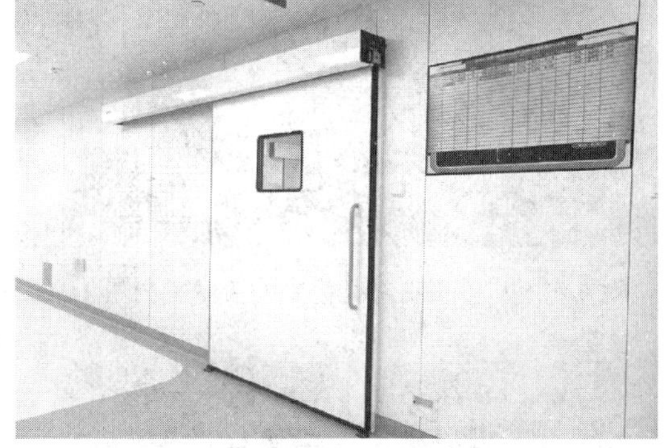

图 4.5.6-12　洁净走廊内的信息显示屏

6. 人性化设计，色彩搭配柔和，轻松明快，为医护人员提供良好的工作、学习、就餐和休息环境（见图 4.5.6-13～图 4.5.6-16）。

7. 手术室内景见图 4.5.6-17～图 4.5.6-19

8. 手术室内部设备见图 4.5.6-20～图 4.5.6-24。

9. 标识系统见图 4.5.6-25～图 4.5.6-27。

图 4.5.6-13　阳光休息大厅

图 4.5.6-14　会议室

图 4.5.6-15　手术部餐厅

图 4.5.6-16　手术部示教室

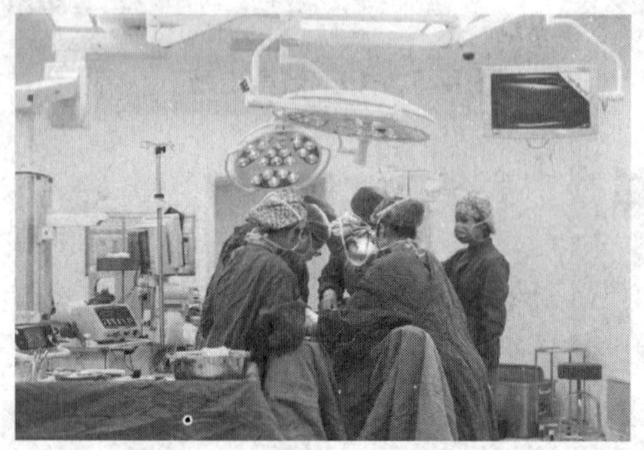

图 4.5.6-17　正在进行手术的手术室内景 1

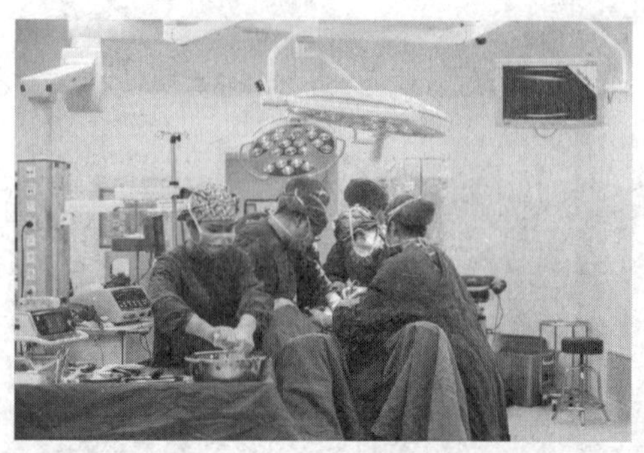

图 4.5.6-18　正在进行手术的手术室内景 2

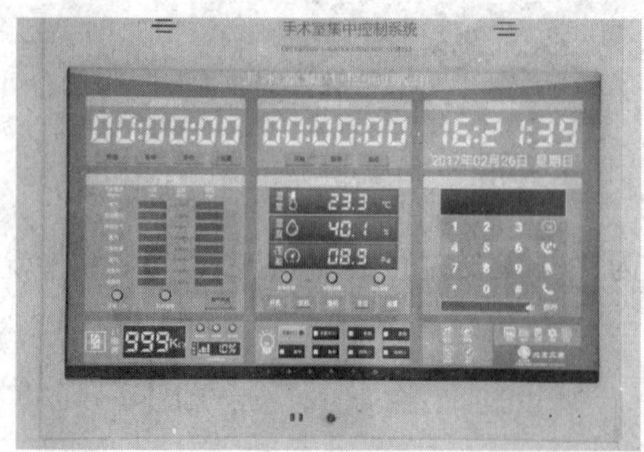

图 4.5.6-19　智能化控制屏

图 4.5.6-20　操作智能化控制屏

图 4.5.6-21　侧送风式静压箱＋阻尼式天花结构

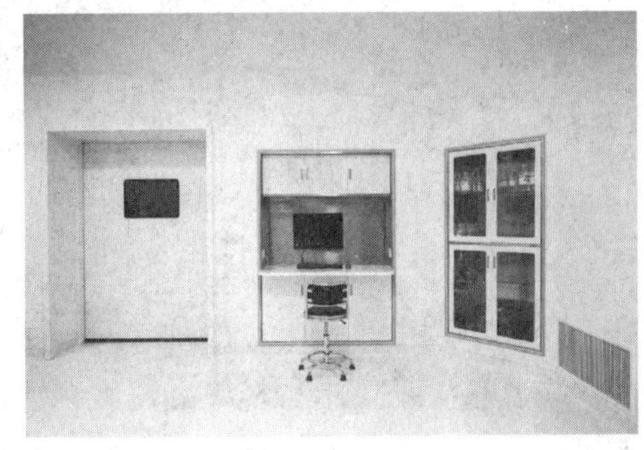

图 4.5.6-22　护士工作台

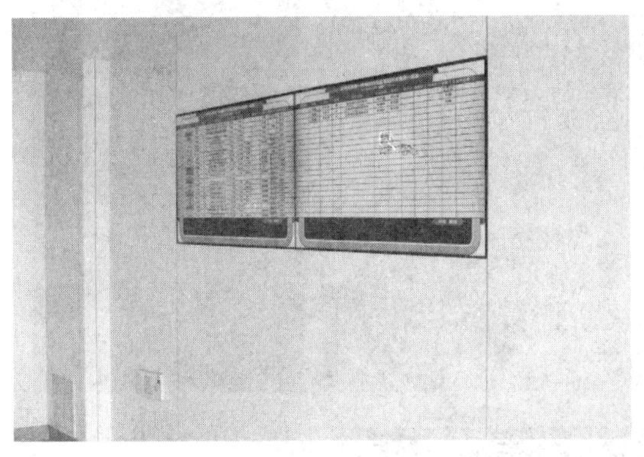

图 4.5.6-23　洁净走廊内信息显示屏

图 4.5.6-24　内嵌式柜体

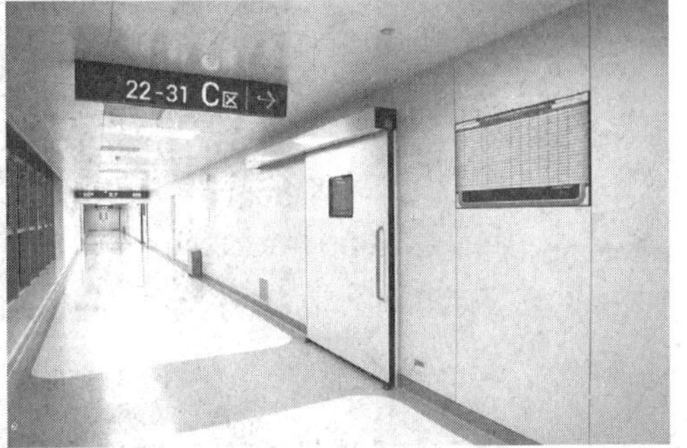

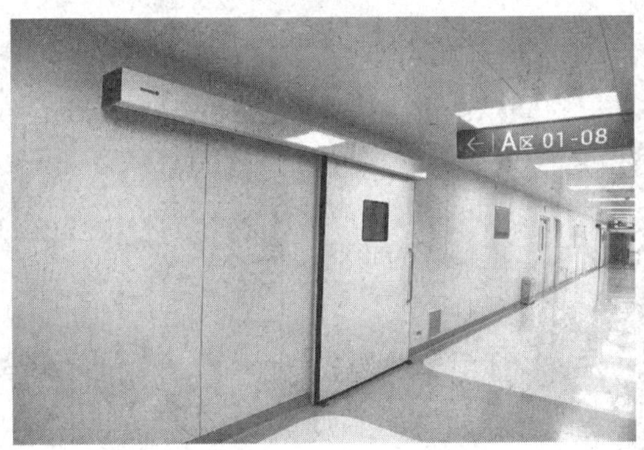

图 4.5.6-25　手术室分区域标识

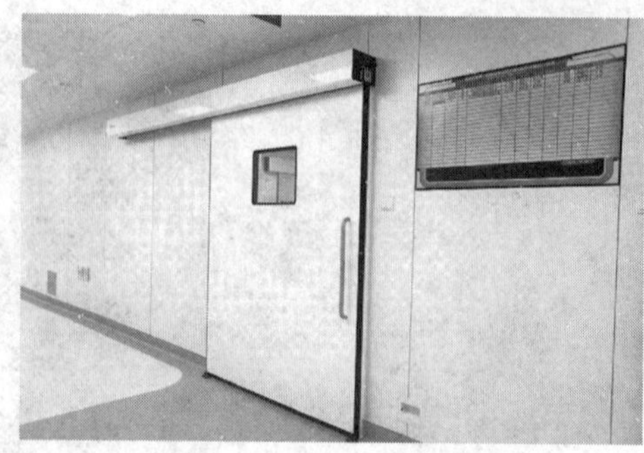
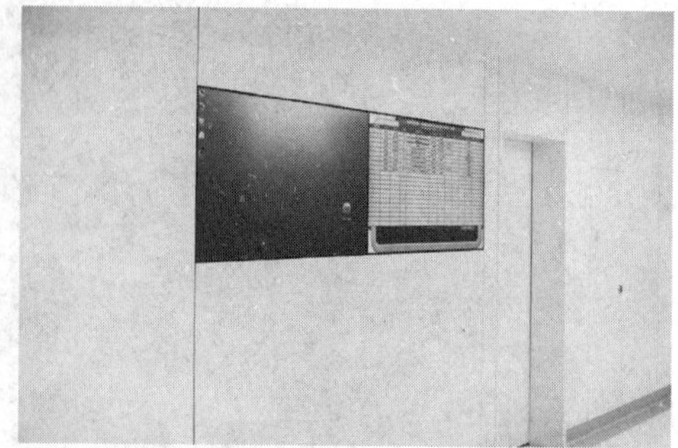

图 4.5.6-26　手术信息标识

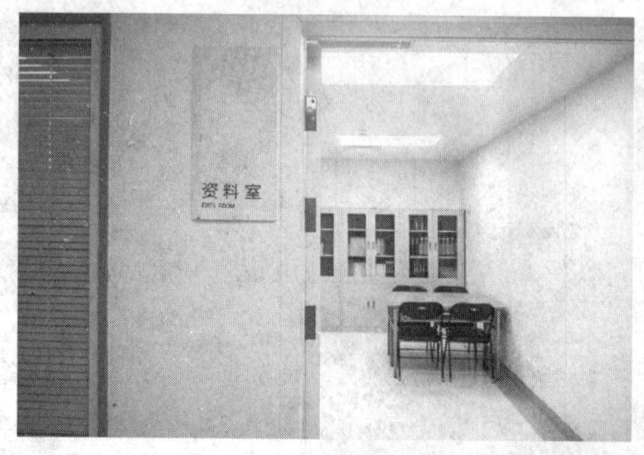

图 4.5.6-27　手术部房间标识

10. 环保节能设计见图 4.5.6-28～图 4.5.6-30。

图 4.5.6-28　节水型水龙头

图 4.5.6-29　抗菌材料

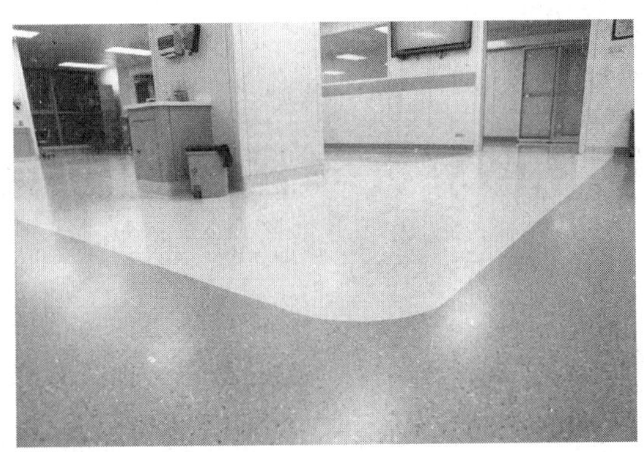

图 4.5.6-30　色彩搭配柔和

工程案例6　北京大学国际医院洁净手术部

4.6.1　概况

北京大学国际医院为一家新建的综合性医院，数字一体化洁净手术室、生殖中心、中心供应为三大洁净区域（部分）决方案，其中46间手术室（包含核磁共振、门诊手术室、DSA手术室）以及相关洁净走廊、洁净辅助用房为重点科室。

4.6.2　设计理念

根据国内规范、技术标准，遵循洁污分明、分区明确、功能合理、满足使用的设计理念。通过打造数字一体化洁净手术室、整合各种信息系统和医疗设备，为专家术者提供最好的手术环境和技术支持，使专家术者的医技得到最完美的发挥，为病患争取最大的康复机会。

采用精装模块化手术室结构、绿色环保材料、抗菌涂层技术。超级先进的数字一体化手术室，以先进软件专利技术、信息的集成化、影像的数字化、控制的一体化，协助将高端的医疗装备集成化，与出色的医疗技术完美结合，并可实现本地或远程会诊及示教功能。

4.6.3　手术室组成及年手术量

医技楼三层手术室（百级手术室11间，万级手术室26间，十万级手术室5间），住院、医技楼五层产房手术室1间、计划生育手术室1间，医技楼五层生殖中心。

设计年手术量1万台，实际手术量1.5万台/a。

4.6.4　医疗流程

洁净手术部医疗流程如图4.6.4所示。

4.6.5　手术室特点及相关专利应用

4.6.5.1　手术室模块化安装专利技术的运用

1. 模块更精确、有利于维护

手术室板材均由现场按实际情况逐块测量并逐一标注尺寸，做到板材与现场绝对无偏差；得到的现场板材参数经过专业设计人员进行精确计算后，由专业工厂完成后发现场安装，将人为误差完全消除。

2. 模块有利于后期增加设备

手术室作为使用频率较高的一个核心部门，随着医疗手段的不断进步，各种高效率的手术设备不断进入手术室内。如采用外置的话，首先影响手术室内人员的通行，影响人员的工作效率；其次，大量的设备固定外置容易产生卫生死角，造成灰尘的堆积，从而影响手术室内的洁净度。故增加的设备还需嵌入手术室墙内，而通常焊接安装的整体手术室由于所有板材均为焊接，如要新嵌入设备需要动用气体焊接、切割等大型施工设备方可重新安装，且安装周期较长、施工垃圾多，噪声大。安装完设备后，对室内已经安装的医疗设备、净化末端设备及室内环境造成无法消除的破坏。而模块板材只需按安装设备的尺寸先

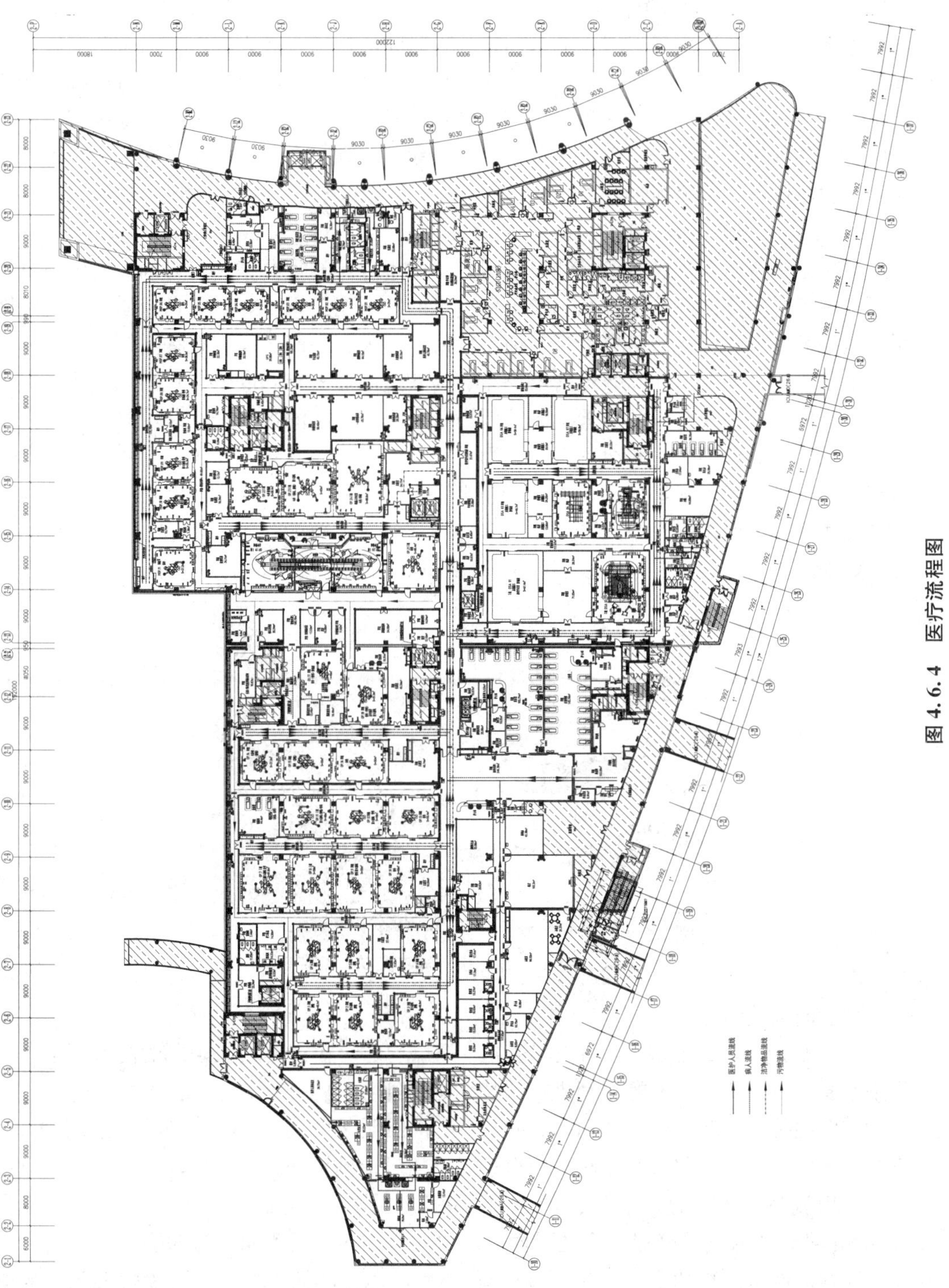

图 4.6.4　医疗流程图

行准备合适的替换箱板后，在晚上无手术时间内动用手动工具即可完成板材的更换工作，完全不会影响第二天的手术室的施工。

3. 模块有利于手术部功能拓展

手术部作为一个使用年限很长的部门，随着时间的推移以及人们医疗需求的变化，不免在整体功能上会进行或多或少的调整。模块化的手术室及洁净辅助用房，可以很灵活地对手术部的局部区域进行整体工程的调整，且在少量必要的措施保障下，保证施工过程中不影响手术部其他区域的正常运行，同时施工周期短、施工废料少。施工完后仍然可以保证手术部的整体统一、美观。

4.6.5.2　手术室顶面发光层流天花（Ⅰ级手术室）

对洁净手术室而言，送风质量和光照度是手术室运行的重要指标，对确保医生在整个手术过程中始终保持良好的精神状态及确保手术的安全至关重要。对于送风质量起决定性作用的是手术室天花层流送风装置。目前市场所用的天花层流送风装置种类繁多，市面上传统的手术室送风装置包括高效过滤器侧布、高效过滤器平布和高效与亚高效过滤器组合三种形式，但这三种天花送风装置均无照明设备，而且朝下的送风面安装的是钢板，因此这三种天花送风装置均无法解决整个送风面光线比较昏暗的问题，医生在手术过程中会产生压抑感，不利于做手术，尤其是不利于精细手术的开展。为此，专门针对此类需求研发了一种洁净手术室专用的发光层流天花（见图 4.6.5），结构稳定，能将发光与气流的均匀度很好地融为一体。主要由背投照明 LED 灯管、透光均流网、电控箱组成。

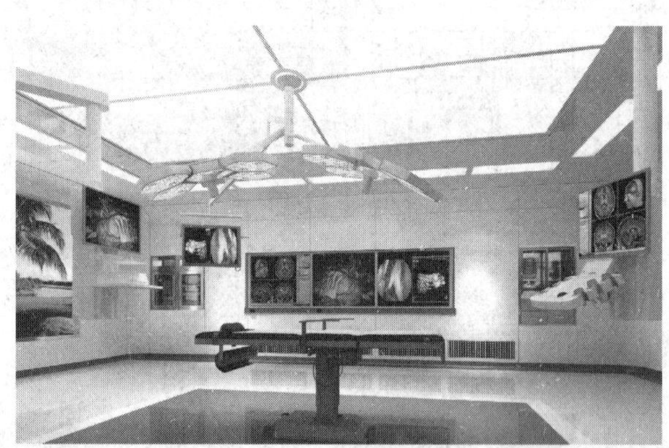

图 4.6.5　发光层流天花

这种层流天花的特点：

(1) 具备了整面发光功能，均流网透光、透风均匀，在实现均匀送风的同时还增加了手术室的光照度，便于手术的顺利进行，特别是精细手术的开展；

(2) 照明装置为低功耗的 LED 冷光源，使得照明装置的散热不会对气流产生干扰，且发光源不积尘、无死角、便于清洁，保证了送风气流的洁净；

(3) 均流网在发光层流天花的出风面固定后能承受的压差≤100Pa，通风量≤12000m^3/h，均流网可确保整个送风面上出风均匀，均流网透光率为 35%～75%；

(4) 均流网易清洗和更换，进一步保证了手术室的洁净；发光层流送风天花结构稳定，适用于各类手术室，能使送风装置在发光的同时，保证气流的均匀度，且在手术中心区域，增加了光照度，使人感到典雅、舒适。

4.6.6　绿色、环保、节能措施

1. 新风采集设备优化

对新风机组配置作了详细的要求，但新风采集方式及设备并未要求。传统做法是将纤维滤网和粗效过滤器装于新风机组内和新风入口处，面积等于机组截面，截面风速为 2～3m/s，清洗时间为 1～2 个月。其实在新风进入系统前作好必要的处理是非常必要的，不仅可以延长设备的使用寿命，还可以减少维护频率，大大节省运行成本。

在优化方案中，在新风入口处制作一面积为新风机组 2 倍的新风采集箱，使新风风速降低到 1m/s 以内，内置纤维滤网和粗效过滤器，这样可以大大延长过滤器的维护保养的周期频率。其理论数据如下：

根据许仲麟教授编著《空气洁净原理（第三版）》，过滤器上的积尘量应由下式表达：

$$P=TN_1\times10^{-3}Qt\eta$$

式中　P——过滤器积尘量，g；

T——过滤器使用时间，d；

N_1——过滤器前空气的含尘浓度，mg/m^3；

Q——过滤器的风量，m^3/h；

t——过滤器一天的运行时间，h；

η——过滤器的计重效率。

设容尘量为 P_0，过滤器的使用寿命为 T_0，即

$$T_0=P_0/(N_1\times10^{-3}\times Qt\eta)$$

由上式可得出

$$T_1/T_0=Q_0/Q_1$$

式中　Q_0、Q_1——分别表示过滤器额定风量和运行风量。

令 $Q_1/Q_0=K$，阻力为 H，涂光备老师据此给出了曲线及方程：

$K=1.25$，$H=30.54+2.01453T+0.251T^2$；

$K=1.0$，$H=28.86+1.481T+0.1555T^2$；

$K=0.75$，$H=17.35+0.687T+0.0805T^2$；

$K=0.5$，$H=11.08+0.2474T+0.0318T^2$；

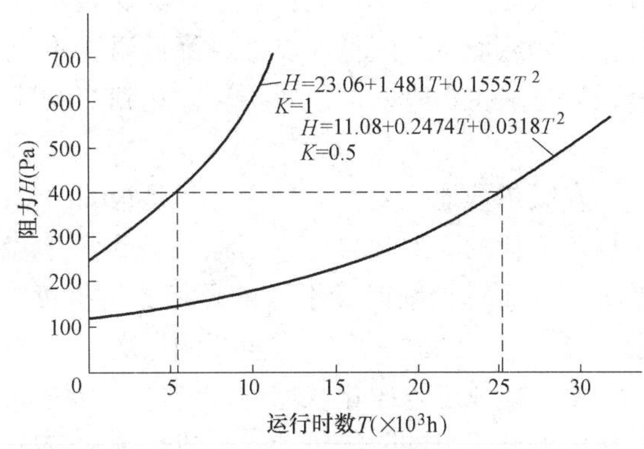

通过上式及上图可知：当运行风量是额定风量的 0.5 倍时，运行时间将是额定运行时间的 5 倍，大大延长了过滤器的使用寿命，也就延长了过滤器的维护保养周期。

结合数百工程的实践情况，此种设计的维护周期时间是传统做法的5倍之多，节省的人力、物力是显而易见的。特别是在北方等灰尘、沙尘较大的地区，效果非常明显，新风粗效过滤器的使用寿命增加非常明显。

2. 空调系统变频控制

当前手术部工程中定风量主要采用两种方式：一为定风量阀；二为变频器；此两种方式均能满足恒定手术室风量的目的。定风量阀系统中，定风量阀设置于系统主回风风管上，在新安装过滤器阻力较低时，定风量阀作为一个“储存”系统阻力的装置发挥其作用。在过滤器使用过程中，其表面积尘逐渐增加，其阻力逐渐增加，此时“储存”在定风量阀中的系统阻力逐渐释放出来，平衡过滤器增加的阻力，维持系统整体阻力保持不变，从而恒定送风风机的风量不变。由于定风量阀始终处于“储存”阻力的工作状态，故系统风机、电机的相当大一部分能量消耗在定风量阀的阻力“储存”中，运行能耗浪费极大；而采用变频器恒定风量，由于变频器根据系统阻力变化调节频率，从而调节电机、风机转速来提供风机出风压头。由于变频器采集的阻力为系统实时阻力，其根据过滤器阻力的变化而变化，不存在“储存”系统阻力的情况。定风量阀系统风机、电机始终处于系统最大负荷运行，而变频器定风量系统风机、电机始终处于实时状态运行，只是在过滤器使用的最后时刻方才达到最大负荷，即定风量阀系统的运行负荷。由于净化空调系统的初、终阻力相去甚远，达到了400～600Pa，在长时间的运行过程中，二者能耗、运行费用距离相当大，故从运行成本考虑，在方案中使用变频器作为恒定风量的装置。

3. 二次回风系统使用

由于净化空调比较特殊，必须在满足净化要求的情况下，再考虑室内的舒适度要求。而净化意味着换气次数远远大于室内温度、湿度负荷所需要的换气次数。如此大的换气次数造成空调机组的整体送风量偏大，通过机组表冷盘管的风量偏大。由于室内湿度对室内细菌生长繁殖有关键作用，故净化空调对系统的湿度要求比较严格，空调系统必须处理到一定低的温度才能达到室内的湿度要求。满足室内湿度要求的空气温度较低，过多的风量、过低的空气温度完全超出了室内温度负荷的要求，为了满足室内的恒定温度要求，不得不采用再热来抵消超出室内温度要求的能量。如采用一次回风系统，对于区域的内区，冷负荷较小、而湿度负荷较大，大量低温、低湿度的空气需要再热，造成能量的大量浪费。采用二次回风系统后，只需部分净化空调经过盘管的低温处理，其余部分回风在机组中与低温的处理后空气混合，从而达到降低湿度而不降低温度的效果，从而大大减少系统所需再热热量，大大降低冷、热抵消带来的能量损耗。达到节能目的。

4. 深度除湿运用

按通常的处理模式，在哈尔滨地区夏季室外湿度不是很大的情况下，不需要使用深度除湿。但使用深度除湿后，能耗的降低使得在本工程上仍然采用此种设置。因为医疗净化区域最注重的是室内的细菌，而对于细菌最不利的环境相对湿度在40％～60％之间，故满足医疗洁净区域的湿度要求被提高到一个非常重要的层次。净化区域的新风量均按保持室内正压来确定，大量的室外新风进入净化区域内部带来了大量的湿负荷，如不在新风口作绝对的处理将增加后续的循环机组的除湿负荷，造成后续冷热抵消的能量浪费。在设计方案中，新风不仅处理到室内相同参数的情况下，在新风机组内部更设置氟表冷二级除湿。由于氟表冷器拥有更低的表冷温度，能够将新风降低到水盘管不可能达到的露点（12℃）

以下，新风湿度远远低于室内相对湿度。此时的新风不仅不会增加室内除湿负荷，相反，由于其湿度远低于室内湿度，大量的新风将承担室内的部分或者全部湿度负荷，从而大大降低后续循环的除湿量，这样进一步降低了后续机组的冷热抵消中能量的浪费，进而达到节能目的。

5. 系统防冻处理方案

现阶段北方地区空调的防冻处理方案中采用水盘管预热或电预热居多。此两种方法均可满足新风预热要求，只是各自均有其不足之处。水盘管预热可以直接采用大楼冬季热水，但在特殊情况下，如热水供应不足或突然停电等，由于水盘管的薄壁铜管结构张力、水量均有限，而北方区域新风温度比较低，在短时间内盘管中热水能够降低到冰点以下后结冰，最终造成热水盘管破裂的恶性故障。电预热没有水盘管的上述缺点，但由于其效率低，且洁净区域新风量较大。要将哈尔滨地区－29℃的室外温度预热到2℃左右需要的电量非常大，最少需要500kW左右的电量，必定会提高大楼整体的用电负荷，增加大量的资金投入，后期的运行费用也非常大。鉴于大楼的总用电负荷情况，此方法完全无法实施。根据该医院的特点：院方蒸汽量比较充足，故采用新风蒸汽钢盘管预热的模式。在系统运行的情况下，由于蒸汽的热值较高，且其冷却后水量较小，钢盘管的容量较大，就算在特殊情况下也不存在冻裂的隐患。同样由于采用了蒸汽，不需要增加大楼的用电负荷，降低了投资，降低了后期的运行费用。

4.6.7　设计图纸

该工程设计主要图纸参见图4.6.7-1～图4.6.7-4；手术室配置表和基本装备表见表4.6.7。

手术室配置表　　　　**表4.6.7**

序号	代号	名称	规格(mm)
1	SH1	液晶三联观片灯	1200×600
2	SH2	液晶三联观片灯	1200×1200
3	N1m	麻醉柜	900×1700×400
4	N1q	器械柜	900×1700×400
5	N1y	药品柜	900×1700×400
6	DGG	导管柜	1200×1900×400
7	DP	情报多功能控制箱	980×630
8	MG	气体终端	
9	示教工作站	示教系统	700×1300×400
10	DYS1	组合电源(含1个380V)	
11	DYS2	组合电源(4个220V)	
12	MIR	保温柜(含收纳库)	760×1000×700
13	MBR	保冷柜(含收纳库)	580×1700×600
14	PB	不锈钢传递窗	600×600×600

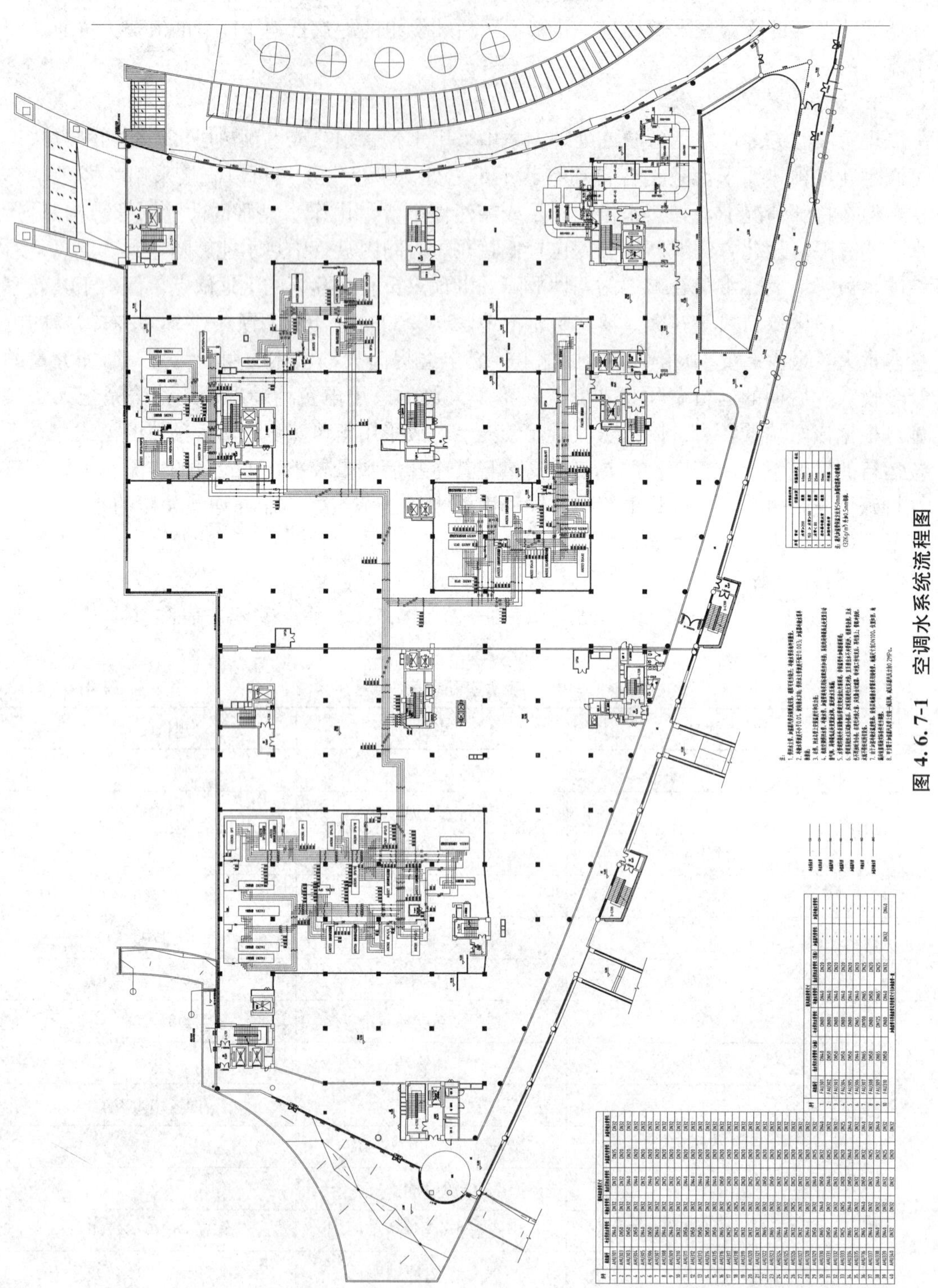

图 4.6.7-1 空调水系统流程图

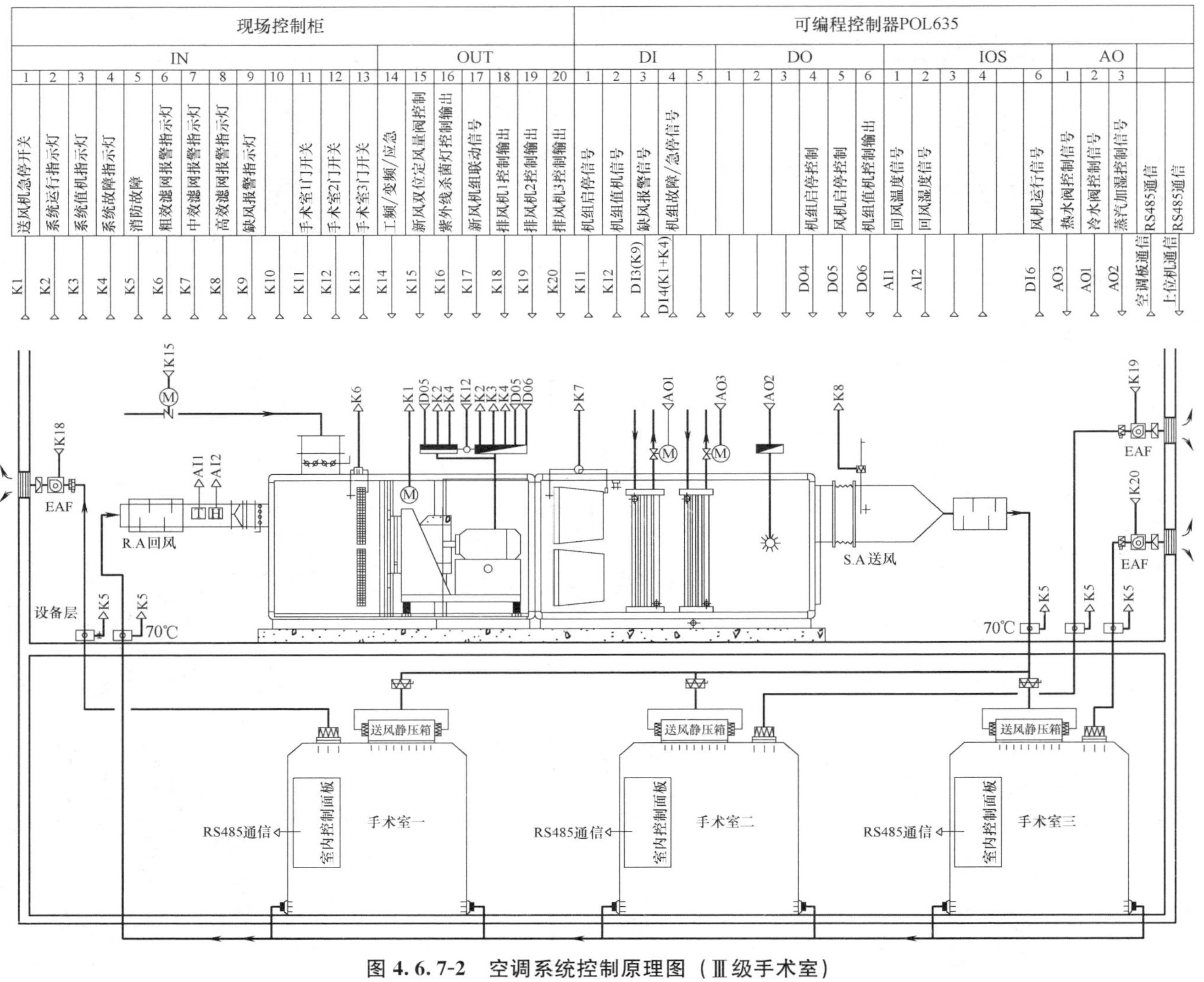

图 4.6.7-2　空调系统控制原理图（Ⅲ级手术室）

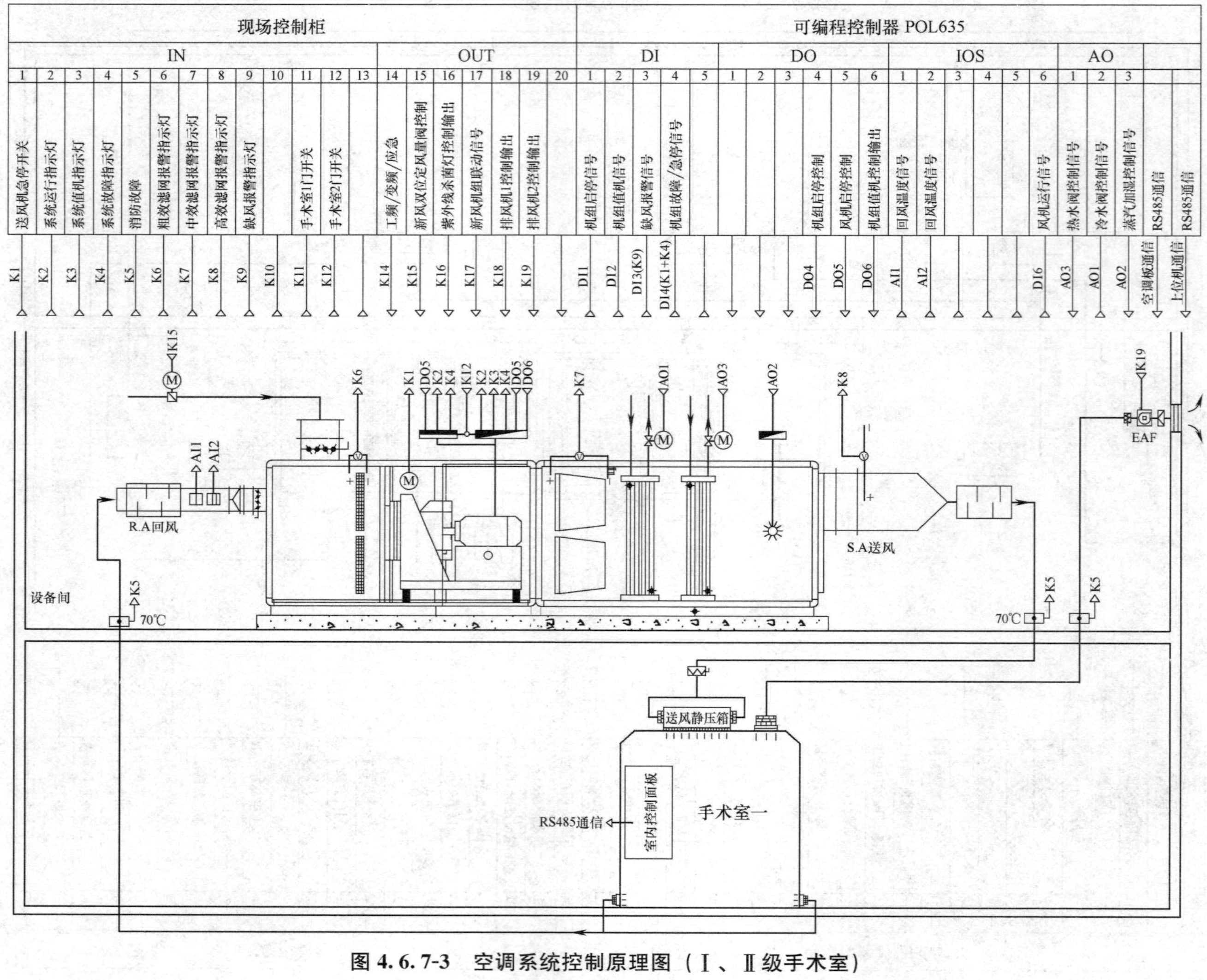

图 4.6.7-3　空调系统控制原理图（Ⅰ、Ⅱ级手术室）

现场控制柜																		可编程控制器 POL638																										
IN											OUT							DI					DO						IOS							AO			
1	2	3	4	5	6	7	8	9	10	11	12	13	14	15	16	17	18	1	2	3	4	5	1	2	3	4	5	6	1	2	3	4	5	6	7	1	2	3	
送风机急停开关	系统运行指示灯		系统故障指示灯	消防故障	粗效滤网报警指示灯	中效滤网报警指示灯					工频/变频/应急							机组启停信号		低温报警信号	机组故障/急停信号	风机运行信号	一级电预热控制输出	二级电预热控制输出	三级电预热控制输出	直冷机1控制输出	风机启停控制	新风电动密闭阀启停控制	送风温度信号			新风温度信号	直冷机1故障信号	直冷机1低温信号		再热热水阀控制信号	热水阀控制信号	冷水阀控制信号	RS485通信
K1	K2	K3	K4	K5	K6	K7	K8	K9	K10	K11	K12	K13	K14	K15	K16	K17	K18	DI1	DI2	DI3	DI4(K1+K4)	DI5	DO1	DO2	DO3	DO4	DO5	DO6	AI1			AI3	DI6	DI7		AO3	AO2	AO1	上位机通信

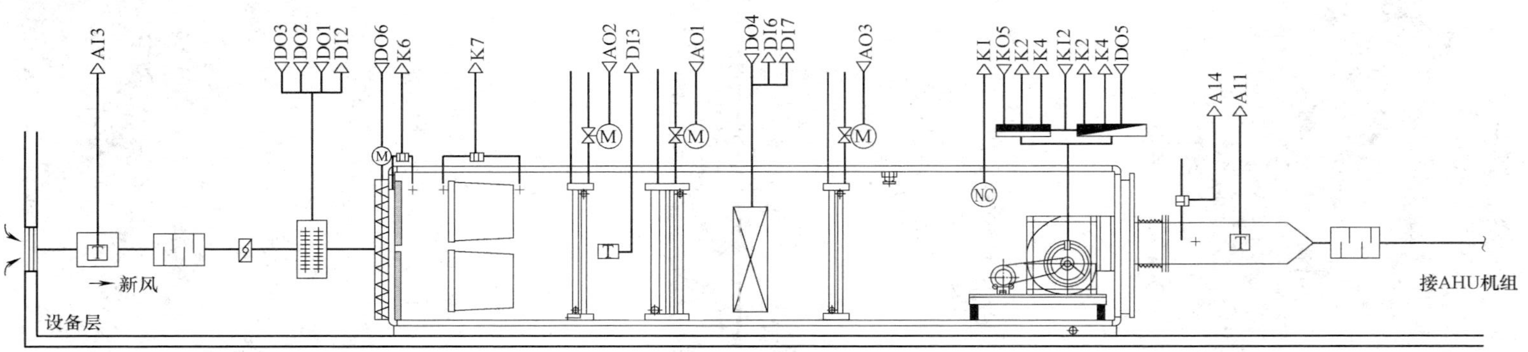

图 4.6.7-4　空调系统控制原理图（新风）

4.6.8　示例照片

1. 手术部建筑外景，环境优美，交通便利，见图4.6.8-1和图4.6.8-2。

图4.6.8-1　医院建筑外环境1

图4.6.8-2　医院建筑外环境2

2. 病人入口大厅宽敞明亮，视野开阔（见图4.6.8-3）。

3. 手术室护士站见图4.6.8-4。

图4.6.8-3　入口大厅

图4.6.8-4　护士站

4. 手术室见图4.6.8-5。

5. 体现功能布局合理、医疗流程便捷的平面布置，见图4.6.8-6～图4.6.8-10。

6. 针对患者、医护人员的人性化设施，见图4.6.8-11和图4.6.8-12。

7. 有特点的手术室内局部景观，见图4.6.8-13。

8. 体现手术室内部设备、设施或环境文化的内涵，见图4.6.8-14～图4.6.8-16。

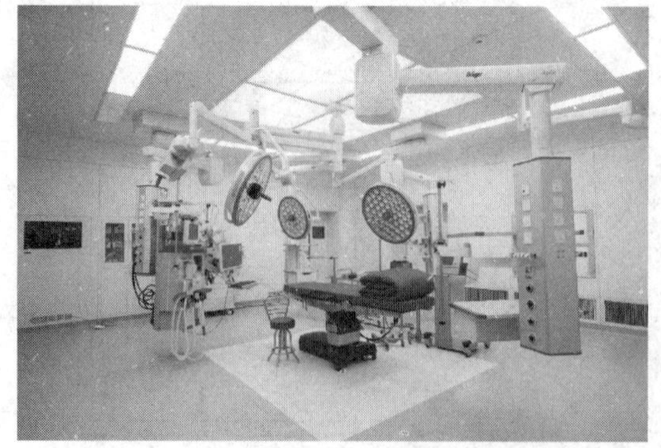

图4.6.8-5　数字一体化手术室

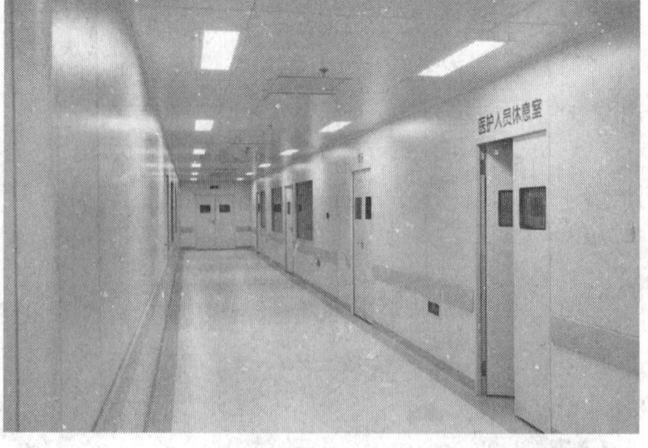

图4.6.8-6　洁净走廊

图 4.6.8-7　准备/复苏室

图 4.6.8-8　家属等候区

图 4.6.8-9　刷手池

图 4.6.8-10　中心供应室

图 4.6.8-11　大厅休息区宽敞明亮

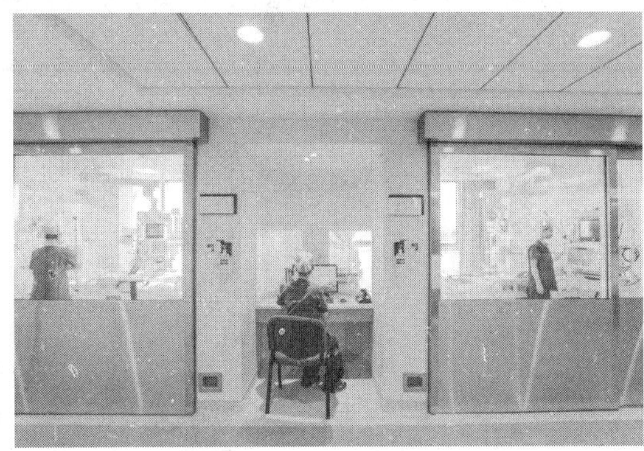

图 4.6.8-12　ICU 护士工作站

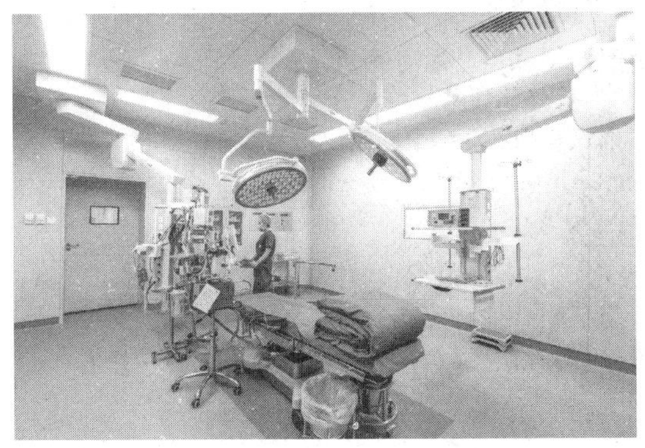

图 4.6.8-13　手术室内局部景观

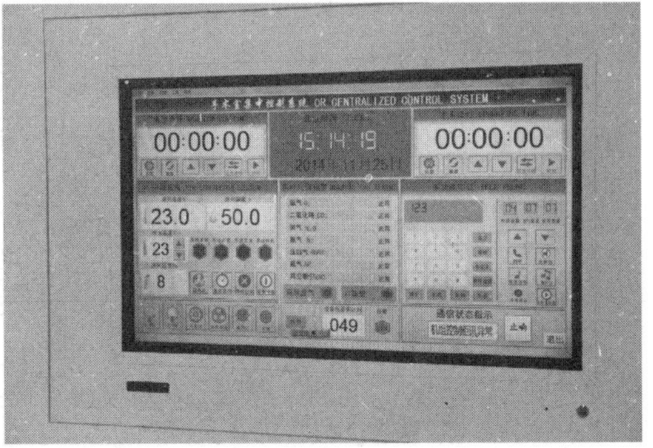

图 4.6.8-14　手术室内显示屏

图 4.6.8-15　手术室内嵌式器械柜

图 4.6.8-16　手术室回风口（垂直叶片）

9. 标识系统的设置，见图 4.6.8-17。

10. 环保节能的运用，见图 4.6.8-18 和图 4.6.8-19。

图 4.6.8-17　标识系统

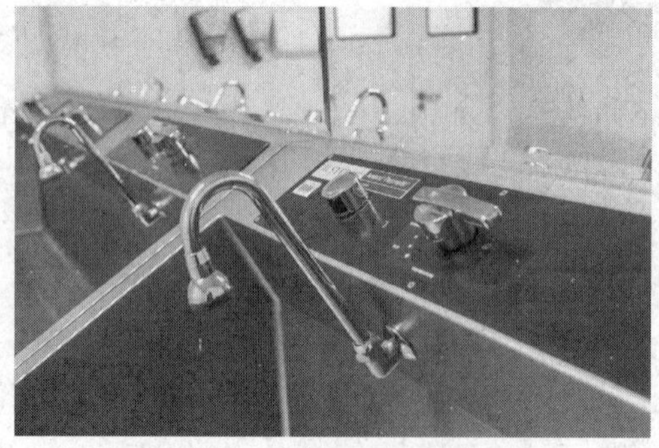

图 4.6.8-18　节水型水龙头

图 4.6.8-19　色彩柔和，材料环保

工程案例 7　郑大第一附属医院郑东新区医院生殖中心

4.7.1　设计理念

该工程的设计理念是以人文本、流程便捷、洁污分明、节能环保、功能完善

生殖中心布局为双走廊设置，以胚胎培养室为中心，环绕设置有取卵室、移植室、宫腔镜室、男科手术室、洗精室、冷冻室、人工授精手术室等功能用房。医患分流，且男女患者通道分别独立设置，缓解了患者的心理压力，保证了私密性，就诊流程便捷。

4.7.2　工程概况

项目名称：1 号楼（门诊综合楼）五层生殖中心手净化工程。该工程位于郑大第一附属医院郑东新区医院 1 号楼五层，建筑面积约 4080m^2，生殖中心实验区建筑面积约 1480.22m^2，本层建筑层高 4.3m，梁底标高 3.6m。

五层生殖中心设普通门诊治疗区和生殖医学中心区。

普通门诊区：设置有候诊区、B 超检测室、不孕不育门诊室、治疗室等。

生殖医学中心区：设置有胚胎移植室、取卵室、人工授精手术室、男科手术室，宫腔镜室，这几个房间均配置有智能平面触摸式控制箱、保暖柜、器械柜、药品柜、护士工作站、医用气体装置、插座箱、麻醉柜、隔离变压柜、医用吊塔、输液导轨、微压计。内部设置的功能间还有取精室、精液处理室、人工授精实验室、胚胎培养室、胚胎冷冻室、解冻室、无菌物品室、术后观察室等主要功能用房。

4.7.3　生殖中心设计主要图纸

该工程设计主要图纸包括：生殖中心平面图、生殖中心流程图，见图 4.7.3-1 和图 4.7.3-2 生殖中心基本设备配置表见表 4.7.3-1。

生殖中心基本设备配置表　　　　**表 4.7.3-1**

房间名称	设　　备
精液处理室	超净工作台、二氧化碳培养箱、嵌墙式储物柜
取卵室	药品柜、麻醉柜、器械柜、保温柜、保冷柜、墙腰式医用气源配置箱(设有 2 个氧气、1 个压缩空气、1 个二氧化碳、1 个真空吸引)、观片灯、输液导轨、计时器(分别标有:手术时间和北京时间)、免提对讲机、妇科手术床、手术室专用无影灯、插座箱 4 套(每面墙设 1 套)
胚胎移植室	胚胎移植室的房间配置同取卵室
人工授精实验室	超净工作台、二氧化碳培养箱、嵌墙式储物柜
人工授精室	药品柜、器械柜、保温柜、墙腰式医用气源配置箱(设有 2 个氧气、1 个压缩空气、1 个真空吸引)、观片灯、输液导轨、计时器(分别标有:手术时间和北京时间)、免提对讲机、妇科手术床、插座箱 2 套
胚胎实验室	双人超净工作台、二氧化碳培养箱
冷冻室	干燥箱，液氮储存罐、转运罐、若干成品操作台

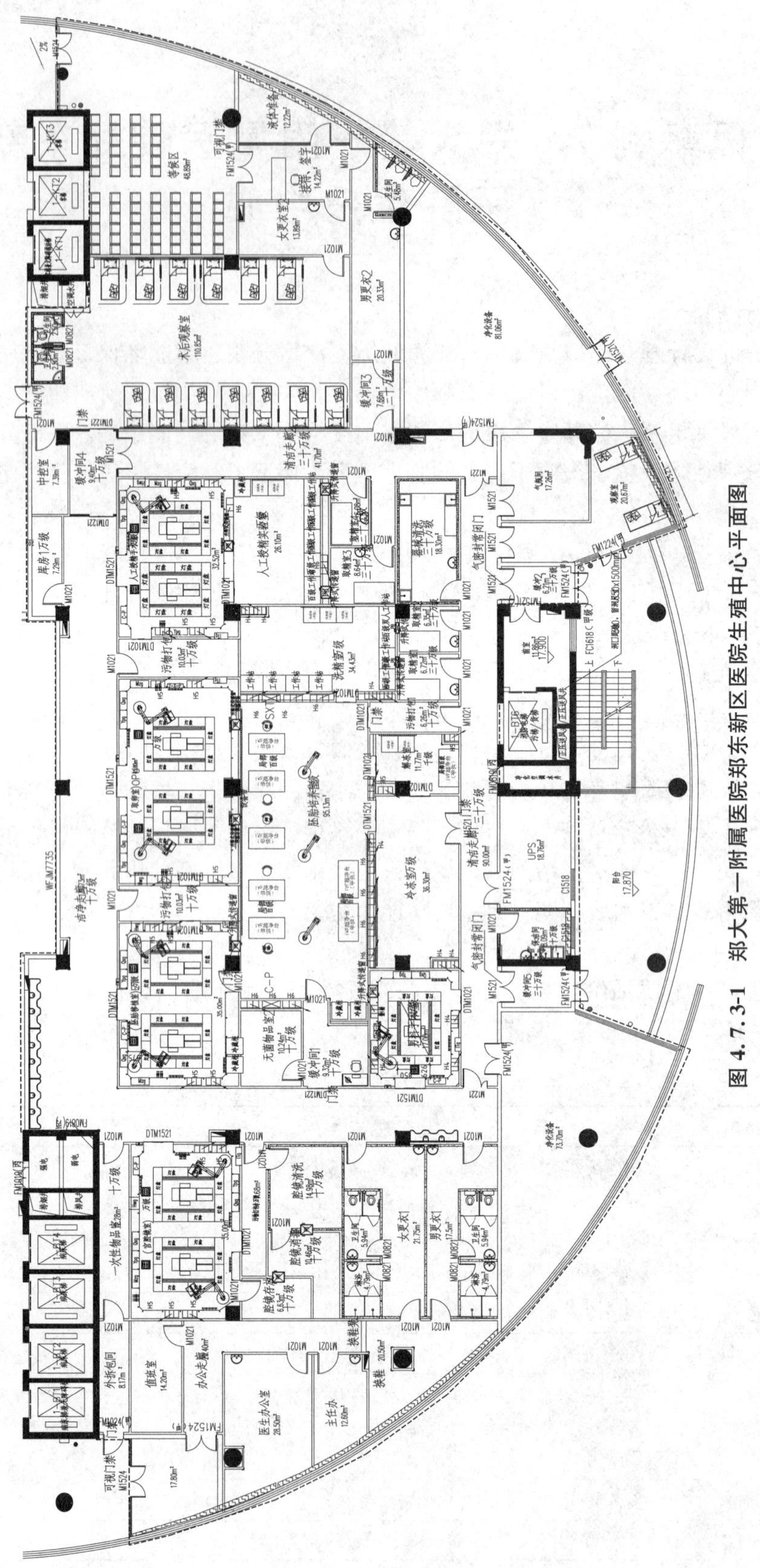

图 4.7.3-1　郑大第一附属医院郑东新区医院生殖中心平面图

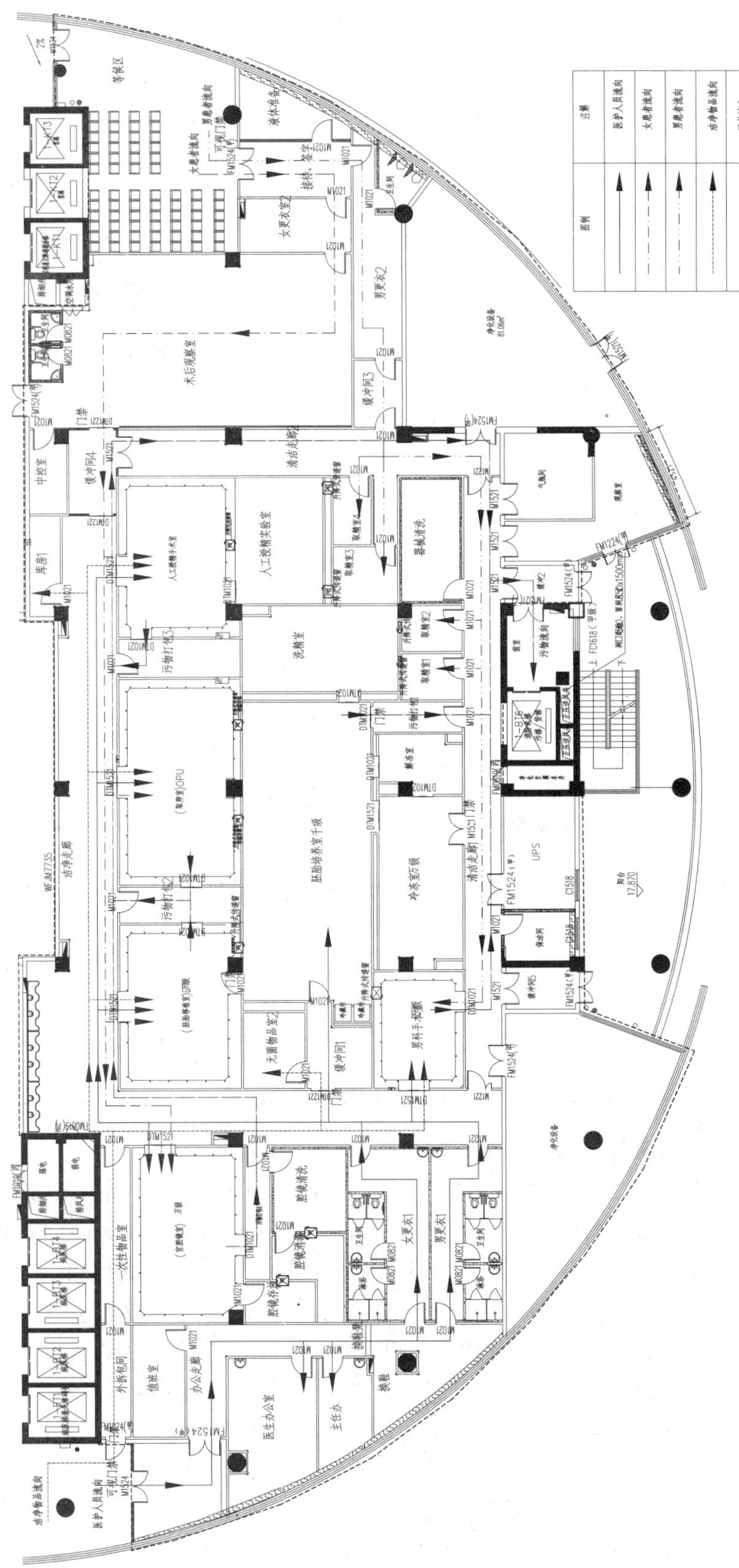

图 4.7.3-2　郑大第一附属医院郑东新区医院生殖中心流程图

1. 暖通设计

(1) 冷热负荷计算

经计算，该工程空调计算冷负荷为552.4kW，计算热负荷为340kW，加湿量为125kg/h。

(2) 风量的确定

① 空气净化级别的设定：依据《综合医院建筑设计规范》GB 51039—2014，胚胎培养室按Ⅰ级洁净用房设计，工作区平均风速取0.25m/s，取卵室、胚胎移植按Ⅱ级洁净用房设计，换气次数取$25h^{-1}$，无菌物品库、一次性物品库按照Ⅲ级洁净用房设计，换气次数取$13h^{-1}$，其他洁净辅助用房按Ⅳ级洁净用房设计，换气次数取$9h^{-1}$，新风换气次数取3～$6h^{-1}$。

② 空气压力控制的设定：洁净区对非洁净区保持相对正压，缓冲对室外的相对压差不小于10Pa，胚胎培养室、取卵室、胚胎移植对相邻房间的相对压差不小于5Pa。压力梯度由高到低依次为胚胎培养室、取卵室、缓冲、洁净走廊。

有压差要求的相邻场所，在相通的门口目测高度安装微压计。生殖中心风量平衡表见表4.7.3-2。

生殖中心风量平衡表　　　　**表4.7.3-2**

设备编号	房间名称	房间面积(m^2)	洁净用房等级	房间高度(m)	房间体积(m^3)	换气次数(h^{-1})	送风量(m^3/h)	回风量(m^3/h)	新风量(m^3/h)	室内压力	压差风量(m^3/h)	排风量(m^3/h)
AHU-502	取卵室	48.5	Ⅱ	2.8	135.80	32	4345.6	3530.80	814.80	正	814.80	
	胚胎移植室	35.6	Ⅱ	2.8	99.68	32	3189.8	2591.68	598.08	正	598.08	
	合计	84.1					7535.36	6122.48	1412.88			
AHU-504	胚胎培养室	89.5	Ⅰ	2.8	250.60	0.25(截面风速)	15500.0	13996.40	1503.60	正	1503.60	
	洗精室	35.7	Ⅱ	2.8	99.96	26	2599.0	2099.16	499.80	正	199.80	300
	合计	125.2					18099.0	16095.56	2003.40			

(3) 系统形式的选择及室内气流组织设计

① 净化区域空调系统：该工程采用湿度优先处理的集中新风预处理方式，设新风预处理机组2台，循环机组6台（见图4.7.3-3）。新风机组设G3＋F7＋H10过滤器。循环机组设G4＋F8过滤器。生殖中心共用2台新风机组，胚胎培养室和洗精用1台双风机循环机组，男科和宫腔镜手术室共用1台循环机组，人工授精手术室和人工授精实验室共用1台循环机组，取卵室和胚胎移植室共用1台循环机组，洁净走廊及相邻辅助用房（含洗精室）共用1台循环机组，清洁走廊及相邻辅助用房共用1台循环机组。空调循环机组空气处理及循环过程如下：新风经粗、中、亚高效过滤及预冷除湿处理后再净化空调机组内与室内回风混合→粗效过滤→送风机→均流→中效过滤→表冷段→加热段→加湿段→送风管系统→末端高效过滤送风口（送风天花）→洁净室→回风口、排风口。

② 非净化区域空调系统：采用风机盘管空调系统，满足房间舒适性要求，并配置集

中的新风处理机组，新风直接送入室内，满足人员的卫生要求，卫生间设置排气扇。

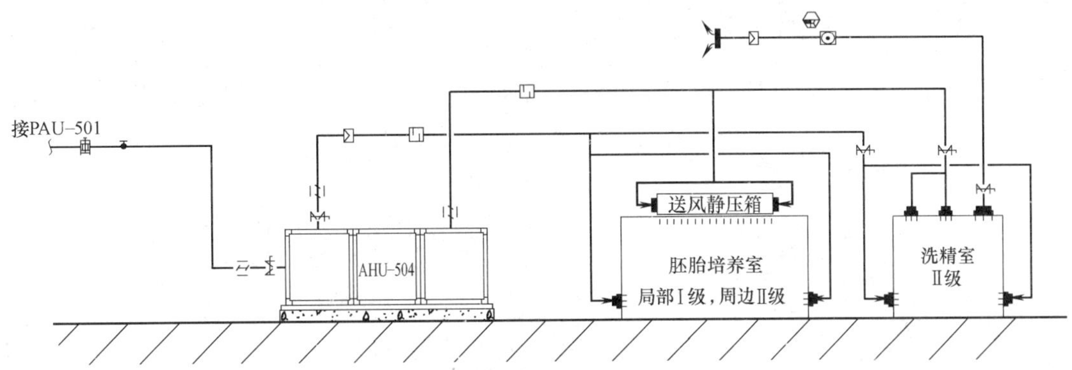

图 4.7.3-3　生殖中心净化空调系统原理图

③ 气流组织设计。手术室采用上送下回的气流组织形式，手术台上方设送风天花，集中送风，手术台长边两侧墙面设下回风口。胚胎培养室、冷冻室、人工授精实验室等区域的气流组织形式为上送下回。另外，在保洁间、污洗间、卫生间和 UPS 间设置独立的排风系统。生殖中心送、回、排风平面图见图 4.7.3-4～图 4.7.3-6。

（4）温湿度控制

净化空调水系统采用两管制。为保证流过每台空调机组的水量不受管路压力波动的影响，在空调机组的冷热水回水管上安装平衡阀进行各分支的水量分配。安装电动调节阀，根据回风温度、相对湿度及被控参数设定值由电动调节阀控制系统流量。

（5）空调冷热源

净化空调全年冷热水接大楼中央空调水系统，冷冻水供/回水温度为 7℃/12℃，热水供/回水温度为 60℃/50℃。净化空调加湿采用电热式蒸汽加湿方式。

2. 电气工程设计

（1）生殖中心主要由取卵室、胚胎移植室、男科手术室、人工授精手术室、胚胎培养室、人工授精实验室以及相关辅助用房组成。

（2）用电负荷按照一级负荷设计，其中胚胎培养室和取卵室用电为一级负荷中特别重要负荷，设置在线 UPS 系统，UPS 设计后备时间≥90min。其中非医疗区域配电 P_e=74kW，医疗区域配电 P_e=120kW，空调动力配电 P_e=208kW。

（3）非医疗区域配电共设置 1 台末端切换双电源进线总配电箱，总配电箱引出 6 台分配电箱，分别给试管婴儿培养区，人工授精实验区，辅区及术后观察室供电。医疗区域配电共设置 1 台末端切换双电源进线总配电箱，分别给试管婴儿培养区实验室、人工授精实验室、胚胎移植室、取卵室、人工授精手术室、宫腔镜手术室、男科手术室配电。

（4）空调部分设置 1 台末端切换双电源进线总配电箱，电源取自低压配电室。

（5）手术室内的普通照明采用情报面板及门口双联双控开关控制，走廊照明采用单联双控开关控制，达到节能目的；办公区域采用开关控制，尽可能满足一灯一控的要求；灯具采用洁净专用密封灯盘。

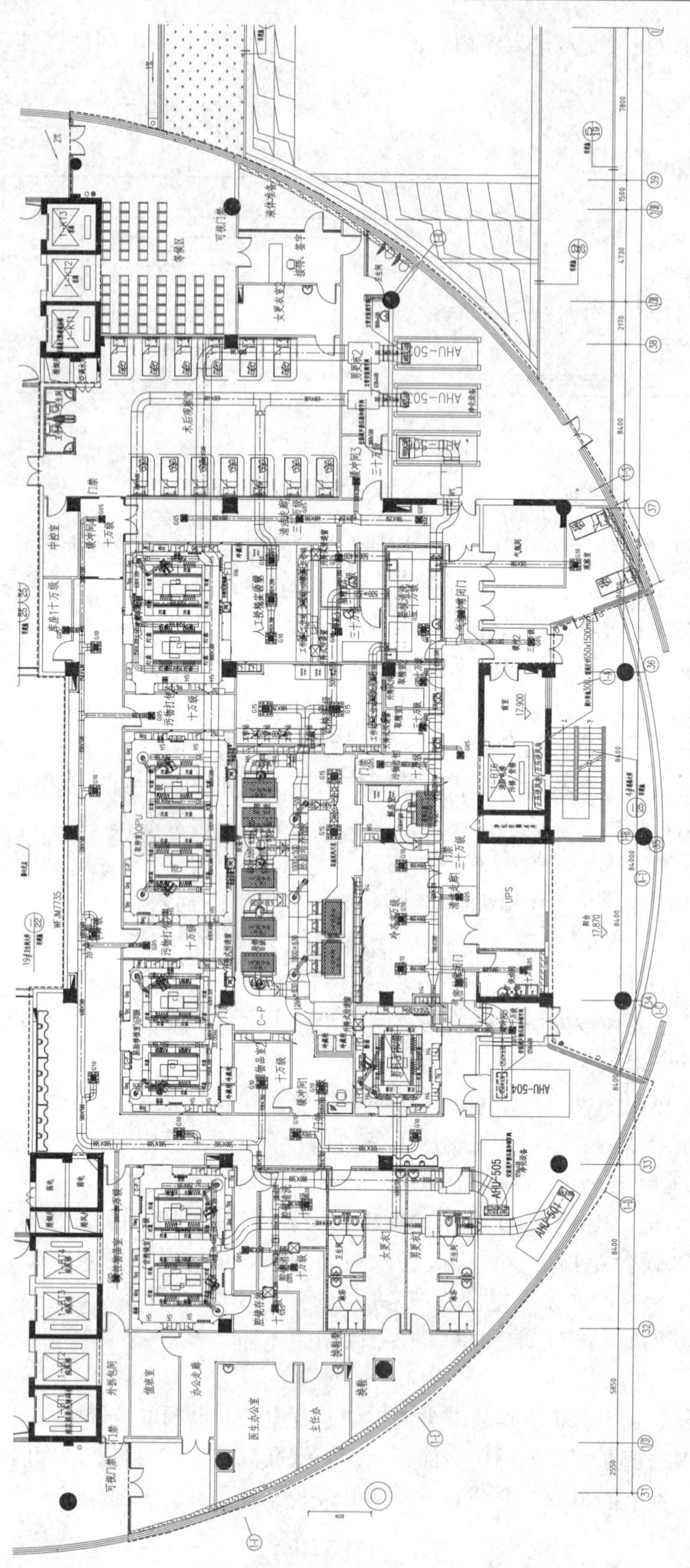

图 4.7.3-4　生殖中心送风平面图

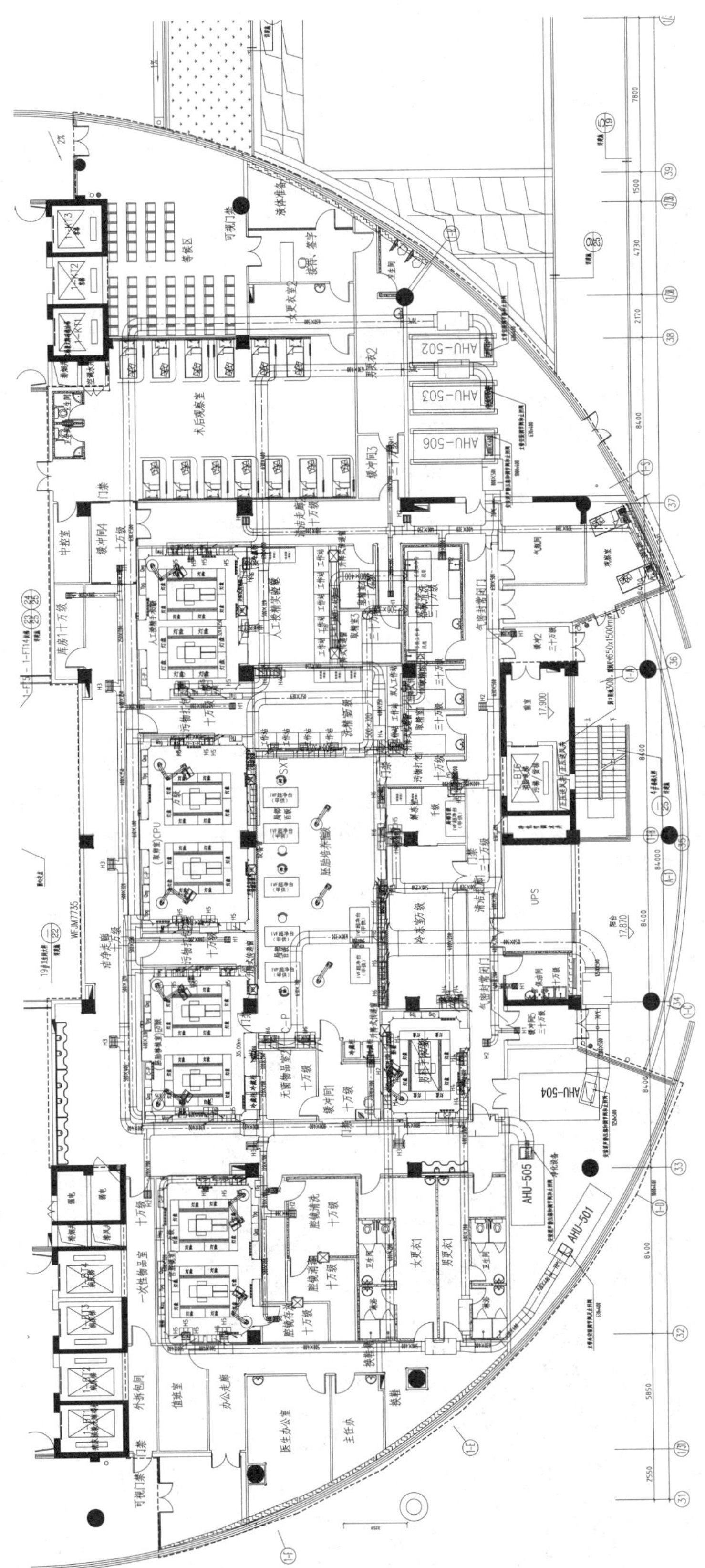

图 4.7.3-5　生殖中心回风平面图

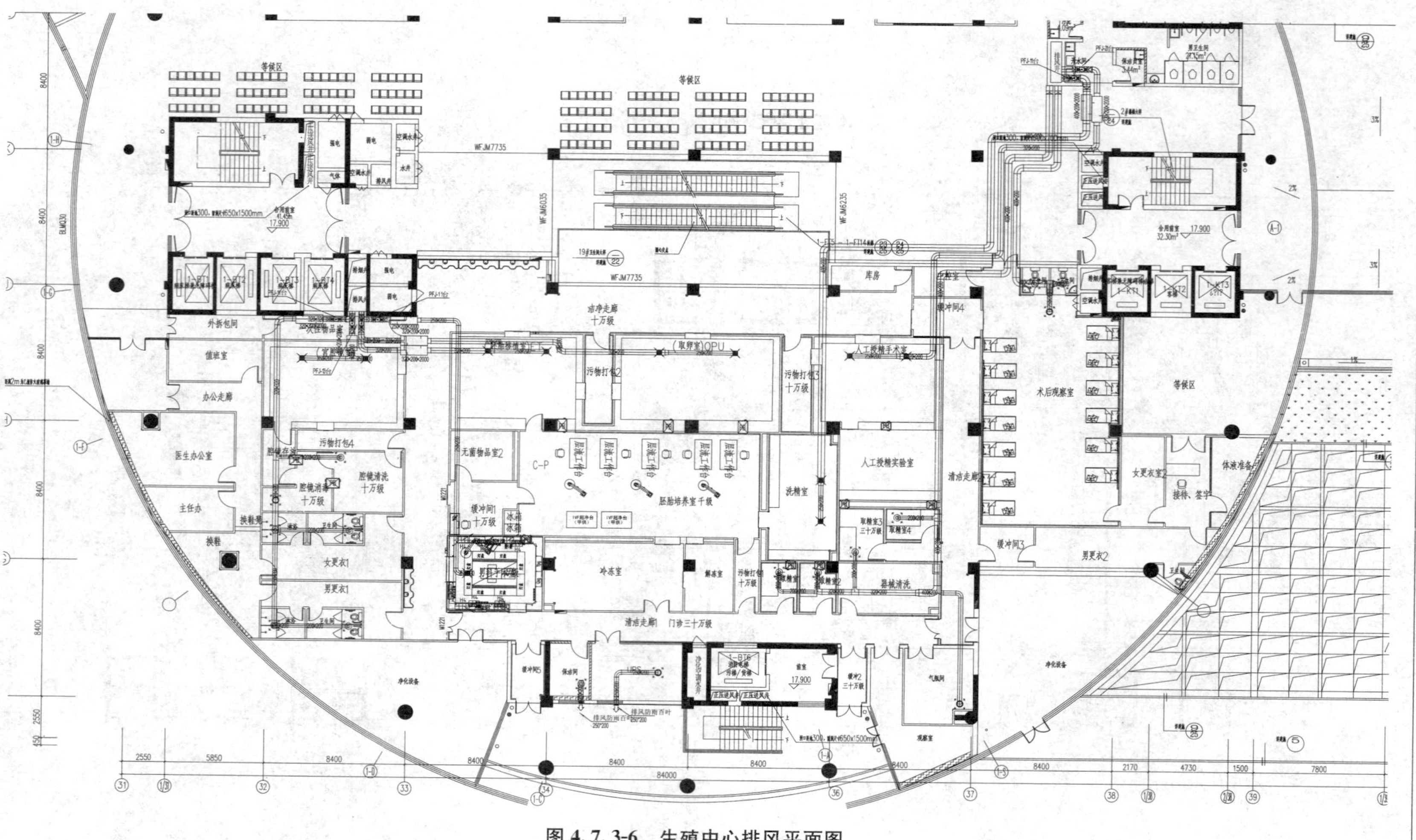

图 4.7.3-6 生殖中心排风平面图

3. 信息化工程设计

生殖中心信息化设计主要包括综合布线系统、背景音乐系统、信息发布系统、闭路电视监控系统、呼叫系统、门禁系统、医护排班系统、空调自动控制系统等。

(1) 综合布线系统。网络、电话布线预留至弱电井，接入该层数据配线架并与院内计算机网络系统连接。手术室麻醉塔设置2个网络终端，墙面设置2个网络终端和1个电话终端；在办公室和值班室设置2个网络终端和1个电话终端；在术后观察室每床设置1个网络终端；在每个工作站设置1个网络终端；在每个IVF超净台设置2个网络终端；其他设备应按使用要求设置网络、电话终端。网络、电话系统布线采用UTP-CAT6网线。

(2) 背景音乐系统。主机设在值班室，手术室、实验室、洁净走廊、清洁走廊、部分辅助房间内设置天花喇叭，天花喇叭嵌入式安装。系统采用DVD机作音源播放器，带一个前置广播功放，带一个话筒可实现广播找人的功能，系统前置广播功放预留与消防系统连接的强切接口。

(3) 信息发布系统。在等候区设置了一台65寸液晶显示屏，值班室设置主控主机，工作人员可以通过主控主机调整每日手术区手术日程，使病人家属看到相应信息。

(4) 闭路电视监控系统。在生殖中心患者入口及医护人员入口、清洁走廊、洁净走廊、实验室、病房的关键位置设置半球式高清彩色摄像机进行全景监视，并将图像信号传至值班室；在值班室设置主机、显示器、数字硬盘组、视频采集和转换传输、机柜、电源等设备组成，在值班室可完成对画面的任意切换、组合、图像传送，并分别显示摄像机的情况。

(5) 呼叫系统。在术后观察室每床以及卫生间内放置呼叫分机，在值班室放置呼叫主机，病人可以通过呼叫分机呼叫值班室工作人员，处理紧急情况。

(6) 门禁系统。在医护工作人员及病人入口处设置可视对讲门禁主机，在值班室设置可视对讲室内分机。门禁可实现刷卡和密码两种方式开启。工作人员可以持卡或输入密码进入，其他人员可通过设置在门口的可视对讲主机与内部联系，经同意后开门进入。

(7) 医护排班系统。在洁净走廊处放置显示屏，值班室设置主控主机，工作人员可以通过主控主机调整手术区手术日程，使医护人员看到相应信息。

(8) 空调自动控制系统。手术室的空调自动控制系统有两套控制终端，分别置于空气处理机房控制柜、手术室情报面板上，手术室可根据手术需要独立开停，调节温湿度，辅助用房及走廊的空调自动控制系统有两套控制终端，分别置于机房控制柜及值班室。

所有的新风机、循环空调机组设应急手动及自动控制。在自动状态下，通过DDC可实现对空调机组的自动启停，并利用温湿度传感器测量回风温度及湿度信号，与空调控制面板设定的设定值进行比较，经过PI、PID等运算输出控制信号，自动调节水阀以及加湿阀的开度，从而实现室内对温湿度的控制。

通过在中、高效过滤器两端安装压差开关，监测两端压差，超过压差设定值即输出信号分别至空调配电箱以及控制面板提示用户进行更换。在送风机两端亦设有压差开关，监测两端压差，风机发生故障时，输出报警信号至DDC，DDC发出命令停止机组运行，以免风机空转损坏，同时将报警信号传送到控制面板。对空调的开停及温湿度也进行控制。

4. 管道设计

(1) 给水及排水工程设计：

① 系统说明：

(a) 生殖中心区域卫生器具和用水点冷水和热水系统均接楼层区域管道井立管预留驳口或水平主干管预留口；给水方式为上供下排，并设置热水回水管路。

(b) 卫生器具及用水点排水设计，结合大楼排水系统就近排放排水立管。

(c) 用水量和管径选择等水力计算参数执行现行国家标准《建筑给水排水设计规范》GB 50015 和《综合医院建筑设计规范》GB 51039。

② 管道及附件：

(a) 生活给水管、热水管、回水管均采用薄壁不锈钢给水管，DN50 及以下采用卡压式连接，DN50 以上采用卡凸式法兰连接，密封圈采用三元乙丙密封圈或氯化丁基密封圈，不得采用硅橡胶密封圈。

(b) 排水管道采用柔性接口铸铁排水管，W 形卡箍式接口。

(c) 生活给水管上采用全铜质闸阀，工作压力为 1.6MPa。

(d) 洁净区域采用高水封防臭不锈钢地漏并加密封盖；清扫口采用铜质堵头，堵头与地面齐平。

③ 卫生洁具：

(a) 刷手用水宜进行除菌处理，池体采用杜邦石，采用红外感应恒温水龙头；刷手池下地漏必须设置高位 U 形水封，并应有防止水封被破坏的措施。

(b) 每个洗手盆带混水器。

(2) 医用气体工程设计：

① 系统说明：

(a) 手术室设 4 种气体终端：氧气、压缩空气、负压吸引、麻醉废气；需向胚胎培养室内吊塔提供氮气、二氧化碳和混合气。

(b) 氧气、负压吸引、压缩空气由各供气中心站单独引出至气体管井处，并预留阀门接口，设医气区域阀门箱（含氧气流量计、氧气减压阀及空气减压阀）及压力警报装置。二氧化碳、氮气和混合气气源由气瓶间二氧化碳 3+3 全自动汇流排和氮气 3+3 全自动汇流排、混合气 3+3 汇流排提供。

(c) 所有气体管道必须先通过阀门箱后才可进入各病房；在护士站设置各类医用气体的压力报警显示装置，当气体压力异常时可发出声光警报，

(d) 医用气体技术参数参考《医用气体工程技术规范》GB 50751—2012。

② 管道及附件：

(a) 除麻醉废气管道材质为镀锌钢管外，其余所有气体管道材质均为高级不锈钢管。

(b) 医气管径设置：室内医用气体管道横管除注明外，氧气、压缩空气为 $\Phi8$；二氧化碳、氮气为 $\Phi22$；负压吸引为 $\Phi18$；混合气为 $\Phi42$，麻醉废气为 DN20。

(c) 手术室内墙壁上气体终端安装高度为 1.2m，气体报警箱的安装高度为 1.6m（底边距完成地面 1.6m），设备带底边距地 1.4m。

(d) 医气终端插头采用德式自封式快速插座，可以单手操作且各种接头互不通用。

4.7.4　示例照片

郑大第一附属医院郑东新区医院建筑外景，环境优美，交通便利（见图 4.7.4-1～图 4.7.4-8）。

图 4.7.4-1　医院建筑外环境 1

图 4.7.4-2　医院建筑外环境 2

图 4.7.4-3　胚胎培养室

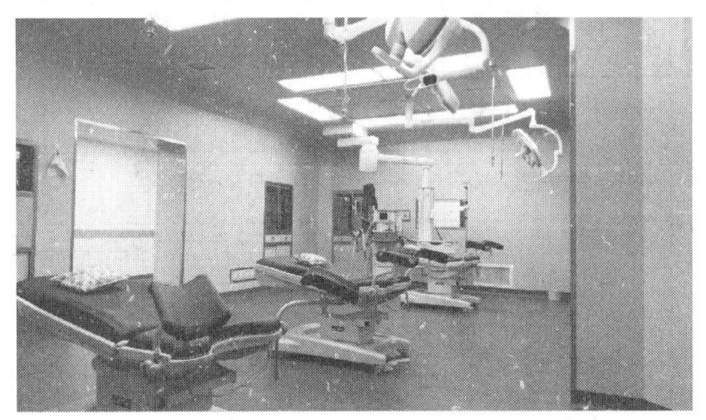

图 4.7.4-4　取卵室

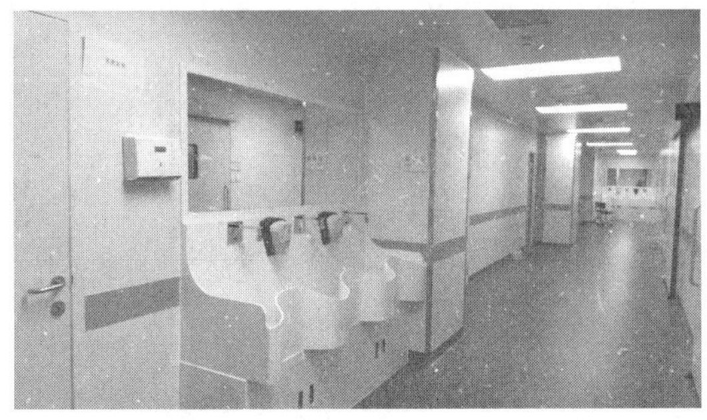

图 4.7.4-5　洁净走廊

图 4.7.4-6　刷手间

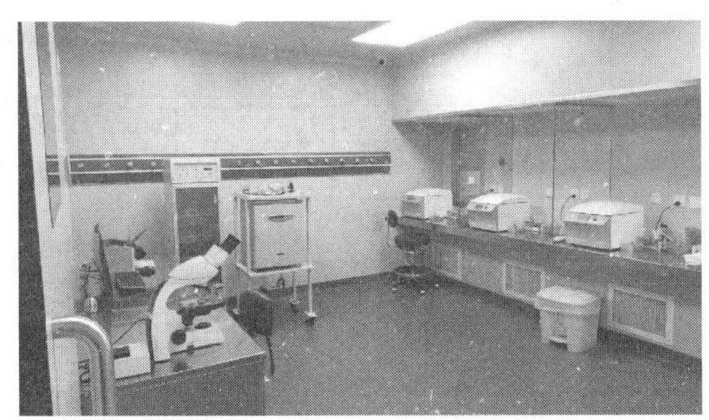

图 4.7.4-7　人工授精实验室

图 4.7.4-8　智能化控制显示屏

4.7.5　检测报告

河南卫公环保科技有限公司　HNWG/JS-008-2016

检 测 报 告

样品编号：SP20170215-001～002　收样日期：2017 年 05 月 28 日
样品受理号：SP20170215　检验完成日期：2017 年 06 月 16 日
报告书编号：HNWG20170215　报告日期：2017 年 06 月 16 日

样品名称	洁净手术部	采样时间	2017.05.28
样品来源	现场采集	采样环境	22.5℃/50.1%RH
规格/数量	房间×2 间×5 项	采样地点	人工授精实验室、人工授精手术室
性状及包装	/	送检科室	检测室
检测类别	委托检测	送检人	白晓胜　王书荣
被采样单位及地址	郑州大学第一附属医院郑东新区医院 郑州市郑东新区龙湖中环路 1 号		
执行标准	GB 50333-2013　GB50325-2010　GB/T18204.2-2014		

检测结果：

样品编号	SP20170215-001	SP20170215-002	
采样地点	人工授精实验室	人工授精手术室	
检测项目	检测结果	检测结果	参考标准
甲醛，mg/m³	<0.02	<0.02	≤0.08
苯，mg/m³	<0.05	<0.05	≤0.09
甲苯，mg/m³	<0.05	<0.05	/
二甲苯，mg/m³	<0.1	<0.1	/
总挥发性有机物 TVOC, mg/m³	0.04	0.26	≤0.60

（以下空白）

结论	本次检测结果均符合《民用建筑工程室内环境污染控制规范》GB50325-2010 的要求。

主检人 王书荣　审核人 [signature]　签发人 [signature]

备注：本检测报告共计三份，一份检测机构存档，二份送被检测单位。

签发日期：2017 年 6 月 16 日

第 3 页 共 11 页

河南卫公环保科技有限公司 HNWG/JS-008-2016

检 测 报 告

样品编号： SP20170215-003～004 收样日期： 2017 年 05 月 28 日
样品受理号： SP20170215 检验完成日期： 2017 年 06 月 16 日
报告书编号： HNWG20170215 报告日期： 2017 年 06 月 16 日

样品名称	洁净手术部	采样时间	2017.05.28
样品来源	现场采集	采样环境	21.8℃/48.6%RH
规格/数量	房间×2 间×5 项	采样地点	（取卵室）OPU、胚胎移植室
性状及包装	/	送检科室	检测室
检测类别	委托检测	送检人	白晓胜 王书荣
被采样单位及地址	郑州大学第一附属医院郑东新区医院 郑州市郑东新区龙湖中环路 1 号		
执行标准	GB 50333-2013 GB50325-2010 GB/T18204.2-2014		

检测结果：

样品编号	SP20170215-003	SP20170215-004	
采样地点	（取卵室）OPU	胚胎移植室	
检测项目	检测结果	检测结果	参考标准
甲醛，mg/m^3	<0.02	<0.02	≤0.08
苯，mg/m^3	<0.05	<0.05	≤0.09
甲苯，mg/m^3	<0.05	<0.05	/
二甲苯，mg/m^3	<0.1	<0.1	/
总挥发性有机物 TVOC, mg/m^3	0.33	0.22	≤0.60

（以下空白）

结论	本次检测结果均符合《民用建筑工程室内环境污染控制规范》GB50325-2010 的要求。

主检人 王书荣 审核人 李彩存 签发人

备注：本检测报告共计三份，一份检测机构存档，二份送被检测单位。

签发日期：2017 年 6 月 16 日

第 4 页 共 11 页

河南卫公环保科技有限公司　HNWG/JS-008-2016

检 测 报 告

样品编号：　SP20170215-005～006　　收样日期：　2017 年 05 月 28 日
样品受理号：　SP20170215　　检验完成日期：　2017 年 06 月 16 日
报告书编号：　HNWG20170215　　报告日期：　2017 年 06 月 16 日

样品名称	洁净手术部	采样时间	2017.05.28
样品来源	现场采集	采样环境	21.9℃/54.2%RH
规格/数量	房间×2 间×5 项	采样地点	胚胎培养室、洗精室
性状及包装	/	送检科室	检测室
检测类别	委托检测	送检人	白晓胜　王书荣
被采样单位及地址	郑州大学第一附属医院郑东新区医院 郑州市郑东新区龙湖中环路 1 号		
执行标准	GB 50333-2013　GB50325-2010　GB/T18204.2-2014		

检测结果：

样品编号	SP20170215-005	SP20170215-006	
采样地点	胚胎培养室	洗精室	
检测项目	检测结果	检测结果	参考标准
甲醛，mg/m^3	<0.02	<0.02	≤0.08
苯，mg/m^3	<0.05	<0.05	≤0.09
甲苯，mg/m^3	<0.05	<0.05	/
二甲苯，mg/m^3	<0.1	<0.1	/
总挥发性有机物 TVOC，mg/m^3	0.06	0.24	≤0.60

（以下空白）

结论	本次检测结果均符合《民用建筑工程室内环境污染控制规范》GB50325-2010 的要求。

主检人 王书荣　　审核人 李ㄦ寿　　签发人

备注：本检测报告共计三份，一份检测机构存档，二份送被检测单位。

签发日期：2017年6月16日

第 5 页 共 11 页

河南卫公环保科技有限公司 HNWG/JS-008-2016

检 测 报 告

样品编号: SP20170215-007～008 收样日期: 2017 年 05 月 28 日
样品受理号: SP20170215 检验完成日期: 2017 年 06 月 16 日
报告书编号: HNWG20170215 报告日期: 2017 年 06 月 16 日

样品名称	洁净手术部	采样时间	2017.05.28
样品来源	现场采集	采样环境	22.0℃/51.6%RH
规格/数量	房间×2 间×5 项	采样地点	缓冲间 1、无菌物品室 2
性状及包装	/	送检科室	检测室
检测类别	委托检测	送检人	白晓胜 王书荣
被采样单位及地址	郑州大学第一附属医院郑东新区医院 郑州市郑东新区龙湖中环路 1 号		
执行标准	GB 50333-2013 GB50325-2010 GB/T18204.2-2014		

检测结果:

样品编号	SP20170215-007	SP20170215-008	
采样地点	缓冲间	无菌物品室 2	
检测项目	检测结果	检测结果	参考标准
甲醛, mg/m^3	<0.02	<0.02	≤0.08
苯, mg/m^3	<0.05	<0.05	≤0.09
甲苯, mg/m^3	0.08	<0.05	/
二甲苯, mg/m^3	<0.1	<0.1	/
总挥发性有机物 TVOC, mg/m^3	0.04	0.39	≤0.60

(以下空白)

结论	本次检测结果均符合《民用建筑工程室内环境污染控制规范》GB50325-2010 的要求。

主检人 王书荣 审核人 [signature] 签发人 [signature]

备注: 本检测报告共计三份, 一份检测机构存档, 二份送被检测单位。

签发日期: 2017 年 6 月 6 日

第 6 页 共 11 页

河南卫公环保科技有限公司 HNWG/JS-008-2016

检 测 报 告

样品编号: SP20170215-009～010 收样日期: 2017 年 05 月 28 日
样品受理号: SP20170215 检验完成日期: 2017 年 06 月 16 日
报告书编号: HNWG20170215 报告日期: 2017 年 06 月 16 日

样品名称	洁净手术部	采样时间	2017.05.28
样品来源	现场采集	采样环境	22.4℃/53.5%RH
规格/数量	房间×2 间×5 项	采样地点	男科手术室、冷冻室
性状及包装	/	送检科室	检测室
检测类别	委托检测	送检人	白晓胜 王书荣
被采样单位及地址	郑州大学第一附属医院郑东新区医院 郑州市郑东新区龙湖中环路 1 号		
执行标准	GB 50333-2013 GB50325-2010 GB/T18204.2-2014		

检测结果:

样品编号	SP20170215-009	SP20170215-010	
采样地点	男科手术室	冷冻室	
检测项目	检测结果	检测结果	参考标准
甲醛, mg/m^3	<0.02	<0.02	≤0.08
苯, mg/m^3	<0.05	<0.05	≤0.09
甲苯, mg/m^3	<0.05	<0.05	/
二甲苯, mg/m^3	<0.1	<0.1	/
总挥发性有机物 TVOC, mg/m^3	0.38	0.46	≤0.60

(以下空白)

结论	本次检测结果均符合《民用建筑工程室内环境污染控制规范》GB50325-2010 的要求。

主检人 王书荣 审核人 李[illegible] 签发人 [illegible]

备注：本检测报告共计三份，一份检测机构存档，二份送被检测单位。

签发日期: [illegible]年[illegible]月[illegible]日

第 7 页 共 11 页

河南卫公环保科技有限公司 HNWG/JS-008-2016

检 测 报 告

样品编号： SP20170215-011～012 收样日期： 2017 年 05 月 28 日
样品受理号： SP20170215 检验完成日期： 2017 年 06 月 16 日
报告书编号： HNWG20170215 报告日期： 2017 年 06 月 16 日

样品名称	洁净手术部	采样时间	2017.05.28
样品来源	现场采集	采样环境	21.0℃/52.8%RH
规格/数量	房间×2 间×5 项	采样地点	解冻室、取精室 1
性状及包装	/	送检科室	检测室
检测类别	委托检测	送检人	白晓胜 王书荣
被采样单位及地址	郑州大学第一附属医院郑东新区医院 郑州市郑东新区龙湖中环路 1 号		
执行标准	GB 50333-2013 GB50325-2010 GB/T18204.2-2014		

检测结果：

样品编号	SP20170215-011	SP20170215-012	
采样地点	解冻室	取精室 1	
检测项目	检测结果	检测结果	参考标准
甲醛，mg/m^3	＜0.02	＜0.02	≤0.08
苯，mg/m^3	＜0.05	＜0.05	≤0.09
甲苯，mg/m^3	＜0.05	＜0.05	/
二甲苯，mg/m^3	＜0.1	＜0.1	/
总挥发性有机物 TVOC, mg/m^3	0.49	0.14	≤0.60

（以下空白）

结论	本次检测结果均符合《民用建筑工程室内环境污染控制规范》GB50325-2010 的要求。

主检人 王书荣 审核人 [signature] 签发人 [signature]

备注：本检测报告共计三份，一份检测机构存档，二份送被检测单位。

签发日期：2017 年 6 月 16 日

第 8 页 共 11 页

河南卫公环保科技有限公司　HNWG/JS-008-2016

检 测 报 告

样品编号：　SP20170215-013～014　　收样日期：　2017 年 05 月 28 日
样品受理号：　SP20170215　　检验完成日期：　2017 年 06 月 16 日
报告书编号：　HNWG20170215　　报告日期：　2017 年 06 月 16 日

样品名称	洁净手术部	采样时间	2017.05.28
样品来源	现场采集	采样环境	21.7℃/51.4%RH
规格 / 数量	房间×2 间×5 项	采样地点	取精室 2、器械清洗
性状及包装	/	送检科室	检测室
检测类别	委托检测	送检人	白晓胜　王书荣
被采样单位及地址	郑州大学第一附属医院郑东新区医院 郑州市郑东新区龙湖中环路 1 号		
执行标准	GB 50333-2013　GB50325-2010　GB/T18204.2-2014		

检测结果：

样品编号	SP20170215-013	SP20170215-014	
采样地点	取精室 2	器械清洗	
检测项目	检测结果	检测结果	参考标准
甲醛，mg/m^3	<0.02	<0.02	≤0.08
苯，mg/m^3	<0.05	<0.05	≤0.09
甲苯，mg/m^3	<0.05	<0.05	/
二甲苯，mg/m^3	<0.1	<0.1	/
总挥发性有机物 TVOC, mg/m^3	0.44	0.20	≤0.60

（以下空白）

结论	本次检测结果均符合《民用建筑工程室内环境污染控制规范》GB50325-2010 的要求。

主检人 王书荣　　审核人 李××　　签发人 ×××

备注：本检测报告共计三份，一份检测机构存档，二份送被检测单位。

签发日期：2017 年 6 月 6 日

第 9 页 共 11 页

河南卫公环保科技有限公司　HNWG/JS-008-2016

检 测 报 告

样品编号：　SP20170215-015～016　收样日期：　2017 年 05 月 28 日
样品受理号：　SP20170215　检验完成日期：　2017 年 06 月 16 日
报告书编号：　HNWG20170215　报告日期：　2017 年 06 月 16 日

样品名称	洁净手术部	采样时间	2017.05.28
样品来源	现场采集	采样环境	21.8℃/54.2%RH
规格/数量	房间×2 间×5 项	采样地点	取精室 3、取精室 4
性状及包装	/	送检科室	检测室
检测类别	委托检测	送检人	白晓胜　王书荣
被采样单位及地址	郑州大学第一附属医院郑东新区医院 郑州市郑东新区龙湖中环路 1 号		
执行标准	GB 50333-2013　GB50325-2010　GB/T18204.2-2014		

检测结果：

样品编号	SP20170215-015	SP20170215-016	
采样地点	取精室 3	取精室 4	
检测项目	检测结果	检测结果	参考标准
甲醛，mg/m^3	<0.02	<0.02	≤0.08
苯，mg/m^3	<0.05	<0.05	≤0.09
甲苯，mg/m^3	<0.05	<0.05	/
二甲苯，mg/m^3	<0.1	<0.1	/
总挥发性有机物 TVOC, mg/m^3	0.21	0.38	≤0.60

（以下空白）

结论	本次检测结果均符合《民用建筑工程室内环境污染控制规范》GB50325-2010 的要求。

主检人 王书荣　审核人 [signature]　签发人 [signature]

备注：本检测报告共计三份，一份检测机构存档，二份送被检测单位。

签发日期：2017 年 06 月 16 日

第 10 页 共 11 页

河南卫公环保科技有限公司　HNWG/JS-008-2016

检 测 报 告

样品编号：　SP20170215-017～018　收样日期：　2017 年 05 月 28 日
样品受理号：　SP20170215　检验完成日期：　2017 年 06 月 16 日
报告书编号：　HNWG20170215　报告日期：　2017 年 06 月 16 日

样品名称	洁净手术部	采样时间	2017.05.28
样品来源	现场采集	采样环境	21.3℃/52.6%RH
规格/数量	房间×2 间×5 项	采样地点	宫腔镜室、十万级洁净走廊
性状及包装	/	送检科室	检测室
检测类别	委托检测	送检人	白晓胜　王书荣
被采样单位及地址	郑州大学第一附属医院郑东新区医院 郑州市郑东新区龙湖中环路 1 号		
执行标准	GB 50333-2013　GB50325-2010　GB/T18204.2-2014		

检测结果：

样品编号	SP20170215-017	SP20170215-018	
采样地点	宫腔镜室	十万级洁净走廊	
检测项目	检测结果	检测结果	参考标准
甲醛，mg/m^3	<0.02	<0.02	≤0.08
苯，mg/m^3	<0.05	<0.05	≤0.09
甲苯，mg/m^3	<0.05	0.07	/
二甲苯，mg/m^3	<0.1	<0.1	/
总挥发性有机物 TVOC，mg/m^3	0.17	0.16	≤0.60

（以下空白）

结论	本次检测结果均符合《民用建筑工程室内环境污染控制规范》GB50325-2010 的要求。

主检人 王书荣　审核人 [signature]　签发人 [signature]

备注：本检测报告共计三份，一份检测机构存档，二份送被检测单位。

签发日期：　年　月　日

第 11 页共 11 页

河南省疾病预防控制中心

CNAS 中国认可 检测 TESTING CNAS L1793

检测报告

150000122446

第1页　共8页　QRD1073-2016

编　　号：XZ2017-050

报告书编号：XZ2017-050

受理日期：2017年03月31日

项目名称：郑州大学第一附属医院郑东新区医院净化工程三标段

受检单位：郑州大学第一附属医院郑东新区医院

地　　址：郑州市郑东新区龙湖外环路与北三环交叉口

检测类别：委托

检测依据：GB50333-2013医院洁净手术部建筑技术规范

检测内容：悬浮粒子、浮游菌、沉降菌、噪声、照度、静压差、温度、相对湿度换气次数、风速

检测完成日期：2017年04月19日

报告日期：2017年04月21日

检测结果：	标准规定		检测数据		单项结论
悬浮粒子(尘粒数/m³)	≥0.5μm	≥5μm	≥0.5μm	≥5μm	
人工授精手术室手术区1(7级)	≤352000	≤2930	623	0	符合规定
人工授精手术室手术区2(7级)	≤352000	≤2930	1515	0	符合规定
人工授精手术室周边区(8级)	≤3520000	≤29300	4057	196	符合规定
取卵室手术区1（7级）	≤352000	≤2930	3079	0	符合规定
取卵室手术区2（7级）	≤352000	≤2930	14116	0	符合规定
取卵室周边区（8级）	≤3520000	≤29300	2598	0	符合规定
胚胎移植室手术区1（7级）	≤352000	≤2930	656	0	符合规定
胚胎移植室手术区2（7级）	≤352000	≤2930	1147	0	符合规定
胚胎移植室周边区（8级）	≤3520000	≤29300	2440	0	符合规定
宫腔镜室手术区1（7级）	≤352000	≤2930	2156	0	符合规定
宫腔镜室手术区2（7级）	≤352000	≤2930	4582	0	符合规定
宫腔镜室周边区（8级）	≤3520000	≤29300	1708	0	符合规定
男科手术室手术区（7级）	≤352000	≤2930	682	0	符合规定
男科手术室周边区（8级）	≤3520000	≤29300	32312	225	符合规定
胚胎培养室（5级区域）	≤3500	0	108	0	符合规定
胚胎培养室（6级区域）	≤35200	≤293	1225	0	符合规定
解冻室（6级）	≤35200	≤293	11138	0	符合规定
冷冻室（7级）	≤352000	≤2930	4973	0	符合规定
洗精室（7级）	≤352000	≤2930	8639	0	符合规定
人工授精实验室（7级）	≤352000	≤2930	15886	0	符合规定
无菌物品间（8级）	≤3520000	≤29300	7907	0	符合规定
一次性物品间（8级）	≤3520000	≤29300	15373	482	符合规定
洁净走廊（8级）	≤3520000	≤29300	7082	74	符合规定

测试人：　　　　校核人：

签发人：

2017年04月21日

河南省疾病预防控制中心

中国认可
检测
TESTING
CNAS L29[illegible]8

检测报告

第2页 共8页 QRD1073-2016

编　　号：XZ2017-050

报告书编号：XZ2017-050

受理日期：2017年03月31日

项目名称：郑州大学第一附属医院郑东新区医院净化工程三标段

受检单位：郑州大学第一附属医院郑东新区医院

地　　址：郑州市郑东新区龙湖外环路与北三环交叉口

检测类别：委托

检测依据：GB50333-2013医院洁净手术部建筑技术规范

检测内容：悬浮粒子、浮游菌、沉降菌、噪声、照度、静压差、温度、相对湿度换气次数、风速

检测完成日期：2017年04月19日

报告日期：2017年04月21日

检测结果：

浮游菌(cfu/m^3)	标准规定	检测数据	单项结论
人工授精手术室手术区1(7级)	≤75	0	符合规定
人工授精手术室手术区2(7级)	≤75	0	符合规定
人工授精手术室周边区(8级)	≤150	20	符合规定
取卵室手术区1（7级）	≤75	0	符合规定
取卵室手术区2（7级）	≤75	0	符合规定
取卵室周边区（8级）	≤150	0	符合规定
胚胎移植室手术区1（7级）	≤75	0	符合规定
胚胎移植室手术区2（7级）	≤75	0	符合规定
胚胎移植室周边区（8级）	≤150	10	符合规定
宫腔镜室手术区1（7级）	≤75	0	符合规定
宫腔镜室手术区2（7级）	≤75	0	符合规定
宫腔镜室周边区（8级）	≤150	0	符合规定
男科手术室手术区（7级）	≤75	0	符合规定
男科手术室周边区（8级）	≤150	20	符合规定
胚胎培养室（5级区域）	≤5	0	符合规定
胚胎培养室（6级区域）	≤10	0	符合规定
解冻室（6级）	≤10	0	符合规定
冷冻室（7级）	≤75	0	符合规定
洗精室（7级）	≤75	0	符合规定
人工授精实验室（7级）	≤75	0	符合规定
无菌物品间（8级）	≤150	0	符合规定
一次性物品间（8级）	≤150	20	符合规定
洁净走廊（8级）	≤150	40	符合规定

测试人：[illegible]　　　　校核人：[illegible]

签发人：[illegible]　　　　2017年 04月 21 日

150000122446

河南省疾病预防控制中心

中国认可
检测
TESTING
CNAS L0793

检测报告

第[illegible]页　共8页　QRD1073-2016

编　　号：XZ2017-050

报告书编号：XZ2017-050

受理日期：2017年03月31日

项目名称：郑州大学第一附属医院郑东新区医院净化工程三标段

受检单位：郑州大学第一附属医院郑东新区医院

地　　址：郑州市郑东新区龙湖外环路与北三环交叉口

检测类别：委托

检测依据：GB50333-2013医院洁净手术部建筑技术规范

检测内容：悬浮粒子、浮游菌、沉降菌、噪声、照度、静压差、温度、相对湿度换气次数、风速

检测完成日期：2017年04月19日

报告日期：2017年04月21日

检测结果：

沉降菌（cfu/Φ90mm·0.5h）	**标准规定**	**检测数据**	**单项结论**
人工授精手术室手术区1(7级)	≤2	0	符合规定
人工授精手术室手术区2(7级)	≤2	0	符合规定
人工授精手术室周边区(8级)	≤4	0	符合规定
取卵室手术区1（7级）	≤2	0	符合规定
取卵室手术区2（7级）	≤2	0	符合规定
取卵室周边区（8级）	≤4	0	符合规定
胚胎移植室手术区1（7级）	≤2	0	符合规定
胚胎移植室手术区2（7级）	≤2	0	符合规定
胚胎移植室周边区（8级）	≤4	0	符合规定
宫腔镜室手术区1（7级）	≤2	0	符合规定
宫腔镜室手术区2（7级）	≤2	0	符合规定
宫腔镜室周边区（8级）	≤4	0	符合规定
男科手术室手术区（7级）	≤2	0	符合规定
男科手术室周边区（8级）	≤4	0	符合规定
胚胎培养室（5级区域）	≤0.2	0	符合规定
胚胎培养室（6级区域）	≤0.4	0	符合规定
解冻室（6级）	≤0.4	0	符合规定
冷冻室（7级）	≤2	0	符合规定
洗精室（7级）	≤2	0	符合规定
人工授精实验室（7级）	≤2	0	符合规定
无菌物品间（8级）	≤4	0	符合规定
一次性物品间（8级）	≤4	1	符合规定
洁净走廊（8级）	≤4	0.7	符合规定

测试人：　　　　校核人：

签发人：　　　　2017年　月　日

河南省疾病预防控制中心

CNAS 中国认可 检测 TESTING CNAS L4798

检测报告

150000122446　　第4页　共8页　QRD1073-2016

编　　号：XZ2017-050　　检测依据：GB50333-2013医院洁净手术部建筑技术规范

报告书编号：XZ2017-050

受理日期：2017年03月31日　　检测内容：悬浮粒子、浮游菌、沉降菌、噪声、照度、静压差、温度、相对湿度换气次数、风速

项目名称：郑州大学第一附属医院郑东新区医院净化工程三标段

受检单位：郑州大学第一附属医院郑东新区医院

地　　址：郑州市郑东新区龙湖外环路与北三环交叉口　　检测完成日期：2017年04月19日

检测类别：委托　　报告日期：2017年04月21日

检测结果：

噪声(dB)	标准规定	检测数据	单项结论
人工授精手术室	≤49	48.1	符合规定
取卵室	≤49	48.0	符合规定
胚胎移植室	≤49	48.4	符合规定
宫腔镜室	≤49	48.6	符合规定
男科手术室	≤49	47.7	符合规定
胚胎培养室	≤60	54.1	符合规定
解冻室	≤60	51.0	符合规定
冷冻室	≤60	49.0	符合规定
洗精室	≤60	52.7	符合规定
人工授精实验室	≤60	54.7	符合规定
无菌物品间	≤60	53.9	符合规定
一次性物品间	≤60	54.6	符合规定
洁净走廊	≤60	54.3	符合规定
照度（LX）			
人工授精手术室	≥350	687	符合规定
取卵室	≥350	687	符合规定
胚胎移植室	≥350	867	符合规定
宫腔镜室	≥350	741	符合规定
男科手术室	≥350	561	符合规定

测试人：[signature]　　校核人：[signature]

签发人：[signature]　　2017年 04月 21 日

河南省疾病预防控制中心

检测报告

第[illegible]页　共8页　QRD1073-2016

150000122446

编　　号：XZ2017-050　　检测依据：GB50333-2013医院洁净手术部建筑技术规范

报告书编号：XZ2017-050　　检测内容：悬浮粒子、浮游菌、沉降菌、噪声、照度、静压差、温度、相对湿度换气次数、风速

受理日期：2017年03月31日

项目名称：郑州大学第一附属医院郑东新区医院净化工程三标段

受检单位：郑州大学第一附属医院郑东新区医院

地　　址：郑州市郑东新区龙湖外环路与北三环交叉口　　检测完成日期：2017年04月19日

检测类别：委托　　报告日期：2017年04月21日

检测结果：

照度（LX）	**标准规定**	**检测数据**	**单项结论**
胚胎培养室	≥150	624	符合规定
解冻室	≥150	435	符合规定
冷冻室	≥150	567	符合规定
洗精室	≥150	646	符合规定
人工授精实验室	≥350	521	符合规定
无菌物品间	≥150	490	符合规定
一次性物品间	≥150	521	符合规定
洁净走廊	≥150	373	符合规定
温度（℃）			
人工授精手术室	21～25	23.2	符合规定
取卵室	21～25	22.6	符合规定
胚胎移植室	21～25	23.2	符合规定
宫腔镜室	21～25	23.0	符合规定
男科手术室	21～25	23.2	符合规定
胚胎培养室	≤27	22.5	符合规定
解冻室	≤27	21.8	符合规定
冷冻室	≤27	21.7	符合规定
洗精室	≤27	20.9	符合规定
人工授精实验室	≤27	22.8	符合规定

测试人：纪慧霞　　校核人：崔莹

签发人：[signature]　　2017年04月21日

河南省疾病预防控制中心

中国认可
检测
TESTING
CNAS L[illegible]

检测报告

150000122446

第6页 共8页 QRD1073-2016

编　　号：XZ2017-050

报告书编号：XZ2017-050

受理日期：2017年03月31日

项目名称：郑州大学第一附属医院郑东新区医院净化工程三标段

受检单位：郑州大学第一附属医院郑东新区医院

地　　址：郑州市郑东新区龙湖外环路与北三环交叉口

检测类别：委托

检测依据：GB50333-2013医院洁净手术部建筑技术规范

检测内容：悬浮粒子、浮游菌、沉降菌、噪声、照度、静压差、温度、相对湿度换气次数、风速

检测完成日期：2017年04月19日

报告日期：2017年04月21日

检测结果：

温度（℃）	**标准规定**	**检测数据**	**单项结论**
无菌物品间	≤27	23.1	符合规定
一次性物品间	≤27	22.7	符合规定
洁净走廊	21～27	22.6	符合规定
相对湿度（%）			
人工授精手术室	30～60	47.1	符合规定
取卵室	30～60	47.3	符合规定
胚胎移植室	30～60	46.2	符合规定
宫腔镜室	30～60	47.0	符合规定
男科手术室	30～60	46.5	符合规定
胚胎培养室	≤60	47.4	符合规定
解冻室	≤60	49.2	符合规定
冷冻室	≤60	49.4	符合规定
洗精室	≤60	51.3	符合规定
人工授精实验室	≤60	47.1	符合规定
无菌物品间	≤60	46.7	符合规定
一次性物品间	≤60	47.9	符合规定
洁净走廊	≤60	48.3	符合规定
***换气次数（次/h）**			
人工授精手术室	≥18	24	符合规定

测试人：[签名]　　　　校核人：[签名]

签发人：[签名]　　　　2017年04月21日

河南省疾病预防控制中心

中国认可
检测
TESTING
CNASL7990

150000122446

检测报告

第7页 共8页 QRD1073-2016

编　　号：XZ2017-050
报告书编号：XZ2017-050
受理日期：2017年03月31日
项目名称：郑州大学第一附属医院郑东新区医院净化工程三标段
受检单位：郑州大学第一附属医院郑东新区医院
地　　址：郑州市郑东新区龙湖外环路与北三环交叉口
检测类别：委托

检测依据：GB50333-2013医院洁净手术部建筑技术规范
检测内容：悬浮粒子、浮游菌、沉降菌、噪声、照度、静压差、温度、相对湿度换气次数、风速
检测完成日期：2017年04月19日
报告日期：2017年04月21日

检测结果：

***换气次数（次/h）**	**标准规定**	**检测数据**	**单项结论**
取卵室	≥18	22	符合规定
胚胎移植室	≥18	22	符合规定
宫腔镜室	≥18	23	符合规定
男科手术室	≥18	21	符合规定
解冻室	≥10	12	符合规定
冷冻室	≥10	11	符合规定
洗精室	≥10	13	符合规定
人工授精实验室	≥10	14	符合规定
无菌物品间	≥10	15	符合规定
一次性物品间	≥10	14	符合规定
洁净走廊	≥8	10	符合规定
静压差（Pa）			
人工授精手术室对洁净走廊	≥5	9	符合规定
取卵室对洁净走廊	≥5	5	符合规定
胚胎移植室对洁净走廊	≥5	5	符合规定
宫腔镜室对洁净走廊	≥5	8	符合规定
男科手术室对洁净走廊	≥5	5	符合规定
胚胎培养室对缓冲间	≥5	12	符合规定
解冻室对冷冻室	≥5	13	符合规定

测试人：纪慧霞　　校核人：崔莹
签发人：[signature]　　2017年04月21日

150000122446

河南省疾病预防控制中心

CNAS 中国认可 检测 TESTING CNASL3790

检测报告

第7页　共8页　　QRD1073-2016

编　　号：XZ2017-050

报告书编号：XZ2017-050

受理日期：2017年03月31日

项目名称：郑州大学第一附属医院郑东新区医院净化工程三标段

受检单位：郑州大学第一附属医院郑东新区医院

地　　址：郑州市郑东新区龙湖外环路与北三环交叉口

检测类别：委托

检测依据：GB50333-2013医院洁净手术部建筑技术规范

检测内容：悬浮粒子、浮游菌、沉降菌、噪声、照度、静压差、温度、相对湿度换气次数、风速

检测完成日期：2017年04月19日

报告日期：2017年04月21日

检测结果：

静压差（Pa）	**标准规定**	**检测数据**	**单项结论**
冷冻室对清洁走廊	≥5	6	符合规定
洁净走廊对室外	≥5	7	符合规定
风速（m/s）			
胚胎培养室5级区域	0.20～0.25	0.23	符合规定

结论：上述洁净工程按GB 50333-2013《医院洁净手术部建筑技术规范》检测，各项指标均符合规定。

（以下空白）

测试人：[signature]　　校核人：[signature]

签发人：[signature]　　2017年04月21日

工程案例 8　重庆医科大学附属第一医院北部医疗中心洁净手术部

4.8.1　设计理念

手术部平面设计采用双走道形式，内洁净走道为病人、医护人员走道，设计成独立的病人、医护人员、污物出入口，做到了洁污分流，流线清晰；洁净辅助用房位于手术区，中央位置，手术室分区独立，不同级别手术室各自成一区；南、北面均设置腔镜手术，所有手术室面积较大，可满足未来大型手术的使用；心脏手术室设置体外循环准备室；骨科、腔镜手术室设置相应的设备及清洗消毒间；三层净化 ICU 设置单间 4 间，1 间为 3 人间，双人间 5 间、相应的洁净走道；靠近洁净走道墙离地面 1.0m 处为钢化玻璃隔断，方便护士的观察及管理；充分考虑到人流、物流通道的合理性及实用性。并且将手术部根据不同使用科室划分为若干手术区，充分整合手术资源，提高手术周转效率。负压手术室区域配有独立的医用电梯、换车间、恢复室等辅助设施，自成一区，避免与其他手术室形成交叉，减少感染的几率。

洁净手术部不仅要营造良好的医疗环境，同时营造舒适惬意的工作、休息环境。不再一味追求手术室间数，而是在满足使用需求的前提下充分增加辅助用房及办公用房的数量及面积，为医护人员提供良好的休息及办公环境。

4.8.2　手术室组成及年手术量

洁净手术部位四层包括 17 间净化手术室、洁净走廊和洁净辅助用房、清洁走廊和清洁辅助用房、卫生通过区，四层上方转换层、办公区域；建筑为框架剪力墙结构；ICU 位于三层，共设计 17 张床位，手术部 17 间手术室，Ⅰ级手术室 4 间（其中 2 间为铅板防辐射，杂交手术室具备Ⅰ/Ⅲ级转换功能），Ⅱ级手术室 8 间，Ⅲ级手术室 5 间（其中括 1 间设计为正、负压转换洁净手术室）；洁净辅助用房区由十万级洁净走廊和洁净辅助用房、十万级清洁走廊和三十万级清洁辅助用房组成；非洁净辅助用房区由卫生通过区四层上方转换层、非洁净辅助办公走廊、相关办公辅助用房组成。本层装饰施工范围包括以上部分的室内地面、顶面、墙面门窗等。

设计手术量为 4 台/(间・天)，设计年手术量为 2.5 万台。

4.8.3　主要设计图纸

该工程设计主要图纸包括：手术室平面图、冷热源系统图、空调风系统图、空调系统控制原理图（见图 4.8.3-1～图 4.8.3-6)、手术室基本装备表、主要设备材料表见表 4.8.3-1 和表 4.8.3-2。

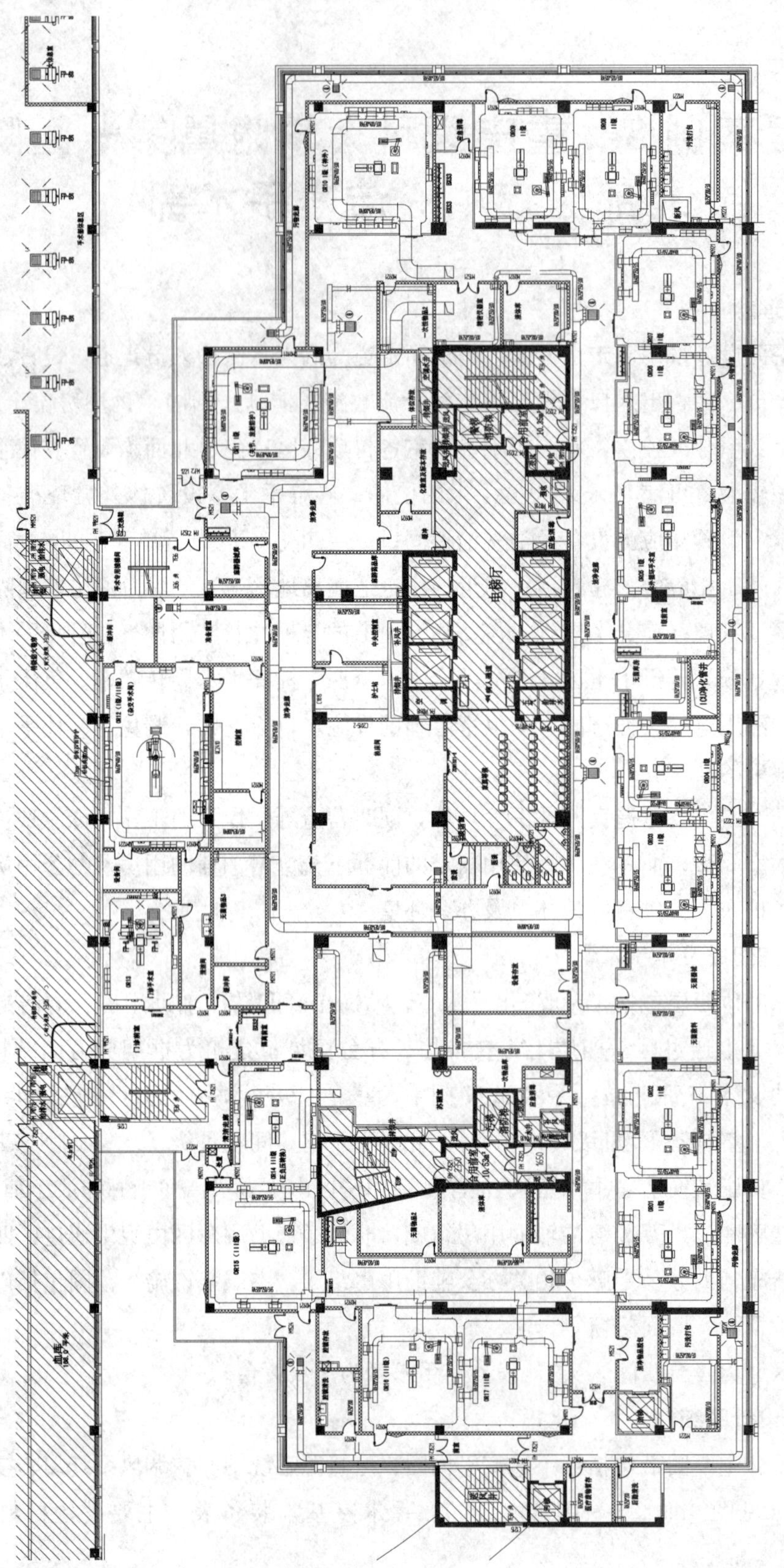

图 4.8.3-1　三层手术室 ICU 平面图

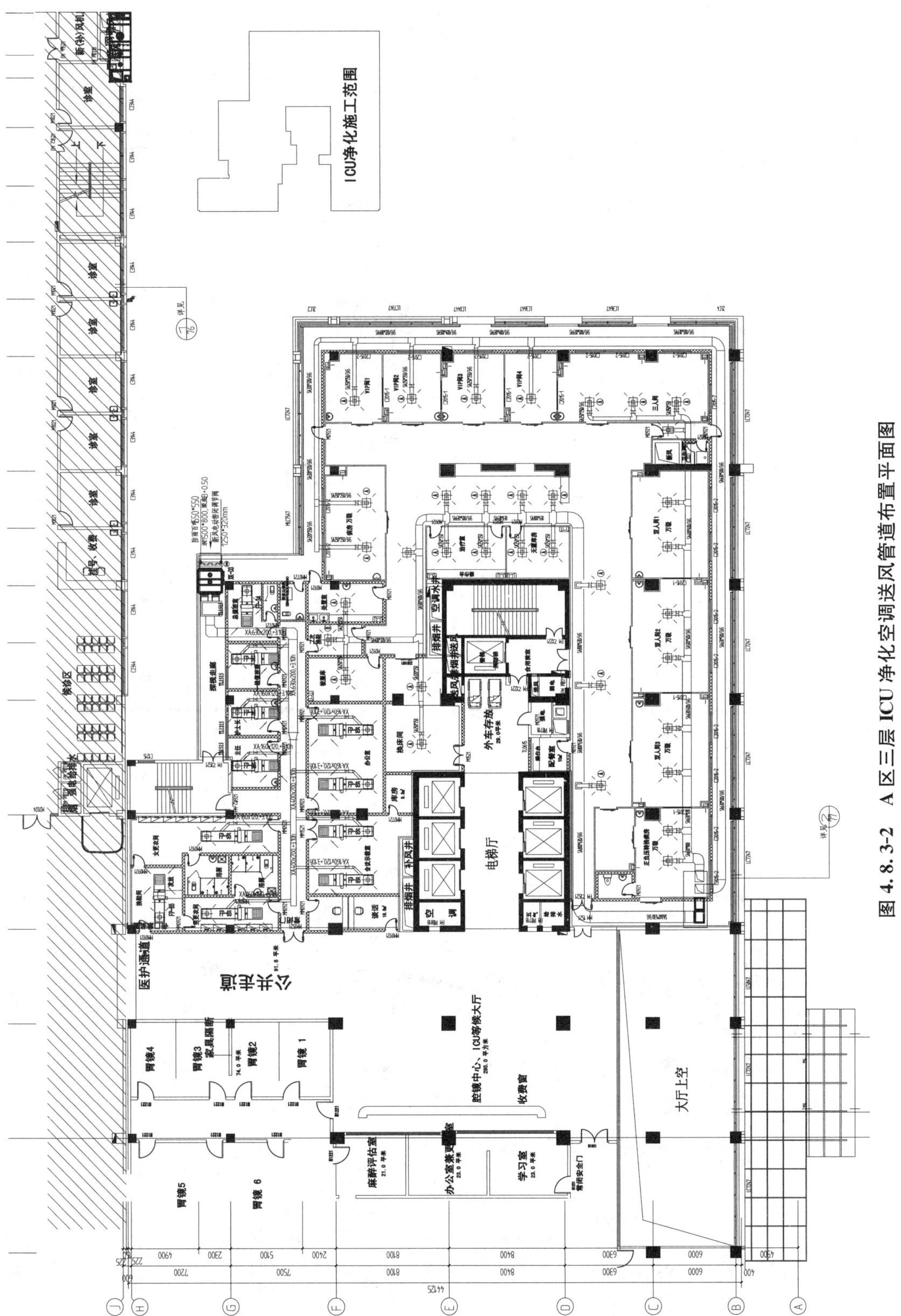

图 4.8.3-2　A 区三层 ICU 净化空调送风管道布置平面图

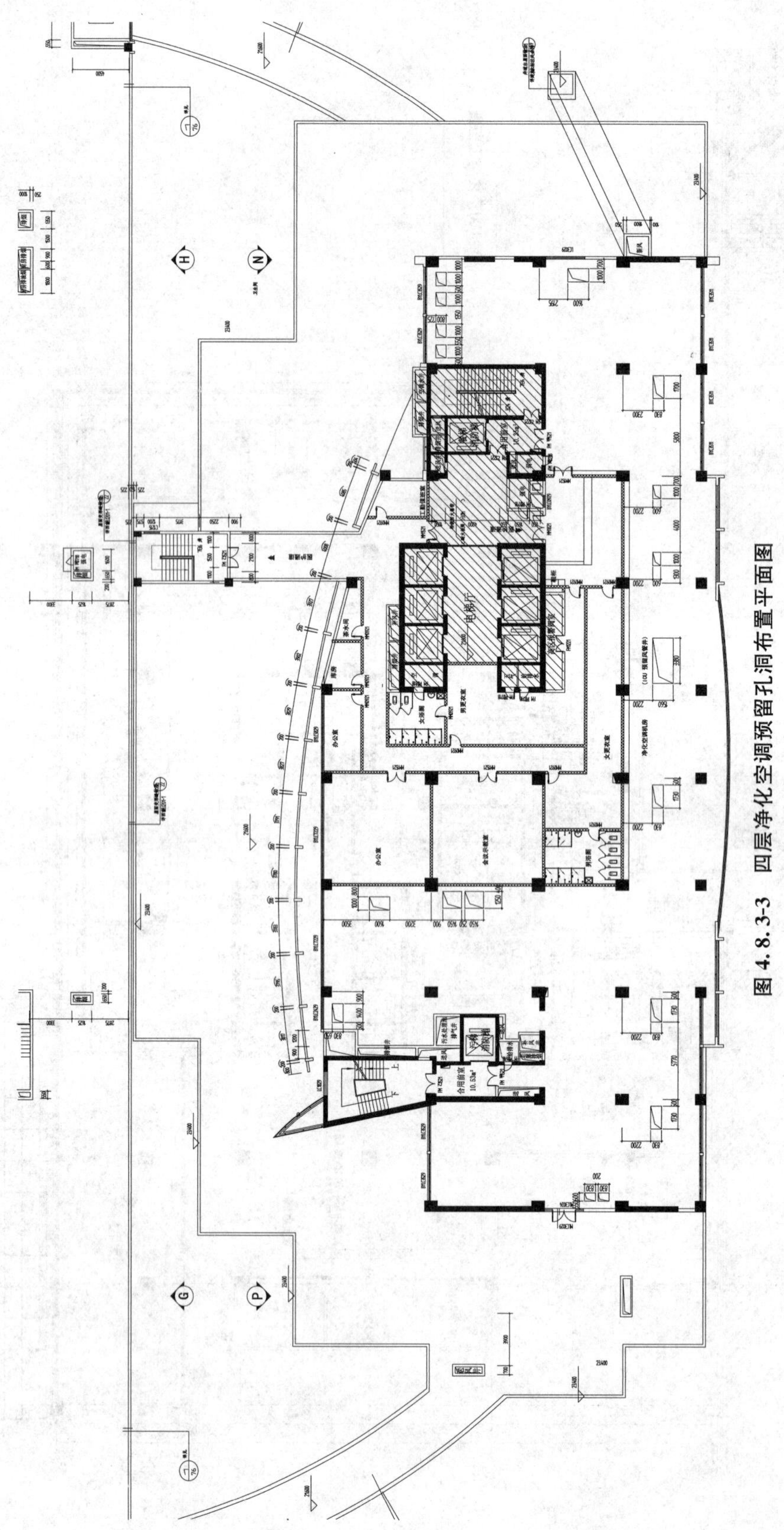

图 4.8.3-3　四层净化空调预留孔洞布置平面图

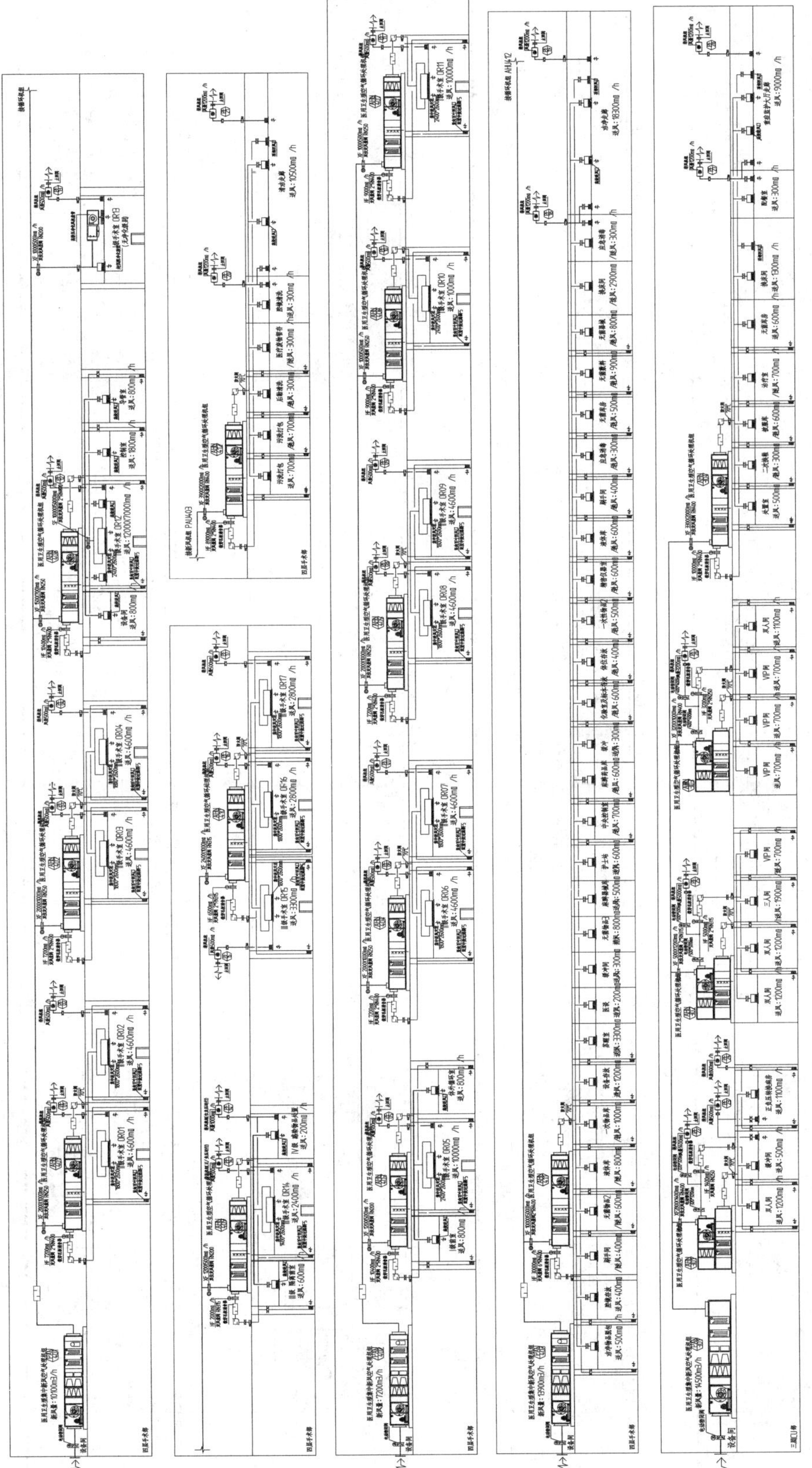

图 4.8.3-4　净化空调系统流程图

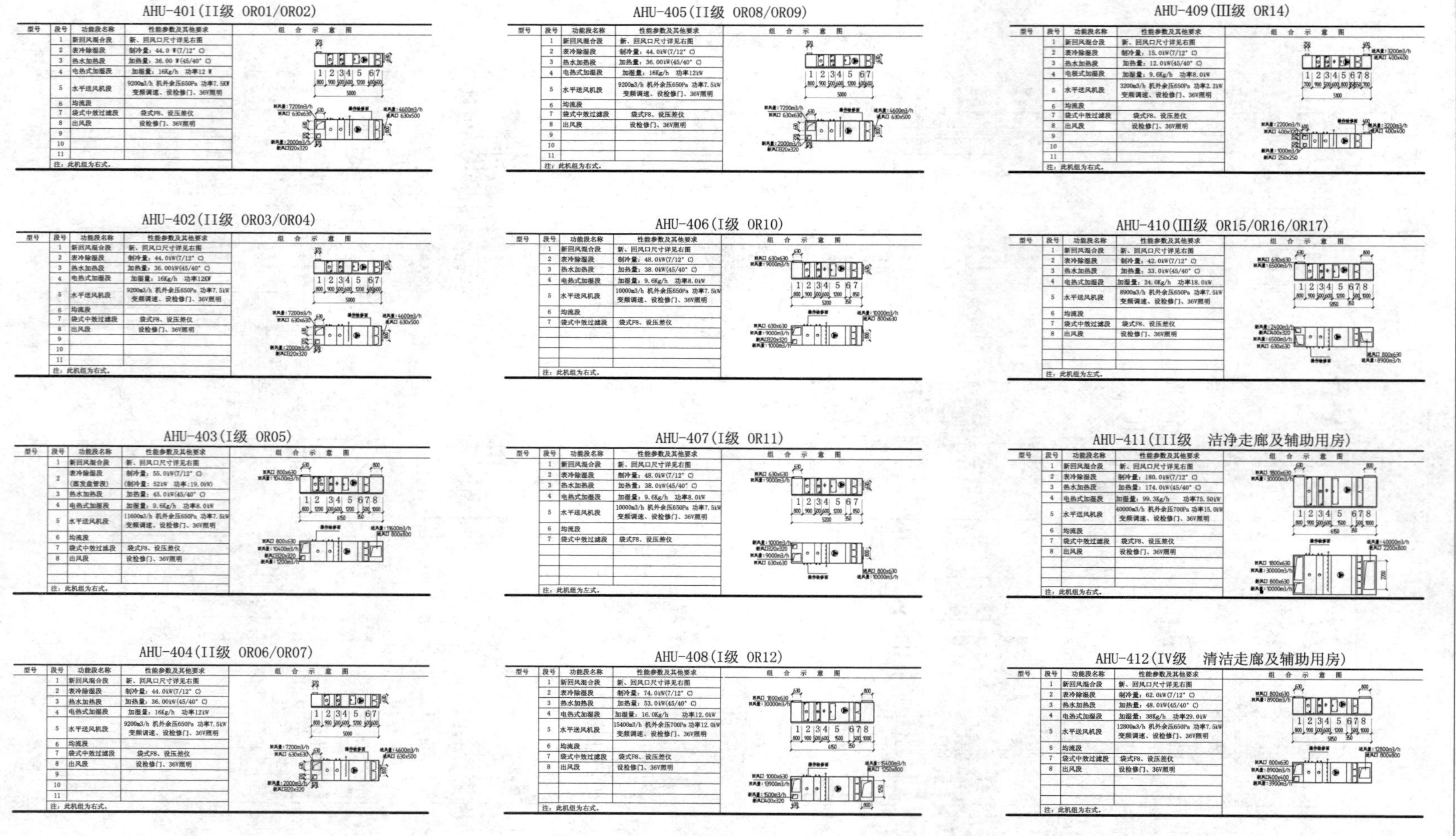

图 4.8.3-5 三层空调网系统图（一）

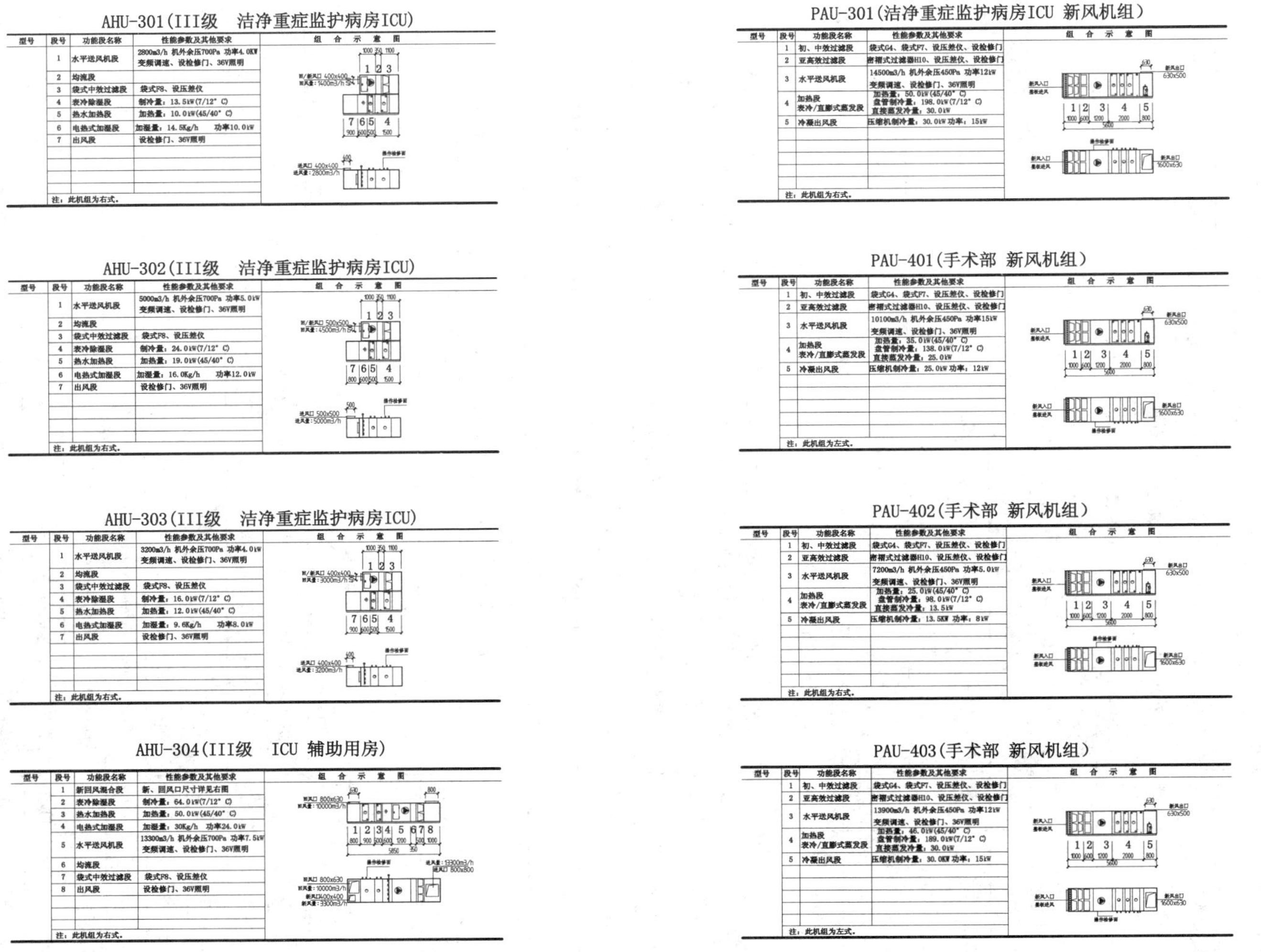

图 4.8.3-6　三层空调网系统图（二）

手术室基本装备表　　表 4.8.3-1

装备名称	数量	配置要求
中央控制面板	1套	含计时器、温湿度显示控制、空气处理系统开关机功能、空调机组运行状态显示和故障报警、照明系统开关、过滤器报警功能、绝缘监测及漏电保护报警、气体报警、背景音乐控制、对讲呼叫(群呼)、手术中(打开后手术间门顶"手术中"灯亮)
内嵌式物品柜	1套	不锈钢制作,面板与墙面颜色一体,有抽屉、有分格、可调整 900mm×1700mm×300mm
内嵌式麻醉柜	1套	不锈钢制作,面板与墙面颜色一体,有抽屉、有分格、可调整 900mm×1700mm×300mm
内嵌式药品柜	1套	不锈钢制作,面板与墙面颜色一体,有抽屉、有分格、可调整 900mm×1700mm×300mm
医护工作站	1套	操作台面为进口杜邦人造石,柜体采用 18mm 中密度纤维板,面贴防火板制作,规格:1300mm×1900mm×350mm,可放置电脑 2 台
微压差计	1套	每间手术间配置 1 个,±30Pa
液晶观片箱	1套	百级手术室设六联,其余手术室设四联
输液导轨	1套	可以上下调节高度
组合电源插座箱(医疗用电)	3组	治疗用电插座箱:3 个 220V、10A 插座,1 个 220V、16A 插座,2 个接地端子
组合电源插座箱(非医疗用电)	1组	非治疗用电插座箱:1 个三相 380V 插座,3 个 220V、10A 插座,2 个接地端子
藏墙医用气体终端箱	1套	德制终端,符合 DIN 标准,所有插头均为不可互换式,为快速插拔型,可单手操作;终端箱每种气体管路设置切断阀;配置要求详见"医用气体系统工程技术要求"。要求进口品牌终端
麻醉废气排放系统	1套	除墙面设置终端外,吊塔预留管道。采用压缩空气射流形式排放,要求进口品牌终端
保温柜	1套	每间手术室配置 1 套,进口品牌,有效内容积大于 90L,温控范围 5～80℃
保冷柜	1套	百级手术室每间设置 1 套,万级手术室分区域设置(具体位置详见招标图纸)。进口品牌,有效内容积大于 75L,温控范围:4+1℃

百级手术室空调主要设备材料表　　表 4.8.3-2

装备名称	数量	设备参数
循环机组	1台	送风量 10000m³/h;新风量 1000m³/h;机外余压 700Pa;制冷量 40kW;制热量 15kW;再热量 18kW;加湿量 15kg/h
电动风量调节阀	1个	规格参数:500mm×250mm
防火阀	2个	规格参数:1000mm×800mm;1000mm×700mm
手动风量调节阀	2个	规格参数:1000mm×800mm;1000mm×700mm
止回阀	1个	规格参数:1000mm×800mm
电热加湿器	1台	额定加湿量 20kg/h
送风天花	1套	规格尺寸:2850mm×2500mm
带中效排风口	1个	规格尺寸:430mm×430mm;F7 中效过滤器
下回风口	11个	规格尺寸:7200mm×350mm
消声器	2个	规格尺寸:1000mm×800mm×2000mm;1000mm×700mm×2000mm
排风机	台	排风量 450m³/h;机外余压 260Pa

4.8.4　示例照片

1. 建筑外景,环境优美,交通便利,见图 4.8.4-1 和图 4.8.4-2。

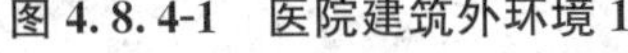

图 4.8.4-1　医院建筑外环境 1

图 4.8.4-2　医院建筑外环境 2

2. 病人入口大厅宽敞明亮，医护人员操作方便，见图 4.8.4-3。

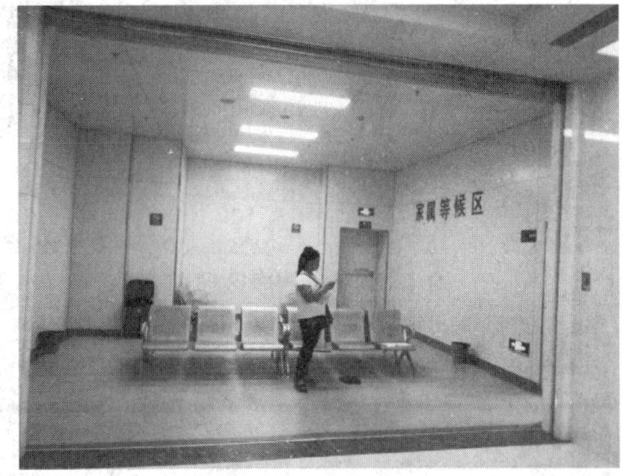

图 4.8.4-3　病人入口换车间

3. 手术室护士站医护人员视野开阔，兼顾所有床位，见图 4.8.4-4。

4. 手术室内景功能布置图，见图 4.8.4-5～图 4.8.4-7。

5. 洁净区走廊、体外循环室、手术室前室、刷手间、术前准备室、无菌物品存放室、一次性物品室、高值耗材室、预麻室、精密仪器室、护士站、恢复（麻醉苏醒）室等布局合理、医疗流程便捷（见图 4.8.4-8～图 4.8.4-12）。

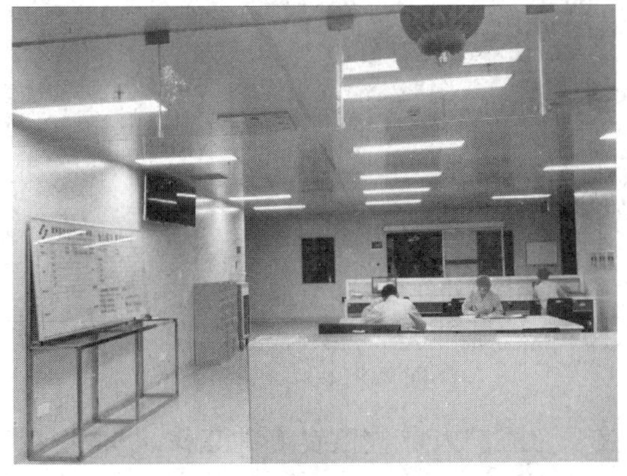

图 4.8.4-4　预麻室护士工作站

图 4.8.4-5　多功能复合手术室

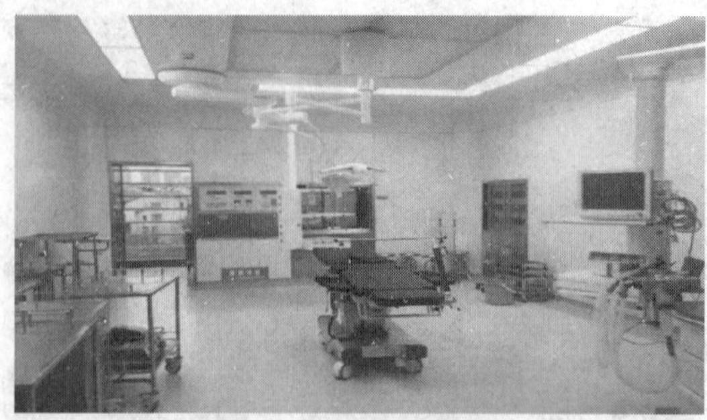

图 4.8.4-6　Ⅰ级手术室

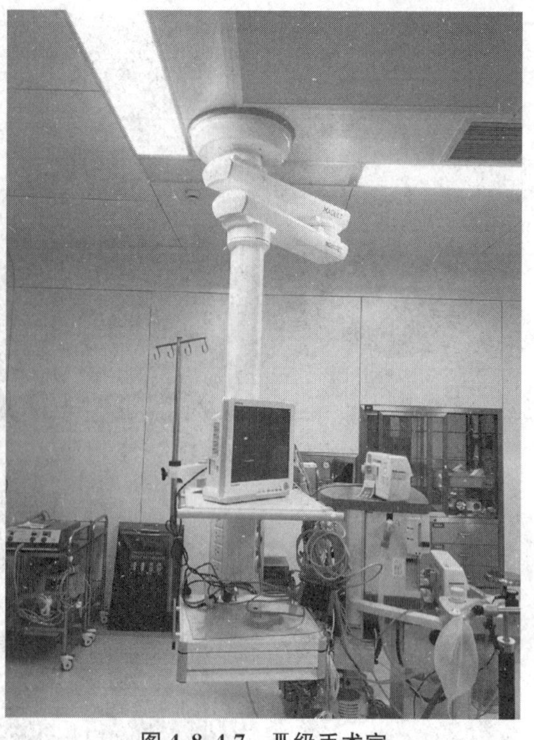

图 4.8.4-7　Ⅲ级手术室

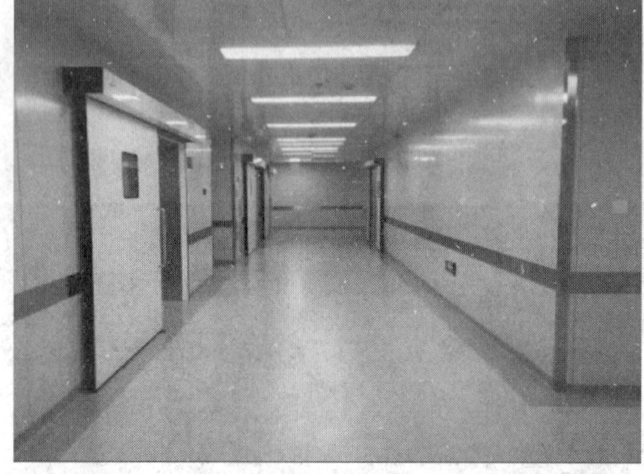

图 4.8.4-8　洁净区通道

图 4.8.4-9　恢复（麻醉苏醒）室

图 4.8.4-10　洁净走廊

图 4.8.4-11　刷手间

6. 人性化设计，色彩搭配柔和，轻松明快，为医护人员提供良好的工作、学习、就餐和休息环境（见图 4.8.4-13～图 4.8.4-24）。

图 4.8.4-12　洁净走廊内的信息显示屏

图 4.8.4-13　阳光休息大厅

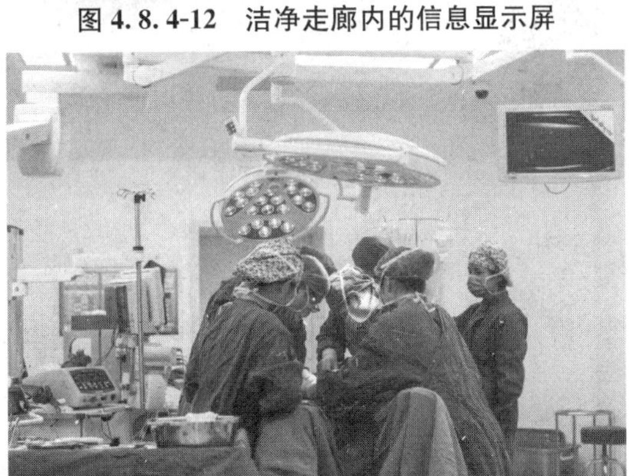

图 4.8.4-14　正在进行手术的手术室内景一

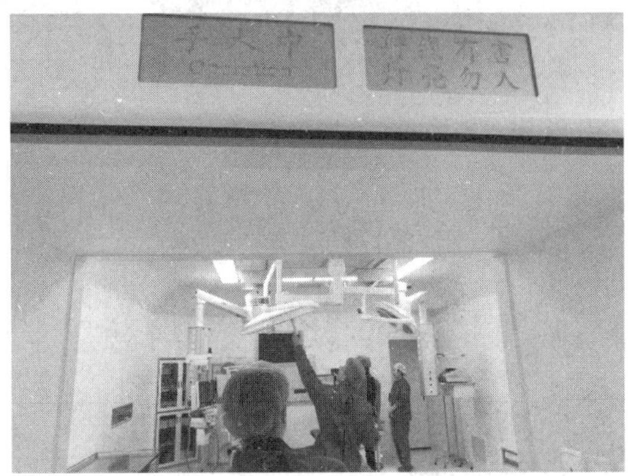

图 4.8.4-15　正在进行手术的手术室内景二

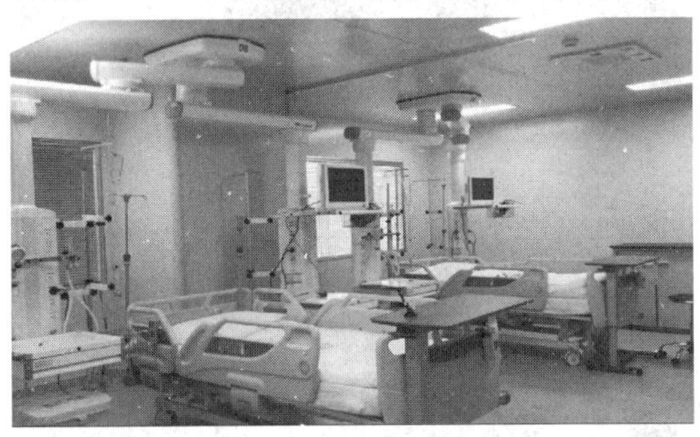

图 4.8.4-16　ICU 病房

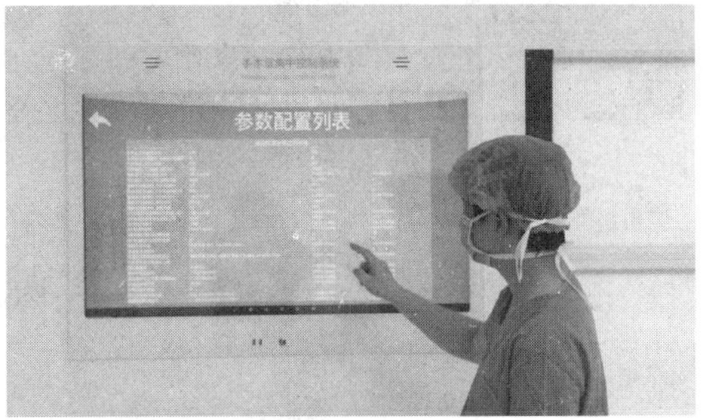

图 4.8.4-17　操作智能化控制屏

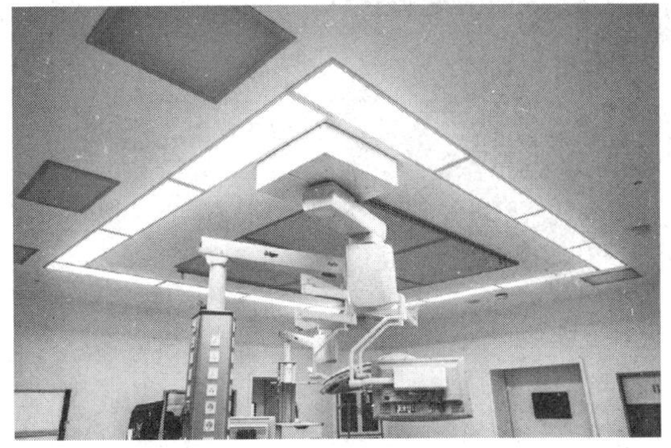

图 4.8.4-18　侧送风式静压箱+阻尼式天花结构

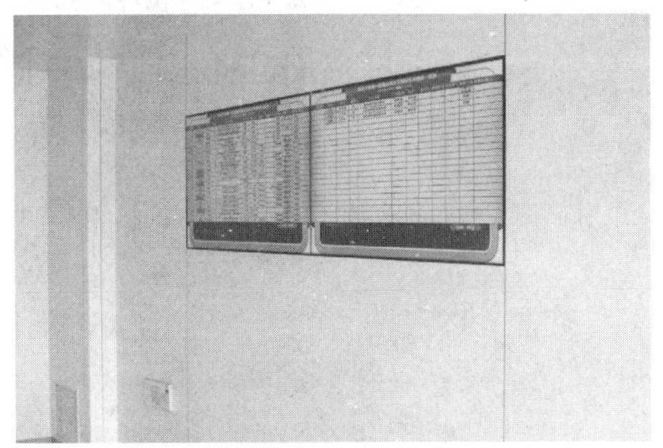

图 4.8.4-19　洁净走廊内信息显示屏

图 4.8.4-20　内嵌式柜体

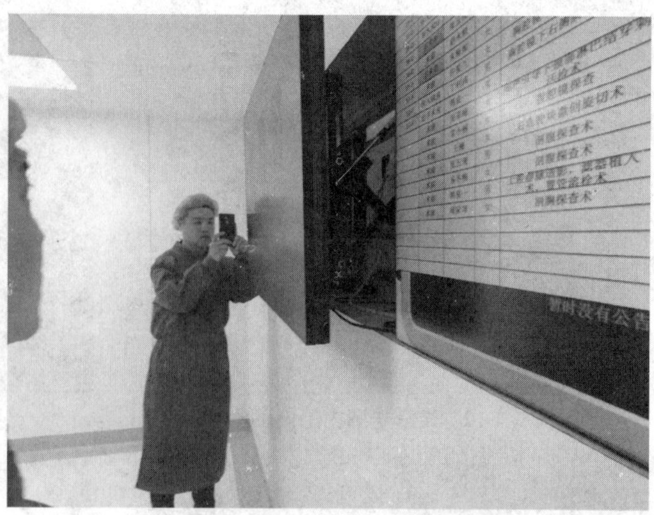

图 4.8.4-21　手术信息标识

图 4.8.4-22　节水型水龙头

图 4.8.4-23　抗菌材料

图 4.8.4-24　色彩搭配柔和

4.8.5　检测报告

CQEMC-JL-04-监测-87

150012052027

重庆市生态环境监测中心

监　测　报　告

渝环（监）字[2014]第 SN137 号

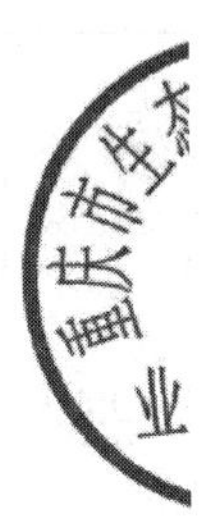

委托单位：重庆医科大学附属第一医院

受检单位：重庆医科大学附属第一医院金山医院

监测类别：委托监测

报告日期：2014 年 12 月 10 日

（加盖业务专用章）

监测报告说明

1、报告无重庆市生态环境监测中心业务专用章、CMA 章和骑缝章无效。

2、报告涂改无效。

3、报告无审核、签发者签字无效。

4、委托单位在签订委托协议书时应说明监测目的（监测类别）：建设项目竣工环保验收监测、评价监测、许可证监测、限期治理验收监测、纠纷仲裁监测、送样监测等。

5、一般委托监测报告不作为验收、成果鉴定、评价用。由委托单位自行采样送检的样品，本报告只对送检样品负责。

6、对监测报告若有异议，应于收到报告之日起十五日内向重庆市生态环境监测中心提出，逾期不予受理。但对不能保存的特殊样品，重庆市生态环境监测中心不予受理。

7、未经同意不得用于广告宣传。

8、未经同意，不得复制本报告；经同意复制的报告必须全文复制，复制的报告未重新加盖重庆市生态环境监测中心业务专用章无效。

地址：重庆市渝北区冉家坝旗山路 252 号

邮编：401147

电话：（023）88521222　88521223　88521224

传真：（023）88521225

E-mail:　cqhkyzgb@126.com

渝环（监）字[2014]第 SN137 号　　　　第 1 页 共 2 页

受重庆医科大学附属第一医院的委托，重庆市生态环境监测中心于2014年12月3日和12月8日对重庆医科大学附属第一医院金山医院（重庆市两江新区金渝大道50号）室内空气中的甲醛、总挥发性有机物和苯进行了监测。

1. 监测项目

室内空气：甲醛、总挥发性有机物、苯。

2. 监测分析方法

监测分析方法见表1。

表1　　监测分析方法一览表

监测项目	监测方法	监测依据
甲醛	电化学 传感器法	GB/T18204.2-2014（7.5）
总挥发性 有机物	光离子化总量 直接检测法	《室内环境空气质量监测技术规范》 HJ/T167-2004（附录K.4）
苯	气相色谱法	GB/T 11737-1989

3. 监测仪器

监测仪器见表2。

表2　　监测使用仪器一览表

监测项目	仪器名称及型号	仪器编号	备　注
甲醛	PPM-400ST 甲醛检测仪	F13061	监测仪器均在计量检定有效期内使用
总挥发性有机物	PGM-7340 型 光离子化有机气体检测仪	594000269	
苯	GC-7890A 型 气相色谱仪 TH-110F 型 智能大气采样器	US10925003、 251601007 251601008 251601009 251601010	

4. 监测结果

室内空气监测结果见表3

表3　　　　室内空气监测结果一览表

采样点（项目 / 单位）			甲醛 浓度 mg/m^3	甲醛 结果	总挥发性有机物 浓度 mg/m^3	总挥发性有机物 结果	苯 浓度 mg/m^3	苯 结果	监测时室内温度 ℃
12月3日	4楼	手术室（1）	0.034	合格	0.21	合格	0.009	合格	26.0
		手术室（2）	0.032	合格	0.21	合格	0.012	合格	28.2
		手术室（3）	0.032	合格	0.22	合格	0.011	合格	20.7
		手术室（4）	0.035	合格	0.23	合格	0.009	合格	20.7
		手术室（5）	0.032	合格	0.18	合格	0.007	合格	22.2
		手术室走廊	0.037	合格	0.22	合格	0.007	合格	21.0
12月8日	3楼	重症医学科1-2床	0.024	合格	0.17	合格	0.007	合格	19.6
		重症医学科3床	0.028	合格	0.16	合格	0.006	合格	19.5
		重症医学科4床	0.022	合格	0.16	合格	0.007	合格	19.6
		重症医学科5床	0.026	合格	0.17	合格	0.006	合格	19.6
		重症医学科6床	0.023	合格	0.16	合格	0.006	合格	19.4
		重症医学科7-9床	0.034	合格	0.20	合格	0.008	合格	19.6
		重症医学科12-13床	0.042	合格	0.16	合格	0.008	合格	19.6
		重症医学科14-15床	0.023	合格	0.16	合格	0.006	合格	19.5
评价标准值			≤0.10		≤0.6		≤0.11		/
评价标准			《室内空气质量标准》（GB/T18883-2002）						
备注			监测时室内有外购家具。						

编制：　　　　　　审核：　　　　　　签发：

日期：2014年12月10日　　日期：2014年12月10日　　日期：2014年12月10日